CAD/CAM 职场技能特训视频教程

SOLIDWORKS 2020 产品设计

基本功特训（第 3 版）

陈胜利　杨伟　罗泽良　龙淑嫔　韩思明　编著

電子工業出版社
Publishing House of Electronics Industry
北京 • BEIJING

内 容 简 介

本书在第 2 版的基础上，结合读者的反馈意见，经过多个高职院校教师的审订而升级改版，更加注重职业技能训练，知识体系更加完善，实用性更强。

全书共 19 章，主要包括 SOLIDWORKS 2020 的认识与操作，草图绘制基本功特训，基准的创建、图形的显示与隐藏，实体设计基本功特训，机械零件设计特训，实体设计实例（计算机显示器托盘、自动控制阀顶盖、水晶笔筒），3D 曲线设计基本功特训，曲面设计基本功特训，曲线与曲面设计提高专题特训，综合设计实例（塑料衣服箱提手），曲面设计实例（儿童汤匙），装配体设计基本功特训，钣金设计基本功特训，工程图设计基本功特训，产品动画制作，产品渲染输出和产品工艺介绍等。另外，本书还配套了所有操作的源文件、结果文件和对应的视频文件。

本书可作为高等院校机械设计相关专业教材，以及社会培训教材，也非常适用于 SOLIDWORKS 的初学者使用。

图书在版编目（CIP）数据

SOLIDWORKS 2020 产品设计基本功特训 / 陈胜利等编著. —3 版. —北京：电子工业出版社，2023.1
CAD/CAM 职场技能特训视频教程
ISBN 978-7-121-44801-0

Ⅰ. ①S… Ⅱ. ①陈… Ⅲ. ①计算机辅助设计－应用软件－教材 Ⅳ. ①TP391.72

中国版本图书馆 CIP 数据核字（2022）第 250495 号

责任编辑：许存权　　特约编辑：李松明
印　　刷：北京七彩京通数码快印有限公司
装　　订：北京七彩京通数码快印有限公司
出版发行：电子工业出版社
　　　　　北京市海淀区万寿路 173 信箱　　邮编 100036
开　　本：787×1 092　1/16　印张：32.5　字数：830 千字
版　　次：2013 年 7 月第 1 版
　　　　　2023 年 1 月第 3 版
印　　次：2024 年 12 月第 4 次印刷
定　　价：79.00 元

凡所购买电子工业出版社图书有缺损问题，请向购买书店调换。若书店售缺，请与本社发行部联系，联系及邮购电话：（010）88254888，88258888。

质量投诉请发邮件至 zlts@phei.com.cn，盗版侵权举报请发邮件至 dbqq@phei.com.cn。

本书咨询联系方式：（010）88254484，xucq@phei.com.cn。

前　言

软件简介

SOLIDWORKS 为达索系统（Dassault Systemes S.A）公司的产品，功能强大、易学易用和技术创新是 SOLIDWORKS 的三大特点，这使其成为领先的、主流的三维 CAD 解决方案。SOLIDWORKS 能够提供不同的设计方案、减少设计过程中的错误及提高产品质量。SOLIDWORKS 不仅提供如此强大的功能，同时对每个工程师和设计者来说，操作简单方便、易学易用。

在 SOLIDWORKS 中，当生成新零件时，可以直接参考其他零件并保持参考关系。在装配环境中，还可以方便地设计和修改零部件。SOLIDWORKS 的性能得到了极大的提高，对于超过一万个零部件的大型装配体，操作也极其方便。

SOLIDWORKS 2020 软件增强和改进了很多功能，其多数功能可直接响应客户的要求，可以快速地建模并验证复杂几何体，控制功能也更强。其新工具可以帮助用户按照自己的目标创建经济有效的设计。

编写目的

我国的机械设计行业已经日益普及并使用 SOLIDWORKS 软件进行产品设计，尤其是在珠三角、长三角、成渝等工业发达地区，很多工厂都使用 SOLIDWORKS 进行钣金设计、产品零件设计、产品装配设计和模具设计等。

目前，市场上优秀的 SOLIDWORKS 书籍并不多，多数只是简单的功能介绍、命令讲解等，没有对实用的知识点进行讲解，一些读者学完了一本书却还没达到入门水平。所以本书在内容编排上力求做到实用，读者学习完本书后，能够真正胜任企业的产品设计工作，而不是停留在了解功能命令的阶段。

本书特色

本书根据作者 10 多年的产品设计经验，结合各高校教师提出的宝贵建议，在第 2 版的基础上，更加注重职业技能训练，知识体系更加完善，实用性更强，并具有以下特点。

（1）重点体现操作特训和要点提示，技术含量高。

（2）功能解释详细到位，每个重要功能在本书实例中均得到体现。

（3）知识点讲解由易到难，初学者容易掌握全面的设计技巧。

（4）本书在第 2 版的基础上，第 1 章重点增加了零件模板的设置介绍，让读者初步了解模板的设置对设计出图有何作用和意义。

（5）本书增加了钣金模块，知识点更加丰富，便于从事钣金设计的读者深入学习。

（6）在高校教师的建议下，本书大篇幅增加了工程图的介绍，使读者掌握工程图模板的设置、如何将公司 CAD 图框导入作为模板、如何设置属性标签和如何创建材料明细表等。这些知识点在实际工厂中非常实用，可以大大提高设计者出图的效率和准确性。

（7）附操作源文件和详细的视频操作文件，犹如工程师手把手教学。

在线答疑

为了帮助读者快速高效地学习 SOLIDWORKS，购买了本书的读者如果在学习或工作中遇到疑难问题，可通过 QQ（630254865）或邮件的方式联系我们，本书作者将尽快为读者解决有关 SOLIDWORKS 的相关问题。

本书编写人员

本书主要由陈胜利、杨伟、罗泽良、龙淑嫔、韩思明编写，在编写过程中得到了多位一线产品设计工程师的技术支持和指导，在此表示衷心的感谢！

由于时间仓促和作者自身的水平有限，书中还存在一些不足之处，望广大读者批评和指正。

注：本书中没有特殊说明之处的尺寸单位均默认为毫米（mm）；文中 x 轴、y 轴等字母用正体，保持图文一致。

作　者

目　录

第 1 章

SOLIDWORKS 2020 的认识与操作

本章主要了解 SOLIDWORKS 2020 的设计特点，并学习其基本操作，包括鼠标和键盘的操作、背景颜色和模型颜色的设置、文件的管理与操作和快捷键的设置等。通过本章的学习，读者将对 SOLIDWORKS 2020 有大概的认识，并掌握一定的操作方法。

1.1 学习目标与课时安排

学习目标及学习内容

（1）了解 SOLIDWORKS 2020 设计特点及打开软件的方法。

（2）了解 SOLIDWORKS 2020 的各个模块。

（3）灵活运用鼠标和键盘进行 SOLIDWORKS 2020 的基本操作，如图形的选择、放大、缩小和移动等，需要重点掌握。

（4）掌握调出工作栏的方法，因为 SOLIDWORKS 的功能命令太多，需要适时调出。

（5）掌握创建功能快捷键的方法，这有利于初学者快速掌握 SOLIDWORKS 的命令，并有助于初学者提升学习信心。

（6）掌握打开和保存不同格式的文件的方法，因为在产品或机械设计中需要经常打开不同软件的 3D 文件，需要重点掌握。

学习课时安排（共 3 课时）

（1）SOLIDWORKS 2020 的设计特点、界面介绍、鼠标与键盘的运用（1 课时）。

（2）调入工具栏、创建快捷键和文件的操作管理（1 课时）。

（3）零件模板的设置等（1 课时）。

1.2 SOLIDWORKS 软件简介

SOLIDWORKS 是一款专注于三维 CAD 技术的专业化软件，SOLIDWORKS 软件公司起初的宗旨是“三维机械 CAD 软件，工程师人手一套”，正是基于这样的思路，SOLIDWORKS 很快便以其性能优越、易学易用、价格适中等特点在微机三维 CAD 市场中称雄。作为 Windows 原创软件的典型代表，SOLIDWORKS 是在总结和继承了大型机械 CAD 软件的基础上，在 Windows 环境下实现的第一个机械 CAD 软件。SOLIDWORKS 是面向产品级的机械设计工具，它全面采用非全约束的特征建模技术，为设计师提供了极强的设计灵活性。SOLIDWORKS 设计过程的全相关性，使设计师可以在设计过程中的任何阶段修改设计，同时联动相关部分的改变。SOLIDWORKS 完整的机械设计软件包提供了设计师必备的设计工具，如零件设计、装配设计和工程制图等。

机械工程师使用三维 CAD 技术进行产品设计是一种手段，而不是产品的终结。三维实体能够直接用于工程分析和数控加工，并直接进入电子仓库存档，才是三维 CAD 的目的。SOLIDWORKS 在分析、制造和产品数据管理领域采用全面开放、战略联合的策略，并配有黄金合作伙伴的优选机制，能够将各个专业领域中的优秀应用软件直接集成到其统一界面中。由于 SOLIDWORKS 是 Windows 原创的三维设计软件，充分利用了 Windows 的底层技术，因而可集成其他 Windows 原创软件的优势，从而达到功能强大且操作方便的目的。在不脱离 SOLIDWORKS 工作环境的情况下，可以直接启动各个专业的应用程序，从而实现三维设计、工程分析、数控加工、产品数据管理的全相关性。

SOLIDWORKS 不仅是设计部门的设计工具，也是企业各个部门产品信息交流的核心。三维数据将从设计工程部门延伸到市场营销、生产制造、供货商、客户及产品维修等各个部门，在整个产品的生命周期过程中，所有工作人员都将从三维实体中获益。因此，SOLIDWORKS 软件公司的宗旨也由“三维机械 CAD 软件，工程师人手一套”进一步延伸为“制造行业的各个部门，每一个人、每一瞬间、每一地点，三维机械 CAD 软件人手一套”。

经过十多年的发展，SOLIDWORKS 不仅为机械设计工程师提供了便利的工具，加快了设计开发的速度，而且随着互联网时代的到来、电子商务的兴起，SOLIDWORKS 开始为制造业的各方提供三维的电子商务平台，为制造业的各个环节提供服务。1999 年 4 月，SOLIDWORKS 成功地通过股票交换成为达索系统集团的独立子公司，不仅在财力上得到了强大支持，市场定位也更加准确。2000 年之后，随着网络泡沫的破裂，很多 IT 厂商出现负增长。CAD 作为 IT 行业的传统产业，虽然没有出现负增长，但许多老牌 CAD 公司的营业额增长缓慢（2%～10%）。在如此不景气的大环境下，SOLIDWORKS 却实现了高增长，再次引起了 CAD 业界的瞩目。

1.3 SOLIDWORKS 2020 各模板简介

在计算机桌面上双击图标或选择〖开始〗/〖程序〗/〖SOLIDWORKS 2020〗命令，稍等片刻即会弹出 SOLIDWORKS 2020 的初始界面，如图 1-1 所示，此时可新建文件或打开已有文件。

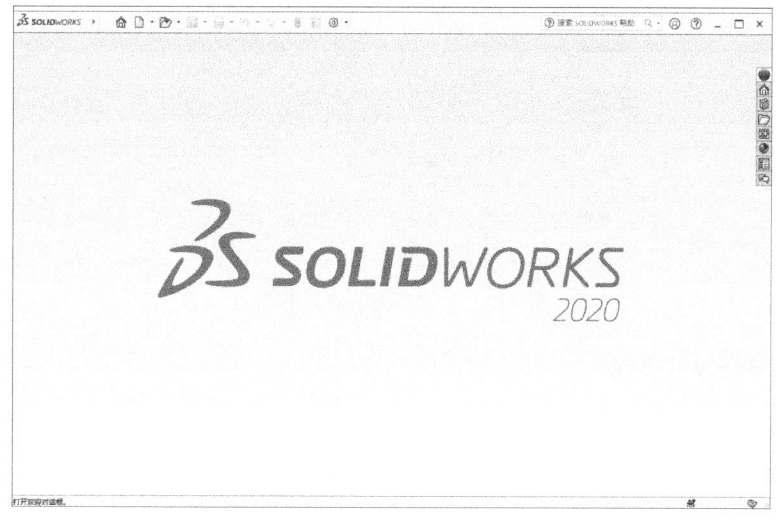

图 1-1　SOLIDWORKS 2020 的初始界面

在〖标准〗工具栏中单击〖新建〗按钮，弹出〖新建 SOLIDWORKS 文件〗对话框，如图 1-2 所示。这里可选择直接进入的模块有零件模块、装配体模块和工程图模块。另外，在零件模块中还可以进行钣金设计、焊接设计、模具设计等，如图 1-3 所示。

图 1-2　〖新建 SOLIDWORKS 文件〗对话框

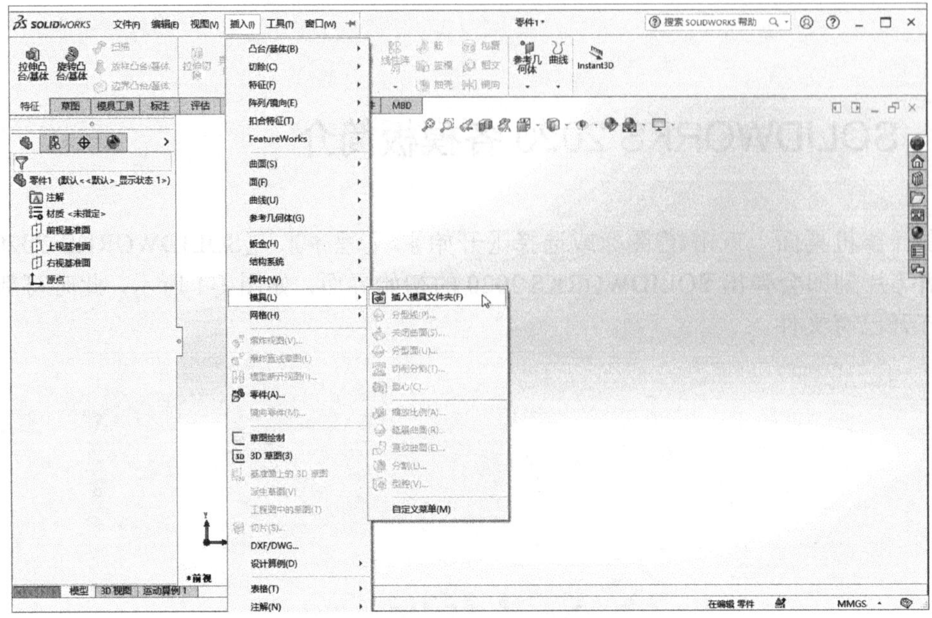

图 1-3　零件模块下的其他模式

1. 进入零件设计界面

在〖新建 SOLIDWORKS 文件〗对话框中选择“零件”模块并单击 确定 按钮，即可进入零件设计界面，如图 1-4 所示。在该界面中可以进行新的零件设计、打开已有的文件或输入其他格式的文件等。

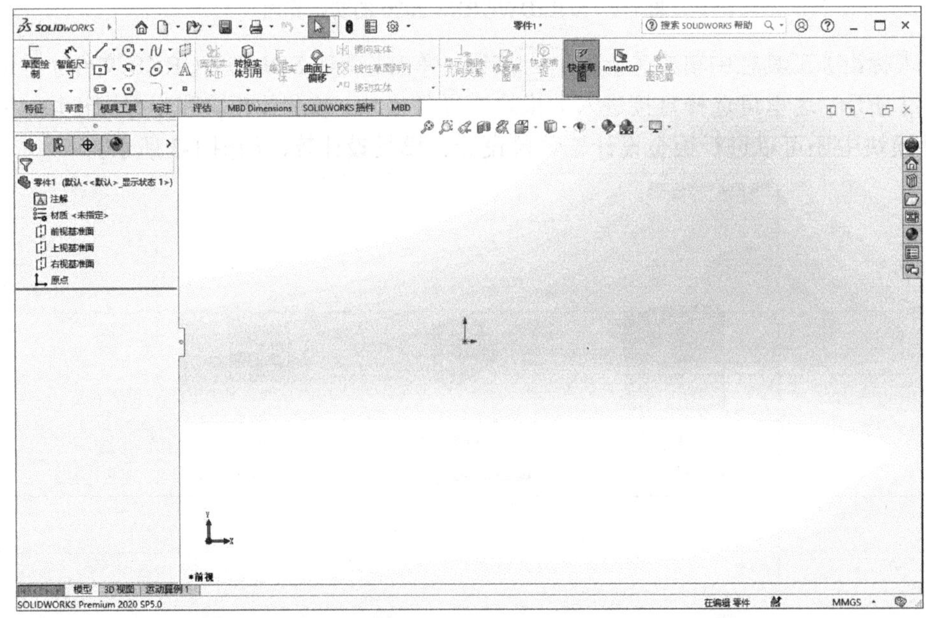

图 1-4　零件设计界面

2. 进入装配体界面

在〖新建 SOLIDWORKS 文件〗对话框中选择“装配体”模块，并单击 高级 按钮，在弹出的〖新建 SOLIDWORKS 文件〗对话框中选择 assem 模板，然后单击 确定 按钮，如图 1-5 所示，即进入“装配体”环境界面。此时，系统自动弹出〖开始装配体〗对话框和〖打开〗对话框，如图 1-6 所示，可以选择需要装配的 SOLIDWORKS 文件进行装配。

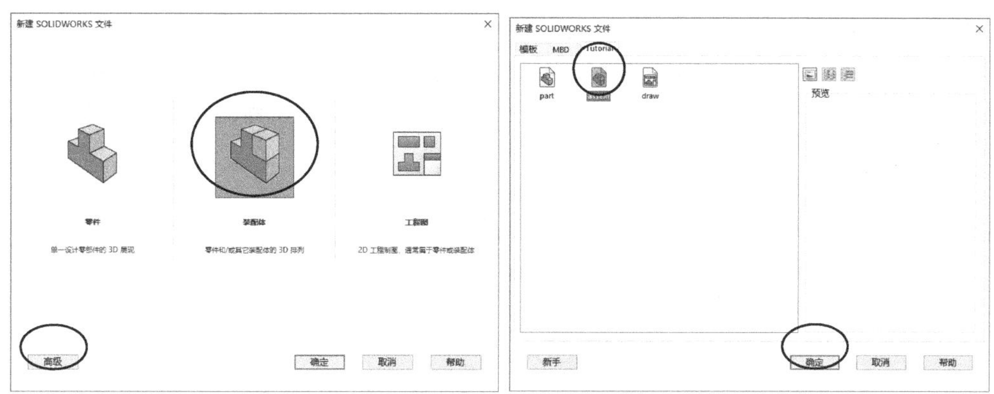

图 1-5 选择“装配体”模块

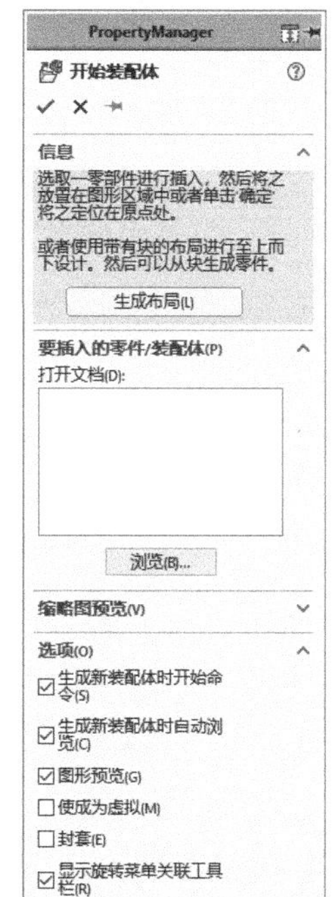

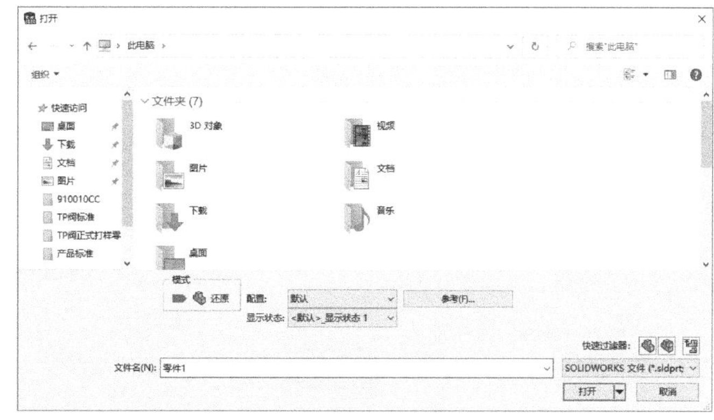

图 1-6 〖开始装配体〗对话框和〖打开〗对话框

要点提示

由于系统默认的模板是“零件”模板，如果直接在〖新建 SOLIDWORKS 文件〗对话框中选择“装配体”并单击 确定 按钮，此时进入的界面仍然是“零件”界面，初学者可以尝试操作。

3. 进入工程图界面

在〖新建 SOLIDWORKS 文件〗对话框中选择“工程图”模块，并单击 高级 按钮，在弹出的“新建 SOLIDWORKS 文件”对话框中选择 draw 模板，然后单击 确定 按钮，如图 1-7 所示，即进入“工程图”环境界面，如图 1-8 所示。在该界面中可以制作零件工程图和装配图等。

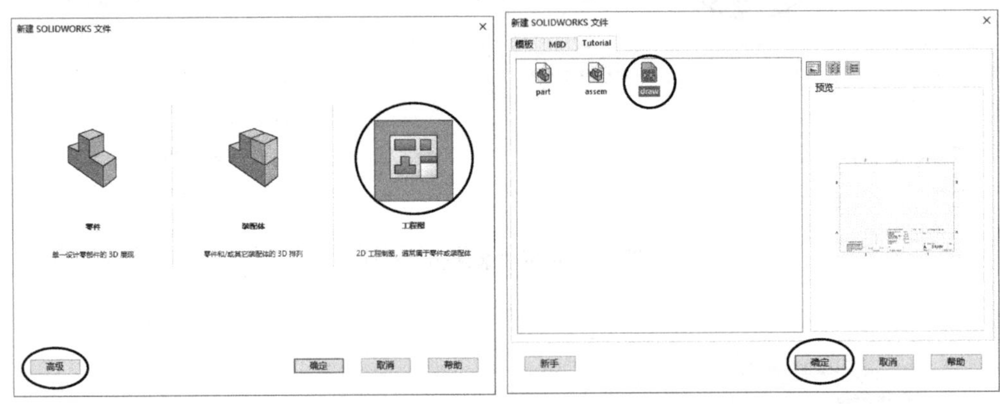

图 1-7 选择“工程图”模块和模板

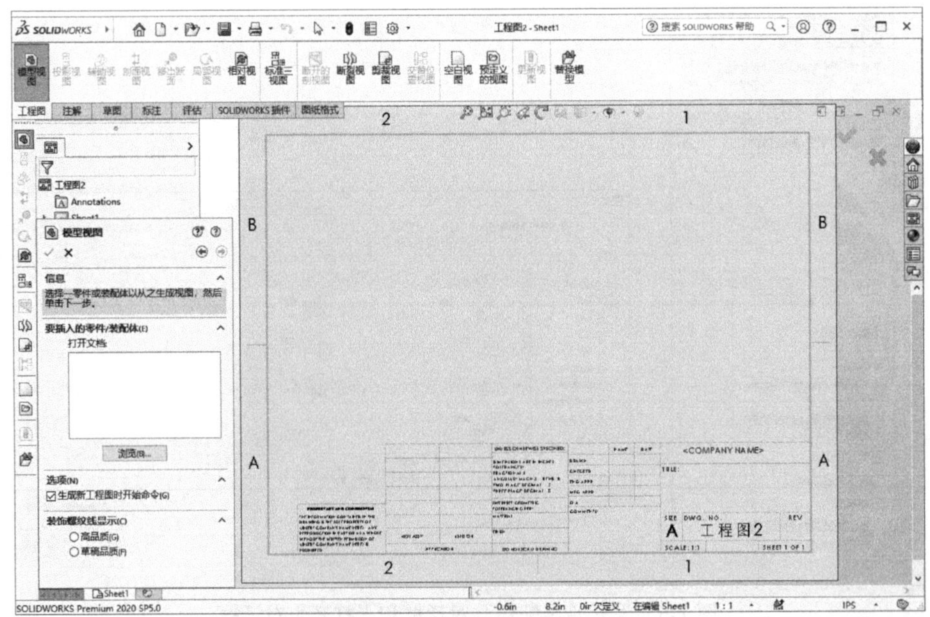

图 1-8 进入工程图环境界面

1.4 SOLIDWORKS 2020 零件设计界面介绍

如图 1-9 所示为 SOLIDWORKS 2020 的零件设计界面。

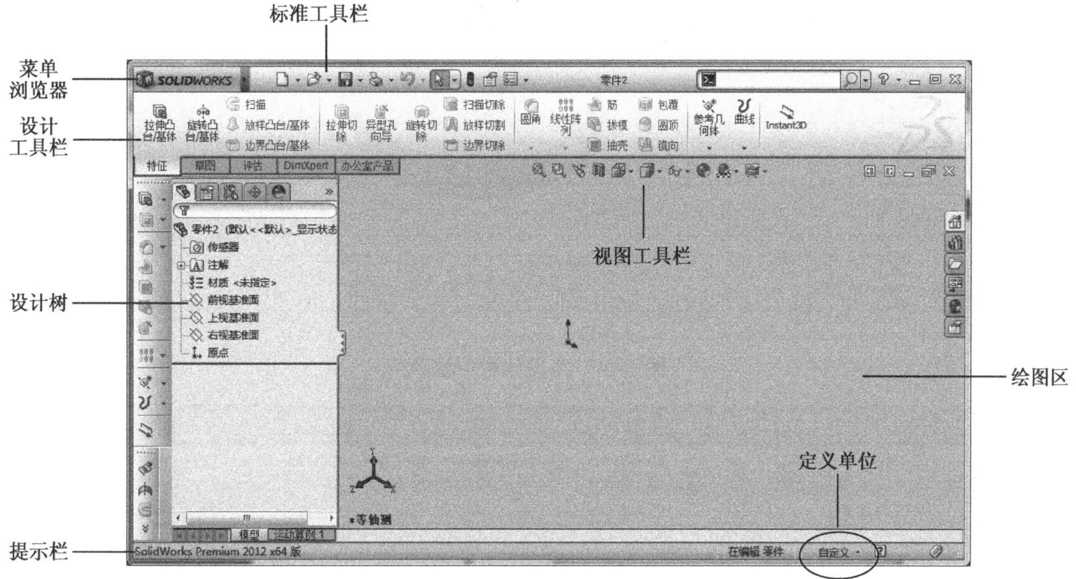

图 1-9 零件设计界面

（1）菜单浏览器——移动光标到界面左上角的菜单浏览器上，则会显示 SOLIDWORKS 所有的菜单，如图 1-10 所示。

图 1-10 菜单浏览器

（2）标准工具栏——用来对文件执行最基本的操作，如新建、打开、保存、打印等。

（3）设计工具栏——SOLIDWORKS 的零件设计功能非常强大，因而包含了很多工具栏，如〖特征〗工具栏、〖曲面〗工具栏、〖草图〗工具栏和〖曲线〗工具栏等。

（4）设计树——主要用于记录设计过程的每一个步骤，如需修改特征，则需要选择该特征并单击鼠标右键，接着在弹出的对话框中单击〖编辑特征〗按钮，如图 1-11 所示。

（5）绘图区——绘图区占据着设计界面的大部分空间，用于显示正在设计中的图素或打开的文件模型。另外，在绘图区的空白位置单击鼠标右键，会弹出相应的右键菜单，其包含了一些常用的操作命令，如图 1-12 所示。

（6）提示栏——位于界面的左下方，其主要作用是提示用户操作的步骤，对于初学者来说非常有用。

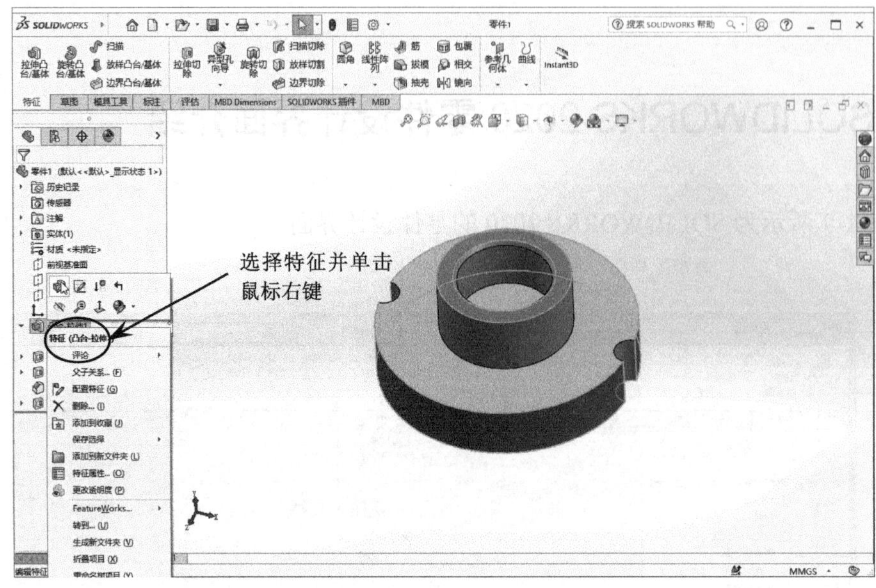

图 1-11　在设计树中修改

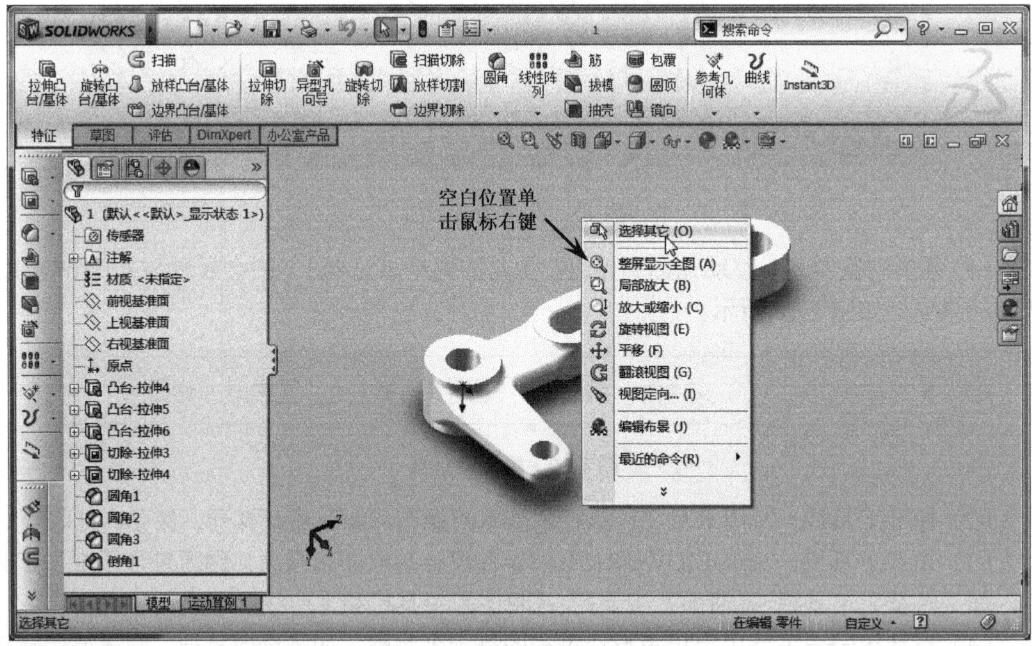

图 1-12　在绘图区空白位置单击鼠标右键

1.5　鼠标与键盘的使用

使用 SOLIDWORKS 软件进行设计时，离不开使用鼠标和键盘。正确使用鼠标和键盘进行快速有效地设计是每个 SOLIDWORKS 初学者必须掌握的技能。

1. 鼠标的使用

（1）鼠标左键：选择菜单、单击按钮、选择特征或图素时使用。

（2）鼠标中键（滚轮）：用于放大和缩小模型，便于观看模型。

（3）鼠标右键：在绘图区域中单击鼠标右键，会弹出右键菜单；选择特征并单击鼠标右键，会弹出相应的操作命令。

（4）Ctrl+鼠标中键：同时按住 Ctrl 和鼠标中键，可平移绘图区的模型。

2. 键盘的使用

当需要设置快捷键或在对话框中输入参数时，需要使用键盘。另外，当需要删除特征或进行快捷键操作时，也需要使用键盘。

1.6 工具栏的调入与设置

SOLIDWORKS 默认的工作界面中并未显示所有的操作工具栏，当用户需要工具栏时可调出。在界面上部工具栏处单击鼠标右键，弹出右键菜单，然后选择需要调出的工具栏即可，调出的〖曲面〗工具栏如图 1-13 所示。

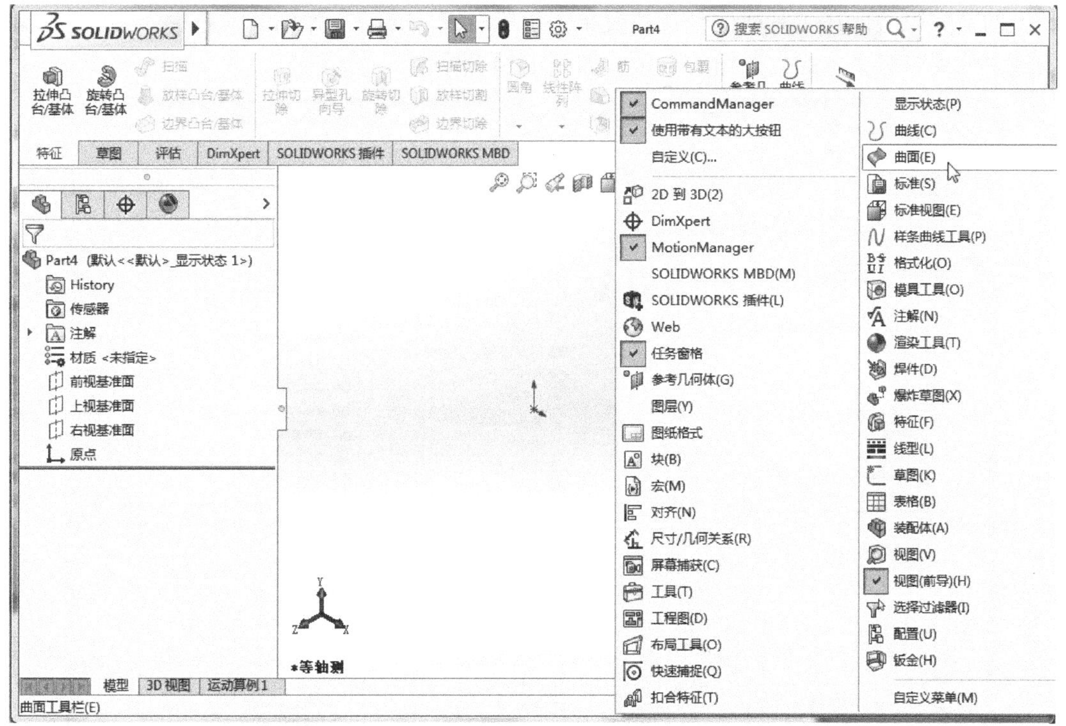

图 1-13 调出的工具栏

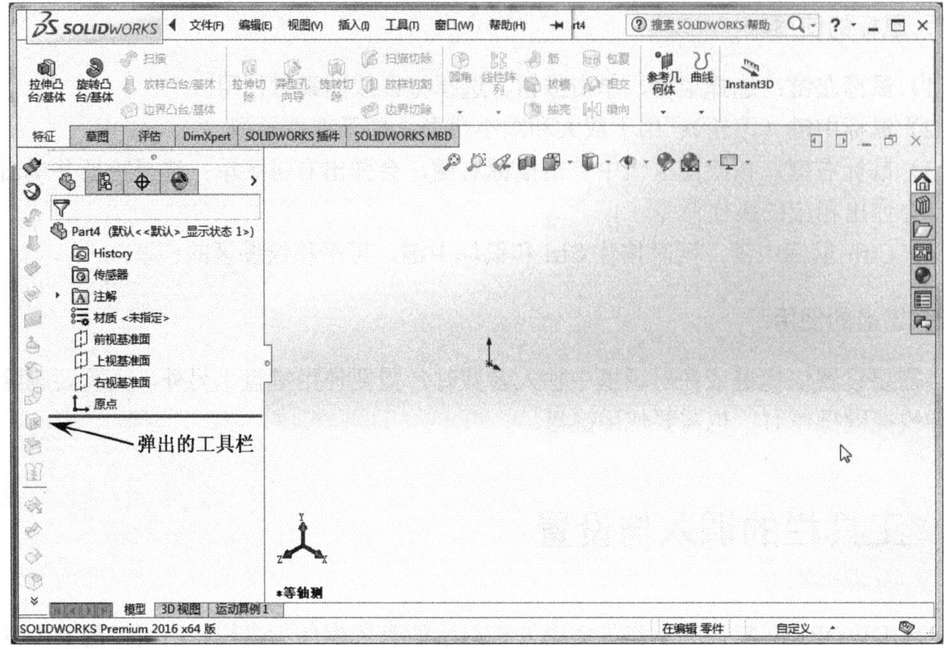

图 1-13　调出的工具栏（续）

当初学者对 SOLIDWORKS 的界面及各常用功能按钮已经基本熟悉后，可以将功能按钮上的文字隐藏。在工具栏的任意位置单击鼠标右键，接着在弹出的〖右键〗菜单中取消勾选“使用带有文本的大按钮”选项，如图 1-14 所示。

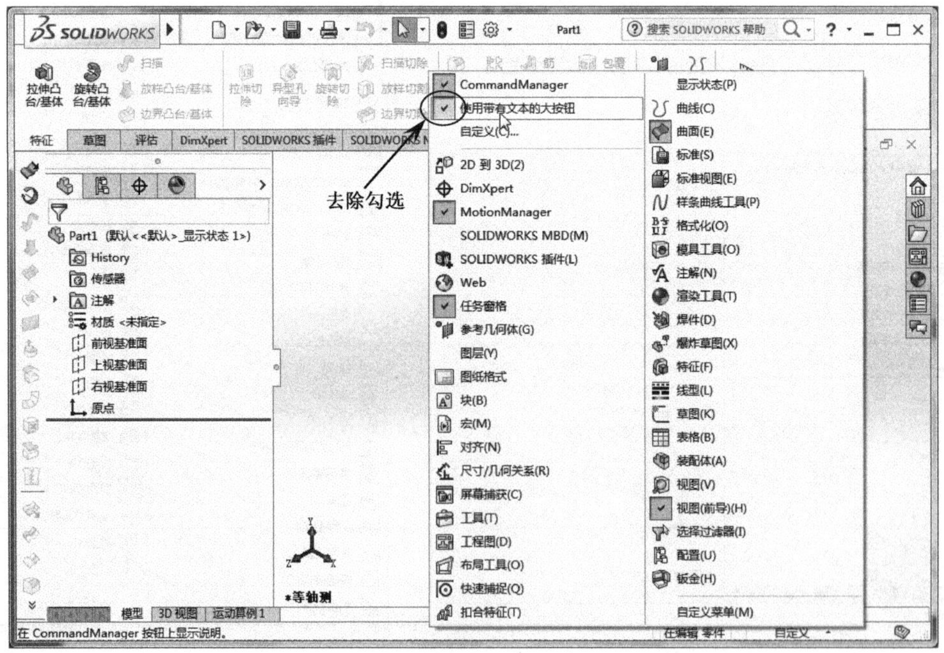

图 1-14　隐藏功能按钮的文本

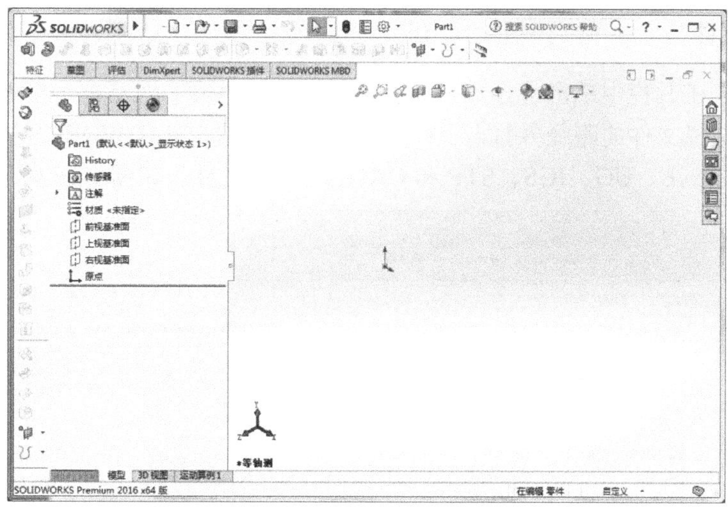

图 1-14　隐藏功能按钮的文本（续）

1.7　SOLIDWORKS 2020 文件的操作与管理

启动 SOLIDWORKS 2020 软件后，进入的是初始界面，此时可以新建文件或打开已经存在的文件。也可以打开其他格式的文件，如 UG、Pro/E、CATIA、IGS 和 STP 等常用的 3D 文件。

1．新建 SOLIDWORKS 文件

在〖标准〗工具栏中单击〖新建〗按钮，弹出〖新建 SOLIDWORKS 文件〗对话框，接着选择“零件”的模块并单击 确定 按钮，即进入零件设计界面，如图 1-15 所示。

图 1-15　新建 SOLIDWORKS 文件

2. 打开文件

在〖标准〗工具栏中单击〖打开〗按钮，弹出〖打开〗对话框，接着设置打开的文件类型，然后选择文件的路径并打开。打开的文件可以是 SOLIDWORKS 文件，也可以是常用的 CAD、Pro/E、UG、IGS、STP 和 CATIA 等 3D 文件，如图 1-16 所示。

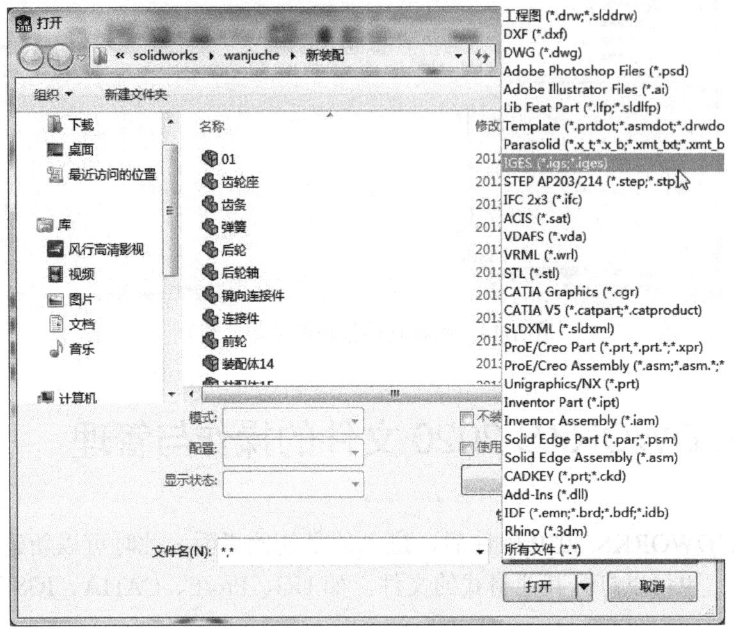

图 1-16 打开文件

要点提示

虽然 SOLIDWORKS 能直接打开其他格式的文件，但除 IGES 和 STEP 等通用格式文件外，如果其他软件的版本比当前使用的 SOLIDWORKS 版本高时（多数以软件发行的时间先后作比较），那么直接打开文件会失败，如要继续打开该文件，则需要将该文件转换为低版本或转换为通用格式的文件。

3. 保存文件

当设计完成后，需要保存当前的文件。在〖标准〗工具栏中单击〖保存〗按钮，弹出〖另存为〗对话框，然后设置文件的保存路径并输入文件名称即可，如图 1-17 所示。

要点提示

① 保存文件的名称可以是中文名，也可以是由数字或字母组成的名称。

② 保存文件的类型可以是 SOLIDWORKS 格式的文件，也可以是 Pro/E、UG、STP 和 IGS 等常用的文件格式。

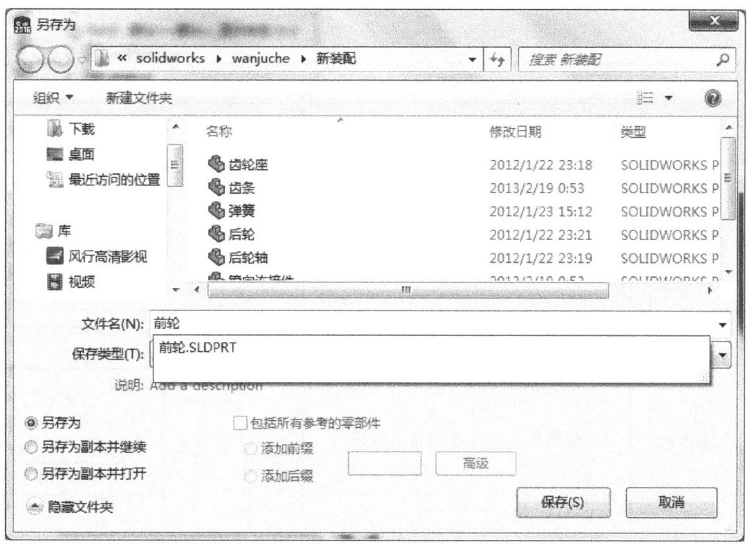

图 1-17　保存文件

1.8　视图显示的模式

在设计过程中，需要通过切换视图或改变模型的渲染形式来观察效果。

1. 视图的设置

SOLIDWORKS 提供了 7 种常用的视图显示方式，包括〖正等测图〗、〖俯视图〗、〖主视图〗、〖右视图〗、〖仰视图〗、〖后视图〗和〖左视图〗，其说明如表 1-1 所示。

表 1-1　视图的说明

视图类型	图　标	说　明	图　示
正等测图		视图从正等测看的显示效果	
俯视图		视图从上向下看的显示效果	

续表

视图类型	图　标	说　明	图　示
主视图		视图从前向后看的显示效果	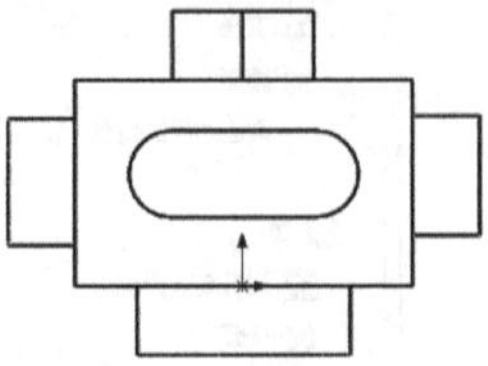
右视图		视图从右向左看的显示效果	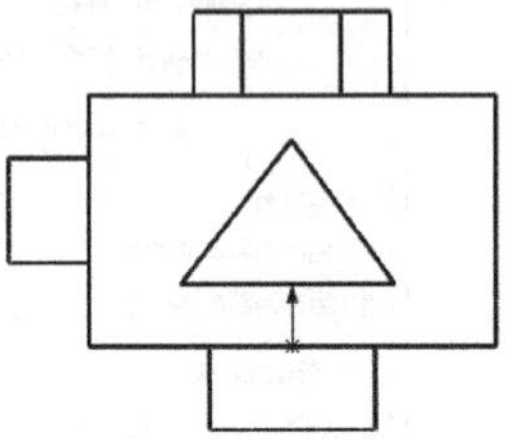
仰视图		视图从下向上看的显示效果	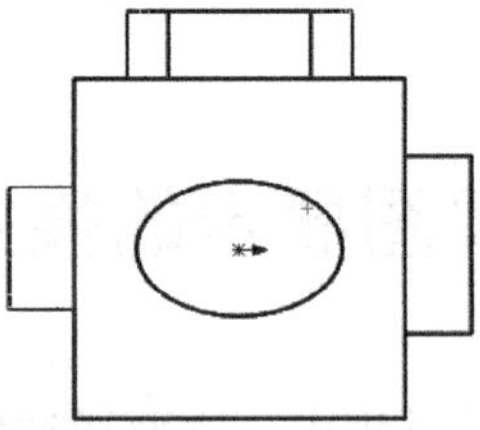
后视图		视图从后向前看的显示效果	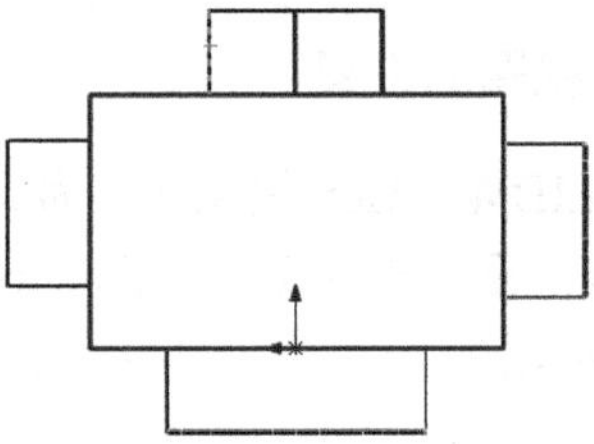
左视图		视图从左向右看的显示效果	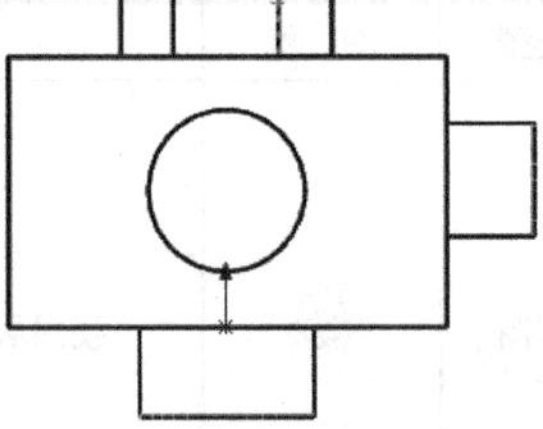

2．渲染模式的设置

SOLIDWORKS 提供了 5 种常见的渲染模式，包括〖线架图〗、〖隐藏线可见〗、〖消除隐藏线〗、〖上色〗和〖带边线上色〗。在菜单栏中选择〖查看〗/〖渲染模式〗命令，即可在弹出的下拉菜单中看到渲染的 5 种模式，其说明如表 1-2 所示。

表 1-2　渲染模式

渲染模式	图　标	说　明	图　示
线架图		能看到模型所有的线条，并全部以实线形式显示	
隐藏线可见		不能看到的轮廓线以模糊虚线的形式显示	
消除隐藏线		只显示能看到的轮廓线	
上色		模型着色显示，但不显示轮廓线	
带边线上色		模型着色显示，并显示轮廓线	

1.9　快捷键的设置

通过设置快捷键，可以提高设计的速度。在〖标准〗工具栏中的“选项”下拉菜单中选择〖自定义〗命令，弹出〖自定义〗对话框。选择 键盘 选项，接着在“搜索”栏中输入要想设置快捷键的命令名称。如需要设置“扫描”命令的快捷键，则在“搜索”栏中输入“扫描”的名称，此时，系统会自动搜索出与“扫描”相关的所有命令，然后在对应的快捷键处输入相应的快捷键，如图 1-18 所示，设置完成后单击 确定 按钮即可。

自定义

工具栏 快捷方式栏 命令 菜单 键盘 鼠标笔势 自定义

类别(A): 所有命令　　打印列表(P)...　复制列表(C)

显示(H):　　重设到默认(D)

搜索(S): 扫描　　移除快捷键(R)

类别	命令	快捷键	搜索快捷键
插入(I)	凸台/基体(B)		
插入(I)	扫描(S)..	S	
插入(I)	切除(C)		
插入(I)	扫描(S)..	Shift+S	
插入(I)	曲面(S)		
插入(I)	扫描曲面(S)..	Alt+S	
插入(I)	钣金(H)		
插入(I)	扫描法兰(W)..	Ctrl+2	

说明

沿开环或闭环轮廓路径或系列边线扫描开环轮廓以生成钣金折弯。

确定　取消　帮助(H)

图 1-18　创建快捷键

由图 1-18 可以看到，设置的快捷键可以是字母，也可用 Ctrl 或 Shift 键加字母、数字组合而成。

1.10　背景颜色的设置

如果需要修改界面的背景颜色，可单击主界面上方的〖应用布景〗下拉按钮，即弹出相应的背景设置工具，如图 1-19 所示。如需要纯白色的背景，则在下拉菜单中选择“单白色”即可。

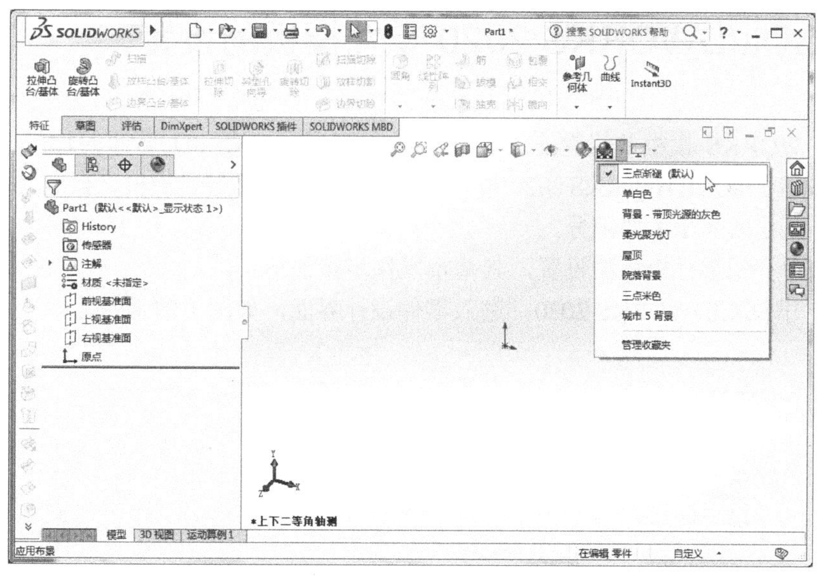

图 1-19　背景设置工具

1.11　修改模型颜色

在实际设计中，尤其是装配体多个零件同时显示时，经常需要修改模型的颜色以方便区分不同的零件。首先，选中需要修改的模型，接着在弹出的菜单中单击〖外观〗下拉菜单，然后选择零件的名称，在弹出的〖颜色〗对话框中重新选择新的颜色即可，如图 1-20 所示。

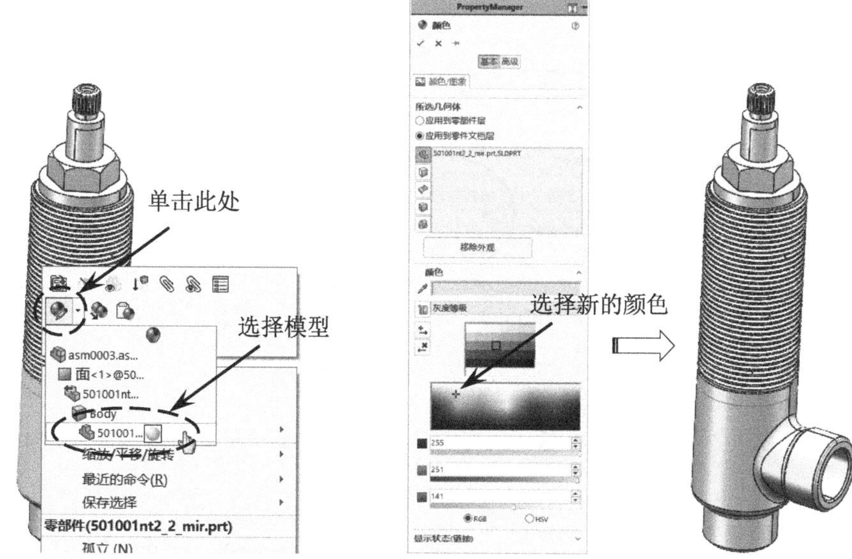

图 1-20　修改模型颜色

1.12 SOLIDWORKS 2020 零件模板的设置

SOLIDWORKS 模板的设置是非常重要的，可以更方便 3D 设计的输入、输出，零件出工程图等。SOLIDWORKS 2020 最常规的设置主要包括普通模板、自定义属性、材料明细表和图纸格式 4 个主要部分。

下面简单介绍零件模板的设置，其基本操作步骤如下。

（1）打开 SOLIDWORKS 2020，进入零件设计界面，如图 1-21 所示。

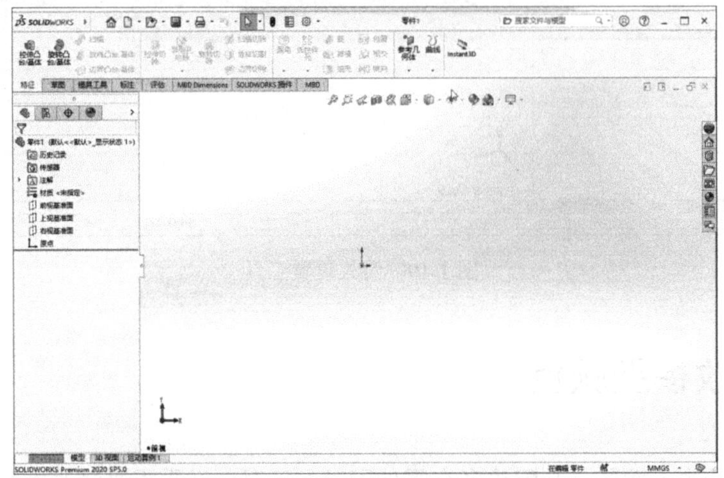

图 1-21　进入零件设计界面

（2）在零件设计界面最顶部的工具栏中单击〖选项〗按钮，在弹出的〖文档属性〗对话框中选择 文档属性(D) 选项卡，在选项列表中选择“单位”选项，然后设置参数如图 1-22 所示。

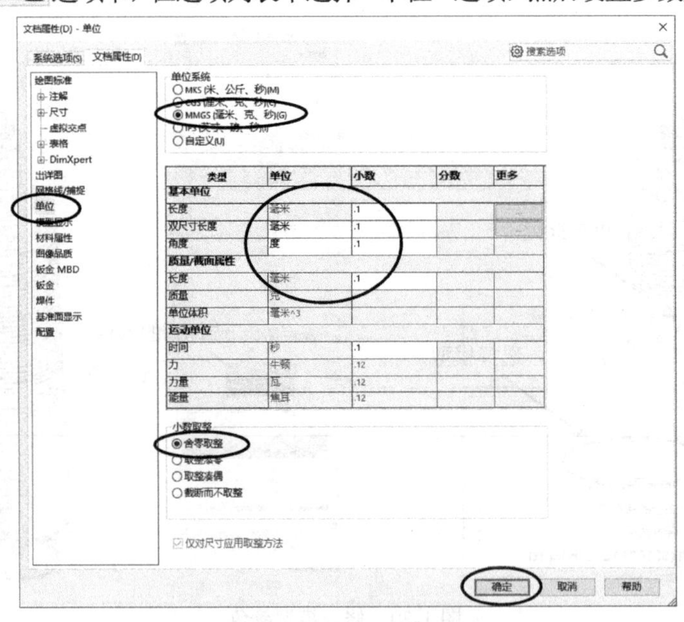

图 1-22　设置单位参数

要点提示

以上单位参数设置后，接下来绘制的草图实际尺寸及小数点位数都会按照该设置进行，每次绘制草图时不再需要修改单位或小数点。

（3）在选项列表中选择“材料属性”选项，然后设置参数如图 1-23 所示，完成后单击 确定 按钮退出。

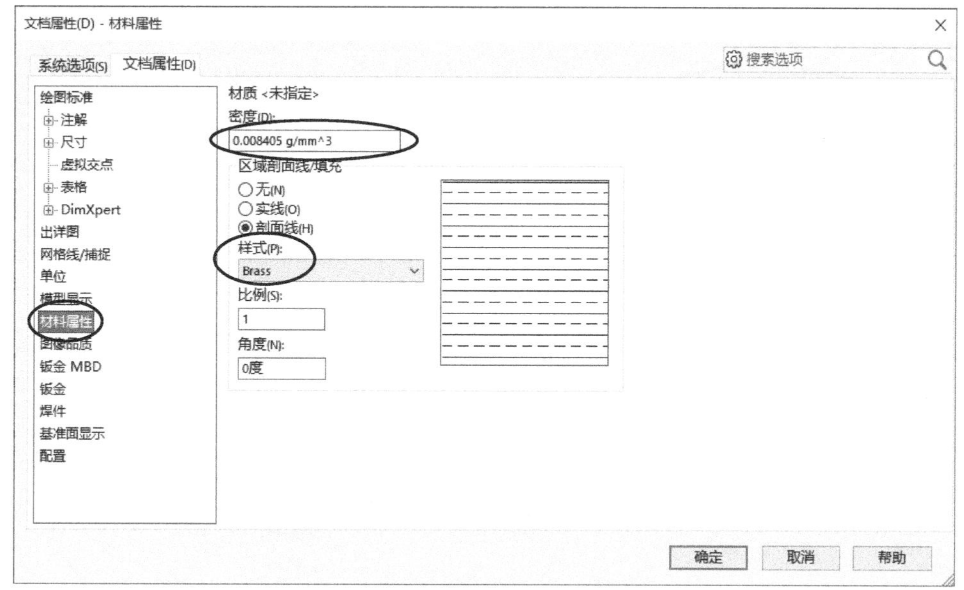

图 1-23　设置材料属性参数

要点提示

这里可以选择一种平时经常使用的材料，当设置了密度参数后，系统会根据设计的模型自动计算出其重量。有了产品重量，前期则可以评估产品的成本或提供相应的产品报价。

（4）在零件设计界面最顶部的工具栏中单击〖保存〗按钮，然后在弹出的对话框中设置文件的保存路径，可参考如图 1-24 所示的路径形式，并设置文件保存类型为 Part Templates(*.prtdot)，单击 保存(S) 按钮。

（5）在零件设计界面最顶部的工具栏中单击〖选项〗按钮，接着在弹出的对话框中选择 系统选项(S) 选项卡，然后选择“文件位置”选项。选择现有的文件夹路径，单击 删除(E) 按钮将其删除；单击 添加(D)... 按钮，然后选择前面已保存的模板路径，如图 1-25 所示，单击 确定 按钮。

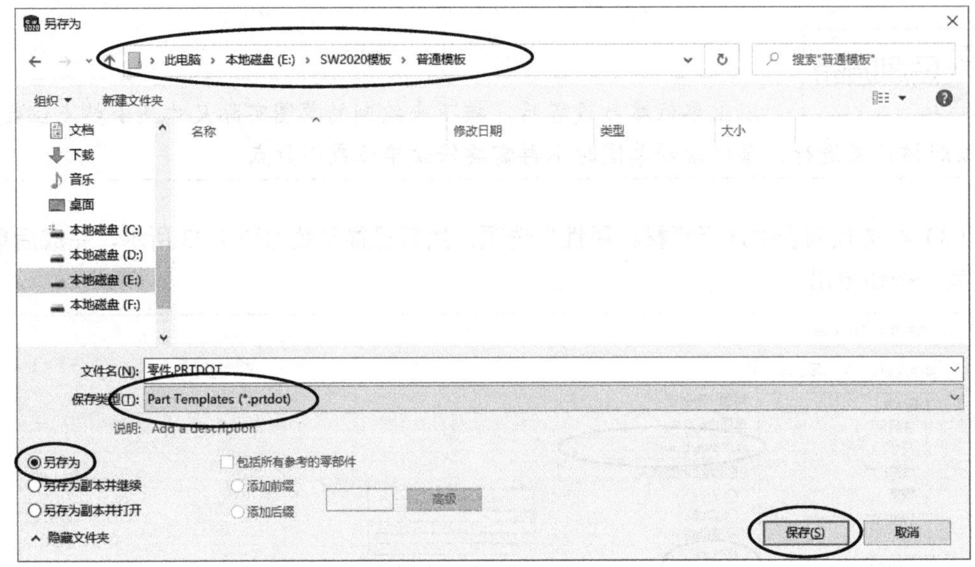

图 1-24　保存模板文件

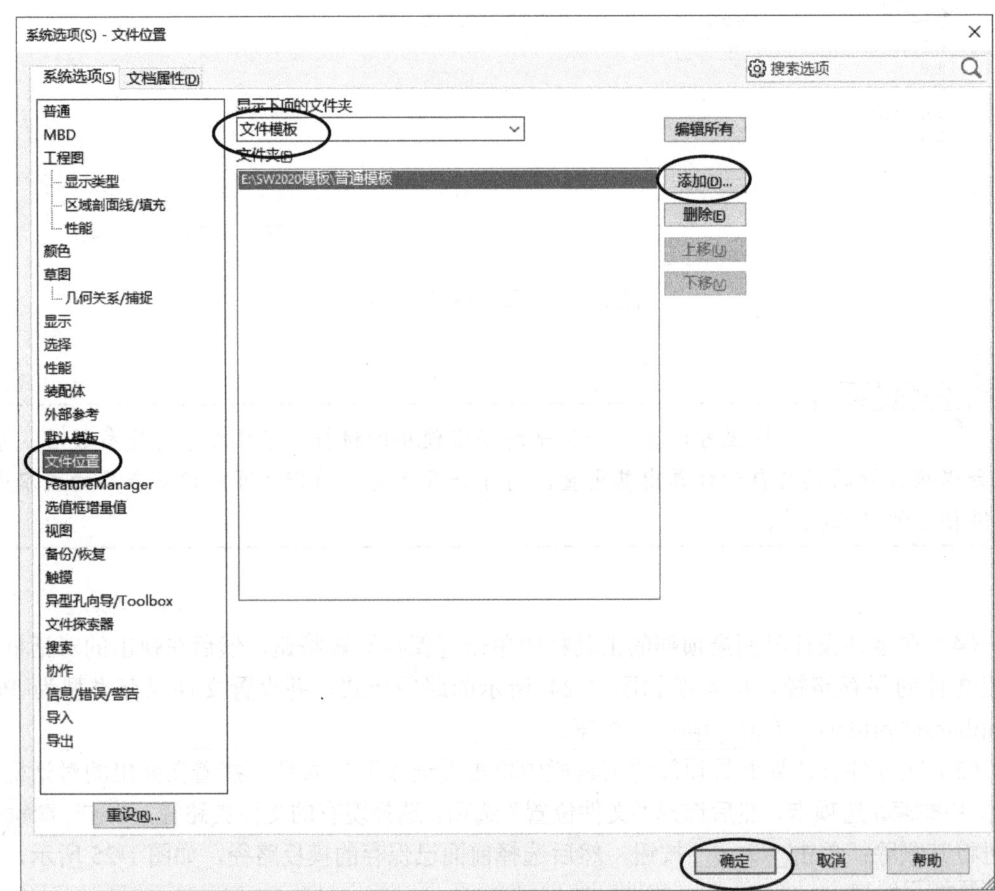

图 1-25　设置模板位置

按以上的步骤进行操作，即可完成零件模板的基本设置。

要点提示

以上零件模板的设置主要是方便零件的三维设计，但为方便零件工程出图，零件模板还应包含零件的名称、图号、重量和表面处理等重要信息，在本书的 16.8 节将重点介绍零件自定义属性的创建方法。

1.13 SOLIDWORKS 2020 设计入门演示

通过创建如图 1-26 所示的塑料水杯模型，可使读者了解 SOLIDWORKS 建模的基本思路和方法。

图 1-26 塑料水杯模型

（1）在计算机桌面双击图标，启动 SOLIDWORKS 2020 软件。

（2）在〖标准〗工具栏中单击〖新建〗按钮，弹出〖新建 SOLIDWORKS 文件〗对话框。选择“零件”选项，然后单击 确定 按钮进入零件设计界面。

（3）拉伸创建实体。在〖特征〗工具栏中单击〖拉伸凸台〗按钮，接着选择“上视基准面”为草图平面，如图 1-27（a）所示，然后在〖草图〗工具栏中单击〖圆〗按钮，并创建如图 1-27（b）所示的圆，单击〖退出草图〗按钮。在〖凸台-拉伸〗对话框中设置如图 1-27（c）所示的参数，单击〖确定〗按钮，效果如图 1-27（d）所示。

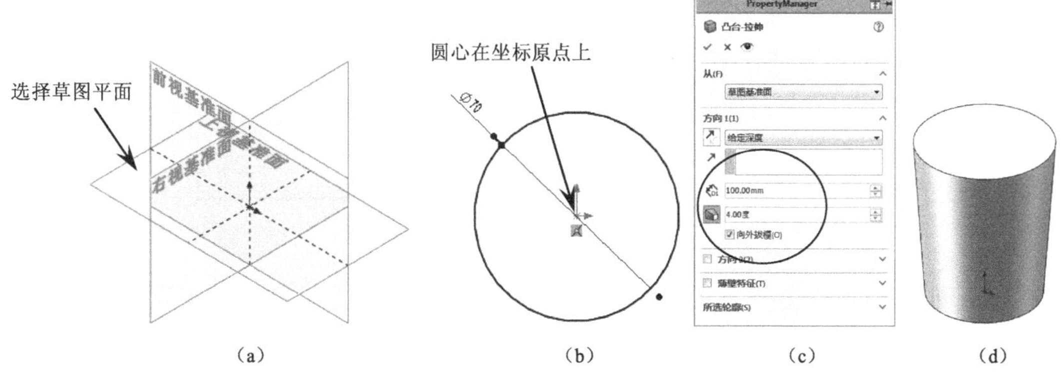

（a） （b） （c） （d）

图 1-27 拉伸创建实体

（4）创建草图 2。在〖草图〗工具栏中单击〖草图绘制〗按钮，在设计树中选择“前视基准面”，接着在〖标准视图〗工具栏中单击〖正视于〗按钮，使视图按草图平面放置，然后使用〖3 点圆弧〗命令创建如图 1-28 所示的两段圆弧，单击〖退出草图〗按钮。

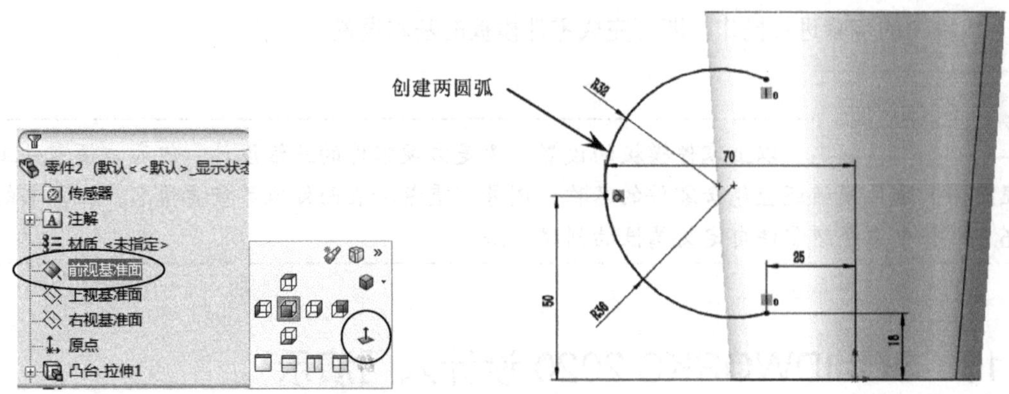

图 1-28　创建草图 2

要点提示

选择草图平面后，视角并没有转到草图平面的视角上，需要单击〖正视于〗按钮切换到草图平面视角，这样便于创建草图。

（5）创建基准平面。在〖参考几何体〗工具栏中单击〖基准面〗按钮，弹出〖基准面〗对话框，接着依次选择如图 1-29 所示的点和曲线，然后单击〖确定〗按钮。

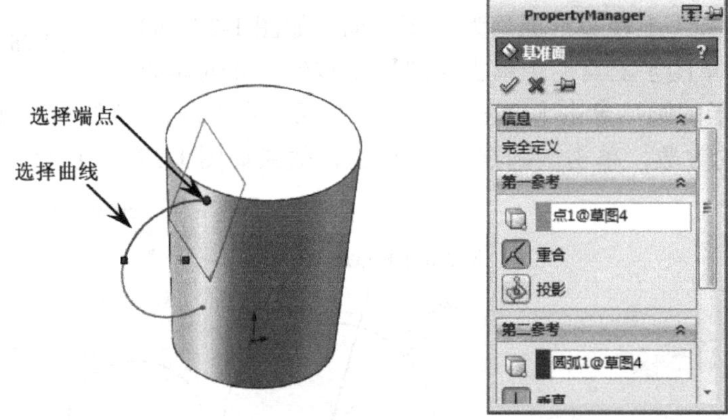

图 1-29　创建基准平面

（6）创建草图 3。在〖草图〗工具栏中单击〖草图绘制〗按钮，在设计树中选择“基准面 1”，接着在〖标准视图〗工具栏中单击〖正视于〗按钮，使视图按草图平面放置，然后使用〖3 点圆弧〗命令创建如图 1-30 所示的两段圆弧，单击〖退出草图〗按钮。

（7）扫描创建实体。在〖特征〗工具栏中单击〖扫描〗按钮，弹出〖扫描〗对话框，然后在设计树中依次选择草图 3（截面）和草图 2（轨迹），并设置如图 1-31 所示的参数，单击〖确定〗按钮。

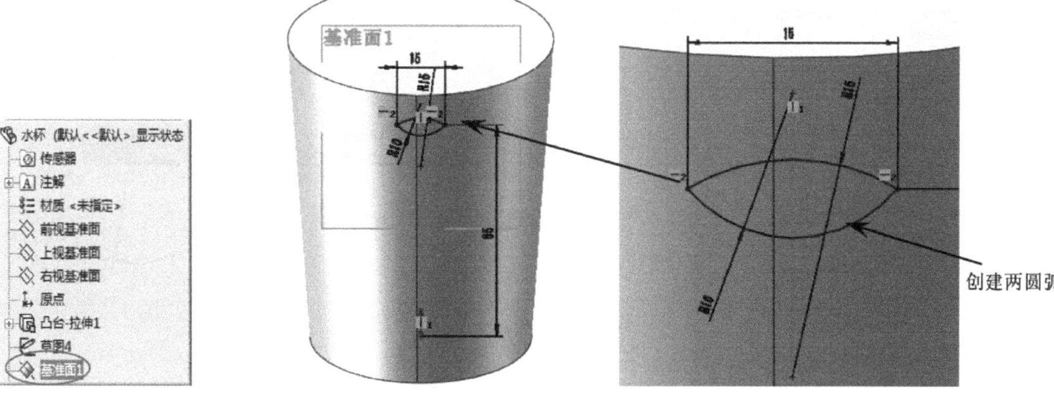

图 1-30　创建草图 3

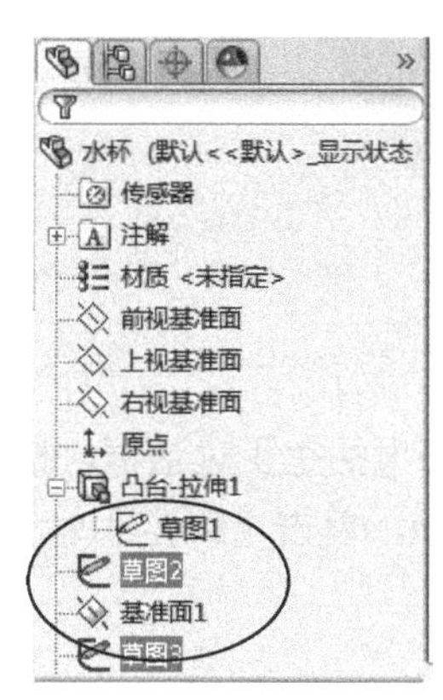

图 1-31　扫描创建实体

此处不能勾选“合并结果”选项，否则会影响后面的抽壳。

（8）创建草图 4。在〖草图〗工具栏中单击〖草图绘制〗按钮，在设计树中选择“前视基准面”，接着在〖标准视图〗工具栏中单击〖正视于〗按钮，使视图按草图平面放置，然后使用〖3 点圆弧〗命令创建如图 1-32 所示的草图 4，单击〖退出草图〗按钮。

（9）旋转切除实体。在〖特征〗工具栏中单击〖旋转切除〗按钮，弹出〖切除-旋转〗对话框，接着选择草图中的中心线，并设置如图 1-33 所示的参数，单击〖确定〗按钮。

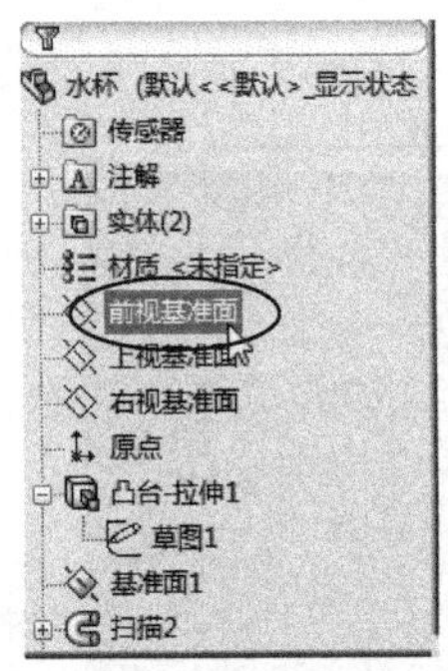

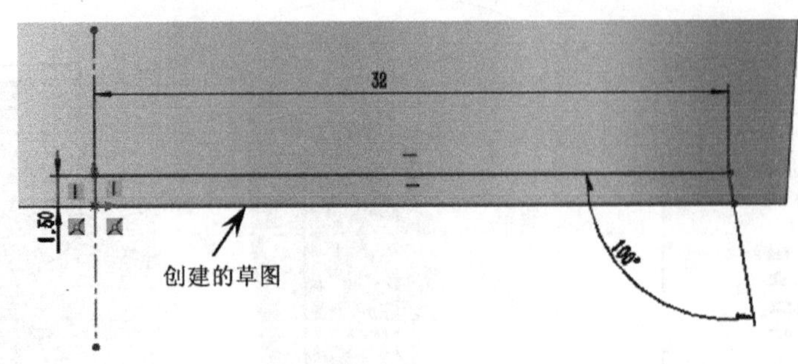

图 1-32　创建草图 4

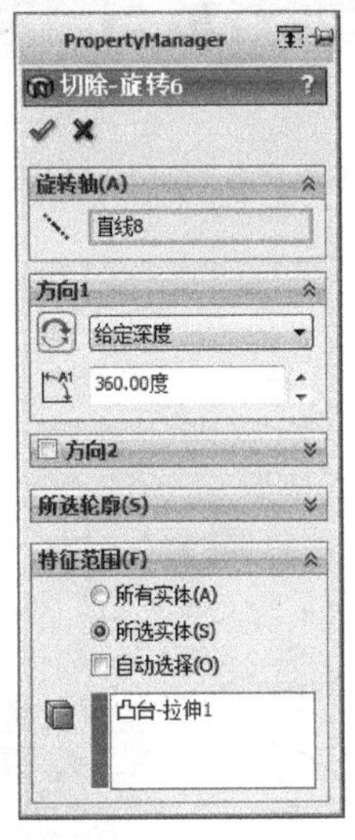

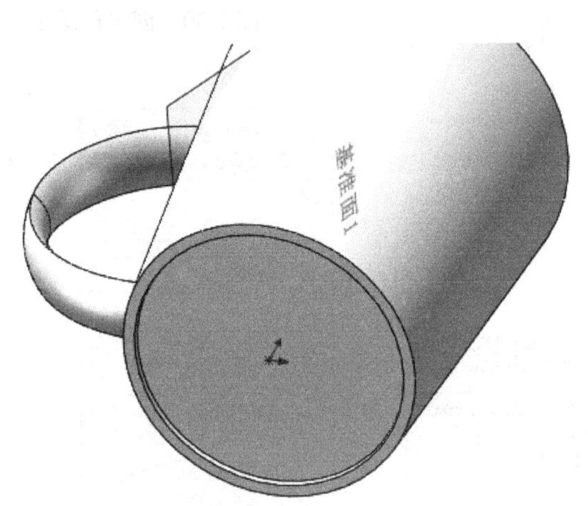

图 1-33　旋转切除实体

（10）抽壳。在〖特征〗工具栏中单击〖抽壳〗按钮，弹出〖抽空〗对话框，接着选择如图 1-34 所示的底面为删除面，然后设置抽壳厚度为 2.00 mm，单击〖确定〗按钮。

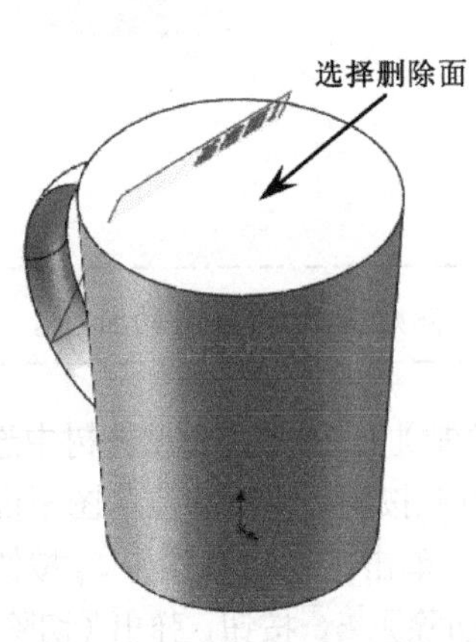

图 1-34　抽壳

（11）组合实体。在菜单栏中选择〖插入〗/〖特征〗/〖组合〗命令，然后依次选择杯身和手柄，并设置如图 1-35 所示的参数，单击〖确定〗按钮。

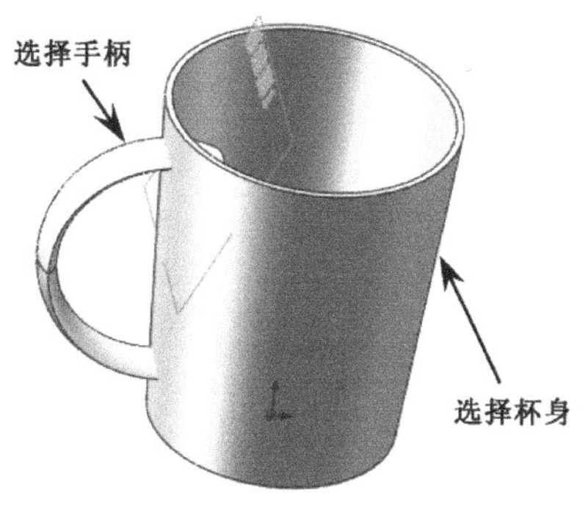

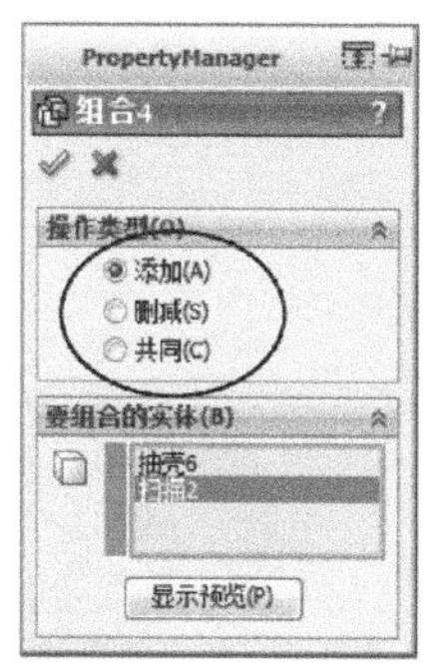

图 1-35　组合实体

（12）拉伸切除实体。在〖特征〗工具栏中单击〖拉伸切除〗按钮，接着选择杯内底面为草图平面，如图 1-36（a）所示，然后在〖草图〗工具栏中单击〖圆〗按钮，并创建如图 1-36（b）所示的圆，单击〖退出草图〗按钮。在〖切除-拉伸〗对话框中设置如图 1-36（c）所示的参数，单击〖确定〗按钮。

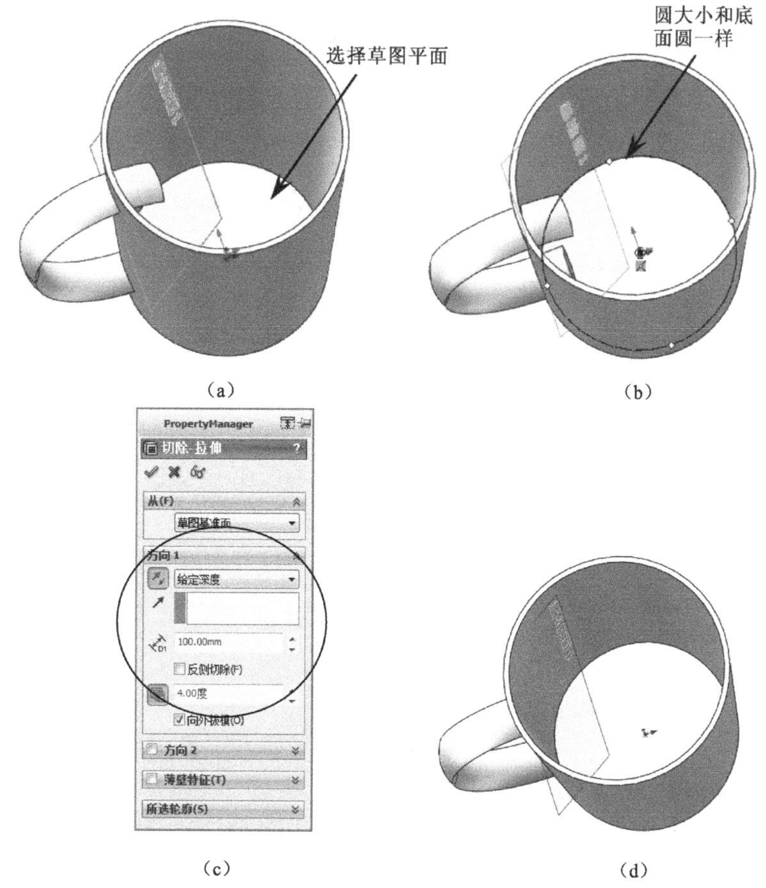

图 1-36　拉伸切除实体

（13）倒圆角。在〖特征〗工具栏中单击〖圆角〗按钮，弹出〖圆角〗对话框，设置如图 1-37（a）所示的参数，并选择如图 1-37（b）所示的 4 条倒角边，单击〖确定〗按钮。

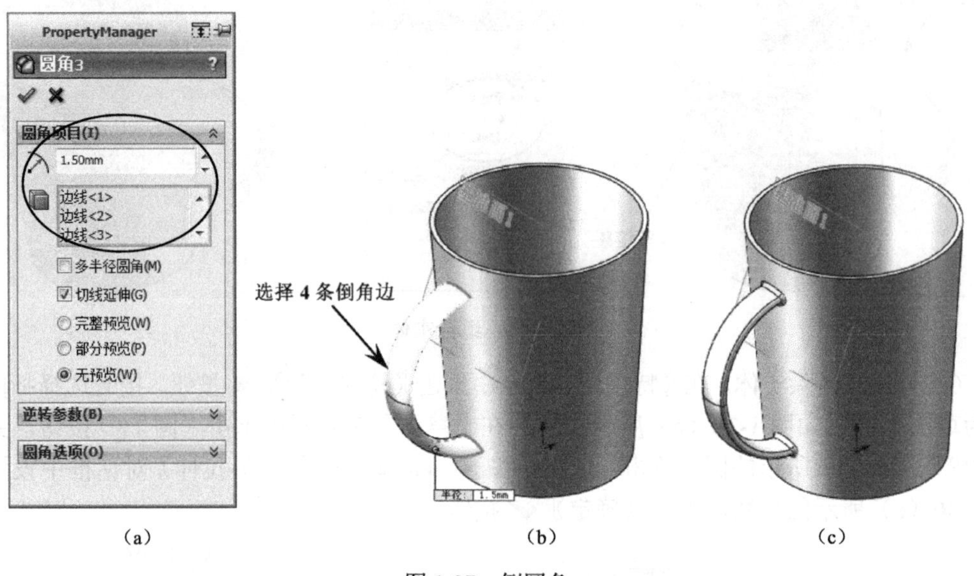

图 1-37　倒圆角

（14）保存文件。在〖标准〗工具栏中单击〖保存〗按钮，弹出〖另存为〗对话框，设置保存路径和输入文件名为“塑料水杯”，单击 保存(S) 按钮，如图 1-38 所示。

图 1-38　保存文件

1.14 本章学习收获

通过本章的学习，读者必须掌握以下内容。

（1）学会鼠标与键盘在 SOLIDWORKS 中的应用。

（2）了解 SOLIDWORKS 软件重要的组成模块。

（3）学会打开不同格式的文件，如 STP、IGS、UG、Pro/E 等常用格式的 3D 文件（重要知识点）。

（4）学会设置快捷键、颜色等。

（5）掌握 SOLIDWORKS 零件模板的设置（重要知识点）。

（6）掌握 SOLIDWORKS 零件设计的基本流程。

1.15 练习题

（1）如何平移、缩放和旋转模型？

（2）当需要将一个 Pro/E 格式的 3D 文件在 SOLIDWORKS 软件中打开，如何实现？

（3）找出哪些是 SOLIDWORKS 零件设计常用的命令，然后设置快捷键。

第2章 草图绘制基本功特训

绘制草图是 CAD 软件基础中的基础，只有掌握了草图的绘制才能进行产品设计。很多读者认为草图简单，没有多少内容而不重视对它的学习，而真正要做产品三维绘制时却无从下手。读者通过学习本章的知识，可以快速提高绘制草图的能力，为后面的学习打下坚实的基础。

2.1 学习目标与课时安排

学习目标及学习内容

（1）学会进入草图界面并绘制曲线。

（2）学会选择合适的草图平面并创建草图，这点在零件建模中非常重要。

（3）掌握绘制草图常用的基本命令，如剪裁、镜像和阵列等。

（4）掌握绘制草图的基本方法和技巧，使创建草图的方法最简单快捷。

（5）学会根据模型的形状绘制外形轮廓。

（6）重点掌握草图中的“约束”功能。

学习课时安排（共 4 课时）

（1）草图基本命令介绍（2 课时）。

（2）机床手柄草图的绘制（1 课时）。

（3）鼠标外形轮廓草图的绘制等（1 课时）。

2.2 草图绘制基础

本节主要介绍了绘制草图过程中常用的基本命令，以使读者在学习后面的草图实例时更加得心应手。

2.2.1　绘制草图的基本步骤

SOLIDWORKS 2020 绘制草图的基本步骤如下。

（1）在〖草图〗工具栏中单击〖草图绘制〗按钮，然后选择草图平面进入草图环境（系统默认的草图平面为前视基准面、上视基准面和右视基准面，需根据实际选择）。

（2）绘制草图，如直线、矩形、圆、圆弧或多边形等。

（3）修剪曲线，如剪裁、倒圆角等。

（4）增加图形约束，如相切、平行或垂直等。

（5）标注尺寸，使草图满足实际设计要求。

（6）检查图形位置、尺寸是否正确合理。

（7）退出草图，在〖草图〗工具栏中单击〖退出草图〗按钮。

2.2.2　创建直线

在〖草图〗工具栏中单击〖直线〗按钮，弹出〖插入线条〗对话框，如图 2-1 所示。

1. 按绘制原样

通过指定任意点创建连续的直线，如图 2-2 所示，完成后在键盘上按 Esc 键退出。

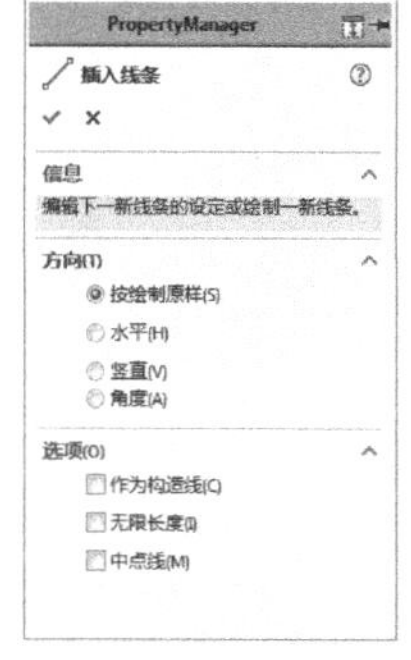

图 2-1　〖插入线条〗对话框

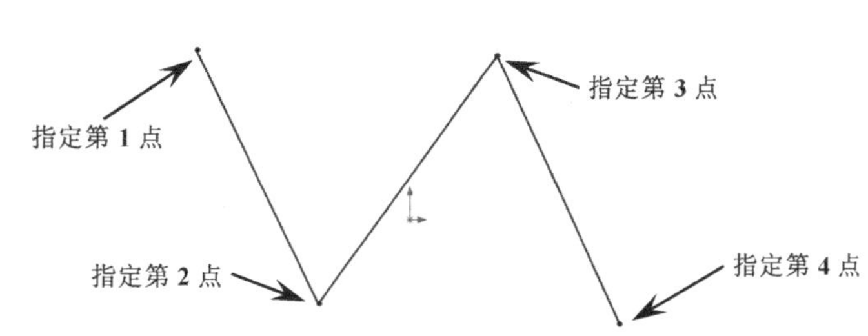

图 2-2　按绘制原样创建直线

当创建的连续线首尾连接（即封闭）时，则会自动断开。

2. 水平

在〖线条属性〗对话框中选择“水平”选项，选择水平上的两点则会自动创建水平的直线，如图 2-3 所示。如需要设置直线的长度，则在对话框内设置相应的长度值即可。

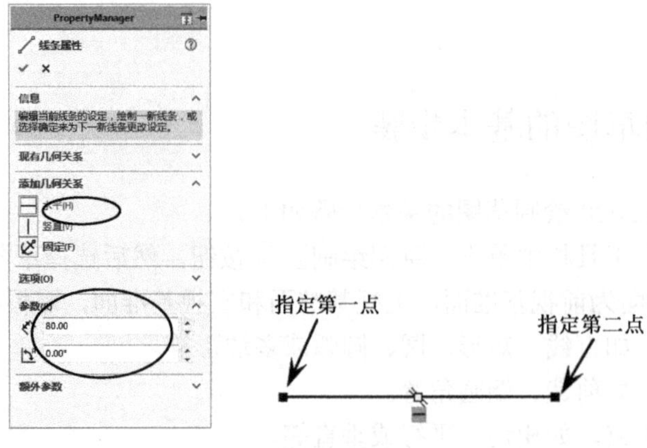

图 2-3　创建水平线

3. 竖直

在〖插入线条〗对话框中选择“竖直”选项，选择竖直的两点则会自动创建竖直的直线，如图 2-4 所示。如需要设置直线的长度，则可在对话框内设置相应的长度值。

当勾选“作为构造线”选项，创建的线是中心线的形式，如图 2-5 所示。

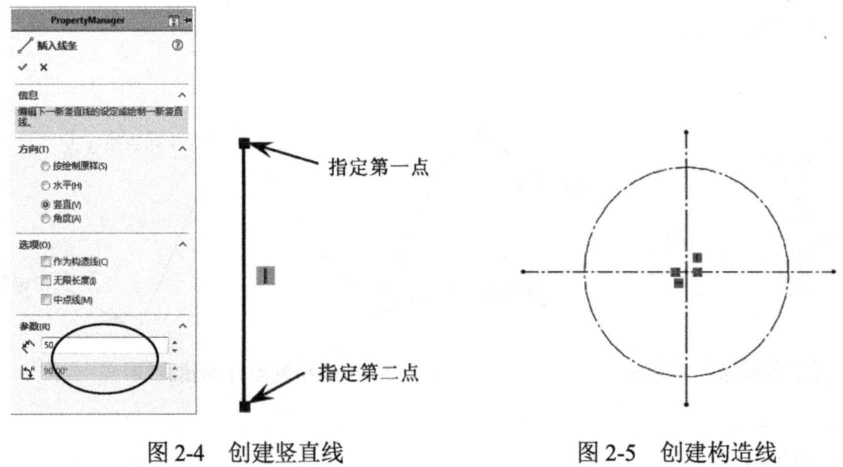

图 2-4　创建竖直线　　　　图 2-5　创建构造线

2.2.3　创建圆和圆弧

1. 创建圆

创建圆的方式有两种，第一种是通过指定圆心和圆外一点创建圆，第二种是通过指定或捕捉圆上的 3 点来创建圆，如图 2-6 所示。

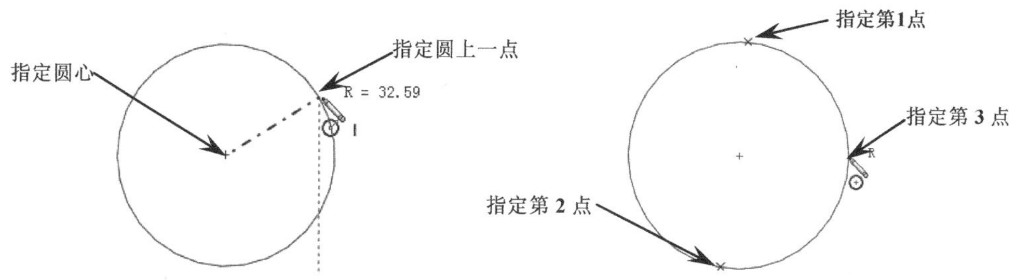

图 2-6　创建圆

如需创建指定位置和尺寸的圆，可在弹出的〖圆〗对话框中输入圆心坐标或捕捉现在参考点作为圆心，并在对话框中输入相应的半径值，如图 2-7 所示。

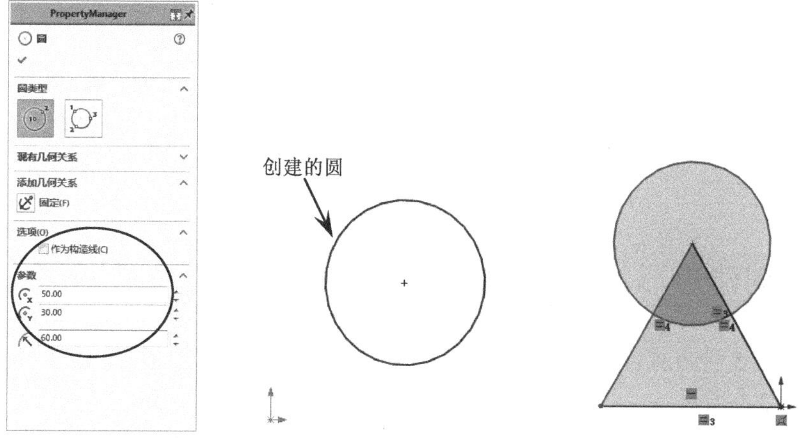

图 2-7　输入坐标和半径创建圆

2. 创建圆弧

（1）圆心/起点/终点画弧

通过指定圆弧的圆心、起点和终点创建圆弧。在〖草图〗工具栏中单击〖圆心/起点/终点画弧〗按钮，然后依次选择圆弧圆心、起点和终点，如图 2-8 所示，最后按 Esc 键退出。

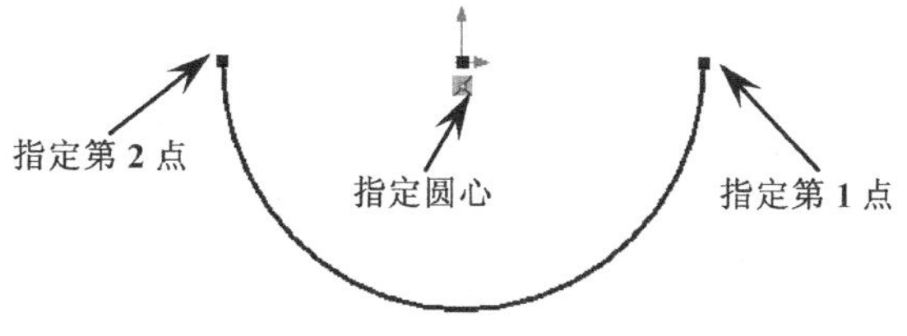

图 2-8　圆心/起点/终点画弧

（2）切线弧

选择已有直线或圆弧的一个端点和指定另一个端点产生一个圆弧，且圆弧与原直线或圆弧相切，如图 2-9 所示。

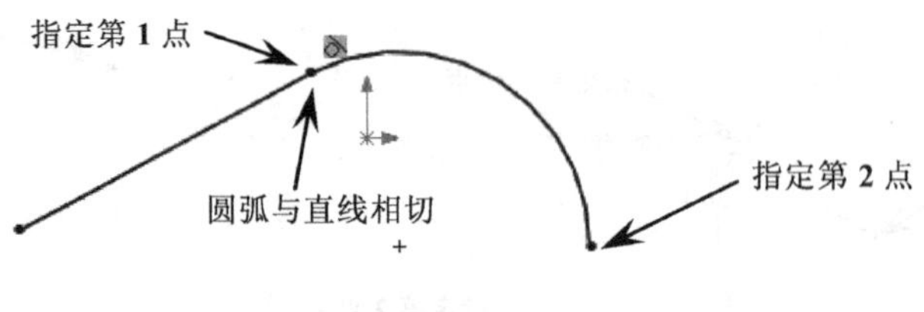

图 2-9　切线弧

（3）3 点圆弧

通过指定圆弧上的任意 3 点创建圆弧，如图 2-10 所示。

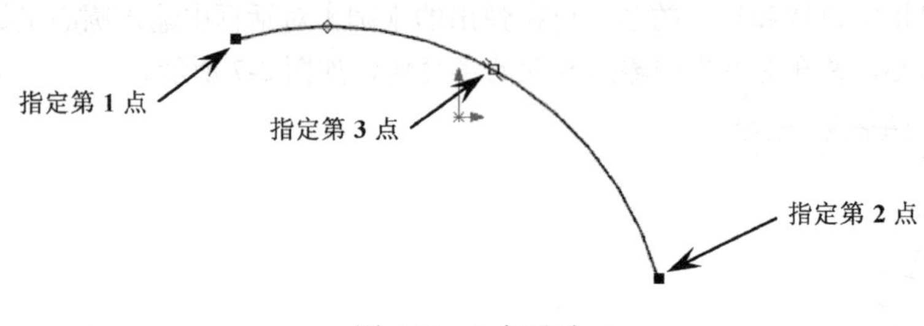

图 2-10　3 点圆弧

2.2.4　创建矩形

创建矩形有 5 种方式，包括边角矩形、中心矩形、3 点边角矩形、3 点中心矩形、平行四边形，如表 2-1 所示。

表 2-1　创建矩形的方式

名　称	图　标	说　明	图　解
边角矩形		通过指定矩形对角两点创建矩形	指定第1点　指定第2点
中心矩形		通过指定矩形中心的角上一点创建矩形	指定中心点　指定角上一点
3 点边角矩形		通过指定矩形的 3 个角点创建矩形	指定第1点　指定第3点　指定第2点
3 点中心矩形		通过指定矩形中心、X 轴和 Y 轴长度创建矩形	指定中心点　指定X轴长度　指定Y轴长度

续表

名　称	图　标	说　明	图　解
平行四边形		通过指定平行四边形的 3 个角点创建平行四边形	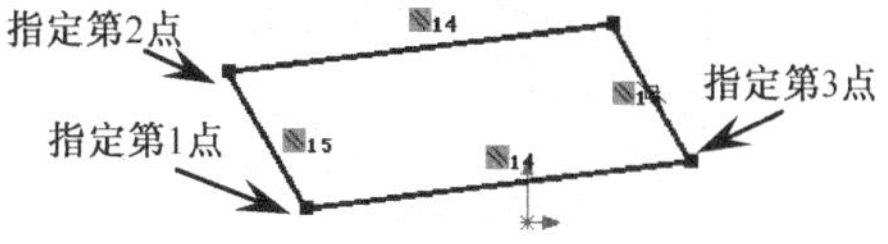 指定第2点 指定第1点 指定第3点

2.2.5 创建键槽

创建键槽有 4 种方式，包括直槽口、中心点直槽口、三点圆弧槽口和中心点圆弧槽口，如表 2-2 所示。

表 2-2　创建键槽的方式

名　称	图　标	说　明	图　解
直槽口		通过指定两端中心和槽上一点创建直槽	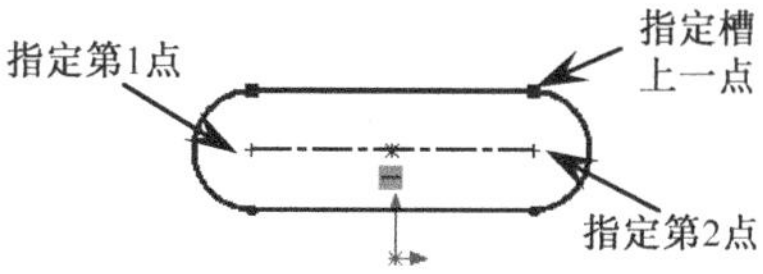 指定第1点 指定槽上一点 指定第2点
中心点直槽口		通过指定键槽中心、指定圆弧中心和槽上任意一点创建直槽	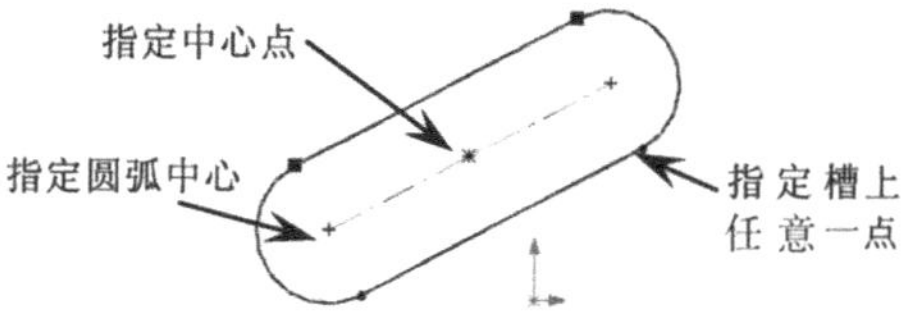 指定中心点 指定圆弧中心 指定槽上任意一点
三点圆弧槽口		通过指定中心 3 点和槽上任意一点创建圆弧状键槽	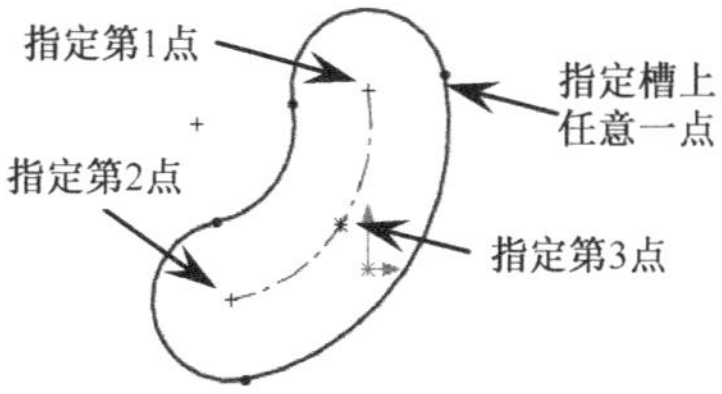 指定第1点 指定槽上任意一点 指定第2点 指定第3点
中心点圆弧槽口		通过指定轨迹中心、两端中心和键上任意一点创建圆弧状键槽	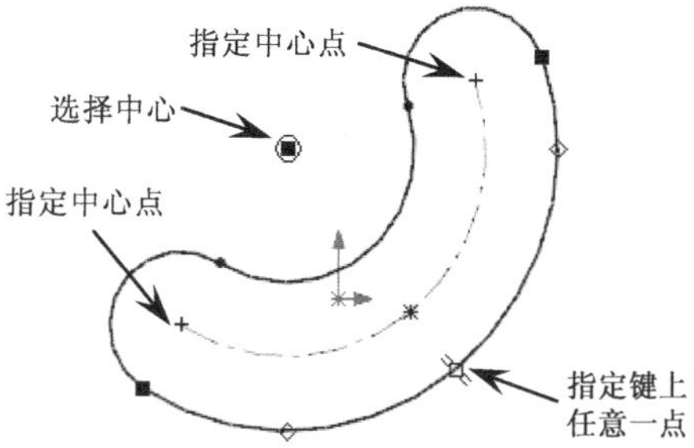 指定中心点 选择中心 指定中心点 指定键上任意一点

2.2.6 创建椭圆

通过指定椭圆的中心和椭圆上的任意两点创建椭圆。在〖草图〗工具栏中单击〖椭圆〗按钮，弹出〖椭圆〗对话框，然后依次选择椭圆中心和椭圆上的两点，如图 2-11 所示，最后单击〖确定〗按钮。

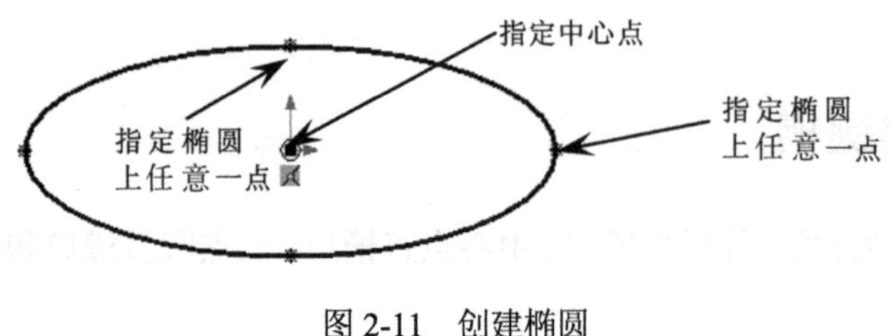

图 2-11 创建椭圆

2.2.7 创建多边形

通过指定多边形的中心和设置多边形的边数、角度等创建多边形，如图 2-12 所示，最后单击〖确定〗按钮。

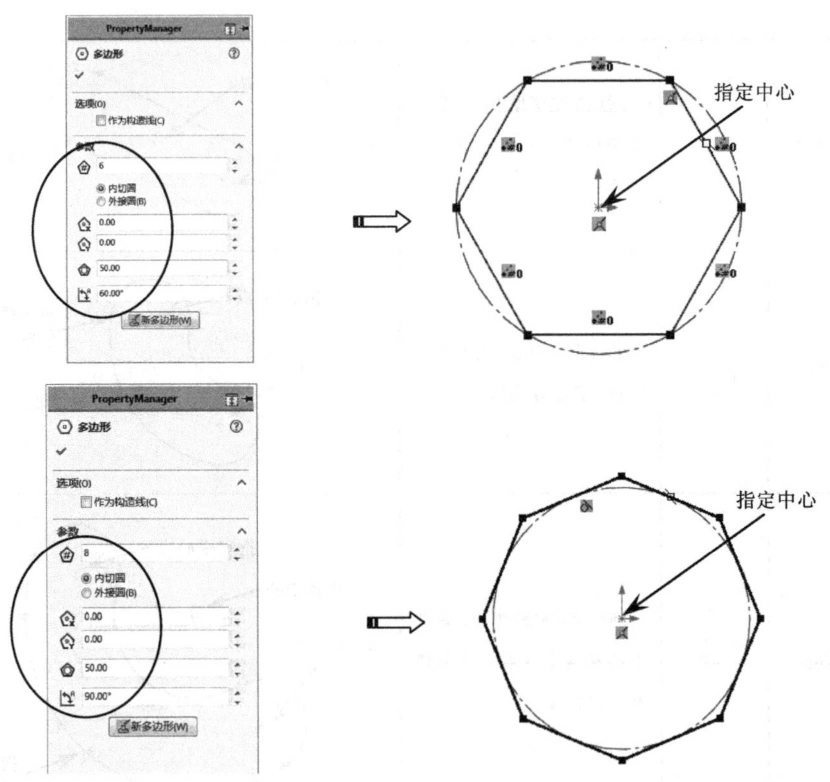

图 2-12 创建多边形

2.2.8 创建样条曲线

在〖草图〗工具栏中单击〖样条曲线〗按钮，然后指定或捕捉样条线上的各点，如图 2-13 所示，最后按 Esc 键退出。

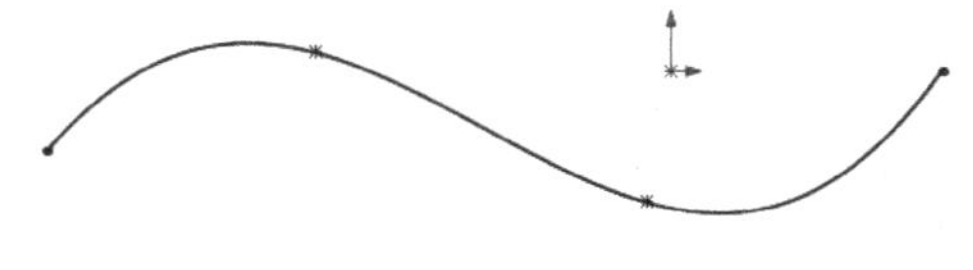

图 2-13 创建样条曲线

样条曲线对产品的造型设计非常重要，在后面的章节中将重点介绍其应用。

2.2.9 创建点

在〖草图〗工具栏中单击〖点〗按钮，弹出〖点〗对话框，然后指定点的位置即可创建点，如图 2-14 所示。

图 2-14 创建点

2.2.10 创建文字

在〖草图〗工具栏中单击〖文字〗按钮，弹出〖草图文字〗对话框，接着在文字输入框中输入文字，然后指定左下角的摆放坐标，如图 2-15 所示，最后单击〖确定〗按钮。

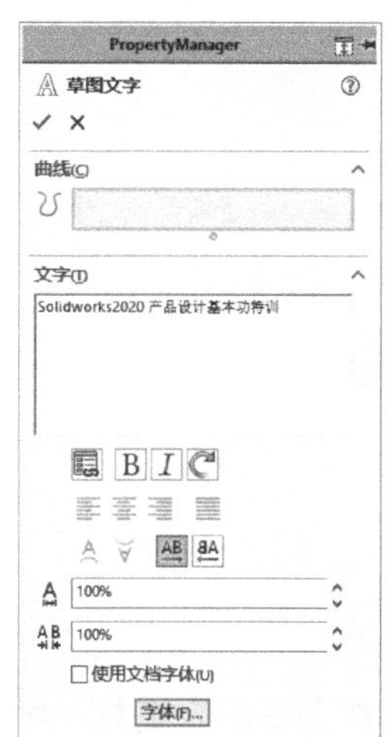

Solidworks2020 产品设计基本功特训

图 2-15 创建文字

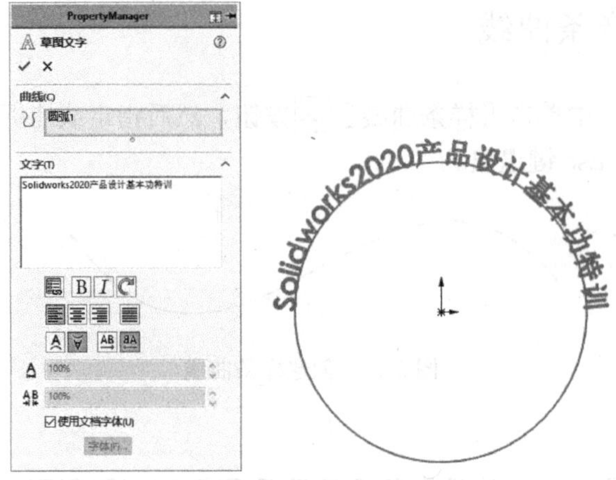

图 2-15　创建文字（续）

如果需要修改文字内容，在文字上双击即可重新输入。

如果需要修改字体的大小和字型，可在〖草图文字〗对话框中取消勾选“使用文档文字”选项并单击字体(F)...按钮，然后在弹出的〖选择字体〗对话框中修改字体并设置字号等，如图 2-16 所示。

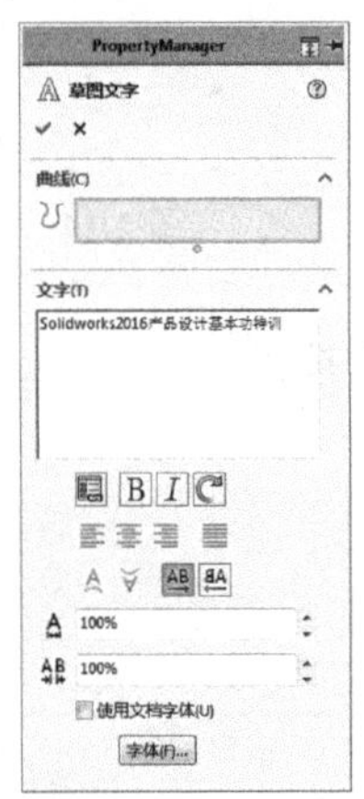

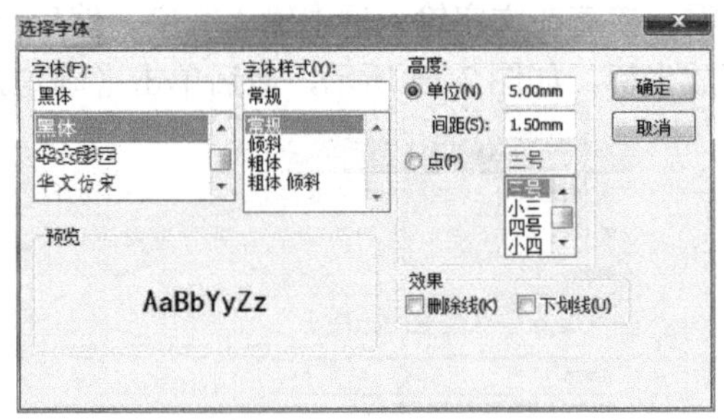

图 2-16　修改字体和设置字号

2.2.11　创建圆角、倒角

1．绘制圆角

对两相交曲线进行倒圆角，使两者平滑过渡。在〖草图〗工具栏中单击〖绘制圆角〗按钮，弹出〖绘制圆角〗对话框，接着设置倒角类型和倒角值，然后选择需倒角的两曲线，如图 2-17 所示，最后单击〖确定〗按钮。

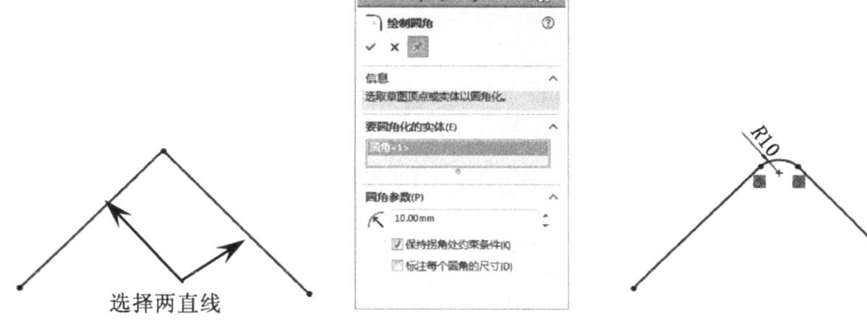

图 2-17　绘制圆角

2. 绘制倒角

对选择的两条相交曲线进行倒斜角。在〖草图〗工具栏中单击〖绘制倒角〗按钮，弹出〖绘制倒角〗对话框，接着设置倒角参数，然后选择需倒角的两曲线，如图 2-18 所示，最后单击〖确定〗按钮。

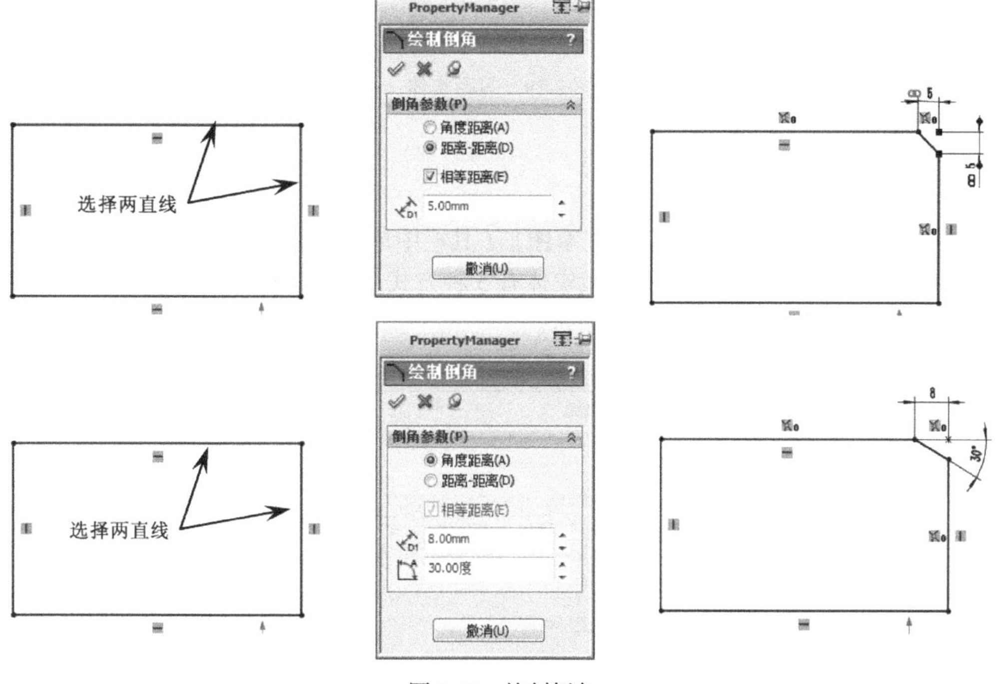

图 2-18　绘制倒角

2.2.12　等距实体（偏移）

对已有的草图曲线进行等距离偏移。在〖草图〗工具栏中单击〖等距实体〗按钮，弹出〖等距实体〗对话框，接着选择需要偏移的曲线，然后设置偏移参数，如图 2-19 所示，最后单击〖确定〗按钮。

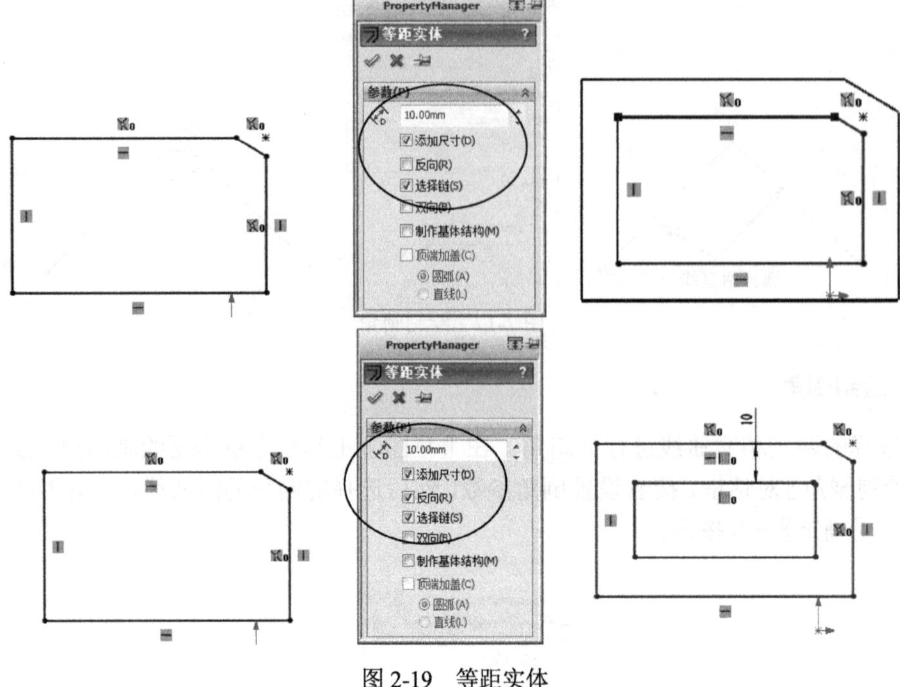

图 2-19　等距实体

2.2.13　剪裁实体（修剪）

修剪或删除选择的任何线段。在〖草图〗工具栏中单击〖剪裁实体〗按钮，弹出〖剪裁实体〗对话框，如图 2-20 所示。剪裁实体有 5 种方式，包括强劲剪裁、边角、在内剪除、在外剪除和剪裁到最近端，如表 2-3 所示。

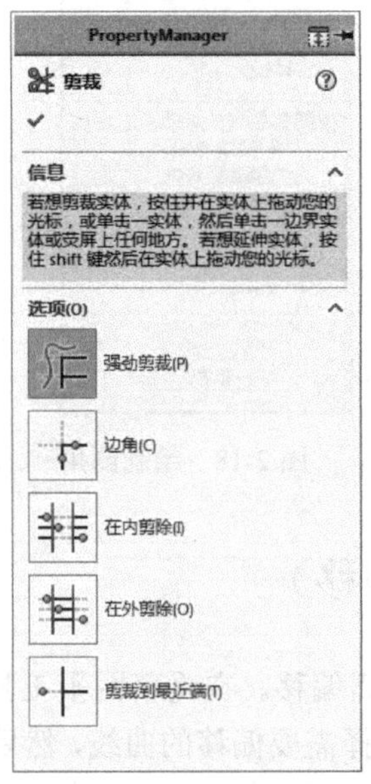

图 2-20　〖剪裁实体〗对话框

表 2-3　剪裁实体的方式

方　式	图　标	说　明	图　解
强劲剪裁		按住鼠标左键移动，将接触到的图素删除	拖动鼠标的轨迹
边角		将两相交的曲线修剪成角，要注意选择曲线的位置（选择端为保留端）	选择曲线 选择曲线
在内剪除		选择两曲线为修剪边界，然后可以修改两边界内的线段	选择两直线为边界
在外剪除		选择两曲线为修剪边界，然后可以修剪两曲线外的线段	选择两直线为边界
剪裁到最近端		可以根据选择的最近线段进行剪裁，单击鼠标左键即可剪裁	选择两曲线

2.2.14　延伸实体

将曲线延伸到指定的对象中。在〖草图〗工具栏中单击〖延伸实体〗按钮，弹出〖延伸实体〗对话框。当存在可以延伸的参考对象时，选择靠近需要延伸的曲线边则会延伸，如图 2-21 所示。

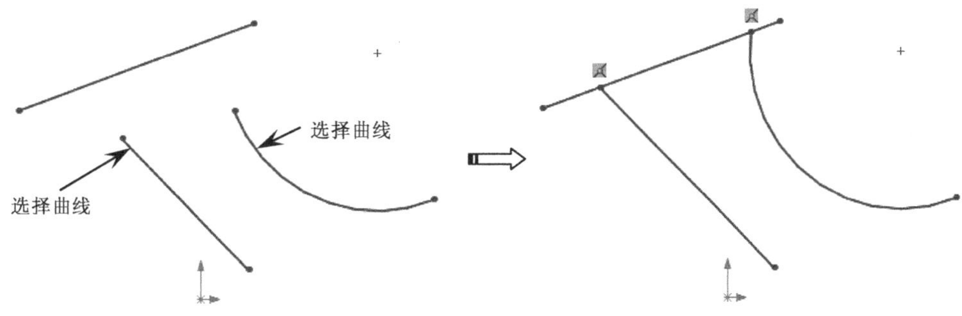

图 2-21　延伸实体

当图形中不存在被延伸的参考对象时，则无法进行延伸。

2.2.15 镜向实体

创建曲线关于中心轴对称。在〖草图〗工具栏中单击〖镜向实体〗按钮，弹出〖镜向〗对话框，接着选择要镜向的草图，然后在〖镜向〗对话框中的“镜向点”框内单击鼠标左键，并选择镜向中心线，如图 2-22 所示，最后单击〖确定〗按钮。

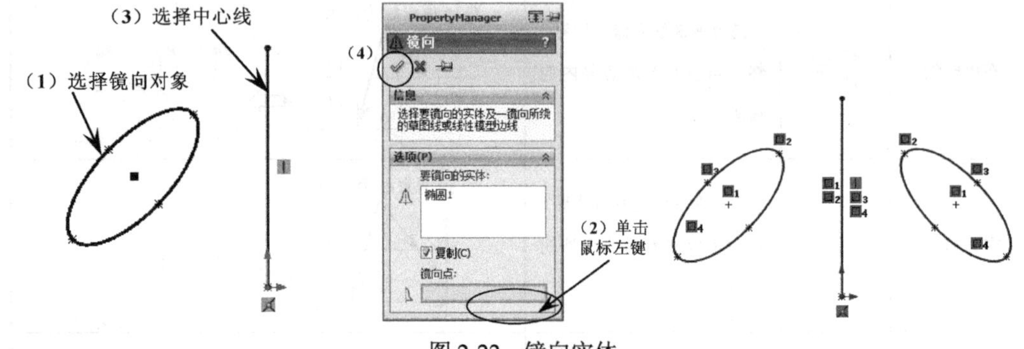

图 2-22 镜向实体

可同时选择多个特征曲线进行镜向。

2.2.16 线性草图阵列

通过设置 X 轴上的间距和数量、Y 轴上的间距和数量产生相同形状的草图特征。在〖草图〗工具栏中单击〖线性草图阵列〗按钮，弹出〖线性阵列〗对话框，接着设置线性阵列的参数，然后选择要阵列的对象，如图 2-23 所示，最后单击〖确定〗按钮。

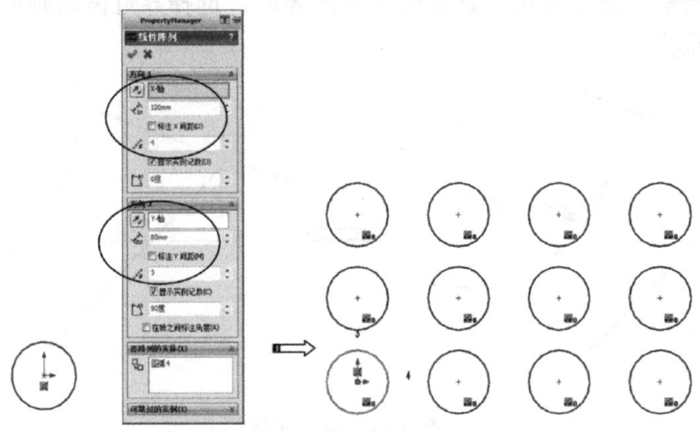

图 2-23 线性阵列实体

2.2.17　圆周草图阵列

通过设置旋转中心坐标、旋转角度和旋转个数产生相同形状的草图特征。在〖草图〗工具栏中单击〖圆周草图阵列〗按钮，弹出〖圆周阵列〗对话框，接着设置线性阵列的参数，然后选择要阵列的对象，如图2-24所示，最后单击〖确定〗✓按钮。

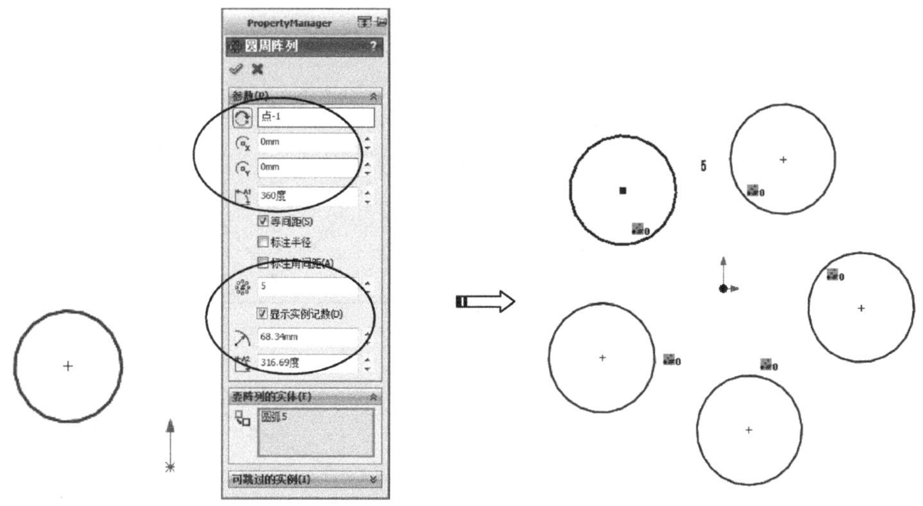

图2-24　圆周阵列实体

2.2.18　约束

草图约束是保证草图绘制正确的基本方式，通过约束可以确定各曲线之间的关系，如相切、平行、垂直、同心、等半径、共线和对齐等。

1. 添加几何关系

通过选择图形对其进行约束。在〖草图〗工具栏中单击〖添加几何关系〗按钮，弹出〖添加几何关系〗对话框，如图2-25所示。常用的草图几何关系如表2-4所示。

图2-25　〖添加几何关系〗对话框

由于未选中任何图形，所以对话框内没显示任何几何关系。

表 2-4　常用的草图几何关系

约束名称	图　标	说　明	图　解
水平		使直线水平放置或两点 y 值相同。选择直线或两点，然后在〖添加几何关系〗对话框中单击〖水平〗按钮	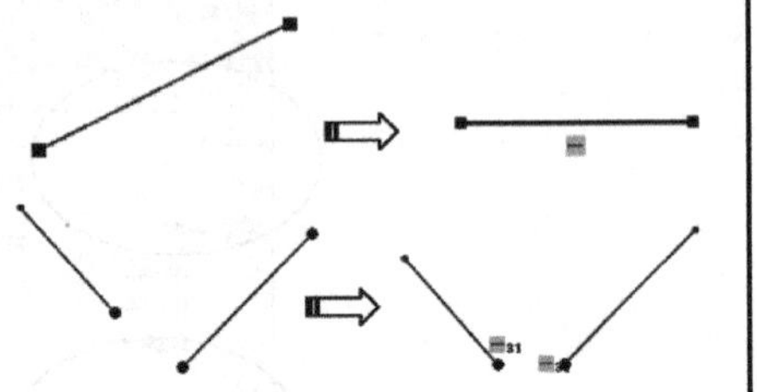
竖直		使直线竖直放置或两点 x 值相同。选择直线，然后在〖添加几何关系〗对话框中单击〖竖直〗按钮	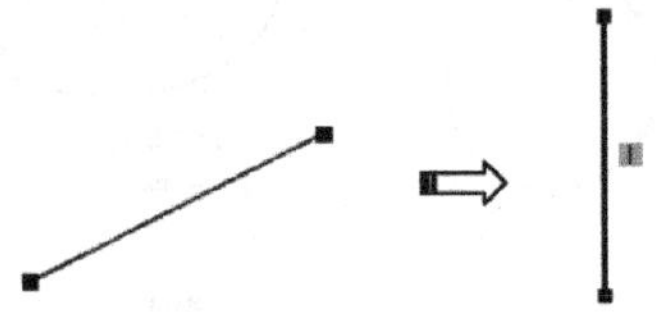
平行		使两直线平行。首先选择两直线，然后在〖添加几何关系〗对话框中单击〖平行〗按钮	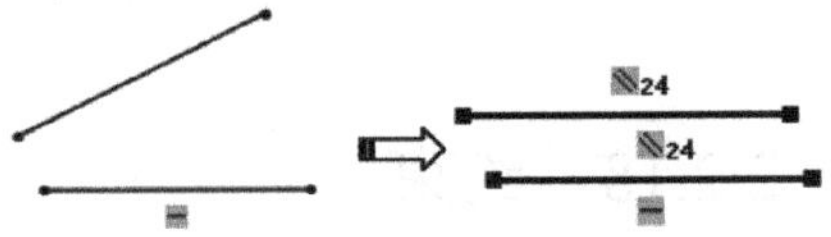
垂直		使两直线垂直。首先选择两直线，然后在〖添加几何关系〗对话框中单击〖垂直〗按钮	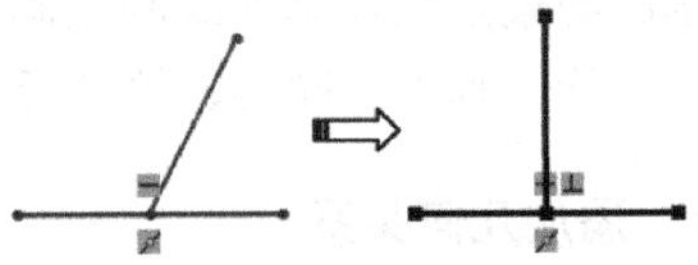
相切		使直线与圆弧或圆弧与圆弧相切。首先选择两相切对象，然后在〖添加几何关系〗对话框中单击〖相切〗按钮	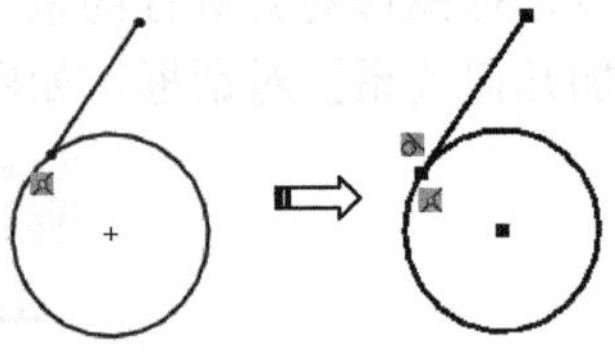
同心		使两圆弧同心。首先选择两圆弧，然后在〖添加几何关系〗对话框中单击〖同心〗按钮	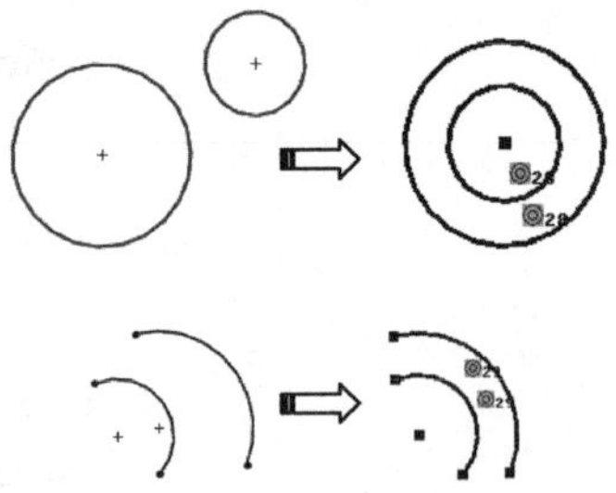

续表

约束名称	图　标	说　明	图　解
相等		使两圆弧半径相等或直线长度相等。首先选择两圆弧或两直线，然后在〖添加几何关系〗对话框中单击〖相等〗按钮	
合并		使选择的两曲线的端点成中心点重合。首先选择两曲线的端点或中心点，然后在〖添加几何关系〗对话框中单击〖合并〗按钮	
共线		使选择的两条或多条直线处于同一直线方向上。选择需共线的直线，然后在〖添加几何关系〗对话框中单击〖共线〗按钮	
重合		使点在直线上。首先选择直线和点，然后在〖添加几何关系〗对话框中单击〖重合〗按钮	
中点		使点在直线的中点上。首先选择直线和点，然后在〖添加几何关系〗对话框中单击〖中点〗按钮	

必须选择相关的草图曲线或对象后，〖添加几何关系〗工具栏中的命令才会显示相应的几何关系。

2. 显示和删除几何关系

绘制图形时，有时会产生一些不必要的自动约束，导致整体图形出现约束的情况，此时需要将这些多余约束删除。

在〖草图〗工具栏中单击〖显示/删除几何关系〗按钮，弹出〖显示/删除几何关系〗对话框，对话框内显示了各图形之间的几何关系。如需删除某个不必要的约束，则选择该约束并单击〖删除〗按钮即可，如图 2-26 所示。

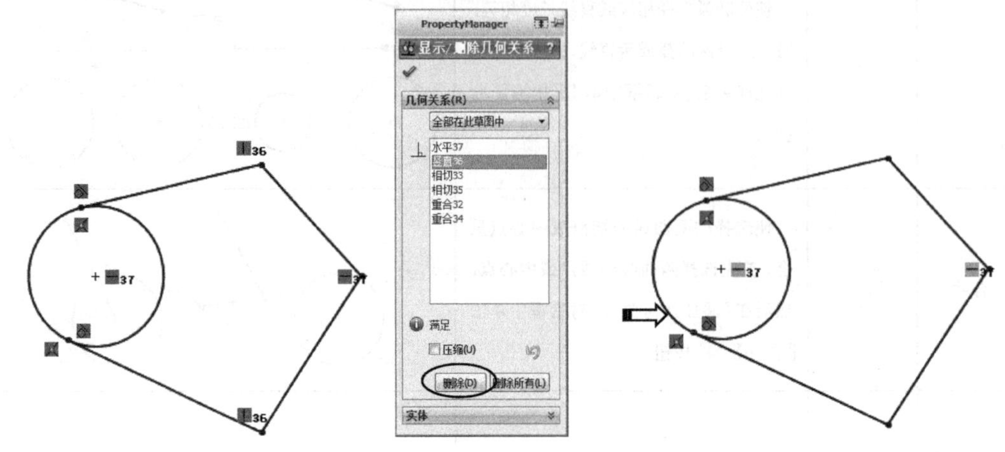

图 2-26　显示/删除几何关系

只有将多余的约束删除，才能进行图形尺寸的正确标注。

2.2.19　尺寸标注

实际的草图绘制中，多数都是先将草图的形状全部绘制好，再进行尺寸标注，这样可保证草图绘制的准确性。

SOLIDWORKS 软件在尺寸标注时采用智能标注的方法，可以进行直线长度、距离、圆弧直径和半径、直线角度的标注。在〖草图〗工具栏中单击〖智能尺寸〗智能尺寸按钮，然后选择需要标注的尺寸即可，如表 2-5 所示。

表 2-5　常用的尺寸标注

尺寸名称	图　标	说　明	图　解
长度标注	智能尺寸	选择需要标注的直线，接着单击鼠标左键指定尺寸的放置位置，然后修改尺寸即可	72 150 150

续表

尺寸名称	图　标	说　明	图　解
两点尺寸标注	智能尺寸	依次选择两点，接着单击鼠标左键指定尺寸的放置位置，然后修改尺寸即可	130 100
半径和直径标注		标注圆弧和圆的半径或直径。选择圆弧或圆，接着单击鼠标左键指定尺寸的放置位置，然后修改尺寸即可	R40 Ø50
角度标注		标注两曲线的角度。选择两曲线，接着单击鼠标左键指定尺寸的放置位置，然后修改尺寸即可	60°

2.3　草图绘制实例特训

为进一步提高读者的草图绘制综合能力，本节将通过 3 个非常有代表性的实例来详细介绍草图绘制的步骤，过程中包含了较多的技巧，读者要认真掌握。

2.3.1　草图实例特训一

绘制如图 2-27 所示的零件草图一。

（1）在计算机桌面双击图标，启动 SOLIDWORKS 2020 软件。

（2）在〖标准〗工具栏中单击〖新建〗按钮，弹出〖新建 SOLIDWORKS 文件〗对话框。选择“零件”选项，然后单击 确定 按钮进入零件设计界面。

（3）进入草图环境。在〖草图〗工具栏中单击〖草图绘制〗按钮，在弹出的基准平面中选择“上视基准面”，从而进入草图环境。

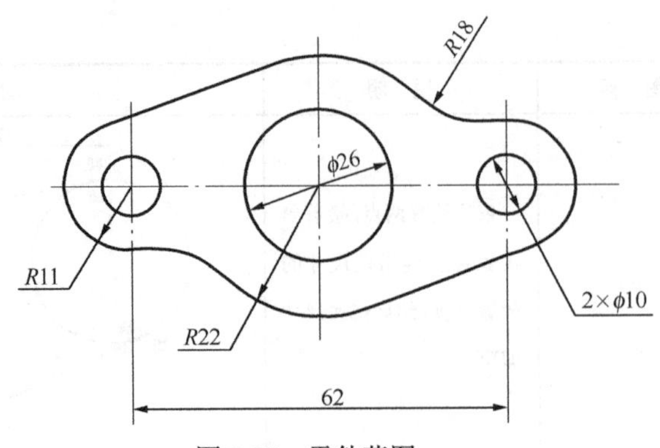

图 2-27　零件草图一

（4）创建圆。在〖草图〗工具栏中单击〖圆〗按钮，弹出〖圆〗对话框，然后创建如图 2-28 所示的 4 个圆，按 Esc 键退出圆命令。

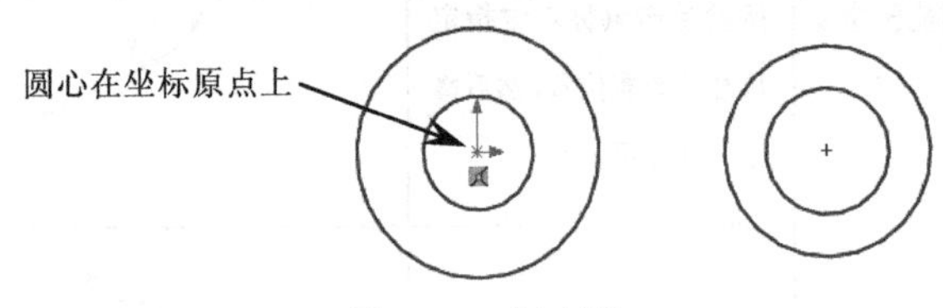

图 2-28　创建圆

（5）约束两圆心水平。在〖草图〗工具栏中单击〖添加几何关系〗按钮，弹出〖添加几何关系〗对话框，接着选择两圆心，然后在对话框中单击〖水平〗按钮，如图 2-29 所示，单击〖确定〗按钮。

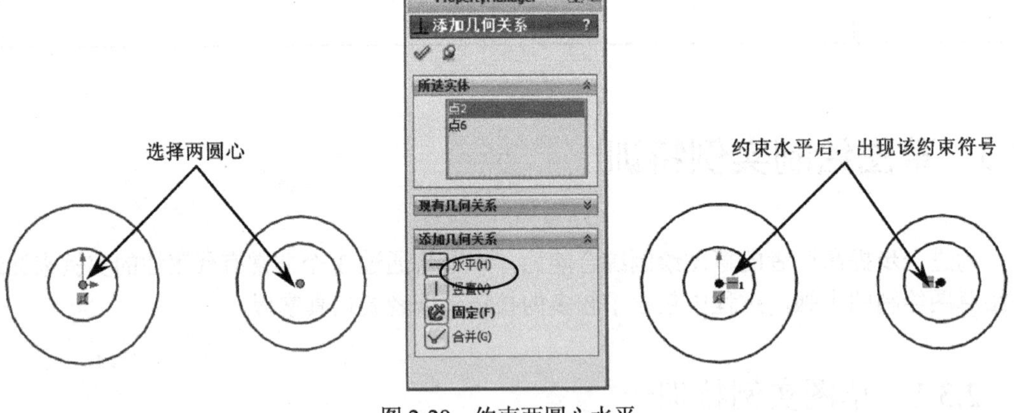

图 2-29　约束两圆心水平

（6）标注尺寸。在〖草图〗工具栏中单击〖智能尺寸〗按钮，然后标注并修改成如图 2-30 所示的尺寸。

细心的读者可以发现，当图形受到完全约束后，其颜色会变成黑色，否则，图形的颜色为蓝色。

（7）创建中心线。在〖草图〗工具栏中单击〖中心线〗按钮，然后创建如图 2-31 所示的一条中心线，单击〖确定〗按钮。

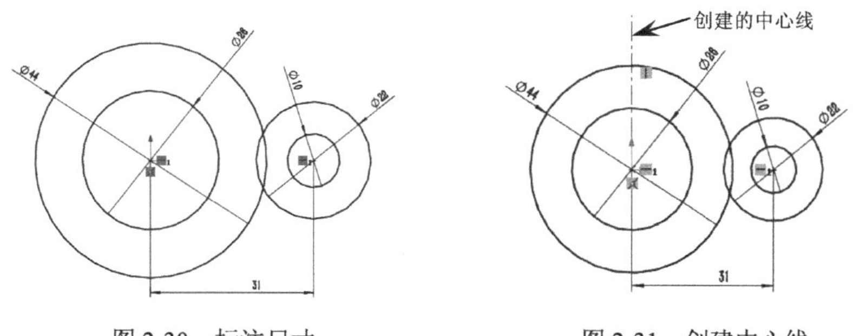

图 2-30　标注尺寸　　　　图 2-31　创建中心线

（8）镜向。在〖草图〗工具栏中单击〖镜向实体〗按钮，弹出〖镜向〗对话框，首先选择直径为 10 和 22 的两个圆，然后在〖镜向〗对话框中的“镜向点”框内单击鼠标左键，选择镜向中心线，如图 2-32 所示，单击〖确定〗按钮。

图 2-32　镜向

（9）创建直线。在〖草图〗工具栏中单击〖直线〗按钮，然后创建如图 2-33 所示的两条直线，且直线的端点在圆上。

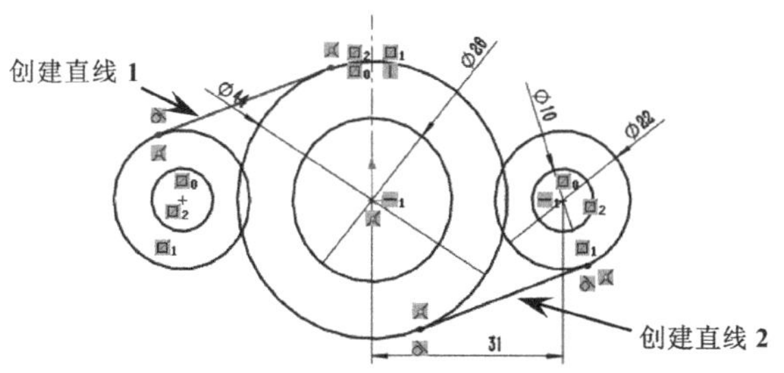

图 2-33　创建直线

（10）创建圆弧。在〖草图〗工具栏中单击〖3 点圆弧〗按钮，然后创建如图 2-34 所示的两条圆弧，圆弧的端点在圆上。

（11）约束相切。在〖草图〗工具栏中单击〖添加几何关系〗按钮，弹出〖添加几何关系〗工具栏，然后约束两直线与圆相切，约束两圆弧与圆相切，如图 2-35 所示。

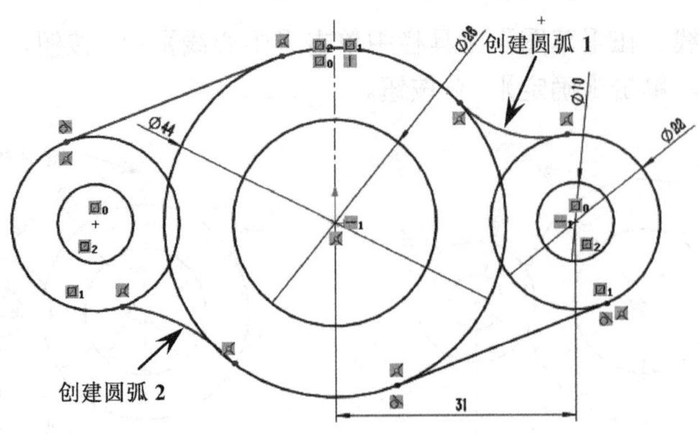

图 2-34　创建圆弧

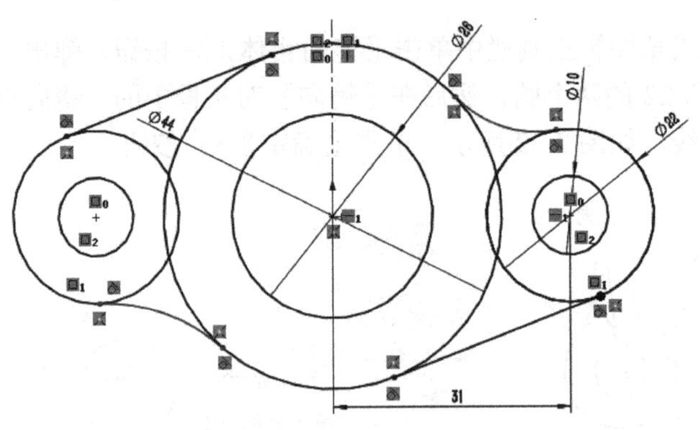

图 2-35　约束相切

要点提示

图形中的约束符号是▧，如果创建图形时已出现该符号，则表示图形已自动进行相切约束，后面不需再进行相切约束。

（12）约束等半径。在〖草图〗工具栏中单击〖添加几何关系〗按钮，弹出〖添加几何关系〗对话框，接着选择前面创建的两条圆弧，然后在对话框中单击〖相等〗按钮，如图 2-36 所示。

（13）标注尺寸。在〖草图〗工具栏中单击〖智能尺寸〗按钮，然后标注如图 2-37 所示的圆弧半径。

（14）剪裁曲线。在〖草图〗工具栏中单击〖剪裁实体〗按钮，弹出〖剪裁〗对话框，然后将图形中多余的曲线剪裁掉，结果如图 2-38 所示。

使用“强劲剪裁”方式可快速地将多余的曲线剪裁掉。

（15）退出草图。在〖草图〗工具栏中单击〖退出草图〗按钮，如图 2-39 所示。

（16）保存文件。在〖标准〗工具栏中单击〖保存〗按钮，在弹出的〖另存为〗对话框中设置文件名称和保存路径即可。

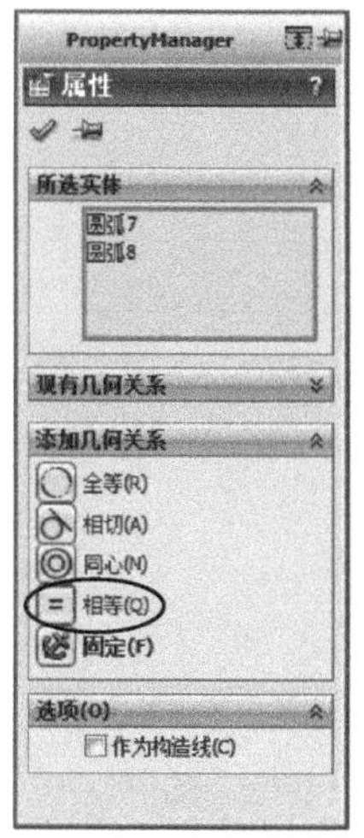

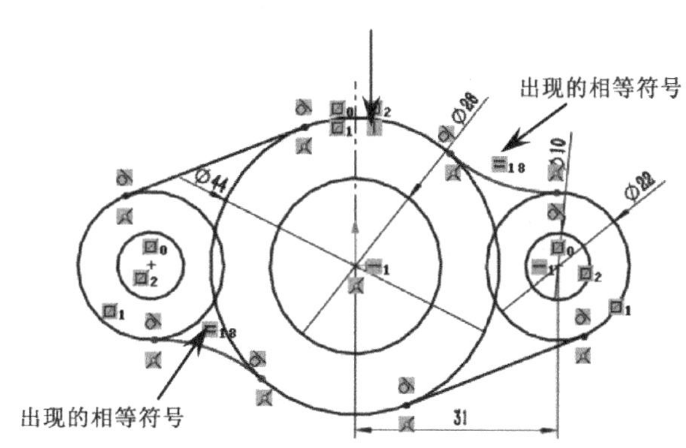

图 2-36　约束等半径

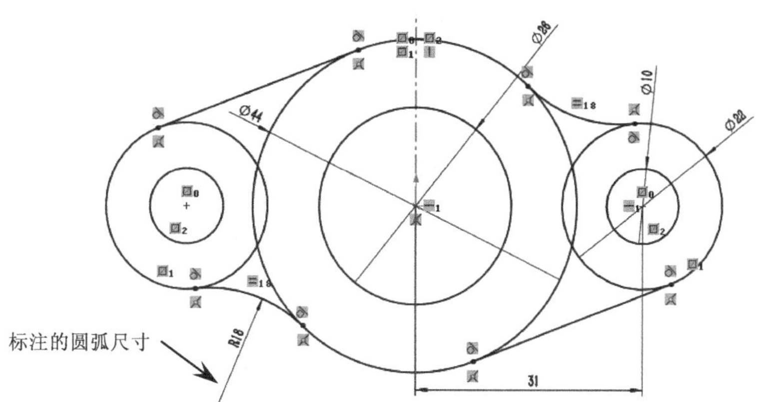

图 2-37　标注尺寸

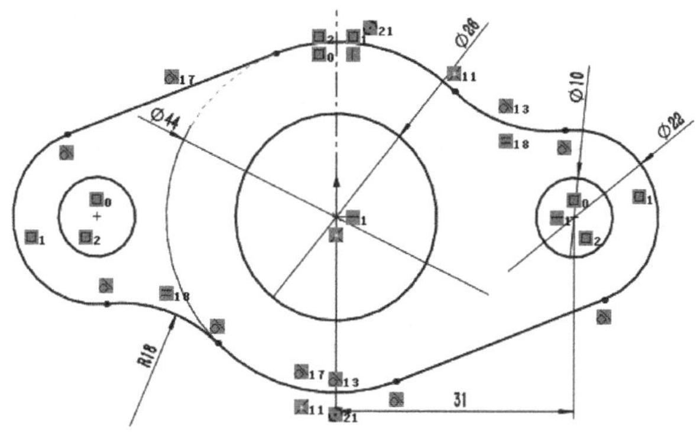

图 2-38　剪裁曲线

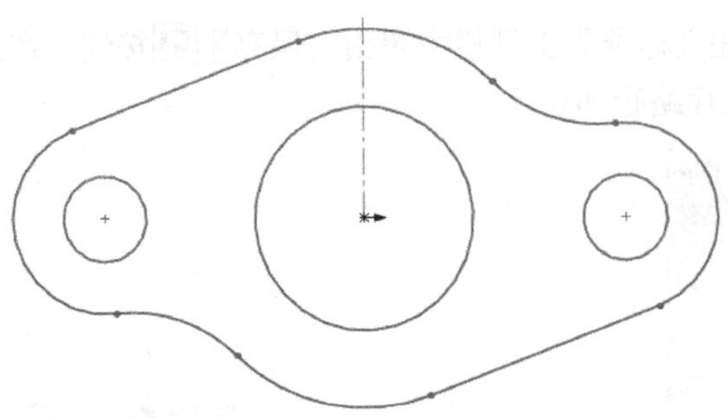

图 2-39　退出草图

2.3.2　草图实例特训二

绘制如图 2-40 所示的零件草图二。

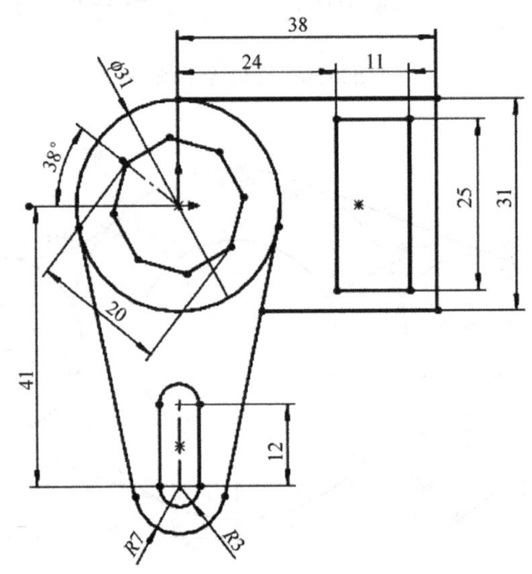

图 2-40　零件草图二

（1）在计算机桌面双击图标，启动 SOLIDWORKS 2020 软件。

（2）在〖标准〗工具栏中单击〖新建〗按钮，弹出〖新建 SOLIDWORKS 文件〗对话框。选择“零件”选项，然后单击 确定 按钮进入零件设计界面。

（3）进入草图环境。在〖草图〗工具栏中单击〖草图绘制〗按钮，在弹出的基准平面中选择“前视基准面”，从而进入草图环境。

（4）在〖草图〗工具栏中单击〖圆〗按钮，弹出〖圆〗对话框，然后创建如图 2-41 所示的两个圆，按 Esc 键退出圆命令。

（5）约束两圆心竖直。在〖草图〗工具栏中单击〖添加几何关系〗按钮，弹出〖添加几何关系〗对话框，选择两圆心，然后在对话框中单击〖竖直〗按钮，如图 2-42 所示，单击〖确定〗按钮。

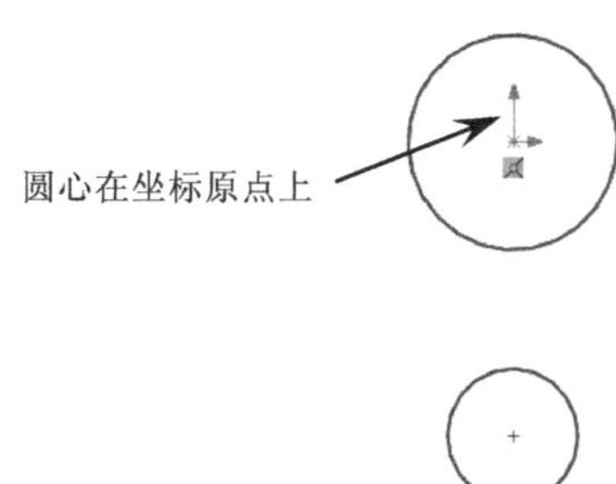

图 2-41　创建圆

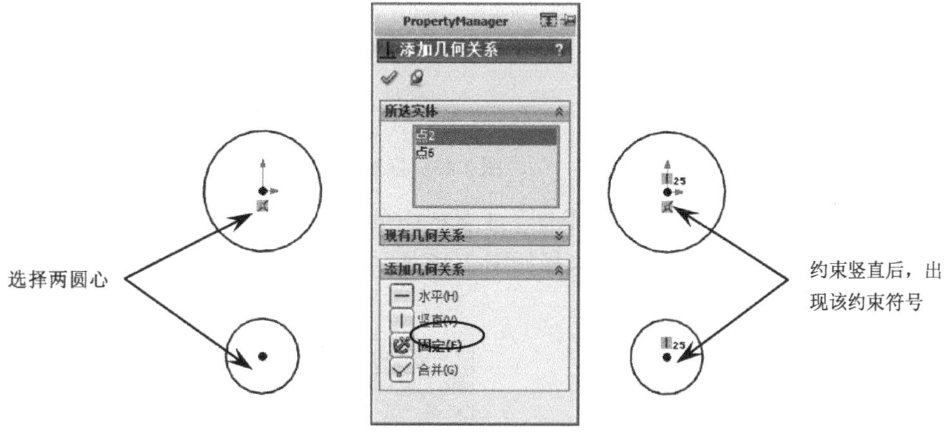

图 2-42　约束两圆心竖直

（6）标注尺寸。在〖草图〗工具栏中单击〖智能尺寸〗按钮，然后标注并修改成如图 2-43 所示的尺寸。

（7）创建中心线。在〖草图〗工具栏中单击〖中心线〗按钮，然后创建如图 2-44 所示的两条中心线，单击〖确定〗按钮。

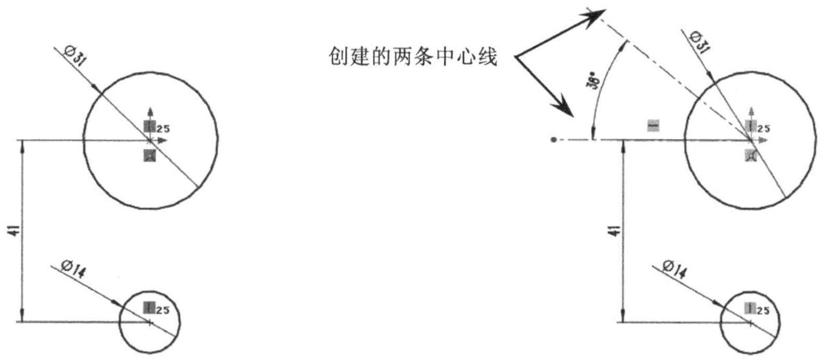

图 2-43　标注尺寸　　　图 2-44　创建中心线

（8）创建多边形。在〖草图〗工具栏中单击〖多边形〗按钮，弹出〖多边形〗对话框，首先设置如图 2-45（a）所示的参数，接着指定坐标原点为多边形中心和角点，如图 2-45（b）所示，单击〖确定〗按钮。

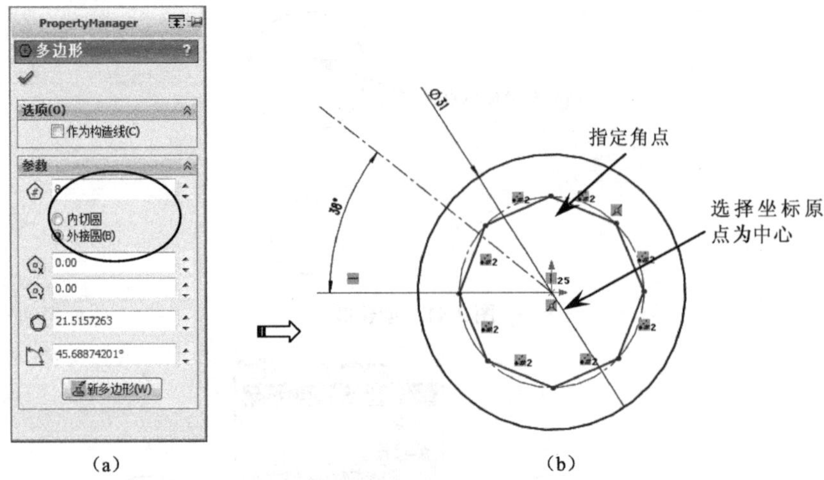

图 2-45　创建多边形

（9）约束点在线上。在〖草图〗工具栏中单击〖添加几何关系〗按钮，弹出〖添加几何关系〗工具栏，接着依次选择如图 2-46 所示的点和直线，然后在对话框中单击〖重合〗按钮。

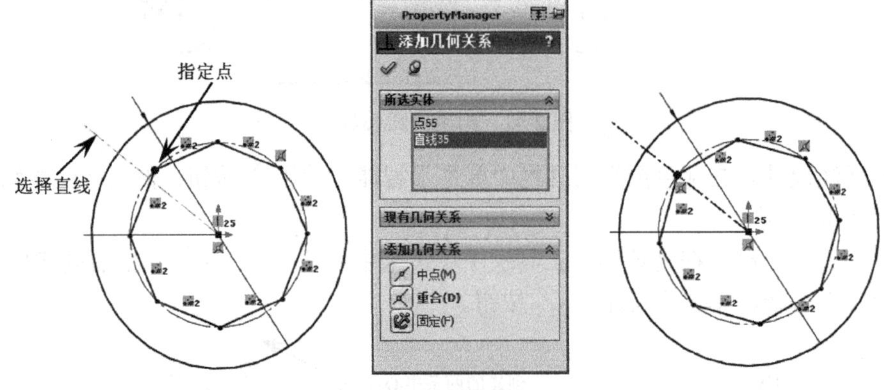

图 2-46　约束点在线上

（10）标注尺寸。在〖草图〗工具栏中单击〖智能尺寸〗按钮，然后标注并修改成如图 2-47 所示的尺寸。

（11）创建直线。在〖草图〗工具栏中单击〖直线〗按钮，然后创建如图 2-48 所示的两条直线，且直线的端点在圆上。

（12）约束相切。在〖草图〗工具栏中单击〖添加几何关系〗按钮，弹出〖添加几何关系〗对话框，然后约束直线与圆相切，如图 2-49 所示。

（13）创建直线。在〖草图〗工具栏中单击〖直线〗按钮，然后创建如图 2-50 所示的 3 条直线。

（14）标注尺寸。在〖草图〗工具栏中单击〖智能尺寸〗按钮，然后标注如图 2-51 所示的尺寸。

（15）创建矩形。在〖草图〗工具栏中单击〖中心矩形〗按钮，弹出〖矩形〗对话框，然后创建如图 2-52 所示的矩形。

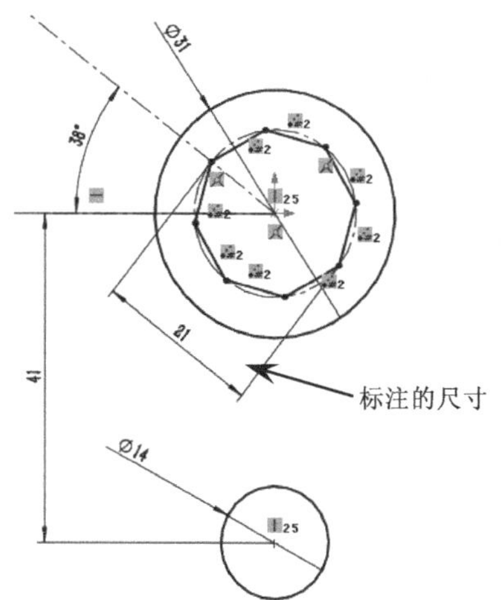

图 2-47　标注尺寸

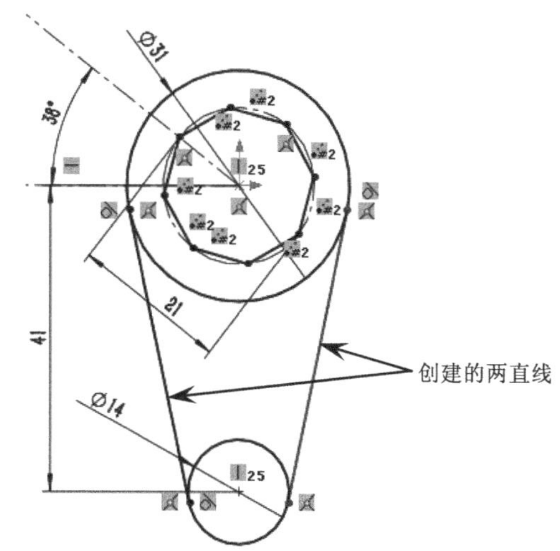

图 2-48　创建直线

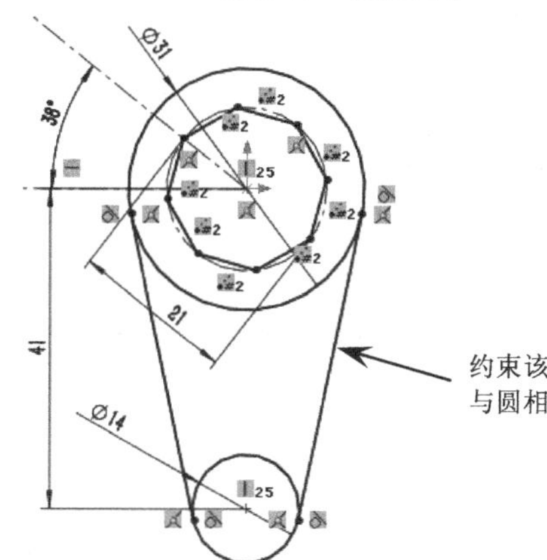

图 2-49　约束相切

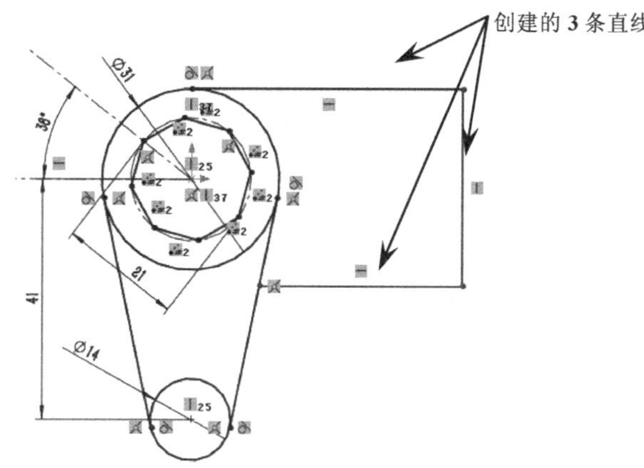

图 2-50　创建直线

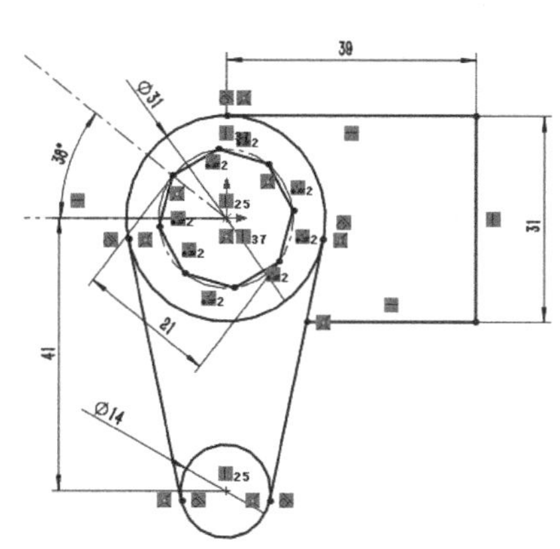
图 2-51　标注尺寸

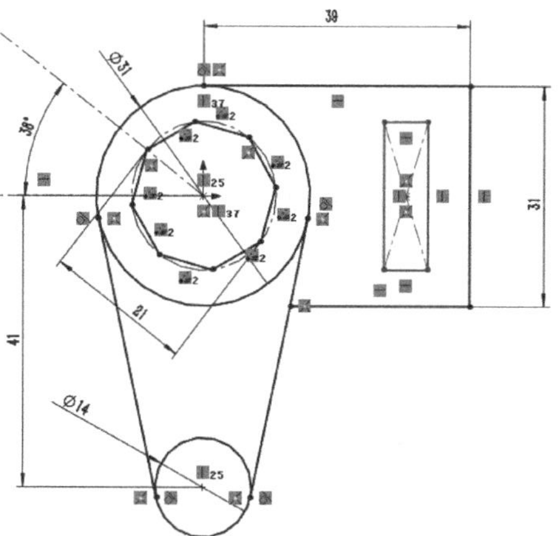
图 2-52　创建矩形

（16）创建直槽口。在〖草图〗工具栏中单击〖直槽口〗按钮，弹出〖直槽口〗对话框，然后创建如图 2-53 所示的直槽口。

（17）剪裁实体。在〖草图〗工具栏中单击〖剪裁实体〗按钮，弹出〖剪裁〗对话框，然后将图形中多余的曲线剪裁掉，结果如图 2-54 所示。

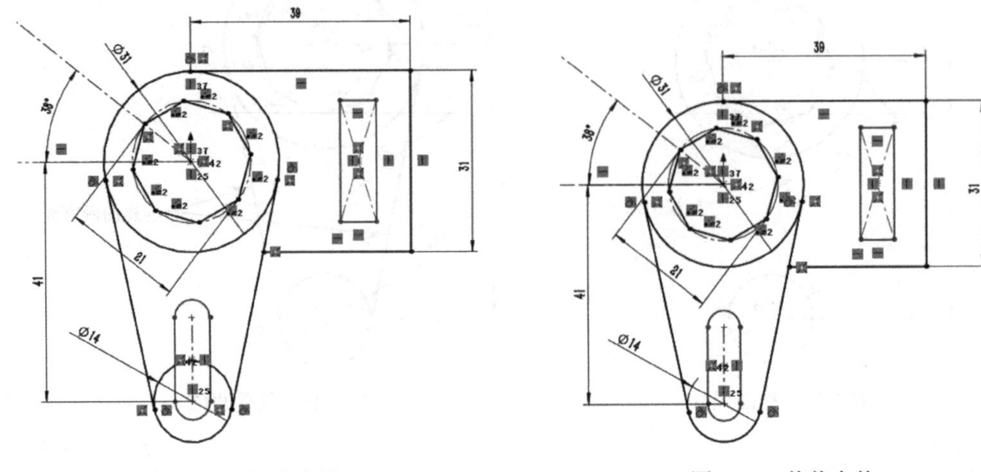

图 2-53　创建直槽口　　图 2-54　剪裁实体

（18）标注尺寸。在〖草图〗工具栏中单击〖智能尺寸〗按钮，然后标注如图 2-55 所示的圆弧半径。

（19）退出草图。在〖草图〗工具栏中单击〖退出草图〗按钮，如图 2-56 所示。

（20）保存文件。在〖标准〗工具栏中单击〖保存〗按钮，接着在弹出的〖另存为〗对话框中设置文件名称和保存路径即可。

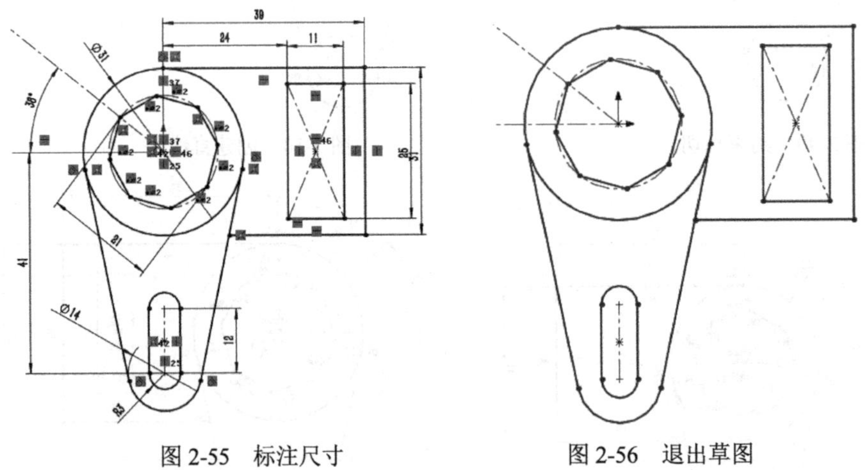

图 2-55　标注尺寸　　图 2-56　退出草图

2.3.3　草图实例特训三

绘制如图 2-57 所示的鼠标外形轮廓草图。

（1）在计算机桌面双击图标，启动 SOLIDWORKS 2020 软件。

（2）在〖标准〗工具栏中单击〖新建〗按钮，弹出〖新建 SOLIDWORKS 文件〗对话框。选择“零件”选项，然后单击 确定 按钮进入零件设计界面。

（3）进入草图环境。在〖草图〗工具栏中单击〖草图绘制〗按钮，在弹出的基准平面中选择“上视基准面”，从而进入草图环境。

（4）在〖草图〗工具栏中单击〖3 点圆弧〗按钮，弹出〖圆弧〗对话框，然后创建如图 2-58 所示的圆弧，按 Esc 键退出圆弧命令。

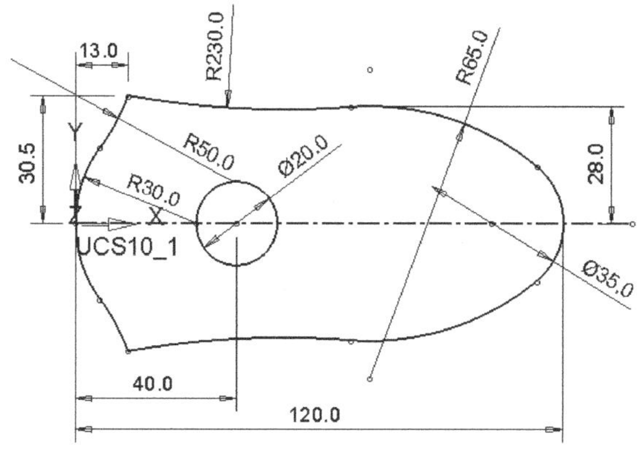

图 2-57　鼠标外形轮廓草图

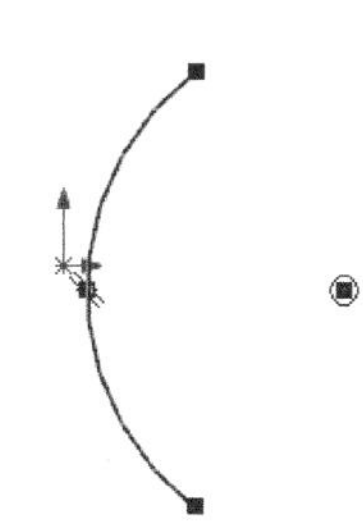

图 2-58　创建圆弧

（5）约束圆弧。在〖草图〗工具栏中单击〖添加几何关系〗按钮，弹出〖添加几何关系〗对话框，然后设置约束圆心与坐标原点为“水平”、约束圆弧与坐标原点为“中点”，如图 2-59 所示，单击〖确定〗按钮。

（6）创建圆。参考前面的操作，创建如图 2-60 所示的圆。

（7）创建圆弧。参考前面的操作，创建如图 2-61 所示的圆弧。

（8）约束圆弧与圆。参考前面的操作，约束两圆弧相切、圆的圆心与坐标原点水平，如图 2-62 所示。

（9）标注尺寸。在〖草图〗工具栏中单击〖智能尺寸〗按钮，然后标注如图 2-63 所示的尺寸。

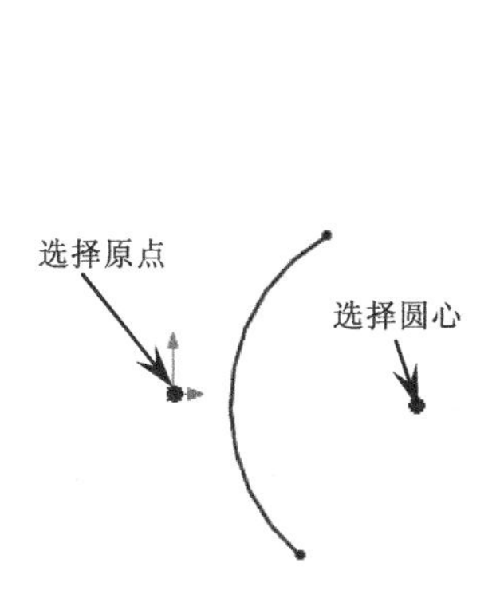

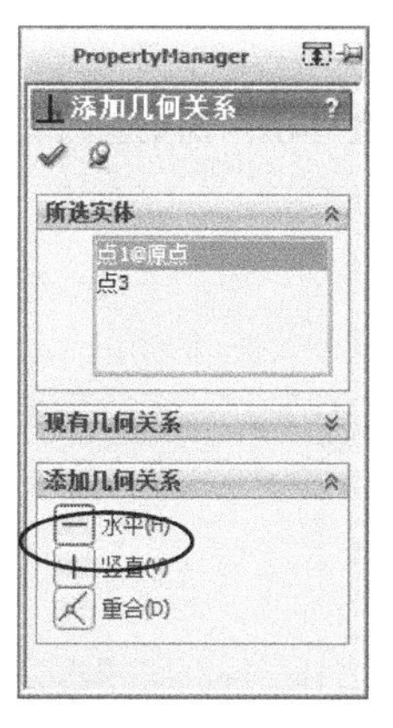

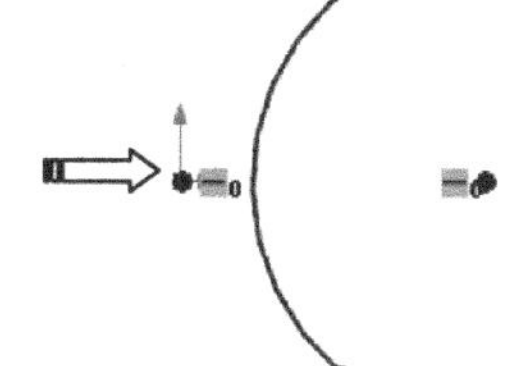

图 2-59　约束圆弧

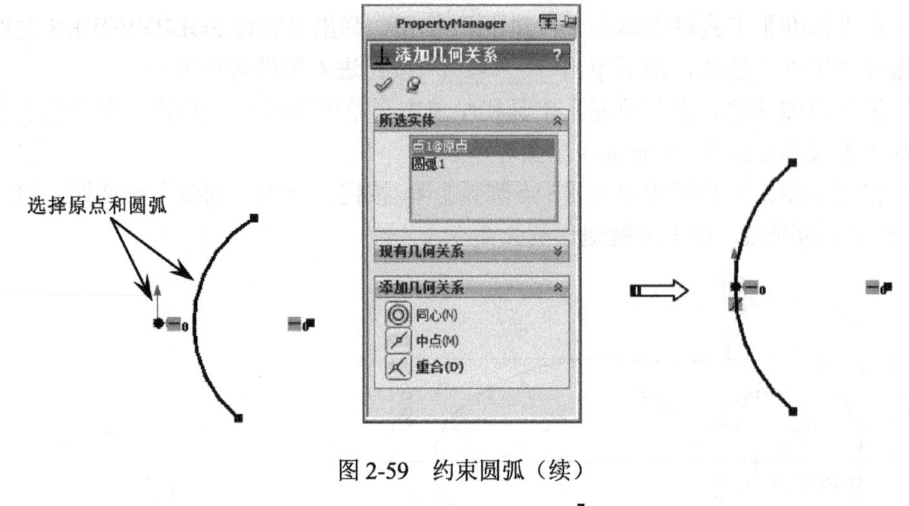

图 2-59　约束圆弧（续）

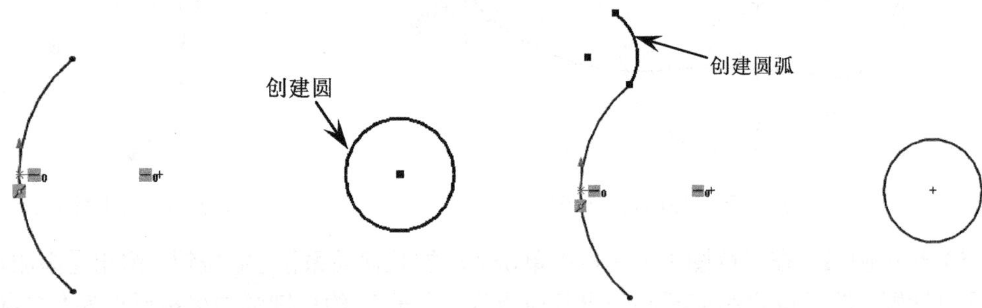

图 2-60　创建圆　　　　图 2-61　创建圆弧

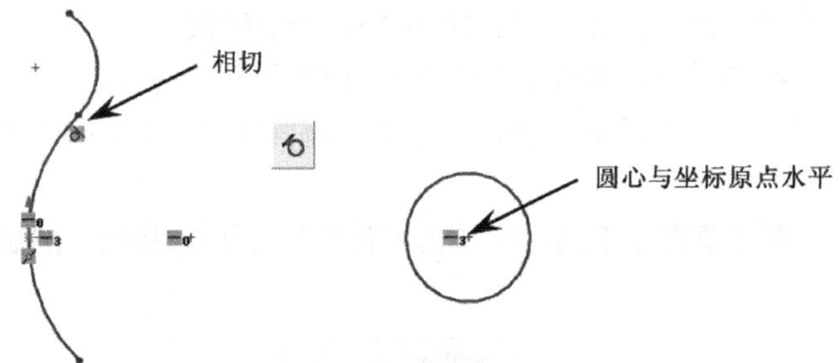

图 2-62　约束圆弧与圆

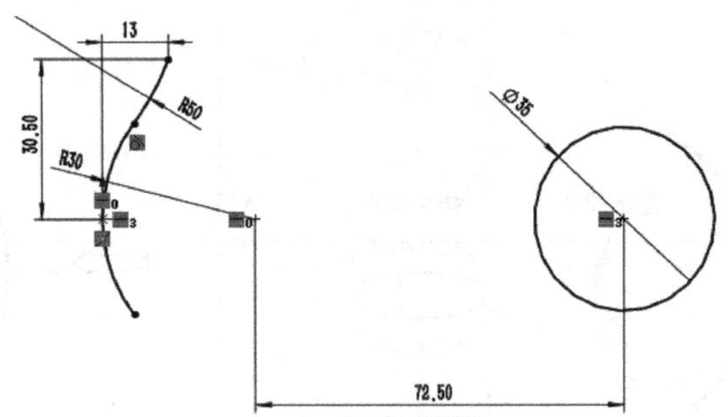

图 2-63　标注尺寸

（10）创建圆弧。参考前面的操作，创建如图 2-64 所示的两条圆弧。

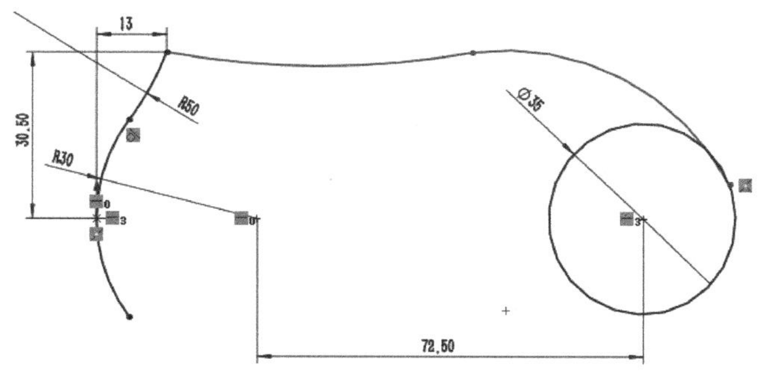

图 2-64　创建圆弧

（11）约束相切。参考前面的操作，约束图形中的两条圆弧相切、圆弧与圆相切，如图 2-65 所示。

（12）创建中心线。参考前面的操作，创建如图 2-66 所示的中心线。

（13）标注尺寸。在〖草图〗工具栏中单击〖智能尺寸〗按钮，然后标注如图 2-67 所示的尺寸。

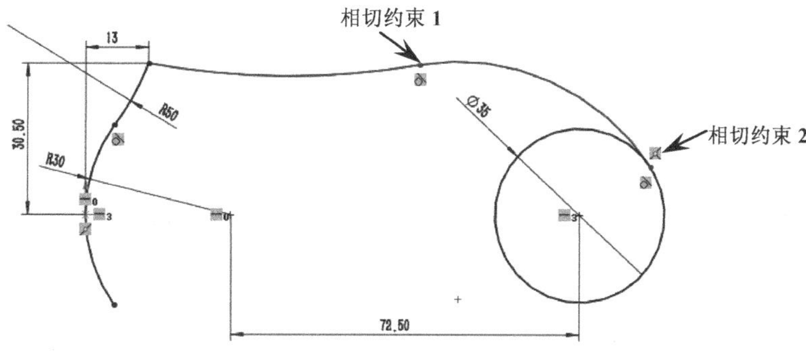

图 2-65　约束相切

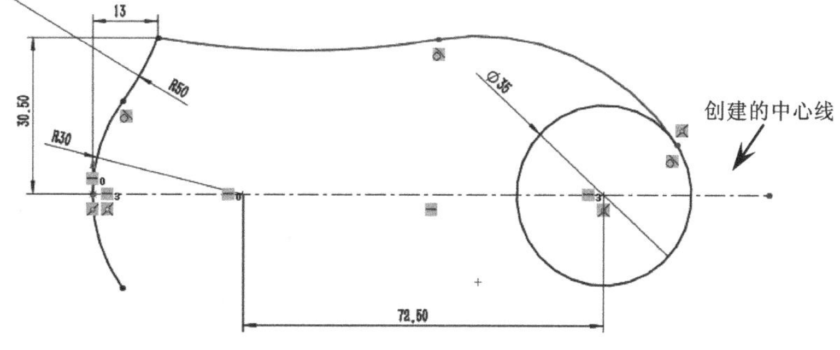

图 2-66　创建中心线

（14）镜向。参考前面的操作，选择如图 2-68（a）所示的 3 条曲线进行镜向，结果如图 2-68（b）所示。

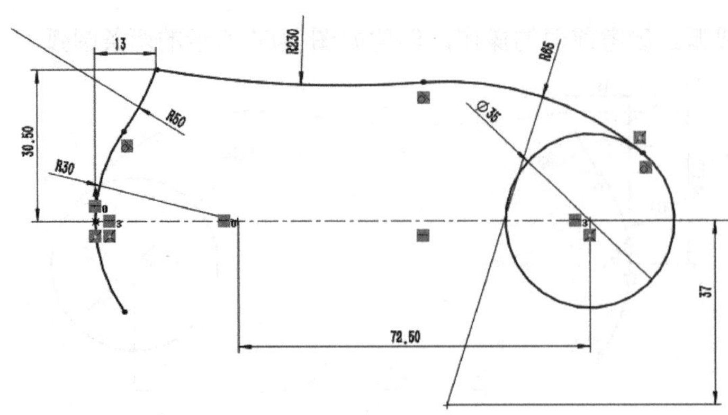

图 2-67　标注尺寸

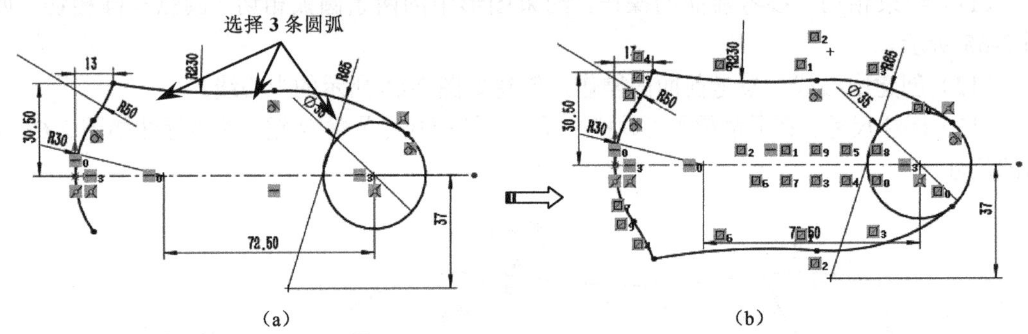

（a）　　（b）

图 2-68　镜向

（15）修剪曲线。在〖草图〗工具栏中单击〖动态修剪〗按钮，然后将图形中多余的曲线修剪掉，结果如图 2-69 所示。

（16）创建圆。参考前面的操作，创建如图 2-70 所示的圆并标注尺寸。

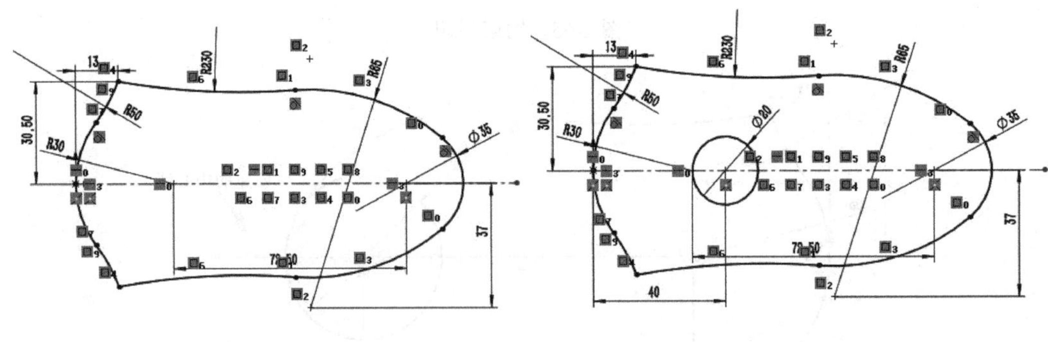

图 2-69　修剪曲线　　图 2-70　创建圆

（17）退出草图。在〖草图〗工具栏中单击〖完成并退出草图〗按钮，如图 2-71 所示。

（18）保存文件。在〖标准〗工具栏中单击〖保存〗按钮，接着在弹出的〖另存为〗对话框中设置文件名称和保存路径即可。

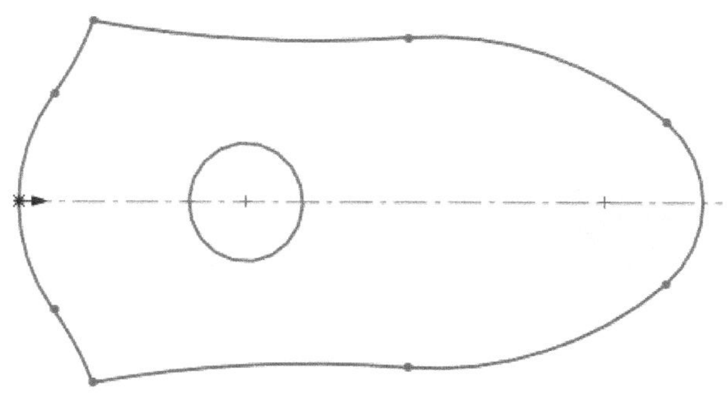

图 2-71　退出草图

2.4　如何导入 CAD 图形作为草图

在机械设计中，如果已经有 CAD 二维图，在创建 3D 时，为节约绘制草图的时间，可直接从 SOLIDWORKS 软件中调入 CAD 图纸，然后选择相关的曲线进行三维建模即可。下面简单介绍 SOLIDWORKS 如何调入 CAD 的方法。

（1）将 CAD 保存至指定的位置。

（2）在 SOLIDWORKS 软件的初始界面中单击〖打开〗按钮，然后选择光盘路径中的〖Example/Ch02/CAD 草图〗文件并打开，如图 2-72 所示。

图 2-72　打开文件

（3）在弹出的〖SOLIDWORKS〗对话框中单击 确定 按钮，然后设置如图 2-73 所示的参数，并单击 下一步(N) > 按钮。

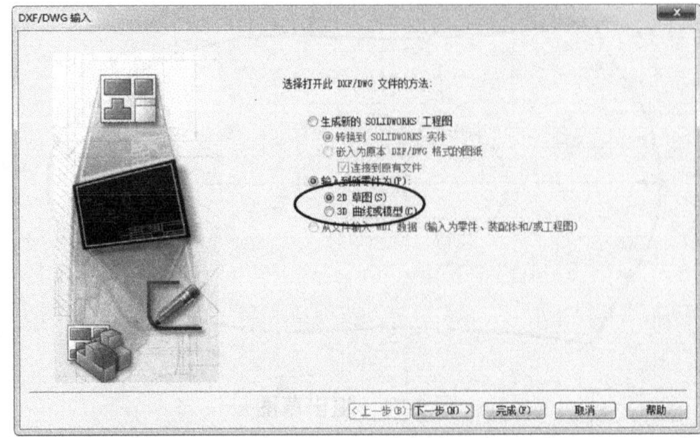

图 2-73　设置输入参数

（4）在新显示的对话框中设置如图 2-74 所示的参数，并单击 下一步(N) > 按钮。

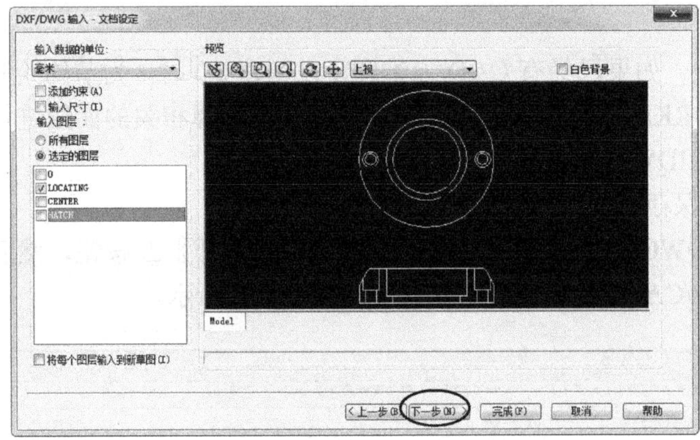

图 2-74　设置输入 CAD 的图层参数

（5）在新显示的对话框中单击 完成(F) 按钮，CAD 图形正式输入至 SOLIDWORKS 软件中，然后单击〖退出草图〗按钮，如图 2-75 所示。

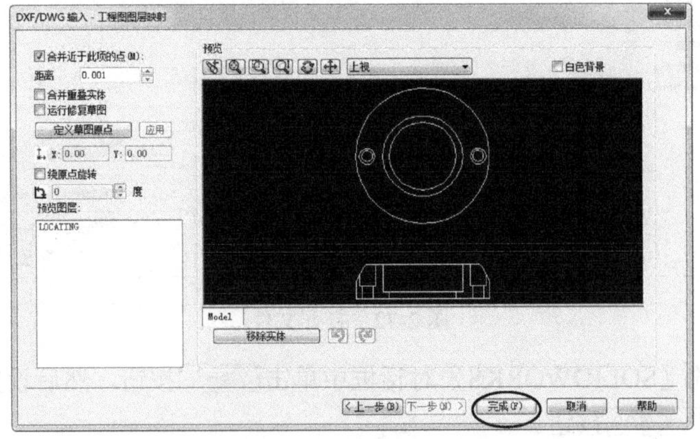

图 2-75　输入 CAD 至 SOLIDWORKS 软件

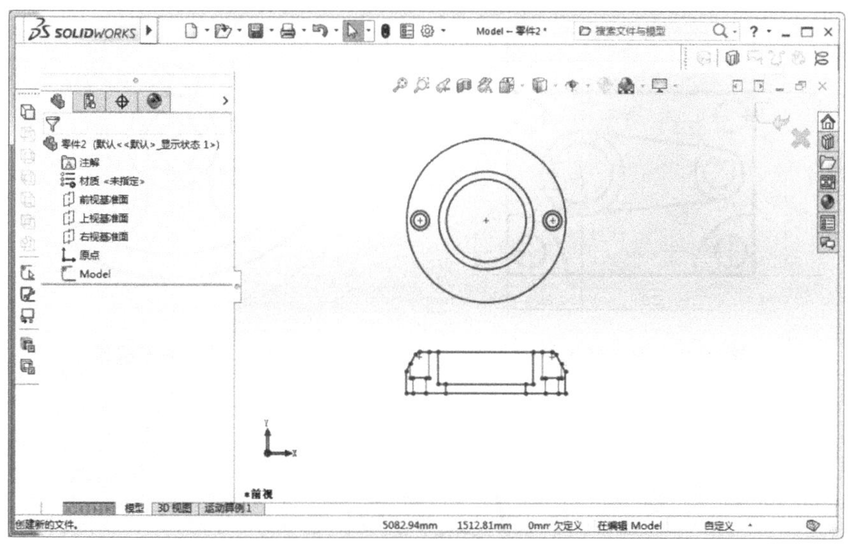

图 2-75　输入 CAD 至 SOLIDWORKS 软件（续）

2.5　本章学习收获

通过本章的学习，读者必须掌握以下内容。

（1）学会正确进入草图平面和退出草图平面。

（2）掌握草图绘制常用的基本命令，如直线、圆、圆弧、矩形和椭圆等。

（3）掌握常用的草图编辑命令，如等距实体、镜向实体、线性草图阵列、圆周草图阵列、添加几何关系和标注尺寸标注等。

（4）掌握实物草图的设计步骤，先将能定位的曲线画出来，如圆弧和圆等。

（5）一般情况下，先将图形进行约束，再标注尺寸。

（6）掌握如何输入 CAD 草图至 SOLIDWORKS 软件中。

2.6　练习题

（1）根据本章所学习的知识内容，绘制如图 2-76 所示的草图。

（2）根据本章所学习的知识内容，绘制如图 2-77 所示的草图。

（3）根据本章所学习的知识内容，绘制如图 2-78 所示的草图。

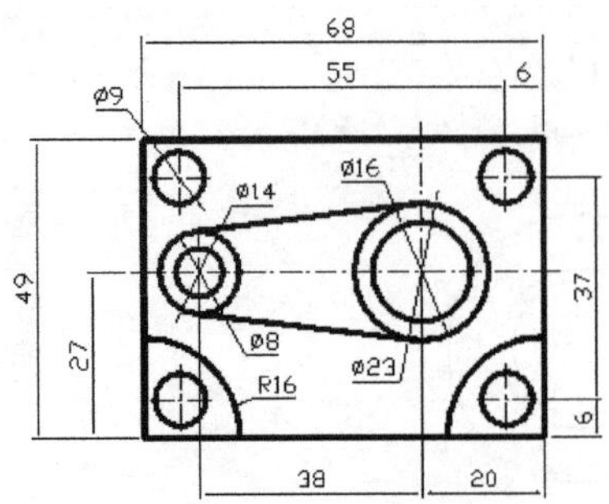

图 2-76 草图练习一

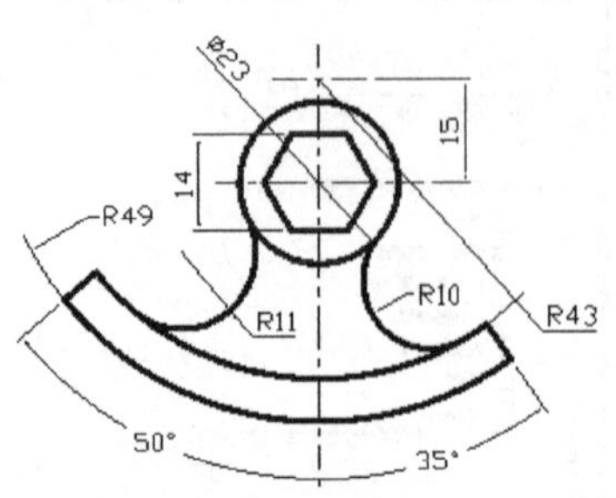

图 2-77 草图练习二

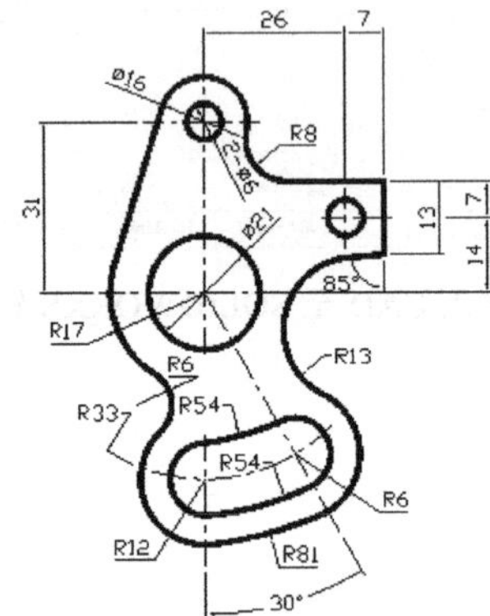

图 2-78 草图练习三

第 3 章

基准的创建、图形的显示与隐藏

基准是零件设计与编程加工的重要参考元素，通过创建基准可以方便设计操作。

3.1 学习目标与课时安排

学习目标及学习内容

（1）重点掌握基准平面的创建方法，在较复杂的零件设计中，往往需要创建不同位置和角度的基准平面。

（2）掌握基准轴的创建方法。

（3）掌握基准坐标的创建方法。

（4）重点掌握基准点的创建方法，在创建不规则的曲面造型时，经常需要创建点的架构曲线，然后再创建曲面。

学习课时安排（共 2 课时）

（1）基准平面的创建（1 课时）。

（2）基准轴和坐标系的创建等（1 课时）。

3.2 创建基准平面

创建草图时，必须在基准面上进行。SOLIDWWORKS 系统提供的基准面有前视基准面、上视基准面和右视基准面，可用作规则、简单图形的设计基准，但当要设置较复杂的 3D 模型时，需要创建新的基准平面。在 SOLIDWORKS 界面〖特征〗工具栏中单击〖参考几何体〗按钮，在弹出的下拉菜单中选择〖基准面〗命令，如图 3-1（a）所示。选择创建基准面的图形后，对话框中会出现相应的创建方式，如图 3-1（b）所示。

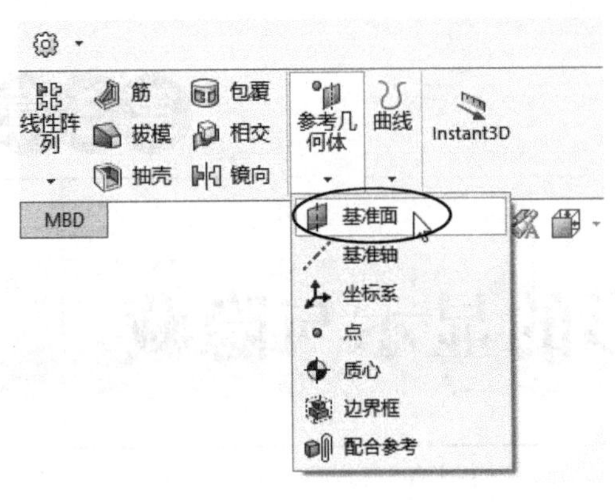

（a）

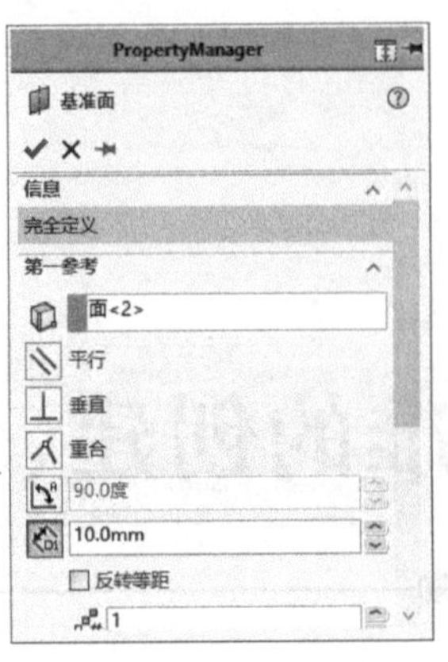

（b）

图 3-1 〖基准面〗对话框

基准平面创建的方式如表 3-1 所示。

表 3-1 创建基准平面的方式

名　称	图　标	说　明	图　解
平行		选择已有平面，设置偏移值产生基准面，并平行该平面	选择此平面
垂直		① 选择已有平面和通过的边线创建基准面； ② 选择曲线及一点，基准面垂直于该点的曲线斜率	基准面3 选择平面 选择实体边 选择曲线 选择一点
角度		选择已有平面和通过的边线，并设置倾斜的角度产生基准面	选择平面 选择实体边 基准面4 平行 垂直 重合 30.00度

续表

名　称	图　标	说　明	图　解
角平分面		选择两相交平面产生角平分面	选择两平面
重合		① 通过选择 3 点创建基准平面； ② 选择两直线产生平面； ③ 选择草图产生平面	指定第 1 点 指定第 2 点 指定第 3 点
中间平面		选择两平行的平面，产生中间平面	选择两平面

3.3　创建基准轴

在 SOLIDWORKS 界面〖特征〗工具栏中单击〖参考几何体〗按钮，在弹出的下拉菜单中选择〖基准轴〗命令，弹出〖基准轴〗对话框，如图 3-2 所示。

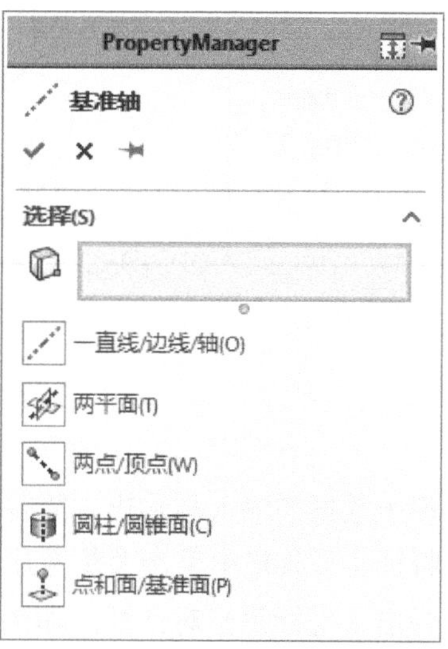

图 3-2　〖基准轴〗对话框

基准轴的创建方式如表 3-2 所示。

表 3-2 基准轴的创建方式

名 称	图 标	说 明	图 解
边线/轴		选择已有实体边线或直线产生基准轴	基准轴1 选择实体边缘
两平面		选择两相交的平面产生基准轴	选择两平面 基准轴2
两点/顶点		选择两点产生基准轴	基准轴3 选择点 2 选择点 1
圆柱/圆锥面		选择圆柱面或圆锥面产生基准轴	基准轴4
点和面		选择点和面产生基准轴，基准轴经过点且垂直于面	选择平面 基准轴5 选择点

3.4 创建坐标系

坐标系创建的目的是为了便于数据的输入与输出、零件设计和装配设计等。

在 SOLIDWORKS 界面〖特征〗工具栏中单击〖参考几何体〗按钮，在弹出的下拉菜单中选择〖坐标系〗命令，弹出〖坐标系〗对话框，如图 3-3 所示。

图 3-3 〖坐标系〗对话框

（1）〖原点〗 ：指定坐标原点的位置，如图 3-4 所示。

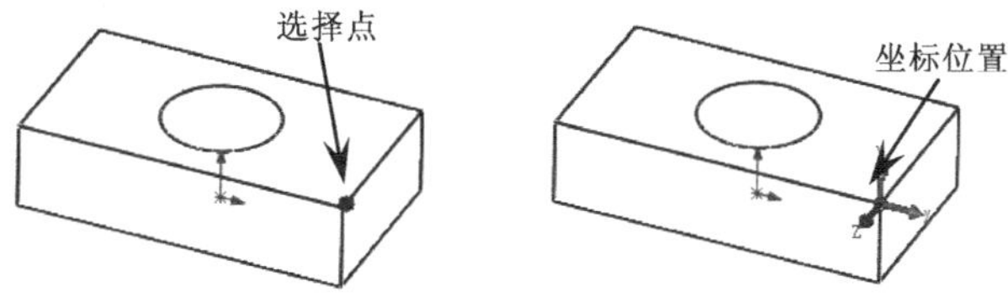

图 3-4 指定坐标原点的位置

（2）X 轴、Y 轴、Z 轴：依次指定坐标系中 X 轴、Y 轴和 Z 轴的方向，如图 3-5 所示。

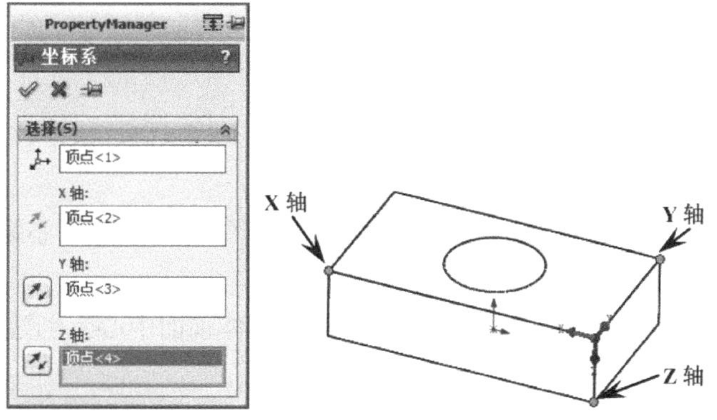

图 3-5 X 轴、Y 轴和 Z 轴的方向

3.5 图形的显示与隐藏

在零件设计或产品设计过程中，经常需要隐藏绘图区中不需要的曲线、基准面或曲面等，从而方便图形的查看和后续的操作。

在设计树中单击鼠标左键选择要隐藏的特征，接着在弹出的顶部浮动菜单中单击〖隐藏〗 按钮，如图 3-6 所示。

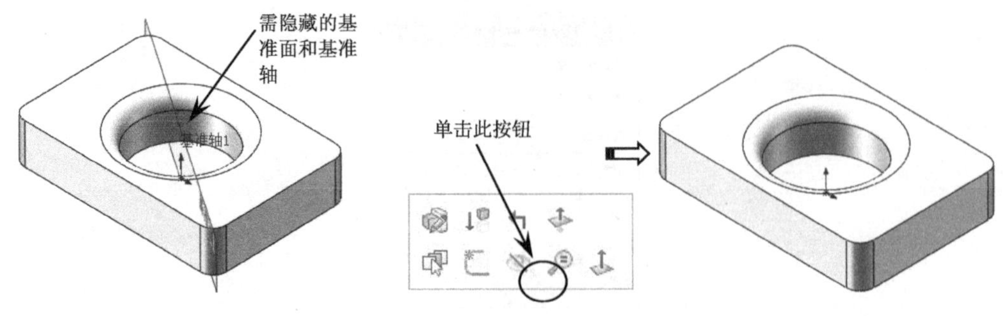

图 3-6　隐藏特征

如需再次显示这些已隐藏的特征，同样在设计树中选择要显示的特征，接着在顶部的浮动菜单中单击〖显示〗按钮，即显示隐藏的特征。

3.6　本章学习收获

通过本章的学习，读者必须掌握以下内容。

（1）学会正确创建基准平面，并掌握基准平面在设计中的作用。

（2）掌握创建基准轴的方法和最常用的方法。

（3）掌握坐标系的作用及创建方法。

（4）掌握图形的隐藏与显示。

3.7　练习题

（1）根据本章所学习的知识，首先在图 3-7 所示的孔内创建中心轴，然后创建一基准面通过中心轴，且垂直于斜面。

（2）根据本章所学习的知识，在图 3-8 所示的实体顶面中心上创建坐标系。

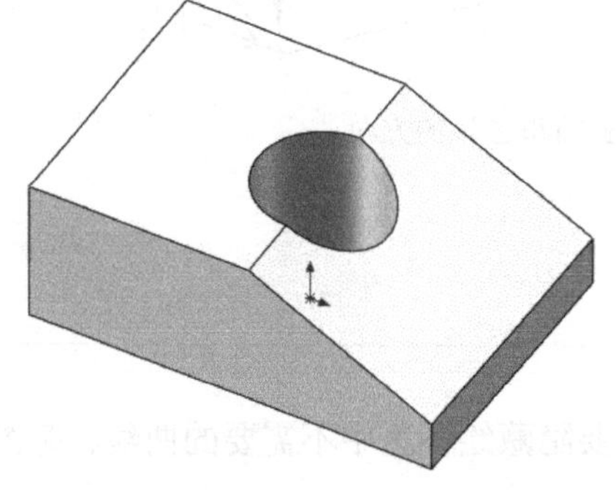

图 3-7　创建基准平面和基准轴

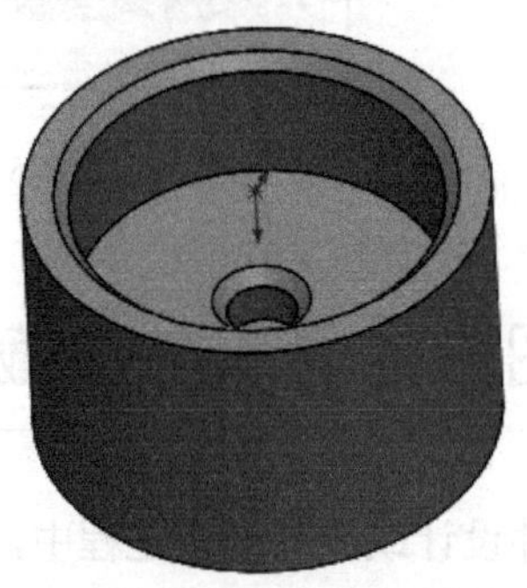

图 3-8　创建坐标系

第 4 章

实体设计基本功特训

第 2 章已重点介绍了草绘功能的应用，本章将重点介绍 SOLIDWORKS 三维实体设计常用的基本命令，对这些基本命令的认识与初步使用，可使读者掌握一定的三维设计基础。

4.1 学习目标与课时安排

学习目标及学习内容

（1）重点掌握三维实体设计常用的命令，如拉伸、旋转和扫描等，初学者别看这几个命令简单，如能将这 3 个命令掌握透彻，可以创建很多实物的三维图。

（2）掌握三维设计的一些常用辅助命令，如圆角、倒角、拔模、抽壳和阵列等，这些都是产品设计中常用的功能。

（3）重点掌握本章介绍的边界凸台/基体、组合、分割、比例缩放弯曲和圆顶等知识点，在实际设计中也经常会用到这些命令，运用得好，会使设计变得简单。

学习课时安排（共 11 课时）

（1）拉伸、旋转（2 课时）。

（2）扫描、放样（1 课时）。

（3）边界凸台/基体（1 课时）。

（4）圆角、倒角、抽壳（1 课时）。

（5）拔模（1 课时）。

（6）筋、孔特征（1 课时）。

（7）组合、分割、缩放比例（1 课时）。

（8）镜向和阵列（1 课时）。

（9）包覆、圆顶（1 课时）。

（10）弯曲、装饰螺纹等（1 课时）。

4.2 拉伸

拉伸是指截面沿着垂直于草图平面的方向进行伸长，从而创建出实体。拉伸的对象可以是草图也可以是特征曲面。草图可以是封闭的，也可以是开放的，但线之间不能产生自相交。

在绘制三维产品的过程中，当产品的形状或局部形状的截面相同时，可以使用拉伸命令进行绘制。

4.2.1 拉伸凸台/基体

拉伸创建新的体特征。在〖特征〗工具栏中单击〖拉伸凸台/基体〗按钮，弹出〖凸台-拉伸〗对话框，接着选择草图或选择草图基准面创建草图，然后设置拉伸参数，单击〖确定〗按钮，如图 4-1 所示。

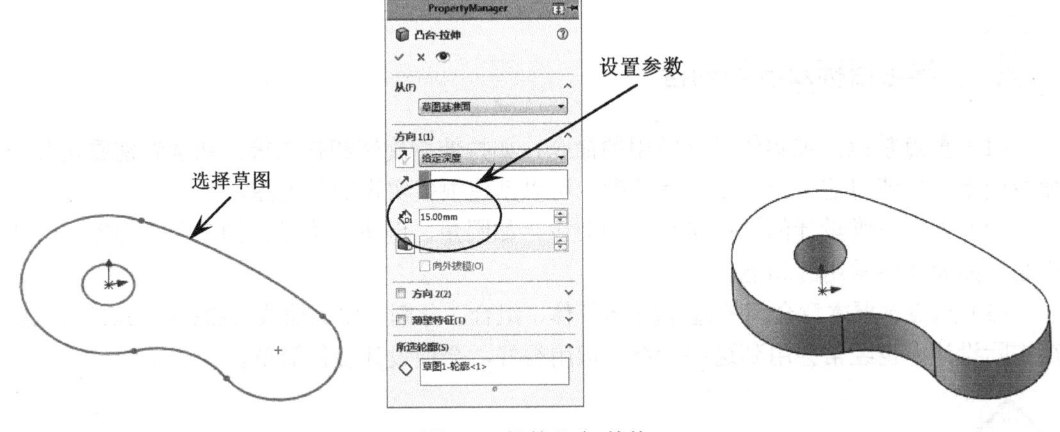

图 4-1　拉伸凸台/基体

要点提示

当绘图区没有任何图形时，单击〖拉伸凸台/基体〗按钮会自动弹出 3 个草图基准面，然后选择平面进入草图环境，草图创建完成后退出草图环境再进行拉伸参数的设置。

4.2.2 拉伸切除

在已有的实体上进行拉伸切割，去除材料。在〖特征〗工具栏中单击〖拉伸切除〗按钮，弹出〖切除-拉伸〗对话框，接着选择草图或选择草图平面创建草图，然后设置拉伸参数，单击〖确定〗✔按钮，如图 4-2 所示。

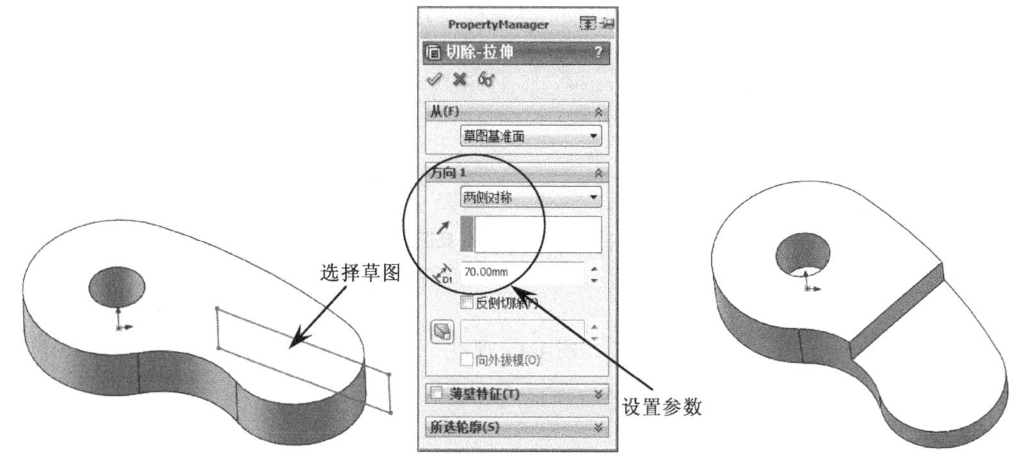

图 4-2　拉伸切除

如果当前绘图区内没有任何实体模型，那么〖拉伸切除〗命令不会显示出来。

4.2.3　功能注释

由于〖拉伸凸台/基体〗和〖拉伸切除〗两个命令的参数设置几乎一样，所以下面一起进行参数的注释讲解。

（1）〖从〗：设置草图拉伸的开始位置。

① 草图基准面：从草图所在的基准面位置开始进行拉伸，一般默认为该选项。

② 曲面/面/基准面：从选择的曲面或基准面开始拉伸，如图 4-3 所示。

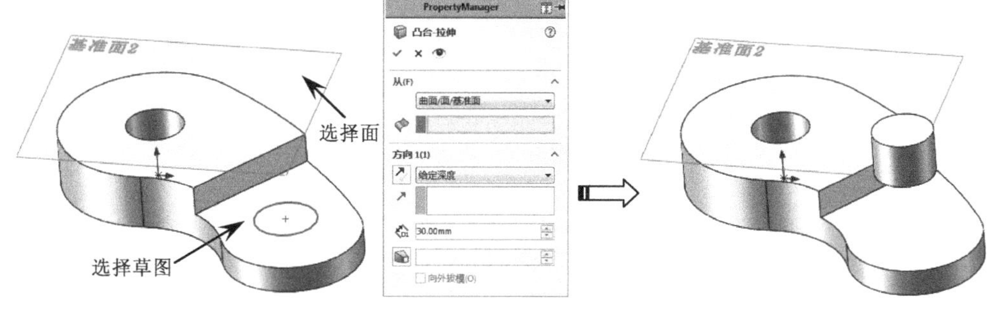

图 4-3　曲面/面/基准面

要点提示

只有当草图能投影到该曲面时，才能选择“曲面/面/基准面”选项进行拉伸，否则无法生成拉伸。

③ 顶点：从选择的点位置开始拉伸，如图 4-4 所示。

④ 等距：设置从草图所在的基准面位置偏移一定数值才开始拉伸，如图 4-5 所示。

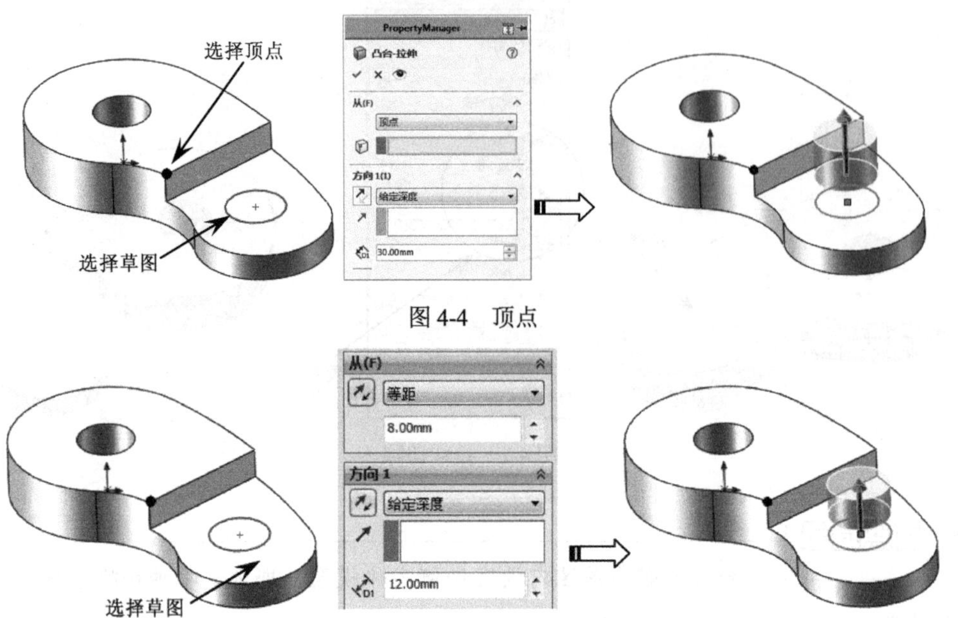

图 4-4　顶点

图 4-5　等距

（2）〖方向 1〗、〖方向 2〗：不勾选“方向 2”，表示只朝一个方向进行拉伸；如勾选“方向 2”，则可以向相反方向拉伸，还可以设置不同的参数，如图 4-6 所示。

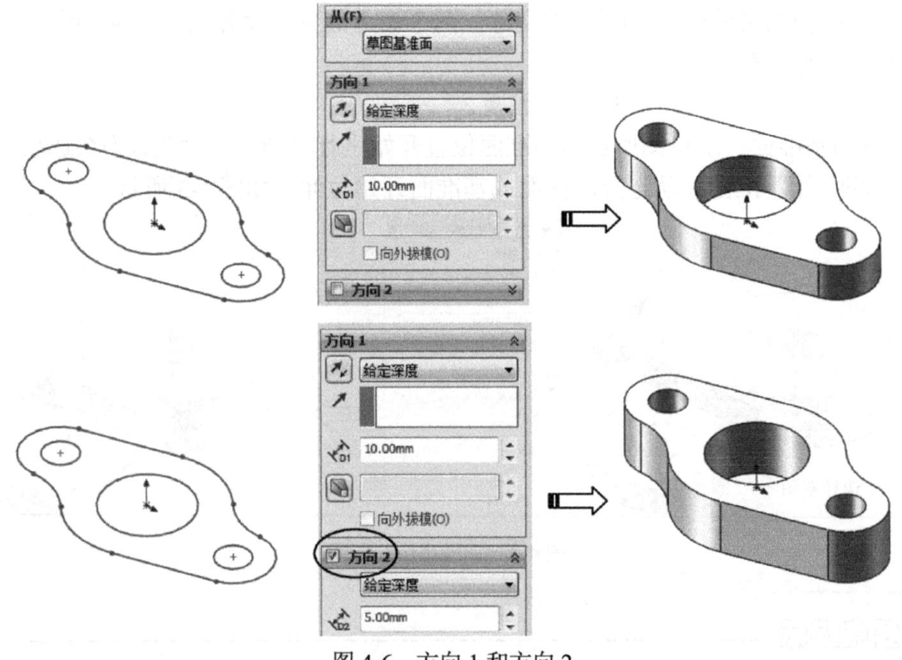

图 4-6　方向 1 和方向 2

① 给定深度：按照设定的数值进行拉伸。

② 完全贯穿：拉伸完全贯穿于已有的实体面，从而形成结合或切割，如图 4-7 所示。

图 4-7 完全贯穿

③ 成形到一顶点：拉伸到指定的点，如图 4-8 所示。

图 4-8 成形到一顶点

④ 成形到一面：拉伸到指定的曲面，如图 4-9 所示。

图 4-9 成形到一面

⑤ 到离指定面指定的距离：设置拉伸到与指定曲面的距离值，如图 4-10 所示。

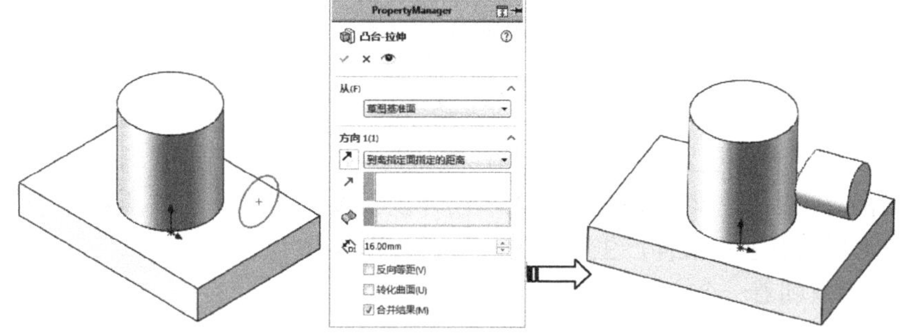

图 4-10 到离指定面指定的距离

⑥ 成形到下一个面：拉伸到离草图拉伸方向最近的曲面上。

⑦ 成形到实体：作用类似于“成形到下一个面”，多用于实体表面较复杂时的拉伸，如图 4-11 所示。

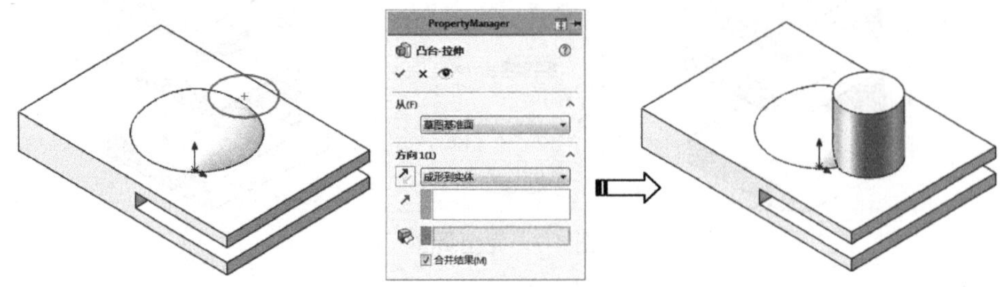

图 4-11　成形到实体

⑧ 两侧对称：同时向两侧拉伸相同的距离，如图 4-12 所示。

图 4-12　两侧对称

（3）〖合并结果〗：勾选该选项，表示当前拉伸的实体与已存在的实体合并形成一个整体；否则创建独立的新个体。但前提是新建的实体必须与原有的实体连接。

（4）〖反侧切除〗：切除草图外的实体，从而保留草图内的实体，如图 4-13 所示。

图 4-13　反侧切除

（5）〖拔模〗：设置拉伸的拔模角，默认为向内拔模拉伸，如图 4-14 所示。

（6）〖向外拔模〗：勾选该选项，表示向外拔模拉伸，如图 4-15 所示。

（7）〖薄壁特征〗：拉伸产生壁厚的实体，如图 4-16 所示。

① 单向：只朝着一个方向生成壁厚。

② 两侧对称：同时向内外两个方向生成相同的壁厚。

③ 双向：同时向内外两个方向生成壁厚，但可设置不一样的壁厚。

④ 顶端加盖：在拉伸生成的薄壁顶部和底部加盖，即生成四周封闭的空心体。

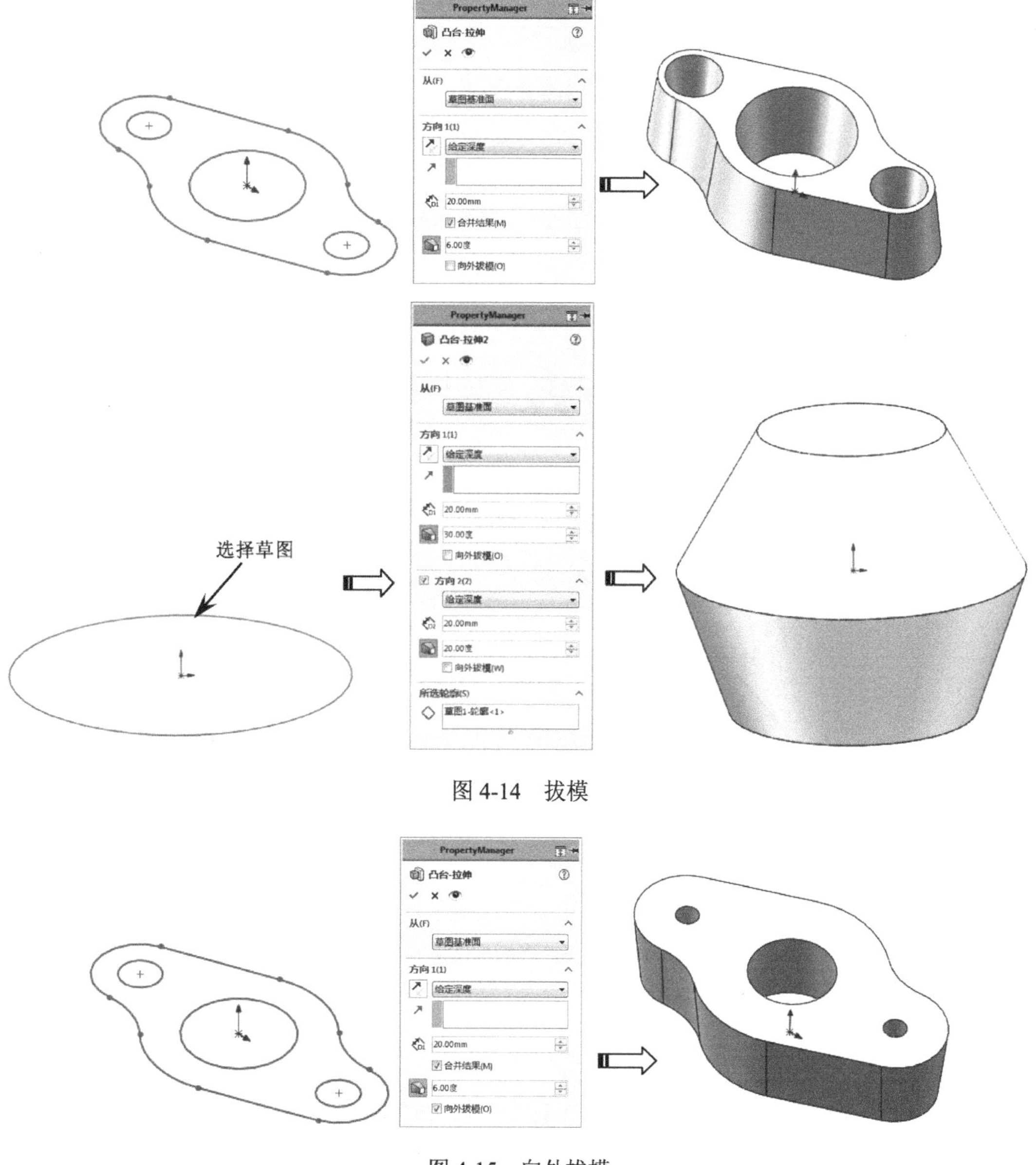

图 4-14　拔模

图 4-15　向外拔模

（8）〖所选轮廓〗：根据选择的轮廓产生拉伸体，这点对选择已有的草图作为拉伸对象尤为重要。打开第 2 章的“实例一”草图作为拉伸对象，细心的读者可发现，选择草图时，系统只会根据选择曲线的连续闭合部分进行拉伸，而没有选中的部分则不进行拉伸，如图 4-17 所示。此时，不要关闭〖凸台-拉伸〗对话框，在“所选轮廓”对应的框内单击鼠标左键，然后继续选择另外的 3 个圆，如图 4-18 所示。

要点提示

如果希望能直接选择整个草图作为拉伸对象，那么可以首先在特征树上选择草图，然后再单击〖拉伸凸台/基体〗按钮即可，如图 4-19 所示。

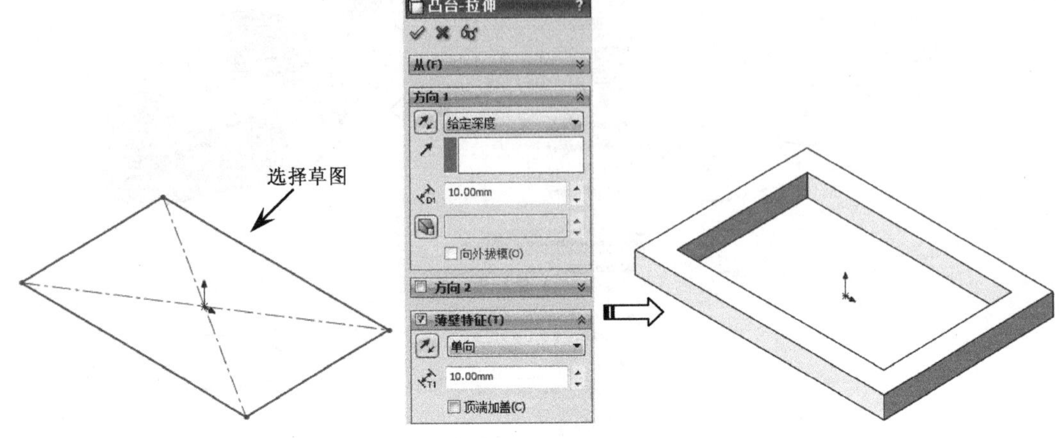

图 4-16　薄壁特征

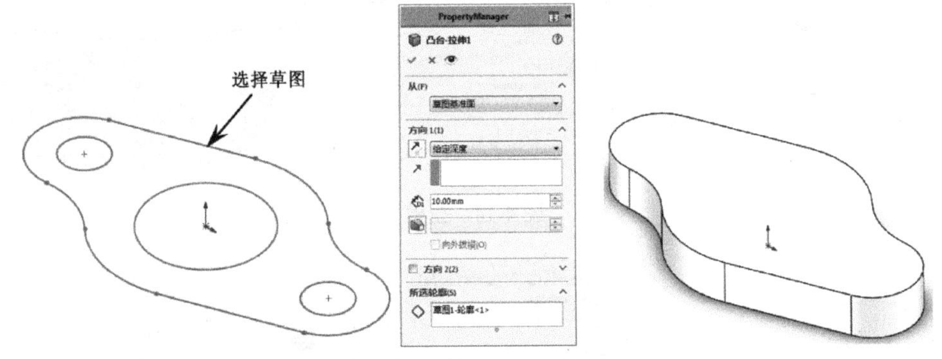

图 4-17　选择已有的草图进行拉伸一

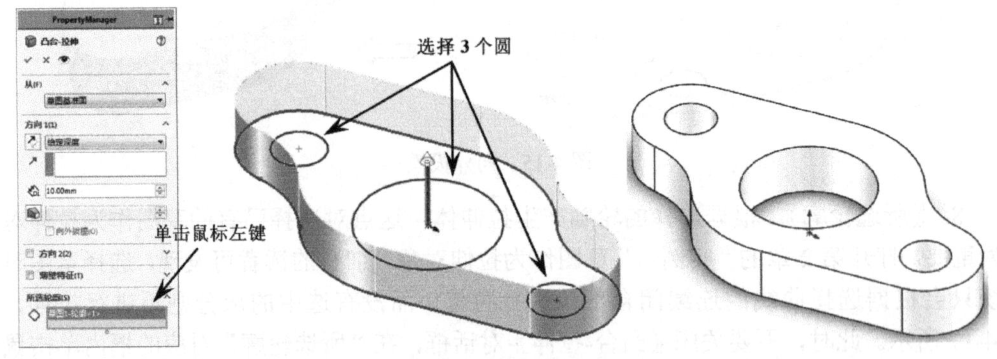

图 4-18　选择已有的草图进行拉伸二

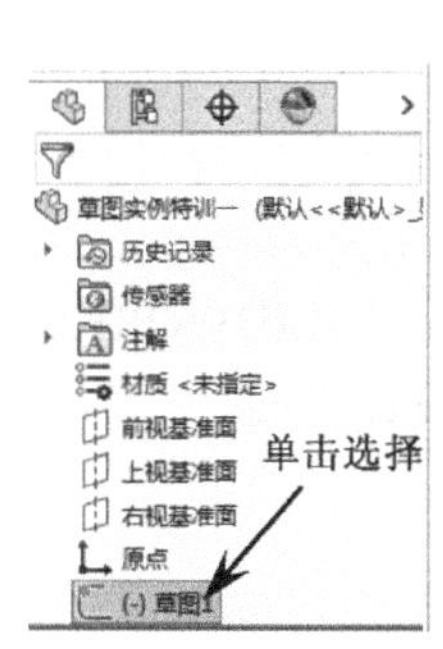

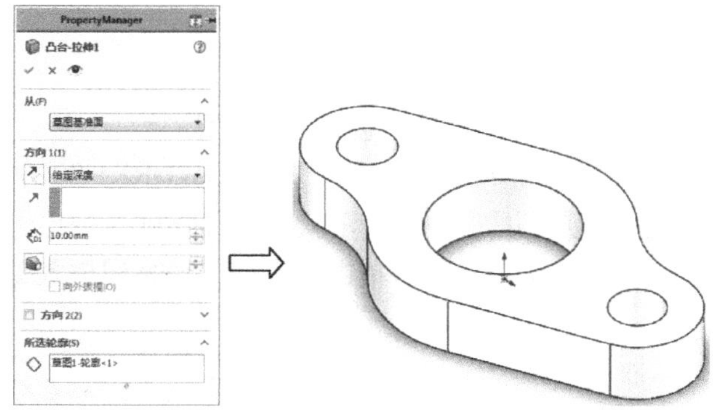

图 4-19　选择已有的草图进行拉伸三

操作技巧

如果希望草图截面沿着指定的方向进行拉伸，那么可先后在两个不同的草图平面上创建拉伸对象和拉伸的方向（多数为直线），然后运用〖拉伸凸台/基体〗按钮进行拉伸。下面简单介绍该功能的使用方法，如图 4-20 所示。

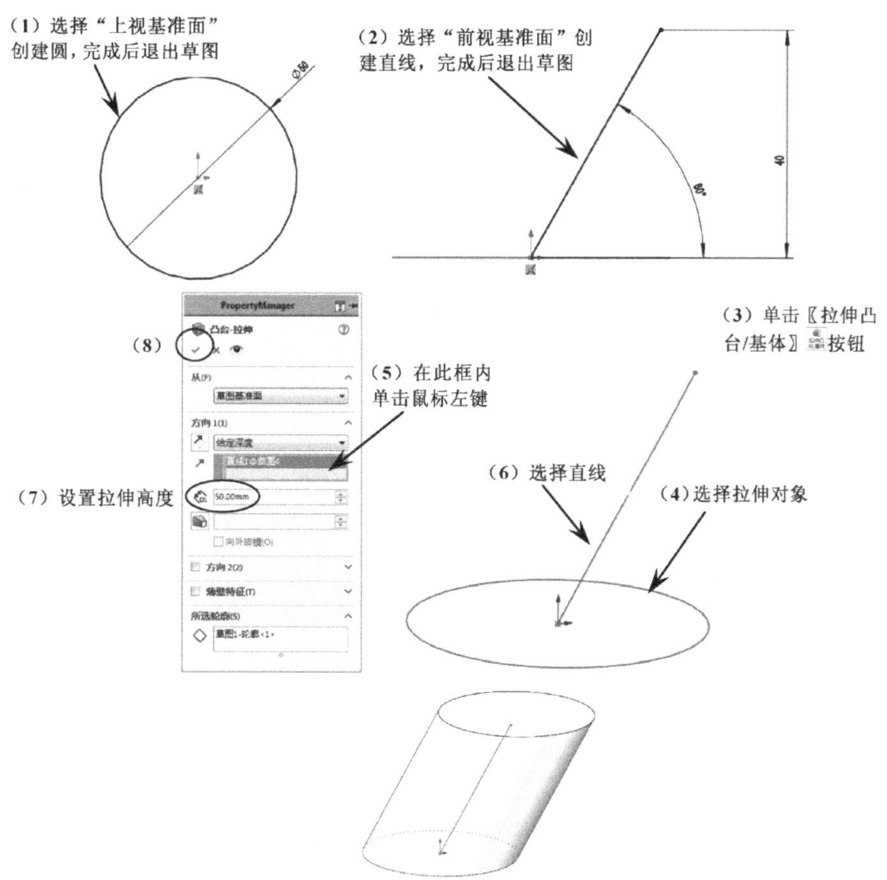

图 4-20　沿着指定的方向进行拉伸

4.2.4 操作特训一

根据图 4-21 所示的二维图，创建三维实体。

（1）在桌面上双击图标，打开 SOLIDWORKS 2020 软件。

（2）在〖标准〗工具栏中单击〖新建〗按钮，弹出〖新建 SOLIDWORKS 文件〗对话框。选择“零件”选项，然后单击 确定 按钮进入零件设计界面。

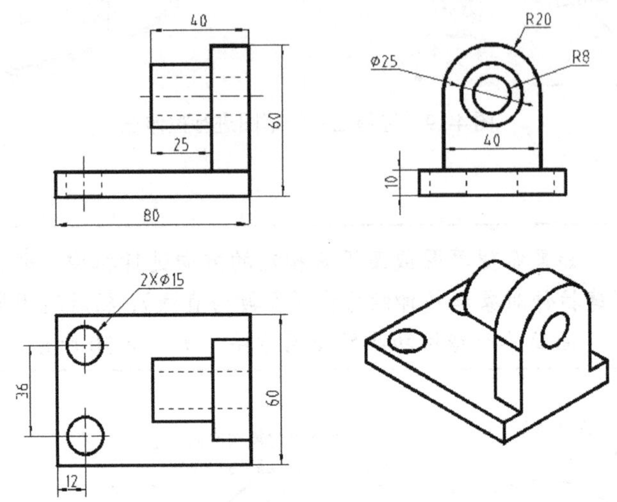

图 4-21 零件图

（3）拉伸创建实体 1。在〖特征〗工具栏中单击〖拉伸凸台/基体〗按钮，接着选择“上视基准面”为草图平面，然后创建如图 4-22（a）所示的草图 1，单击〖退出草图〗按钮。在〖凸台-拉伸〗对话框中设置如图 4-22（b）所示的参数，单击〖确定〗按钮。

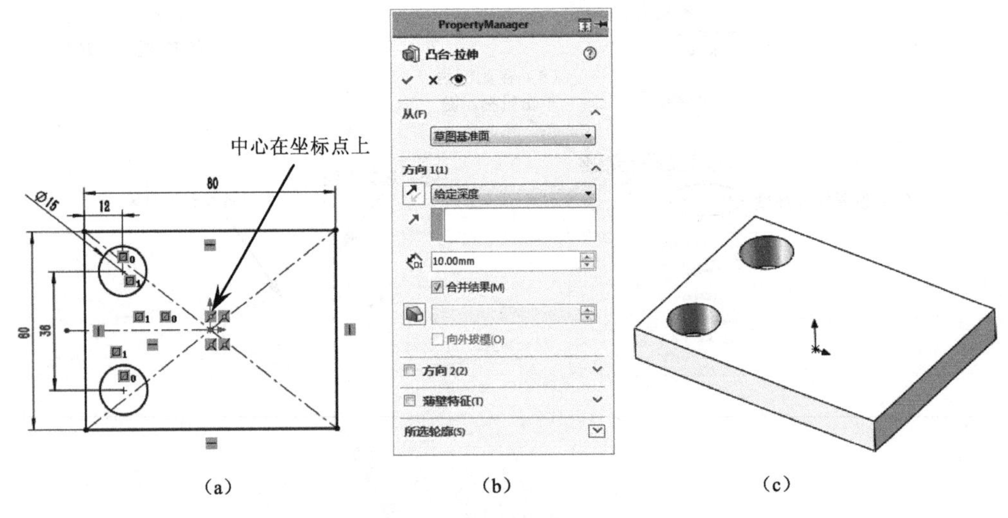

图 4-22 拉伸创建实体 1

（4）创建草图 2。在〖草图〗工具栏中单击〖草图绘制〗按钮，并选择如图 4-23（a）

所示的平面为草图平面，接着在〖标准视图〗工具栏中单击〖正视于〗按钮，使视图按草图平面放置，然后创建如图 4-23（b）所示的草图，单击〖退出草图〗按钮。

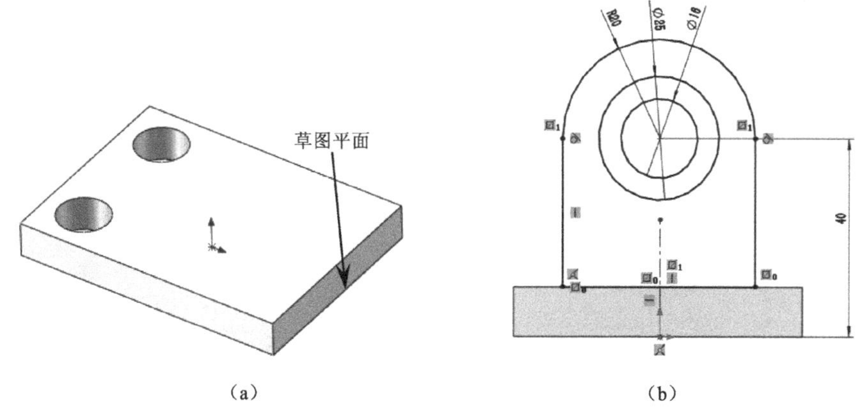

图 4-23　创建草图 2

要点提示

选择草图平面后，视角并没有转到草图平面的视角上，需要单击〖正视于〗按钮（系统默认其快捷键为 Ctrl+8）切换到草图平面视角，这样便于创建草图。

（5）拉伸创建实体 2。在〖特征〗工具栏中单击〖拉伸凸台/基体〗按钮，弹出〖凸台-拉伸〗对话框，然后根据图 4-24 所示的步骤进行参数设置，单击〖确定〗按钮。

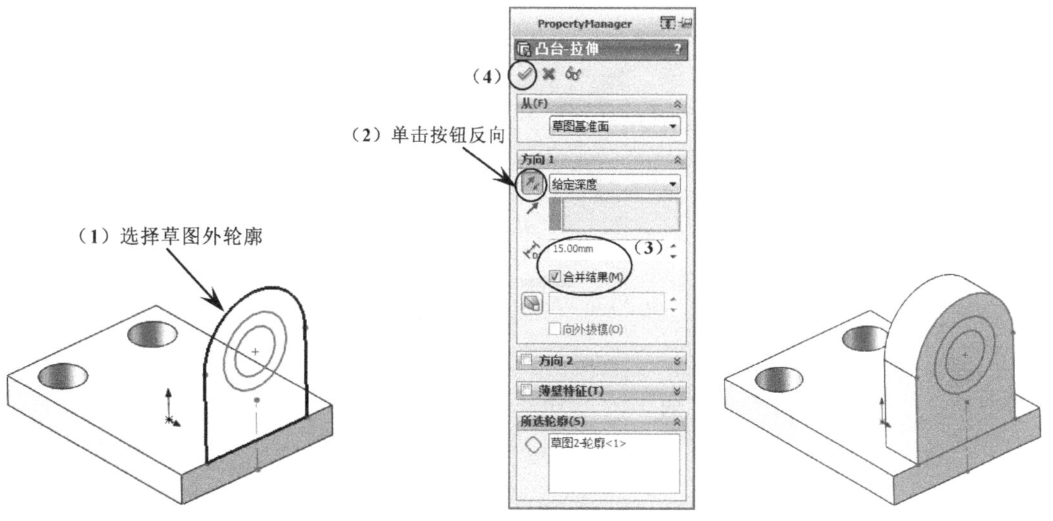

图 4-24　拉伸创建实体 2

（6）显示草图。在设计树中选择“草图 2”，接着在弹出的菜单中单击〖显示〗按钮。

（7）拉伸创建实体 3。在〖特征〗工具栏中单击〖拉伸凸台/基体〗按钮，弹出〖凸台-拉伸〗对话框，然后根据图 4-25 所示的步骤设置参数，单击〖确定〗按钮。

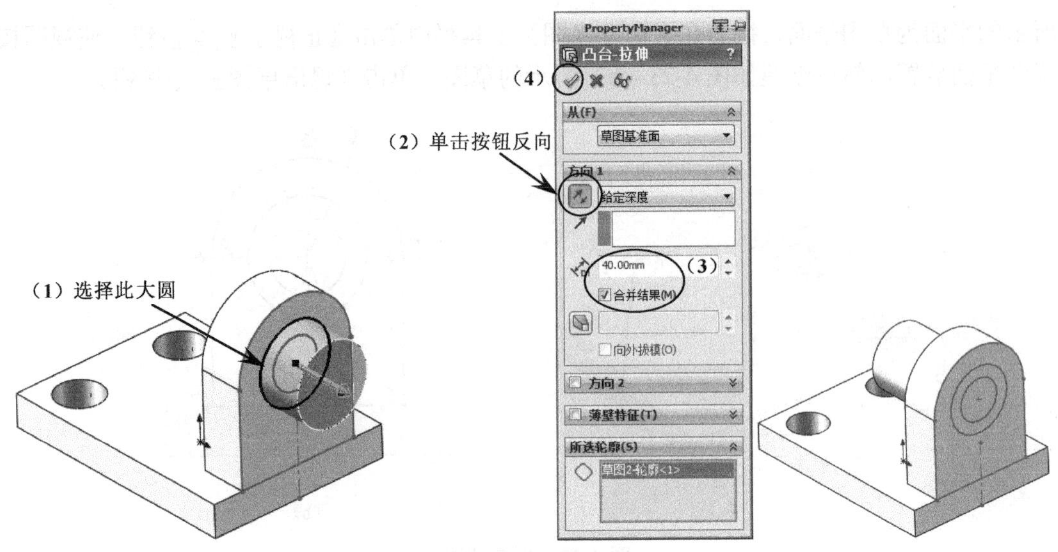

图 4-25　拉伸创建实体 3

> **要点提示**
>
> 当一个草图中存在两个或多个封闭的轮廓时，移动光标到相应的图形上并单击，即可选择该轮廓进行拉伸。

（8）拉伸切除实体。在〖特征〗工具栏中单击〖拉伸切除〗按钮，弹出〖切除-拉伸〗对话框，然后根据图 4-26 所示的步骤进行参数设置，单击〖确定〗按钮。

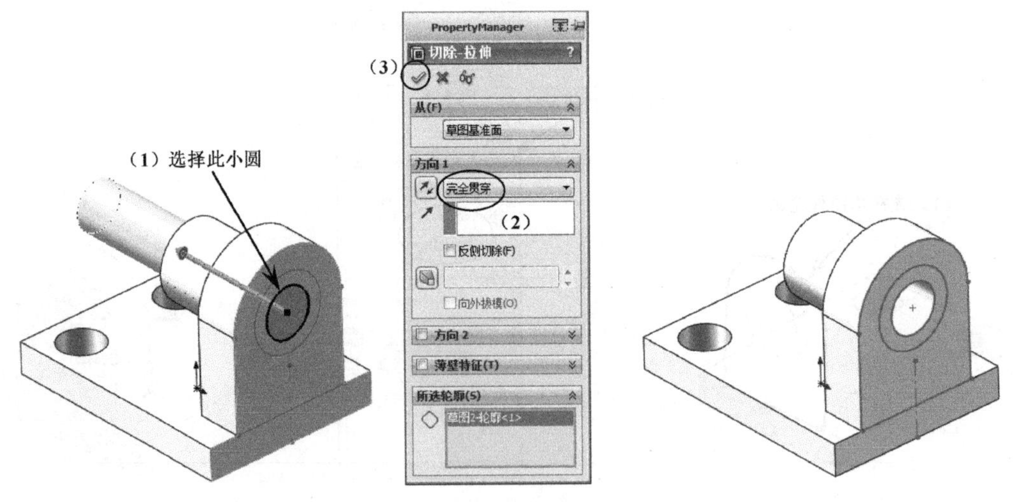

图 4-26　拉伸切除实体

（9）保存文件。在〖标准〗工具栏中单击〖保存〗按钮，接着在弹出的〖另存为〗对话框中设置文件的名称和保存路径即可。

4.2.5 操作特训二

根据图 4-27 所示的二维图，创建三维实体。

（1）在桌面上双击图标打开 SOLIDWORKS 2020 软件。

（2）在〖标准〗工具栏中单击〖新建〗按钮，弹出〖新建 SOLIDWORKS 文件〗对话框。选择“零件”选项，然后单击 确定 按钮进入零件设计界面。

（3）创建草图 1。在〖草图〗工具栏中单击〖草图绘制〗按钮，选择“上视基准面”为草图平面，并创建如图 4-28 所示的草图，单击〖退出草图〗按钮。

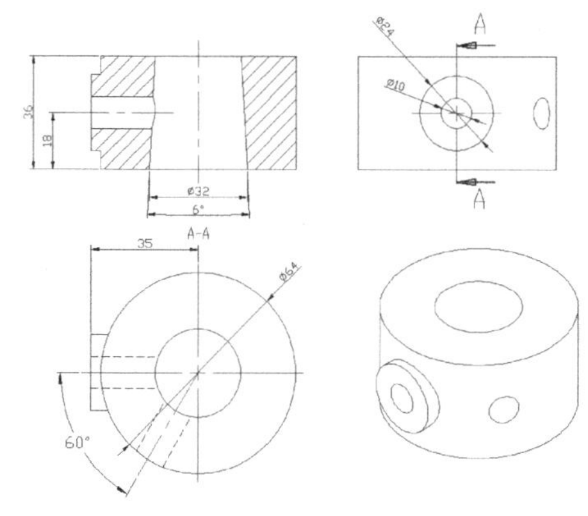

图 4-27　二维图

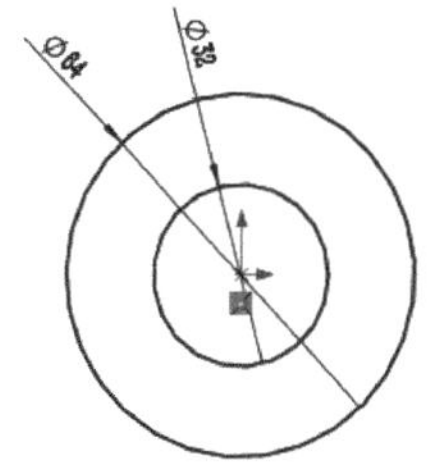

图 4-28　创建草图 1

（4）拉伸创建实体 1。在〖特征〗工具栏中单击〖拉伸凸台/基体〗按钮，弹出〖凸台-拉伸〗对话框，然后根据图 4-29 所示步骤进行操作，单击〖确定〗按钮。

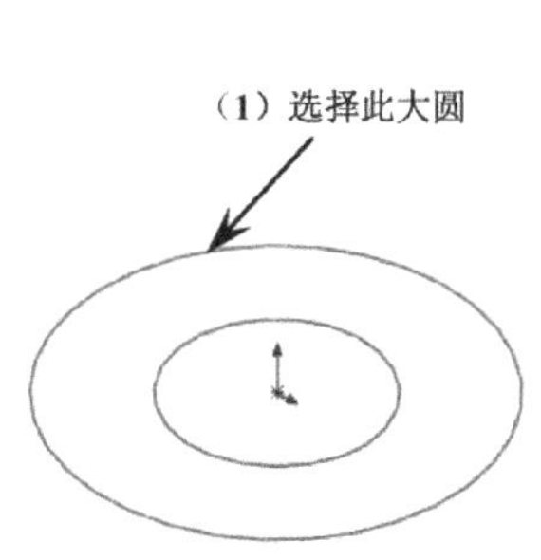

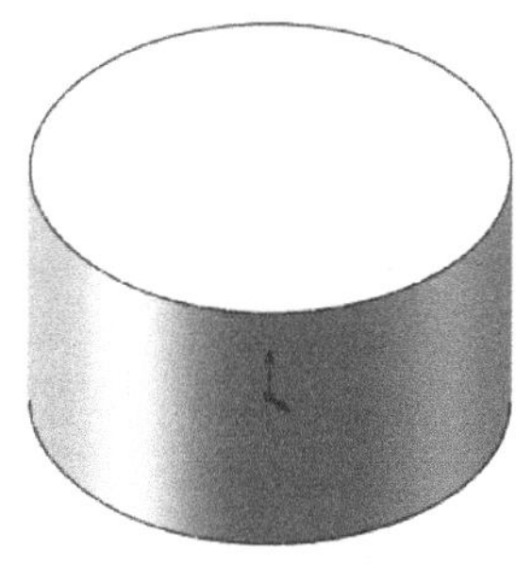

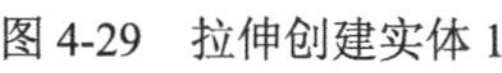

图 4-29　拉伸创建实体 1

当需要选择整个草图作为拉伸对象时，可先在设计树中选择该草图，然后单击〖拉伸凸台/基体〗按钮即可。

（5）创建草图 2。在〖草图〗工具栏中单击〖草图绘制〗按钮，并选择“前视基准面”为草图平面，接着在〖标准视图〗工具栏中单击〖正视于〗按钮，使视图按草图平面放置，然后创建如图 4-30 所示的草图，单击〖退出草图〗按钮。

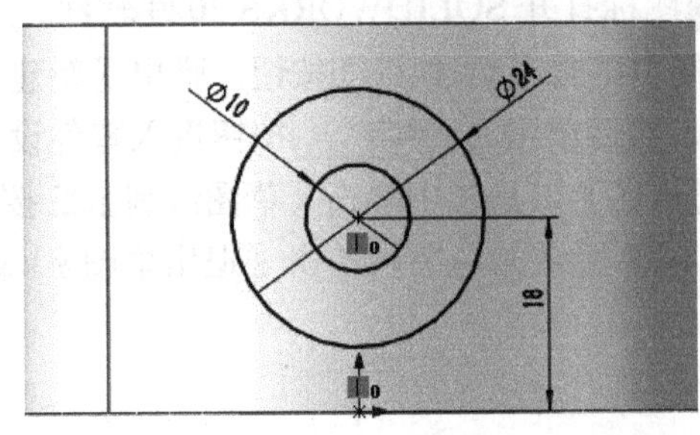

图 4-30　创建草图 2

（6）拉伸创建实体 2。在〖特征〗工具栏中单击〖拉伸凸台/基体〗按钮，弹出〖凸台-拉伸〗对话框，然后根据图 4-31 所示的步骤进行参数设置，单击〖确定〗按钮。

（7）显示草图。在设计树中选择“草图 1”和“草图 2”并单击鼠标右键，在弹出的右键菜单中单击〖显示〗按钮，如图 4-32 所示。

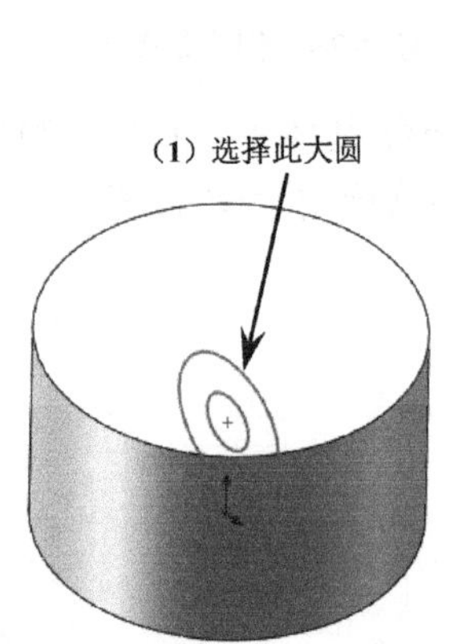

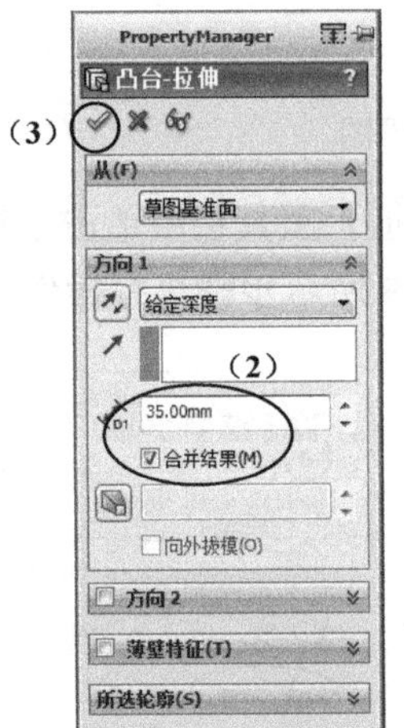

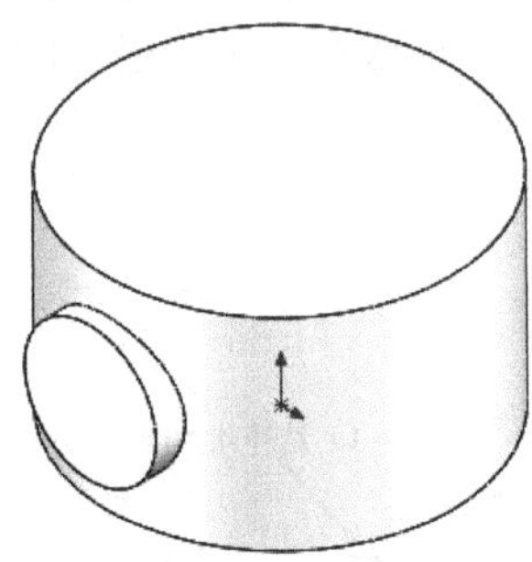

图 4-31　拉伸创建实体 2

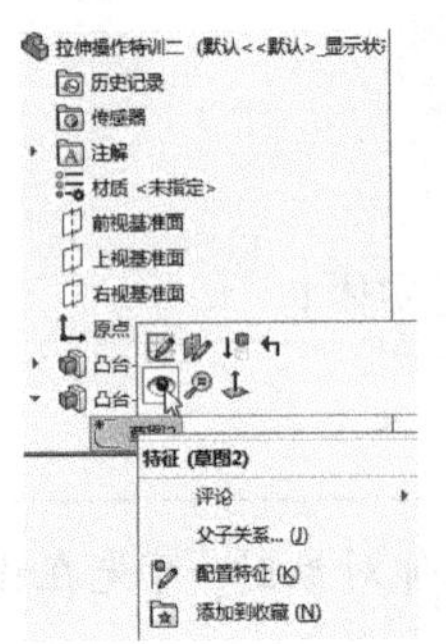

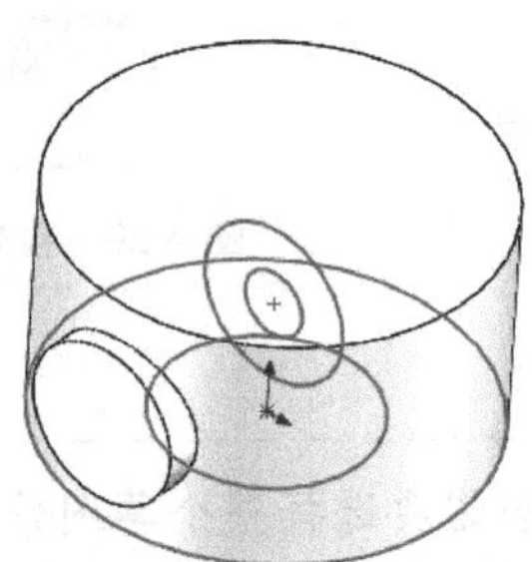

图 4-32　显示草图

（8）拉伸切除实体 1。在〖特征〗工具栏中单击〖拉伸切除〗按钮，弹出〖切除-拉伸〗对话框，然后根据图 4-33 所示的步骤进行参数设置，单击〖确定〗✔按钮。

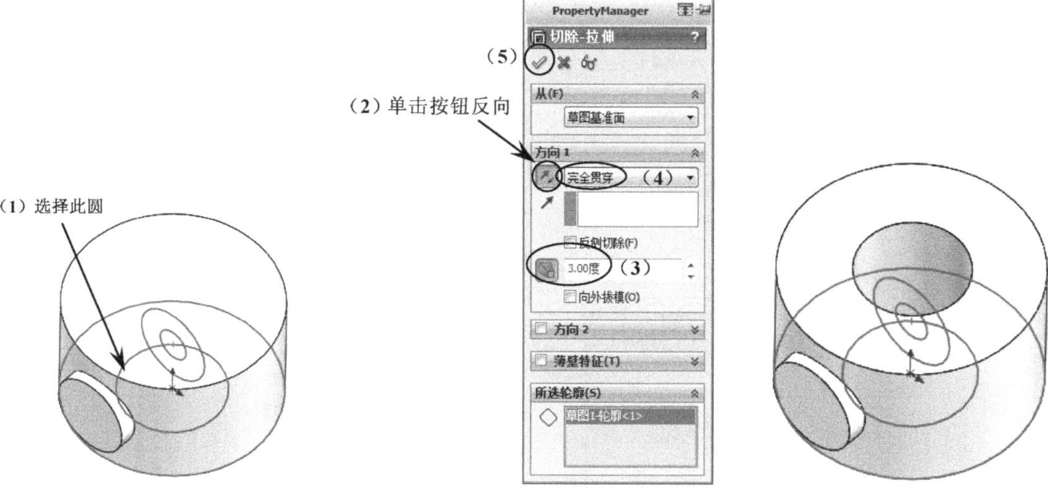

图 4-33　拉伸切除实体 1

（9）拉伸切除实体 2。在〖特征〗工具栏中单击〖拉伸切除〗按钮，弹出〖切除-拉伸〗对话框，然后根据图 4-34 所示的步骤进行参数设置，单击〖确定〗✔按钮。

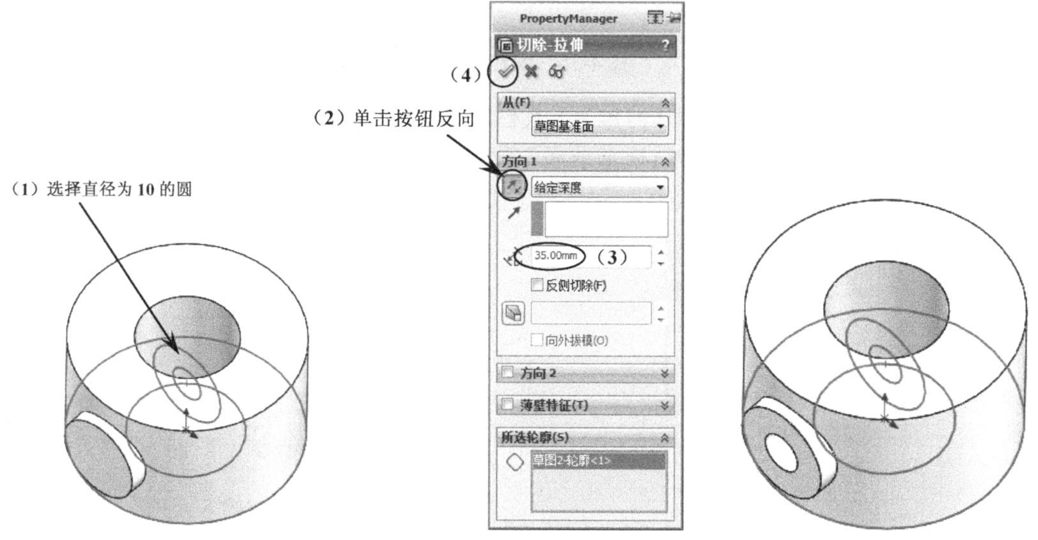

图 4-34　拉伸切除实体 2

（10）隐藏草图。在设计树中选择“草图 1”和“草图 2”并单击鼠标右键，在弹出的右键菜单中单击〖隐藏〗按钮，如图 4-35 所示。

（11）创建基准轴。在〖参考几何体〗工具栏中单击〖基准轴〗按钮，弹出〖基准轴〗对话框，接着选择如图 4-36 所示的圆锥面，单击〖确定〗✔按钮。

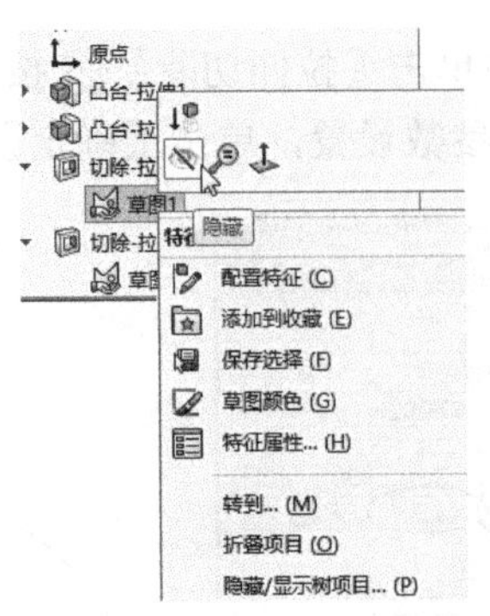

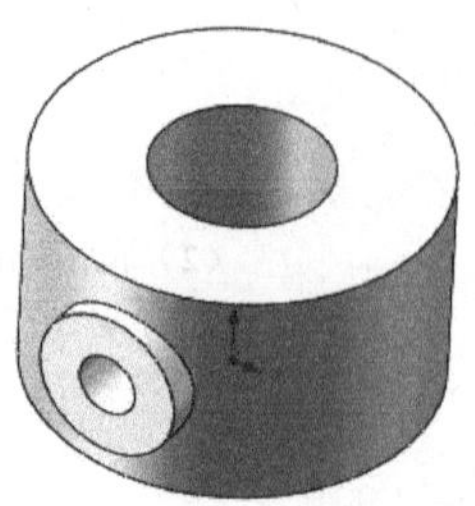

图 4-35　隐藏草图

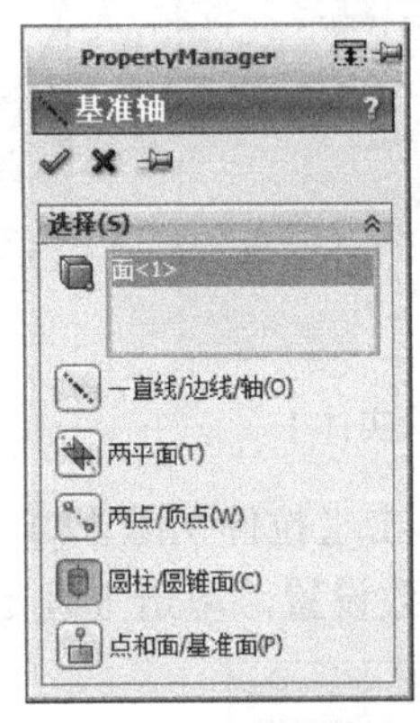

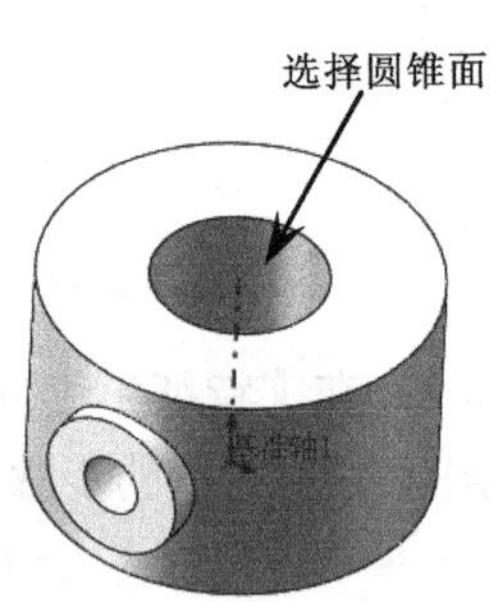

图 4-36　创建基准轴

（12）创建基准面。在〖参考几何体〗工具栏中单击〖基准面〗按钮，弹出〖基准面〗对话框，接着在设计树中选择“前视基准面”和上一步创建的基准轴，并设置如图 4-37 所示的参数，单击〖确定〗按钮。

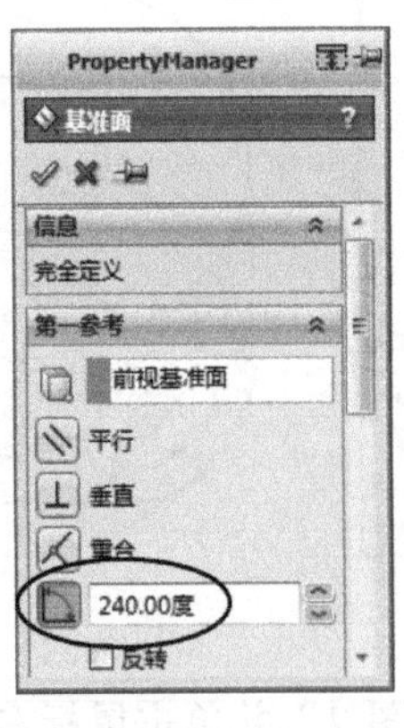

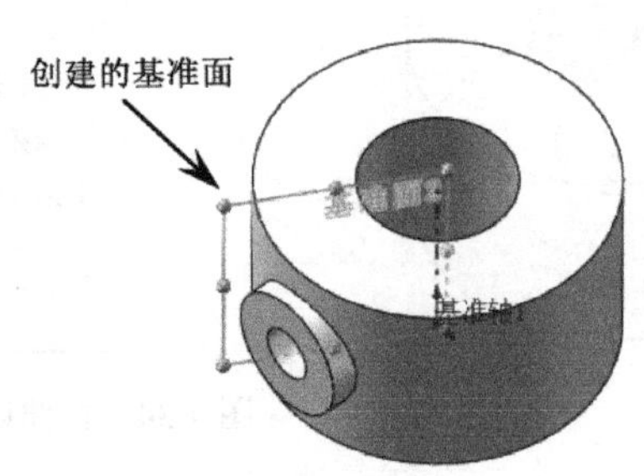

图 4-37　创建基准面

（13）创建草图 3。在〖草图〗工具栏中单击〖草图绘制〗按钮，并选择上一步创建的基准面为草图平面，接着在〖标准视图〗工具栏中单击〖正视于〗按钮使视图按草图平面放置，然后创建如图 4-38 所示的草图 3，单击〖退出草图〗按钮。

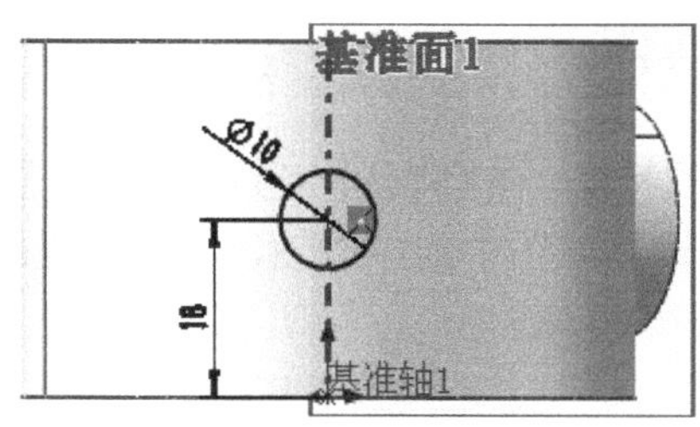

图 4-38　创建草图 3

（14）拉伸切除实体 3。在〖特征〗工具栏中单击〖拉伸切除〗按钮，弹出〖切除-拉伸〗对话框，然后根据图 4-39 所示的步骤进行参数设置，单击〖确定〗按钮。

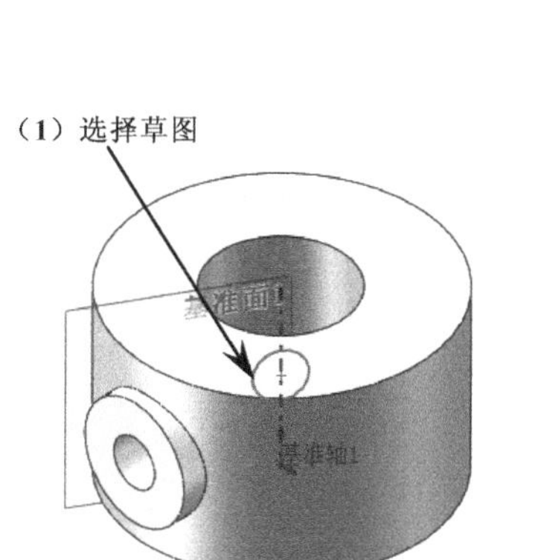

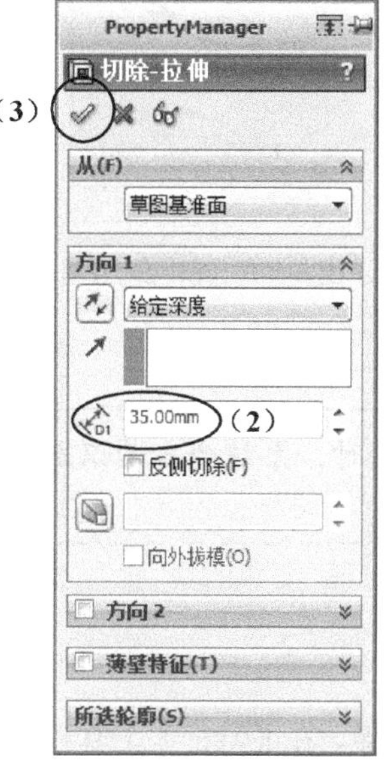

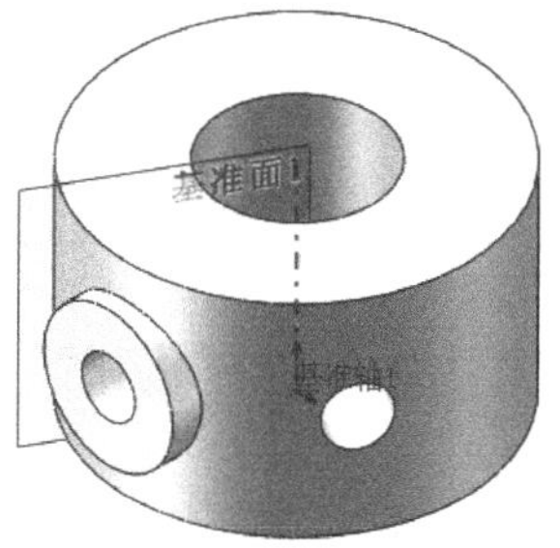

图 4-39　拉伸切除实体 3

（15）保存文件。在〖标准〗工具栏中单击〖保存〗按钮，接着在弹出的〖另存为〗对话框中设置文件的名称和保存路径即可。

4.3　旋转

旋转是指截面沿着指定的中心轴进行旋转，从而产生圆柱状、圆锥状或盘状的实体。旋转的对象可以是草图，也可以是特征面。

绘制三维产品的过程中，当产品的形状或局部形状的截面都是圆时，则可以使用旋转命令直接绘制出来。而模型中有部分是旋转状的，也可以通过旋转功能创建，然后再通过其他功能进行修改即可达到目的。

4.3.1 旋转凸台/基体

绕旋转中心旋转产生新的特征。在〖特征〗工具栏中单击〖旋转凸台/基体〗按钮，弹出〖旋转〗对话框，接着选择草图中的中心轴，然后设置旋转参数，单击✓按钮，如图 4-40 所示。

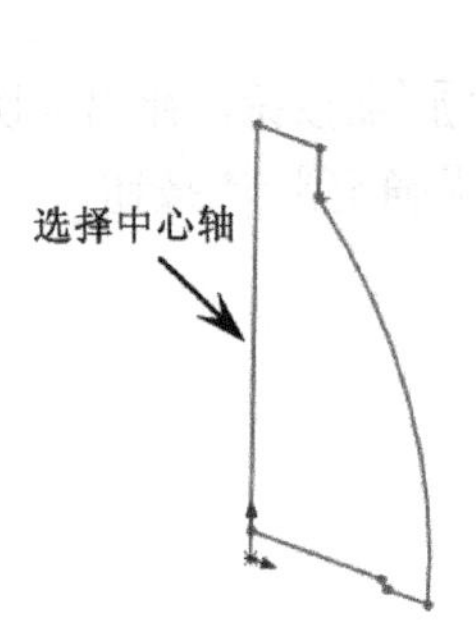

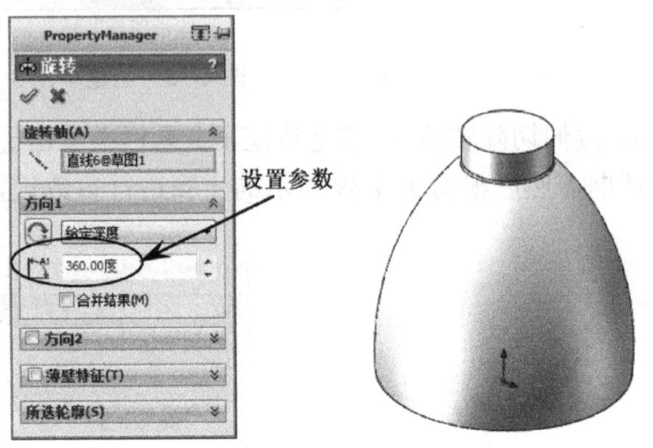

图 4-40　旋转凸台/基体

当选择中心轴时，系统会自动识别中心轴属于哪个草图，从而确认该草图为旋转截面。

4.3.2 旋转切除

在已有的实体上进行旋转切除。在〖特征〗工具栏中单击〖旋转切除〗按钮，弹出〖切除-旋转〗对话框，接着选择草图中的中心轴，然后设置旋转参数，单击〖确定〗✓按钮，如图 4-41 所示。

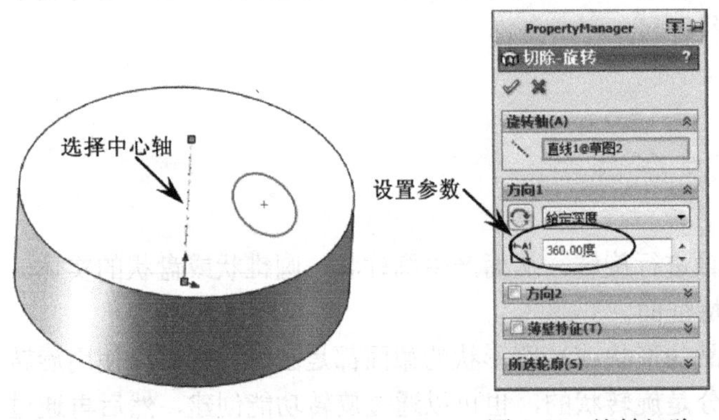

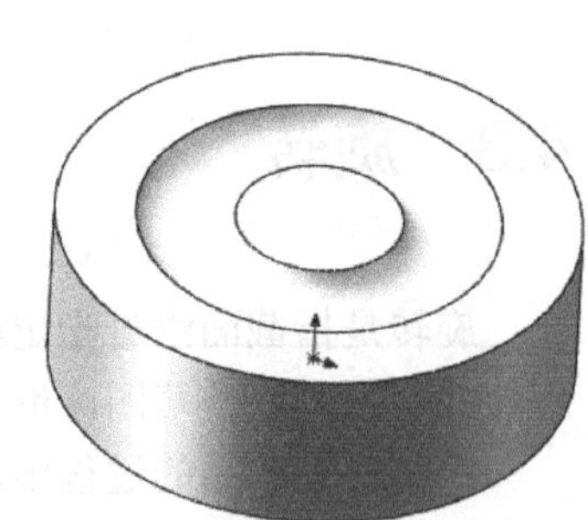

图 4-41　旋转切除

只有当绘图区中存在体特征时，才能使用〖旋转切除〗等切除功能。

4.3.3 功能注释

由于〖旋转凸台/基体〗和〖旋转切除〗两个命令的参数设置几乎一样，所以下面一起进行参数的注释讲解。

（1）〖角度〗：设置旋转的角度，在 0～360° 之间。

（2）〖给定深度〗：通过设置旋转角度产生旋转实体。

（3）〖成形到一顶点〗：旋转至选定的点，如图 4-42 所示。

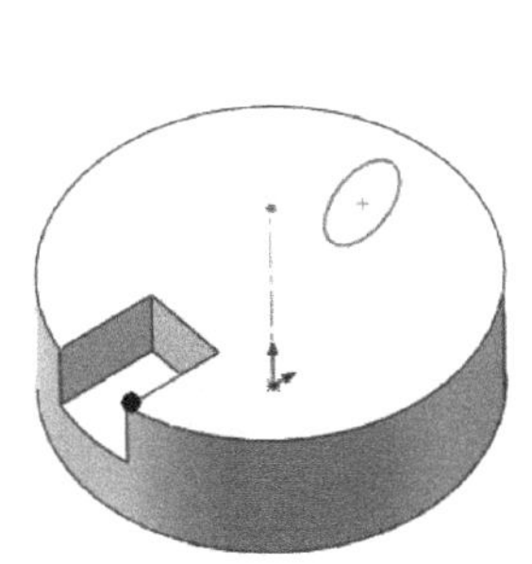

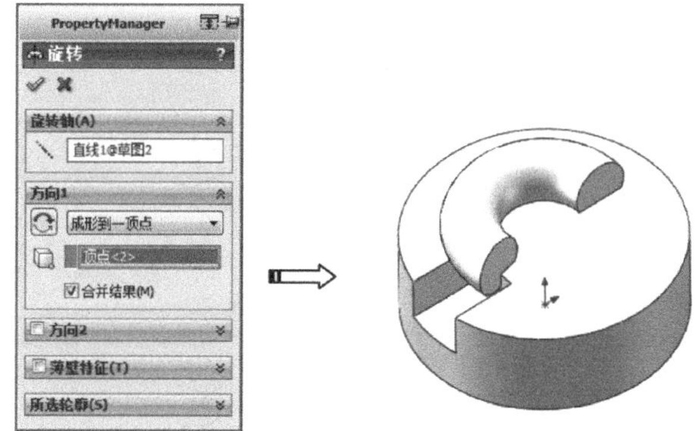

图 4-42　成形到一顶点

4.3.4 操作特训一

根据图 4-43 所示的二维图，创建三维实体。

（1）在桌面上双击 图标，打开 SOLIDWORKS 2020 软件。

（2）在〖标准〗工具栏中单击〖新建〗按钮，弹出〖新建 SOLIDWORKS 文件〗对话框。选择“零件”选项，然后单击 确定 按钮进入零件设计界面。

（3）创建草图。在〖草图〗工具栏中单击〖草图绘制〗按钮，选择“前视基准面”为草图平面，并创建如图 4-44 所示的草图，单击〖退出草图〗按钮。

（4）旋转创建实体。在〖特征〗工具栏中单击〖旋转凸台/基体〗按钮，弹出〖旋转〗对话框，然后根据图 4-45 所示的步骤进行操作，单击〖确定〗按钮。

只有将“所选轮廓”选项展开，才能选择单个轮廓线作为拉伸对象。

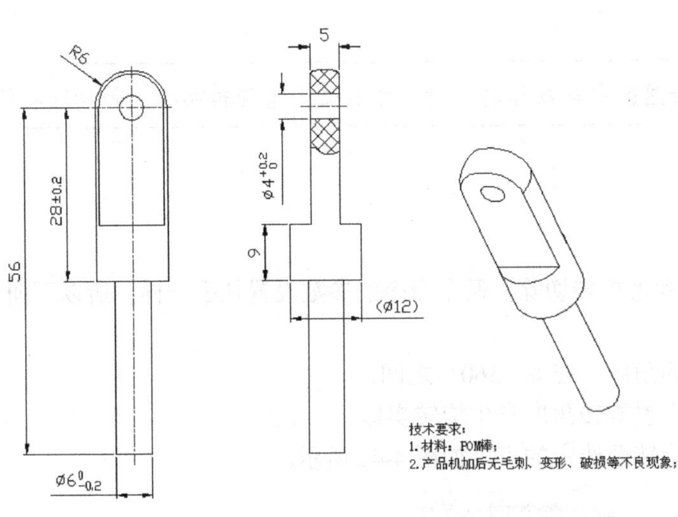

图 4-43　推杆二维图

图 4-44　创建草图

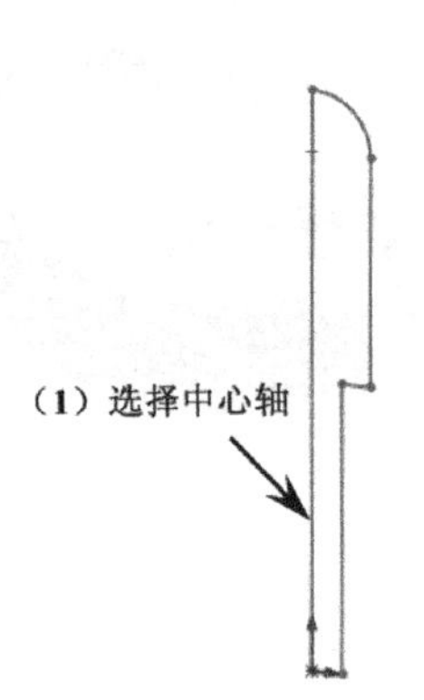

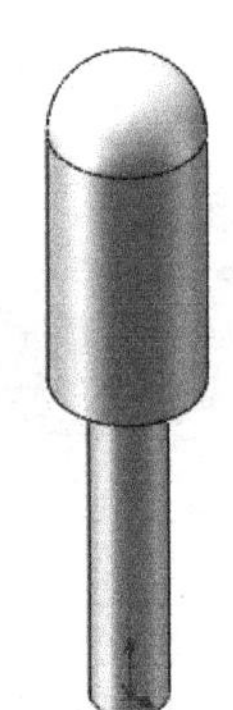

图 4-45　旋转创建实体

（5）拉伸切除。参考前面的操作，使用〖拉伸切除〗命令创建其他的特征，结果如图 4-46 所示。

（6）保存文件。在〖标准〗工具栏中单击〖保存〗按钮，接着在弹出的〖另存为〗对话框中设置文件的名称和保存路径即可。

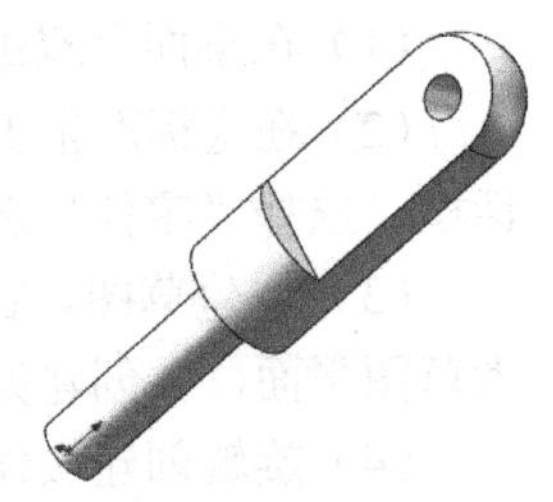

图 4-46　拉伸切除

4.3.5　操作特训二

根据图 4-47 所示的二维图，创建三维实体。

（1）在桌面上双击图标，打开 SOLIDWORKS 2020 软件。

（2）在〖标准〗工具栏中单击〖新建〗按钮，弹出〖新建 SOLIDWORKS 文件〗对话框。选择“零件”选项，然后单击 确定 按钮进入零件设计界面。

（3）创建草图 1。在〖草图〗工具栏中单击〖草图绘制〗按钮，选择“前视基准面”为草图平面，并创建如图 4-48 所示的草图，单击〖退出草图〗按钮。

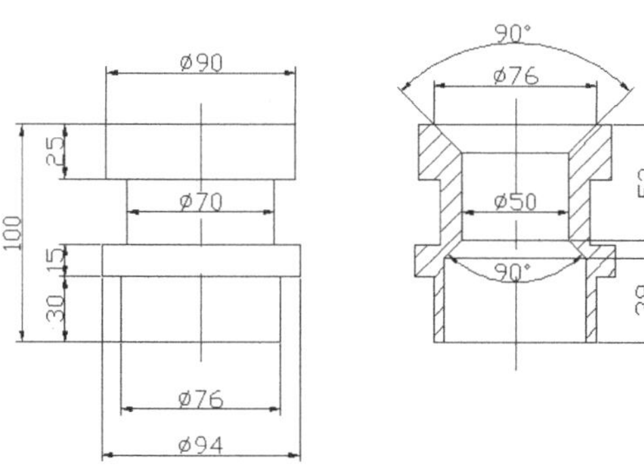

图 4-47　筒套二维图

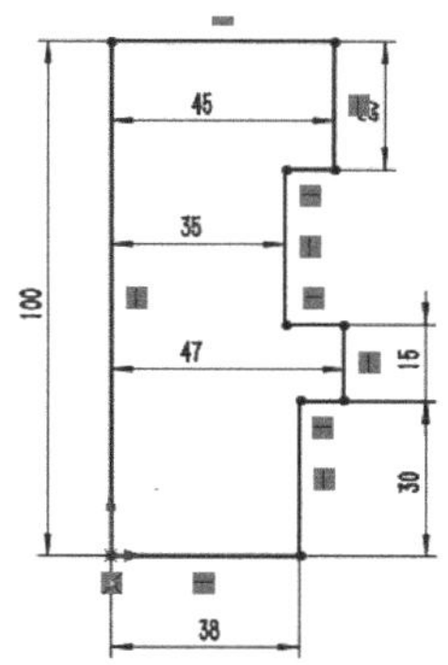

图 4-48　创建草图 1

（4）旋转创建实体。在〖特征〗工具栏中单击〖旋转凸台/基体〗按钮，弹出〖旋转〗对话框，然后根据图 4-49 所示的步骤进行操作，单击〖确定〗按钮。

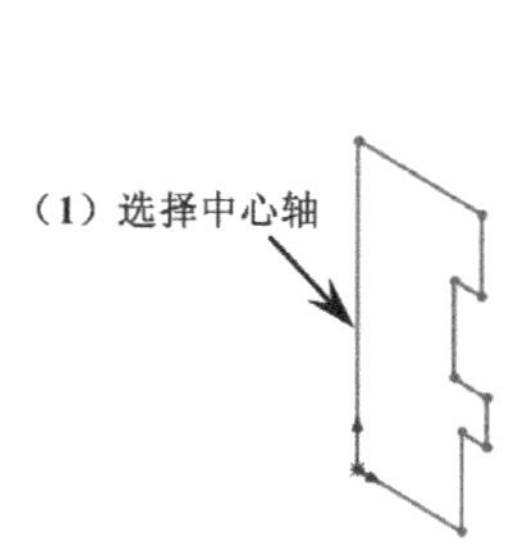

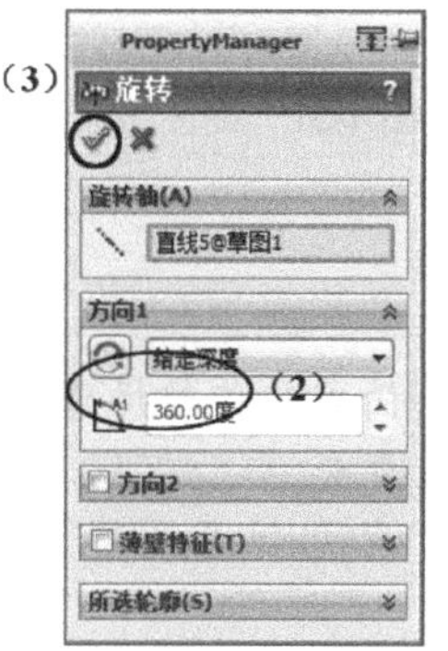

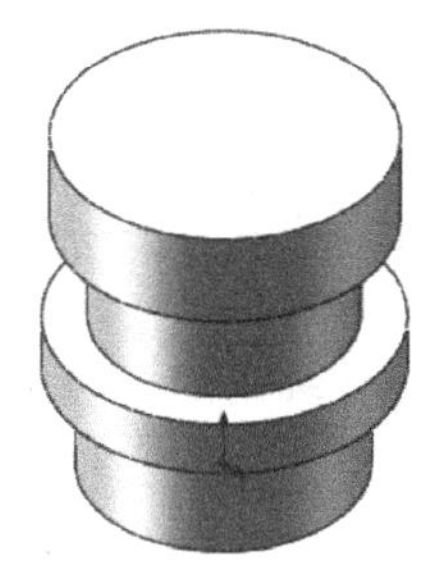

图 4-49　旋转创建实体

（5）创建草图 2。在〖草图〗工具栏中单击〖草图绘制〗按钮，选择“前视基准面”为草图平面，并创建如图 4-50 所示的草图，单击〖退出草图〗按钮。

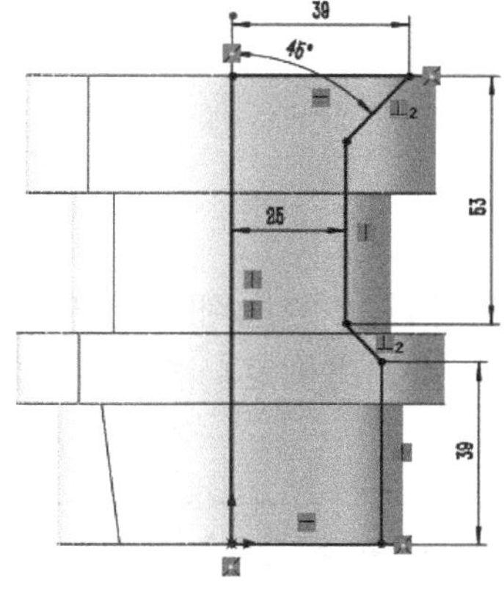

图 4-50　创建草图 2

（6）旋转切除实体。在〖特征〗工具栏中单击〖旋转切除〗按钮，弹出〖切除-旋转〗对话框，然后根据图 4-51 所示的步骤进行操作，单击〖确定〗按钮。

（7）保存文件。在〖标准〗工具栏中单击〖保存〗按钮，接着在弹出的〖另存为〗对话框中设置文件的名称和保存路径即可。

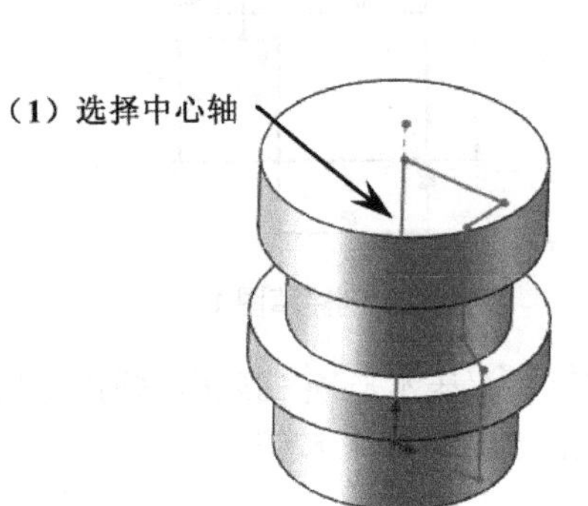

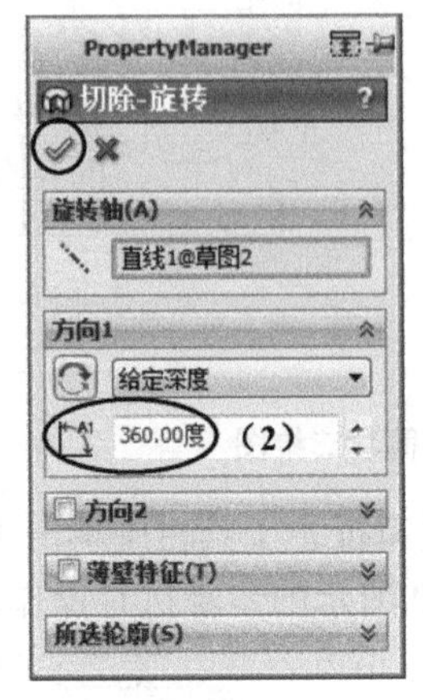

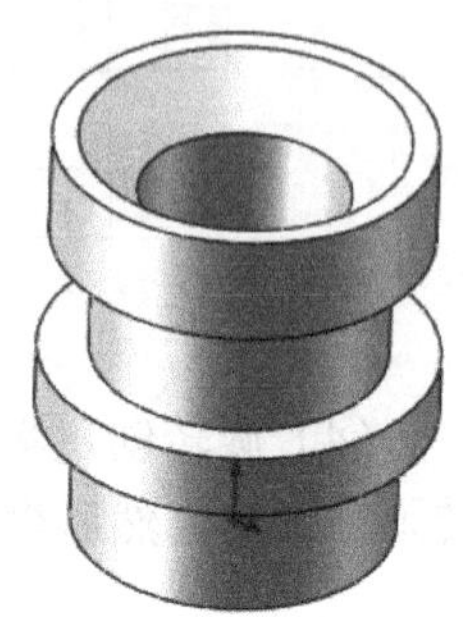

图 4-51　旋转切除实体

通过以上两个简单的旋转操作实例可以发现，旋转截面草图是不允许超出旋转轴线的，否则特征创建失败。

4.4　扫描

扫描是指截面沿着指定的轨迹运动，从而产生实体或曲面。

绘制三维实体时，当产品的形状或局部形状的截面相同且在同一轨迹上时，可以使用扫描命令进行绘制。

4.4.1　扫描（新建）

在〖特征〗工具栏中单击〖扫描〗按钮，弹出〖扫描〗对话框，接着依次选择截面和轨迹，然后设置扫描的参数，单击〖确定〗按钮，如图 4-52 所示。

首先需要将扫描的截面和轨迹都创建好，才能进行扫描。

图 4-52　扫描

4.4.2　扫描切除

扫描创建特征对已有实体进行切割，去除材料。在〖特征〗工具栏中单击〖扫描切除〗 扫描切除 按钮，弹出〖切除-扫描〗对话框，接着依次选择截面和轨迹，然后设置扫描的参数，单击〖确定〗✓按钮，如图 4-53 所示。

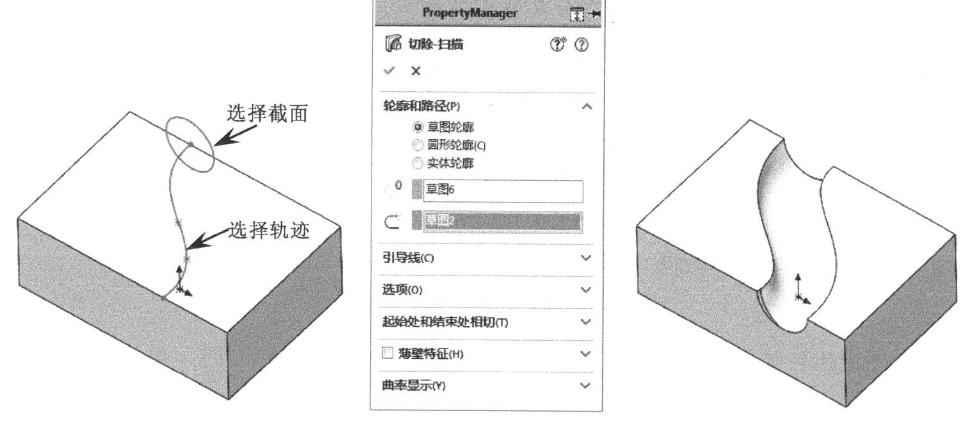

图 4-53　扫描切除

4.4.3　功能注释

由于〖扫描〗和〖扫描切除〗两个命令的参数设置几乎一样，所以下面一起进行参数的注释讲解。

（1）〖轮廓〗 ：选择扫描的截面草图。

（2）〖轨迹〗 ：选择扫描的运动轨迹。

（3）〖随路径变化〗：截面在沿轨迹扫描时，截面始终与轨迹垂直，如图 4-54 所示。

图 4-54 随路径变化

（4）〖保持法线不变〗：扫描截面始终与初始截面平行，如图 4-55 所示。

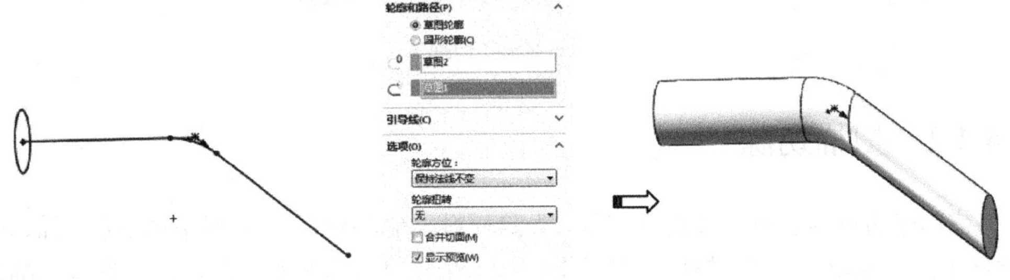

图 4-55 保持法线不变

（5）〖合并切面〗：如果扫描轮廓中具有相切线段，选择此选项可使扫描中产生的相切曲面以一个整体的曲面显示，如图 4-56 所示。

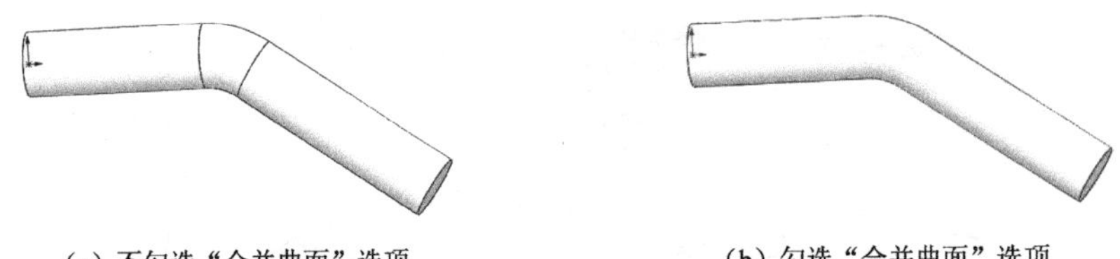

（a）不勾选“合并曲面”选项　　（b）勾选“合并曲面”选项

图 4-56 合并切面的效果

（6）〖指定扭转值〗：通过输入扭转值使截面在沿轨迹扫描的同时，进行旋转扭曲，如图 4-57 所示。

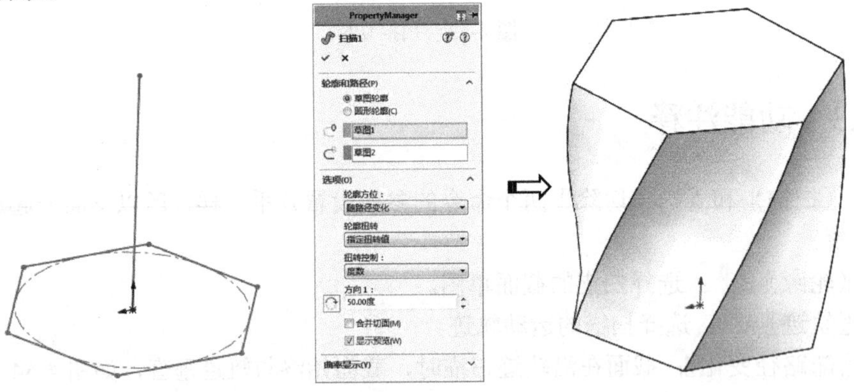

图 4-57 指定扭转值

（7）〖引导线〗：通过设置引导线控制扫描的形状。选择的引导线可以是一条，也可以是多条，但引导线必须与草图轮廓相交。一些特殊形状的图形可以通过扫描和引导线控制的形式来创建，如图 4-58 所示。

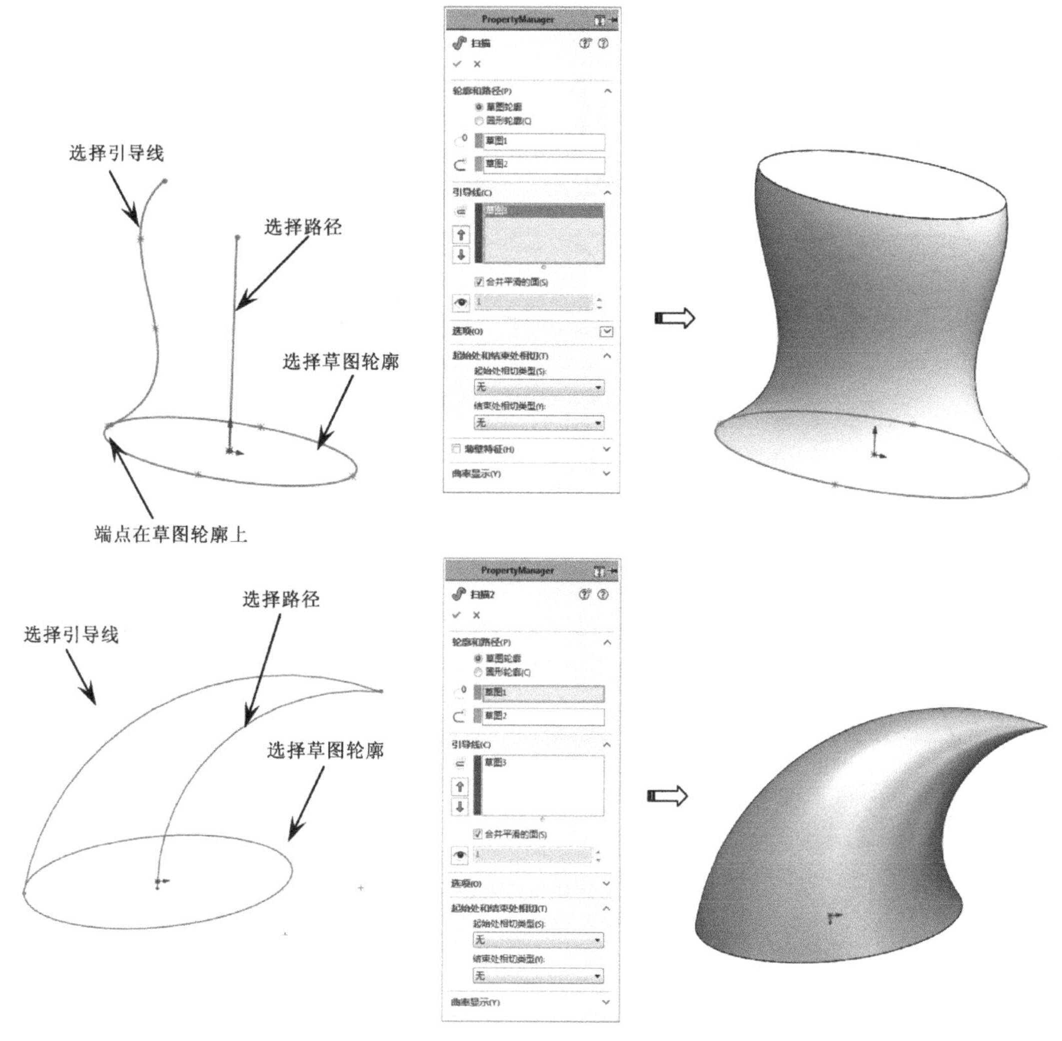

图 4-58　引导线控制的扫描

要点提示

① 扫描轨迹与引导线不能在同一草图上；② 如果要选择两条或两条以上的引导线时，引导线必须关于轨迹对称；③ 创建草图轮廓时，尽量不要用尺寸对草图进行完全约束。

（8）〖起始处和结束处相切〗：设置扫描体的开始或结束处与连接的面是否相切，如图 4-59 所示。

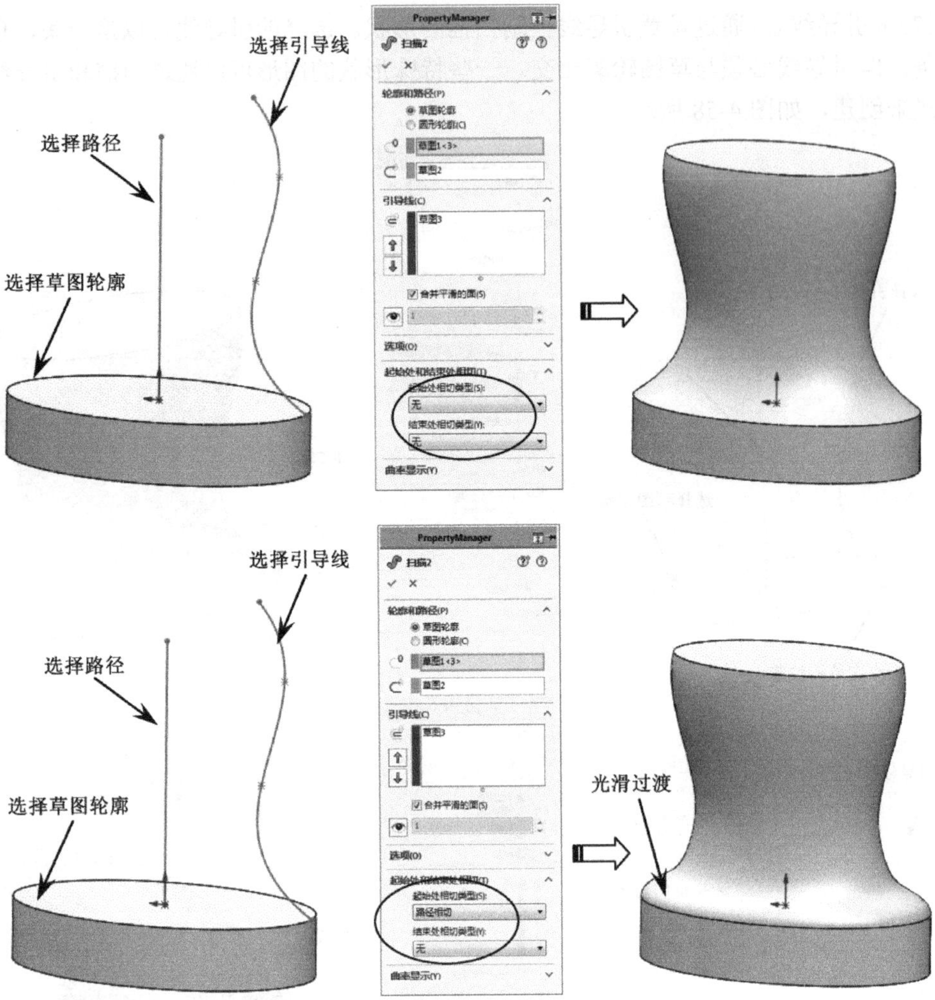

图 4-59　起始处和结束处相切的设置

4.4.4　操作特训一

创建如图 4-60 所示的三维实体。

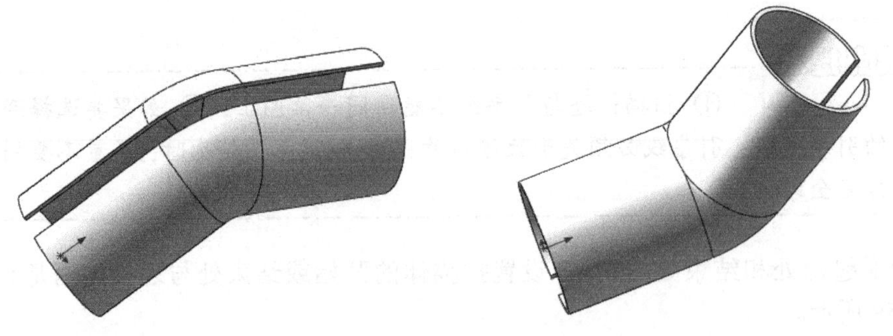

图 4-60　创建三维实体

（1）在桌面上双击图标，打开 SOLIDWORKS 2020 软件。

（2）在〖标准〗工具栏中单击〖新建〗按钮，弹出〖新建 SOLIDWORKS 文件〗对话框。选择 “零件”选项，然后单击确定按钮进入零件设计界面。

（3）创建草图 1。在〖草图〗工具栏中单击〖草图绘制〗按钮，选择“前视基准面”为草图平面，并创建如图 4-61 所示的草图，单击〖退出草图〗按钮。

（4）创建基准面。在〖参考几何体〗工具栏中单击〖基准面〗按钮，弹出〖基准面〗对话框，然后依次选择如图 4-62 所示的线和点，单击〖确定〗按钮。

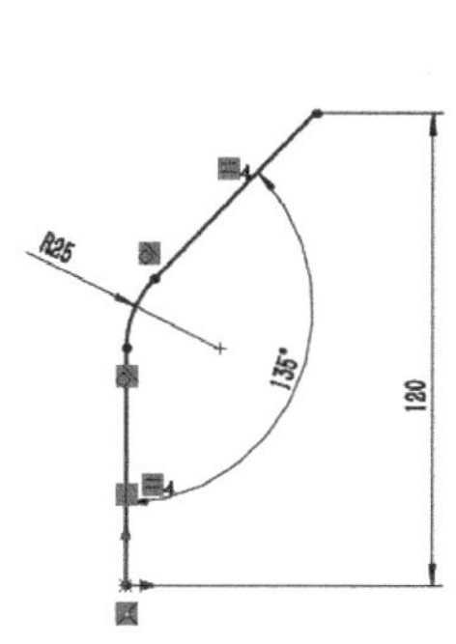

图 4-61 创建草图 1

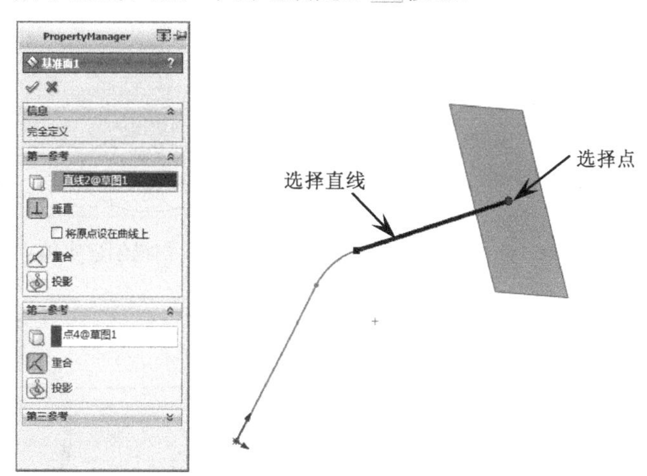

图 4-62 创建基准面

（5）创建草图 2。在〖草图〗工具栏中单击〖草图绘制〗按钮，选择上一步创建的基准面为草图平面，并创建如图 4-63 所示的草图，单击〖退出草图〗按钮。

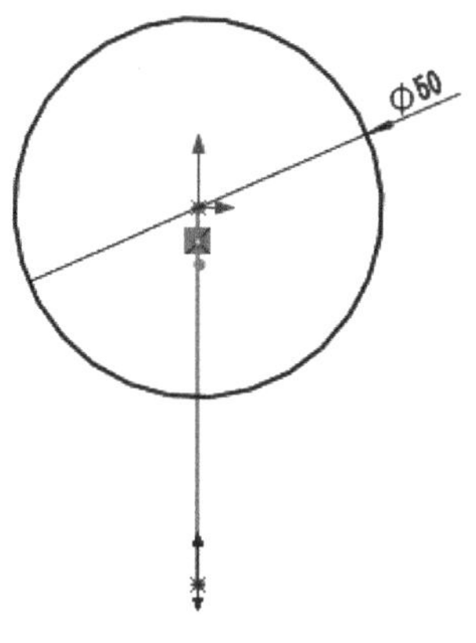

图 4-63 创建草图 2

（6）扫描创建实体。在〖特征〗工具栏中单击〖扫描〗按钮，弹出〖扫描〗对话框，然后根据图 4-64 所示的步骤进行操作，单击〖确定〗按钮。

（7）创建草图 3。在〖草图〗工具栏中单击〖草图绘制〗按钮，选择“上视基准面”为草图平面，并创建如图 4-65 所示的草图，单击〖退出草图〗按钮。

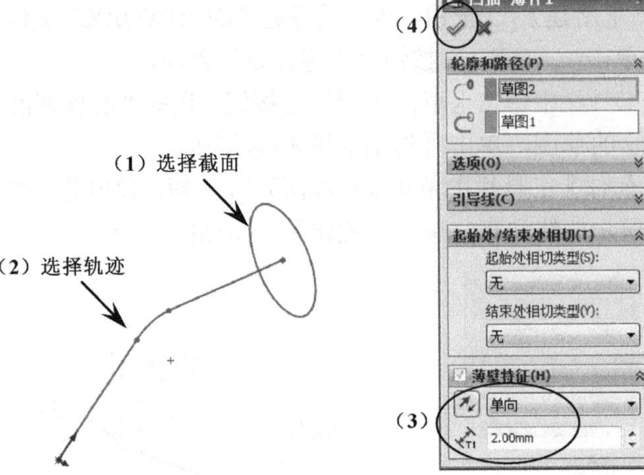

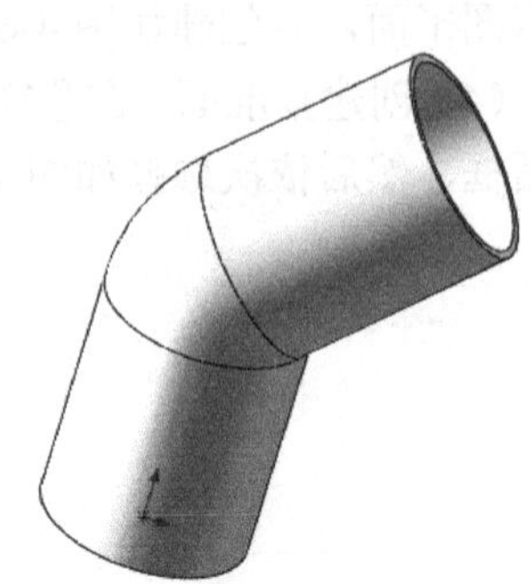

图 4-64　扫描创建实体

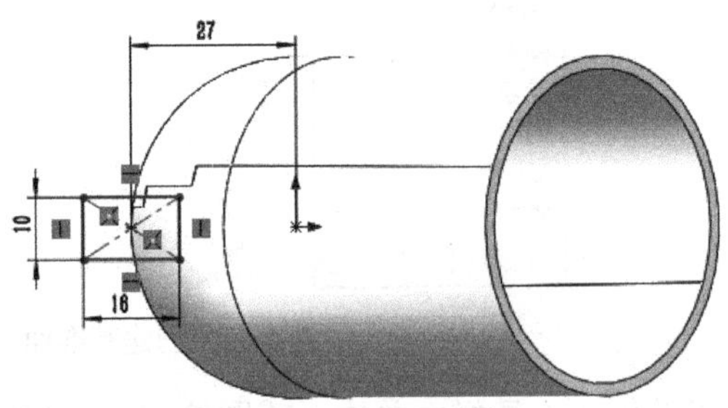

图 4-65　创建草图 3

（8）扫描切除实体。在〖特征〗工具栏中单击〖扫描切除〗扫描切除按钮，弹出〖切除-扫描〗对话框，然后根据图 4-66 所示的步骤进行操作，单击〖确定〗✓按钮。

（9）保存文件。在〖标准〗工具栏中单击〖保存〗按钮，接着在弹出的〖另存为〗对话框中设置文件名称和保存路径即可。

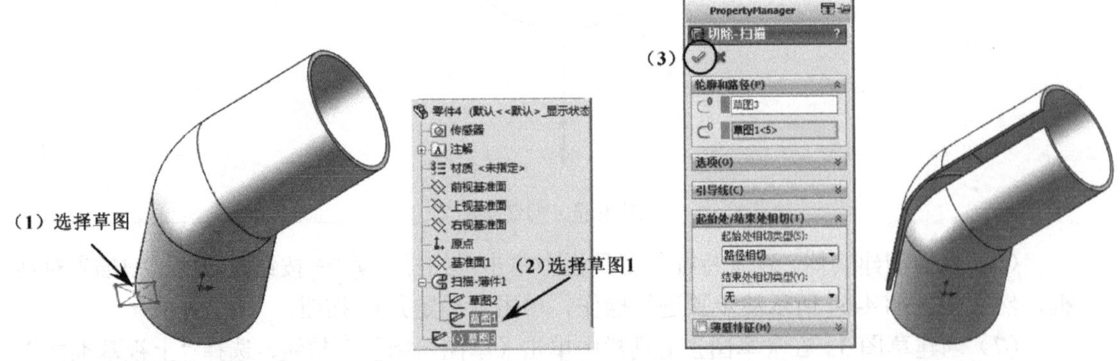

图 4-66　扫描切除实体

4.4.5 操作特训二

创建弹簧三维实体。

（1）在桌面上双击图标，打开 SOLIDWORKS 2020 软件。

（2）在〖标准〗工具栏中单击〖新建〗按钮，弹出〖新建 SOLIDWORKS 文件〗对话框。选择“零件”选项，然后单击 确定 按钮进入零件设计界面。

（3）创建草图 1。在〖草图〗工具栏中单击〖草图绘制〗按钮，选择“前视基准面”为草图平面，并创建如图 4-67 所示的直线，单击〖退出草图〗按钮。

（4）创建草图 2。在〖草图〗工具栏中单击〖草图绘制〗按钮，选择“前视基准面”为草图平面，并创建如图 4-68 所示的圆，单击〖退出草图〗按钮。

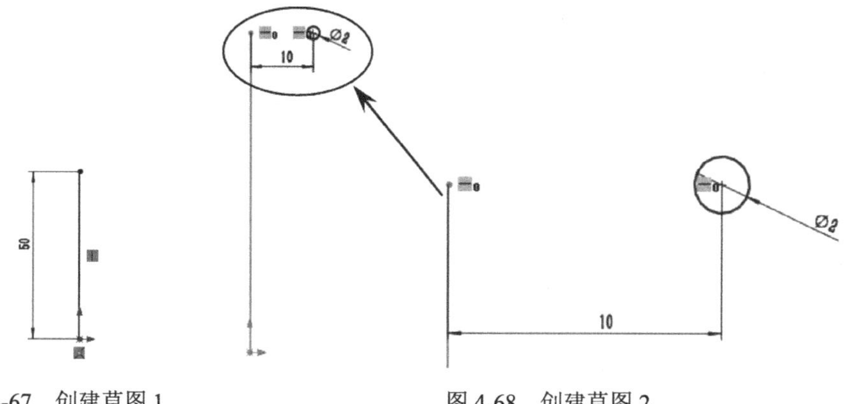

图 4-67　创建草图 1　　图 4-68　创建草图 2

（5）扫描创建实体。在〖特征〗工具栏中单击〖扫描〗 扫描 按钮，弹出〖扫描〗对话框，然后根据图 4-69 所示的步骤进行操作，单击〖确定〗按钮。

（6）保存文件。在〖标准〗工具栏中单击〖保存〗按钮，接着在弹出的〖另存为〗对话框中设置文件的名称和保存路径即可。

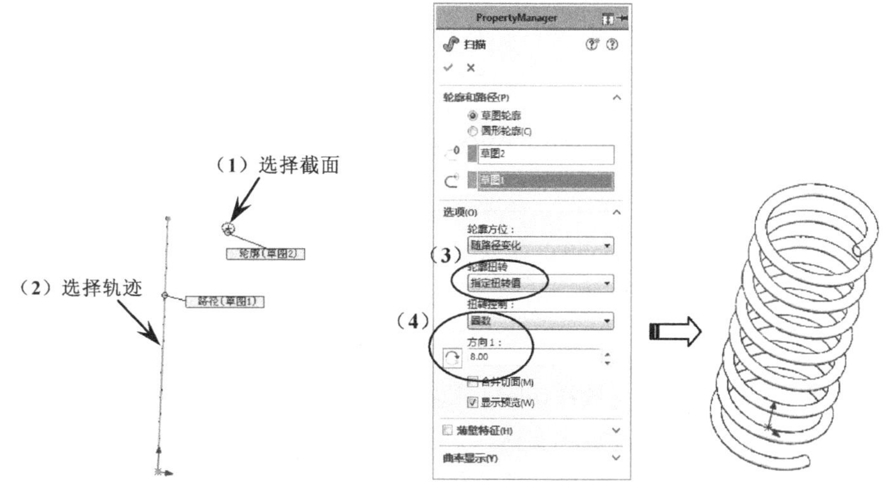

图 4-69　扫描创建实体

要点提示

如果需要创建真实且参数正确的螺纹（一般 3D 用于开模或效果展示），可通过【扫描切除】命令来创建，如图 4-70 所示。

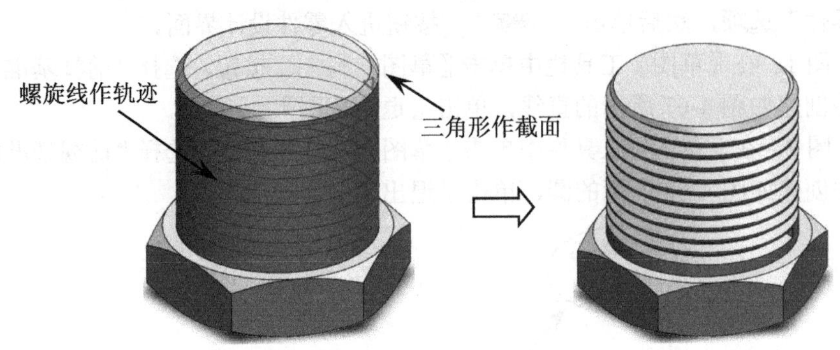

图 4-70　扫描切除实体创建真实螺纹

4.5　放样

放样是指多个封闭的截面轮廓通过直线或曲线的形式过渡成实体。创建放样实体要求每个截面都是封闭的，引导线可选择也可不选择，但当外形要求高时最好创建其引导线。

4.5.1　放样（新建）

在〖特征〗工具栏中单击〖放样〗按钮，弹出〖放样〗对话框，然后依次选择各截面和引导线即可创建放样实体，如图 4-71 所示。

要点提示

放样功能在 SOLIDWORKS 造型设计中起到了非常重要的作用，希望读者掌握其应用。

4.5.2　放样切除

在〖特征〗工具栏中单击〖放样切除〗按钮，弹出〖切除-放样〗对话框，然后依次选择各截面和引导线即可创建放样实体，如图 4-72 所示。

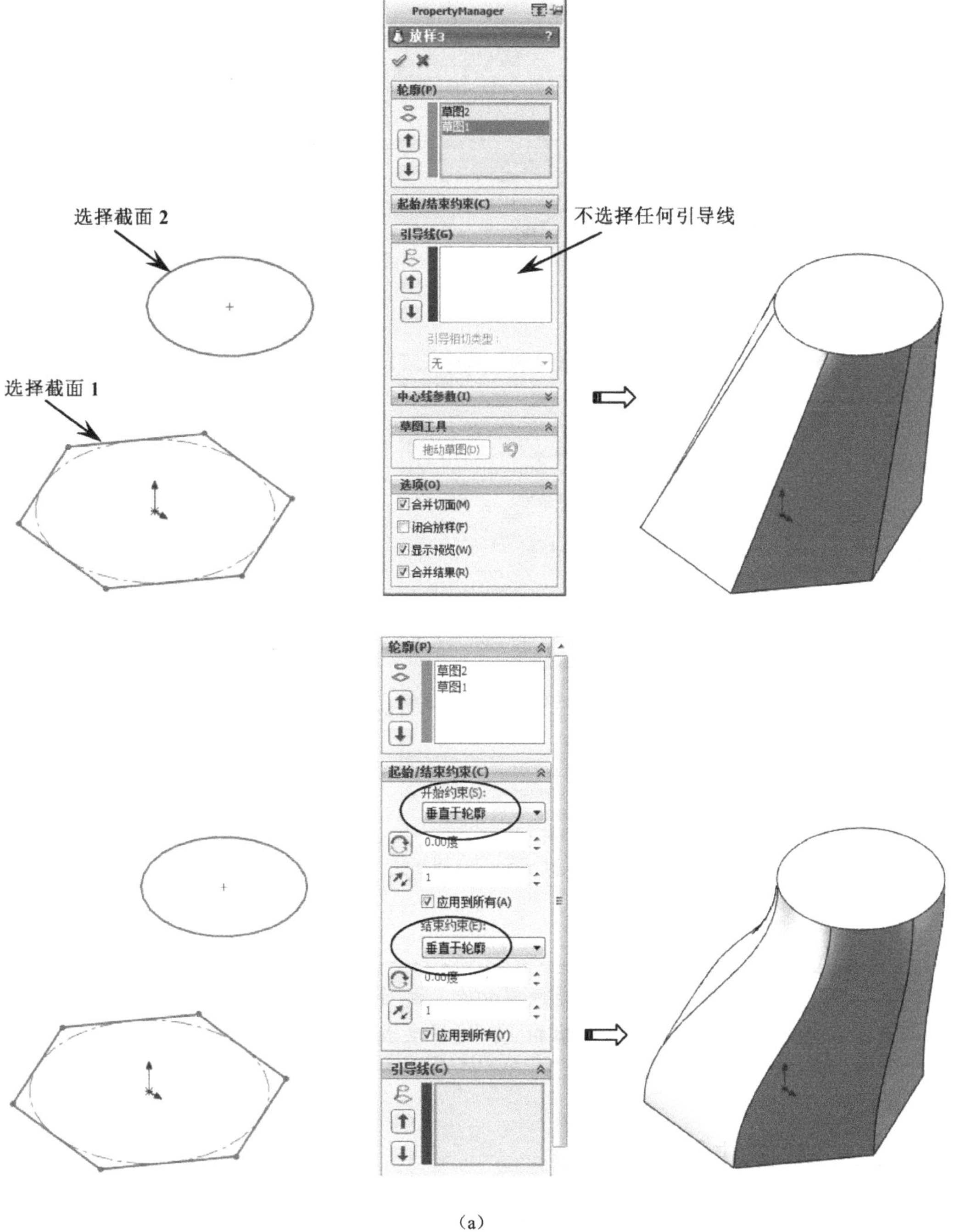
PropertyManager
放样3
轮廓(P)
草图2
草图1
起始/结束约束(C)
引导线(G)
引导相切类型:
无
中心线参数(I)
草图工具
拖动草图(D)
选项(O)
合并切面(M)
闭合放样(F)
显示预览(W)
合并结果(R)
选择截面 2
选择截面 1
不选择任何引导线
开始约束(S):
垂直于轮廓
0.00度
1
应用到所有(A)
结束约束(E):
垂直于轮廓
0.00度
1
应用到所有(Y)

（a）

图 4-71　放样

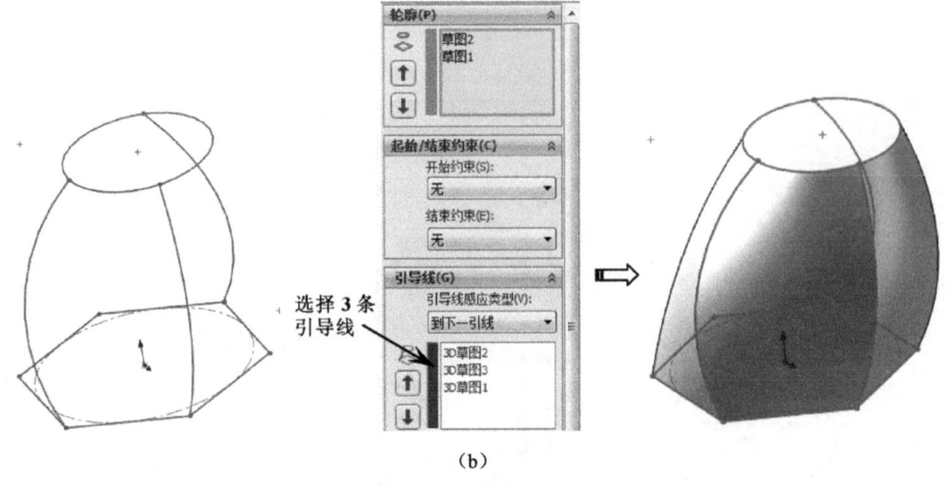

（b）

图 4-71　放样（续）

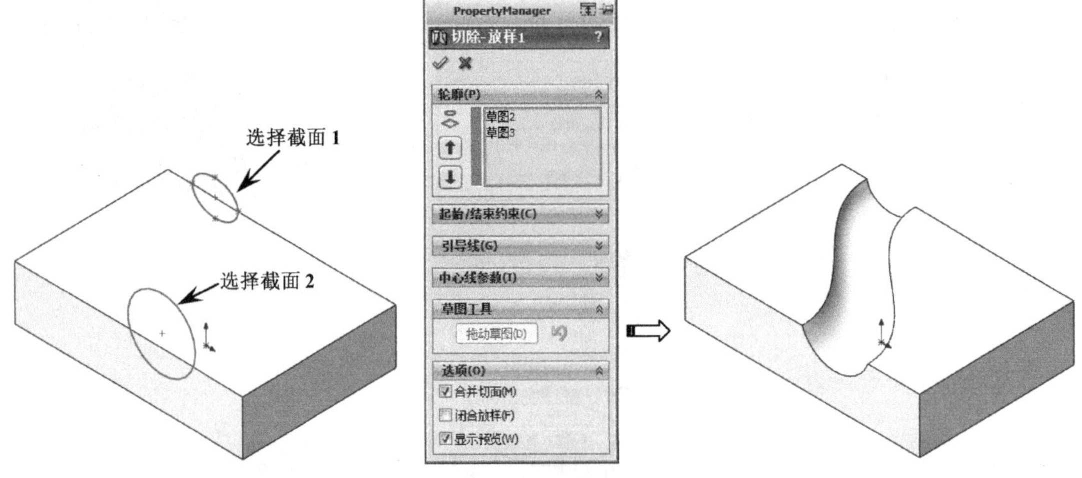

图 4-72　放样切除

要点提示

无论是放样还是放样切除，都可以不选择引导线，但如果需要选择引导线，则创建的引导线最好与轮廓相交，这样生成的实体容易符合设计要求。

4.5.3　功能注释

由于〖放样〗和〖放样切除〗两个命令的参数设置几乎一样，所以下面一起进行参数的注释讲解。

（1）〖轮廓〗：用于生成放样特征的轮廓，轮廓可以是草图、实体面或边线。

（2）〖轨迹〗：选择放样的运动轨迹。

（3）〖上移〗〖下移〗：调整轮廓的选择顺序。

（4）〖起始/结束约束〗：约束放样中起始与结束处约束的形状。

① 〖无〗：不约束轮廓与轨迹的几何关系。

② 〖方向向量〗：指定起始或结束处的方向生成放样特征。

③ 〖垂直于轮廓〗：约束起始或结束处的截面与轮廓垂直，如图 4-73 所示。

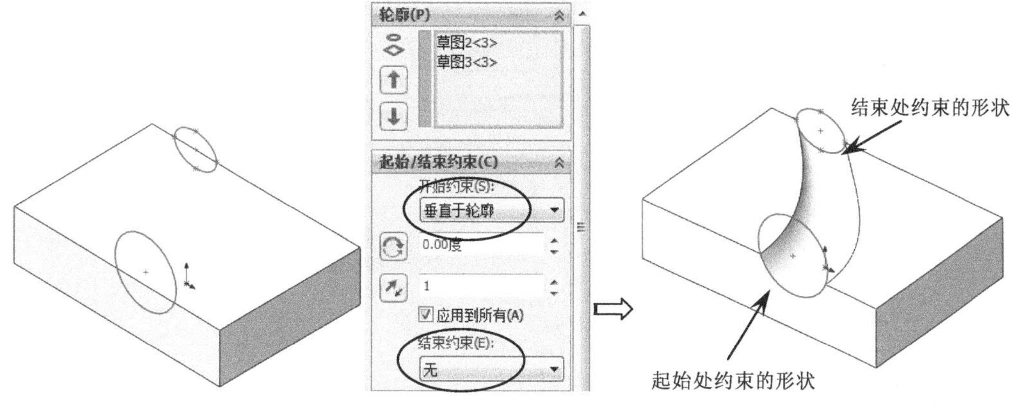

图 4-73　垂直于轮廓

在 SOLIDWORKS 产品设计中，经常会使用该功能进行一些特殊形状曲面的连接。

4.5.4　操作特训

打开〖Example\Ch04\放样〗文件，如图 4-74（a）所示，然后创建如图 4-74（b）所示的三维实体。

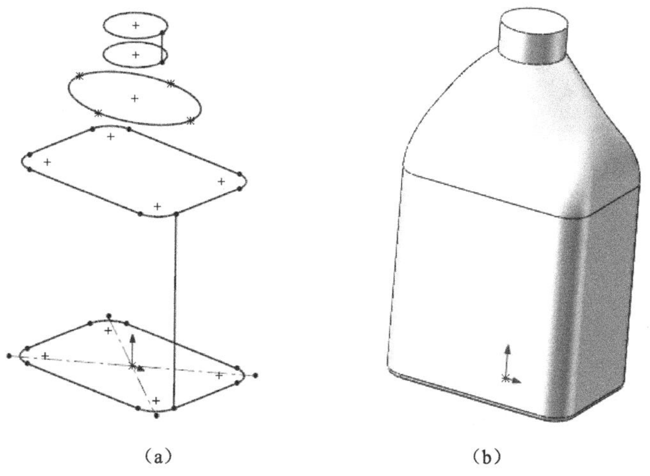

图 4-74　创建三维实体

（1）放样创建实体一。在〖特征〗工具栏中单击〖放样〗按钮，弹出〖放样〗对话框，然后根据图 4-75 所示的步骤进行操作，最后单击〖确定〗✓按钮。

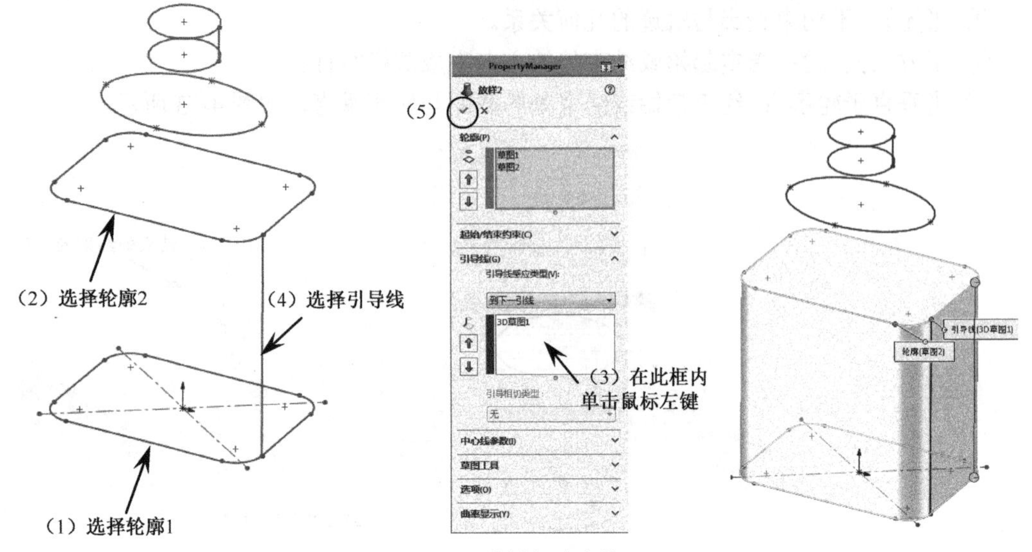

图 4-75　放样创建实体一

① 请读者思考此处为何不选择所有的截面进行放样。

② 选择的上下两个截面形状和大小都一样，为何还要选择引导线？

（2）放样创建实体二。在〖特征〗工具栏中单击〖放样〗按钮，弹出〖放样〗对话框，然后根据图 4-76 所示的步骤进行操作，最后单击〖确定〗✓按钮。

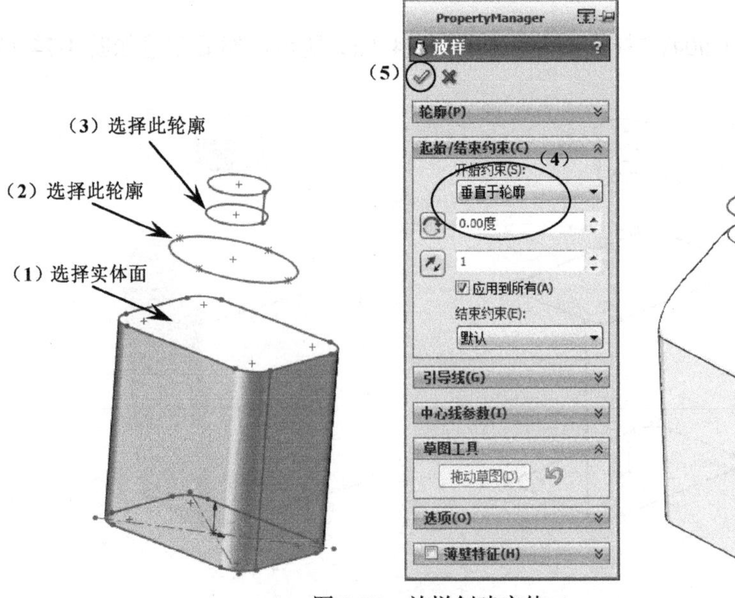

图 4-76　放样创建实体二

操作时，可选择实体中的面或边线作为截面。

（3）放样创建实体三。在〖特征〗工具栏中单击〖放样〗按钮，弹出〖放样〗对话框，然后根据图 4-77 所示的步骤进行操作，单击〖确定〗✔按钮。

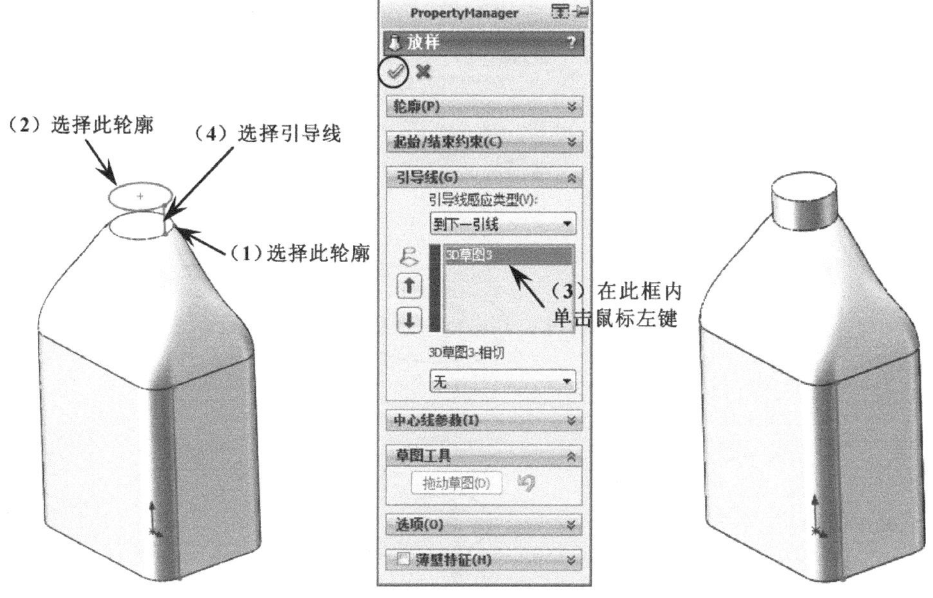

图 4-77　放样创建实体三

（4）保存文件。在〖标准〗工具栏中单击〖保存〗按钮。

4.6　边界凸台/基体

边界创建实体的作用类似于放样，通过选择边界截面创建实体。在〖特征〗工具栏中单击〖边界凸台/基体〗按钮，弹出〖边界〗对话框，然后依次选择方向 1 的边界和方向 2 的边界，如图 4-78 所示，最后单击〖确定〗✔按钮。

要选择截面作为“方向 2”上的元素时，首先需要在“方向 2”对应的框内单击鼠标左键，然后再选择截面。

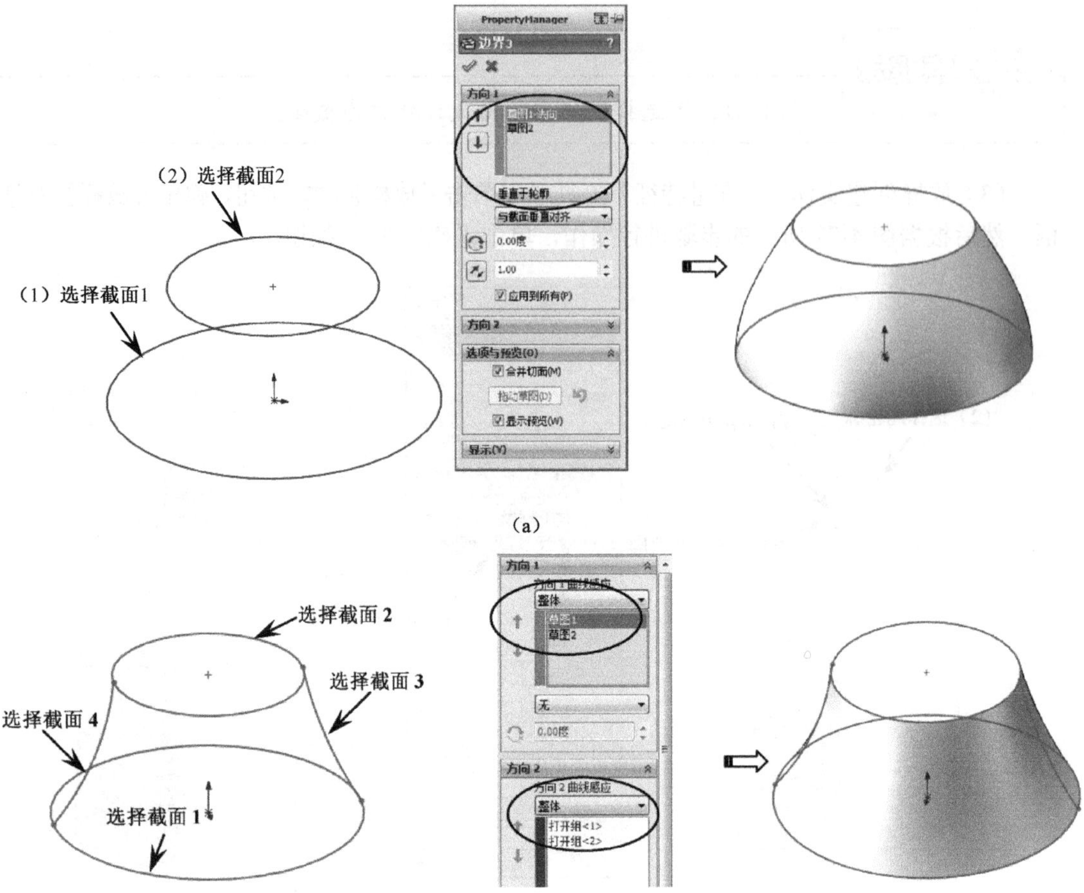

（a）

（b）

图 4-78　边界凸台/基体

4.6.1　功能注释

下面简单介绍〖边界〗对话框中的参数。

（1）〖方向 1〗：选择方向 1 上的截面，可以选择多个截面，但截面之间不能相交。

（2）〖方向 2〗：创建边界特征时，可以不选择方向 2 上的截面；如需要选择，则首先需要在“方向 2”对应的框内单击鼠标左键，然后再选择截面。

（3）〖网格密度〗：设置实体表面的网格数量，如图 4-79 所示。

4.6.2　操作特训

打开〖Example\Ch04\边界〗文件，如图 4-80（a）所示，然后创建如图 4-80（b）所示的三维实体。

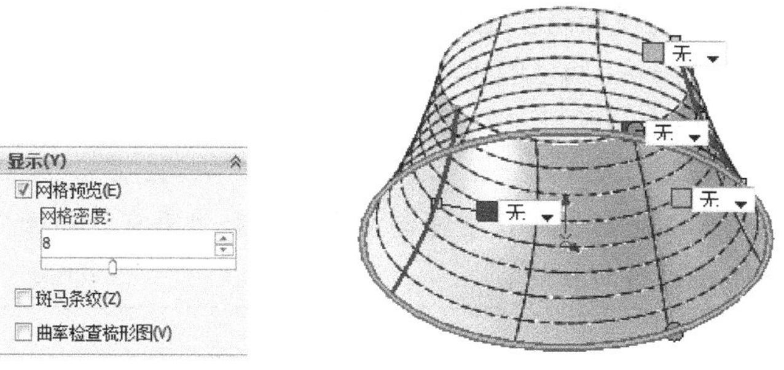

图 4-79　网格密度

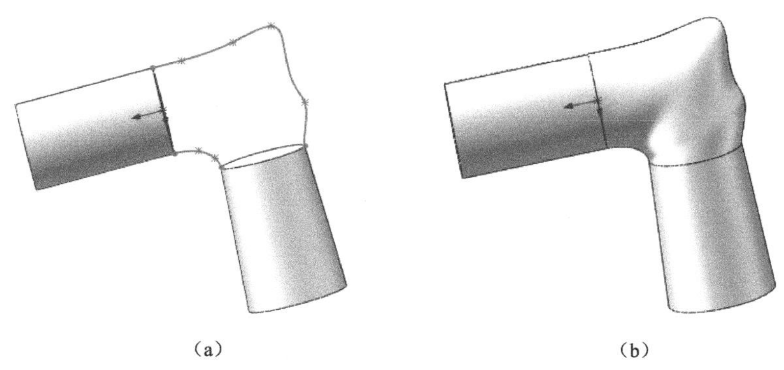

（a）　　（b）

图 4-80　创建三维实体

（1）创建草图。选择“前视基准面”为草图平面，然后使用〖样条曲线〗命令创建如图 4-81 所示的两条样条曲线，且样条线两端约束与边界线相切。

这里绘制的两条样条线不标注尺寸，读者根据形状和大概比例绘制即可。

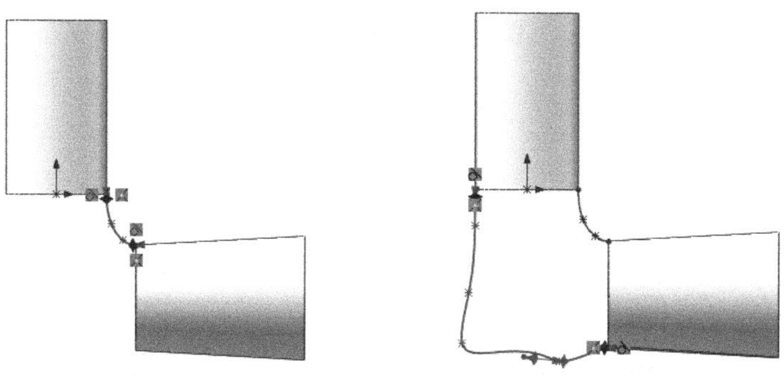

图 4-81　创建草图

（2）创建边界实体。在〖特征〗工具栏中单击〖边界凸台/基体〗按钮，弹出〖边界〗对话框，然后根据图 4-82 所示的步骤进行操作，最后单击〖确定〗按钮。

> **要点提示**
> 当在对话框中设置“与面相切”和“垂直于轮廓”的参数时，新产生的曲面会自动与连接的曲面相切。

（3）保存文件。在〖标准〗工具栏中单击〖保存〗按钮。

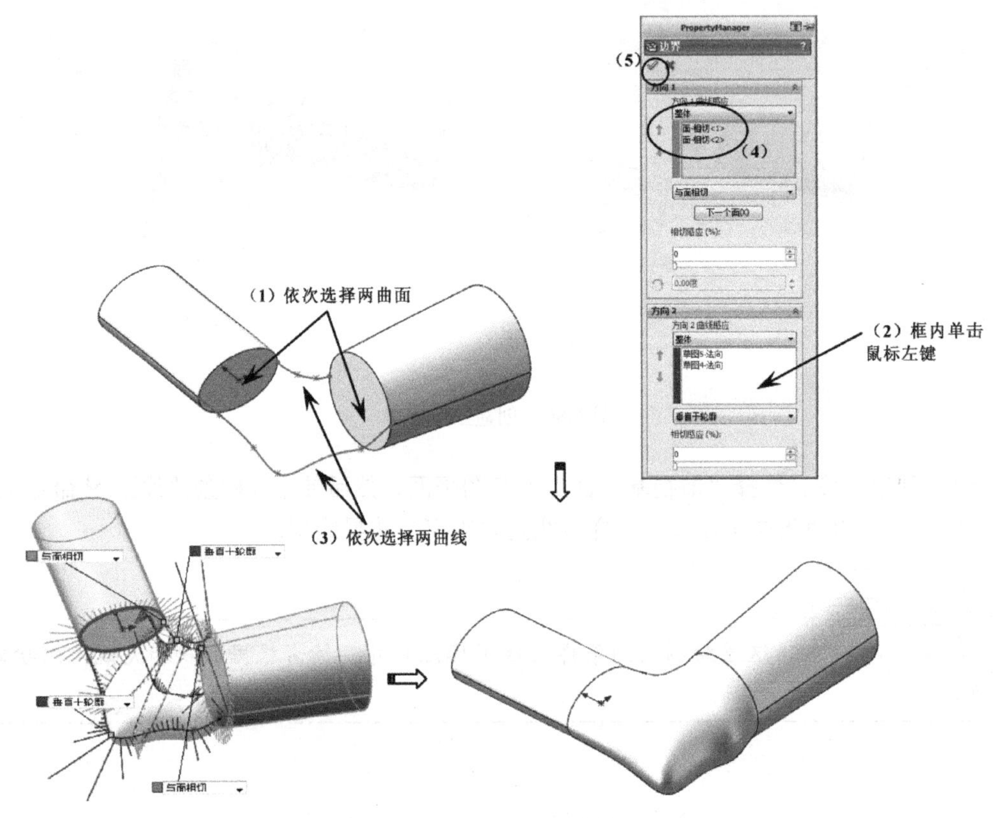

图 4-82　创建边界实体

4.7　圆角

实体倒圆角是零件设计过程中常用的功能之一，是指在实体的边缘产生倒圆角特征，使产品中的转角处平滑过渡。

在〖特征〗工具栏中单击〖圆角〗按钮，弹出〖圆角〗对话框，接着选择需要倒角的实体边，然后设置圆角参数，最后单击〖确定〗按钮，如图 4-83 所示。

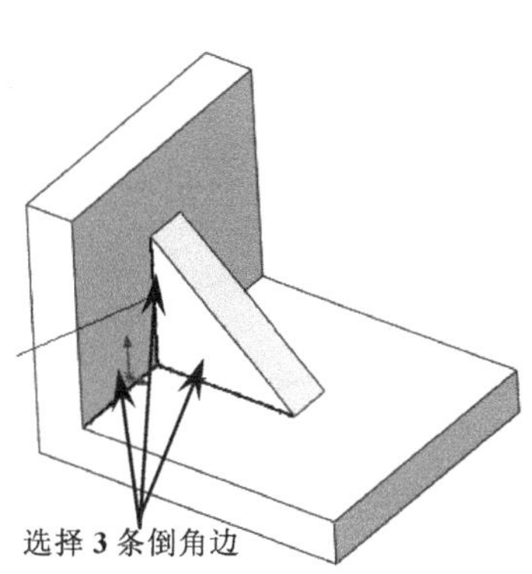

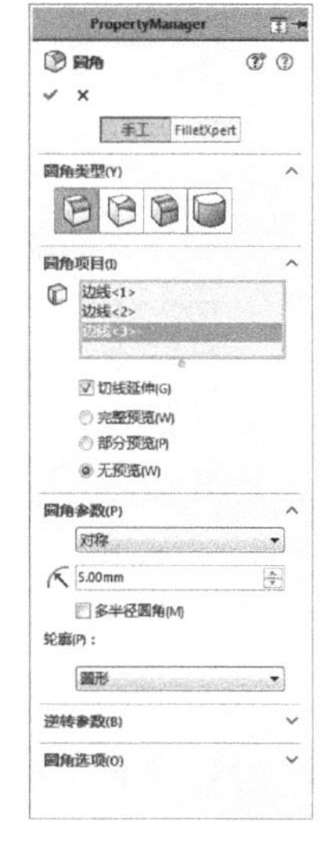

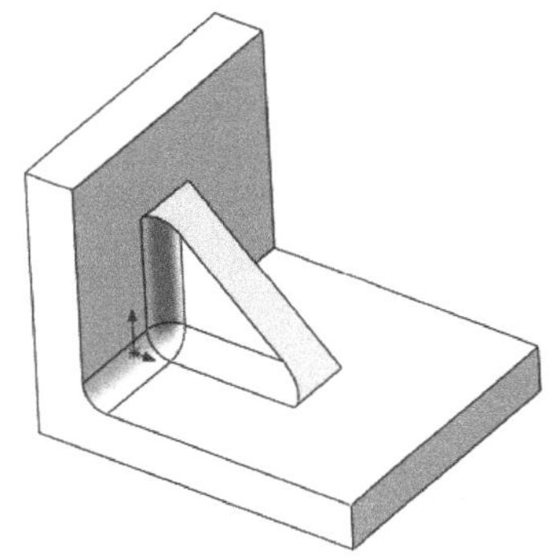

图 4-83　圆角

常用圆角参数功能注释如下。

（1）〖等半径〗：创建恒定不变的圆角值。

（2）〖变半径〗：创建变化的圆角值，如图 4-84 所示。

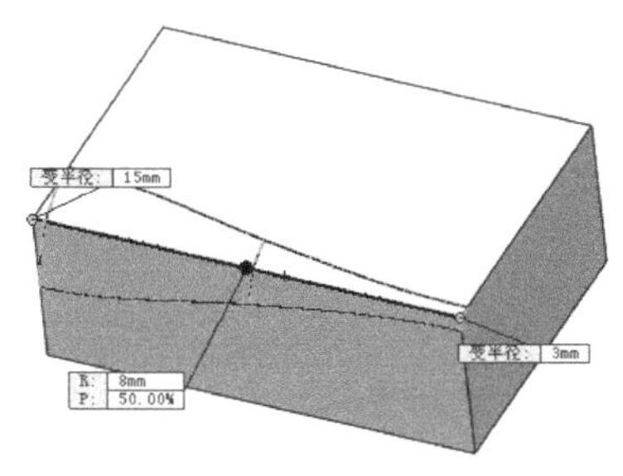

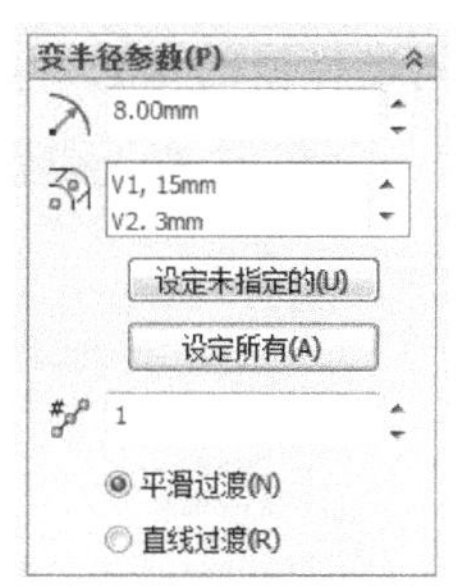

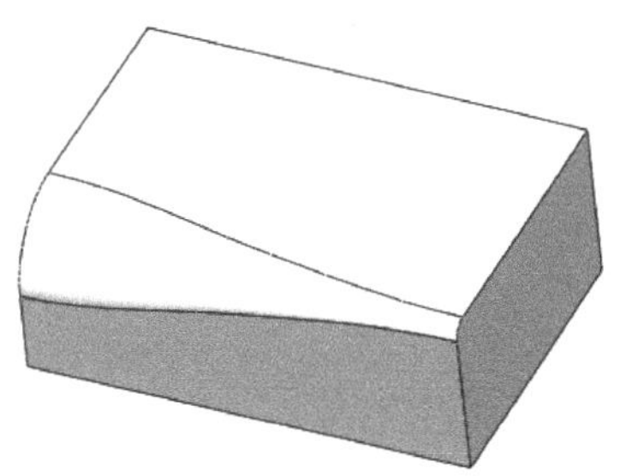

图 4-84　变半径

（3）〖面圆角〗：选择两个曲面进行倒圆角，如图 4-85 所示。

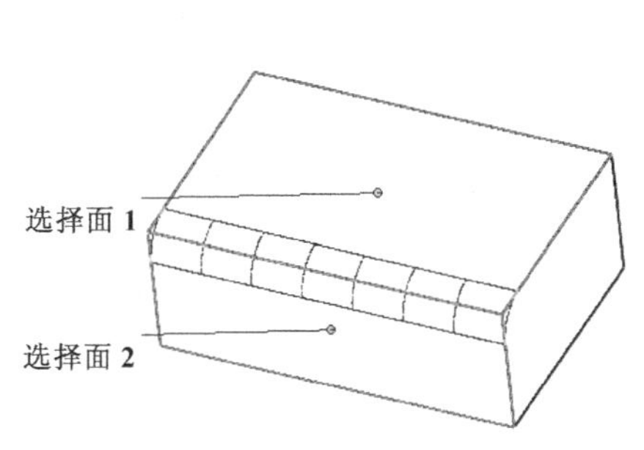

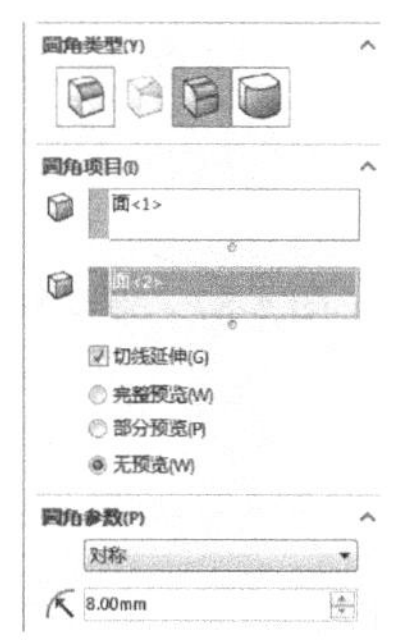

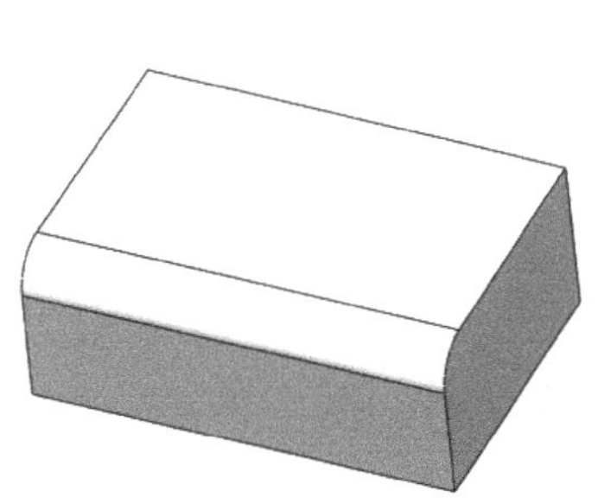

图 4-85　面圆角

（4）〖完整圆角〗：通过选择 3 个曲面同时生成完整圆角，如图 4-86 所示。

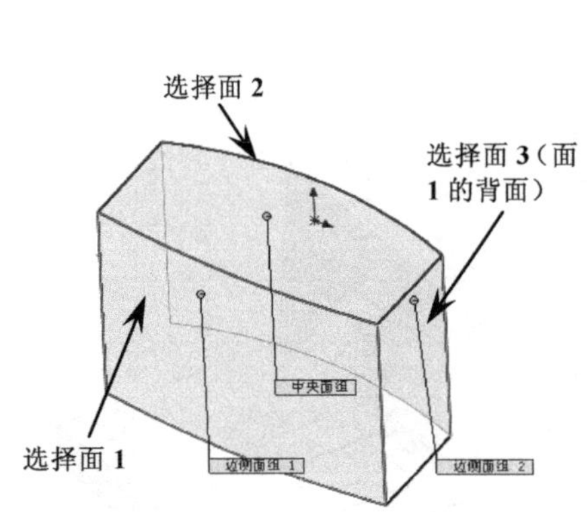

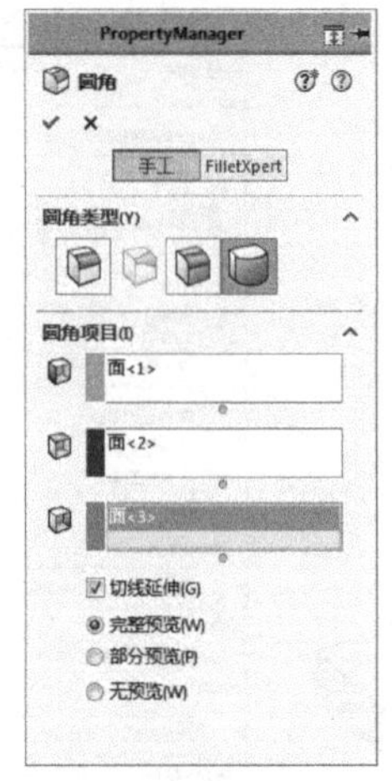

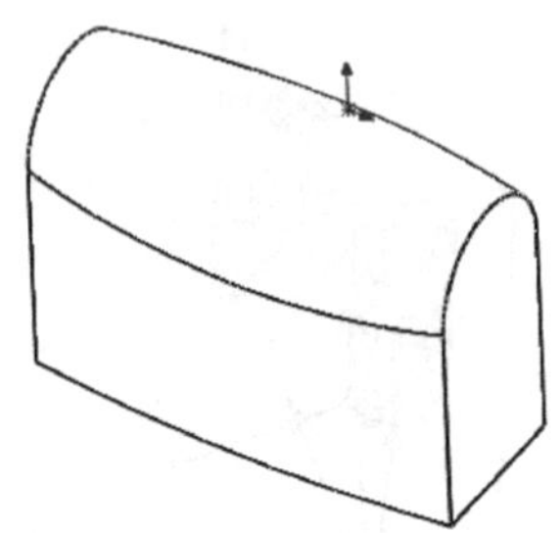

图 4-86 完整圆角

选择 3 个面时，首先需要在对应的圆角项目框中单击鼠标左键，然后再选择对应的面。

（5）〖多半径圆角〗：同时倒不同半径值的角边，如图 4-87 所示。

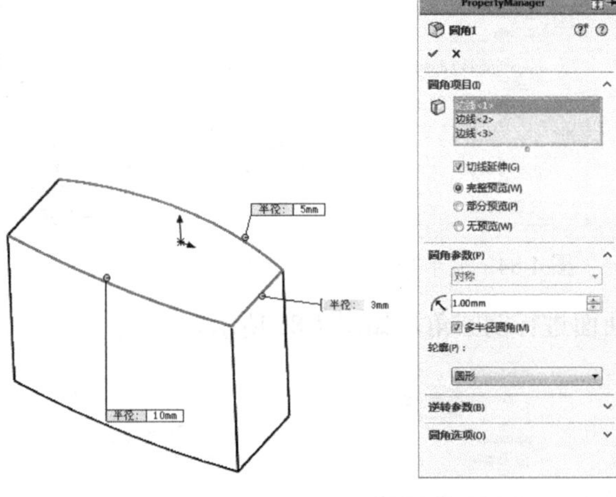

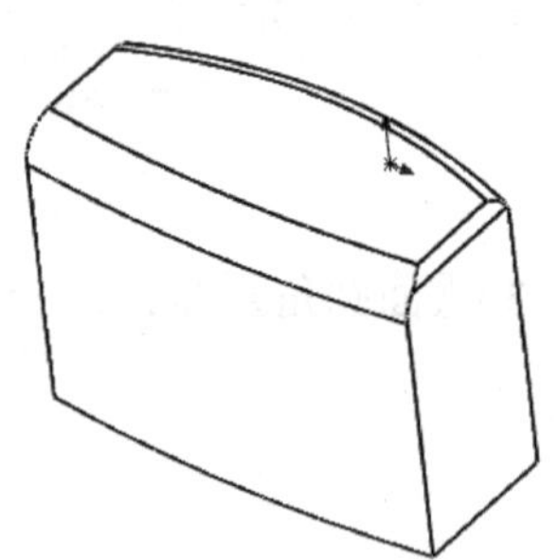

图 4-87 多半径圆角

4.8 倒角

用于沿着实体边界对实体进行倒角。在〖特征〗工具栏中单击〖倒角〗按钮，弹出〖倒角〗对话框，接着选择需要倒角的实体边，然后设置倒角参数，最后单击〖确定〗按钮，如图 4-88 所示。

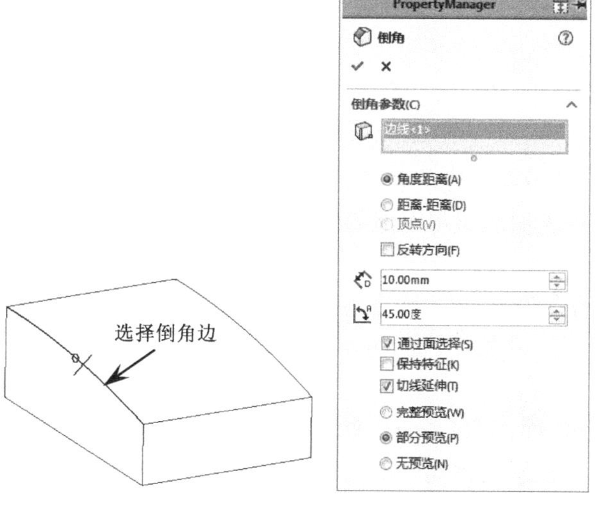

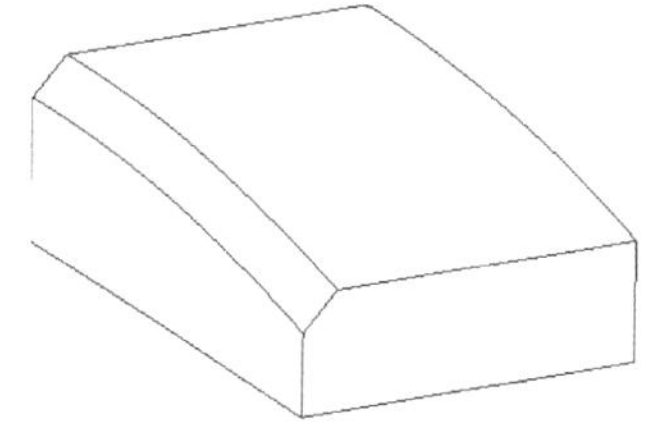

图 4-88　倒角

常用的倒角参数功能注释如下。

（1）〖角度距离〗：通过设置倒角的距离和角度值创建倒角，如图 4-89 所示。

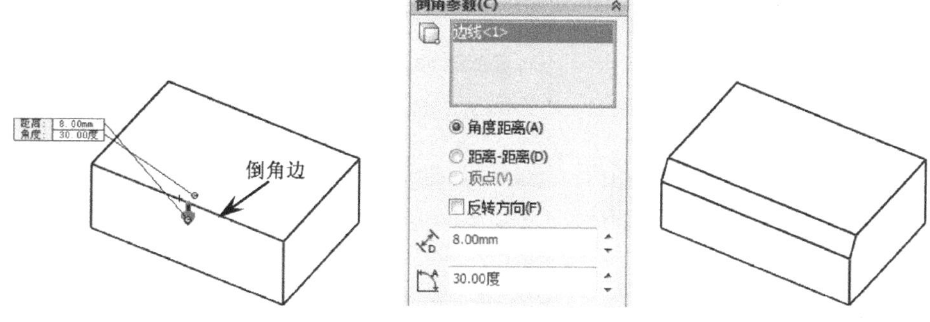

图 4-89　角度距离

（2）〖距离-距离〗：通过设置两边倒角距离来创建倒角，如图 4-90 所示。

（3）〖相等距离〗：创建距离相等的倒角。

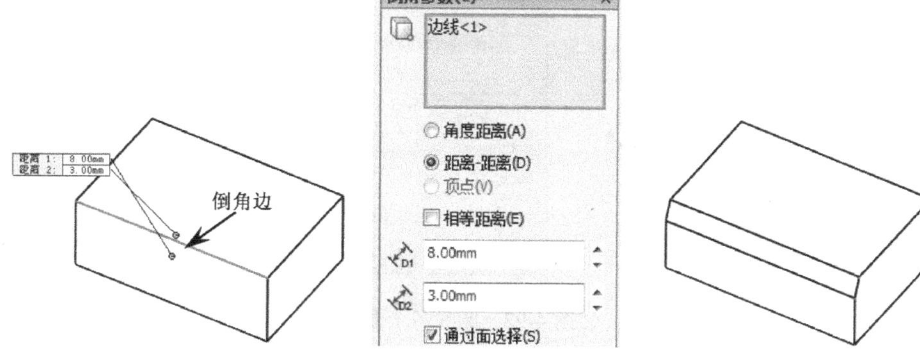

图 4-90　距离-距离

4.9　抽壳

抽壳即对实心的实体进行抽空，并设置一定的壁厚。抽壳时可选择一个或多个删除面，并可设置不同的厚度。抽壳产品的外表面应该尽可能均匀变化，不能有死角，否则可能会产生抽壳失败的情况。

在〖特征〗工具栏中单击〖抽壳〗按钮，弹出〖抽壳〗对话框，接着选择要删除的面，然后设置抽壳参数，单击〖确定〗按钮，如图 4-91 所示。

抽壳参数功能注释如下。

（1）〖移除的面〗：选择要删除的面，可以是一个面，也可以是多个面，如图 4-92 所示。

（2）〖厚壳朝外〗：勾选该选项，表示实体向外部进行抽壳，即产品在原尺寸的基础上还增加了一个壁厚。

（3）〖多厚度设定〗：指定面抽不同厚度的壳，如图 4-93 所示。

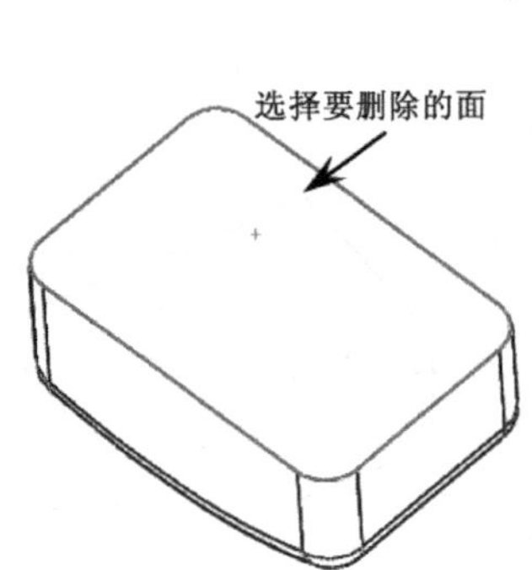

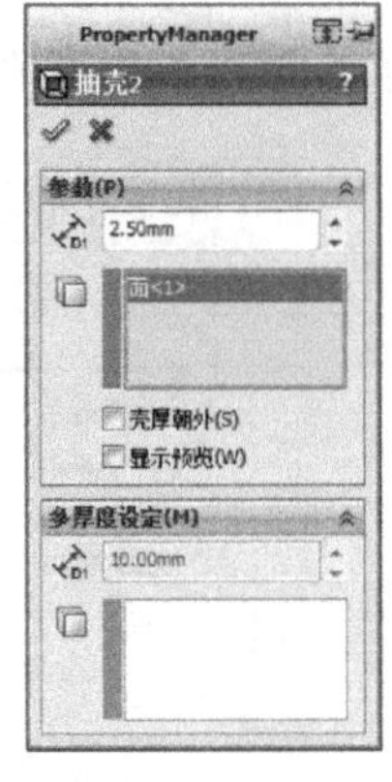

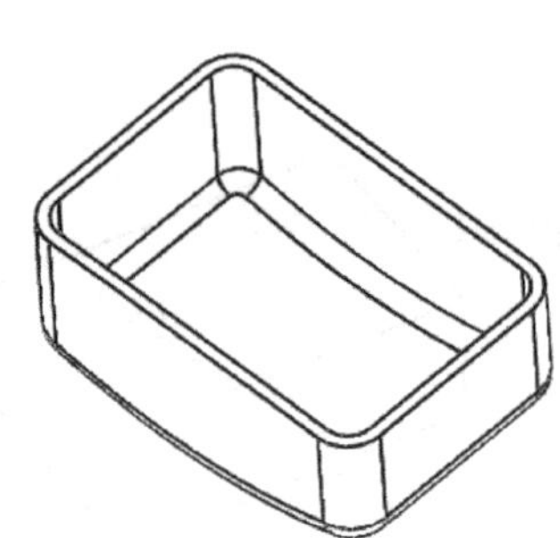

图 4-91　抽壳

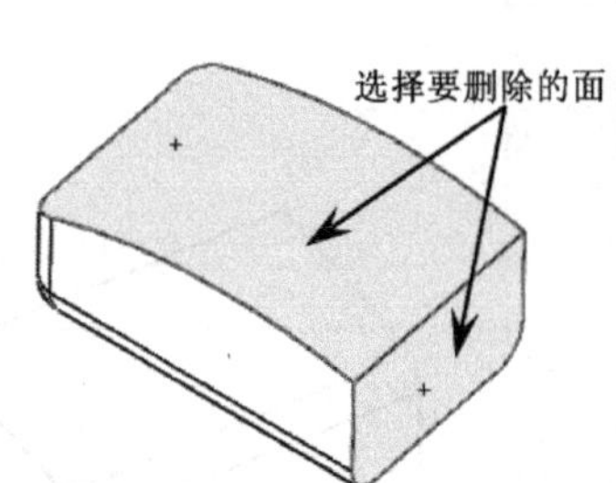

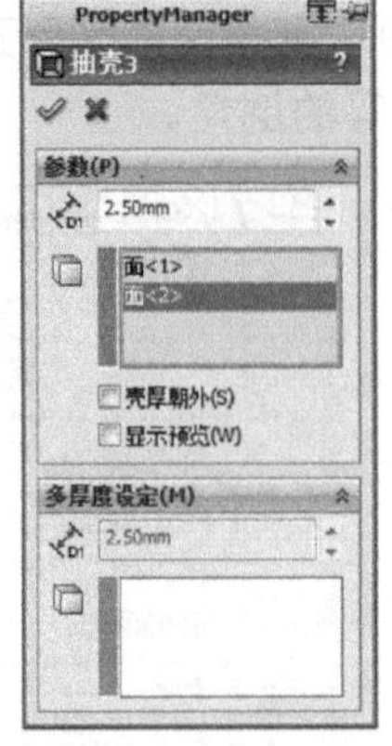

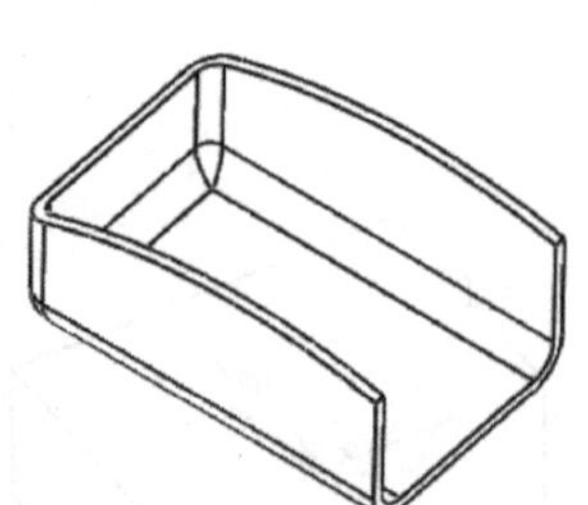

图 4-92　删除多个面

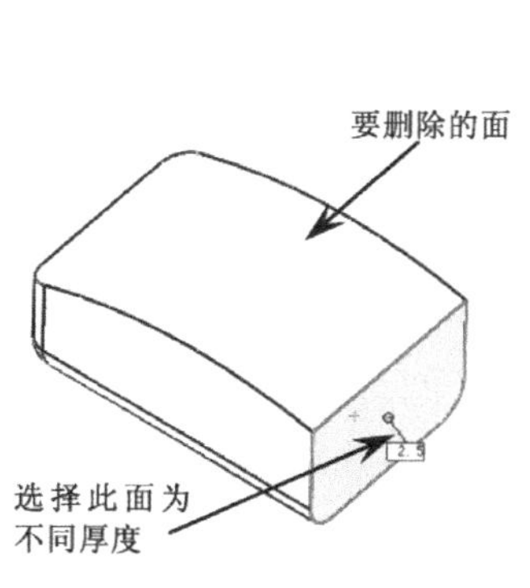

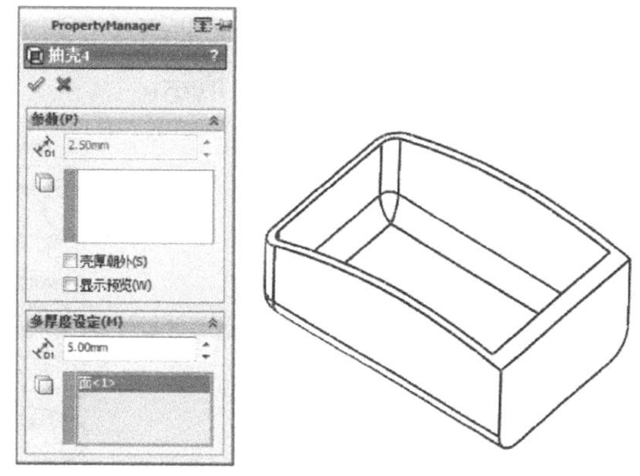

图 4-93　设定不同厚度

4.10　拔模

拔模即对产品进行拔模角度的设置，因为产品的拔模角直接影响产品在模具中的顶出难易程度。拔模角度越大，产品精度越差，并且产品容易被顶出。一般情况下，产品拔模角设置为 0.5° ～2° 。

在〖特征〗工具栏中单击〖拔模〗 拔模 按钮，弹出〖拔模〗对话框，接着选择中性面（垂直于拔模方向的面），然后选择需要拔模的面（一个或多个面）并设置拔模参数，单击〖确定〗✓按钮，如图 4-94 所示。

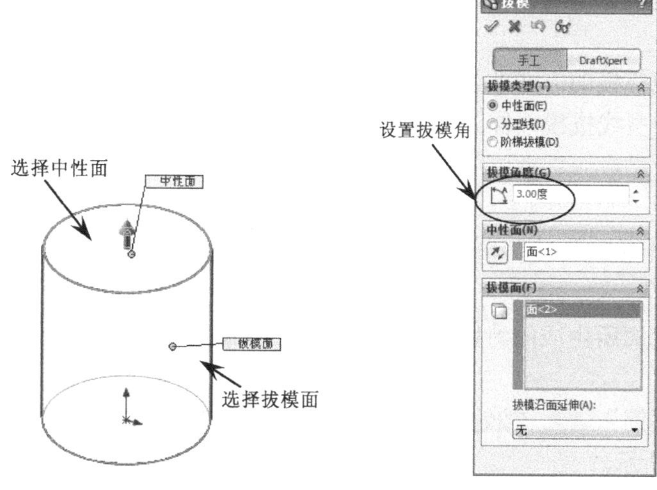

图 4-94　拔模

拔模参数功能注释如下。

（1）〖中性面〗：通过选择实体平面或基准面作为拔模方向参考面，该面与拔模方向垂直。

（2）〖分型线〗：勾选该选项，表示根据选择的分型线对实体进行拔模。分型线必须是实体上的轮廓线或边线，而草图产生的曲线或其他方式产生的曲线则无法被选中作为分型线。分型线拔模的操作步骤如图 4-95 所示。

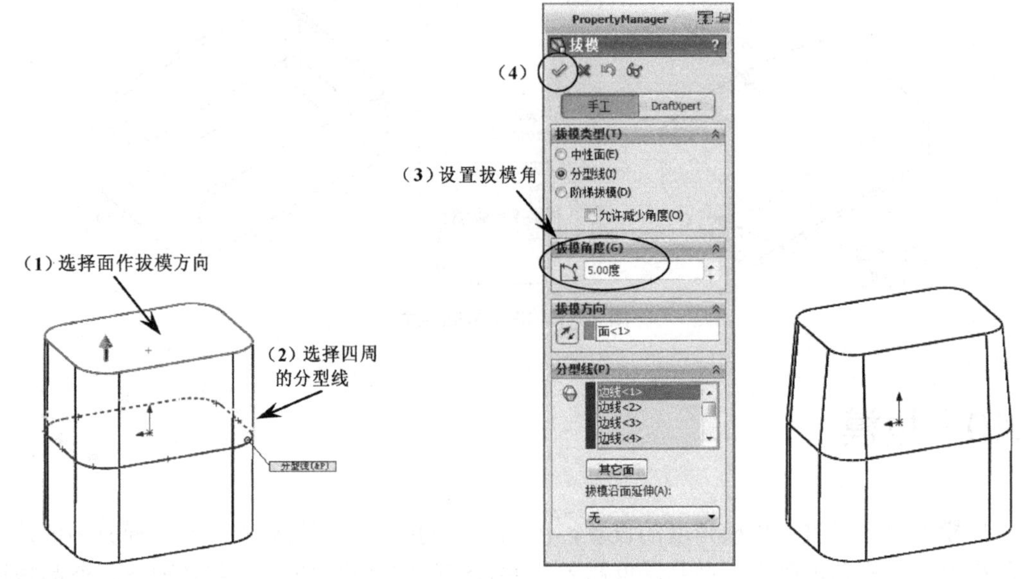

图 4-95　分型线拔模

分型线可由“分割线”命令创建，在后面的章节将会介绍。

(3)〖允许减少角度〗：只用于分型线拔模，由最大角度生成的角度总和与拔模角度为 90° 或以上时允许生成的拔模。

(4)〖阶梯拔模〗：与分型线拔模的方式非常相似，指围绕作为拔模方向的基准面旋转生成的倾斜面，其操作方式与分型线拔模一样。

4.11　筋

筋是从开环或闭环绘制的轮廓所生成的特殊拉伸特征，它在轮廓与现有零件之间添加指定方向和厚度的材料。

在〖特征〗工具栏中单击〖筋〗 筋 按钮，弹出〖筋〗对话框，接着选择轮廓草图，然后设置筋的参数，如图 4-96 所示。

下面介绍常用的筋的参数。

(1)〖厚度〗：根据草图轮廓增加筋的厚度。

(2)〖第一边〗：只向草图轮廓一边增加筋的厚度。

(3)〖两侧〗：同时向草图轮廓的两边增加筋的厚度。

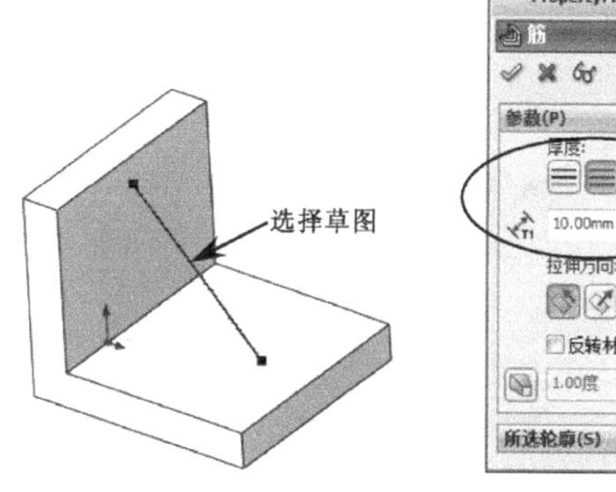

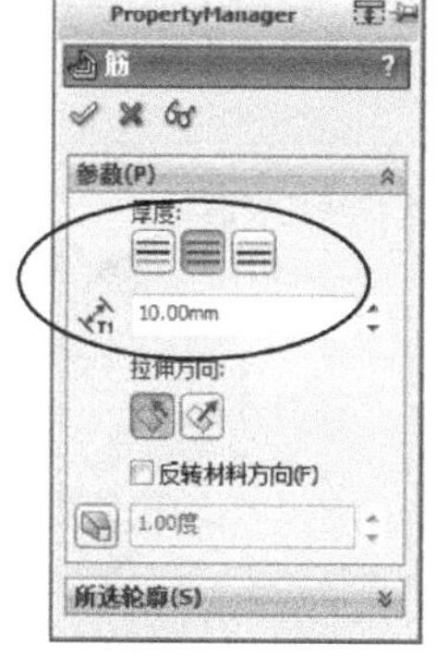

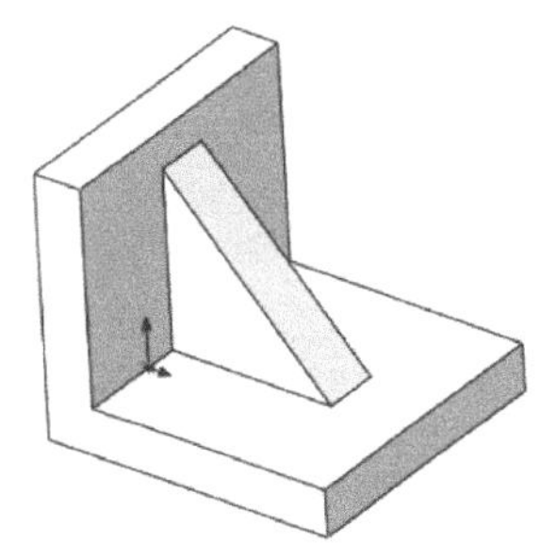

图 4-96 筋

（4）〖第二边〗：只向草图轮廓的另一边增加筋的厚度。

（5）〖拉伸方向〗：设置筋的拉伸方向，包括平行草图和垂直草图两种方式，一般选择平行草图方式。

（6）〖拔模〗：创建具有拔模斜度的筋，如图 4-97 所示。

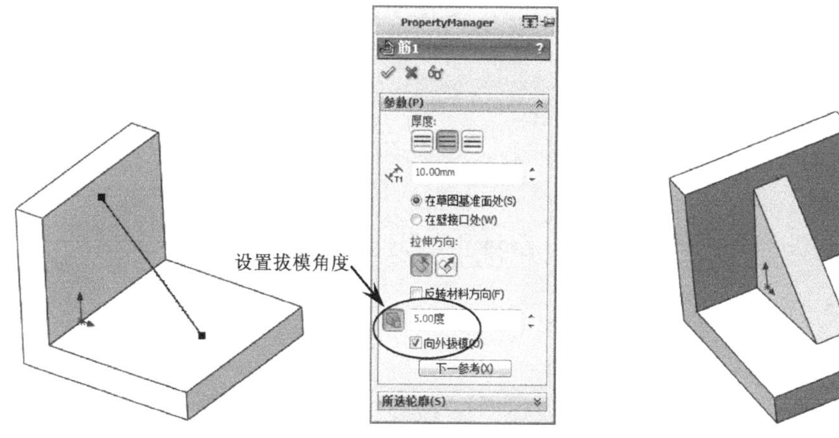

图 4-97 创建具有拔模斜度的筋

4.12 孔特征

SOLIDWORKS 提供了快捷创建孔的方法，包括简单直孔和异形孔两种。选择钻孔表面、设置孔参数和标注孔位置即可创建孔。

4.12.1 简单直孔

在菜单栏中选择〖插入〗/〖特征〗/〖孔〗/〖简单直孔〗命令，弹出〖孔〗对话框，然后选择需要钻孔的表面，如图 4-98 所示。

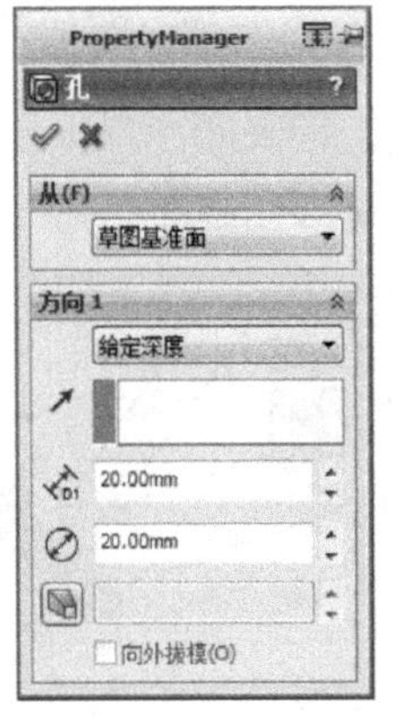

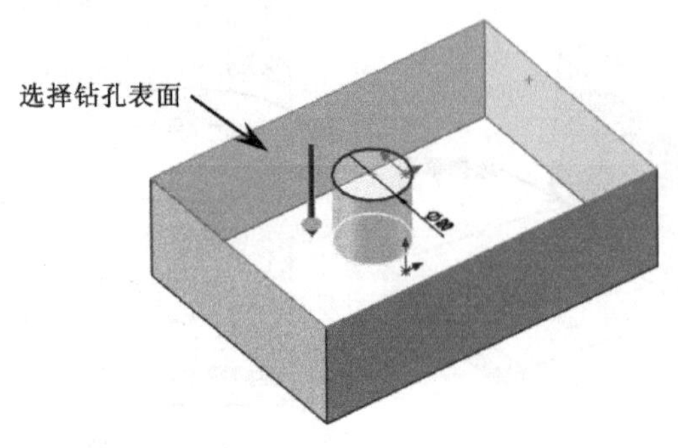

图 4-98 〖孔〗对话框

下面介绍简单直孔的创建及位置标注方法。

（1）使用拉伸命令创建如图 4-99 所示的实体。

（2）在菜单栏中选择〖插入〗/〖特征〗/〖孔〗/〖简单直孔〗命令，弹出〖孔〗对话框，接着设置直孔的深度和直径，然后指定钻孔面，如图 4-100 所示，最后单击〖确定〗✔按钮。

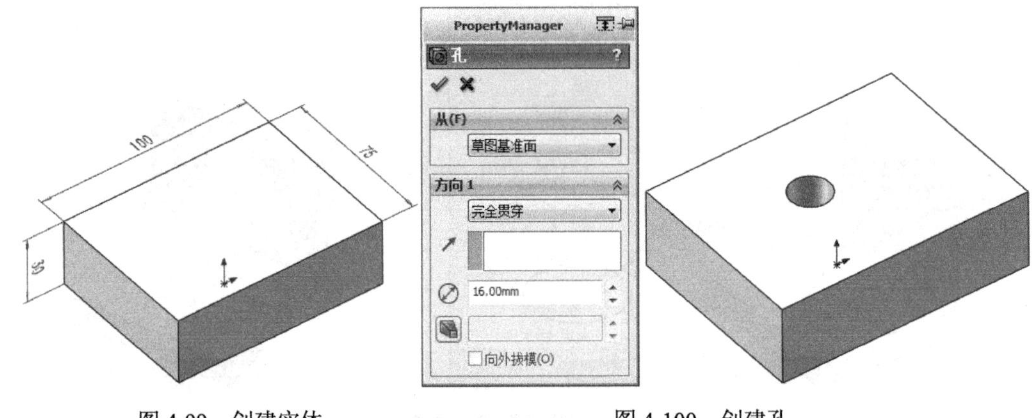

图 4-99 创建实体 图 4-100 创建孔

（3）修改孔草图。在设计树中选择孔特征并单击鼠标右键，接着在弹出的右键菜单中单击〖编辑草图〗按钮进入草图环境，然后单击〖智能尺寸〗按钮，并标注如图 4-101 所示的尺寸，单击〖退出草图〗按钮。

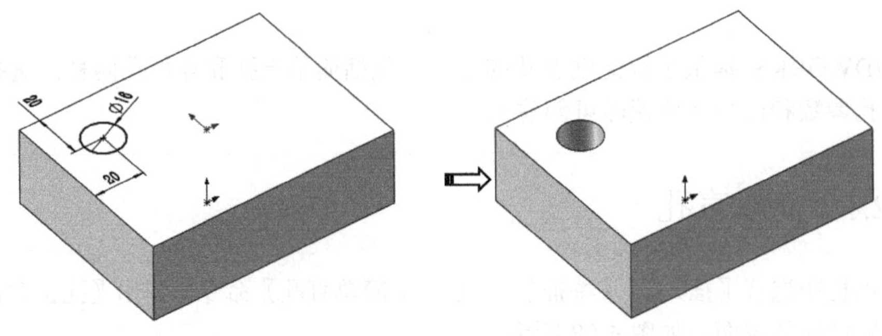

图 4-101 修改孔草图

4.12.2 异形孔

在〖特征〗工具栏中单击〖异形孔向导〗按钮，弹出〖孔规格〗对话框，然后选择需要钻孔的面并设置相应的孔参数，如图 4-102 所示。

下面介绍异形孔的创建及位置标注方法。

（1）使用拉伸命令创建如图 4-103 所示的实体。

（2）在〖特征〗工具栏中单击〖异形孔向导〗按钮，弹出〖孔规格〗对话框，然后根据图 4-104 所示的步骤进行操作，单击〖确定〗按钮。

创建其他的孔类型时，同样采用以上的操作方法。

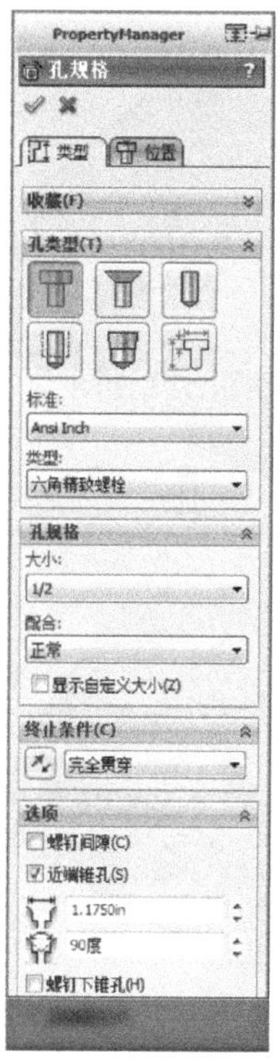

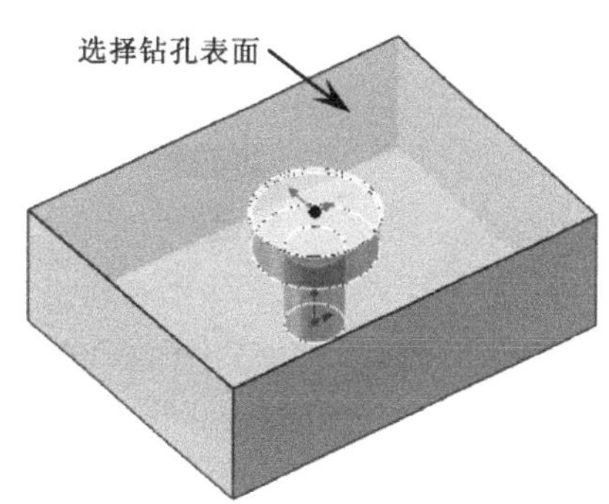

图 4-102 选择钻孔表面并设置孔参数

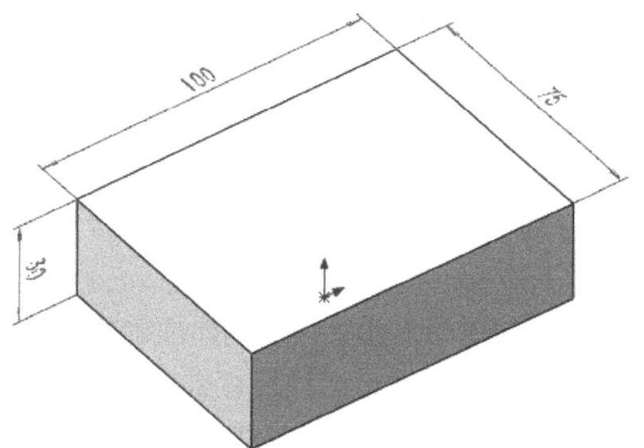

图 4-103 创建实体

要点提示

在机械加工中，沉头孔的加工很常见，多用于螺钉的装配，沉头孔的尺寸要根据实际使用的螺钉尺寸来定。

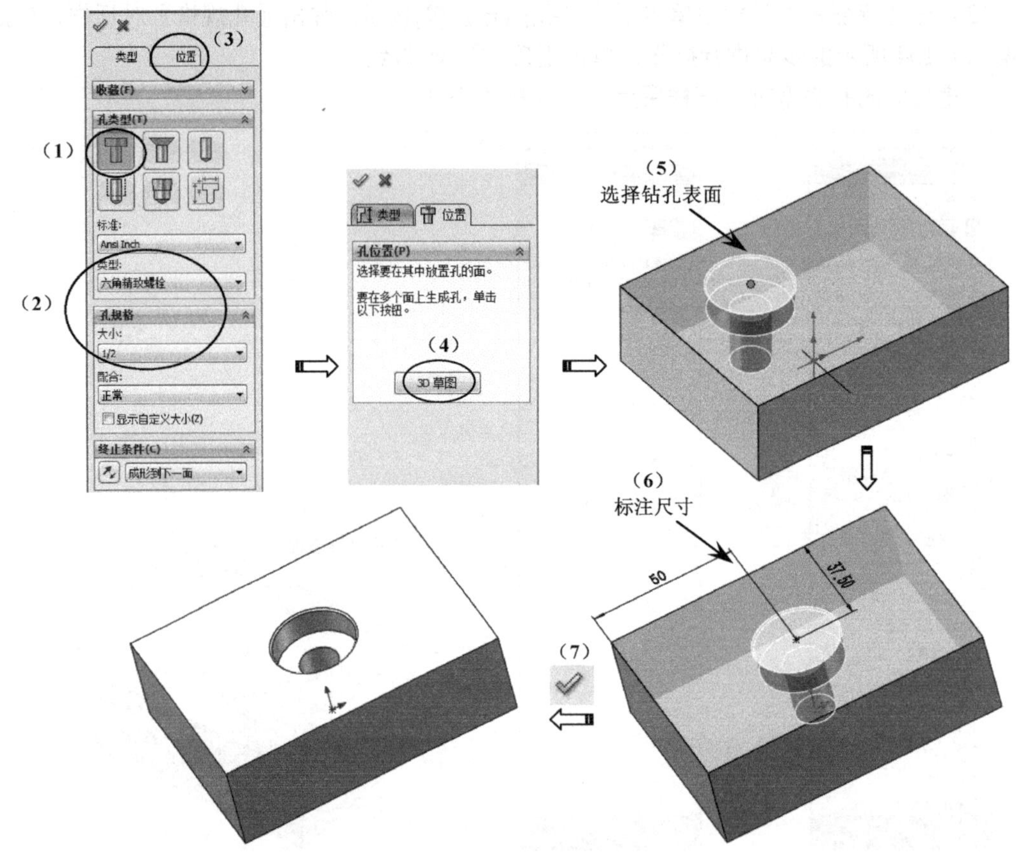

图 4-104　创建异形孔

4.12.3　功能注释

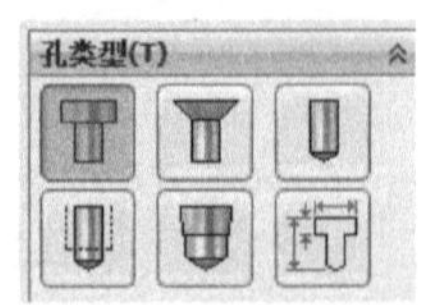

图 4-105　异形孔的类型

（1）〖孔类型〗：设置创建孔的类型，包括柱形沉头孔、锥形沉头孔、孔、直螺纹孔、锥形螺纹孔和旧制孔 6 种类型，如图 4-105 所示。

（2）〖位置〗：确定孔所在的平面。如果需要创建准确位置的孔，则须单击 3D 草图 按钮并通过标注尺寸来确定。

（3）〖终止条件〗：与拉伸中的参数一样，主要用于设置孔的深度。

4.13 组合

选择两个或多个独立的相连实体进行布尔运算，主要有添加、删除或共同三种形式。

在菜单栏中选择〖插入〗/〖特征〗/〖组合〗命令，弹出〖组合〗对话框，接着选择两实体，然后设置操作的类型，单击〖确定〗✓按钮，如图 4-106 所示。

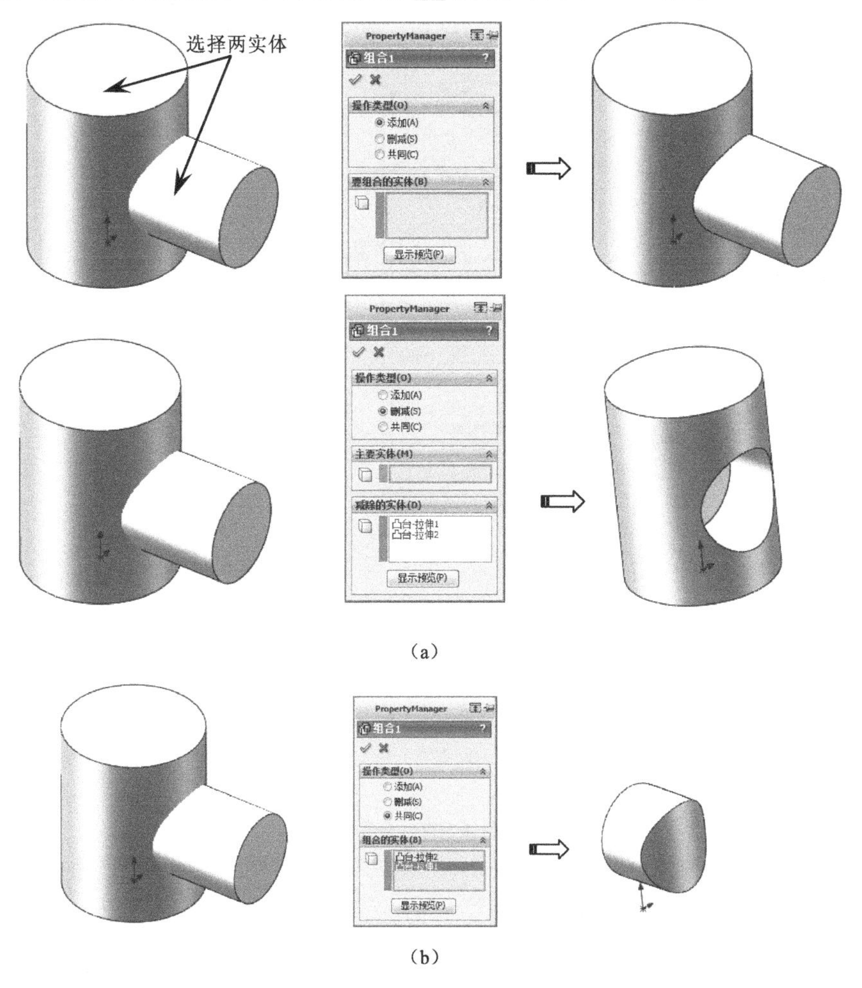

（a）

（b）

图 4-106 组合

只有当前界面中存在两个或两个以上的单独实体时，〖组合〗命令才会被激活可操作。

4.14 分割

通过物体或轮廓线将一个实体分割成两个独立的实体。

在菜单栏中选择〖插入〗/〖特征〗/〖分割〗命令，弹出〖SOLIDWORKS〗提示框，单击 确定 按钮，弹出〖分割〗对话框。选择分割曲面或基准面，然后单击 切除零件(C) 按钮并选择其中一半实体，单击〖确定〗✓按钮，如图 4-107 所示。

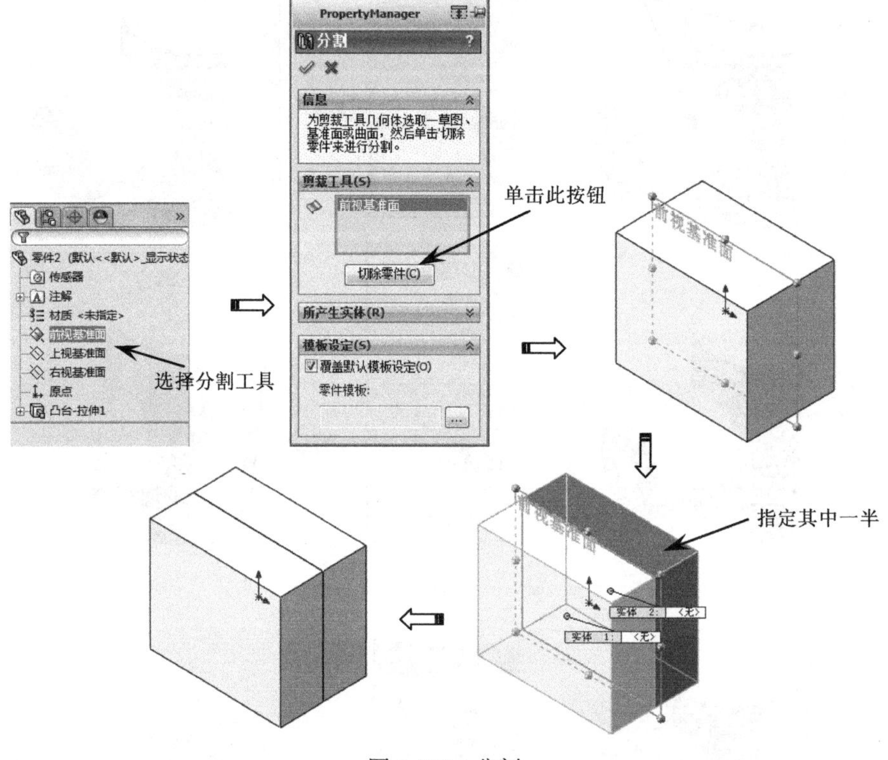

图 4-107 分割

4.15 缩放比例

我们通过产品的缩放来重新计算产品的尺寸，使其满足模具设计制造的要求。

在菜单栏中选择〖插入〗/〖特征〗/〖缩放比例〗命令，弹出〖缩放比例〗对话框，设置选择要缩放的实体，然后设置比例缩放点和缩放比例，单击〖确定〗✓按钮，如图 4-108 所示。

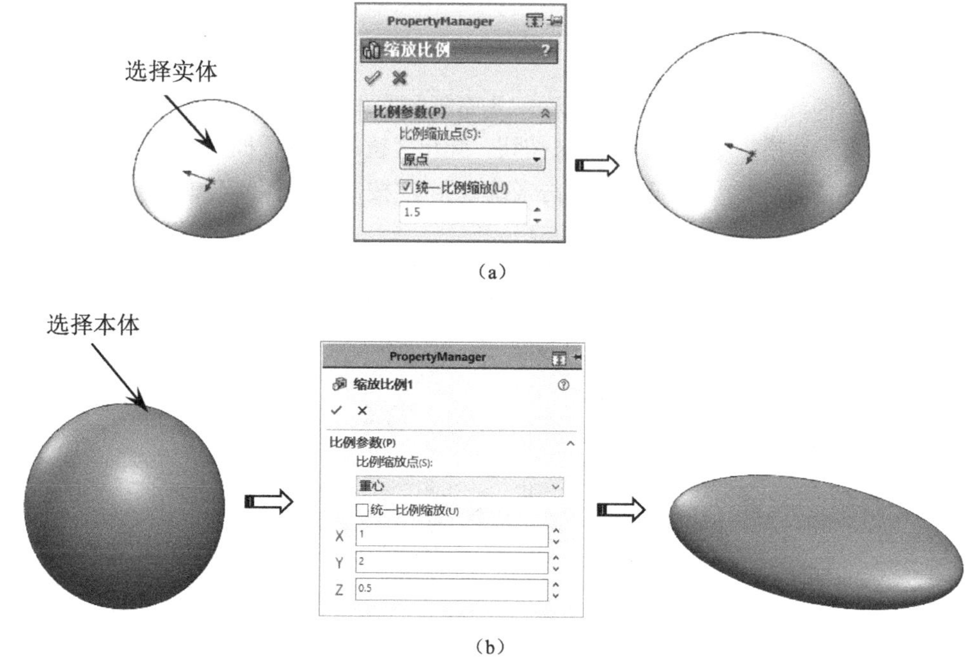

图 4-108　缩放比例

由图 4-108 可以看到，当设置不同 X、Y、Z 的比例缩放时，可以产生较漂亮的外观造型。

4.16　镜向与阵列

镜向与阵列是产品设计常用的方法，通过镜向与阵列可以复制一系列相同的特征，从而提高设计效率。

镜向与阵列的对应命令图标如图 4-109 所示。

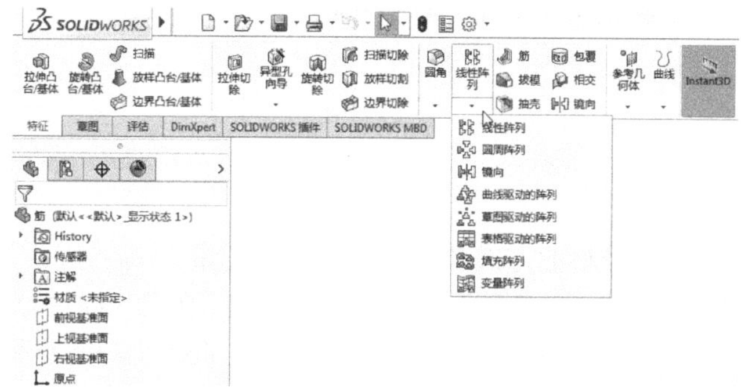

图 4-109　镜向与阵列命令

4.16.1　镜向

选择实体、面或特征关于中心面对称，从而复制产生相同的体或特征。

在〖特征〗工具栏中单击〖镜向〗按钮，弹出〖镜向〗对话框，接着选择镜向面，然后选择需要镜向的特征、实体或面，单击〖确定〗按钮，如图 4-110 所示。

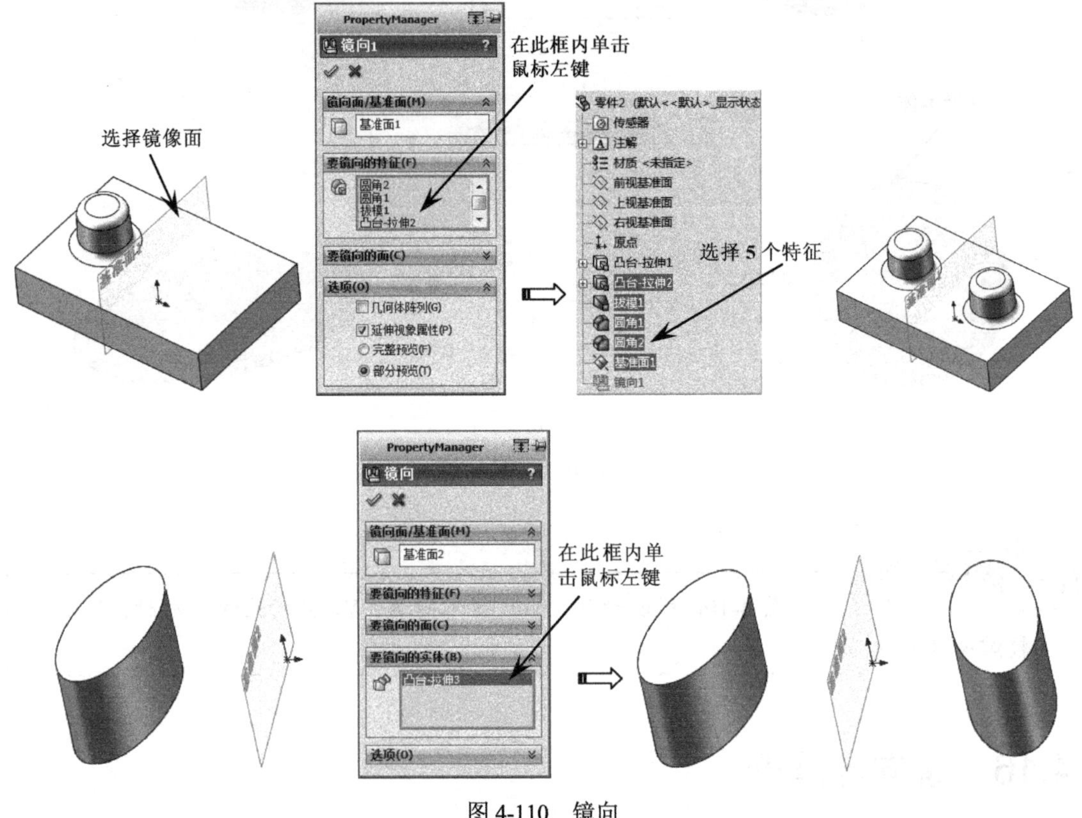

图 4-110　镜向

要点提示

选择镜向特征前，需确认镜向是特征、实体还是面，然后在相应的框内单击鼠标左键，再接着选择要镜像的元素。

4.16.2　线性阵列

通过 X 方向和 Y 方向平移的方式产生一组相同的图素。

在〖特征〗工具栏中单击〖线性阵列〗按钮，弹出〖阵列（线性）〗对话框。首先选择要阵列的对象，接着选择边线作为“方向 1”，然后设置方向 1 上的间距和数量；选择另一边线作为“方向 2”，然后设置方向 2 上的间距和数量，单击〖确定〗按钮，如图 4-111 所示。

① 选择边线前，需要在“方向 1”或“方向 2”对应的框内单击鼠标左键。
② 选择边线后，当阵列的方向与期望的方向相反时，则可单击〖反向〗按钮。

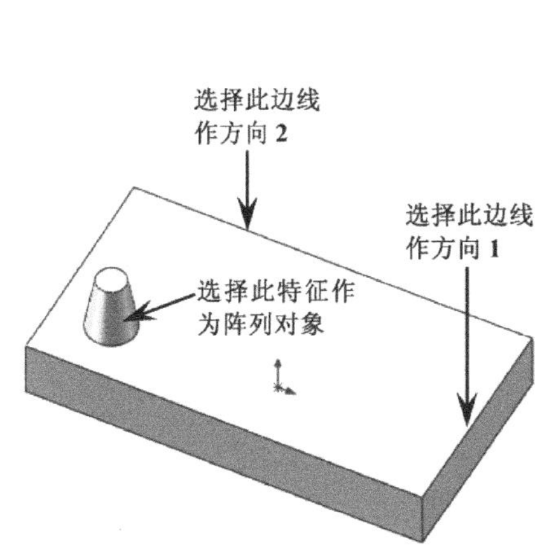

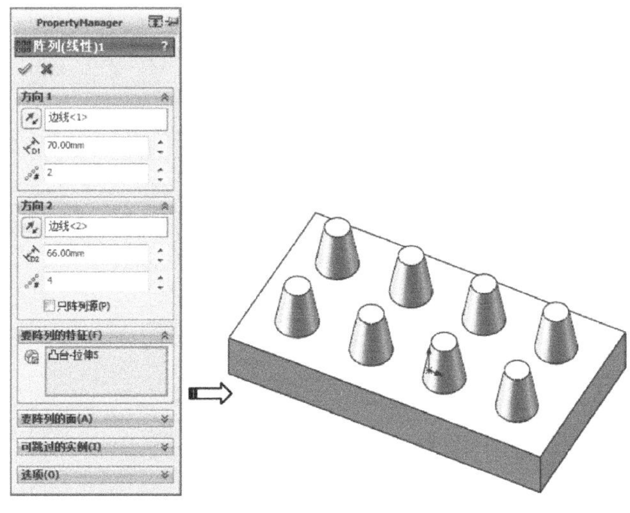

图 4-111　线性阵列

4.16.3　圆周阵列

通过围绕一个中心轴旋转产生一组按圆均匀分布的相同图素。

在〖特征〗工具栏中单击〖圆周阵列〗按钮，弹出〖圆周阵列〗对话框。首先选择要阵列的对象，接着选择中心轴或圆柱面作为阵列中心，然后设置阵列的角度和数量，单击〖确定〗按钮，如图 4-112 所示。

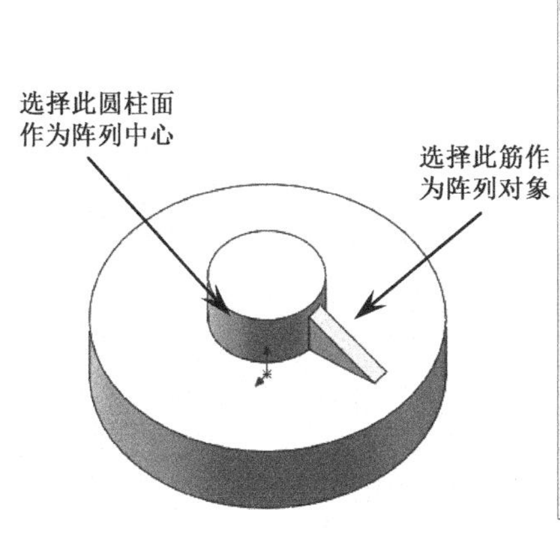

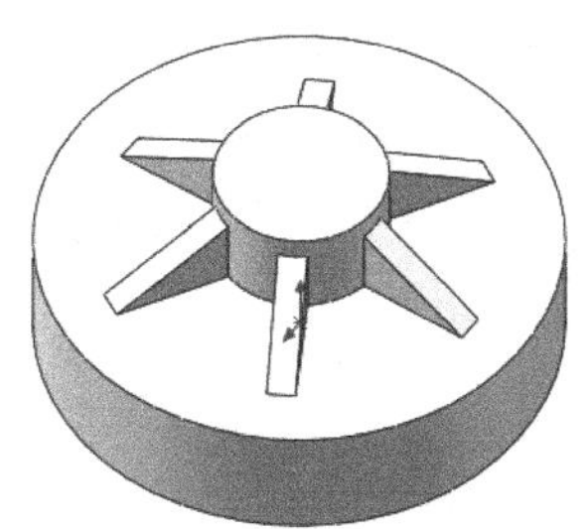

图 4-112　圆周阵列

4.16.4　曲线驱动的阵列

特征沿着曲线进行阵列，生成一组相同的图素。

在〖特征〗工具栏中单击〖曲线驱动的阵列〗按钮，弹出〖曲线阵列〗对话框。首先选择曲线，接着设置数量和间距，然后选择要阵列的对象，单击〖确定〗按钮，如图 4-113 所示。

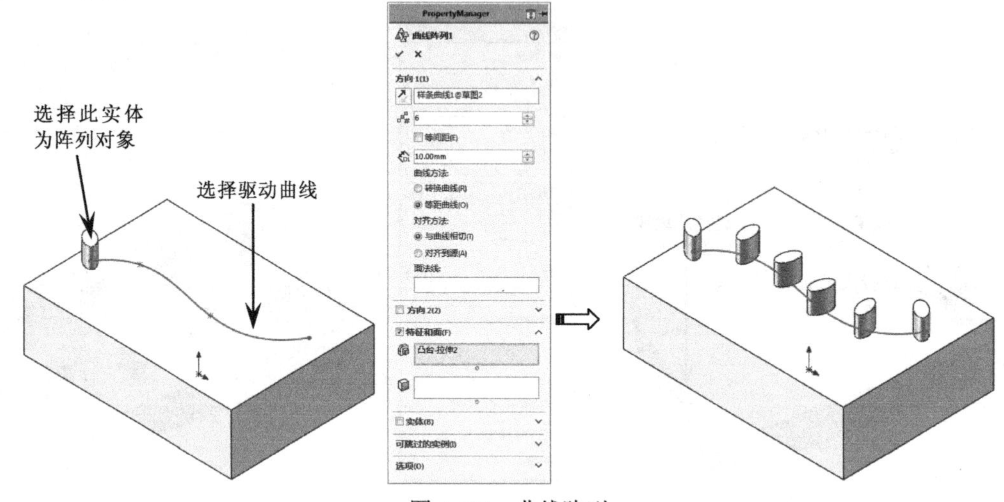

图 4-113　曲线阵列

4.17　包覆

将平面或非平面上的草图和曲线缠绕到指定的体特征上，常应用于一些圆柱形铜制品的滚字设计中。

在菜单栏中选择〖插入〗/〖特征〗/〖包覆〗命令，弹出相关对话框，接着选择基准平面进入草图环境，然后创建滚字内容，完成后退出草图，并设置包覆参数和选择包覆到的曲面。

下面简单介绍包覆命令的操作方法。

（1）使用拉伸命令创建如图 4-114 所示的圆柱体，直径为 50，高度为 50。

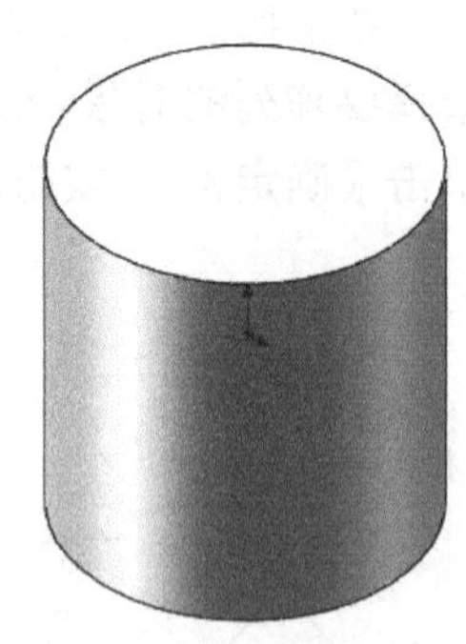
图 4-114　创建圆柱体

（2）在菜单栏中选择〖插入〗/〖特征〗/〖包覆〗命令，弹出相关对话框，然后根据图 4-115 所示的步骤进行操作，单击〖确定〗按钮。

当需要创建滚字模时，往往需要将滚内容倒过来，可在〖草图文字〗对话框中单击〖水平反转〗按钮，这样创建的文字内容就符合滚字模的要求了。

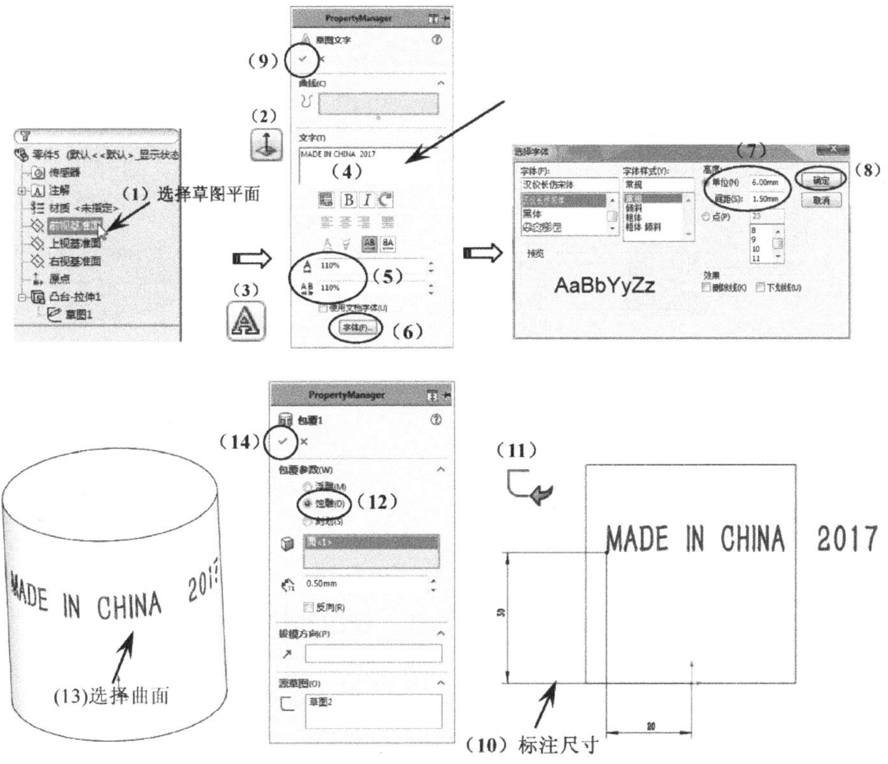

图 4-115　创建包覆

4.18　圆顶

在实体的顶面生成一个平滑过渡的圆顶。

在菜单栏中选择〖插入〗/〖特征〗/〖圆顶〗命令，弹出〖圆顶〗对话框，然后选择实体的顶面并设置圆顶高度，如图 4-116 所示，最后单击〖确定〗✓按钮。

(a)

图 4-116　圆顶

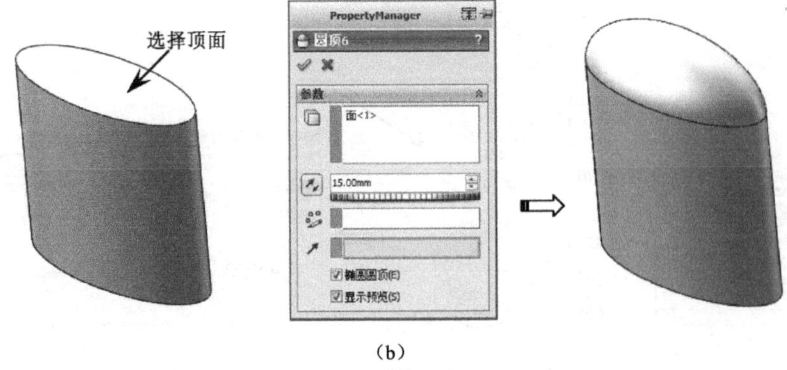

（b）

图 4-116　圆顶（续）

4.19　弯曲

使实体产生变形，变形的方式有折弯、扭曲、锥削和伸展 4 种，其中扭曲是造型设计中一个非常重要且好用的功能。

在菜单栏中选择〖插入〗/〖特征〗/〖弯曲〗命令，弹出〖弯曲〗对话框，然后选择实体并设置弯曲参数，如图 4-117 所示，最后单击〖确定〗✓按钮。

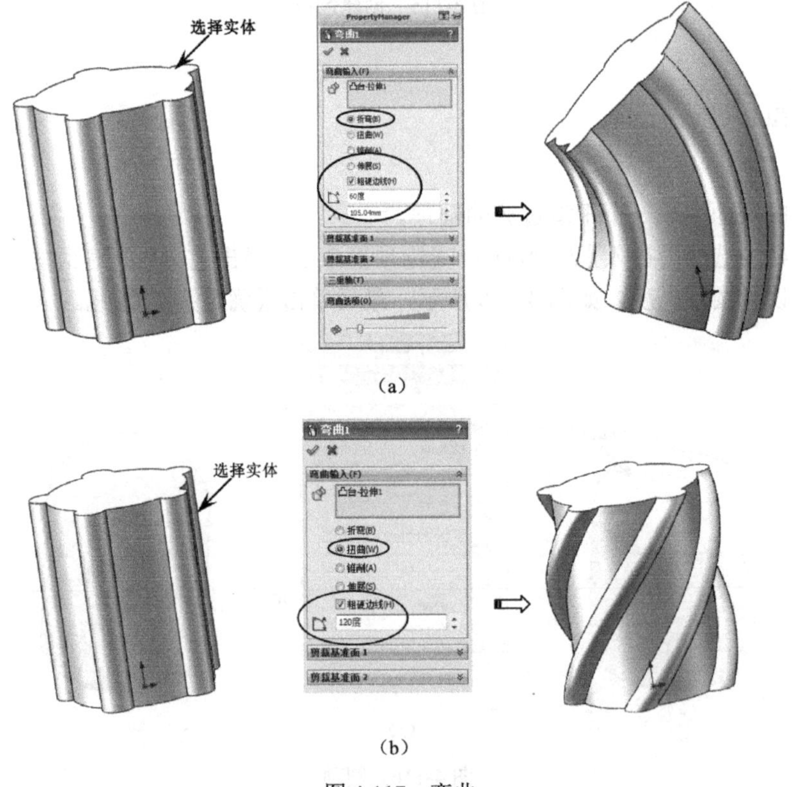

（a）

（b）

图 4-117　弯曲

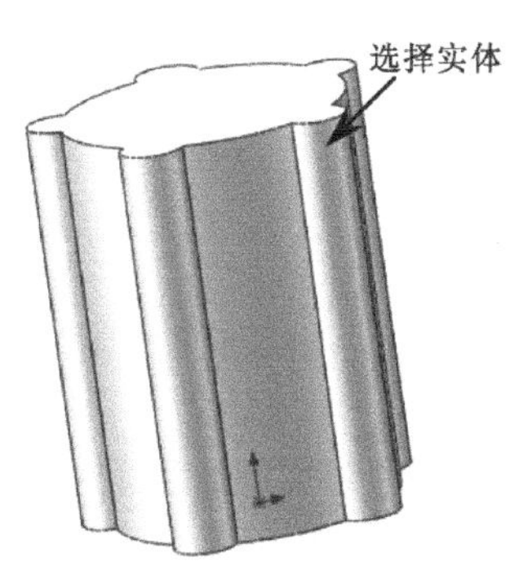

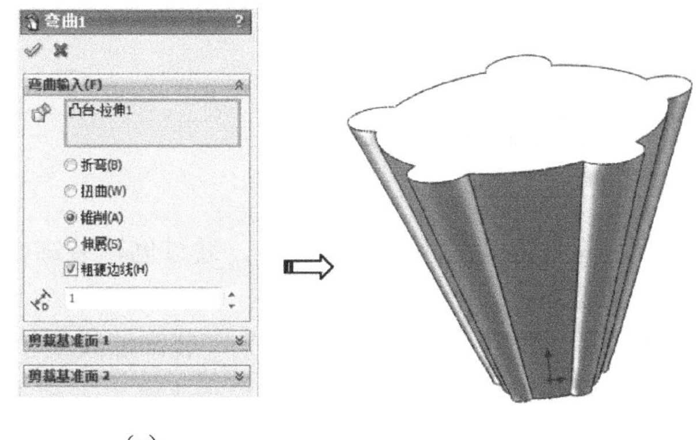

（c）

图 4-117 弯曲（续）

4.20 螺纹线

通过切除材料的方法创建真实的螺纹规格。在菜单栏中选择〖插入〗/〖特征〗/〖螺纹线〗命令，弹出〖SOLIDWORKS〗对话框，单击 确定 按钮。弹出〖螺纹线〗对话框，接着选择螺纹线，然后设置螺纹参数，单击〖确定〗✓按钮，如图 4-118 所示。

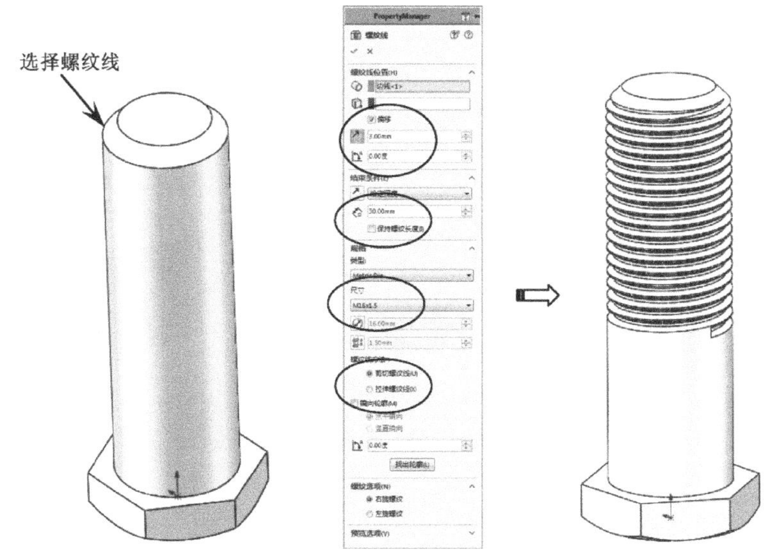

图 4-118 螺纹线

为了方便螺纹的旋入，一般需要螺纹前端倒角，倒角一般大于螺纹的牙深。

该节内容可以在提供的源文件的第 4 章中找到，名称为“螺纹线”。

4.21 装饰螺纹

螺纹是零件之间的主要连接方式，通过创建装饰螺纹，即可表达出螺纹的规格，并能满足出图的要求。

在菜单栏中选择〖插入〗/〖注释〗/〖装饰螺纹线〗命令，弹出〖装饰螺纹线〗对话框，接着选择边线，然后设置螺纹参数，单击〖确定〗✓按钮，如图 4-119 所示。

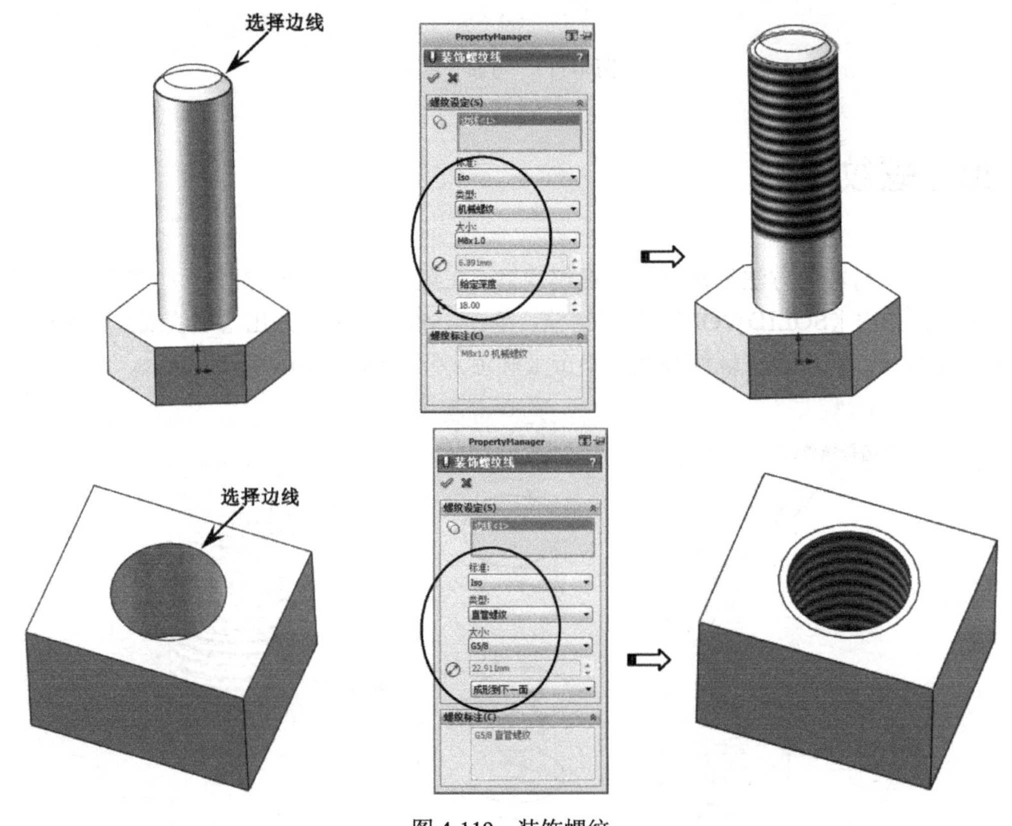

图 4-119 装饰螺纹

4.22 剖面视图

剖面视图功能用于通过剖切实体来进行实时观察产品模型的内部结构，极大地方便了设计者进行及时检查和修正。在菜单栏中选择〖视图〗/〖显示〗/〖剖面视图〗命令或在空白界面上方的工具条中单击〖剖面视图〗按钮，弹出〖剖面视图〗对话框，如图 4-120 所示。选择剖切的基准面，即能创建出剖面视图，如图 4-120（b）所示。当不需要剖切视图时，重新单击〖剖面视图〗按钮即可。

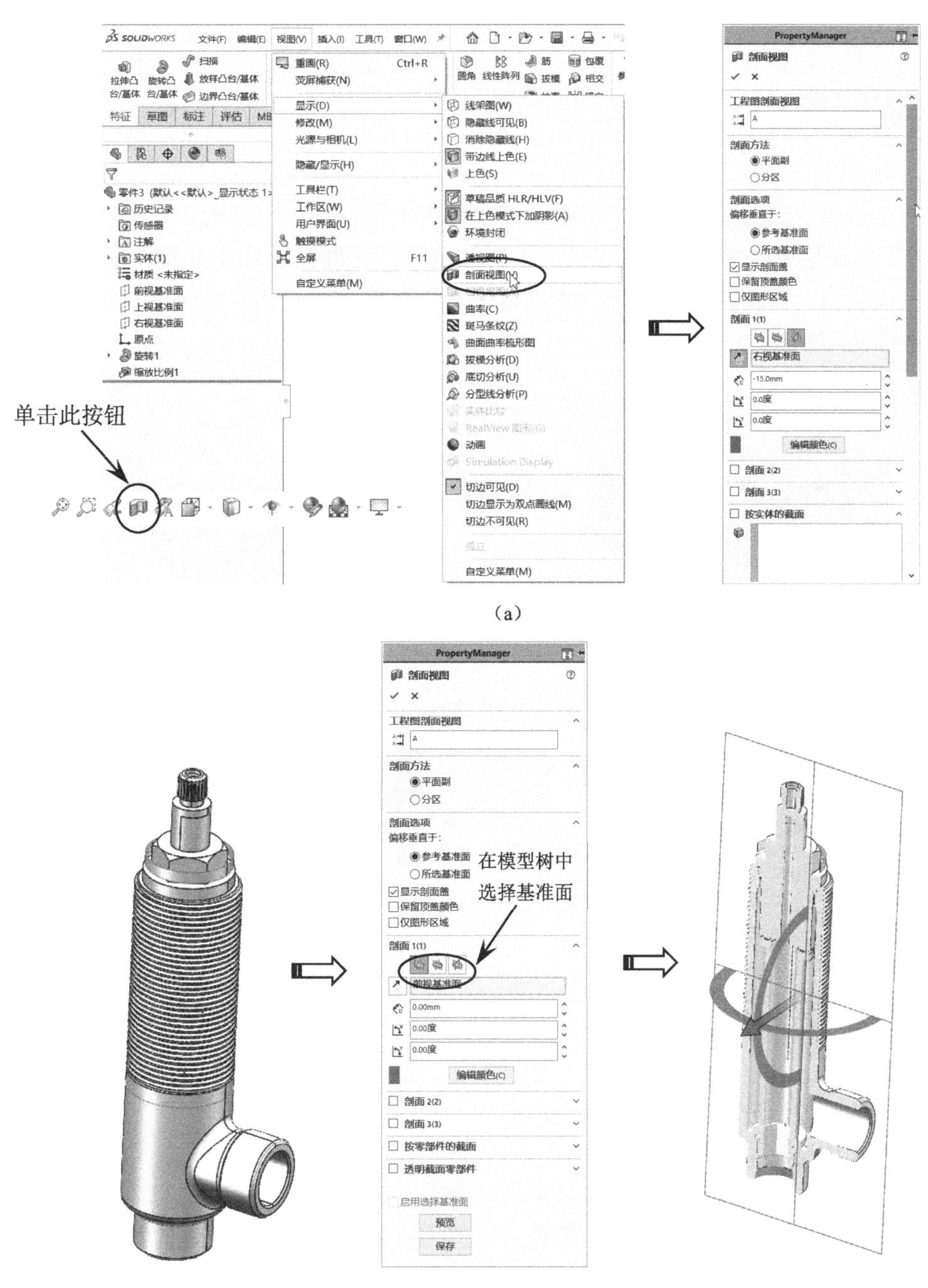

（a）

（b）

图 4-120　剖面视图

要点提示

在创建剖面视图时，也可以拖动上图中的箭头进行不同位置的剖切，以便选择最合适的剖切位置来显示想要的剖切效果。

4.23 更新模型

有时为了快捷地修改模型参数，可直接双击模型上的特征，但修改后发现模型并没有变化，此时需要在菜单栏中单击〖重建模型〗按钮或在键盘上按 Ctrl+B 键（系统默认），即能重新生成模型。需要圆角半径时，可以直接双击圆角特征，然后在弹出的对话框中修改参数，如图 4-121 所示。

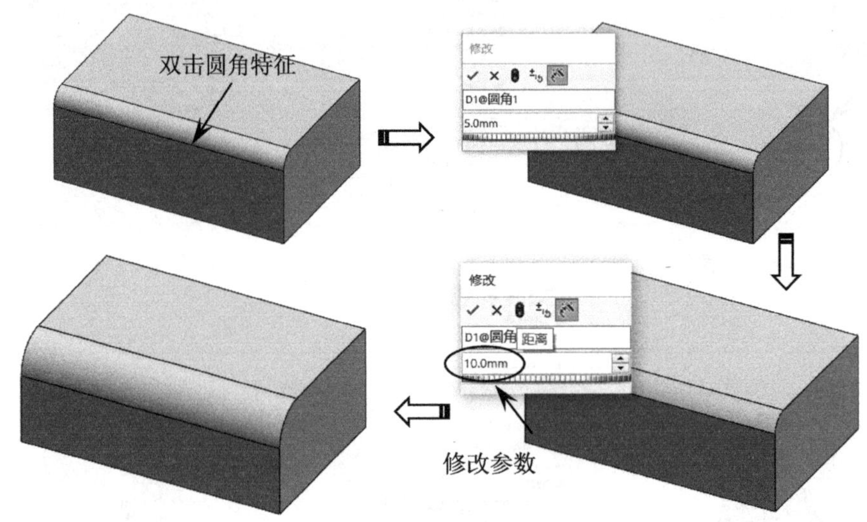

图 4-121 更新模型

4.24 本章学习收获

通过本章的学习，读者必须掌握以下内容。

（1）掌握实体设计中常用的命令。

（2）灵活运用拉伸命令，清楚可以使用拉伸命令创建的特征。

（3）掌握旋转、扫描等重要命令，清楚可以使用旋转和扫描命令创建的特征。

（4）掌握抽壳命令的操作，并了解抽壳失败的情况。

（5）灵活运用放样、边界等命令创建一些特殊形状的实体。

（6）灵活运用镜向和阵列命令进行产品设计。

（7）掌握包覆命令的操作，了解其主要的应用场合。

（8）掌握装饰螺纹的创建方法。

（9）掌握剖面视图的创建方法。

4.25 练习题

（1）根据图 4-122 所示的二维图，使用本章所学习的知识创建三维实体。

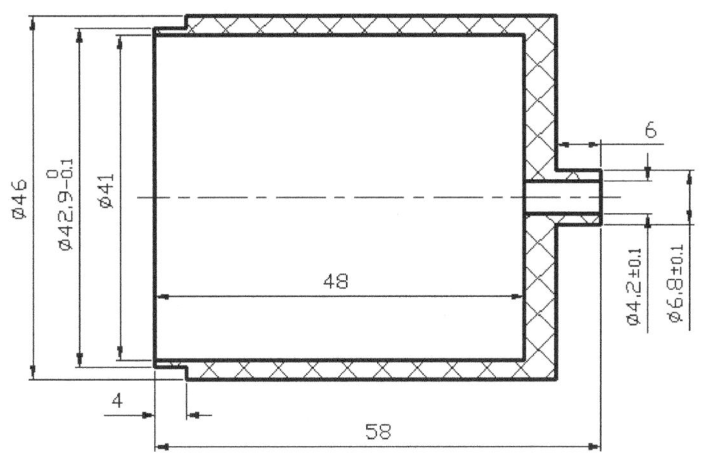

图 4-122 创建三维实体一

（2）根据图 4-123 所示的二维图，使用本章所学习的知识创建三维实体。

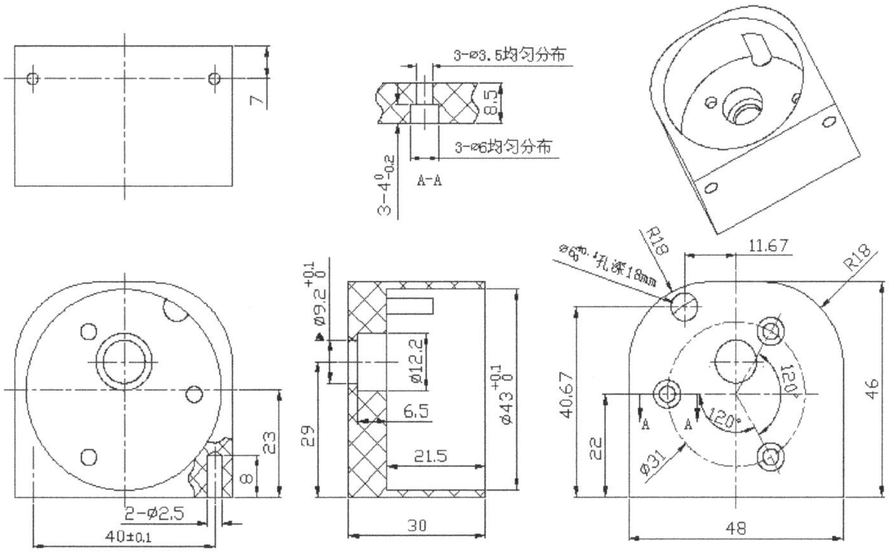

图 4-123 创建三维实体二

（3）根据图 4-124 所示的二维图，使用本章所学习的知识创建三维实体。

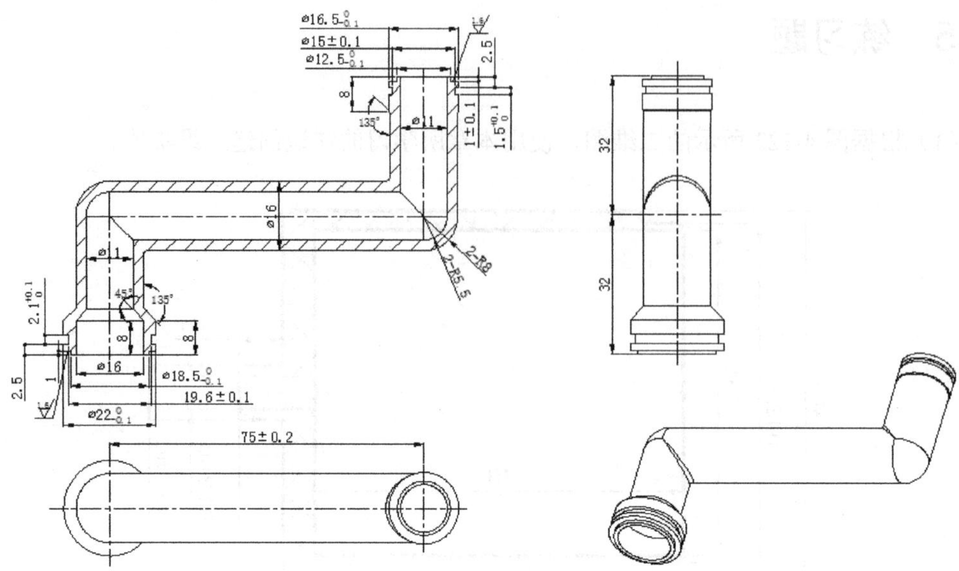

图 4-124　创建三维实体三

第 5 章

机械零件设计特训

本章通过联接螺杆和球阀转头两个较简单的机械零件的三维设计，使读者进一步巩固草图和三维设计基本功能的运用。

5.1 学习目标与课时安排

学习目标及学习内容

（1）通过本章的实例学习，进一步巩固草图和拉伸命令的应用，建议基础较差的读者多练习两遍。

（2）掌握旋转、装饰螺纹和包覆等常用命令的应用。

（3）重点学会看产品图纸，并确定零件的三维建模思路。

学习课时安排（共 2 课时）

（1）联接螺杆的绘制（1 课时）。

（2）球阀转球的绘制（1 课时）。

5.2 联接螺杆的绘制

根据图 5-1 所示的联接螺杆二维图，绘制其三维图。

绘制详细步骤介绍如下。

（1）在桌面上双击图标，打开 SOLIDWORKS 2020 软件。

（2）在〖标准〗工具栏中单击〖新建〗按钮，弹出〖新建 SOLIDWORKS 文件〗对话框。选择“零件”选项，然后单击 确定 按钮进入零件设计界面。

（3）拉伸创建实体 1。在〖特征〗工具栏中单击〖拉伸凸台/基体〗按钮，选择“上视基准面”为草图平面，然后创建如图 5-2（a）所示的草图 1，单击〖退出草图〗按钮。在〖凸台-拉伸〗对话框中设置如图 5-2（b）所示的参数，单击〖确定〗按钮。

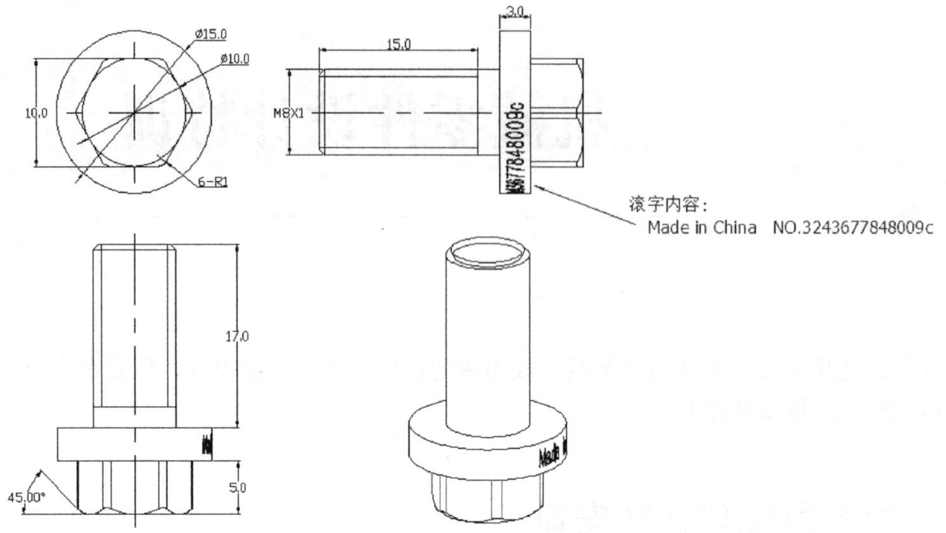

图 5-1 联接螺杆二维图

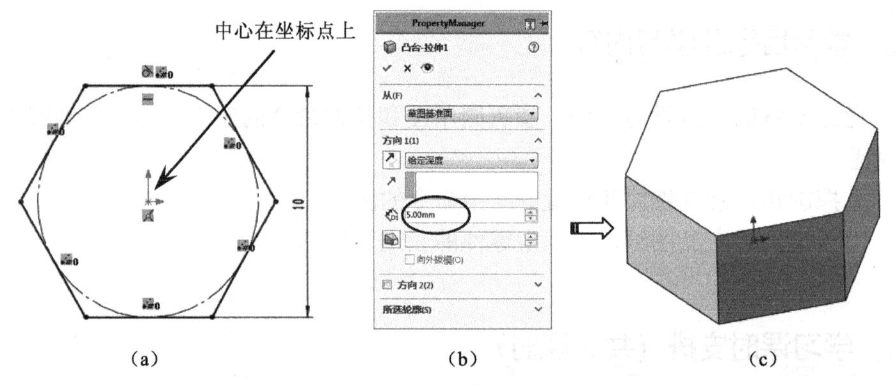

（a）（b）（c）

图 5-2 拉伸创建实体 1

（4）创建草图 2。在〖草图〗工具栏中单击〖草图绘制〗按钮，选择如图 5-3（a）所示的平面为草图平面，接着在〖标准视图〗工具栏中单击〖正视于〗按钮，使视图按草图平面放置，然后创建如图 5-3（b）所示的草图，单击〖退出草图〗按钮。

（5）拉伸创建实体 2。在〖特征〗工具栏中单击〖拉伸凸台/基体〗按钮，弹出〖凸台-拉伸〗对话框，然后根据图 5-4 所示的步骤进行参数设置，单击〖确定〗按钮。

（6）显示草图 2。在设计树中选择“草图 2”并单击鼠标右键，接着在弹出的右键菜单中单击〖显示〗按钮。

（7）拉伸创建实体 3。在〖特征〗工具栏中单击〖拉伸凸台/基体〗按钮，弹出〖凸台-拉伸〗对话框，然后根据图 5-5 所示的步骤进行参数设置，单击〖确定〗按钮。

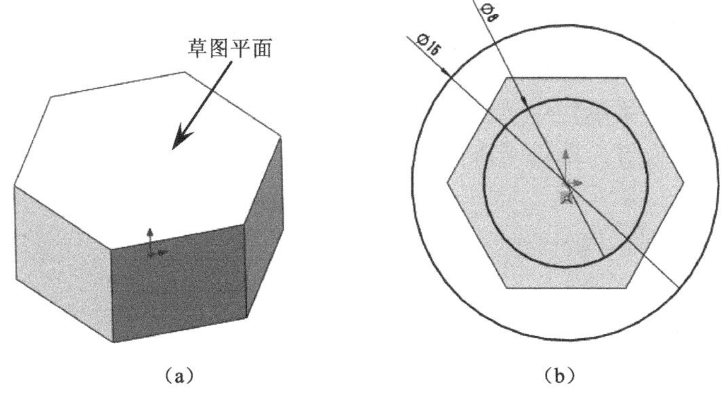

图 5-3　创建草图 2

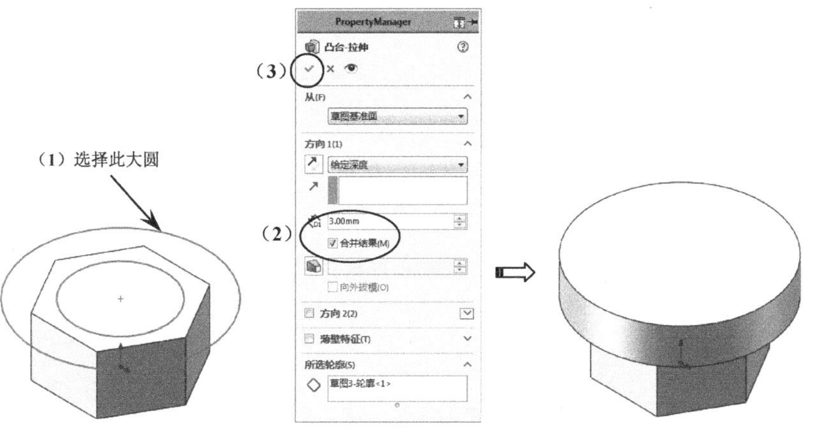

图 5-4　拉伸创建实体 2

要点提示

必须勾选“合并结果”选项，将后面创建的实体自动与第一个实体合并为一个整体。

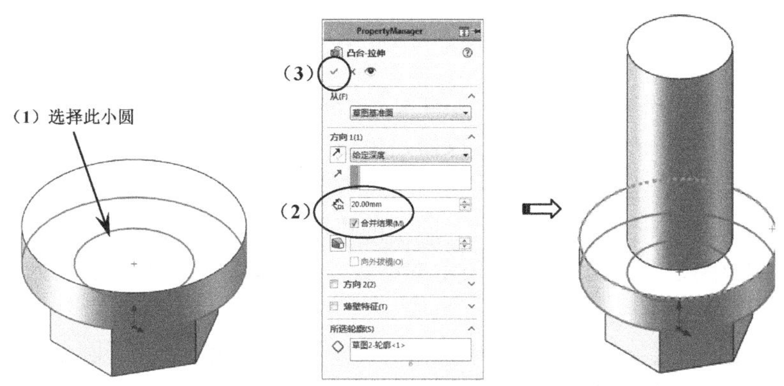

图 5-5　拉伸创建实体 3

（8）倒角。在〖特征〗工具栏中单击〖倒角〗按钮，弹出〖倒角〗对话框，然后根据图 5-6 所示的步骤进行参数设置，单击〖确定〗按钮。

（9）创建螺纹。在菜单栏中选择〖插入〗/〖特征〗/〖螺纹线〗命令，然后根据图 5-7 所示的步骤进行参数设置，单击〖确定〗按钮。

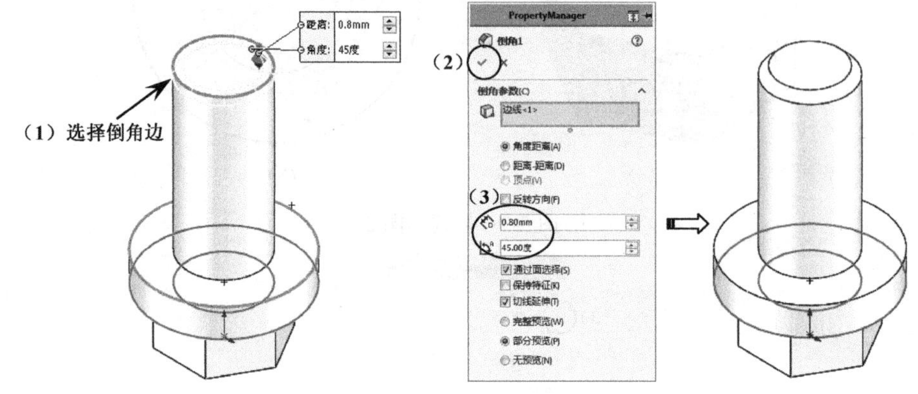

图 5-6　倒角

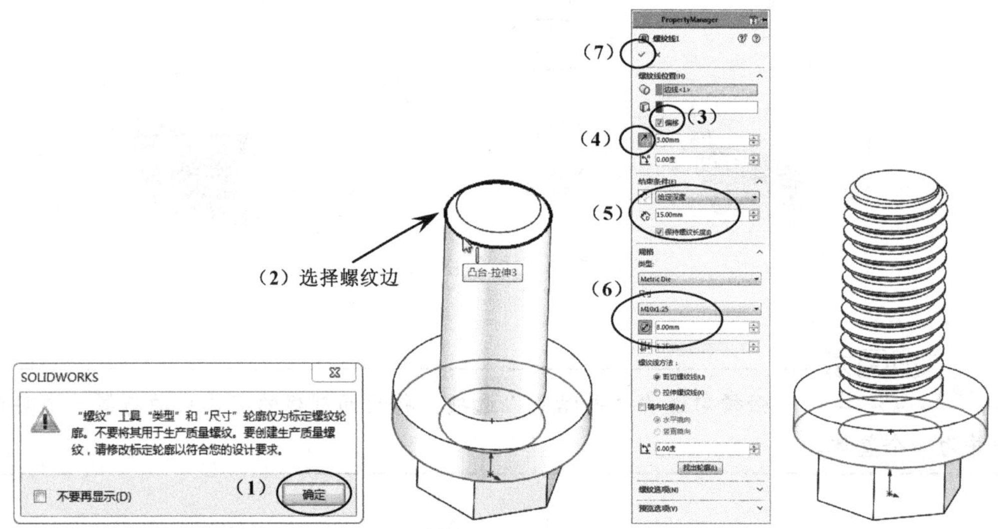

图 5-7　创建螺纹

（10）创建包覆。在菜单栏中选择〖插入〗/〖特征〗/〖包覆〗命令，弹出〖信息〗对话框，然后根据图 5-8 所示的步骤进行操作，单击〖确定〗按钮。

（11）旋转切除。在〖特征〗工具栏中单击〖旋转切除〗按钮，接着选择"右视基准面"为草图平面，然后创建如图 5-9（a）所示的草图，单击〖退出草图〗按钮。在〖切除-旋转〗对话框中设置如图 5-9（b）所示的参数，并选择草图中的中心轴为旋转轴，单击〖确定〗按钮。

（12）倒圆角。在〖特征〗工具栏中单击〖圆角〗按钮，弹出〖圆角〗对话框，然后根据图 5-10 所示的步骤进行参数设置，单击〖确定〗按钮。

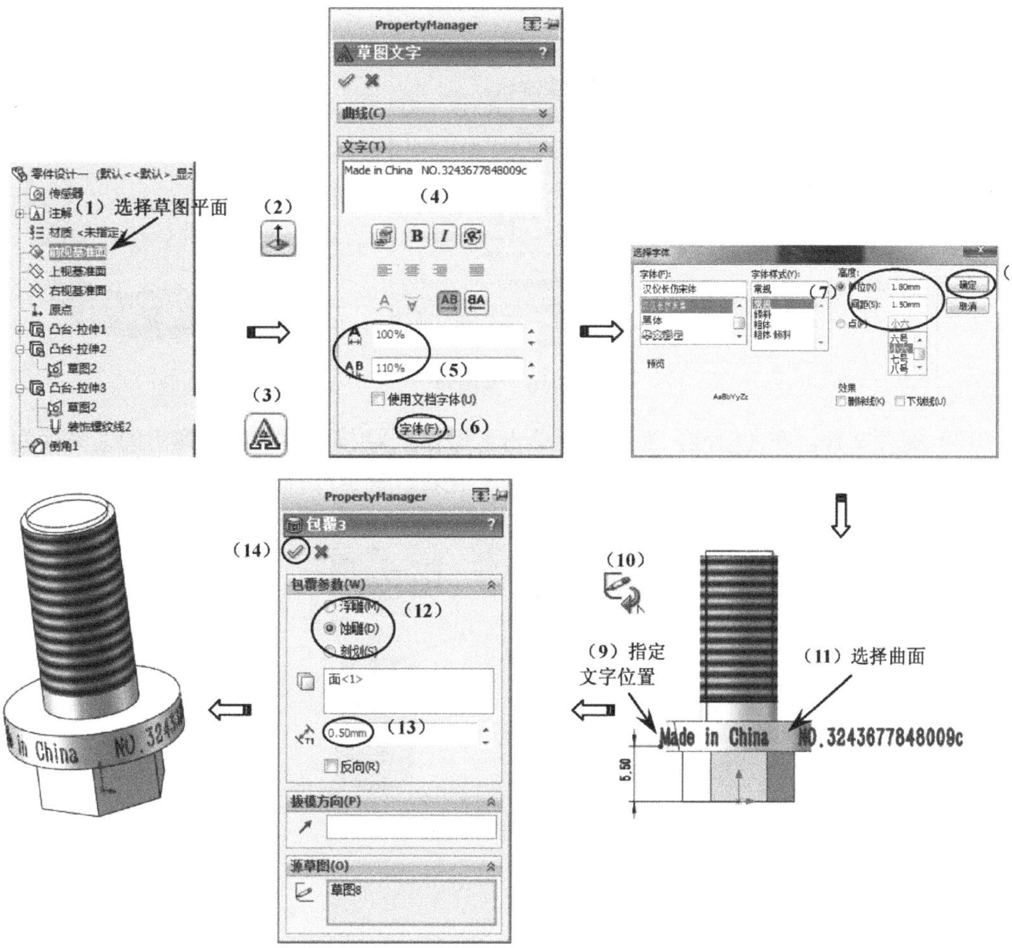

零件设计一（默认<<默认>_显示
传感器
注解
材质 <未指定>
前视基准面
上视基准面
右视基准面
原点
凸台-拉伸1
凸台-拉伸2
草图2
凸台-拉伸3
草图2
装饰螺纹线2
倒角1
（1）选择草图平面
（2）
（3）
PropertyManager
草图文字
曲线(C)
文字(T)
Made in China NO.3243677848009c
（4）
100%
110%
（5）
使用文档字体(U)
字体(F)...
（6）
选择字体
（7）
（8）
确定
取消
（9）指定文字位置
（10）
（11）选择曲面
Made in China NO.3243677848009c
5.50
PropertyManager
包覆3
（14）
包覆参数(W)
浮雕(M)
蚀雕(D)
刻划(S)
（12）
面<1>
0.50mm
（13）
反向(R)
拔模方向(P)
源草图(O)
草图8

图 5-8　创建包覆

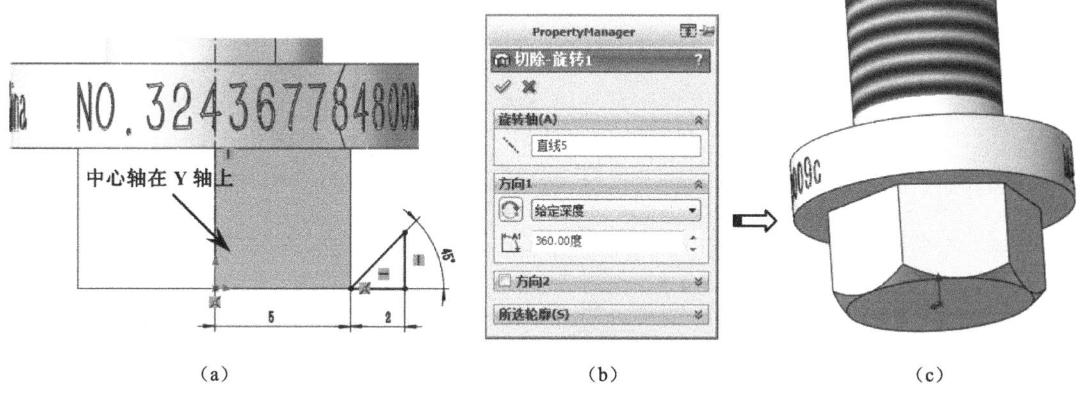

（a）　　（b）　　（c）

图 5-9　旋转切除

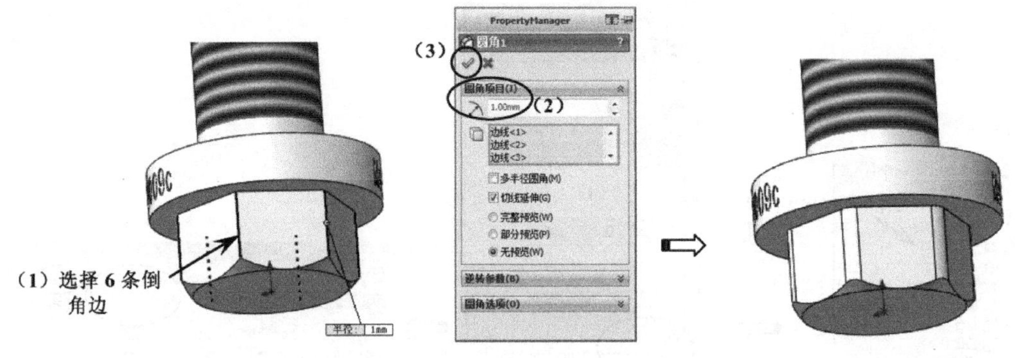

图 5-10　倒圆角

（13）保存文件。在〖标准〗工具栏中单击〖保存〗按钮，接着在弹出的〖另存为〗对话框中设置文件的名称和保存路径即可，设计结果如图 5-11 所示。

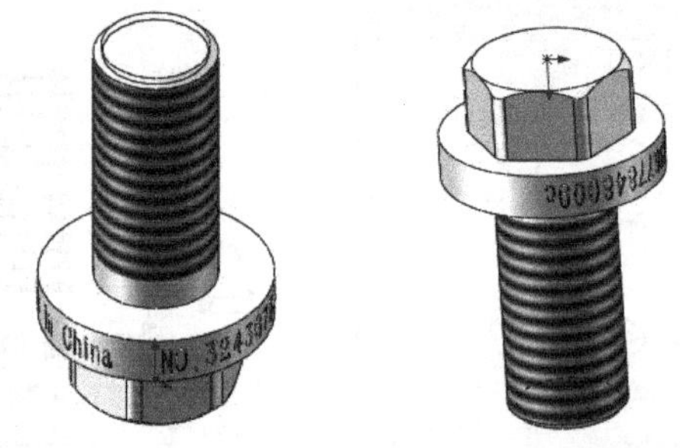

图 5-11　保存文件

5.3　球阀转球的绘制

根据如图 5-12 所示的球阀转球二维图，绘制其三维图。该图形虽然比较简单，但是很具有代表性，而且非常考验读者的看图能力。

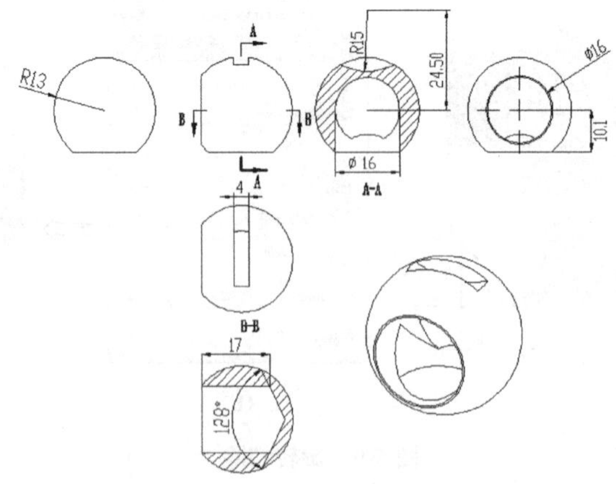

图 5-12　球阀转球二维图

绘制详细步骤如下。

（1）在桌面上双击图标，打开 SOLIDWORKS 2020 软件。

（2）在〖标准〗工具栏中单击〖新建〗按钮，弹出〖新建 SOLIDWORKS 文件〗对话框。选择“零件”选项，然后单击 确定 按钮进入零件设计界面。

（3）创建草图 1。在〖草图〗工具栏中单击〖草图绘制〗按钮，选择“前视基准面”为草图平面，接着在〖标准视图〗工具栏中单击〖正视于〗按钮，使视图按草图平面放置，然后创建如图 5-13 所示的草图，单击〖退出草图〗按钮。

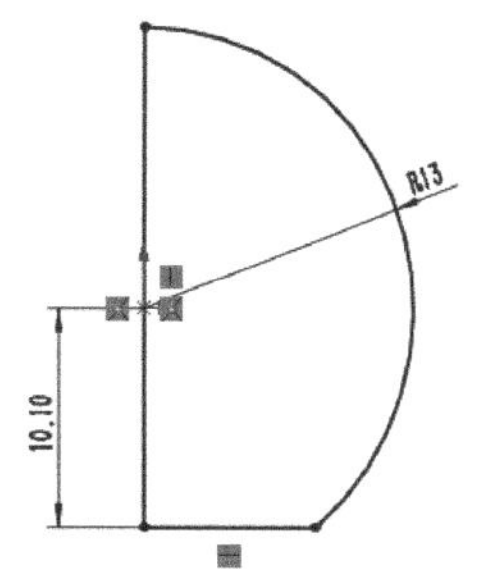

图 5-13　创建草图 1

（4）旋转创建实体。在〖特征〗工具栏中单击〖旋转凸台/基体〗按钮，弹出〖旋转〗对话框，然后根据图 5-14 所示的步骤进行操作，单击〖确定〗按钮。

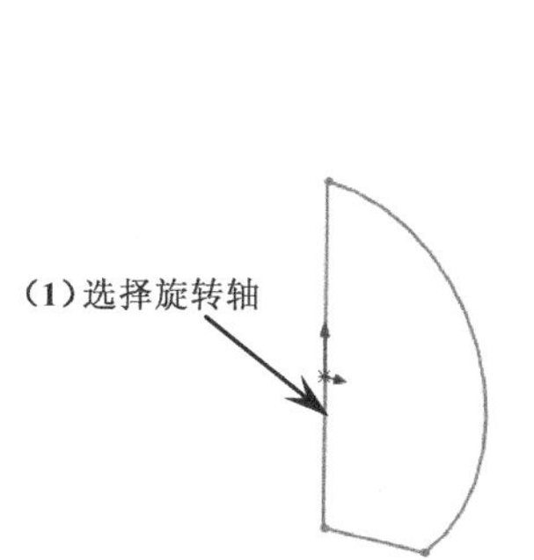

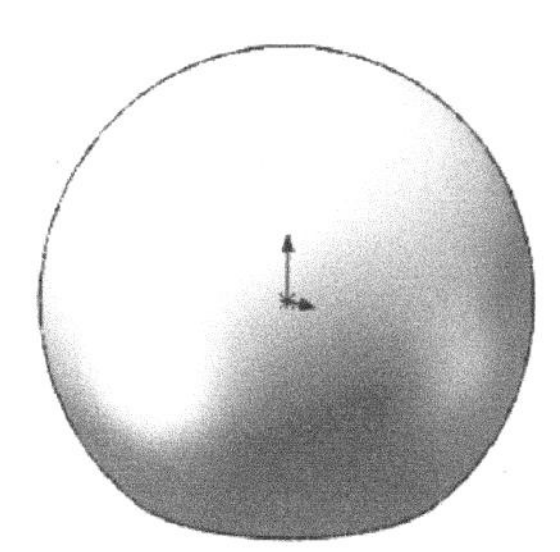

图 5-14　旋转创建实体

（5）创建草图 2。在〖草图〗工具栏中单击〖草图绘制〗按钮，选择“右视基准面”为草图平面，接着在〖标准视图〗工具栏中单击〖正视于〗按钮，使视图按草图平面放置，然后创建如图 5-15 所示的草图，单击〖退出草图〗按钮。

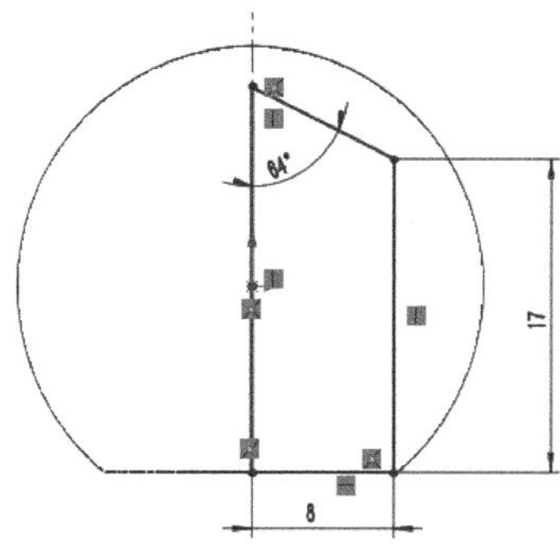

图 5-15　创建草图 2

（6）旋转切除实体。在〖特征〗工具栏中单击〖旋转切除〗按钮，弹出〖切除-旋转〗对话框，选择草图的中心轴为旋转轴，然后设置如图 5-16 所示的参数，单击〖确定〗按钮。

图 5-16　旋转切除实体

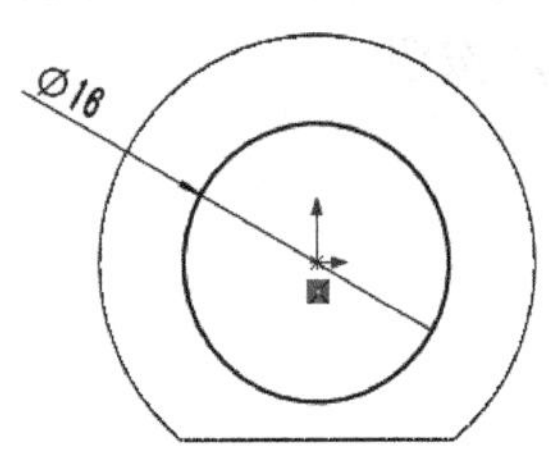

图 5-17　创建草图 3

（7）创建草图 3。在〖草图〗工具栏中单击〖草图绘制〗按钮，选择“右视基准面”为草图平面，接着在〖标准视图〗工具栏中单击〖正视于〗按钮，使视图按草图平面放置，然后创建如图 5-17 所示的草图，单击〖退出草图〗按钮。

（8）拉伸切除实体 1。在〖特征〗工具栏中单击〖拉伸切除〗按钮，弹出〖切除-拉伸〗对话框，然后根据图 5-18 所示的步骤进行参数设置，单击〖确定〗按钮。

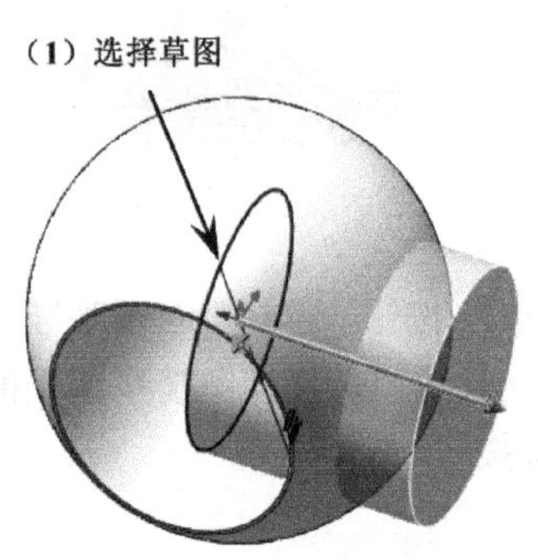

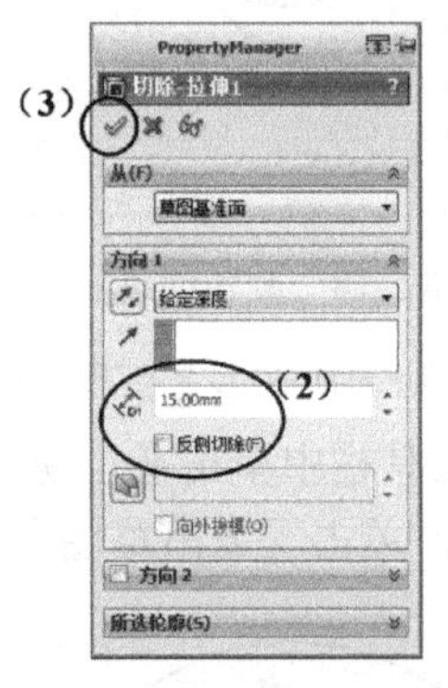

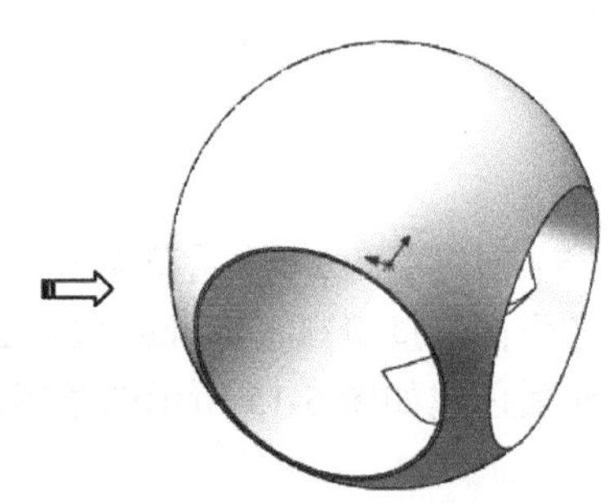

图 5-18　拉伸切除实体 1

（9）创建草图 4。在〖草图〗工具栏中单击〖草图绘制〗按钮，选择“上视基准面”为草图平面，接着在〖标准视图〗工具栏中单击〖正视于〗按钮，使视图按草图平面放置，然后创建如图 5-19 所示的草图，单击〖退出草图〗按钮。

（10）拉伸切除实体 2。在〖特征〗工具栏中单击〖拉伸切除〗按钮，弹出〖切除-拉伸〗对话框，然后根据图 5-20 所示的步骤进行参数设置，单击〖确定〗按钮。

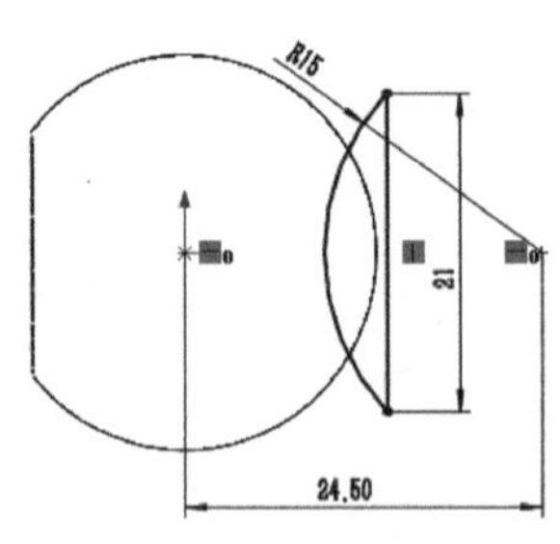

图 5-19　创建草图 4

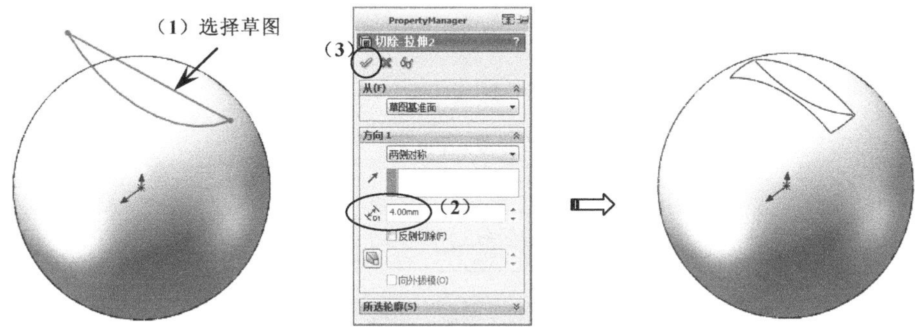

图 5-20 拉伸切除实体 2

（11）保存文件。在〖标准〗工具栏中单击〖保存〗按钮，接着在弹出的〖另存为〗对话框中设置文件的名称和保存路径即可，设计结果如图 5-21 所示。

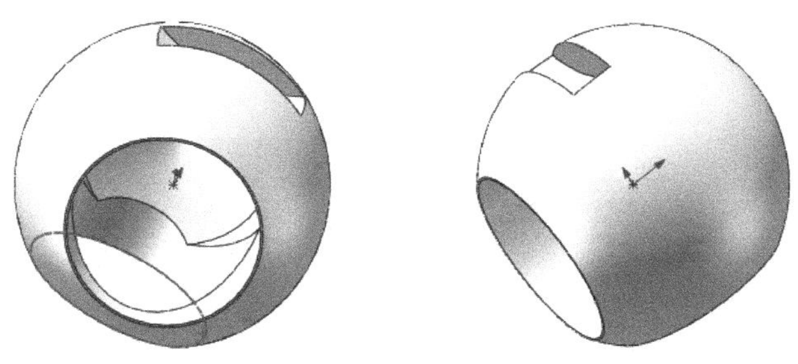

图 5-21 保存文件

5.4 本章学习收获

通过本章的学习，读者必须掌握以下内容。

（1）掌握产品三维设计的基本流程。

（2）灵活掌握拉伸、旋转命令的应用。

（3）掌握装饰螺纹和包覆命令的应用。

（4）能够看懂一般难度的产品图纸，从而进行产品三维设计。

5.5 练习题

（1）根据图 5-22 所示的锥脚二维图，完成其三维图的绘制。

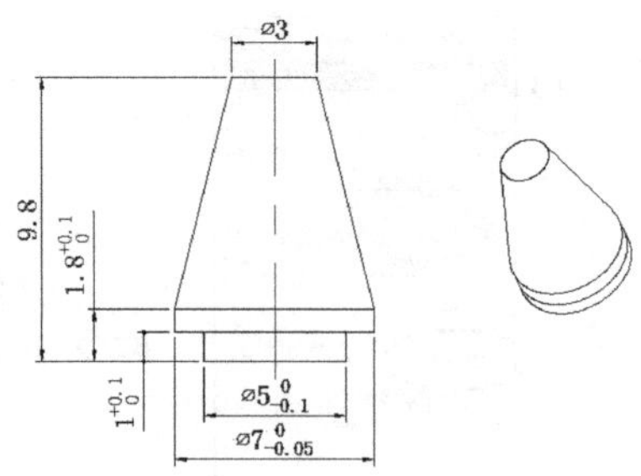

图 5-22　绘制三维图 1

（2）根据图 5-23 所示的螺钉二维图，完成其三维图的绘制。

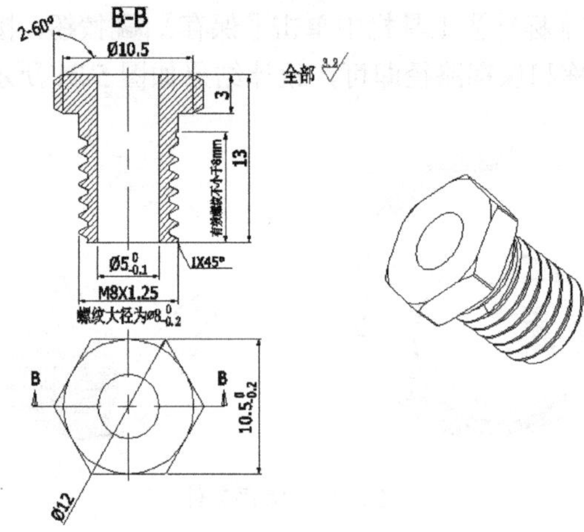

图 5-23　绘制三维图 2

第 6 章

实体设计实例——计算机显示器托盘

计算机显示器托盘是一种非常常见的塑料产品，本章内容可谓将拉伸命令和圆周阵列命令的应用发挥得“淋漓尽致”，希望读者认真学习和思考，这样设计基本功将会得到较大提高。

6.1 学习目标与课时安排

学习目标及学习内容

（1）进一步巩固拉伸和阵列命令的应用。

（2）掌握基准面、旋转、抽壳和拔模等常用命令的应用。

（3）圆周阵列命令在本章的实物建模中被多次灵活运用，需要重点掌握。

（4）通过本章的实物三维实训，初学者已经掌握了一定的实物三维建模思路，如果这种思路感觉不强烈，那么建议反复练习。

学习课时安排（共 2 课时）

（1）本章知识点讲解（0.5 课时）。

（2）实例详细操作（1.5 课时）。

6.2 实例设计详细步骤

计算机显示器托盘的设计主要分为主体的设计、加强筋的设计和卡扣的设计。

1．主体的设计

（1）在桌面上双击图标，打开 SOLIDWORKS 2020 软件。

（2）在〖标准〗工具栏中单击〖新建〗按钮，弹出〖新建 SOLIDWORKS 文件〗对话框。选择“零件”选项，然后单击 确定 按钮进入零件设计界面。

（3）创建草图 1。在〖草图〗工具栏中单击〖草图绘制〗按钮，选择“前视基准面”为草图平面，接着在〖标准视图〗工具栏中单击〖正视于〗按钮，使视图按草图平面放置，然后创建如图 6-1 所示的草图，单击〖退出草图〗按钮。

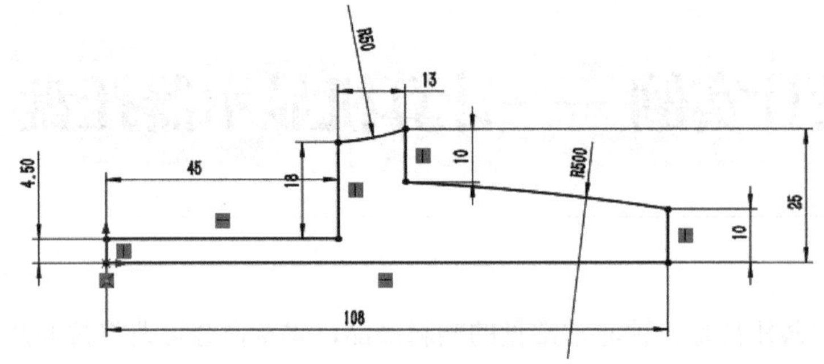

图 6-1　创建草图 1

（4）旋转创建实体。在〖特征〗工具栏中单击〖旋转凸台/基体〗按钮，弹出〖旋转〗对话框，然后根据图 6-2 所示的步骤进行操作，单击〖确定〗按钮。

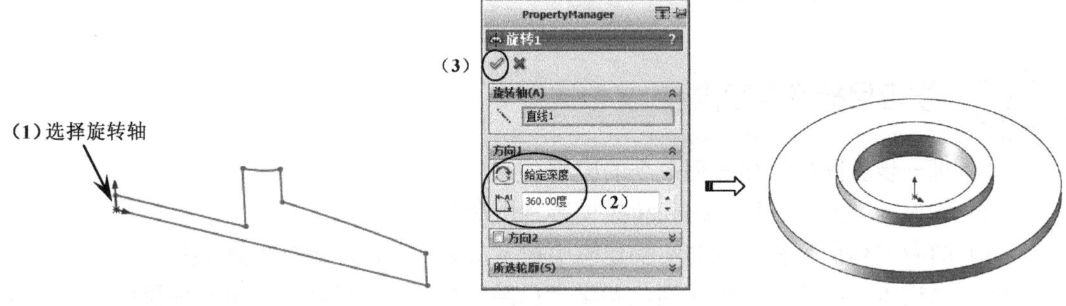

图 6-2　旋转创建实体

（5）拔模。在〖特征〗工具栏中单击〖拔模〗 拔模 按钮，弹出〖拔模〗对话框，然后根据图 6-3 所示的步骤进行操作，单击〖确定〗按钮。

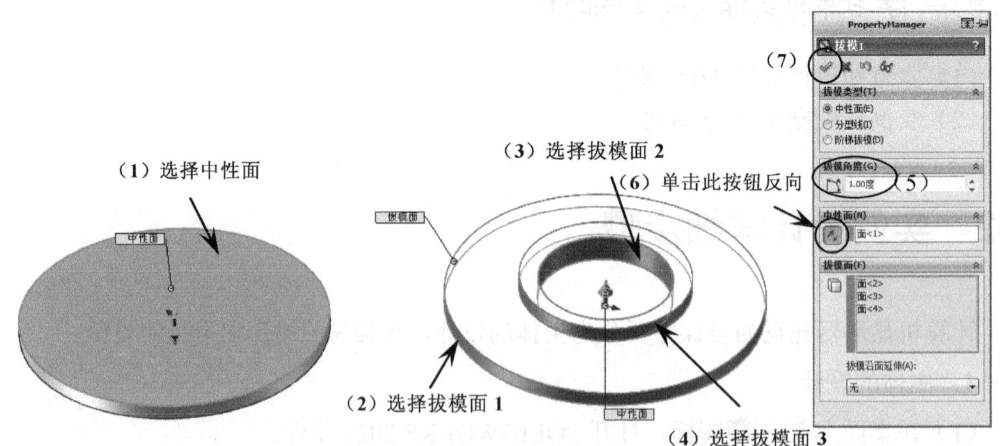

图 6-3　拔模

工程师点评：

当产品的高度大于 2 mm 时，为了方便脱模，则应设置一定的拔模角度，拔模角度设置为 0.5° ~2° 较合适。

（6）抽壳。在〖特征〗工具栏中单击〖抽壳〗按钮，弹出〖抽壳〗对话框，然后根据图 6-4 所示的步骤进行操作，最后单击〖确定〗按钮。

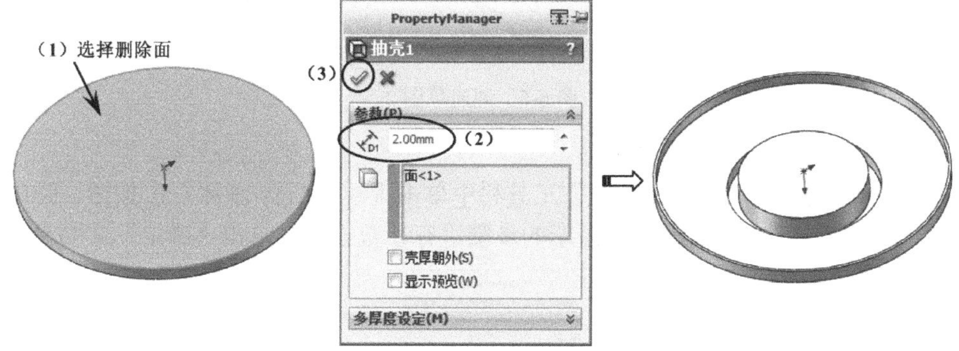

图 6-4　抽壳

2．筋的设计

（1）创建基准面。在〖参考几何体〗工具栏中单击〖基准面〗按钮，弹出〖基准面〗对话框，然后选择如图 6-5 所示的边线，单击〖确定〗按钮。

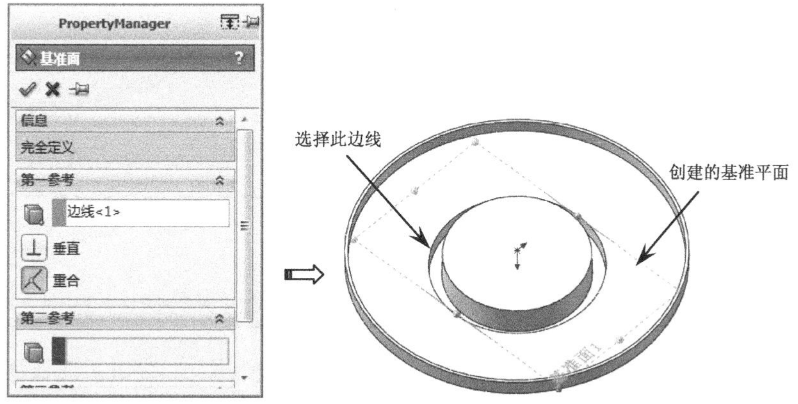

图 6-5　创建基准面

（2）创建草图 2。在〖草图〗工具栏中单击〖草图绘制〗按钮，选择上一步创建的基准面为草图平面，然后创建如图 6-6 所示的草图，单击〖退出草图〗按钮。

工程师点评：

创建草图时，经常会通过单击 转换实体引用 按钮，然后复制图形中的曲线，这样不仅可以提高草图的绘制速度，而且能保证草图的准确性。

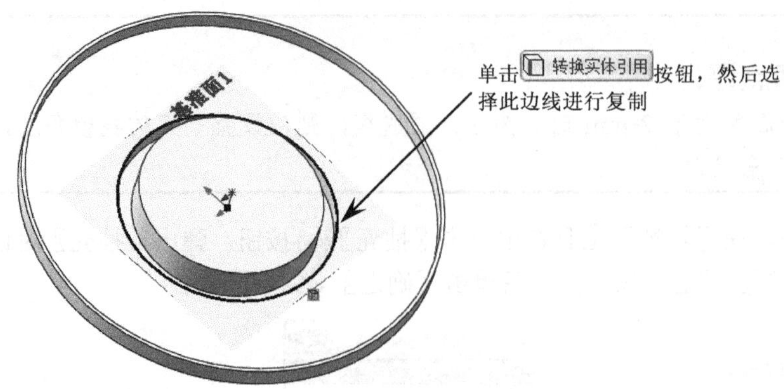

图 6-6　创建草图 2

（3）隐藏前面创建的基准平面。

（4）拉伸创建实体 1。在〖特征〗工具栏中单击〖拉伸凸台/基体〗按钮，弹出〖凸台-拉伸〗对话框，然后根据图 6-7 所示的步骤进行参数设置，单击〖确定〗按钮。

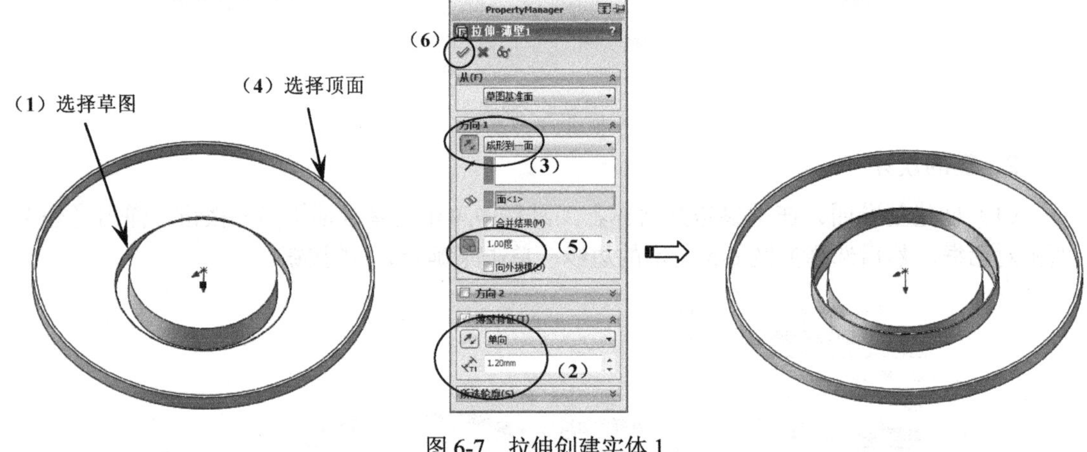

图 6-7　拉伸创建实体 1

工程师点评：

创建拔模角度时，必须想清楚产品的出模方向，避免出现错误。

（5）创建草图 3。在〖草图〗工具栏中单击〖草图绘制〗按钮，选择如图 6-8（a）所示的平面为草图平面，接着在〖标准视图〗工具栏中单击〖正视于〗按钮，使视图按草图平面放置，然后创建如图 6-8（b）所示的草图，单击〖退出草图〗按钮。

（6）拉伸创建实体 2。在〖特征〗工具栏中单击〖拉伸凸台/基体〗按钮，弹出〖凸台-拉伸〗对话框，然后根据图 6-9 所示的步骤进行参数设置，单击〖确定〗按钮。

（7）创建草图 4。在〖草图〗工具栏中单击〖草图绘制〗按钮，选择如图 6-10（a）所示的平面为草图平面，接着在〖标准视图〗工具栏中单击〖正视于〗按钮，使视图按草图平面放置，然后创建如图 6-10（b）所示的直线，单击〖退出草图〗按钮。

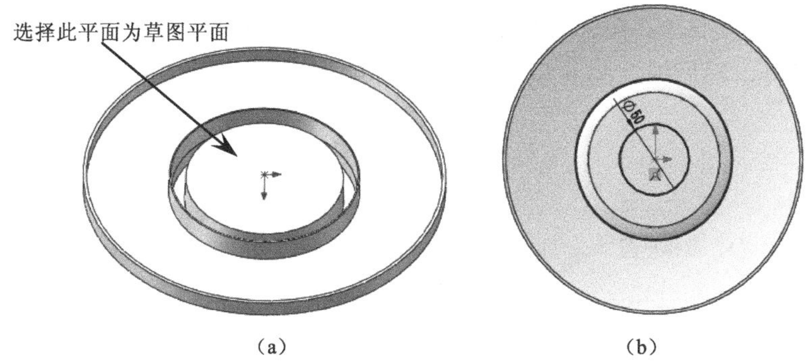

（a）　　（b）

图 6-8　创建草图 3

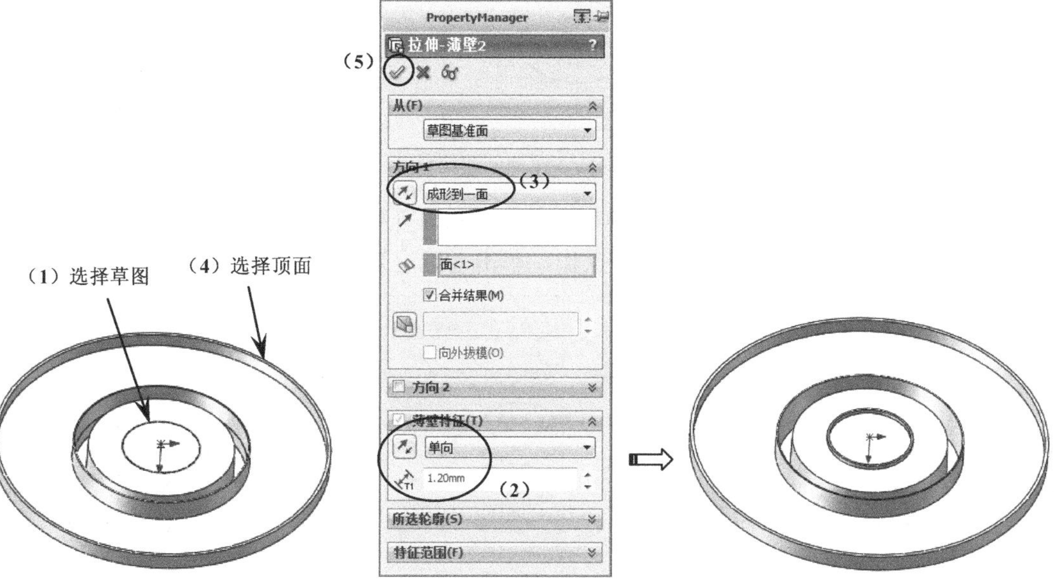

图 6-9　拉伸创建实体 2

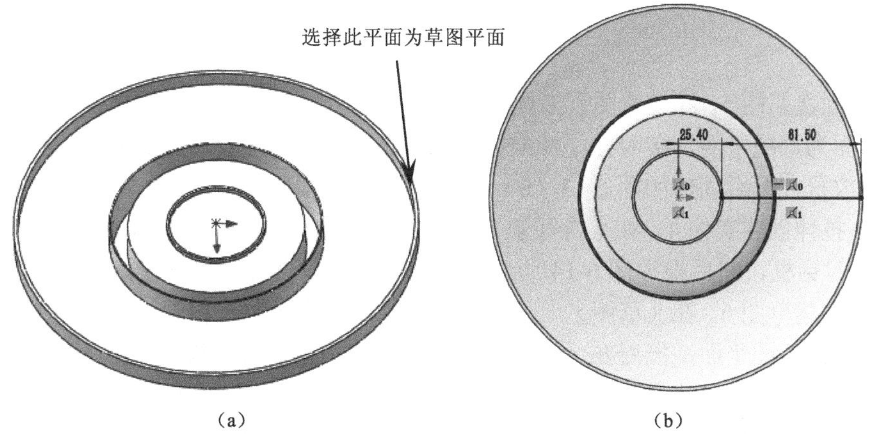

（a）　　（b）

图 6-10　创建草图 4

（8）拉伸创建实体 3。在〖特征〗工具栏中单击〖拉伸凸台/基体〗按钮，弹出〖凸台-拉伸〗对话框，然后根据图 6-11 所示的步骤进行参数设置，单击〖确定〗按钮。

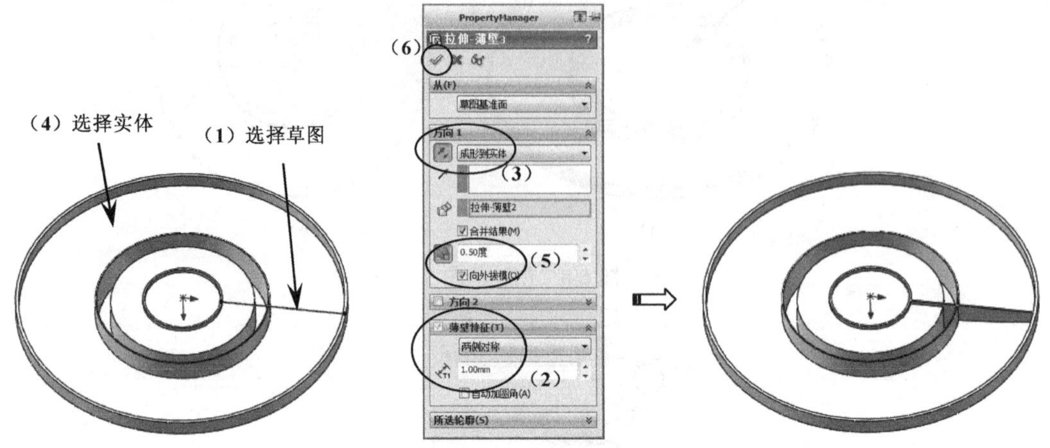

图 6-11　拉伸创建实体 3

（9）圆周阵列 1。在〖特征〗工具栏中单击〖圆周阵列〗按钮，弹出〖圆周阵列〗对话框，然后根据图 6-12 所示的步骤进行操作，单击〖确定〗按钮。

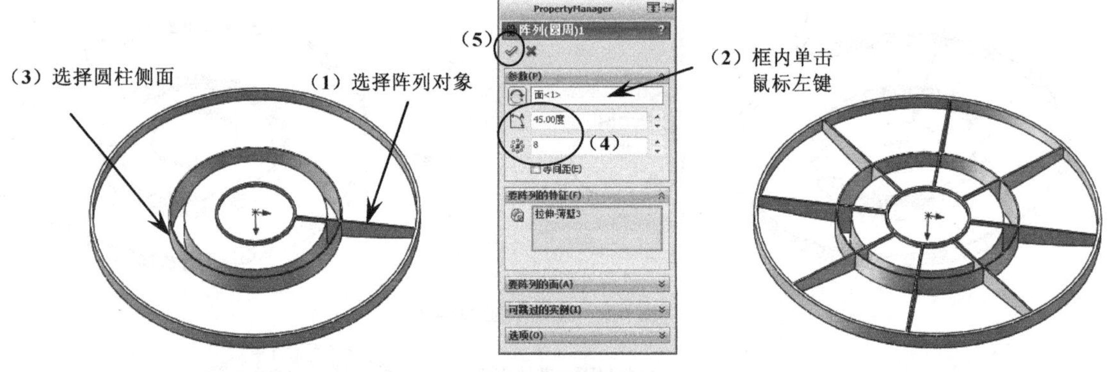

图 6-12　圆周阵列 1

（10）创建草图 5。在〖草图〗工具栏中单击〖草图绘制〗按钮，选择如图 6-13（a）所示的平面为草图平面，接着在〖标准视图〗工具栏中单击〖正视于〗按钮，使视图按草图平面放置，然后创建如图 6-13（b）所示的圆，单击〖退出草图〗按钮。

（11）拉伸创建实体 4。在〖特征〗工具栏中单击〖拉伸凸台/基体〗按钮，弹出〖凸台-拉伸〗对话框，然后根据图 6-14 所示的步骤进行参数设置，单击〖确定〗按钮。

（12）创建草图 6。在〖草图〗工具栏中单击〖草图绘制〗按钮，选择如图 6-15（a）所示的平面为草图平面，接着在〖标准视图〗工具栏中单击〖正视于〗按钮，使视图按草图平面放置，然后创建如图 6-15（b）所示的圆，单击〖退出草图〗按钮。

（13）拉伸切除实体 1。在〖特征〗工具栏中单击〖拉伸切除〗按钮，弹出〖切除-拉伸〗对话框，然后根据图 6-16 所示的步骤进行参数设置，单击〖确定〗按钮。

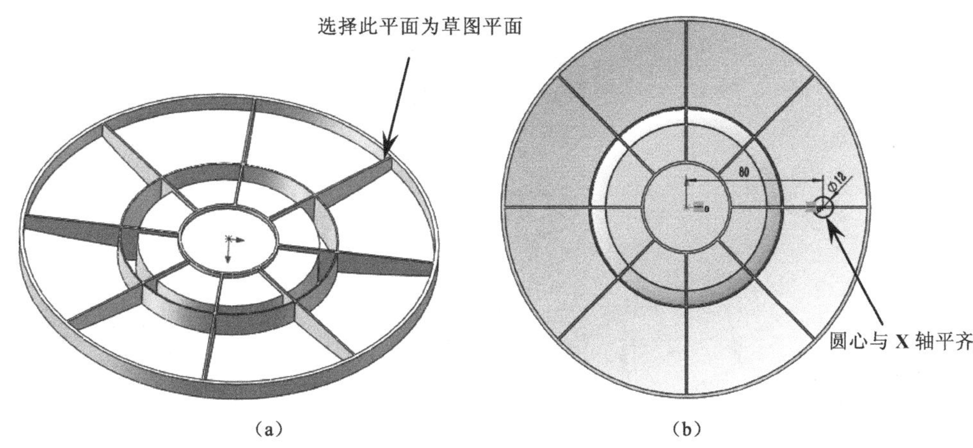

图 6-13　创建草图 5

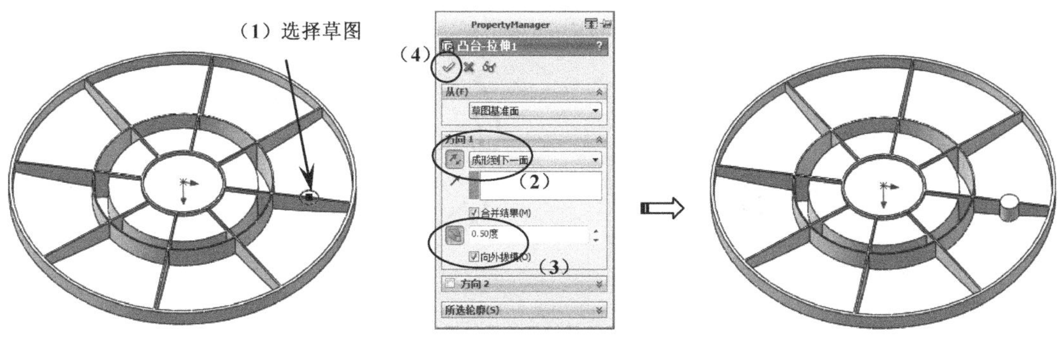

图 6-14　拉伸创建实体 4

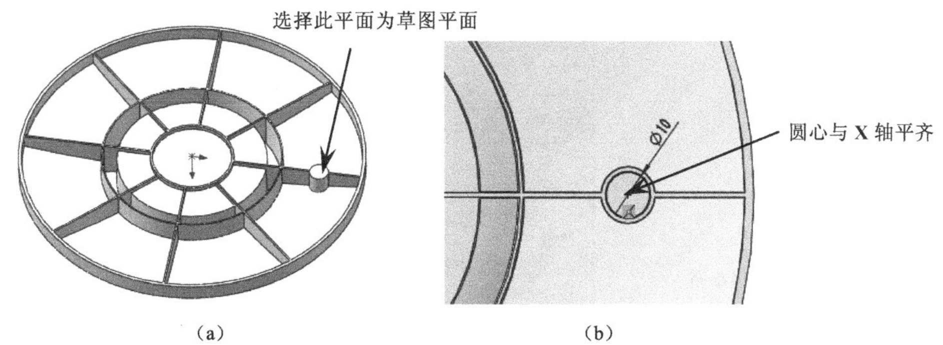

图 6-15　创建草图 6

（14）创建草图 7。在〖草图〗工具栏中单击〖草图绘制〗按钮，选择如图 6-17（a）所示的平面为草图平面，接着在〖标准视图〗工具栏中单击〖正视于〗按钮，使视图按草图平面放置，然后创建如图 6-17（b）所示的直线，单击〖退出草图〗按钮。

（15）拉伸创建实体 5。在〖特征〗工具栏中单击〖拉伸凸台/基体〗按钮，弹出〖凸台-拉伸〗对话框，然后根据图 6-18 所示的步骤进行参数设置，单击〖确定〗按钮。

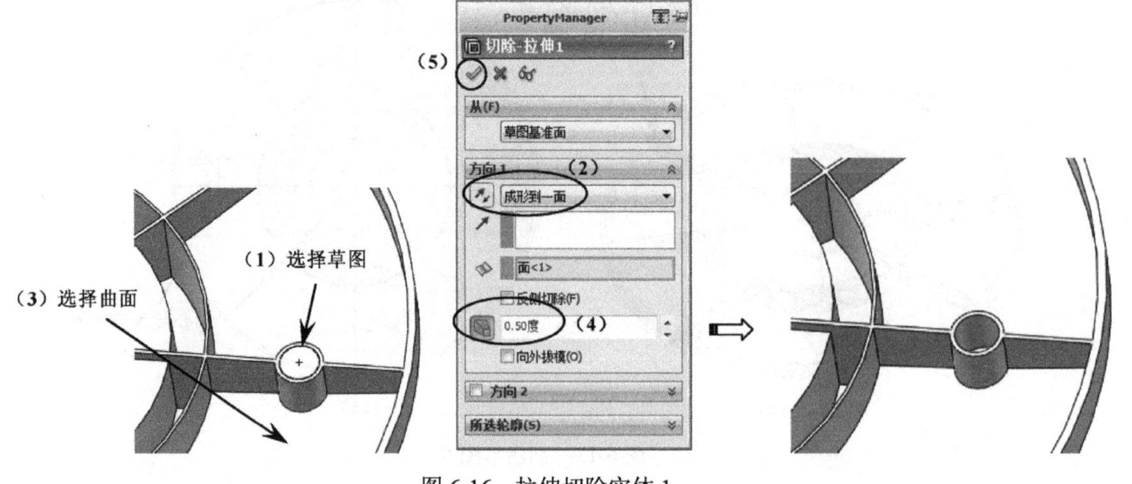

图 6-16　拉伸切除实体 1

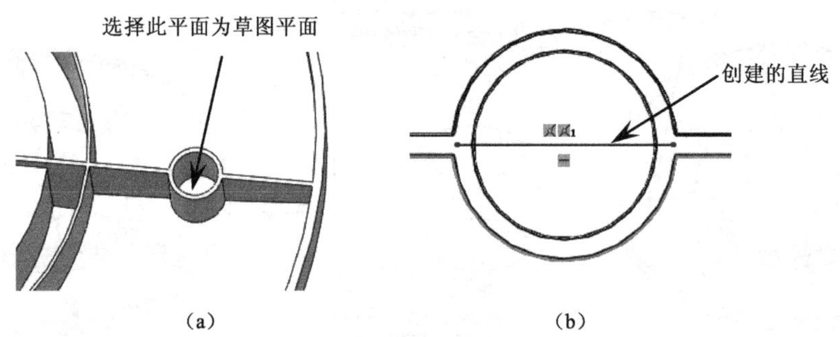

图 6-17　创建草图 7

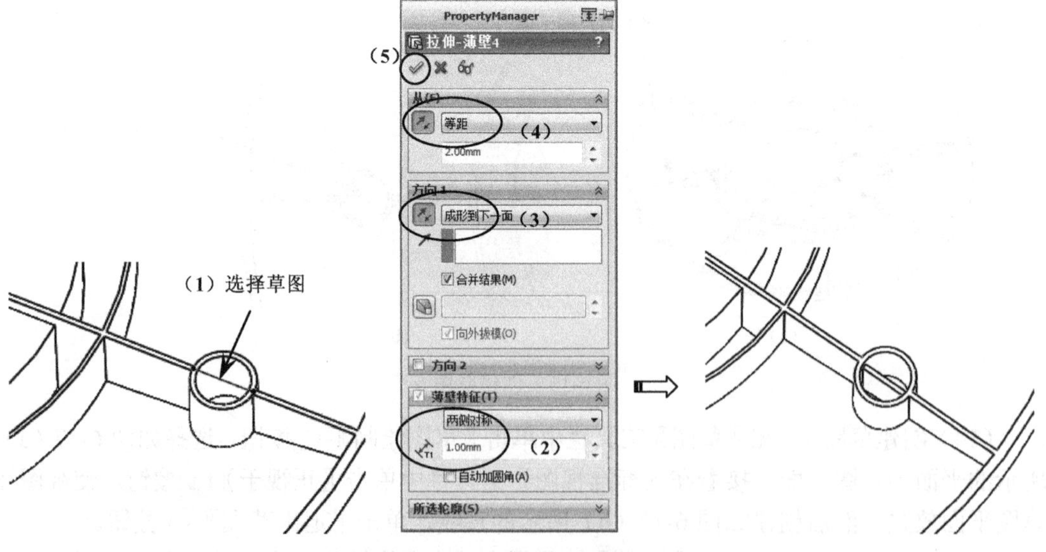

图 6-18　拉伸创建实体 5

（16）圆周阵列 2。在〖特征〗工具栏中单击〖圆周阵列〗按钮，弹出〖圆周阵列〗对话框，然后根据图 6-19 所示的步骤进行操作，单击〖确定〗✓按钮。

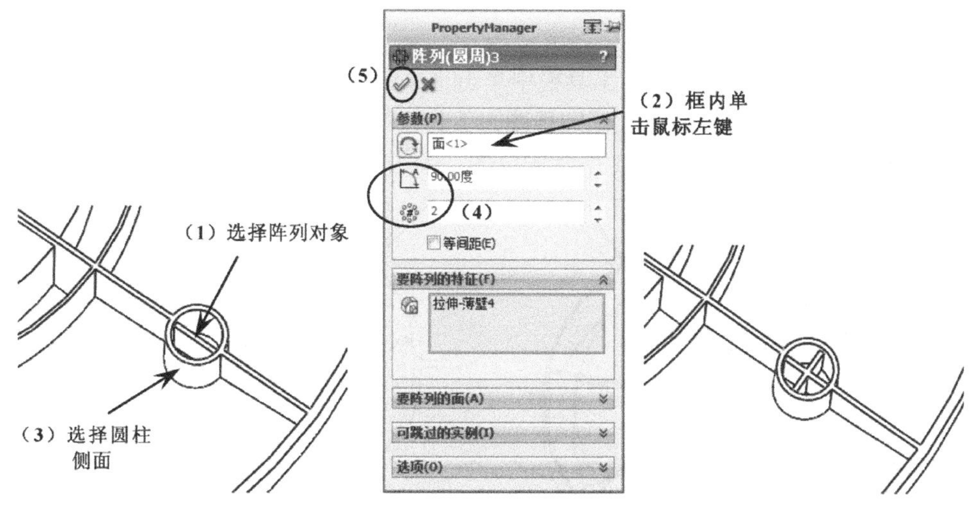

图 6-19　圆周阵列 2

（17）圆周阵列 3。在〖特征〗工具栏中单击〖圆周阵列〗按钮，弹出〖圆周阵列〗对话框，然后根据图 6-20 所示的步骤进行操作，单击〖确定〗✓按钮。

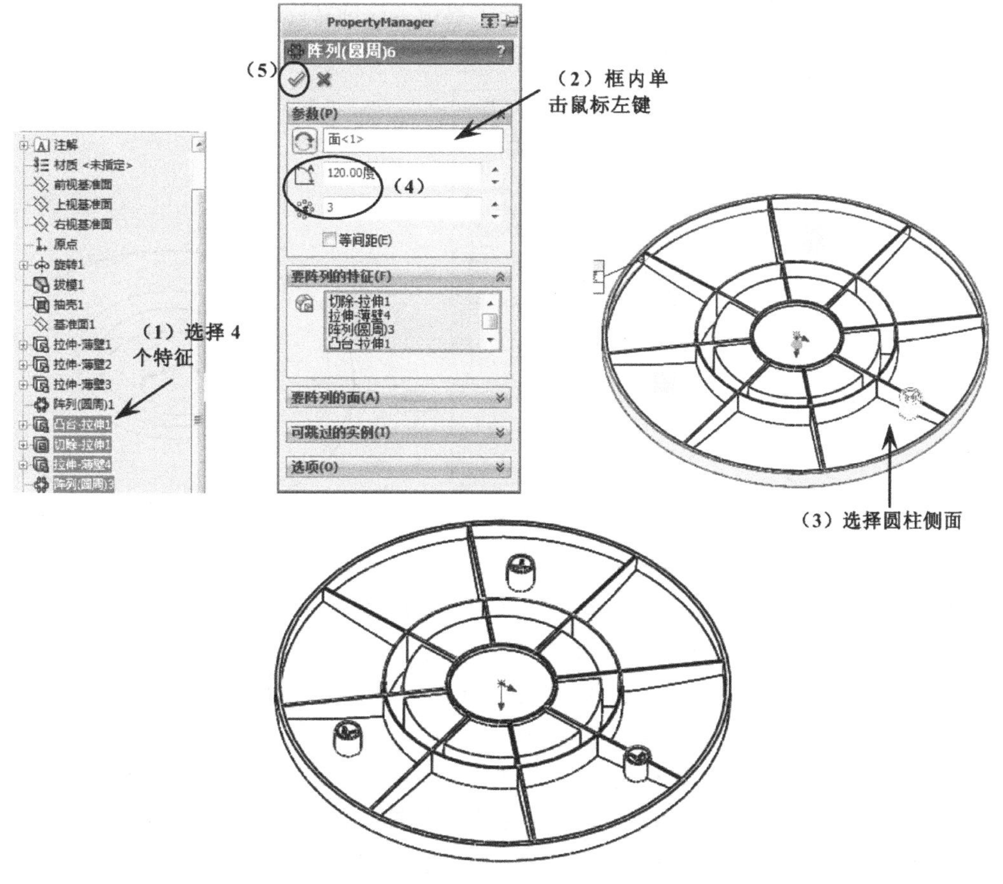

图 6-20　圆周阵列 3

3．卡扣的设计

（1）创建草图 8。在〖草图〗工具栏中单击〖草图绘制〗按钮，选择如图 6-21（a）所示的平面为草图平面，接着在〖标准视图〗工具栏中单击〖正视于〗按钮，使视图按草图平面放置，然后创建如图 6-21 所示的草图，单击〖退出草图〗按钮。

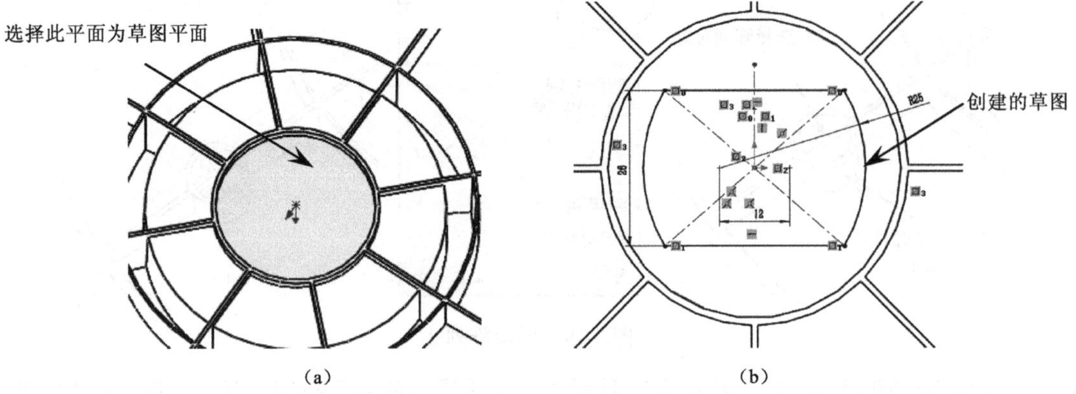

图 6-21　创建草图 8

（2）拉伸切除实体 2。在〖特征〗工具栏中单击〖拉伸切除〗按钮，弹出〖切除-拉伸〗对话框，然后根据图 6-22 所示的步骤进行参数设置，单击〖确定〗按钮。

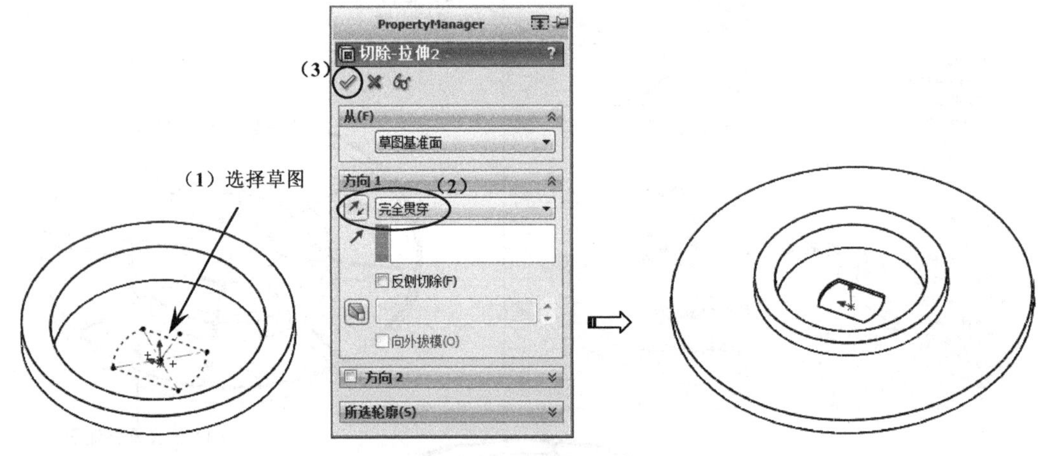

图 6-22　拉伸切除实体 2

（3）创建草图 9。在〖草图〗工具栏中单击〖草图绘制〗按钮，选择如图 6-23（a）所示的平面为草图平面，接着在〖标准视图〗工具栏中单击〖正视于〗按钮，使视图按草图平面放置，然后创建如图 6-23（b）所示的草图，单击〖退出草图〗按钮。

（4）拉伸创建实体 6。在〖特征〗工具栏中单击〖拉伸凸台/基体〗按钮，弹出〖拉伸-薄壁〗对话框，然后根据图 6-24 所示的步骤进行参数设置，单击〖确定〗按钮。

（5）创建草图 10。在〖草图〗工具栏中单击〖草图绘制〗按钮，选择如图 6-25（a）所示的平面为草图平面，接着在〖标准视图〗工具栏中单击〖正视于〗按钮，使视图按草图平面放置，然后创建如图 6-25（b）所示的草图，单击〖退出草图〗按钮。

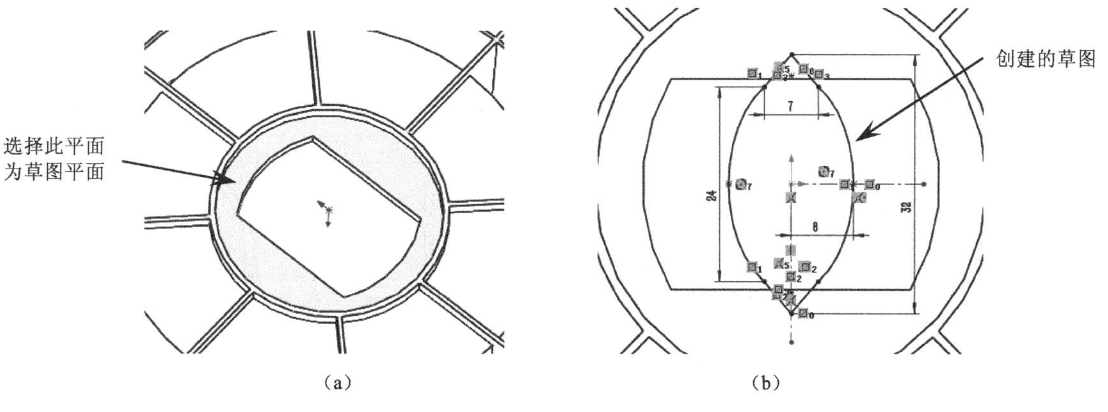

图 6-23　创建草图 9

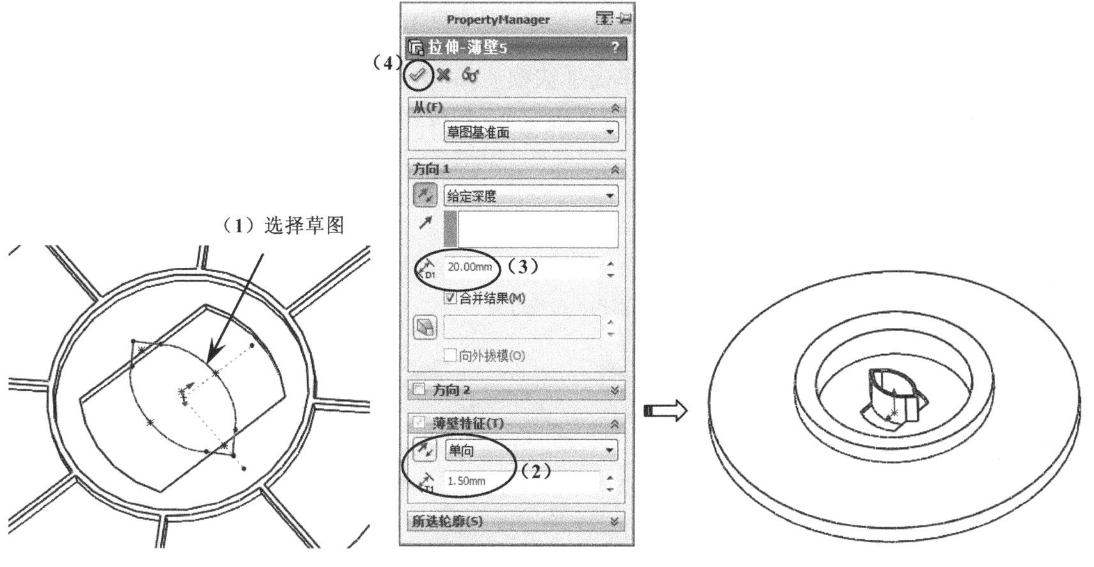

图 6-24　拉伸创建实体 6

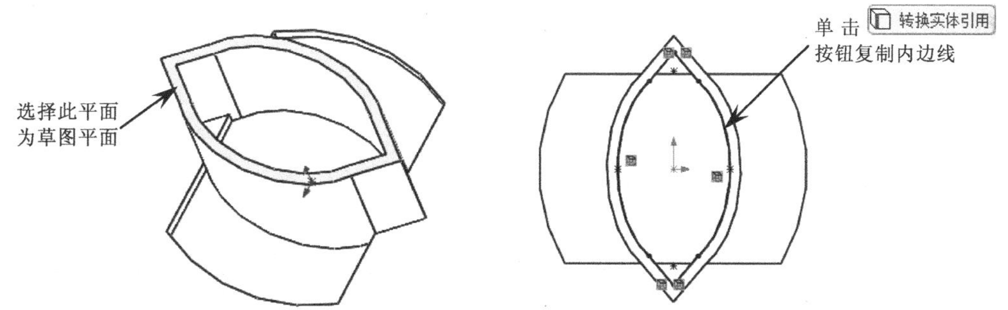

图 6-25　创建草图 10

（6）拉伸切除实体 3。在〖特征〗工具栏中单击〖拉伸切除〗按钮，弹出〖切除-拉伸〗对话框，然后根据图 6-26 所示的步骤进行参数设置，单击〖确定〗按钮。

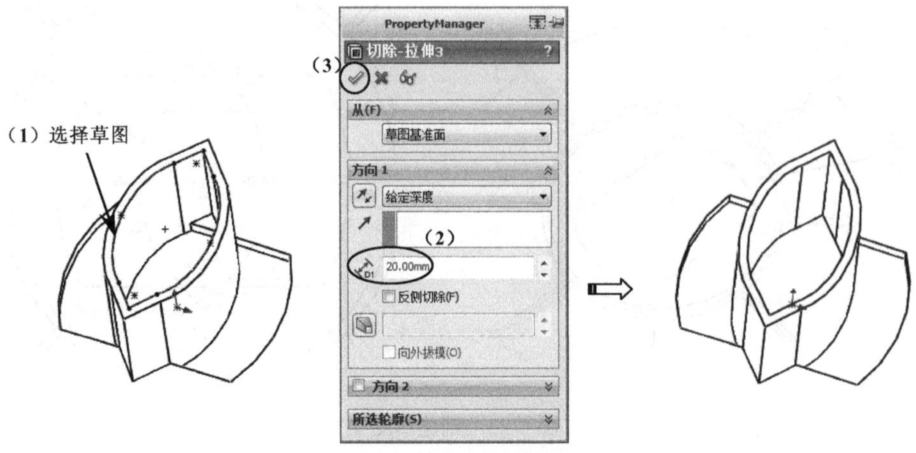

图 6-26　拉伸切除实体 3

（7）拔模。在〖特征〗工具栏中单击〖拔模〗按钮，弹出〖拔模〗对话框，然后根据图 6-27 所示的步骤进行操作，单击〖确定〗按钮。

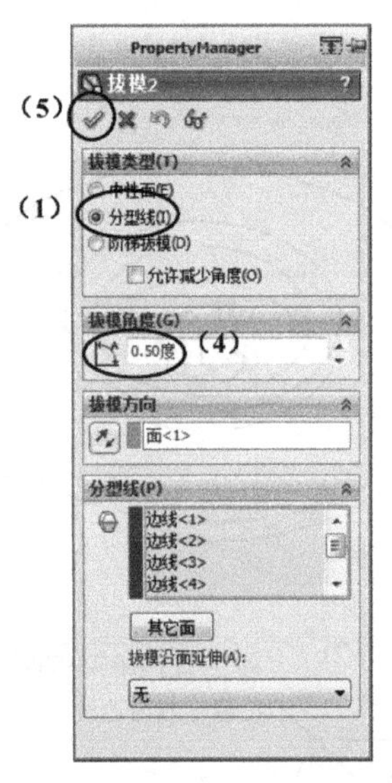

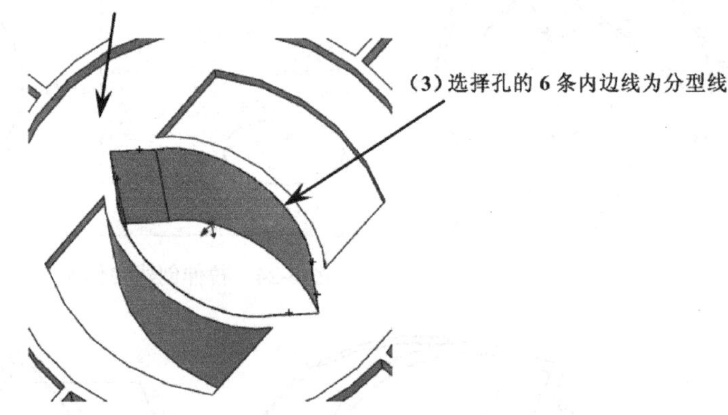

图 6-27　拔模

（8）倒圆角。在〖特征〗工具栏中单击〖圆角〗按钮，弹出〖圆角〗对话框，然后根据图 6-28 所示的步骤进行操作，单击〖确定〗按钮。

（9）创建草图 11。在〖草图〗工具栏中单击〖草图绘制〗按钮，选择如图 6-29（a）所示的平面为草图平面，接着在〖标准视图〗工具栏中单击〖正视于〗按钮，使视图按草图平面放置，然后创建如图 6-29（b）所示的草图，单击〖退出草图〗按钮。

（10）拉伸创建实体 7。在〖特征〗工具栏中单击〖拉伸凸台/基体〗按钮，弹出〖凸台-拉伸〗对话框，然后根据图 6-30 所示的步骤进行参数设置，单击〖确定〗按钮。

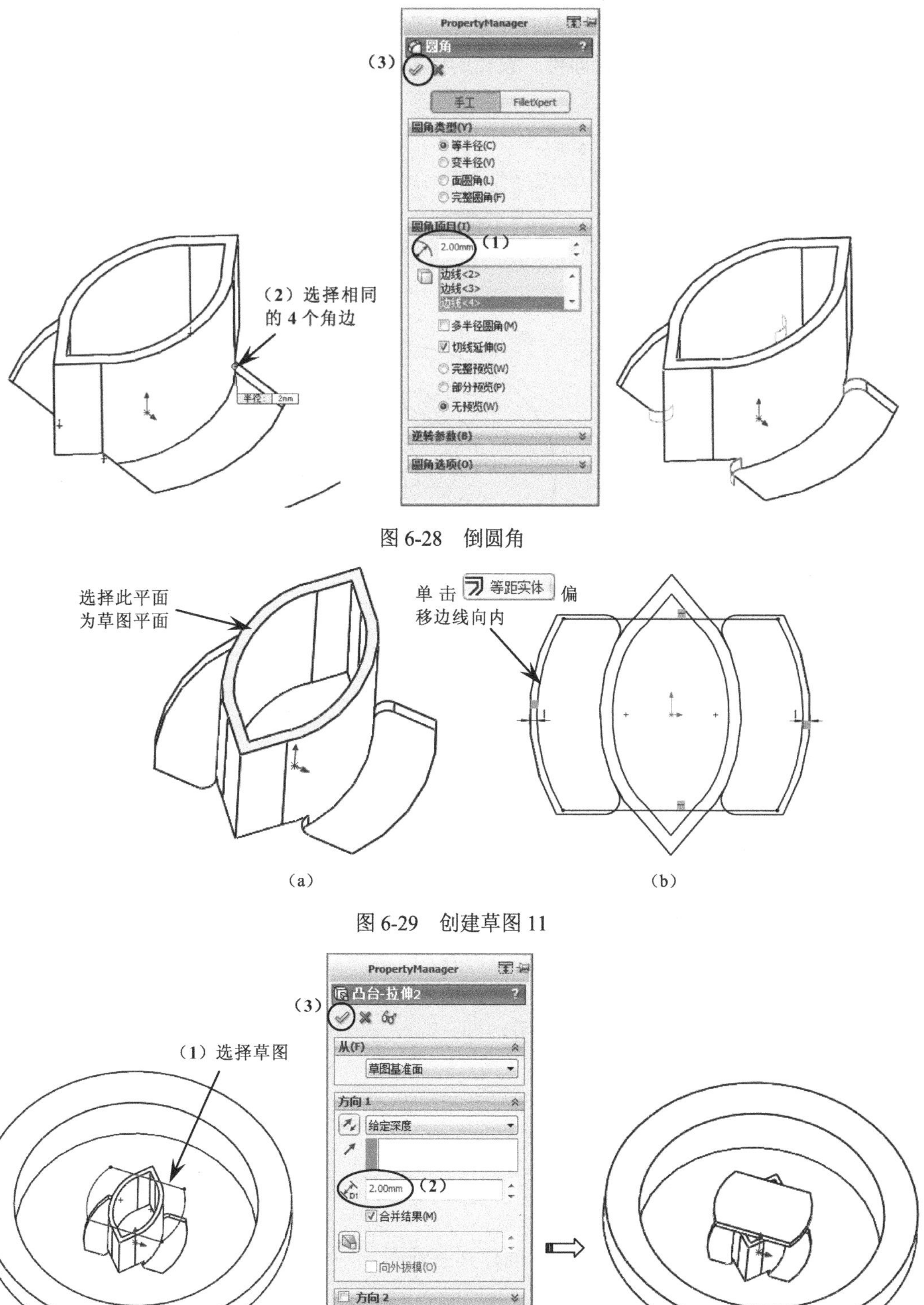

图 6-28 倒圆角

图 6-29 创建草图 11

图 6-30 拉伸创建实体 7

（11）保存文件。在〖标准〗工具栏中单击〖保存〗按钮，接着在弹出的〖另存为〗对话框中设置文件名称和保存路径即可，设计的计算机显示器托盘三维图如图 6-31 所示。

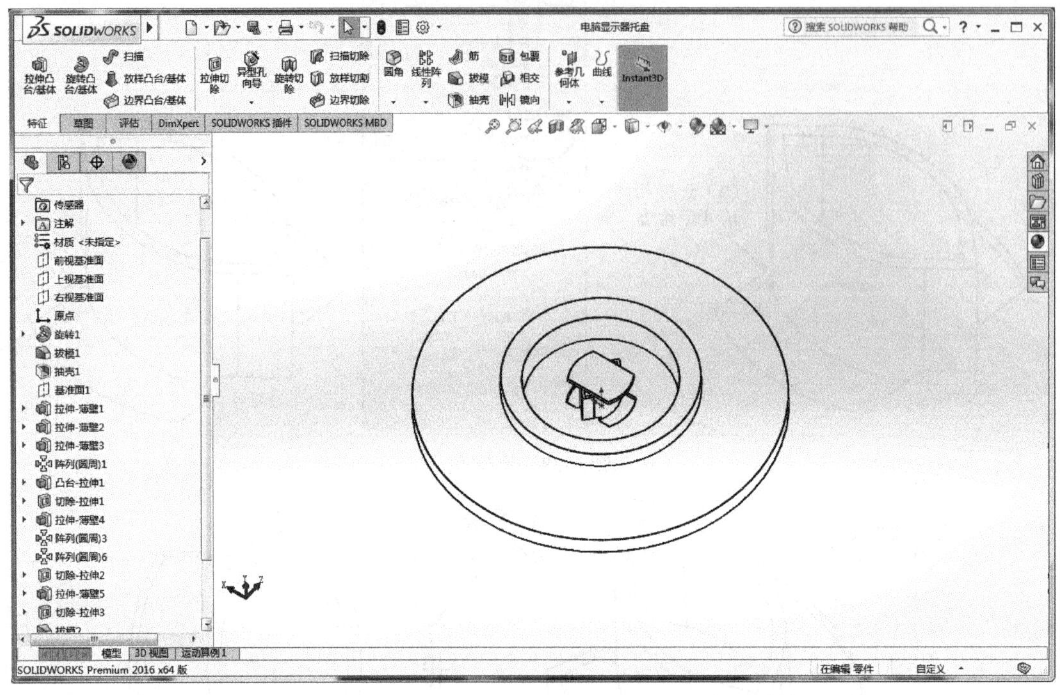

图 6-31　保存文件

6.3　本章学习收获

通过本章的学习，读者必须掌握以下内容。

（1）进一步掌握拉伸命令的各种使用方法，并深入理解开放草图与拉伸命令的关系。

（2）灵活掌握圆周阵列命令的应用。

（3）清楚产品中各面的拔模设置。

6.4　练习题

根据图 6-32 所示的旋盖二维图，创建其三维图。

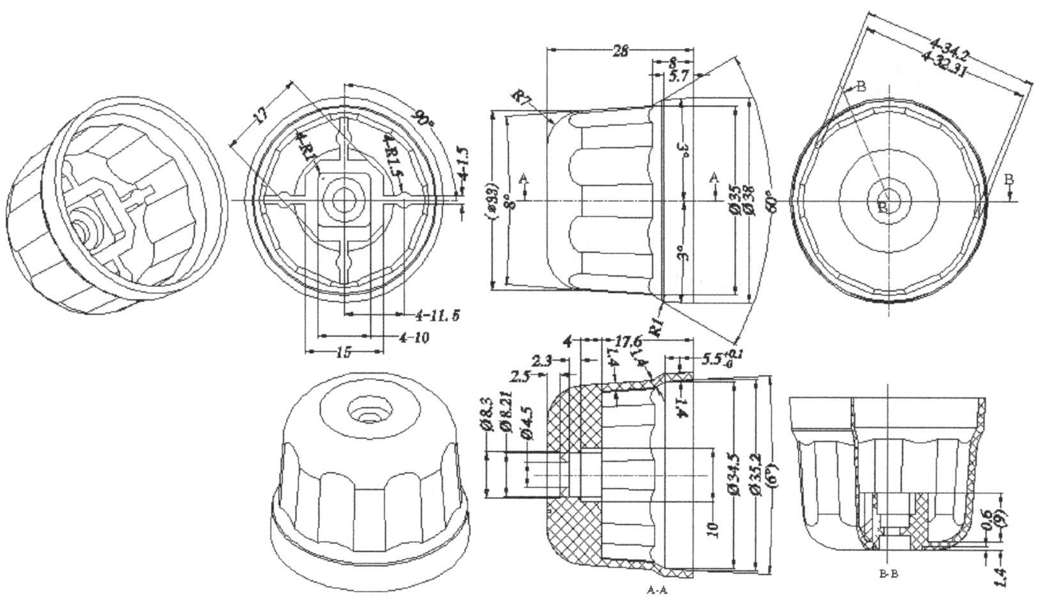

图 6-32　旋盖二维图

第7章 实体设计实例——自动控制阀顶盖

自动控制阀顶盖是一种典型的塑料外壳，通过本章的学习，使读者快速提高实体设计的技能，并达到学以致用的目的。

7.1 学习目标与课时安排

学习目标及学习内容

（1）进一步掌握扫描和镜向命令的应用。

（2）掌握抽壳和拔模等常用命令的应用。

（3）重点掌握基准平面命令的应用，如果没有准确创建基准平面，那么本章实例中的一些形状将无法顺利进行。

学习课时安排（共2课时）

（1）本章知识点讲解（0.5课时）。

（2）实例详细操作（1.5课时）。

7.2 实例设计详细步骤

（1）在桌面上双击图标，打开SOLIDWORKS 2020软件。

（2）在〖标准〗工具栏中单击〖新建〗按钮，弹出〖新建SOLIDWORKS文件〗对话框。选择“零件”选项，然后单击 确定 按钮进入零件设计界面。

（3）创建草图1。在〖草图〗工具栏中单击〖草图绘制〗按钮，选择“上视基准面”为草图平面，接着在〖标准视图〗工具栏中单击〖正视于〗按钮，使视图按草图平面放置，然后创建如图7-1所示的草图，单击〖退出草图〗按钮。

（4）拉伸创建实体 1。在〖特征〗工具栏中单击〖拉伸凸台/基体〗按钮，弹出〖凸台-拉伸〗对话框，然后根据图 7-2 所示的步骤进行参数设置，单击〖确定〗按钮。

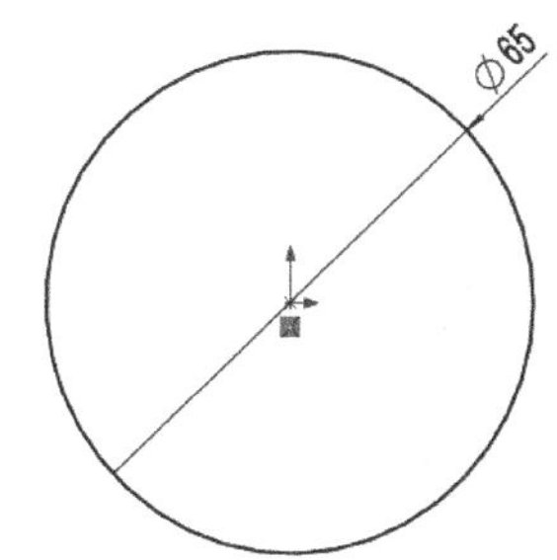

图 7-1　创建草图 1

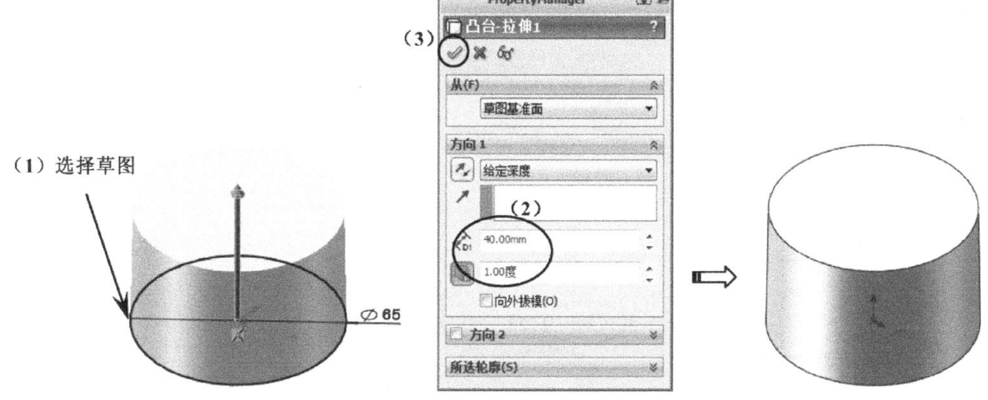

图 7-2　拉伸创建实体 1

（5）创建草图 2。在〖草图〗工具栏中单击〖草图绘制〗按钮，选择“前视基准面”为草图平面，接着在〖标准视图〗工具栏中单击〖正视于〗按钮，使视图按草图平面放置，然后创建如图 7-3 所示的草图，单击〖退出草图〗按钮。

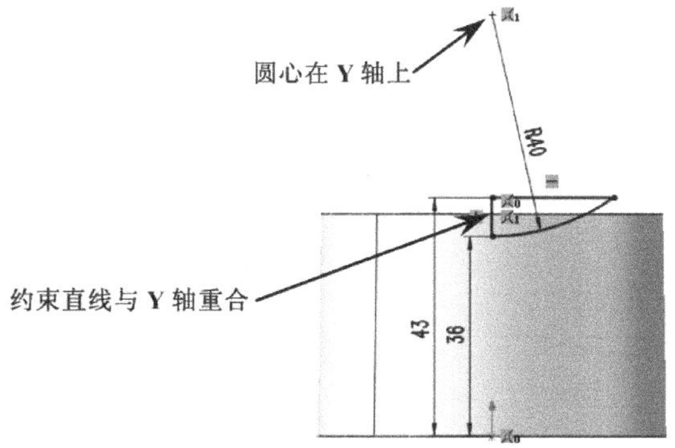

图 7-3　创建草图 2

（6）旋转切除实体。在〖特征〗工具栏中单击〖旋转切除〗按钮，弹出〖切除-旋转〗对话框，然后根据图 7-4 所示的步骤进行操作，单击〖确定〗按钮。

图 7-4　旋转切除实体

（7）倒圆角 1。在〖特征〗工具栏中单击〖圆角〗按钮，弹出〖圆角〗对话框，然后根据图 7-5 所示的步骤进行操作，单击〖确定〗按钮。

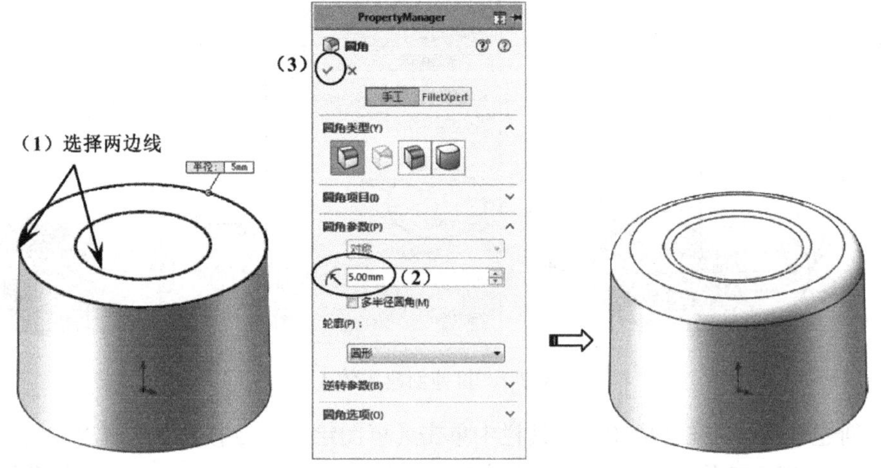

图 7-5　倒圆角 1

（8）创建草图 3。在〖草图〗工具栏中单击〖草图绘制〗按钮，选择“前视基准面”为草图平面，接着在〖标准视图〗工具栏中单击〖正视于〗按钮，使视图按草图平面放置，然后创建如图 7-6 所示的圆弧，单击〖退出草图〗按钮。

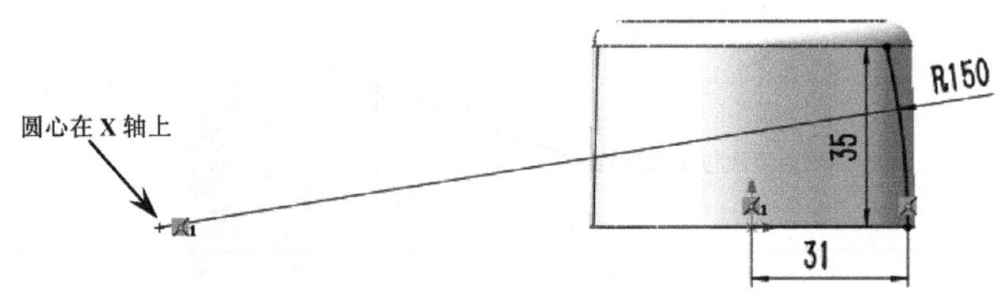

图 7-6　创建草图 3

（9）创建基准面 1。在〖参考几何体〗工具栏中单击〖基准面〗按钮，弹出〖基准面〗对话框，然后根据图 7-7 所示的步骤进行操作，单击〖确定〗按钮。

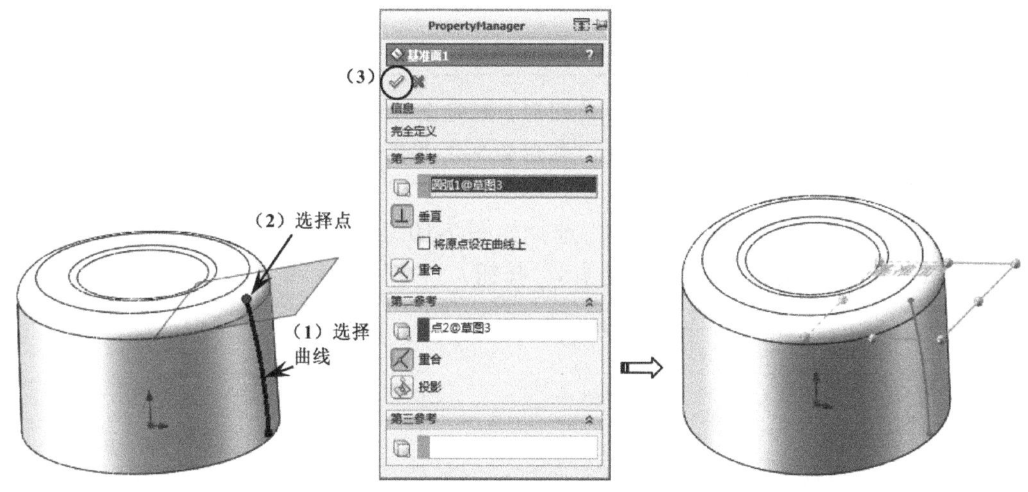

图 7-7　创建基准面 1

（10）创建草图 4。在〖草图〗工具栏中单击〖草图绘制〗按钮，选择上一步创建的基准面为草图平面，接着在〖标准视图〗工具栏中单击〖正视于〗按钮，使视图按草图平面放置，然后创建如图 7-8 所示的圆，单击〖退出草图〗按钮。

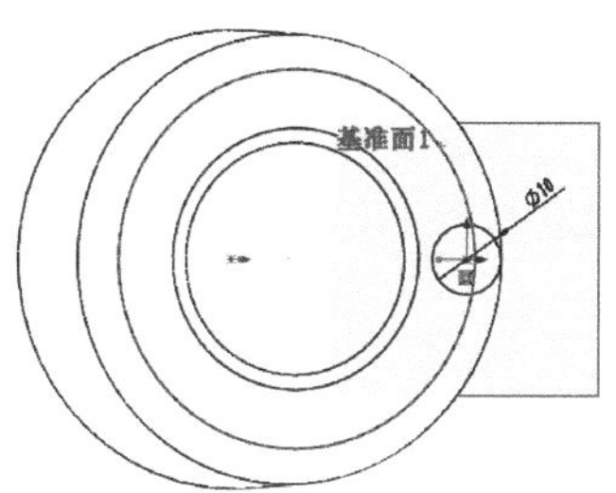

图 7-8　创建草图 4

（11）隐藏前面创建的基准面 1。

（12）扫描创建实体。在〖特征〗工具栏中单击〖扫描〗按钮，弹出〖扫描〗对话框，然后根据图 7-9 所示的步骤进行操作，单击〖确定〗按钮。

图 7-9　扫描创建实体

操作技巧

如果扫描的截面是圆形，则完全可以省去（9）~（11）这三个步骤，直接在弹出的〖扫描〗对话框中勾选“圆形轮廓”并设置圆直径即可。

（13）倒圆角 2。参考前面的操作，选择如图 7-10（a）所示的边为倒角边，并设置如图 7-10（b）所示的参数，单击〖确定〗按钮。

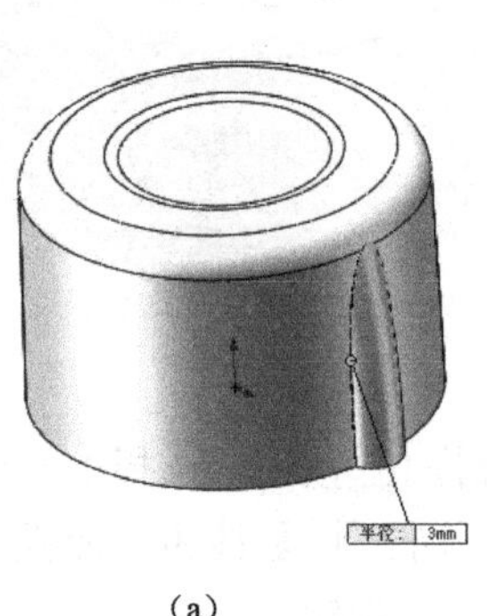

（a）

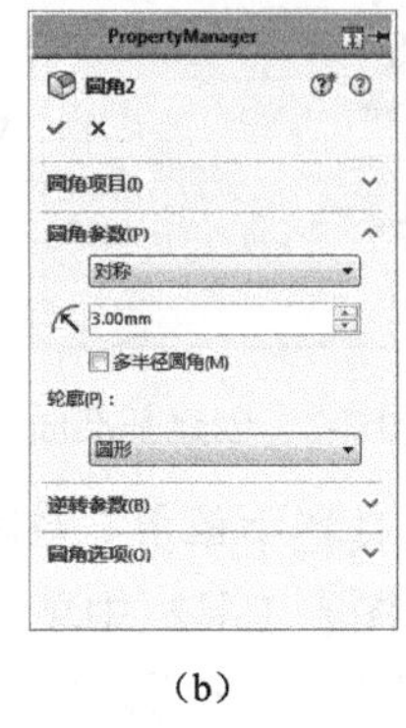

（b）

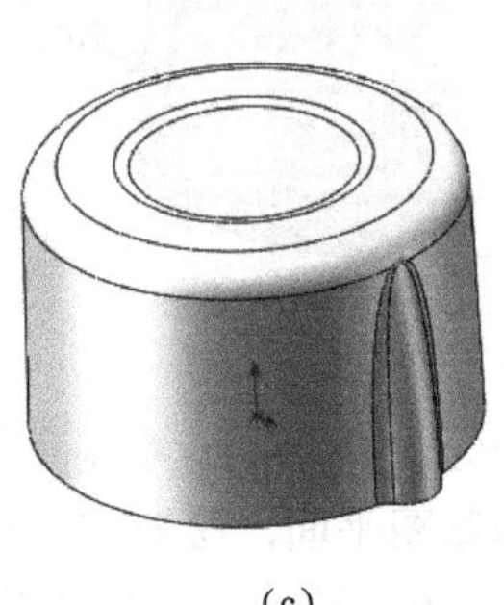

（c）

图 7-10　倒圆角 2

（14）圆周阵列。在〖特征〗工具栏中单击〖圆周阵列〗按钮，弹出〖圆周阵列〗对话框，然后根据图 7-11 所示的步骤进行操作，单击〖确定〗按钮。

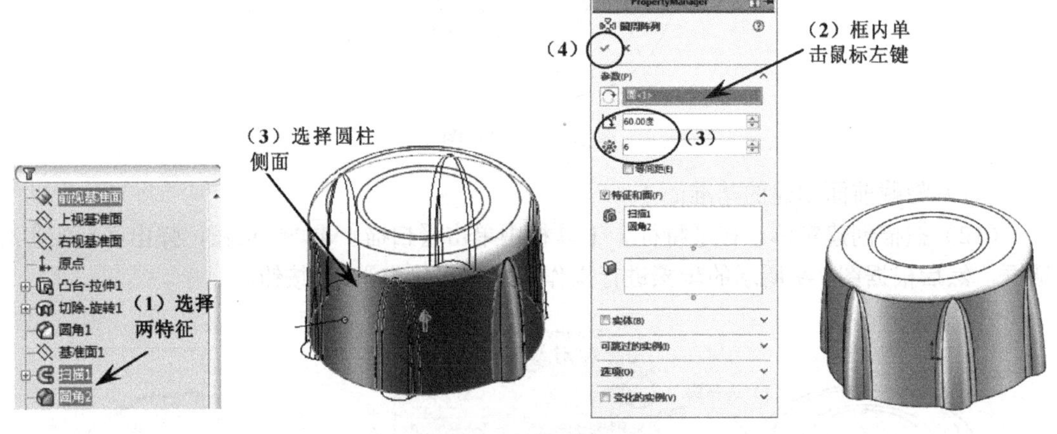

图 7-11　圆周阵列

（15）抽壳。在〖特征〗工具栏中单击〖抽壳〗按钮，弹出〖抽壳〗对话框，然后根据图 7-12 所示的步骤进行操作，单击〖确定〗按钮。

（16）创建草图 5。在〖草图〗工具栏中单击〖草图绘制〗按钮，选择“上视基准面”为草图平面，接着在〖标准视图〗工具栏中单击〖正视于〗按钮，使视图按草图平面放置，然后创建如图 7-13 所示的草图，单击〖退出草图〗按钮。

（17）拉伸切除实体 1。参考前面的操作，选择上一步创建的草图为拉伸对象，并设置如图 7-14 所示的参数，单击〖确定〗✓按钮。

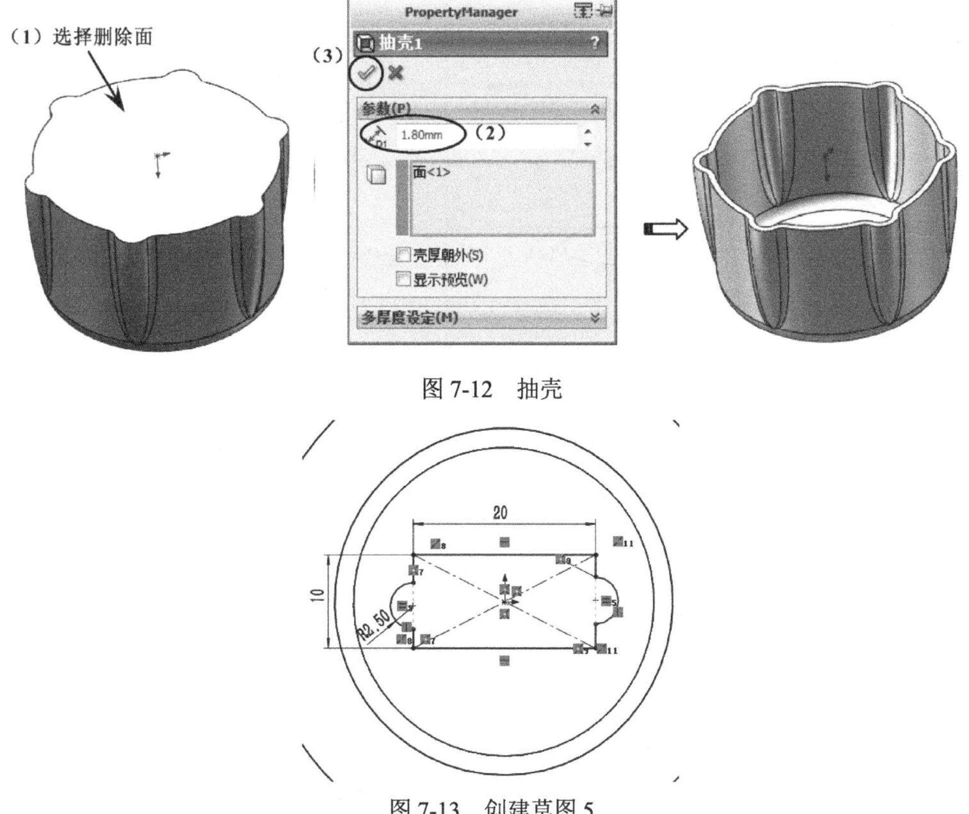

图 7-12　抽壳

图 7-13　创建草图 5

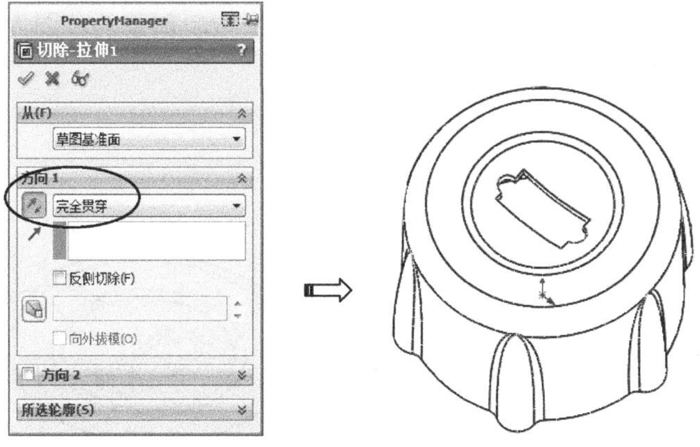

图 7-14　拉伸切除实体 1

（18）创建基准面 2。在〖参考几何体〗工具栏中单击〖基准面〗按钮，弹出〖基准面〗对话框，然后根据图 7-15 所示的步骤进行操作，单击〖确定〗✓按钮。

（19）创建草图 6。在〖草图〗工具栏中单击〖草图绘制〗按钮，选择上一步创建的基准面为草图平面，接着在〖标准视图〗工具栏中单击〖正视于〗按钮，使视图按草图平面放置，然后创建如图 7-16 所示的矩形，单击〖退出草图〗按钮。

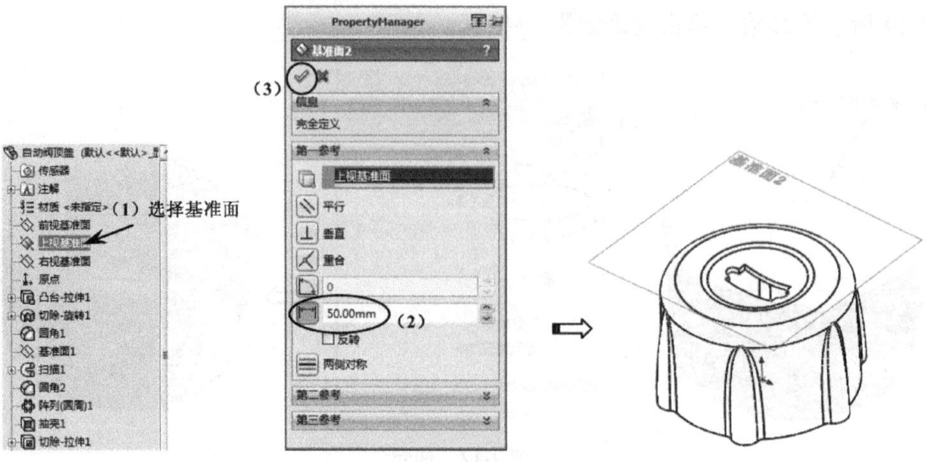

图 7-15　创建基准面 2

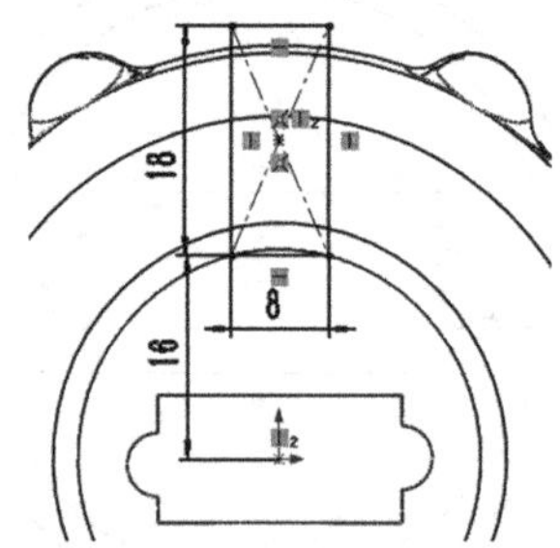
图 7-16　创建草图 6

（20）隐藏前面创建的基准面 2。

（21）拉伸切除实体 2。参考前面的操作，选择上一步创建的草图为拉伸对象，并设置如图 7-17 所示的参数，单击〖确定〗✓按钮。

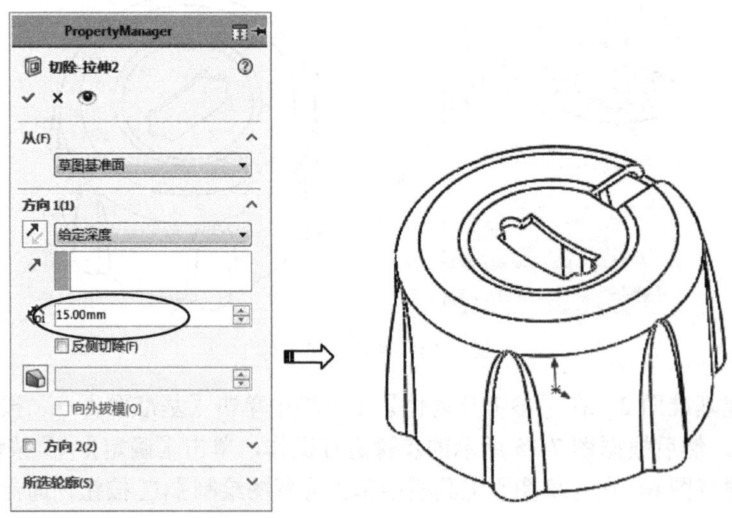
图 7-17　拉伸切除实体 2

（22）镜向特征。在〖特征〗工具栏中单击〖镜向〗按钮，弹出〖镜向〗对话框，然后根据图 7-18 所示的步骤进行操作，单击〖确定〗按钮。

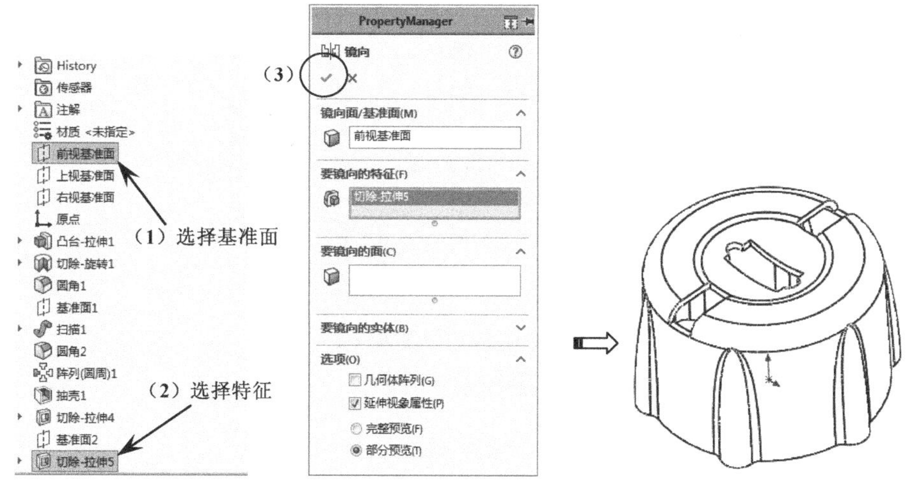

图 7-18　镜向特征

（23）创建草图 7。在〖草图〗工具栏中单击〖草图绘制〗按钮，选择如图 7-19 所示的平面为草图平面，接着在〖标准视图〗工具栏中单击〖正视于〗按钮，使视图按草图平面放置，然后创建如图 7-19 所示的圆，单击〖退出草图〗按钮。

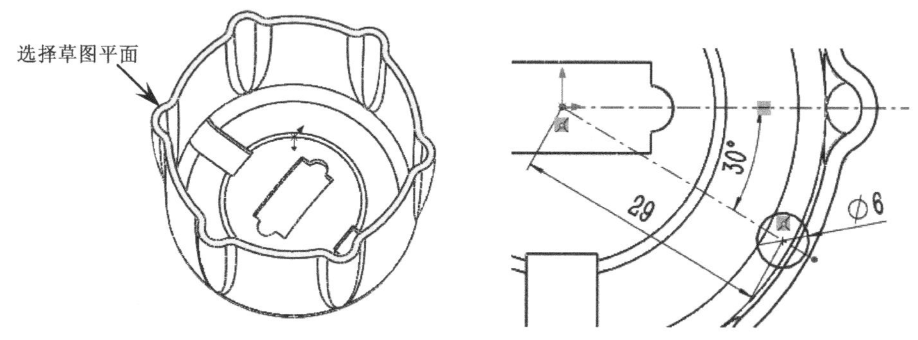

图 7-19　创建草图 7

（24）拉伸创建实体 2。参考前面的操作，选择上一步创建的草图进行拉伸创建实体，如图 7-20 所示。

（25）倒圆角 3。参考前面的操作，选择如图 7-21 所示的边为倒角边，并设置如图 7-21 所示的参数，单击〖确定〗按钮。

（26）创建草图 8。在〖草图〗工具栏中单击〖草图绘制〗按钮，选择如图 7-22 所示的平面为草图平面，接着在〖标准视图〗工具栏中单击〖正视于〗按钮，使视图按草图平面放置，然后创建如图 7-22 所示的圆，单击〖退出草图〗按钮。

（27）拉伸切除实体 3。参考前面的操作，选择上一步创建的草图为拉伸对象，并设置如图 7-23 所示的参数，单击〖确定〗按钮。

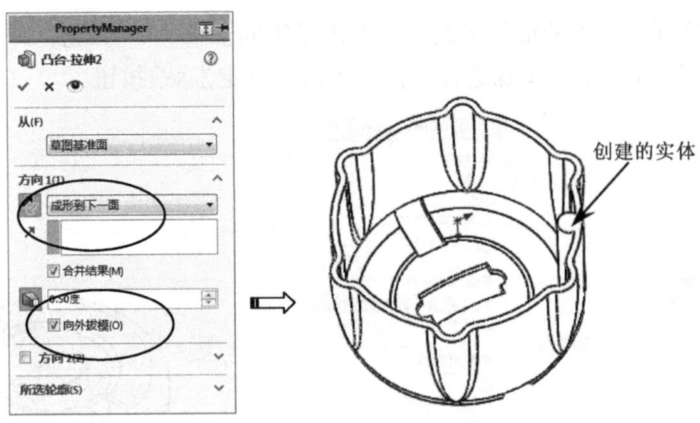

图 7-20　拉伸创建实体 2

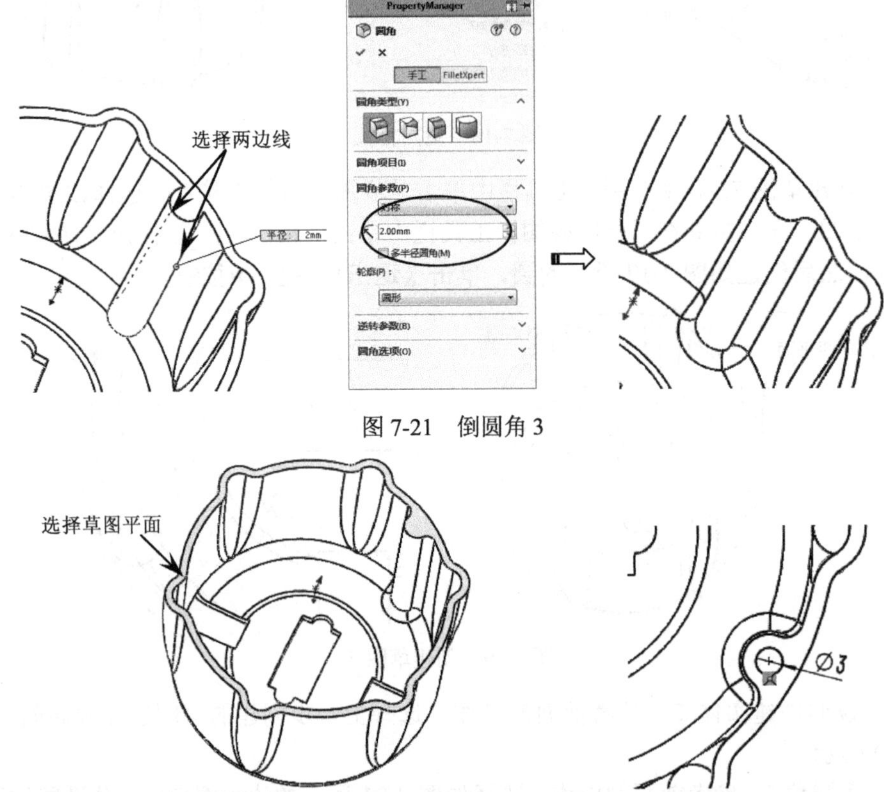

图 7-21　倒圆角 3

图 7-22　创建草图 8

（28）创建基准轴。在〖特征〗工具栏中单击〖基准轴〗按钮，弹出〖基准轴〗对话框，然后在设计树中依次选择“前视基准面”和“右视基准面”，如图 7-24 所示，单击〖确定〗按钮。

（29）创建基准面 3。在〖参考几何体〗工具栏中单击〖基准面〗按钮，弹出〖基准面〗对话框，然后根据图 7-25 所示的步骤进行操作，单击〖确定〗按钮。

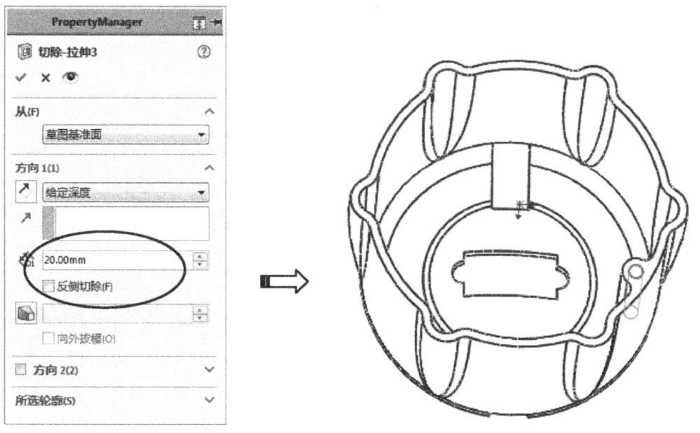

图 7-23　拉伸切除实体 3

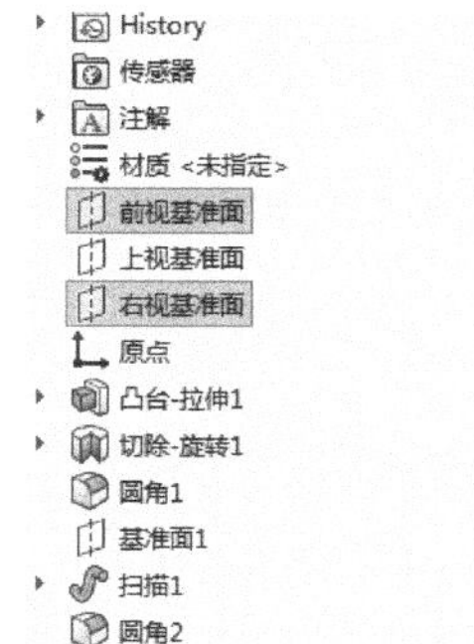
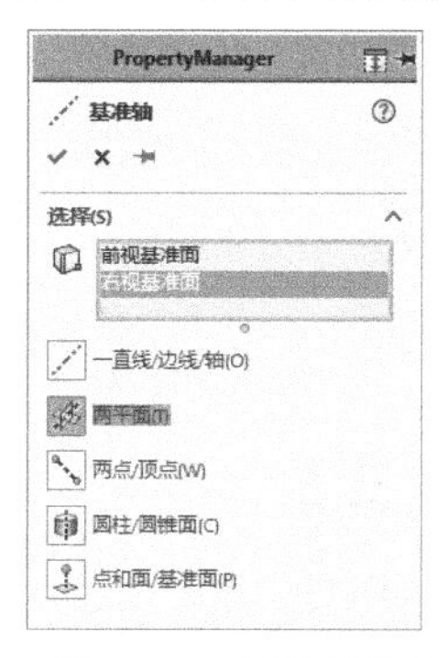
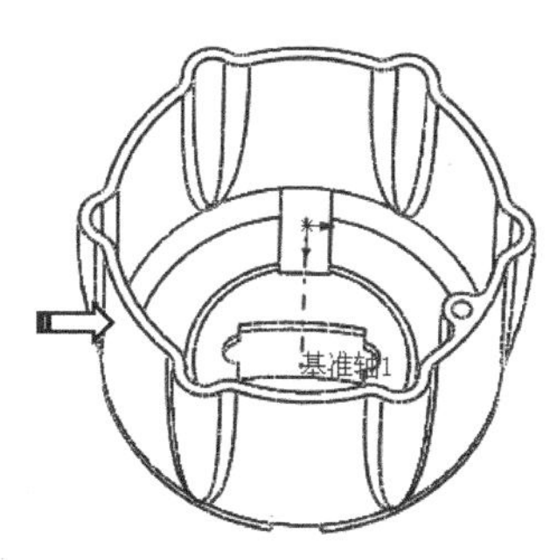

图 7-24　创建基准轴

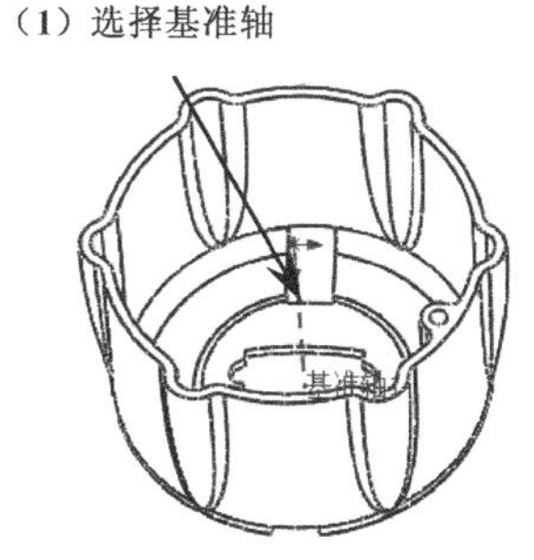

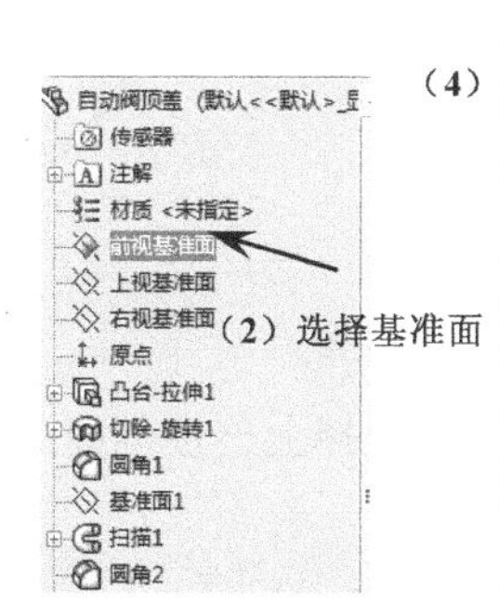

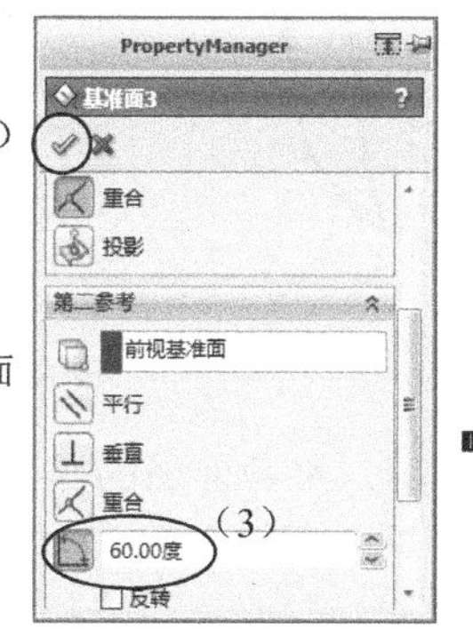

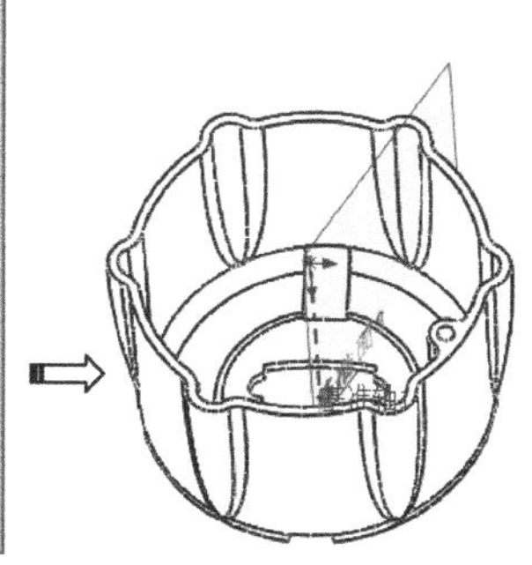

图 7-25　创建基准面 3

（30）镜向特征。参考前面的操作，选择上一步创建的基准面为镜向面，并在设计树中选择如图 7-26 所示的 3 个特征为镜向特征。

（31）倒角。在〖特征〗工具栏中单击〖倒角〗按钮，弹出〖倒角〗对话框，然后选择如图 7-27（a）所示的两条孔边为倒角对象，并设置如图 7-27（b）所示的参数，单击〖确定〗按钮。

（32）创建草图 9。在〖草图〗工具栏中单击〖草图绘制〗按钮，选择“基准面 3”为草图平面，接着在〖标准视图〗工具栏中单击〖正视于〗按钮，使视图按草图平面放置，然后创建如图 7-28 所示的矩形，单击〖退出草图〗按钮。

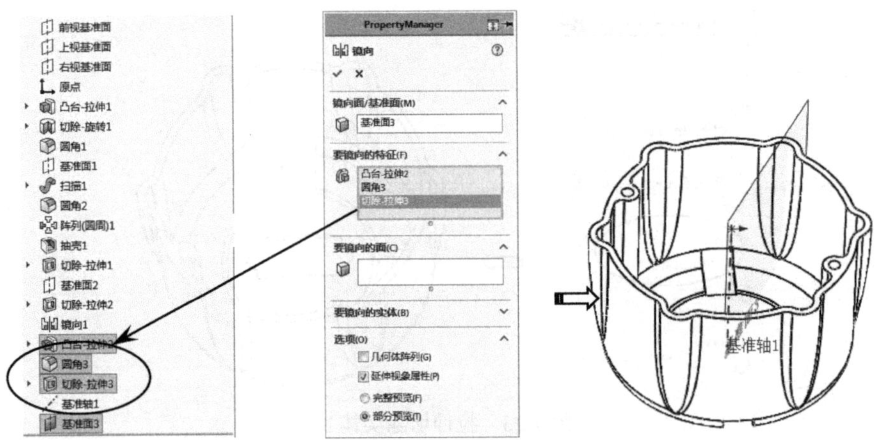

图 7-26　镜向特征

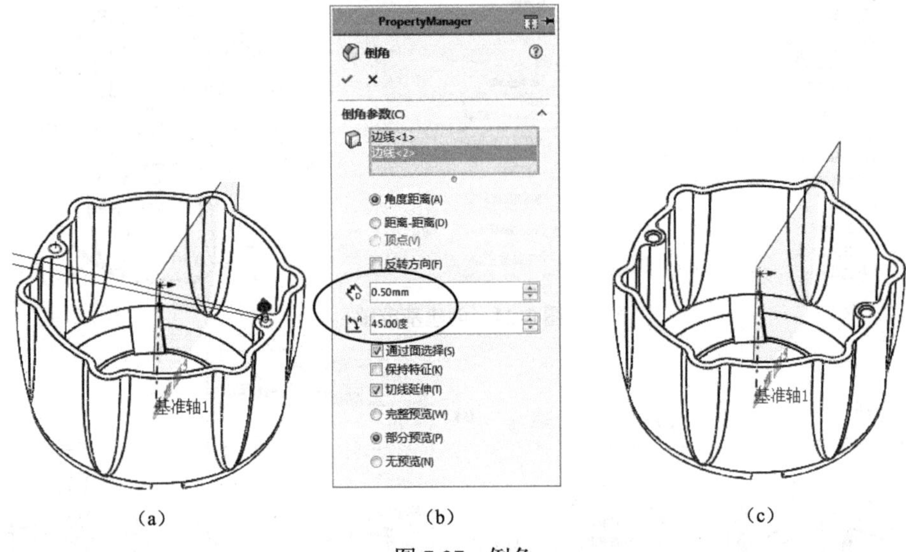

（a）　　　　　（b）　　　　　（c）

图 7-27　倒角

（33）拉伸切除实体 4。参考前面的操作，选择上一步创建的草图为拉伸对象，并设置如图 7-29 所示的参数，单击〖确定〗✔按钮。

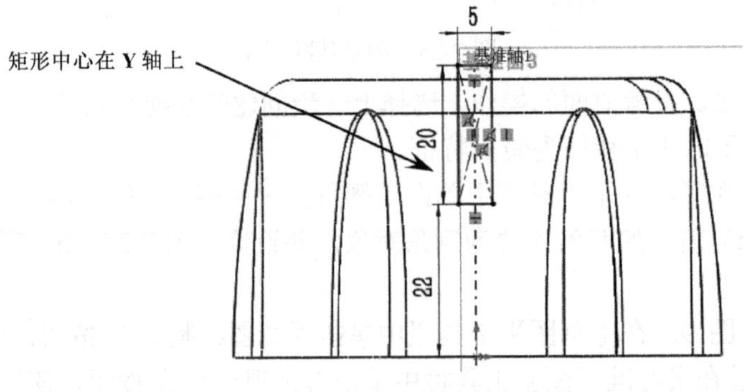

图 7-28　创建草图 9

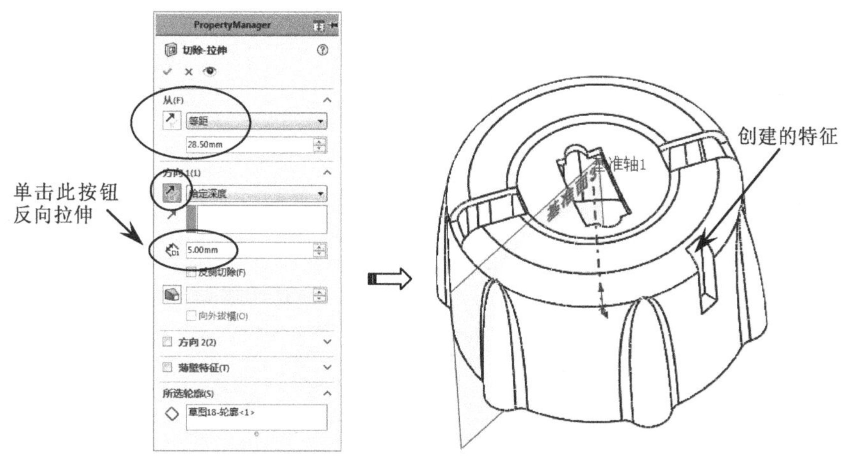

图 7-29　拉伸切除实体 4

工程师点评：

为了保证产品的壁厚尽量均匀，在此进行材料切除。否则，该部位由于材料太厚而导致缩水。

（34）倒圆角 4。参考前面的操作，选择如图 7-30 所示的边为倒角边，并设置如图 7-31 所示的参数，单击〖确定〗按钮。

（35）拔模。在〖特征〗工具栏中单击〖拔模〗按钮，弹出〖拔模〗对话框，然后根据图 7-31 所示的步骤进行操作，单击〖确定〗按钮。

（36）镜向特征。参考前面的操作，选择“基准面 3”为镜向面，并在设计树中选择如图 7-32 所示的 3 个特征为镜向特征。

（37）隐藏前面创建的基准面 3 和基准轴 1。

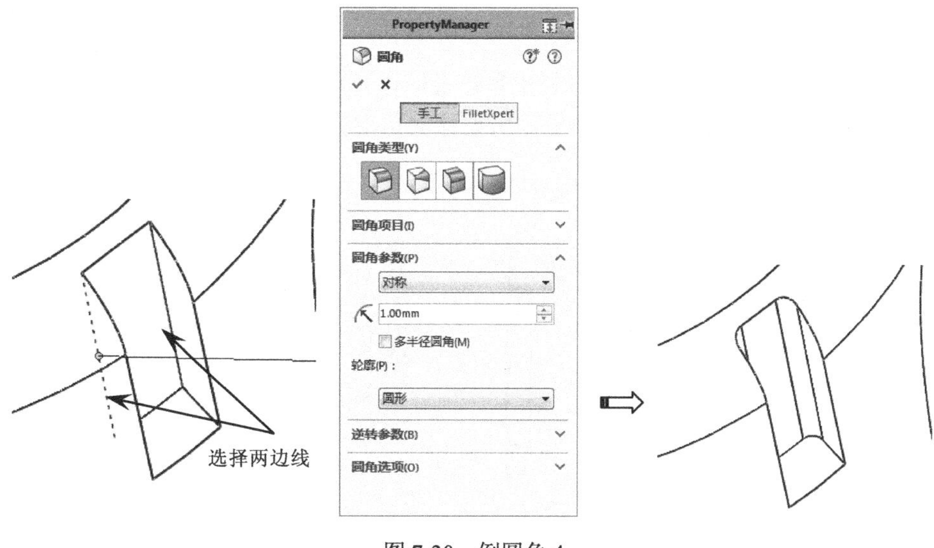

图 7-30　倒圆角 4

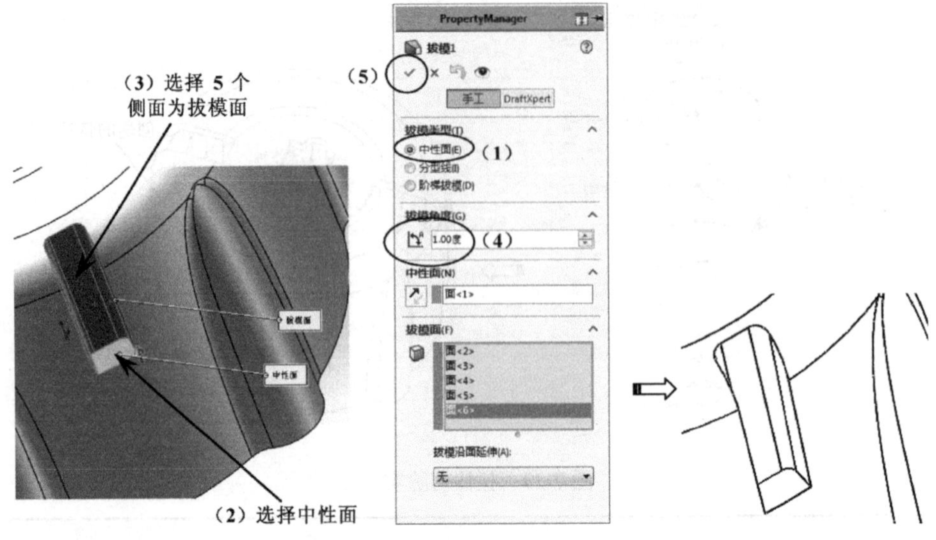

图 7-31　拔模

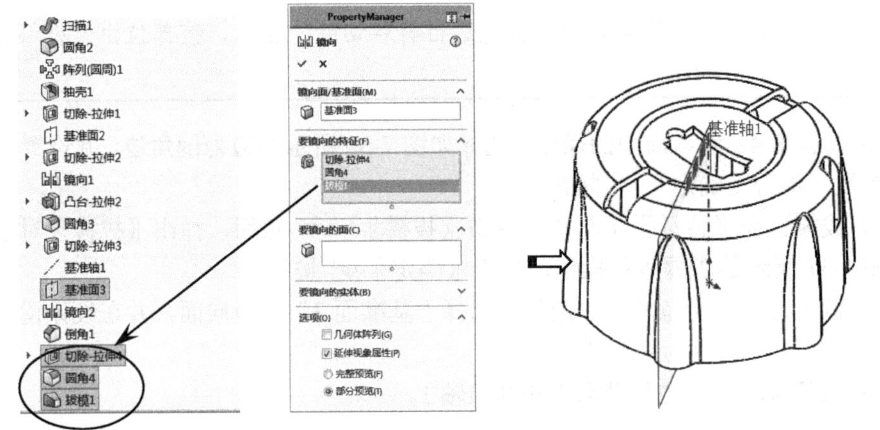

图 7-32　镜向特征

（38）保存文件。在〖标准〗工具栏中单击〖保存〗按钮，然后在弹出的〖另存为〗对话框中设置文件名称和保存路径即可，所设计的自动控制阀顶盖三维图如图 7-33 所示。

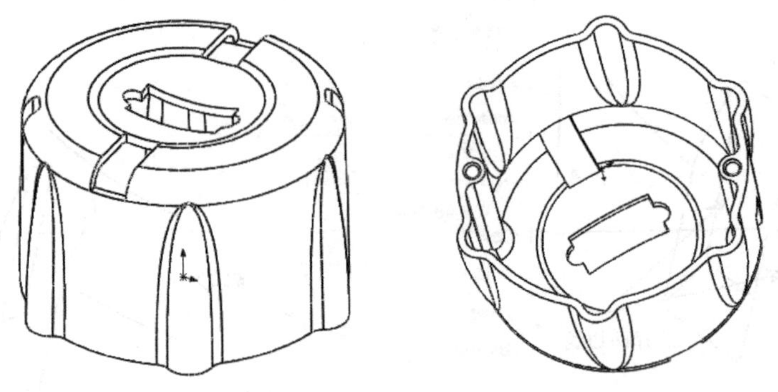

图 7-33　保存文件

7.3 本章学习收获

通过本章的学习，读者必须掌握以下内容。

（1）更深一层掌握拉伸命令的应用。

（2）灵活创建基准轴和基准平面，方便草图或镜向等操作。

（3）灵活运用扫描命令进行零件外观的设计。

7.4 练习题

（1）根据图 7-34 所示的鼠标底盖二维图，创建其三维图。

（2）根据图 7-35 所示的零件二维图，创建其三维图。

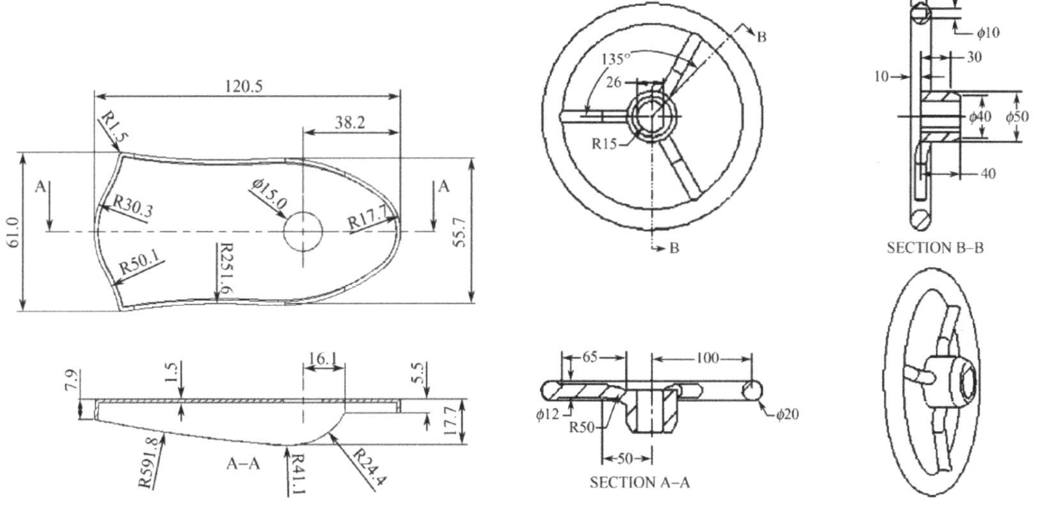

图 7-34　鼠标底盖二维图

图 7-35　零件二维图

第8章

实体设计实例——水晶笔筒

水晶笔筒是一种外观比较独特且漂亮的实用产品，曾经有一家设计公司将该实物的绘制作为面试题，有多年绘图经验的应试者都无法绘制出其外观。本章通过灵活地运用弯曲命令和缩放命令进行产品变形，从而将独特的外观设计变得更简单。希望读者认真学习，从而在日后的工作中更加得心应手。

8.1 学习目标与课时安排

学习目标及学习内容

（1）进一步掌握扫描、边界凸台、镜向和放样命令的应用。

（2）掌握基准面、抽壳、镜向、组合、缩放和删除面等常用命令的应用。

（3）重点掌握弯曲命令的应用，很多特殊的形状可以使用弯曲命令来实现。

（4）重点掌握产品设计的思路，有序地进行每一步操作。

学习课时安排（共2课时）

（1）本章知识点讲解（0.5课时）。

（2）实例详细操作（1.5课时）。

8.2 实例设计详细步骤

水晶笔筒的设计主要分为主体的设计和花纹图案的设计。

1．主体的设计

（1）在桌面上双击图标，打开SOLIDWORKS 2020软件。

（2）在〖标准〗工具栏中单击〖新建〗按钮，弹出〖新建 SOLIDWORKS 文件〗对话框。选择“零件”选项，然后单击 确定 按钮进入零件设计界面。

（3）创建基准面 1。在〖参考几何体〗工具栏中单击〖基准面〗按钮，弹出〖基准面〗对话框，然后根据图 8-1 所示的步骤进行操作，单击〖确定〗按钮。

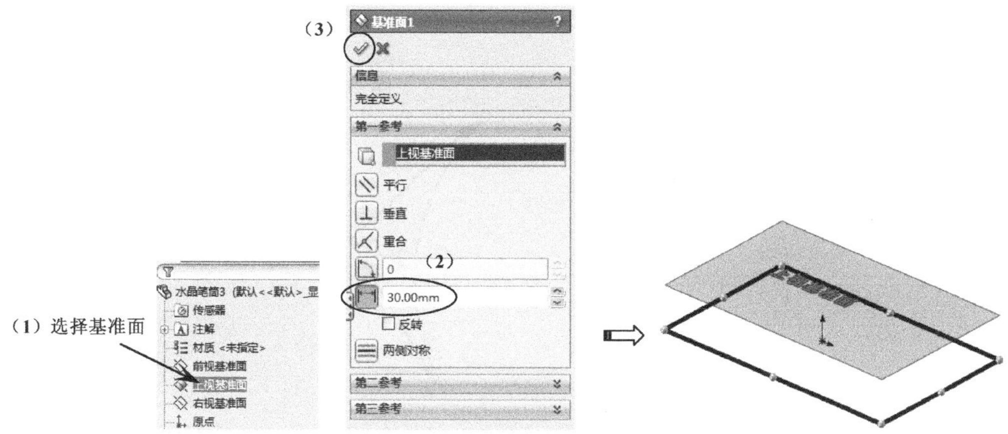

图 8-1　创建基准面 1

（4）创建基准面 2。参考上一步操作，创建基准面 2，而基准面 2 与基准面 1 的距离为 40，如图 8-2 所示。

（5）创建草图 1。在〖草图〗工具栏中单击〖草图绘制〗按钮，选择“上视基准面”为草图平面，接着在〖标准视图〗工具栏中单击〖正视于〗按钮，使视图按草图平面放置，然后创建如图 8-3 所示的圆，单击〖退出草图〗按钮。

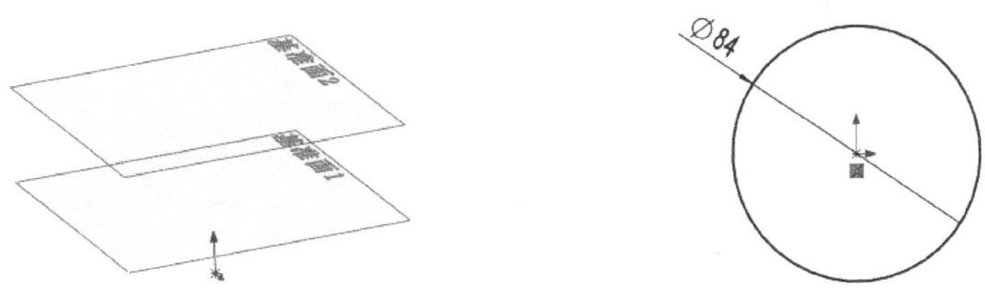

图 8-2　创建基准面 2　　　　图 8-3　创建草图 1

（6）创建草图 2。在〖草图〗工具栏中单击〖草图绘制〗按钮，选择“基准面 1”为草图平面，接着在〖标准视图〗工具栏中单击〖正视于〗按钮，使视图按草图平面放置，然后创建如图 8-4 所示的圆，单击〖退出草图〗按钮。

（7）创建草图 3。在〖草图〗工具栏中单击〖草图绘制〗按钮，选择“基准面 2”为草图平面，接着在〖标准视图〗工具栏中单击〖正视于〗按钮，使视图按草图平面放置，然后创建如图 8-5 所示的圆，单击〖退出草图〗按钮。

（8）隐藏基准面 1 和基准面 2。

（9）创建草图 4。在〖草图〗工具栏中单击〖草图绘制〗按钮，选择“前视基准面”为草图平面，接着在〖标准视图〗工具栏中单击〖正视于〗按钮，使视图按草图平面放置，然后创建如图 8-6 所示的两条对称样条曲线，单击〖退出草图〗按钮。

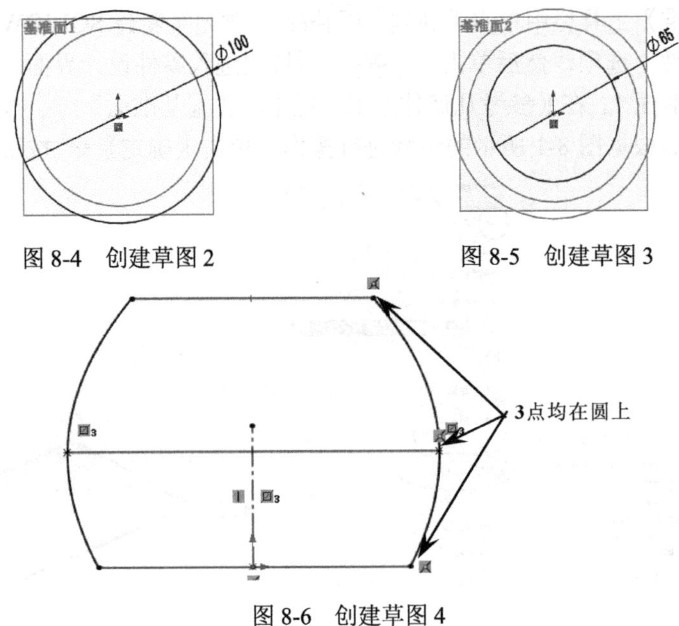

图 8-4　创建草图 2　　图 8-5　创建草图 3

图 8-6　创建草图 4

（10）边界创建实体。在〖特征〗工具栏中单击〖边界凸台/基体〗按钮，弹出〖边界〗对话框，然后根据图 8-7 所示的步骤进行参数设置，单击〖确定〗按钮。

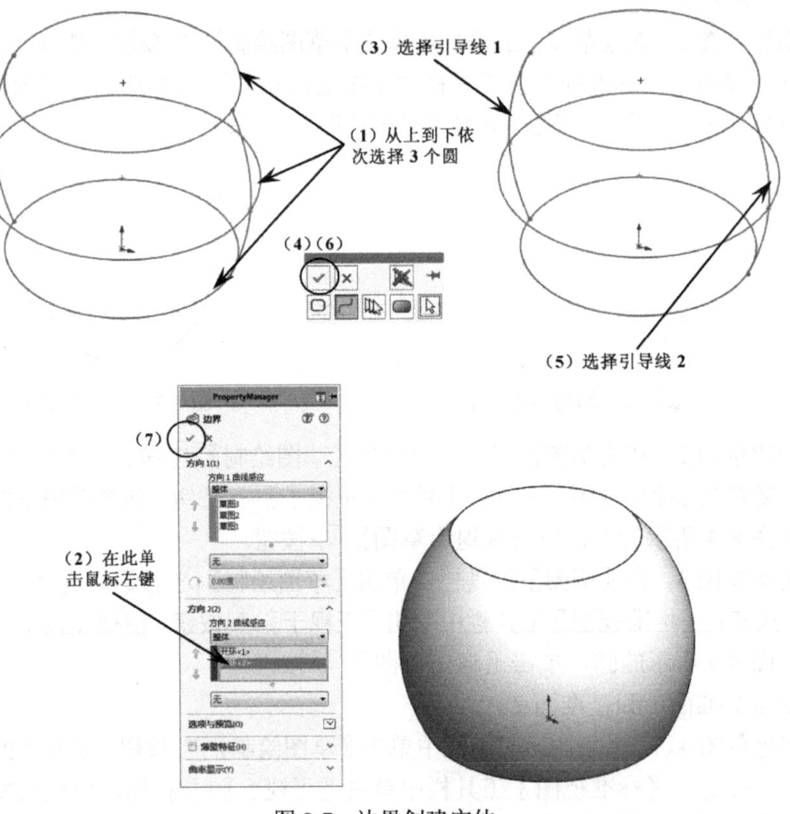

图 8-7　边界创建实体

（11）创建草图 5。在〖草图〗工具栏中单击〖草图绘制〗按钮，选择“前视基准面”为草图平面，接着在〖标准视图〗工具栏中单击〖正视于〗按钮，使视图按草图平面放置，然后创建如图 8-8 所示的样条曲线，单击〖退出草图〗按钮。

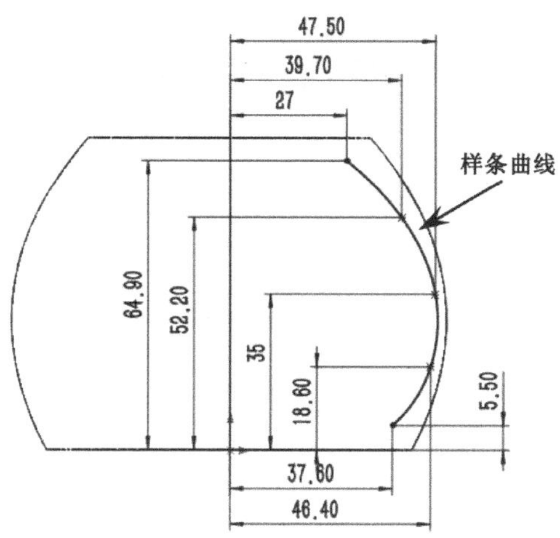

图 8-8　创建草图 5

在进行点标注时，每标注一个尺寸后，最好在空白处点击一下，这样可不用退出〖智能标注〗命令而继续标注。

（12）创建基准面 3。在〖参考几何体〗工具栏中单击〖基准面〗按钮，弹出〖基准面〗对话框，然后根据图 8-9 所示的步骤进行操作，单击〖确定〗按钮。

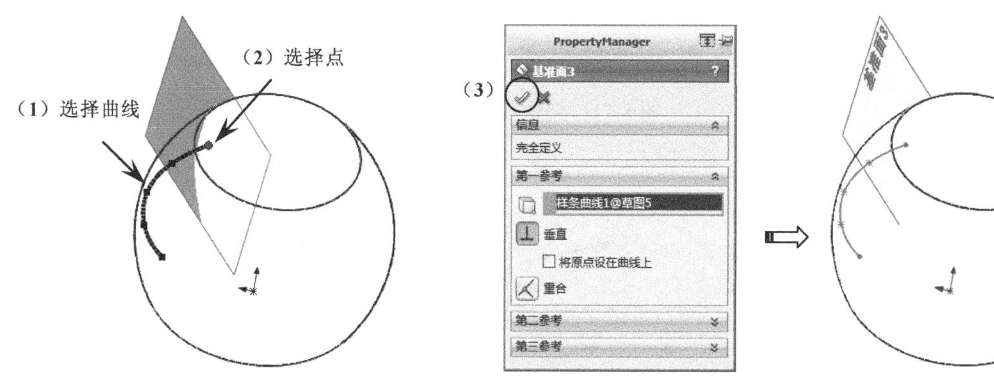

图 8-9　创建基准面 3

（13）创建基准面 4。在〖参考几何体〗工具栏中单击〖基准面〗按钮，弹出〖基准面〗对话框，然后根据图 8-10 所示的步骤进行操作，单击〖确定〗按钮。

（14）创建基准面 5。在〖参考几何体〗工具栏中单击〖基准面〗按钮，弹出〖基准面〗对话框，然后根据图 8-11 所示的步骤进行操作，单击〖确定〗按钮。

（15）创建草图 6。在〖草图〗工具栏中单击〖草图绘制〗按钮，选择“基准面 3”

为草图平面，接着在〖标准视图〗工具栏中单击〖正视于〗按钮，使视图按草图平面放置，然后创建如图 8-12 所示的圆，单击〖退出草图〗按钮。

（16）创建草图 7。在〖草图〗工具栏中单击〖草图绘制〗按钮，选择“基准面 4”为草图平面，接着在〖标准视图〗工具栏中单击〖正视于〗按钮，使视图按草图平面放置，然后创建如图 8-13 所示的椭圆，单击〖退出草图〗按钮。

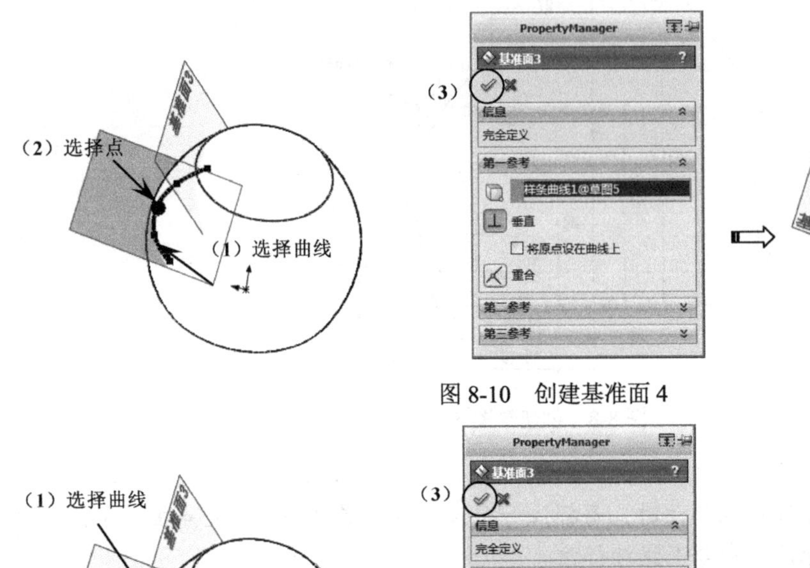

图 8-10　创建基准面 4

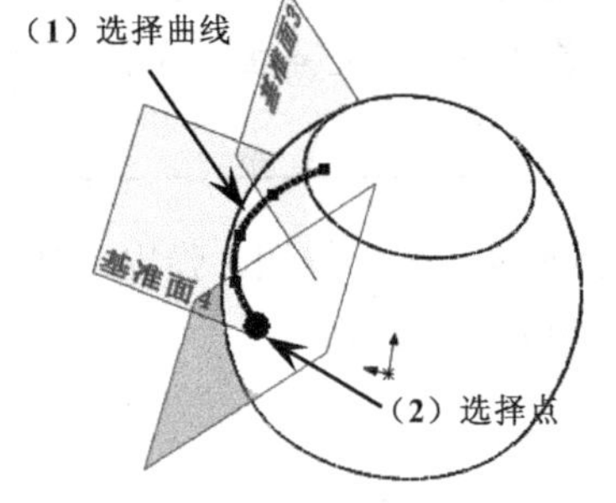

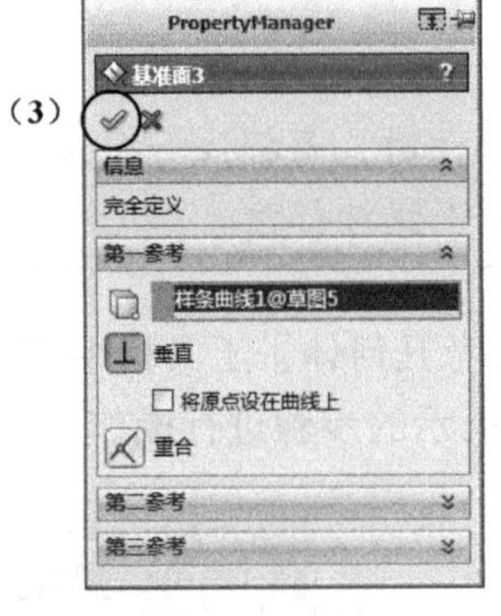

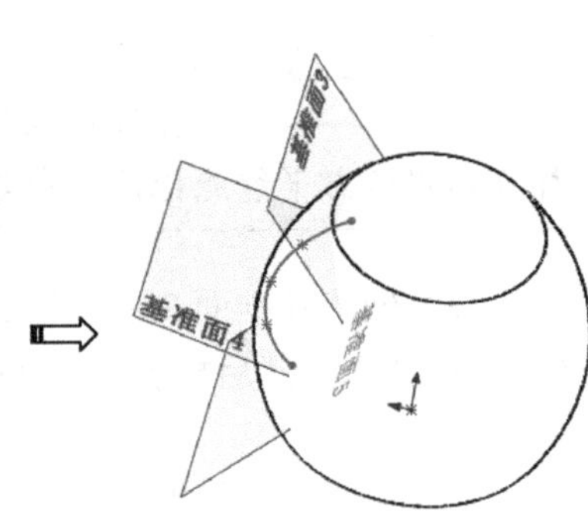

图 8-11　创建基准面 5

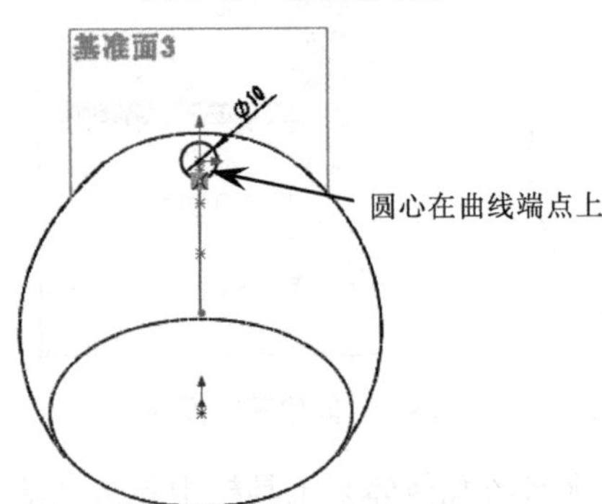

图 8-12　创建草图 6

（17）创建草图 8。在〖草图〗工具栏中单击〖草图绘制〗按钮，选择“基准面 5”为草图平面，接着在〖标准视图〗工具栏中单击〖正视于〗按钮，使视图按草图平面放置，然后创建如图 8-14 所示的圆，单击〖退出草图〗按钮。

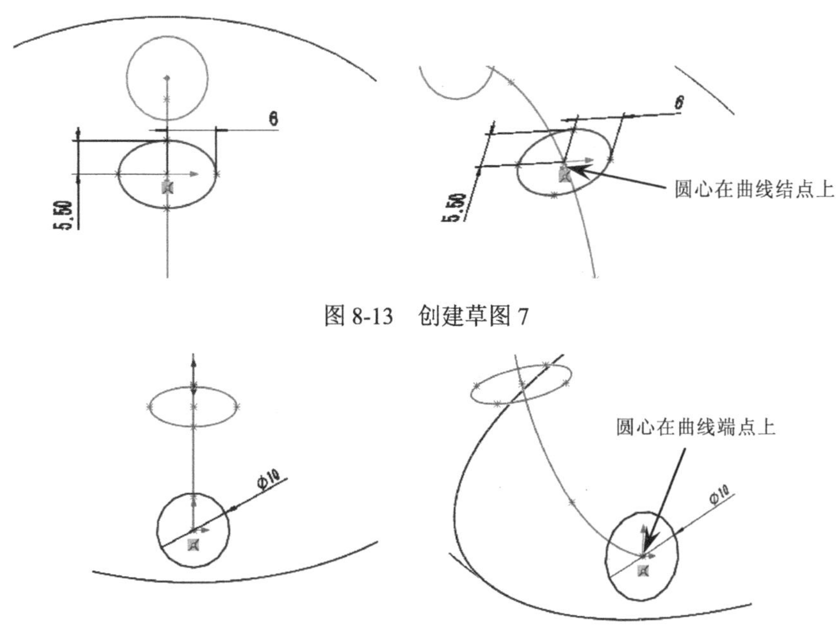

图 8-13　创建草图 7

图 8-14　创建草图 8

（18）隐藏基准面 3、基准面 4 和基准面 5。

（19）创建草图 9。在〖草图〗工具栏中单击〖草图绘制〗按钮，选择“前视基准面”为草图平面，接着在〖标准视图〗工具栏中单击〖正视于〗按钮，使视图按草图平面放置，然后创建如图 8-15 所示的圆弧，单击〖退出草图〗按钮。

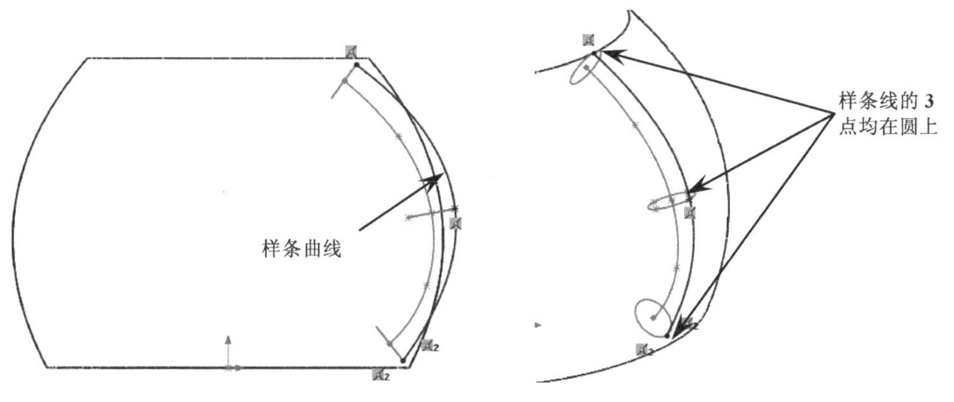

图 8-15　创建草图 9

必须适当放大图形的比例才能准确地在曲线边缘选择样条点。

（20）放样创建实体。在〖特征〗工具栏中单击〖放样凸台/基体〗按钮，弹出〖放样〗对话框，然后根据图 8-16 所示的步骤进行操作，单击〖确定〗按钮。

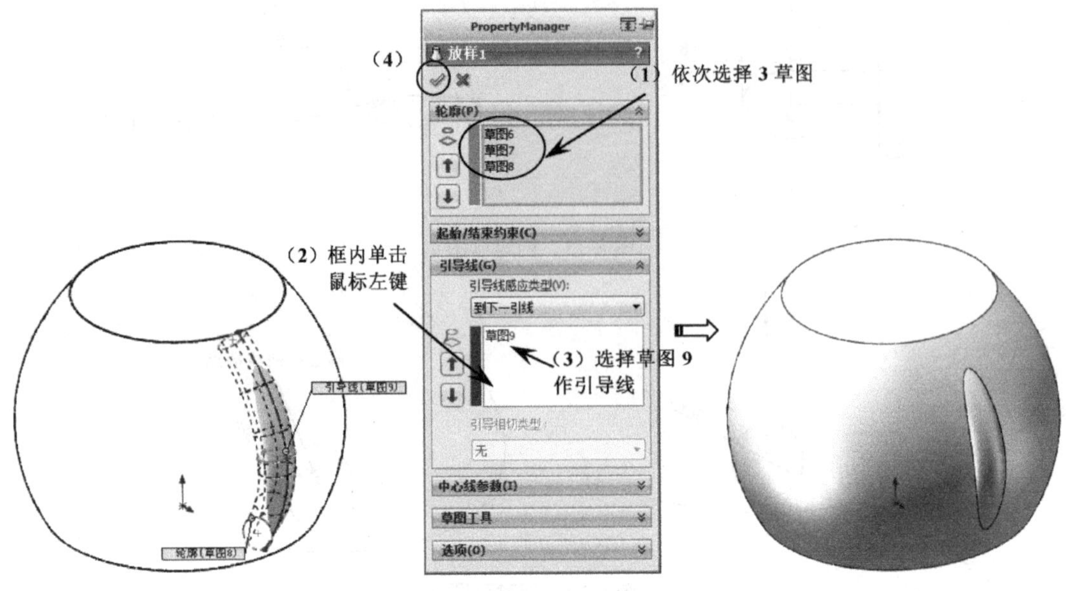

图 8-16　放样创建实体

以上的草图均可在设计树中直接选取。

（21）曲线阵列。在〖特征〗工具栏中单击〖曲线驱动的阵列〗按钮，弹出〖曲线阵列〗对话框，然后根据图 8-17 所示的步骤进行操作，单击〖确定〗按钮。

采用曲线阵列一些不规则形状的特征时，应勾选“与曲线相切”选项。

必须勾选“等距曲线”和“与曲线相切”两个选项才能保证阵列的结果满足要求。

2. 花纹图案的设计

（1）扭曲实体。在菜单栏中选择〖插入〗/〖特征〗/〖弯曲〗命令，弹出〖弯曲〗对话框，然后根据图 8-18 所示的步骤进行操作，单击〖确定〗按钮。

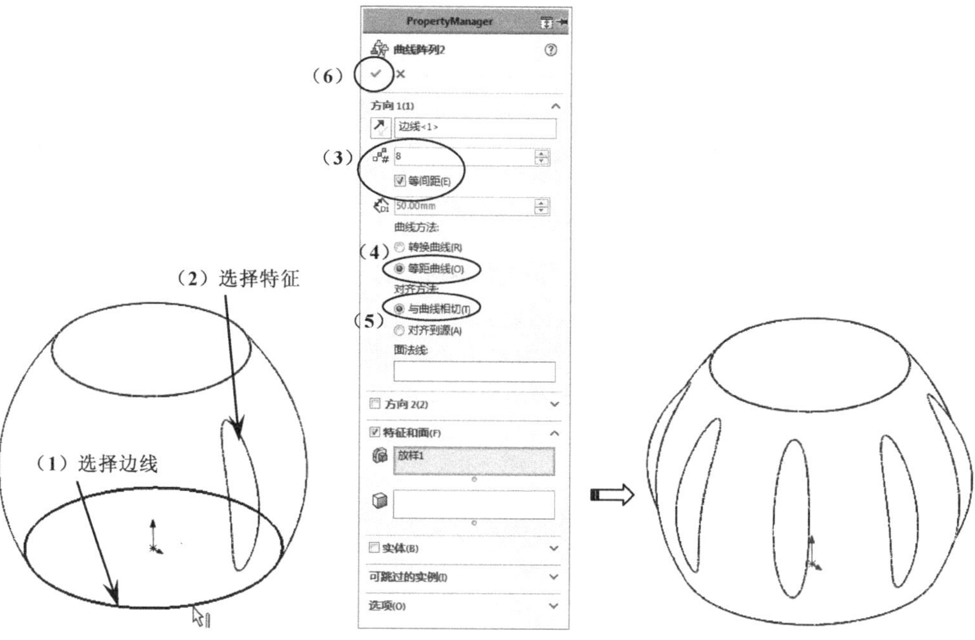

图 8-17 曲线阵列

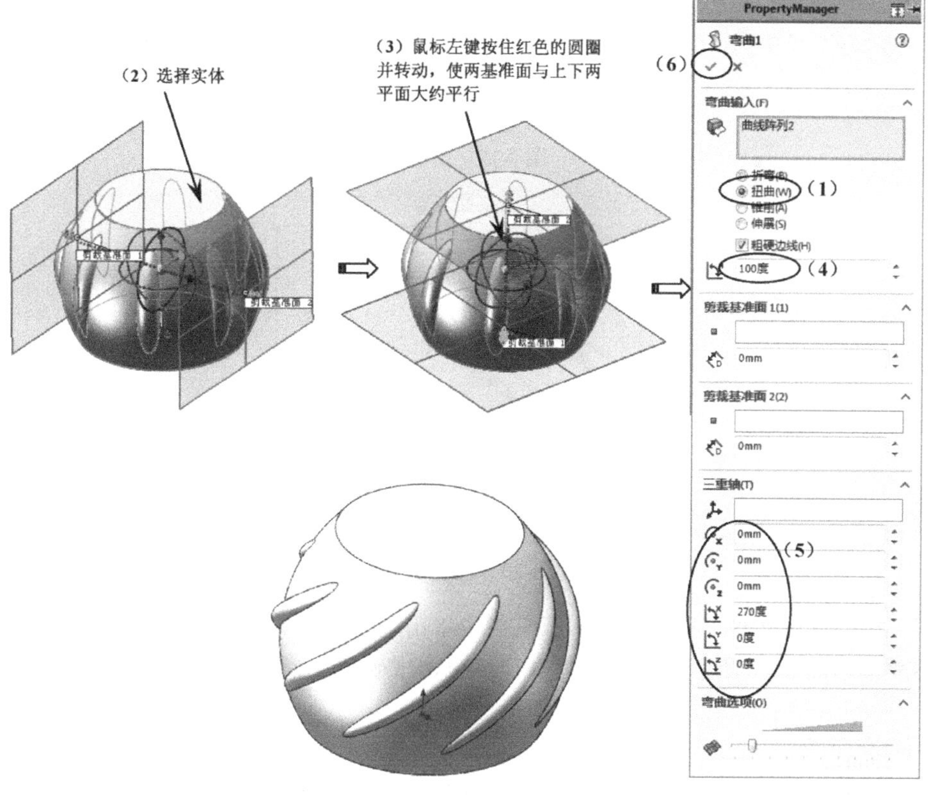

图 8-18 扭曲实体

要点提示

设置扭曲参数前必须旋转两个“裁剪基准平面”与上下实体两个平面基本平行。由于该操作比较特殊，如果读者对以上的表述还不够清楚，请根据配套资源中对应的视频进行操作。

（2）倒圆角。参考前面的操作，选择如图 8-19（a）所示的 8 条边线为倒角边，并设置圆角半径为 1，如图 8-19 所示，单击〖确定〗✔按钮。

（3）创建草图 10。在〖草图〗工具栏中单击〖草图绘制〗按钮，选择“右视基准面”为草图平面，接着在〖标准视图〗工具栏中单击〖正视于〗按钮，使视图按草图平面放置，然后创建如图 8-20 所示的圆弧，单击〖退出草图〗按钮。

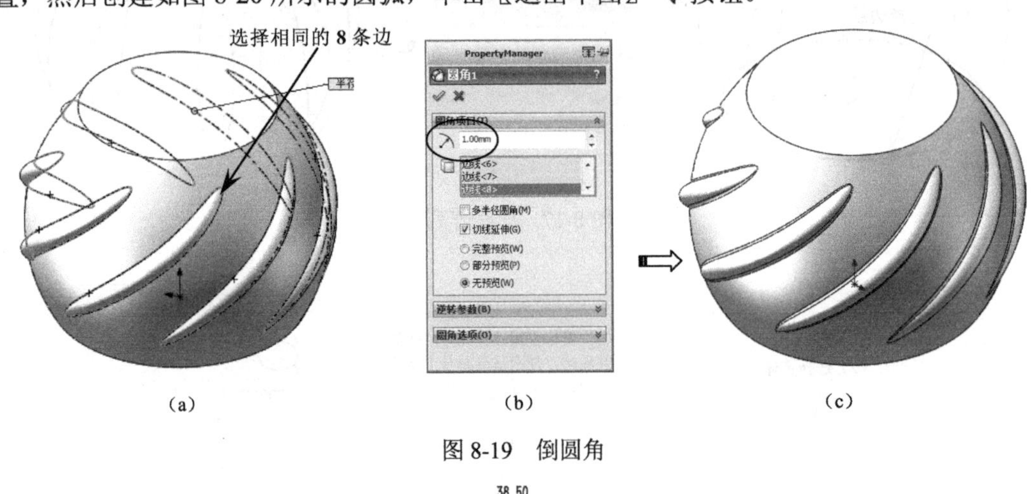

图 8-19　倒圆角

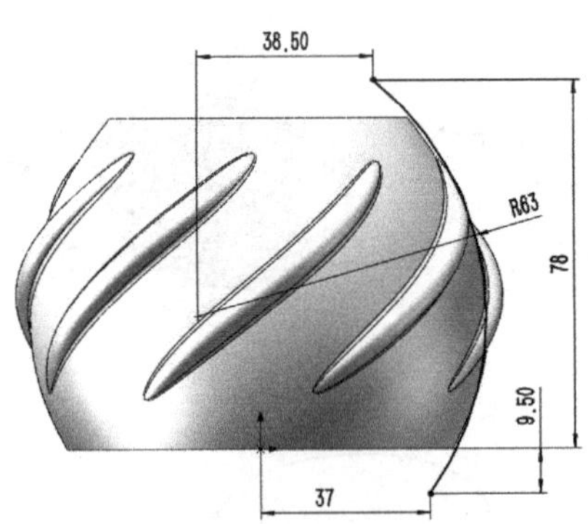

图 8-20　创建草图 10

（4）扫描创建实体。在〖特征〗工具栏中单击〖扫描〗按钮，弹出〖扫描〗对话框，然后根据图 8-21 所示的步骤进行操作，单击〖确定〗✔按钮。

要点提示

以上的扫描参数设置中不能勾选“合并结果”选项，待后面编辑好后再进行组合。

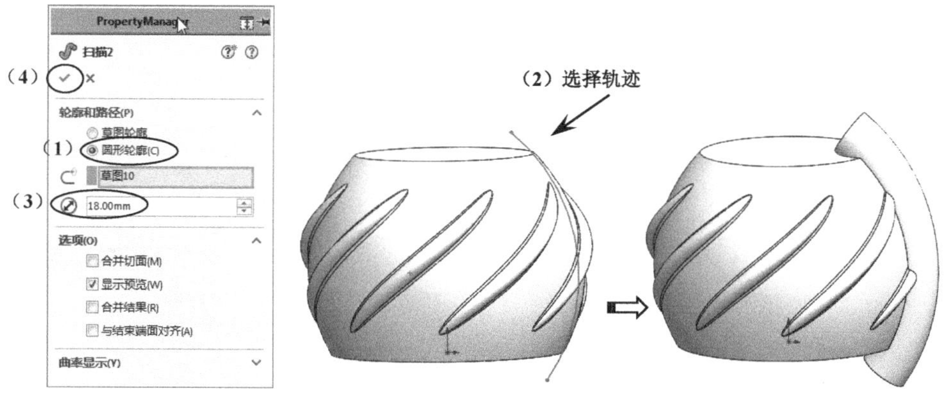

图 8-21 扫描创建实体

(5) 镜向实体。参考前面的操作，镜向上一步创建的实体，如图 8-22 所示。

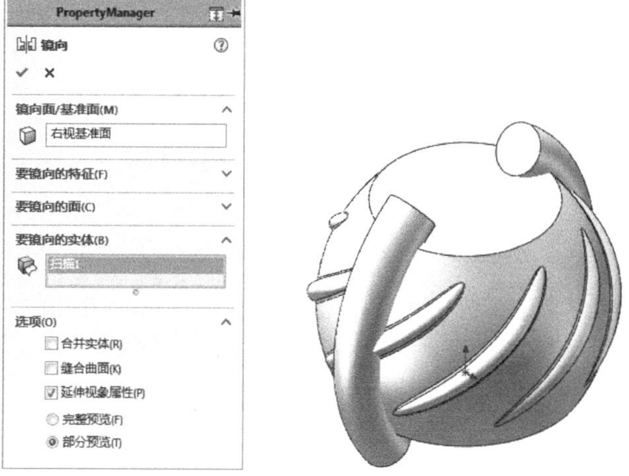

图 8-22 镜向实体

必须先在“要镜像的实体”对应的框内单击鼠标左键，这样才能保证镜像的是实体。

(6) 分割实体。在菜单栏中选择〖插入〗/〖特征〗/〖分割〗命令，弹出〖分割〗对话框，然后根据图 8-23 所示的步骤进行操作，单击〖确定〗按钮。

(7) 创建草图 11。在〖草图〗工具栏中单击〖草图绘制〗按钮，选择如图 8-24 (a) 所示的平面为草图平面，接着在〖标准视图〗工具栏中单击〖正视于〗按钮，使视图按草图平面放置，然后创建如图 8-24 (b) 所示的圆，单击〖退出草图〗按钮。

(8) 拉伸切除实体。参考前面的操作，选择上一步创建的草图为拉伸对象，并设置如图 8-25 所示的参数，单击〖确定〗按钮。

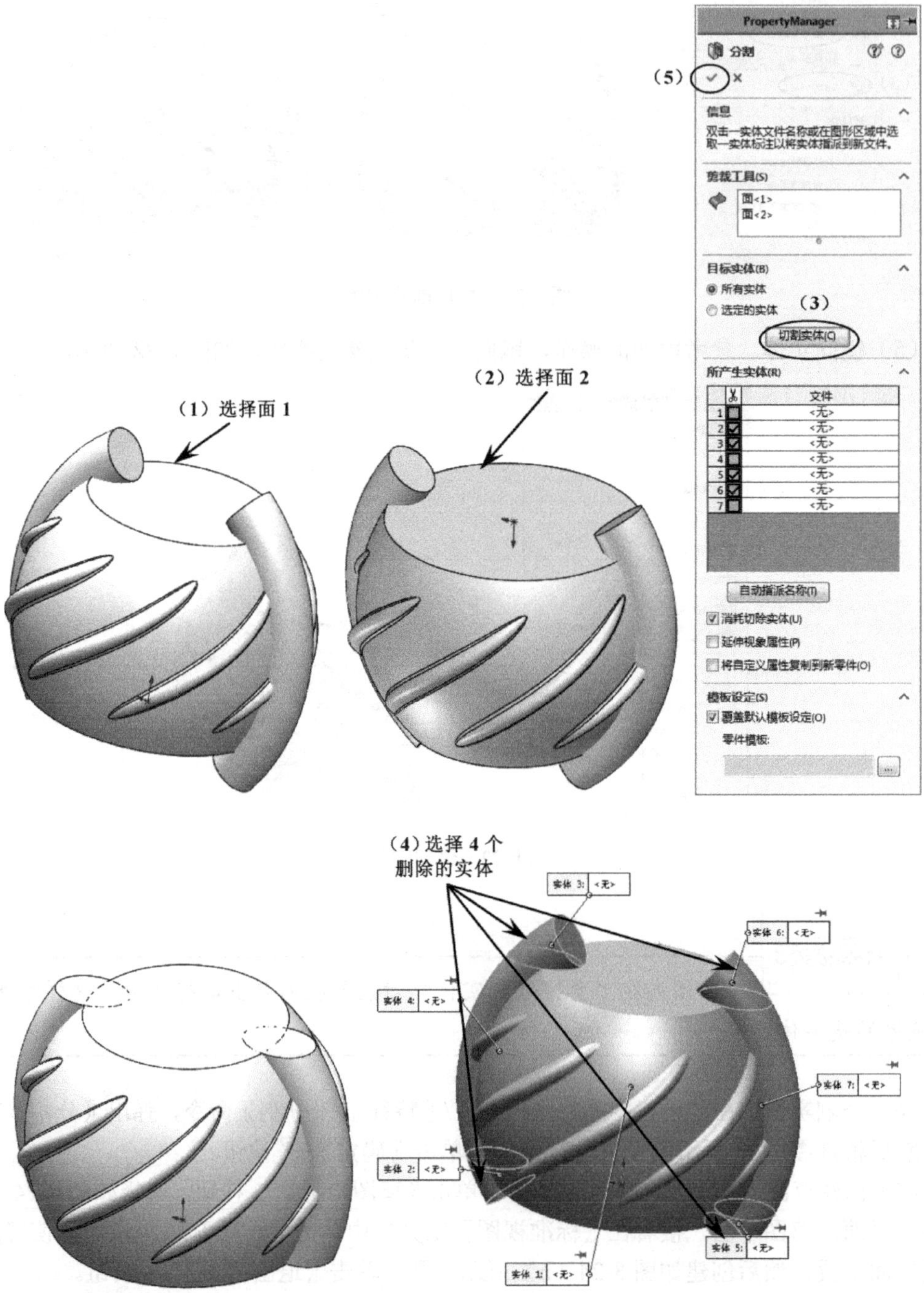

PropertyManager
分割
(5)
信息
双击一实体文件名称或在图形区域中选取一实体标注以将实体指派到新文件。
剪裁工具(S)
面<1>
面<2>
目标实体(B)
所有实体
选定的实体
(3)
切割实体(C)
所产生实体(R)
文件
<无>
自动指派名称(T)
消耗切除实体(U)
延伸视象属性(P)
将自定义属性复制到新零件(O)
模板设定(S)
覆盖默认模板设定(O)
零件模板:
(1) 选择面 1
(2) 选择面 2
(4) 选择 4 个删除的实体
实体 1: <无>
实体 2: <无>
实体 3: <无>
实体 4: <无>
实体 5: <无>
实体 6: <无>
实体 7: <无>

图 8-23　扭曲实体

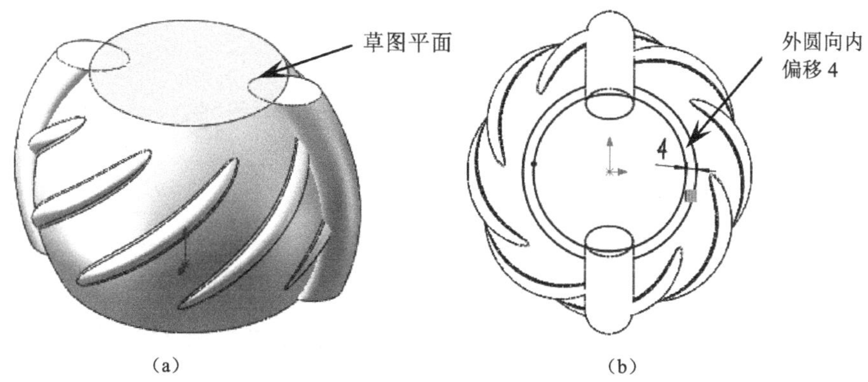

图 8-24　创建草图 11

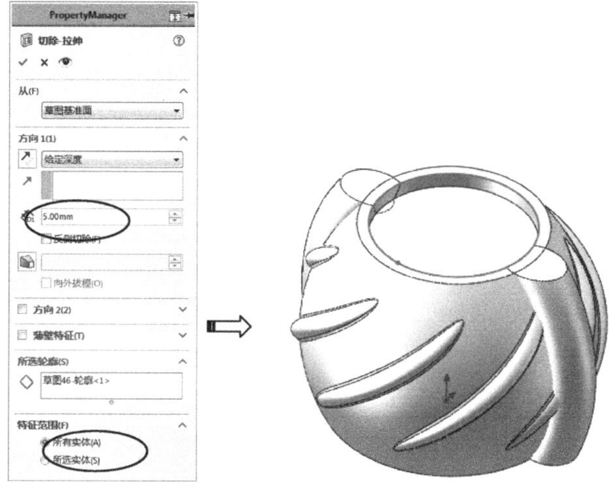

图 8-25　拉伸切除实体

（9）创建草图 12。在〖草图〗工具栏中单击〖草图绘制〗按钮，选择“右视基准面”为草图平面，接着在〖标准视图〗工具栏中单击〖正视于〗按钮，使视图按草图平面放置，然后创建如图 8-26 所示的草图，单击〖退出草图〗按钮。

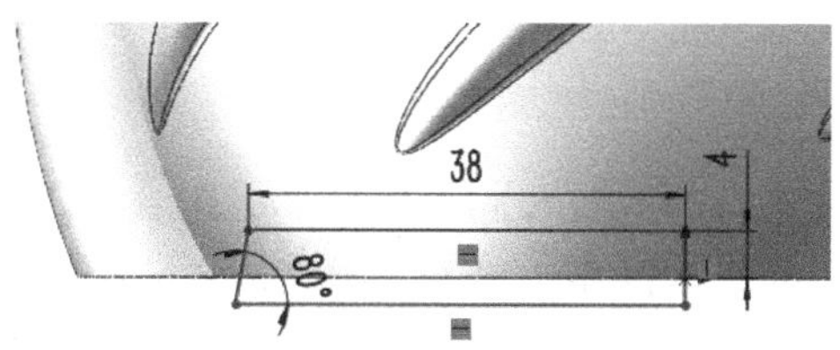

图 8-26　创建草图 12

（10）旋转切除实体。参考前面的操作，选择上一步创建的草图为旋转截面，并设置如图 8-27 所示的参数，单击〖确定〗按钮。

（11）抽壳。在〖特征〗工具栏中单击〖抽壳〗按钮，弹出〖抽壳〗对话框，然后根据图 8-28 所示的步骤进行操作，单击〖确定〗按钮。

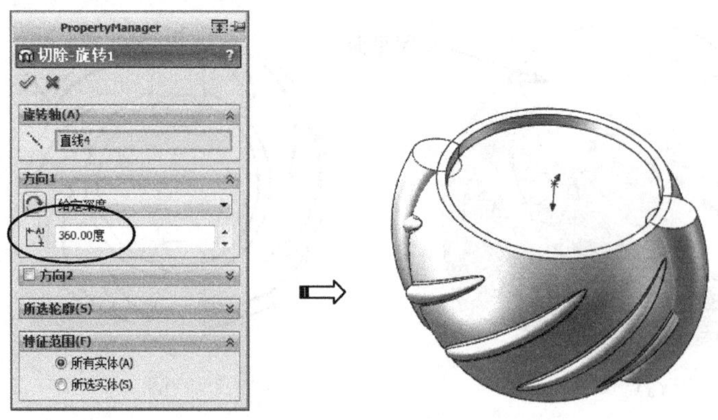

图 8-27　旋转切除实体

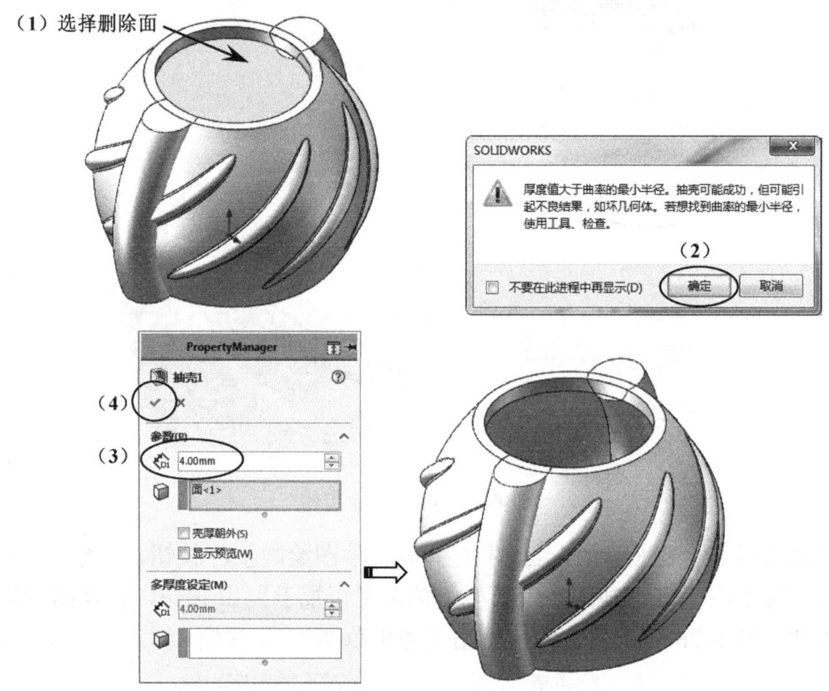

图 8-28　抽壳

（12）组合。在菜单栏中选择〖插入〗/〖特征〗/〖组合〗命令，弹出〖组合〗对话框，然后根据图 8-29 所示的步骤进行操作，单击〖确定〗✔按钮。

（13）删除面。在菜单栏中选择〖插入〗/〖面〗/〖删除〗命令，弹出〖删除面〗对话框，并设置如图 8-30 所示的参数，单击〖确定〗✔按钮。

删除面是一个非常实用的功能，希望读者根据这里的内容举一反三。

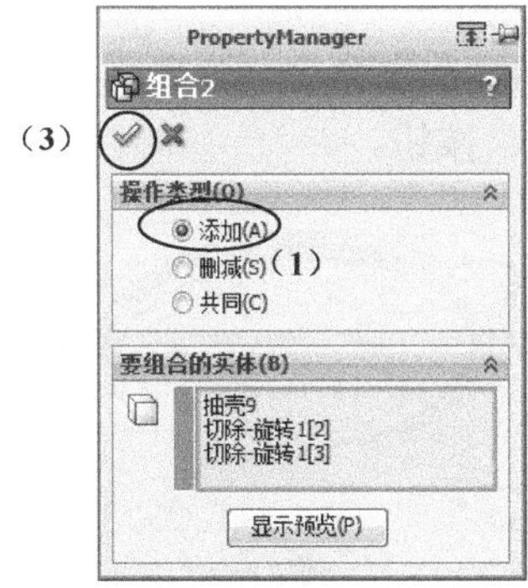

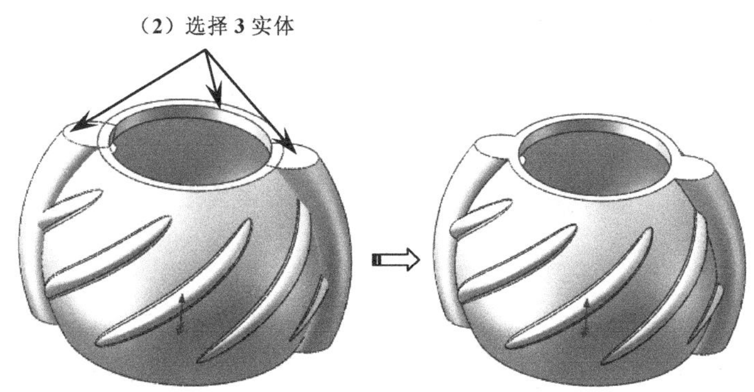

图 8-29　组合

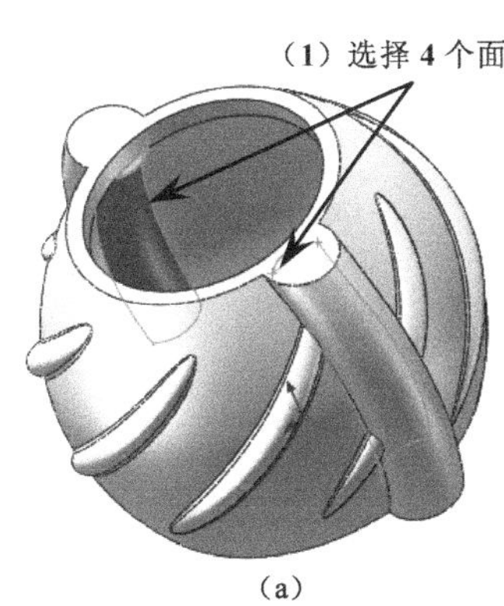

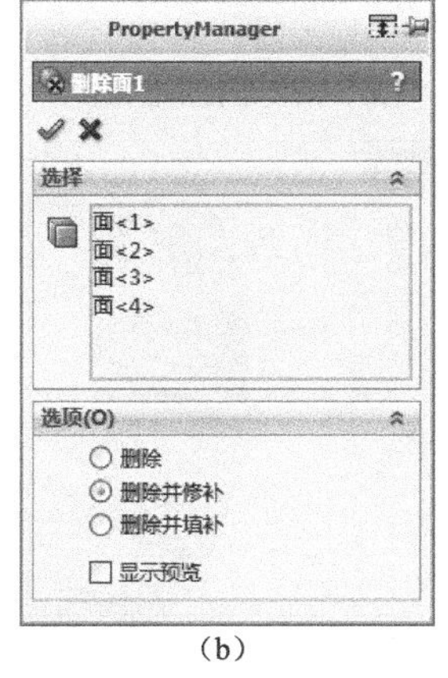

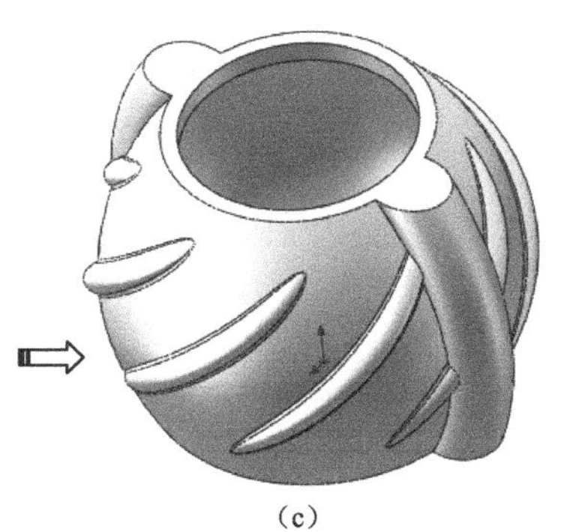

(a)　(b)　(c)

图 8-30　删除面

(14)倒圆角 1。参考前面的操作，选择如图 8-31(a)所示的 4 条相同边作为倒角边，并设置如图 8-31(b)所示的参数，单击〖确定〗✔按钮。

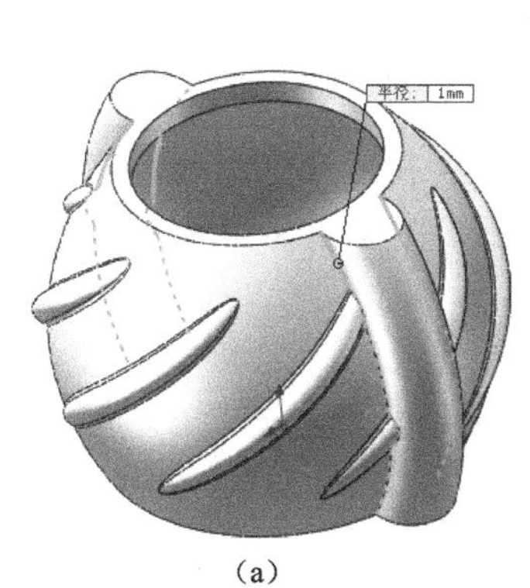

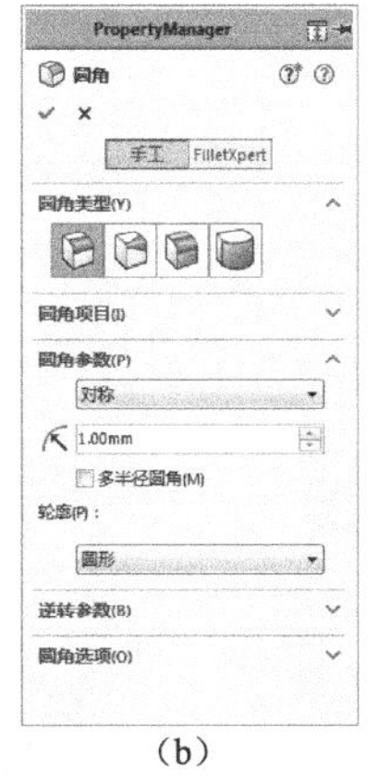

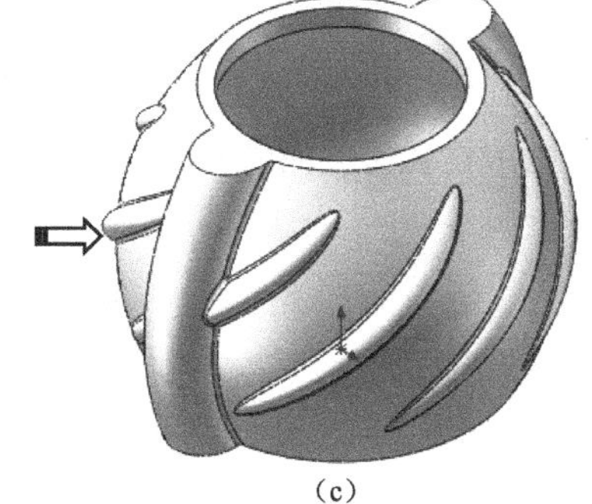

(a)　(b)　(c)

图 8-31　倒圆角 1

（15）倒圆角 2。参考前面的操作，选择如图 8-32 所示的 4 条相同边作为倒角边，圆角半径为 1，单击〖确定〗✔按钮。

（16）伸展实体。在菜单栏中选择〖插入〗/〖特征〗/〖比例缩放〗命令，弹出〖比例缩放〗对话框，然后设置如图 8-33 所示的参数，单击〖确定〗✔按钮。

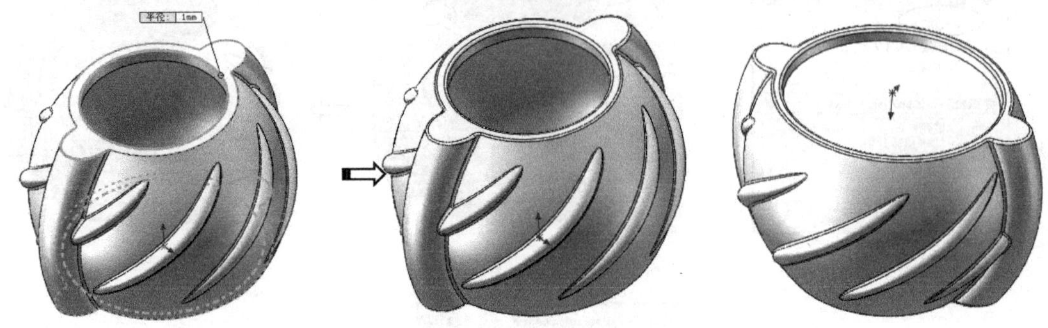

图 8-32　倒圆角 2

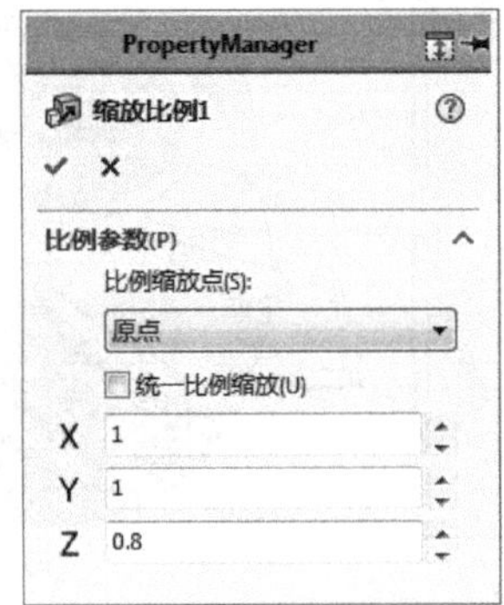

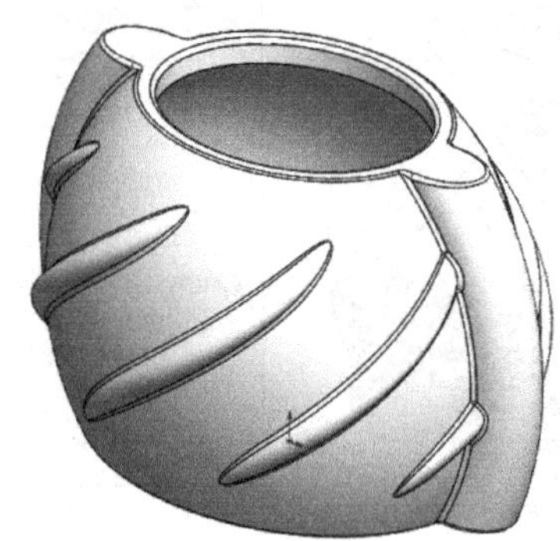

图 8-33　比例缩放

要点提示

通过简单的比例缩放命令，可以快速地将已经成型的产品进行外观尺寸调整，达到所需的设计要求。

（17）保存文件。在〖标准〗工具栏中单击〖保存〗按钮，接着在弹出的〖另存为〗对话框中设置文件的名称和保存路径即可，设计的水晶笔筒三维图如图 8-34 所示。

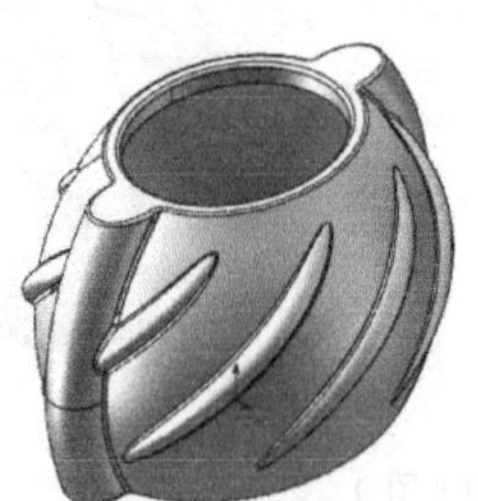

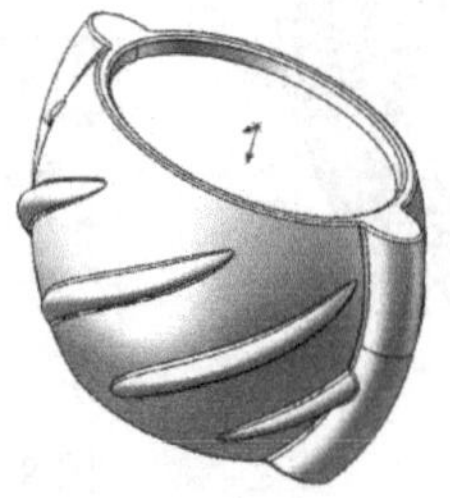

图 8-34　保存文件

8.3 本章学习收获

通过本章的学习，读者必须掌握以下内容。

（1）能够灵活运用弯曲命令对实体进行有效的变形，达到设计要求的效果。

（2）能够灵活创建草图基准面，使草图设计得更合理。

（3）能够灵活运用删除面功能删除模型中不必要的曲面，以提高设计效率。

8.4 练习题

根据图 8-35 所示的调整盖二维图，运用本章知识完成调节盖的三维设计。

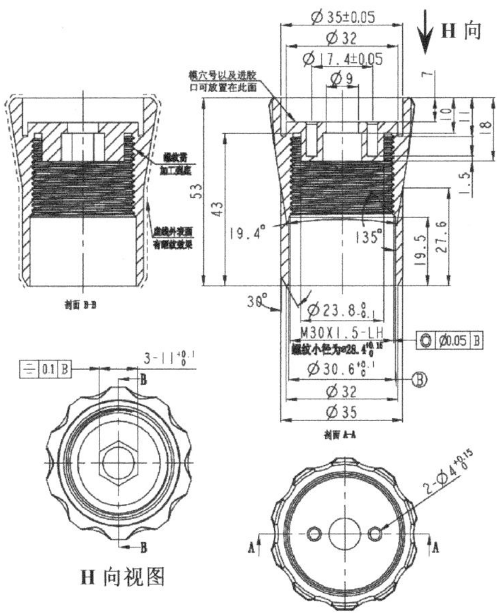

图 8-35　调整盖二维图

第9章

3D 曲线设计基本功特训

本章讲述的曲线主要是空间曲线，即绘制不在同一平面上的曲线。本章介绍的曲线主要包括 3D 草图和〖曲线〗工具栏中的命令，如图 9-1 所示。

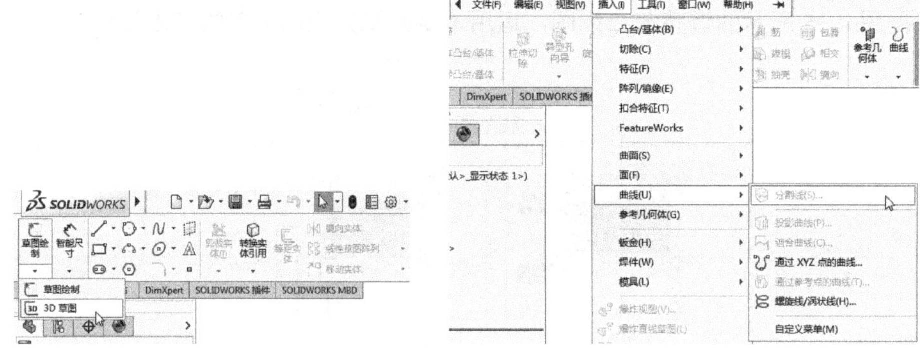

图 9-1　3D 草图与〖曲线〗命令

9.1　学习目标与课时安排

学习目标及学习内容

（1）认识创建空间曲线的主要命令，如投影曲线、交叉曲线、分割曲线和组合曲线等常用的创建曲线命令。

（2）掌握 3D 草图的创建方法。

（3）重点掌握相交点、交叉曲线和投影曲线的操作，因为较复杂的曲面造型设计经常需要使用这些命令。

学习课时安排（共 5 课时）

（1）3D 草图（2 课时）。

（2）分割曲线、交叉曲线（1 课时）。

（3）投影曲线、组合曲线（1 课时）。

（4）通过 XYZ 点的曲线、通过参考点的曲线、螺旋线/涡状线（1 课时）。

9.2 3D 草图

3D 草图与草图绘制（2D 草图）的绘制方法差不多，但两者最大的区别是创建 3D 草图不用选择基准面，而创建 2D 草图必须选择基准面。本节主要介绍 3D 草图中的重要功能，如点（相交点）、直线、样条曲线、圆弧和交叉曲线等，而点（相交点）和交叉曲线两命令更需要切实掌握好。

在菜单栏中选择〖插入〗/〖3D 草图〗命令或在〖草图〗环境中的〖草图绘制〗下拉列表中单击〖3D 草图〗按钮，均可进入 3D 草图环境，如图 9-2 所示。

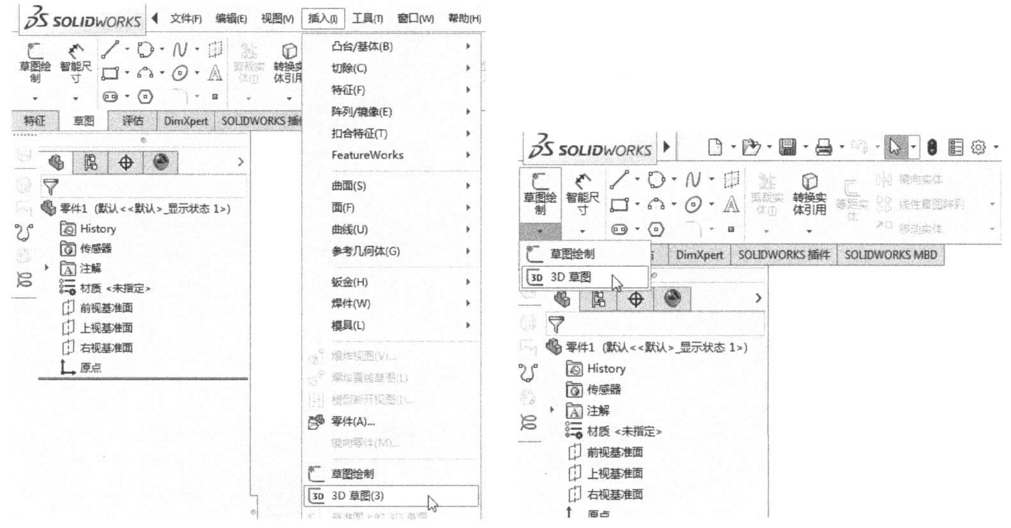

图 9-2 进入 3D 草图环境

1. 点（相交点）

通过指定或约束点的位置来创建点。在实际产品设计中，随意地指定点的位置来创建点几乎没有任何意义，而相交点的创建却非常重要，因为多数的曲面设计首先需要创建线架，而相交点在线架的设计中起着举足轻重的作用，在后面的实例中也重点体现了这一点。

下面简单介绍 3D 草图中创建相交点的方法。

（1）打开〖Example\Ch09\相交点〗文件，如图 9-3 所示。

（2）在〖草图〗环境中的“草图绘制”下拉列表中单击〖3D 草图〗 3D 草图 按钮，进入 3D 草图环境。

（3）创建点。在〖草图〗工具栏中单击〖点〗按钮，然后指定两点分别在两曲线上，如图 9-4 所示。

（4）约束点 1 在面上。在〖草图〗工具栏中单击 显示/删除几何... 按钮，弹出〖添加几何关系〗对话框，接着依次选择点 1 和“右视基准面”，然后单击〖在平面上〗按钮，如图 9-5 所示。

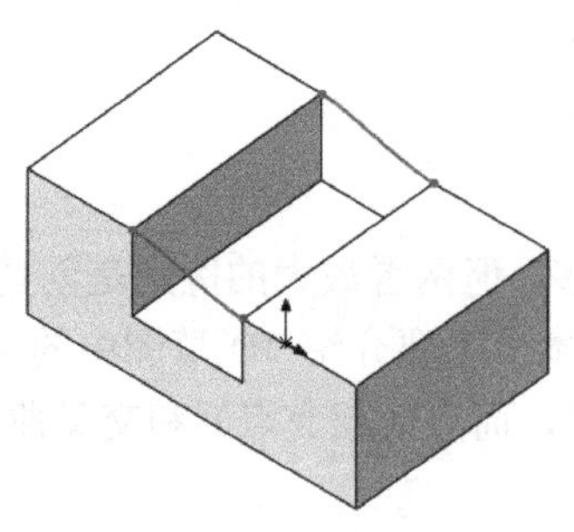

图 9-3　打开文件

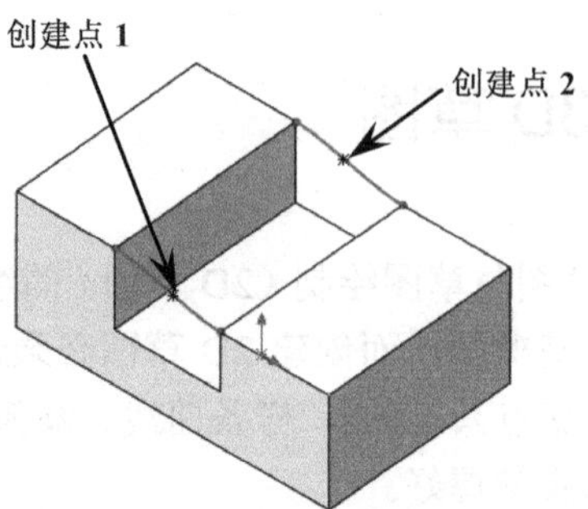

图 9-4　创建点在曲线上

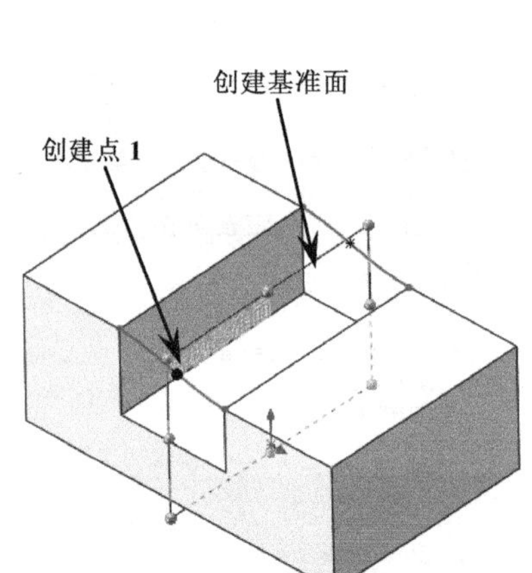

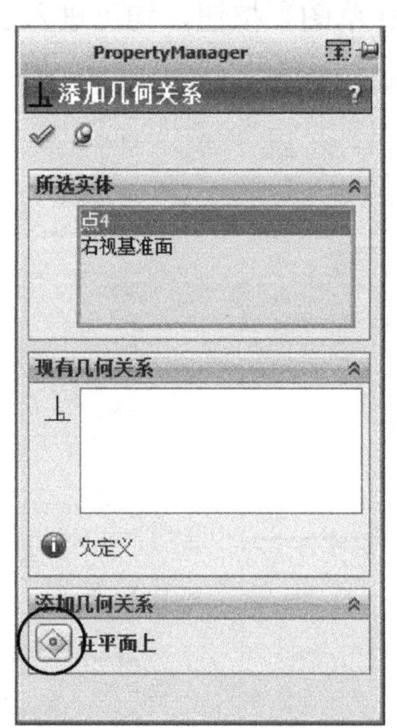

图 9-5　约束点 1 在面上

（5）约束点 2 在面上。使用相同的方法，约束点 2 在“右视基准面”上。

要点提示

在 SOLIDWORKS 软件中没有直接创建相交点的命令，但可以先将点指定在曲线上，然后通过约束点在面上，这样的点就是曲线与曲面或基准面的相交点。

2. 直线

不需要指定草图平面，直接指定已存在的两点来创建直线，如图 9-6 所示，然后在键盘上按 Esc 键退出直线命令。

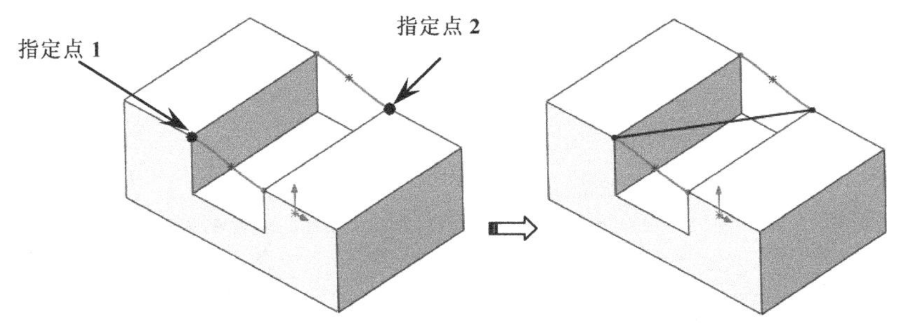

图 9-6　创建直线

3．圆/圆弧

与 2D 草图绘制一样，可通过指定圆心和圆上一点来创建圆或圆弧，也可通过指定圆上 3 点来创建，如图 9-7 所示。

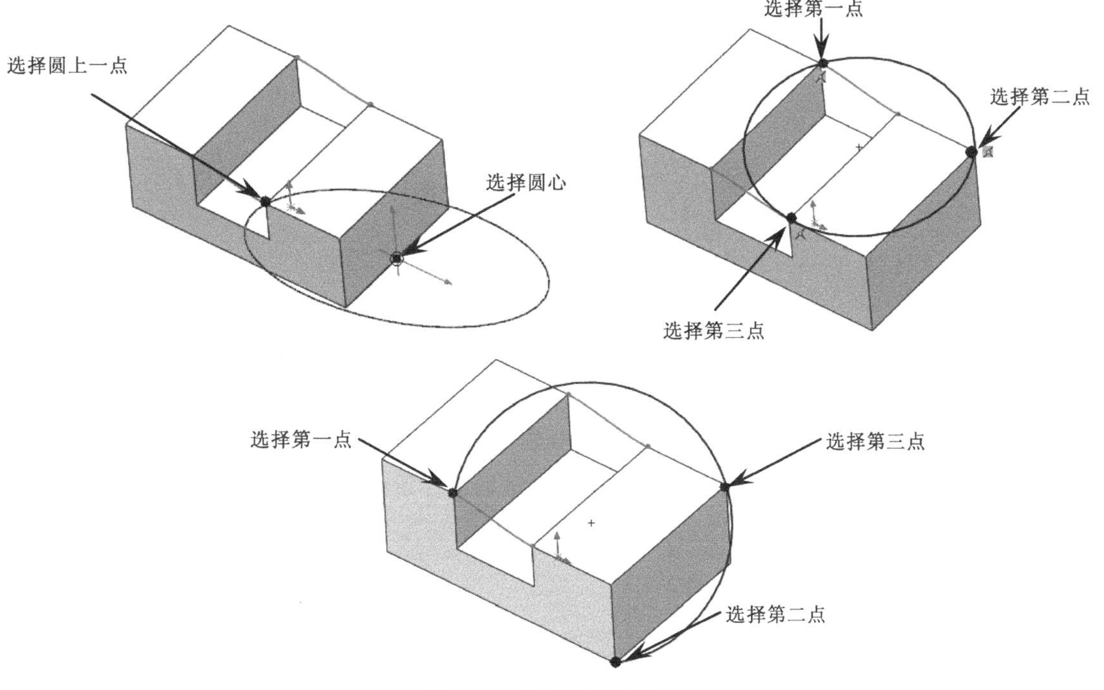

图 9-7　创建圆或圆弧

要点提示

如果创建的圆需要在特定的平面上，但又无合适的参考点可选择时，则可按照基准面的创建方法先创建 3D 草图基准面，然后再创建圆，如图 9-8 所示。

4．样条曲线

通过选择空间上的两点或多点创建样条曲线。空间样条曲线在造型设计中非常重要，下面详细介绍其操作方法。

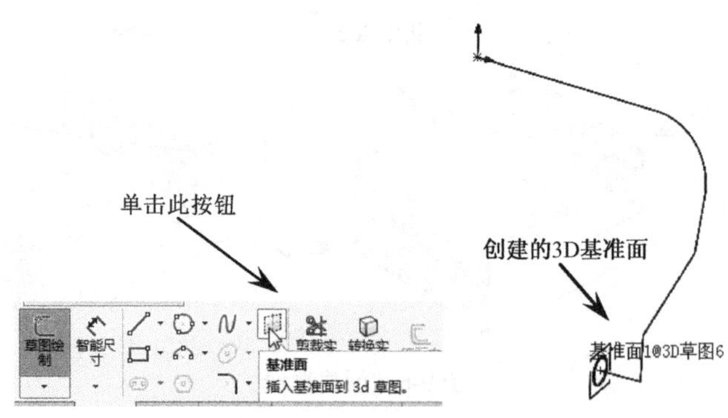

图 9-8　创建 3D 基准面

（1）打开〖Example\Ch09\空间样条曲线〗文件，如图 9-9 所示。

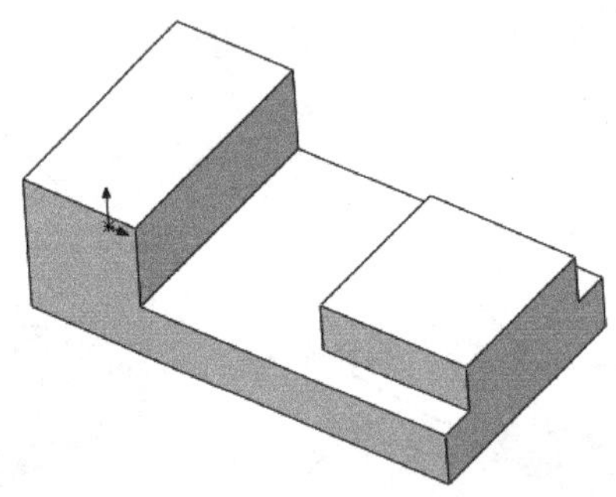
图 9-9　打开文件

（2）在〖草图〗环境中的〖草图绘制〗下拉列表中单击〖3D 草图〗按钮，进入 3D 草图环境。

（3）创建样条曲线。在〖草图〗工具栏中单击〖样条曲线〗按钮，接着指定图 9-10 所示的两点创建样条曲线，然后在键盘上按 Esc 键退出样条曲线命令。

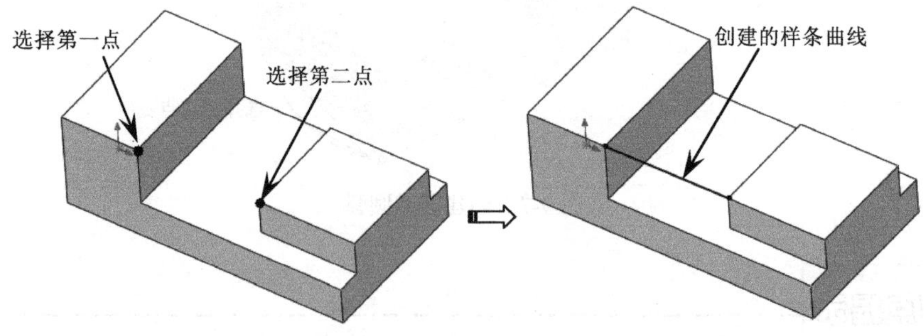

图 9-10　创建样条曲线

如果只选择两点创建样条曲线，且不对其进行约束，则此时的样条曲线形状为直线。

（4）约束样条曲线与两端相切。在〖草图〗工具栏中单击 显示/删除几何... 按钮，弹出〖添加几何关系〗对话框，接着依次选择边线 1 和样条曲线，然后单击〖相切〗按钮，如图 9-11 所示。

创建空间样条线时，还可以设置在两端点处与原曲线相切的约束关系，这点在产品造型中非常重要，希望读者切实掌握。

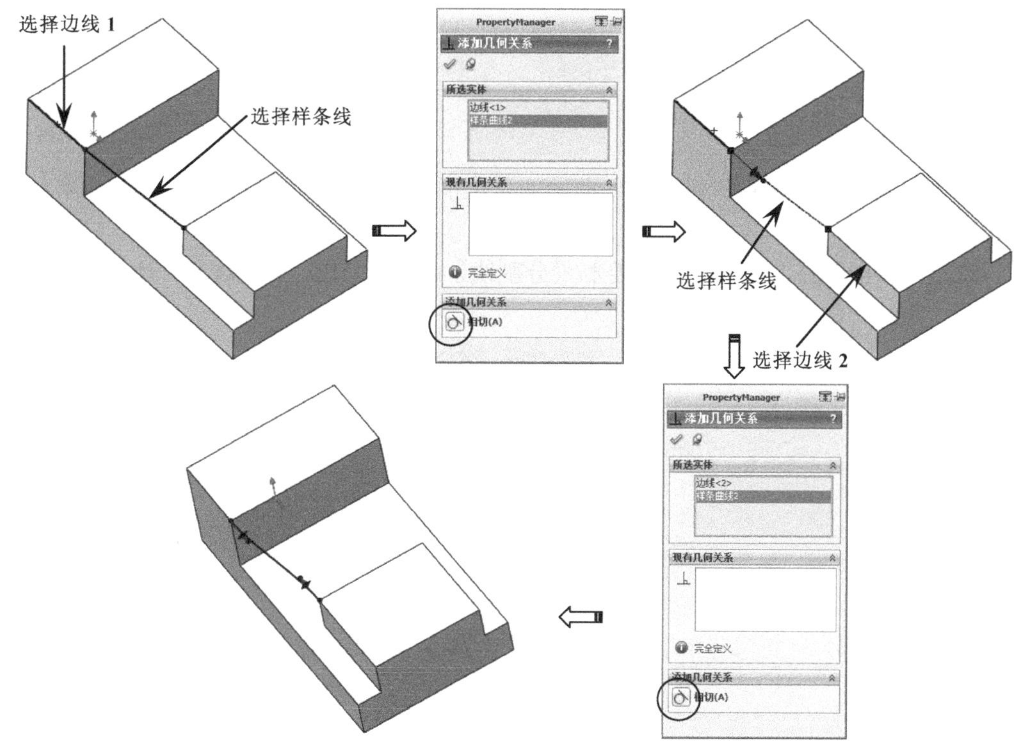

图 9-11　约束样条线与两端相切

9.3　交叉曲线

通过选择两组相交的曲面或基准面，产生相交的曲线。

在〖转换实体引用〗下拉列表中单击 交叉曲线 按钮，弹出〖交叉曲线〗对话框，然后选择两组相交的面，单击〖确定〗按钮，如图 9-12 所示。

创建交叉曲线时，可同时选择多个曲面。

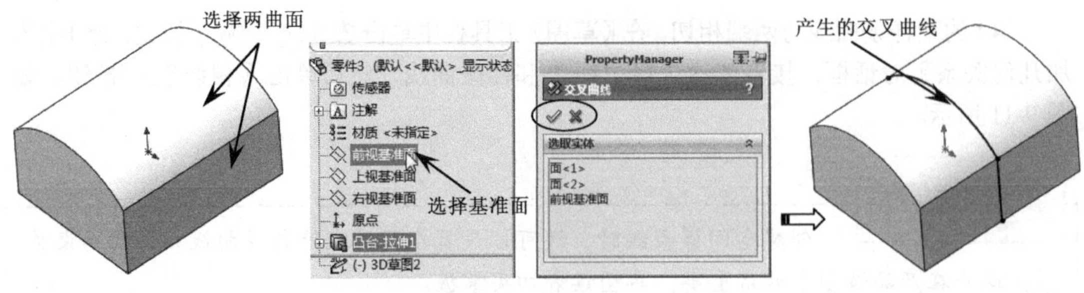

图 9-12　交叉曲线

9.4　分割线

通过草图曲线、设置拔模角度、曲面或基准面将曲面分割成两部分，从而在实体上形成轮廓线。

在菜单栏中选择〖插入〗/〖曲线〗/〖分割线〗命令，弹出〖分割线〗对话框，如图 9-13 所示。

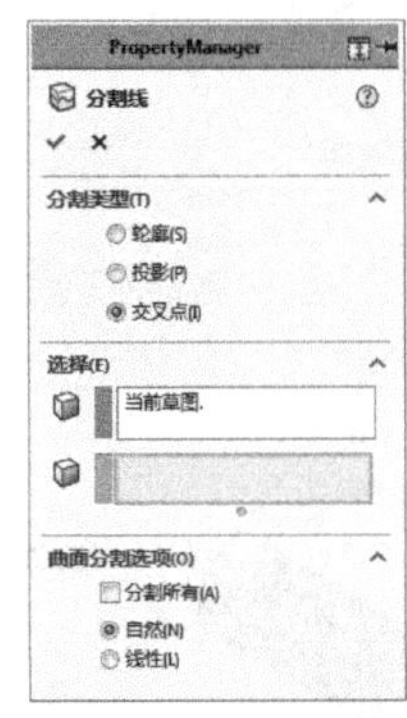

图 9-13　〖分割线〗对话框

1．轮廓生成分割线

通过设置产品斜率角度产生轮廓线，主要应用于外表面曲率变化较大的轮廓。

首先选择平面或直线作为拔模方向，接着选择要分割的曲面，然后设置角度，单击〖确定〗✔按钮，如图 9-14 所示。

2．投影生成分割线

将草图曲线投影到指定的曲面上，然后进行分割。

首先选择草图，接着选择要分割的曲面，单击〖确定〗✔按钮，如图 9-15 所示。

3．交叉点生成分割线

选择曲面或基准面与分割面形成相交，从而产生分割线。

首先选择分割工具基准面或曲面（分割工具），接着选择要分割的曲面（被分割的对象），单击〖确定〗✔按钮，如图 9-16 所示。

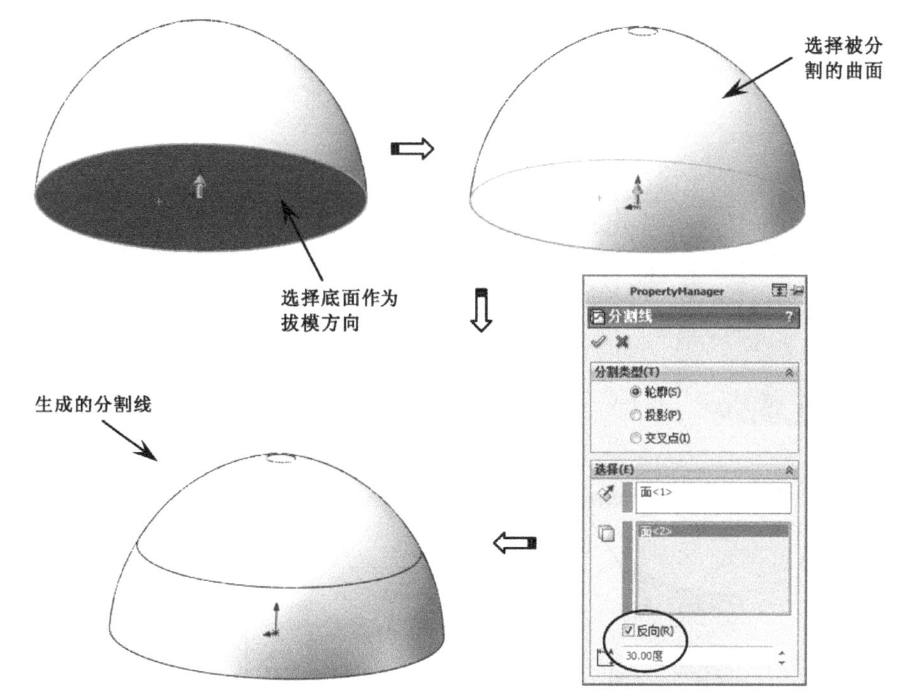

图 9-14　以轮廓的方式创建分割线

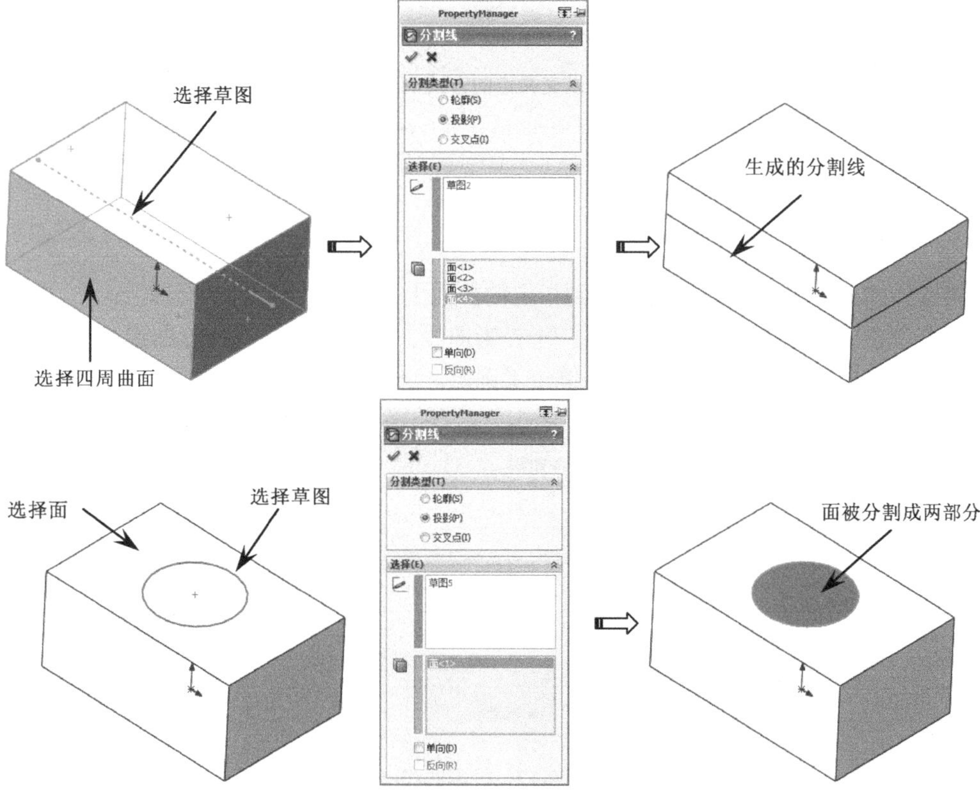

图 9-15　以投影的方式创建分割线

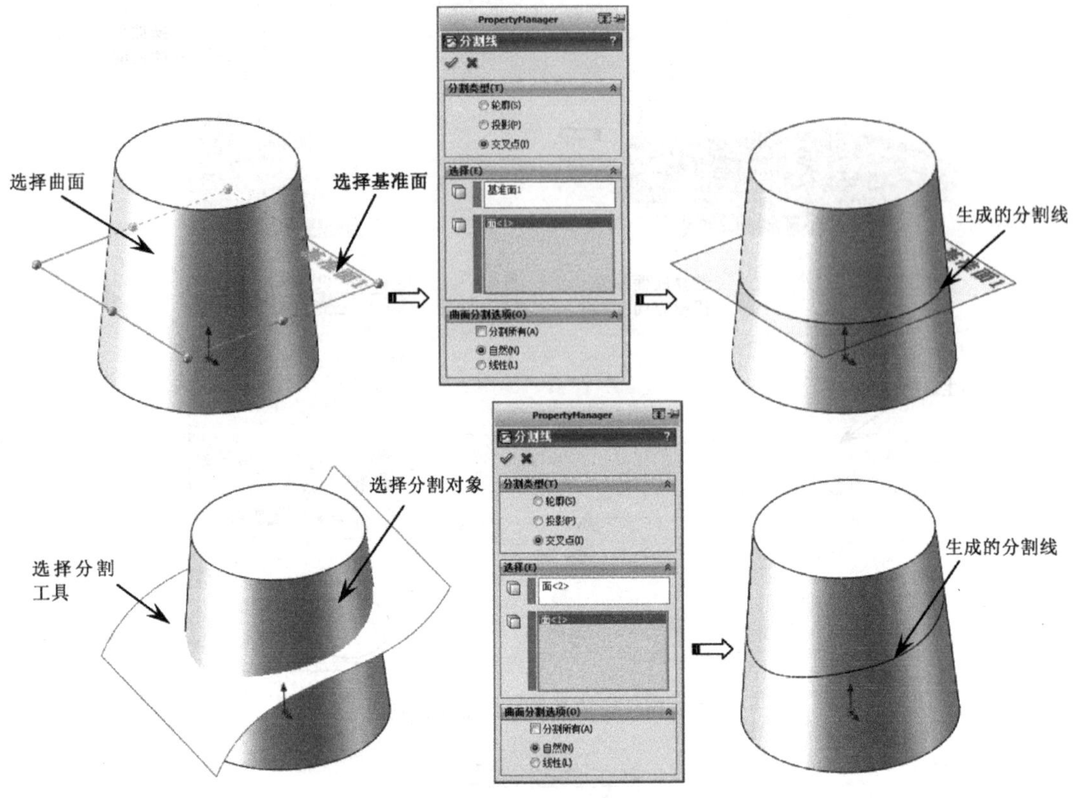

图 9-16　以交叉点的方式创建分割线

9.5　投影曲线

将选择的曲线以垂直的方向投影到指定的曲面上。

在菜单栏中选择〖插入〗/〖曲线〗/〖投影曲线〗命令，弹出〖投影曲线〗对话框，接着选择曲线和曲面，如图 9-17 所示，单击〖确定〗✔按钮。

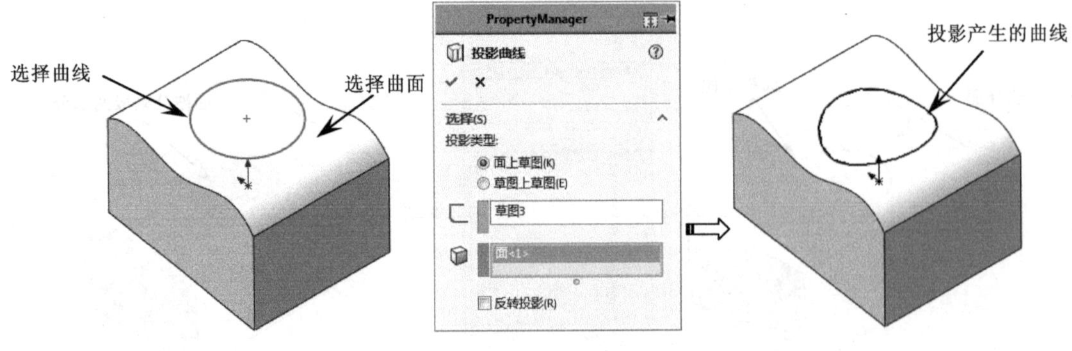

图 9-17　投影曲线

9.6 组合曲线

将首尾连接的两条或多条曲线组合成一条整体的曲线，组合的对象可以是草图或边线，多用于创建扫描或放样的引导线。

在菜单栏中选择〖插入〗/〖曲线〗/〖组合曲线〗命令，弹出〖组合曲线〗对话框，接着选择需要组合的草图或边线，如图 9-18 所示，单击〖确定〗✔按钮。

图 9-18　组合曲线

创建扫描特征时，如果轨迹线由多个草图组成，那么必须将这些草图曲线组合成一个整体，否则创建扫描特征会失败。

9.7 通过 XYZ 点的曲线

通过输入各点的坐标生成样条曲线。

在菜单栏中选择〖插入〗/〖曲线〗/〖通过 XYZ 点的曲线〗命令，弹出〖曲线文件〗对话框，然后输入样条曲线各点的坐标，如图 9-19 所示，单击 确定 按钮。

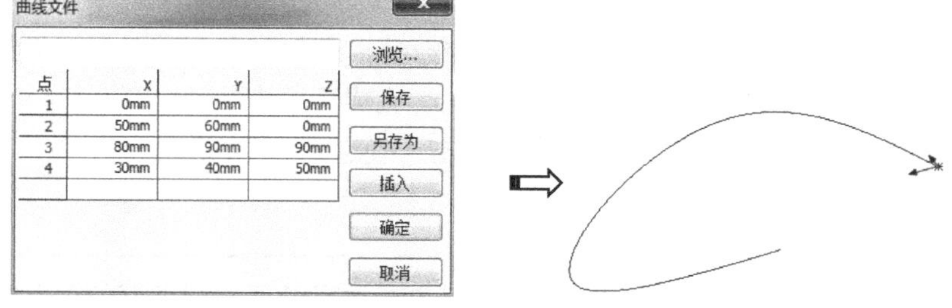

图 9-19　通过 XYZ 点的曲线

输入点坐标前，必须双击每个单元格进行激活，然后才能输入数值。

9.8 通过参考点的曲线

通过选择现有的多个点生成样条曲线，生成的样条曲线可以是开放的，也可以是封闭的。

在菜单栏中选择〖插入〗/〖曲线〗/〖通过参考点的曲线〗命令，弹出〖通过参考点的曲线〗对话框，然后选择样条线的通过点，如图 9-20 所示，单击〖确定〗✔按钮。

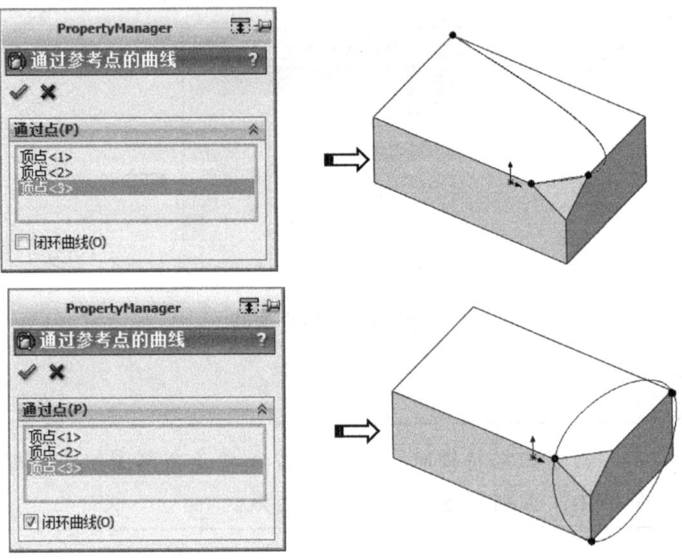

图 9-20　通过参考点的曲线

9.9 螺旋线/涡状线

通过创建螺旋线的截面草图、螺距、高度或圈数等生成螺旋曲线。通过选择旋转线进行扫描，可以创建真实的螺纹或弹簧。

在菜单栏中选择〖插入〗/〖曲线〗/〖螺旋线/涡状线〗命令，弹出〖螺旋线/涡状线〗对话框。首先选择草图平面创建螺旋线截面（圆），完成后单击〖退出草图〗按钮退出草图，然后设置螺旋线参数，如图 9-21 所示，单击〖确定〗✔按钮。

当需要创建涡状线时，可将定义方式设置为涡状线。设计弹簧片时，应创建涡状线作为其轨迹线，如图 9-22 所示。

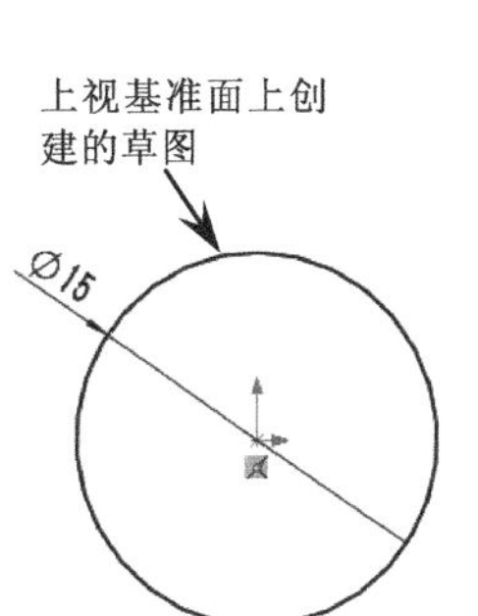

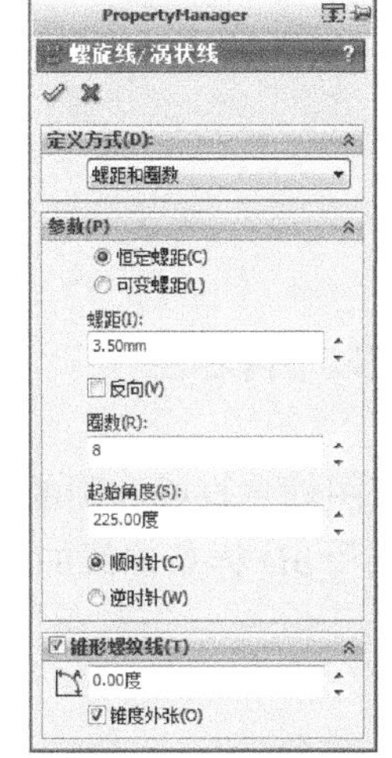

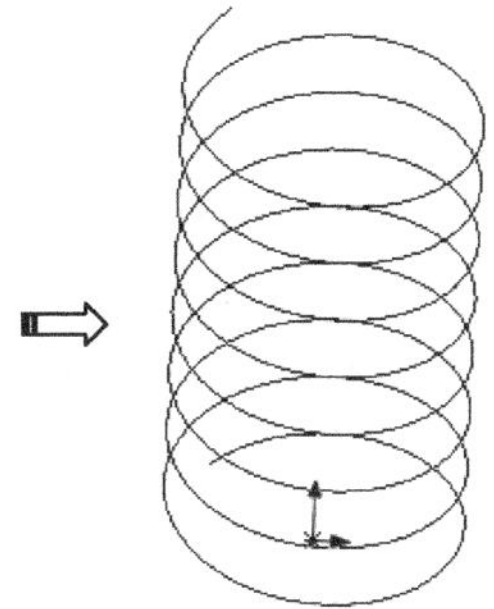

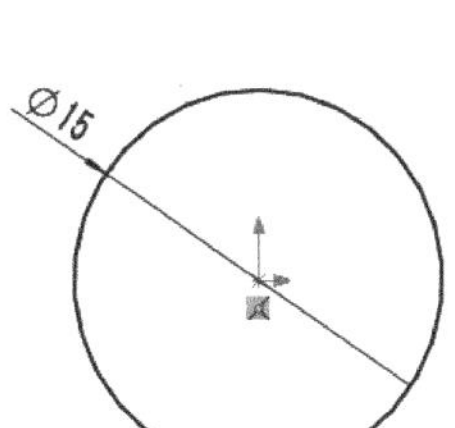

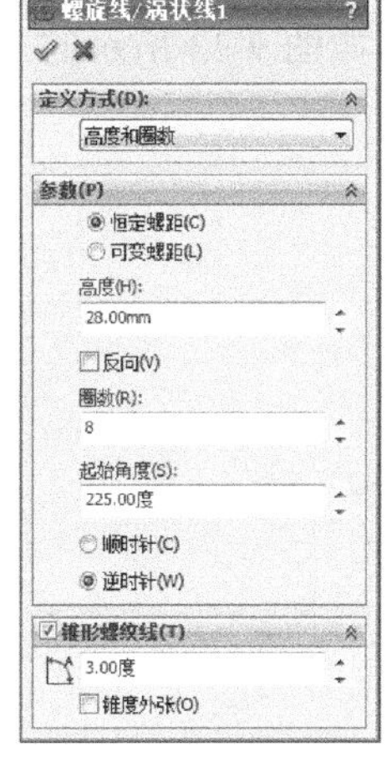

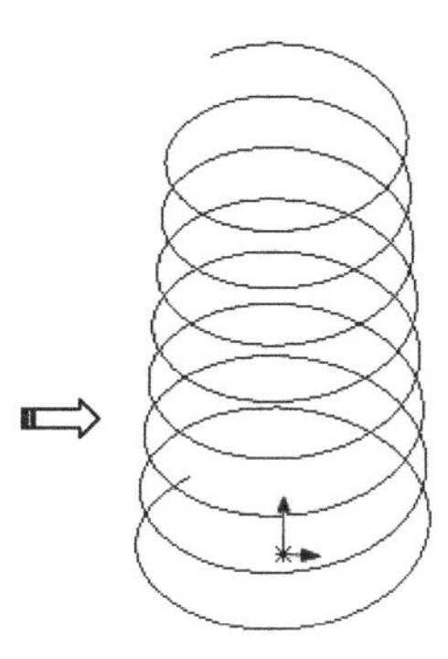

图 9-21　螺旋线

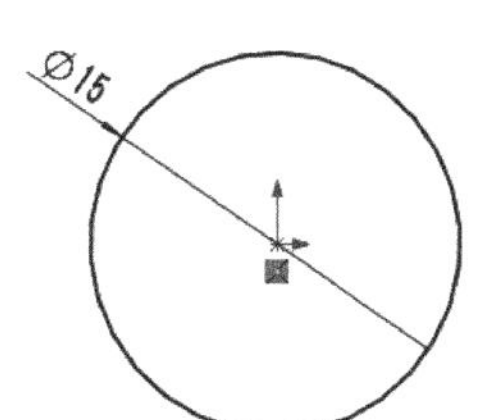

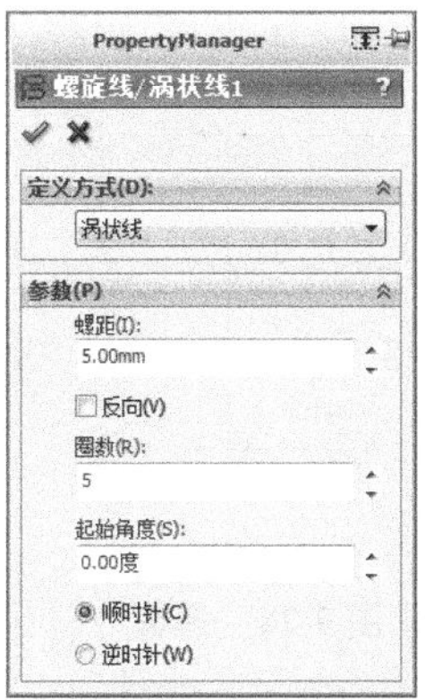

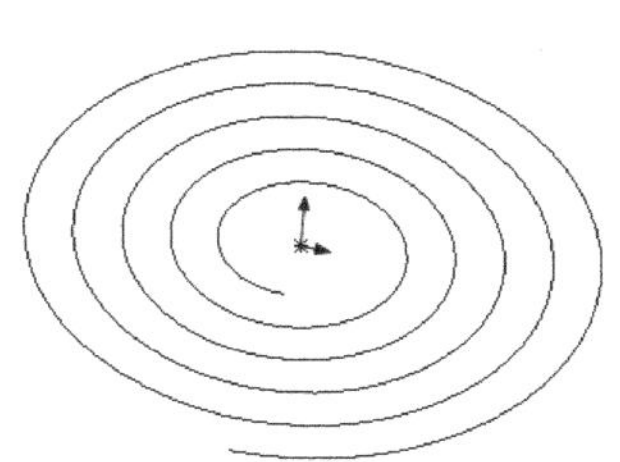

图 9-22　涡状线

9.10　本章学习收获

通过本章的学习，读者必须掌握以下内容。

（1）掌握创建空间曲线的命令。

（2）掌握空间创建直线、圆与草图创建直线和圆的区别。

（3）重点掌握相交点、交叉曲线和 3D 样条曲线的创建方法。

9.11　练习题

（1）根据本章的学习内容，创建如图 9-23 所示的三维线架。

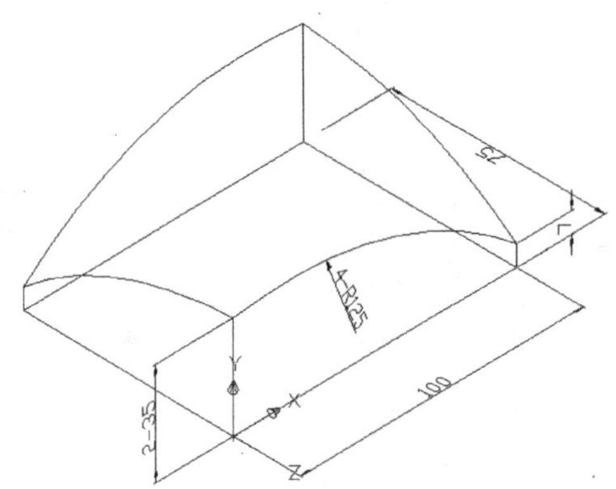

图 9-23　创建三维线架

（2）根据本章内容并结合第 4 章的知识，创建如图 9-24 所示的弹簧。

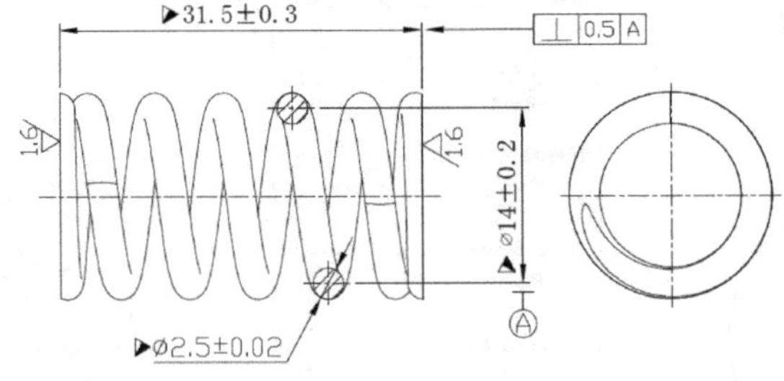

图 9-24　弹簧

第10章 曲面设计基本功特训

本章主要介绍创建曲面和编辑曲面的命令，包括操作命令中的拉伸曲面、旋转曲面、扫描曲面、放样曲面、边界曲面、填充曲面、自由形、平面区域、等距曲面、直纹曲面、删除面、替换面、缝合曲面、延伸曲面、裁剪曲面和解除裁剪曲面等。在工具栏空白处单击鼠标右键，然后调出〖曲面〗工具栏，如图 10-1 所示。

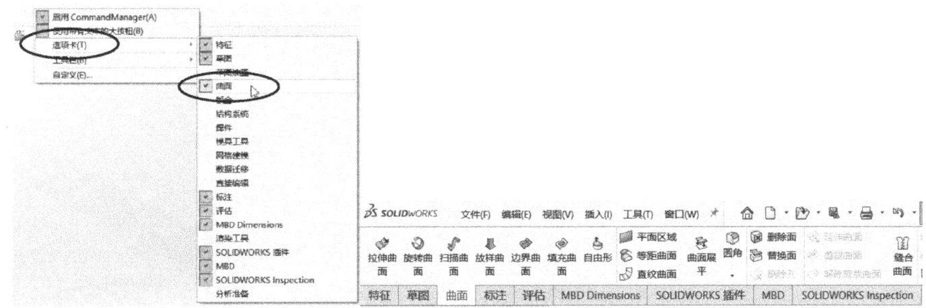

图 10-1 〖曲面〗工具栏

10.1 学习目标与课时安排

学习目标及学习内容

（1）掌握曲面设计的基本流程。

（2）掌握曲面建模常用的命令。

（3）掌握曲面编辑常用的命令。

（4）学会正确将曲面转变为实体。

学习课时安排（共 4 课时）

（1）拉伸曲面、旋转曲面、扫描曲面（1 课时）。

（2）放样曲面、边界曲面、直纹曲面、平面区域（1 课时）。

（3）自由形、等距曲面、延伸曲面、剪裁曲面（1 课时）。

（4）缝合曲面、加厚、使用曲面（切除）、删除面、替换面等（1 课时）。

10.2 拉伸曲面

将一个草图截面拉伸可产生一个曲面，与实体设计中的拉伸命令类似。选择的截面可以是开放的，也可以是封闭的。

在〖曲面〗工具栏中单击〖拉伸曲面〗按钮，弹出〖曲面-拉伸〗对话框，选择拉伸草图，然后设置拉伸参数，如图 10-2 所示，单击〖确定〗按钮。

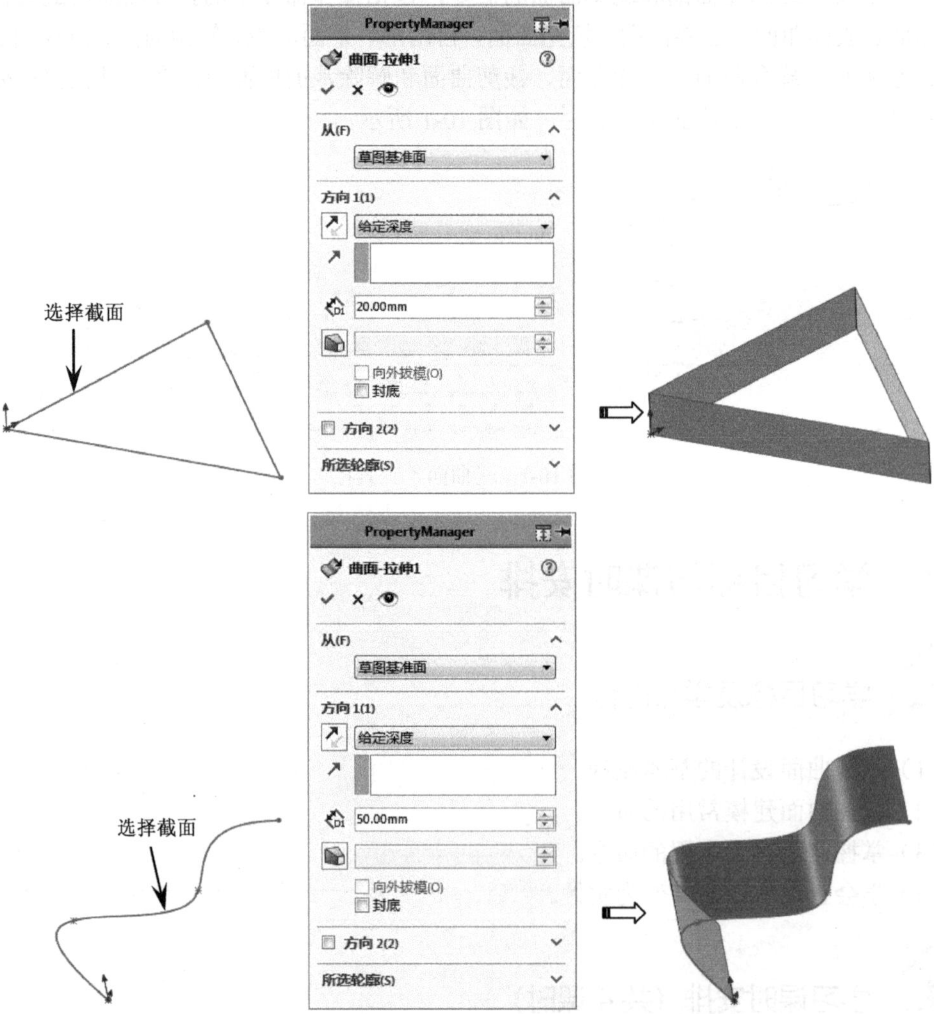

图 10-2 拉伸曲面

草图曲线不能形成自交，否则无法进行拉伸。

10.3　旋转曲面

旋转曲面指一个截面绕旋转中心轴旋转产生曲面，它与实体设计中的旋转实体类似，选择的截面可以是开放的，也可以是封闭的。

在〖曲面〗工具栏中单击〖旋转曲面〗按钮，弹出〖曲面-旋转〗对话框，依次选择旋转中心轴，然后设置旋转参数，如图 10-3 所示，单击〖确定〗按钮。

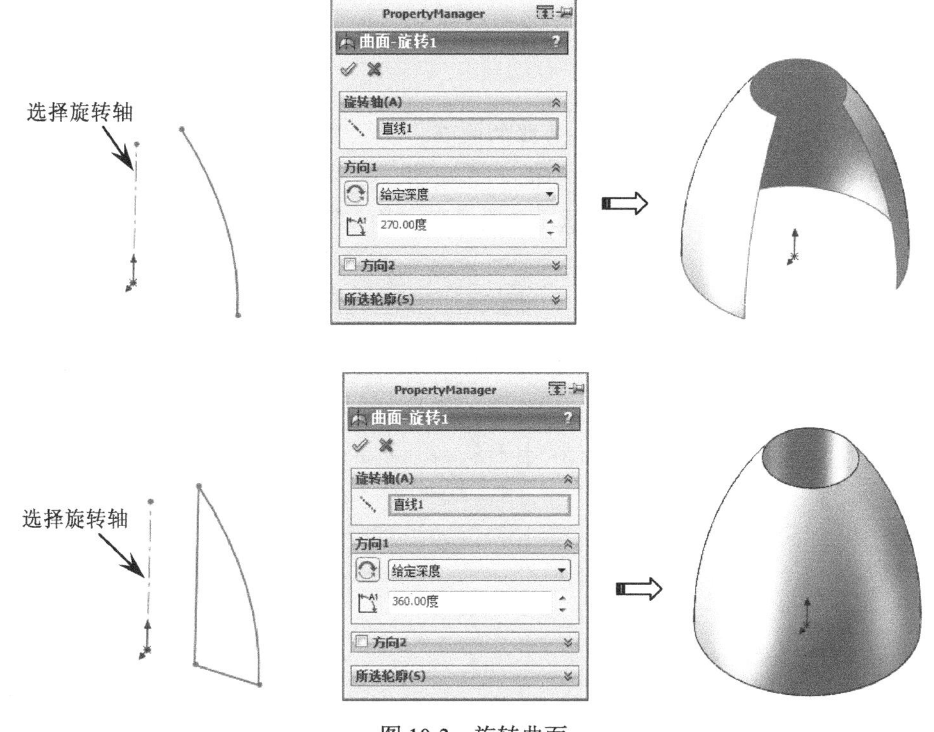

图 10-3　旋转曲面

10.4　扫描曲面

选择一个截面沿着一个轨迹线运动而产生曲面。

在〖曲面〗工具栏中单击〖扫描曲面〗按钮，弹出〖曲面-扫描〗对话框，依次选择截面和轨迹线，然后设置扫描参数，如图 10-4 所示，单击〖确定〗按钮。

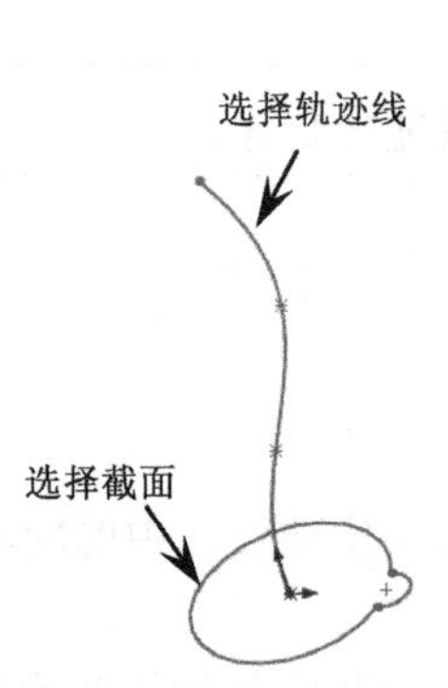

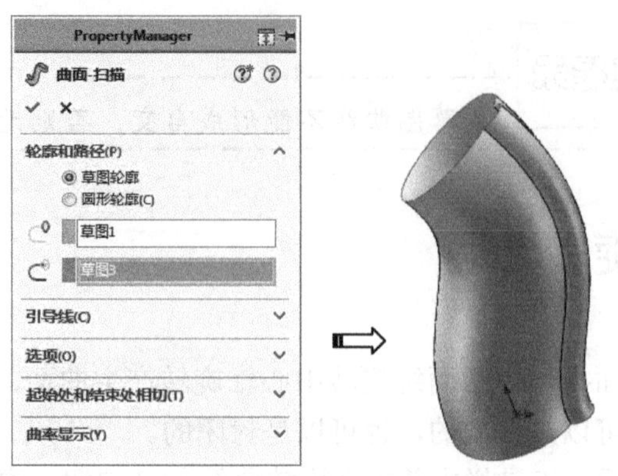

图 10-4　扫描曲面

10.5　放样曲面

在两个或多个轮廓之间生成一个放样的曲面。

在〖曲面〗工具栏中单击〖放样曲面〗按钮，弹出〖曲面-放样〗对话框，选择轮廓线，然后选择引导线，如图 10-5 所示，单击〖确定〗按钮。

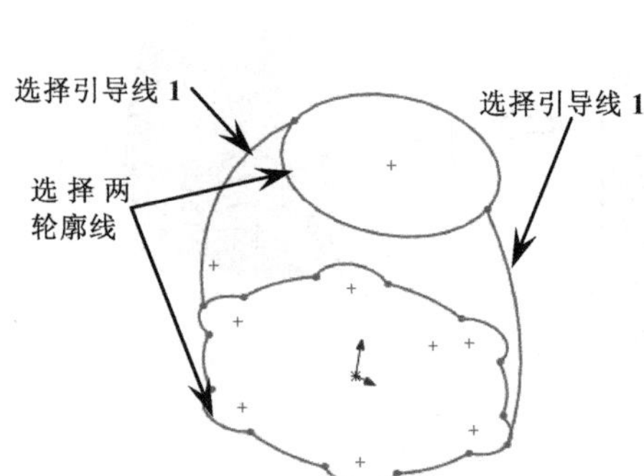

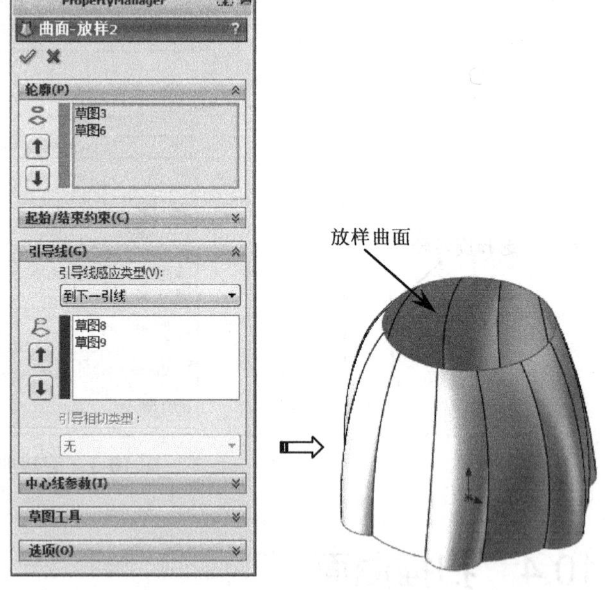

图 10-5　放样曲面

轮廓线与引导线可以是多条，但引导线与轮廓线必须相交。

放样曲面与放样凸台/基体的操作方法一样，而且可以约束起始与结束两端垂直，如图 10-6 所示。

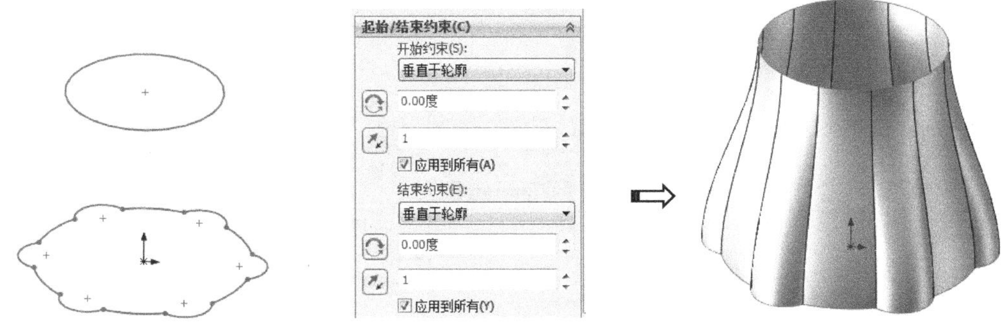

图 10-6　放样曲面

10.6　边界曲面

边界曲面指通过选择方向 1 的主曲线和方向 2 的交叉曲线创建类似网格的曲面。

在〖曲面〗工具栏中单击〖边界曲面〗按钮，弹出〖边界-曲面〗对话框，如图 10-7 所示。

边界曲面命令在造型设计中非常重要，下面详细介绍其操作方法。

（1）打开〖Example\Ch10\边界曲面〗文件，如图 10-8 所示。

图 10-7　〖边界-曲面〗对话框

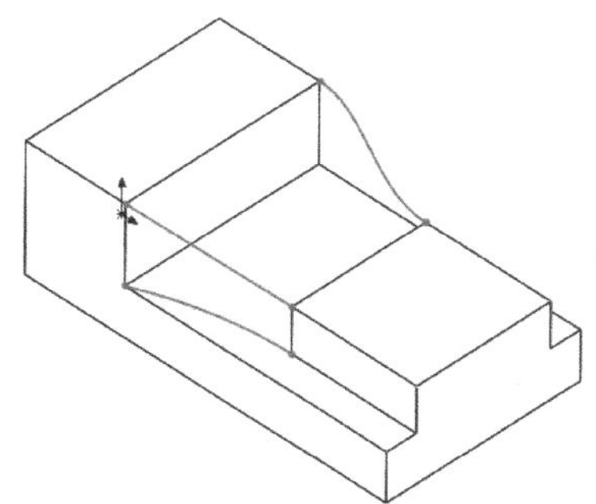

图 10-8　打开文件

（2）在〖曲面〗工具栏中单击〖边界曲面〗按钮，弹出〖边界-曲面〗对话框，然后根据图 10-9 所示的步骤进行操作，单击〖确定〗按钮。

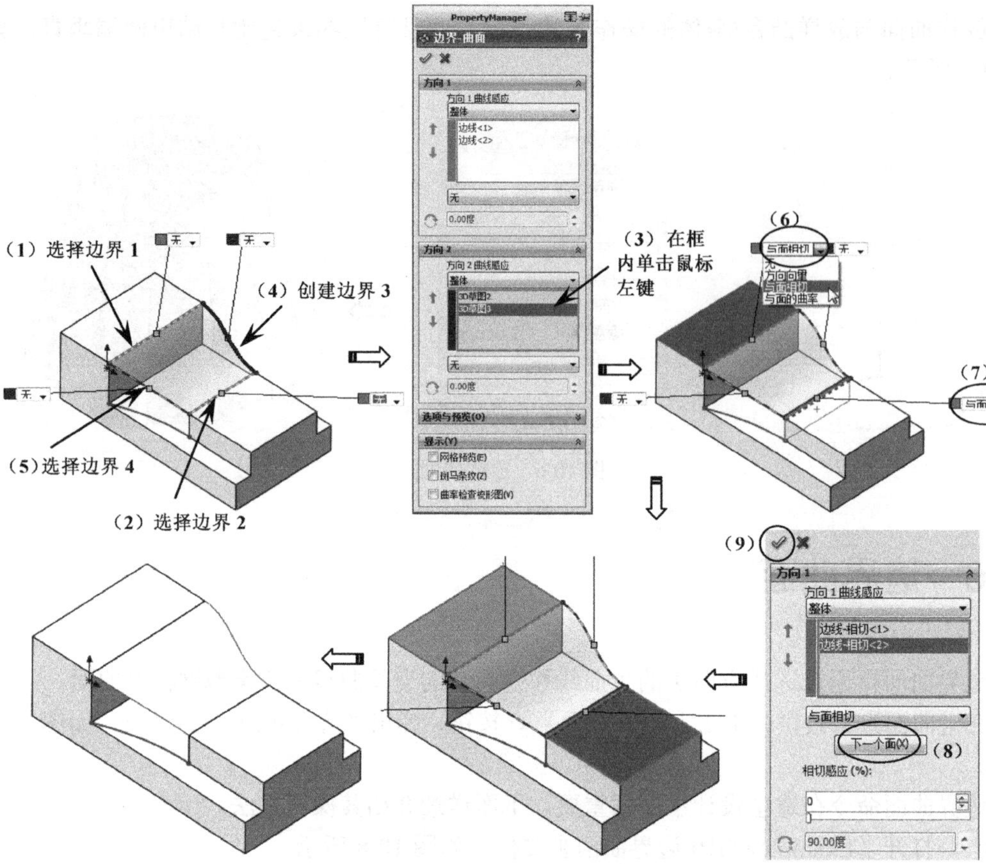

图 10-9　创建边界曲面

（3）继续创建另一边界曲面。在〖曲面〗工具栏中单击〖边界曲面〗按钮，弹出〖边界-曲面〗对话框，然后根据图 10-10 所示的步骤进行操作，最后单击〖确定〗按钮。

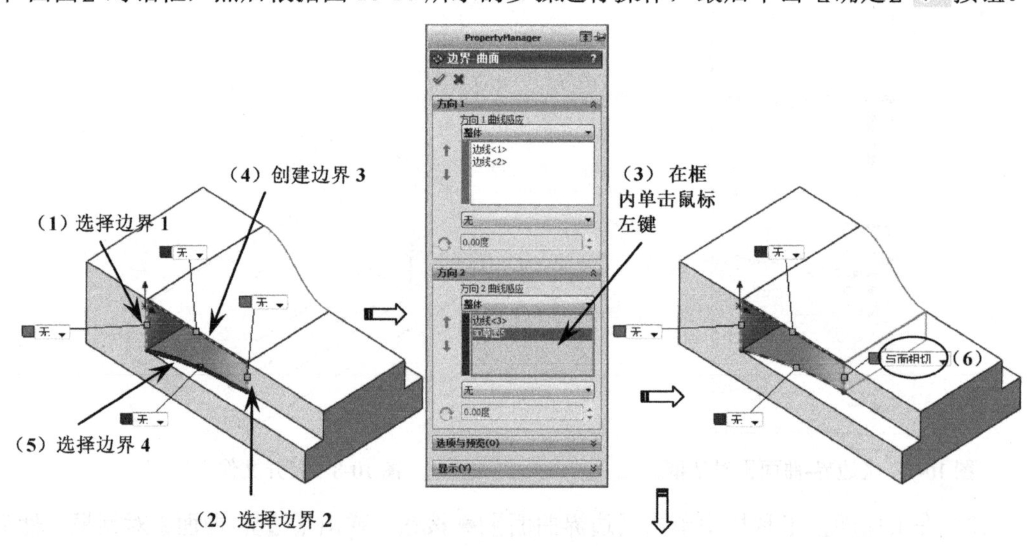

图 10-10　创建边界曲面

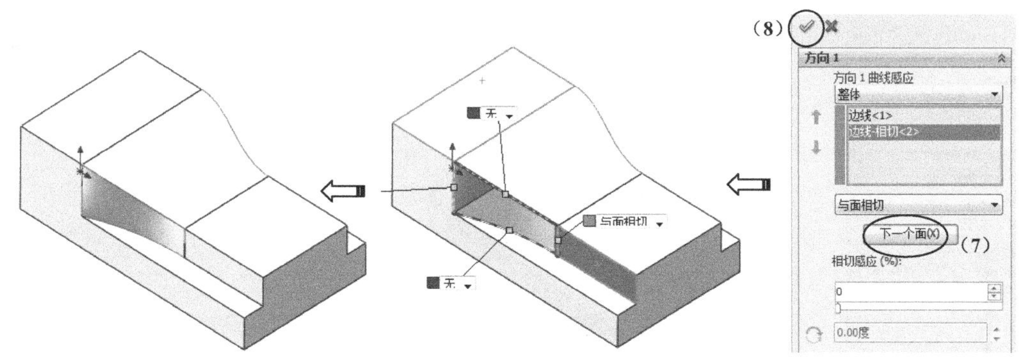

图 10-10　创建边界曲面（续）

（4）参考上一步创建边界曲面的方法，创建另一边相同的边界曲面，结果如图 10-11 所示。

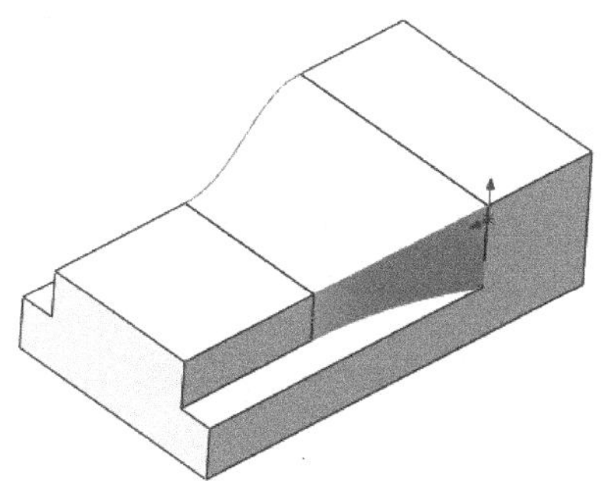

图 10-11　创建边界曲面

要点提示

如果要约束边界曲面与连接的曲面相切，首先要约束相应的边界线与连接曲面上的边线相切，否则就算这里约束两者相切，也不是真正的相切。

10.7　直纹曲面

从实体或曲面的边线上产生直面。在〖曲面〗工具栏中单击〖直纹曲面〗按钮，弹出〖直纹曲面〗对话框，然后选择边线和设置参数，如图 10-12 所示，单击〖确定〗按钮。

10.8　平面区域

选择实体或曲面上的边线生成平面。在〖曲面〗工具栏中单击〖平面区域〗按钮，弹出〖平面〗对话框，然后选择平面上的边线，如图 10-13 所示，单击〖确定〗按钮。

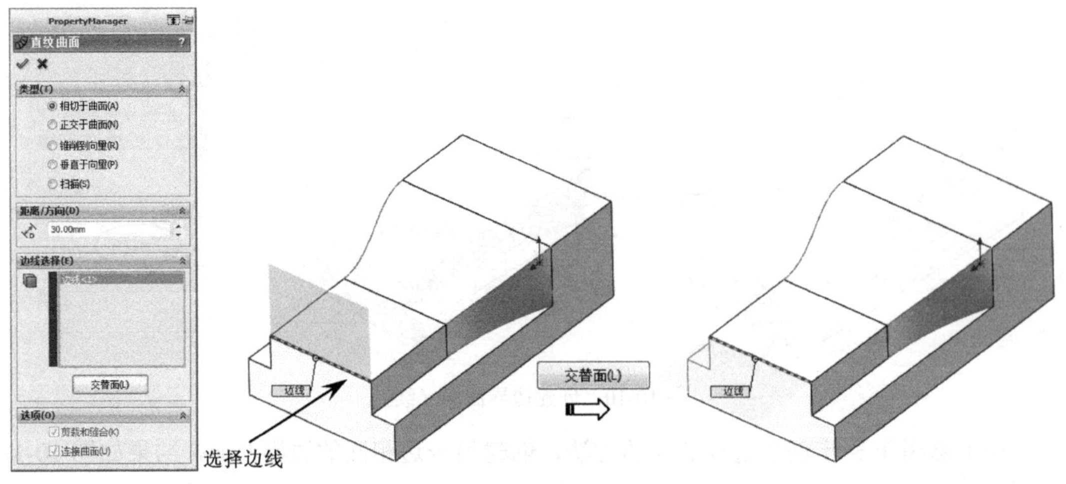

图 10-12　直纹曲面

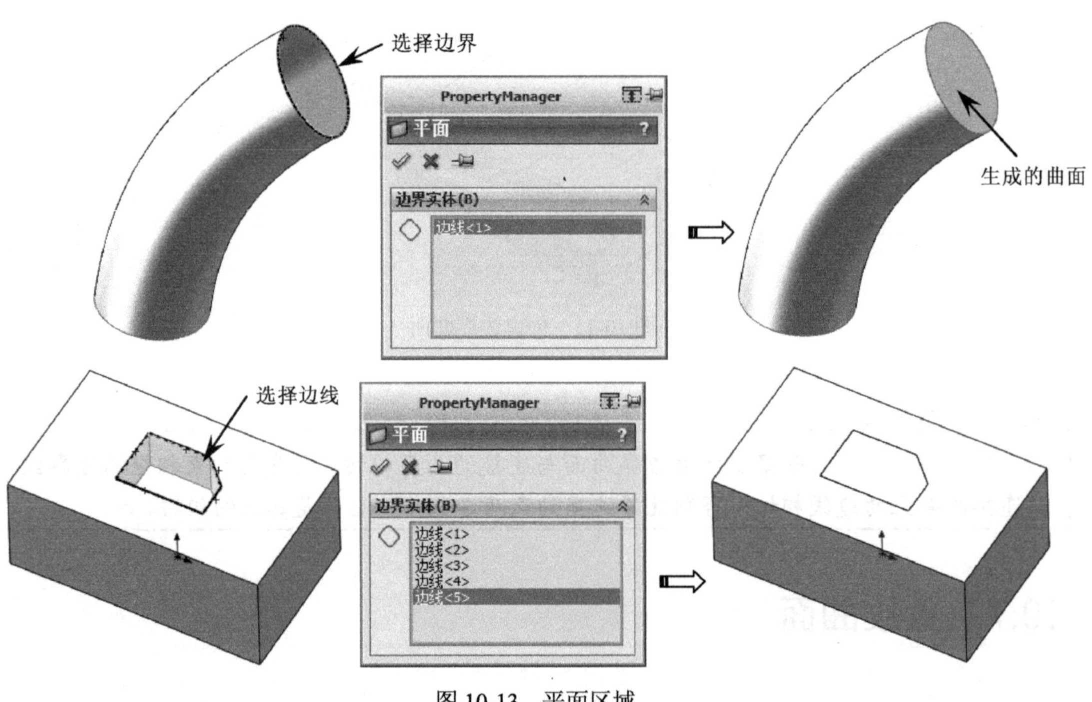

图 10-13　平面区域

10.9　自由形

通过在曲面上添加曲线和添加点，然后拖动曲线上的点使曲面变形。

在〖曲面〗工具栏中单击〖自由形〗按钮，弹出〖自由形〗对话框，然后根据图 10-14 所示的步骤进行操作，单击〖确定〗按钮。

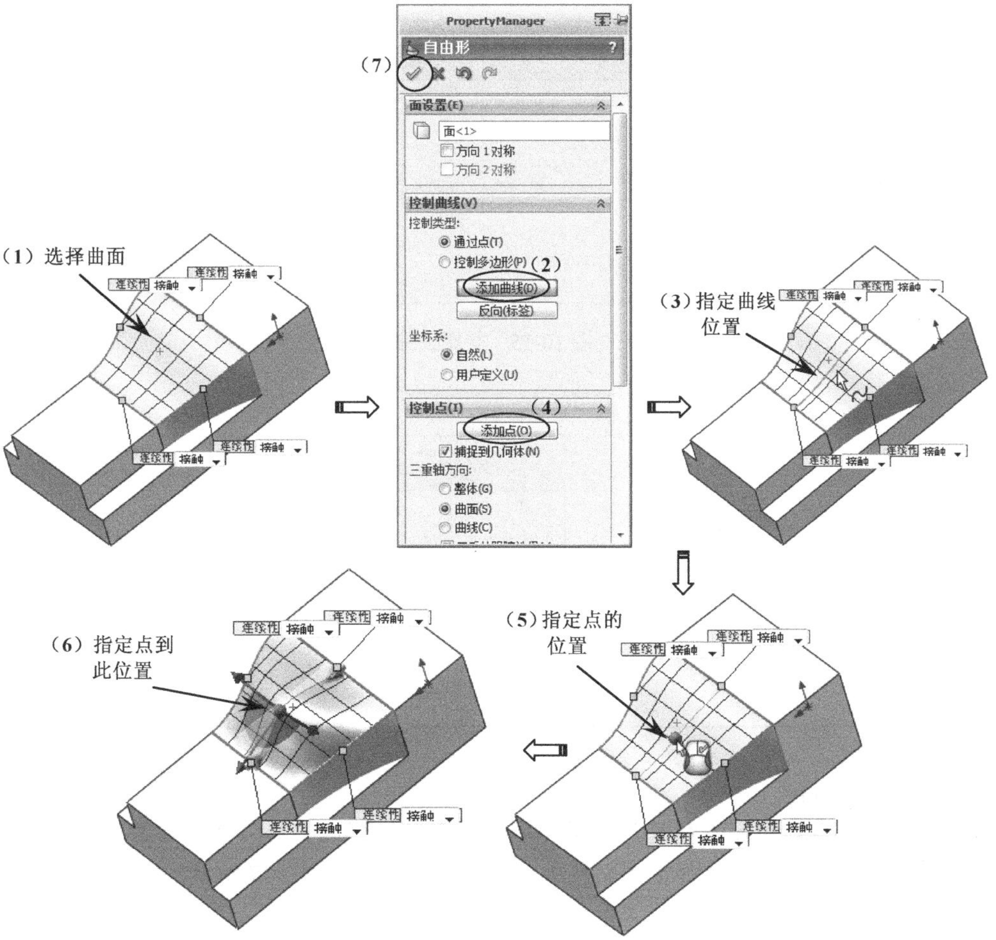

图 10-14　自由形

10.10　等距曲面

等距曲面是将已存在的曲面以指定的距离偏移生成另一个曲面，该曲面既可以是模型中的轮廓面，也可以是创建的曲面。

在〖曲面〗工具栏中单击〖等距曲面〗按钮，弹出〖等距曲面〗对话框，接着选择要偏移的曲面，然后设置偏移值，如图 10-15 所示，最后单击〖确定〗✔ 按钮。

当设置偏移值为 0 时，则变成复制曲面，如图 10-16 所示。复制曲面也是设计中经常需要用到的功能，需要掌握。

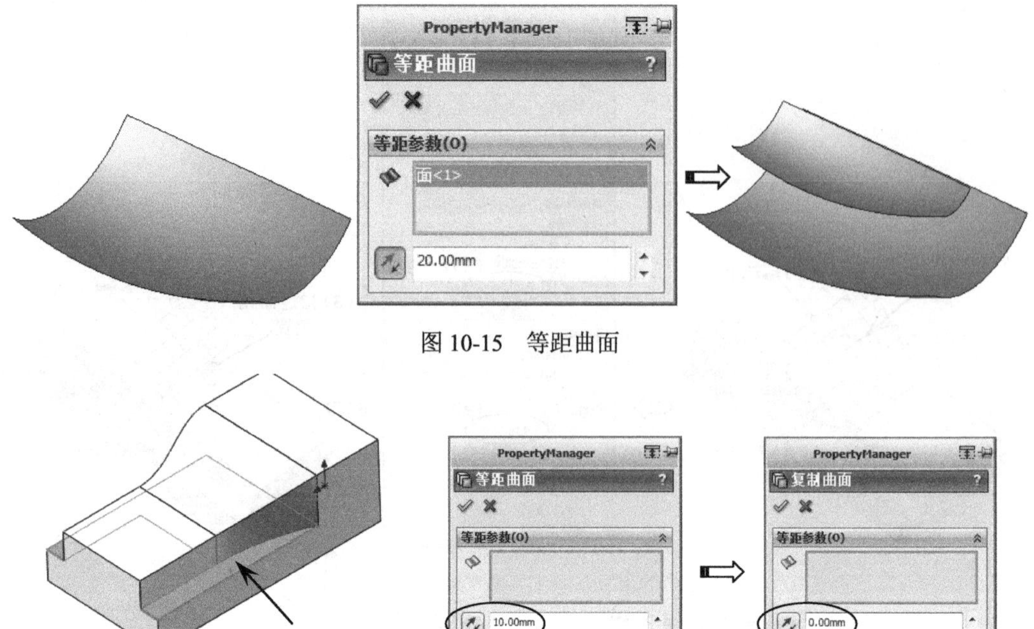

图 10-15　等距曲面

图 10-16　复制曲面

工程师点评：

等距曲面命令在产品造型设计中也是非常重要的，当在一些较复杂曲面上凸起一个高度时，可通过等距曲面产生的曲面切割拉伸实体实现，如图 10-17 所示。

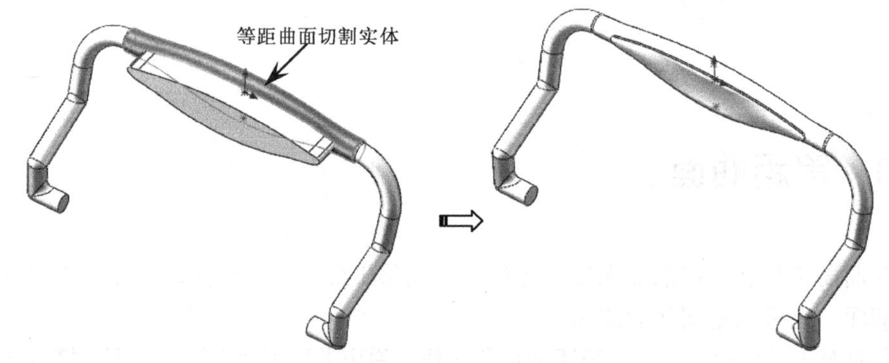

图 10-17　等距曲面的实际应用

10.11　延伸曲面

从曲面的边缘延伸曲面，包括“距离”“成形到某一点”和“成形到某一面”三种方式。在〖曲面〗工具栏中单击〖延伸曲面〗按钮，弹出〖延伸曲面〗对话框，然后选择曲面的边缘，并设置延伸参数，如图 10-18 所示，最后单击〖确定〗✔按钮。

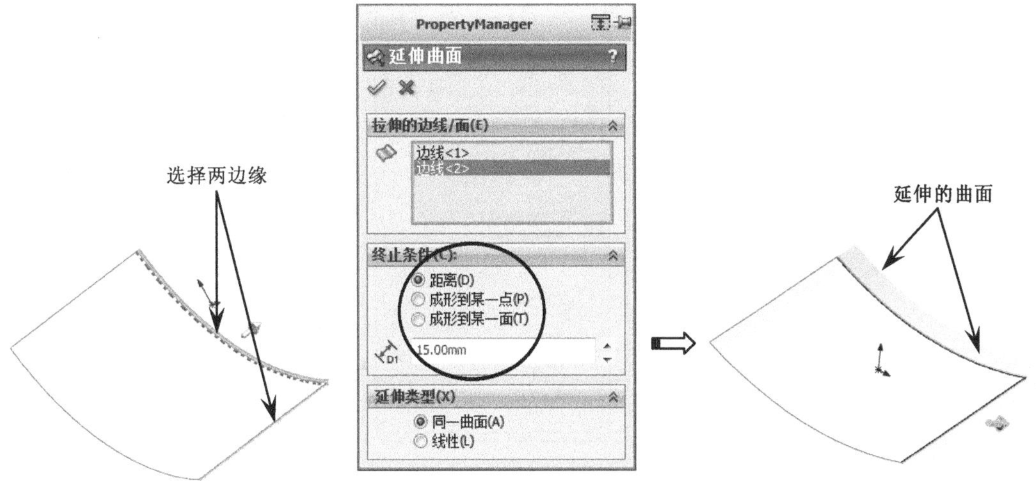

图 10-18　延伸曲面

10.12　剪裁曲面

选择曲线、曲面或基准面作为修剪工具，对曲面进行修剪，只保留一边。

在〖曲面〗工具栏中单击〖剪裁曲面〗按钮，弹出〖剪裁曲面〗对话框，选择裁剪工具，然后选择保留或舍弃的曲面，如图 10-19 所示，最后单击〖确定〗✔按钮。

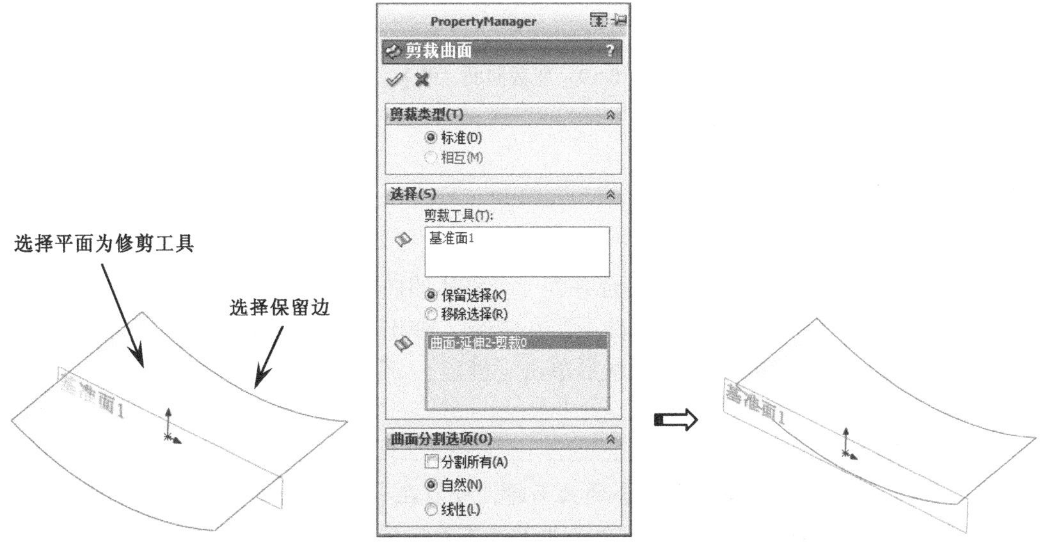

图 10-19　剪裁曲面

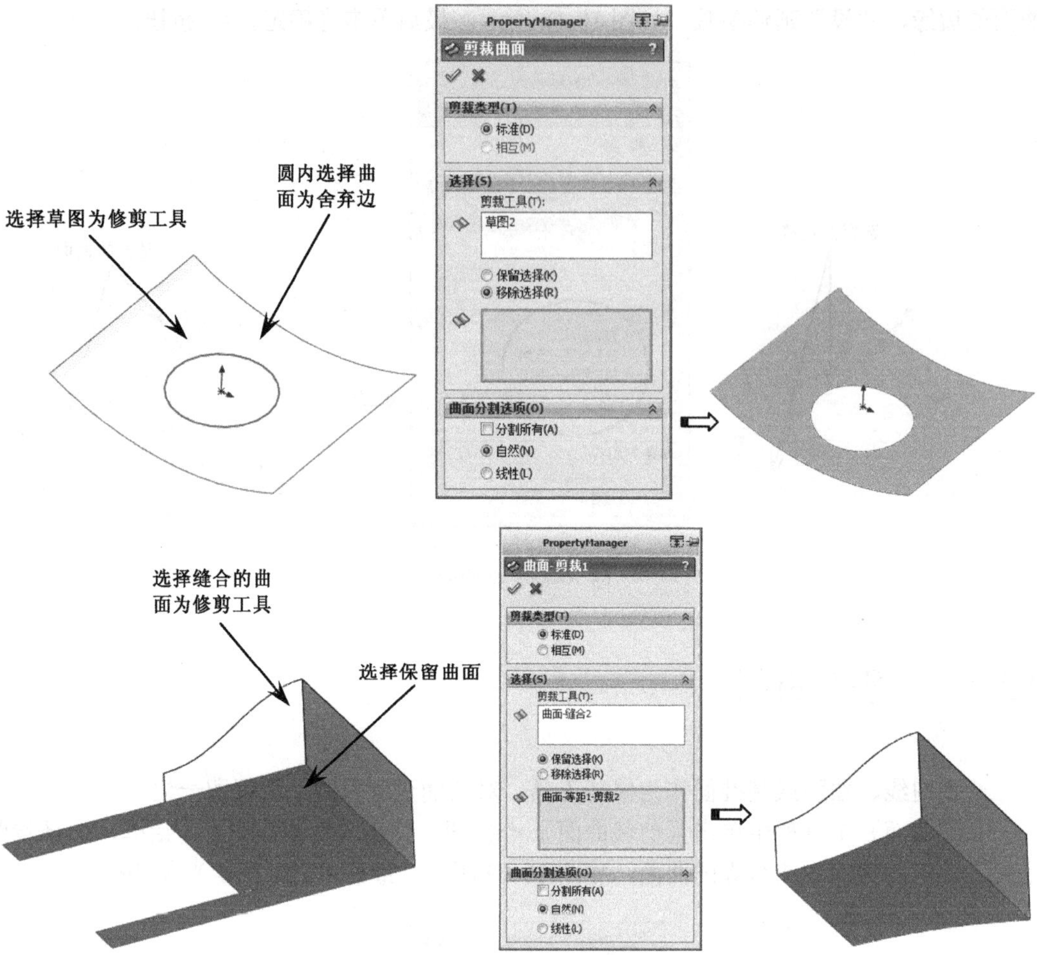

图 10-19　剪裁曲面（续）

10.13　缝合曲面

选择两个或两个以上的独立曲面合并为一个整体的曲面。

在〖曲面〗工具栏中单击〖缝合曲面〗按钮，弹出〖曲面-缝合〗对话框，然后选择需要缝合的曲面，如图 10-20 所示，最后单击〖确定〗按钮。

要点提示

当缝合完全闭合的曲面时，可以在〖曲面-缝合〗对话框中勾选“尝试形成实体”选项，这样可将完全闭合的曲面填充为实体，如图 10-21 所示。初学者可通过〖组合〗命令来验证是否真的已经生成了实体。

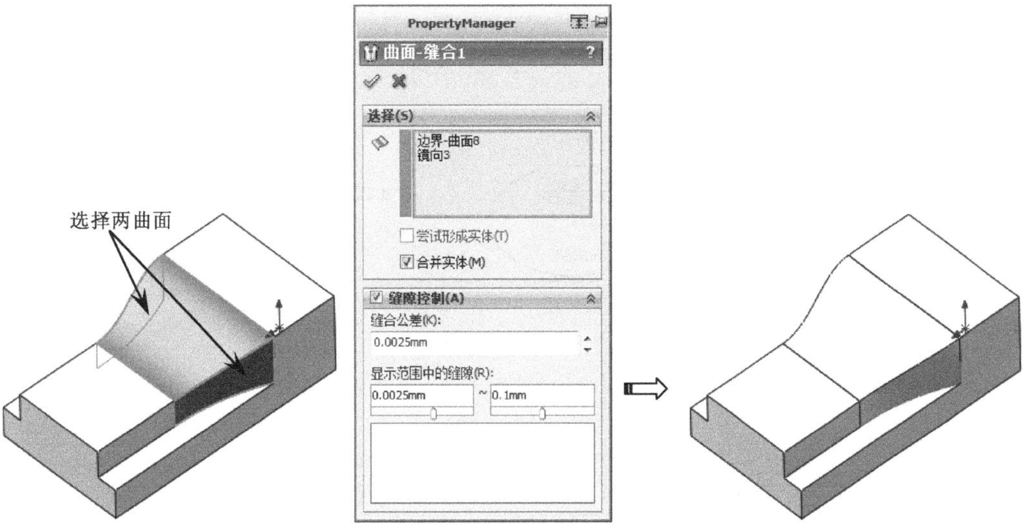

图 10-20　缝合曲面

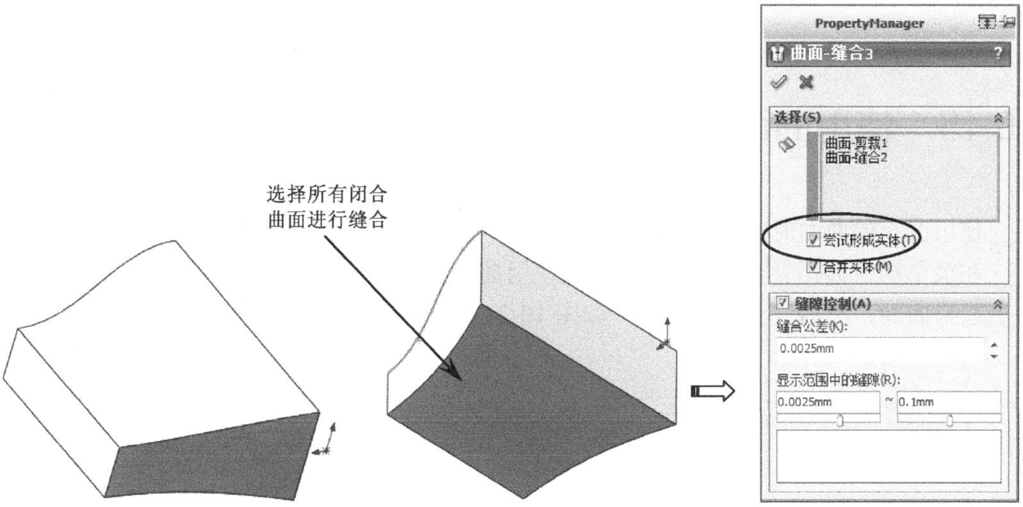

图 10-21　缝合完全闭合曲面为实体

10.14　加厚

对已有的曲面进行加厚，形成有厚度的实体。

在菜单栏中选择〖插入〗/〖凸台/基体〗/〖加厚〗命令，弹出〖加厚〗对话框，选择要加厚的曲面，然后设置加厚参数，如图 10-22 所示，最后单击〖确定〗 按钮。

绘图区内必须有曲面存在，〖加厚〗命令才会显示可用。

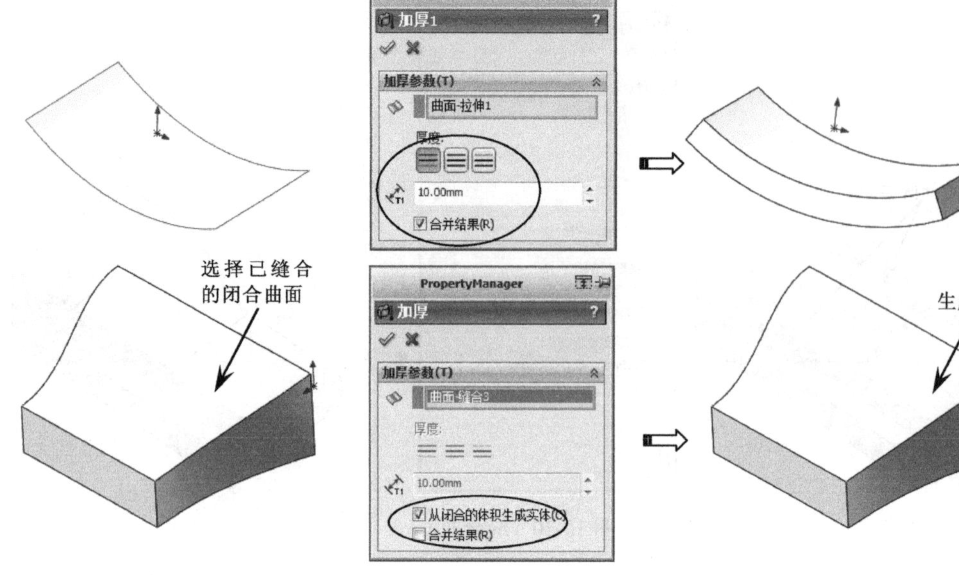

图 10-22　加厚

10.15　使用曲面

使用已有的曲面对实体进行切除。

在菜单栏中选择〖插入〗/〖切除〗/〖使用曲面〗命令，弹出〖使用曲面切除〗对话框，接着选择曲面，然后设置切除方向，如图 10-23 所示，最后单击〖确定〗✔按钮。

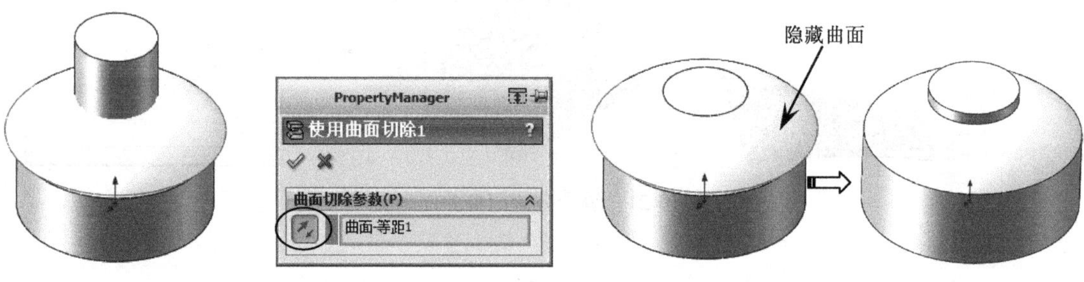

图 10-23　使用曲面

箭头所指的方向为切除的部分。

10.16　删除面

删除模型中多余的曲面，其方式包括“删除”“删除并修补”和“删除并填补”三种方式。

在〖曲面〗工具栏中单击〖删除面〗按钮，弹出〖删除面〗对话框，选择曲面，然后设置切除方向，如图 10-24 所示，最后单击〖确定〗按钮。

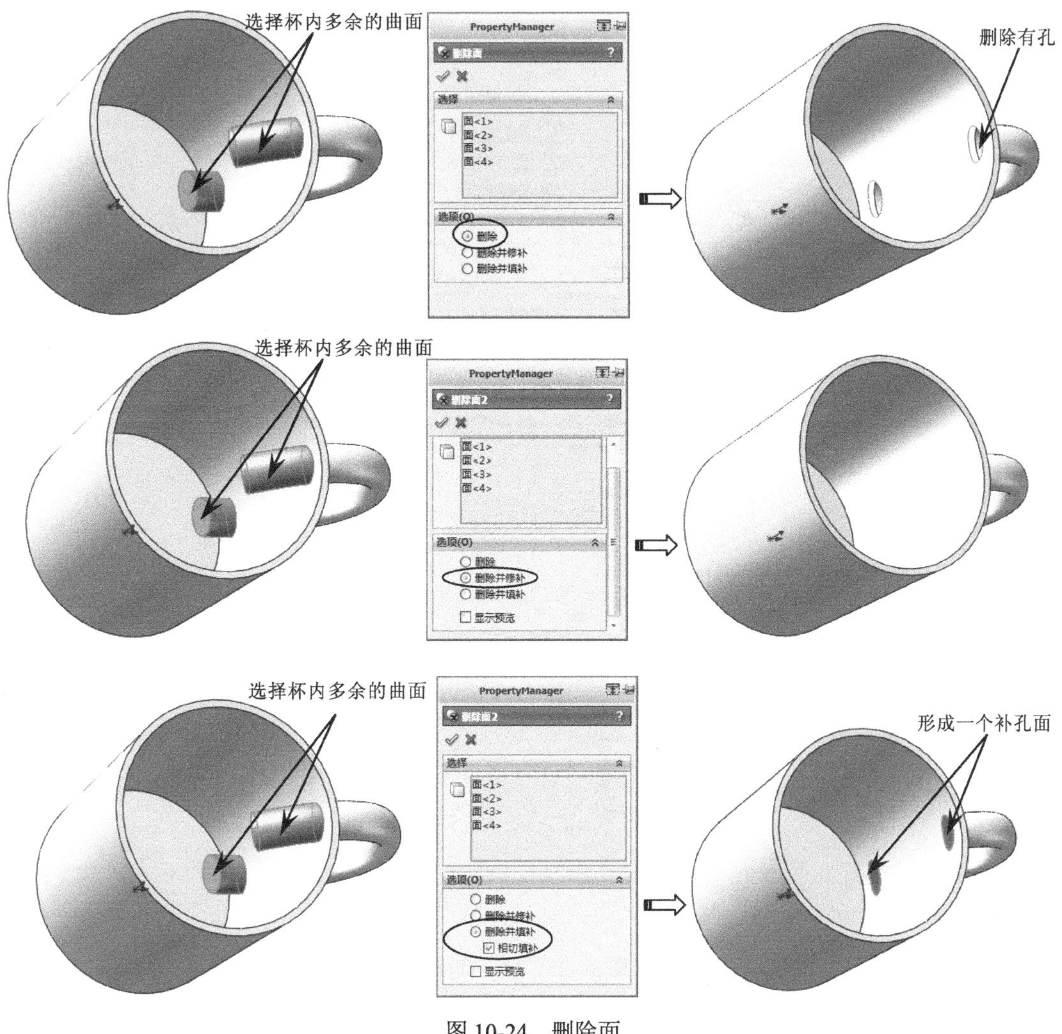

图 10-24　删除面

10.17　填充曲面

通过选择封闭的曲线来创建曲面。在曲面工具栏中单击〖填充曲面〗按钮，弹出〖填充曲面〗对话框，选择需要填充的封闭曲线，如图 10-25 所示，单击〖确定〗按钮。

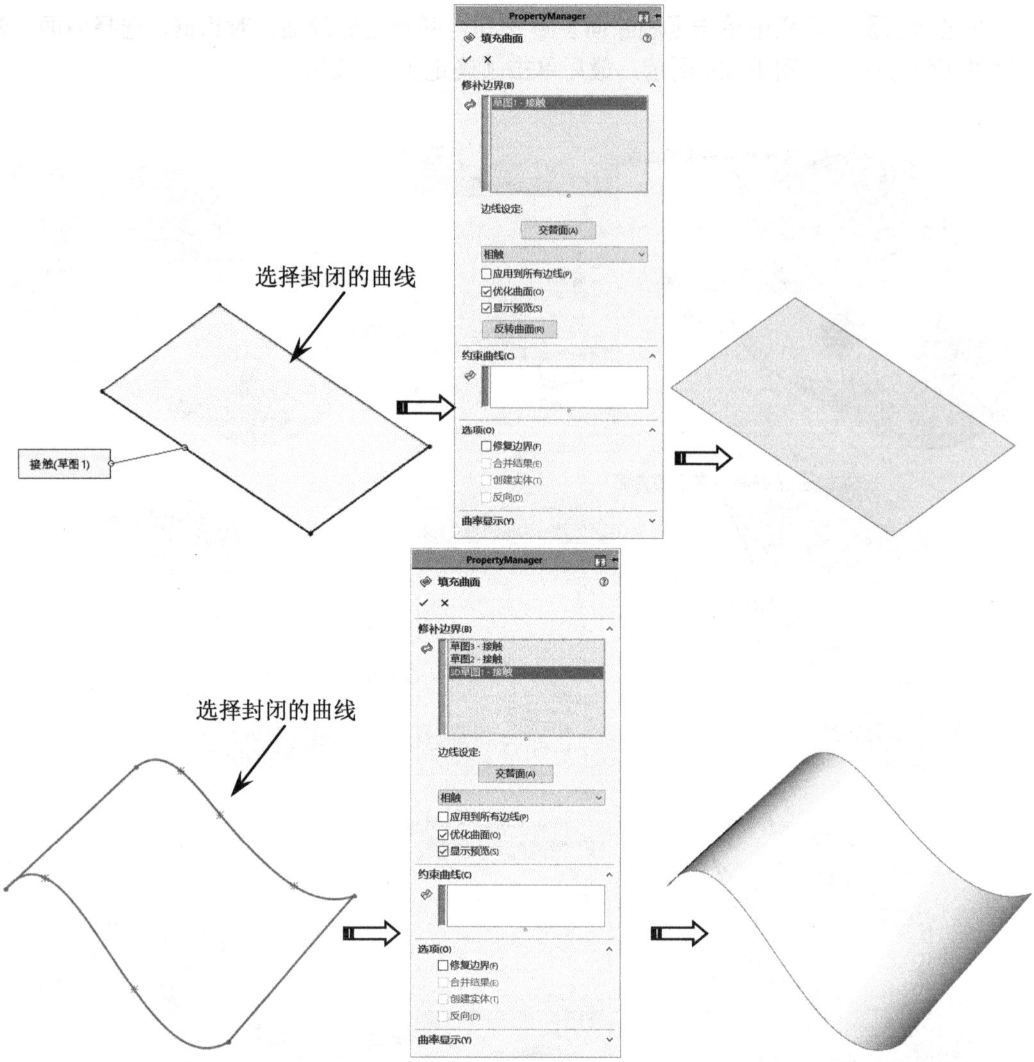

图 10-25　填充曲面

要点提示

选择的曲线必须是首尾相连且封闭的。

10.18　中面

通过选择两个平行的面来创建中间曲面。在菜单栏中选择〖插入〗/〖曲面〗/〖中面〗命令，弹出〖中面〗对话框，依次选择两个平行的曲面，即能创建中间的曲面，如图 10-26 所示，最后单击〖确定〗✔按钮。

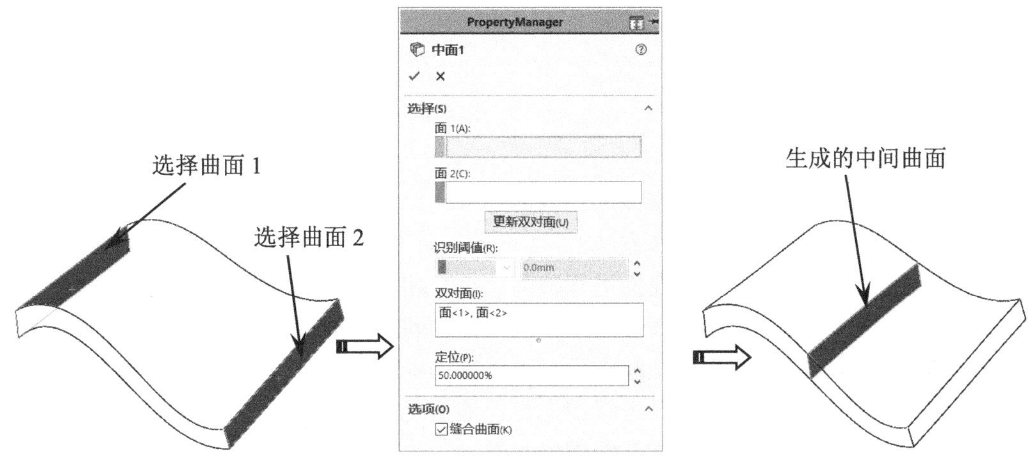

图 10-26　中面

10.19　替换面

使用新曲面替换实体中原有的曲面，这种方式在产品编辑中也经常使用。

在〖曲面〗工具栏中单击〖替换面〗按钮，弹出〖替换面〗对话框，选择替换的目标曲面，然后选择替换工具曲面（不能为实体面），如图 10-27 所示，最后单击〖确定〗按钮。

图 10-27　替换面

要点提示

如需以实体面作为替换工具面，应使用〖等距曲面〗命令将该实体面复制出来，将其变成曲面的形式。

10.20 本章学习收获

通过本章的学习，读者必须掌握以下内容。

（1）掌握曲面创建的基本操作方法。

（2）掌握曲面编辑命令及对曲面进行裁剪、缝合和删除面等方法。

（3）了解曲面设计与实体设计的区别，线架的创建对曲面设计起到至关重要的作用。

（4）掌握创建曲面的常用方法和技巧，熟练各功能命令的操作。

（5）清楚认识产品设计中需要进行曲面设计的情况。

（6）掌握曲面转变为实体的方法和前提条件。

10.21 练习题

（1）根据本章的学习内容，创建如图 10-28 所示的曲面。

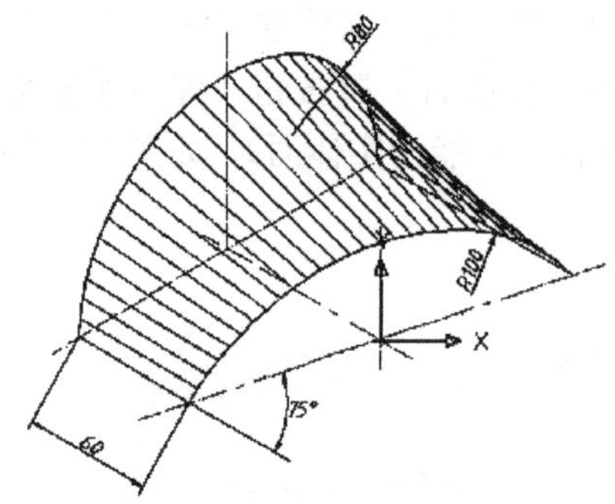

图 10-28 曲面练习一

（2）根据本章的学习内容，创建如图 10-29 所示的曲面。

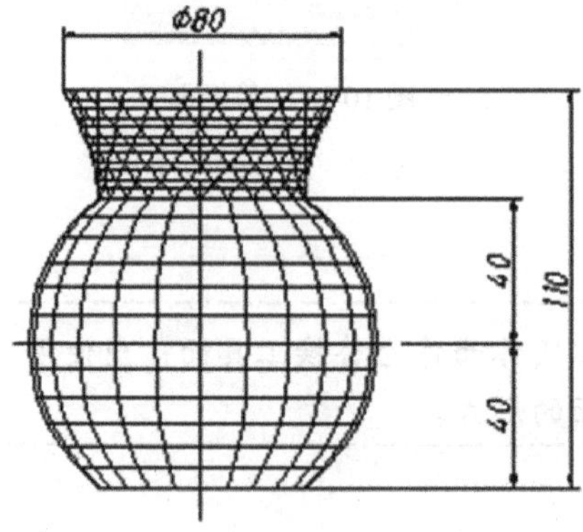

图 10-29 曲面练习二

（3）根据本章的学习内容，创建如图 10-30 所示的曲面。

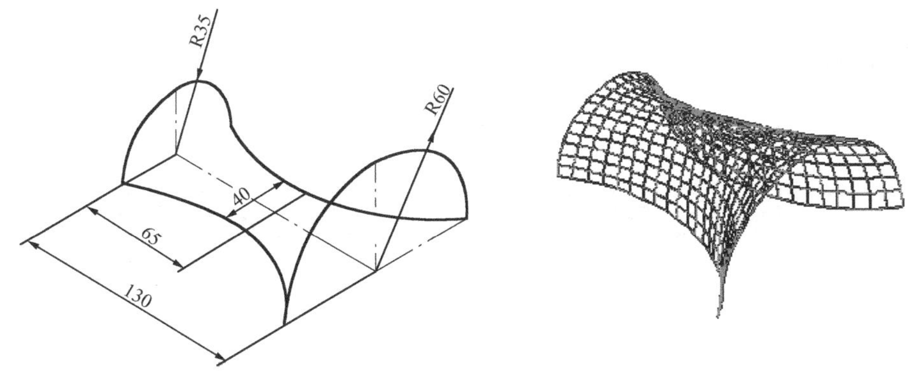

图 10-30　曲面练习三

第11章 曲线与曲面设计提高专题特训

曲线设计与曲面设计两者关系非常密切，抛开任何一方来谈都是不切实际的，本章将重点介绍两者在造型设计中的各自作用及相互影响。通过本章的学习，相信读者在造型设计方面的能力会快速提升。

11.1 学习目标与课时安排

学习目标及学习内容

（1）学会打开 IGS 格式的文件。

（2）掌握导入曲线的管理，并熟练运用导入的曲线。

（3）利用导入进行曲面设计。

学习课时安排（共 5 课时）

（1）曲面尖点收敛现象的解决办法（1 课时）。

（2）电吹风主体曲面的设计（2 课时）。

（3）人体腿部模型曲面的设计（2 课时）。

11.2 曲面尖点收敛现象的解决办法

有曲面设计经验的人都会很清楚当构造线架存在尖点时，创建的曲面容易在尖点处产生收敛，如图 11-1 所示，这样会使后面的曲面加厚失败或抽壳失败。

下面详细介绍在曲面设计过程中如何消除尖点收敛的情况。

（1）在桌面上双击SW图标，打开 SOLIDWORKS 2020 软件。

（2）在 SOLIDWORKS 2020 初始界面中单击〖打开〗按钮，弹出〖打开〗对话框。设置打开的文件类型为IGES (*.igs;*.iges)，然后选择〖Example\Ch11\曲面收敛.igs〗文件并打开。

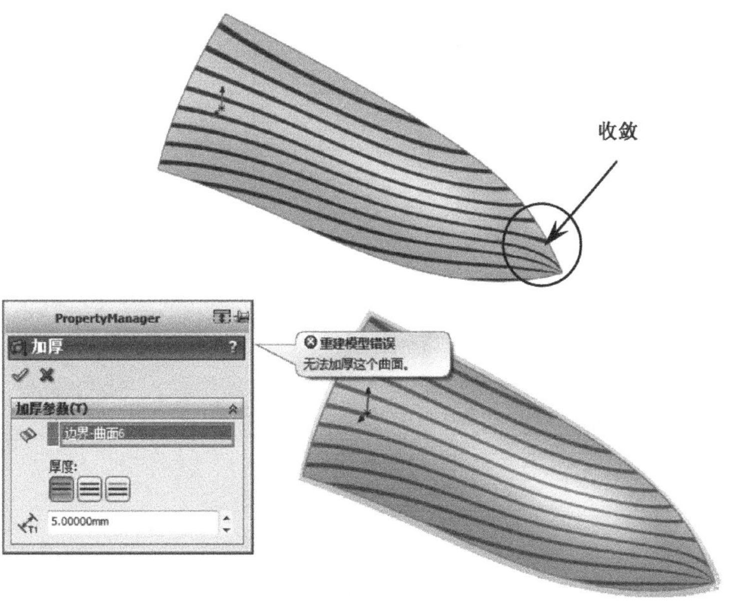

图 11-1 曲面收敛导致加厚失败

要点提示

在打开 IGS 文件过程中，会先后弹出两个〖提示〗对话框，然后依次单击 是(Y) 按钮和 确定 按钮即可。

（3）进入零件设计界面后，会自动弹出〖SOLIDWORKS〗对话框，然后单击 是(Y) 按钮和 确定 按钮，输入的曲线如图 11-2 所示。

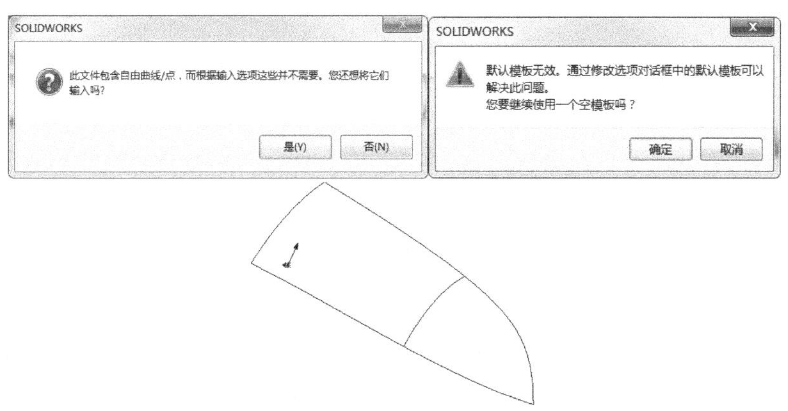

图 11-2 输入诊断

（4）创建边界曲面。参考前面的操作，使用〖边界曲面〗命令创建如图 11-3 所示的曲面。

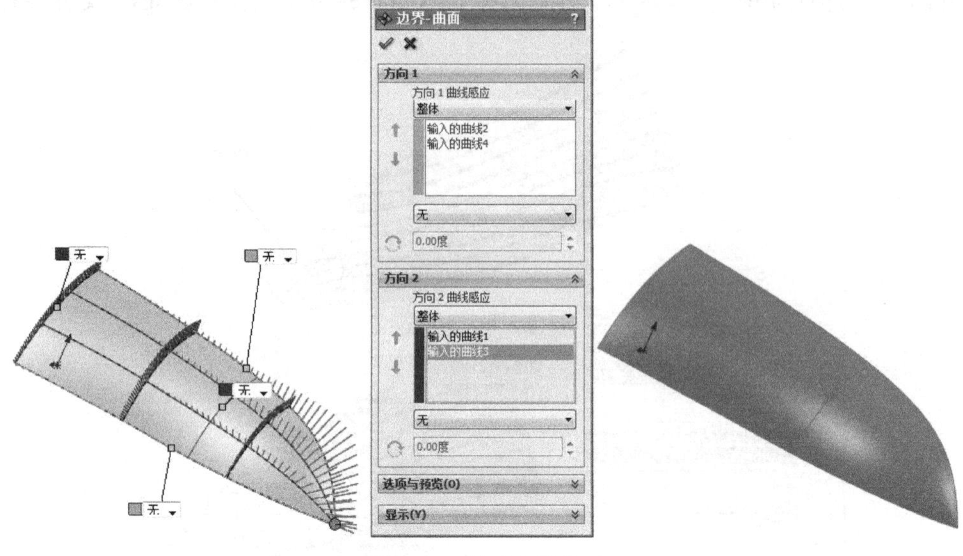

图 11-3 创建边界曲面

（5）用斑马条纹分析曲面。选择曲面并单击鼠标右键，在弹出的右键菜单中选择〖斑马条纹〗命令，弹出〖斑马条纹〗对话框，然后设置斑马条纹的参数，如图 11-4 所示，最后单击〖确定〗✔按钮。

如需消除曲面上的斑马条纹，则需再选择一次〖斑马条纹〗命令即可。

（6）创建草图。参考前面的操作，在“上视基准面”上创建如图 11-5 所示的草图，完成后退出草图。

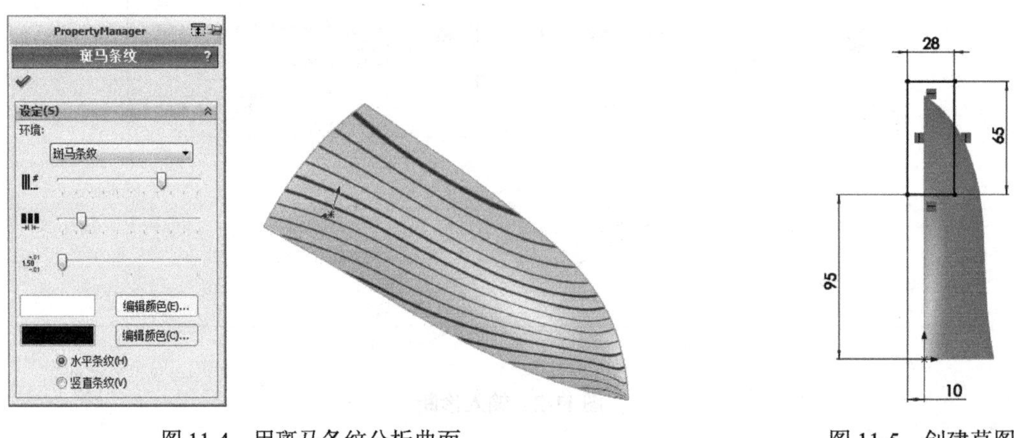

图 11-4 用斑马条纹分析曲面

图 11-5 创建草图

（7）剪裁曲面。参考前面的操作，选择上一步创建的草图为裁剪工具，如图 11-6 所示。

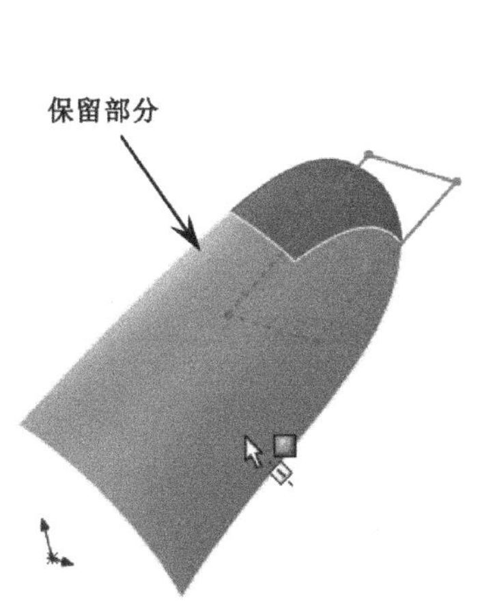

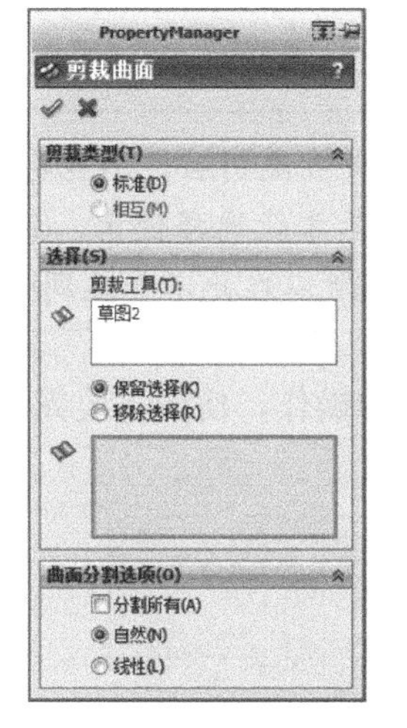

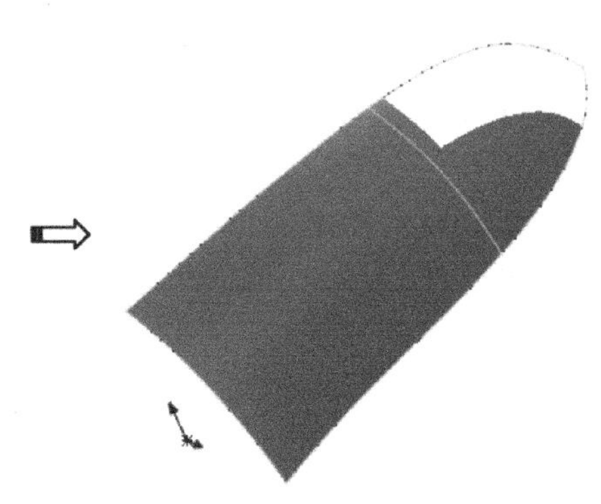

图 11-6　剪裁曲面

（8）创建 3D 草图曲线 1。在〖草图〗工具栏中单击 3D 草图 按钮，然后使用 转换实体引用 命令复制如图 11-7 所示的边界，完成后退出草图。

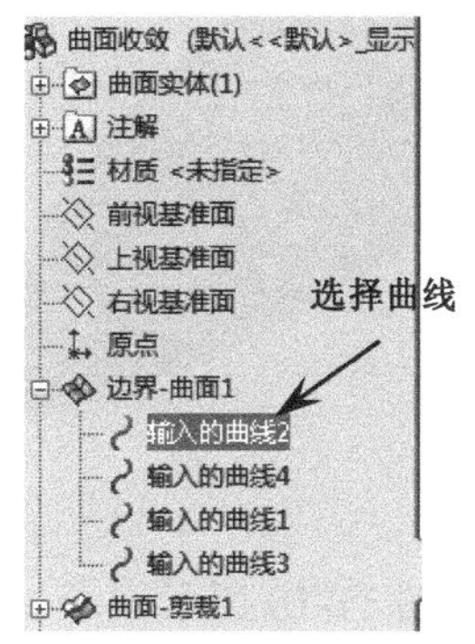

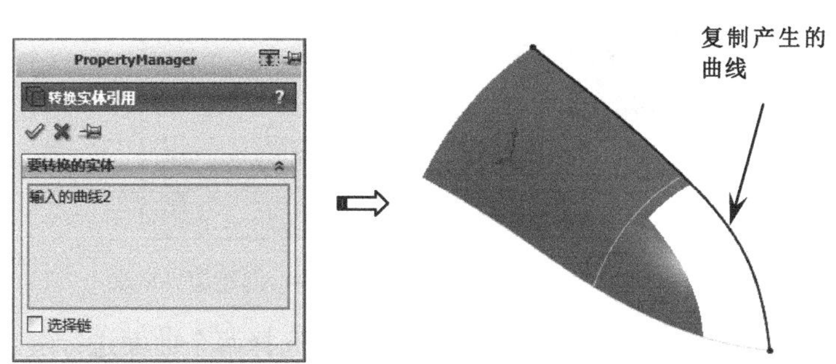

图 11-7　创建 3D 草图曲线 1

（9）创建 3D 草图曲线 2。参考上一步操作，复制另一条边界，如图 11-8 所示。

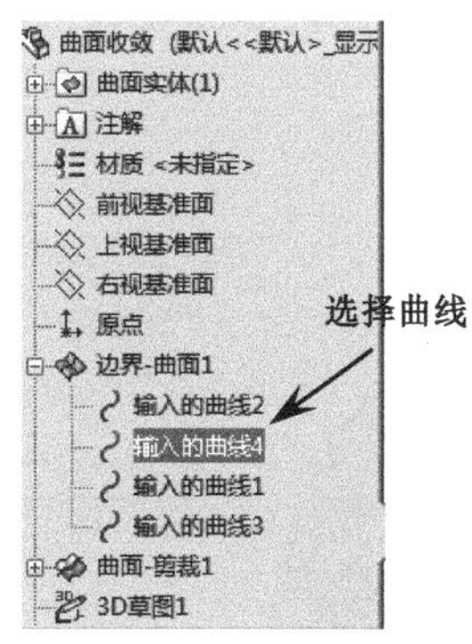

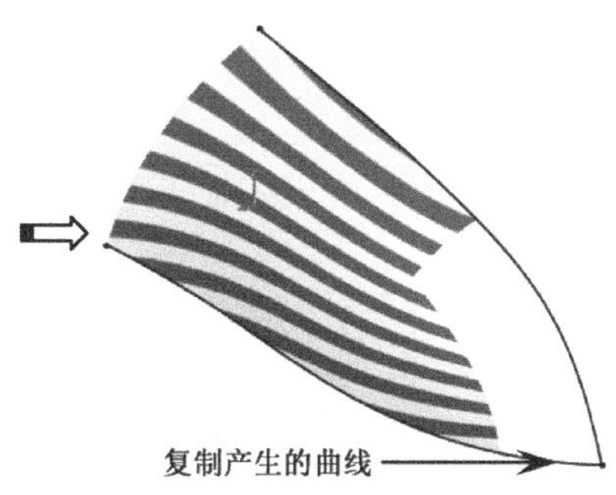

图 11-8　创建 3D 草图曲线 2

要点提示

① 当输入的曲线被使用后，不能再被选择来创建曲面。如需再用，需进入 3D 草图环境中将其复制，然后才能选择使用。② 由于以上两条复制的曲线是相连接的，且后面用于创建边界曲面，所以在此不能在同一个 3D 草图环境中创建。

（10）创建边界曲面。参考前面的操作，使用〖边界曲面〗命令创建如图 11-9 所示的曲面。

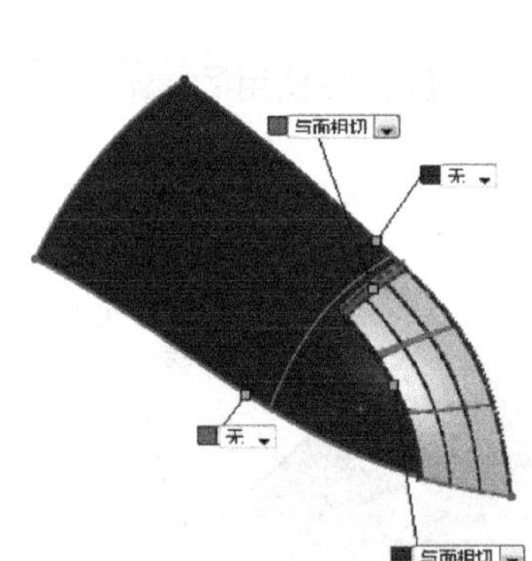

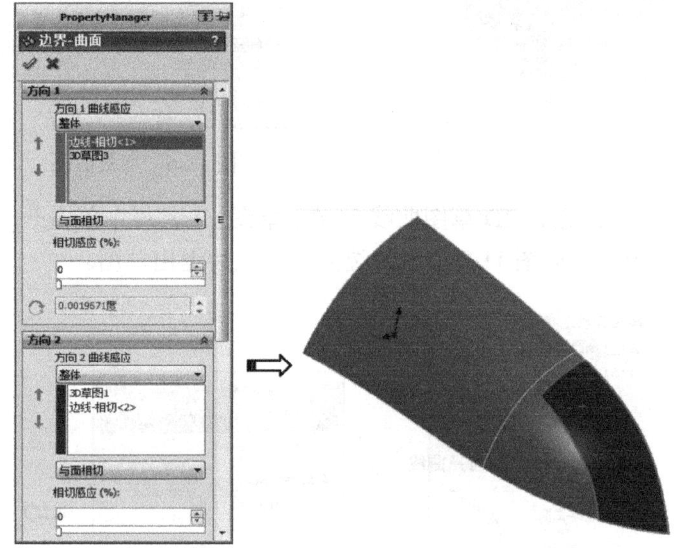

图 11-9　创建边界曲面

（11）缝合曲面。参考前面的操作，选择两个曲面进行缝合，如图 11-10 所示。

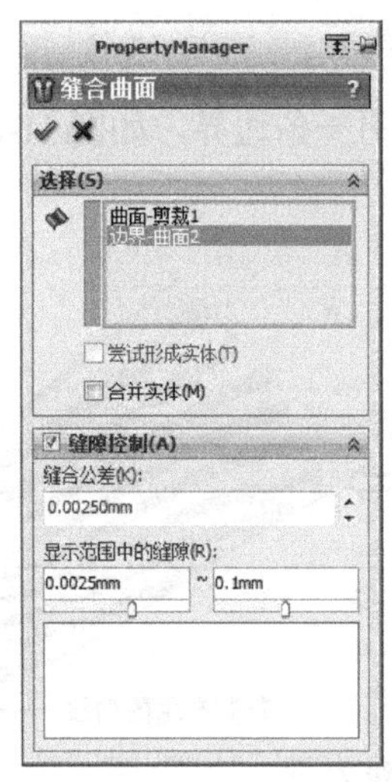

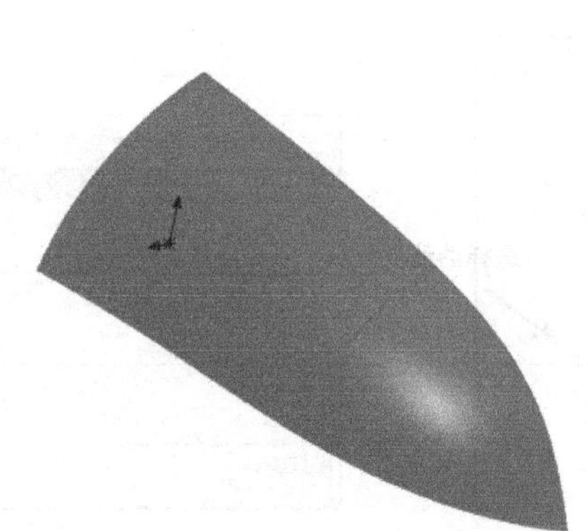

图 11-10　缝合曲面

（12）用斑马条纹分析曲面。按住 Ctrl 键选择两曲面并单击鼠标右键，在弹出的右键菜单中选择〖斑马条纹〗命令，弹出〖斑马条纹〗对话框，然后设置斑马条纹的参数，如图 11-11 所示，最后单击〖确定〗✓按钮。

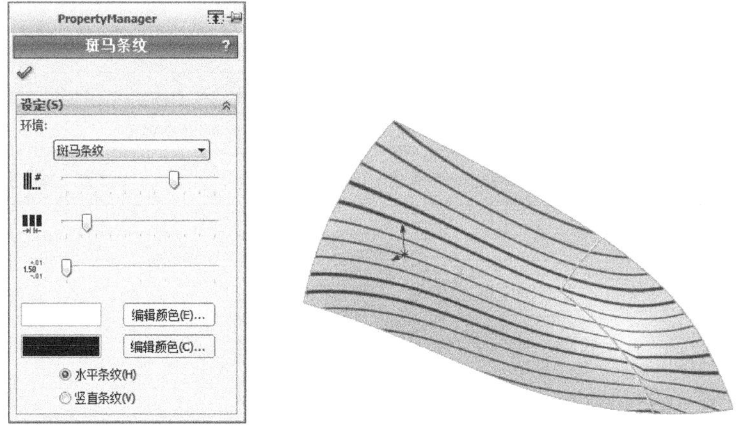

图 11-11　用斑马条纹分析曲面

要点提示

由图 11-11 可以看到，经裁剪和重新补曲面后，尖点处不再出现曲面收敛的现象了。使用〖加厚〗命令对曲面进行加厚，也不会出现失败的情况，如图 11-12 所示。

图 11-12　加厚曲面

11.3　电吹风主体曲面的设计

电吹风主体曲面的设计非常具有代表性，通过该实例可以大大提升读者创建构造线架的基本功，而且在设计思路方面也会有质的飞跃。

（1）在桌面上双击 SW 图标，打开 SOLIDWORKS 2020 软件。

（2）在 SOLIDWORKS 2020 初始界面中单击〖打开〗按钮，弹出〖打开〗对话框。

设置打开的文件类型为IGES (*.igs;*.iges)，然后选择〖Example\Ch11\电吹风主体曲面.igs〗文件并打开。

（3）进入零件设计界面后，会自动弹出〖SOLIDWORKS〗对话框，单击是(Y)按钮和确定按钮，输入的曲线如图 11-13 所示。

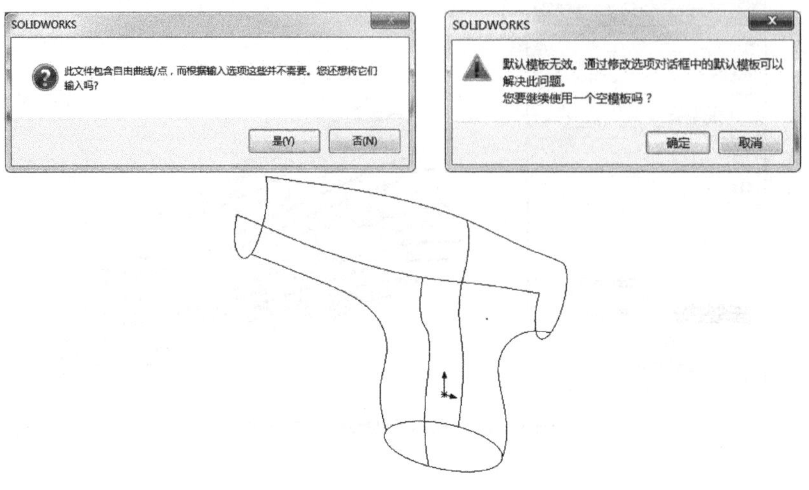

图 11-13　输入诊断

工程师点评：

输入曲线后，不要急着下手，首先要分析输入的曲线是怎样的状态，如曲线的连接方式，哪些是连续的，哪些是断开的；哪些曲线是关键的，哪些曲线是次要的，如何创建辅助曲线与现有的曲线产生曲面等。

（4）创建曲线文件夹。在设计树中选择所有的曲线并单击鼠标右键，在弹出的右键菜单中选择“添加到新文件夹”命令，如图 11-14 所示。

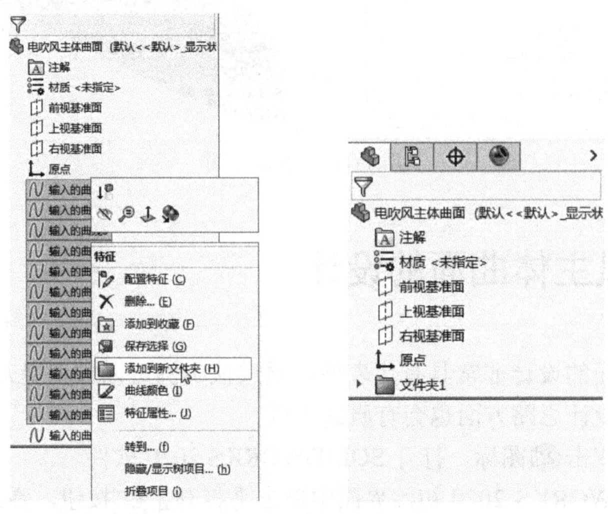

图 11-14　创建曲线文件夹

（5）组合曲线。在〖曲线〗工具栏中单击〖组合曲线〗按钮，弹出〖组合曲线〗对话框，然后选择如图 11-15 所示的 3 条曲线，单击〖确定〗✔按钮。

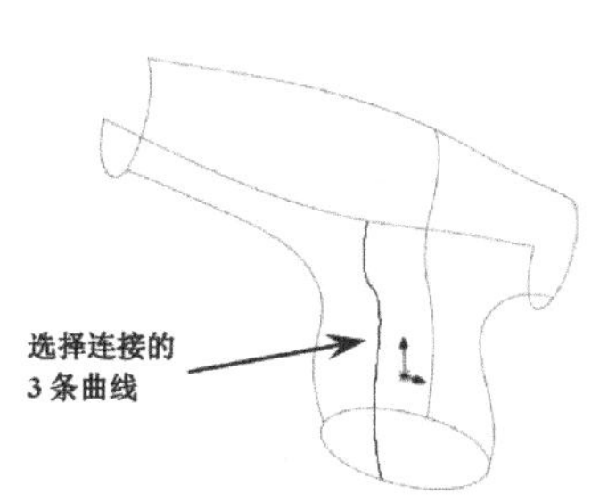

图 11-15　组合曲线

（6）组合曲线。参考上一步操作，选择另一边相同的 3 条曲线进行组合，如图 11-16 所示。

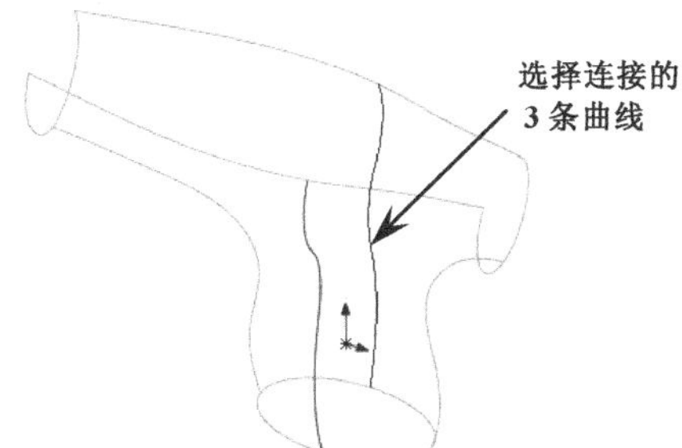

图 11-16　组合曲线

（7）创建 3D 草图 1。在〖草图〗工具栏中单击〖3D 草图〗3D 草图按钮，然后根据图 11-17 所示的步骤进行操作，单击〖退出草图〗按钮。

（8）创建 3D 草图 2。参考前面的操作，使用〖转换实体引用〗转换实体引用命令复制如图 11-18 所示的曲线。

（9）创建 3D 草图 3。参考前面的操作，使用〖转换实体引用〗转换实体引用命令复制如图 11-19 所示的曲线。

（10）扫描创建曲面。在〖曲面〗工具栏中单击〖扫描曲面〗按钮，弹出〖扫描曲面〗对话框，然后根据图 11-20 所示的步骤进行操作，单击〖确定〗✔按钮。

（11）扫描创建曲面。参考上一步操作，创建另一边的曲面，如图 11-21 所示。

如果前面不进行截面曲线的复制，那么操作时将无法选择曲线。

（12）创建基准面。在〖参考几何体〗工具栏中单击〖基准面〗按钮，弹出〖基准面〗对话框，然后创建如图 11-22 所示的基准面。

（13）创建基准面。参考上一步操作，创建另一边的基准面，如图 11-23 所示。

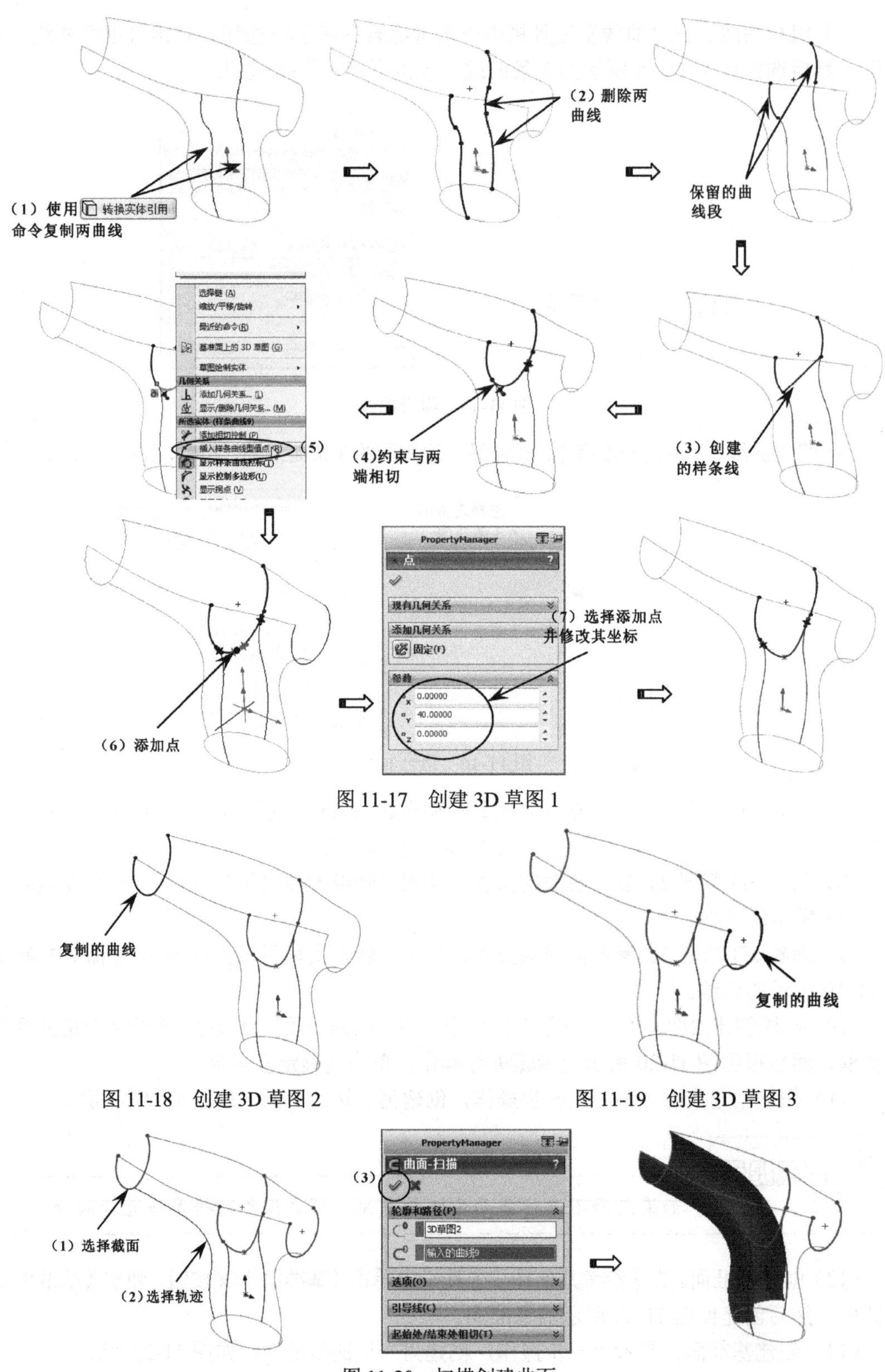

图 11-17　创建 3D 草图 1

图 11-18　创建 3D 草图 2　　　　图 11-19　创建 3D 草图 3

图 11-20　扫描创建曲面

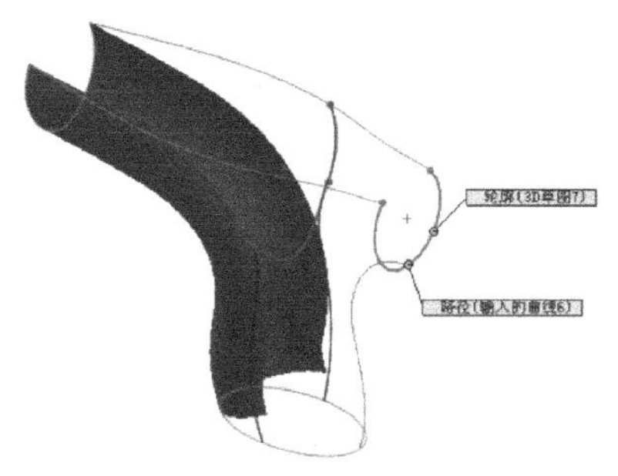

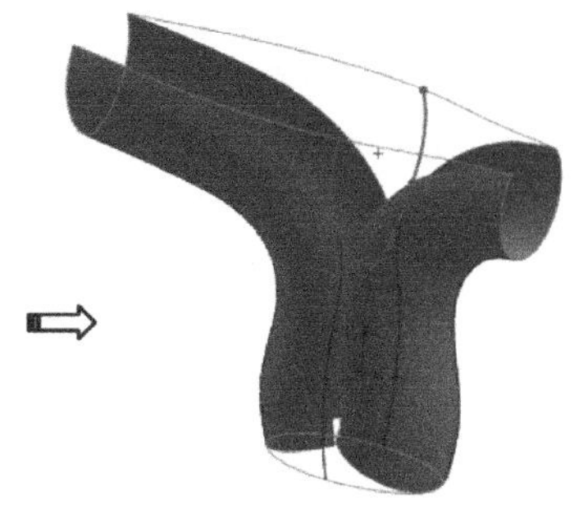

图 11-21　扫描创建曲面

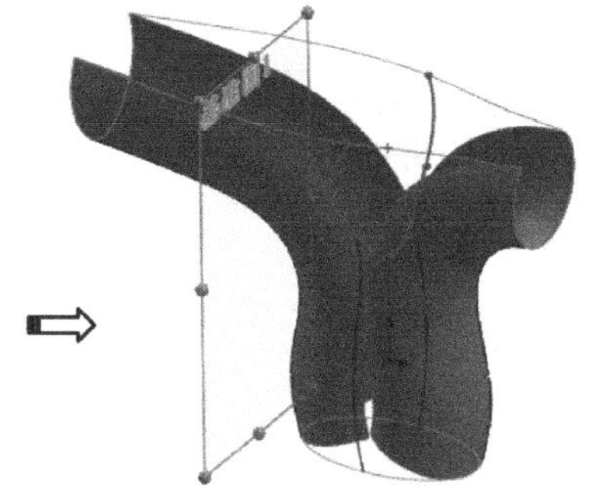

图 11-22　创建基准面

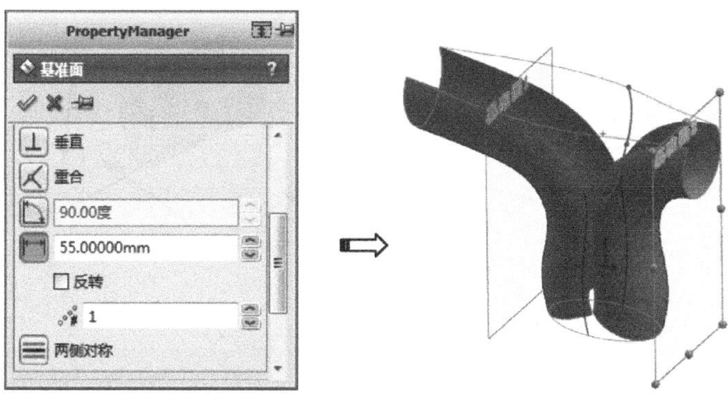

图 11-23　创建基准面

（14）剪裁曲面。参考前面的操作，分别选择基准面 1 和基准面 2 作为剪裁工具对两曲面进行裁剪，结果如图 11-24 所示。

（15）隐藏基准面 1 和基准面 2，如图 11-25 所示。

（16）创建交叉曲线。在〖草图〗工具栏中单击〖交叉曲线〗交叉曲线按钮，然后选择两曲面和“前视基准面”，创建的交叉曲线如图 11-26 所示。

（17）创建 3D 草图 4。在〖草图〗工具栏中单击〖3D 草图〗3D 草图按钮，然后根据图 11-27 所示的步骤进行操作，单击〖退出草图〗按钮。

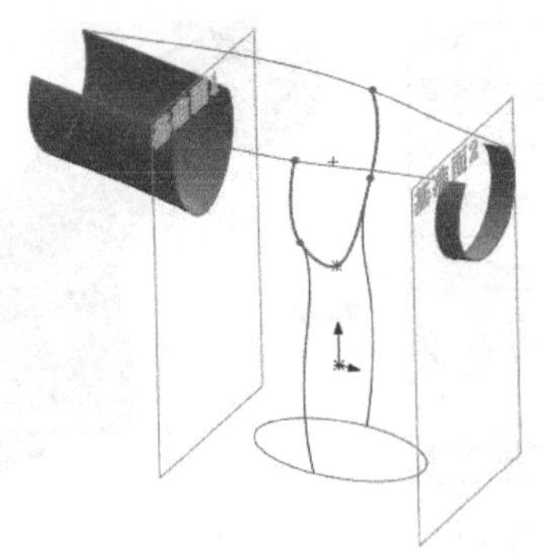
图 11-24　剪裁曲面

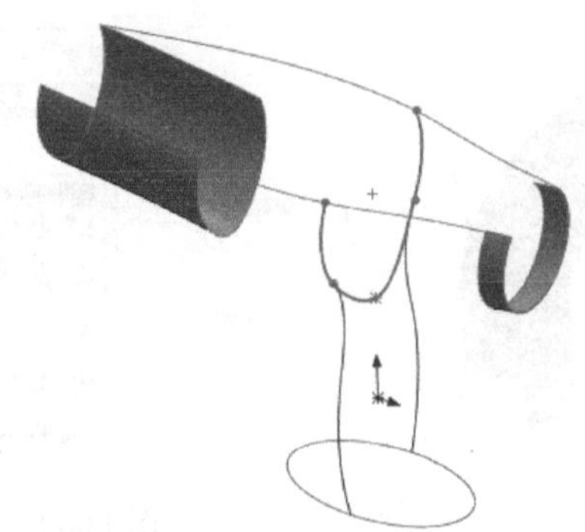
图 11-25　隐藏基准面

图 11-26　创建交叉曲线

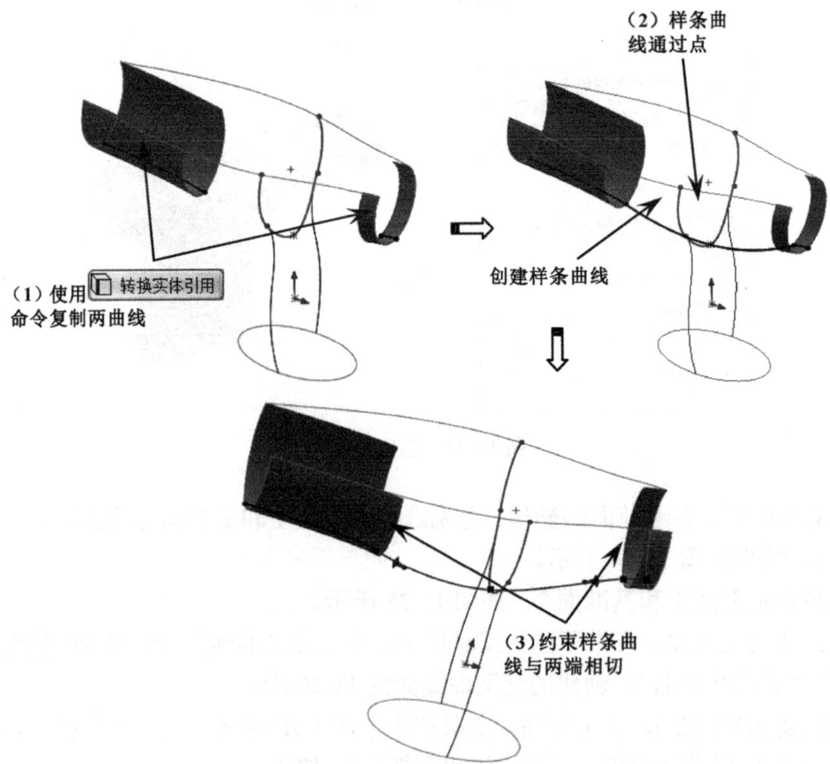

图 11-27　创建 3D 草图 4

这里一开始就复制两条交叉曲线，使 3 段曲面属于同一草图，从而方便后面的曲面创建。

（18）隐藏两曲面，结果如图 11-28 所示。

（19）创建 3D 草图 5。参考前面的操作，使用〖转换实体引用〗命令复制如图 11-29 所示的 3 段曲线。

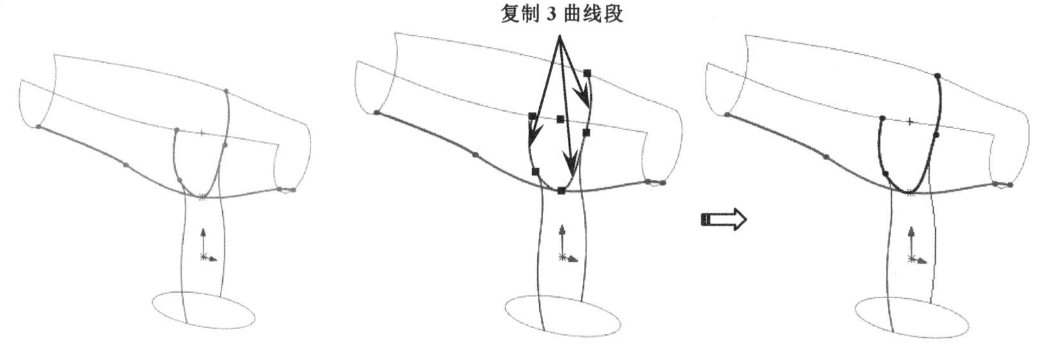

图 11-28　隐藏曲面

图 11-29　创建 3D 草图 5

请读者思考这里为什么又要复制如图 11-29 所示的 3 条曲线段，可根据后面的操作来尝试。

（20）隐藏 3D 草图 4，方便后面曲面创建时边界的选择。

（21）创建边界曲面。参考前面的操作，使用〖边界曲面〗命令创建如图 11-30 所示的曲面。

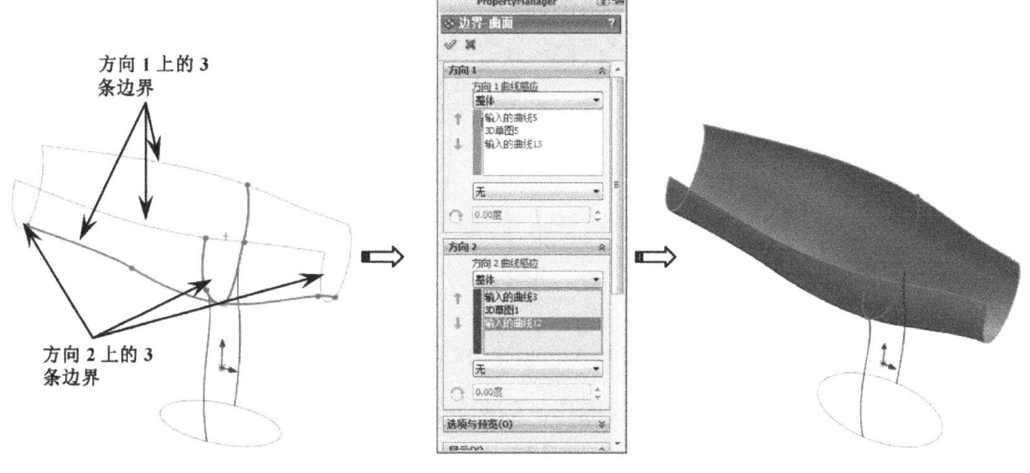

图 11-30　创建边界曲面

（22）创建 2D 草图。参考前面的操作，选择“前视基准面”为草图平面，然后创建如图 11-31 所示的圆弧，完成后退出草图。

（23）剪裁曲面。参考前面的操作，选择上一步创建的草图为剪裁工具，结果如图 11-32 所示。

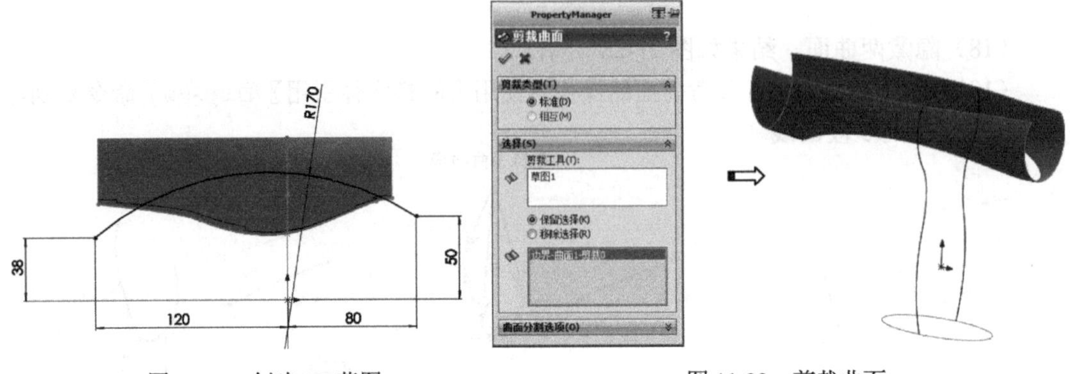

图 11-31 创建 2D 草图　　图 11-32 剪裁曲面

（24）创建 3D 草图 6。参考前面的操作，使用〖转换实体引用〗命令复制如图 11-33 所示的 4 条曲线。

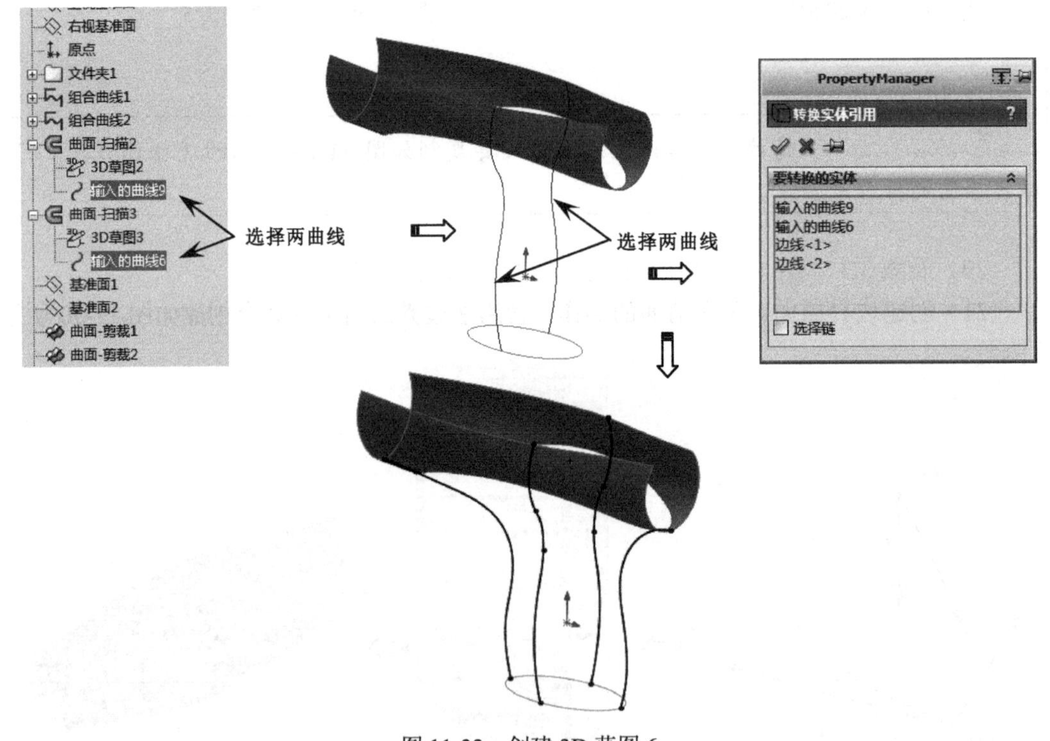

图 11-33 创建 3D 草图 6

（25）创建基准面 3。参考前面的操作，创建如图 11-34 所示的基准面 3。

（26）创建 3D 草图 7。在〖草图〗工具栏中单击〖3D 草图〗按钮，然后根据图 11-35 所示的步骤进行操作，单击〖退出草图〗按钮。

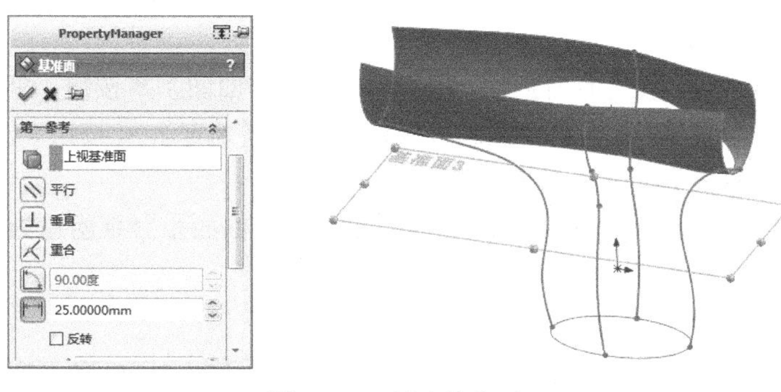

图 11-34　创建基准面 3

（27）创建通过参考点的曲线。在〖曲线〗工具栏中单击〖通过参考点的曲线〗按钮，弹出〖通过参考点的曲线〗对话框，然后选择上一步创建的 4 个点，并设置如图 11-36 所示的参数，单击〖确定〗按钮。

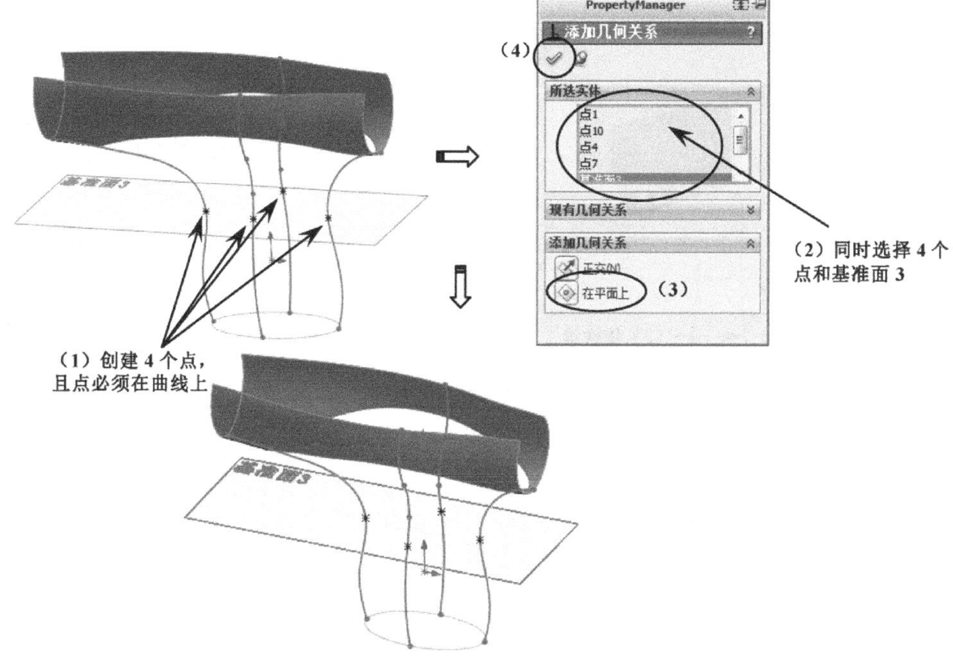

图 11-35　创建 3D 草图 7

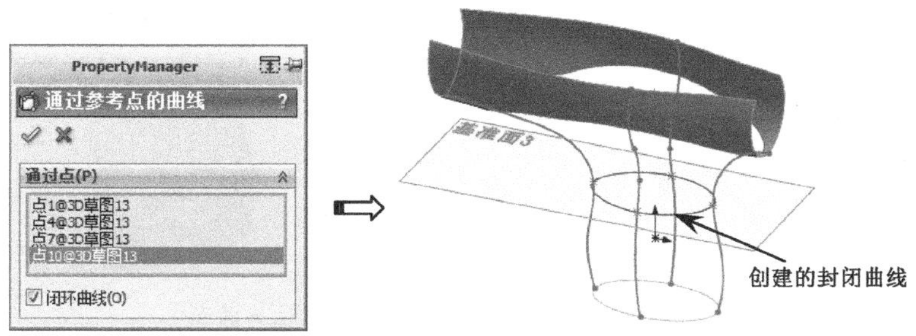

图 11-36　创建通过参考点的曲线

（28）隐藏基准面 3。

（29）创建放样曲面。在〖曲面〗工具栏中单击〖放样曲面〗按钮，弹出〖放样曲面〗对话框，然后根据图 11-37 所示的步骤进行操作，单击〖确定〗按钮。

（30）显示 3D 草图 6，如图 11-38 所示。

（31）创建边界曲面。参考前面的操作，使用〖边界曲面〗命令创建如图 11-39 所示的曲面。

（32）隐藏曲线和缝合曲面，如图 11-40 所示。

（33）保存文件。在〖标准〗工具栏中单击〖保存〗按钮，然后以“电吹风主体曲面”名称直接保存即可。

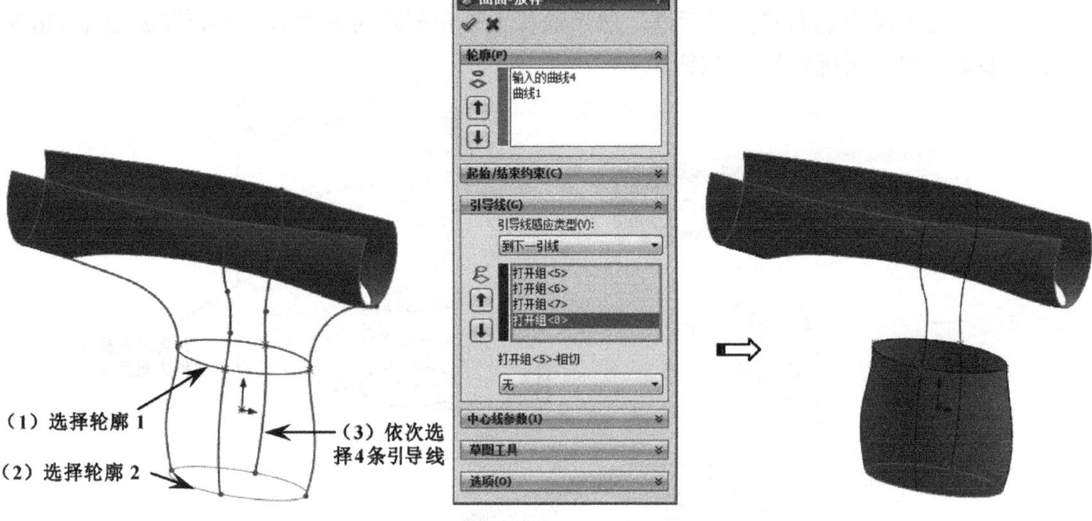

图 11-37 创建放样曲面

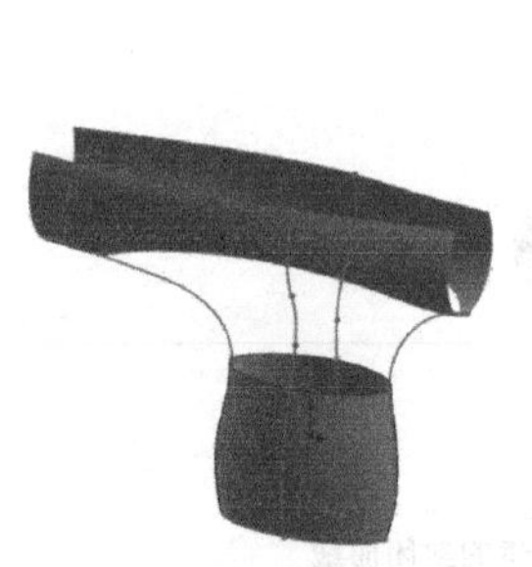

图 11-38 显示草图

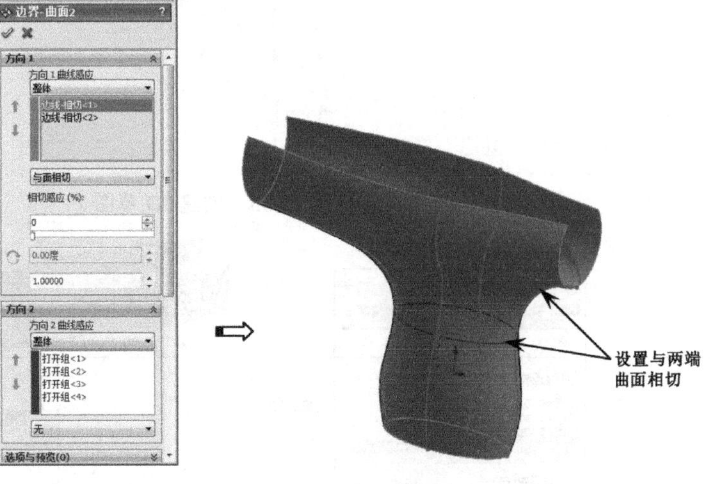

图 11-39 创建边界曲面

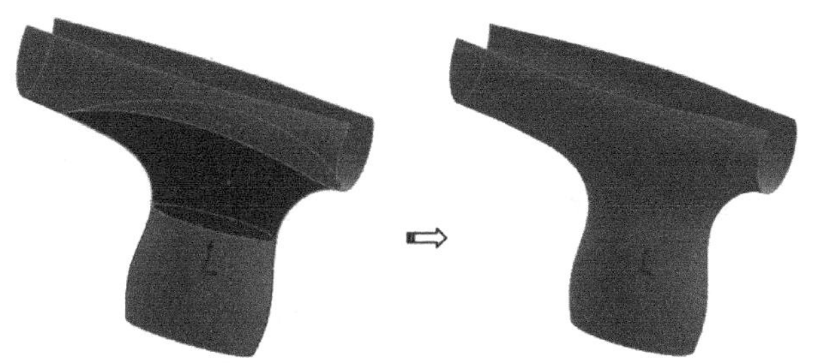
图 11-40　隐藏曲线和缝合曲面

11.4　人体腿部模型曲面的设计

人体腿部模型曲面有点难度，通过本章的学习，相信读者的曲线和曲面设计能力将会大大提高。如果能将本章知识融会贯通，那么在以后的设计工作中将更加得心应手。

（1）在桌面上双击图标，打开 SOLIDWORKS 2020 软件。

（2）在 SOLIDWORKS 2020 初始界面中单击〖打开〗按钮，弹出〖打开〗对话框。设置打开的文件类型为IGES (*.igs;*.iges)，然后选择〖Example\Ch11\人体腿部模型曲面.igs〗文件并打开。

（3）进入零件设计界面后，会自动弹出〖SOLIDWORKS〗对话框，然后单击是(Y)按钮和确定按钮，输入的曲线如图 11-41 所示。

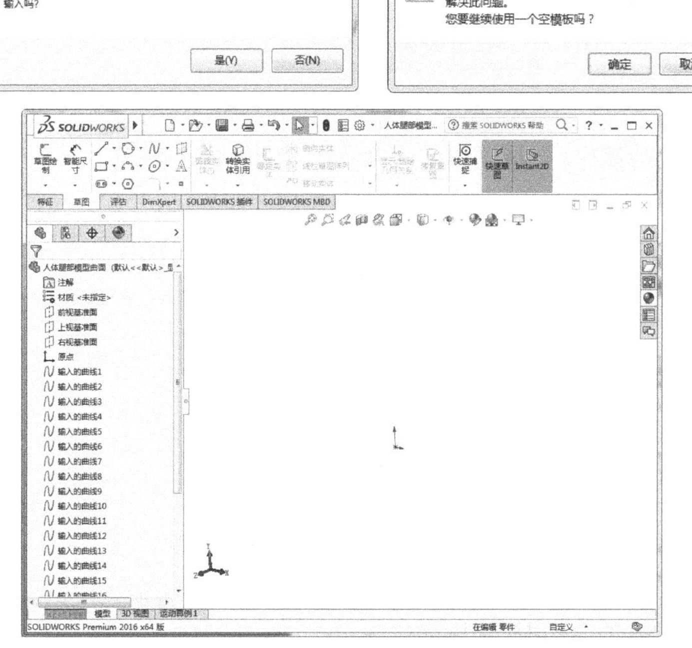

图 11-41　输入诊断

要点提示

如果输入曲线后在设计树中显示有曲线，而绘图区内并没有任何的图素，多数是因为曲线的颜色与背景颜色相同，所以才会出现这样的“误解”。

（4）修改输入曲线颜色。在设计树中选择所有的曲线并单击鼠标右键，在弹出的右键菜单中选择“曲线颜色”命令，弹出〖草图/曲线颜色〗对话框，然后选择曲线的颜色，如图 11-42 所示，最后单击〖确定〗按钮。

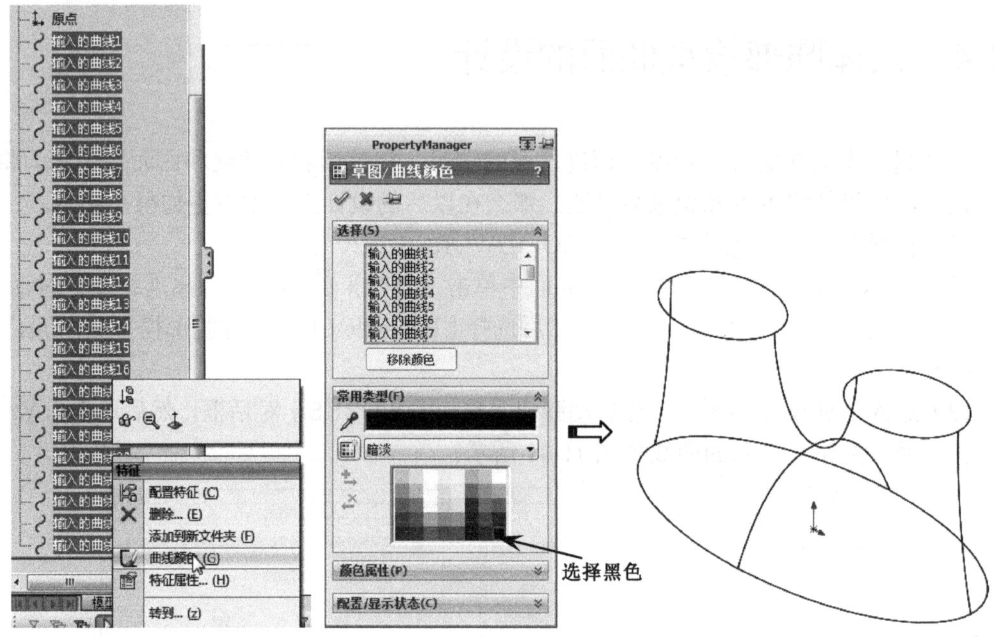

图 11-42　修改输入曲线颜色

（5）参考前面的操作，为曲线添加文件夹，如图 11-43 所示。

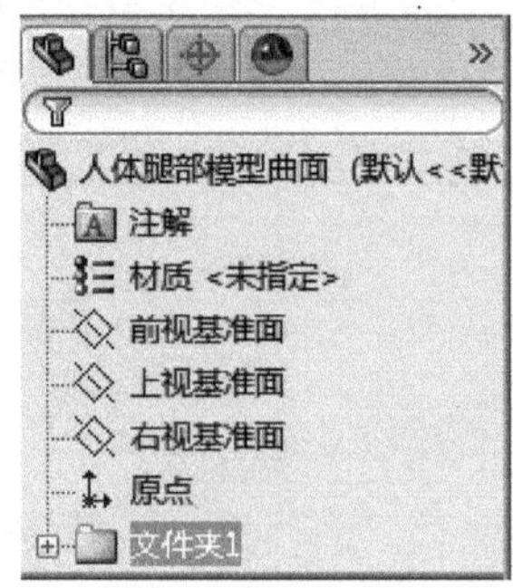

图 11-43　为曲线添加文件夹

（6）创建放样曲面。在〖曲面〗工具栏中单击〖放样曲面〗按钮，弹出〖放样曲面〗对话框，然后根据图 11-44 所示的步骤进行操作，单击〖确定〗按钮。

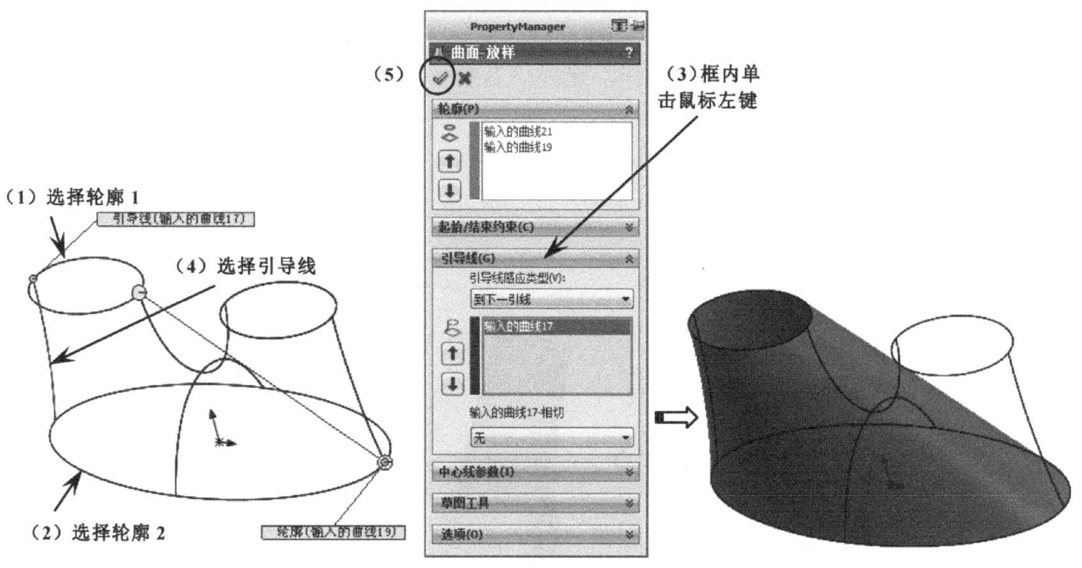

图 11-44　创建放样曲面

（7）创建基准面 1。参考前面的操作，创建如图 11-45 所示的基准面。

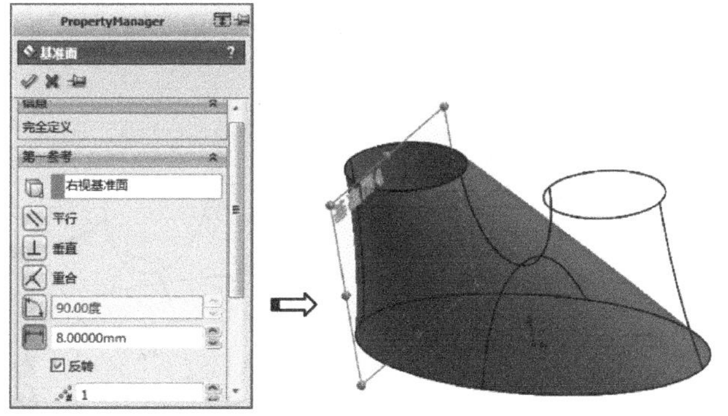

图 11-45　创建基准面 1

（8）剪裁曲面。参考前面的操作，选择上一步创建的基准面 1 作为剪裁工具，如图 11-46 所示。

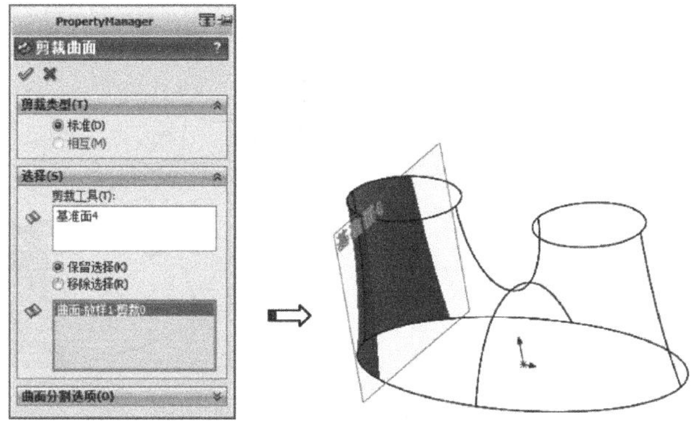

图 11-46　剪裁曲面

（9）隐藏基准面 1。

（10）镜向曲面。参考前面的操作，选择“右视基准面”为镜向面，曲面为镜向实体，如图 11-47 所示。

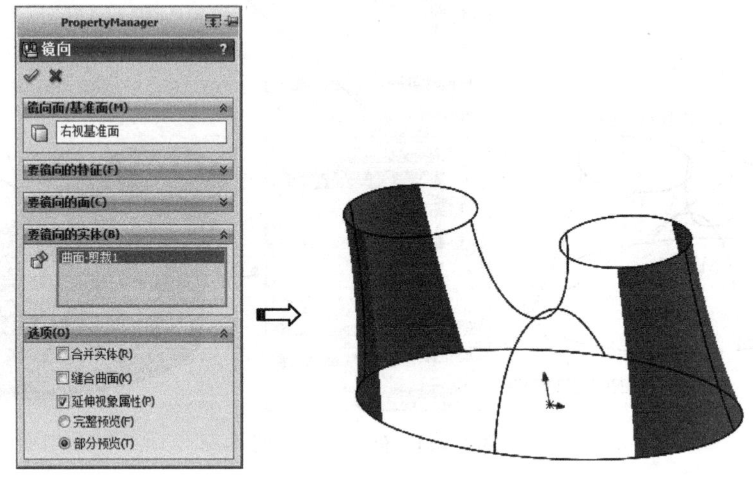

图 11-47　镜向曲面

（11）创建通过参考点的曲线。参考前面的操作，使用〖通过参考点的曲线〗命令创建如图 11-48 所示的样条曲线。

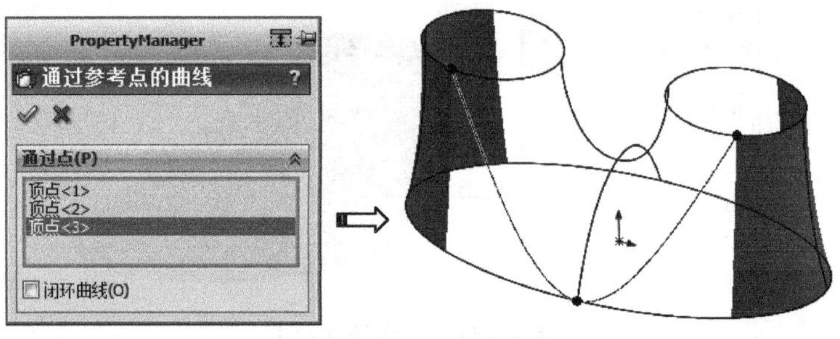

图 11-48　创建通过参考点的曲线

（12）创建通过参考点的曲线。参考前面的操作，使用〖通过参考点的曲线〗命令在反面处创建如图 11-49 所示的样条曲线。

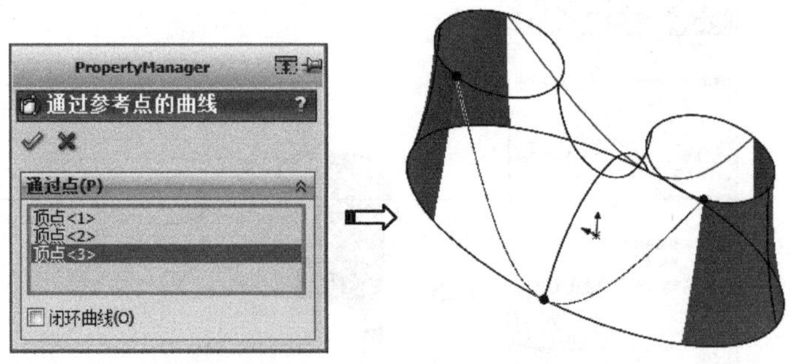

图 11-49　创建通过参考点的曲线

(13)创建3D草图1。在〖草图〗工具栏中单击〖3D草图〗 3D 草图 按钮，然后根据图11-50所示的步骤进行操作，单击〖退出草图〗按钮。

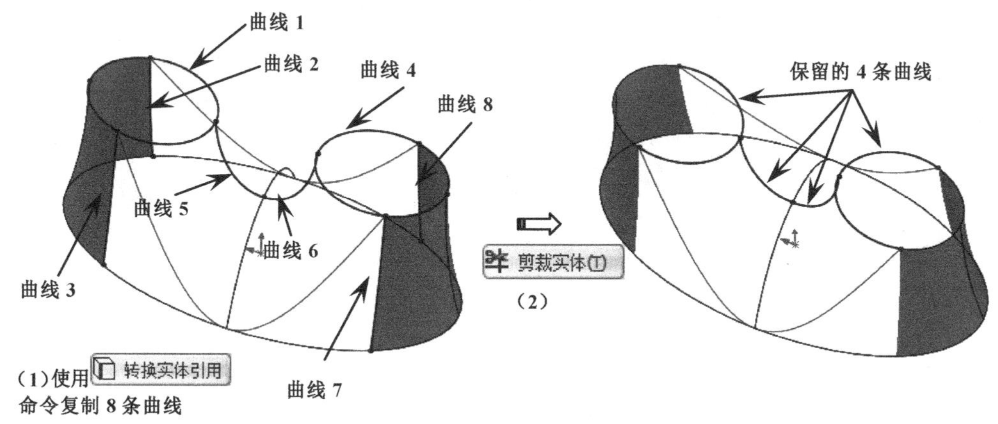

图11-50　创建3D草图1

这里创建边界的方法希望读者能够认真掌握。

(14)创建边界曲面。参考前面的操作，使用〖边界曲面〗命令创建如图11-51所示的曲面。

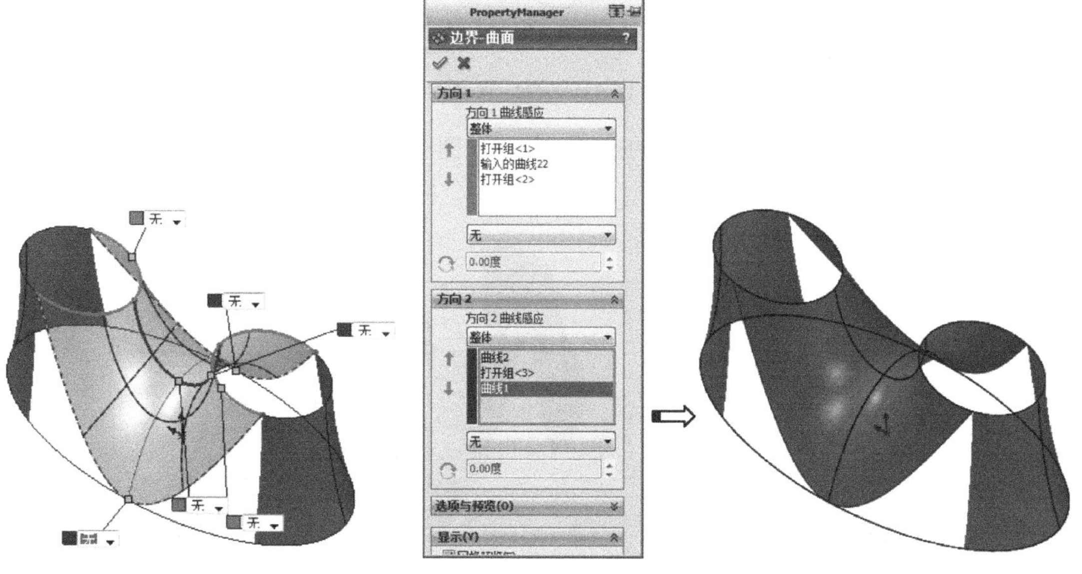

图11-51　创建边界曲面

(15)剪裁曲面。参考前面的操作，依次选择“前视基准面”和“右视基准面”作为剪裁工具，对上一步创建的曲面进行剪裁，结果如图11-52所示。

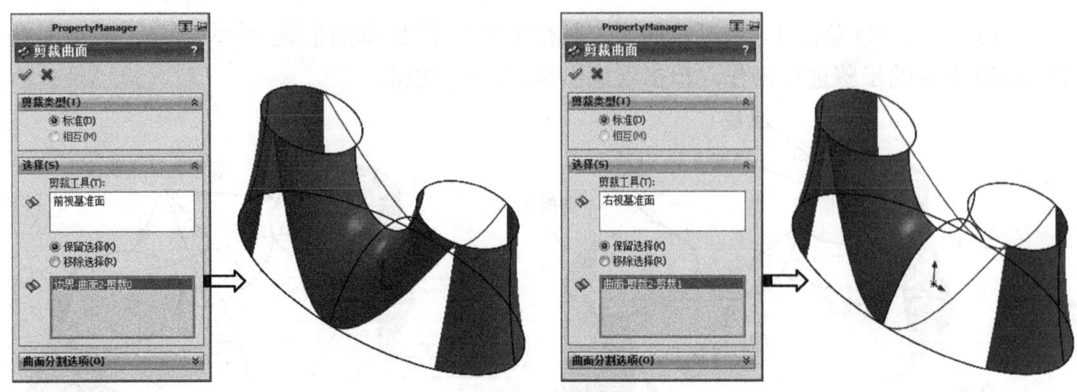

图 11-52　剪裁曲面

（16）创建 3D 草图 2。在〖草图〗工具栏中单击〖3D 草图〗 3D 草图 按钮，然后使用〖直线〗命令创建如图 11-53 所示的直线，单击〖退出草图〗按钮。

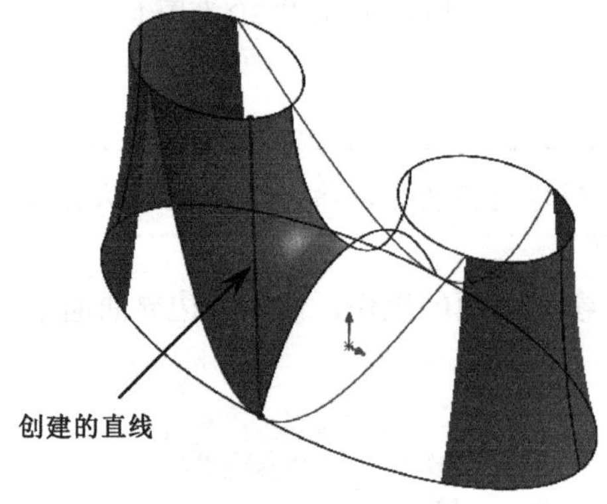

图 11-53　创建 3D 草图 2

（17）创建基准面 2。参考前面的操作，创建如图 11-54 所示的基准面。

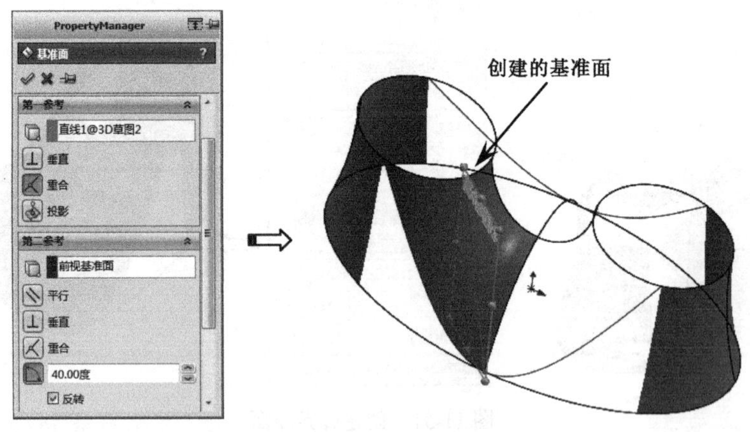

图 11-54　创建基准面 2

（18）剪裁曲面。参考前面的操作，选择上一步创建的基准面 2 作为剪裁工具，如图 11-55 所示。

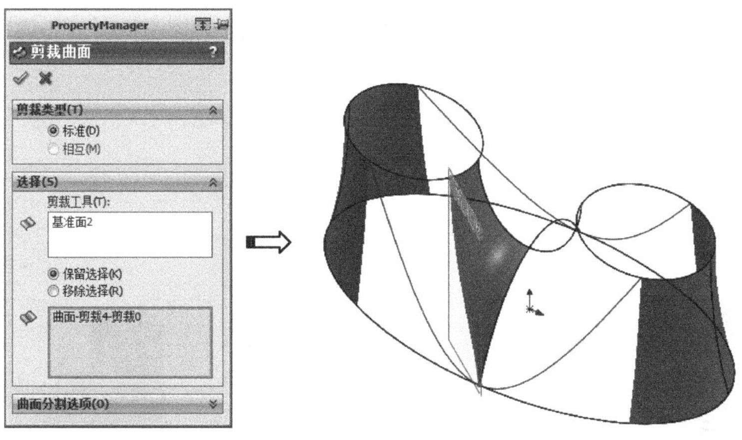

图 11-55 剪裁曲面

（19）隐藏基准面 2。

（20）隐藏如图 11-56 所示的曲线。

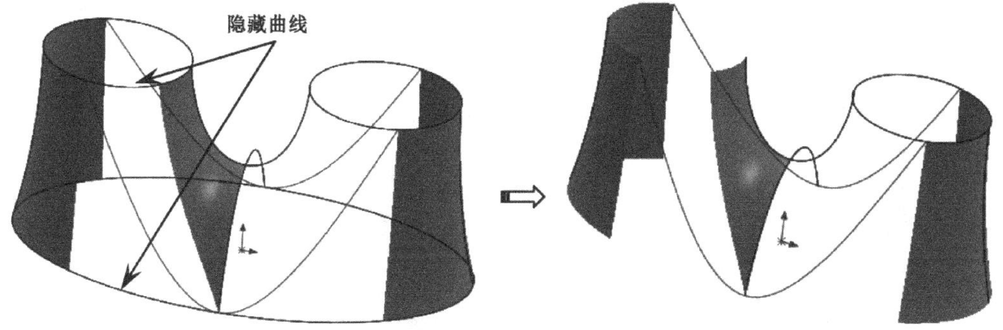

图 11-56 隐藏曲线

（21）创建 3D 草图 3。在〖草图〗工具栏中单击〖3D 草图〗按钮，然后使用〖样条曲线〗命令创建如图 11-57 所示的两条样条曲线，单击〖退出草图〗按钮。

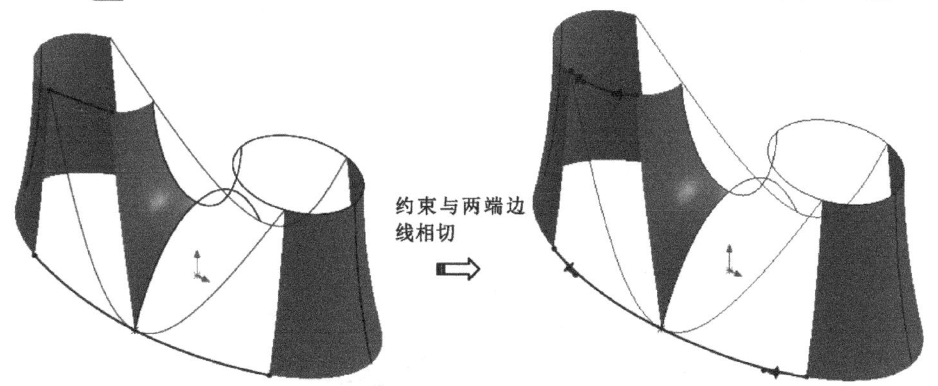

图 11-57 创建 3D 草图 3

（22）创建边界曲面。参考前面的操作，使用〖边界曲面〗命令创建如图 11-58 所示的曲面。

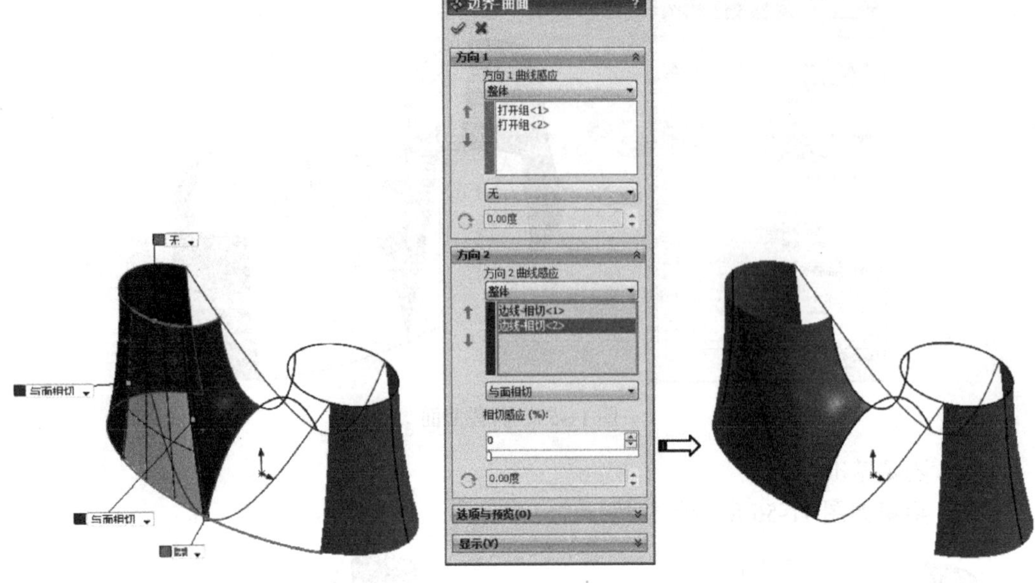

图 11-58　创建边界曲面

（23）隐藏曲面。选择如图 11-59 所示的曲面隐藏。

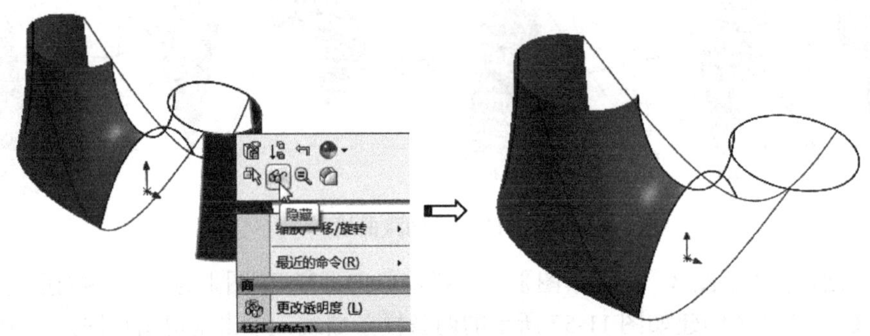

图 11-59　隐藏曲面

（24）裁剪曲面。参考前面的操作，选择“前视基准面”为剪裁工具，如图 11-60 所示。

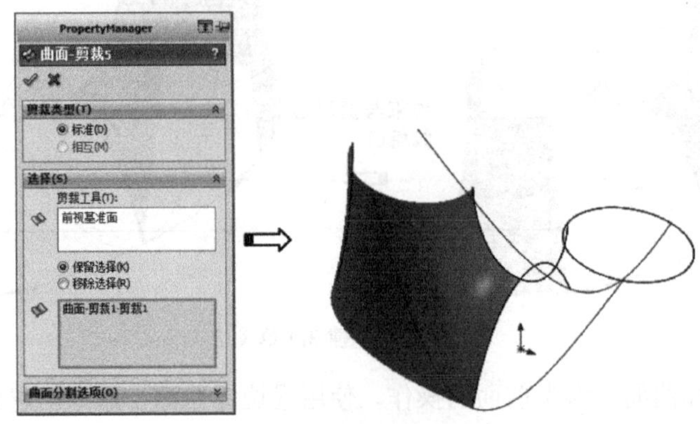

图 11-60　剪裁曲面

（25）缝合曲线。参考前面的操作，选择图中的 3 个曲面进行缝合，如图 11-61 所示。

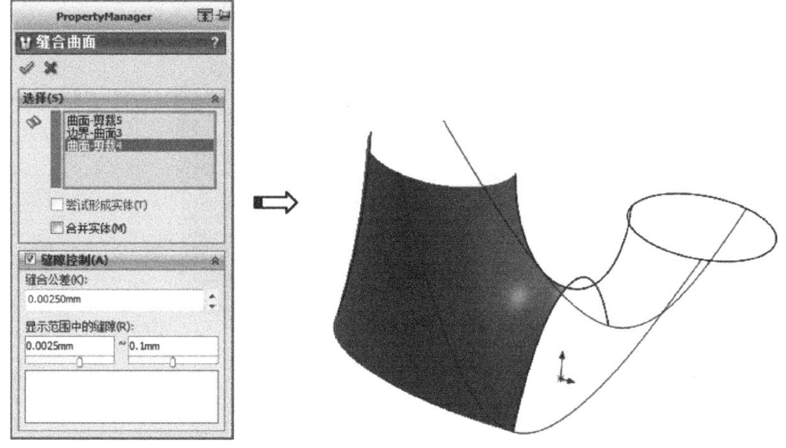

图 11-61　缝合曲面

（26）镜向曲面。参考前面的操作，选择缝合的曲面进行镜向，如图 11-62 所示。

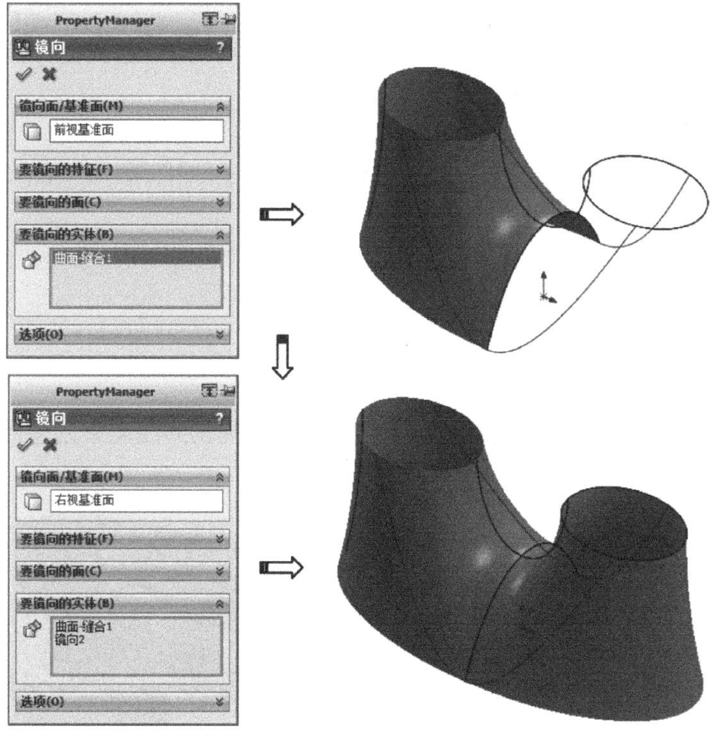

图 11-62　镜向曲面

（27）隐藏曲线和缝合曲面，如图 11-63 所示。

（28）保存文件。在〖标准〗工具栏中单击〖保存〗按钮，然后以“人体腿部模型曲面”名称直接保存即可。

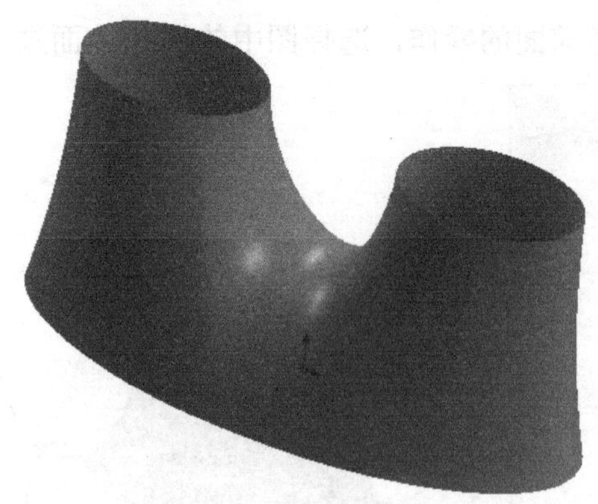

图 11-63　隐藏曲线和缝合曲面

11.5　本章学习收获

通过本章的学习，读者必须掌握以下内容。

（1）掌握打开其他格式的文件，如 IGS、STP 等常用的 3D 格式文件。

（2）掌握尖点曲面收敛现象的解决办法。

（3）灵活运用 3D 草图功能创建三维线架。

（4）学会处理导入的曲线，并利用其进行曲面设计。

（5）掌握较复杂曲面的设计思路。

11.6　练习题

打开〖Lianxi/Ch011/兔脚曲面.igs〗文件，然后根据提供的线架来创建曲面，如图 11-64 所示。

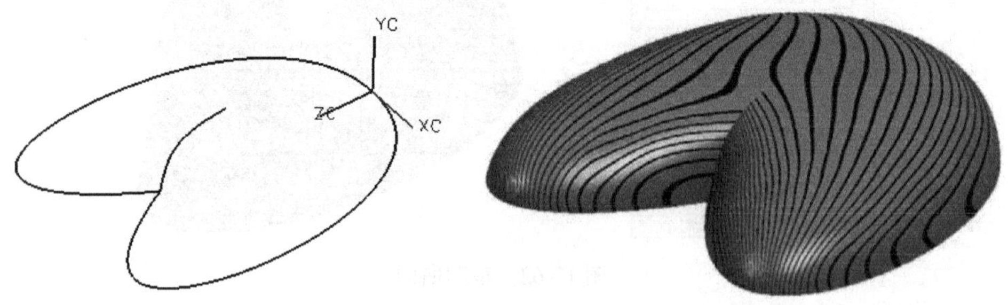

图 11-64　创建曲面

第12章

综合设计实例——塑料衣服箱提手

塑料衣服箱提手是一种非常常见的塑料产品，其结构简单，但三维设计人员要将其绘制得很好且完全满足客户的要求，则需要一定的设计基本功。通过本章的学习，可以快速提高读者的3D线架设计能力、实体和曲面设计能力。

12.1 学习目标与课时安排

学习目标及学习内容

（1）进一步巩固3D草图的创建方法和技巧。

（2）掌握交叉曲线、等距曲面和组合等命令的应用。

（3）重点掌握复制边界曲面和等距曲面的应用。

学习课时安排（共2课时）

（1）本章知识点讲解（0.5课时）。

（2）实例详细操作（1.5课时）。

12.2 实例设计详细步骤

塑料衣服箱提手的设计主要分为主体设计、表面造型设计、扣紧位的设计和加强部位的设计。

1. 主体的设计

（1）在桌面上双击图标打开SOLIDWORKS 2020软件。

（2）在〖标准〗工具栏中单击〖新建〗按钮，弹出〖新建 SOLIDWORKS 文件〗对话框。选择“零件”选项，然后单击 确定 按钮进入零件设计界面。

（3）创建草图 1。在〖草图〗工具栏中单击〖草图绘制〗按钮，选择“前视基准面”为草图平面，然后创建如图 12-1 所示的直线，单击〖退出草图〗按钮。

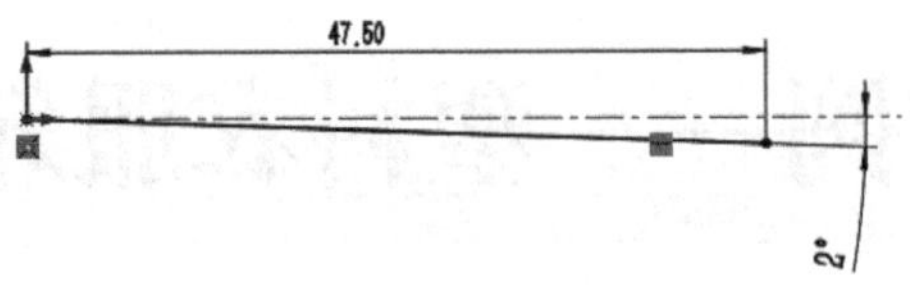

图 12-1　创建草图 1

（4）创建基准面 1。在〖参考几何体〗工具栏中单击〖基准面〗按钮，弹出〖基准面〗对话框，然后根据图 12-2 所示的步骤进行操作，单击〖确定〗按钮。

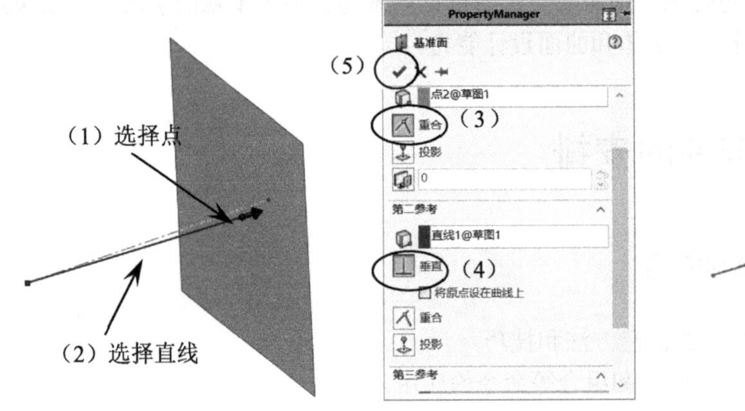

图 12-2　创建基准面 1

（5）创建草图 2。在〖草图〗工具栏中单击〖草图绘制〗按钮，选择“基准面 1”为草图平面，接着在〖标准视图〗工具栏中单击〖正视于〗按钮，使视图按草图平面放置，然后创建如图 12-3 所示的草图，单击〖退出草图〗按钮。

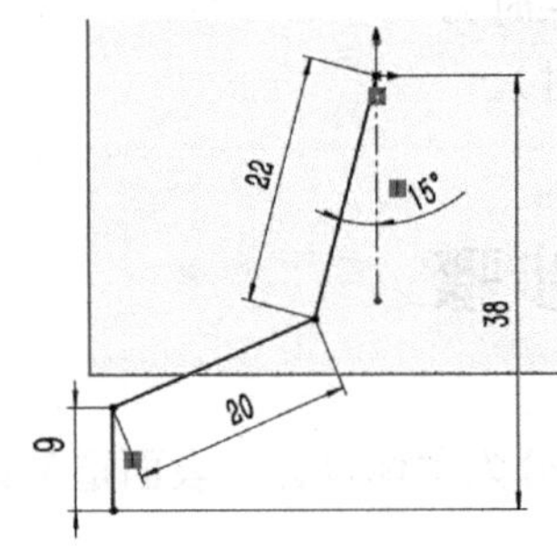

图 12-3　创建草图 2

（6）创建 3D 草图 1。在〖草图〗工具栏中单击〖3D 草图〗3D 草图按钮，然后根据图 12-4 所示的步骤进行操作，单击〖退出草图〗按钮。

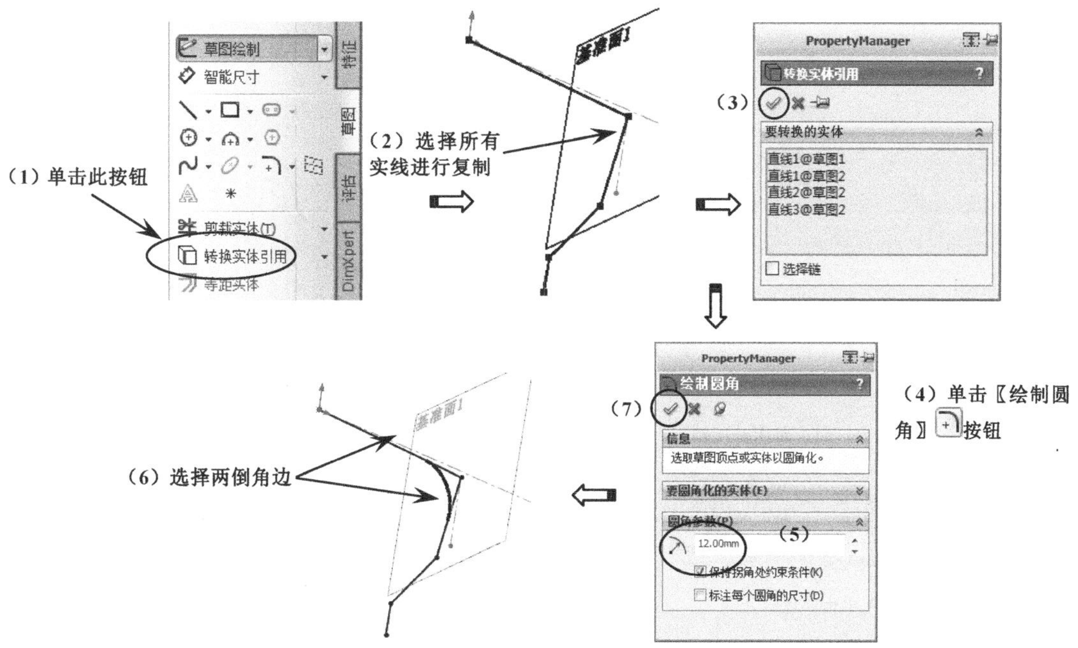

图 12-4　创建 3D 草图 1

要点提示

由于需要对草图 1 和草图 2 的连接线进行倒圆角，但〖绘制圆角〗命令又不支持同时对两个不同草图的曲面进行倒圆角，所以首先需要单击 转换实体引用 按钮，复制两草图曲面，然后再倒圆角。

（7）隐藏草图 1、草图 2 和基准面 1，结果如图 12-5 所示。

（8）创建 3D 草图 2。在〖草图〗工具栏中单击〖3D 草图〗 3D 草图 按钮，然后创建如图 12-6 所示的直线，单击〖退出草图〗按钮。

（9）创建 3D 草图 3。在〖草图〗工具栏中单击〖3D 草图〗 3D 草图 按钮，然后根据图 12-7 所示的步骤进行操作，单击〖退出草图〗按钮。

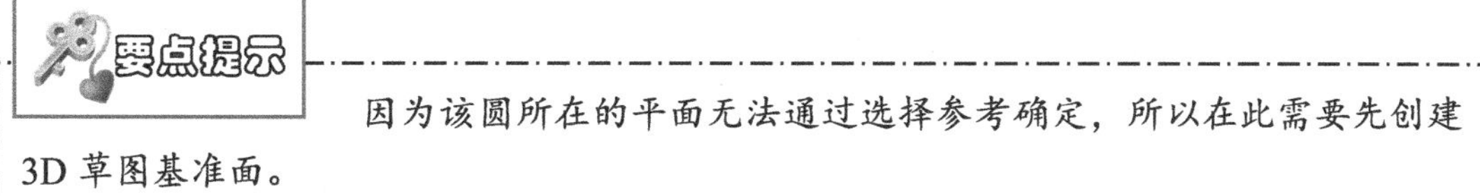

要点提示

因为该圆所在的平面无法通过选择参考确定，所以在此需要先创建 3D 草图基准面。

（10）组合曲线。在〖曲线〗工具栏中单击〖组合曲线〗按钮，然后选择如图 12-8 所示的两组曲线，单击〖确定〗按钮。

（11）扫描创建实体。在〖特征〗工具栏中单击〖扫描〗 扫描 按钮，弹出〖扫描〗对话框，然后根据图 12-9 所示的步骤进行操作，单击〖确定〗按钮。

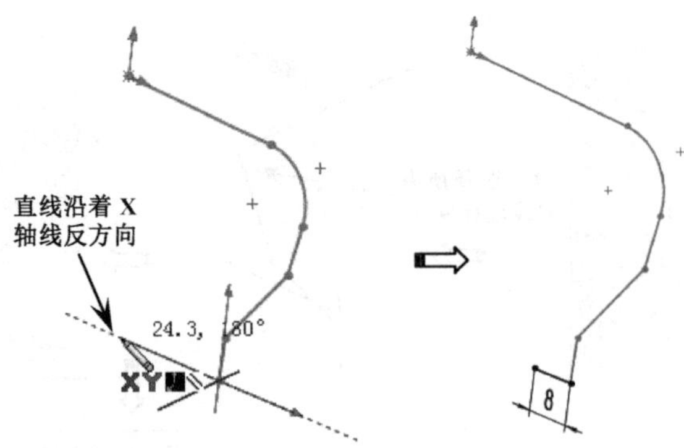

图 12-6　创建 3D 草图 2

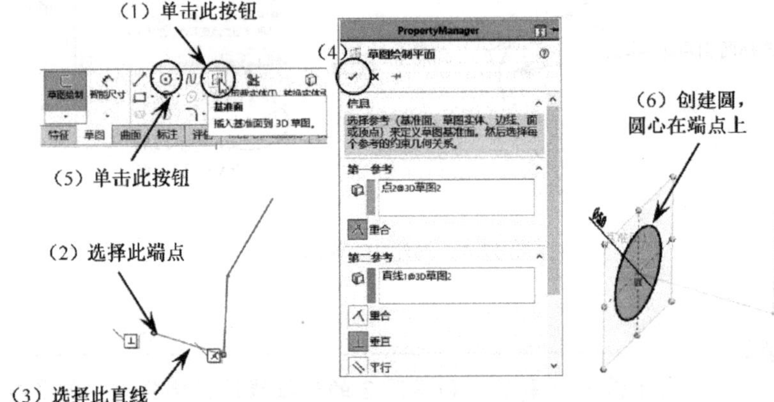

图 12-7　创建 3D 草图 3

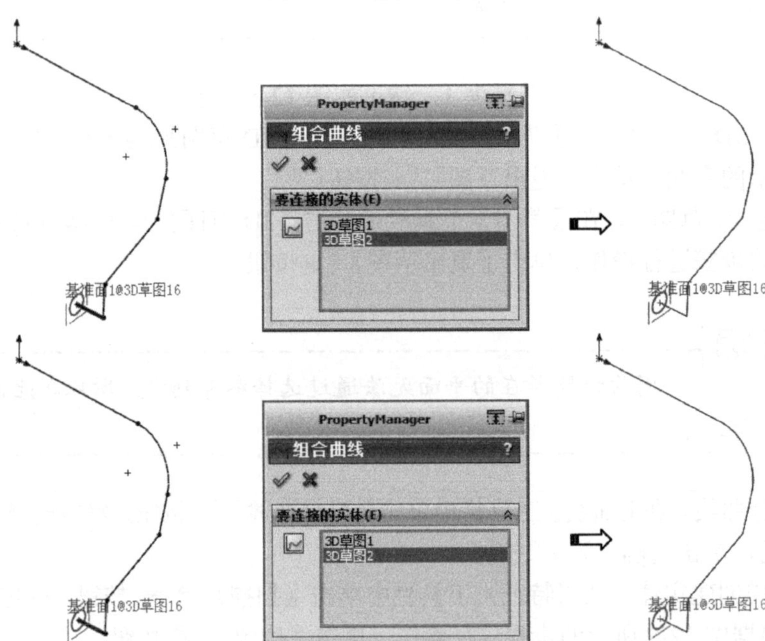

图 12-8　组合曲线

（12）倒圆角。参考前面的操作，选择如图 12-10 所示的 3 条边线为倒角边，并设置圆角半径为 2。

（13）镜向实体。参考前面的操作，选择“右视基准面”为镜向面，选择实体为镜向对象，如图 12-11 所示。

（14）创建草图 3。在〖草图〗工具栏中单击〖草图绘制〗按钮，选择“前视基准面”为草图平面，接着在〖标准视图〗工具栏中单击〖正视于〗按钮，使视图按草图平面放置，然后创建如图 12-12 所示的矩形，单击〖退出草图〗按钮。

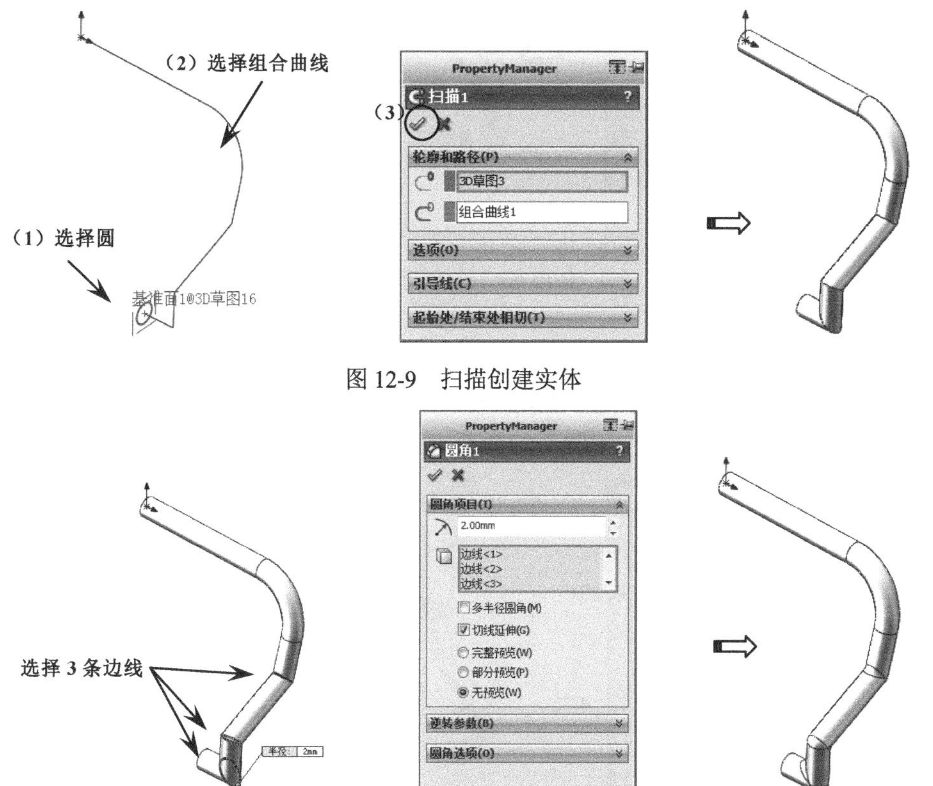

图 12-9 扫描创建实体

图 12-10 倒圆角

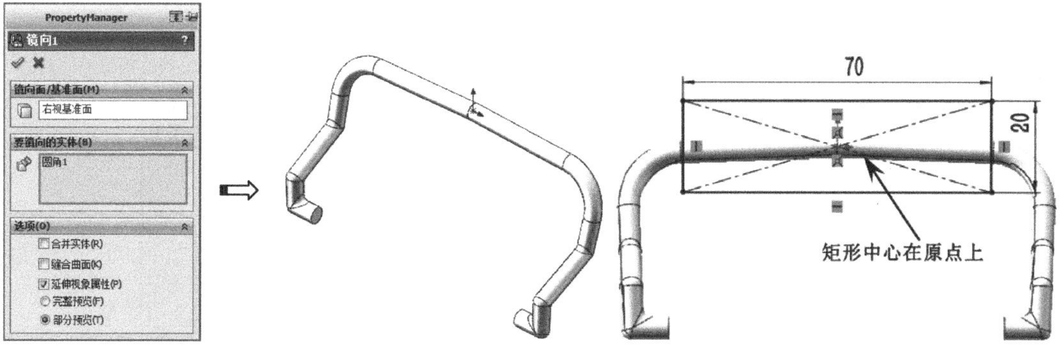

图 12-11 镜向实体

图 12-12 创建草图 3

（15）拉伸切除实体。参考前面的操作，选择上一步创建的草图为拉伸对象，并设置如图 12-13 所示的参数。

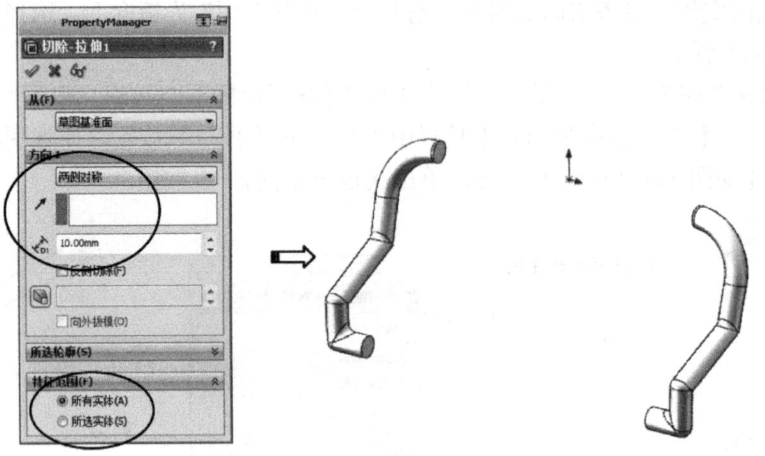

图 12-13　拉伸切除实体

2．外观造型设计

（1）创建交叉曲线。在〖草图〗工具栏中单击〖交叉曲线〗交叉曲线按钮，弹出〖交叉曲线〗对话框，然后根据图 12-14 所示的步骤进行操作，单击〖确定〗按钮。

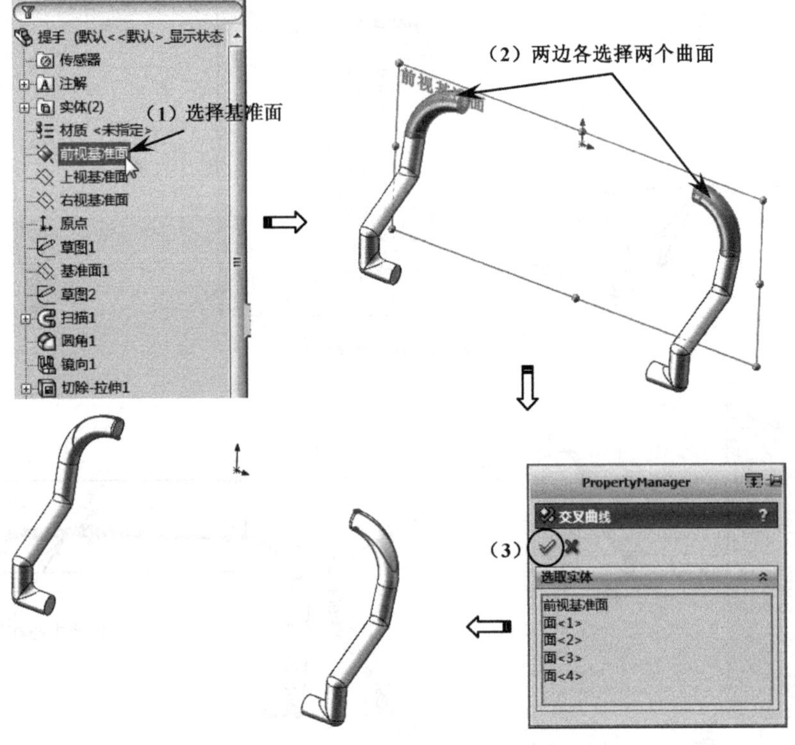

图 12-14　创建交叉曲线

（2）创建草图4。在〖草图〗工具栏中单击〖草图绘制〗按钮，选择“前视基准面”为草图平面，接着在〖标准视图〗工具栏中单击〖正视于〗按钮，使视图按草图平面放置，然后创建如图12-15所示的草图，单击〖退出草图〗按钮。

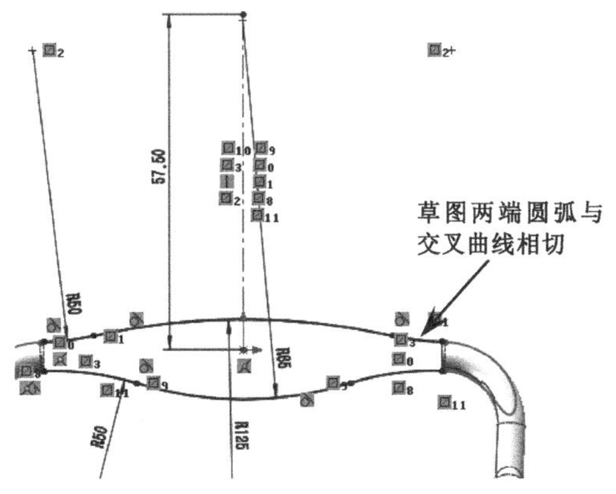

图 12-15　创建草图 4

（3）创建3D草图4。在〖草图〗工具栏中单击〖3D草图〗按钮，然后选择如图12-16所示的两条圆弧中点创建两点，单击〖退出草图〗按钮。

（4）创建草图5。在〖草图〗工具栏中单击〖草图绘制〗按钮，选择“右视基准面”为草图平面，接着在〖标准视图〗工具栏中单击〖正视于〗按钮，使视图按草图平面放置，然后创建如图12-17所示的草图，单击〖退出草图〗按钮。

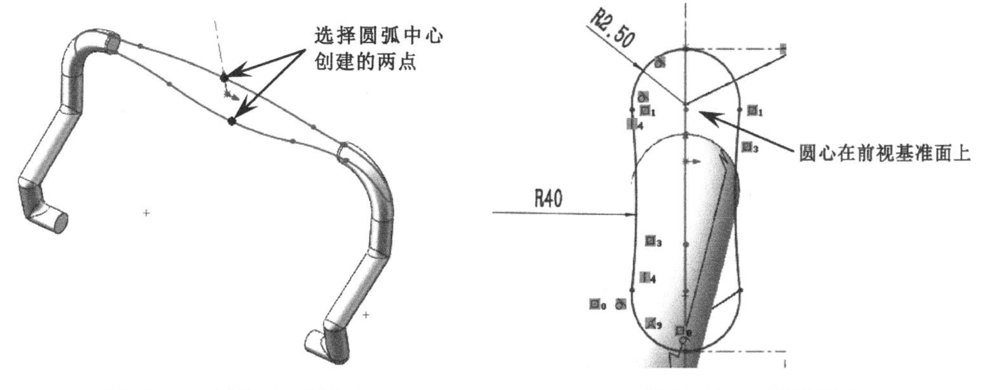

图 12-16　创建 3D 草图 4　　　　图 12-17　创建草图 5

（5）创建边界曲面。在〖曲面〗工具栏中单击〖边界曲面〗按钮，弹出〖边界-曲面〗对话框，然后根据图12-18所示的步骤进行操作，单击〖确定〗按钮。

因为方向2上的两条边界是同一个草图，所以需要分开选择。

（6）隐藏上一步创建的边界曲面。

（7）复制曲面。在〖曲面〗工具栏中单击〖等距曲面〗按钮，弹出〖等距曲面〗对

话框，然后根据图 12-19 所示的步骤进行操作，单击〖确定〗✔ 按钮。

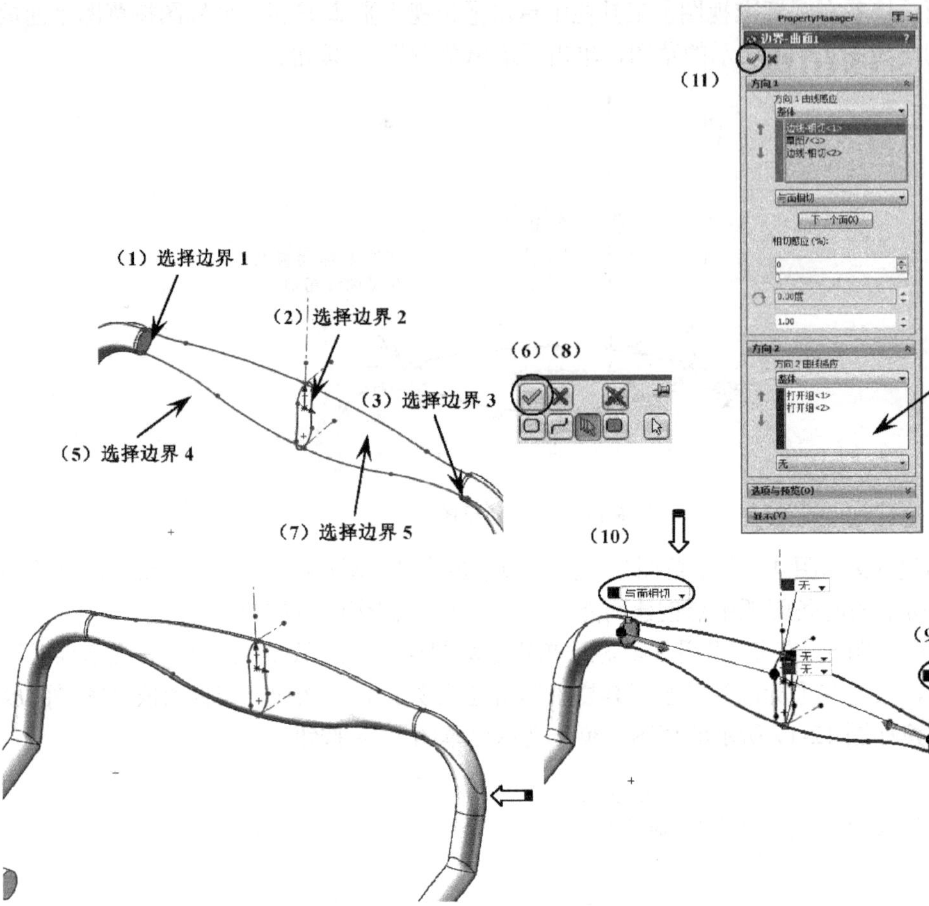

图 12-18　创建边界曲面

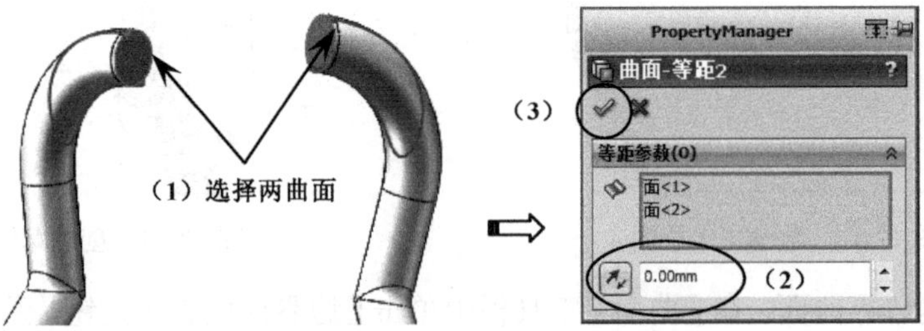

图 12-19　复制曲面

（8）显示前面隐藏的边界曲面。

（9）缝合曲面。在〖曲面〗工具栏中单击〖等距曲面〗按钮，弹出〖等距曲面〗对话框，然后根据图 12-20 所示的步骤进行操作，单击〖确定〗✔ 按钮。

（10）组合实体。在菜单栏中选择〖插入〗/〖特征〗/〖组合〗命令，弹出〖组合〗对话框，然后根据图 12-21 所示的步骤进行操作，单击〖确定〗✔ 按钮。

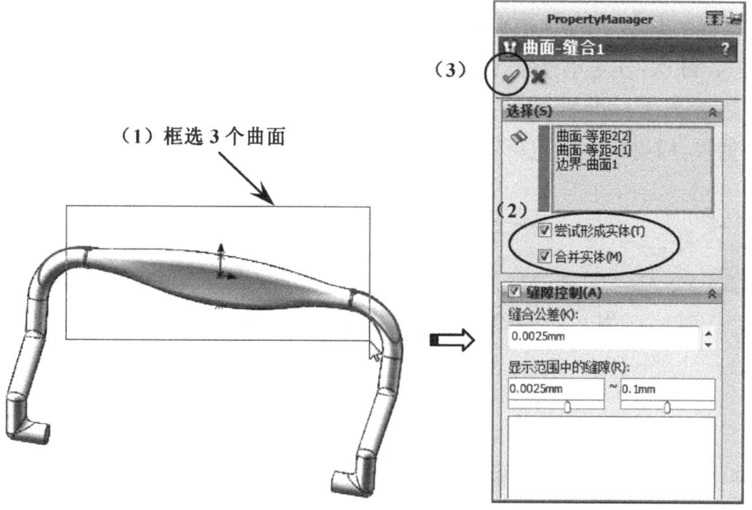

图 12-20　缝合曲面

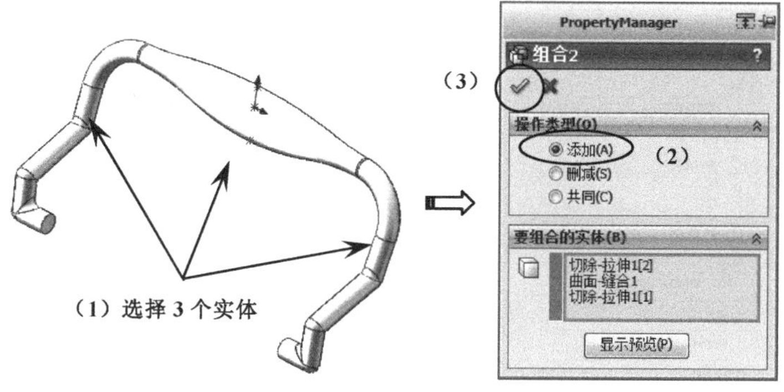

图 12-21　组合实体

工程师点评：

在实际设计中，中间部位的设计可使用〖放样〗命令直接创建出实体，这样会少一些步骤。

（11）等距曲面。在〖曲面〗工具栏中单击〖等距曲面〗按钮，弹出〖等距曲面〗对话框，然后根据图 12-22 所示的步骤进行操作，单击〖确定〗按钮。

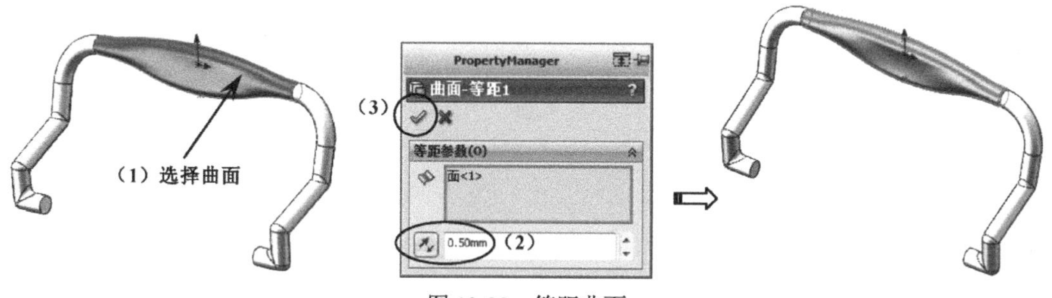

图 12-22　等距曲面

（12）隐藏上一步创建的等距曲面。

（13）创建草图 6。在〖草图〗工具栏中单击〖草图绘制〗按钮，选择“前视基准面”为草图平面，接着在〖标准视图〗工具栏中单击〖正视于〗按钮，使视图按草图平面放置，然后创建如图 12-23 所示的草图，单击〖退出草图〗按钮。

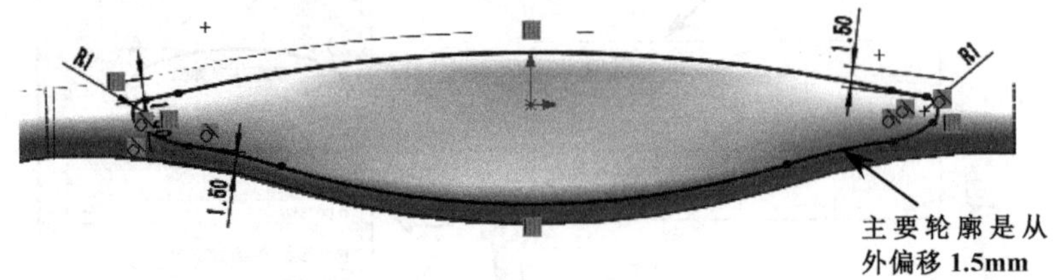

图 12-23　创建草图 6

（14）拉伸创建实体。参考前面的操作，选择上一步创建的草图为拉伸对象，并设置如图 12-24 所示的参数。

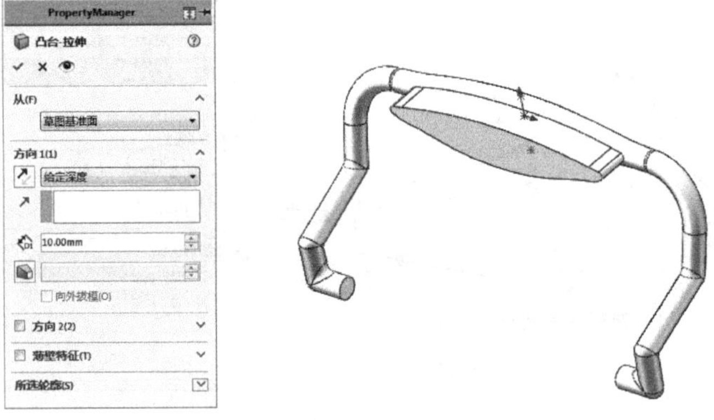

图 12-24　拉伸创建实体

（15）显示前面隐藏的等距曲面。

（16）使用曲面切除实体。在菜单栏中选择〖插入〗/〖切除〗/〖使用曲面〗命令，弹出〖使用曲面切除〗对话框，然后选择等距曲面和单击〖反向〗按钮，如图 12-25 所示，单击〖确定〗按钮。

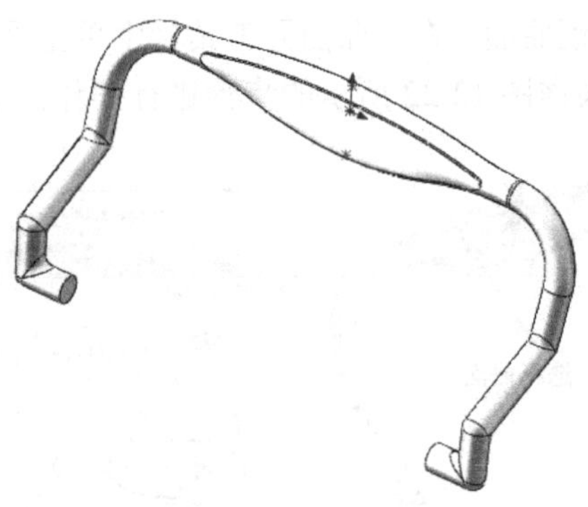

图 12-25　使用曲面切除实体

（17）倒圆角。参考前面的操作，选择凸起实体的边线为倒角边，并设置圆角半径为0.5，如图 12-26 所示，最后单击〖确定〗✔按钮。

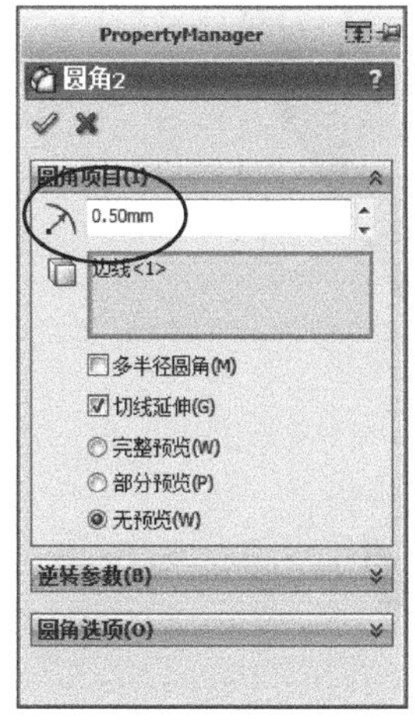

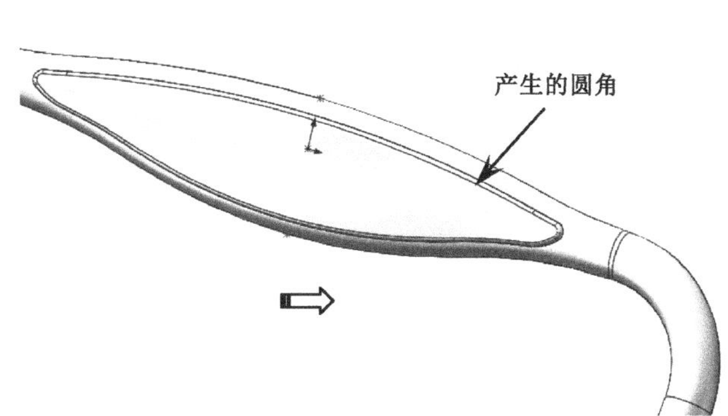

图 12-26　倒圆角

3．创建卡扣部位

（1）创建基准轴。在〖参考几何体〗工具栏中单击〖基准轴〗按钮，弹出〖基准轴〗对话框，然后选择如图 12-27 所示的圆柱面，单击〖确定〗✔按钮。

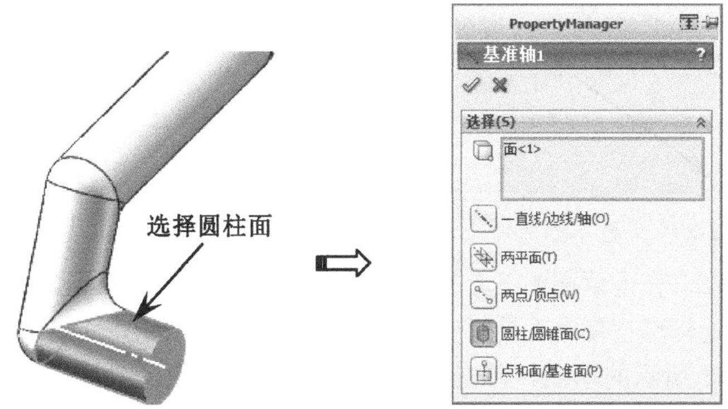

图 12-27　创建基准轴

（2）创建基准面。在〖参考几何体〗工具栏中单击〖基准面〗按钮，弹出〖基准面〗对话框，然后依次选择基准轴和“上视基准面”，并设置如图 12-28 所示的参数，单击〖确定〗✔按钮。

（3）创建草图 7。在〖草图〗工具栏中单击〖草图绘制〗按钮，选择上一步创建的基准面为草图平面，接着在〖标准视图〗工具栏中单击〖正视于〗按钮，使视图按草图平面放置，然后创建如图 12-29 所示的草图，单击〖退出草图〗按钮。

（4）旋转创建实体。参考前面的操作，选择上一步创建的草图为旋转截面，结果如图 12-30 所示。

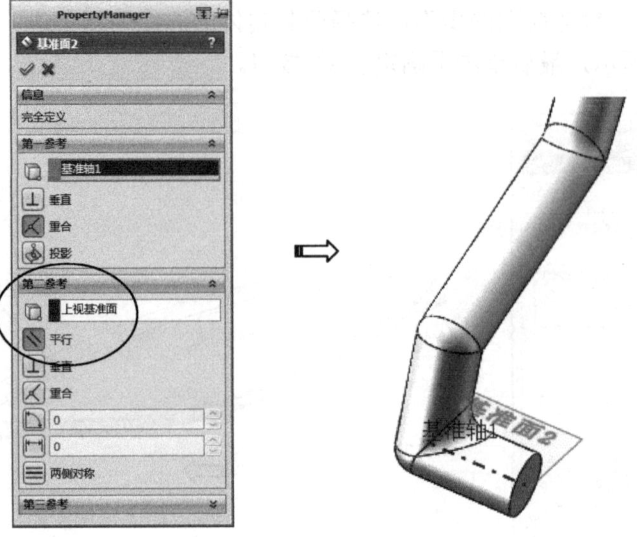

图 12-28　创建基准面

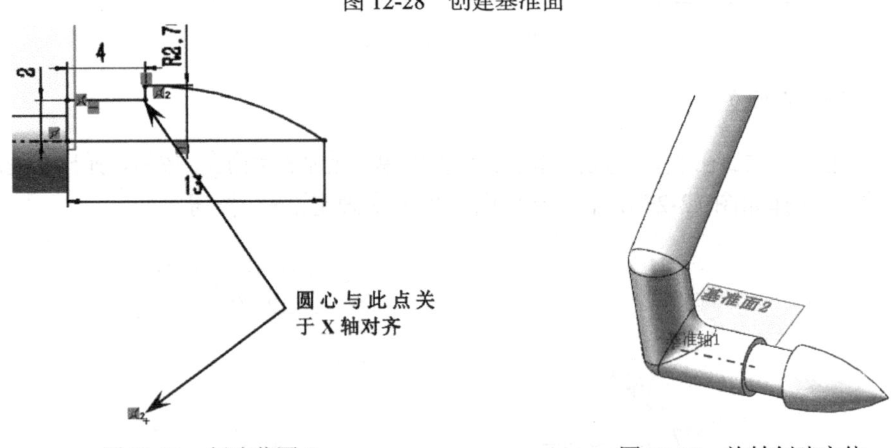

图 12-29　创建草图 7

图 12-30　旋转创建实体

（5）创建草图 8。在〖草图〗工具栏中单击〖草图绘制〗按钮，选择“基准面 2”为草图平面，接着在〖标准视图〗工具栏中单击〖正视于〗按钮，使视图按草图平面放置，然后创建如图 12-31 所示的草图，单击〖退出草图〗按钮。

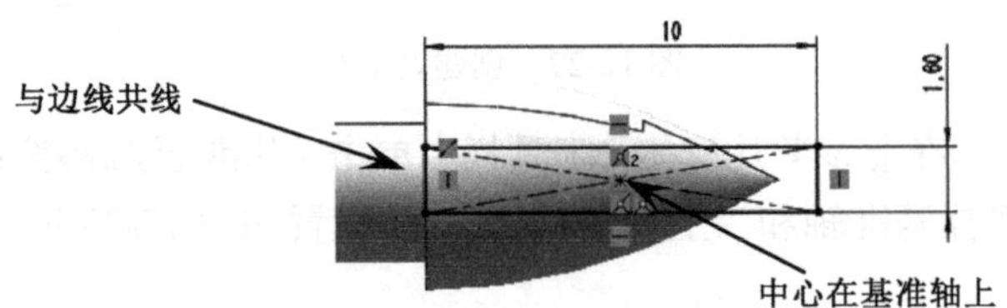

图 12-31　创建草图 8

（6）拉伸切除实体。参考前面的操作，选择上一步创建的草图为拉伸对象，并设置如图 12-32 所示的参数。

（7）镜向特征。参考前面的操作，选择“右视基准面”为镜向面，然后镜向如图 12-33 所示的两个特征，单击〖确定〗按钮。

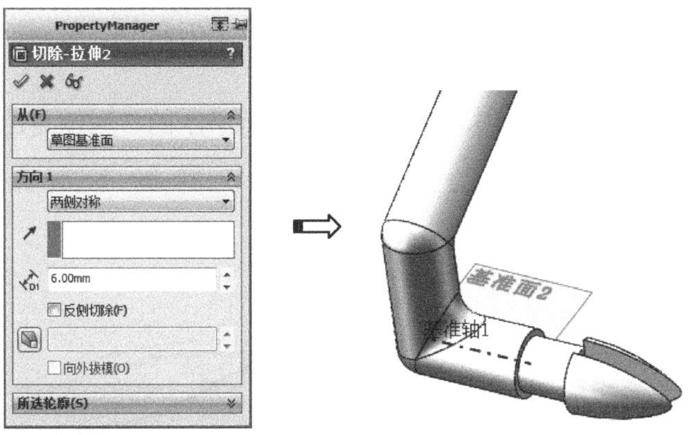

图 12-32　拉伸切除实体

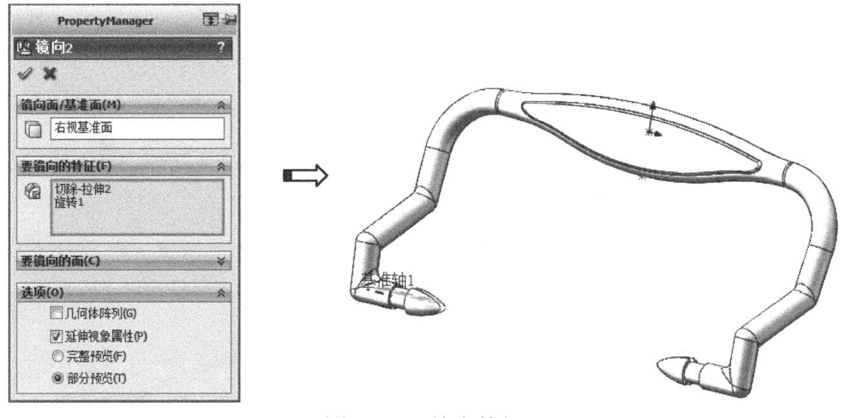

图 12-33　镜向特征

（8）隐藏基准轴 1 和基准面 2。

4．创建加强部位

（1）创建草图 9。在〖草图〗工具栏中单击〖草图绘制〗按钮，选择“右视基准面”为草图平面，接着在〖标准视图〗工具栏中单击〖正视于〗按钮，使视图按草图平面放置，然后创建如图 12-34 所示的草图，单击〖退出草图〗按钮。

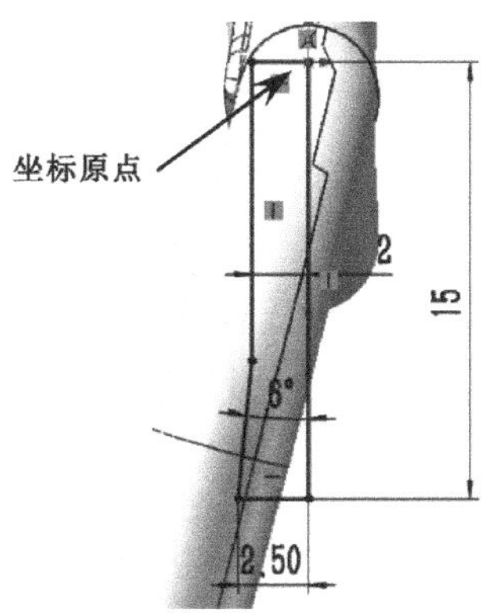

图 12-34　创建草图 9

（2）拉伸创建实体。参考前面的操作，选择上一步创建的草图为拉伸对象，并设置如图 12-35 所示的参数。

（3）倒圆角。参考前面的操作，选择如图 12-36 所示的边为倒角边，并设置圆角半径为 1。

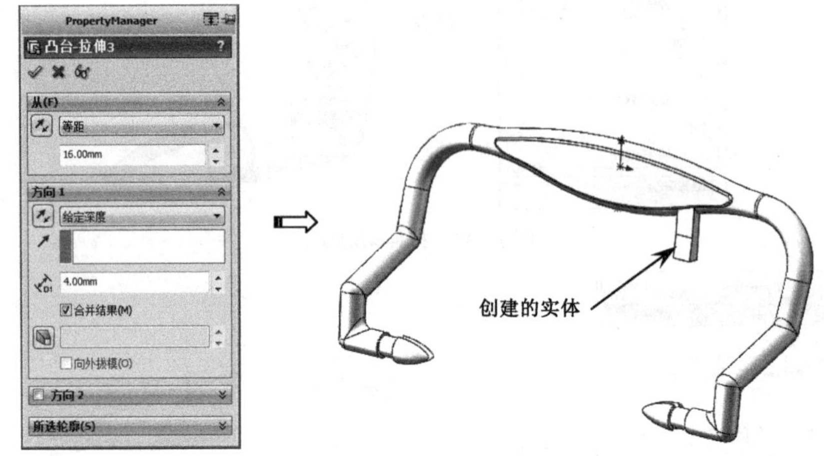

图 12-35　拉伸创建实体

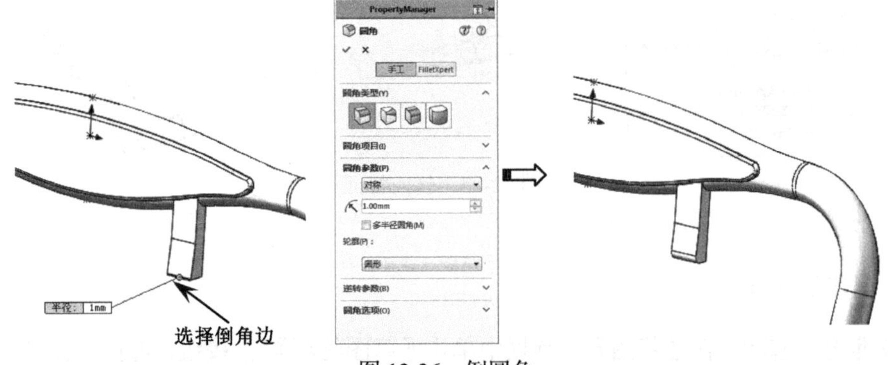

图 12-36　倒圆角

（4）镜向特征。参考前面的操作，选择“右视基准面”为镜向面，然后镜向如图 12-37 所示的两个特征，单击〖确定〗✔ 按钮。

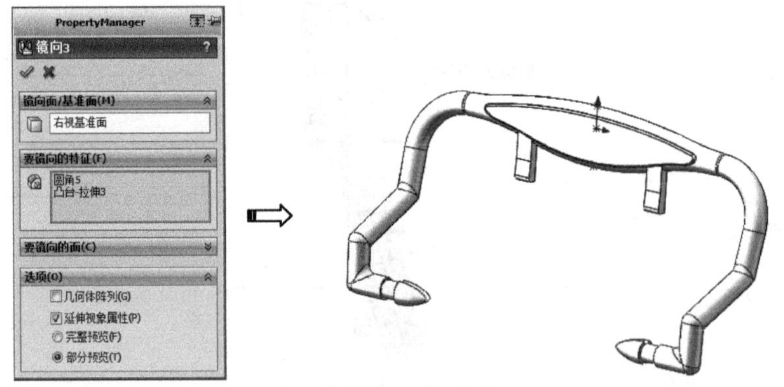

图 12-37　镜向特征

（5）倒圆角。参考前面的操作，选择如图 12-38 所示的 6 条边为倒角边，并设置圆角半径为 0.3。

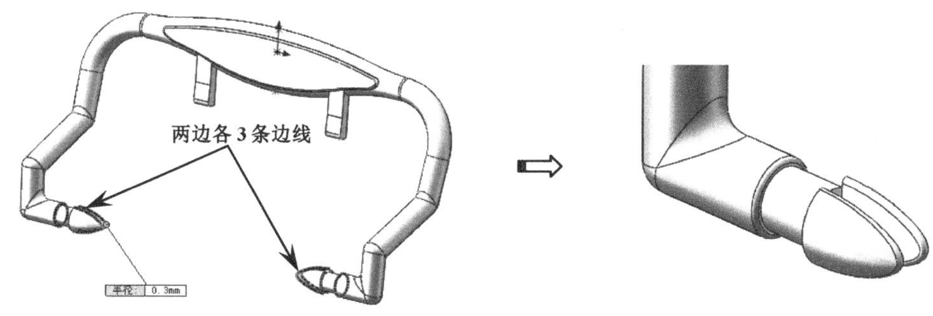

图 12-38　倒圆角

（6）保存文件。在〖标准〗工具栏中单击〖保存〗按钮，接着在弹出的〖另存为〗对话框中设置文件的名称和保存路径即可，所设计的塑料衣服箱提手三维图如图 12-39 所示。

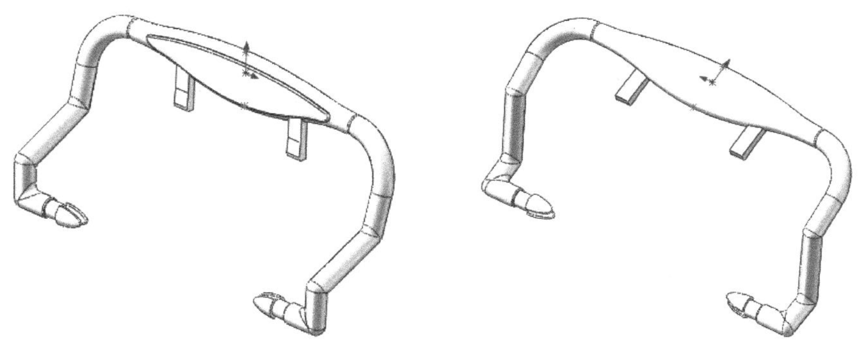

图 12-39　保存文件

12.3　本章学习收获

通过本章的学习，读者必须掌握以下内容。

（1）灵活掌握 3D 草图的创建方法。

（2）掌握对不同草图的连接曲线进行倒角的方法。

（3）掌握交叉曲线在产品设计的作用及合理创建的方法。

（4）掌握等距曲面在产品设计中的作用。

（5）掌握边界曲面的操作方法及约束其与连接曲面相切的方法。

（6）掌握使用曲面切除实体。

12.4 练习题

打开〖Lianxi\Ch12\曲面 1.igs〗文件，如图 12-40 所示，使用前面所学的知识创建曲面。

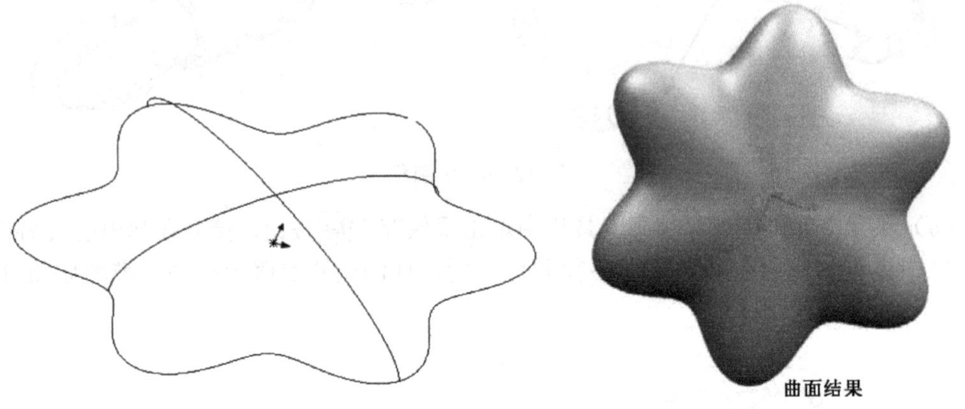

图 12-40 创建曲面

第13章

曲面设计实例——儿童汤匙

儿童汤匙的曲面设计非常有代表性，通过本章的学习可以让读者全面掌握曲面设计的方法和技巧，快速提高曲面设计的能力。

13.1 学习目标与课时安排

学习目标及学习内容

（1）进一步巩固创建 3D 草图的各种方法和技巧。

（2）进一步巩固拉伸曲面和边界曲面的应用。

（3）进一步巩固剪裁曲面和缝合曲面命令的应用。

（4）重点掌握投影曲线和加厚命令的应用。

学习课时安排（共 2 课时）

（1）本章知识点讲解（0.5 课时）。

（2）实例详细操作（1.5 课时）。

13.2 实例设计详细步骤

（1）在桌面上双击图标打开 SOLIDWORKS 2020 软件。

（2）在〖标准〗工具栏中单击〖新建〗按钮，弹出〖新建 SOLIDWORKS 文件〗对话框。选择“零件”选项，然后单击 确定 按钮进入零件设计界面。

（3）创建草图 1。在〖草图〗工具栏中单击〖草图绘制〗按钮，选择“上视基准面”为草图平面，然后创建如图 13-1 所示的草图，单击〖退出草图〗按钮。

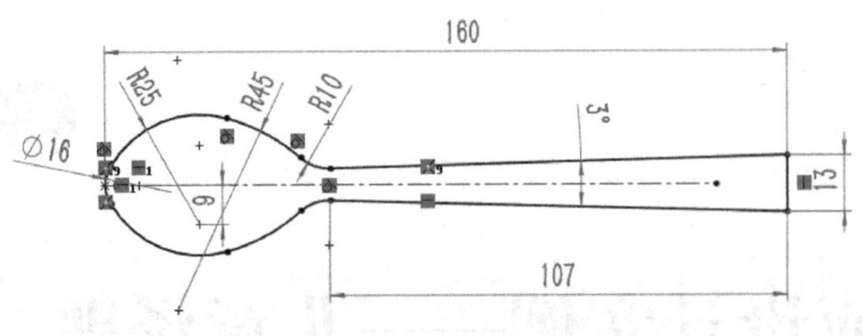

图 13-1 创建草图 1

（4）创建草图 2。在〖草图〗工具栏中单击〖草图绘制〗按钮，选择“前视基准面”为草图平面，然后创建如图 13-2 所示的草图，单击〖退出草图〗按钮。

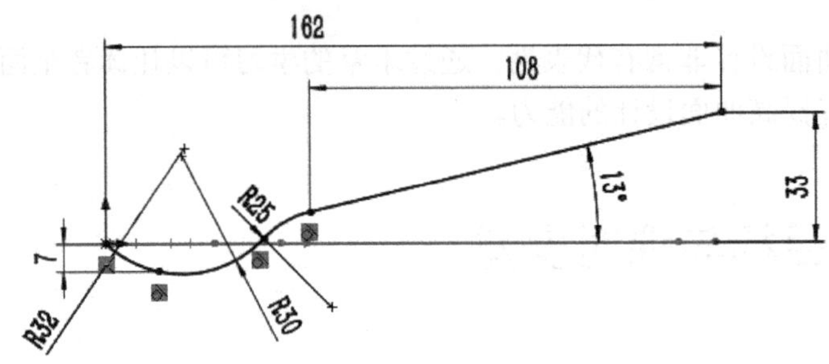

图 13-2 创建草图 2

（5）创建草图 3。在〖草图〗工具栏中单击〖草图绘制〗按钮，选择“前视基准面”作为草图平面，然后创建如图 13-3 所示的草图，单击〖退出草图〗按钮。

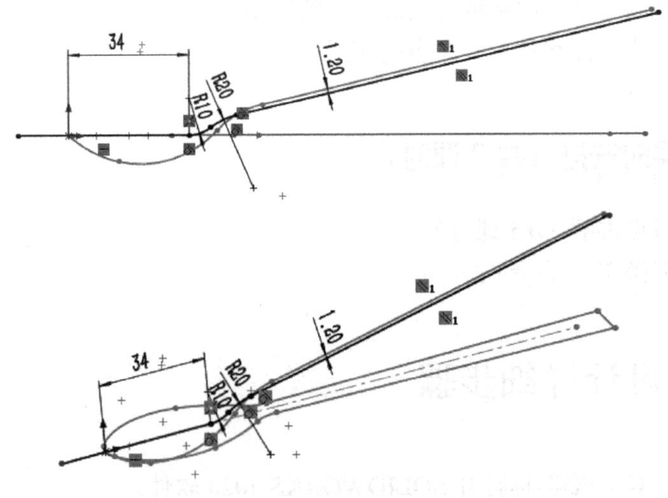

图 13-3 创建草图 3

（6）拉伸曲面。选择上一步创建的草图（草图 3）作为拉伸对象，然后设置如图 13-4 所示的参数。

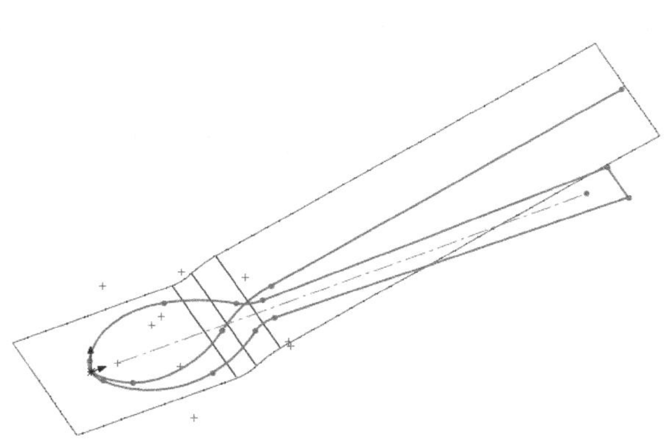

图 13-4　拉伸曲面

（7）投影曲线。在〖曲线〗工具栏中单击〖投影曲线〗按钮，弹出〖投影曲线〗对话框，选择“草图 1”作为投影曲线，再选择上一步创建的 4 个拉伸曲面作为投影面，如图 13-5 所示。

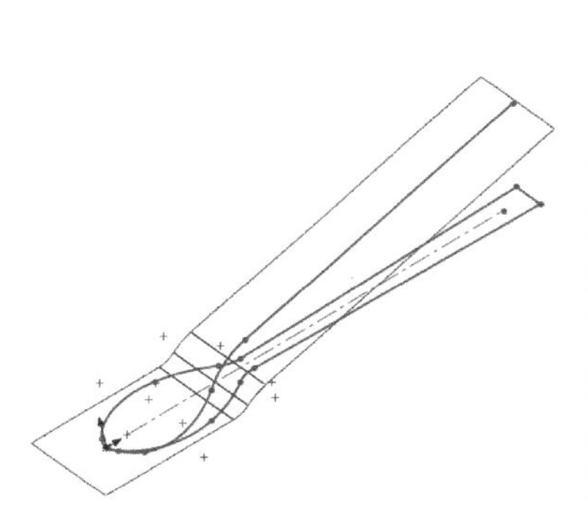

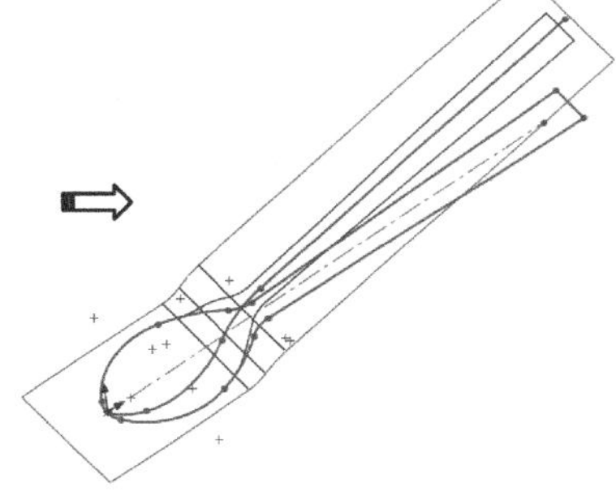

图 13-5　投影曲线

（8）隐藏草图 1 和前面拉伸的曲面，结果如图 13-6 所示。

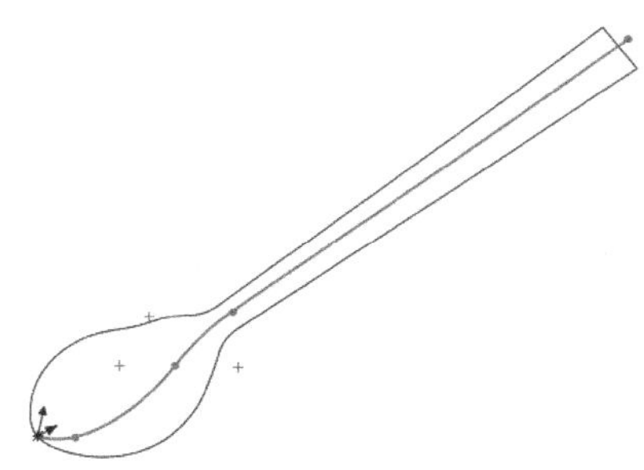

图 13-6　隐藏草图和曲面

（9）创建基准面 1。参考前面的操作，创建如图 13-7 所示的基准面。

（10）创建基准面 2。参考前面的操作，创建如图 13-8 所示的基准面。

（11）创建基准面 3。参考前面的操作，创建如图 13-9 所示的基准面。

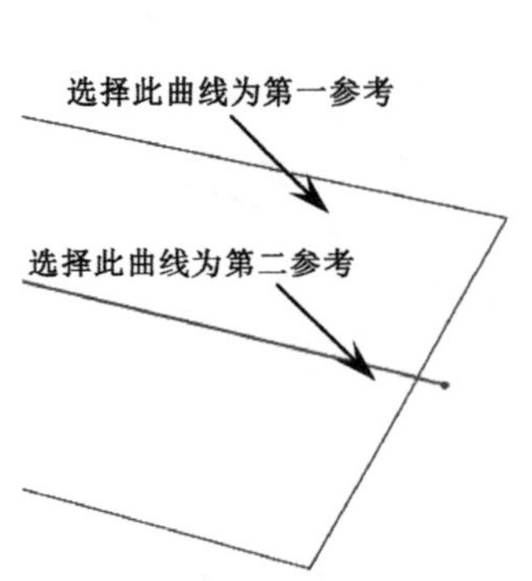

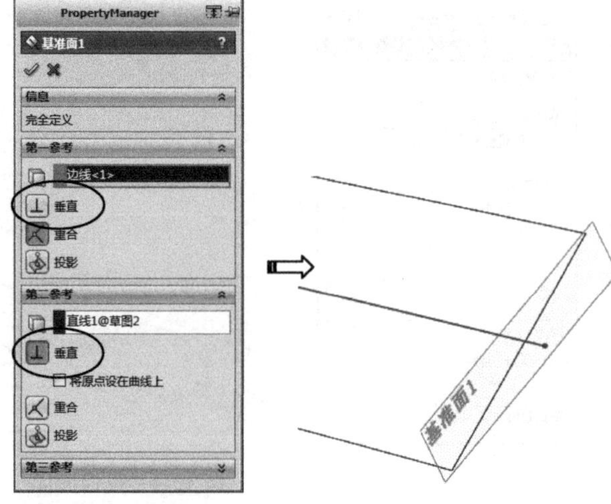

图 13-7　创建基准面 1

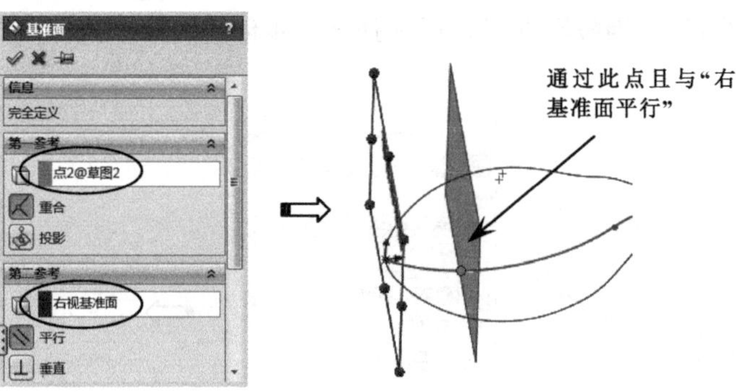

图 13-8　创建基准面 2

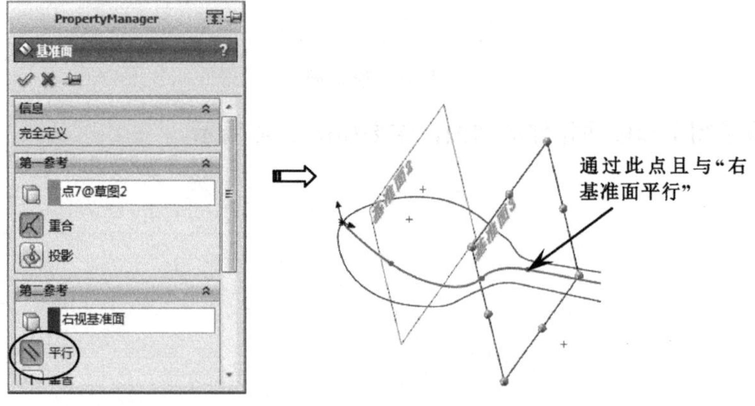

图 13-9　创建基准面 3

（12）创建 3D 草图 1。在〖草图〗工具栏中单击〖3D 草图〗 3D 草图 按钮，然后使用〖点〗命令创建如图 13-10 所示的 5 个点，创建时指定点在曲线上，约束点在基准面上。

（13）创建 3D 草图 2。参考前面的操作，进入 3D 草图环境创建如图 13-11 所示的 3 条样条曲线。

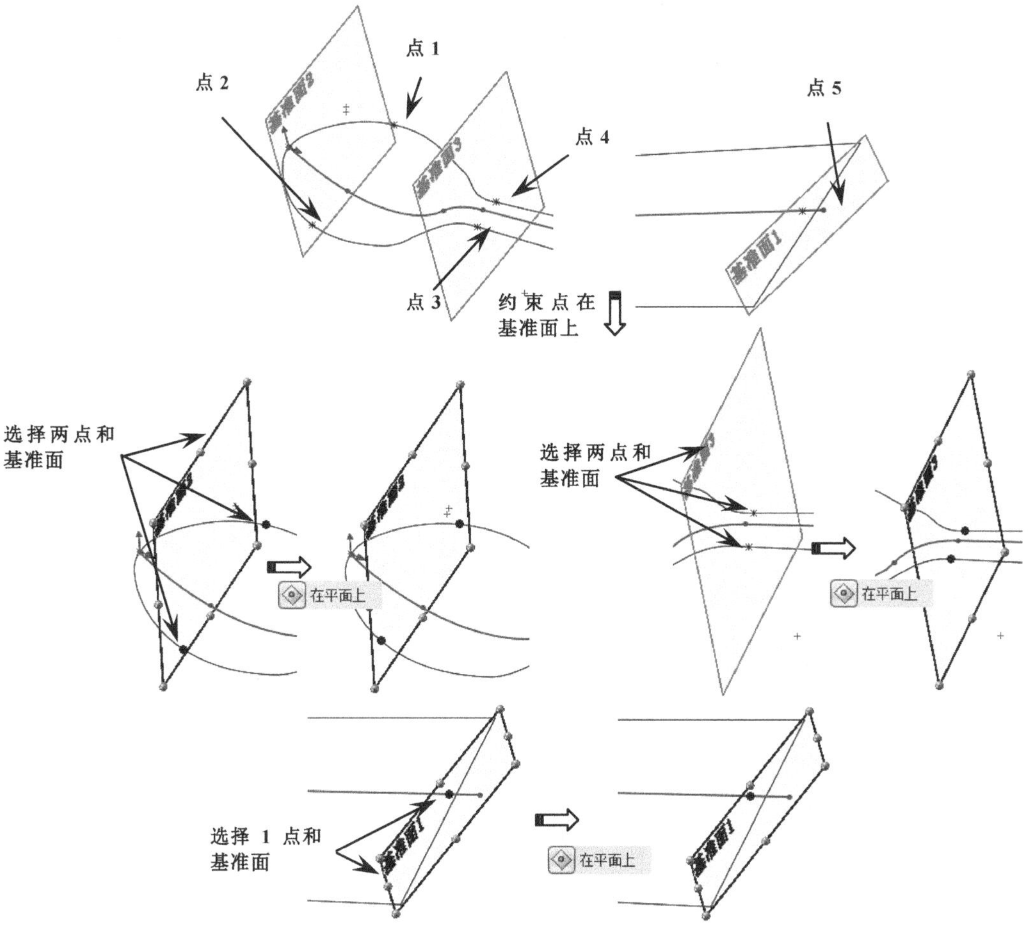

图 13-10　创建 3D 草图 1

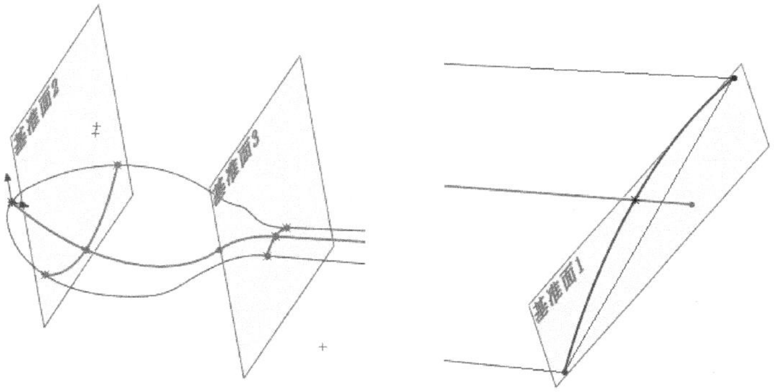

图 13-11　创建 3D 草图 2

（14）隐藏 3 个基准面。

（15）创建 3D 草图 3。参考前面的操作，使用〖转换实体引用〗转换实体引用命令复制如图 13-12 所示的曲线。

（16）创建边界曲面。参考前面的操作，创建如图 13-13 所示的曲面。

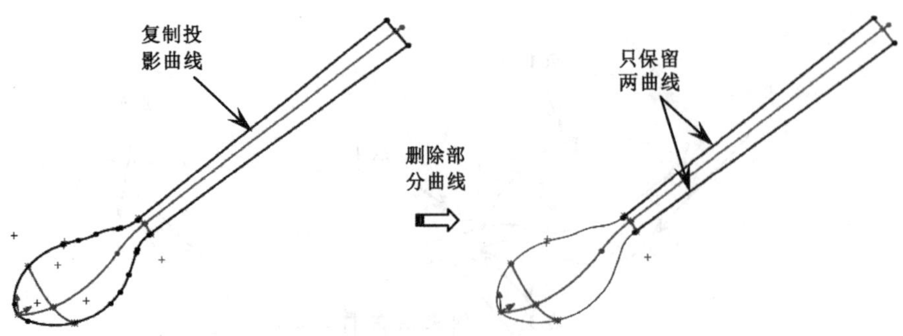

图 13-12　创建 3D 草图 3

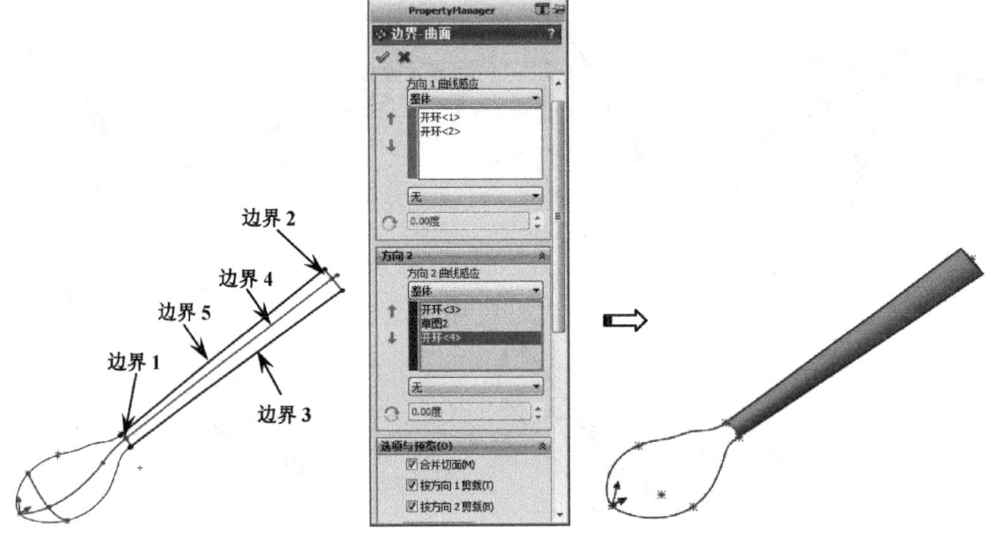

图 13-13　创建边界曲面

要点提示

创建边界曲面时，需要勾选“按方向 1 剪裁”和“按方向 2 剪裁”选项，避免生成不必要的曲面或造成曲面扭曲。

（17）显示 3D 草图 2 和草图 2，如图 13-14 所示。

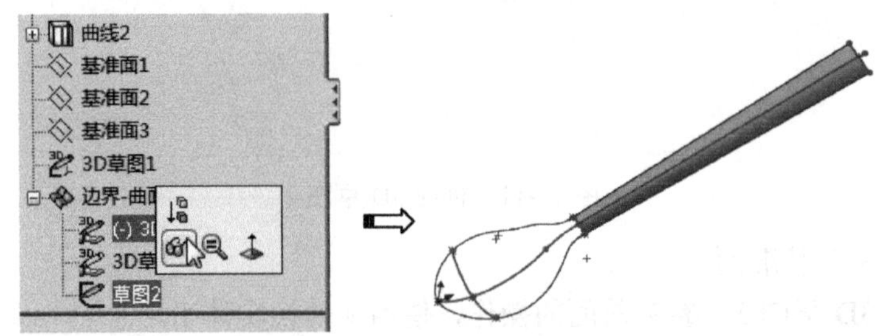

图 13-14　显示草图

（18）创建 3D 草图 4。参考前面的操作，使用〖转换实体引用〗 转换实体引用 命令复制如图 13-15 所示的曲线。

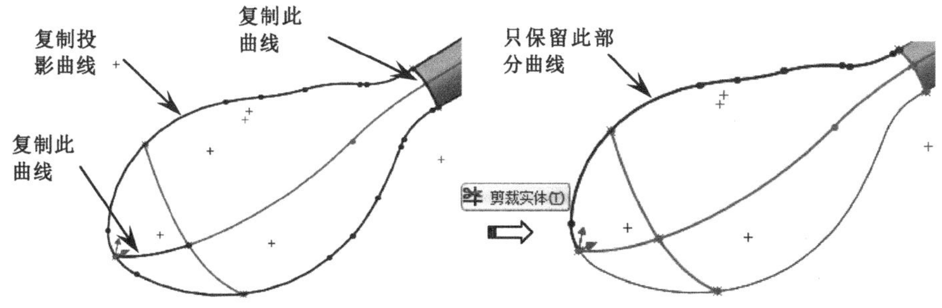

图 13-15 创建 3D 草图 4

（19）创建 3D 草图 5。参考前面的操作，使用〖转换实体引用〗 转换实体引用 命令复制如图 13-16 所示的另一边对称曲线。

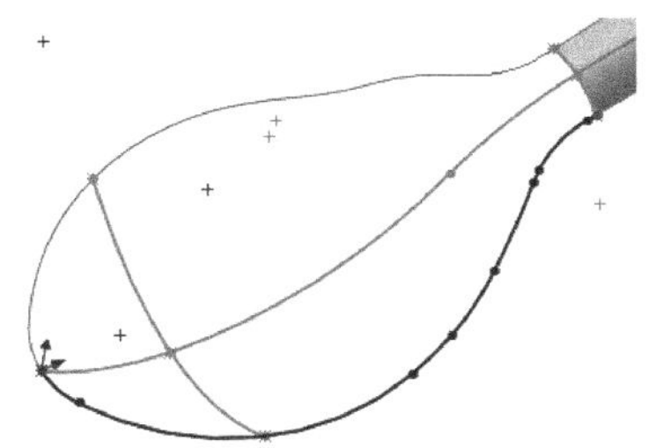

图 13-16 创建 3D 草图 5

（20）创建边界曲面。参考前面的操作，创建如图 13-17 所示的边界曲面。

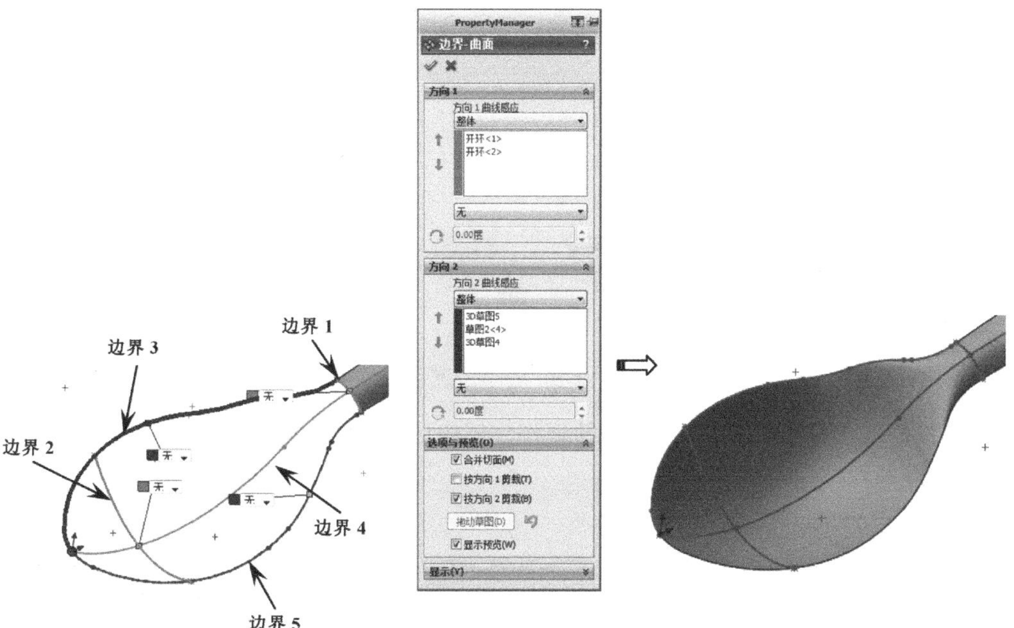

图 13-17 创建边界曲面

（21）剪裁曲面。参考前面的操作，选择“基准面 2”为剪裁工具，如图 13-18 所示。

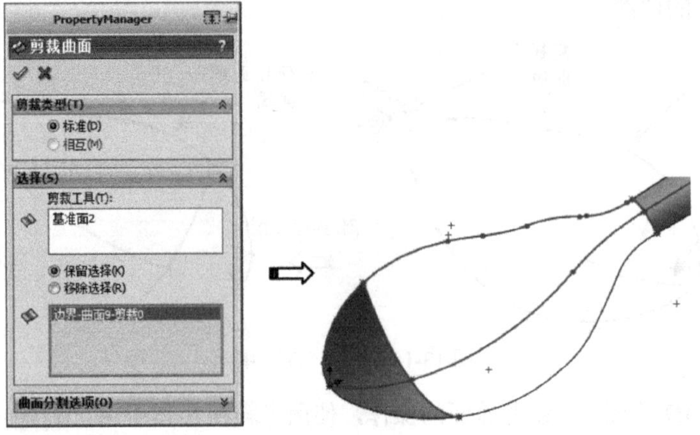

图 13-18　剪裁曲面

（22）隐藏图中所有的曲线，结果如图 13-19 所示。

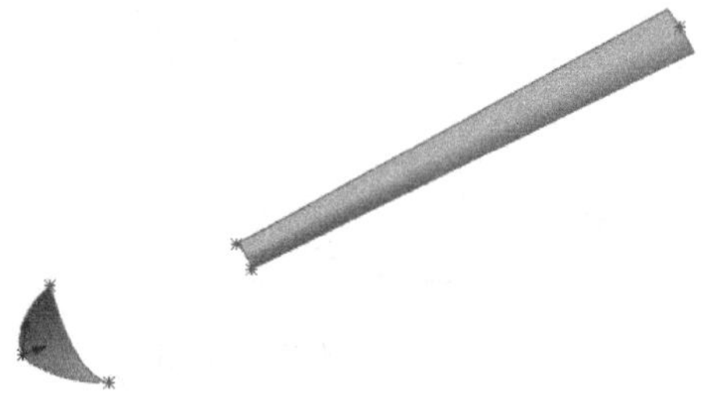

图 13-19　隐藏曲线

（23）创建交叉曲线。参考前面的操作，选择图中的两个曲面和“前视基准面”相交产生曲线，如图 13-20 所示。

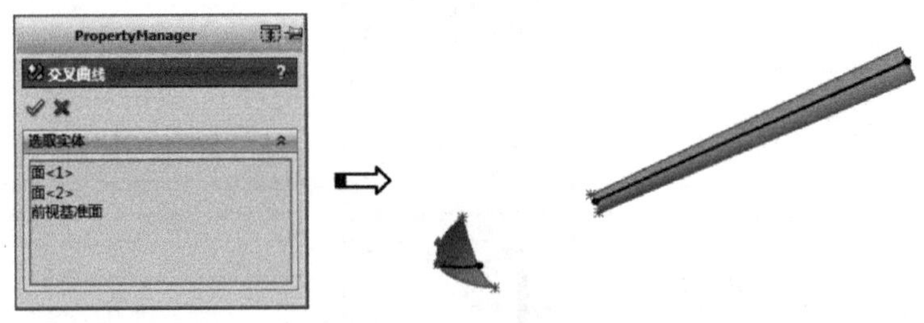

图 13-20　创建交叉曲线

（24）创建 3D 草图 7。参考前面的操作，创建如图 13-21 所示的 3 条样条曲线，且约束样条曲线与两端曲线相切。

由图 13-21 可以看出，通过软件本身的功能创建的曲线比自主设计草图产生的草图要光滑和美观得多，希望读者在构造线架方面能得到启发。

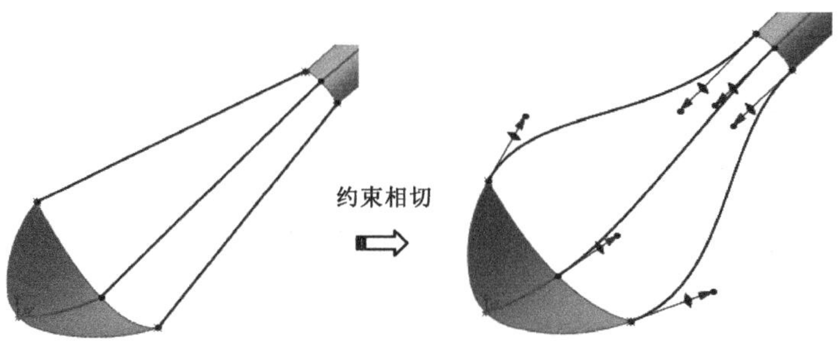

图 13-21　创建 3D 草图 7

（25）创建边界曲面。参考前面的操作，创建如图 13-22 所示的边界曲面。

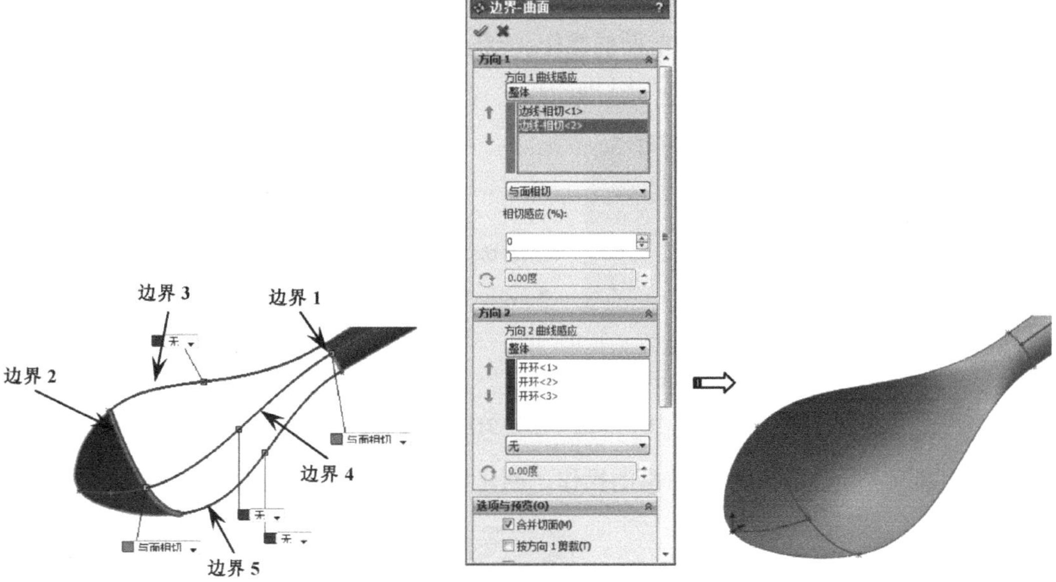

图 13-22　创建边界曲面

（26）创建草图 4。参考前面的操作，在“上视基准面”上创建如图 13-23 所示的草图。

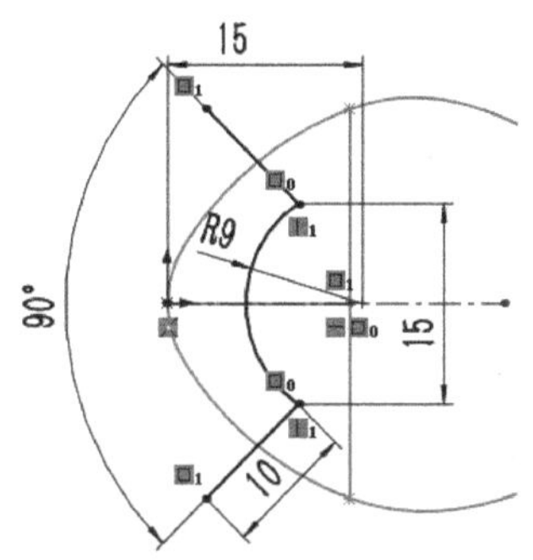

图 13-23　创建草图 4

（27）剪裁曲面。参考前面的操作，选择上一步创建的草图为剪裁工具，如图 13-24 所示。

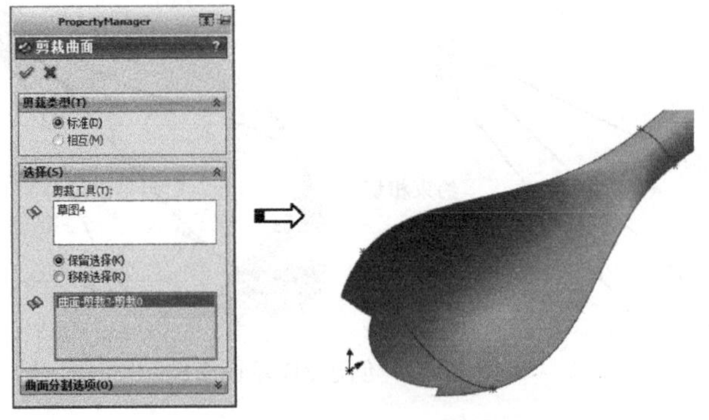

图 13-24　剪裁曲面

（28）显示草图 2。

（29）创建 3D 草图 8。参考前面的操作，创建如图 13-25 所示的样条曲线，且约束样条线与两端曲线相切。

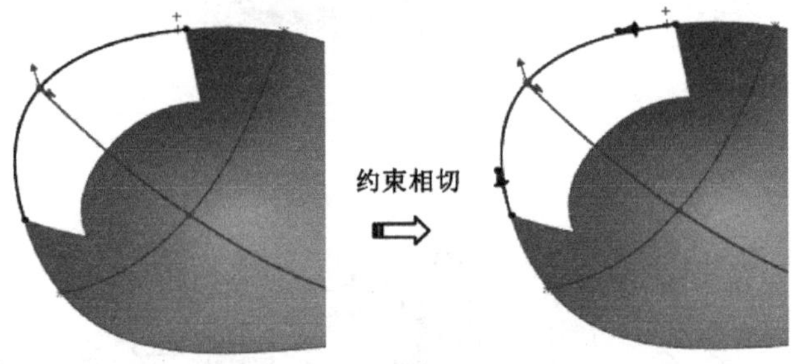

图 13-25　创建 3D 草图 8

（30）创建边界曲面。参考前面的操作，创建如图 13-26 所示的曲面。

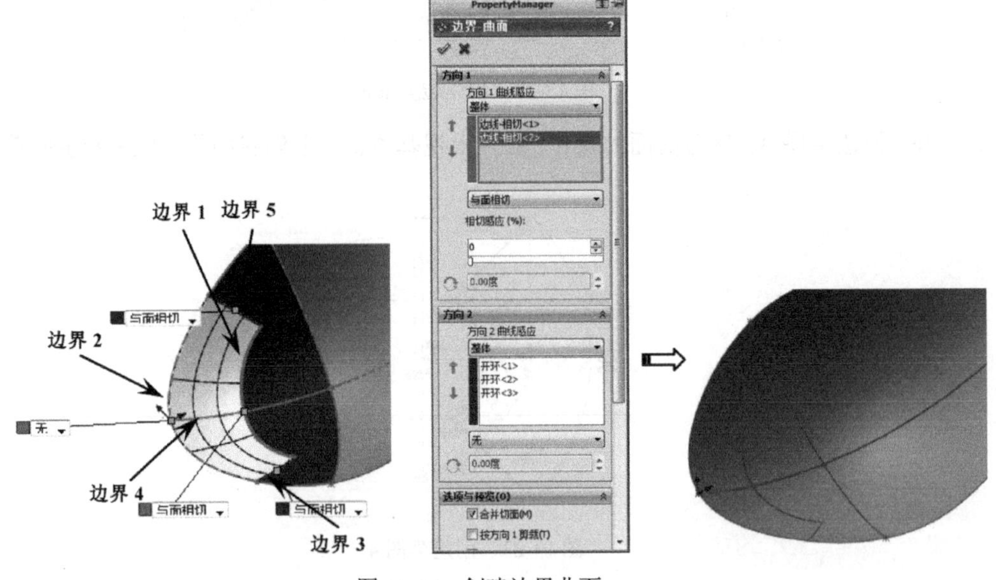

图 13-26　创建边界曲面

（31）缝合曲面。参考前面的操作，选择图中所有的曲面进行缝合，如图 13-27 所示。

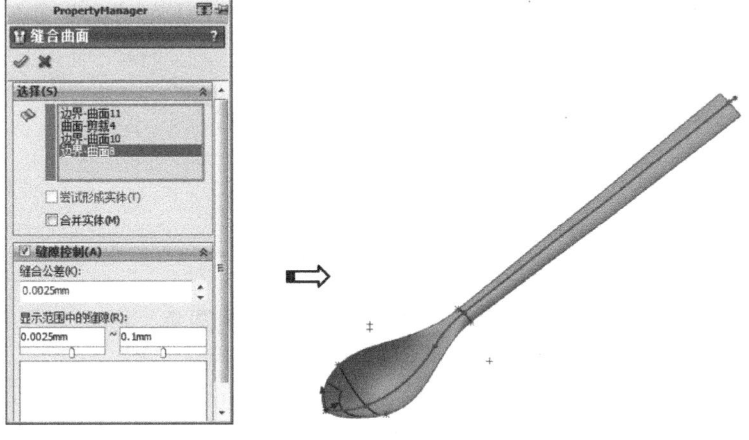

图 13-27　缝合曲面

（32）隐藏所有的草图。

（33）创建草图 5。参考前面的操作，在“上视基准面”上创建如图 13-28 所示的草图。

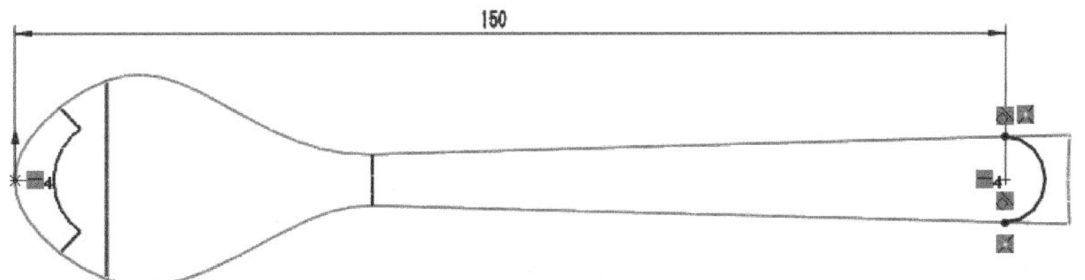

图 13-28　创建草图 5

（34）剪裁曲面。参考前面的操作，选择上一步创建的草图为剪裁工具，如图 13-29 所示。

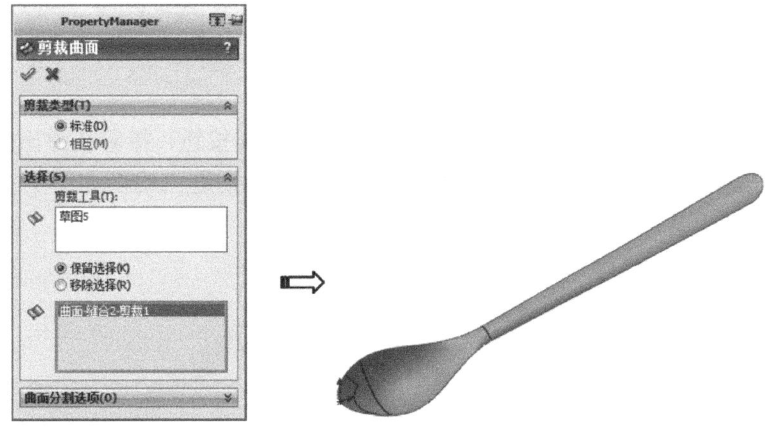

图 13-29　剪裁曲面

（35）加厚创建实体。在菜单栏中选择〖插入〗/〖凸台/基体〗/〖加厚〗命令，弹出〖加厚〗对话框，接着选择曲面并设置如图 13-30 所示的参数。

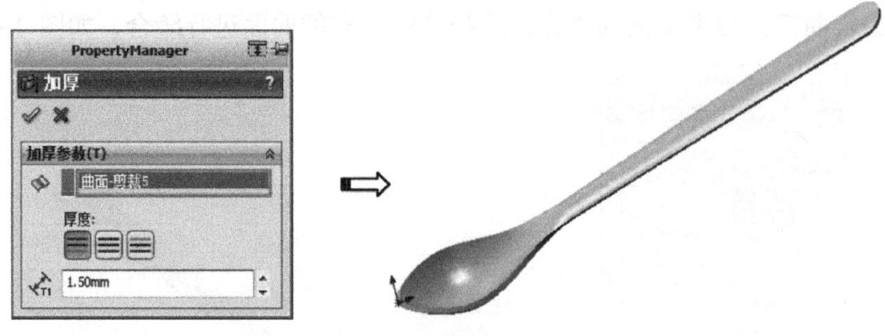

图 13-30　加厚创建实体

（36）倒圆角。参考前面的操作，选择两边线进行倒圆角，圆角半径为 0.7 mm，如图 13-31 所示。

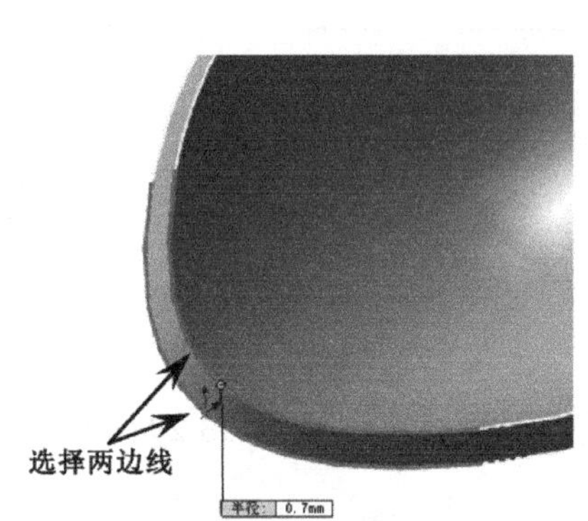

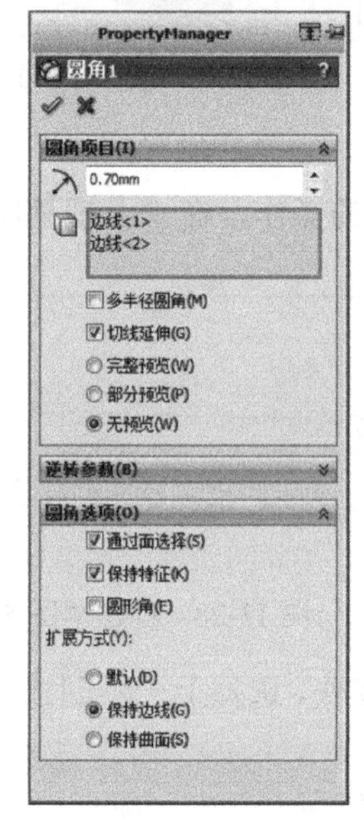

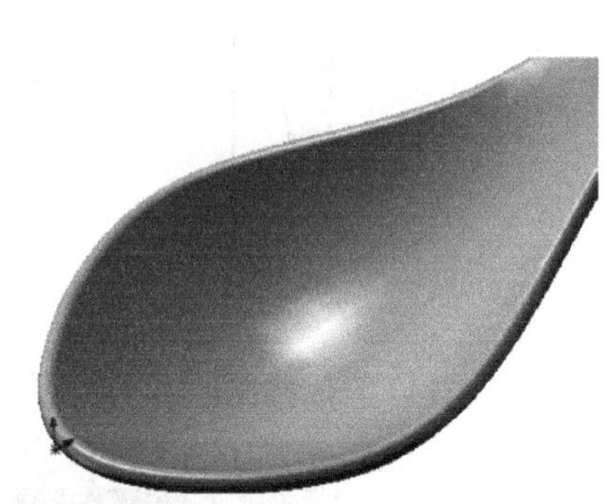

图 13-31　倒圆角

（37）保存文件。在〖标准〗工具栏中单击〖保存〗按钮，接着在弹出的〖另存为〗对话框中设置文件的名称和保存路径即可，所设计的儿童汤匙三维图如图 13-32 所示。

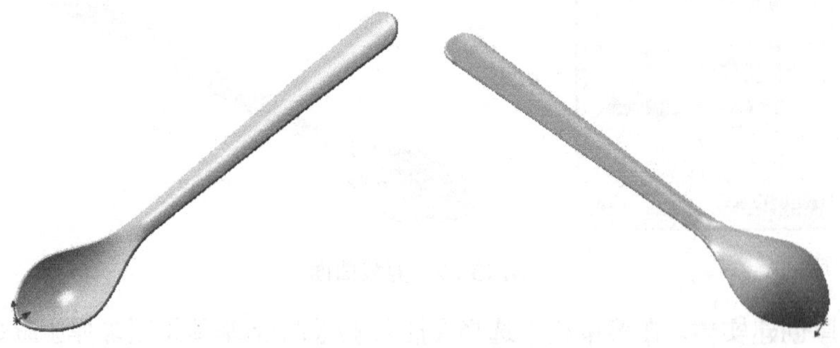

图 13-32　保存文件

13.3 本章学习收获

通过本章的学习，读者必须掌握以下内容。

（1）3D 草图中设置样条曲线与两端曲线相切的方法。

（2）3D 草图中将多余的曲线剪裁掉的方法。

（3）将不美观或不满足要求的曲面剪裁掉，接着使用保留下来的曲面创建线架，再将已剪裁的部分用边界曲面补回来，这是曲面设计中最实用的技巧。

13.4 练习题

打开光盘中的〖Lianxi/Ch13/曲面练习.igs〗文件，然后根据提供的线架创建曲面，如图 13-33 所示。

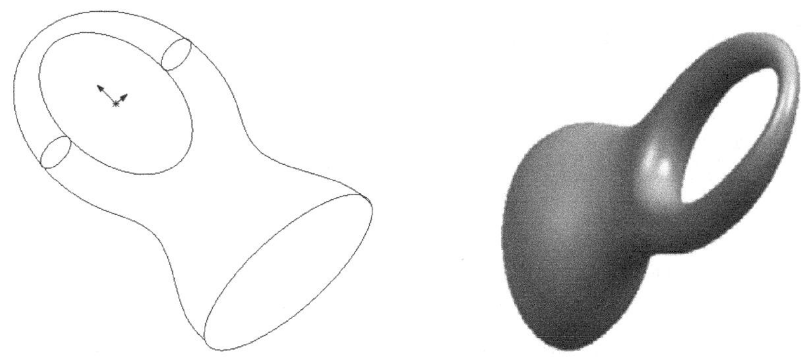

图 13-33 创建曲面

第14章 装配体设计基本功特训

本章主要介绍产品的工艺知识，在 SOLIDWORKS 软件中生成装配体及进行装配后的干涉检查和创建爆炸视图等。通过本章的学习，读者可以轻松快速掌握装配体设计的操作方法及相关知识，并能满足实际的生产需求。

14.1 学习目标与课时安排

学习目标及学习内容

（1）掌握一定的装配工艺知识。
（2）掌握生成装配体的基本方法。
（3）重点掌握零件配合的方式，如重合、平行、垂直、相切和同轴心等。
（4）重点掌握产品爆炸视图的创建方法，该功能在产品设计中会经常使用。
（5）掌握产品装配后的干涉检查。
（6）掌握整套产品的装配流程和注意事项。

学习课时安排（共 4 课时）

（1）本章知识点讲解（2 课时）。
（2）实例详细操作（2 课时）。

14.2 装配设计工艺

产品装配设计是产品制作的重要环节，其合理性与否不仅关系到产品在装配、焊接、调试和检修过程中是否方便，而且直接影响产品的质量与性能，甚至影响电路功能能否实现，因此，掌握产品装配设计工艺是十分重要的。

14.2.1 装配设计的一般原则

装配设计在产品设计和机械设计中起着十分重要的作用。装配图是设计者把装配设计思路落实在文件上的具体表现，它表达了产品或部件的工作原理、装配关系、传动路线、连接方式及零件基本结构的图样。因此，在装配设计时必须遵循以下原则。

（1）尽可能保证产品装配工艺的合理性、先进性。

（2）在保证设计的产品性能指标的前提下，力求产品结构继承系数和标准化系数最高。

（3）能正确表达产品的性能、装配、安装、检验工作必须达到的技术指标。

（4）更容易组织批量生产，工艺成本更低并便于使用和维修。

（5）能缩短新产品工艺准备周期，降低新产品生产成本。

14.2.2 产品装配工艺制定的基本步骤

产品在制定装配工艺时，主要依据以下步骤进行。

（1）根据产品的技术特征，选择装配方法。设计时要关注产品装配的过程和顺序，而不是某一过程的具体加工参数。

（2）了解本企业的生产装配加工工艺路线，装配工艺流程，人员技术水平等，以此设计产品装配图及提出装配技术要求。

（3）考虑装配过程的其他信息，主要包括工装、设备、工时等，这也是产品装配设计的重要依据，与装配流程形成统一的整体。

（4）完成装配图、组装工艺流程卡和各工序的组装工艺卡。

14.2.3 产品装配设计工艺基础

由于不同公司的产品不同，对产品的装配工艺要求也不一样，但总体工艺可以归纳为以下几点。

（1）在使用紧固连接件方面，尽量选用标准件，而且需要连接可靠，装拆方便。

（2）对有震动要求的装配体，必须增加防松装置的设计，如采用弹簧垫圈、止动漆，止动片等方法来处理。

（3）紧固件应该尽量布置在产品强度足够的部位，避免破坏产品的外观。

（4）装配体要保证紧固件有足够的安装和拆卸空间。

（5）当装配的产品中存在导线，不能直接用紧固件锁紧导线，而要用接线端子来连接导线。

（6）当装配的产品出货外观要求非常高时，则需要设计专用工装保护外观面。

14.2.4 产品装配图技术要求

为了保证产品的设计性能和质量，在装配图中需要注明有关产品或部件的性能、装配与调整等方面的指标和参数要求。正确地制定产品或部件的技术要求是一项专业性工作，现归纳为以下几点。

（1）装配体在装配前需要关注的要求和装配后产品应达到的性能要求。

（2）装配体在装配过程中应注意的事项及特殊加工要求（如绝缘要求、装配精度等）。

（3）在装配视图中难以用示图来表达装配关系和要求的，需要用文字详细说明。

（4）在装配过程中影响的性能和质量，需要通过装配顺序来表达的装配关系。

（5）在装配过程中有间隙、过盈或结构有特殊要求的。

（6）对有关装配要素的统一要求（如装配后要符合某种标准等）。

14.2.5 设计装配体的方式

产品装配的方式主要有“自下而上”和“自上而下”两种，下面详细介绍这两种方式的装配特点。

1.“自下而上”装配

“自下而上”装配是比较传统的设计方法。在“自下而上”设计法中，先分别设计好各零件，然后将其逐个调入到装配环境中，再根据装配体的功能及设计要求对各零件之间添加约束配合。由于零部件是独立设计的，与“自上而下”设计法相比，使用“自下而上”设计法可以使用户更能专注于单个零件的设计工作。

2.“自上而下”装配

“自上而下”装配指的是产品中的零件在装配环境中创建，各零件间的位置关系由设计命令直接绘制确定，其优点是在设计中能直接发现零部件之间的装配问题，从而减少修改的次数。

另外，“自上而下”设计法在设计较复杂的外观产品时更有优势，因为零件之间的形状连接依赖于其他零件的形状和大小，这样可节省很多时间。

14.3 生成装配体

在桌面上双击图标打开 SOLIDWORKS 2020 软件，进入 SOLIDWORKS 2020 初始界面。在〖标准〗工具栏中单击〖新建〗按钮，弹出〖新建 SOLIDWORKS 文件〗对话框，然后选择“装配体”选项，单击 确定 按钮进入装配体界面，如图 14-1 所示。

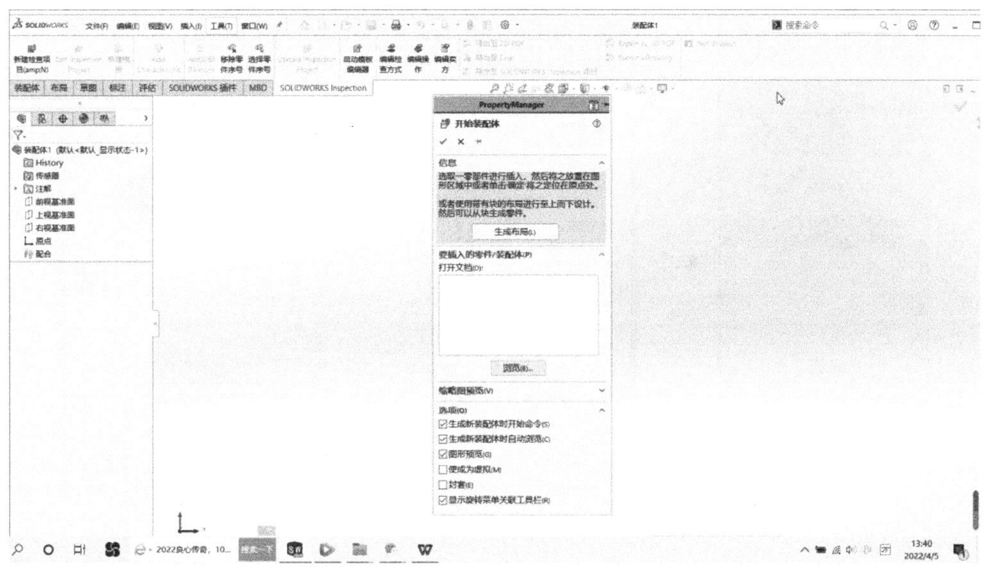

图 14-1　装配体界面

一般〖装配体〗工具栏默认没有显示在界面上，参考前面的操作将其调出，如图 14-2 所示。

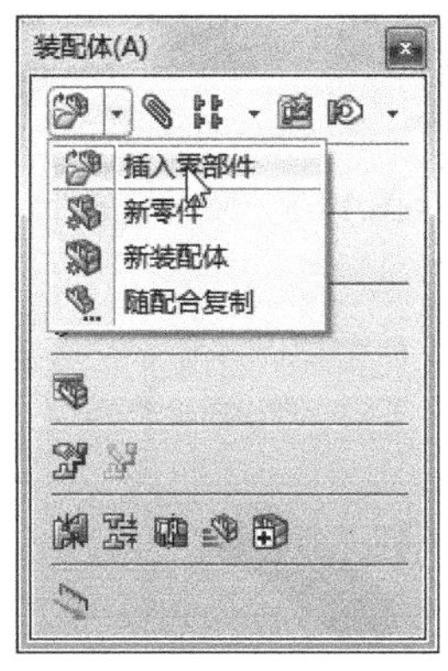

图 14-2　〖装配体〗工具栏

14.3.1　插入零部件

在〖装配体〗工具栏中单击〖插入零部件〗按钮，弹出〖插入零部件〗对话框。单击 浏览(B)... 按钮，在弹出的〖打开〗对话框中选择文件并打开，如图 14-3 所示。

除了可插入零件进行装配，也可选择已装配的组件进行装配，如图 14-4 所示。

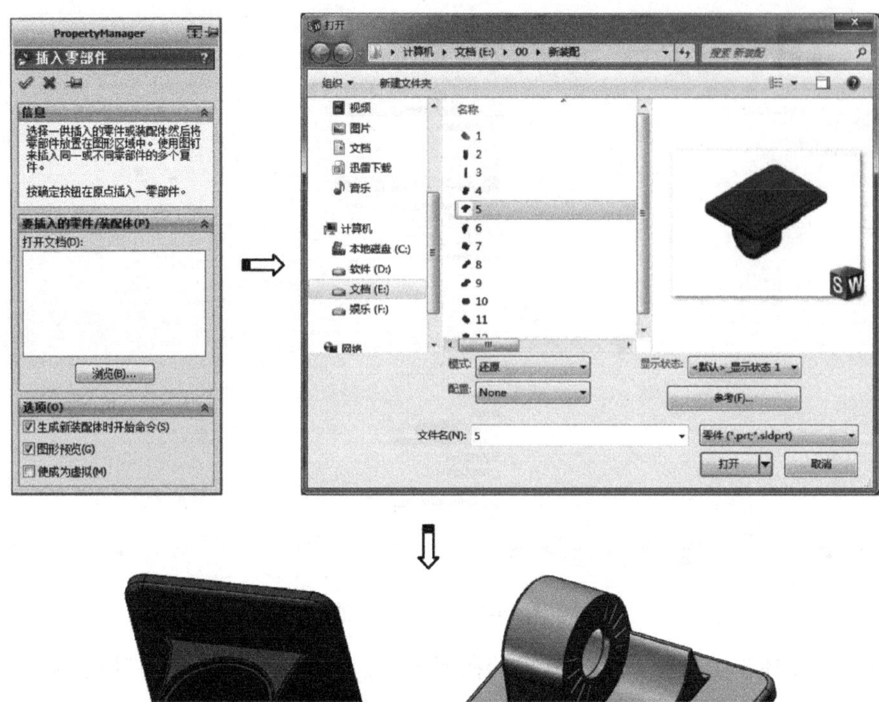

图 14-3　插入零部件

图 14-4　插入组件

14.3.2　新零件

使用 14.2.5 节中提到的“自上而下”装配设计方式，可直接在装配环境中创建零件来进行装配设计。

在〖装配体〗工具栏中单击〖新零件〗按钮，弹出〖SOLIDWORKS〗提示对话框，然后单击两次确定按钮，此时系统在绘图区的左下角提示选择放置新零件的面或基准面，然后选择实体面或基准面进入草图环境创建草图。完成草图后退出草图环境，然后利用〖特征〗工具栏中的命令创建零件，如图 14-5 所示。

图 14-5　创建新零件

下面详细介绍新零件设计的方法。

（1）在桌面上双击图标打开 SOLIDWORKS 2020 软件，进入 SOLIDWORKS 2020 初始界面。在〖标准〗工具栏中单击〖新建〗按钮，弹出〖新建 SOLIDWORKS 文件〗对话框，选择“装配体”选项，单击确定按钮进入装配体界面。

（2）在弹出的〖开始装配体〗对话框中单击〖取消〗按钮退出命令。然后开始创建“零件 1”。

（3）在〖装配体〗工具栏中单击〖新零件〗按钮，弹出〖SOLIDWORKS〗提示对话框，然后单击两次确定按钮。

（4）在设计树中选择“上视基准面”为草图平面，接着在〖标准视图〗工具栏中单击〖正视于〗按钮，使视图按草图平面放置，然后创建如图 14-6 所示的草图，单击〖退出草图〗按钮。

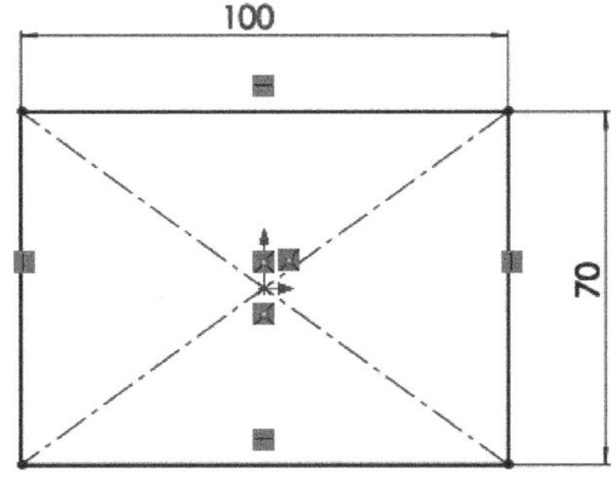

图 14-6　创建草图

（5）拉伸创建实体。参考前面的操作，创建如图 14-7 所示的实体。

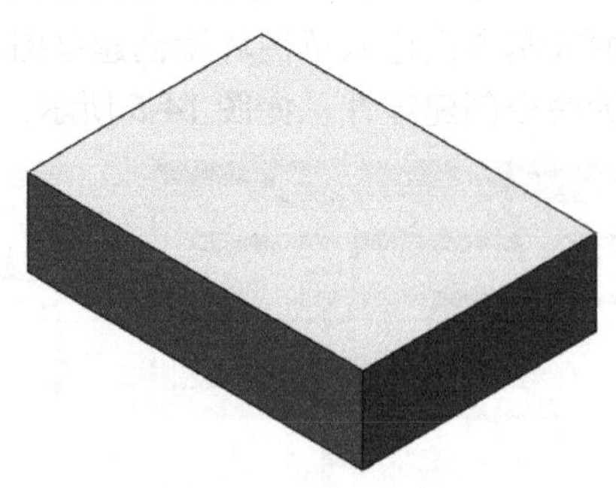

图 14-7　拉伸创建实体

（6）拉伸切除实体。参考前面的操作，创建如图 14-8 所示的特征。

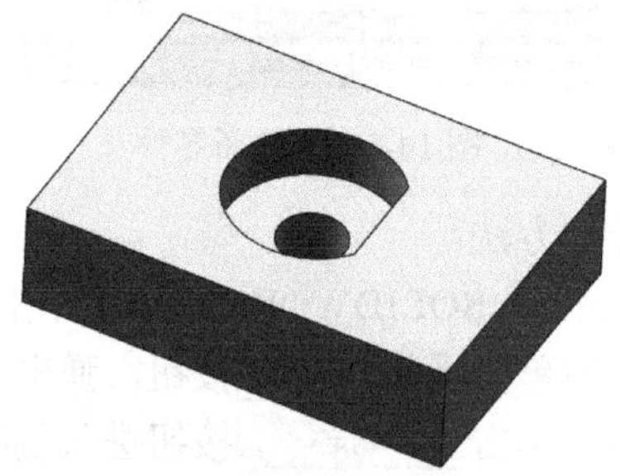

图 14-8　拉伸切除实体

（7）在右上角单击按钮退出零件设计环境。继续创建“零件 2”。

（8）在〖装配体〗工具栏中单击〖新零件〗按钮，弹出〖SOLIDWORKS〗提示对话框，然后单击两次确定按钮。

（9）在设计树中选择“前视基准面”为草图平面，接着在〖标准视图〗工具栏中单击〖正视于〗按钮，使视图按草图平面放置，然后创建如图 14-9 所示的草图，单击〖退出草图〗按钮。

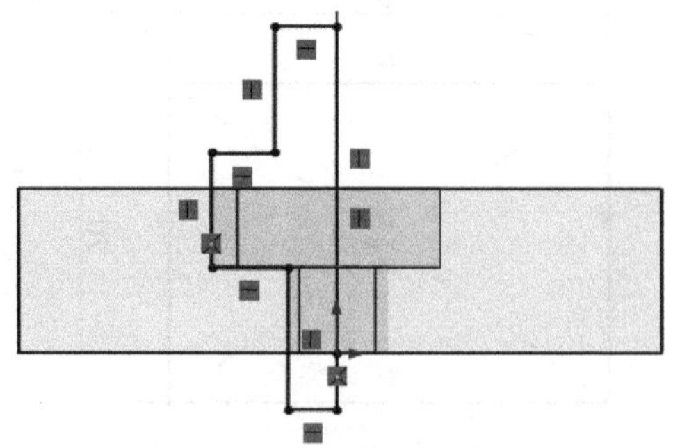

图 14-9　创建草图

（10）旋转创建实体。参考前面的操作，创建如图 14-10 所示的旋转体。

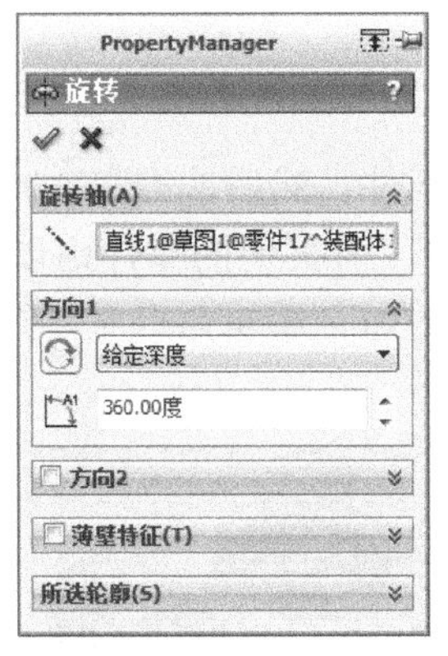

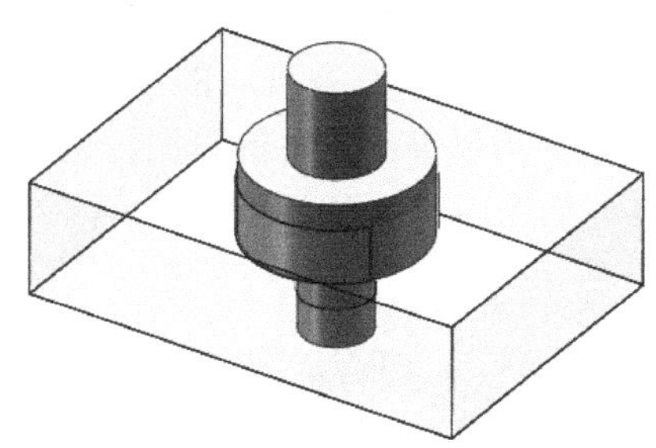

图 14-10　旋转创建实体

（11）拉伸切除实体。参考前面的操作，拉伸切除如图 14-11 所示的实体。

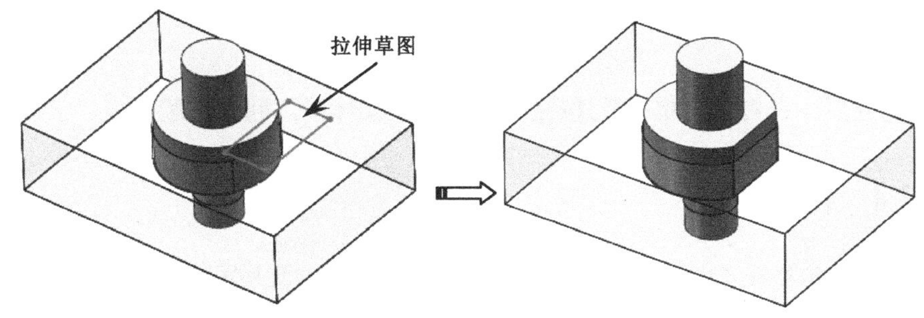

图 14-11　拉伸切除实体

（12）在右上角单击按钮退出零件设计环境，此时设计树中会显示“零件 1”与“零件 2”和它们之间的关系，如图 14-12 所示。

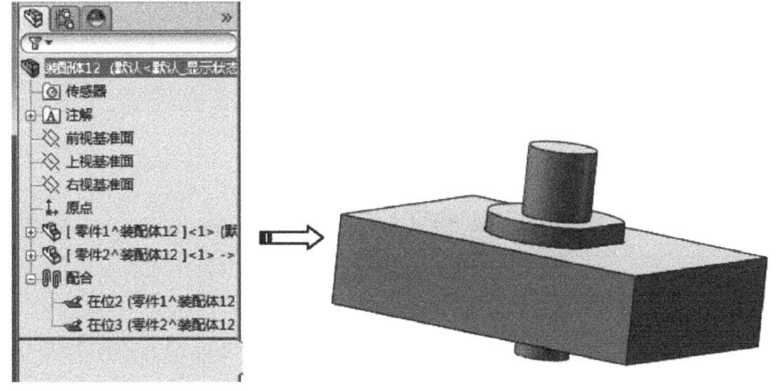

图 14-12　零件 1 与零件 2

（13）保存文件。在〖标准〗工具栏中单击〖保存所有〗按钮，保存所有的零件。

如果一套产品有多个零部件，那么同样也可以使用〖新零件〗命令逐个在装配环境中创建出来。

14.3.3 编辑零部件

对已装配的零件进行编辑。首先选择需要编辑的部件，然后单击 编辑零部件 按钮，即进入零件设计界面。此时只有被编辑的零件可被选中，而其他的零件则以线框显示，如图 14-13（a）所示。可以修改零件的草图，也可以通过特征编辑命令对零件进行倒角、切除和拔模等操作，如图 14-13（b）所示。

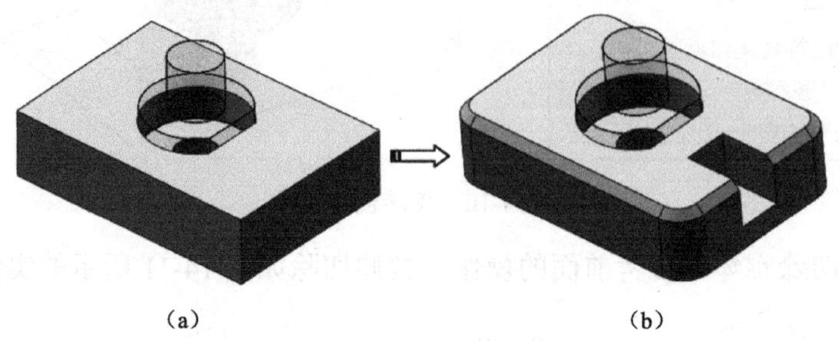

（a）　　　　（b）

图 14-13　编辑零部件

编辑完成后，在右上角单击按钮退出零件设计环境，回到装配环境。

14.3.4 配合

用于确定两个零件之间的相互位置，即添加几何约束，使其定位。在一个装配体中插入零部件后，需要考虑该零件与其他的零件的装配关系，这就需要添加零件间的约束关系。

在〖装配体〗工具栏中单击 配合 按钮，弹出〖配合〗对话框，如图 14-14 所示。

图 14-14 〖配合〗对话框

1. 重合

〖重合〗主要约束两零件中的两个平面在同一高度位置，也可以约束两轴重合，使用〖插入零部件〗命令先后插入两个不同的零件，然后选择两零件上的平面，则可约束两平面重合，如图 14-15 所示。

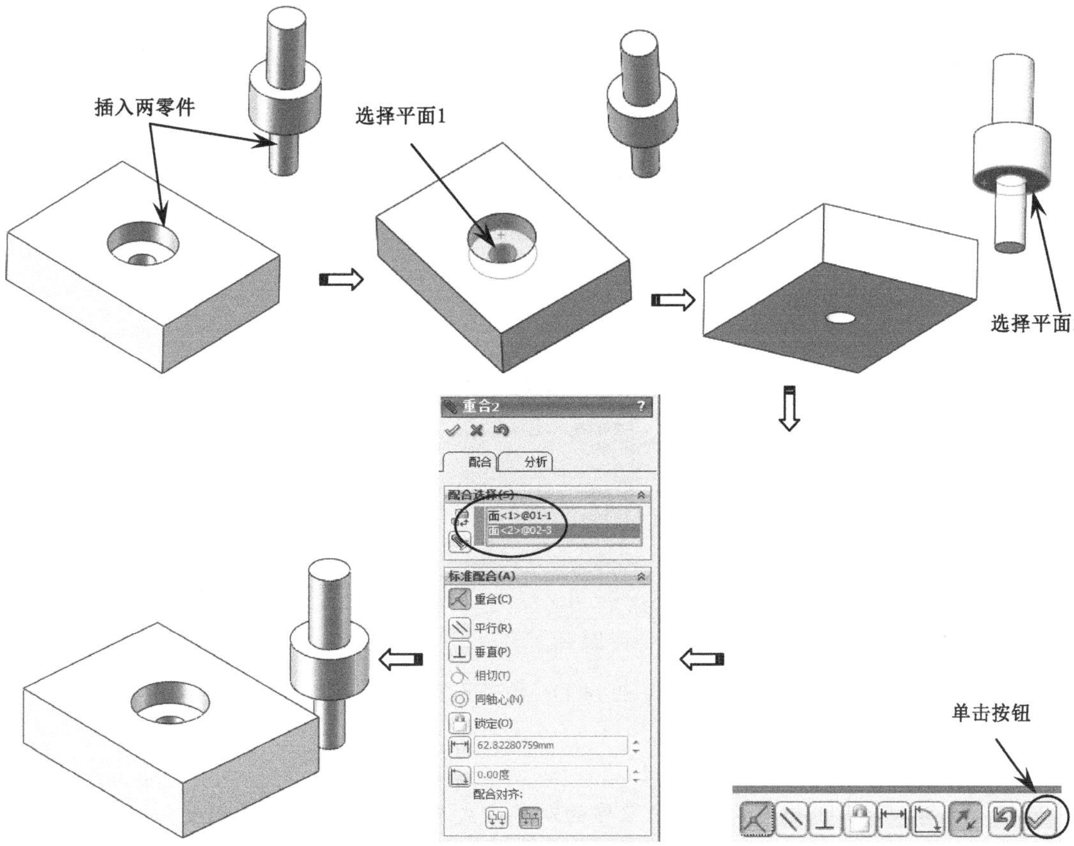

图 14-15　约束重合

同样，可以在设计树中选择零件中的基准面或基准轴进行重合约束，如图 14-16 所示。

2. 平行

〖平行〗主要约束两零件中的两个平面平行。使用〖插入零部件〗命令先后插入两个不同的零件，然后选择两零件上的平面，则可约束两平面平行，如图 14-17 所示。

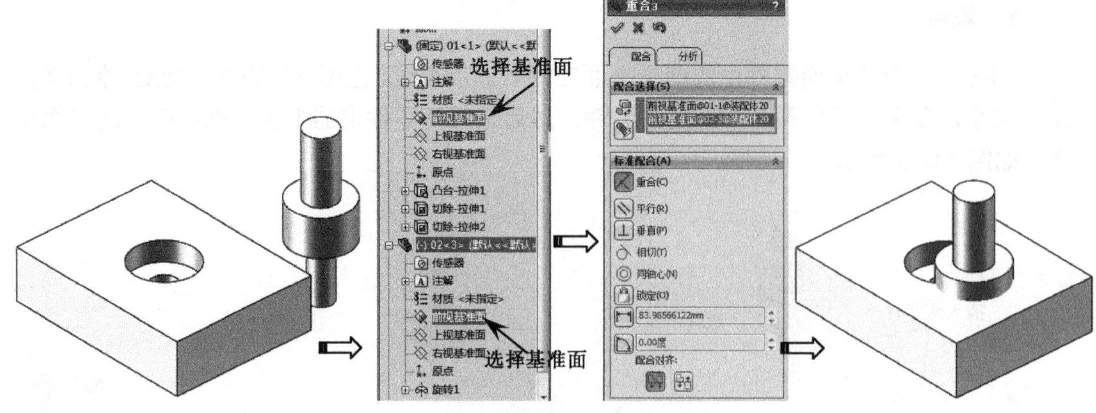

图 14-16　选择基准面约束重合

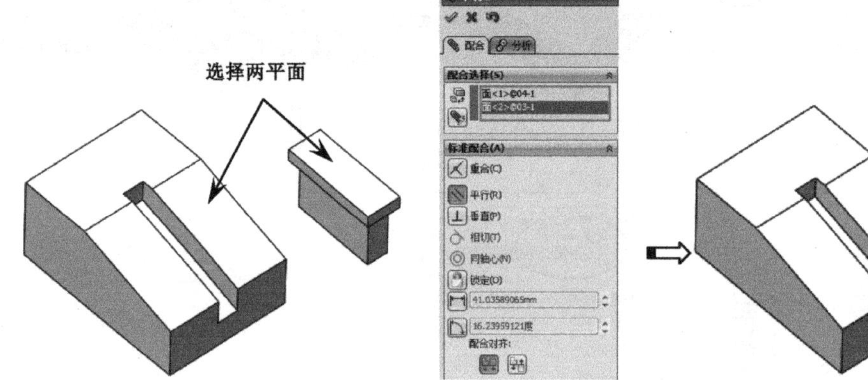

图 14-17　约束平行

要点提示

如果约束后两零件的对齐方式与希望的对齐方式相反，那么可在对话框中单击〖反向对齐〗按钮，如图 14-18 所示。

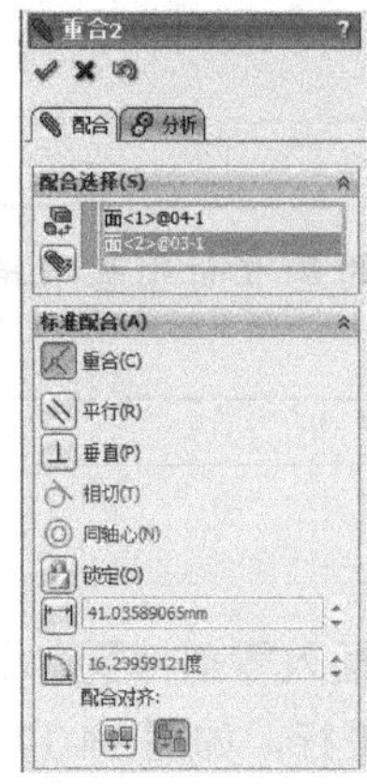

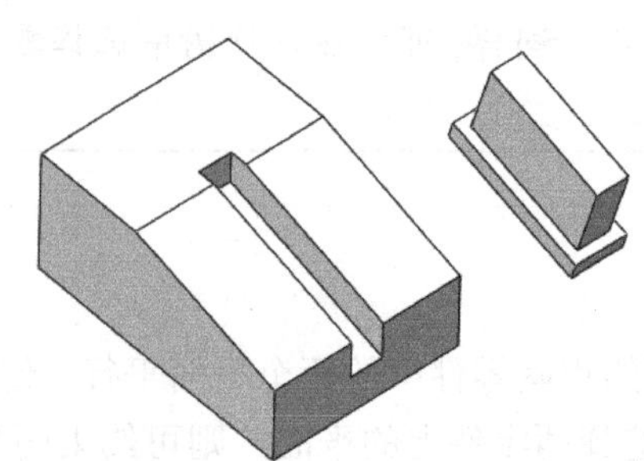

图 14-18　反向对齐

3．垂直

〖垂直〗主要约束两零件中的两个平面垂直。使用〖插入零部件〗命令先后插入两个不同的零件，然后选择两零件上的平面，则可约束两平面垂直，如图 14-19 所示。

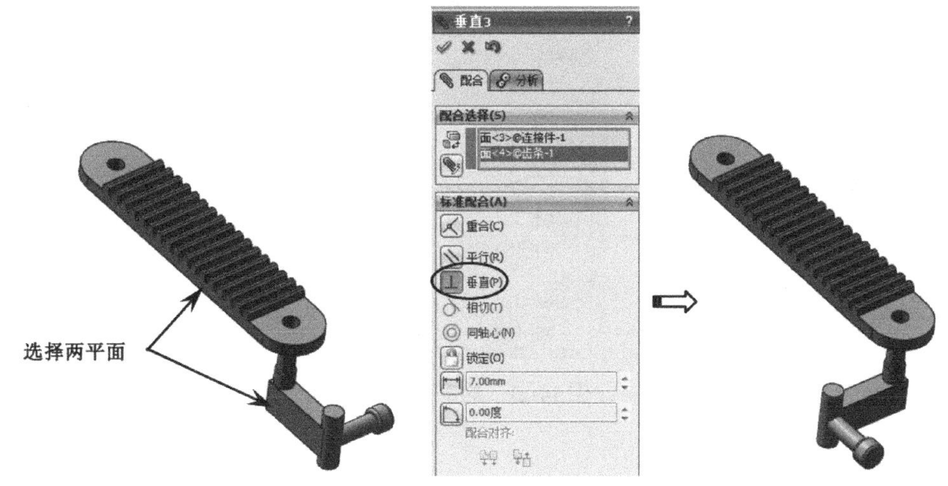

图 14-19　约束垂直

4．相切

〖相切〗主要约束两零件中的两个曲面相切。使用〖插入零部件〗命令先后插入两个不同的零件，然后选择两零件上的曲面，则可约束两曲面相切，如图 14-20 所示。

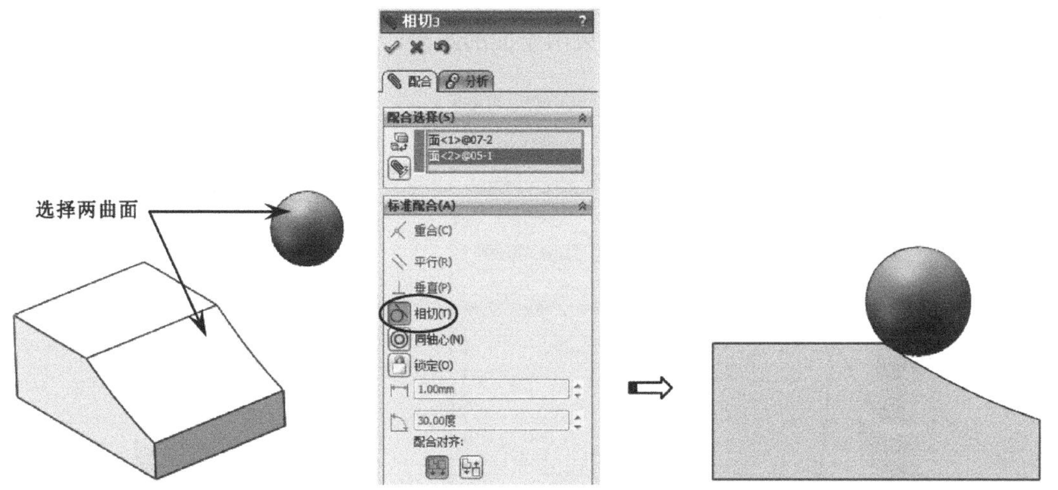

图 14-20　约束相切

5．同轴心

〖同轴心〗主要约束两圆柱面同轴心。使用〖插入零部件〗命令先后插入两个不同的零件，然后选择两零件上的圆柱面，则可约束两圆柱面同轴心，如图 14-21 所示。

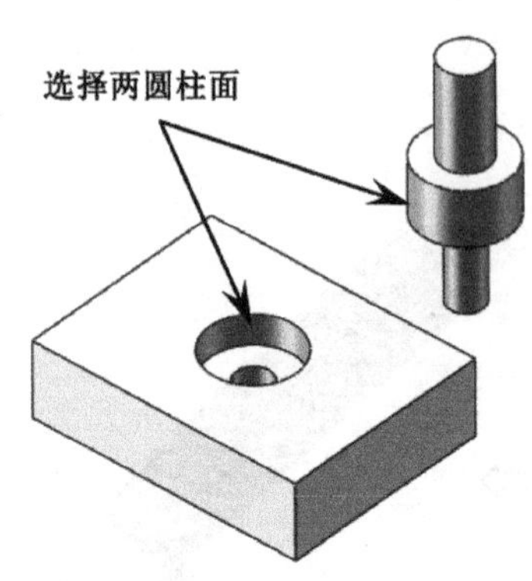

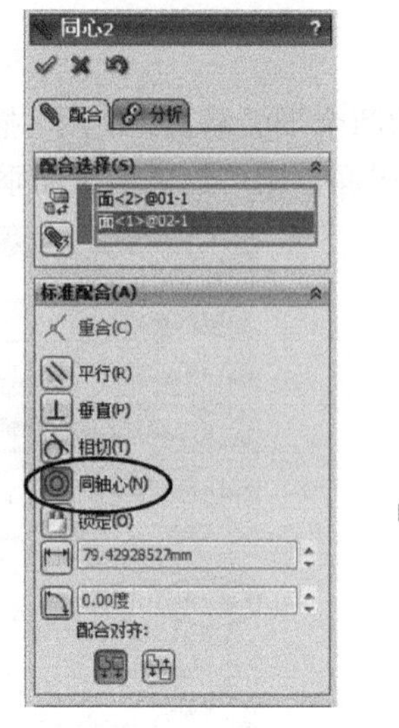

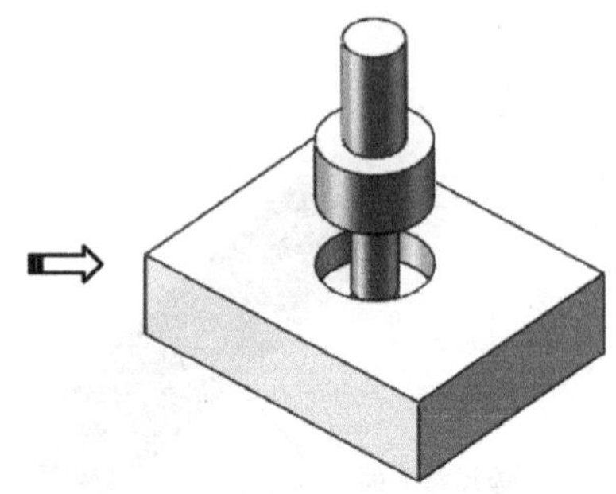

图 14-21　约束同轴心

同轴心约束是装配产品中最重要的功能之一，希望读者切实掌握。

6．距离

〖距离〗主要约束两平面之间的距离。使用〖插入零部件〗命令先后插入两个不同的零件，然后选择两零件上的平面，则可约束两平面的距离，如图 14-22 所示。

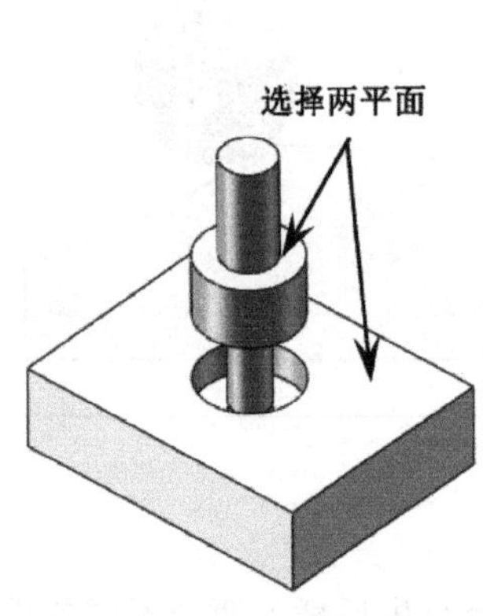

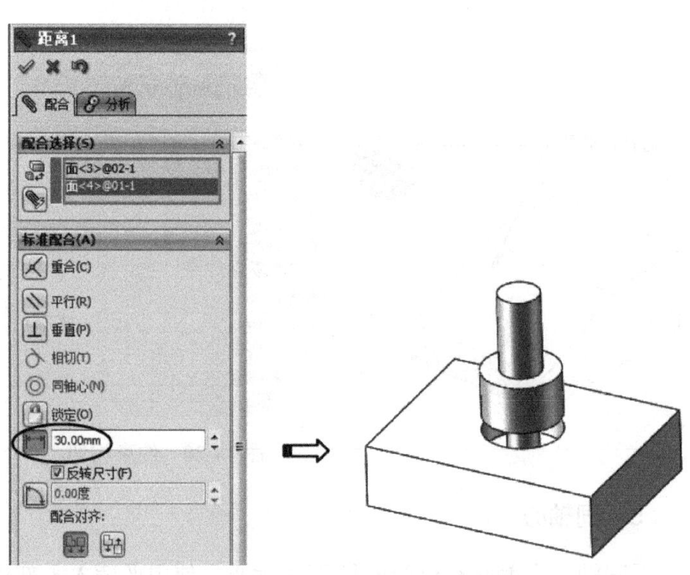

图 14-22　约束距离

7. 角度

〖角度〗主要约束两平面之间的角度，也可以是圆柱体两轴线之间的角度。使用〖插入零部件〗命令先后插入两个不同的零件，接着选择两零件上的两个平面或两轴线，然后设置角度值，如图 14-23 所示。

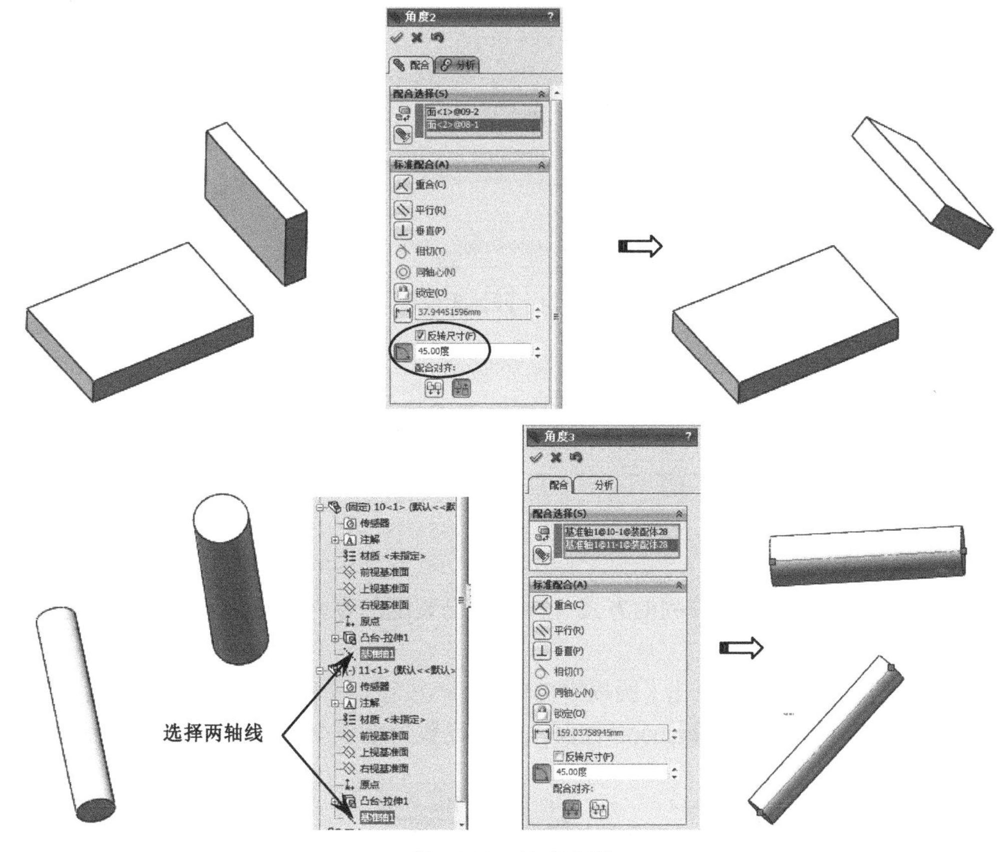

图 14-23　约束角度

14.3.5　阵列装配

通过阵列产生相同的装配，其方式与特征阵列一样。

1. 线性零部件阵列

线性零部件阵列与线性阵列的方式一样，将已装配的零件通过线性的方式复制到其他的位置。

在〖装配体〗工具栏中单击〖线性零部件〗按钮，弹出〖线性阵列〗对话框，首先选择要阵列的零件，接着指定边线作为方向 1，并设置间距与个数，然后选择另一边线作为方向 2，并设置间距与个数，如图 14-24 所示。

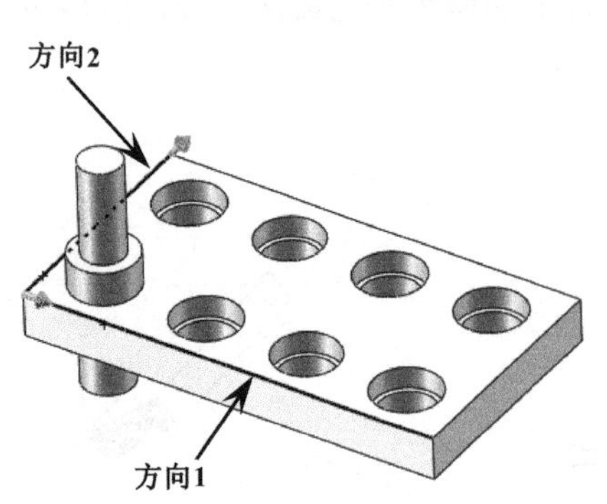

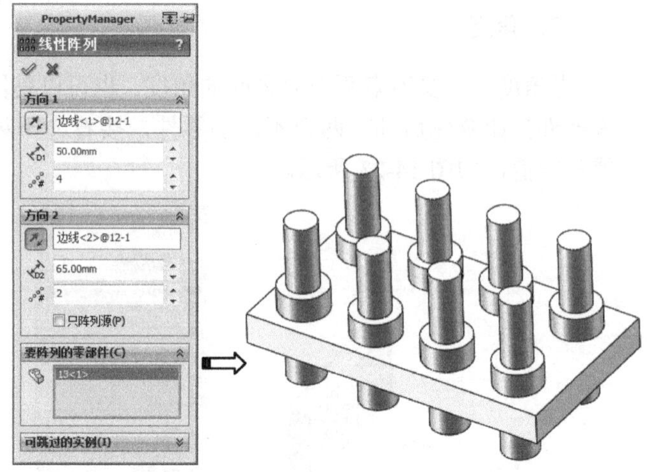

图 14-24　线性零部件

线性零部件的阵列方式与零件设计中线性阵列的操作方式完全一样。

2. 圆周零部件阵列

圆周零部件阵列与圆周阵列的方式一样，将已装配的零件通过旋转轴和角度复制到其他的位置。

在〖装配体〗工具栏中单击〖圆周零部件〗按钮，弹出〖圆周阵列〗对话框，首先选择要阵列的零件，接着选择轴或圆柱面，然后设置角度和个数，如图 14-25 所示。

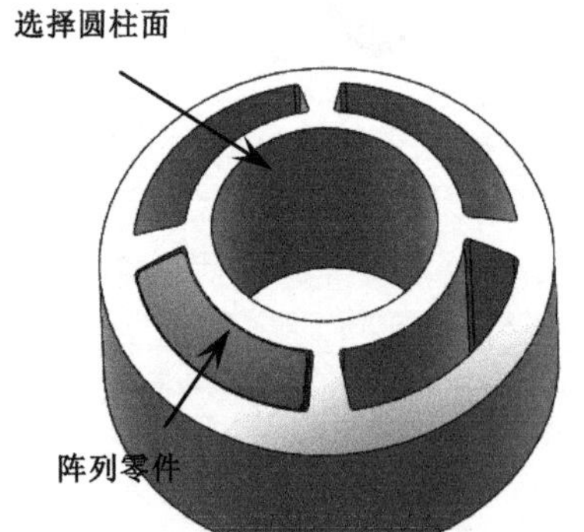

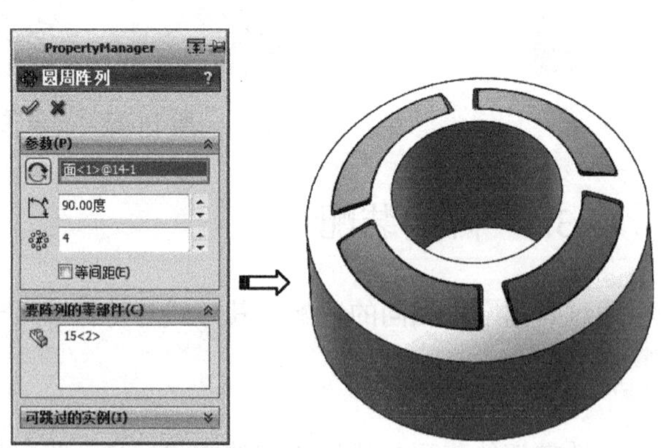

图 14-25　圆周零部件阵列

3. 镜向零部件

将已装配的零件镜向到对称的位置。

在〖装配体〗工具栏中单击〖镜向零部件〗按钮，弹出〖镜向零部件〗对话框，首先选择镜向平面，然后选择要镜向的零件，如图 14-26 所示。

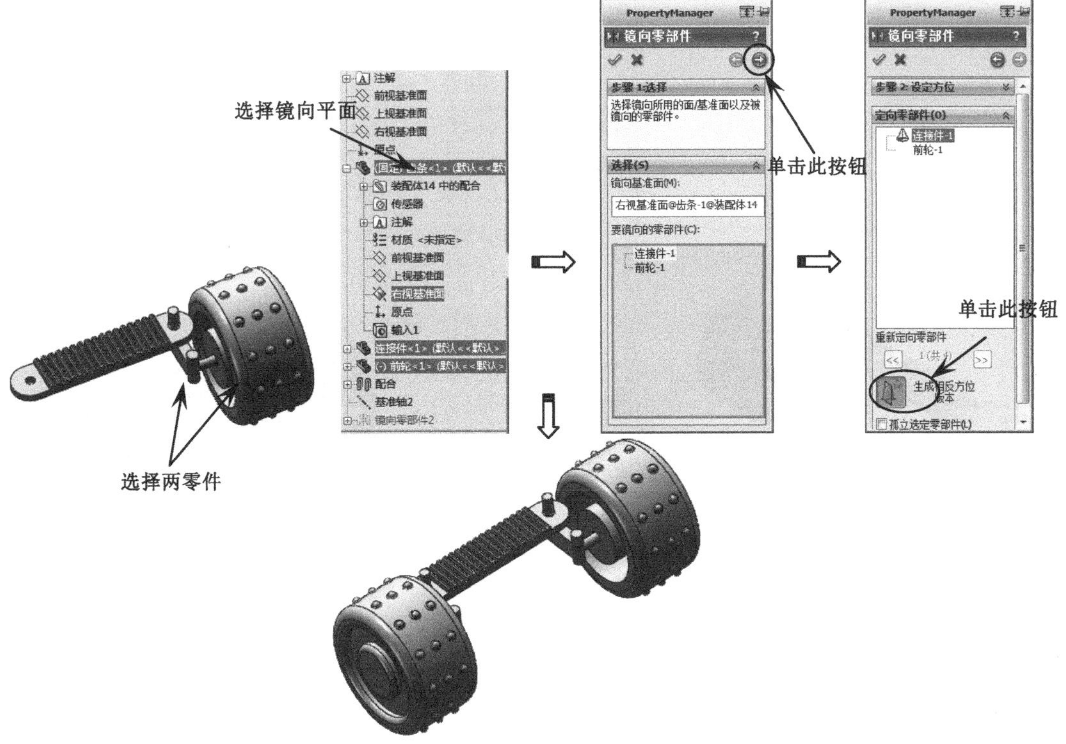

图 14-26　镜向零部件

要点提示

镜向一些不规则的零部件时，如果镜向的结果不符合意愿，那么可单击〖生成相反方位版本〗按钮。

14.4　干涉检查

在一个复杂的装配体中，如果仅凭借视觉来检查零部件之间是否有干涉的情况很困难且不精确。在 SOLIDWORKS 中，可以使用软件自带的功能来快速判断零件之间是否出现干涉、发生几处干涉和干涉的体积大小等。

在〖装配体〗工具栏中单击〖干涉检查〗按钮，弹出〖干涉检查〗对话框，首先选择需要检查干涉的装配体，然后单击 计算(C) 按钮。如果装配体中存在干涉，那么结果框内会显示所有的干涉，如图 14-27 所示。选择该干涉，则该处以红色显示。

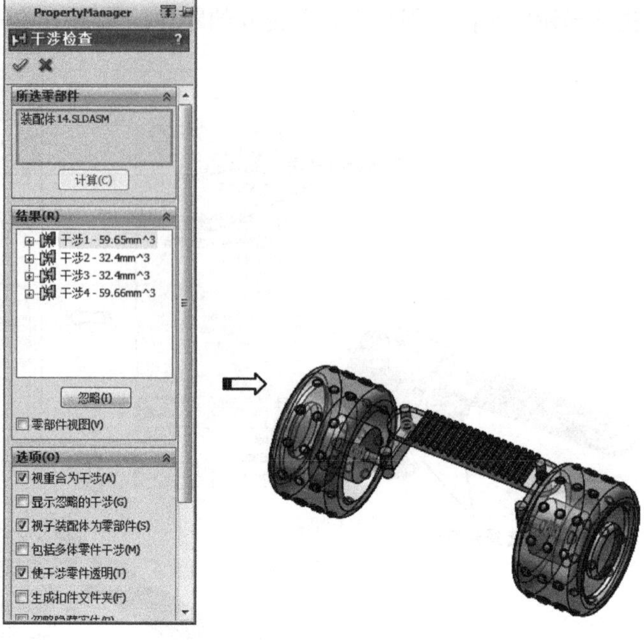

图 14-27　干涉检查

要点提示

并非所有的干涉都是有问题的，如橡胶件与金属件的密封连接，它们之间的尺寸必然产生干涉。

14.5　创建爆炸视图

创建爆炸视图的目的是使已经装配好的产品按一定的形式分离，从而可以更加形象和直观地展示产品各零部件之间的位置关系。另外，一些产品需要做宣传册，因此也需要创建产品的爆炸视图。掌握创建爆炸视图的方法是每个工程技术人员必须具备的技能。

在〖装配体〗工具栏中单击〖爆炸视图〗按钮，弹出〖爆炸视图〗对话框，接着选择需要移动的零件，然后通过拖动操纵杆控标来移动零件，如图 14-28 所示，最后单击〖确定〗按钮。

当几个零件的装配方向相同时，可以同时选择多个零件进行拖动。

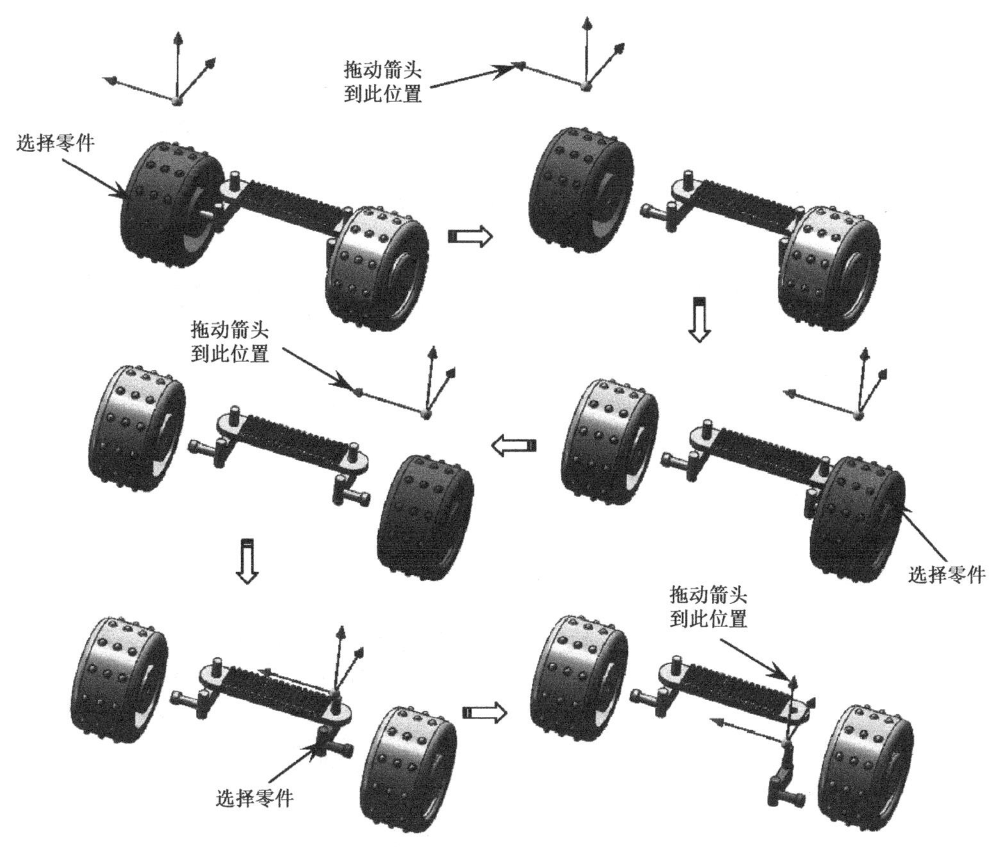

图 14-28　创建爆炸视图

14.6　解除和删除爆炸视图

当不需要爆炸视图时，可进行解除或删除。在设计树中单击〖配置管理器〗按钮，接着展开“默认”选项，然后选择爆炸视图并单击鼠标右键，在弹出的右键菜单中选择〖解除爆炸视图〗或〖删除〗命令即可，如图 14-29 所示。

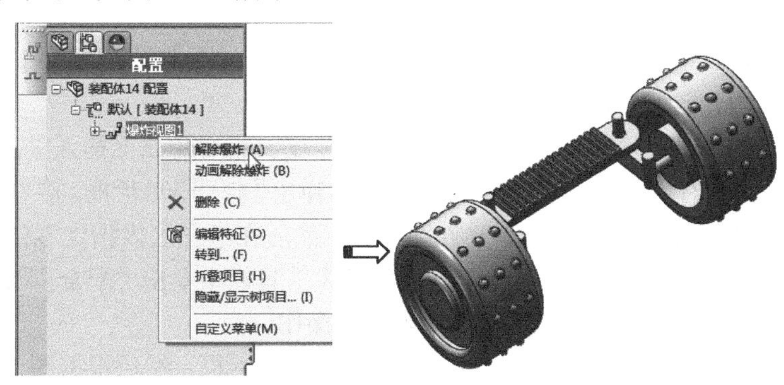

图 14-29　解除或删除爆炸视图

要点提示

解除爆炸视图与删除爆炸视图的区别：解除爆炸视图只是将当前的视图以装配图的形式显示，当再次单击〖爆炸视图〗按钮时，会自动显示已创建的爆炸视图；而删除爆炸视图时，表示爆炸视图已不存在。

14.7 装配设计综合实例——导航仪主体的装配

导航仪主体装配图及爆炸视图如图 14-30 所示。

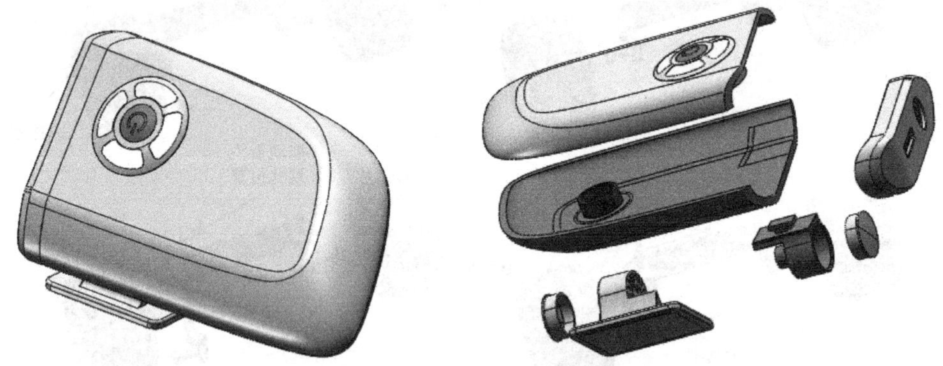

图 14-30 导航仪主体装配图及爆炸视图

导航仪主体的装配主要分为面板的装配、后盖的装配、侧盖的装配和整体的装配。

14.7.1 面板的装配

（1）在桌面上双击图标打开 SOLIDWORKS 2020 软件，进入 SOLIDWORKS 2020 初始界面。在〖标准〗工具栏中单击〖新建〗按钮，弹出〖新建 SOLIDWORKS 文件〗对话框，然后选择“装配体”选项，单击 确定 按钮进入装配体界面。

（2）插入面板。在弹出的〖开始装配体〗对话框中单击 浏览(B)... 按钮，弹出〖打开〗对话框，接着选择光盘中的〖Example\Ch14\导航仪装配\面板〗文件并打开，然后在绘图区内指定零件的放置，如图 14-31 所示。

（3）插入按钮二。在〖装配体〗工具栏中单击〖插入零部件〗按钮，弹出〖插入零部件〗对话框。单击 浏览(B)... 按钮，弹出〖打开〗对话框，接着选择光盘中的〖Example\Ch14\导航仪装配\按钮二〗文件并打开，然后在绘图区内指定零件的放置，如图 14-32 所示。

（4）约束面重合。在〖装配体〗工具栏中单击〖配合〗按钮，弹出〖配合〗对话框，然后根据图 14-33 所示的步骤进行操作。

（5）约束同轴心。不关闭〖配合〗对话框，然后根据图 14-34 所示的步骤进行操作，最后单击〖关闭〗按钮，关闭当前对话框。

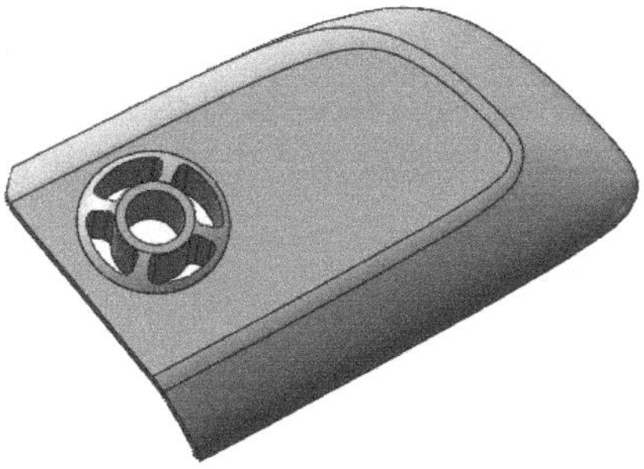

图 14-31　插入面板

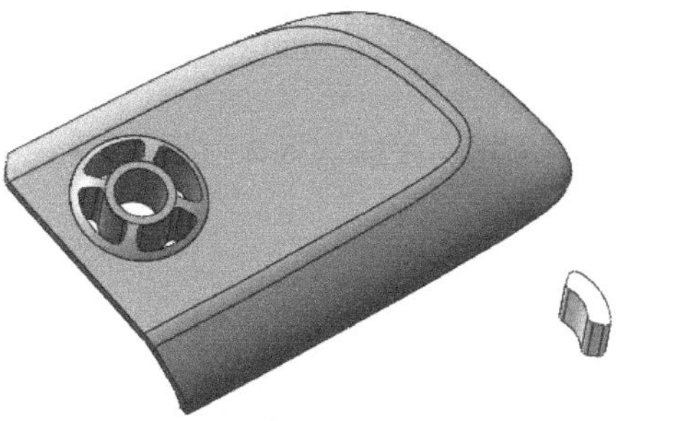

图 14-32　插入按钮二

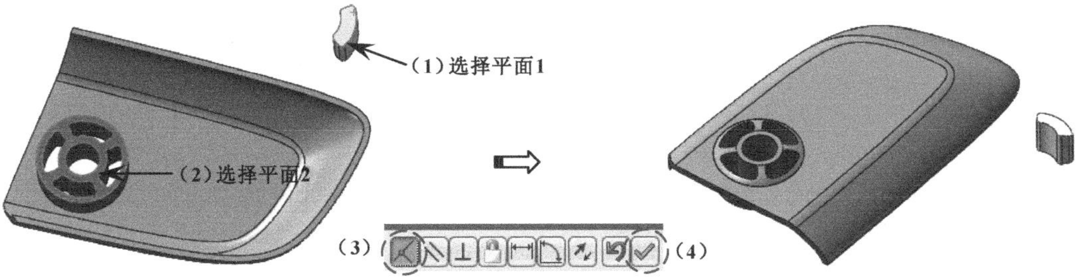

(1)选择平面1
(2)选择平面2
(3)
(4)

图 14-33　约束面重合

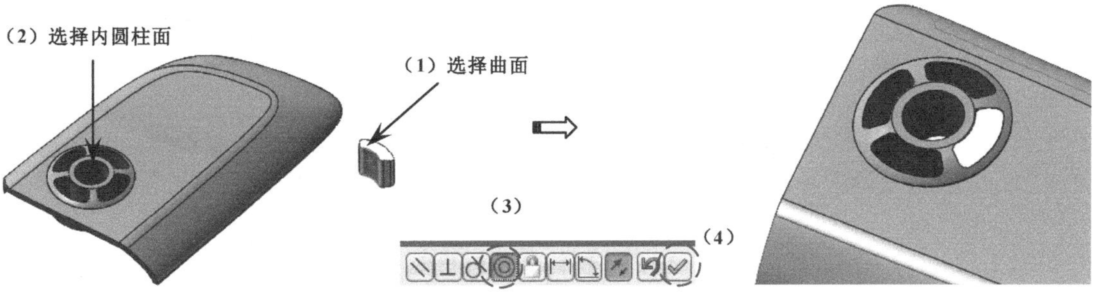

(2)选择内圆柱面
(1)选择曲面
(3)
(4)

图 14-34　约束同轴心

(6)圆周零部件阵列。在〖装配体〗工具栏中单击〖圆周零部件阵列〗 圆周零部件阵列 按钮，弹出〖圆周阵列〗对话框，然后根据图 14-35 所示的步骤进行操作。

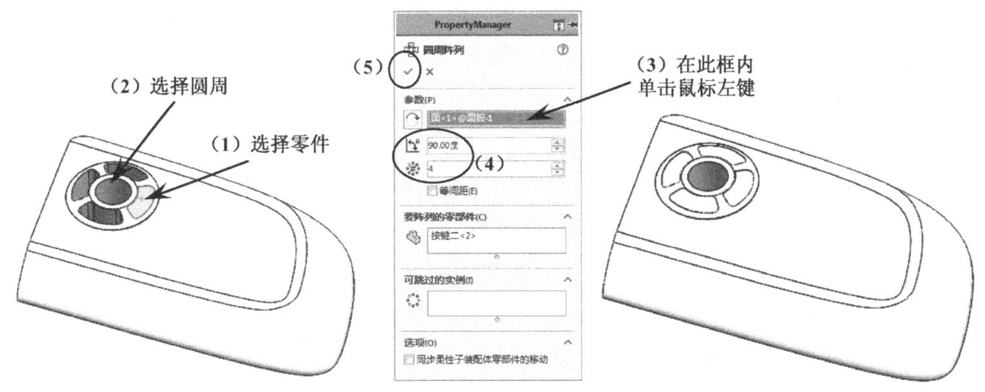

图 14-35　圆周零部件阵列

（7）插入按钮一。在〖装配体〗工具栏中单击〖插入零部件〗按钮，弹出〖插入零部件〗对话框。单击 浏览(B)... 按钮，弹出〖打开〗对话框，接着选择光盘中的〖Example\Ch14\导航仪装配\按钮一〗文件并打开，然后在绘图区内指定零件的放置，如图 14-36 所示。

图 14-36　插入按钮一

（8）约束面重合。在〖装配体〗工具栏中单击〖配合〗按钮，弹出〖配合〗对话框，然后根据图 14-37 所示的步骤进行操作。

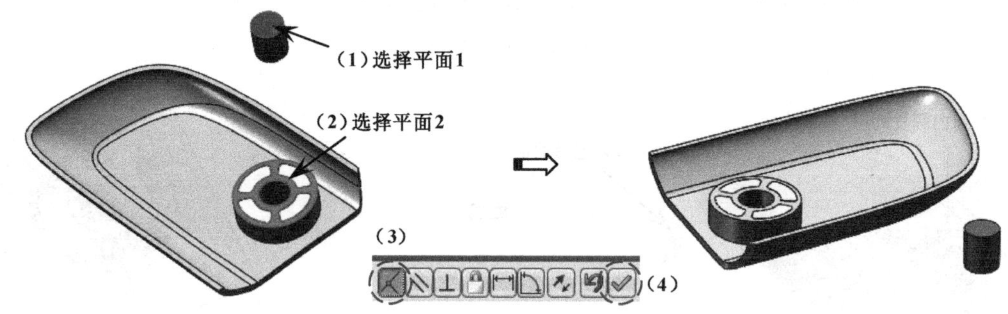

图 14-37　约束面重合

（9）约束同轴心。不关闭〖配合〗对话框，然后根据图 14-38 所示的步骤进行操作，最后单击〖关闭〗按钮。

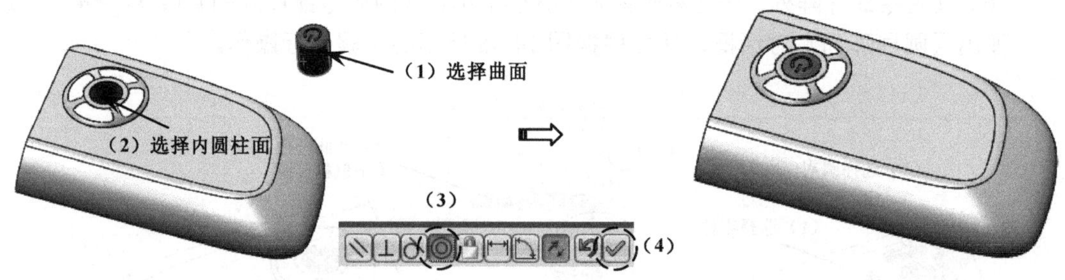

图 14-38　约束同轴心

（10）保存面板的装配。在〖标准〗工具栏中单击〖保存〗按钮，弹出〖保存修改的文档〗对话框，单击 保存所有(S) 按钮；弹出〖另存为〗对话框，输入文件名为“面板组件”，单击 保存(S) 按钮。

（11）关闭文件。在菜单栏中选择〖文件〗/〖关闭〗命令，关闭当前的装配窗口。

14.7.2 后盖的装配

（1）在〖标准〗工具栏中单击〖新建〗按钮，弹出〖新建 SOLIDWORKS 文件〗对话框，然后选择“装配体”选项，单击 确定 按钮进入装配体界面。

（2）插入后盖。在弹出的〖开始装配体〗对话框中单击 浏览(B)... 按钮，弹出〖打开〗对话框，选择光盘中的〖Example\Ch14\导航仪装配\后盖〗文件并打开，然后在绘图区内指定零件的放置，如图 14-39 所示。

（3）插入后盖堵头。在〖装配体〗工具栏中单击〖插入零部件〗按钮，弹出〖插入零部件〗对话框。单击 浏览(B)... 按钮，弹出〖打开〗对话框，选择光盘中的〖Example\Ch14\导航仪装配\后盖堵头〗文件并打开，然后在绘图区内指定零件的放置，如图 14-40 所示。

图 14-39　插入后盖

图 14-40　插入后盖堵头

（4）约束面重合。在〖装配体〗工具栏中单击〖配合〗按钮，弹出〖配合〗对话框，然后根据图 14-41 所示的步骤进行操作。

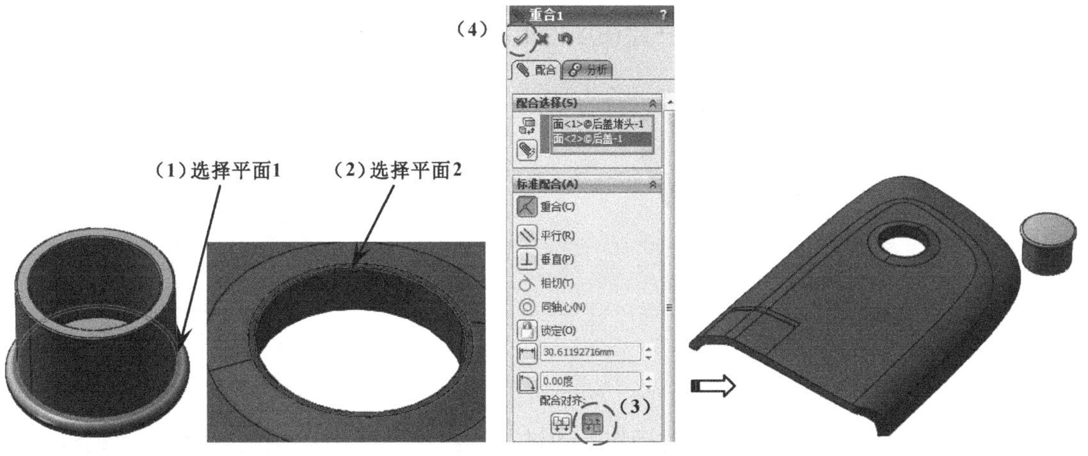

图 14-41　约束面重合

（5）约束同轴心。不关闭〖配合〗对话框，然后根据图 14-42 所示的步骤进行操作，最后单击〖关闭〗按钮。

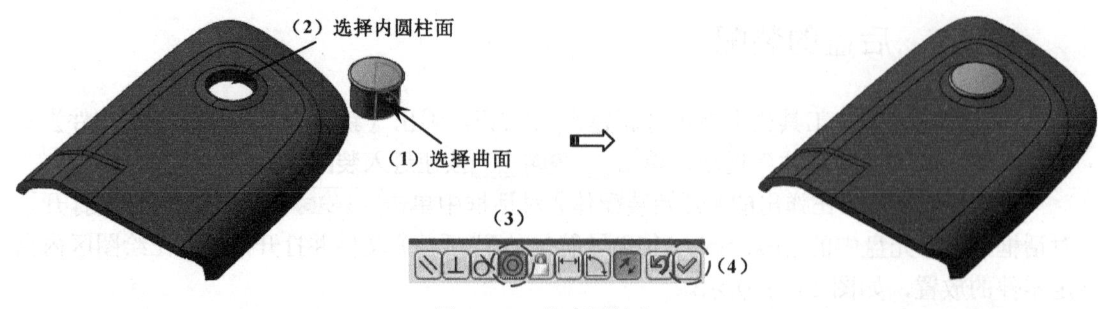

图 14-42　约束同轴心

(6) 保存后盖的装配。在〖标准〗工具栏中单击〖保存〗按钮，弹出〖保存修改的文档〗对话框，单击保存所有(S)按钮；弹出〖另存为〗对话框，然后输入文件名为“后盖组件”，最后单击保存(S)按钮。

(7) 关闭文件。在菜单栏中选择〖文件〗/〖关闭〗命令，关闭当前的装配窗口。

14.7.3　侧盖的装配

(1) 在〖标准〗工具栏中单击〖新建〗按钮，弹出〖新建 SOLIDWORKS 文件〗对话框，然后选择“装配体”选项，单击确定按钮进入装配体界面。

(2) 插入侧盖板。在弹出的〖开始装配体〗对话框中单击浏览(B)...按钮，弹出〖打开〗对话框，选择光盘中的〖Example\Ch14\导航仪装配\侧盖板〗文件并打开，然后在绘图区内指定零件的放置，如图 14-43 所示。

(3) 插入插槽。在〖装配体〗工具栏中单击〖插入零部件〗按钮，弹出〖插入零部件〗对话框。单击浏览(B)...按钮，弹出〖打开〗对话框，选择光盘中的〖Example\Ch14\导航仪装配\插槽〗文件并打开，然后在绘图区内指定零件的放置，如图 14-44 所示。

图 14-43　插入侧盖板

图 14-44　插入插槽

(4) 约束面重合。参考前面的操作，通过 3 次约束面重合使插槽放置到侧盖板对应的方形孔内，如图 14-45 所示。

(5) 插入侧盖堵头。在〖装配体〗工具栏中单击〖插入零部件〗按钮，弹出〖插入零部件〗对话框。单击浏览(B)...按钮，弹出〖打开〗对话框，选择光盘中的〖Example\Ch14\导航仪装配\侧盖堵头〗文件并打开，然后在绘图区内指定零件的放置，如图 14-46 所示。

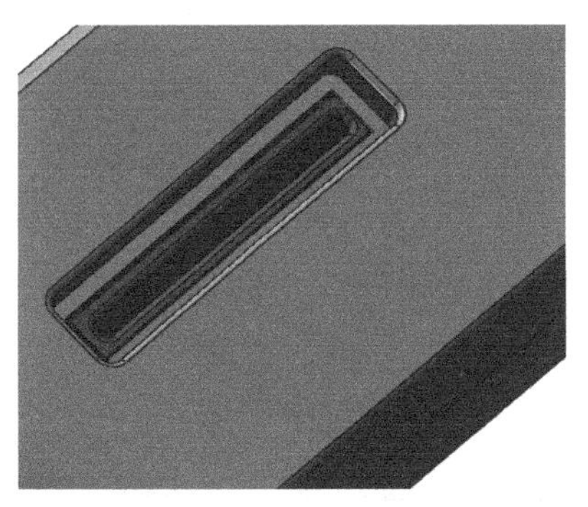
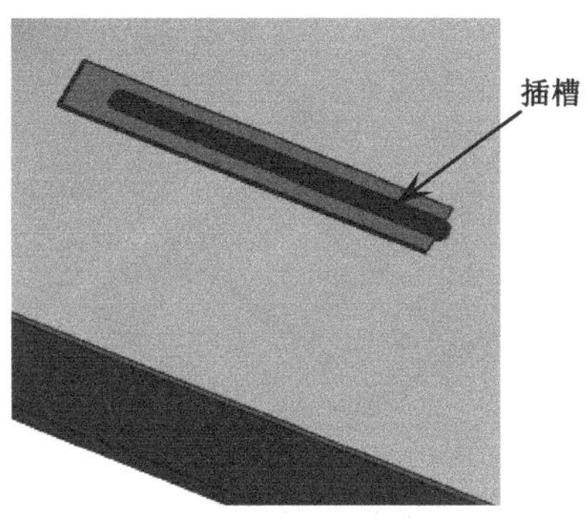

图 14-45　约束面重合

（6）约束侧盖堵头。参考前面的操作，约束侧盖堵头到侧盖对应的孔内，如图 14-47 所示。

图 14-46　插入侧盖堵头

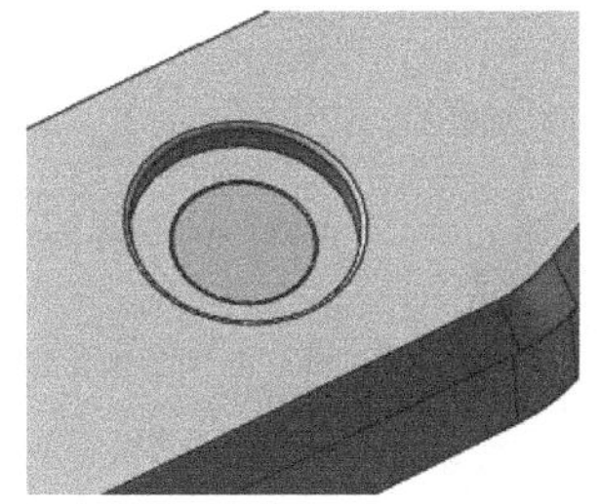
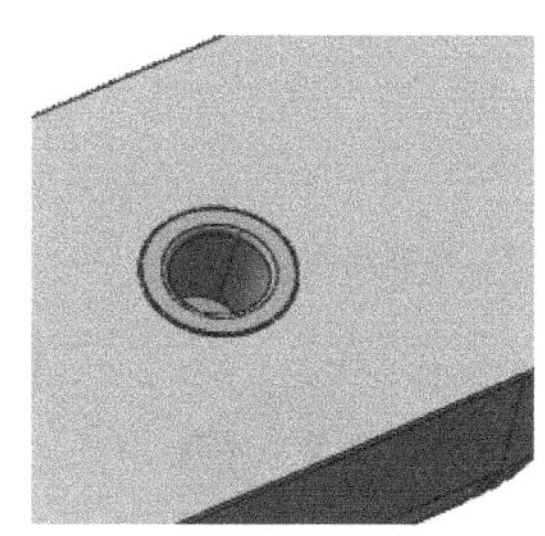

图 14-47　约束侧盖堵头

（7）保存侧盖板的装配。在〖标准〗工具栏中单击〖保存〗按钮，弹出〖保存修改的文档〗对话框，单击 保存所有(S) 按钮；弹出〖另存为〗对话框，然后输入文件名为“侧盖板组件”，单击 保存(S) 按钮。

（8）关闭文件。在菜单栏中选择〖文件〗/〖关闭〗命令，关闭当前的装配窗口。

14.7.4　整体的装配

（1）在〖标准〗工具栏中单击〖新建〗按钮，弹出〖新建 SOLIDWORKS 文件〗对话框，然后选择“装配体”选项，单击 确定 按钮进入装配体界面。

（2）插入座板。在弹出的〖开始装配体〗对话框中单击 浏览(B)... 按钮，弹出〖打开〗对话框，选择光盘中的〖Example\Ch14\导航仪装配\座板〗文件并打开，然后在绘图区内指定零件的放置，如图 14-48 所示。

（3）插入角度调节件。在〖装配体〗工具栏中单击〖插入零部件〗按钮，弹出〖插入零部件〗对话框。单击 浏览(B)... 按钮，弹出〖打开〗对话框，选择光盘中的〖Example\Ch14\导航仪装配\角度调节件〗文件并打开，然后在绘图区内指定零件的放置，如图 14-49 所示。

图 14-48　插入座板

图 14-49　插入角度调节件

（4）约束同轴心。在〖装配体〗工具栏中单击〖配合〗按钮，弹出〖配合〗对话框，然后根据图 14-50 所示的步骤进行操作，最后单击〖关闭〗按钮。

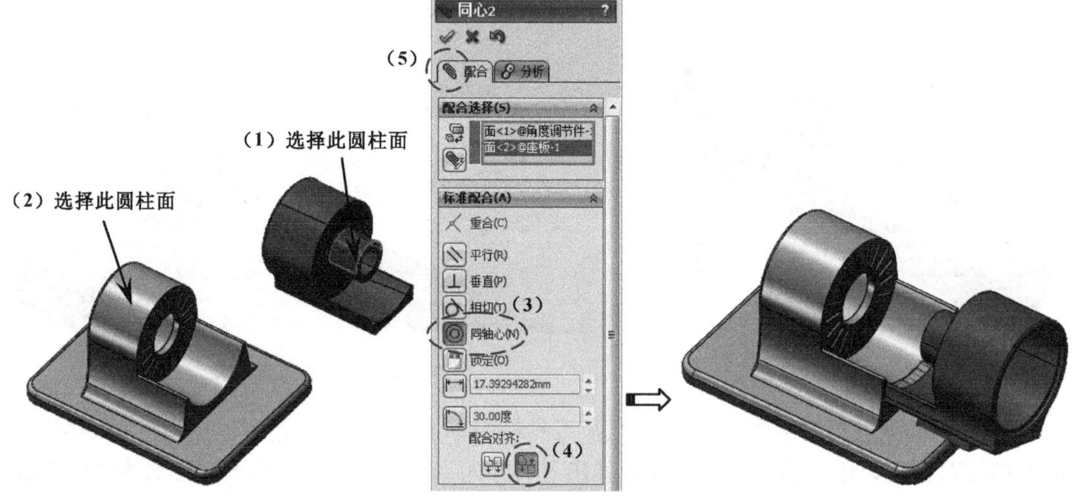

图 14-50　约束同轴心

（5）约束面重合。参考前面的操作，约束如图 14-51 所示的两个面重合。

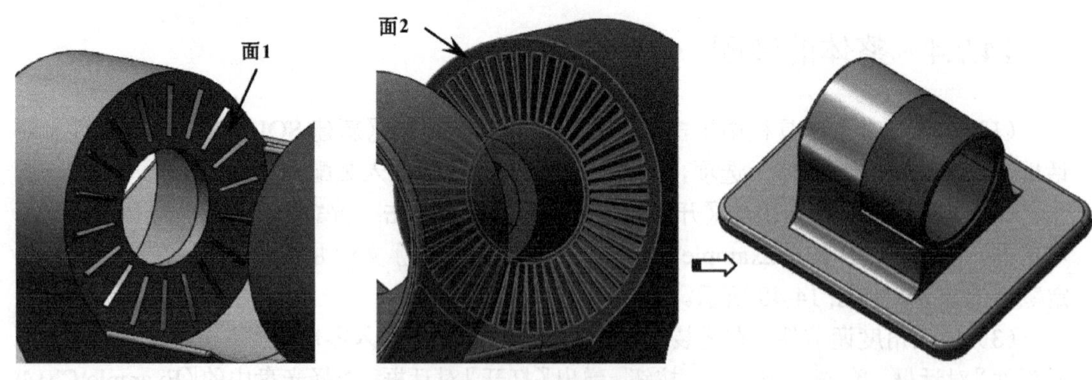

图 14-51　约束面重合

（6）约束角度。不关闭〖配合〗对话框，然后根据图 14-52 所示的步骤进行操作。

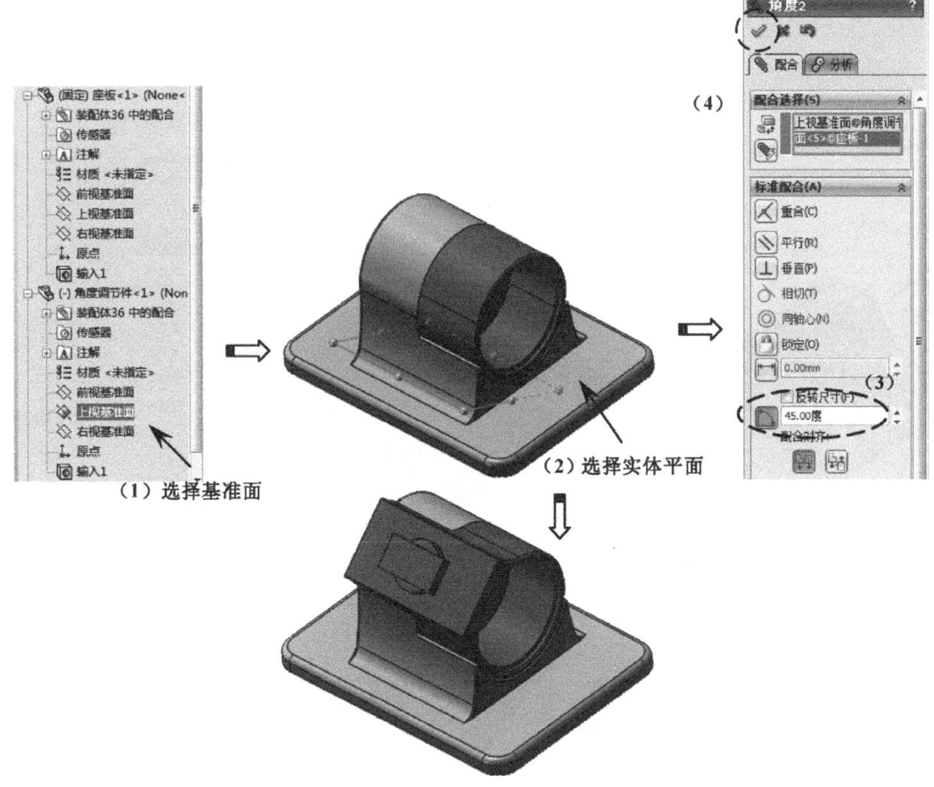

图 14-52　约束角度

（7）插入后盖组件。在弹出的〖开始装配体〗对话框中单击 浏览(B)... 按钮，弹出〖打开〗对话框，选择光盘中的〖Example\Ch14\导航仪装配\后盖组件〗文件并打开，然后在绘图区内指定零件的放置，如图 14-53 所示。

图 14-53　插入后盖组件

要点提示

必须在〖打开〗对话框中设置文件类型为 装配体 (*.asm;*.sldasm)，才能选择已装配的文件打开。

（8）约束面重合。参考前面的操作，约束如图 14-54 所示的两个面重合。

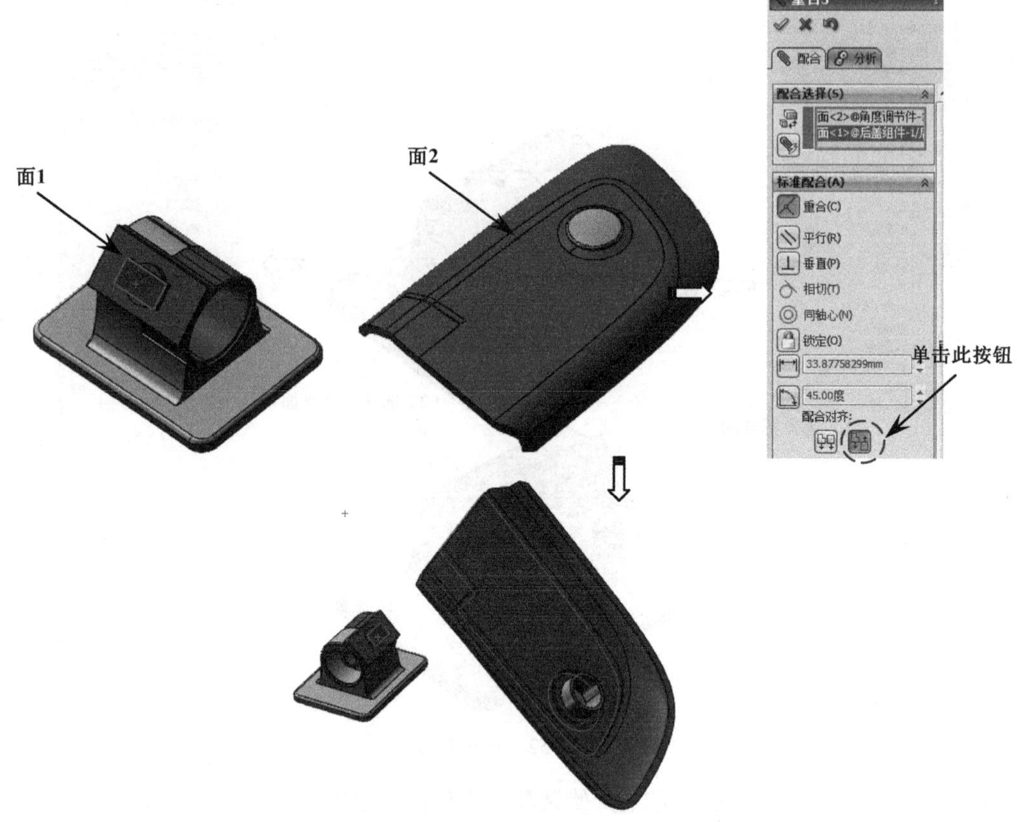

图 14-54　约束面重合

（9）约束距离。在〖装配体〗工具栏中单击〖配合〗按钮，弹出〖配合〗对话框，然后根据图 14-55 所示的步骤进行操作。

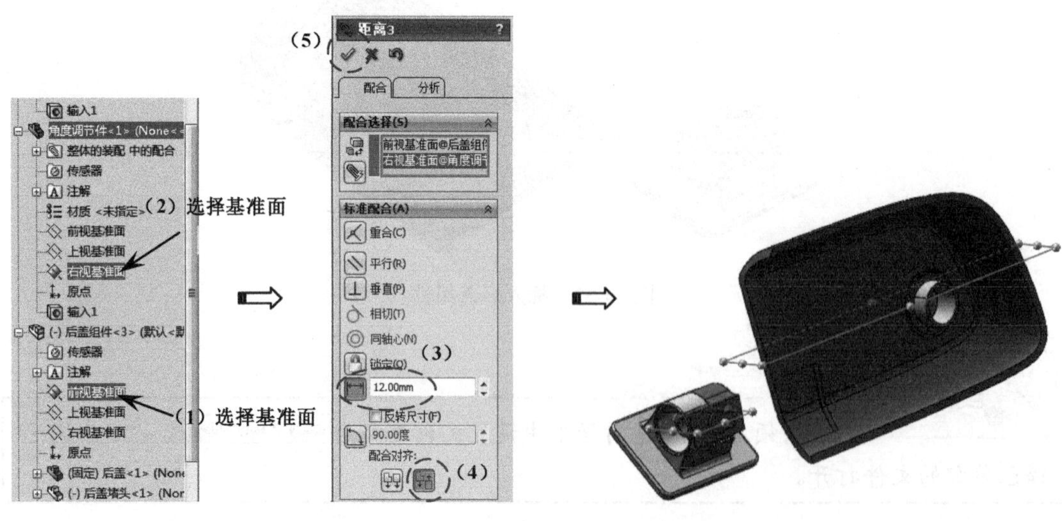

图 14-55　约束距离

（10）约束距离。不关闭〖配合〗对话框，然后根据图 14-56 所示的步骤进行操作。

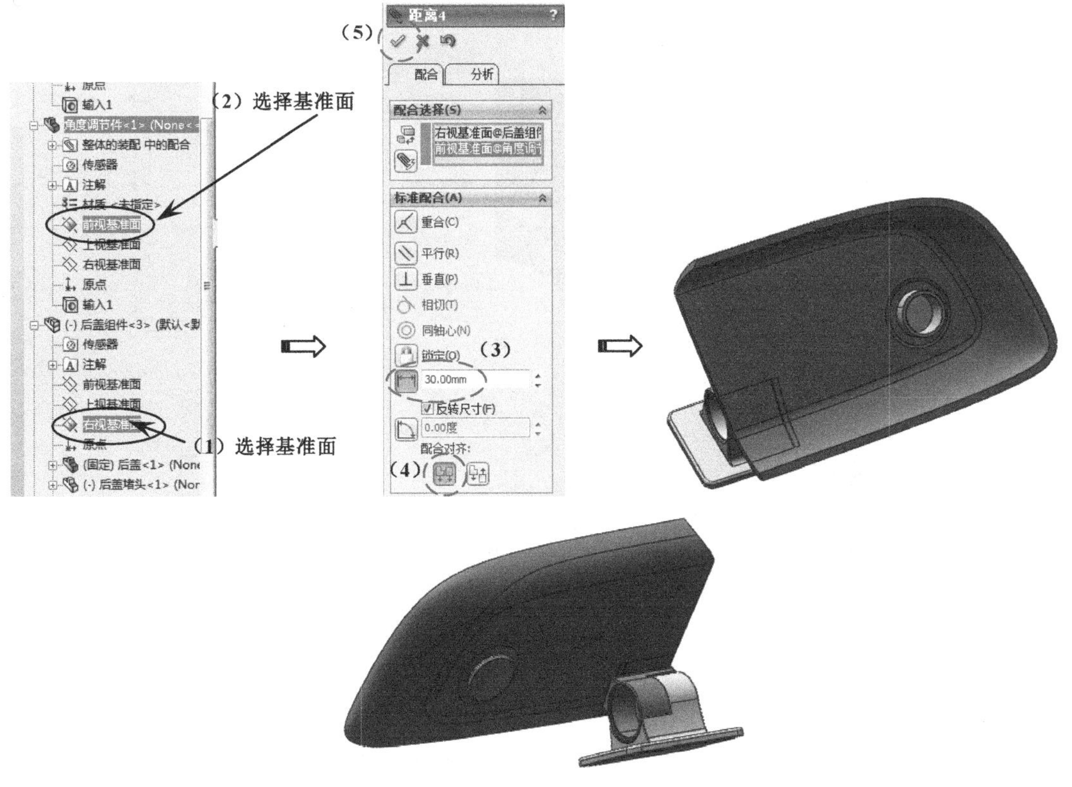

图 14-56　约束距离

（11）插入堵盖。在弹出的〖开始装配体〗对话框中单击 浏览(B)... 按钮，弹出〖打开〗对话框，选择光盘中的〖Example\Ch14\导航仪装配\堵盖〗文件并打开，然后在绘图区内指定零件的放置，如图 14-57 所示。

（12）约束堵盖。参考前面的操作，约束堵盖到座板对应的孔内，如图 14-58 所示。

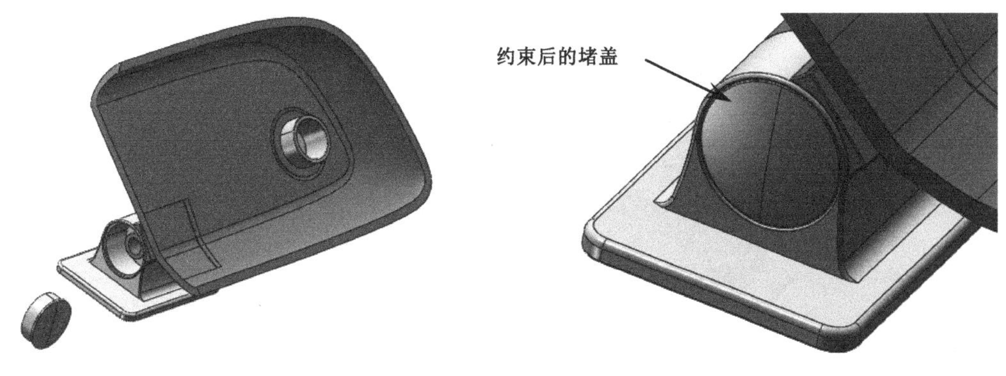

图 14-57　插入堵盖　　　　图 14-58　约束堵盖

（13）镜向零部件。在〖装配体〗工具栏中单击镜向零部件按钮，弹出〖镜向零部件〗对话框，然后根据图 14-59 所示的步骤进行操作。

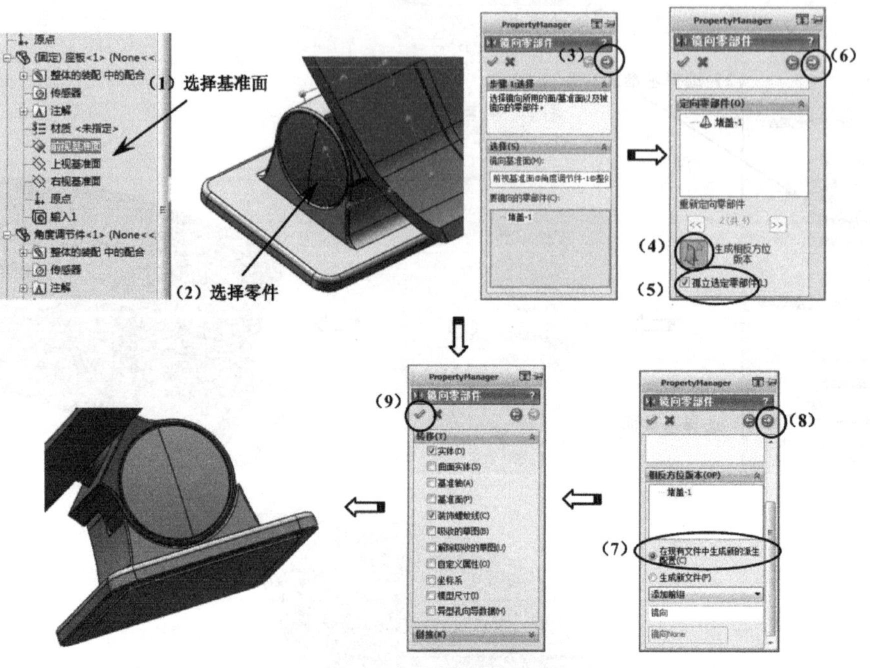

图 14-59　镜向零部件

（14）插入面板组件。在弹出的〖开始装配体〗对话框中单击浏览(B)...按钮，弹出〖打开〗对话框，选择光盘中的〖Example\Ch14\导航仪装配\面板组件〗文件并打开，然后在绘图区内指定零件的放置，如图 14-60 所示。

图 14-60　插入面板组件

（15）约束面重合。参考前面的操作，约束如图 14-61 所示的两个面重合。

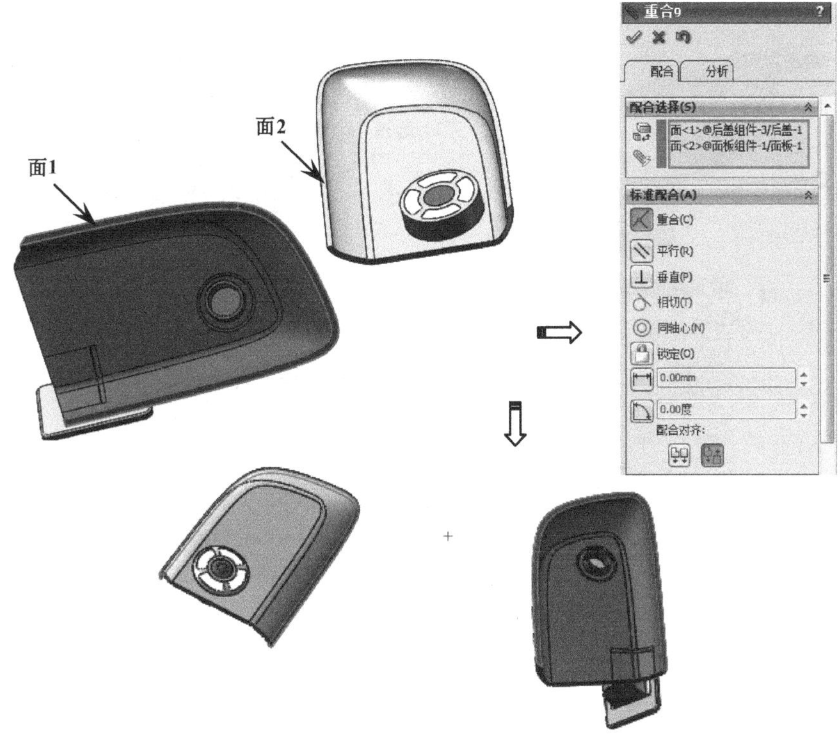

图 14-61 约束面重合

（16）约束平行。在〖装配体〗工具栏中单击〖配合〗按钮，弹出〖配合〗对话框，然后根据图 14-62 所示的步骤进行操作。

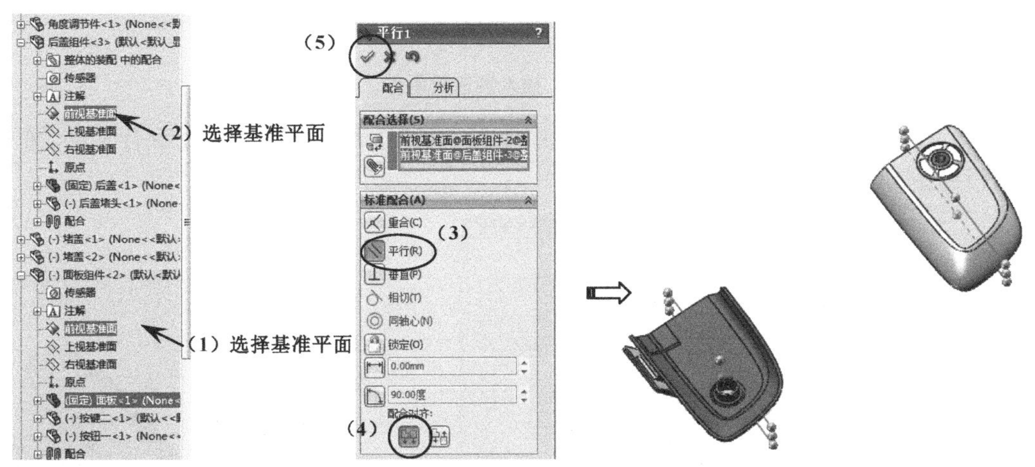

图 14-62 约束平行

（17）约束两点重合。不关闭〖配合〗对话框，然后根据图 14-63 所示的步骤进行操作。

（18）插入侧盖板组件。在弹出的〖开始装配体〗对话框中单击 浏览(B)... 按钮，弹出〖打开〗对话框，选择光盘中的〖Example\Ch14\导航仪装配\侧盖板组件〗文件并打开，然后在绘图区内指定零件的放置，如图 14-64 所示。

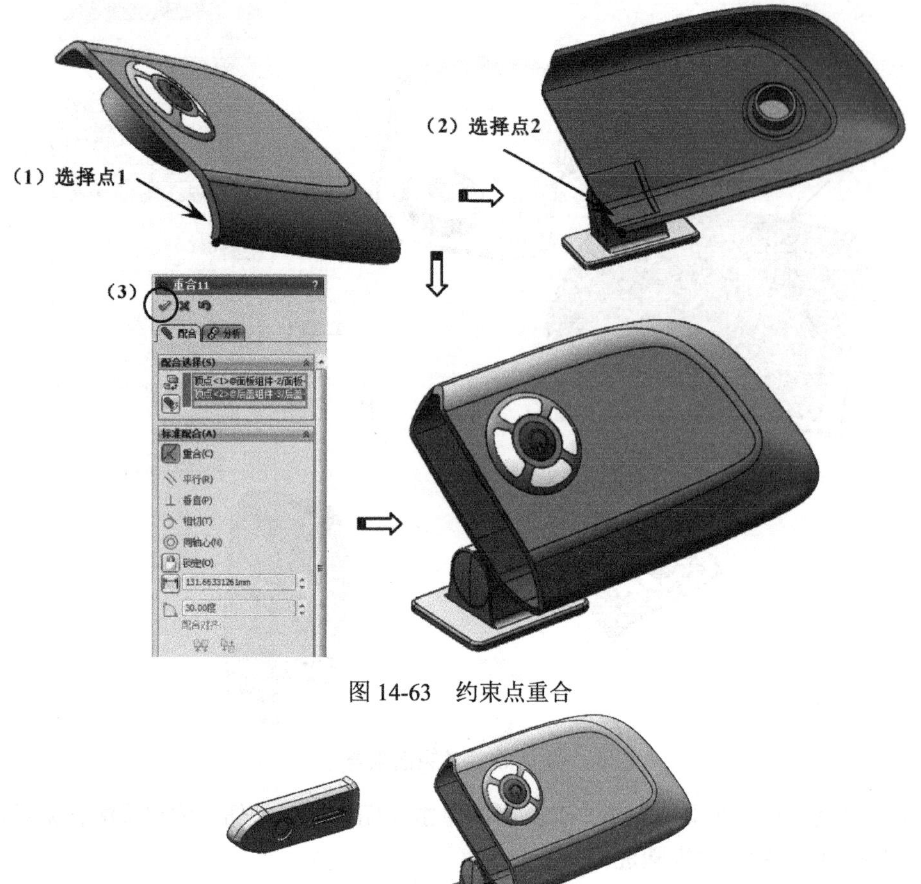

图 14-63　约束点重合

图 14-64　插入侧盖板组件

（19）约束平行。在〖装配体〗工具栏中单击〖配合〗按钮，弹出〖配合〗对话框，然后根据图 14-65 所示的步骤进行操作。

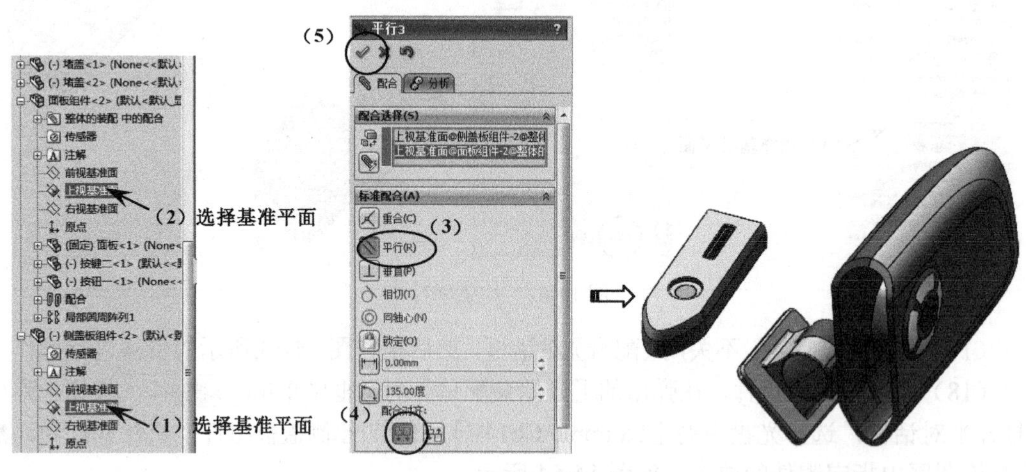

图 14-65　约束平行

（20）约束垂直。在〖装配体〗工具栏中单击〖配合〗按钮，弹出〖配合〗对话框，然后根据图 14-66 所示的步骤进行操作。

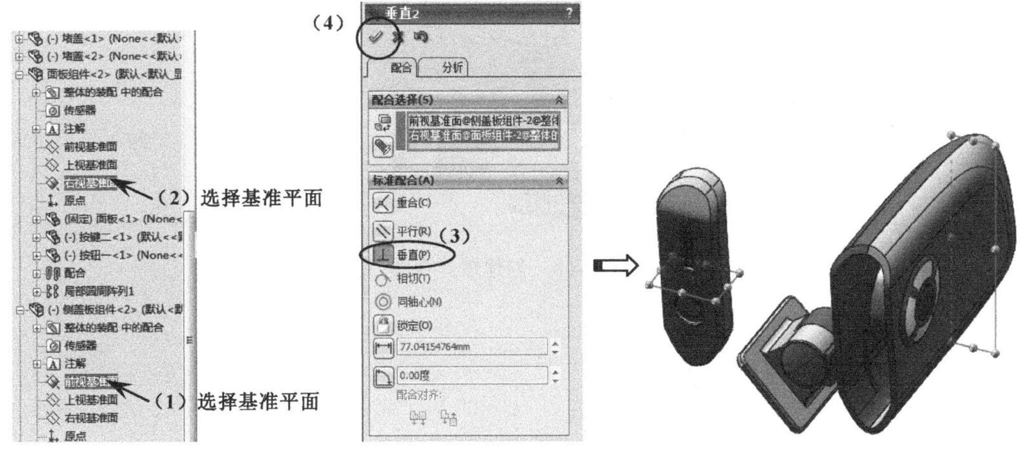

图 14-66 约束垂直

（21）约束点重合。不关闭〖配合〗对话框，然后根据图 14-67 所示的步骤进行操作。

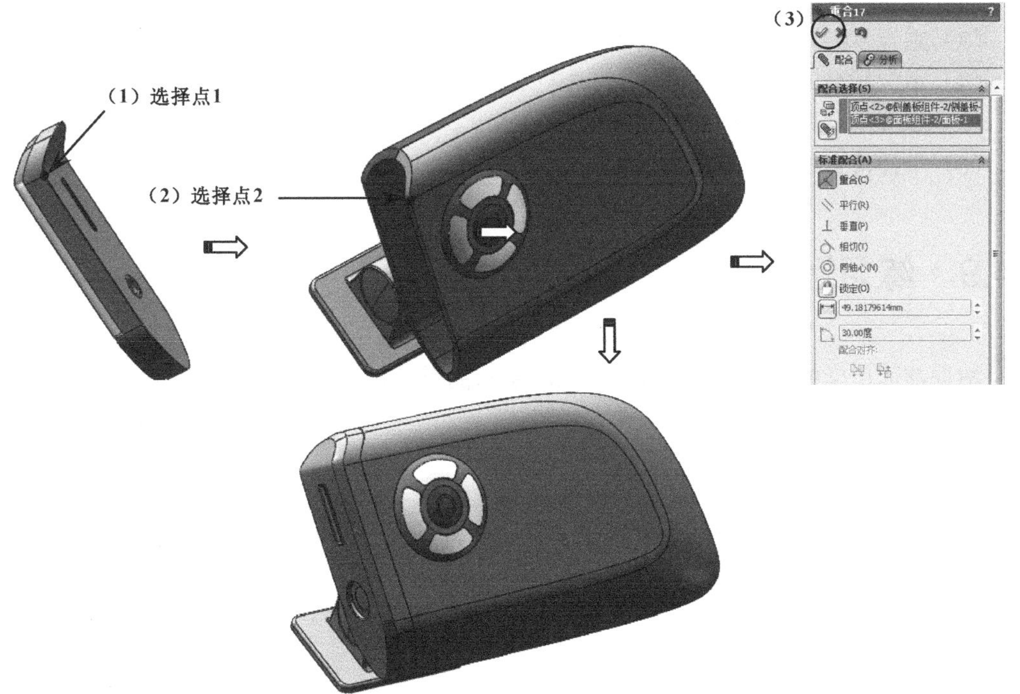

图 14-67 约束点重合

（22）保存整体的装配。在〖标准〗工具栏中单击〖保存〗按钮，弹出〖另存为〗对话框，然后输入文件名为“整体的装配”，单击保存(S)按钮。

（23）创建爆炸视图。在〖装配体〗工具栏中单击〖爆炸视图〗按钮，弹出〖爆炸〗对话框，然后创建如图 14-68 所示的爆炸视图。

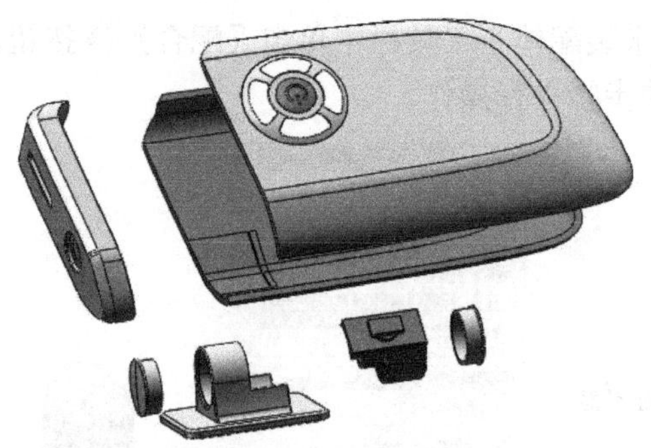

图 14-68　创建爆炸视图

14.8　本章学习收获

通过本章的学习，读者必须掌握以下内容。

（1）了解实际生产中装配的意义。

（2）掌握一定的装配工艺知识。

（3）重点掌握新零件（自上而下）的装配方法。

（4）掌握配合的几种常用方法。

（5）掌握产品爆炸视图的创建方法。

（6）掌握检查装配干涉的方法。

14.9　练习题

根据前面所学的知识，绘制如图 14-69 所示的零件，然后进行装配设计。

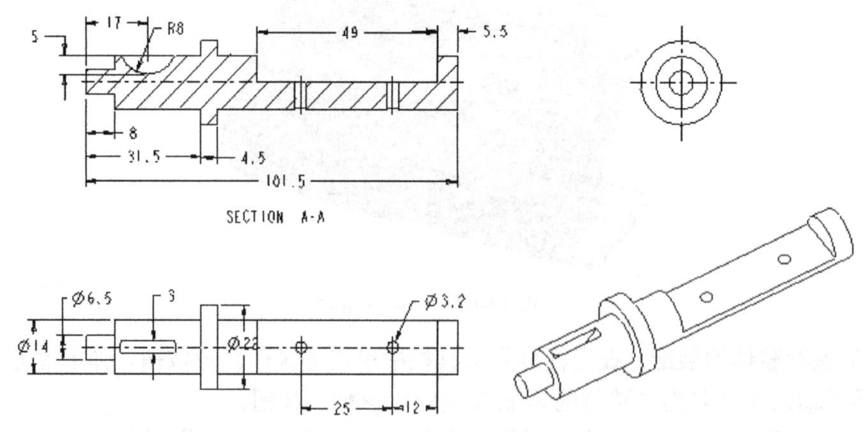

图 14-69　装配零件

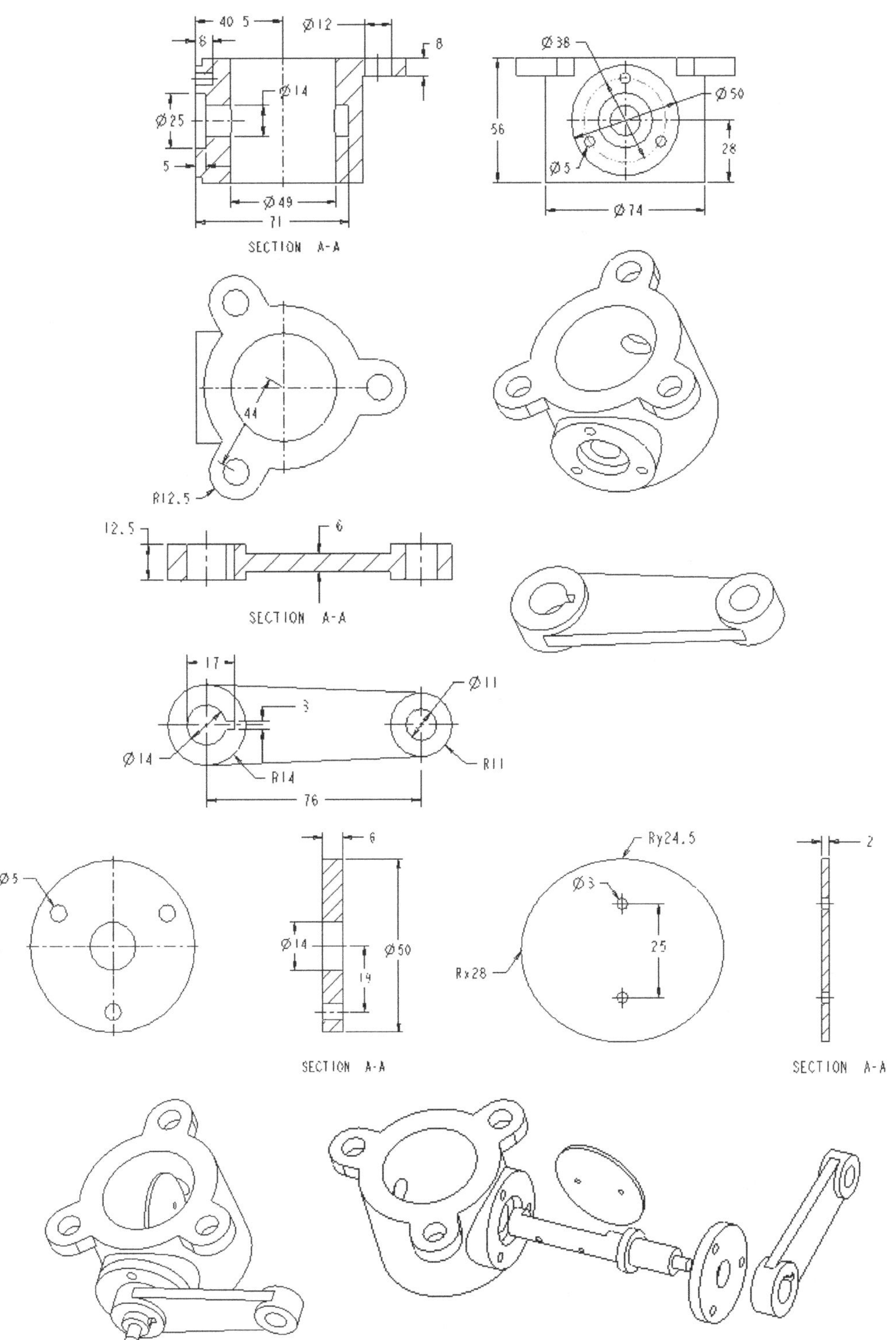
40 5
Ø12
6
8
Ø14
Ø25
5
Ø49
71
SECTION A-A
Ø38
Ø50
56
28
Ø5
Ø74
44
R12.5
12.5
6
SECTION A-A
17
Ø11
3
Ø14
R14
R11
76
Ø5
6
Ø14
Ø50
19
SECTION A-A
Ry24.5
Ø3
25
Rx28
2
SECTION A-A

图 14-69 装配零件（续）

第15章 钣金设计基本功特训

本章主要介绍钣金设计的一些工艺知识、钣金零件设计常用的基本命令。通过本章的学习，读者可以快速掌握钣金设计的基本流程和相关的软件操作知识。

15.1 学习目标与课时安排

学习目标及学习内容

（1）掌握一定的钣金材料知识。
（2）掌握钣金设计常用的命令。
（3）重点掌握边线法兰、斜接法兰、褶边，以及绘制的折弯、展开和成形工具的应用。

学习课时安排（共3课时）

（1）本章知识点讲解（2课时）。
（2）实例详细操作（1课时）。

15.2 钣金工艺知识

1．钣金材料的选择

钣金材料是通信产品结构设计中最常用的材料，了解材料的综合性能和正确的选材，对产品成本、产品性能、产品质量、加工工艺性能都有重要的影响。

（1）在同一产品中，尽可能减少材料的品种和板材厚度规格。

（2）在保证零件功能的前提下，尽量选用廉价的材料品种，并降低材料的消耗，降低材料成本。

（3）除保证零件功能的前提外，还必须考虑材料的冲压性能应满足加工工艺要求，以保证制品加工的合理性和质量。

（4）选用常见的金属材料，减少材料规格品种，尽可能控制在公司材料手册范围内。

2．钣金常用的材料

1）冷轧薄钢板

冷轧薄钢板是碳素结构钢冷轧板的简称，它是由碳素结构钢热轧钢带，经过进一步冷轧制成厚度小于 4 mm 的钢板。由于在常温下轧制，不产生氧化铁皮，因此，冷板表面质量好，尺寸精度高，再加之退火处理，其机械性能和工艺性能都优于热轧薄钢板。常用的牌号为低碳钢 08 F 和 10#钢，具有良好的落料、折弯性能。

2）连续电镀锌冷轧薄钢板

连续电镀锌冷轧薄钢板即电解板，指在电场作用下，锌从锌盐的水溶液中连续沉积到预先准备好的钢带表面上得到表面镀锌层的过程，因为工艺所限，镀层较薄。

3）连续热镀锌薄钢板

连续热镀锌薄钢板简称镀锌板或白铁皮，是厚度 0.25～2.5 mm 的冷轧连续热镀锌薄钢板和钢带，钢带先通过火焰加热的预热炉，烧掉表面残油，同时在表面生成氧化铁膜，再进入含有 H_2、N_2 混合气体的还原退火炉加热到 710℃～920℃，使氧化铁膜还原成海绵铁，表面活化和净化了的钢带冷却到稍高于熔锌的温度后，进入 450℃～460℃的锌锅，利用气刀控制锌层表面厚度，最后经铬酸盐溶液钝化处理，以提高耐腐蚀性。与电镀锌板表面相比，其镀层较厚，主要用于要求耐腐蚀性较强的钣金件。

4）覆铝锌板

覆铝锌板的铝锌合金镀层是由 55%的铝、43.4%的锌与 1.6%的硅在 600℃高温下固化而成，形成致密的四元结晶体保护层，具有优良的耐腐蚀性，正常使用寿命可达 25 年，比镀锌板长 3～6 倍，与不锈钢板相当。覆铝锌板的耐腐蚀性来自铝的障碍层保护功能和锌的牺牲性保护功能。当锌在切边、刮痕及镀层擦伤部分作牺牲保护时，铝便形成不能溶解的氧化物层，发挥屏障保护功能。

5）不锈钢板

不锈钢板具有较强的耐腐蚀能力、良好的导电性能、强度较高等优点，使用非常广泛，但也要充分考虑它的缺点，其材料价格很贵，是普通镀锌板的 4 倍；材料强度较高，对数控冲床的刀具磨损较大，一般不适合在数控冲床上加工；不锈钢板的压铆螺母要采用高强度的特种不锈钢材料的压铆螺母，价格很贵；压铆螺母铆接不牢固经常需要点焊；表面喷涂的附着力不高、质量不易控制；材料回弹较大和冲压不易保证形状和尺寸精度。

6）铝

通常使用的铝和铝合金板主要有 3 种材料：防锈铝 3A21、防锈铝 5A02 和硬铝 2A06。

防锈铝 3A21 即为老牌号 LF21，系 Al-Mn 合金，是应用最广的一种防锈铝。这种合金的强度不高（仅高于工业纯铝），不能热处理强化。故常用冷加工方法来提高它的力学性能，在退火状态下有较高的塑性，在半冷作硬化时塑性尚好，冷作硬化时塑性低，耐蚀性好，焊接性良好。

防锈铝 5A02 即为老牌号 LF2 系 Al-Mg 防锈铝，与 3A21 相比，5A02 强度较高，特别

是具有较高的疲劳强度、塑性与耐蚀性高。热处理不能强化，用接触焊和氢原子焊焊接性良好，氩弧焊时有形成结晶裂纹的倾向，合金在冷作硬化时有形成结晶裂纹的倾向。合金在冷作硬化和半冷作硬化状态下可切削性较好，退火状态下可切削性不良，可抛光。

硬铝 2A06 为老牌号的 LY6，是常用的硬铝牌号。硬铝和超硬铝比一般的铝合金具有更高的强度和硬度，可以作为一些面板类的材料，但是塑性较差，不能进行折弯，折弯会造成外圆角部位有裂缝或开裂。

3. 钣金加工常用的方法

钣金加工常用的方法有落料、冲孔、裁剪、翻边、折弯、缩口、拉伸和褶边等。

4. 钣金术语

在钣金设计中经常会涉及一些术语，如折弯系数、K-因子和折弯扣除等，下面简单介绍这些术语的含意。

（1）折弯系数

在折弯变形过程中，折弯圆角内侧材料被压缩、外侧材料被拉伸，为了能准确地计算出开料长度，需指定一个明确的折弯系数。

（2）K-因子

K-因子表示中立板相对于钣金零件厚度的位置比率，可用以下公式进行计算：

$$\mathrm{BA}=3.14\times(R+\mathrm{K}T)A/180$$

式中，BA 为折弯系数，R 为内侧折弯半径，K 为 K-因子，T 为材料厚度，A 为折弯角度。

（3）折弯扣除

折弯扣除是折弯系数与双倍外部逆转之间的差别，在生成折弯时，可以通过输入数值来指定一个明确的折弯扣除，可用以下公式进行计算：

$$L_t=A+B-\mathrm{BD}$$

式中，L_t 为总的展开长度，BD 为折弯扣除值，A、B 为折弯后钣金的两段长度值。

15.3 钣金设计常用的基本命令

SOLIDWORKS 2020 提供的钣金设计功能非常强大，主要的基本命令有基体法兰/薄片、转换到钣金、放样折弯、边线法兰、斜接法兰、褶边、转折和成形工具等。在界面中单击〖钣金〗选项，即显示出钣金所有的功能命令，如图 15-1 所示。

图 15-1　钣金功能命令

15.3.1 基体法兰/薄片

基体法兰是钣金零件的第一个特征，通过创建草图并拉伸生成薄片体。

在〖钣金〗工具栏中单击〖基体法兰/薄片〗按钮，弹出〖信息〗对话框和基准平面。选择 3 个基准平面中任意一平面作为草图平面，然后创建封闭的草图，完成后退出草图环境。在弹出的〖基体法兰〗对话框中设置钣金厚度，如图 15-2 所示，最后单击〖确定〗按钮。

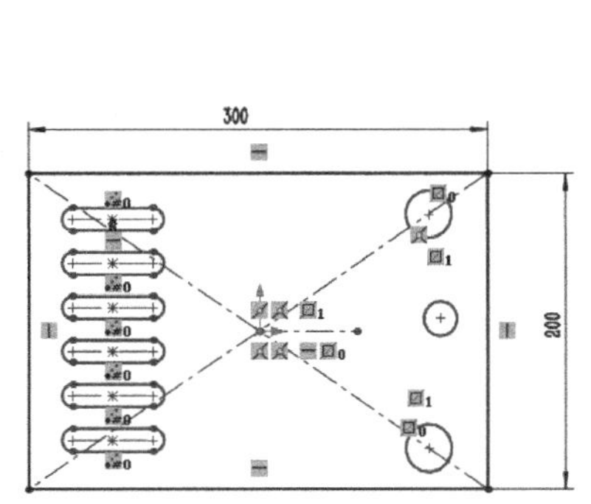

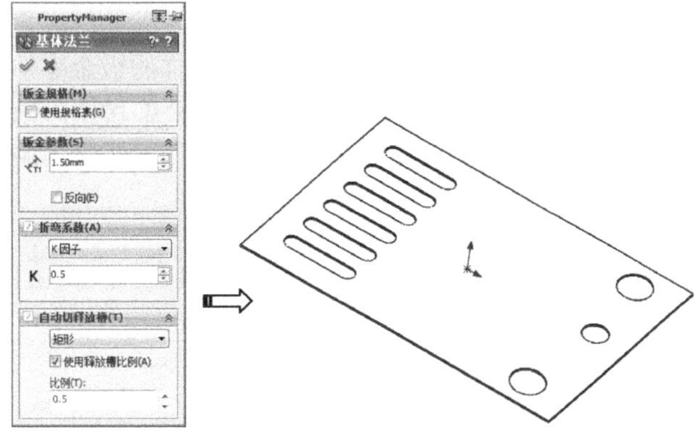

图 15-2　创建基体法兰/薄片

15.3.2 转换到钣金

根据选择已存在的零件曲面生成钣金零件。

在〖钣金〗工具栏中单击〖转换到钣金〗按钮，弹出〖转换到钣金〗对话框，选择零件上的曲面，然后设置钣金厚度，如图 15-3 所示，最后单击〖确定〗按钮。

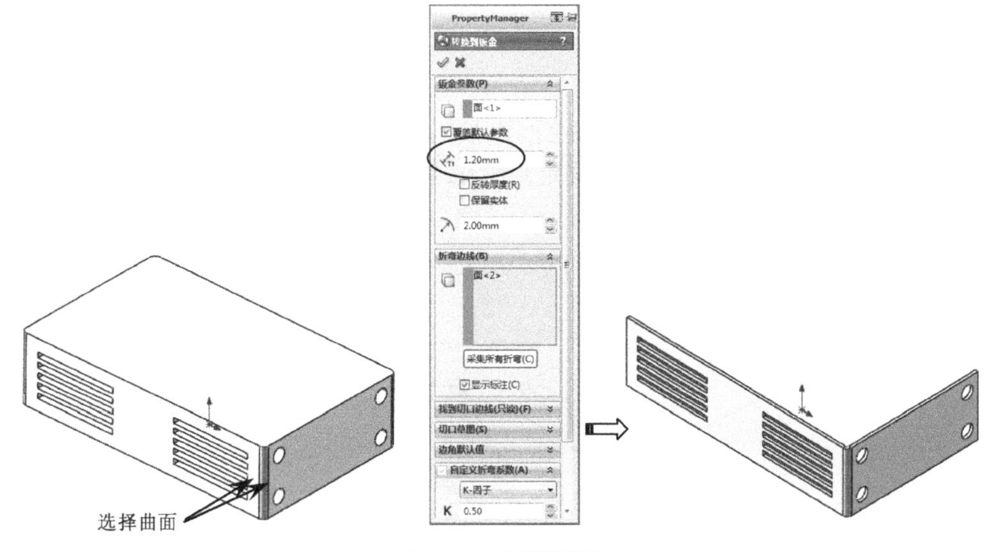

图 15-3　转换到钣金

要点提示

〖转换到钣金〗命令主要根据选择的零件（非钣金件）曲面来直接创建钣金件，能快速地提高钣金设计的速度，并保证了零件与钣金之间的设计准确性。

15.3.3 放样折弯

通过选择两个开放轮廓的草图创建放样的钣金零件，多用于一些特殊形状的钣金件设计。

在〖钣金〗工具栏中单击〖放样折弯〗按钮，弹出〖放样折弯〗对话框，依次选择不同高度的两个草图轮廓，然后设置钣金厚度，如图 15-4 所示，最后单击〖确定〗✔按钮。

图 15-4　放样折弯

15.3.4 边线法兰

通过选择边线创建折弯的法兰。

在〖钣金〗工具栏中单击〖边线法兰〗按钮，弹出〖边线法兰〗对话框，然后根据图 15-5 所示的步骤进行操作，单击〖确定〗✔按钮。

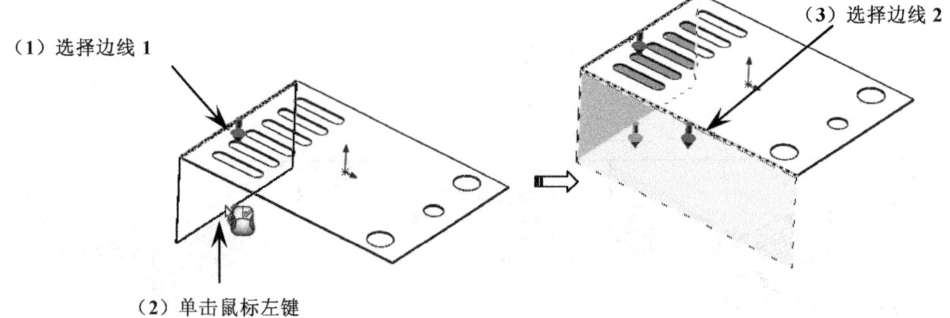

图 15-5　边线法兰

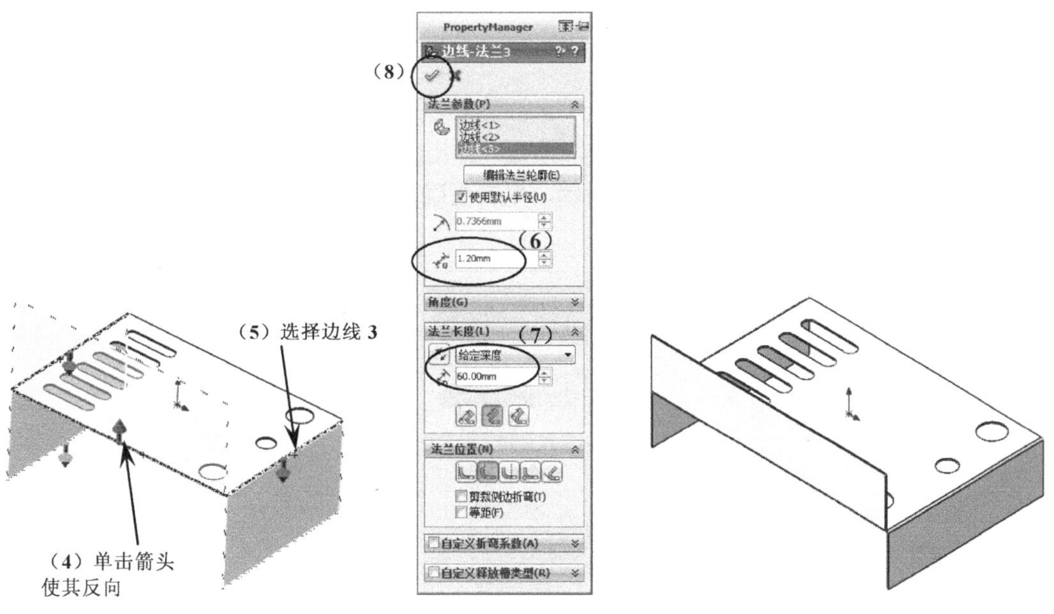

图 15-5 边线法兰（续）

15.3.5 斜接法兰

通过创建与钣金外轮廓连接的草图而产生倾斜连接的法兰。

在〖钣金〗工具栏中单击〖斜接法兰〗按钮，弹出〖斜接法兰〗对话框，然后根据图 15-6 所示的步骤进行操作，单击〖确定〗按钮。

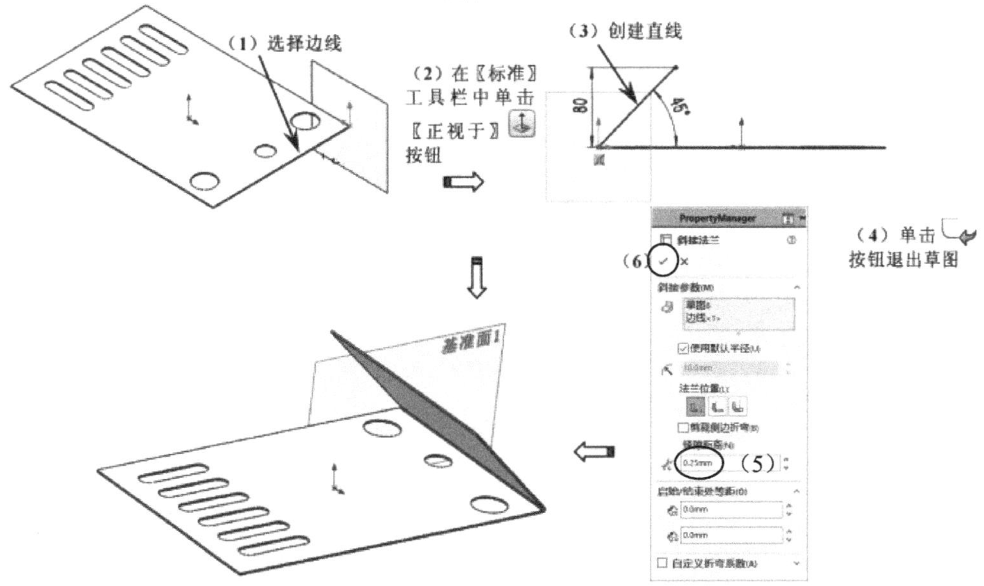

图 15-6 斜接法兰

15.3.6 褶边

通过选择钣金的边线产生卷边。

在〖钣金〗工具栏中单击〖褶边〗按钮，弹出〖褶边〗对话框，选择钣金零件上的边线，然后设置褶边参数，如图 15-7 所示，单击〖确定〗按钮。

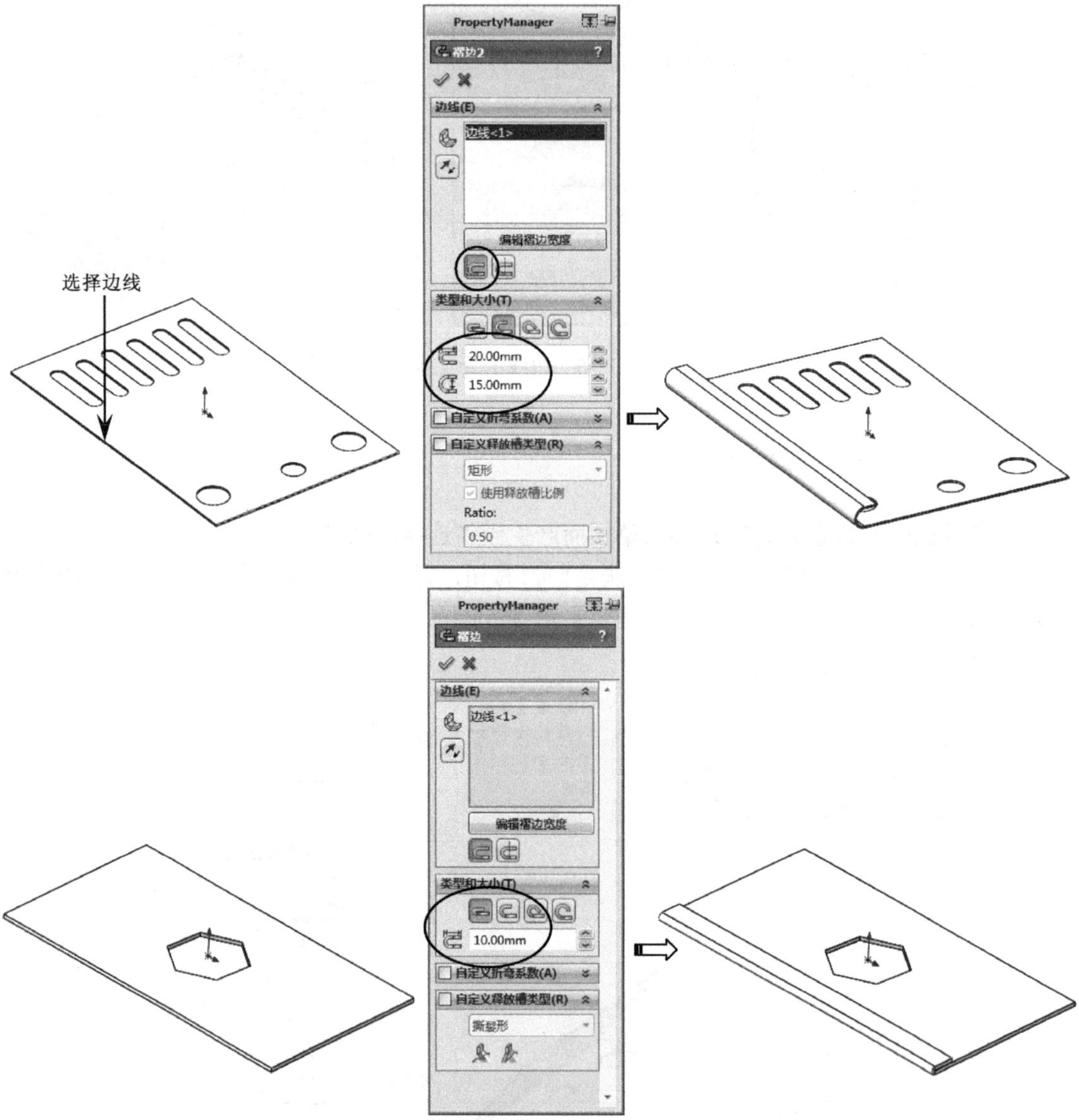

图 15-7 褶边

15.3.7 转折

通过创建转折线确定折弯的位置，并设置转折高度来实现钣金折弯。

在〖钣金〗工具栏中单击〖转折〗按钮，弹出〖转折〗对话框，然后根据图 15-8 所示的步骤进行操作，单击〖确定〗✔按钮。

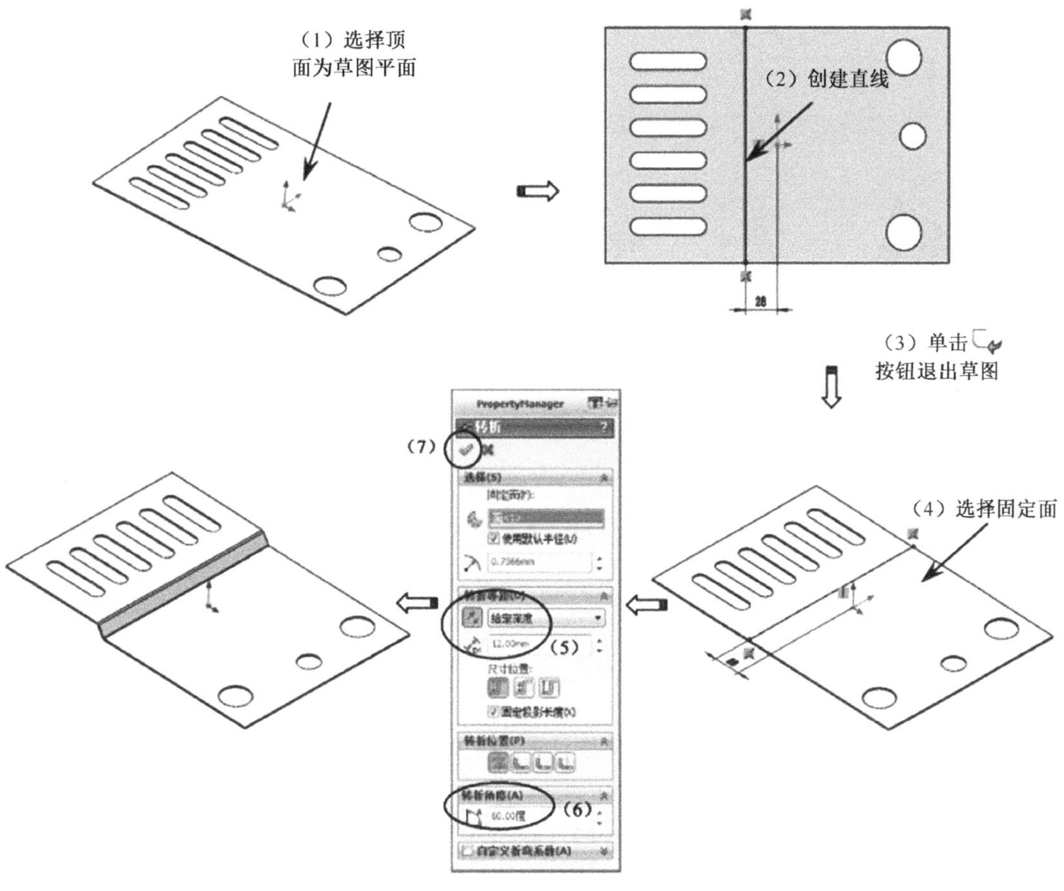

图 15-8 转折

15.3.8 绘制的折弯

根据创建的折边线直接对钣金零件进行折弯，其实际长度并没有发生变化。

在〖钣金〗工具栏中单击〖绘制的折弯〗按钮，弹出〖绘制的折弯〗对话框，然后根据图 15-9 所示的步骤进行操作，单击〖确定〗✔按钮。

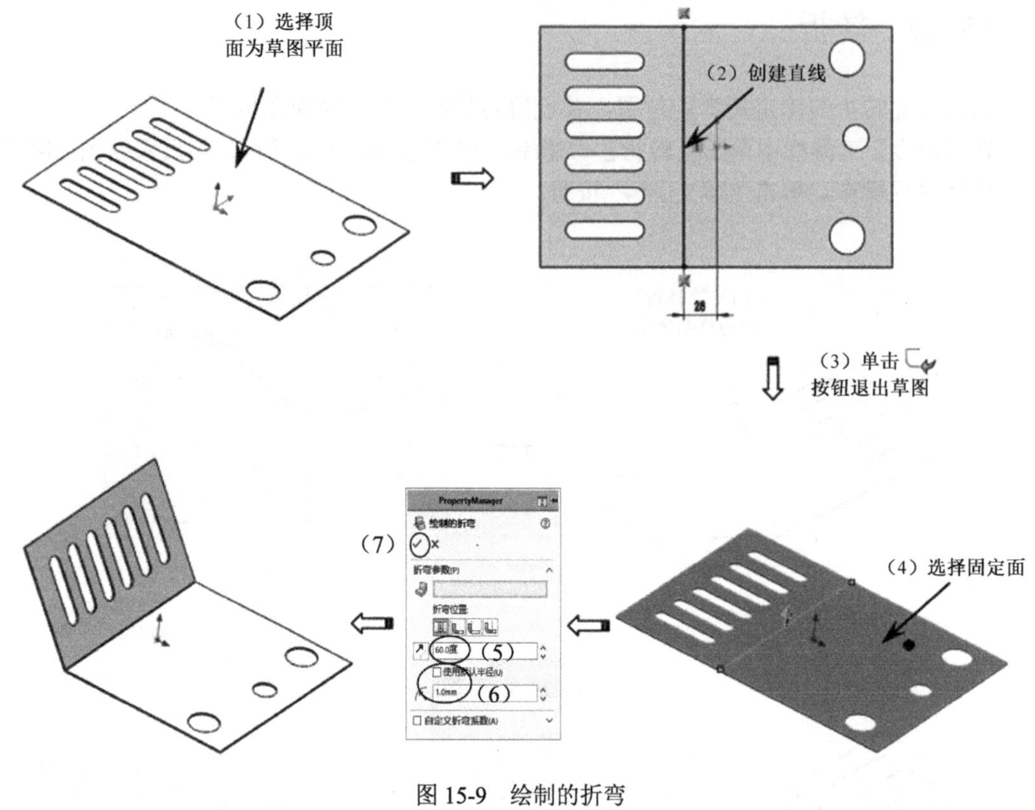

图 15-9　绘制的折弯

15.3.9　断裂边角/剪裁边角

剪裁钣金零件的边角，类似于实体设计中的倒角命令。

在〖钣金〗工具栏中单击〖断裂边角/剪裁边角〗按钮，弹出〖断裂边角〗对话框，选择钣金零件上的曲面，然后设置断开的距离，如图 15-10 所示，单击〖确定〗按钮。

图 15-10　断开边角

15.3.10 成形工具

成形工具是 SOLIDWORKS 钣金设计中非常重要的功能之一，通过该功能可以创建钣金零件中的各种凹陷和百叶窗等。SOLIDWORKS 中本身提供了丰富的成形工具，我们可以直接用在产品设计中。但当成形的部位较特殊时，则需要设计特定的成形工具来完成设计。

下面详细介绍〖成形工具〗命令的操作方法。

(1)在界面的左边单击〖设计库〗选项卡，接着在 Design Library 文件夹下选择 forming tools 的子文件夹并单击鼠标右键，然后在弹出的右键菜单中选择〖成形工具文件夹〗命令，弹出〖SOLIDWORKS〗对话框，单击 是(Y) 按钮，如图 15-11 所示。

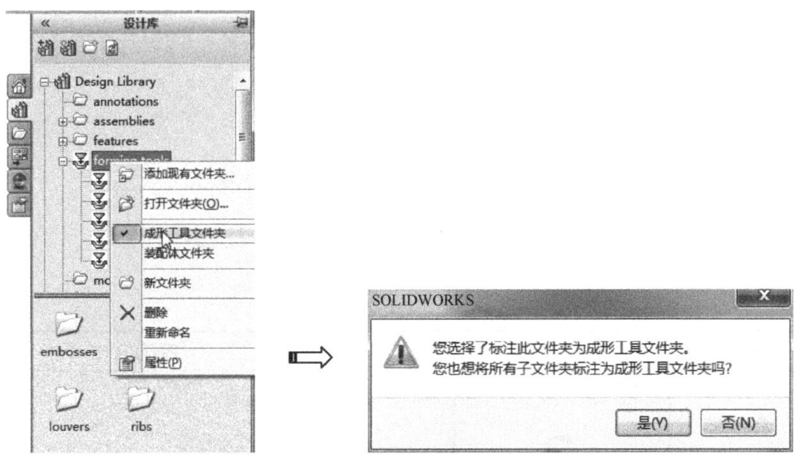

图 15-11 设置工具文件夹

(2) 创建钣金基体，如图 15-12 所示。

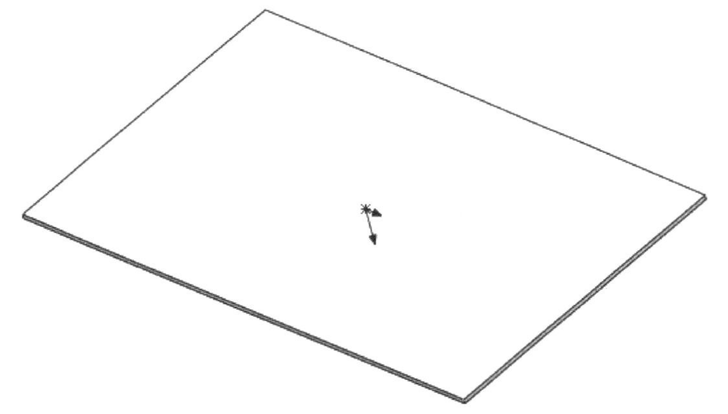

图 15-12 创建钣金基体

(3) 在设计库中拖动"成形工具"文件到钣金零件的表面上，如图 15-13 所示。

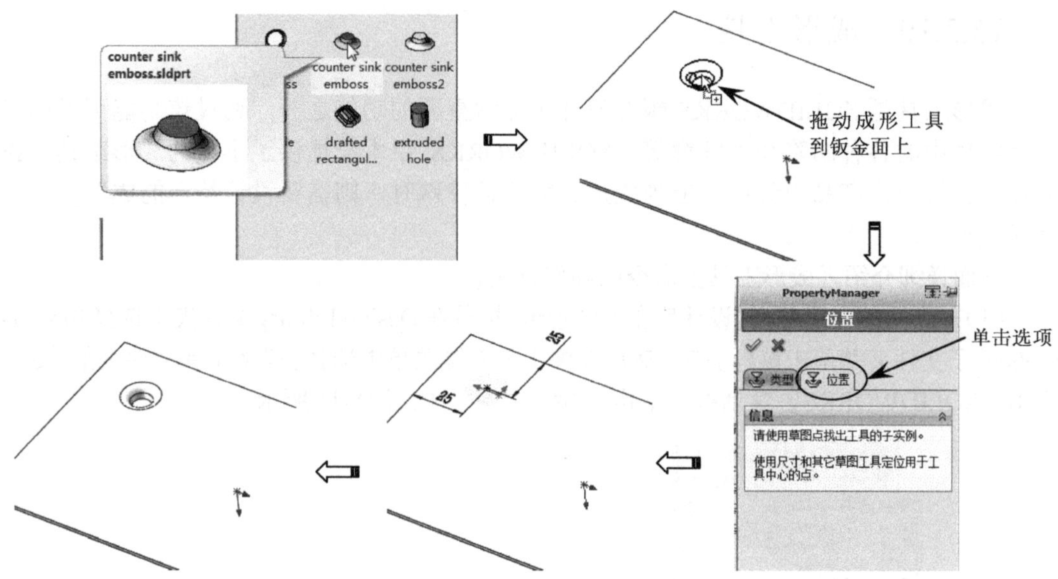

图 15-13　在钣金件上创建成形特征

SOLIDWORKS 软件本身自带了丰富的成形工具，如表 15-1 所示。

表 15-1　成形工具

所在文件夹	成形工具名称	图示
embosses	circular emboss	
	counter sink emboss	
	counter sink emboss2	底部没穿

续表

所在文件夹	成形工具名称	图示
embosses	dimple	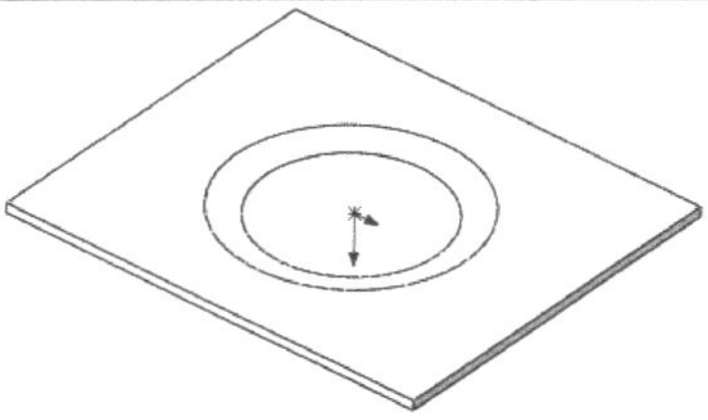
	drafted rectangul...	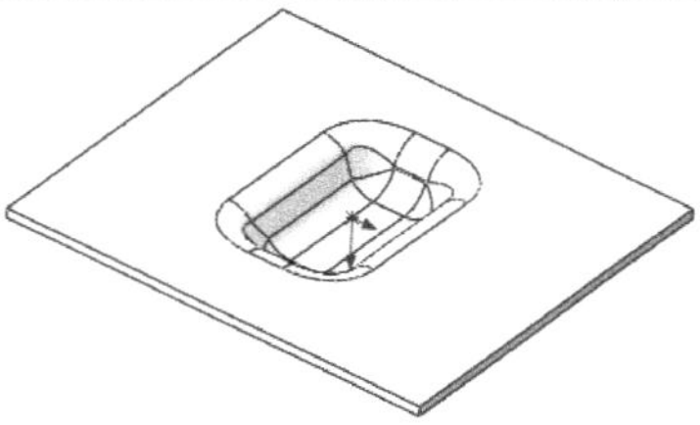
extruded flanges	rectangular flange	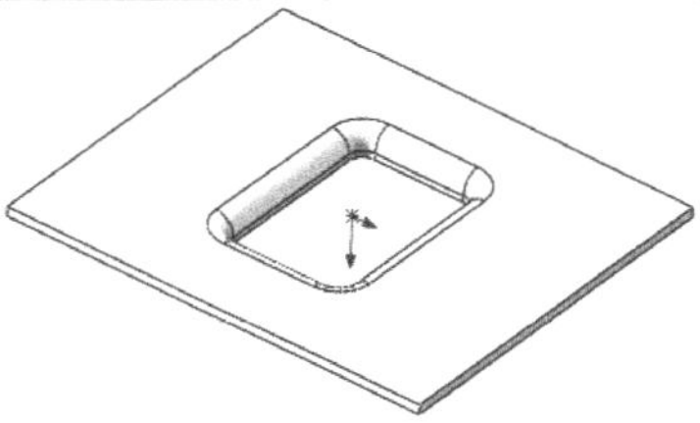
	round flange	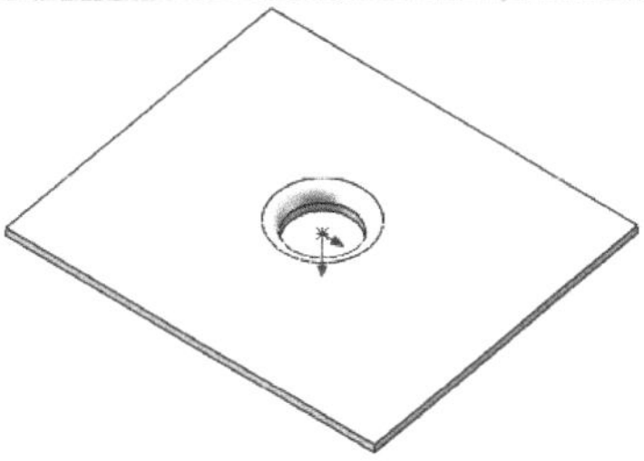
lances	90 degree lance	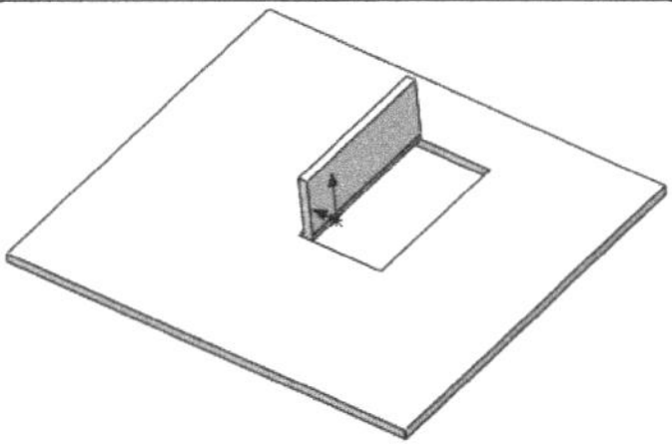
	angled lance	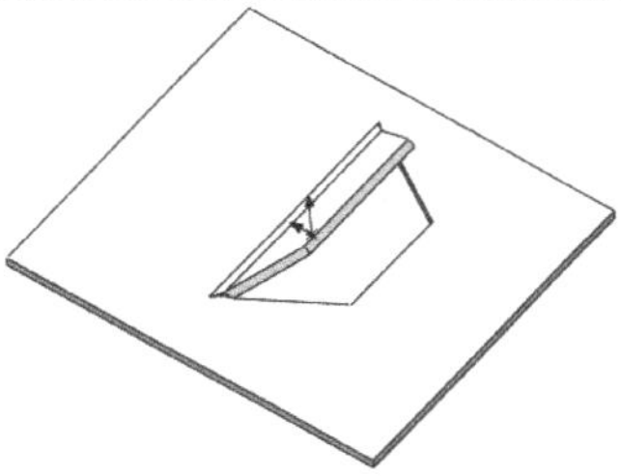

续表

所在文件夹	成形工具名称	图示
lances	arc lance	
	bridge lance	
	lance & form shovel	
	lance & form wi...	
louvers	louver	
ribs	single rib	

当需要设计特定尺寸或特定形状的凹陷时，需要自主设计成形工具。下面详细介绍成形工具的创建方法。

（1）打开 SOLIDWORKS 2020 软件，进入零件设计界面。

（2）选择“上视基准面”为草图平面，然后创建 15-14 所示的草图。

（3）选择上一步创建的草图为拉伸对象，然后拉伸创建实体，如图 15-15 所示。

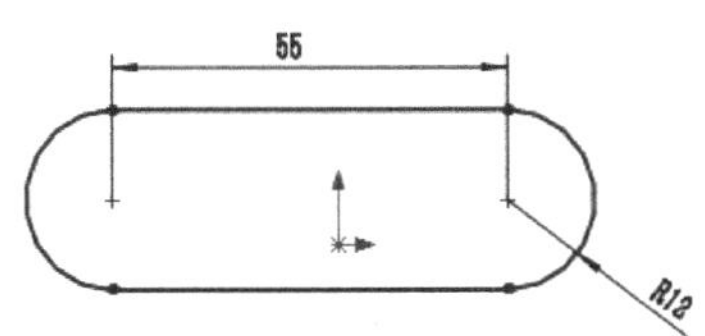

图 15-14　创建草图

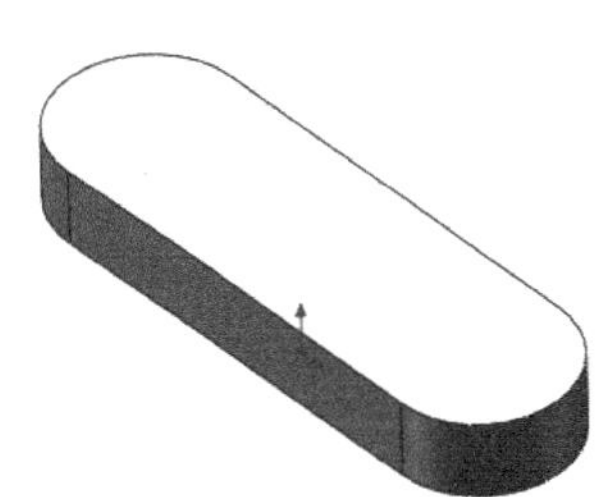

图 15-15　拉伸创建实体

（4）在前面创建的零件顶部增加一方块实体，如图 15-16 所示。

（5）在两实体连接处倒圆角，如图 15-17 所示。

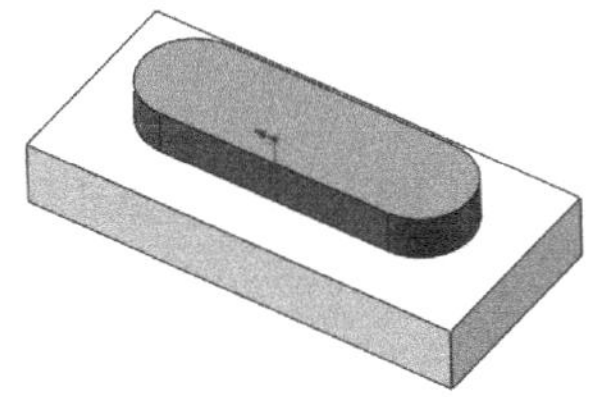

图 15-16　增加一方块实体

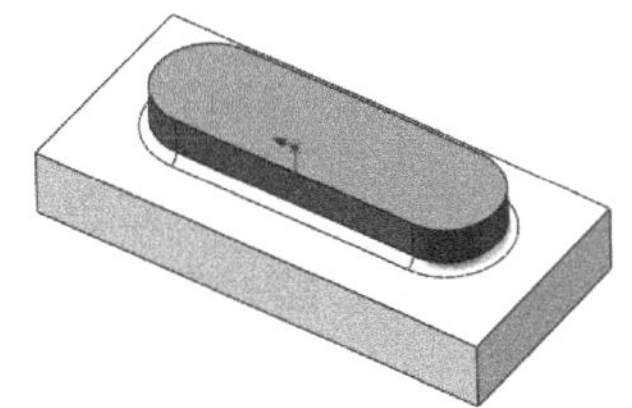

图 15-17　倒圆角

（6）使用〖拉伸切除〗命令将圆角以下的实体切除，如图 15-18 所示。

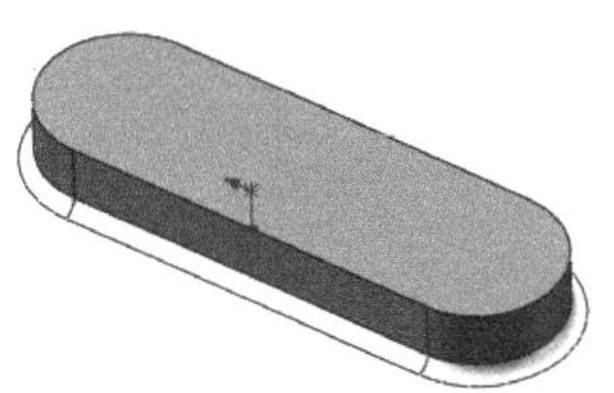

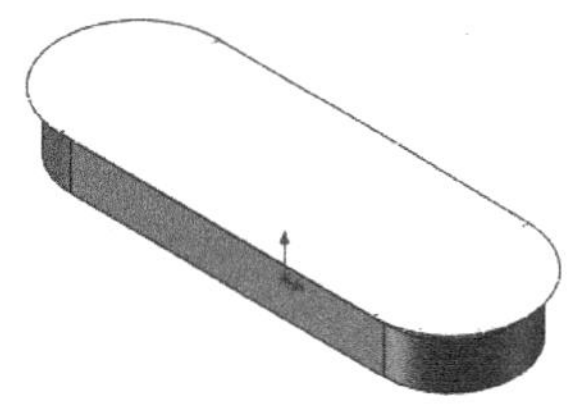

图 15-18　切除实体

（7）在〖钣金〗工具栏中单击〖成形工具〗按钮，弹出〖成形工具〗对话框，然后依次选择零件上的停止面和要移除的面，如图 15-19 所示。

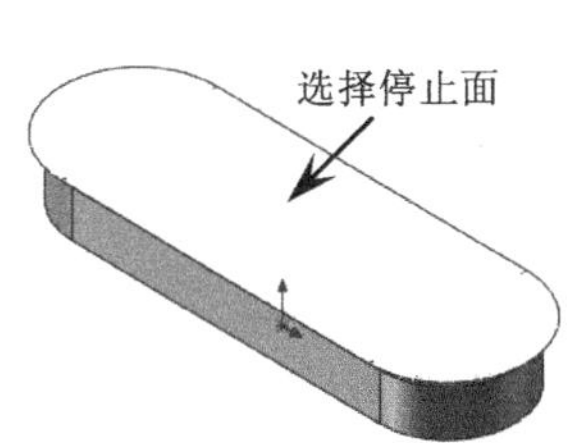

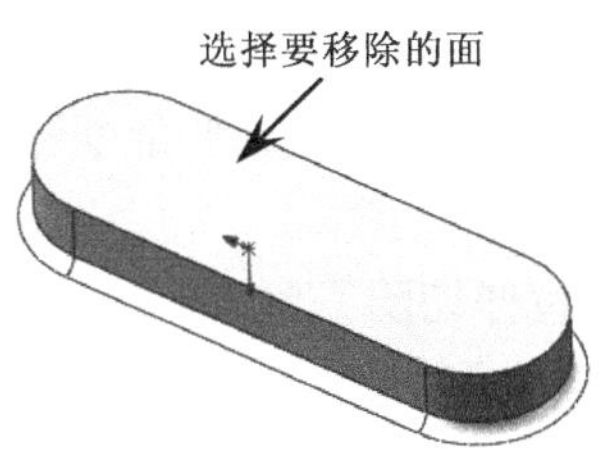

图 15-19　设置成形工具

要点提示

移除的面可选择，也可不选择。如果选择，那么钣金产生的凹陷是穿透的，如图 15-20（a）所示；如果不选择，那么钣金产生的凹陷是不穿透的，如图 15-20（b）所示。

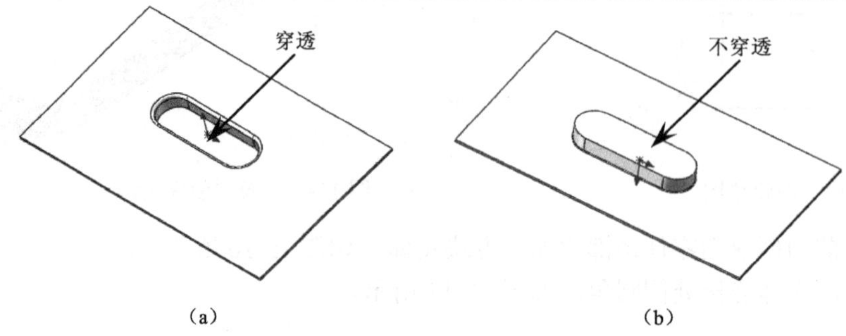

图 15-20　选择移除面与不选择移除面的区别

（8）将创建的零件保存到〖\C 盘\ProgramData\SOLIDWORKS\SOLIDWORKS 2020\design library\forming tools〗路径中，如图 15-21 所示。

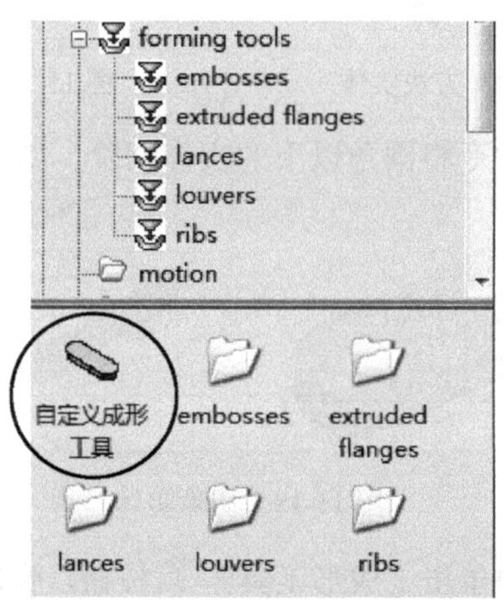

图 15-21　保存成形工具到指定路径

15.3.11　拉伸切除

拉伸切除和实体设计命令中的〖拉伸切除〗命令一样，通过创建草图拉伸切除已有的钣金实体。

在〖钣金〗工具栏中单击〖拉伸切除〗 拉伸切除 按钮，弹出〖切除-拉伸〗对话框，接着选择已创建的草图或选择平面创建草图，然后设置拉伸切除参数，如图 15-22 所示，单击〖确定〗✔按钮。

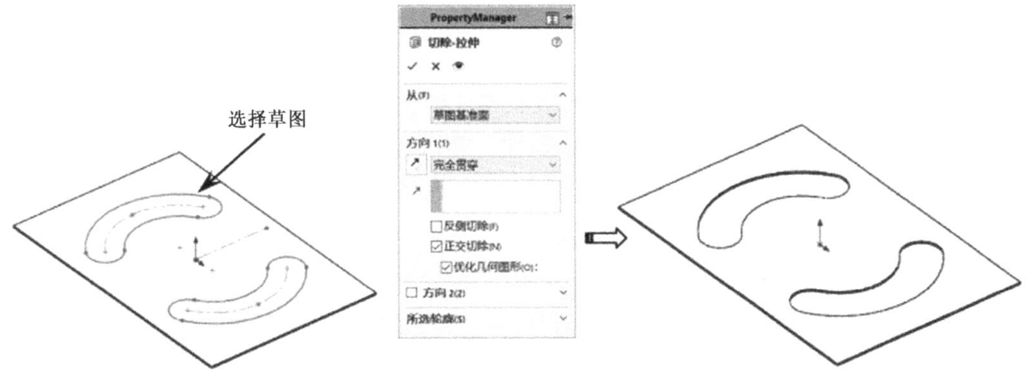

图 15-22　拉伸切除

15.3.12　简单直孔

创建简单直孔和本书 4.12.1 节中的创建简单直孔的方法完全一样，这里不再作介绍。

15.3.13　展开

根据选择固定面和折边线展开钣金。

在〖钣金〗工具栏中单击〖展开〗按钮，弹出〖展开〗对话框，选择钣金件上的固定面，然后选择折弯面（多为折弯处的圆角），如图 15-23 所示，单击〖确定〗按钮。

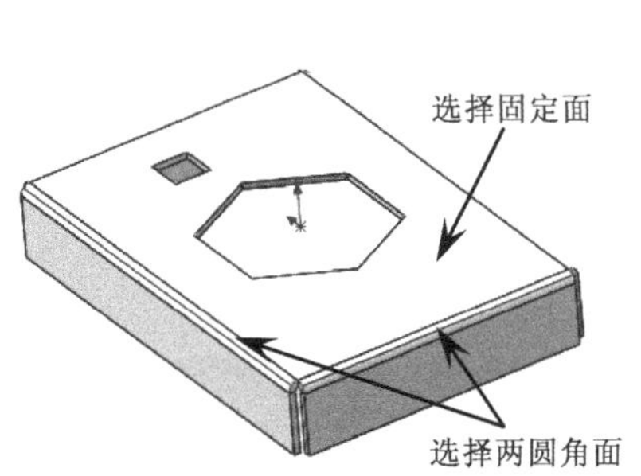

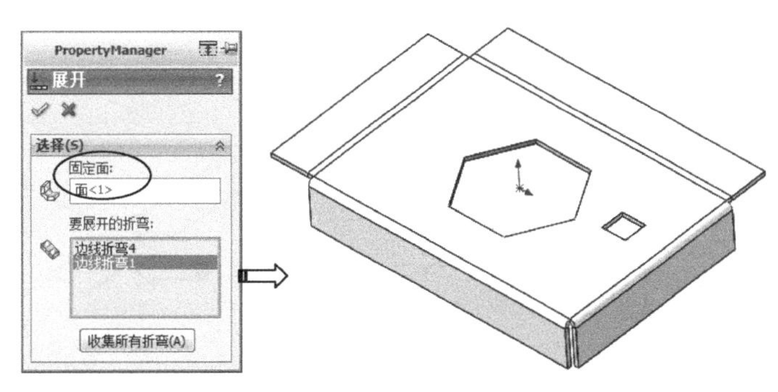

图 15-23　展开

若需要展开所有的折弯，可以在〖展开〗对话框中单击收集所有折弯(A)按钮。

15.3.14 折叠

折叠和展开的作用相反，将已展开的钣金零件进行折叠。

在〖钣金〗工具栏中单击〖折叠〗按钮，弹出〖折叠〗对话框，选择钣金件上的固定面，然后选择已展开的曲面，如图 15-24 所示，单击〖确定〗按钮。

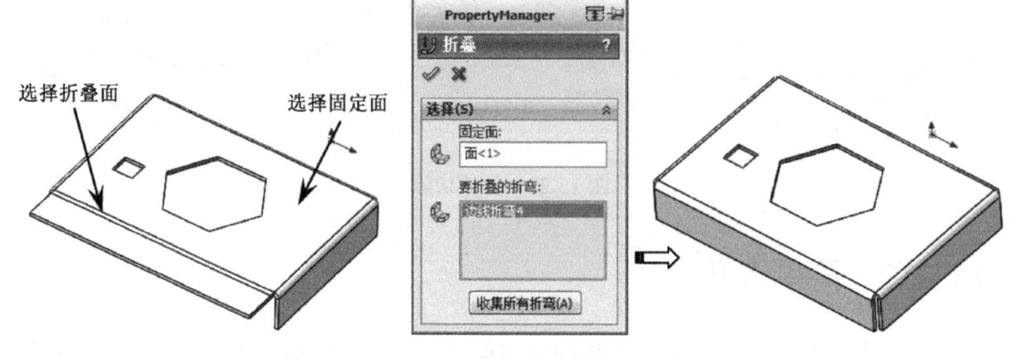

图 15-24 折叠

15.3.15 展平

自动将钣金零件中所有的折弯展开成一平面，并展示出未折弯前的所有折弯线，从而方便钣金图纸的设计。

在〖钣金〗工具栏中单击〖展平〗展平按钮，系统自动展平所有的折弯，如图 15-25 所示，最后单击按钮。

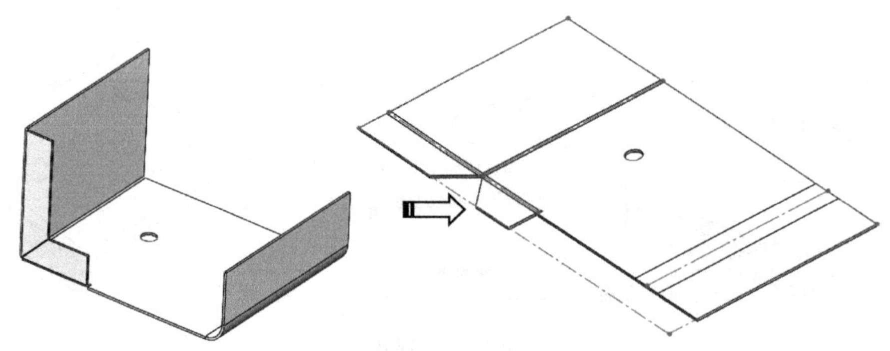

图 15-25 展平

钣金展平是了方便出工程图，展平后可直接切换到工程图界面上出图。如果不想展平，那么在界面右上角单击按钮退出展平。

15.3.15 切口

在钣金零件的边角上切口，首先在〖钣金〗工具栏中单击〖切口〗按钮，接着选择钣金零件上的角边，然后设置切口参数，如图 15-26 所示，单击〖确定〗按钮。

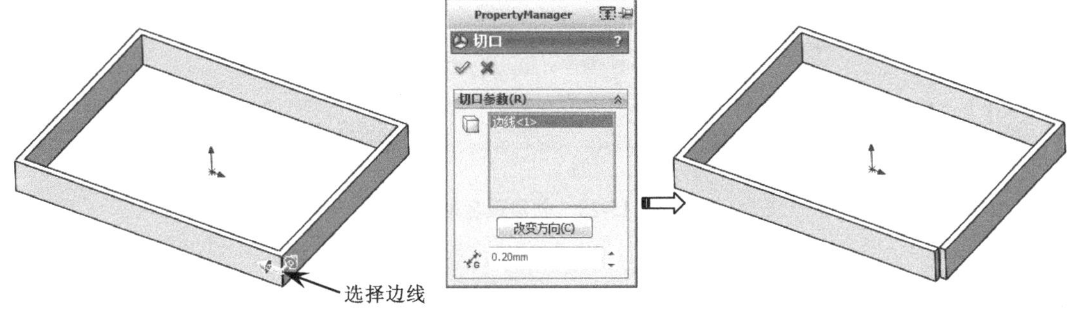

图 15-26 切口

15.4 钣金设计综合实例特训

创建如图 15-27 所示的数码电视盒上盖。

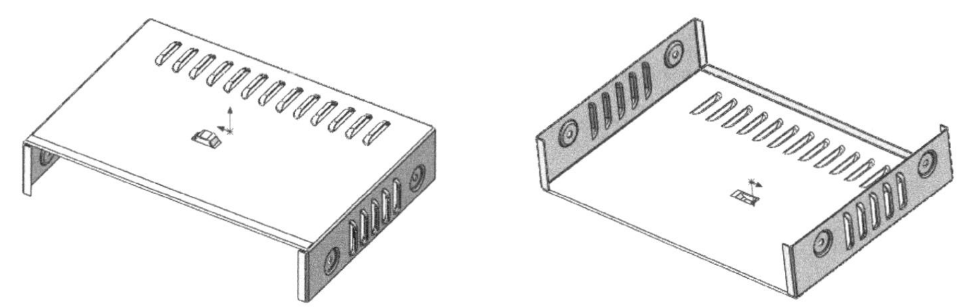

图 15-27 数码电视盒上盖

（1）打开 SOLIDWORKS 2020 软件，进入零件设计界面。

（2）创建钣金薄片。在〖钣金〗工具栏中单击〖基体法兰/薄片〗按钮，弹出〖信息〗对话框和基准平面，选择“上基视基准面”为草图平面，然后创建如图 15-28（a）所示的草图，完成后单击〖退出草图〗按钮。在〖基体法兰〗对话框中设置如图 15-28（b）的参数，单击〖确定〗按钮。

（3）绘制折弯 1。在〖钣金〗工具栏中单击〖绘制的折弯〗按钮，弹出〖绘制的折弯〗对话框，接着选择钣金薄片顶面为草图平面，创建如图 15-29（a）所示的草图，完成后单击〖退出草图〗按钮。在〖绘制的折弯〗对话框中设置如图 15-29（b）的参数，单击〖确定〗按钮，结果如图 15-29（c）所示。

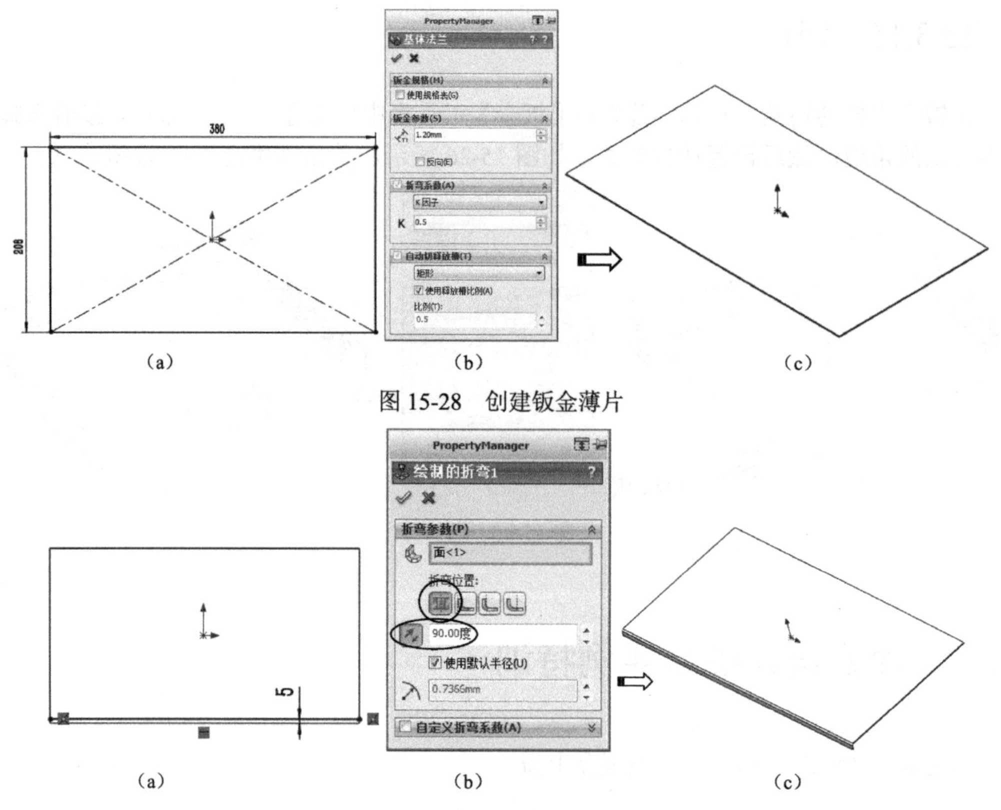

图 15-28　创建钣金薄片

图 15-29　绘制折弯 1

（4）拉伸切除。在〖钣金〗工具栏中单击〖拉伸切除〗 拉伸切除 按钮，弹出〖切除-拉伸〗对话框，选择钣金折弯的侧面作为草图平面，根据图 15-30 所示的步骤进行操作，单击〖确定〗 按钮。

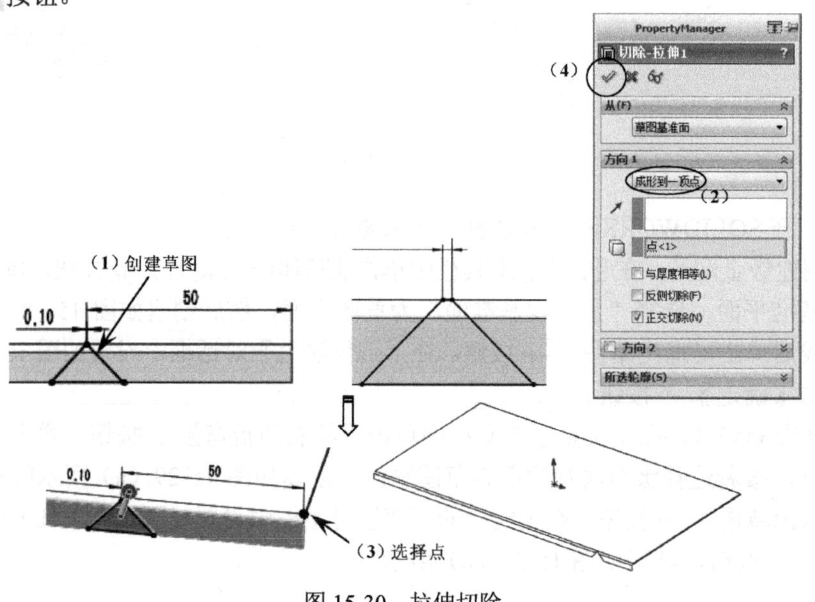

图 15-30　拉伸切除

（5）镜向特征 1。参考前面的操作，选择“右视基准面”为镜向面，然后镜向上一步创建的拉伸切除特征，如图 15-31 所示。

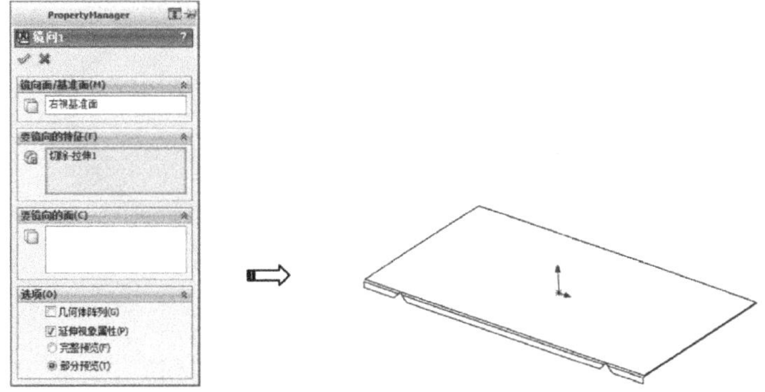

图 15-31　镜向特征 1

（6）绘制折弯 2。在〖钣金〗工具栏中单击〖绘制的折弯〗按钮，弹出〖绘制的折弯〗对话框，选择钣金薄片顶面为草图平面，然后创建如图 15-32（a）所示的草图，完成后单击〖退出草图〗按钮。在〖绘制的折弯〗对话框中设置如图 15-32（b）的参数，单击〖确定〗按钮，结果如图 15-32（c）所示。

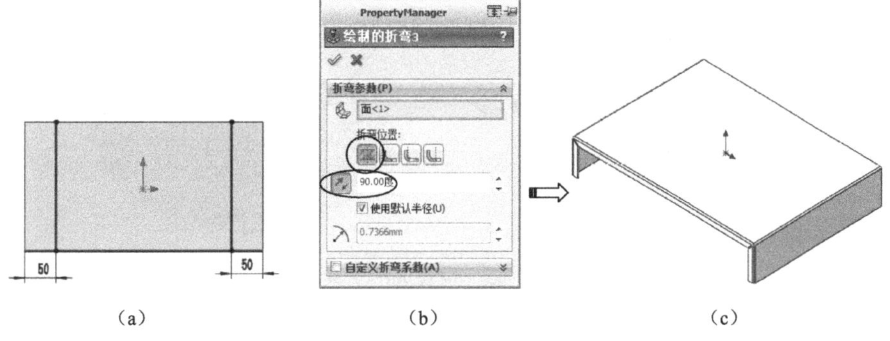

（a）　（b）　（c）

图 15-32　绘制折弯 2

（7）打开成形工具。在设计库中展开 forming tools 中的子文件，接着选择 circular emboss 的成形工具并单击鼠标右键，然后在弹出的右键菜单中选择〖打开〗命令，如图 15-33 所示。

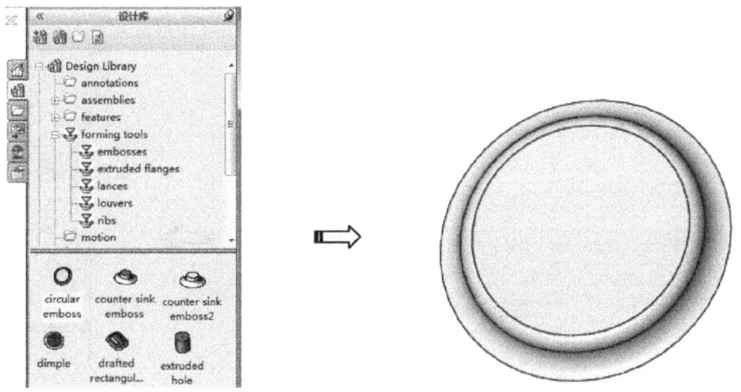

图 15-33　打开成形工具

（8）缩小成形工具。在菜单栏中选择〖插入〗/〖特征〗/〖缩放比例〗命令，弹出〖缩放比例〗对话框，然后设置如图 15-34 所示的参数，单击〖确定〗按钮。

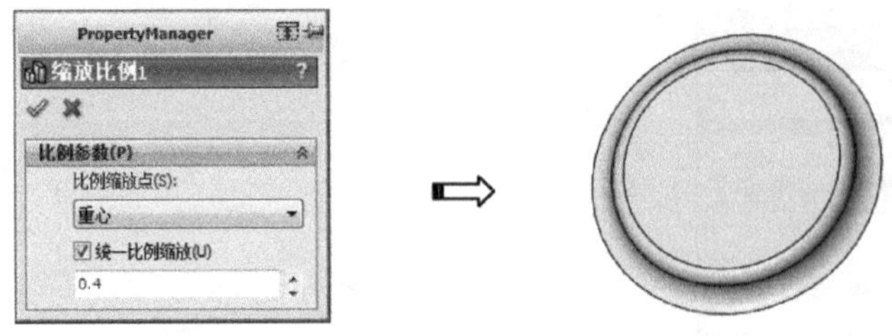

图 15-34　缩小成形工具

当 SOLIDWORKS 系统提供的成形工具在外形上满足设计要求，而其尺寸不满足时，则可以打开成形工具进行修改，然后另存文件即可。

（9）设置成形工具。在〖钣金〗工具栏中单击〖成形工具〗按钮，弹出〖成形工具〗对话框，然后选择如图 15-35 所示的平面作为停止面，单击〖确定〗按钮。

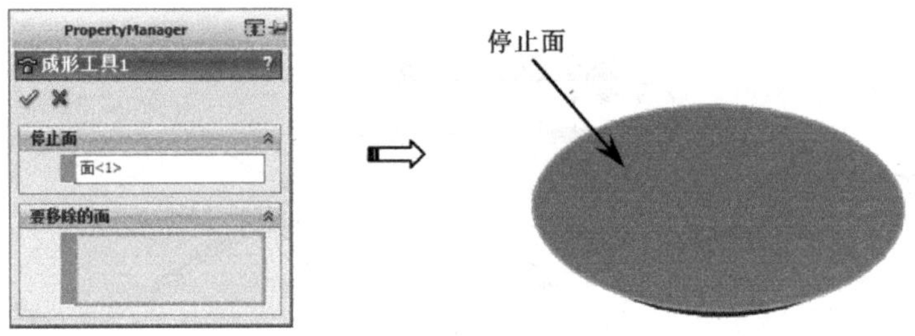

图 15-35　设置成形工具

（10）保存成形工具。在菜单栏中单击〖另存为〗按钮，默认成形工具的保存位置，然后设置新成形工具的名称为“01”，如图 15-36 所示。

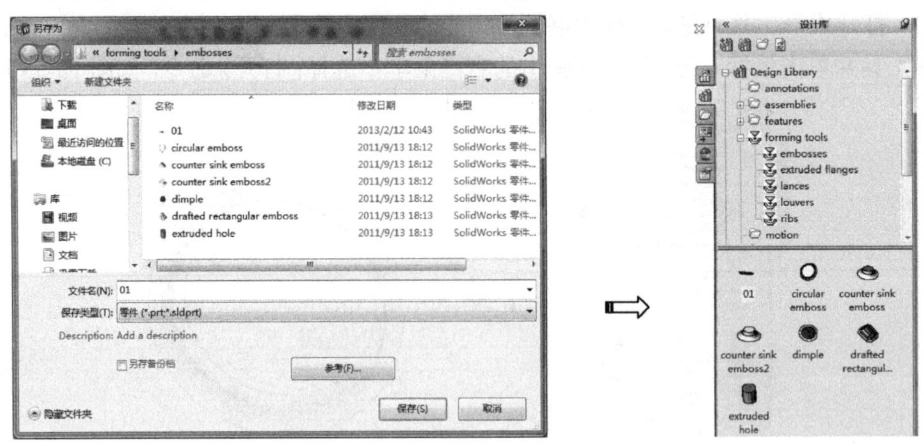

图 15-36　保存成形工具

（11）关闭名称为“01”的成形工具文件。

（12）创建成形特征 1。在设计库中拖动前面创建的“01”成形工具到钣金零件面上，如图 15-37 所示。

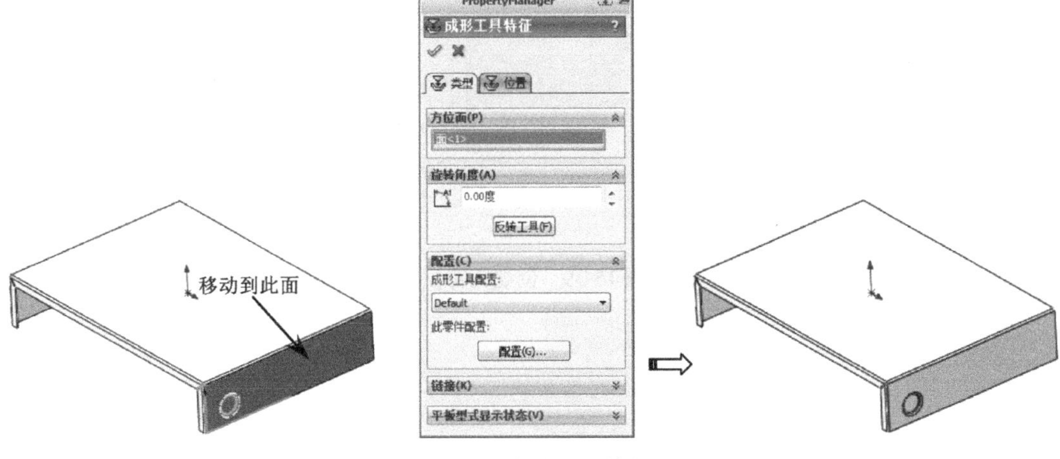

图 15-37　创建成形特征 1

（13）修改成形位置。在设计树中选择位置草图并单击鼠标右键，在弹出的右键菜单中选择〖编辑草图〗按钮，然后标注如图 15-38 所示的尺寸，完成后单击〖退出草图〗按钮。

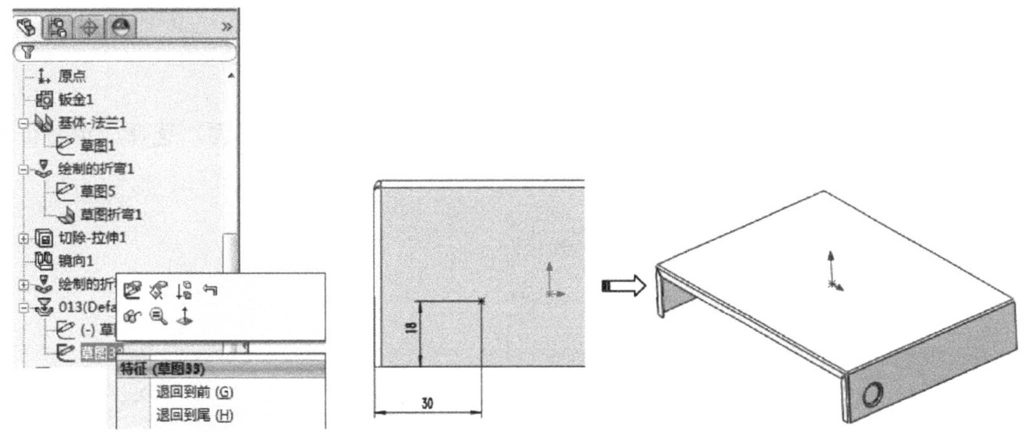

图 15-38　修改成形位置

（14）创建孔特征。在〖钣金〗工具栏中单击〖简单直孔〗 简单直孔 按钮，弹出〖孔〗对话框，选择如图 15-39（a）所示的平面钻孔面，并设置如图 15-39（b）所示的参数，单击〖确定〗按钮。

（15）镜向特征 2。参考前面的操作，选择“前视基准面”为镜向面，选择成形特征和孔特征为镜向对象，如图 15-40 所示。

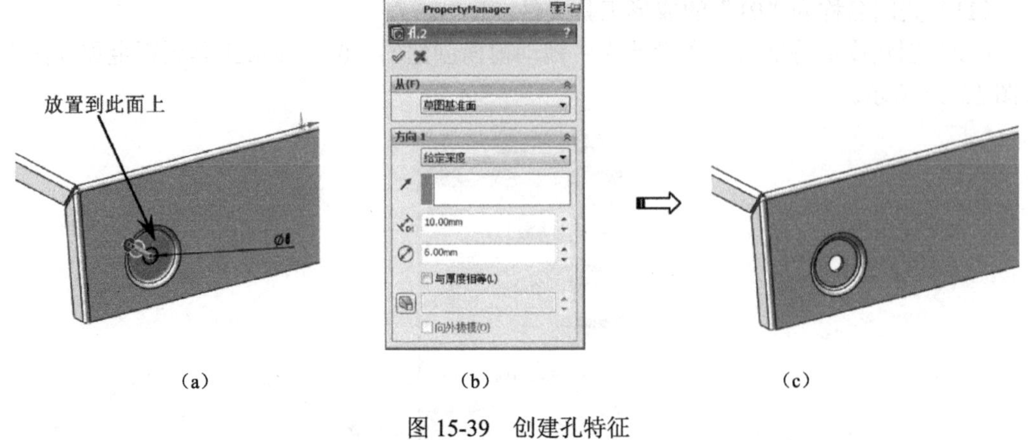

图 15-39　创建孔特征

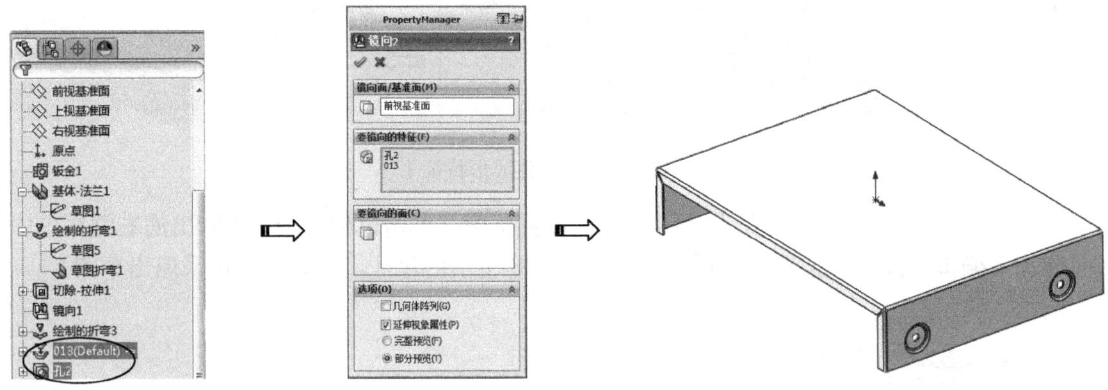

图 15-40　镜向特征 2

（15）镜向特征 3。参考前面的操作，选择“右视基准面”为镜向面，选择成形特征和孔特征为镜向对象，如图 15-41 所示。

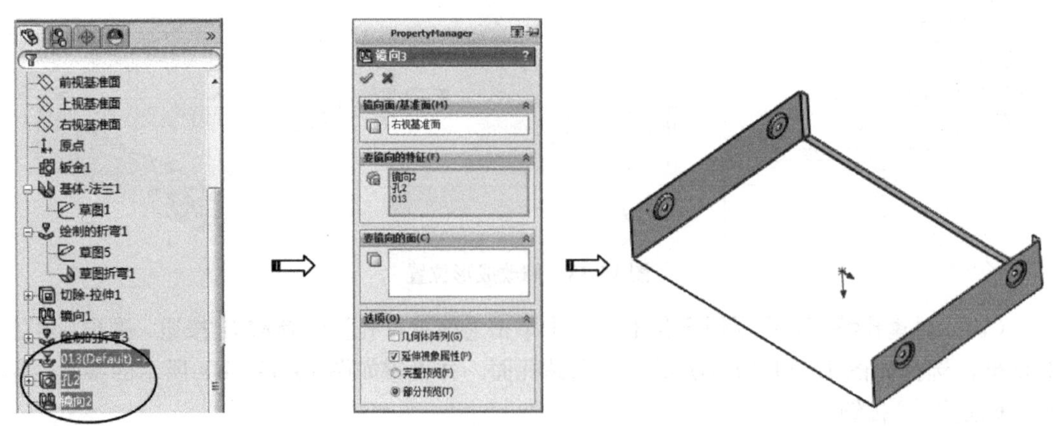

图 15-41　镜向特征 3

（17）创建成形特征 2。在设计库中拖动 louver 的成形工具到钣金零件面上，如图 15-42 所示。

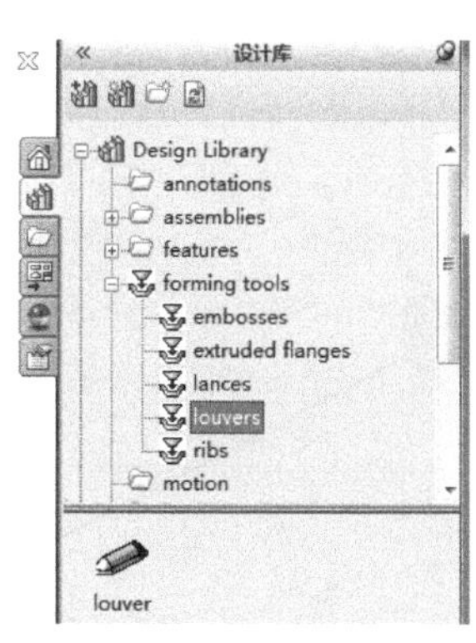

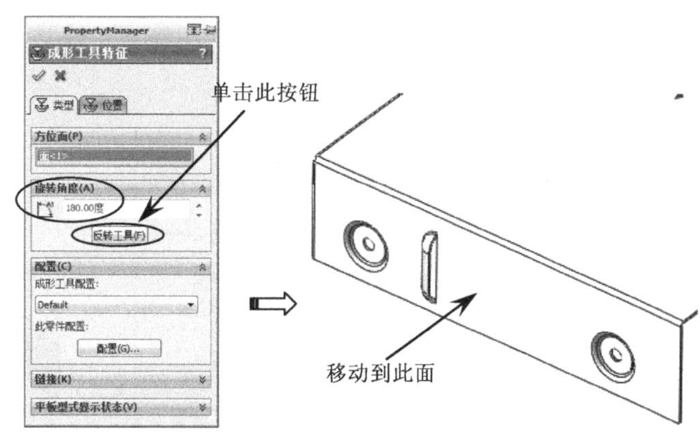

图 15-42　创建成形特征 2

（18）修改成形位置。在设计树中选择位置草图并单击鼠标右键，在弹出的右键菜单中选择〖编辑草图〗按钮，然后标注如图 15-43 所示的尺寸，完成后单击〖退出草图〗按钮。

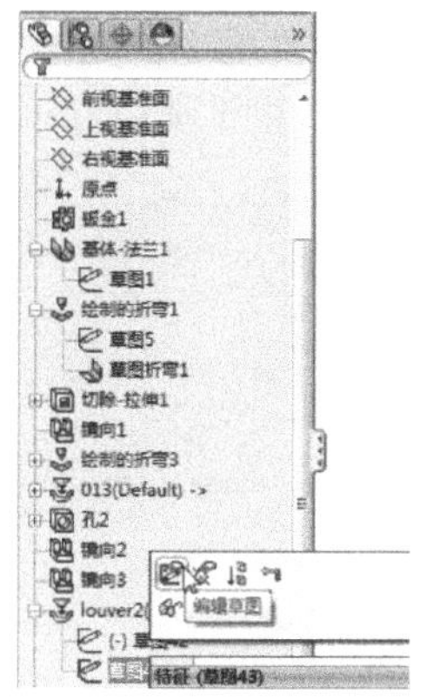

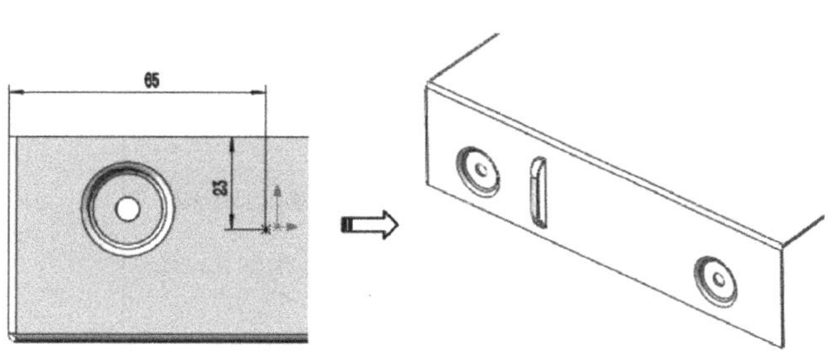

图 15-43　修改成形位置

（19）线性阵列。参考前面的操作，线性阵列上一步创建的成形特征，如图 15-44 所示。

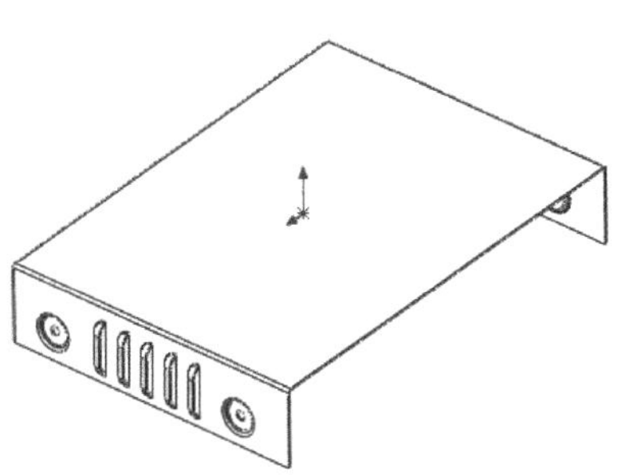

图 15-44　线性阵列

（20）镜向特征 4。参考前面的操作，选择“右视基准面”为镜向面，选择成形特征和线性特征为镜向对象，如图 15-45 所示。

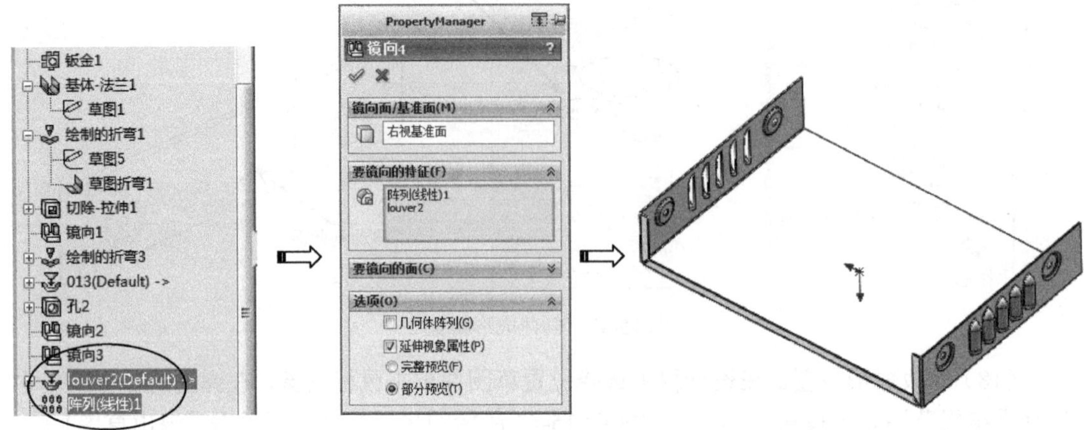

图 15-45　镜向特征 4

（21）创建成形特征 3。在设计库中拖动 louver 的成形工具到钣金零件面上，如图 15-46 所示。

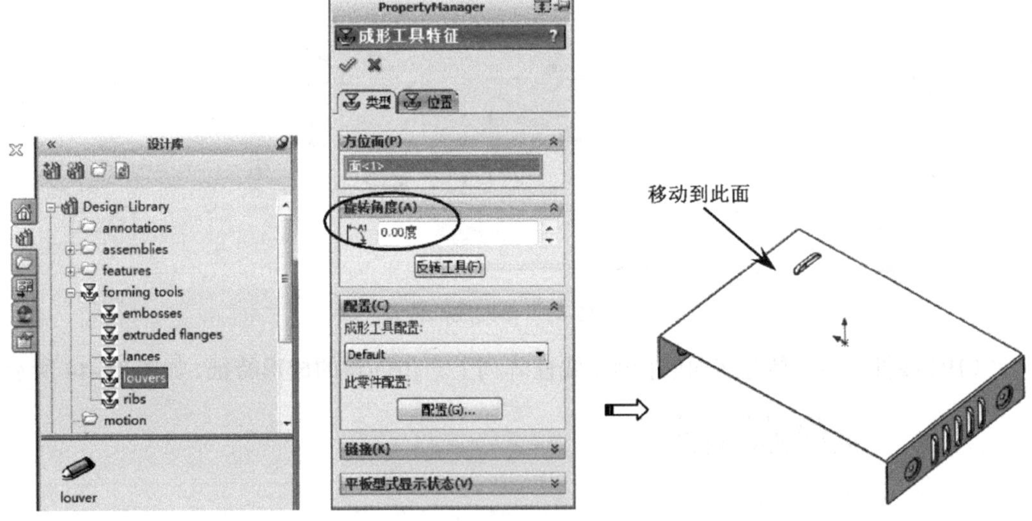

图 15-46　创建成形特征 3

（22）修改成形位置。在设计树中选择位置草图并单击鼠标右键，在弹出的右键菜单中选择〖编辑草图〗按钮，然后标注如图 15-47 所示的尺寸，完成后单击〖退出草图〗按钮。

（23）线性阵列。参考前面的操作，线性阵列上一步创建的成形特征，如图 15-48 所示。

（24）创建成形特征 4。在设计库中拖动 bridge lance 的成形工具到钣金零件面上，如图 15-49 所示。

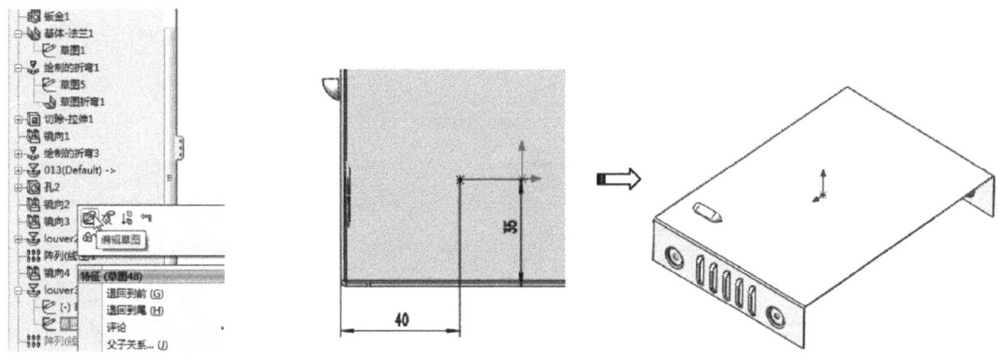

图 15-47　修改成形位置

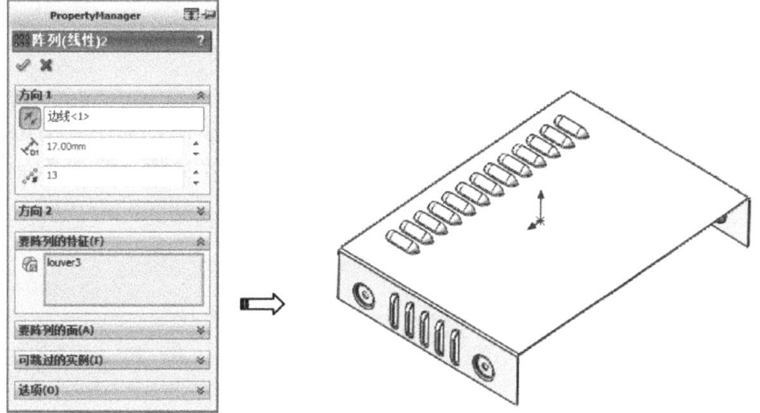

图 15-48　线性阵列

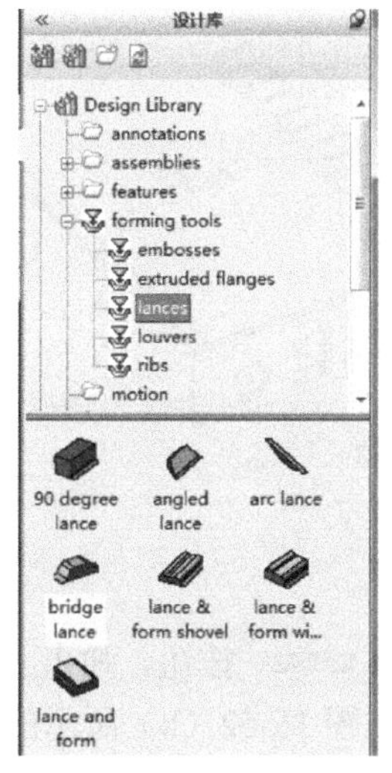

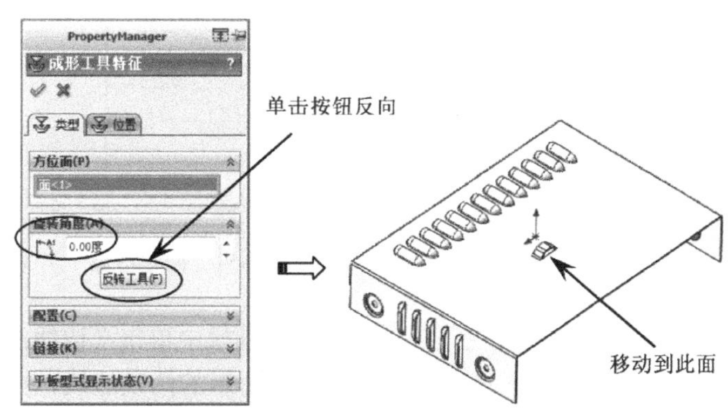

图 15-49　创建成形特征 4

（25）修改成形位置。在设计树中选择位置草图并单击鼠标右键，在弹出的右键菜单中选择〖编辑草图〗按钮，然后标注如图 15-50 所示的尺寸，完成后单击〖退出草图〗按钮。

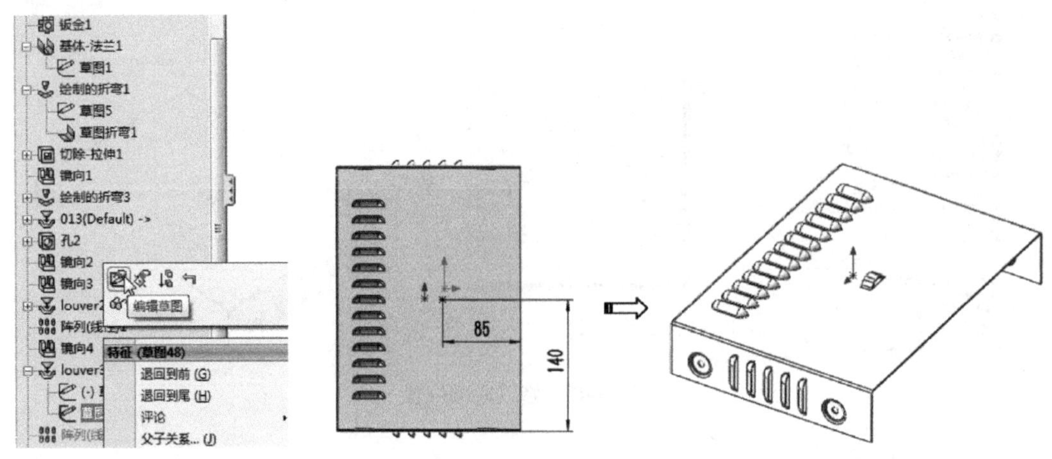

图 15-50　修改成形位置

（26）创建褶边。在〖钣金〗工具栏中单击〖褶边〗按钮，弹出〖褶边〗对话框，选择如图 15-51（a）所示的边线，并设置如图 15-51（b）所示的参数，单击〖确定〗按钮。

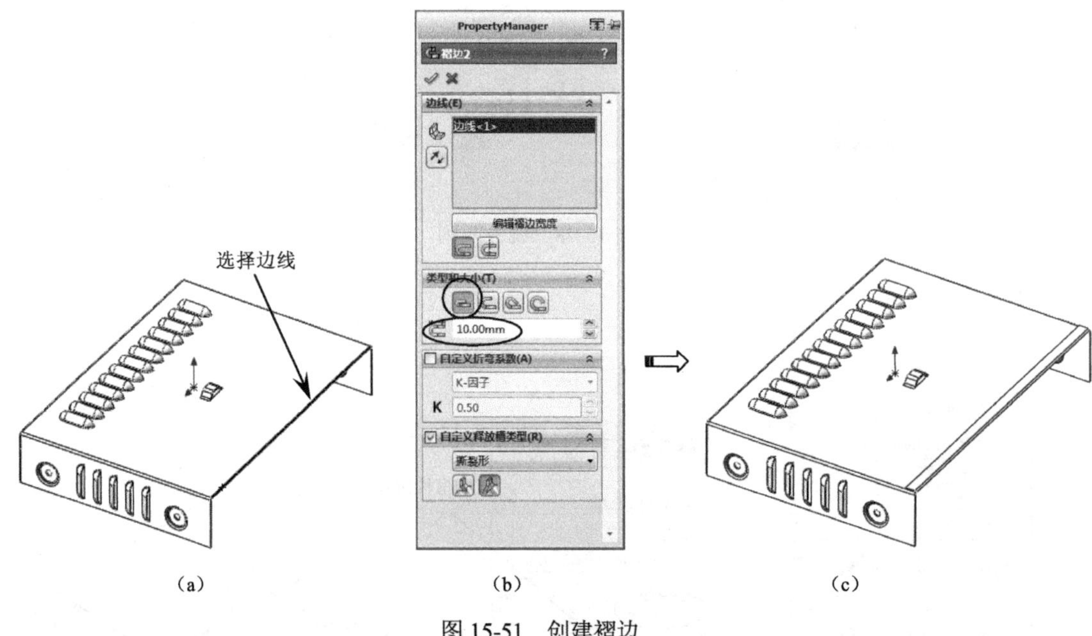

图 15-51　创建褶边

（27）创建边线法兰。在〖钣金〗工具栏中单击〖边线法兰〗边线法兰按钮，弹出〖边线-法兰〗对话框，选择如图 15-52（a）所示的两条边线，并设置如图 15-52（b）所示的参数，单击〖确定〗按钮。

（28）保存文件。在〖标准〗工具栏中单击〖保存〗按钮，弹出〖另存为〗对话框，输入文件名为“数码电视盒上盖”，单击保存(S)按钮。

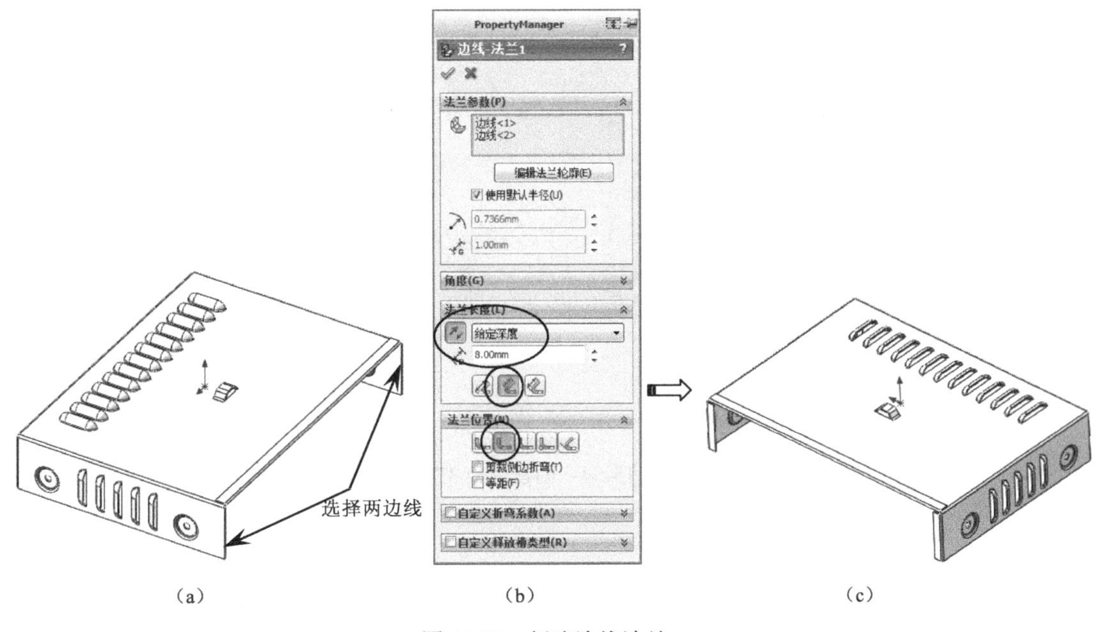

(a) (b) (c)

图 15-52 创建边线法兰

15.5 本章学习收获

通过本章的学习，读者必须掌握以下内容。

（1）掌握一定的钣金工艺知识。

（2）掌握创建钣金零件的主要方法。

（3）重点掌握成形工具的使用方法。

（4）掌握钣金零件中百叶窗的创建方法。

（5）掌握用系统提供的成形工具进行尺寸修改的方法。

15.6 练习题

（1）创建如图 15-53 所示的钣金零件，具体尺寸请读者自主设计。

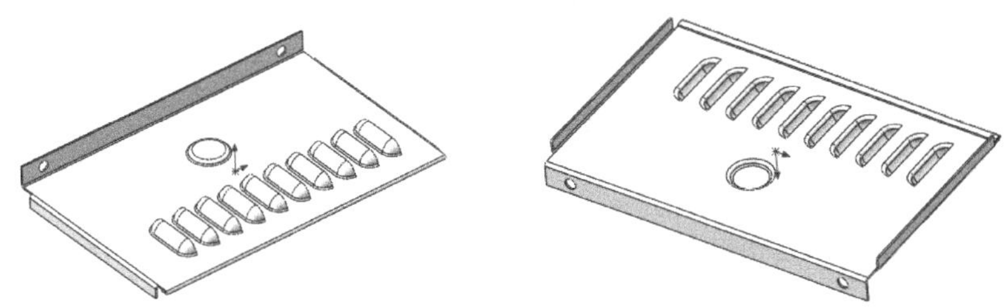

图 15-53 创建钣金 3D1

（2）创建如图 15-54 所示的钣金零件。

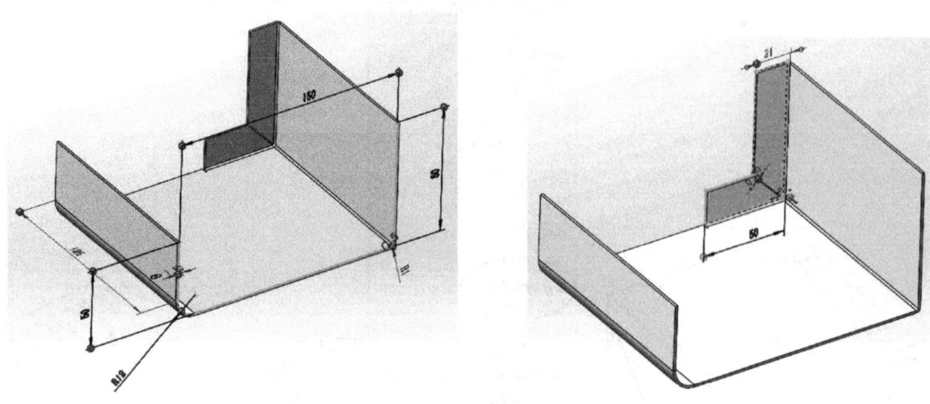

图 15-54　创建钣金 3D2

第16章

工程图设计基本功特训

工程图是机械制造行业中用二维图来表达三维模型的一种形式，主要包含视图、尺寸标注和技术要求等。SOLIDWORKS 2020 工程图模块功能非常强大，可以快速地直接生成三视图和等侧视图等。

16.1 学习目标与课时安排

学习目标及学习内容

（1）学习 SOLIDWORKS 2020 工程图的制作方法。

（2）掌握工程图的基本设置。

（3）掌握各工程视图的创建方法，包括标准三视图、模型视图、投影视图、剖面视图、断开的剖视图、局部视图、断裂视图、辅助视图和剪裁视图。

（4）掌握工程图的标注方法。

（5）通过实例掌握产品零件工程图的创建方法。

学习课时安排（共 5 课时）

（1）本章知识点讲解（3 课时）。

（2）实例详细操作（2 课时）。

16.2 SOLIDWORKS 工程图概述

工程图是机械加工制造和产品设计的重要技术文件，是指导生产最直接的参考依据。在产品的生产制造过程中，工程图是设计技术人员进行交流的重要工具，也是工程界的技术语言。SOLIDWORKS 2020 软件系统提供了强大的绘制工程图功能，用户可以非常方便地借助零部件或装配体的三维模型创建所需的各个视图，如剖视图、断开视图、局部视图和放大视图等。

SOLIDWORKS 2020 在工程图和零部件或装配体之间提供了全相关的功能，即当对零部件进行修改时，所对应的工程图也会自动更新，从而保证了工程图的准确性。

16.3 工程视图简介

1．主视图

主视图是表达零件的关键视图，其选择是否合理，不但直接关系到零件结构形状表达的清楚性，而且关系到其他视图数量和位置的确定性，影响到看图和画图的方便性。因此，在选择主视图时，应首先确定零件的安放位置，再确定投射方向。一般情况下，选择最能表达零件特征的投影方向来创建主视图。

2．投影视图

投影视图由主视图投影所得，主要包括俯视图、顶视图、左视图和右视图。当选择第一视角进行投影时，创建的俯视图在主视图的下方，左视图在主视图的右方，如图 16-1 所示；选择第三视角进行投影时，创建的俯视图在主视图的上方，左视图在主视图的左方，如图 16-2 所示。

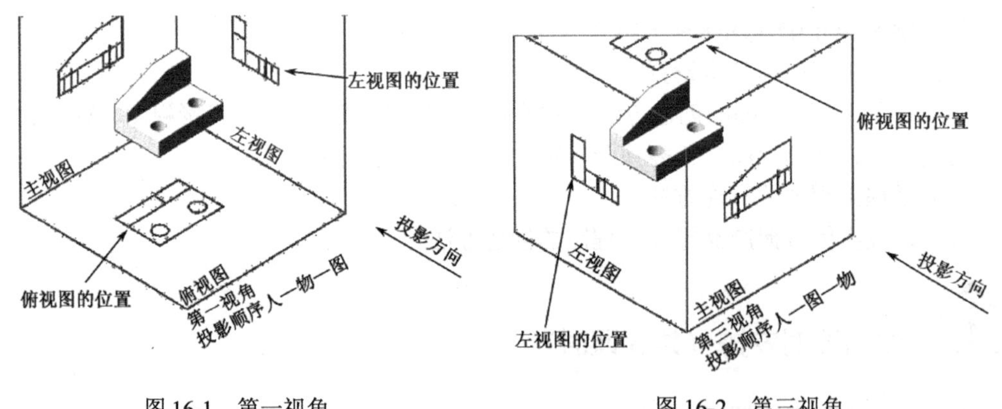

图 16-1 第一视角　　图 16-2 第三视角

在大公司的正式图纸图框中，多数会有投影法特征标识，如图 16-3 所示。

使用第一视角投影的国家主要有中国、法国、德国和俄罗斯；使用第三视角投影的国家和地区主要有美国、日本、英国和中国台湾地区等。

3．剖视图

剖视图主要用于表达机件内部的结构形状，假设用一剖切面（平面或曲面）剖开机件，将处在观察者和剖切面之间的部分移去，并将其余部分向投影面上投射，这样得到的图形称为剖视图（简称剖视）。按剖切范围的大小，剖视图可分为全剖视图、半剖视图和局部剖视图三种。

图 16-3　投影法特征标识

（1）全剖视图

用剖切面完全地剖开物体所得的剖视图，称为全剖视图。全剖视图可以表达机件完整的内部结构，通常用于内部结构较为复杂的场合，如图 16-4 所示。

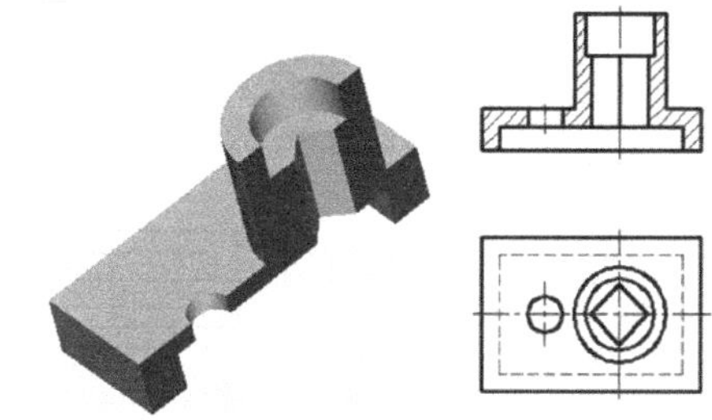

图 16-4　全剖视图

（2）半剖视图

当物体具有对称平面时，向垂直于对称平面的投影面上投射所得的图形，以对称中心线为界，一半画成视图；另一半画成剖视图，这种组合的图形称为半剖视图，如图 16-5 所示。

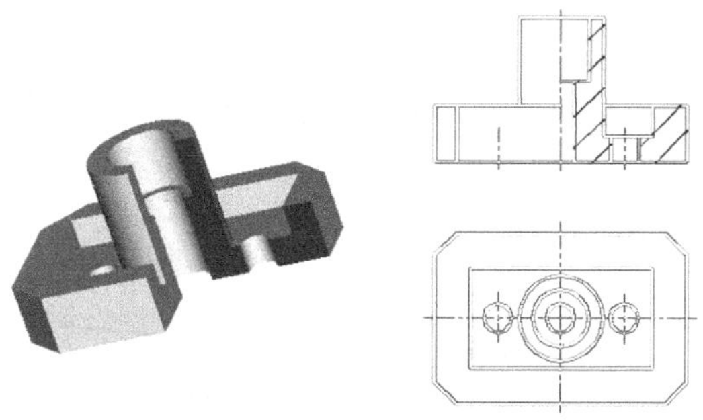

图 16-5　半剖视图

半剖视图主要用于内、外形状都需要表达的对称机件。

（3）局部剖视图

局部剖视图是用剖切平面局部地剖开机件所得的视图。局部剖视图是一种灵活的表达方法，用剖切的部分表达机件的内部结构，不剖切的部分表达机件的外部形状。对一个视图采用局部剖视图表达时，剖切的次数不宜过多，否则会使图形过于破碎，影响图形的整体性和清晰性。局部视图常用于轴、连杆、手柄等实心零件上有小孔、槽、凹坑等局部结构需要表达其内形的零件，如图 16-6 所示。

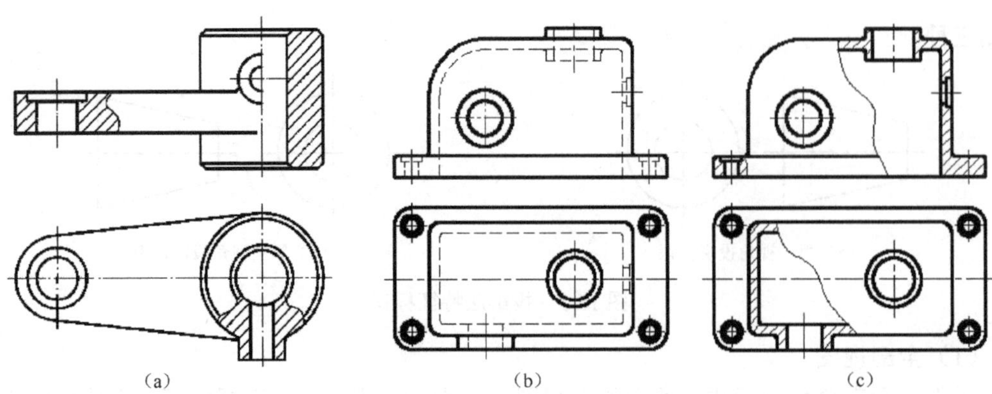

图 16-6　局部剖视图

（4）阶梯剖视图

阶梯剖视图可以理解为假设用几个平行的剖切平面剖开机件后向投影面投影所画的视图，如图 16-7 所示。

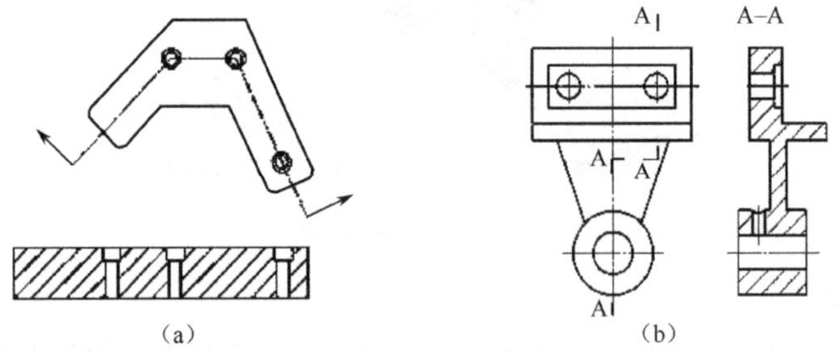

图 16-7　阶梯剖视图

（5）旋转剖视图

假设用相交的剖切平面剖开机件，将其中一个剖切平面旋转到另一剖切平面所在的投影平面后，向投影面投影所画的视图，称为旋转剖视图，如图 16-8 所示。

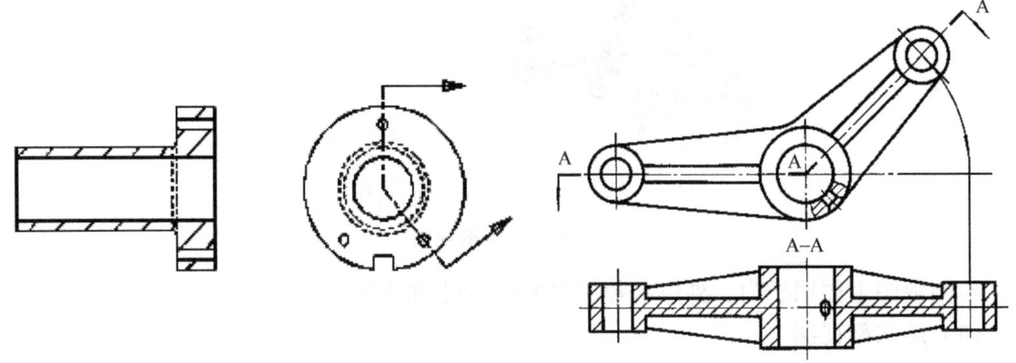

图 16-8　旋转剖视图

（6）局部放大（详细）视图

当视图中的部位比较小而又需要表达清楚时，则需要使用局部放大视图来表达。局部放大即指定的部位以一定的比例进行放大，而图形尺寸标注不会改变，如图 16-9 所示。

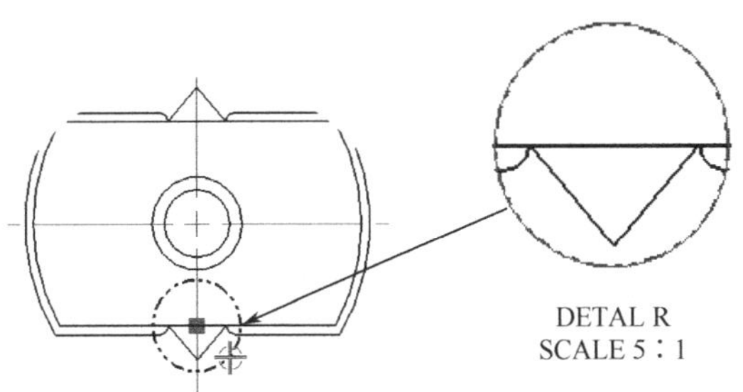

图 16-9　局部放大视图

16.4　工程图的基本设置

在〖标准〗工具栏中单击〖新建〗按钮，弹出〖新建 SOLIDWORKS 文件〗对话框，然后选择“工程图”选项并单击确定按钮，进入工程图界面，如图 16-10 所示。

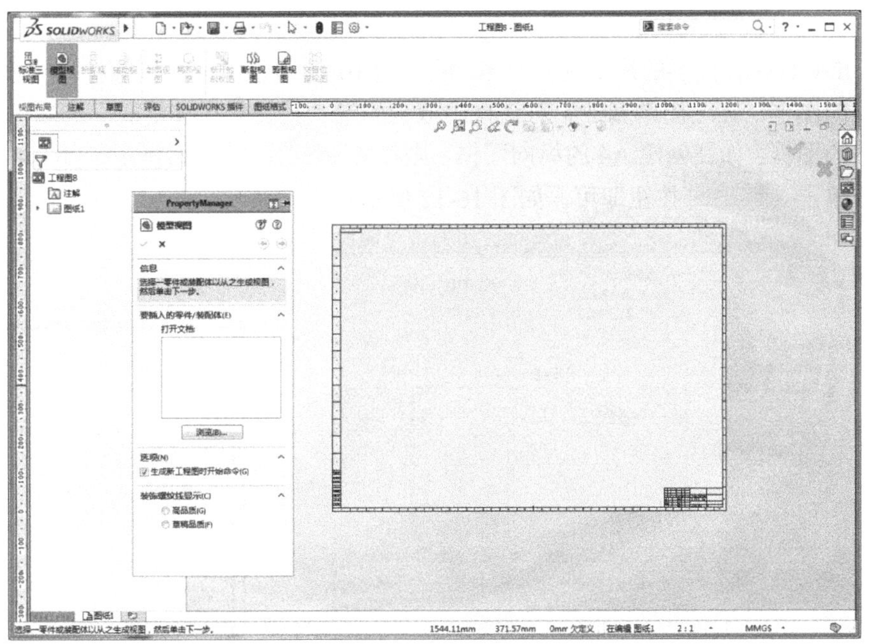

图 16-10　工程图界面

工程图界面主要分为两部分，左侧区域为文件的管理区域，显示当前文件的所有图纸和工程视图等内容；中间部分为工程图图纸的区域，所有的视图均在里面创建；右边为创建视图的工具栏，这里可以选择不同的命令创建不同的视图。

16.4.1　设置工程图属性

通过工程图属性，可以设置图纸的名称、比例、投影类型和图纸的大小等。在文件管理区中选择图纸并单击鼠标右键，在弹出的右键菜单中选择〖属性...〗命令，弹出〖图纸属性〗对话框，如图 16-11 所示。

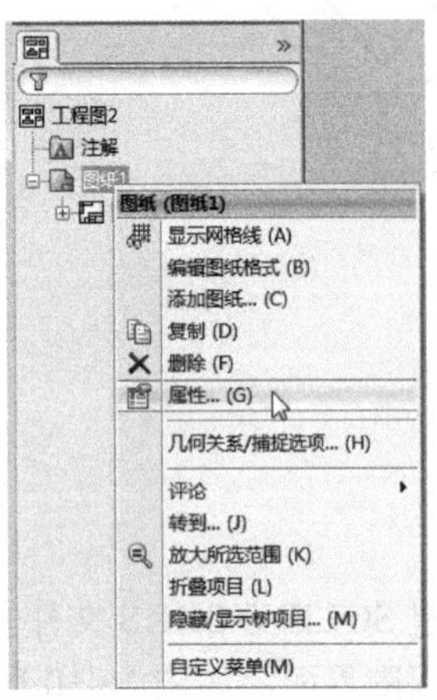

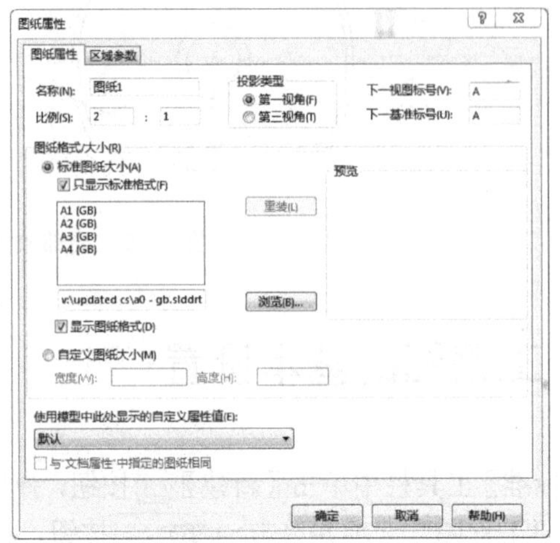

图 16-11　设置工程图属性

SOLIDWORKS 提供的图框规格很多，除了图 16-11 显示的 4 种国际标准图框外，还有其他标准的图框。在〖图纸属性〗对话框中取消勾选“只显示标准格式”选项，则可选择更多规格的图框。如需创建 A4 的纵向图框，则在〖图纸属性〗对话框中选择 A4（ISO）规格，然后单击 确定(O) 按钮即可，如图 16-12 所示。

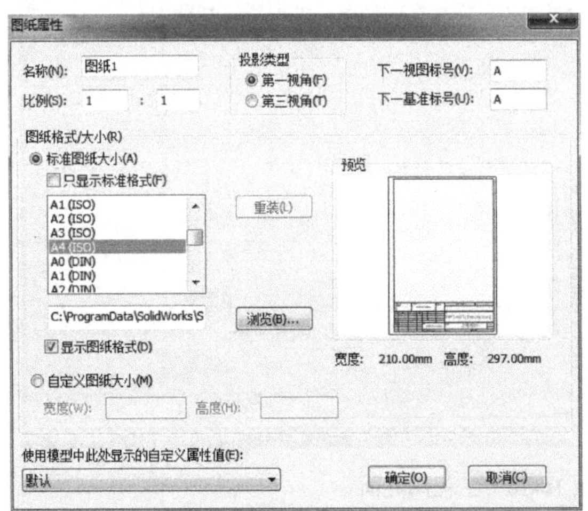

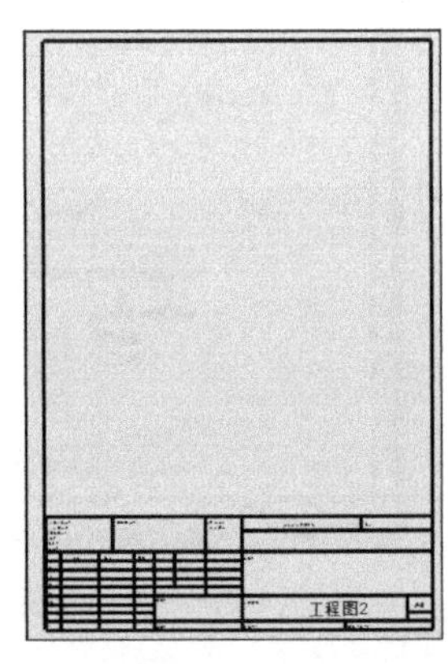

图 16-12　创建 A4 纵向图框

工程师点评：

多数公司企业都有自己的专用图框，只需要在 3D 软件中将视图制作好，然后输出到 CAD 软件中标注尺寸，并拖动到专用图框中保存和打印即可。

16.4.2 修改及保存新的工程图模板

如需要修改当前的工程图模板，可在图框中单击鼠标右键，在弹出的〖右键〗菜单中选择“编辑图纸格式”命令，此时标题栏则变成可编辑的状态，然后双击修改标题栏中的内容即可，如图 16-13 所示。修改完成后在图框中单击鼠标右键，在弹出的〖右键〗菜单中选择“编辑图纸”命令，即回到不可编辑的状态。

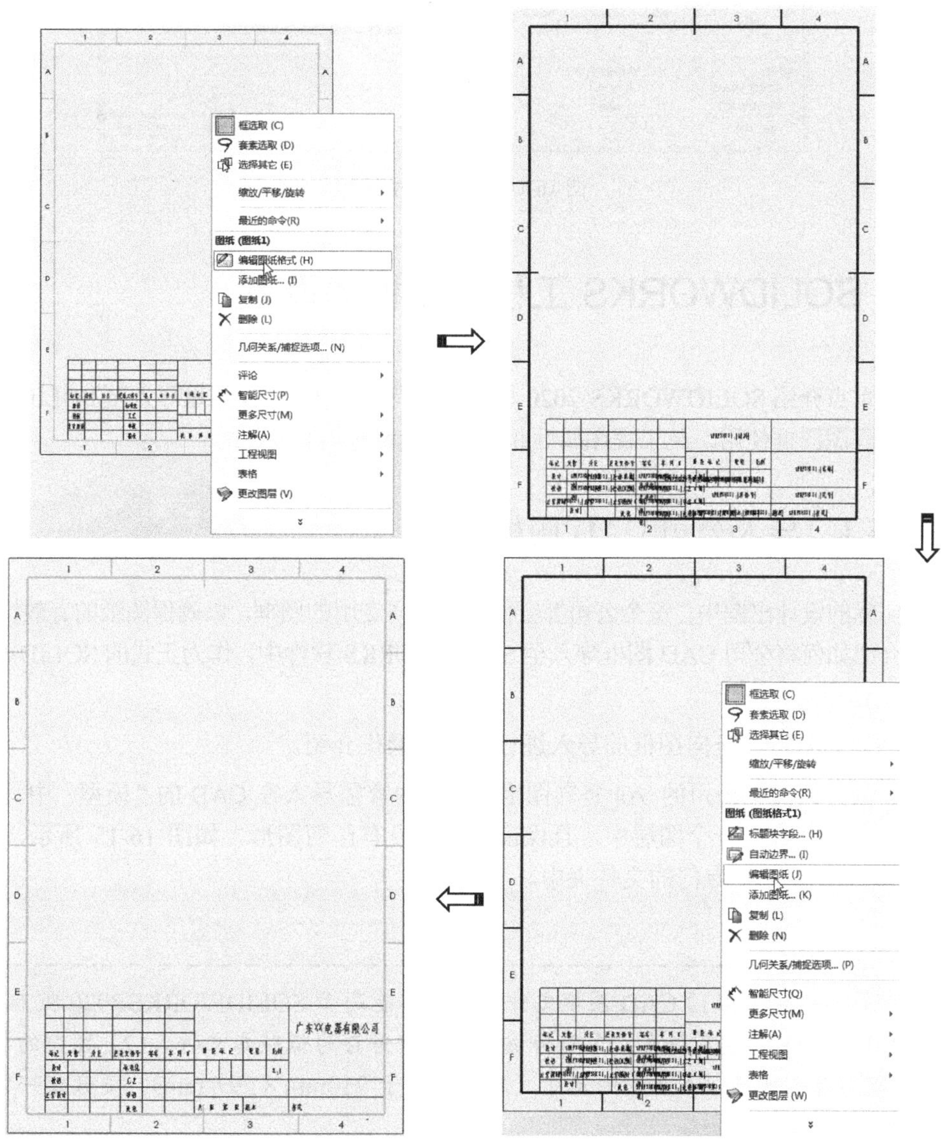

图 16-13 修改模板标题栏

如需要将修改的工程图图框保存到系统中，以作为图纸图框的使用，可在〖标准〗工具栏中单击〖保存〗按钮，然后在弹出的〖另存为〗对话框中设置保存类型为“工程图模板”，并输入文件名称即可，如图 16-14 所示。

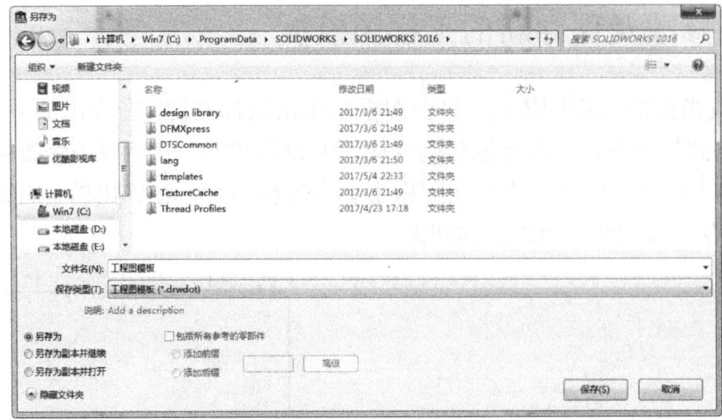

图 16-14　保存工程图模板

16.5　SOLIDWORKS 工程图模板的设置

本节重点介绍 SOLIDWORKS 2020 如何将现有的公司 CAD 图框导入至 SOLIDWORKS 中作为工程图图框使用，及工程图属性和模板的设置等。

16.5.1　导入公司 CAD 图框

在实际的设计出图中，每个公司都会使用本公司专用的图框，以确保图纸的有效性。本小节详细介绍如何将公司 CAD 图框导入至 SOLIDWORKS 软件中，作为正式的 SOLIDWORKS 工程图图框使用。

下面以 CAD A4 竖向图框的导入进行详细的操作介绍。

（1）创建或复制公司的 A4 竖向图框，图框内容需导入在 CAD 的“模型”中，并保证所有内容尽可能在同一个图层中，且保证图框中没有任何图形，如图 16-15 所示，然后将 CAD 图框文件存放在专门的文件夹中。

要点提示

（1）CAD 图框文件的版本不能高于 SOLIDWORKS 2020 版本，如高于 SOLIDWORKS 2020 版本，需要将该图框文件另存为低版本文件。（2）图框的实际最大外形尺寸不能大于 A4 竖向的尺寸（即不能大于 210mm×297 mm），要预留一定的装订尺寸。

（2）打开 SOLIDWORKS 2020，接着在菜单栏中单击〖视图布局〗按钮，弹出〖打开〗对话框。选择“所有文件”的类型，然后选择 A4 竖向图框文件，单击 打开 按钮，如图 16-16 所示。

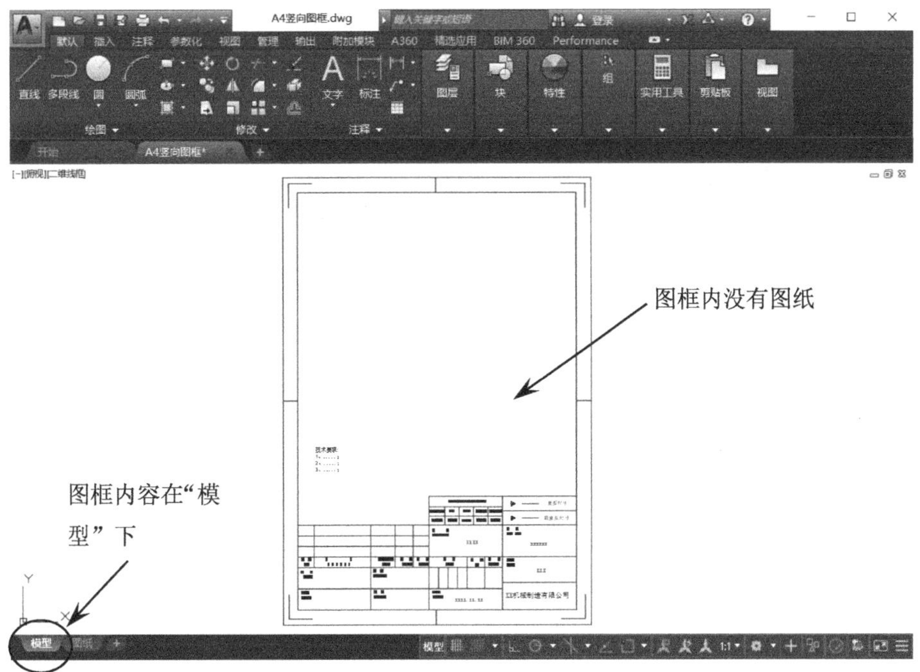

图 16-15　创建或复制 CAD A4 竖向图框

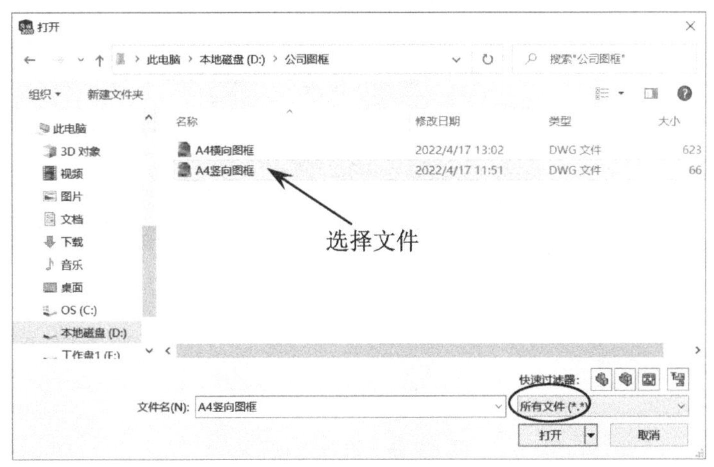

图 16-16　SOLIDWORKS2020 软件中打开 CAD 图框

（3）在弹出的〖警告〗对话框中单击〖确定〗按钮，弹出〖DXF/DWG 输入〗对话框，选择“生成新的 SOLIDWORKS 工程图”和“转换到 SOLIDWORKS 实体”选项，如图 16-17 所示。

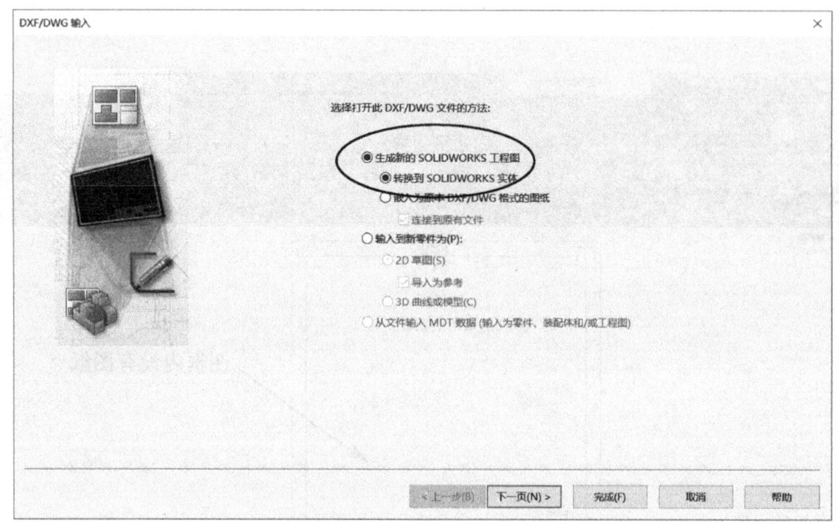

图 16-17　选择选项一

（4）在〖DXF/DWG 输入〗对话框中单击 下一页(N) > 按钮，然后选择如图 16-18 所示的选项。

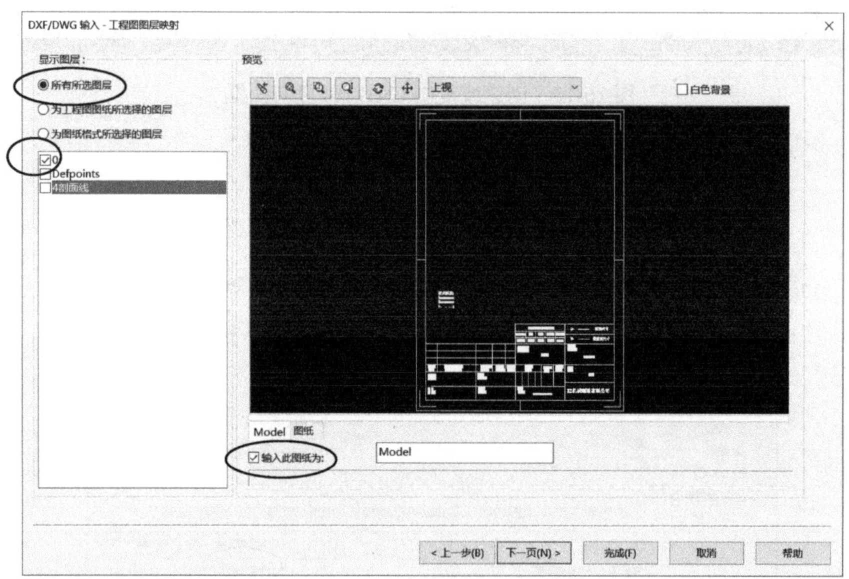

图 16-18　选择选项二

要点提示

CAD 中不同的图层设置，图层名称和图层数量在这里的显示都是不同的，只需要将图框所有的内容显示出来即可。

（5）在〖DXF/DWG 输入〗对话框中单击 下一页(N) > 按钮，然后选择如图 16-19 所示的选项。

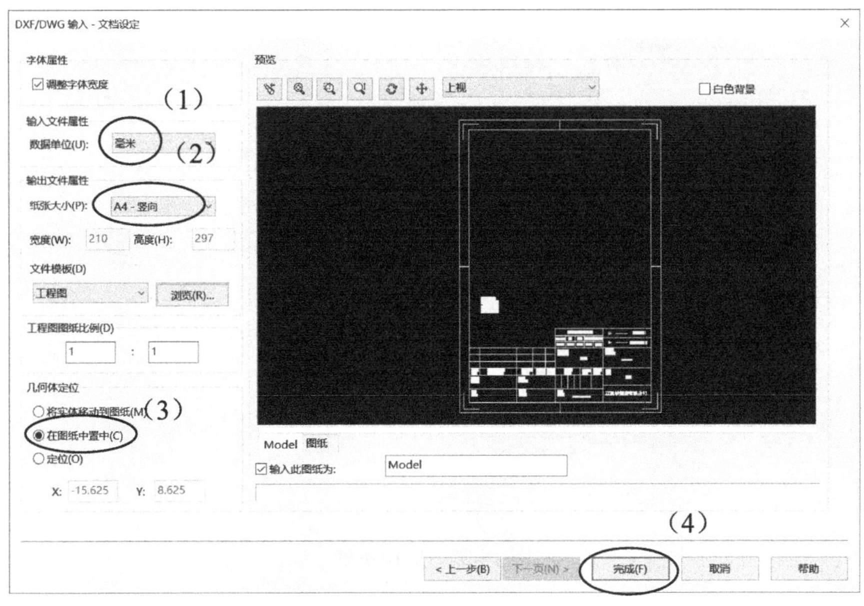

图 16-19　选择选项三

（6）在〖DXF/DWG 输入〗对话框中单击 完成(F) 按钮，可以看到 CAD 图框已经导入，如图 16-20 所示。

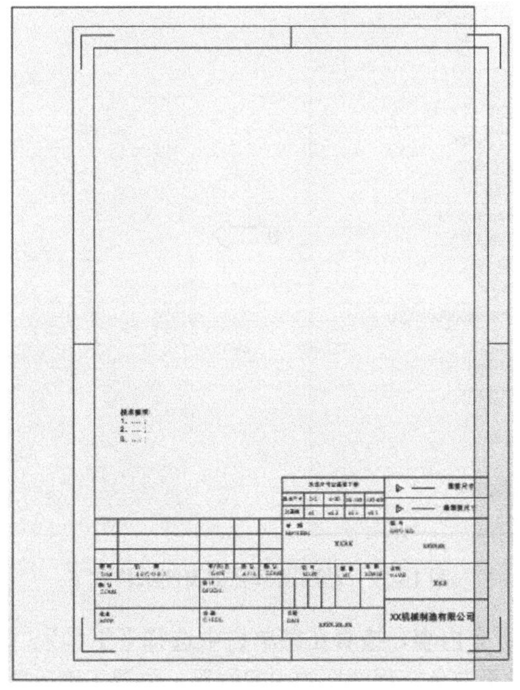

图 16-20　导入 CAD 图框

（7）在界面中框选所有内容，接着在菜单栏中选择〖编辑〗/〖剪切〗命令或直接按 Ctrl+X 键，将图框所有内容剪切，如图 16-21 所示。

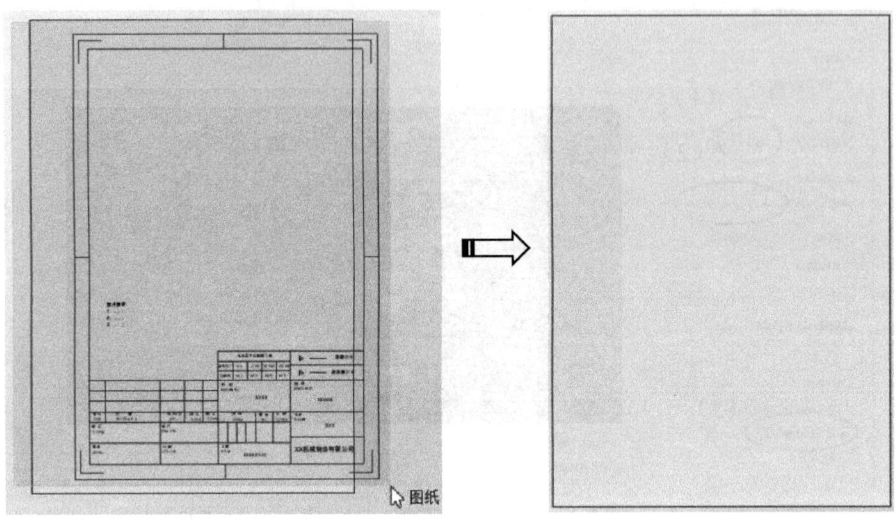

图 16-21　剪切图框

（8）在图框空白处单击鼠标右键，在弹出的〖右键〗菜单中选择“编辑图纸格式”选项，然后在菜单栏中选择〖编辑〗/〖粘贴〗命令或直接按 Ctrl+V 键，将图框所有内容粘贴到“编辑图纸格式”的背景下，如图 16-22 所示。

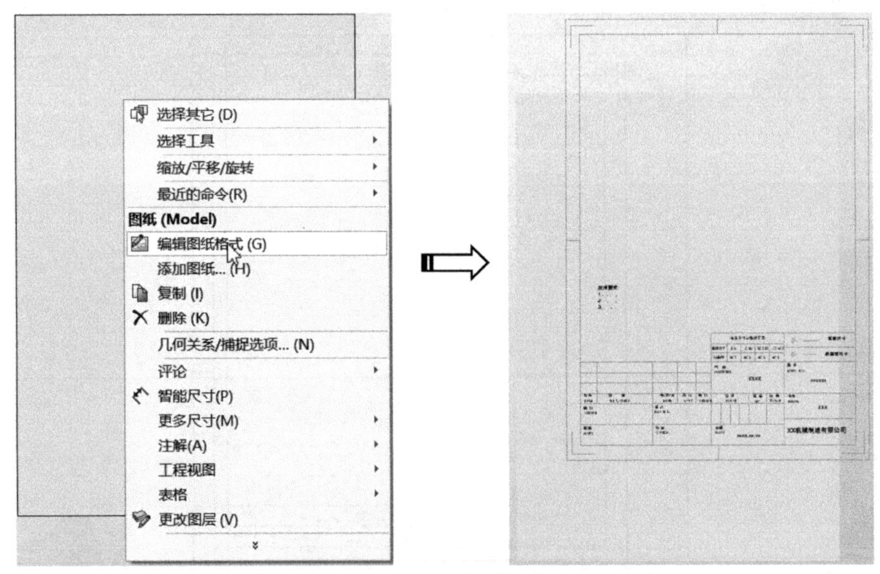

图 16-22　粘贴图框到编辑图纸格式下

（9）在界面中框选所有内容，接着在菜单栏中选择〖工具〗/〖草图工具〗/〖移动〗命令，然后拖动整个图框移至灰色工程图框的中间位置，位置正确后单击鼠标左键，如图 16-23 所示。

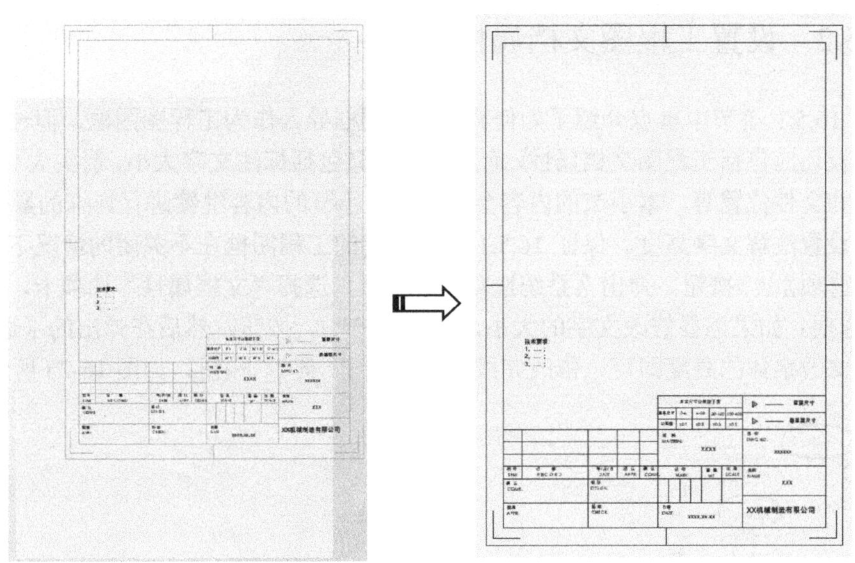

图 16-23　移动图框到中间位置

（10）此时图框处于可编辑的状态。在图框空白处单击鼠标右键，然后在弹出的〖右键〗菜单中选择“编辑图纸”选项，此时图框变为不可编辑状态，如图 16-24 所示。

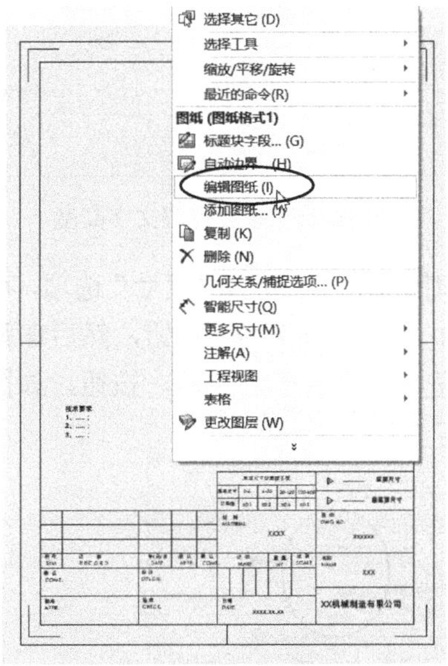

图 16-24　回到编辑图纸状态

图框要设置为“编辑图纸”的状态下，才能进行工程视图的创建。

如果需要导入 CAD A4 横向图框或其他格式的图框，也按照以上方法进行导入。

16.5.2 设置工程图文档属性

本章 16.5.1 小节中重点介绍了如何将 CAD 图框导入作为工程图图框，但一个完整的工程图模板还应包括工程图文档属性，而文档属性又包括标注文字大小、箭头大小、单位、线型粗细和文件位置等，本小节的内容会根据上一小节的内容继续进行详细的操作演示。

（1）设置注解文字高度。保证 16.5.1 小节创建的工程图框在不关闭的情况下，在菜单栏单击〖选项〗按钮，弹出〖系统选项〗对话框，选择“文档属性”选项卡，然后选择“注解”选项。如果需要修改文字的大小，则单击 字体(F)... 按钮，然后在弹出的〖选择字体〗对话框中修改字体的高度即可，修改完成后单击按钮 确定 按钮，如图 16-25 所示。

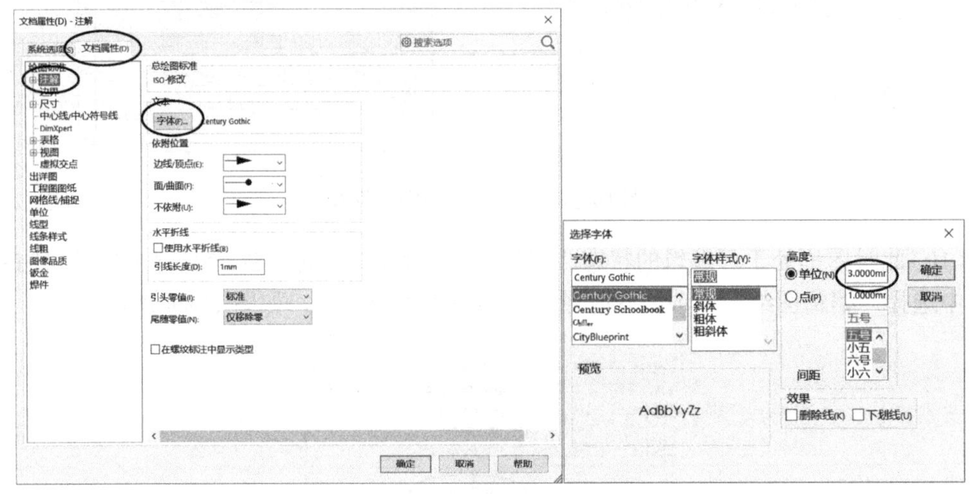

图 16-25 设置注解文字高度

（2）设置标注文字高度和箭头大小。选择“尺寸”选项，可直接修改箭头大小的参数，如果需要修改标注文字的大小，则单击 字体(F)... 按钮，然后在弹出的〖选择字体〗对话框中修改字体的高度即可，修改完成后单击按钮 确定 按钮，如图 16-26 所示。

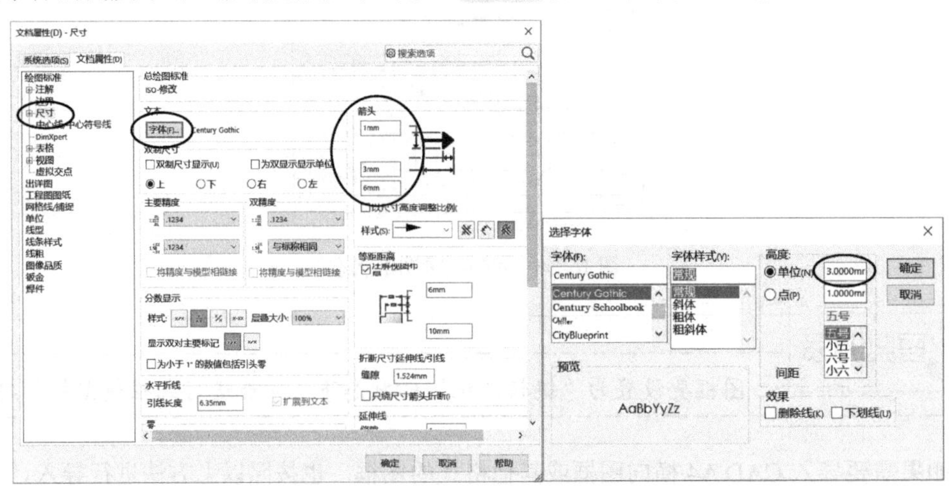

图 16-26 修改标注文字高度和箭头大小

（3）设置单位。选择“单位”选项，然后根据实际需要设置相应的参数，如图 16-27 所示。

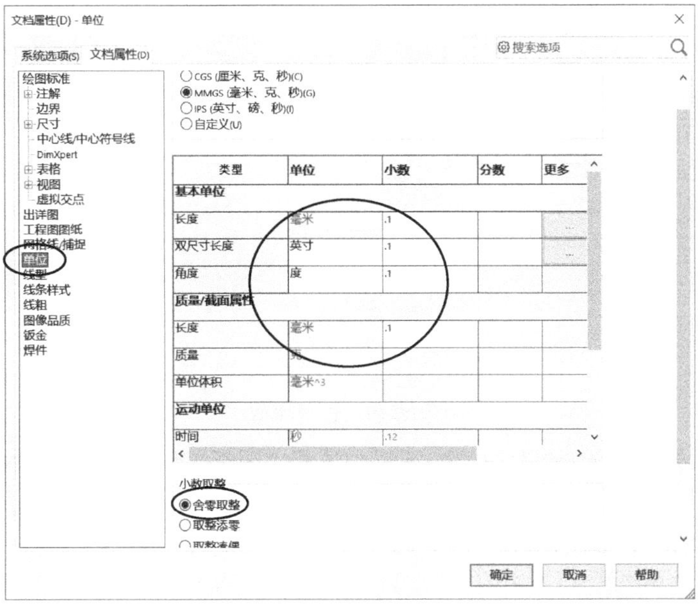

图 16-27　设置单位

（4）设置线粗。选择“线粗”选项，然后根据实际需要设置相应的参数，如图 16-28 所示。

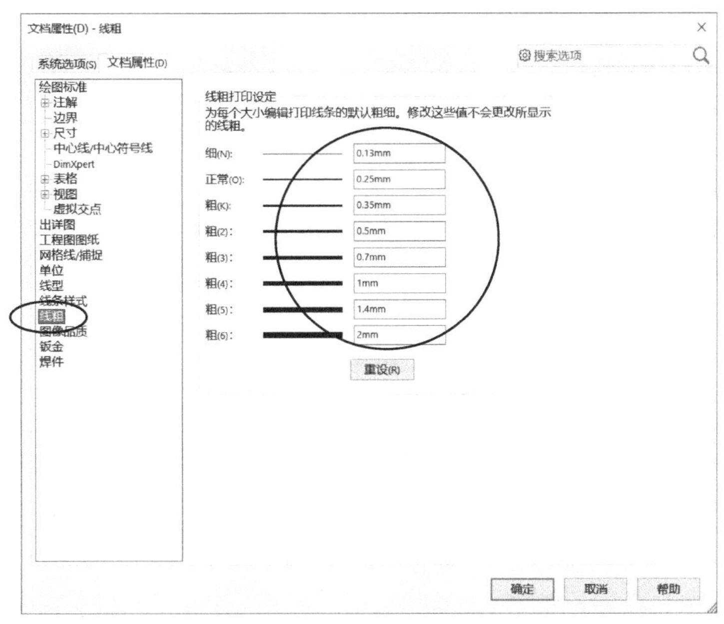

图 16-28　设置线粗

（5）设置线型。选择“线型”选项，然后根据实际需要设置相应的参数，如图 16-29 所示。

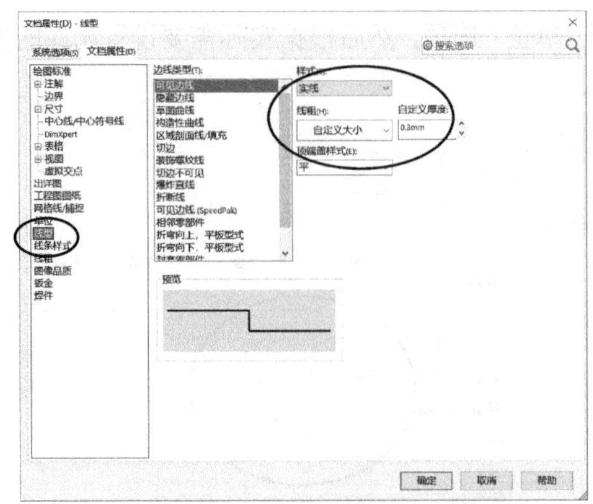

图 16-29　设置线型

（6）删除多余的图纸。在左边的特征树中选择“图纸 1”和“图纸”并单击鼠标右键，在弹出的〖右键〗菜单中选择“删除”命令，然后在弹出的〖确认删除〗对话框中单击两次 是(Y) 按钮，如图 16-30 所示。

图 16-30　删除多余的图纸

（7）设置图纸属性。在左边的特征树中选择“图纸格式 1”并单击鼠标右键，在弹出的〖右键〗菜单中选择“属性”命令，弹出〖图纸属性〗对话框，然后设置如图 16-31 所示的参数。

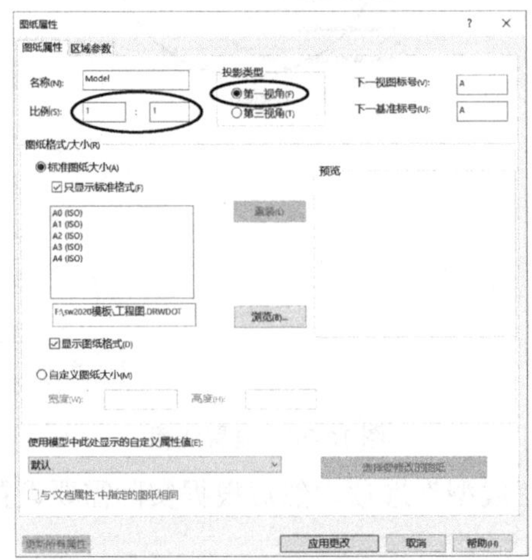

图 16-31　设置图纸属性

（8）保存模板文件。单击 确定 按钮，关闭当前对话框。在菜单栏中选择〖文件〗/〖另存为〗命令，弹出〖另存为〗对话框，首先设置保存类型为“工程图模板（*.drwdot）”，文件名称为“A4竖向图框”，如图16-32所示，单击 保存(S) 按钮。

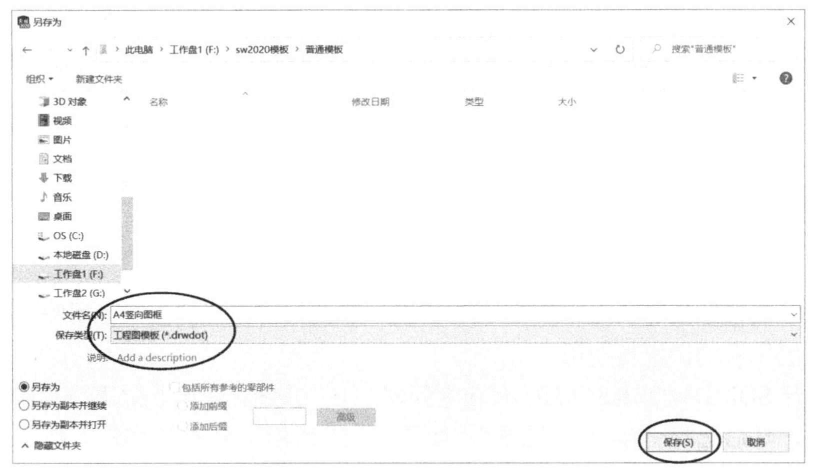

图16-32　保存工程图模板

（1）工程图模板文件的后缀格式为.drwdot；（2）工程图模板的保存路径应该与零件模板的保存路径一致，在同一个文件夹下。

（9）设置文件位置。在菜单栏单击〖选项〗⚙按钮，弹出〖系统选项〗对话框，选择“系统选项”选项卡，再选择“文件位置”选项，然后设置文件夹路径与上一步保存的路径一致，如图16-33所示，单击 确定 按钮退出。

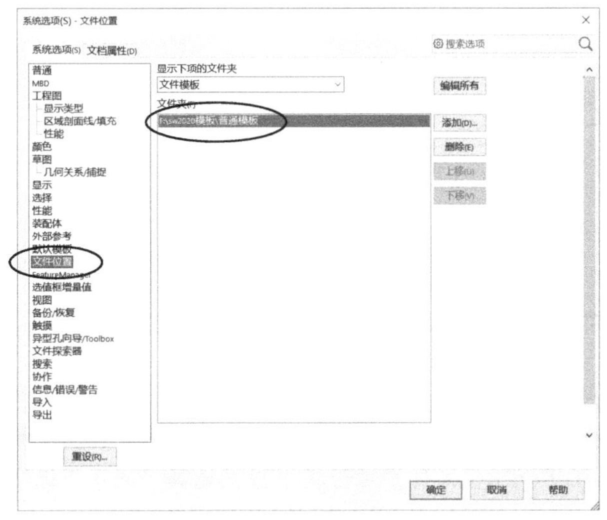

图16-33　设置模板位置

要点提示

通过以上的工程图模板设置，基本将工程图的主要信息设置完成了，但这还不是最完整的工程图模板，一个完整的工程图模板在导出零件创建视图时，会自动显示零件的名称、图号、材料及重量等，这些重要内容将在 16.9 节重点介绍。

16.5.3 如何使用工程图模板

前面已经完整地创建了 A4 竖向图框模板，那么如何将其调出来使用呢？本小节将重点介绍工程图模板的调出与使用。

（1）打开 SOLIDWORKS 2020，单击〖新建〗按钮，弹出〖新建 SOLIDWORKS 文件〗对话框，然后选择“A4 竖向图框”，如图 16-34 所示，单击 确定 按钮。

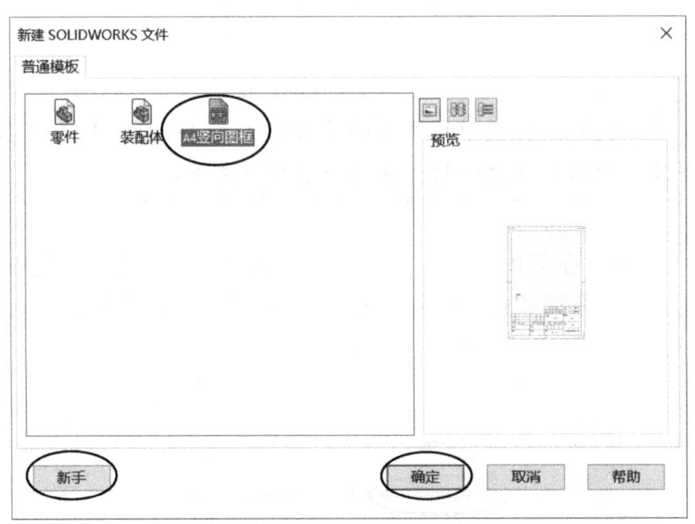

图 16-34　打开工程图模板

要点提示

（1）此处操作不能从系统自动弹出的〖欢迎-SOLIDWORKS〗对话框中单击〖工程图〗按钮进入工程图环境，否则无法选择前面创建的工程图模板，如图 16-35 所示。

（2）〖新建 SOLIDWORKS 文件〗对话框中应该选择“新手”选项，这样才能选择已经创建好的各个模板。

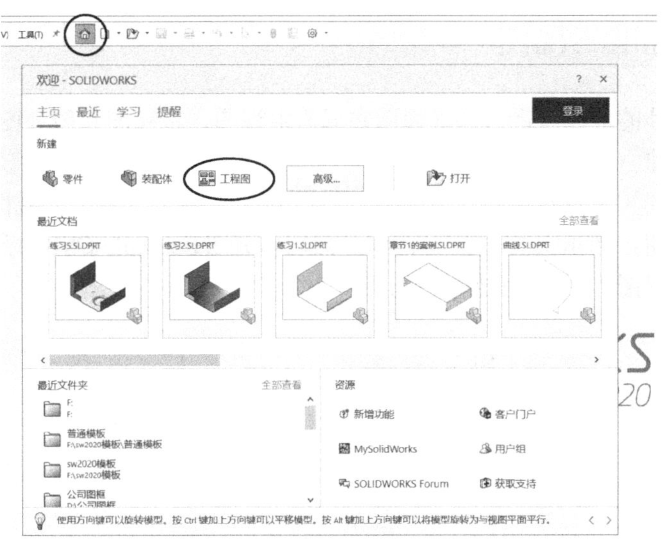

图 16-35 〖欢迎 - SOLIDWORKS〗对话框

（2）A4 竖向图框模板导入成功，如图 16-36 所示，在〖模型视图〗对话框中单击 浏览(B)... 按钮即可选择要创建工程图的零件来创建视图了。

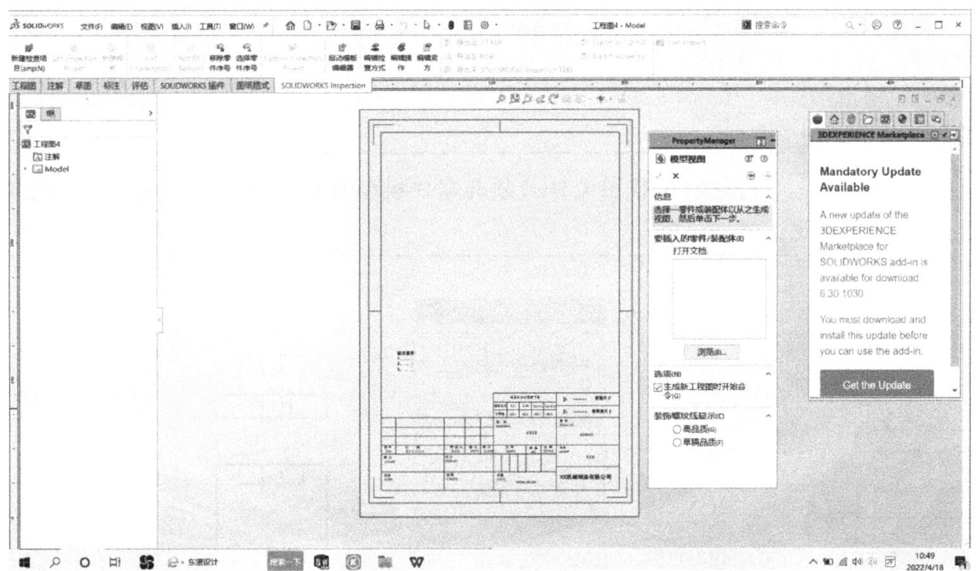

图 16-36 成功导入工程图模板

16.6 视图的创建

SOLIDWORKS 系统提供创建的视图主要有标准三视图、模型视图、投影视图、剖面视图、断开的剖视图、局部视图、断裂视图、辅助视图和剪裁视图。

16.6.1 标准三视图

自动创建零件的 3 个视图（即〖视图布局〗主视图、左视图和俯视图），只用于简单规则零件的视图创建。

在〖视图布局〗工具栏中单击 标准三视图 按钮，弹出〖标准三视图〗对话框。单击 浏览(B)... 按钮，弹出〖打开〗对话框，然后打开〖Example\Ch16\标准三视图〗文件，系统自动创建三视图，如图 16-37 所示。

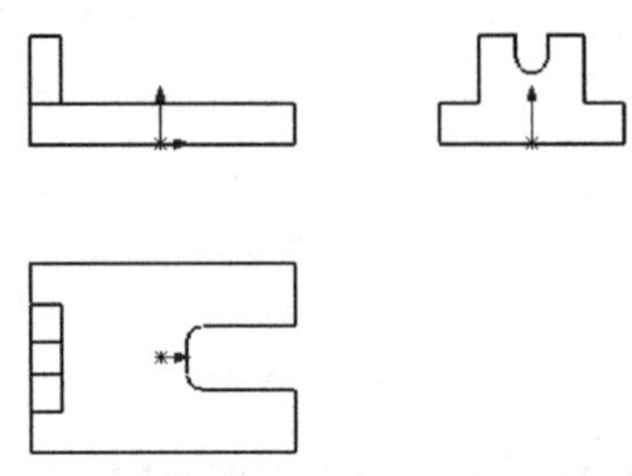

图 16-37　自动创建三视图

如果对自动创建的三视图不满意，可选择该视图，弹出〖工程视图〗对话框，然后重新选择新的视图。选择主视图，并修改当前的主视图为默认的右视图，另外两个视图也会自动修改，如图 16-38 所示。

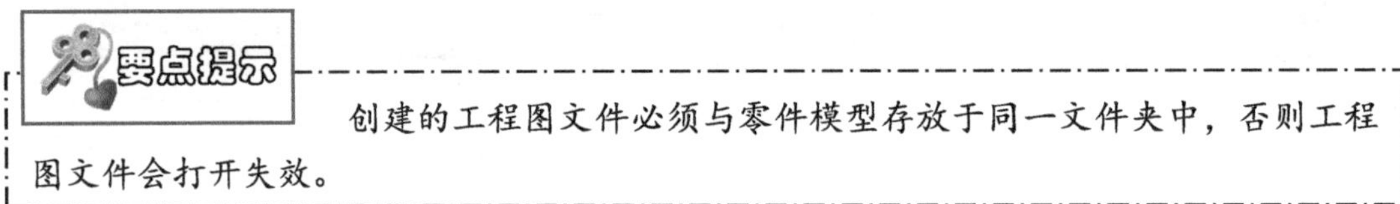

创建的工程图文件必须与零件模型存放于同一文件夹中，否则工程图文件会打开失效。

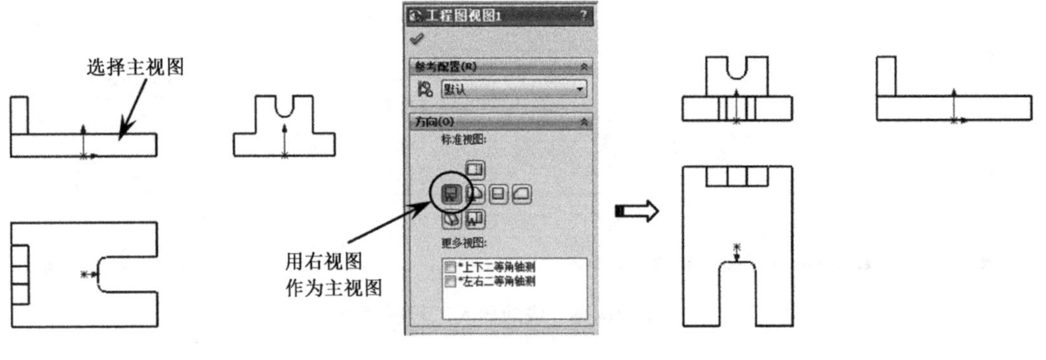

图 16-38　创建三视图 2

16.6.2 模型视图

创建模型的主视图。在〖视图布局〗工具栏中单击 模型视图 按钮，弹出〖模型视图〗对话框。单击 浏览(B)... 按钮，弹出〖打开〗对话框，打开〖Example\Ch16\标准三视图〗

文件，选择视图方式创建主视图并指定视图的摆放位置，如图 16-39 所示。

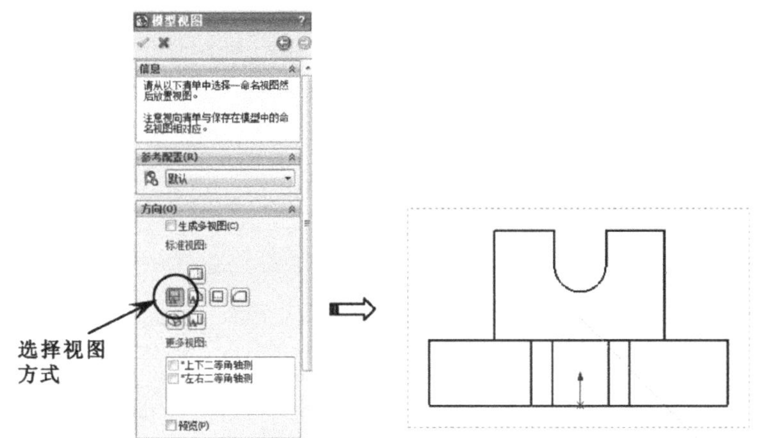

图 16-39　创建模型视图

当指定了第一个视图的位置后，对话框的名称马上变成了“投影视图”，此时可以指定投影视图的位置创建投影视图，如图 16-40 所示。如果不需要创建投影视图，可按 Esc 键退出。

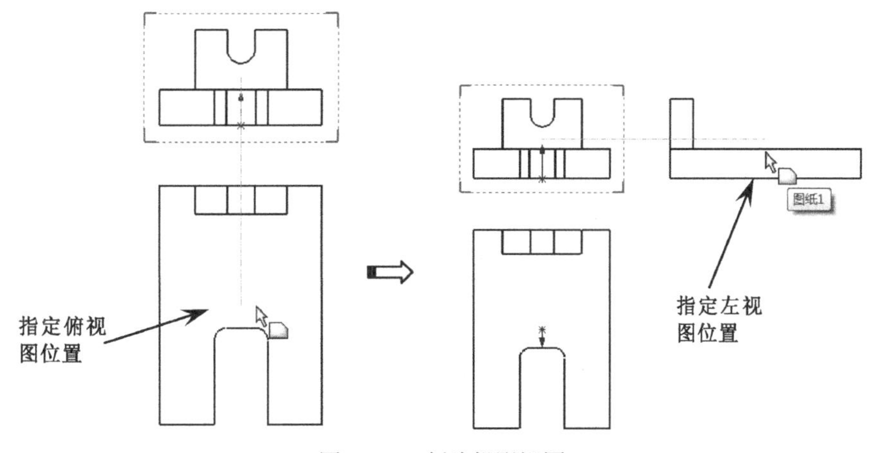

图 16-40　创建投影视图

16.6.3　投影视图

投影视图是根据已有的视图正交投影所生成的视图。创建投影视图前，应确定〖图纸属性〗对话框中设置的投影类型是“第一视角”还是“第三视角”，对于出图这点很重要。下面详细介绍投影视图的创建方法。

（1）在 SOLIDWORKS 初始界面中单击〖打开〗按钮，选择〖Example\Ch16\投影视图〗文件并打开，如图 16-41 所示。

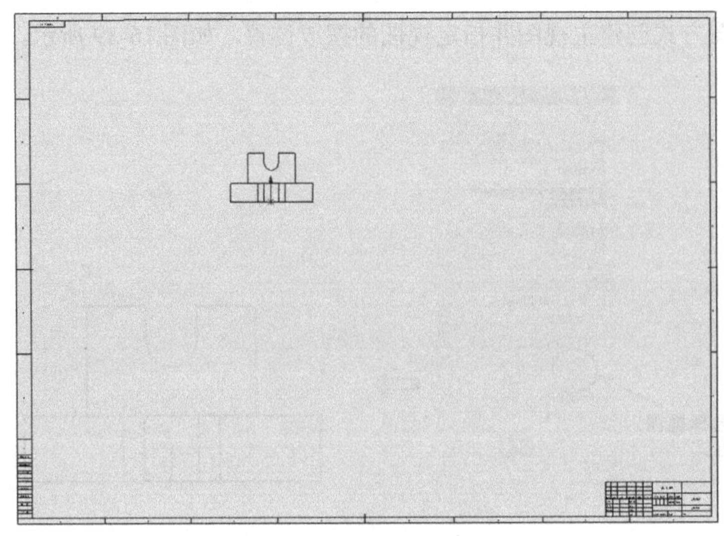

图 16-41　打开投影视图文件

（2）在〖视图布局〗工具栏中单击 投影视图 按钮，弹出〖投影视图〗对话框，选择需要创建投影的视图，然后指定视图的摆放位置，如图 16-42 所示。

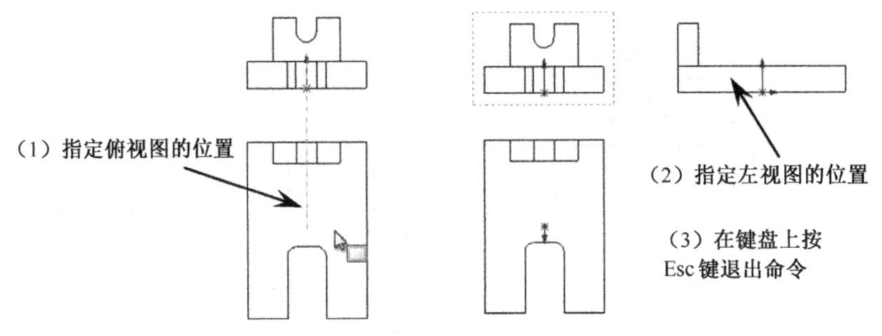

图 16-42　创建投影视图

如果在创建投影视图的过程中，不想为默认的视图创建投影视图，可以先选择要创建投影视图的其他视图。

（3）修改视图视角。在左边的文件管理区中选择“图纸 1”并单击鼠标右键，在弹出的右键菜单中选择〖属性〗命令，弹出〖图纸属性〗对话框，然后修改投影类型为“第三视角”，单击 确定 按钮，如图 16-43 所示。

工程师点评：

创建零件的投影视图并不是越多越好，只要能完全表达零件的尺寸及图素之间的位置关系即可。像一些简单的轴类零件，往往只有一个视图。

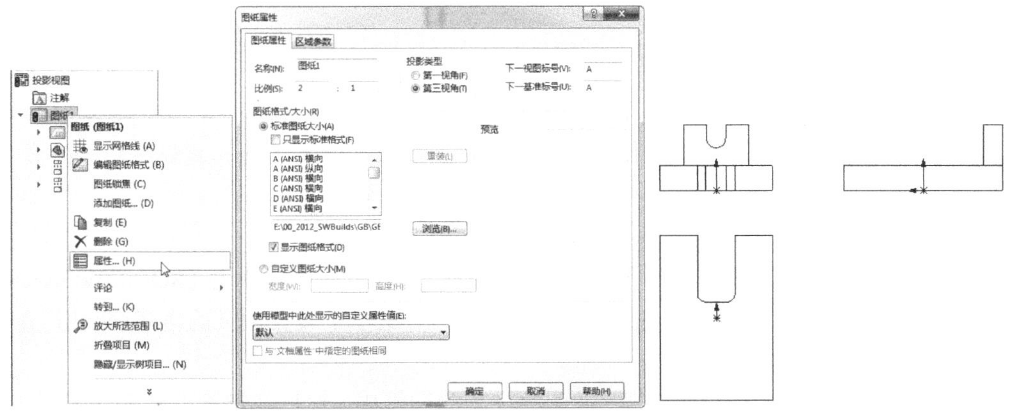

图 16-43　修改视图视角

16.6.4　剖面视图

剖面视图通过一条剖切线切割“父视图”而生成，利用剖面视图命令可以创建全剖视图、半剖视图、阶梯剖视图和旋转剖视图。

1. 全剖视图

在〖视图布局〗工具栏中单击 剖面视图 按钮，弹出〖剖面视图〗对话框。首先选择剖切线的形式，接着移动光标到需要创建剖面的视图，然后捕捉剖切中心并指定视图的摆放位置。下面详细介绍全剖视图的创建方法。

（1）在 SOLIDWORKS 初始界面中单击〖打开〗按钮，选择〖Example\Ch16\全剖视图〗文件并打开，进入零件界面，如图 16-44 所示。

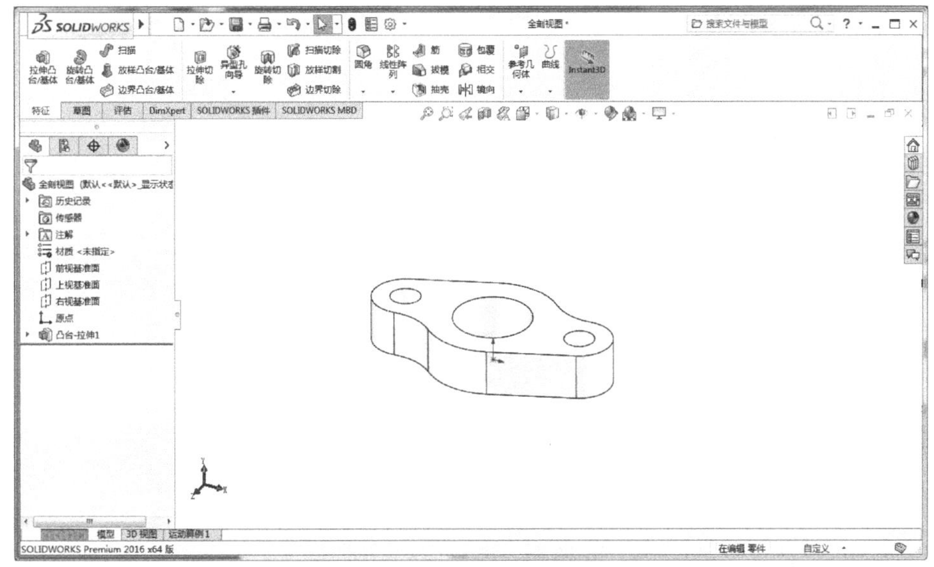

图 16-44　打开文件

这里的目的主要是介绍一种直接从零件界面进入工程图界面的方法，希望读者掌握并应用。

（2）在主菜单栏中选择〖文件〗/〖从零件制作工程图〗命令，弹出〖SOLIDWORKS〗对话框，单击 确定 按钮，然后在的〖图纸格式/大小〗对话框中设置图纸的格式，单击 确定 按钮，如图 16-45 所示。

（3）从右边的视图中选择“上视”视图并拖动到图框中，然后在键盘上按 Esc 键退出，如图 16-46 所示。

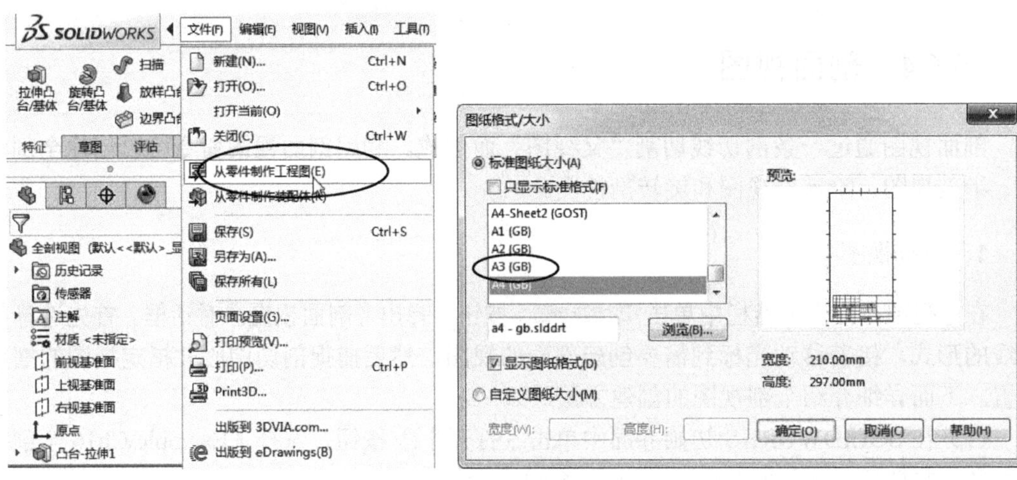

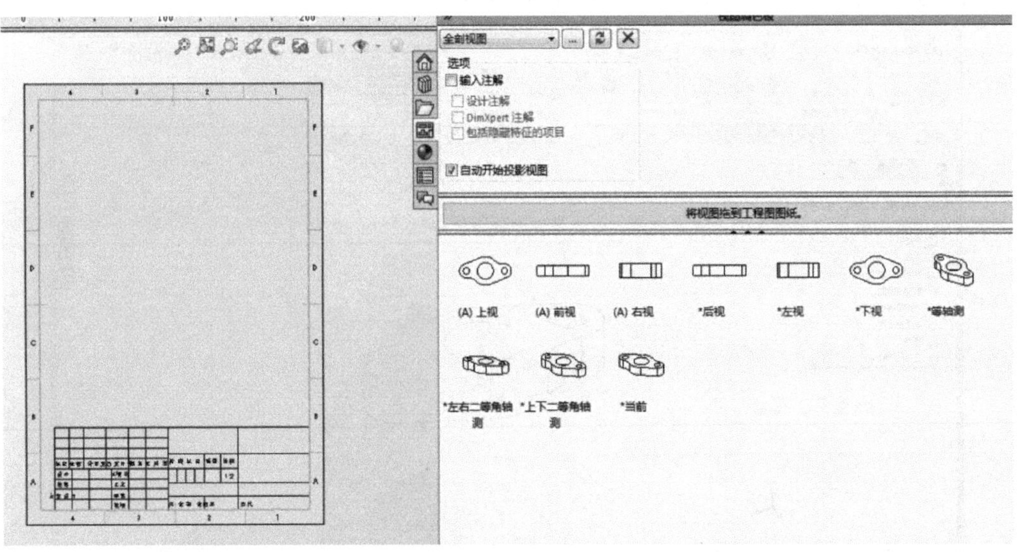

图 16-45 进入工程图界面

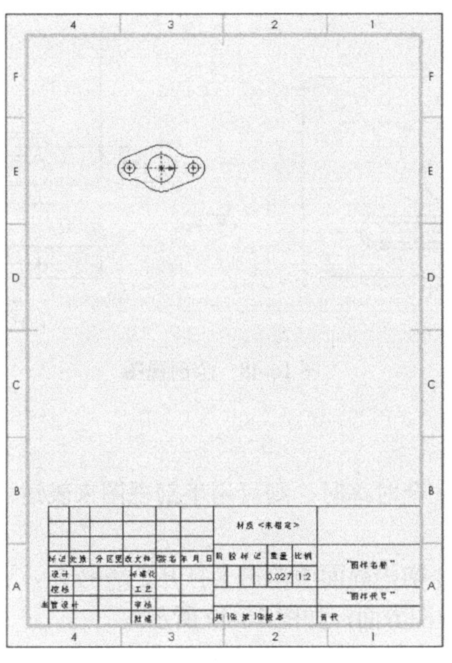

图 16-46　拖动视图到图框

（4）在〖视图布局〗工具栏中单击〖剖面视图〗按钮，弹出〖剖面视图辅助〗对话框，然后根据图 16-47 所示的步骤进行操作，最后按 Esc 键退出。

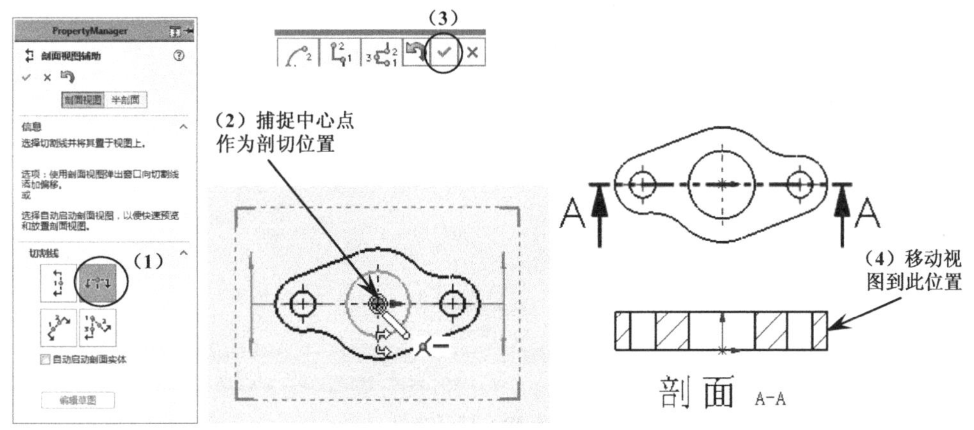

图 16-47　创建全剖视图

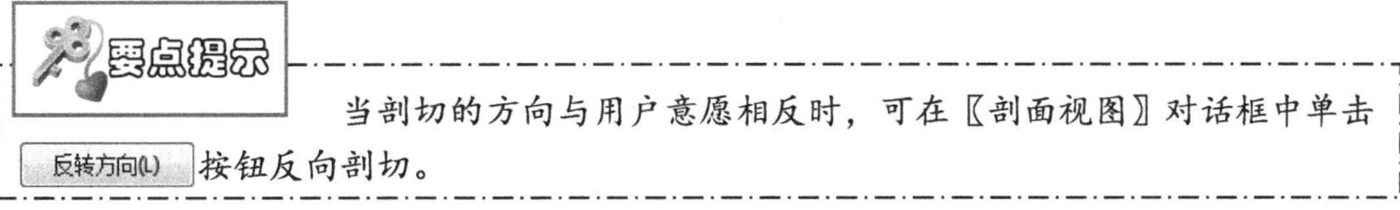

当剖切的方向与用户意愿相反时，可在〖剖面视图〗对话框中单击 反转方向(L) 按钮反向剖切。

当需要剖切的位置不在图形的中心上时，可捕捉视图上的任意位置作为剖切点，如图 16-48 所示。

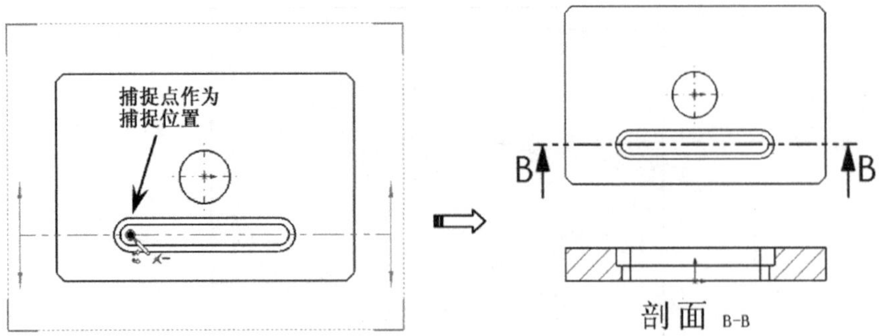

图 16-48　全剖视图

2．半剖视图

当零件关于某一平面完全对称时，则可用半剖视图来表达。下面详细介绍半剖视图的创建方法。

（1）在 SOLIDWORKS 初始界面中单击〖打开〗按钮，选择〖Example\Ch16\半剖视图〗文件并打开，进入工程图界面，如图 16-49 所示。

（2）在〖视图布局〗工具栏中单击〖剖面视图〗按钮，弹出〖剖面视图〗对话框，然后根据图 16-50 所示的步骤进行操作。

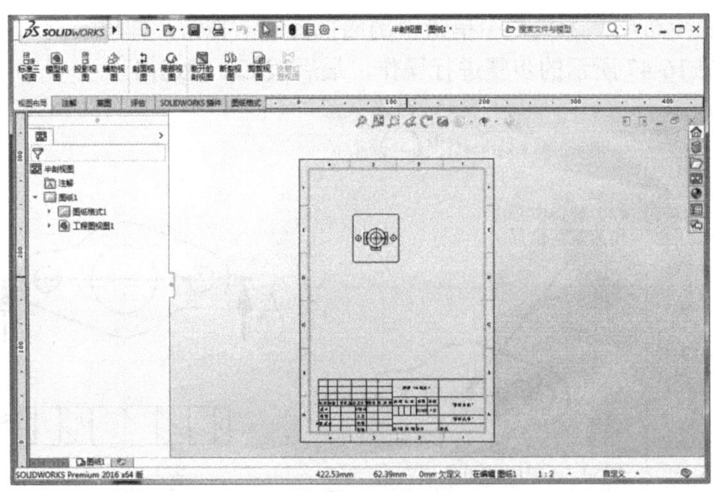

图 16-49　打开文件

3．阶梯剖视图

机械制图中的阶梯剖视图同样可以使用〖剖面视图〗命令进行创建。首先使用〖草图〗工具栏中的〖直线〗命令创建剖切线（多条连接的直线），接着选择剖切线并单击鼠标右键，在弹出的右键菜单中选择〖工程图〗/〖剖面视图〗命令，即可创建阶梯剖面视图。下面详细介绍剖视图的创建方法。

（1）在 SOLIDWORKS 初始界面中单击〖打开〗按钮，选择〖Example\Ch16\半剖视图〗文件并打开，进入工程图界面，如图 16-51 所示。

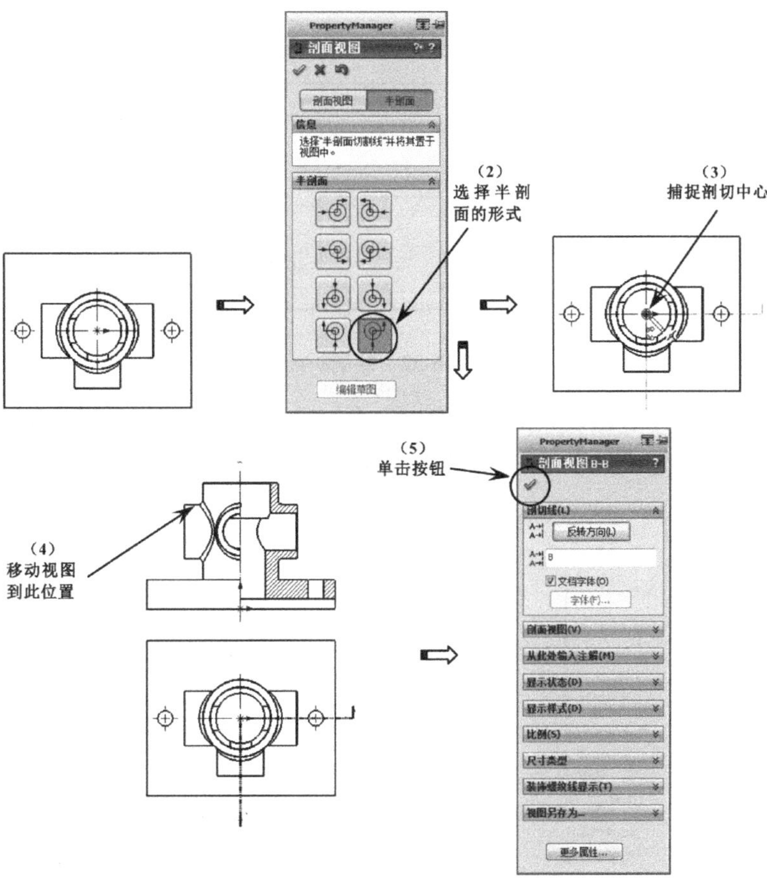

图 16-50　创建半剖视图

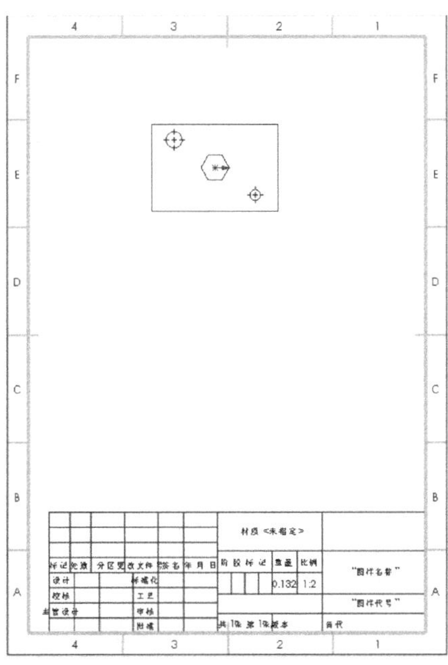

图 16-51　打开文件

（2）切换到草图环境，然后使用〖直线〗命令创建如图 16-52 所示的连续折线。

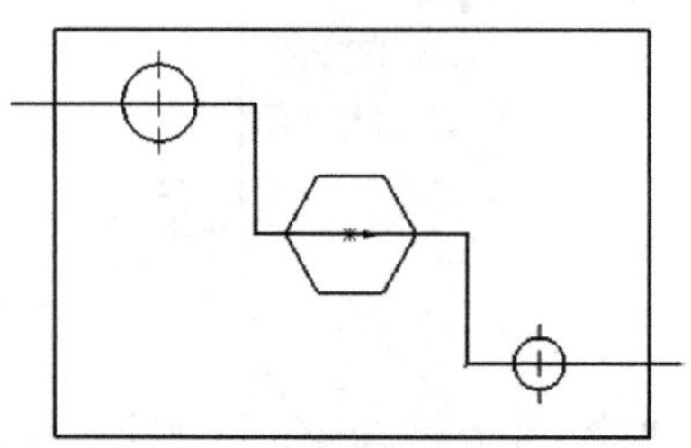

图 16-52　绘制折线

（3）选择折线并单击鼠标右键，在弹出的〖右键〗菜单中选择〖工程视图〗/〖剖面视图〗命令，然后根据图 16-53 所示的步骤进行操作。

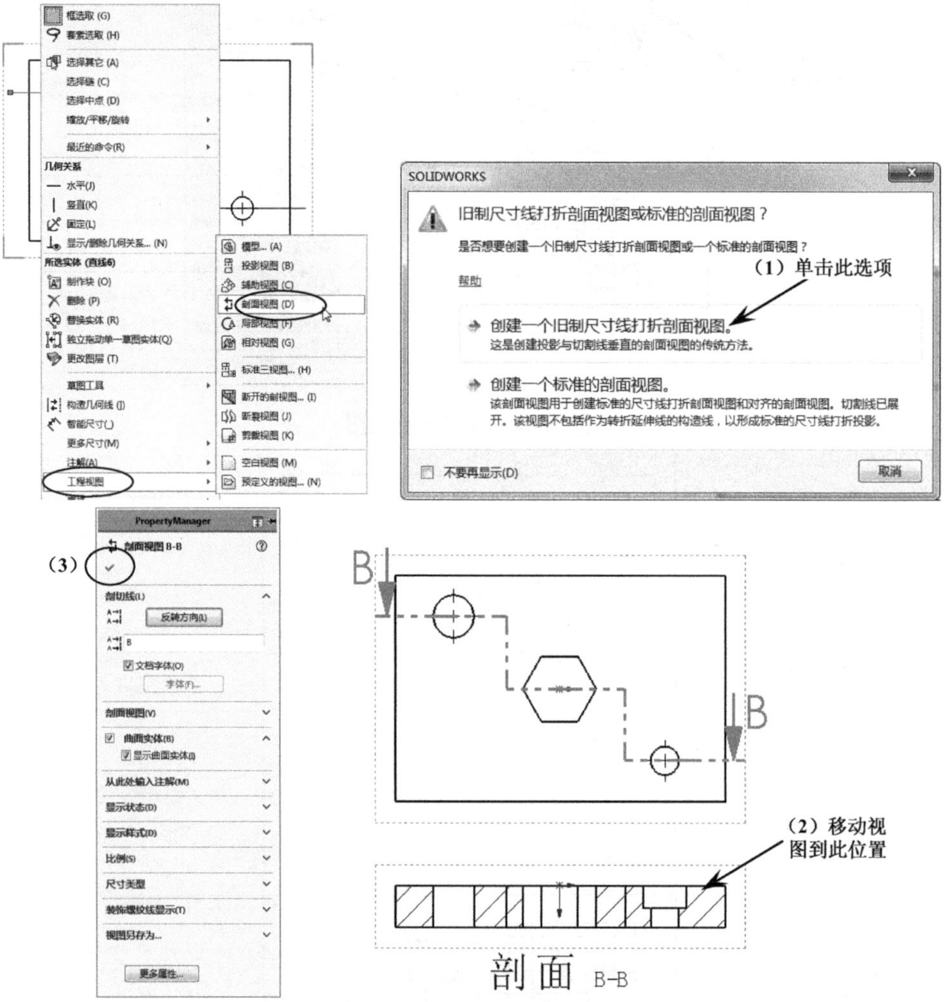

图 16-53　创建阶梯剖视图

4．旋转剖视图

旋转剖视图的创建方法与阶梯剖视图的创建方法非常相似，首先在工程图环境中创建剖切线。下面通过简单的实例介绍旋转剖视图的创建方法。

（1）在 SOLIDWORKS 初始界面中单击〖打开〗按钮，选择〖Example\Ch16\旋转剖视图〗文件并打开，进入工程图界面，如图 16-54 所示。

（2）切换到草图环境，然后使用〖直线〗命令创建如图 16-55 所示的两条直线。

（3）选择其中一条直接并单击鼠标右键，在弹出的〖右键〗菜单中选择〖工程视图〗/〖剖面视图〗命令，然后移动视图到指定的位置，如图 16-56 所示。

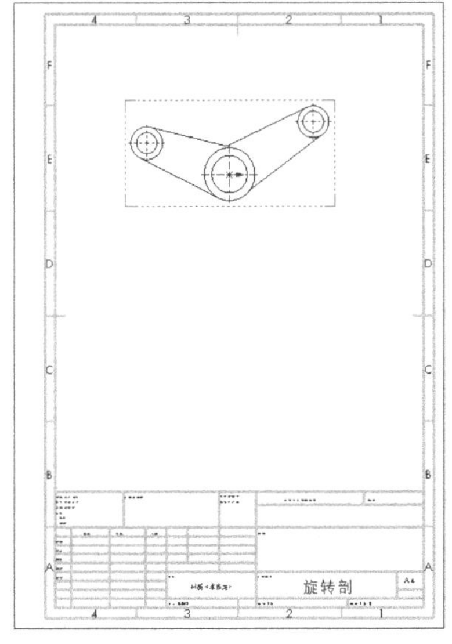

图 16-54　打开文件

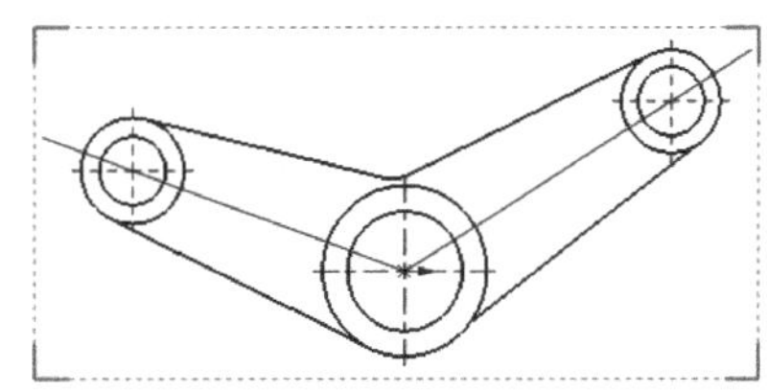

图 16-55　绘制两直线

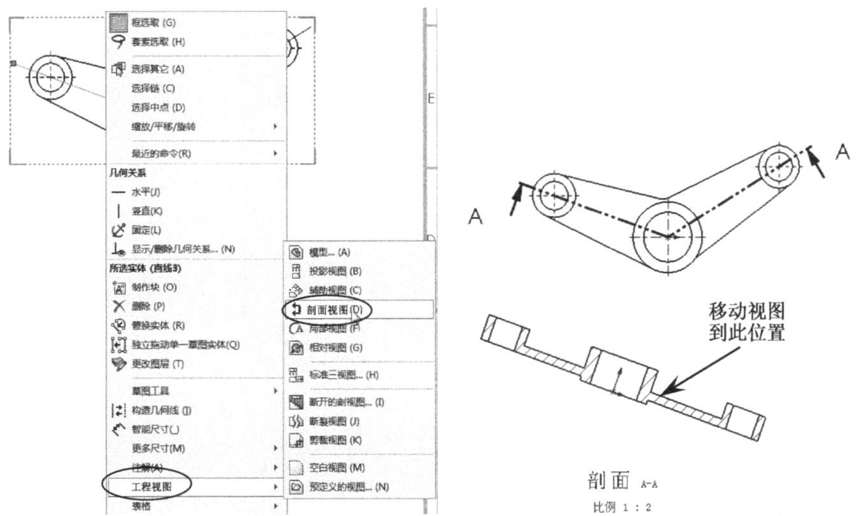

图 16-56　创建旋转剖视图

创建旋转剖视图时，选择的剖切线对创建旋转剖视图的结果会有影响，如图 16-57 所示。

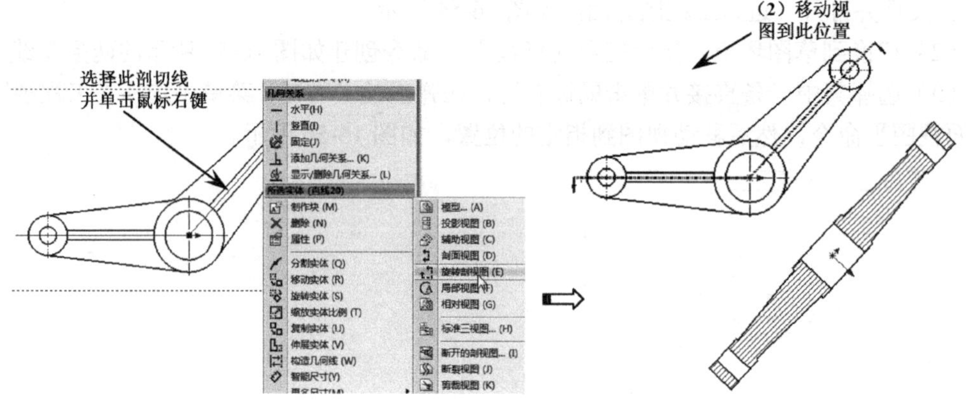

图 16-57　选择的剖切线对旋转剖视图结果的影响

16.6.5　断开的剖视图（局部剖视图）

通过创建截面形状和指定剖切深度创建零件的局部剖视图或半剖视图，而截面形状可以是由样条曲线创建的封闭轮廓，也可以是由草图功能创建的任意封闭形状。下面通过简单的实例介绍断开剖视图的创建方法。

（1）在 SOLIDWORKS 初始界面中单击〖打开〗按钮，选择〖Example\Ch16\断开的剖视图〗文件并打开，进入工程图界面，如图 16-58 所示。

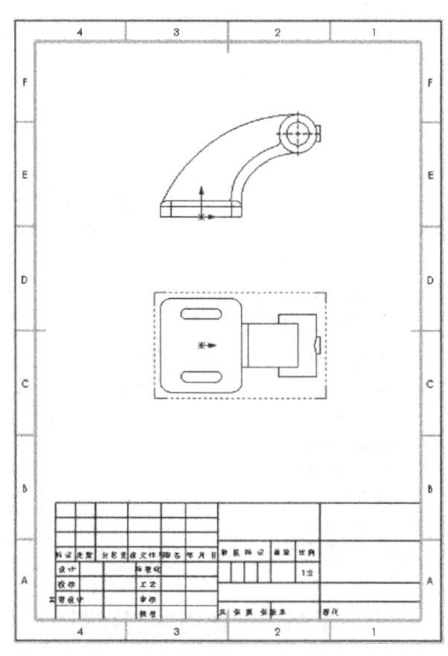

图 16-58　打开文件

（2）在〖视图布局〗工具栏中单击 断开的剖视图 按钮，根据系统提示创建如图 16-59 所示的封闭样条曲线，然后输入剖切的深度值，单击〖确定〗 按钮。

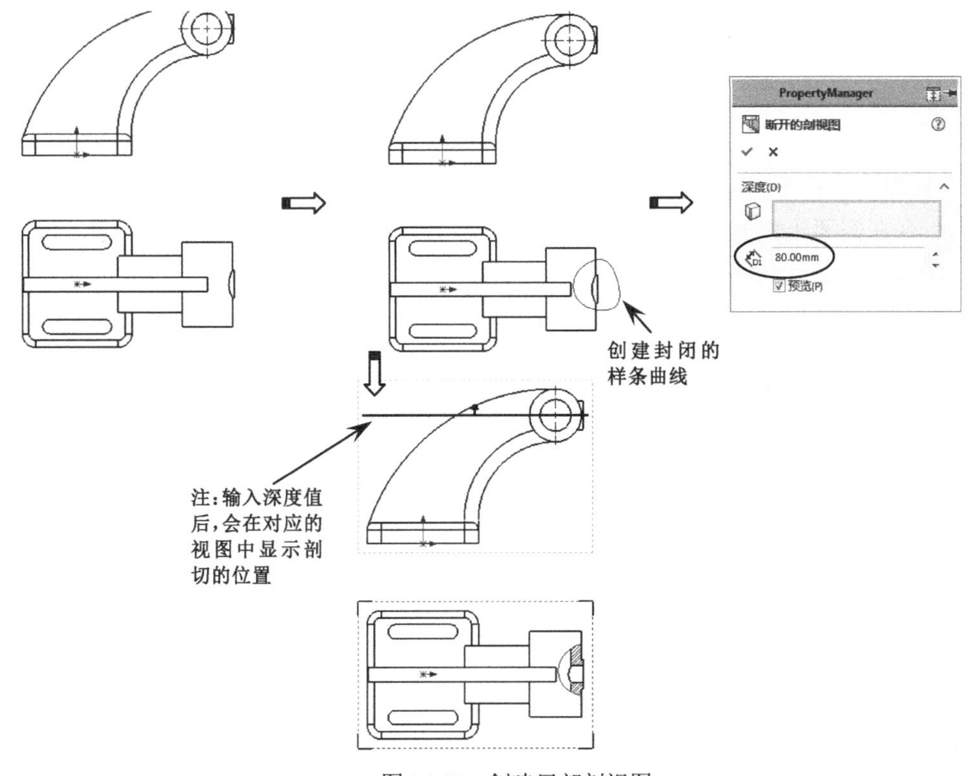

图 16-59　创建局部剖视图

要点提示

创建局部剖视图时，如果清楚剖切的深度值，可以直接输入剖切深度值即可；如果不清楚剖切的深度值，可在对应的投影视图中选择相关的图形（多数为圆、圆弧或直线）即可创建正确的剖切，如图 16-60 所示。

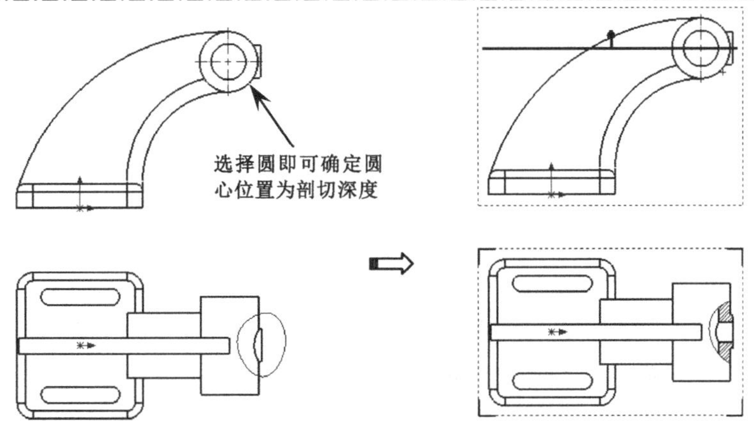

图 16-60　通过选择图形确定剖切深度

要点提示

当单击 断开的剖视图 按钮进行局部剖视图的创建时，只能通过创建样条曲线来确定剖切形状。另外，也可先使用〖草图〗命令创建其他形状的封闭剖切线，然后再单击 断开的剖视图 按钮进行局部剖视图的创建。

当零件需要创建半剖视图时，也可以使用〖断开的剖视图〗命令进行创建。首先使用〖草图〗命令在需要半剖的位置创建一个矩形，接着选择剖切线并单击鼠标右键，然后在弹出的右键菜单中选择〖工程图〗/〖断开的剖视图〗命令，即可创建半剖视图，如图 16-61 所示。

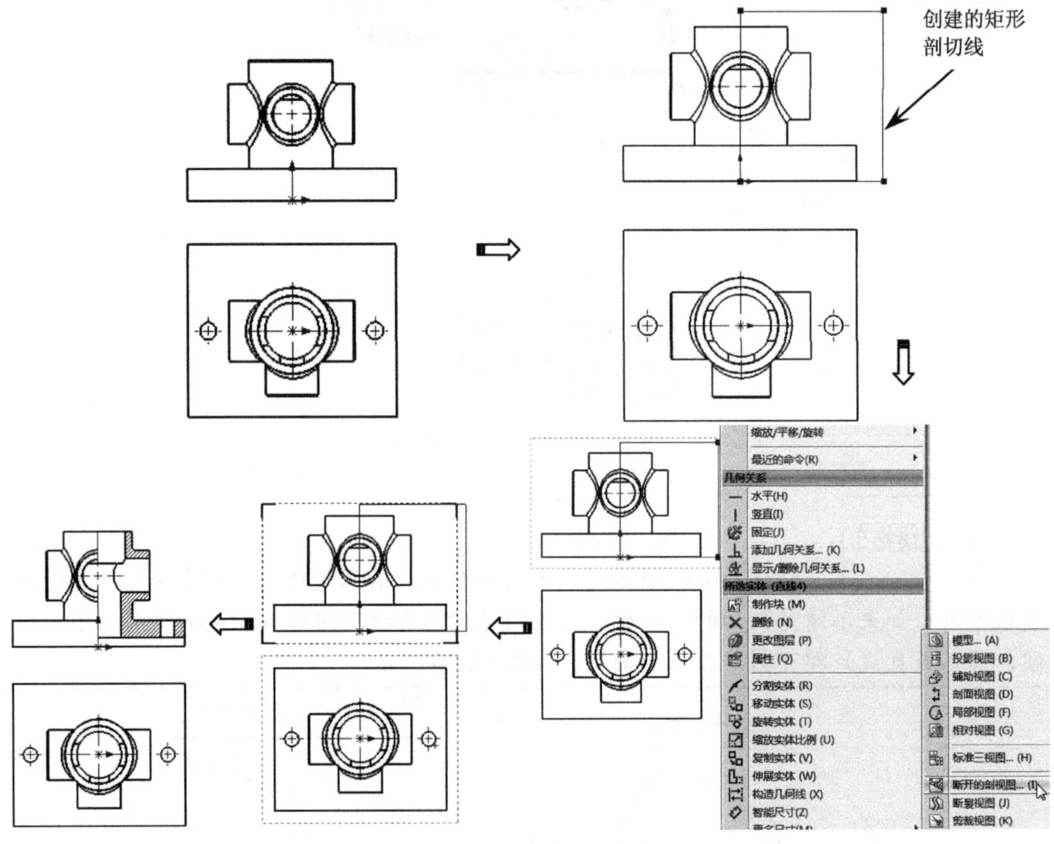

图 16-61　创建半剖视图

16.6.6　局部视图（放大视图）

局部视图（放大视图）是一种派生视图，主要用于显示父视图中某一局部的形状，并采用放大比例的形式显示。下面通过简单的实例介绍局部视图的创建方法。

（1）在 SOLIDWORKS 初始界面中单击〖打开〗按钮，选择〖Example\Ch16\局部视图〗文件并打开，进入工程图界面，如图 16-62 所示。

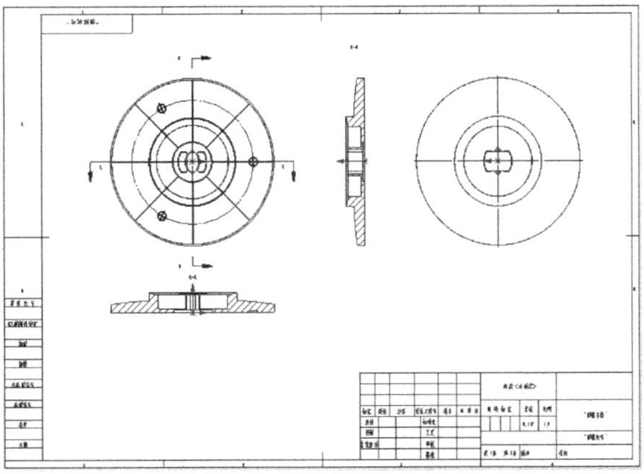

图 16-62　打开文件

（2）在〖视图布局〗工具栏中单击 局部视图 按钮，弹出〖局部视图〗对话框。首先在需要放大的部位创建一个圆，然后指定视图的摆放位置和设置放大比例值即可，如图 16-63 所示，最后单击〖确定〗✔ 按钮。

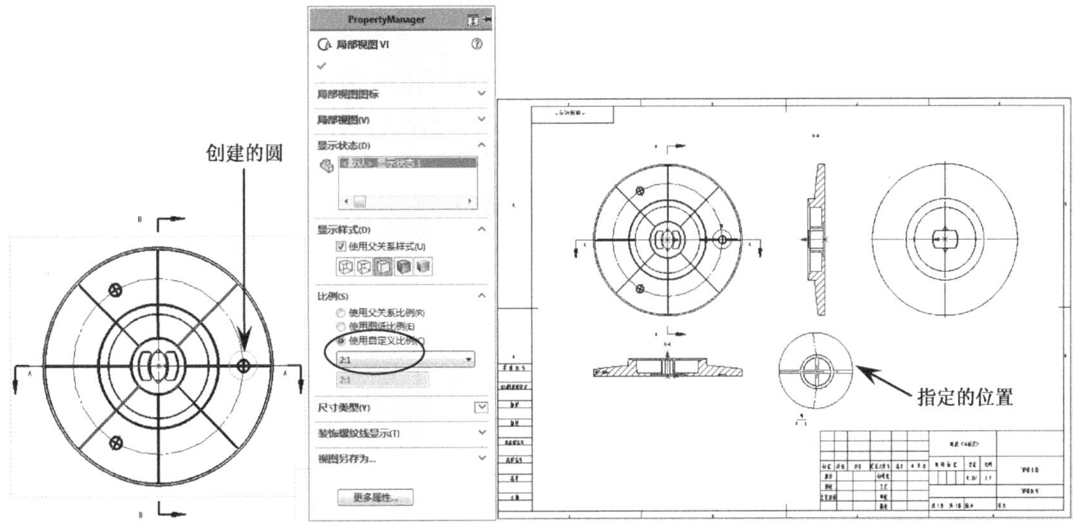

图 16-63　创建局部视图（放大视图）

16.6.7　断裂视图

断裂视图主要用于表达一些较长或较高的零件，用断裂线将其断开，这样就可以将零件以较大的比例显示在工程图纸上。

在〖视图布局〗工具栏中单击 断裂视图 按钮，弹出〖断裂视图〗对话框。首先选择需要断裂的视图，然后指定两折断线的位置和缝隙大小，如图 16-64 所示，最后单击〖确定〗✔ 按钮。

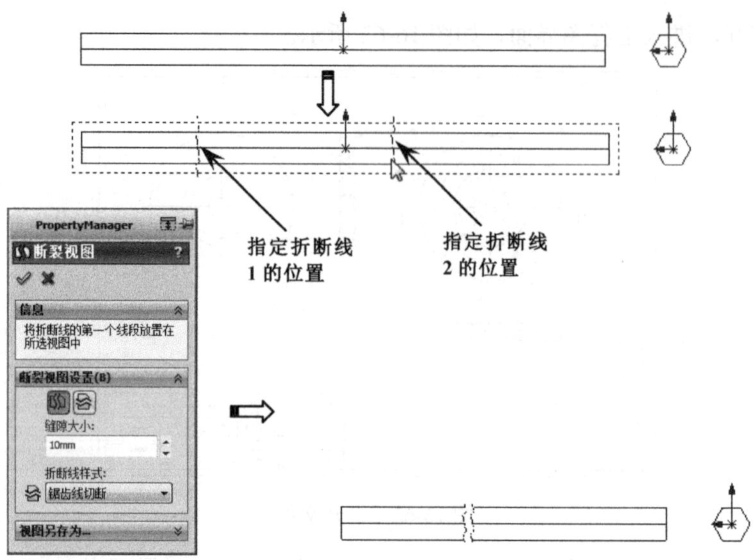

图 16-64　创建断裂视图

16.6.8　辅助视图

通过指定参考边来确定投影方向，从而创建类似于投影视图的视图，使工程图的视角表达更加丰富直观。下面通过简单的实例介绍辅助视图的创建方法。

（1）在 SOLIDWORKS 初始界面中单击〖打开〗按钮，然后选择〖Example\Ch16\辅助视图〗文件并打开，进入工程图界面，如图 16-65 所示。

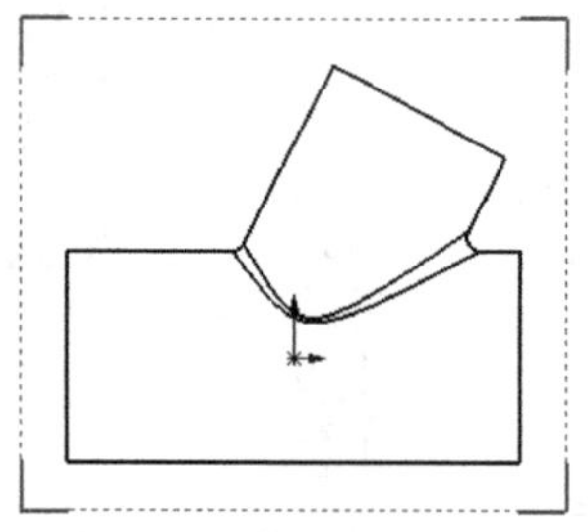

图 16-65　打开文件

（2）在〖视图布局〗工具栏中单击 辅助视图 按钮，弹出〖辅助视图〗对话框。首先选择边线确定投影方向，然后指定视图的摆放位置，如图 16-66 所示，最后单击〖确定〗按钮。

要点提示

当零件形状较复杂、需要表达的地方较多，而图框又没有足够的空间布置这么多视图时，就需要使用“辅助视图”的功能单独表达某个部位；也有一些零件部位处于特定角度上，需要使用“辅助视图”功能单独表达。

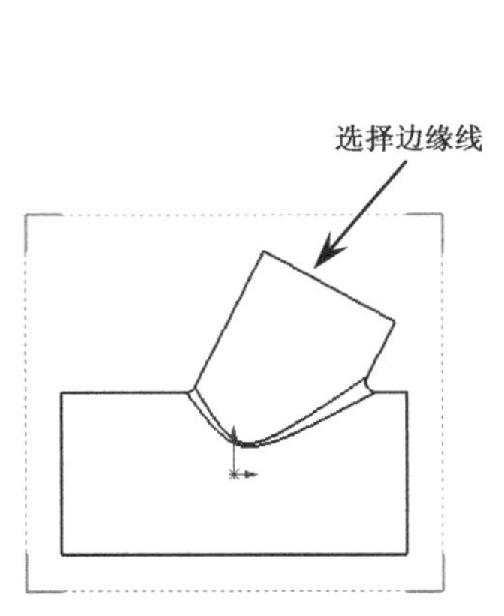

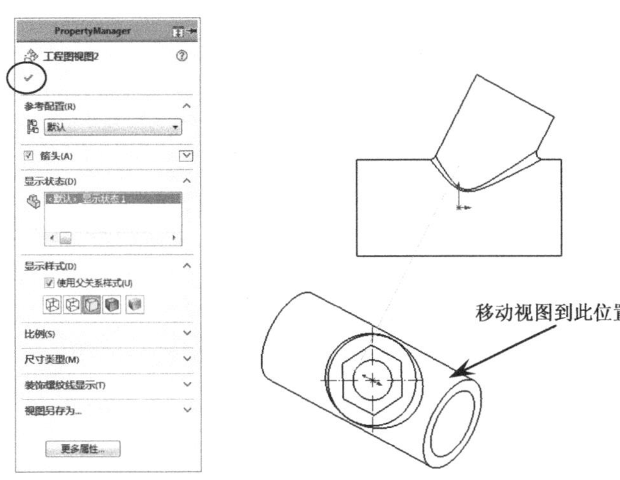

图 16-66　创建辅助视图

16.6.9　剪裁视图

通过创建封闭的草图轮廓，将草图轮廓外的视图剪裁掉。当零件的结构较复杂，有多个视角需要表达清楚时，经常需要使用〖剪裁视图〗命令对视图进行剪裁，只保留需要重点表达的部位。下面通过简单的实例介绍剪裁视图的创建方法。

（1）在 SOLIDWORKS 初始界面中单击〖打开〗按钮，选择〖Example\Ch16\剪裁视图〗文件并打开，进入工程图界面，如图 16-67 所示。

（2）进入草图环境，然后使用圆命令创建如图 16-68 所示的圆。

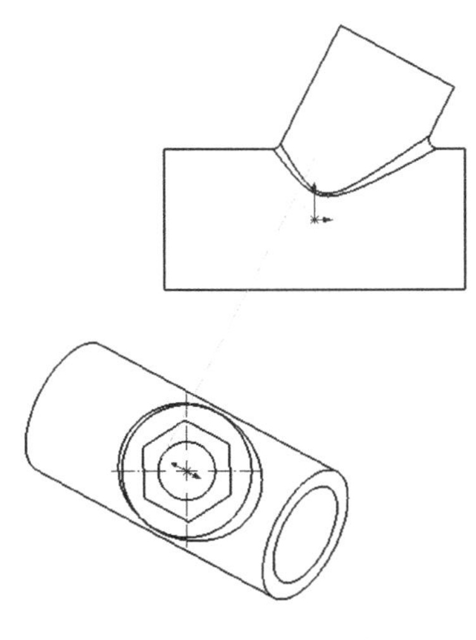

图 16-67　打开文件

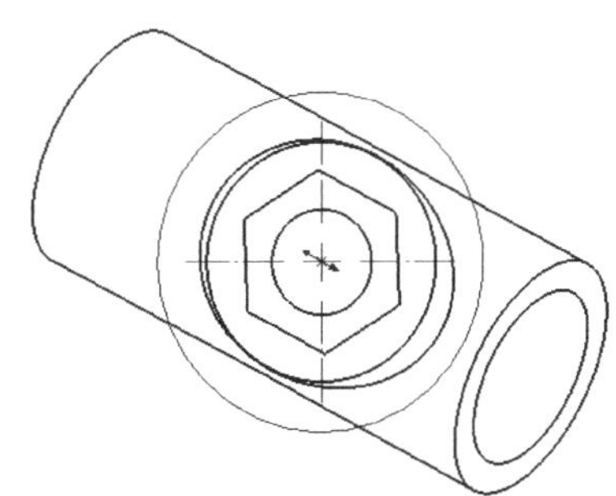

图 16-68　创建剪裁轮廓

（3）选择上一步创建的圆并单击鼠标右键，在弹出的〖右键〗菜单中选择〖工程视图〗/〖裁剪视图〗命令，即可进行视图的裁剪，如图 16-69 所示。

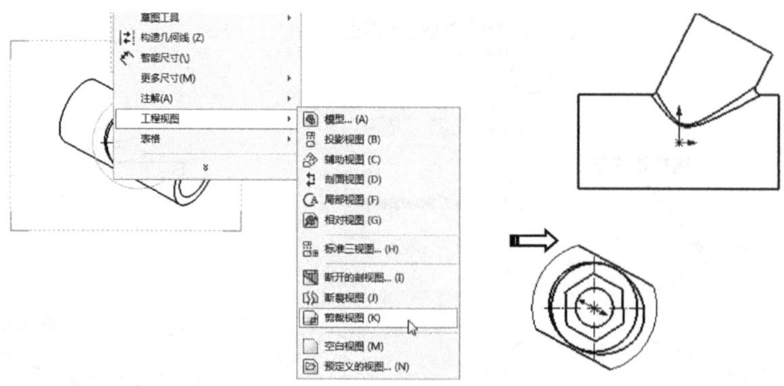

图 16-69　创建剪裁视图

16.6.10　爆炸视图

爆炸视图在工程设计中的作用非常大，能够直观地表达产品的拆分步骤及层次结构，创建爆炸视图也是每个工程技术人员必须掌握的基本技能。

下面通过实例简单介绍爆炸视图的创建方法。

（1）在 SOLIDWORKS 初始界面中单击〖打开〗按钮，选择〖Example\Ch16\整体的装配〗文件并打开，然后进入装配图界面，如图 16-70 所示。

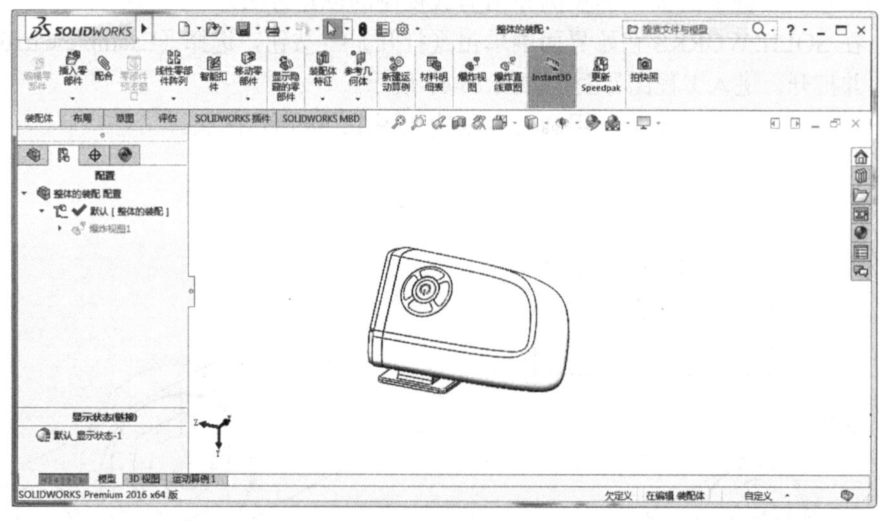

图 16-70　打开文件

（2）在装配图界面左方的装配设计树中展开设计树，接着选择“爆炸视图 1”并单击鼠标右键，然后在弹出的右键菜单中选择“爆炸”命令，将装配体以爆炸形式显示，如图 16-71 所示。

（3）在标准工具栏中选择〖文件〗/〖从装配体制作工程图〗命令，接着在弹出的〖SOLIDWORKS〗对话框中单击确定按钮，设置图纸格式为 A3(GB)，然后从左侧的视图中选择“爆炸等轴测”视图并拖到图框中，如图 16-72 所示。

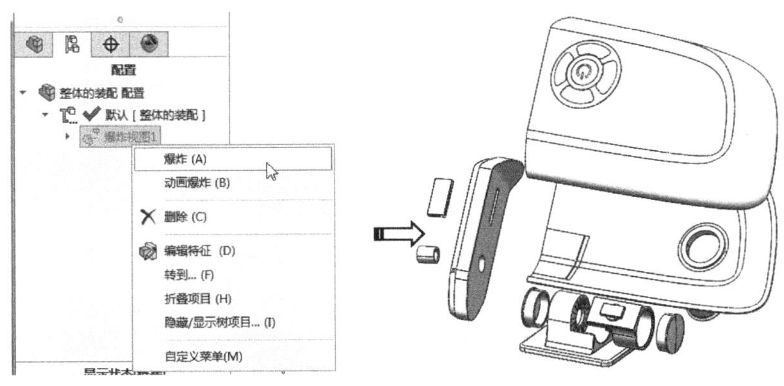

图 16-71　装配环境创建爆炸

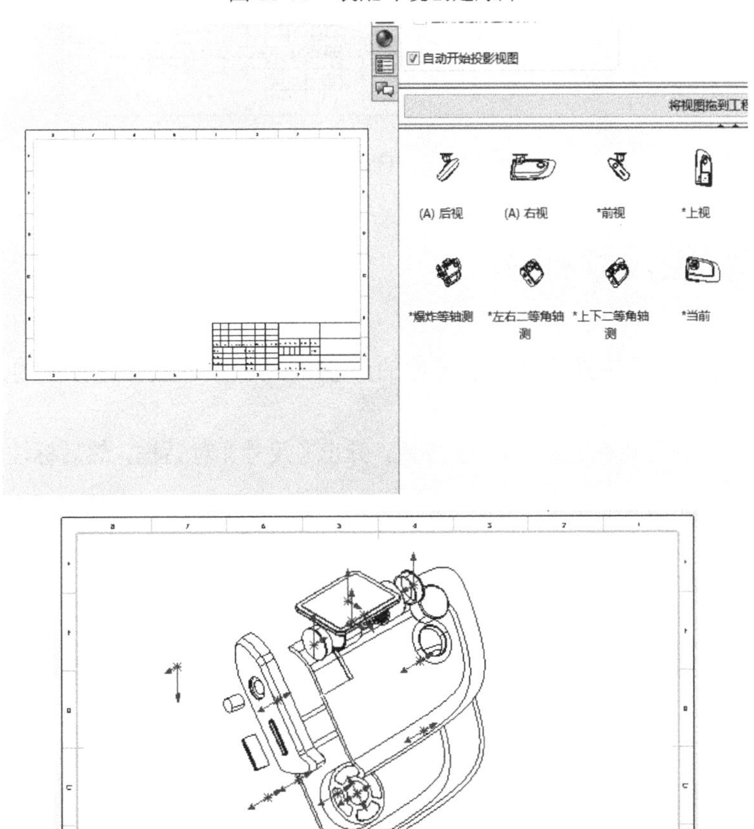

图 16-72　创建爆炸视图

（4）如果对当前爆炸视图的角度显示不满意，可在工程图界面上的工具栏中单击〖3D 工程图视图〗按钮，然后按住鼠标左键旋转爆炸视图，如图 16-73 所示，完成后单击〖完成〗按钮即可。

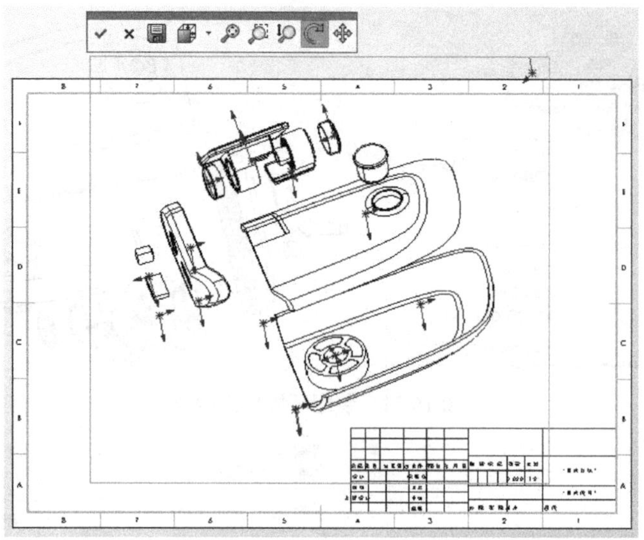

图 16-73　3D 旋转爆炸视图

16.7　工程图尺寸标注

工程图中的尺寸标注真正反映了零件的形状、大小和位置，其标注的方式和草图中的标注完全一样。

在〖注释〗工具栏中单击 智能尺寸 按钮，弹出〖尺寸〗对话框，然后标注零件各尺寸，如图 16-74 所示。

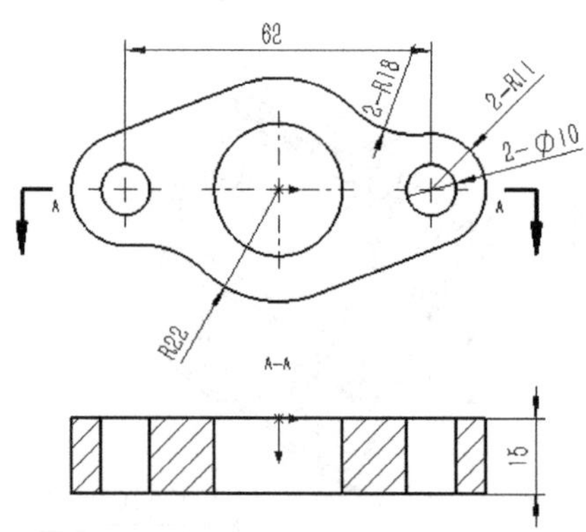

图 16-74　标注尺寸

工程师点评：

在大多数企业中，产品图纸和零件图纸都是用 CAD 制作和存档的。部分公司为了方便修改和管理，会将视图中的零件尺寸导出到 CAD 后再进行标注。

SOLIDWORKS 软件提供了非常便捷的尺寸标注功能，下面以一个简单典型的连接轴为例详细介绍常用的尺寸标注方法。

在 SOLIDWORKS 初始界面中单击〖打开〗按钮，打开〖Example\Ch16\连接轴〗文件，如图 16-75（a）所示，然后使用 SOLIDWORKS 提供的各种尺寸功能创建如图 16-75（b）所示的完整工程图。

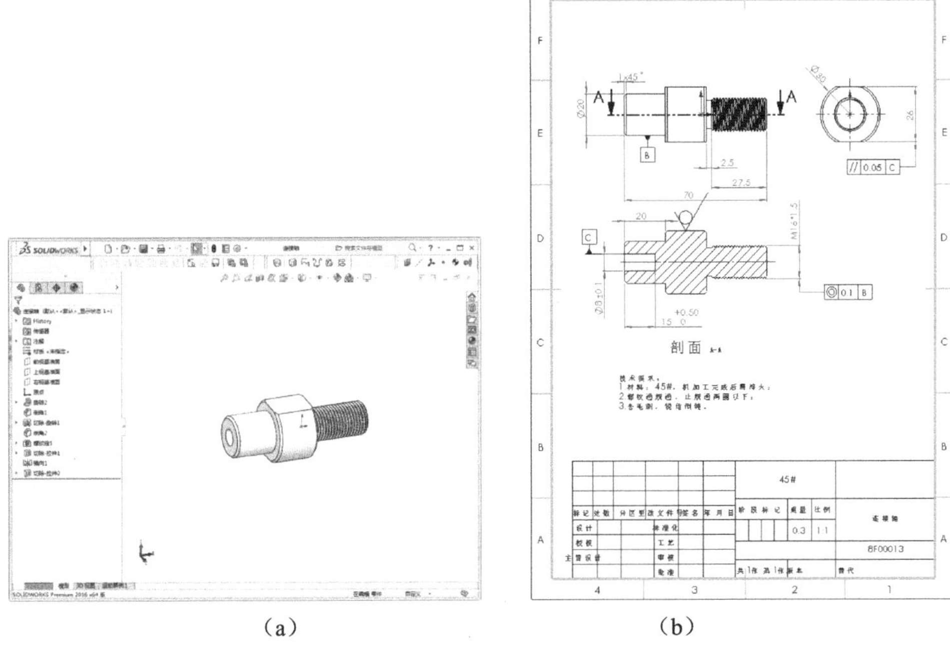

（a）　　　　（b）

图 16-75　打开文件

16.7.1　进入工程图并设置属性

（1）在主菜单栏中选择〖文件〗/〖从零件制作工程图〗命令，在弹出的〖新建 SOLIDWORKS〗对话框中选择“A4 竖向图框”，然后单击 确定 按钮，如图 16-76 所示。

图 16-76　进入工程图界面

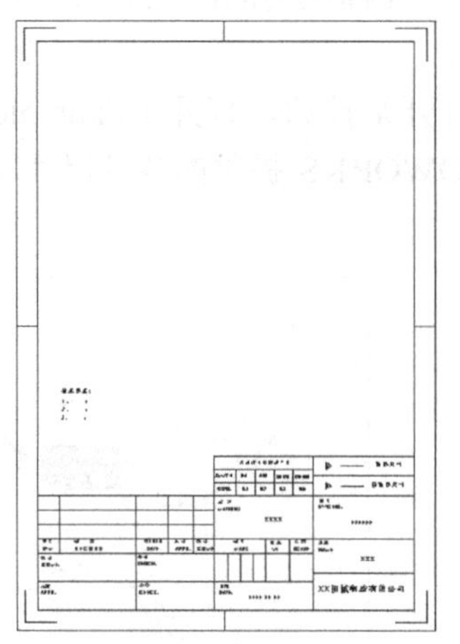
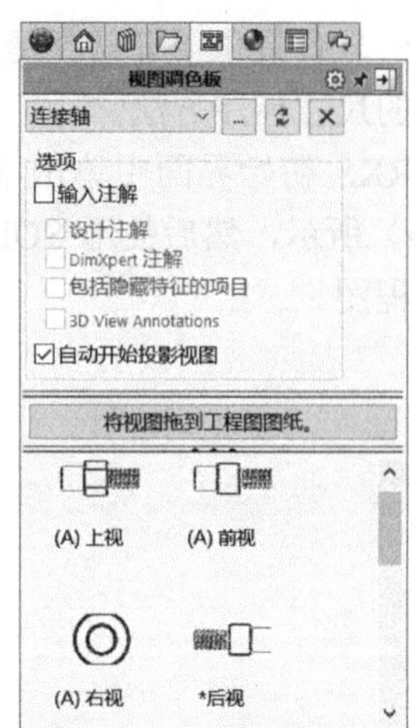

图 16-76　进入工程图界面（续）

（2）从右边的视图中选择“前视”视图并拖动到图框中，然后按 Esc 键退出，如图 16-77 所示。

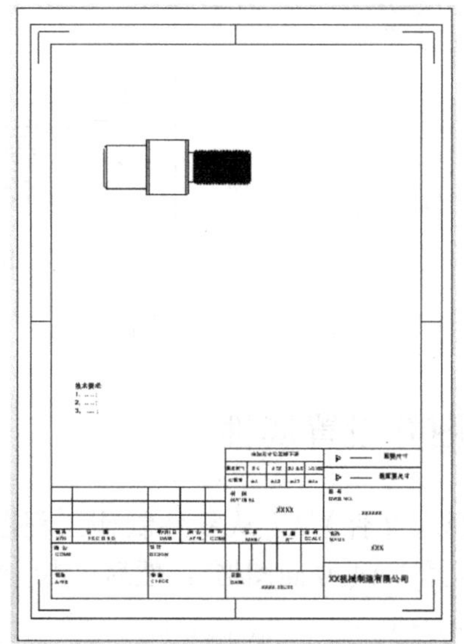

图 16-77　拖动视图到图框

16.7.2　修改工程图模板

（1）在工程图的空白处单击鼠标右键，在弹出的右键菜单中单击“编辑图纸格式 (H)”按钮，接着在需要的项目上双击鼠标右键，然后输入新的内容，如图 16-78 所示。

（2）在工程图的空白处单击鼠标右键，在弹出的右键菜单中单击“编辑图纸 (J)”按钮，即重回到工程图不可编辑的状态，如图 16-79 所示。

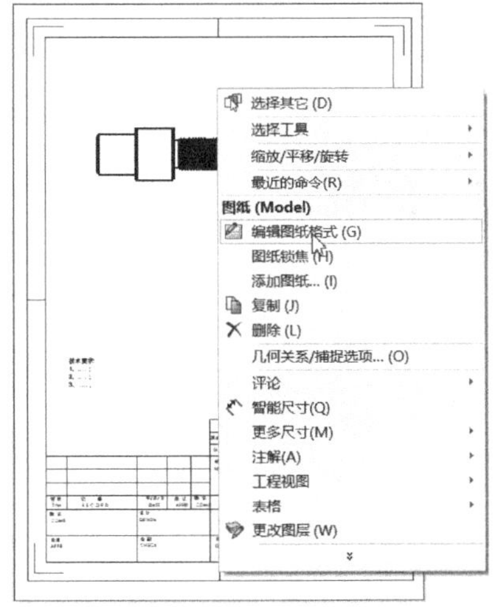

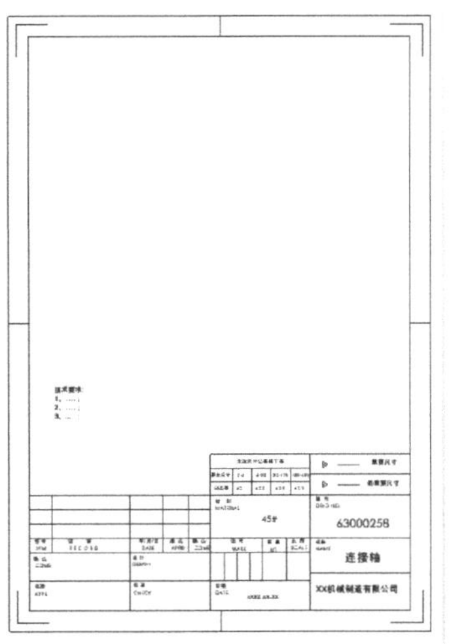

图 16-78　修改图框内容

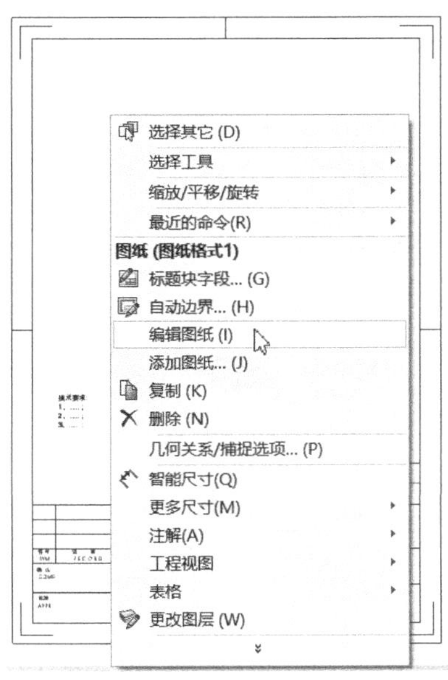

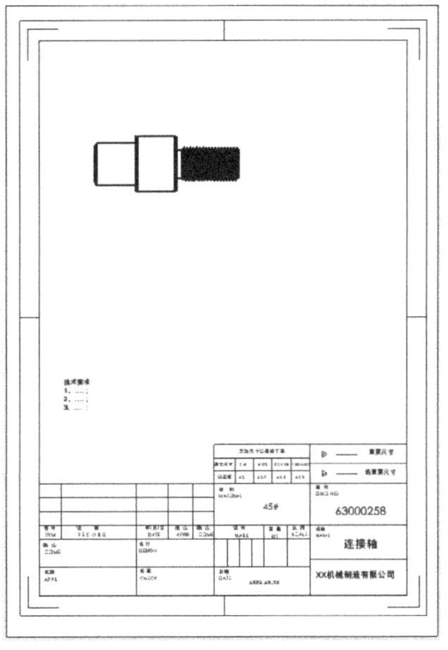

图 16-79　回到工程图不可编辑的状态

16.7.3　创建视图

（1）创建右视图。在〖视图〗工具栏中单击〖投影视图〗按钮，选择前面创建的前视图，然后将右视图移至图 16-80 所示的位置，最后按 Esc 键退出。

（2）创建剖面视图。在〖视图〗工具栏中单击〖剖面视图〗按钮，选择前视图，并将右视图的中心位置为剖切点。单击✓按钮和 反转方向(L) 按钮，然后移至剖视图至图 16-81 所示的位置，最后按 Esc 键退出。

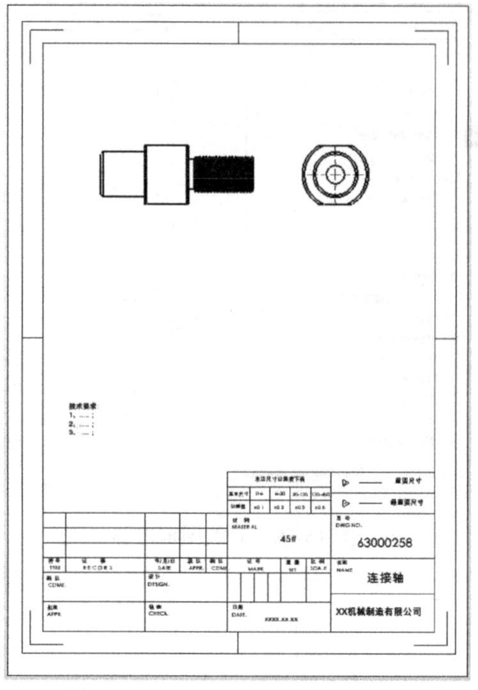

图 16-80　创建右视图

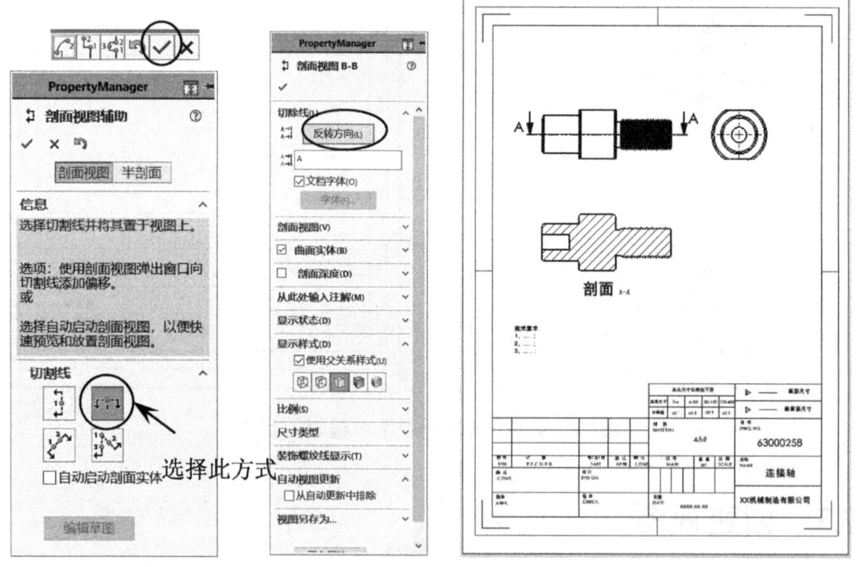

图 16-81　创建剖面视图

16.7.4　标注不带公差的尺寸

（1）选择 注解 选项，然后在工具栏中单击 智能尺寸 按钮，弹出〖尺寸〗对话框，默认对话框中的设置，如图 16-82 所示。

图 16-82 〖尺寸〗对话框

（2）标注第一个尺寸。依次选择如图 16-83 所示的两条直接，然后移动尺寸线到合适的位置。

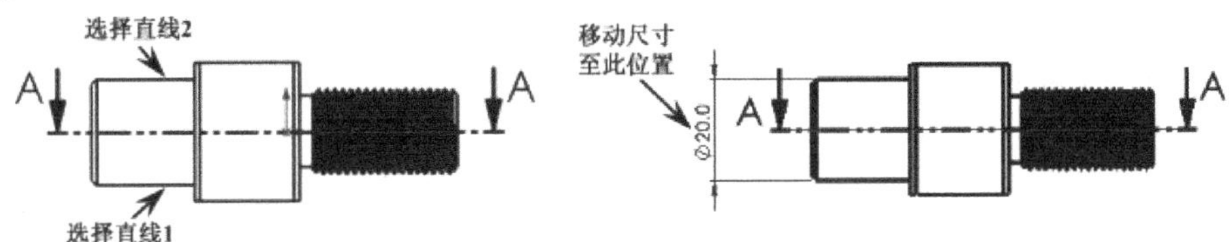

图 16-83 标注第一个尺寸

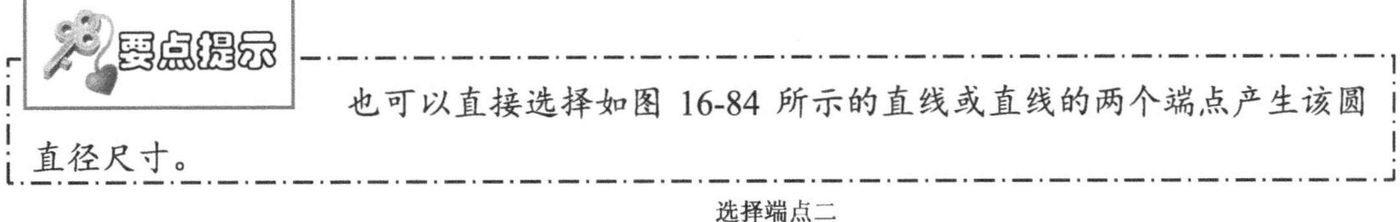

也可以直接选择如图 16-84 所示的直线或直线的两个端点产生该圆直径尺寸。

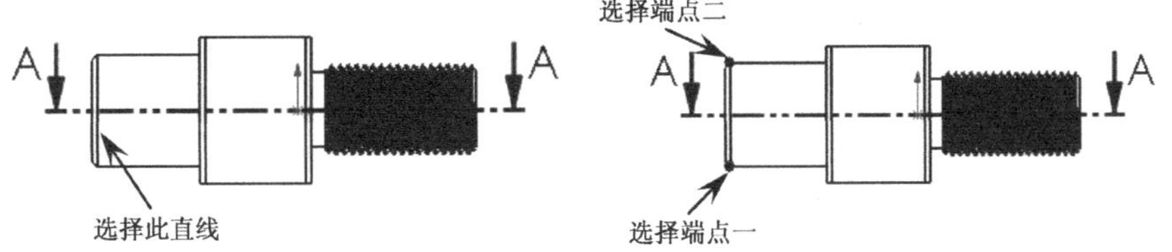

图 16-84 标注圆直径尺寸

（3）标注其余不带公差尺寸，如图 16-85 所示。

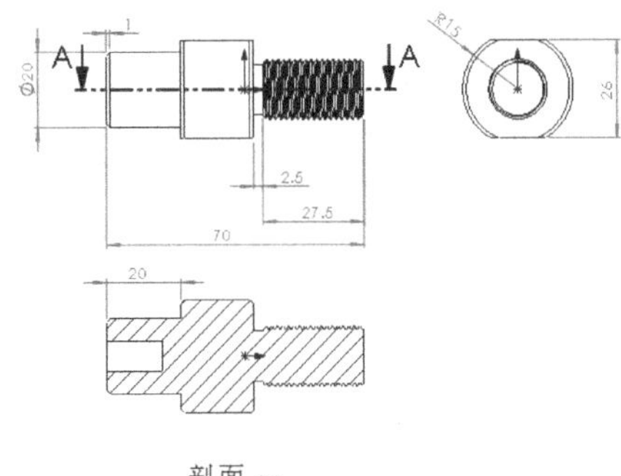

图 16-85 标注尺寸

（4）修改 R15 的标注尺寸。选择 R15 尺寸并双击，弹出〖尺寸〗对话框，然后根据图 16-86 所示的步骤进行操作。

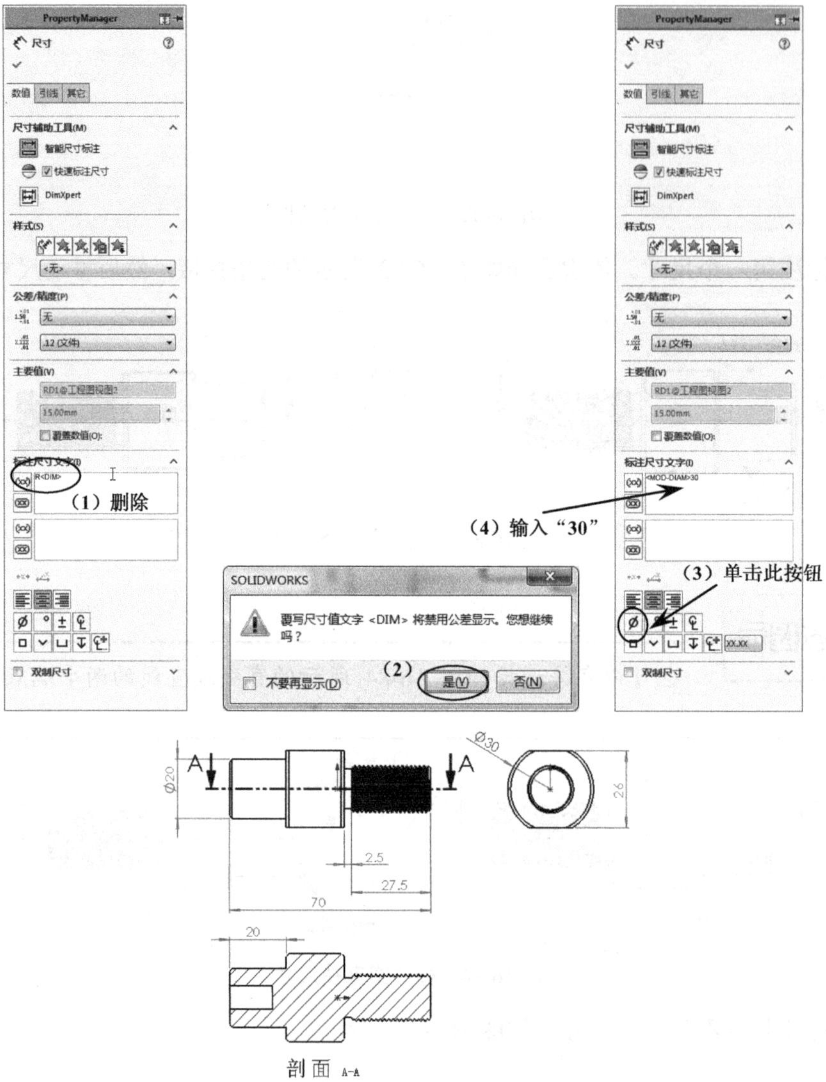

图 16-86　修改圆尺寸

（5）修改 1.0 的标注尺寸。选择 1.0 的倒角尺寸并双击，弹出〖尺寸〗对话框，然后根据图 16-87 所示的步骤进行操作。

16.7.5　标注螺纹规格

（1）参考前面的操作，选择螺纹大径的最大处两点进行标注，如图 16-88 所示。

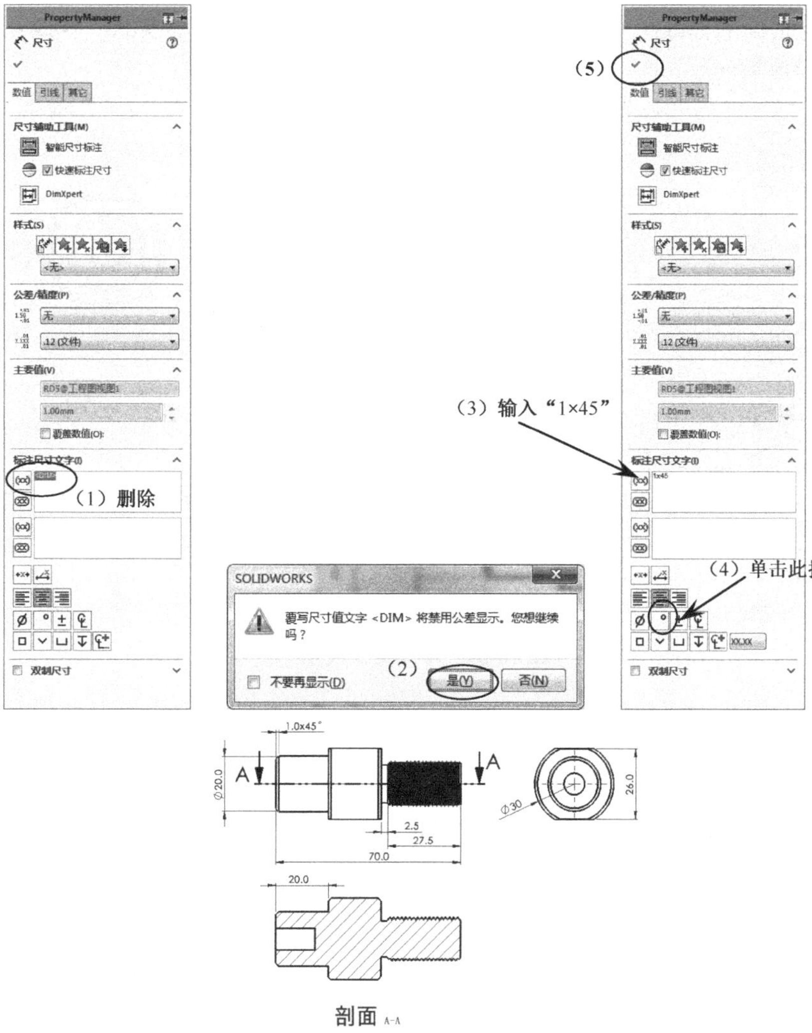

图 16-87　修改倒角尺寸

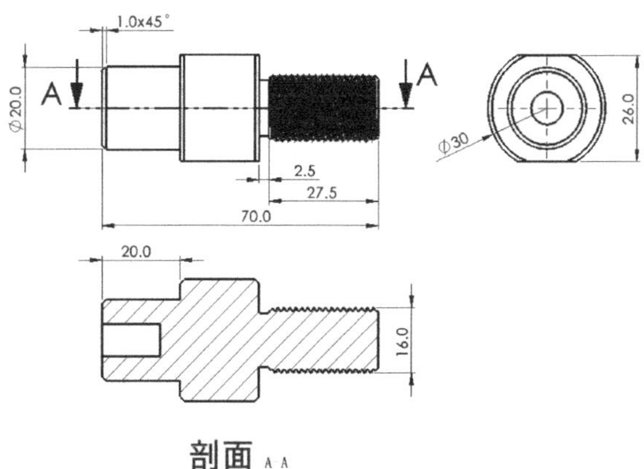

图 16-88　标注螺纹尺寸

（2）参考前面的修改尺寸方法，修改螺纹的尺寸为 M16×1.5，如图 16-89 所示。

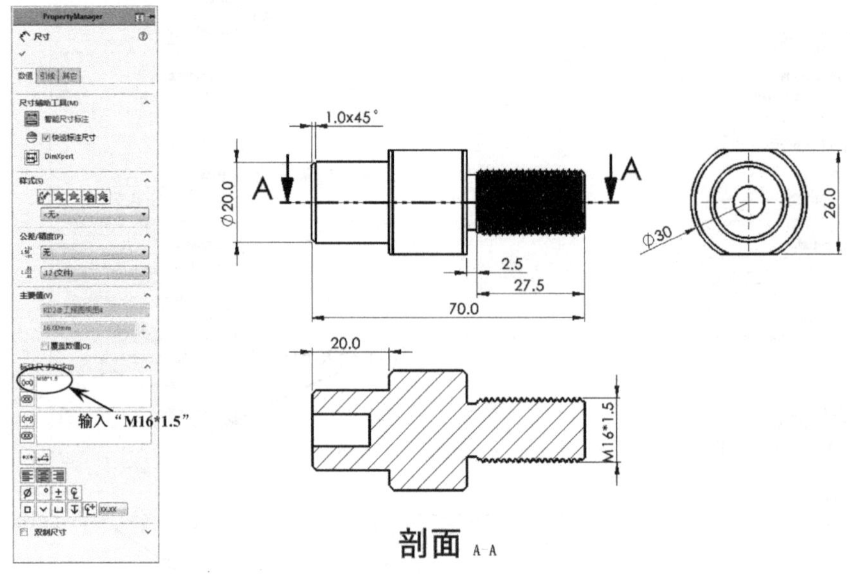

图 16-89　修改螺纹尺寸

16.7.6　标注尺寸公差

（1）标注内孔直径尺寸。在〖CommandManager〗工具栏中单击〖智能尺寸〗按钮，弹出〖尺寸〗对话框，接着选择内孔的两条边，并移动尺寸到合适的位置，然后根据图 16-90 所示的步骤进行操作。

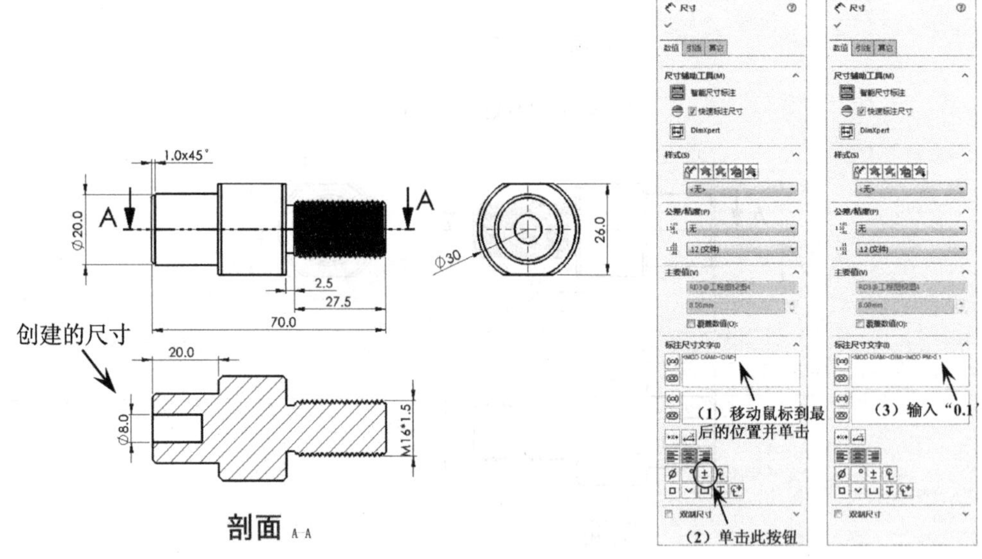

图 16-90　标注内孔直径尺寸

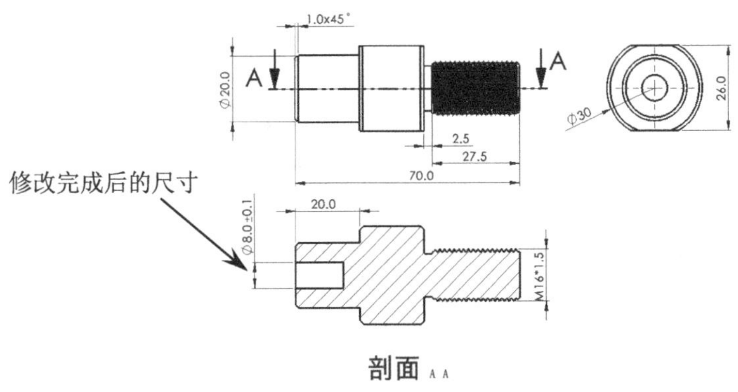

图 16-90　标注内孔直径尺寸（续）

（2）选择内孔的一条直线为标注对象，并移动尺寸到合适的位置，然后设置如图 16-91 所示的参数。

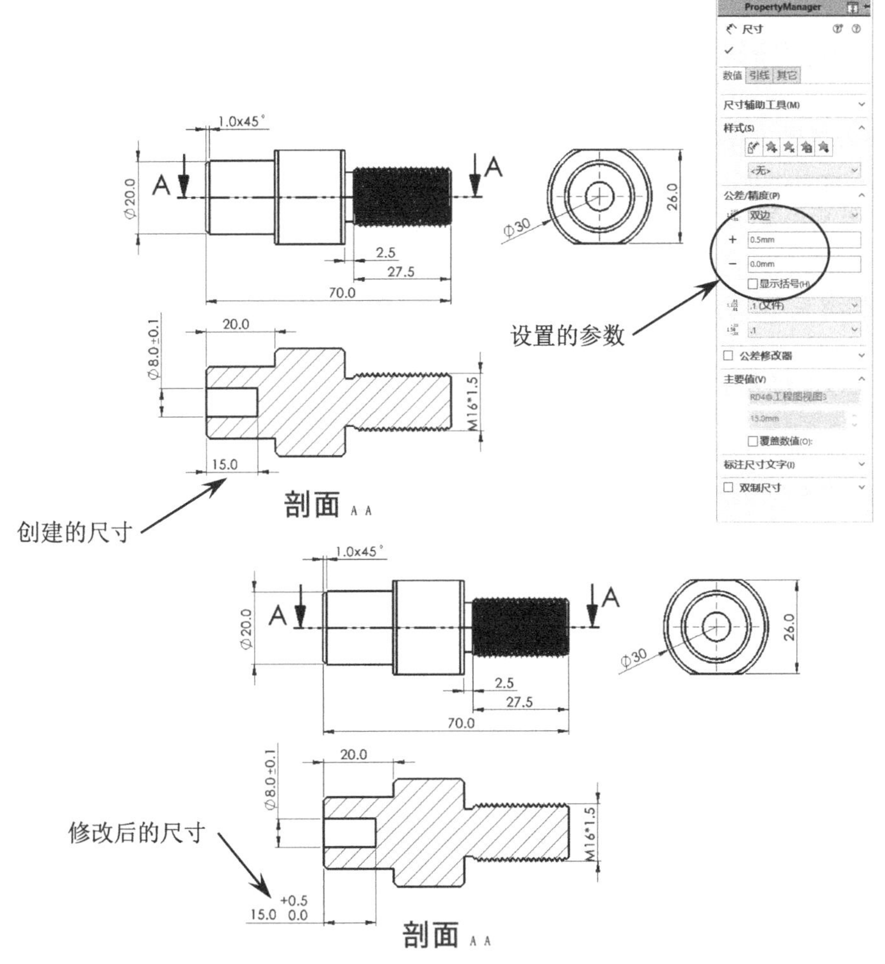

图 16-91　标注内孔深度尺寸

（3）参考前面的操作，标注轴上沟槽的直径尺寸，如图 16-92 所示。

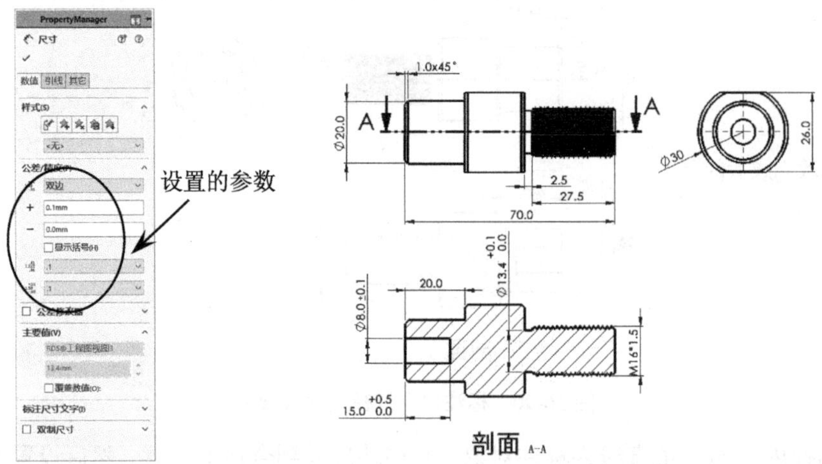

图 16-92　标注内沟槽直径尺寸

16.7.7　标注形位公差尺寸

创建形位公差尺寸前，必须先确定形位基准。

（1）在〖CommandManager〗工具栏中单击〖基准特征〗 基准特征 按钮，弹出〖基准特征〗对话框，然后根据图 16-93 所示的步骤进行操作。

需要在哪个位置创建基准，就需要先将光标移至基准位置附近的线段，待线段显示了橙色才能单击鼠标。

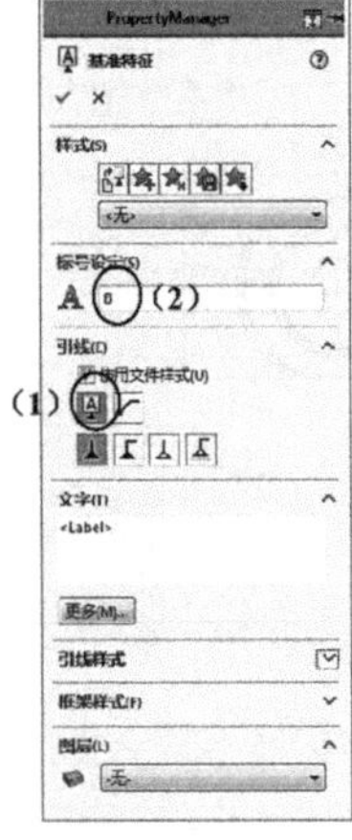

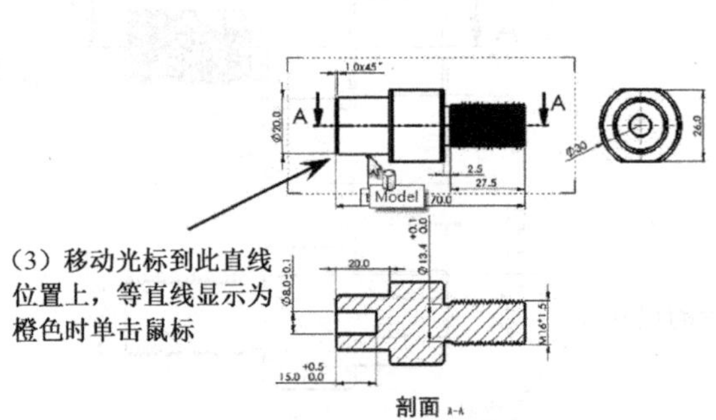

图 16-93　创建形位基准

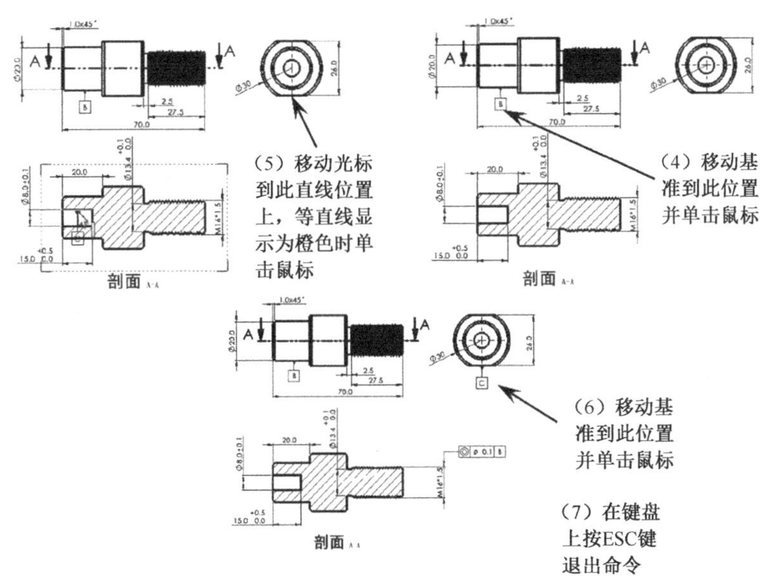

图 16-93　创建形位基准（续）

（2）在菜单栏中单击〖形位公差〗 形位公差 按钮，弹出〖形位公差〗对话框和〖属性〗对话框，选择螺纹尺寸为 M16×1.5，然后根据图 16-94 所示的步骤进行操作。

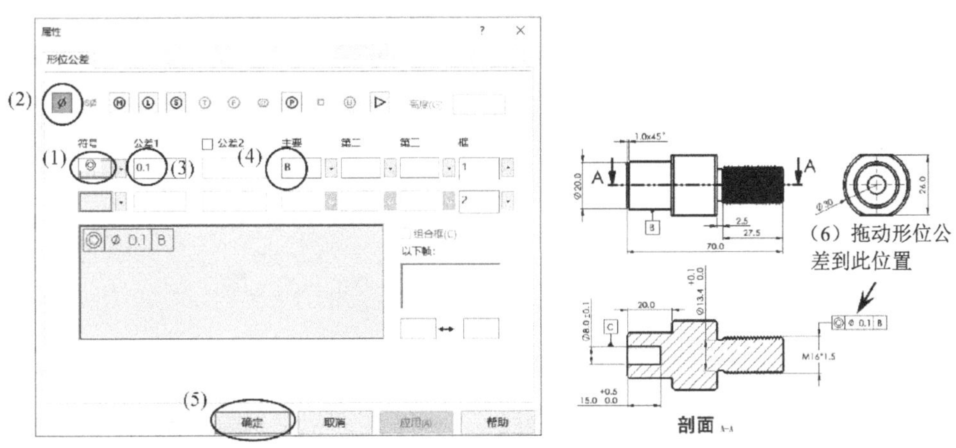

图 16-94　增加形位公差

（3）在菜单栏中单击〖形位公差〗 形位公差 按钮，弹出〖形位公差〗对话框和〖属性〗对话框，选择尺寸为 26.0，然后根据图 16-95 所示的步骤进行操作。

16.7.8　标注粗糙度

（1）在〖CommandManager〗工具栏中单击〖表面粗糙度符号〗 表面粗糙度符号 按钮，弹出〖表面粗糙度〗对话框，然后根据图 16-96 所示的步骤进行操作。

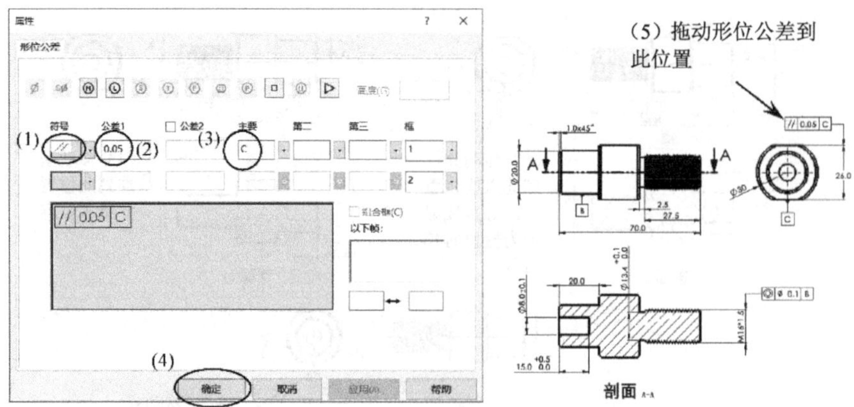

图 16-95　增加形位公差

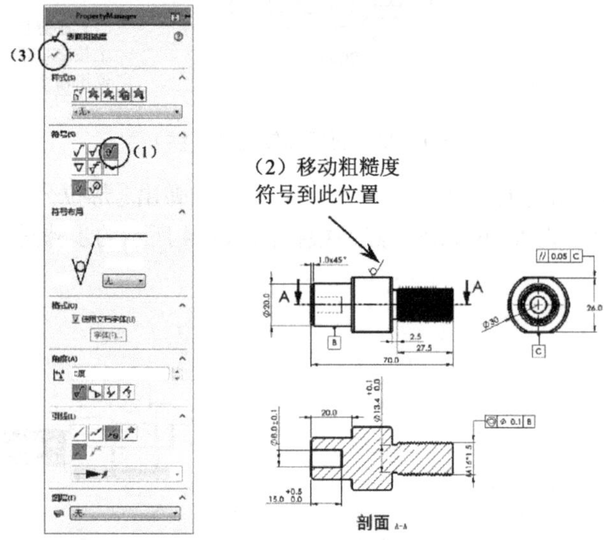

图 16-96　标注粗糙度 1

（2）参考上一步操作，继续标注粗糙度符号，如图 16-97 所示。

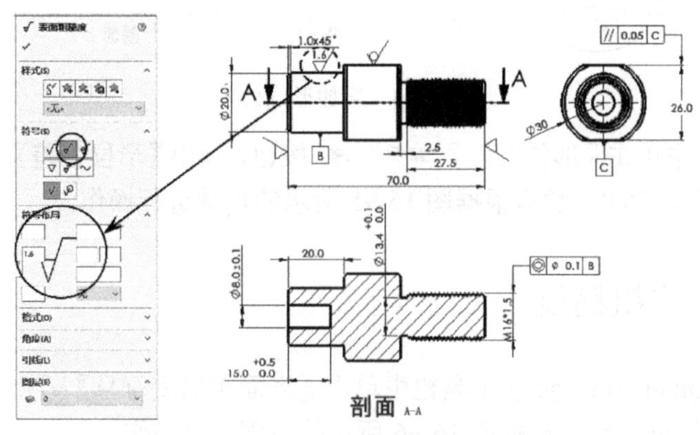

图 16-97　标注粗糙度 2

16.7.9 创建中心线及中心符号

在实际工程图设计中，首先需要确定各视图的中心线及中心符号。〖CommandManager〗工具栏中分别提供了〖中心线〗和〖中心符号线〗命令，单击相应的按钮即可快速创建视图的中心线和中心符号。

（1）在〖CommandManager〗工具栏中单击〖中心线〗 中心线 按钮，弹出〖中心线〗对话框，然后根据图16-98所示的步骤进行操作。

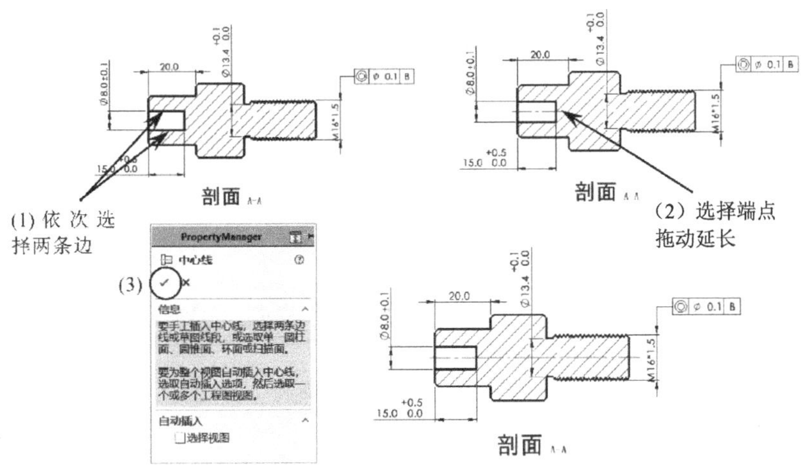

图16-98　创建中心线

（2）在〖CommandManager〗工具栏中单击〖中心符号线〗 中心符号线 按钮，弹出〖中心符号线〗对话框，然后选择如图16-99所示的圆弧即创建中心符号线。

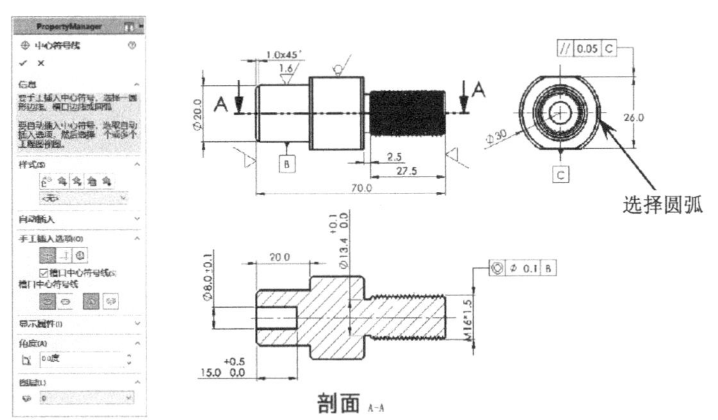

图16-99　创建中心符号线

16.7.10 创建技术要求——注释

任何一份完整的图纸都应该包含技术要求，SOLIDWORKS软件的〖注释〗命令提供了

编写技术要求的功能。

（1）在〖CommandManager〗工具栏中单击〖注释〗按钮，弹出〖注释〗对话框，然后在需要技术要求的位置单击鼠标左键，将技术要求的框拖大，便于技术要求的编写，如图 16-100 所示。

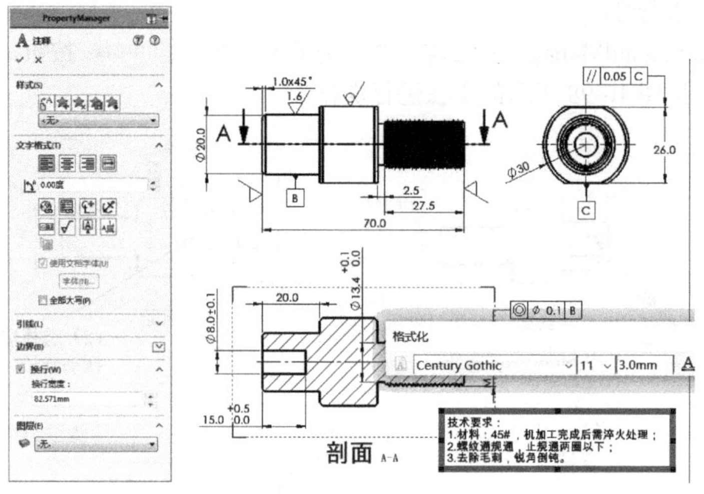

图 16-100　编写技术要求

要点提示

如需公司标准模板中带有技术要求内容，可以单击鼠标右键，在弹出的〖右键〗菜单中选择“编辑图纸格式”，进入图框编辑状态来编写技术要求。

（2）保存工程图。在〖标准工具栏〗工具栏中单击〖保存〗按钮，默认设置保存工程图，创建的完整工程图如图 16-101 所示。

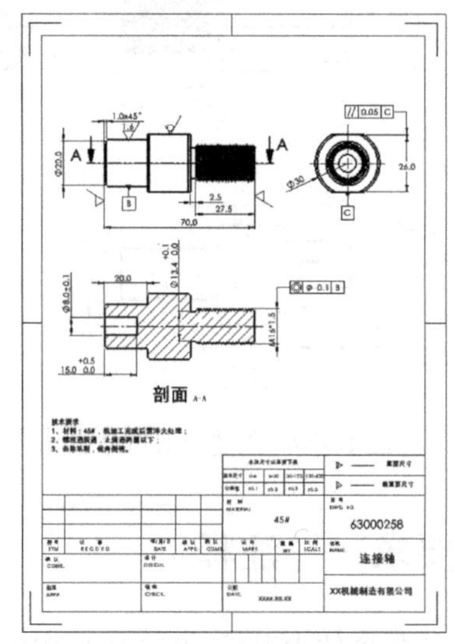

图 16-101　完整工程图

16.8　属性标签编制程序

SOLIDWORKS 属性标签编制程序功能主要用于创建零件自定义属性、装配体定义属性和工程图定义属性。通过对零件和工程图进行属性的定义，才能创建完整的模板。

16.8.1　创建零件自定义属性

通过定义零件属性，保证新建的每一个零件都会遵循此定义的零件属性。下面详细介绍如何创建零件的自定义属性。

（1）在桌面上双击图标打开 SOLIDWORKS 2020 软件。

（2）在 SOLIDWORKS 2020 初始界面右侧的〖SOLIDWORKS 资源〗管理器中选择〖属性标签编制程序〗 属性标签编制程序 选项，弹出〖自定义属性〗对话框，如图 16-102 所示。

图 16-102　进入〖自定义属性〗对话框

（3）定义组框名称。在〖自定义属性〗对话框中默认类型为“零件”，接着选择上方的“组框”，然后将其修改为公司的名称（也可以不修改），如图 16-103 所示。修改完成后在图框空白位置单击鼠标左键，显示回正常的状态。

（4）定义零件名称。在〖自定义属性〗对话框中拖动“文本框”到公司信息下，然后修改标题为“名称”，修改名称为“名称”，设置数值为“[SW-文件名称]”，如图 16-104 所示。

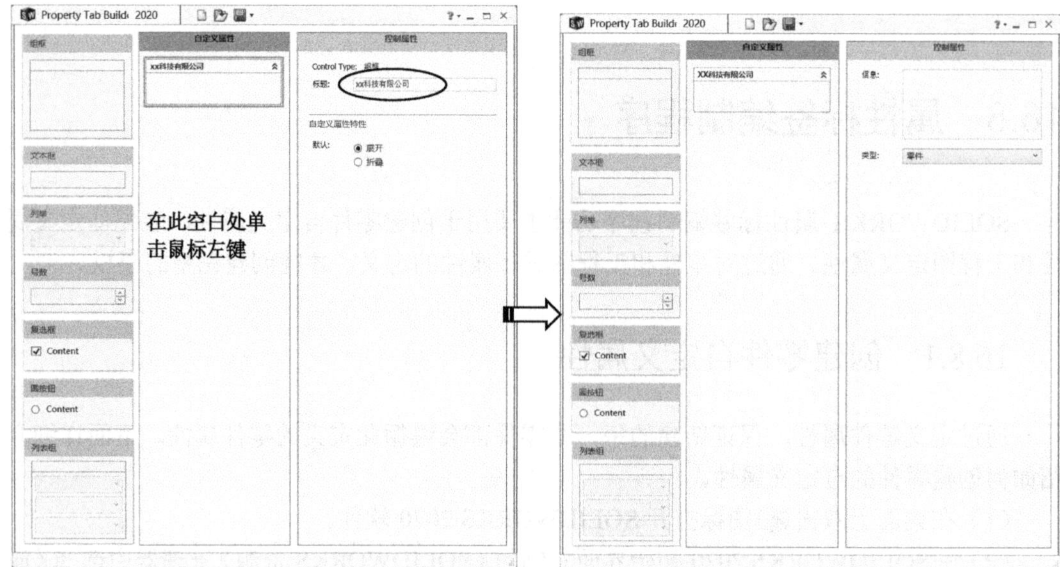

图 16-103　修改组框名称

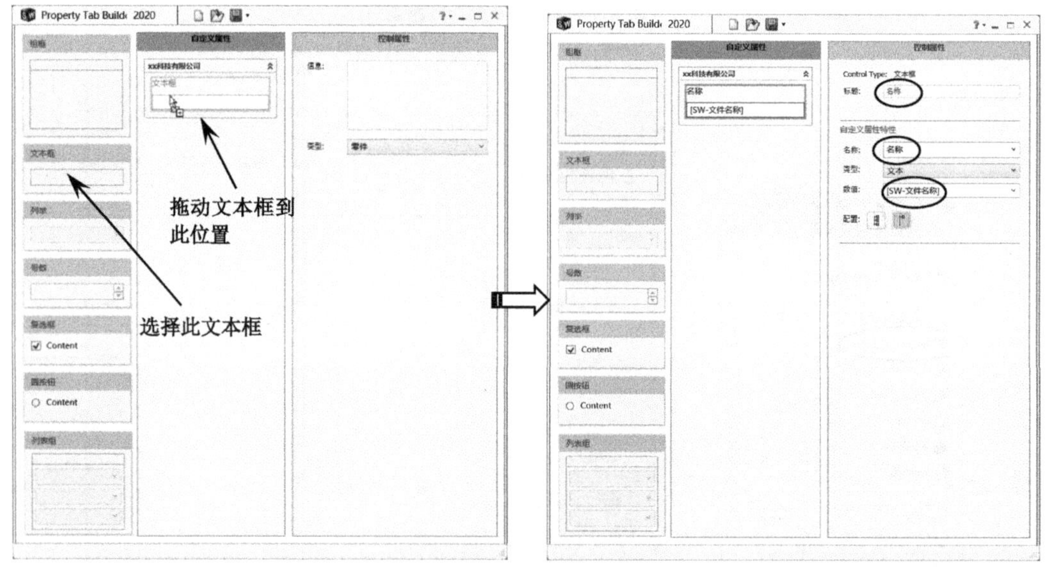

图 16-104　定义零件名称

（5）定义零件图号。在〖自定义属性〗对话框中继续拖动“文本框”到公司信息下，然后修改标题为“图号”，修改名称为“图号”，数值内容设置为空白（不填写任何内容），如图 16-105 所示。

要点提示

此处零件图号留空白，待零件界面进行三维设计才正式填写即可。

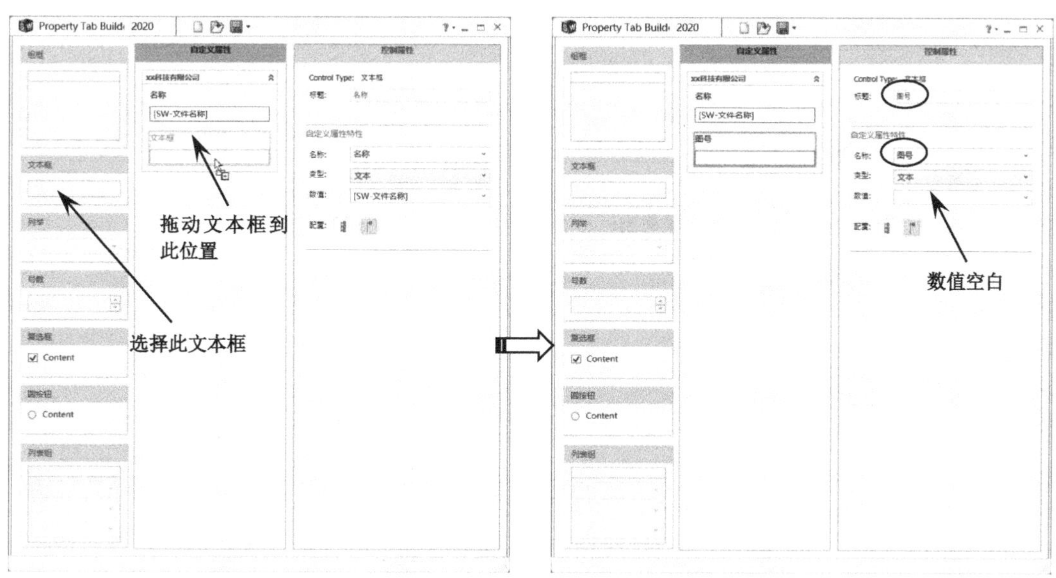

图 16-105　定义零件图号

（6）定义零件材料。在〖自定义属性〗对话框中继续拖动“文本框”到公司信息下，然后修改标题为“材料”，修改名称为“材料”，设置数值为“[SW-材质]”，如图 16-106 所示。

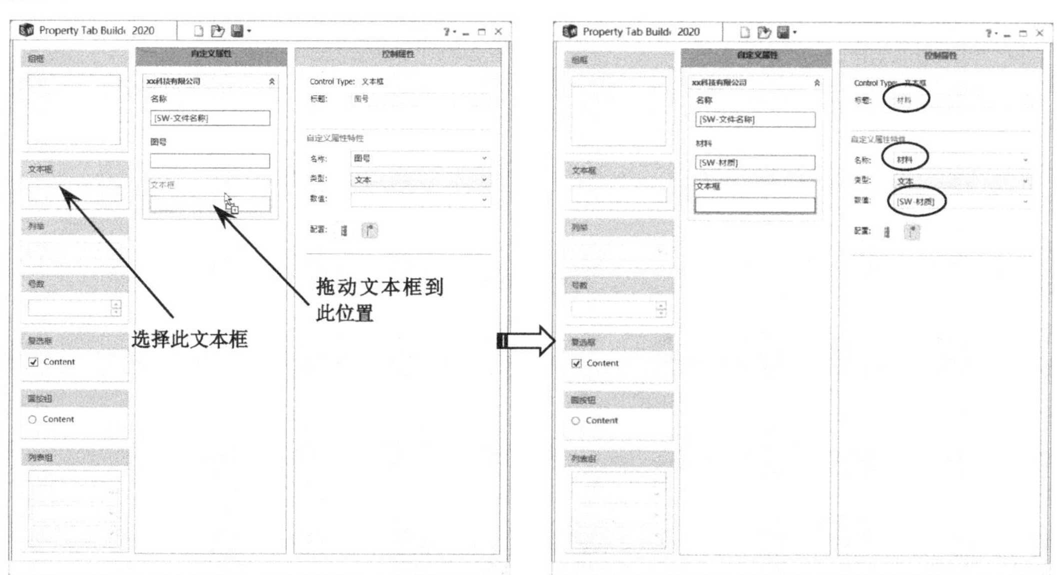

图 16-106　定义零件材料

（7）定义零件重量。在〖自定义属性〗对话框中拖动“文本框”到公司信息下，然后修改标题为“重量”，修改名称为“重量”，设置数值为“[SW-质量]”，如图 16-107 所示。

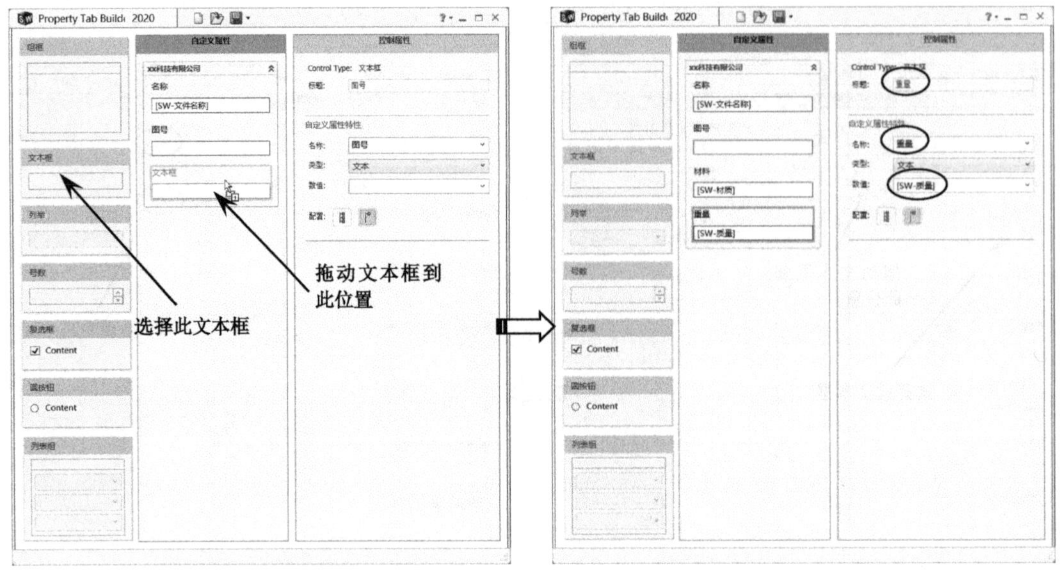

图 16-107　定义零件重量

（8）定义零件设计者。在〖自定义属性〗对话框中拖动“列举”到公司信息下，然后修改标题为“设计”，修改名称为“设计”，设置数值为设计者的名字（可填写一个或多个名字），并勾选“允许定义数值”选项，如图 16-108 所示。

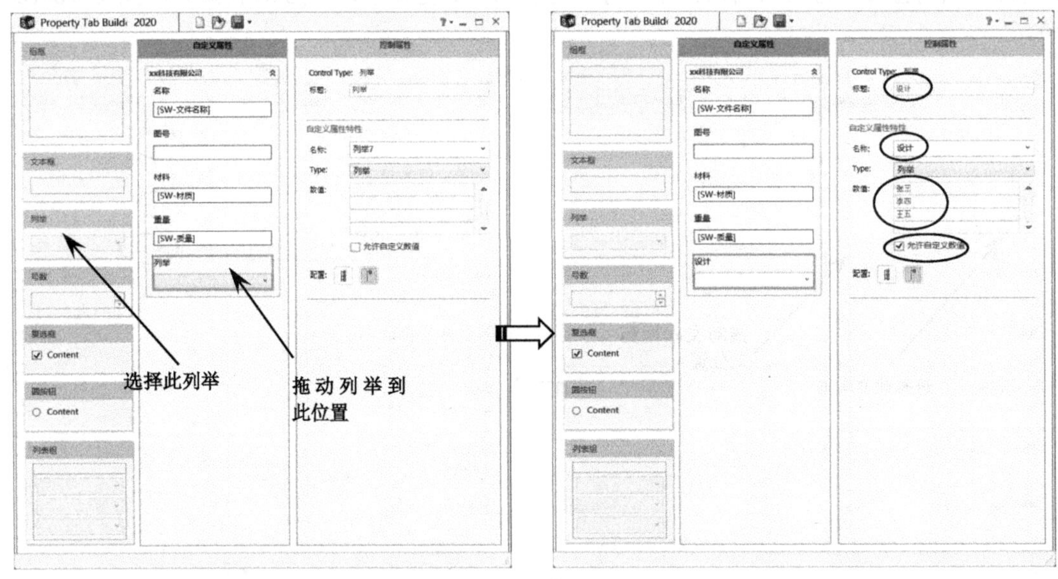

图 16-108　定义零件设计者

如果该零件属性仅供个人使用，可以用文本框的方式来创建。

（9）保存零件自定义属性。在〖自定义属性〗对话框中单击〖保存〗按钮，弹出〖保存 SOLIDWORKS 属性模板〗对话框，然后按图 16-109 所示的路径进行保存。

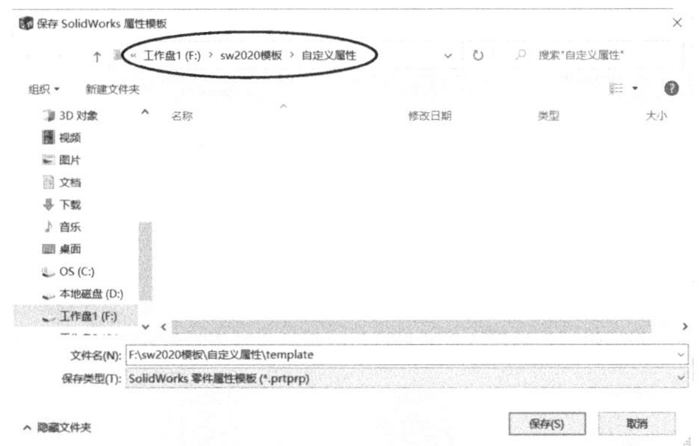

图 16-109　保存零件自定义属性

保存零件自定义属性前，应该先创建一个“自定义属性”文件夹，且“自定义属性”文件夹也在“sw2020 模板”的文件夹下，这样方便各模板的管理。

如果需要对已经创建好的零件自定义属性进行修改，那么可在 SOLIDWORKS 2020 初始界面选择〖属性标签编制程序〗属性标签编制程序选项，接着在弹出的〖自定义属性〗对话框上方单击〖打开〗按钮，然后选择 template.prtprp 文件并打开，即会显示之前创建的零件自定义属性内容了，可以修改、增加或删除相关的零件信息，如图 16-110 所示。修改完成后单击〖保存〗按钮即可。

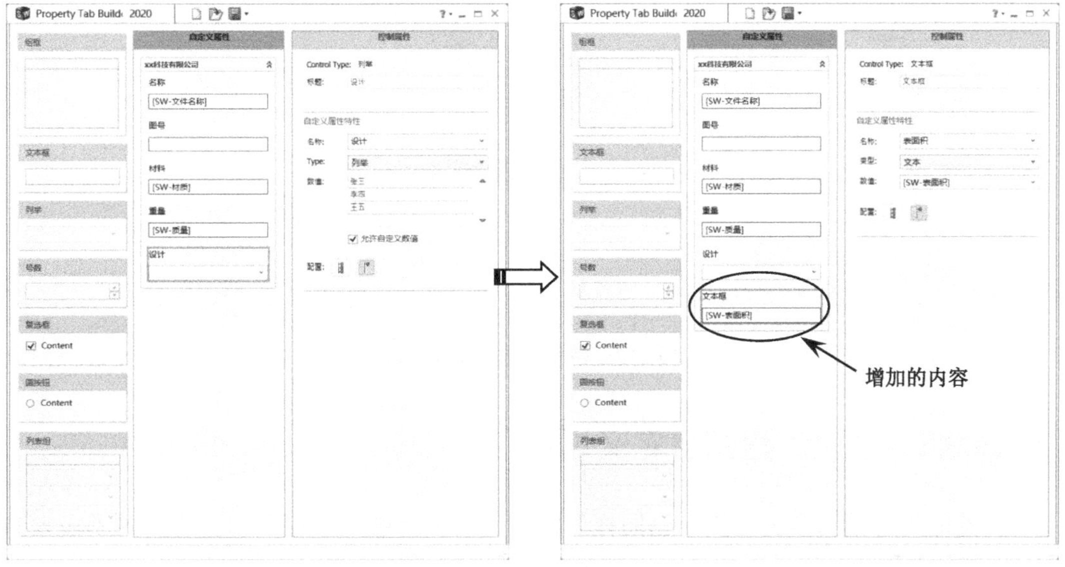

图 16-110　编辑零件自定义属性

此时进入零件设计界面，可以看到界面右方的资源管理器出现了零件自属性的相关信息，如图 16-111 所示。如果打开已经创建的零件文件，则会自动显示完整的零件信息，如图 16-112 所示。

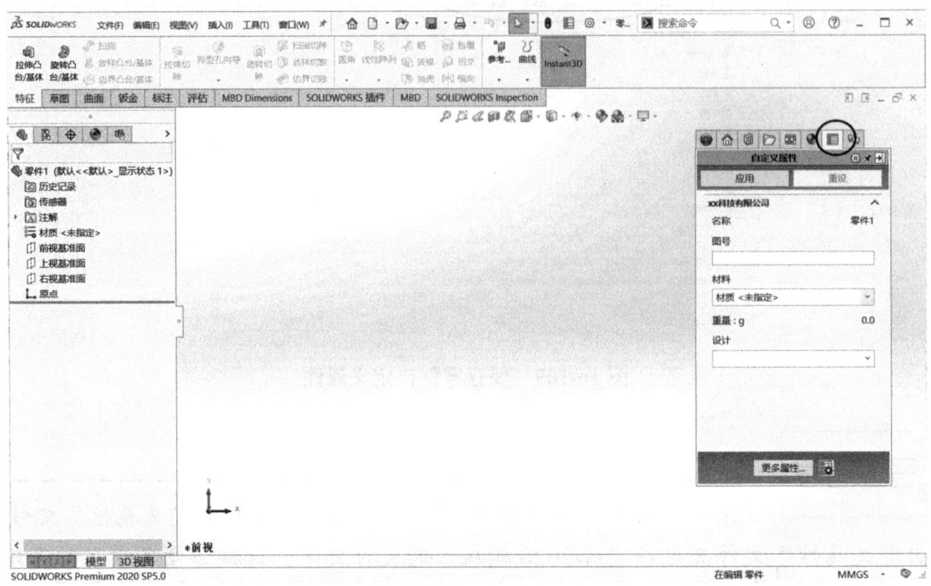

图 16-111　显示零件自定义属性一

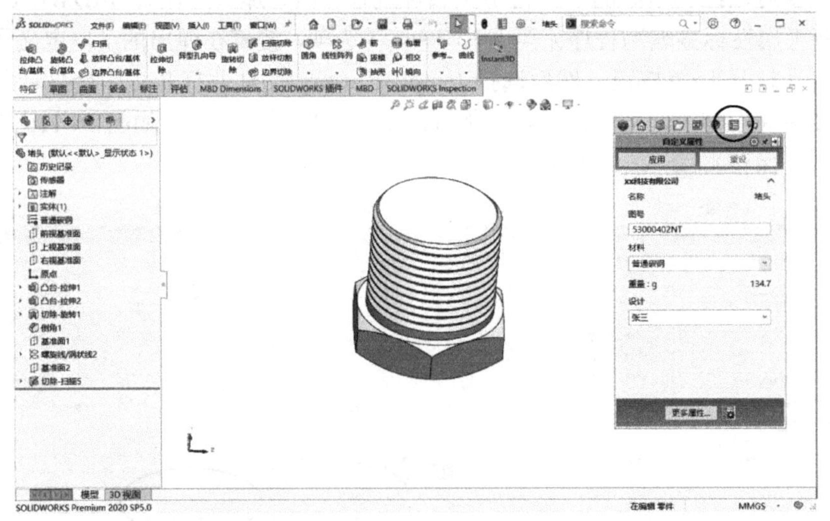

图 16-112　显示零件自定义属性二

16.8.2　创建工程图自定义属性

完整的工程图自定义属性，也同样为零件工程图和装配工程图的创建提供了极大的方便。由于工程图自定义属性的创建方法和零件自定义属性的创建方法基本一致，下面仅

作简单的介绍。

（1）在桌面上双击图标打开 SOLIDWORKS 2020 软件。

（2）在 SOLIDWORKS 2020 初始界面右侧的〖SOLIDWORKS 资源〗管理器中选择〖属性标签编制程序〗属性标签编制程序 选项，弹出〖自定义属性〗对话框，如图 16-113 所示。

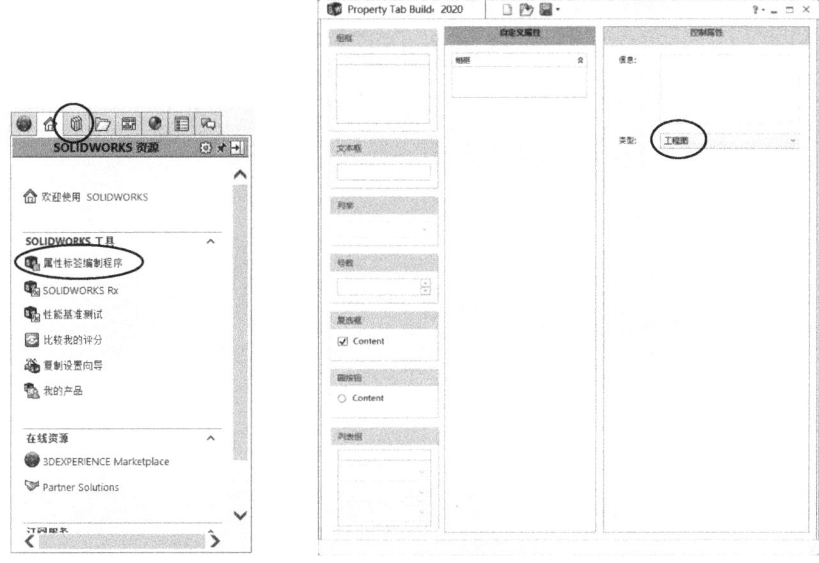

图 16-113　进入〖自定义属性〗对话框

（3）定义组框名称。在〖自定义属性〗对话框中选择类型为"工程图"，接着选择上方的"组框"，然后将其修改为公司的名称（也可以不修改），如图 16-114 所示。修改完成后，在图框空白位置单击鼠标左键，显示回正常的状态。

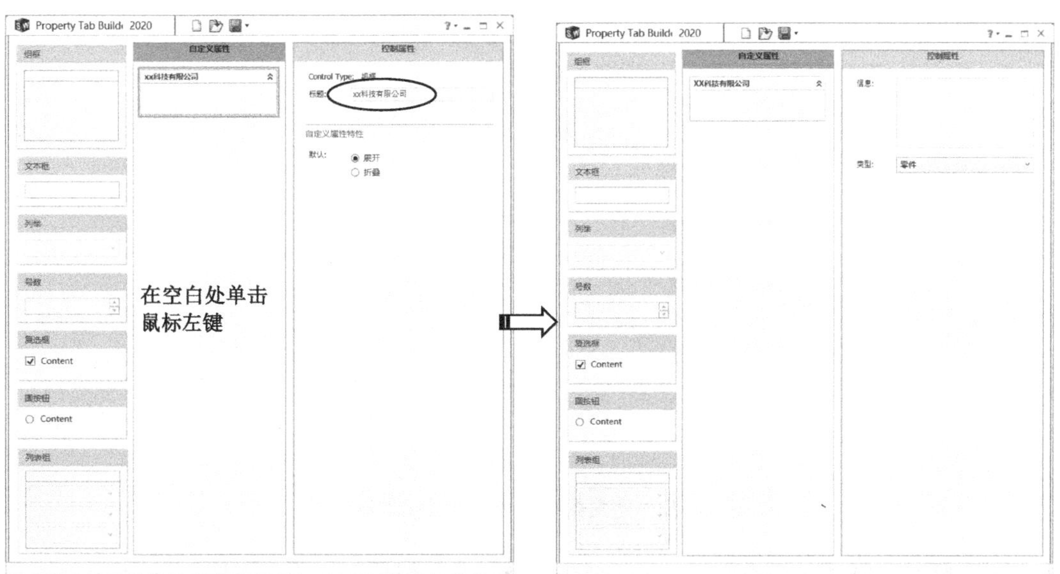

图 16-114　修改组框名称

（4）定义图纸名称。在〖自定义属性〗对话框中拖动“文本框”到公司信息下，然后修改标题为“名称”，修改名称为“名称”，设置数值为“[SW-文件名称]”，如图 16-115 所示。

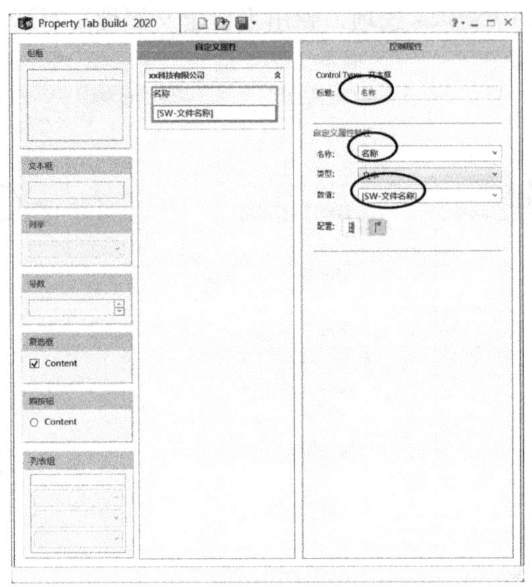

图 16-115　定义图纸名称

（5）参考前面的方法，依次定义图纸的图号、材料和重量信息，结果如图 16-116 所示。

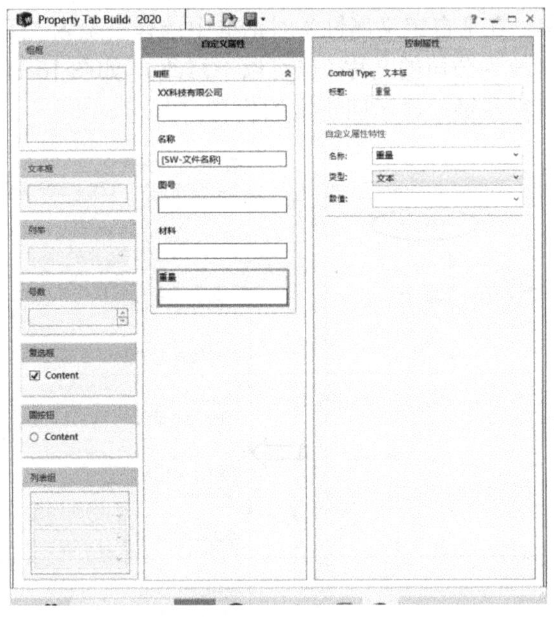

图 16-116　定义图纸图号、材料和重量属性

（6）保存工程图自定义属性。在〖自定义属性〗对话框中单击〖保存〗按钮，弹出〖保存 SOLIDWORKS 属性模板〗对话框，然后按图 16-117 所示的路径进行保存。

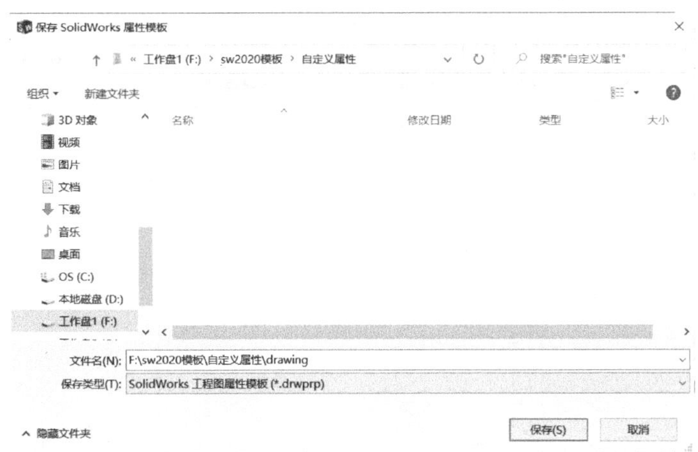

图 16-117　保存零件自定义属性

16.9　创建完整的工程图模板

前面 16.5 节已经创建了工程图模板的基本内容，但模型调入后，图纸中并不能自动显示零件图号、名称、材料、重量和设计日期等，所以本节将重点介绍如何根据前面已自定义的零件属性和图纸属性来创建完整的工程图模板。

（1）在桌面上双击图标打开 SOLIDWORKS 2020 软件。

（2）打开已创建的工程图模板。在 SOLIDWORKS 2020 初始界面中单击〖打开〗按钮，接着在弹出〖自定义属性〗对话框中选择“A4 竖向图框”并打开，如图 16-118 所示。

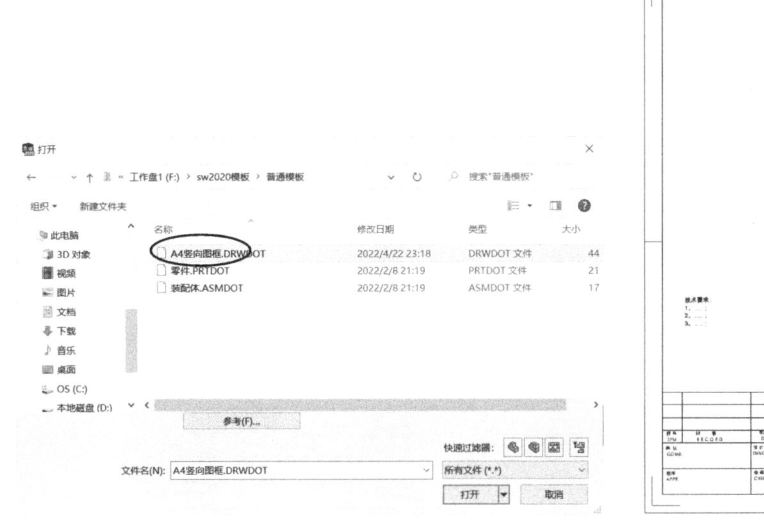

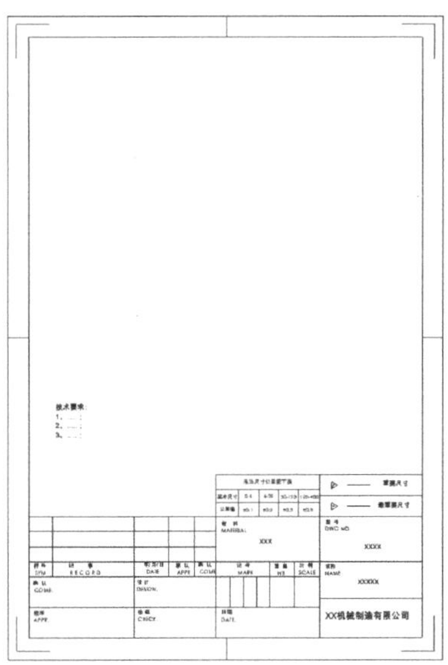

图 16-118　打开已创建的工程图模板

（3）导入模型视图。在菜单栏中单击〖模型视图〗按钮，随意导入一个 3D 模型文件，创建一个视图，如图 16-119 所示，然后按 Esc 键退出。

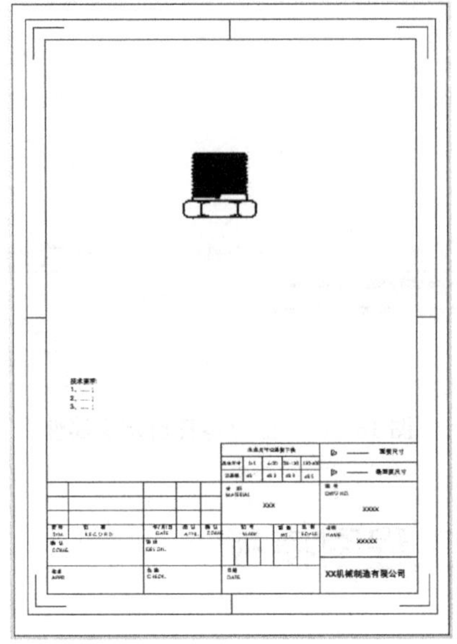

图 16-119 导入模型视图

要点提示

这里导入模型视图的目的是借用零件的自定义属性来创建工程图模板，模板创建完成后还要将视图删除。后面读者可以做个尝试，如果没有导入 3D 模型视图，图号、材料和重量这些信息是否还能链接到属性？

（4）切换到编辑图纸格式。在图框空白处单击鼠标右键，在弹出的右键菜单中选择“编辑图纸格式”选项，如图 16-120 所示，然后按 Esc 键退出。

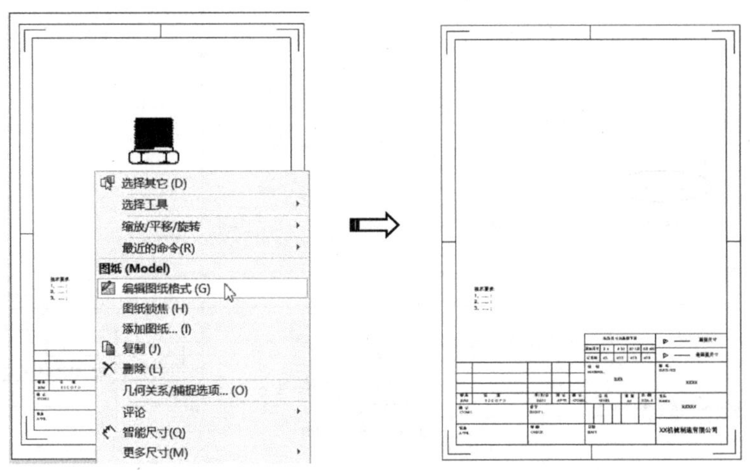

图 16-120 切换到编辑图纸格式

（5）链接图号属性。在图框中双击图号对应的“×××××”，弹出〖注释〗对话框，接着在〖注释〗对话框中单击〖链接到属性〗按钮，弹出〖链接到属性〗对话框，然后设置如图16-121所示的参数，单击 确定 按钮和✓按钮完成链接。

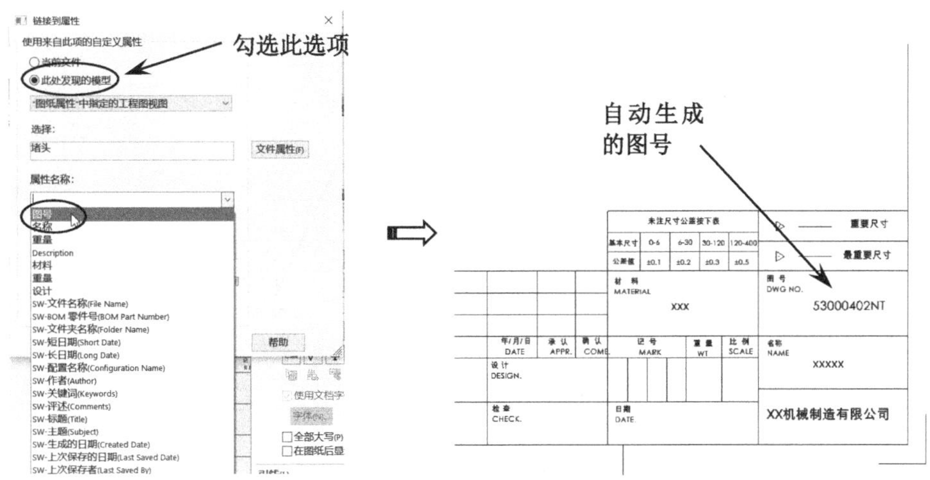

图16-121　链接图号属性

要点提示

如果没有第（3）步骤的导入3D模型，那么这里弹出〖链接到属性〗对话框中的属性名称中是没有“图号”出现的。图号链接成功后，可以看到图纸的图号会自动生成。

（6）链接名称属性。在图框中双击名称对应的“××××××”，弹出〖注释〗对话框，接着在〖注释〗对话框中单击〖链接到属性〗按钮，弹出〖链接到属性〗对话框，然后设置如图16-122所示的参数，单击 确定 按钮和✓按钮完成链接。

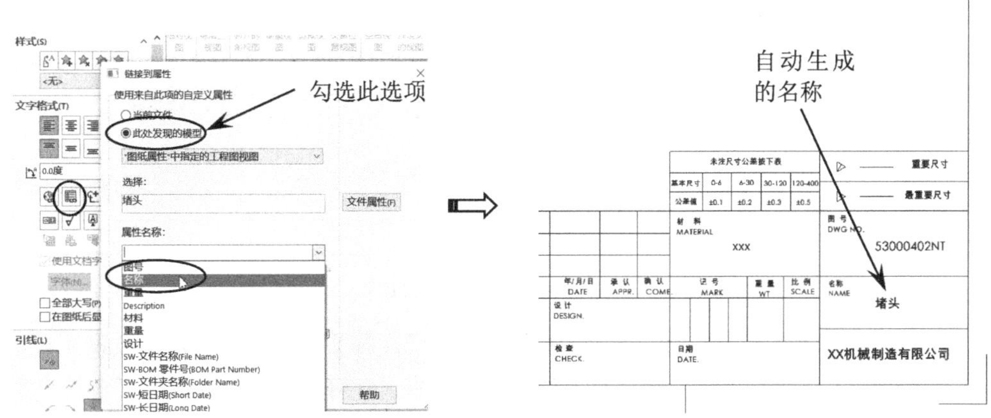

图16-122　链接名称属性

（7）链接材料属性。在图框中双击材料对应的“×××××”，弹出〖注释〗对话框，接着在〖注释〗对话框中单击〖链接到属性〗按钮，弹出〖链接到属性〗对话框，然后设置如图 16-123 所示的参数，单击 确定 按钮和✓按钮完成链接。

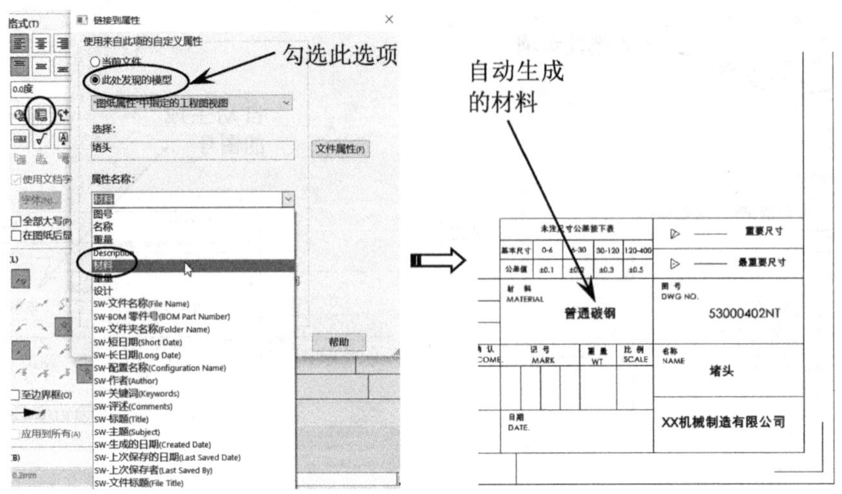

图 16-123　链接材料属性

（8）链接重量属性。在〖注释〗菜单栏中单击〖注释〗按钮，弹出〖注释〗对话框，接着在图框中“重量”对应的地方单击鼠标左键。在〖注释〗对话框中单击〖链接到属性〗按钮，弹出〖链接到属性〗对话框，然后设置如图 16-124 所示的参数，单击 确定 按钮和✓按钮完成链接。

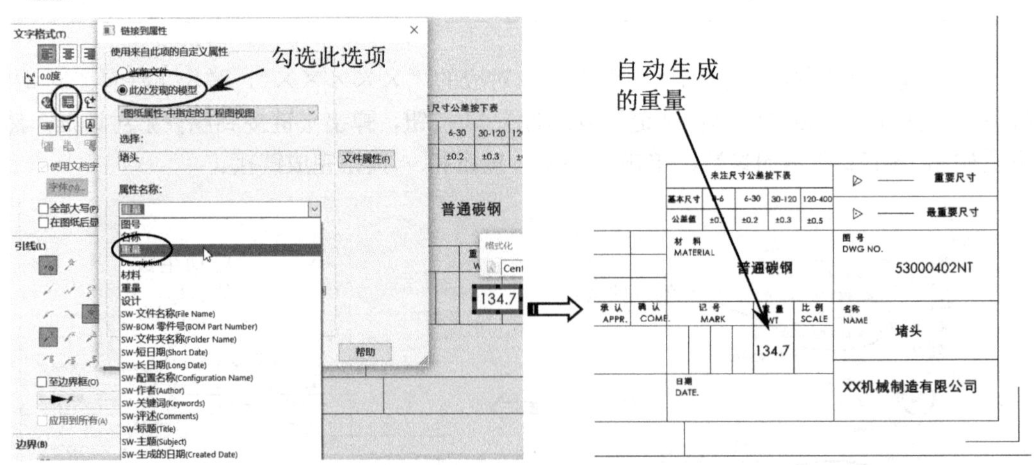

图 16-124　链接重量属性

（9）链接日期属性。在〖注释〗菜单栏中单击〖注释〗按钮，弹出〖注释〗对话框，接着在图框中“日期”对应的地方单击鼠标左键。在〖注释〗对话框中单击〖链接到属性〗按钮，弹出〖链接到属性〗对话框，然后设置如图 16-125 所示的参数，单击 确定 按钮和✓按钮完成链接。

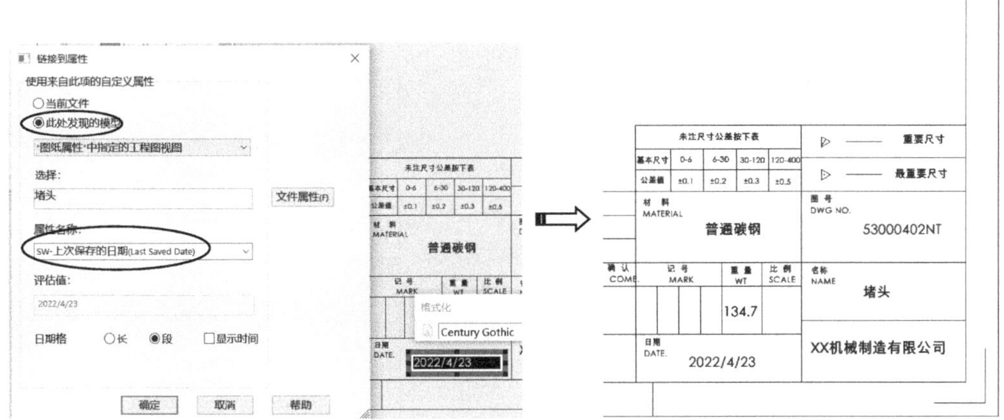

图 16-125　链接日期属性

如果需要链接设计等属性，也可以参考以上的方法。

（10）切换到编辑图纸。在图框空白处单击鼠标右键，在弹出的右键菜单中选择“编辑图纸”选项，如图 16-126 所示，然后在键盘上按 Esc 键退出。

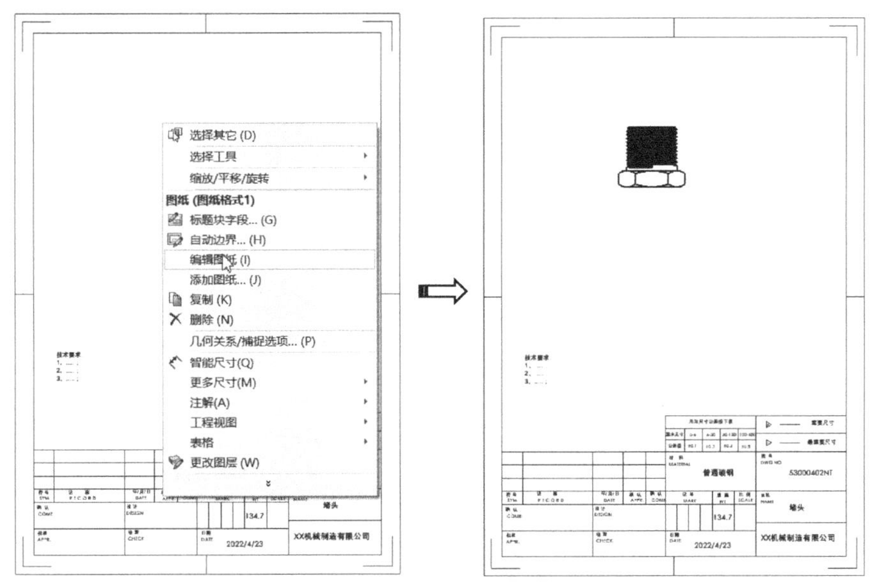

图 16-126　切换到编辑图纸

（10）删除视图。在图框中选择视图并单击鼠标右键，在弹出的右键菜单中选择“删除”命令，然后在〖确认删除〗对话框中单击 是(Y) 按钮，并按 Ctrl+B 键进行更新，如图 16-127 所示。

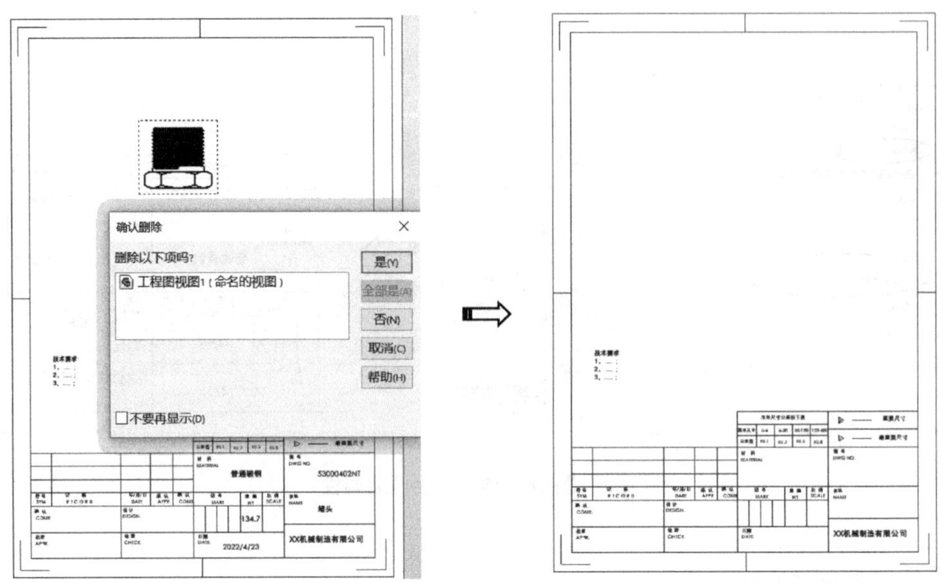

图 16-127　删除视图

要点提示

模板中不能保留模型视图，需要将其删除。但我们需要创建的模板内容已经保留在图框中了，再次切换到“编辑图纸格式”，可以看到模板已经创建成功了，如图 16-128 所示。

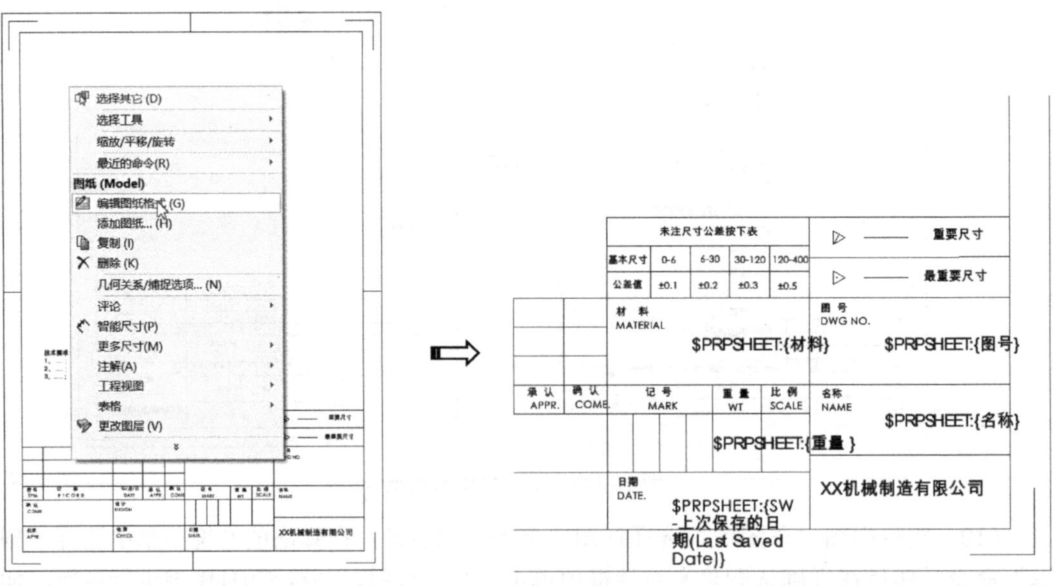

图 16-128　编辑图纸格式

（10）重新保存工程图模板。保证模板在“编辑图纸”的状态下，在菜单栏中单击〖保存〗按钮，即能保存工程图模板。

要点提示

保存工程图模板后，需要将 SOLIDWORKS 软件关闭，再重新打开 SOLIDWORKS 软件。如需要创建工程图，则在〖新建 SOLIDWORKS 文件〗对话框中选择“A4 竖向图框”进入工程图环境，再调入 3D 模型即能创建工程图，这样工程图模板就会生效，自动生产想要的工程图信息了，如图 16-129 所示。

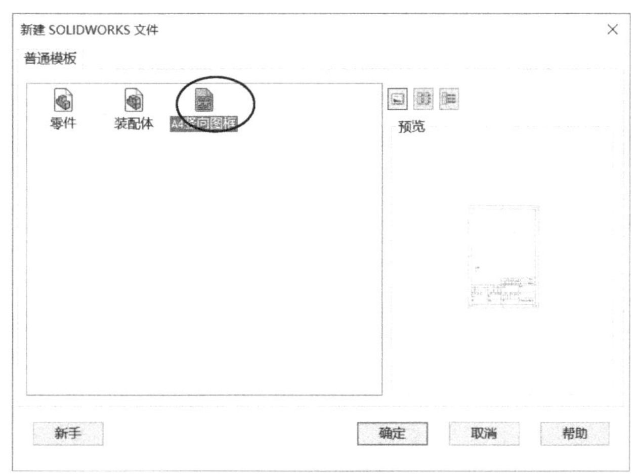

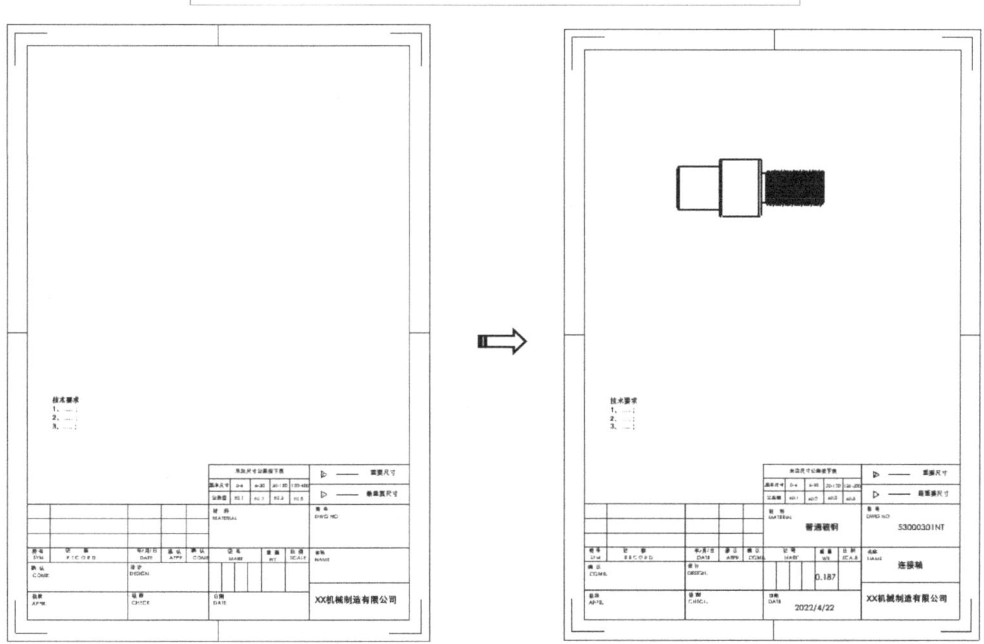

图 16-129　调入模型后自动生成信息

16.10　创建材料明细表

SOLIDWORKS 材料明细表在工程设计中起到了非常大的作用，尤其在装配工程出图方面，可以大大提高出图效率和减少出错的可能。材料明细表创建成功后，用户可以像处理电子表格一样对其进行编辑修改。

16.10.1　制作材料明细表模板

一般情况下，材料明细表都是在工程图中制作的，主要应用于装配图纸中。材料明细表创建成功后，用户可以像处理电子表格一样对其进行编辑和修改。下面详细介绍材料明细表的创建方法。

（1）打开工程图纸，图纸中必须含有视图，如图 16-130 所示。

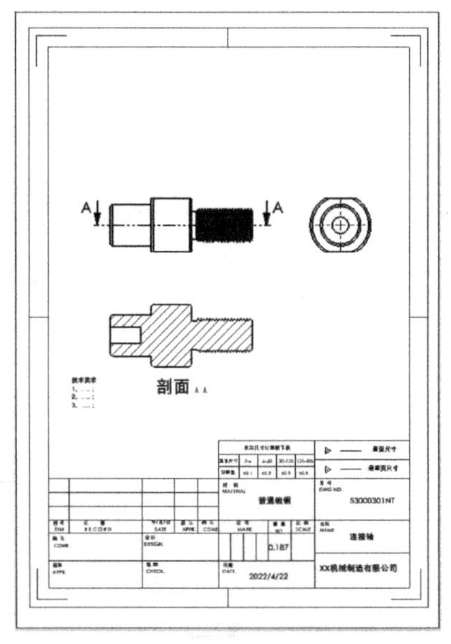

图 16-130　打开工程图纸

打开的图纸必须与零件自定义属性、工程图自定义属性相链接，因为材料明细表与两者都是有关联的。

（2）生成明细表。在〖注释〗工具栏中单击〖材料明细表〗 材料明细表 按钮，选择其中一个视图，默认弹出的〖材料明细表〗对话框中的参数，并单击✓按钮，然后移动明细表到图纸的左上角或右上角，如图 16-131 所示。

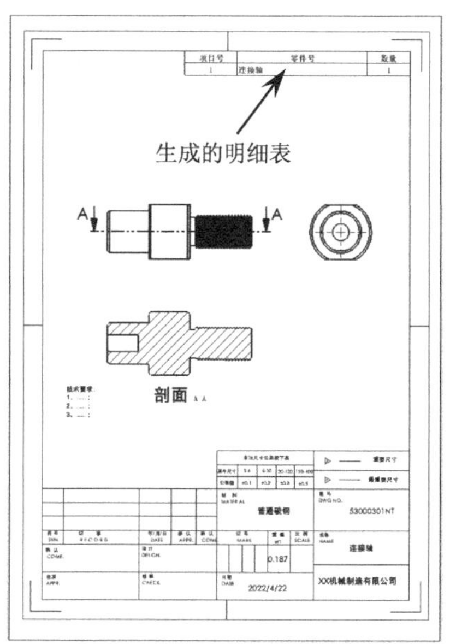

图 16-131　生成明细表

（3）删除列表。选择“列 B”并单击鼠标右键，接着在弹出的右键菜单中选择〖删除〗/〖列（B）〗命令，如图 16-132 所示。

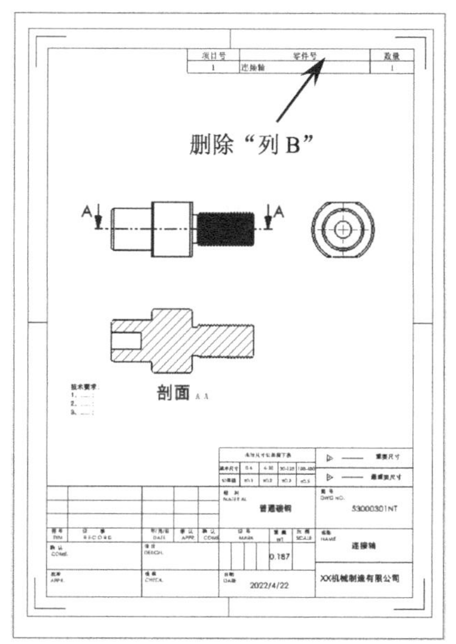

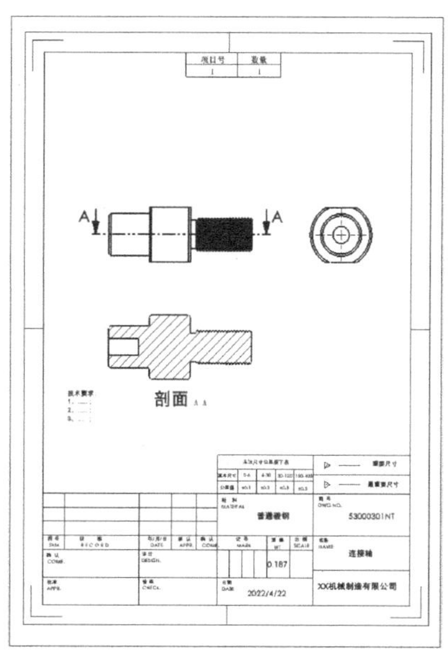

图 16-132　删除列表

因为前面自动生成的“零件号”并不能“自定义属性”关联，所以需要将其删除重建。

（4）插入名称列表。选择“列 B”并单击鼠标右键，在弹出的〖右键〗菜单栏中选择〖插入〗/〖左列（B）〗命令，然后设置属性名称为“名称”，如图 16-133 所示。

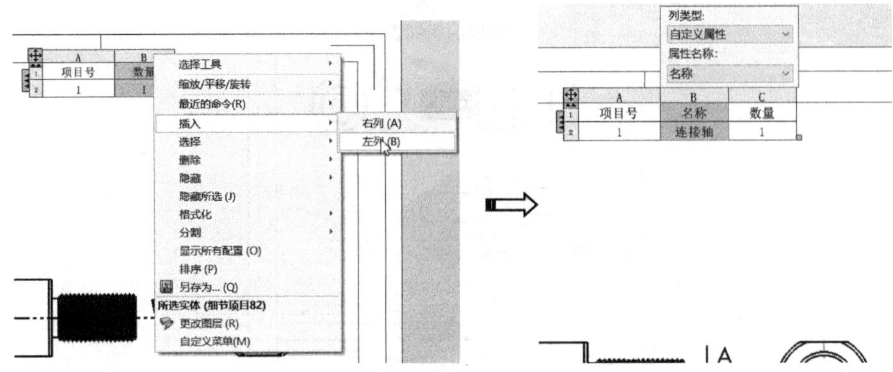

图 16-133 插入名称列表

（5）插入图号列表。选择“列 B”并单击鼠标右键，在弹出的〖右键〗菜单栏中选择〖插入〗/〖右列（A）〗命令，然后设置属性名称为“图号”，如图 16-134 所示。

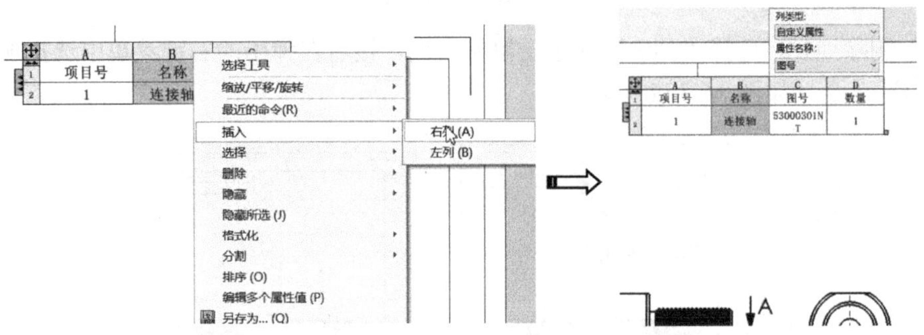

图 16-134 插入图号列表

（6）插入材料列表。选择“列 C”并单击鼠标右键，在弹出的〖右键〗菜单栏中选择〖插入〗/〖右列（A）〗命令，然后设置属性名称为“材料”，如图 16-135 所示。

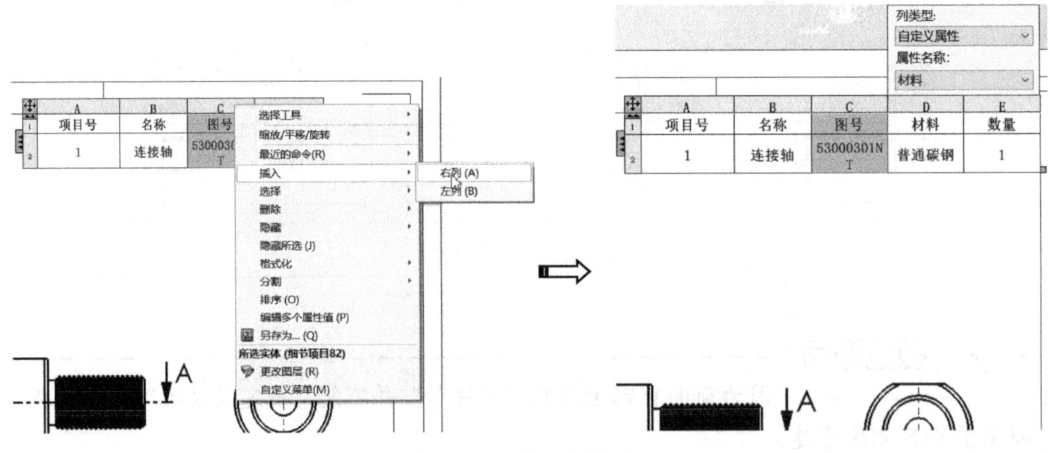

图 16-135 插入材料列表

要点提示

在插入以上的名称、图号、材料列表操作过程中，“属性名称”内的内容必须通过选择下拉菜单中的内容，而不能直接通过输入的方式，否则对应创建的材料明细表不会自动生成该列表想要的内容。

（7）调整明细表各列的宽度，结果如图16-136所示。

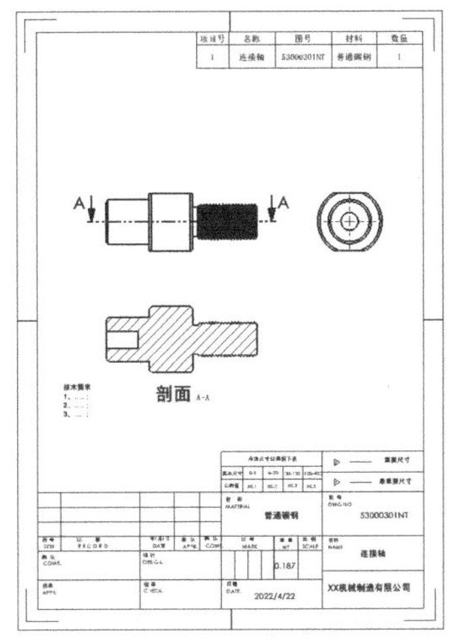

图 16-136　调整列宽

（7）保存材料明细表模板。首先选择明细表左上角的符号并单击鼠标右键，在弹出的右键菜单中选择“另存为”命令，然后设置模板保存的路径，单击 保存(S) 按钮，如图16-137所示。

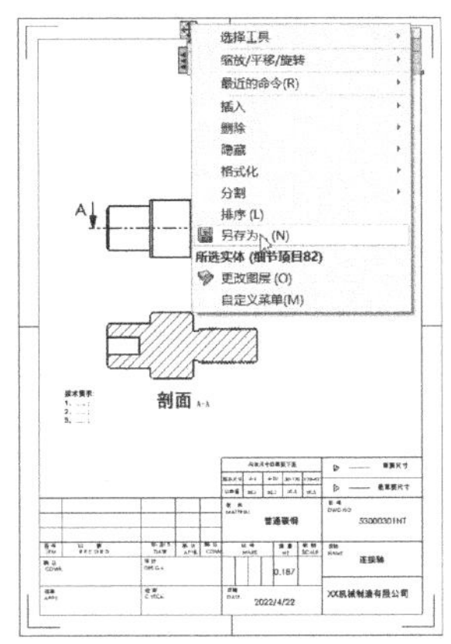

图 16-137　保存材料明细表模板

在保存材料明细表模板前，应先在“sw2020模板”文件夹下新建一个“材料明细表”的文件夹，这样便于明细表的区分和管理。

（8）设置材料明细表文件位置。在菜单栏中单击〖选项〗按钮，接着在弹出的〖系统选项〗对话框中选择“文件位置”选项，并设置“显示下项的文件夹”为“材料明细表模板”，然后删除已有的文件夹路径，并重新选择上一步保存的材料明细表模板路径，单击 确定 按钮，如图 16-138 所示。

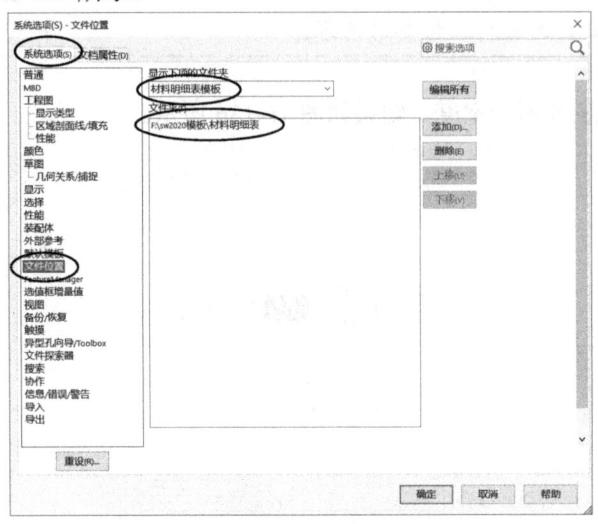

图 16-138　设置材料明细表文件位置

16.10.2　使用材料明细表模板

上一小节主要介绍材料明细表模板的创建方法，而且材料明细表模板还是使用单个零件来创建的，那么这个模板是否也适用于装配体的材料明细呢？这里详细介绍如何使用前面已经创建的材料明细表模板来创建装配体的清单。

（1）在 SOLIDWORK 2020 软件中打开提供的工程图文件，如图 16-139 所示。

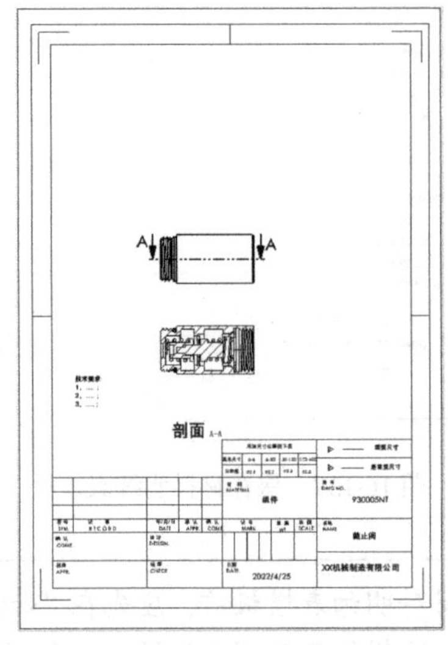

图 16-139　打开工程图文件

（2）生成明细表。在〖注释〗工具栏中单击〖材料明细表〗 材料明细表 按钮，选择其中一个视图，并在弹出的〖材料明细表〗对话框中选择“仅限零件”选项，其他参数默认，单击 ✓ 按钮，最后移动明细表到图纸的左上角或右上角，如图 16-140 所示。

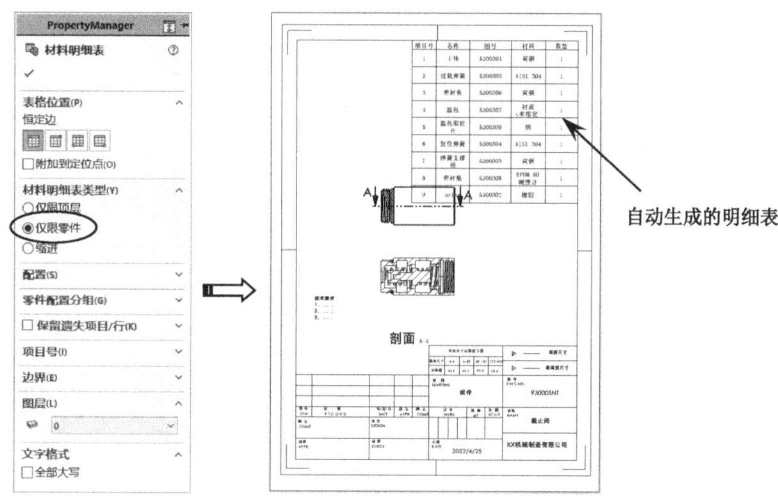

图 16-140　生成明细表

要点提示

由图 16-140 可以看到，单个零件修建的零件明细表模板也同样适用于创建装配图的明细，这样就大大地减少了创建明细表的时间和出错率，尤其是零件多的装配图。

（3）调整明细表各列的宽度，结果如图 16-141 所示。

（4）双击修改表格中的材料，结果如图 16-142 所示。

（5）修改明细表行的高度。首先选择明细表左上角的符号并单击鼠标右键，接着在弹出的右键菜单中选择〖格式化〗/〖行高度〗命令，然后在弹出的〖行高度〗对话框中修改值为 7 mm，单击 保存(S) 按钮，如图 16-143 所示。

项目号	名称	图号	材料	数量
1	主体	5300301	黄铜	1
2	过载弹簧	5300305	AISI 304	1
3	密封套	5300306	黄铜	1
4	温包	5300307	材质 〈未指定〉	1
5	温包限位片	5300309	铜	1
6	复位弹簧	5300304	AISI 304	1
7	弹簧支撑座	5300303	黄铜	1
8	密封垫	5300308	EPDM 60 硬度计	1
9	oring	5300302	橡胶	1

图 16-141　调整列宽

项目号	名称	图号	材料	数量
1	主体	5300301	黄铜	1
2	过载弹簧	5300305	AISI 304	1
3	密封套	5300306	黄铜	1
4	温包	5300307	组件	1
5	温包限位片	5300309	铜	1
6	复位弹簧	5300304	AISI 304	1
7	弹簧支撑座	5300303	黄铜	1
8	密封垫	5300308	EPDM	1
9	oring	5300302	橡胶	1

图 16-142　修改材料

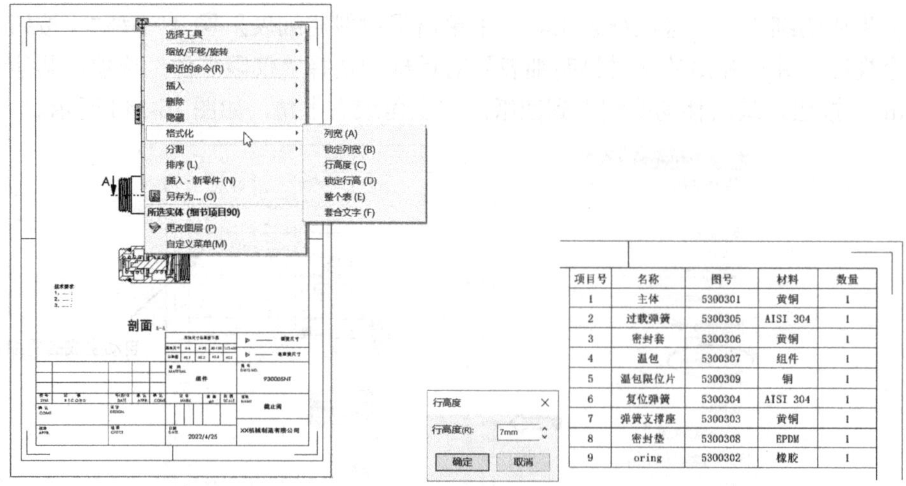

项目号	名称	图号	材料	数量
1	主体	5300301	黄铜	1
2	过载弹簧	5300305	AISI 304	1
3	密封套	5300306	黄铜	1
4	温包	5300307	组件	1
5	温包限位片	5300309	铜	1
6	复位弹簧	5300304	AISI 304	1
7	弹簧支撑座	5300303	黄铜	1
8	密封垫	5300308	EPDM	1
9	oring	5300302	橡胶	1

图 16-143　修改行高度

16.10.3　添加零件序号

上一小节详细介绍了如何为装配图导入零件明细表，但一份完整的总装图或爆炸图中还应该包含对应的零件序号。在〖注释〗工具栏中单击［零件序号］按钮或［自动零件序号］按钮，然后选择零件就能创建零件序号，生成的零件序号会自动与明细表中的序号相对应。本节将使用上一小节创建的工程图，详细介绍如何为视图添加零件序号和编辑零件序号。

（1）在〖注释〗工具栏中单击［自动零件序号］按钮，系统自动创建所有的零件序号，如图 16-144 所示。

（2）拖动序号调整其位置，使序号的位置能显示与之对应的零件，如图 16-145 所示。

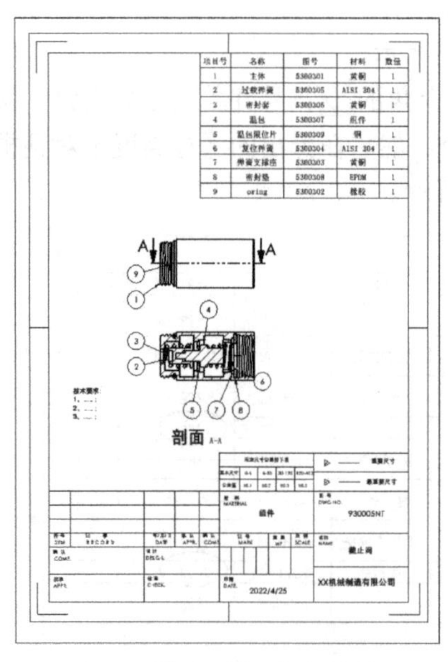

图 16-144　创建自动零件序号

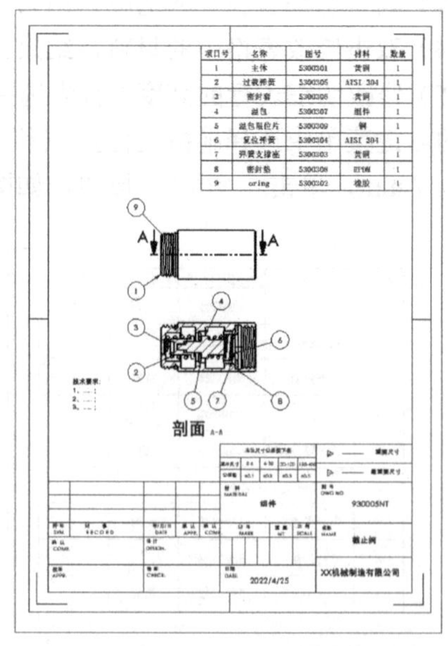

图 16-145　调整部分序号的位置

（3）由于自动创建的零件序号是根据产品装配先后顺序来排列的，所以显示到工程图时，这些数字顺序显得没有规律。为了使序号更有规律，可依次双击这些数字，然后按顺序进行修改，如图 16-146 所示。

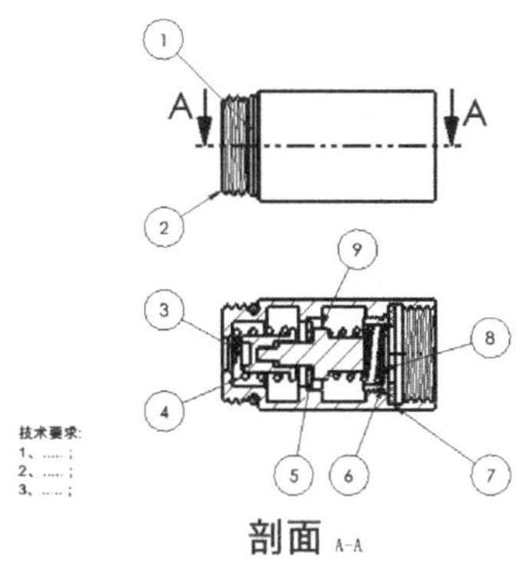

图 16-146　重排序号

（4）重排零件序号后，明细表上的项目号顺序也出现了变化，不再按照顺序排列，此时需要按序号顺序再拖动行进行调整，如图 16-147 所示。

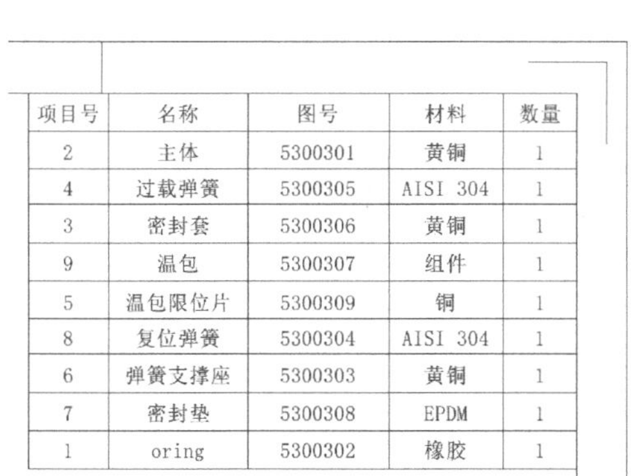

项目号	名称	图号	材料	数量
2	主体	5300301	黄铜	1
4	过载弹簧	5300305	AISI 304	1
3	密封套	5300306	黄铜	1
9	温包	5300307	组件	1
5	温包限位片	5300309	铜	1
8	复位弹簧	5300304	AISI 304	1
6	弹簧支撑座	5300303	黄铜	1
7	密封垫	5300308	EPDM	1
1	oring	5300302	橡胶	1

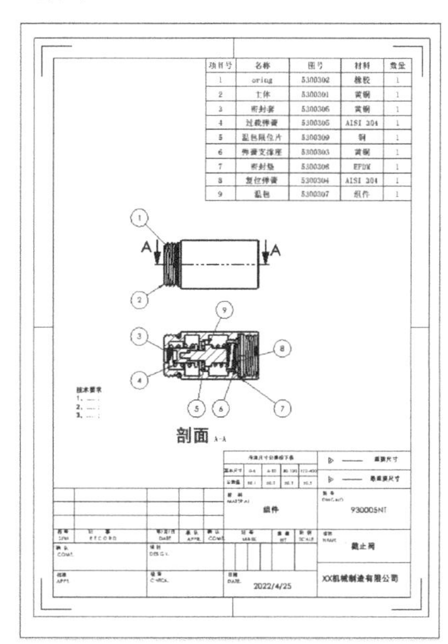

图 16-147　调整明细表行的位置

（5）在菜单栏中单击〖保存〗按钮保存以上操作。

16.11　其他设置

在工程图设计中，经常会出现一些需要修改的问题，如创建的剖面线型式不对、视图

中的线太密导致打印出来的效果太差等。所以本节简单介绍这两个常见问题的解决办法。

16.11.1 剖面线的设置

创建产品的剖面视图时，因为整套产品中同时含金属件、塑料件和橡胶件等，而创建的剖面线却全部是金属件，所以需要对塑料件、橡胶件的剖面线进行修改。下面简单介绍剖面线的修改方法。

（1）在 SOLIDWORK 2020 软件中打开提供的工程图文件，如图 16-148 所示。

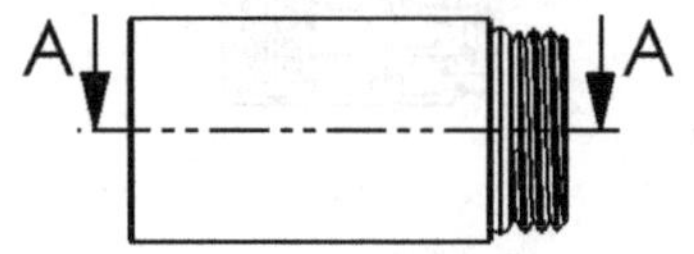

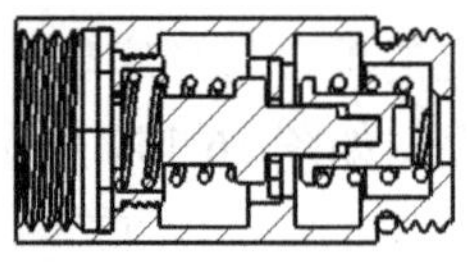

A-A

图 16-148　打开工程图文件

（2）在需要修改剖面线的位置单击鼠标左键，弹出〖区域剖面线/填充〗对话框，然后根据图 16-149 所示的步骤进行操作。

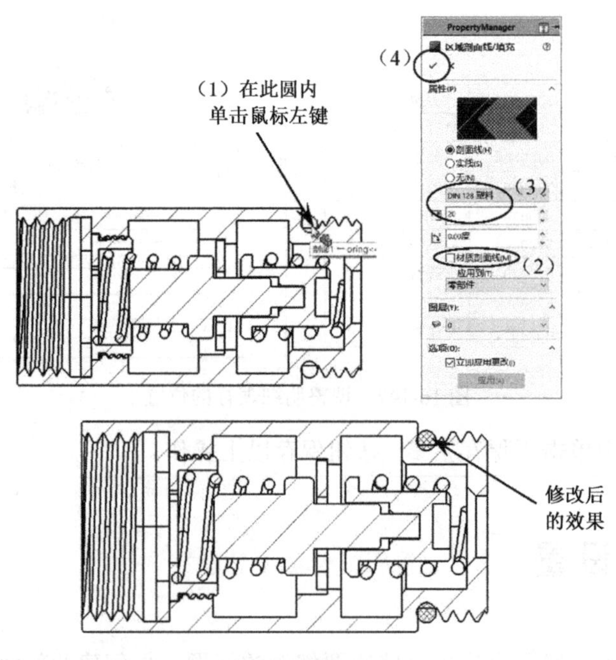

图 16-149　修改剖面线一

要点提示

在〖区域剖面线/填充〗对话框中，20 框内的数值设置得越大，剖面线就越密。如果需要修改剖面线角度，那么在 90.00度 内修改数值即可。

（2）在需要修改剖面线的位置单击鼠标左键，弹出〖区域剖面线/填充〗对话框，然后根据图 16-150 所示的步骤进行操作。

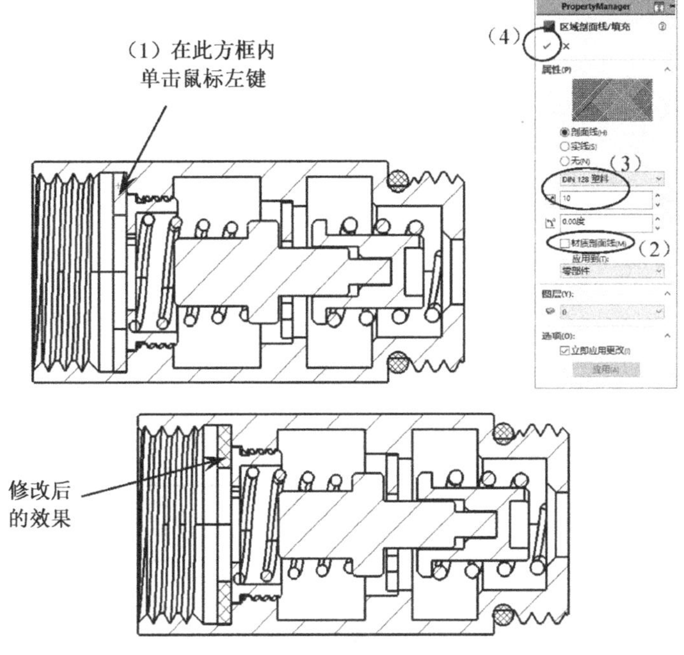

图 16-150　修改剖面线二

（3）参考以上的方法，修改视图上两弹簧、温包对应的剖面线间距和角度，结果如图 16-151 所示。

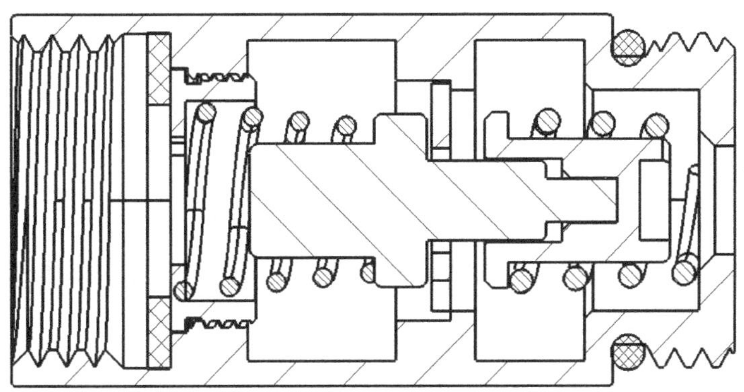

图 16-151　修改剖面线三

16.11.2　图形线厚度的设置

如果视图中的线比较密，尤其是视图中的真实螺纹线，其显示效果很差，打印出来一团黑，根本看不清楚，严重影响图纸的美观性。下面简单介绍如何修改视图中线的厚度。

首先将图纸放大，按住 Ctrl 键依次选择需要修改的线，接着单击鼠标右键，然后在弹出的右键菜单中选择〖线粗〗下拉菜单，并选择厚度为 0.13 mm，如图 16-152 所示。

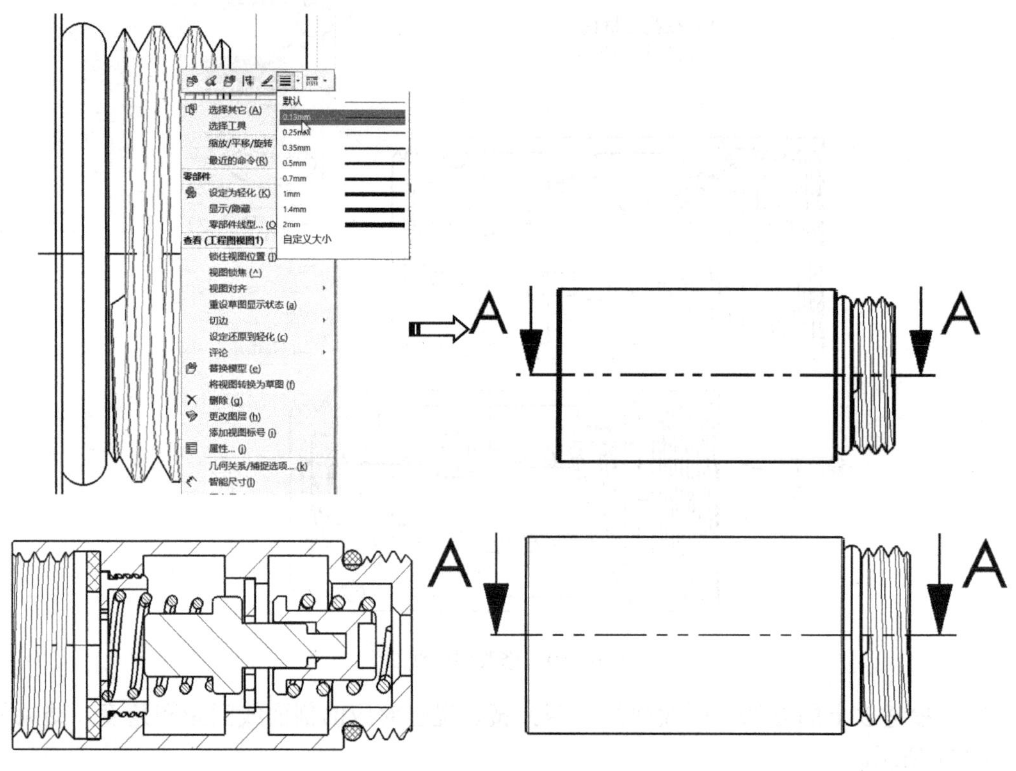

图 16-152　修改线粗的效果

16.12　工程图保存至 CAD

将 3D 软件中的工程图保存至 CAD 中出图是每个工程技术人员必备的技能。尽管不是所有的 SOLIDWORKS 工程图都需要转换成 CAD 图式，但有些特殊的图纸需要转换成 CAD 格式进行编辑处理。

在工程图界面的〖标准〗菜单栏中单击〖另存为〗命令，弹出〖另存为〗对话框，接着在“保存类型”下拉菜单中选择 Dwg 类型，然后输入 CAD 文档的文件名，如图 16-153（a）所示，单击 保存(S) 按钮。用 CAD 软件打开保存的工程图文件，如图 16-153（b）所示。

（a）

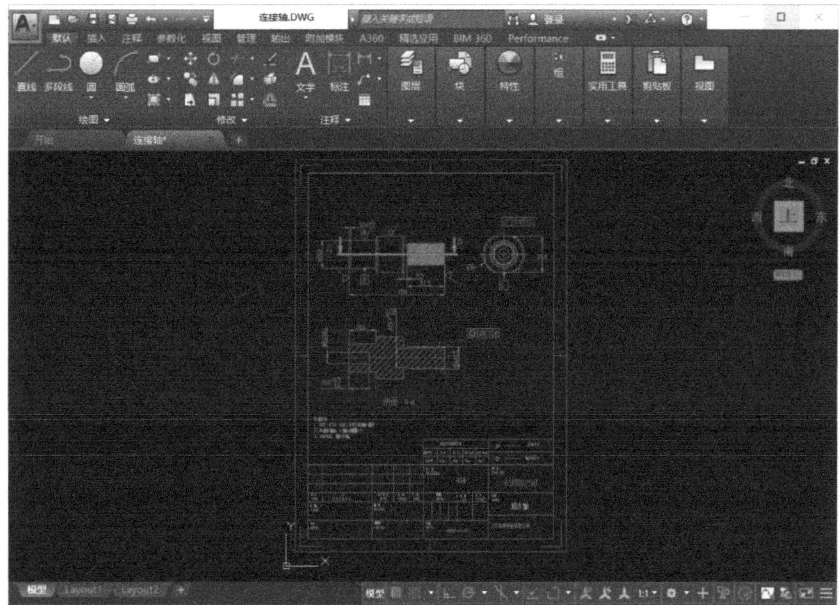

（b）

图 16-153　工程图保存至 CAD

16.13　工程图综合实例特训一

首先根据提供的 CAD 图框，导入 CAD 到 SOLIDWORKS 2020 软件中作为 A4 横向图框，然后创建如图 16-154 所示的球阀转球工程图。

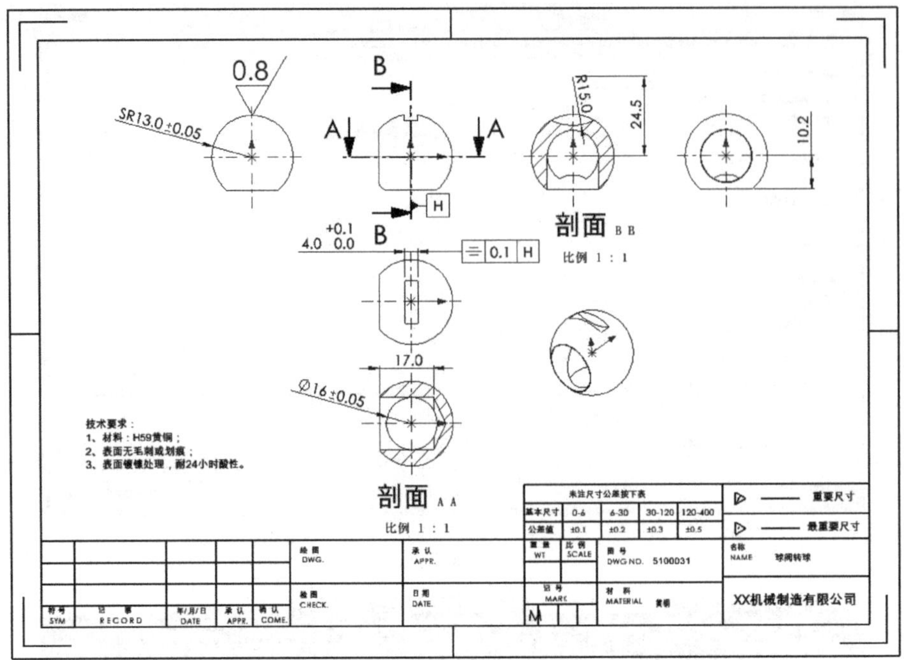

图 16-154　创建工程图

16.13.1　创建 A4 横向图框

（1）在桌面上双击图标打开 SOLIDWORKS 2020 软件。

（2）在菜单栏中单击〖视图布局〗按钮，弹出〖打开〗对话框。选择“所有文件”类型，然后选择 A4 竖向图框文件，单击 打开 按钮，如图 16-155 所示。

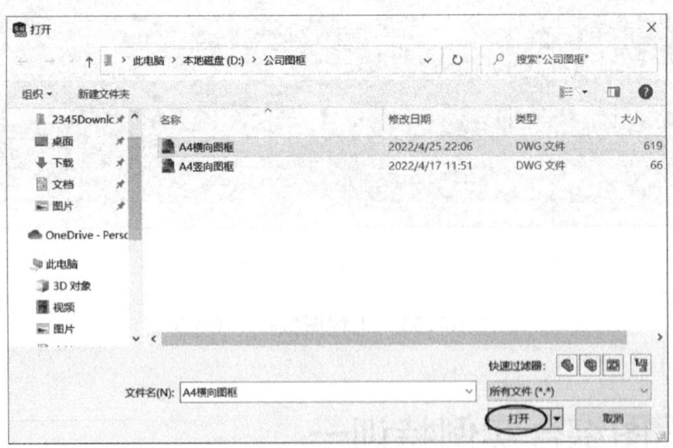

图 16-155　打开 CAD 文件

（3）默认〖DXF/DWG 输入〗对话框中的“转换到 SOLIDWORKS 实体”选项，并单击 下一步(N) > 按钮，如图 16-156 所示。

图 16-156　输入 CAD 图框一

（4）在新显示的对话框界面中选择“为工程图图纸所选择的图层”选项，其他按默认设置，并单击下一步(N) >按钮，如图 16-157 所示。

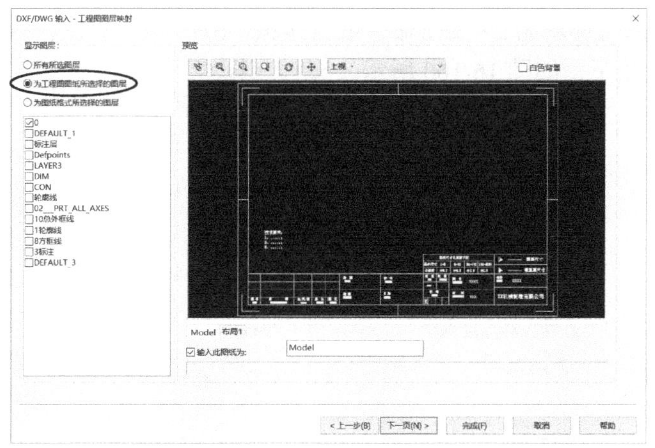

图 16-157　输入 CAD 图框二

（5）在新显示的对话框界面中设置数据单位为“毫米”，纸张大小为“A4 - 横向”，并选择“在图纸中置中”选项，其他按默认设置，并单击完成(F)按钮，结果如图 16-158 所示，这样图框就导入完成了。

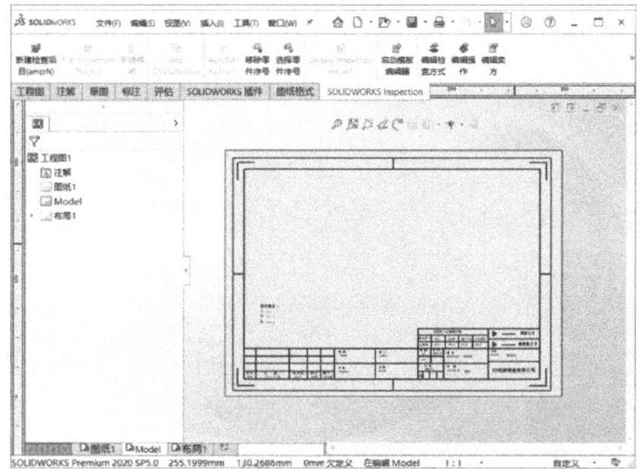

图 16-158　输入 CAD 图框三

(6)在界面中框选所有内容，接着在菜单栏中选择〖编辑〗/〖剪切〗命令或直接按 Ctrl+X 键，剪切图框的所有内容，如图 16-159 所示。

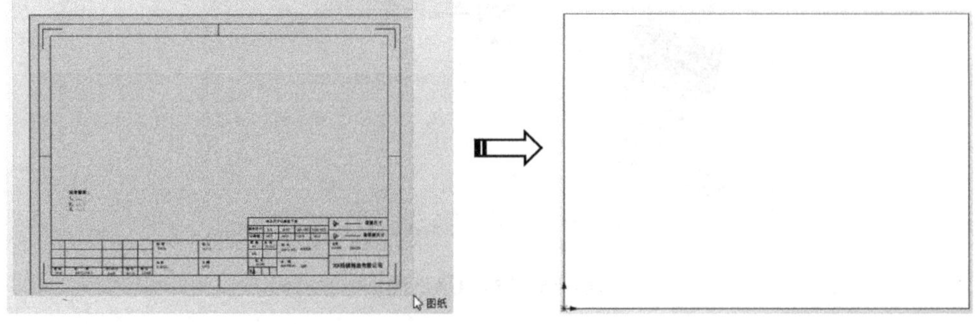

图 16-159　剪切图框

（7）在图框空白处单击鼠标右键，在弹出的右键菜单中选择“编辑图纸格式”选项，然后在菜单栏中选择〖编辑〗/〖粘贴〗命令或直接按 Ctrl+V 键，将图框所有内容粘贴到“编辑图纸格式”的背景下，如图 16-160 所示。

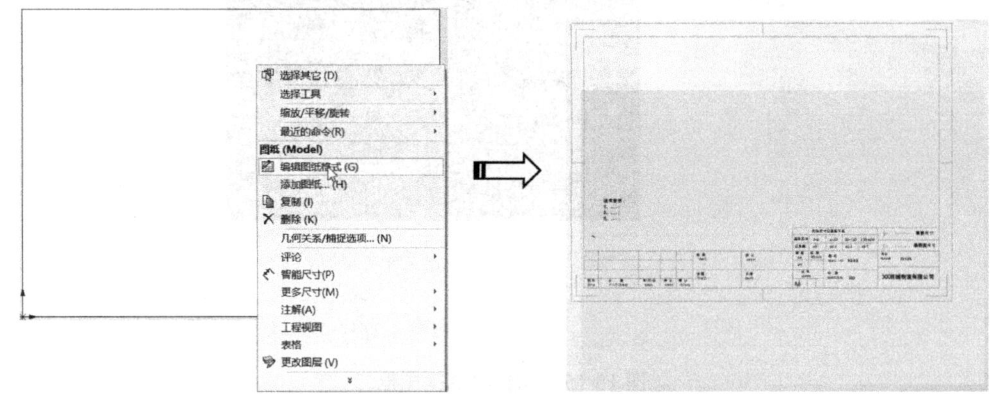

图 16-160　粘贴图框到“编辑图纸格式”下

（8）在界面中框选所有内容，接着在菜单栏中选择〖工具〗/〖草图工具〗/〖移动〗命令，然后拖动整个图框移至灰色工程图框的中间位置，位置正确后单击鼠标左键，如图 16-161 所示。

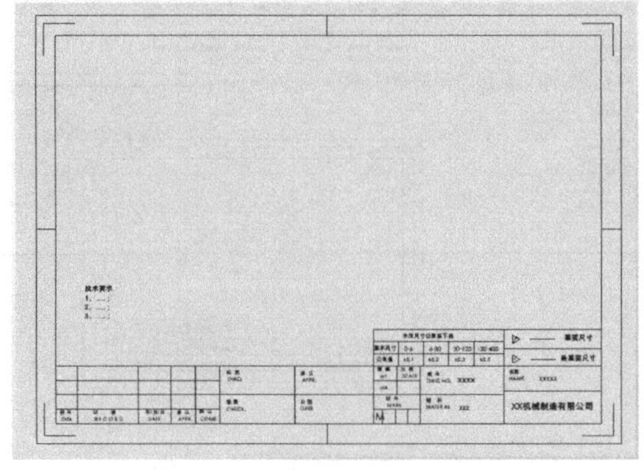

图 16-161　移动图框到中间位置

（9）此时图框处于可编辑的状态。在图框空白处单击鼠标右键，在弹出的右键菜单中选择“编辑图纸”选项，此时图框变为不可编辑状态，如图 16-162 所示。

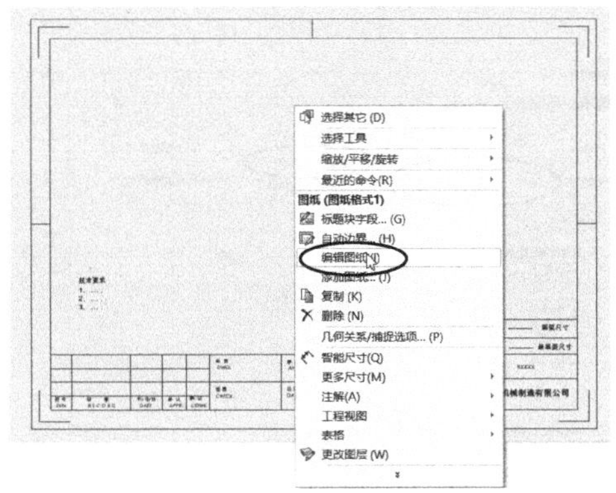

图 16-162　回到编辑图纸状态

（10）在菜单栏单击〖选项〗按钮，弹出〖系统选项〗对话框，然后设置如图 16-163 所示的参数，最后单击 确定 按钮。

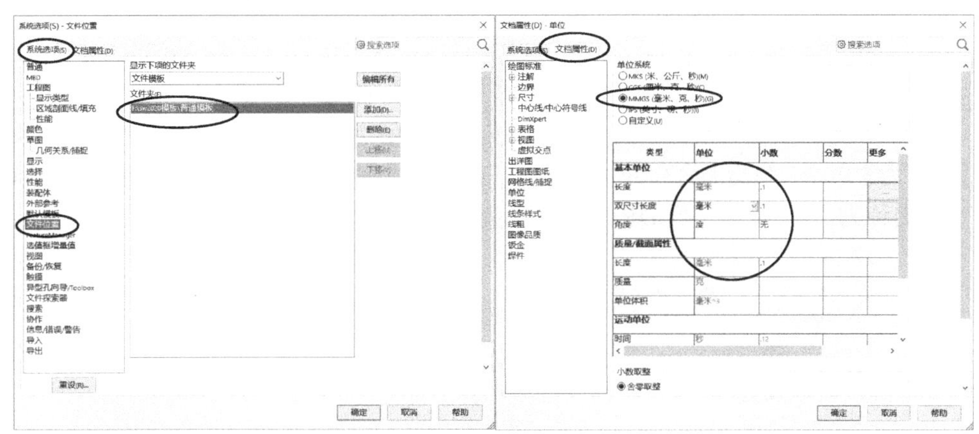

图 16-163　设置文档属性

（11）删除多余的图纸。在左边的特征树中选择“图纸 1”和“布局 1”并单击鼠标右键，在弹出的右键菜单中选择“删除”命令，然后在弹出的〖确认删除〗对话框中单击两次 是(Y) 按钮，如图 16-164 所示。

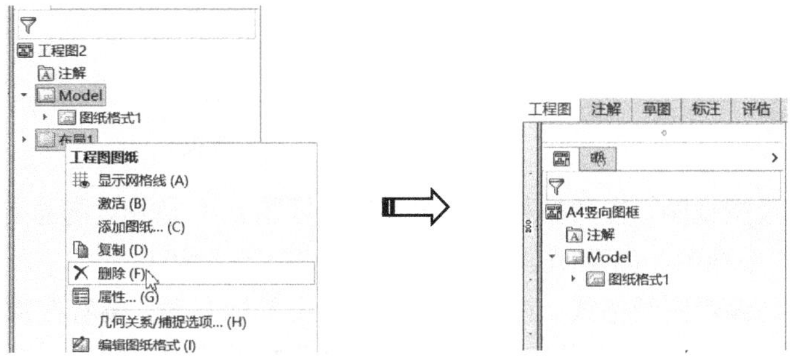

图 16-164　删除多余的图纸

（12）设置图纸属性。在左边的特征树中选择“图纸格式 1”并单击鼠标右键，接着在弹出的右键菜单中选择“属性”命令，弹出〖图纸属性〗对话框，然后设置如图 16-165 所示的参数。

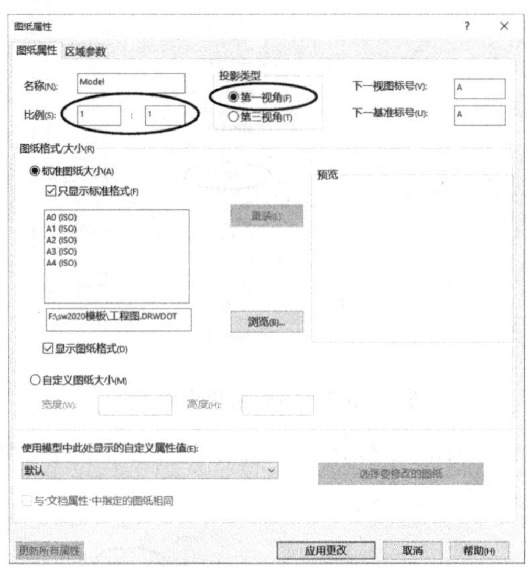

图 16-165　设置图纸属性

（13）保存模板文件。单击 确定 按钮，关闭当前对话框。在菜单栏中选择〖文件〗/〖另存为〗命令，弹出〖另存为〗对话框，首先设置保存类型为“工程图模板（*.drwdot）”，文件名称为“A4 横向图框.DRWDOT”，如图 16-166 所示，单击 保存(S) 按钮。

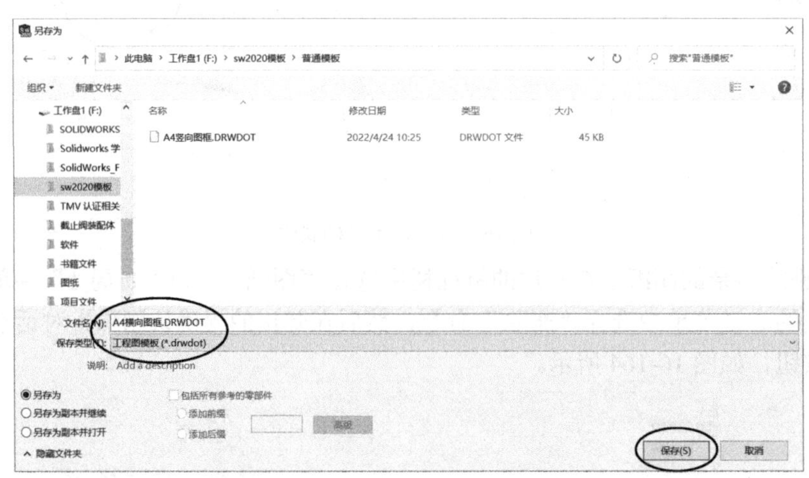

图 16-166　保存工程图模板

（14）导入模型视图。在菜单栏中单击〖模型视图〗按钮，随意导入任何一个 3D 模型文件，创建一个视图，如图 16-167 所示，然后按 Esc 键退出。

（15）切换到编辑图纸格式。在图框空白处单击鼠标右键，接着在弹出的右键菜单中选择“编辑图纸格式”选项，如图 16-168 所示，然后按 Esc 键退出。

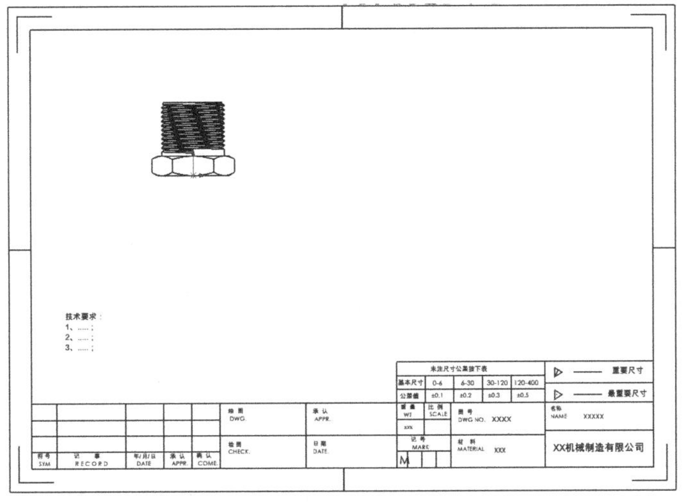

图 16-167　导入模型视图

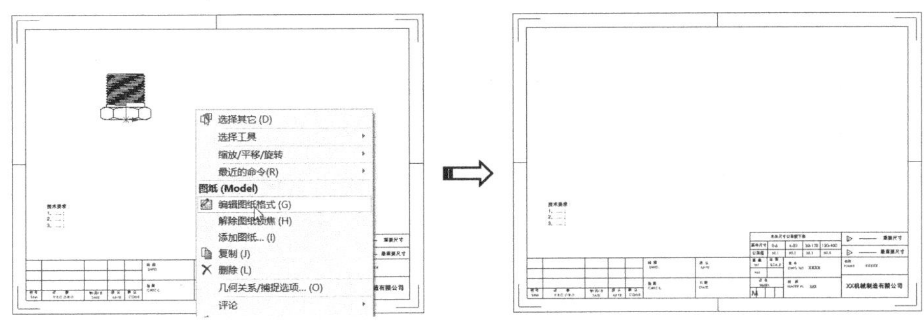

图 16-168　切换到编辑图纸格式

（16）链接图号属性。在图框中双击图号对应的“×××××”，弹出〖注释〗对话框，在〖注释〗对话框中单击〖链接到属性〗按钮，弹出〖链接到属性〗对话框，然后设置如图 16-169 所示的参数，最后单击 确定 按钮和✓按钮完成链接。

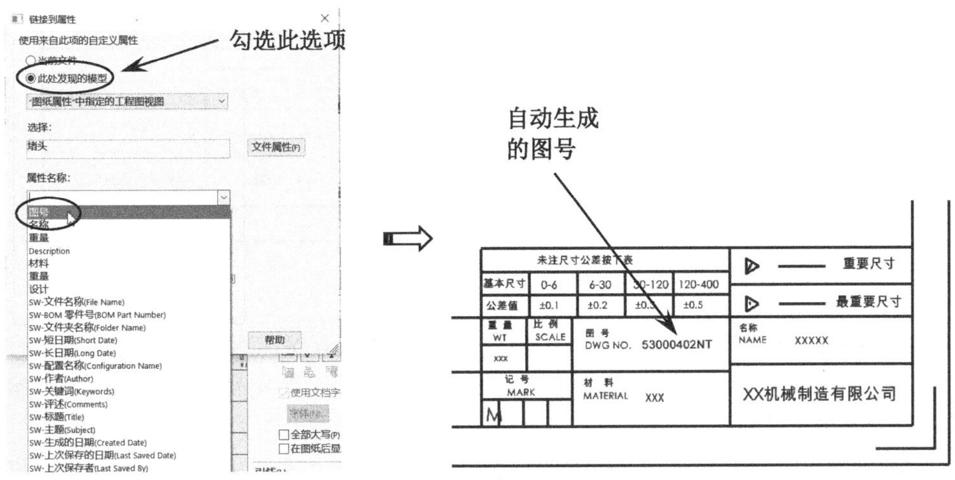

图 16-169　链接图号属性

（17）链接名称属性。在图框中双击名称对应的“×××××”，弹出〖注释〗对话框，接着在〖注释〗对话框中单击〖链接到属性〗按钮，弹出〖链接到属性〗对话框，然后设置如图 16-170 所示的参数，最后单击 确定 按钮和 ✓ 按钮完成链接。

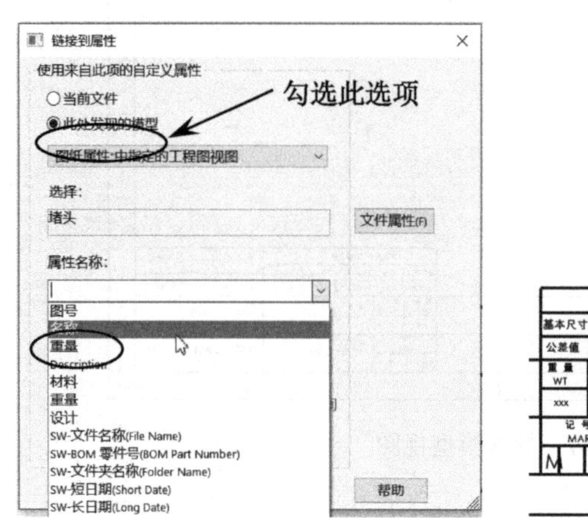

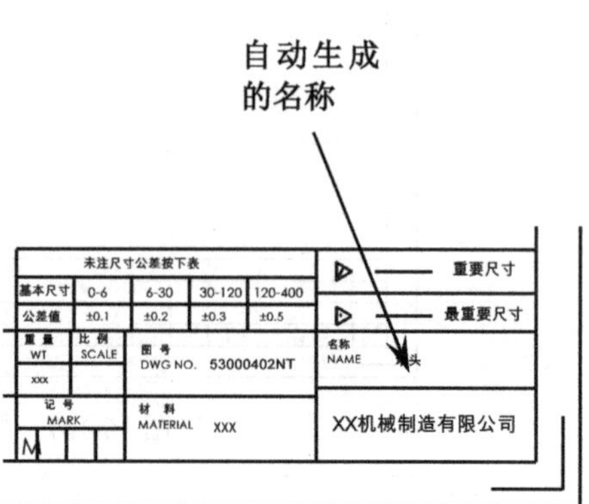

图 16-170　链接名称属性

（18）链接材料属性。在图框中双击材料对应的“×××××”，弹出〖注释〗对话框，在〖注释〗对话框中单击〖链接到属性〗按钮，弹出〖链接到属性〗对话框，然后设置如图 16-171 所示的参数，最后单击 确定 按钮和 ✓ 按钮完成链接。

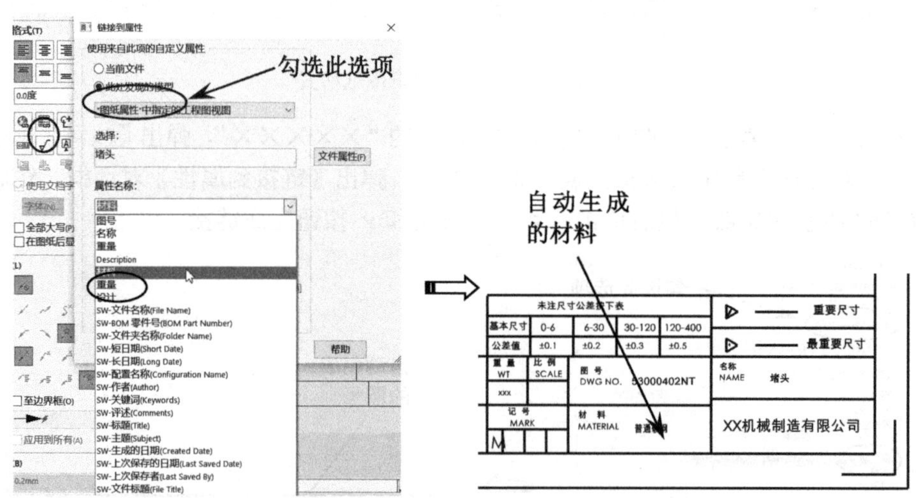

图 16-171　链接材料属性

（19）链接重量属性。在图框中双击材料对应的“×××××”，弹出〖注释〗对话框，在〖注释〗对话框中单击〖链接到属性〗按钮，弹出〖链接到属性〗对话框，然后设置如图 16-172 所示的参数，最后单击 确定 按钮和 ✓ 按钮完成链接。

（20）切换到编辑图纸。在图框空白处单击鼠标右键，在弹出的右键菜单中选择“编辑图纸”选项，如图 16-173 所示，然后按 Esc 键退出。

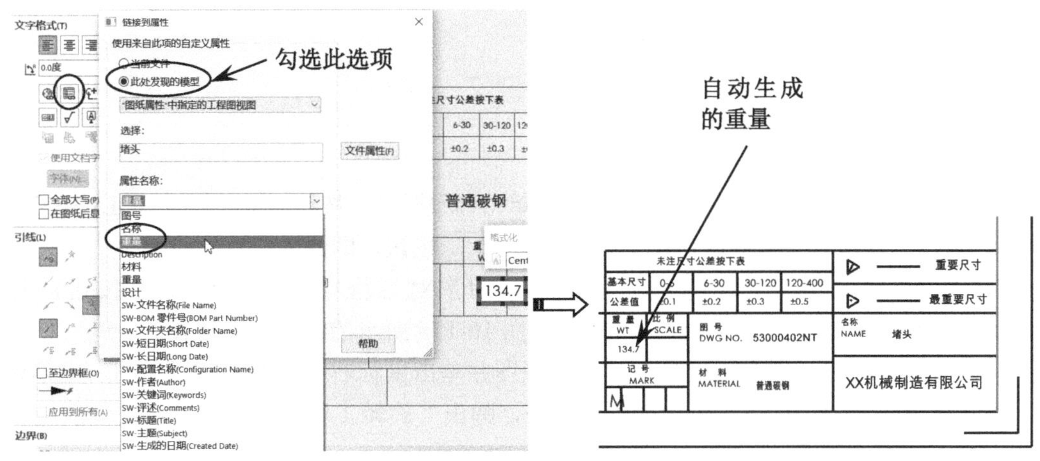

图 16-172　链接重量属性

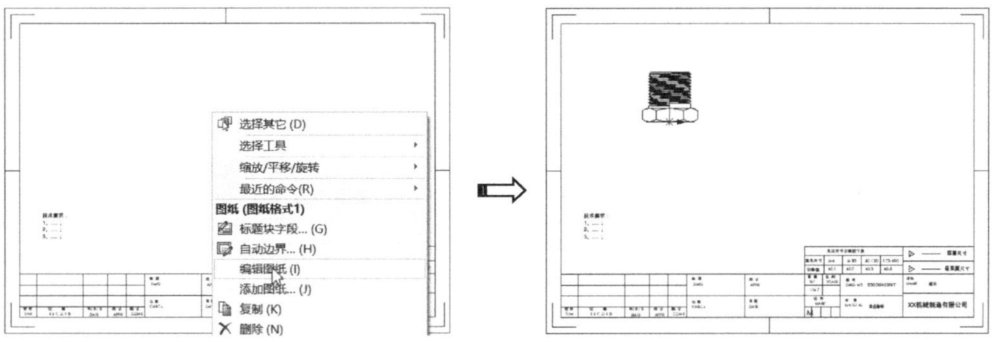

图 16-173　切换到编辑图纸

（21）删除视图。在图框中选择视图并单击鼠标右键，在弹出的右键菜单中选择“删除”命令，然后在〖确认删除〗对话框中单击 是(Y) 按钮，并按 Ctrl+B 键进行更新，如图 16-174 所示。

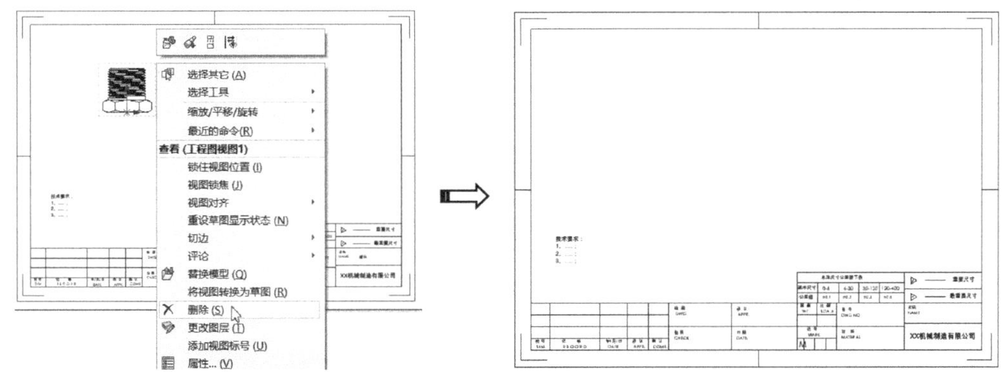

图 16-174　删除视图

（22）重新保存工程图模板。保证模板在“编辑图纸”的状态下，在菜单栏中单击〖保存〗按钮，即可保存工程图模板。

（23）关闭“A4 横向图框”模板文件。

16.13.2 创建图纸

（1）在 SOLIDWORKS 2020 初始界面中单击〖新建〗按钮，弹出〖新建 SOLIDWORKS〗对话框，然后选择“A4 横向图框”并单击 确定 按钮，即进入工程图界面。

（2）创建主视图。在弹出的〖模型视图〗对话框中单击 浏览(B)... 按钮，打开〖Example\Ch16\球阀转球〗文件，然后根据图 16-175 所示的步骤进行操作。

（3）旋转视图。选择上一步创建的主视图并单击鼠标右键，接着在弹出的右键菜单中选择〖缩放/平移/旋转〗/〖旋转视图〗命令，弹出〖旋转工程视图〗对话框，然后输入如图 16-176 所示的角度，单击 关闭 按钮。

（4）创建投影视图。在〖视图布局〗工具栏中单击 投影视图 按钮，弹出〖投影视图〗对话框，然后依次创建如图 16-177 所示的俯视图和右视图。

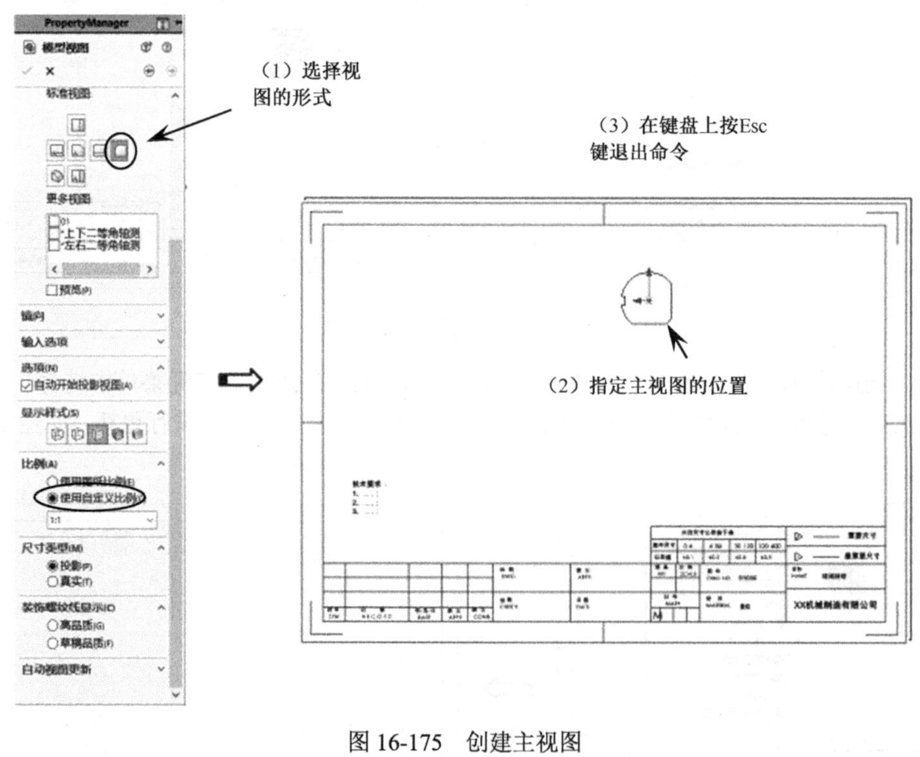

图 16-175　创建主视图

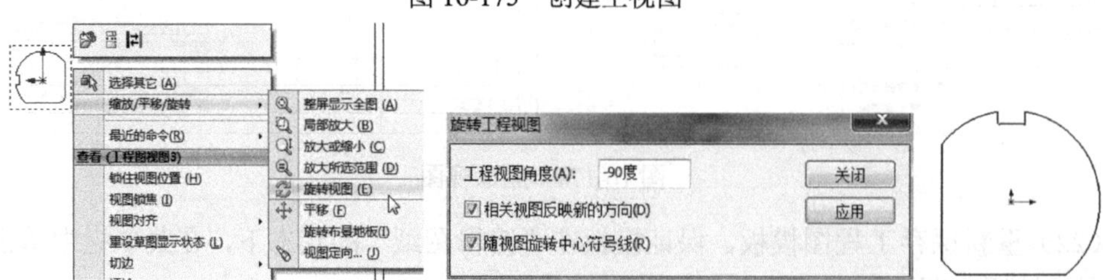

图 16-176　创建旋转视图

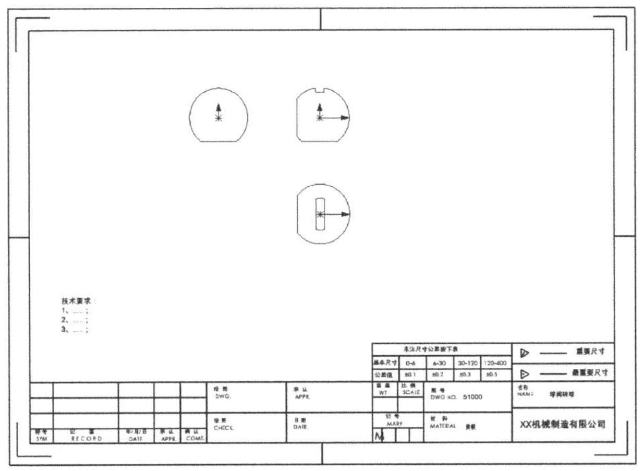

图 16-177　创建投影视图

（5）创建剖面视图 1。在〖视图布局〗工具栏中单击 剖面视图 按钮，弹出〖剖面视图〗对话框，然后根据图 16-178 所示的步骤进行操作。

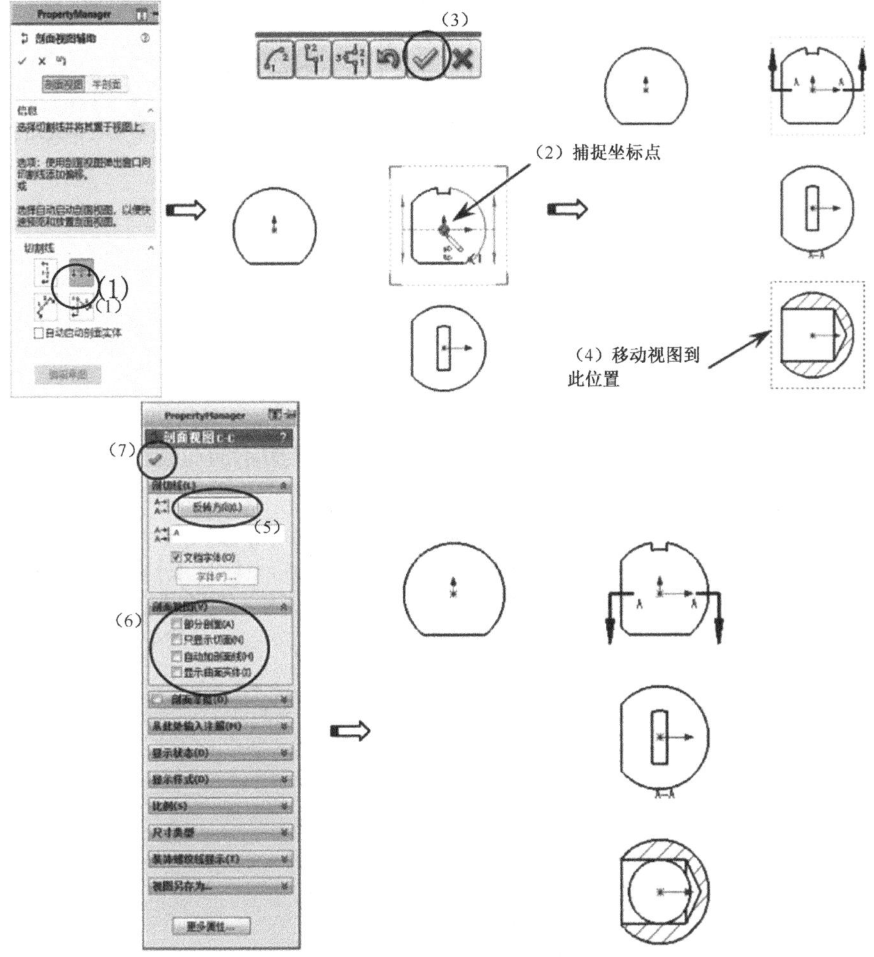

图 16-178　创建剖面视图 1

（6）创建剖面视图 2。在〖视图布局〗工具栏中单击 剖面视图 按钮，弹出〖剖面视图〗对话框，然后根据图 16-179 所示的步骤进行操作。

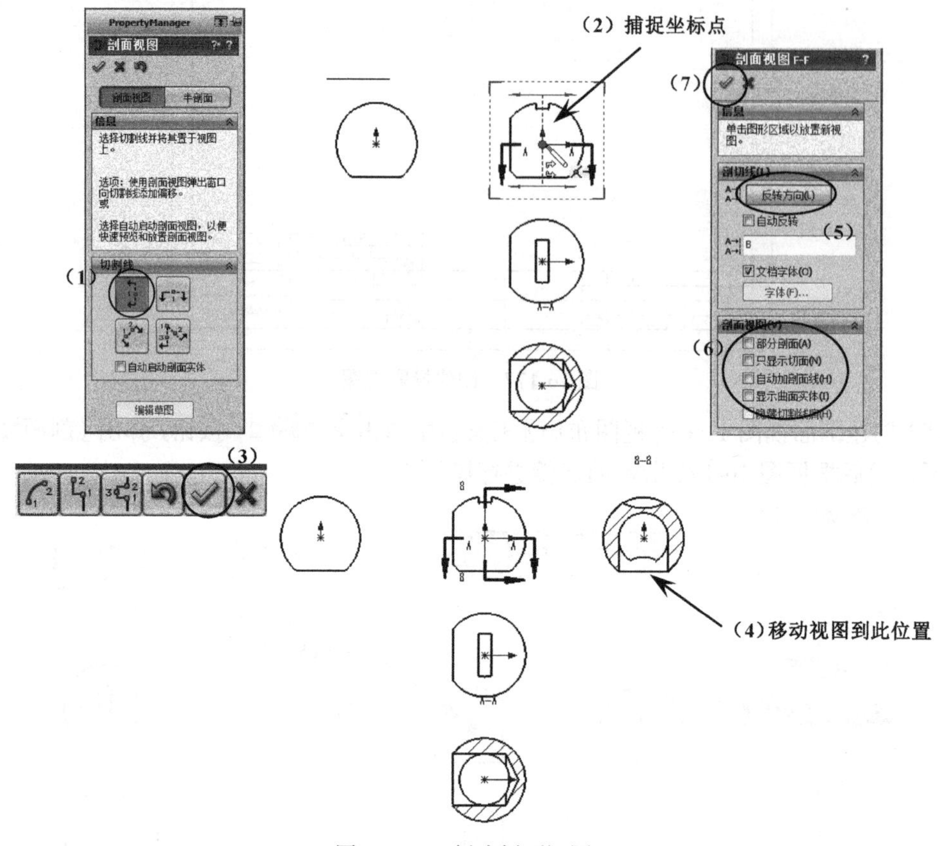

图 16-179　创建剖面视图 2

（7）创建投影视图。在〖视图布局〗工具栏中单击 投影视图 按钮，弹出〖投影视图〗对话框，选择“主视图”为父视图，然后创建如图 16-180 所示的左视图。

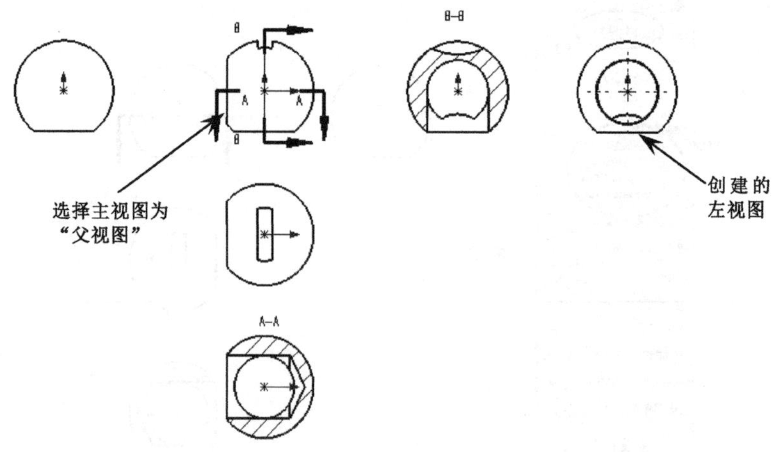

图 16-180　创建投影视图

（8）创建正等测视图。在〖视图布局〗工具栏中单击 模型视图 按钮，弹出〖模型视图〗对话框。单击 浏览(B)... 按钮，打开〖Example\Ch16\球阀转球〗文件，然后根据图16-181所示的步骤进行操作。

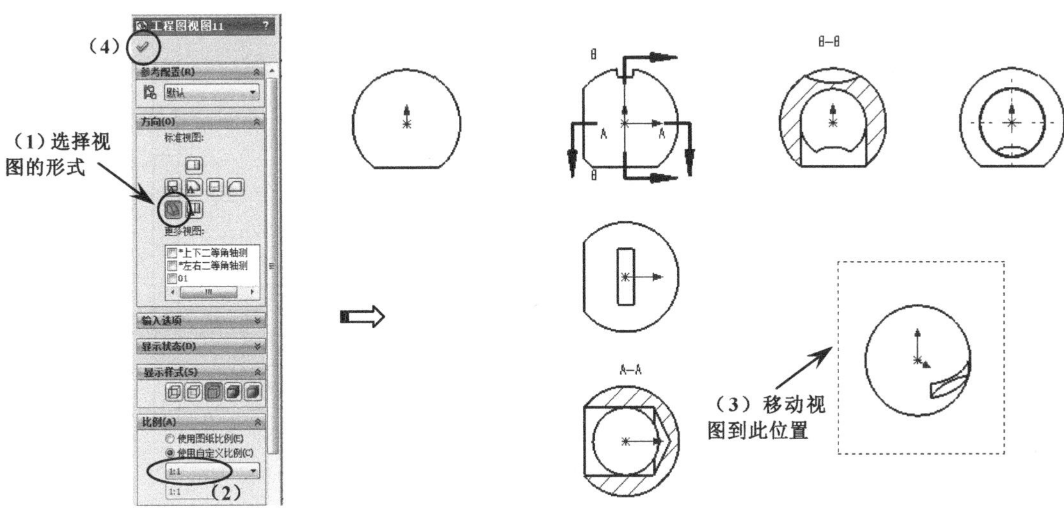

图 16-181　创建正等测视图

（9）旋转正等测视图。在工程图界面的正上方单击〖3D 工程图视图〗按钮，弹出〖信息〗对话框，选择上一步创建的正等测视图，然后旋转视图为如图16-182所示的角度，单击〖确定〗按钮。

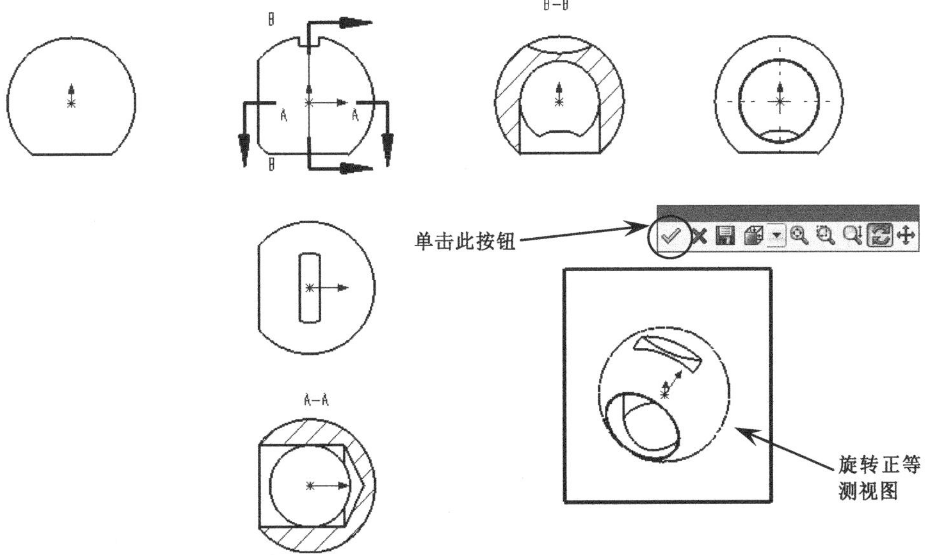

图 16-182　旋转正等测视图

（10）创建中心线。在〖注释〗工具栏中单击 中心符号线 按钮，然后创建中心线，结果如图16-183所示。

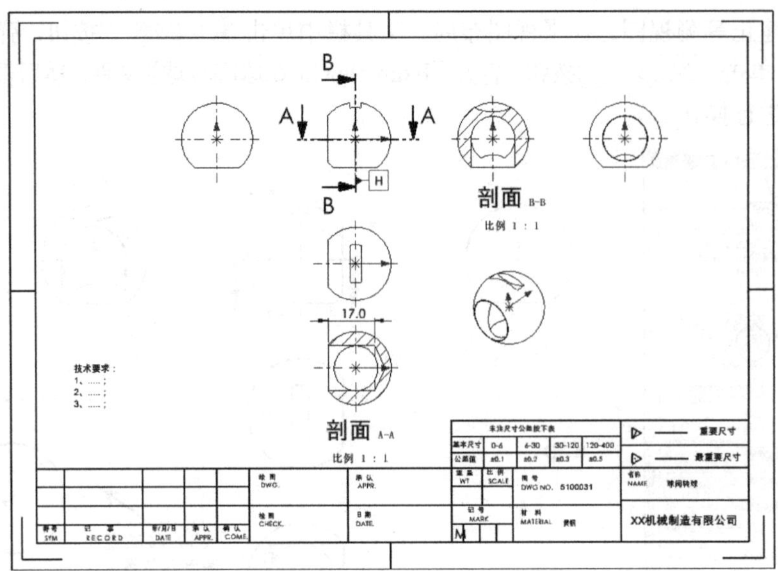

图 16-183　创建中心线

（11）标注尺寸。在〖注释〗工具栏中单击「智能尺寸」按钮，然后进行尺寸标注，结果如图 16-184 所示。

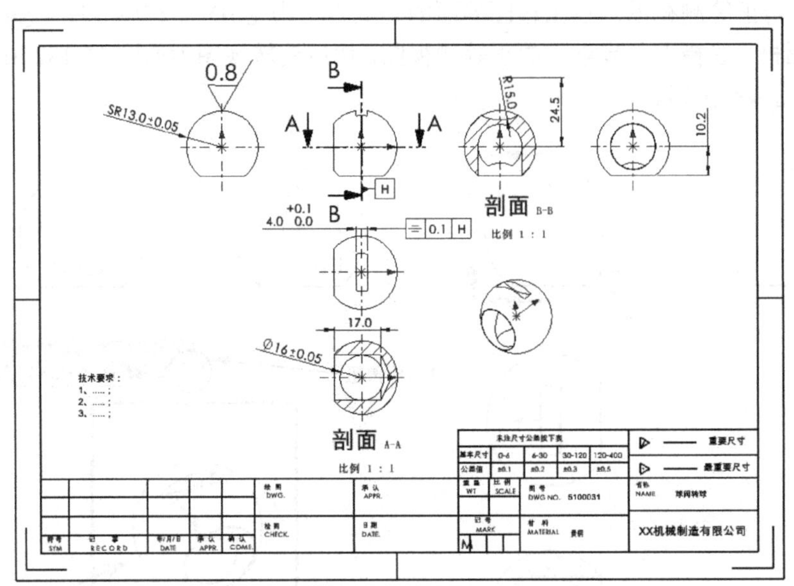

图 16-184　标注尺寸

（12）编写技术要求。切换到编辑图纸格式，编写相关的技术要求，结果如图 16-185 所示。

（13）保存工程图。在〖标准〗工具栏中单击〖保存〗按钮，弹出〖另存为〗对话框，输入工程图的名称并单击「保存(S)」按钮。

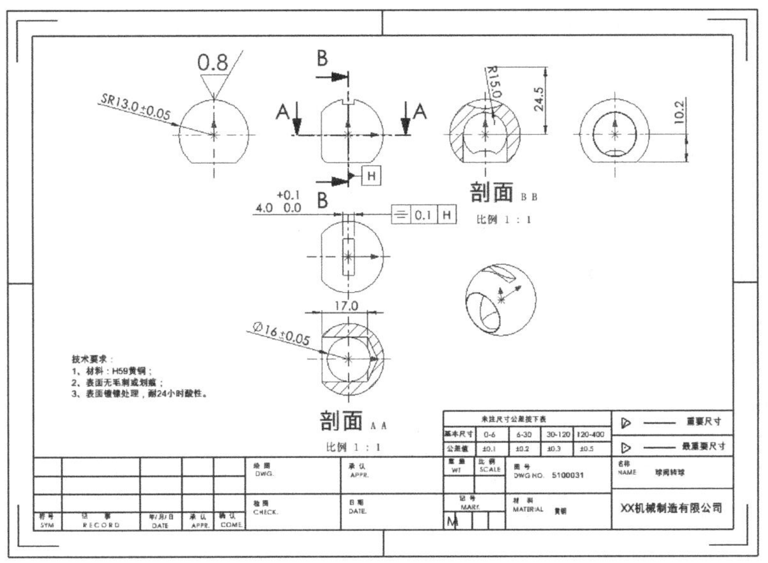

图 16-185　编写技术要求

16.14　工程图综合实例特训二

创建如图 16-186 所示的计算机显示器托盘工程图。

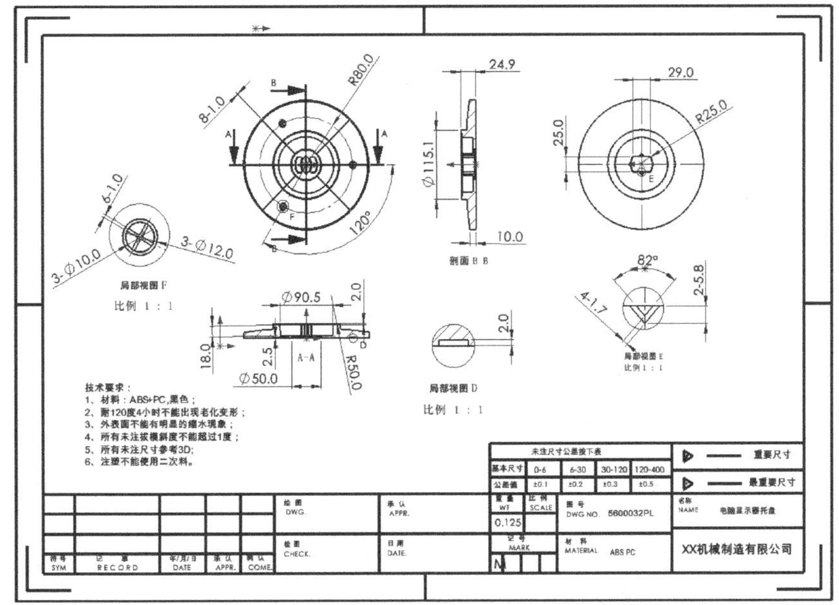

图 16-186　创建工程图

（1）在桌面上双击 图标打开 SOLIDWORKS 2020 软件。

（2）在〖标准〗工具栏中单击〖新建〗 按钮，弹出〖新建 SOLIDWORKS 文件〗对

话框。选择“A4 横向图框”选项，然后单击 确定 按钮进入工程图界面。

（3）创建主视图。在弹出的〖模型视图〗对话框中单击 浏览(B)... 按钮，打开〖Example\Ch16\电脑显示器托盘〗文件，然后根据图 16-187 所示的步骤进行操作。

（4）创建剖面视图 1。在〖视图布局〗工具栏中单击 剖面视图 按钮，弹出〖剖面视图〗对话框，然后根据图 16-188 所示的步骤进行操作。

（5）创建剖面视图 2。在〖视图布局〗工具栏中单击 剖面视图 按钮，弹出〖剖面视图〗对话框，然后根据图 16-189 所示的步骤进行操作。

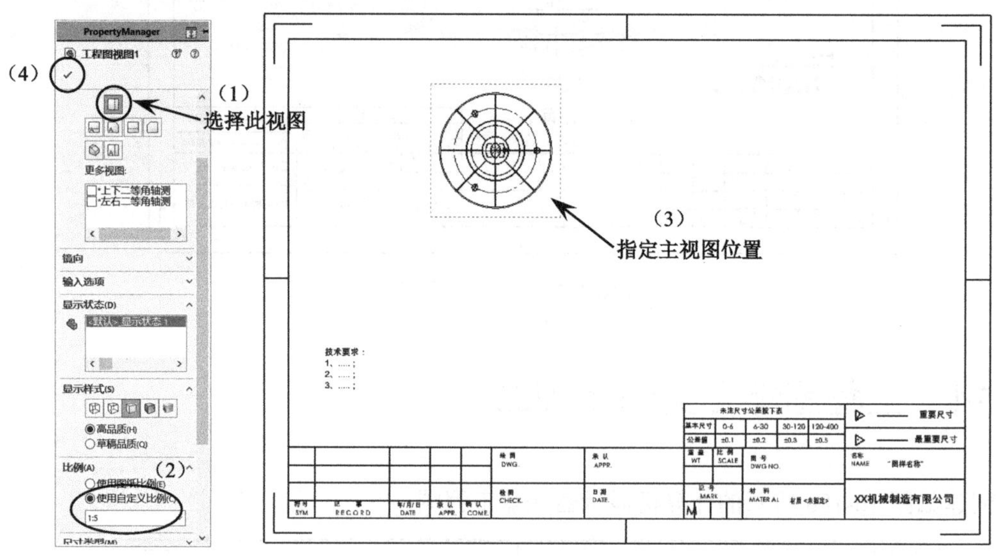

图 16-187　创建主视图

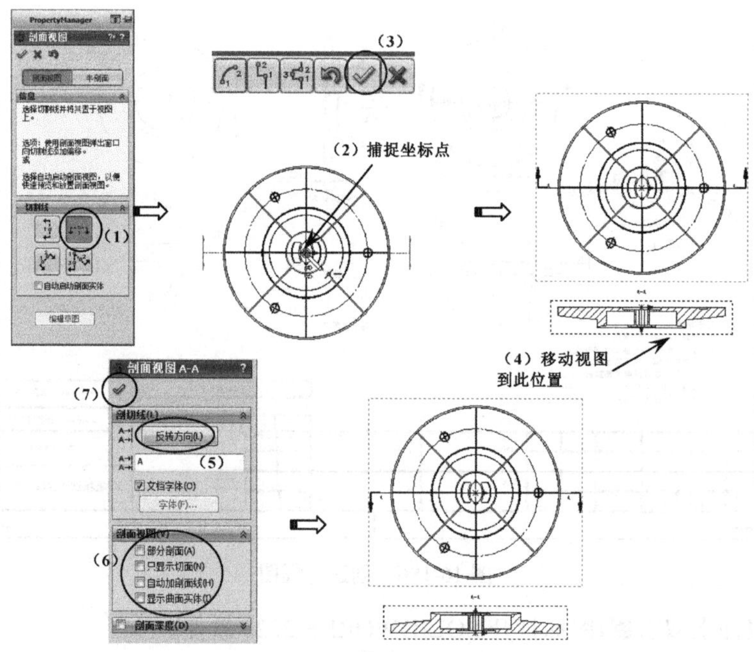

图 16-188　创建剖面视图 1

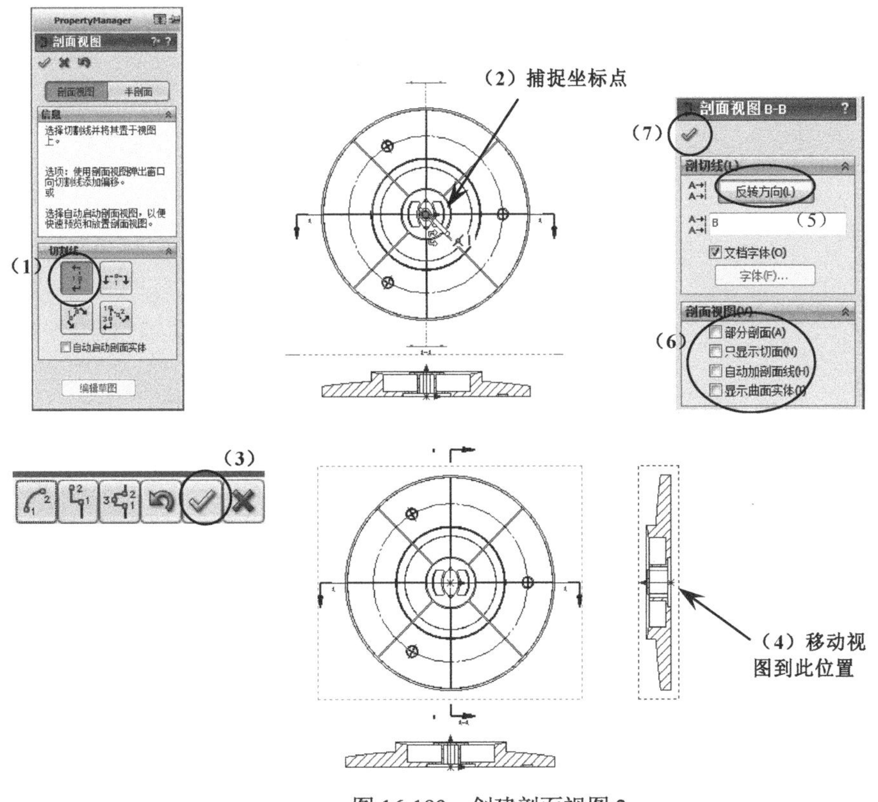

图 16-189　创建剖面视图 2

（7）创建投影视图。在〖视图布局〗工具栏中单击［投影视图］按钮，弹出〖投影视图〗对话框，选择上一步创建的剖面视图为父视图，然后创建如图 16-190 所示的后视图。

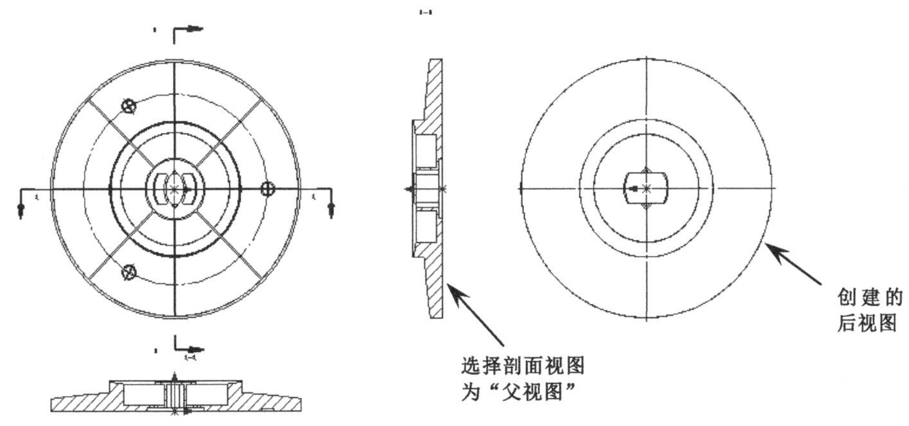

图 16-190　创建投影视图

（8）创建局部视图 1。在〖视图布局〗工具栏中单击［局部视图］按钮，弹出〖局部视图〗对话框，然后根据图 16-191 所示的步骤进行操作。

（9）创建局部视图 2。在〖视图布局〗工具栏中单击 局部视图 按钮，弹出〖局部视图〗对话框，然后根据图 16-192 所示的步骤进行操作。

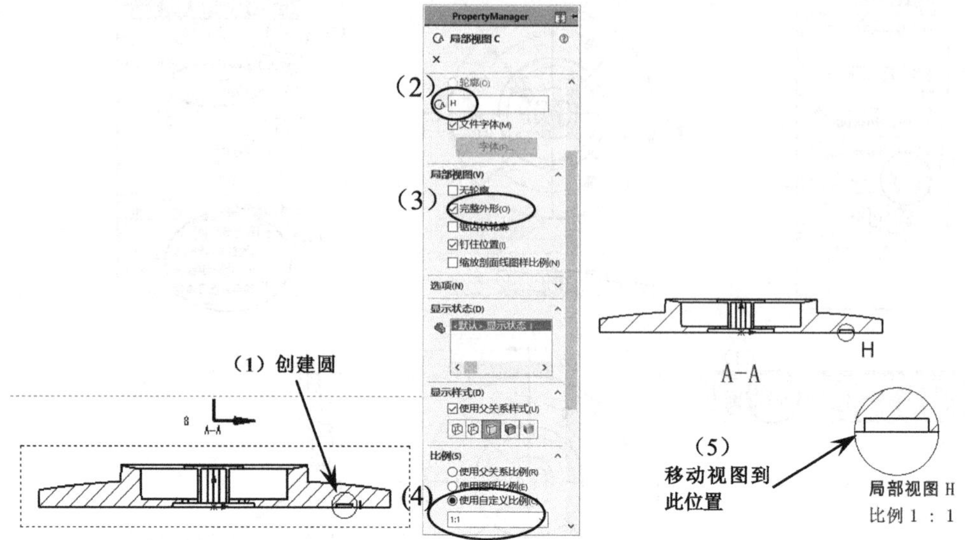

图 16-191　创建局部视图 1

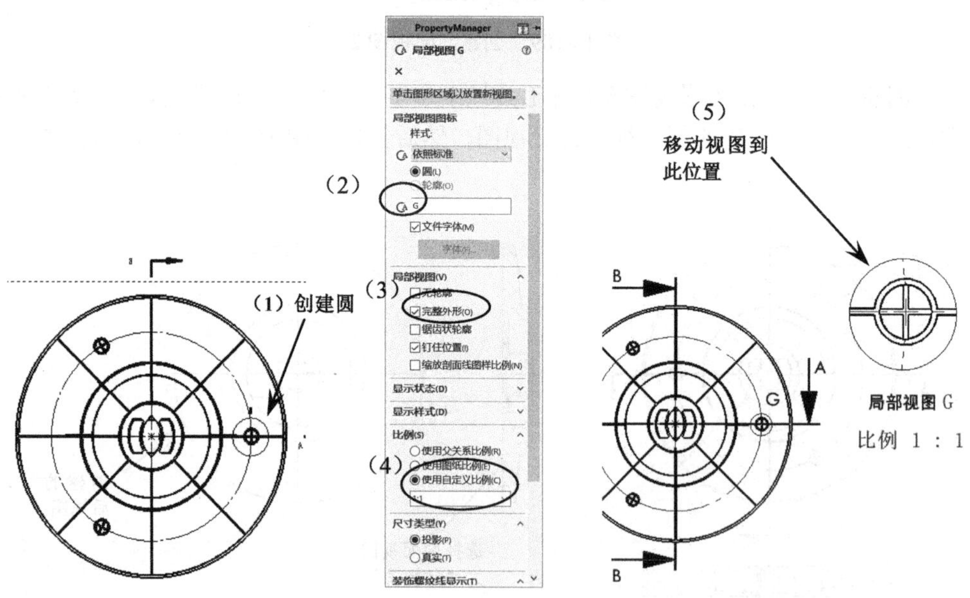

图 16-192　创建局部视图 2

（10）创建局部视图 3。在〖视图布局〗工具栏中单击 局部视图 按钮，弹出〖局部视图〗对话框，然后根据图 16-193 所示的步骤进行操作。

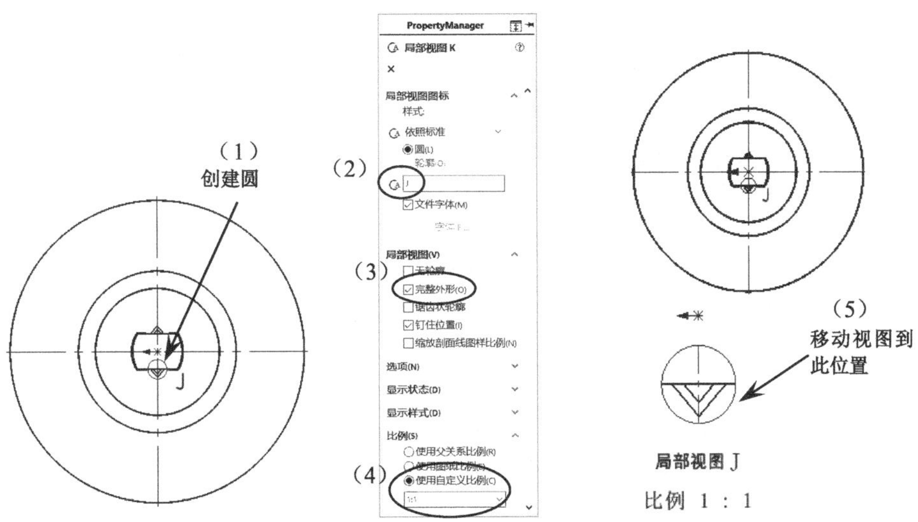

图 16-193　创建局部视图 3

（11）在〖注释〗工具栏中单击「智能尺寸」按钮，进行尺寸标注，结果如图 16-194 所示。

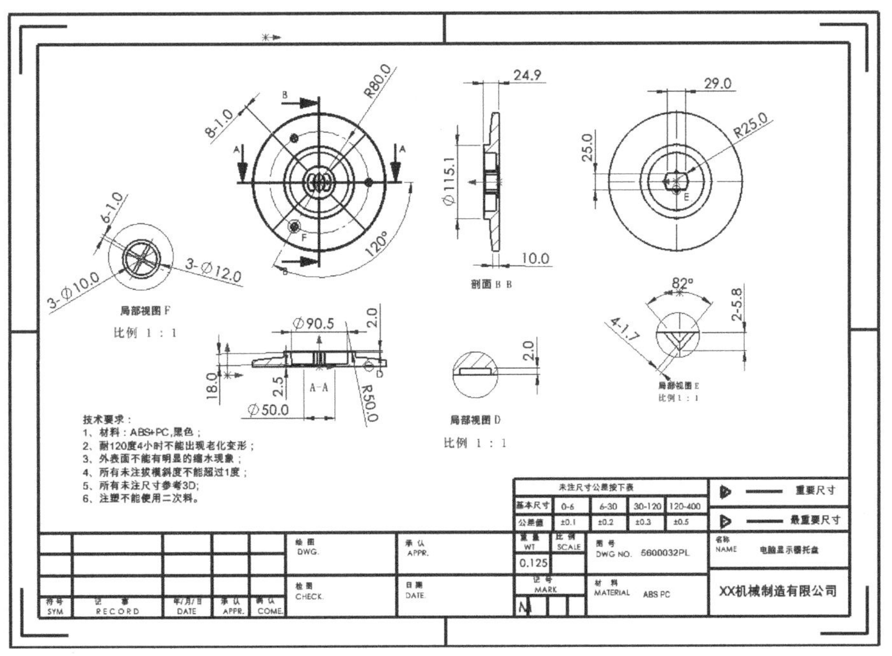

图 16-194　标注尺寸

要点提示

此处的尺寸标注只供初学者练习使用，在实际设计出图中该零件的工程图还需要更多的视图和更详细的尺寸。

（12）保存工程图。在〖标准〗工具栏中单击〖保存〗按钮，弹出〖另存为〗对话框，然后输入工程图的名称并单击 保存(S) 按钮。

16.15 本章学习收获

通过本章的学习，读者必须掌握以下内容。

（1）如何调入 CAD 公司图框作为 SOLIDWORKS 工程图模板。

（2）如何创建完整的工程图模板及自定义属性模板。

（3）要养成一个良好的绘图习惯，思考先绘制哪个部位，后绘制哪个部位。

（4）我国使用第一视角投影，日本、中国台湾地区等使用第三视角投影。第一视角与第三视角的区别在于俯视图与顶视图的位置对调，左视图与右视图的位置调换。

（5）掌握图层设置可让你在绘图过程中更加得心应手。

（6）掌握工程图的制作让你更加深入地了解三视图的原理。

16.16 练习题

打开〖Lianxi/Ch16/工程图练习〗文件，如图 16-195 所示，根据本章所学的知识创建工程图。

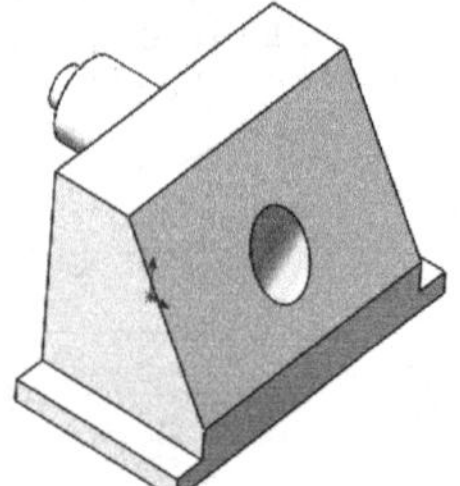

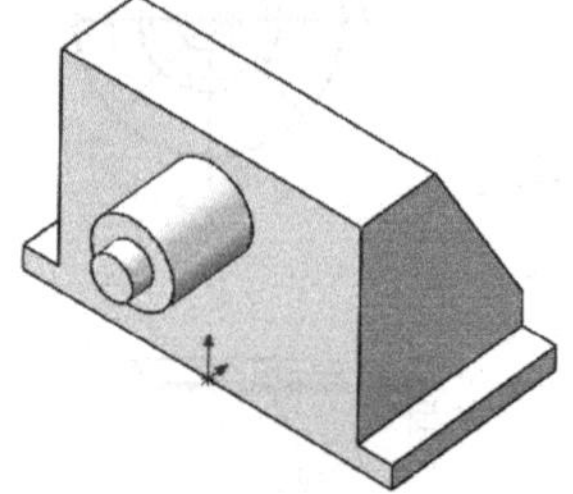

图 16-195　创建工程图

第17章

产品动画制作

动画制作能更形象地表达产品中各零件之间的装配关系和位置关系。本章主要介绍如何进行 SOLIDWORKS 动画制作，包括动画制作基础、装配体运动和物理运动。通过本章的学习，读者可以快速掌握 SOLIDWORKS 动画制作的方法与技巧，并能满足实际产品设计的需求。

17.1 学习目标与课时安排

学习目标及学习内容

（1）掌握 SOLIDWORKS 创建动画的基本方法。

（2）掌握装配体运动的动画创建。

（3）掌握物理运动的动画创建。

（4）掌握将动画保存为 AVI 影音文件的方法。

学习课时安排（共 5 课时）

（1）动画制作基础（1 课时）。

（2）装配体运动（2 课时）。

（3）物理运动、保存动画（2 课时）。

17.2 SOLIDWORKS 动画制作基础

本节主要介绍动画制作的一些基础知识。

17.2.1 激活 SOLIDWORKS Motion 插件

SOLIDWORKS Motion 是 SOLIDWORKS 自带的一款插件，主要用于制作产品的动画演示。刚打开 SOLIDWORKS 软件时，SOLIDWORKS Motion 并未被激活，制作动画时必须先将其激活。

在菜单栏中单击〖选项〗下拉按钮，选择〖插件〗命令，弹出〖插件〗对话框，勾选“SOLIDWORKS Motion”选项，单击 确定 按钮，如图 17-1 所示。

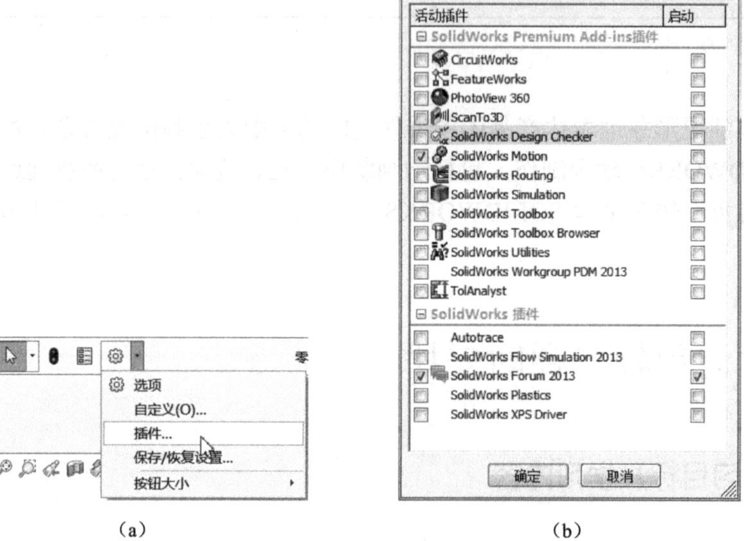

（a）　　　　（b）

图 17-1　激活 SOLIDWORKS Motion 插件

> **要点提示**
>
> 如果第一次设置以上参数，那么需要关闭 SOLIDWORKS 软件并重新启动，软件界面左下角才会正常显示“运动算例”动画制作相关选项。

17.2.2 动画制作界面的介绍

在 SOLIDWORKS 界面的左下角单击 运动算例 1 按钮，然后在右下角单击〖Motion Manager〗按钮，会显示出动画制作界面，如图 17-2 所示。

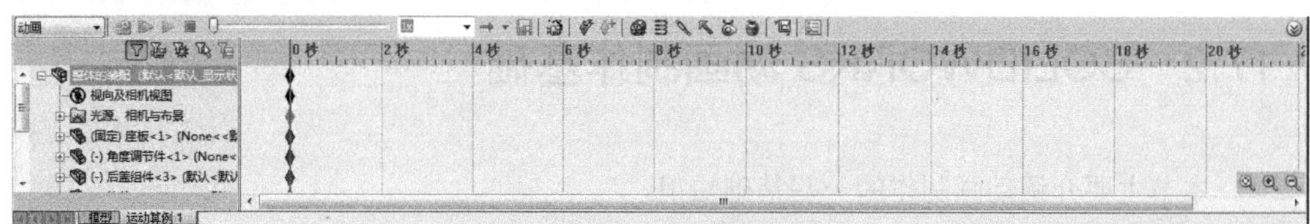

图 17-2　显示动画制作界面

（1）〖动画类型〗：包括动画和基本运动两种，可以分别理解为装配体运动和物理运动。

（2）〖动画向导〗：主要用于“动画”中的旋转整组模型、装配图爆炸和解除爆炸等。单击〖动画向导〗按钮，弹出〖选择动画类型〗对话框，如图17-3所示。

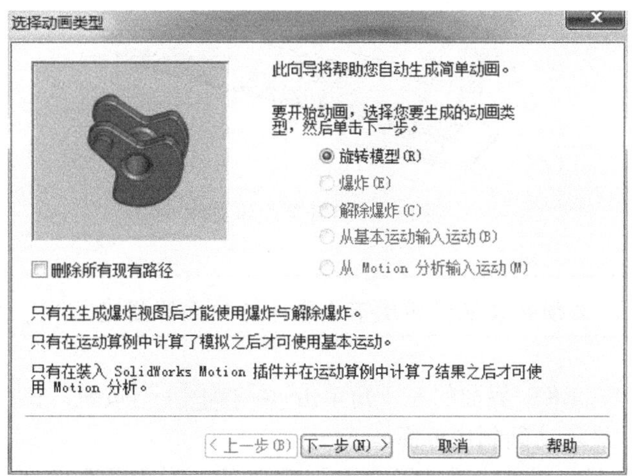

图17-3　〖选择动画类型〗对话框

（3）〖时间线〗：时间线被竖直的网格线均分，对应着时间的数字标记。数字标记从0开始，每一时间段都记录着产品零部件运动的对应轨迹。

（4）〖自动键码〗：按下该按钮时，会自动为拖动的部件在当前时间栏生成键码。

（5）〖播放〗：单击按钮播放已制作的动画。

（6）〖从头播放〗：单击按钮从头开始播放已制作的动画。

（7）〖计算〗：修改动画参数后，单击该按钮重新进行计算和动画演示。

（8）〖马达〗：通过使用物理动力移动或旋转零部件。

（9）〖弹簧〗：创建弹簧受力后的运动动画。

（10）〖力〗：创建由外力施加到产品上产生的运动动画。

（11）〖引力〗：创建产品本身受万有引力产生的运动动画。

17.3　装配体运动（动画）

装配体运动（动画）包括旋转动画、装配体爆炸和解除爆炸等。

17.3.1　旋转动画的操作演示

生成模型绕着指定的旋转轴进行旋转的动画，即旋转动画。下面详细介绍旋转动画的创建方法。

（1）打开装配体文件，如图17-4所示。

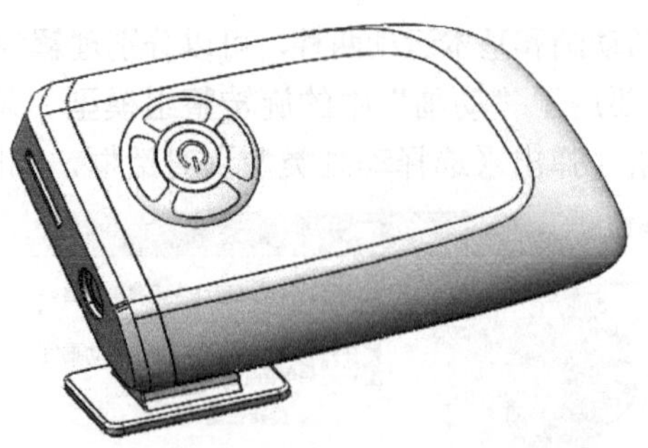

图 17-4　打开装配体文件

必须在装配体环境下才能进行动画的创建。

（2）在 SOLIDWORKS 界面的左下角单击 运动算例 1 按钮，在右下角单击〖Motion Manager〗按钮，显示动画制作界面。

（3）在动画制作界面中单击〖动画向导〗按钮，弹出〖选择动画类型〗对话框，然后根据图 17-5 所示的步骤进行操作。

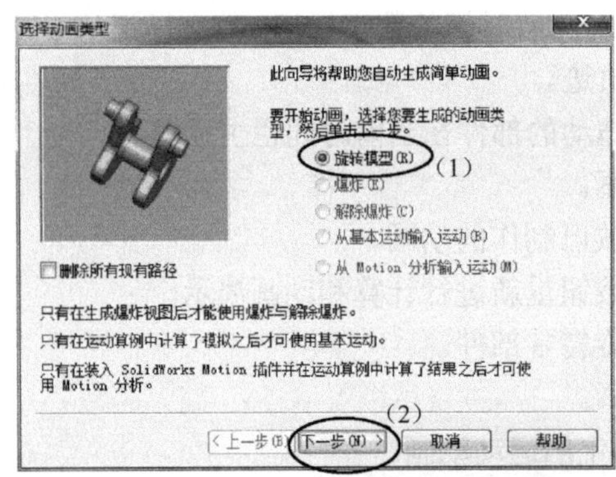

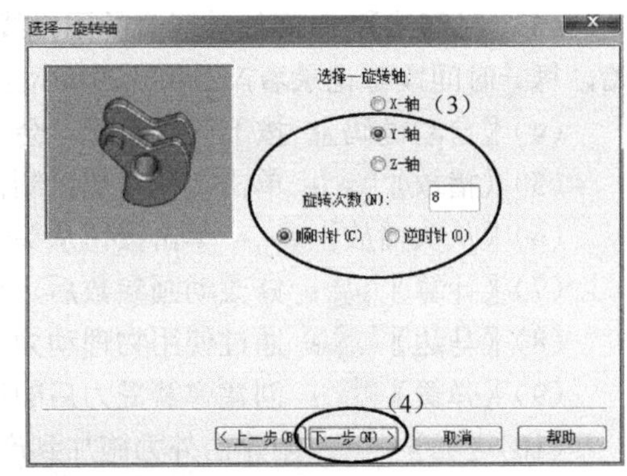

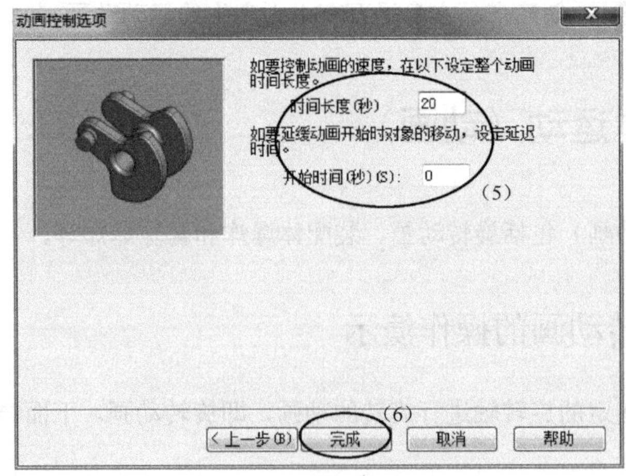

图 17-5　设置旋转动画参数

（4）在动画制作界面中单击〖播放〗按钮，产品即会绕着 Y 轴产生“自转”，如图 17-6 所示。

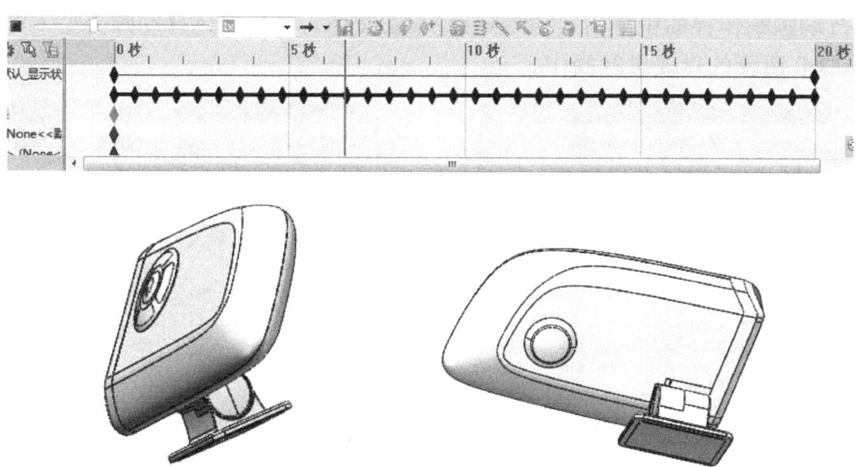

图 17-6　播放动画

17.3.2　爆炸动画的操作演示

当装配体产品中已创建了爆炸视图，则可通过爆炸动画演示零部件之间的装配过程。下面详细介绍爆炸动画的创建方法。

（1）打开装配体文件，如图 17-7 所示。

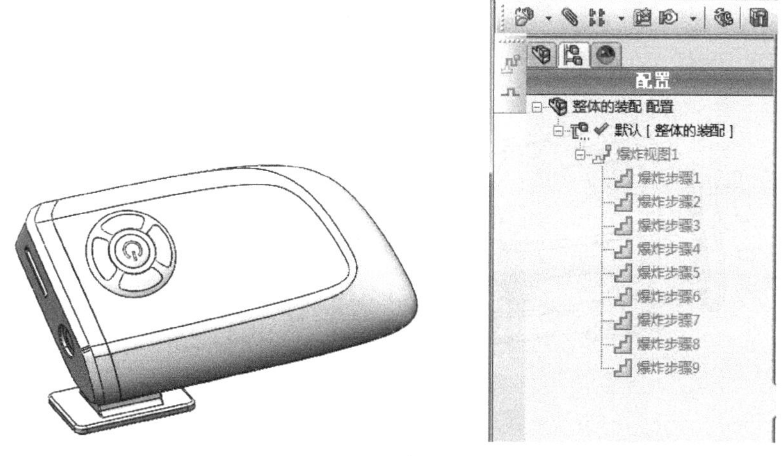

图 17-7　打开装配体文件

装配体必须已经创建了爆炸视图，才能创建爆炸动画。

（2）在 SOLIDWORKS 界面的左下角单击 运动算例 1 按钮，在右下角单击〖Motion Manager〗按钮，显示动画制作界面。

（3）在动画制作界面中单击〖动画向导〗按钮，弹出〖选择动画类型〗对话框，然后根据图 17-8 所示的步骤进行操作。

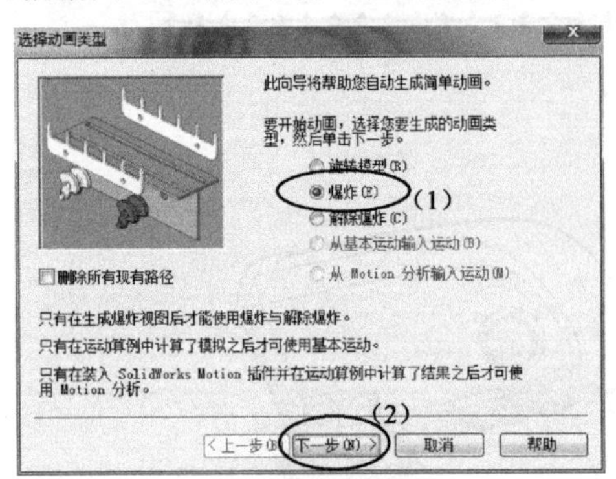

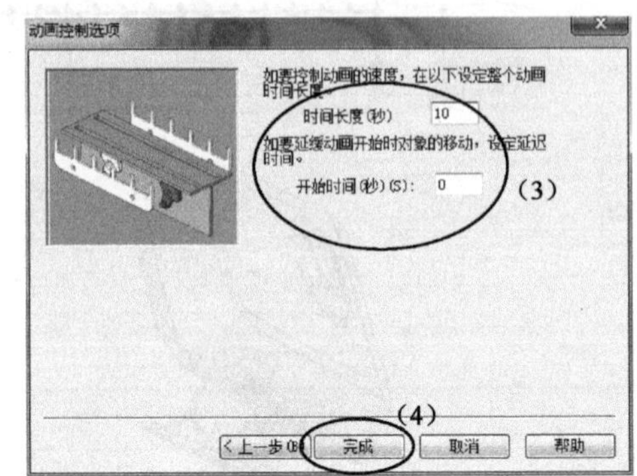

图 17-8　设置旋转动画参数

（4）在动画制作界面中单击〖播放〗按钮，产品即会进行产品拆分时的动画过程，如图 17-9 所示。

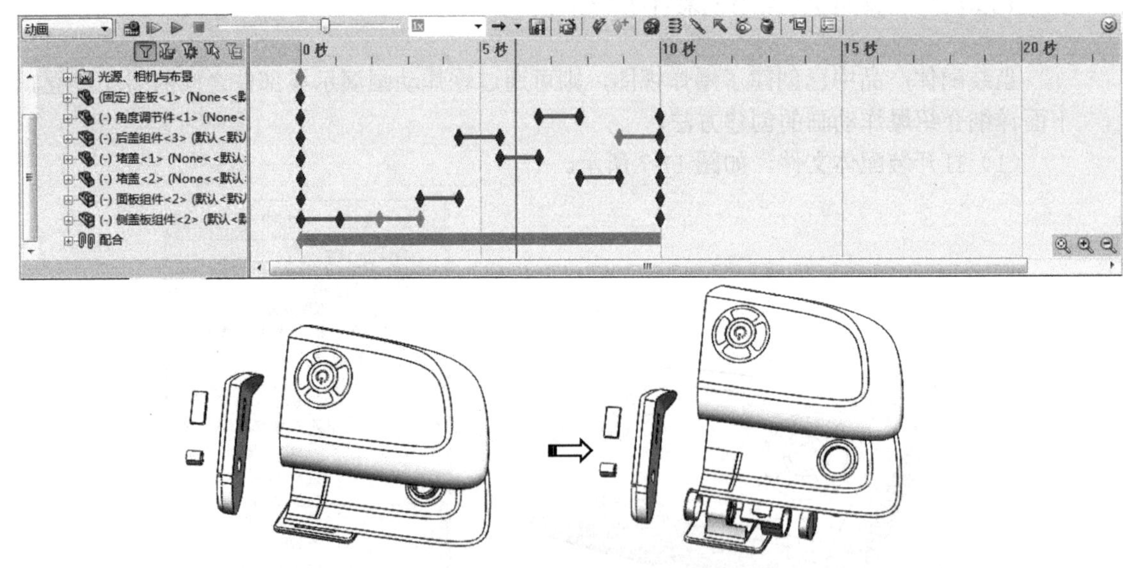

图 17-9　播放动画

17.3.3　移除爆炸动画的操作演示

与爆炸动画相反，将已产生爆炸的产品按顺序进行组合装配。下面根据爆炸动画的结果继续进行移除爆炸动画的创建。

（1）在动画制作界面中单击〖动画向导〗按钮，弹出〖选择动画类型〗对话框，然后根据图 17-10 所示的步骤进行操作。

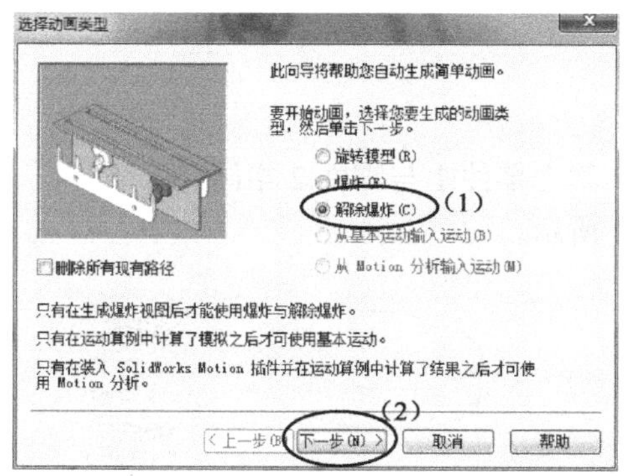

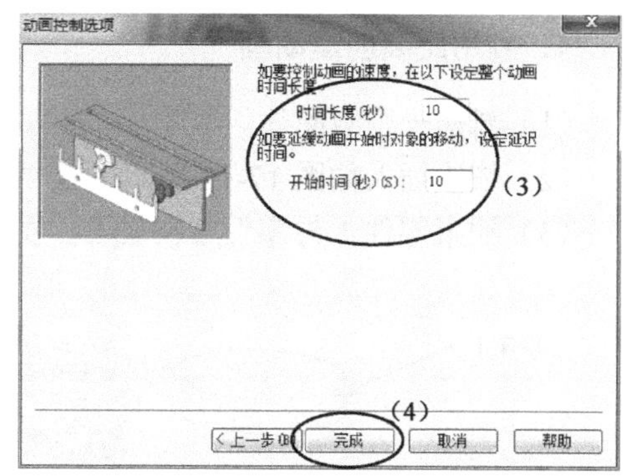

图 17-10　设置旋转动画参数

这里设置开始时间为 10 秒，即保留了前面创建的爆炸动画。

（2）在动画制作界面中单击〖播放〗按钮，产品即会将已拆分的零部件进行组装，如图 17-11 所示。

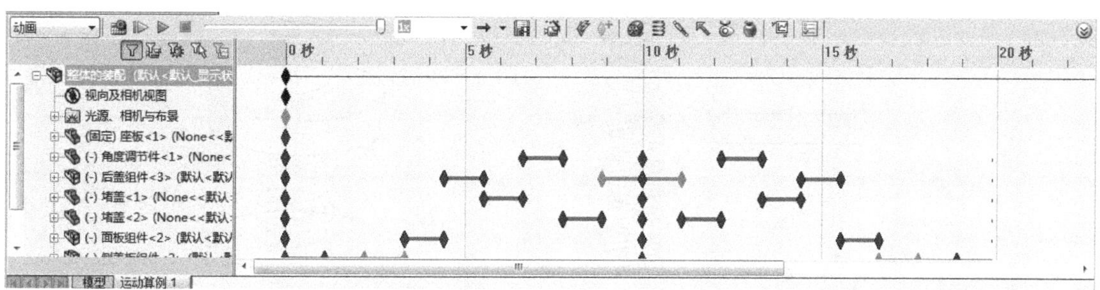

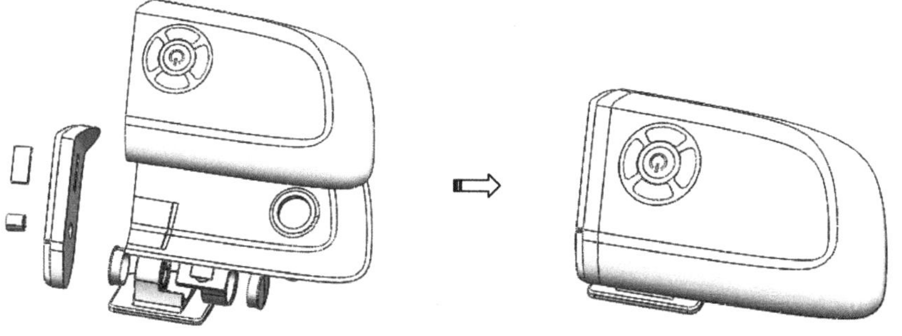

图 17-11　播放动画

17.3.4　利用距离或角度创建动画的操作演示

SOLIDWORKS 制作动画时经常会使用装配体中已有的约束，如距离和角度。下面详细介绍如何利用距离和角度创建动画。

1．利用距离创建动画

（1）新建一个装配体。

（2）依次插入如图 17-12 所示的 3 个零部件，其中零件 1 与零件 2 相同。

（3）约束零件 1 与零件 2 同轴心，如图 17-13 所示。

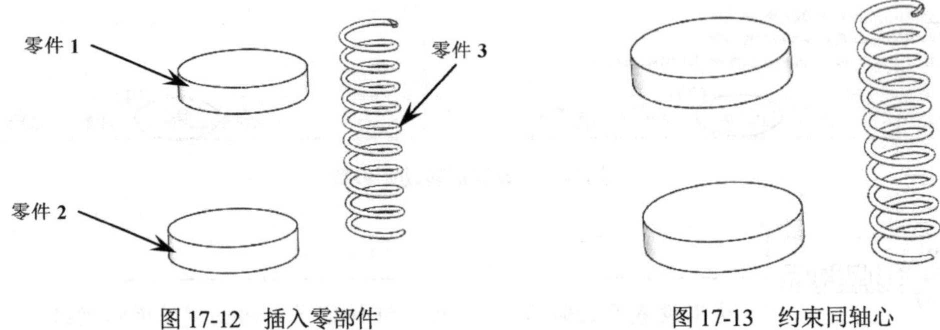

图 17-12　插入零部件　　图 17-13　约束同轴心

（4）约束弹簧最底面与零件 2 的顶面重合，如图 17-14 所示。

（5）约束弹簧中心轴与零件 1 的中心轴重合，结果如图 17-15 所示。

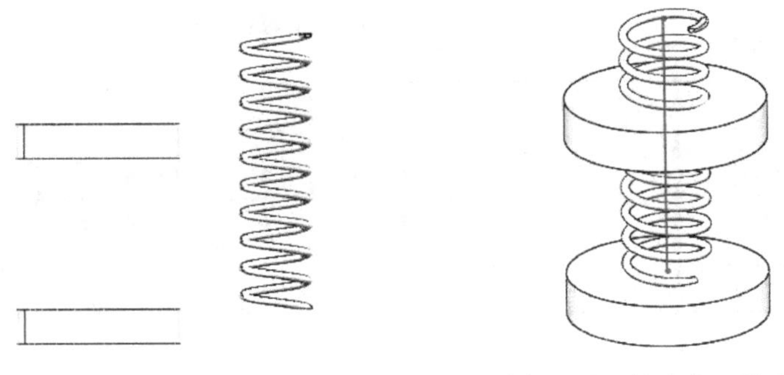

图 17-14　约束面重合　　图 17-15　约束中心轴重合

（6）保存装配体文件。

（7）直接在装配体环境中修改弹簧轨迹草图，如图 17-16 所示。

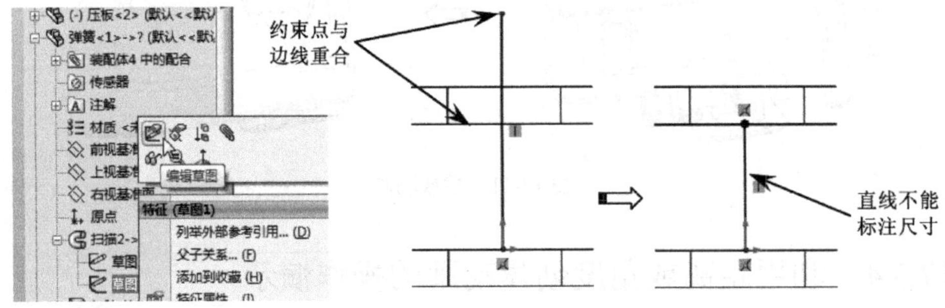

图 17-16　修改弹簧轨迹草图

（8）退出草图，结果如图 17-17 所示。

（9）单击〖退出〗按钮回到装配体环境。

（10）约束距离。约束如图 17-18 所示两个面的距离为 40.00mm。

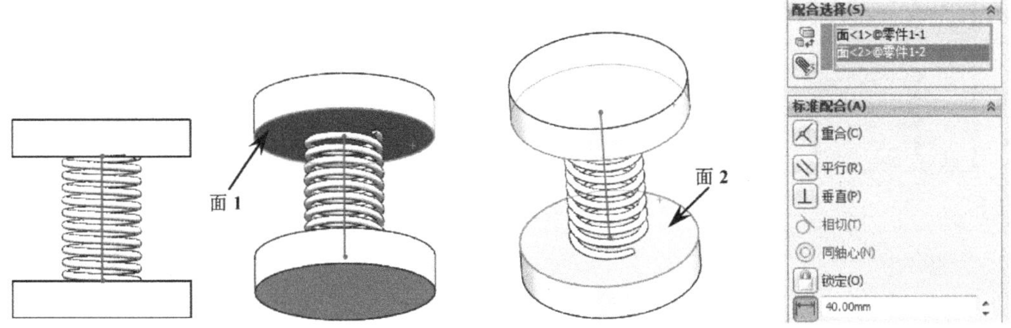

图 17-17　修改结果　　　　图 17-18　约束距离

（11）在 SOLIDWORKS 界面的左下角单击 运动算例 1 按钮，在右下角单击〖Motion Manager〗按钮，显示动画制作界面。

（12）在动画制作界面中选择“动画”选项，如图 17-19 所示。

（13）复制键码。选择“距离 1”在“0 秒”处对应的键码并单击鼠标右键，接着在弹出的右键菜单中选择〖复制〗命令，如图 17-20 所示。

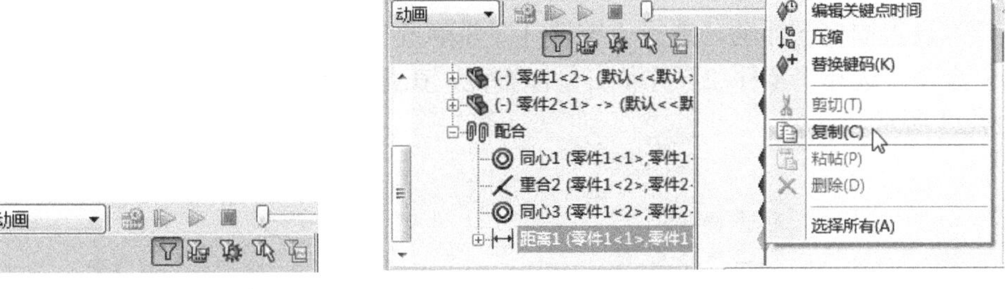

图 17-19　选择动画方式　　　　图 17-20　复制键码

（14）粘贴键码。移动光标到 2.5 秒的位置并单击鼠标左键指定时间线位置，接着单击鼠标右键，然后在弹出的右键菜单中选择〖粘贴〗命令，如图 17-21 所示。

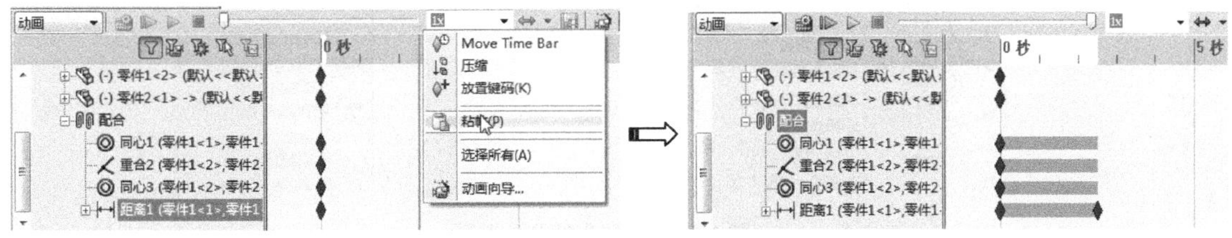

图 17-21　粘贴键码

（15）粘贴键码。移动光标到 5 秒的位置并单击鼠标左键指定时间线位置，接着单击鼠标右键，然后在弹出的右键菜单中选择〖粘贴〗命令，如图 17-22 所示。

（17）修改距离。选择 2.5 处对应的键码并双击，弹出〖修改〗对话框，然后将 40.00mm 修改为 80.00mm，如图 17-23 所示，单击两次〖确定〗✔按钮。

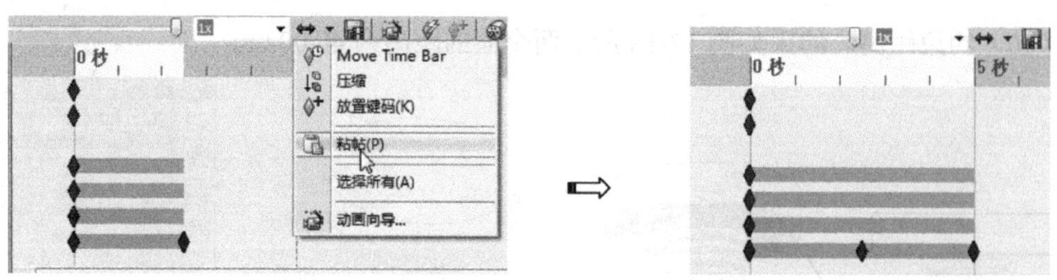

图 17-22　粘贴键码

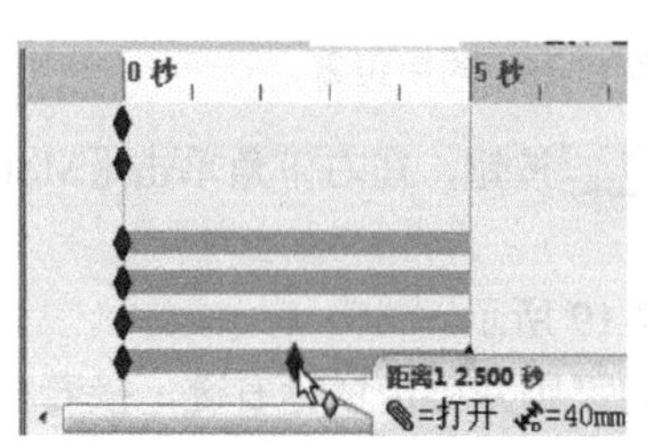

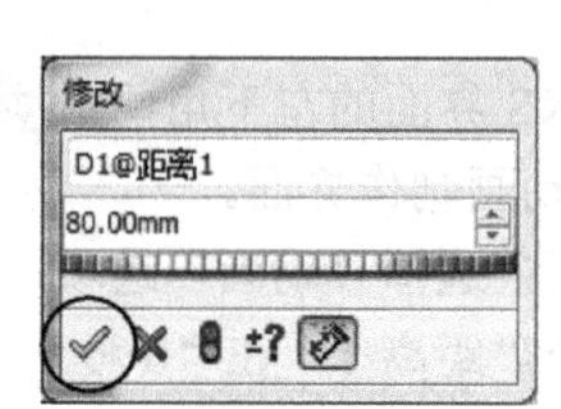

图 17-23　修改距离

（17）设置固定与浮动。选择“零件 1”并单击鼠标右键，在弹出的右键菜单中选择〖浮动〗命令；选择“零件 2”并单击鼠标右键，在弹出的右键菜单中选择〖固定〗命令，如图 17-24 所示。

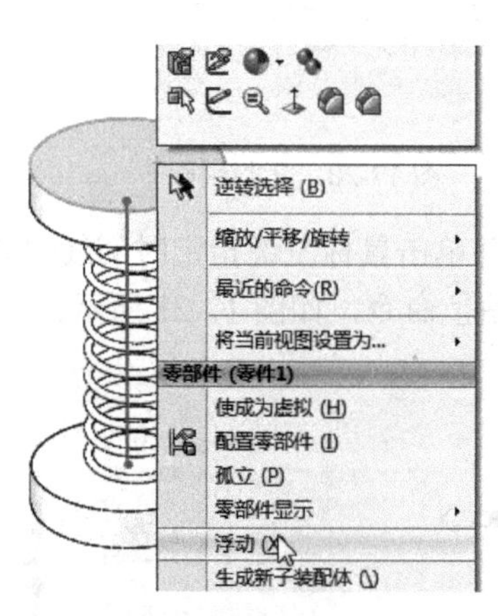

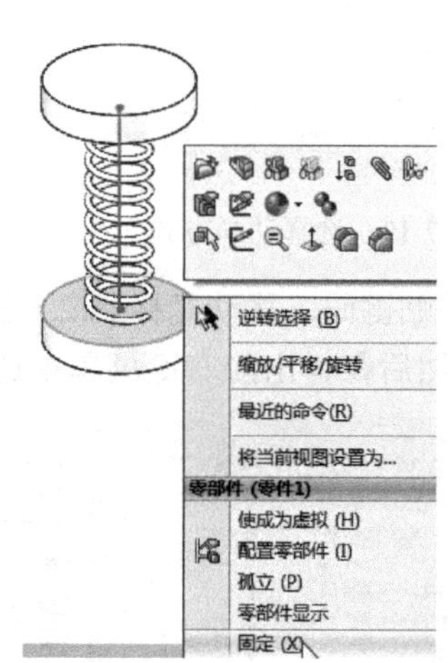

图 17-24　设置固定与浮动

（18）计算动画。首先在动画制作界面中设置播放模式为“往复”，然后单击〖计算〗按钮，系统开始计算并生成动画，如图 17-25 所示。

2．利用角度创建动画

（1）新建一个装配体。

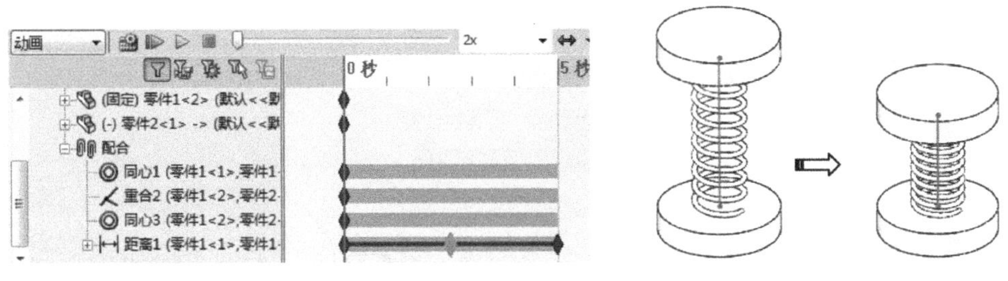

图 17-25　计算动画

（2）依次插入如图 17-26 所示的两个零部件。

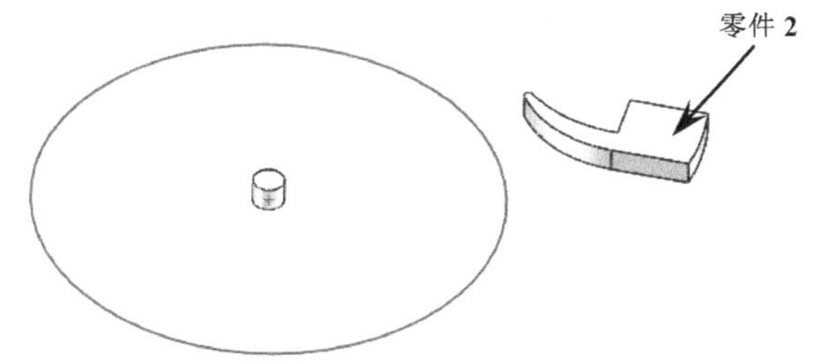

图 17-26　插入零部件

（3）约束如图 17-27 所示的两个面重合。

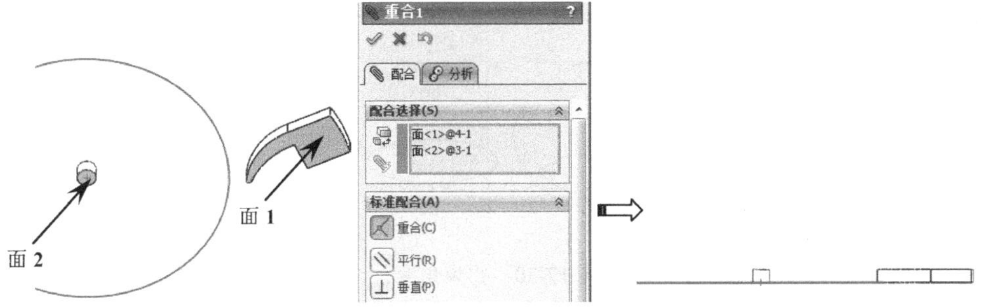

图 17-27　约束面重合

（4）约束角点和圆弧重合。约束如图 17-28 所示的角点和圆弧重合。

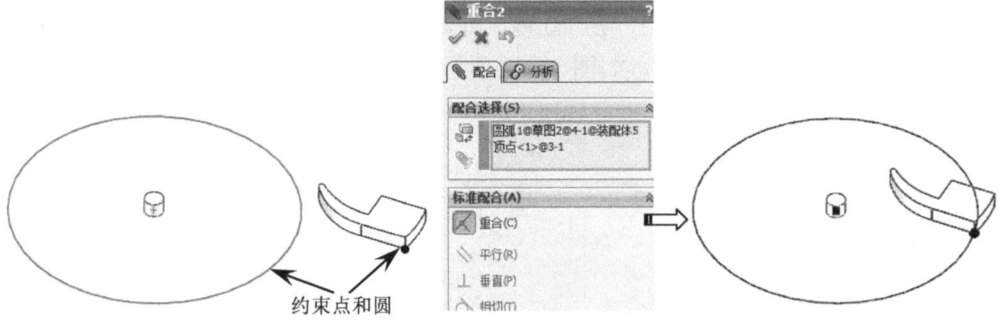

图 17-28　约束角点和圆弧重合

（5）约束圆弧面与圆同轴心。约束如图 17-29 所示的圆弧面和圆同轴心。

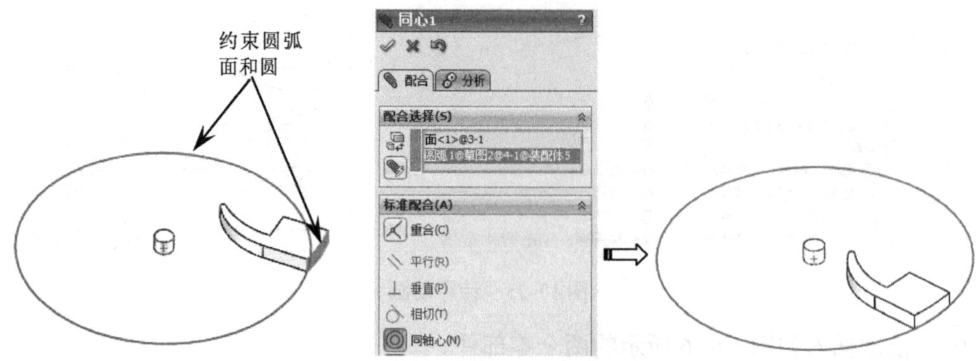

图 17-29　约束圆弧面与圆同轴心

（6）约束角度。约束如图 17-30 所示的实体面和基准面成一角度。

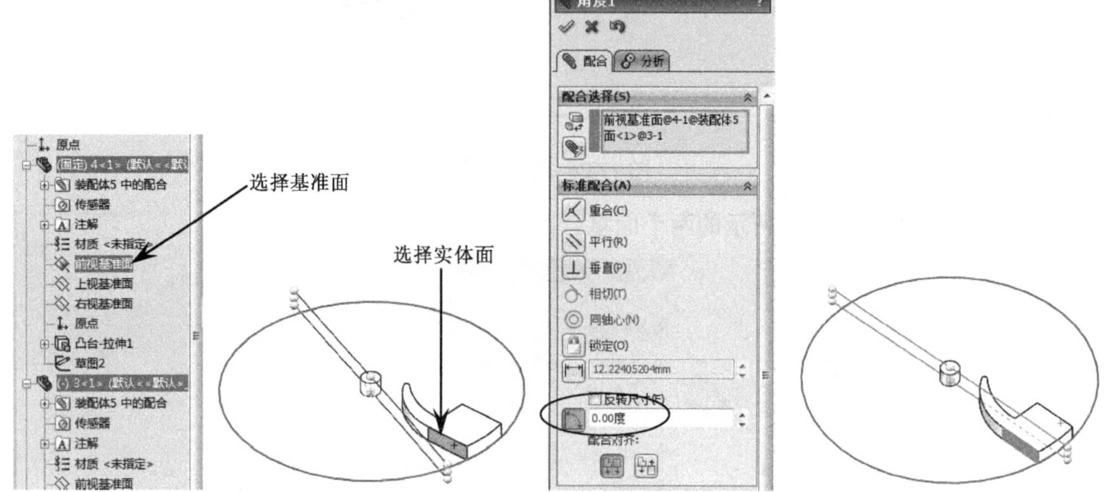

图 17-30　约束角度

（7）在 SOLIDWORKS 界面的左下角单击 运动算例 1 按钮，然后在右下角单击〖Motion Manager〗按钮，显示动画制作界面。

（8）在动画制作界面中选择“动画”选项，如图 17-31 所示。

（9）复制键码。选择“角度 1”在“0 秒”处对应的键码并单击鼠标右键，接着在弹出的右键菜单中选择〖复制〗命令，如图 17-32 所示。

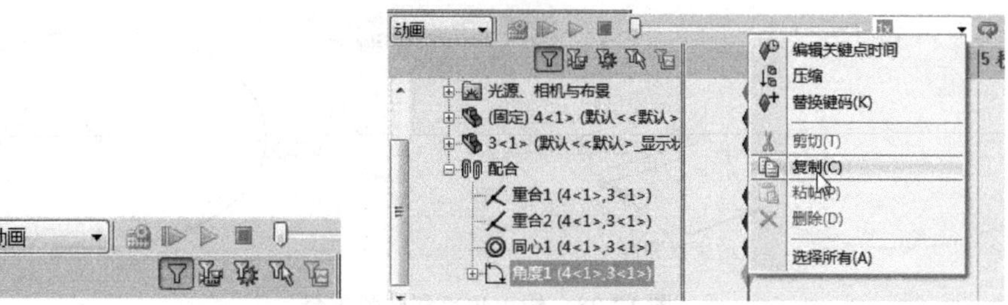

图 17-31　选择动画方式　　　　图 17-32　复制键码

（10）粘贴键码。移动光标到 2 秒的位置并单击鼠标左键指定时间线位置，接着单击鼠标右键，然后在弹出的右键菜单中选择〖粘贴〗命令，如图 17-33 所示。

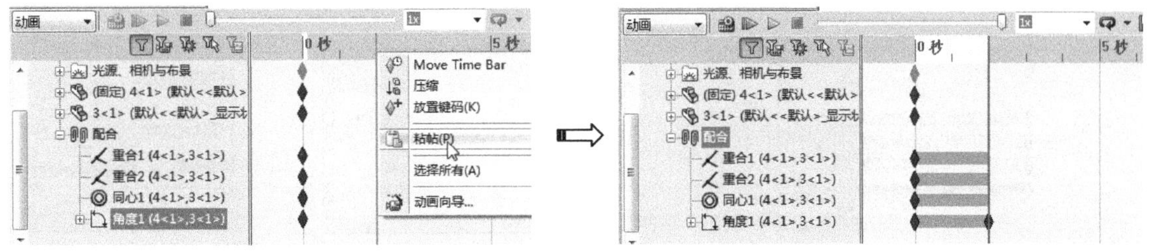

图 17-33　粘贴键码

（11）修改角度。选择 2 秒处对应的键码并双击，弹出〖修改〗对话框，然后将 0 度修改为 90.00 度，如图 17-34 所示，最后单击两次〖确定〗✔ 按钮。

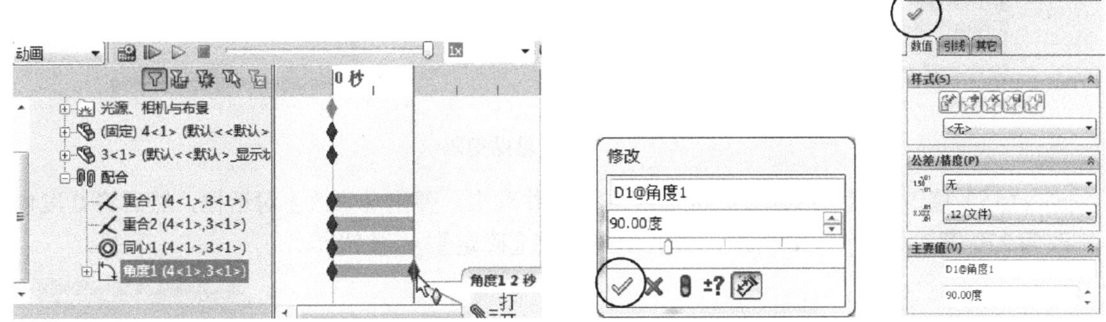

图 17-34　修改角度

（12）粘贴键码。移动光标到 4 秒的位置并单击鼠标左键指定时间线位置，接着单击鼠标右键，然后在弹出的右键菜单中选择〖粘贴〗命令，如图 17-35 所示。

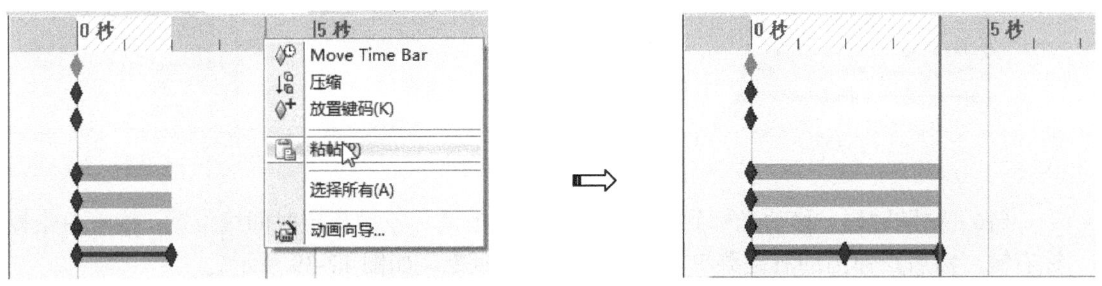

图 17-35　粘贴键码

（13）修改角度。选择 4 秒处对应的键码并双击，弹出〖修改〗对话框，然后将 0 度修改为 180 度，如图 17-36 所示，最后单击两次〖确定〗✔ 按钮。

（14）粘贴键码。移动光标到 6 秒的位置并单击鼠标左键指定时间线位置，接着单击鼠标右键，然后在弹出的右键菜单中选择〖粘贴〗命令，如图 17-37 所示。

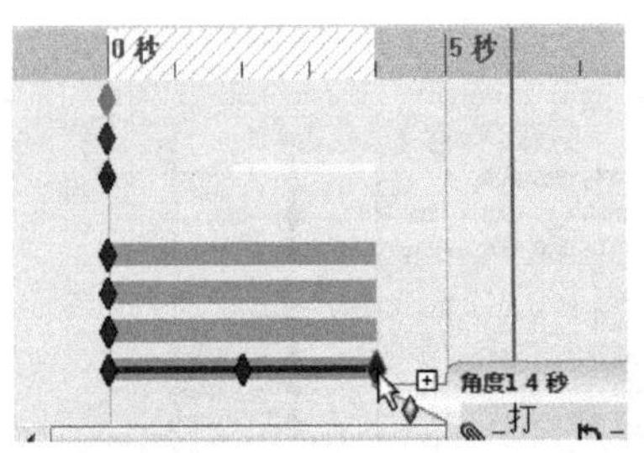
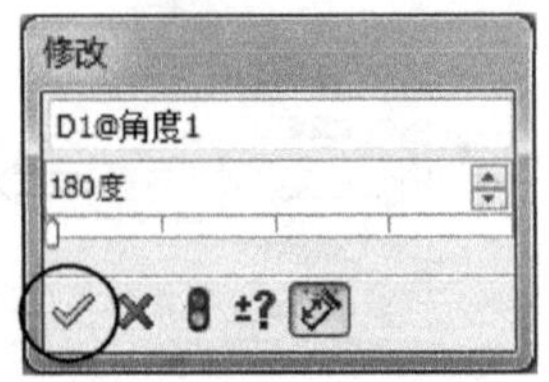
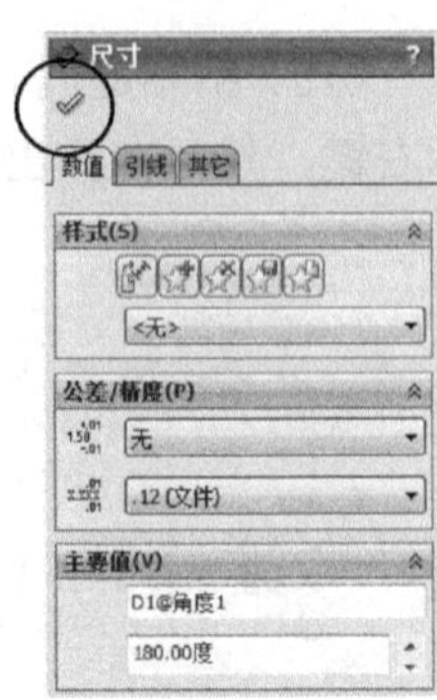

图 17-36 修改角度

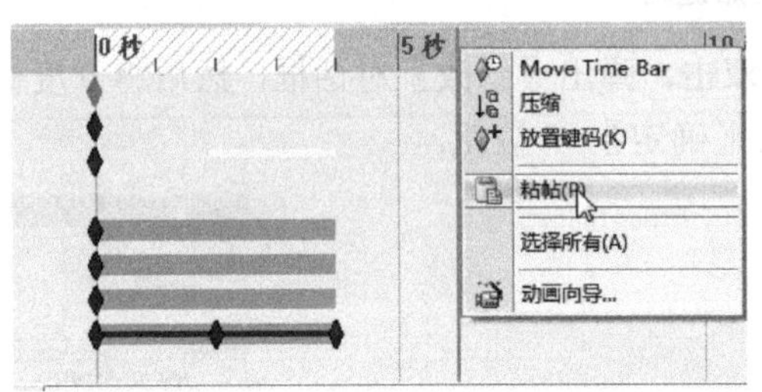
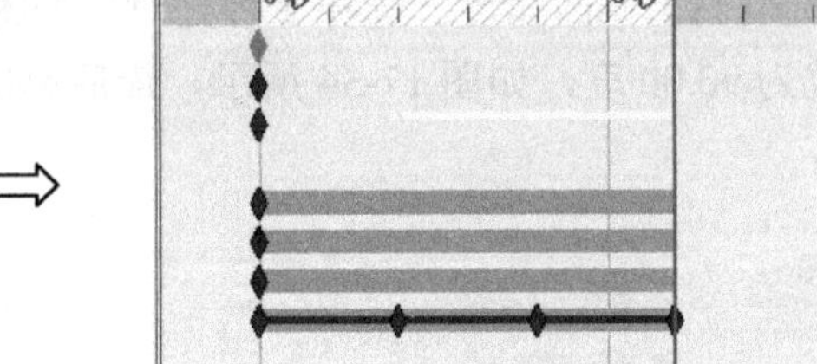

图 17-37 粘贴键码

（15）修改角度。选择 6 秒处对应的键码并双击，弹出〖修改〗对话框，然后将 0 度修改为 270 度，如图 17-38 所示，最后单击两次〖确定〗✔ 按钮。

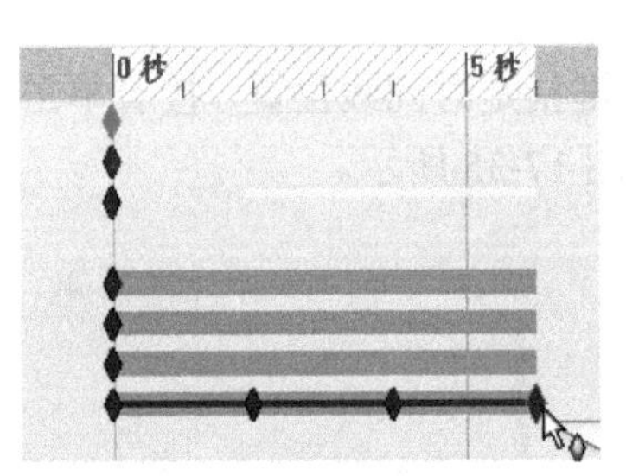
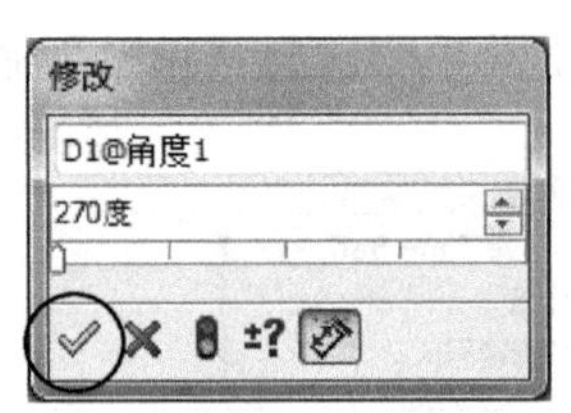
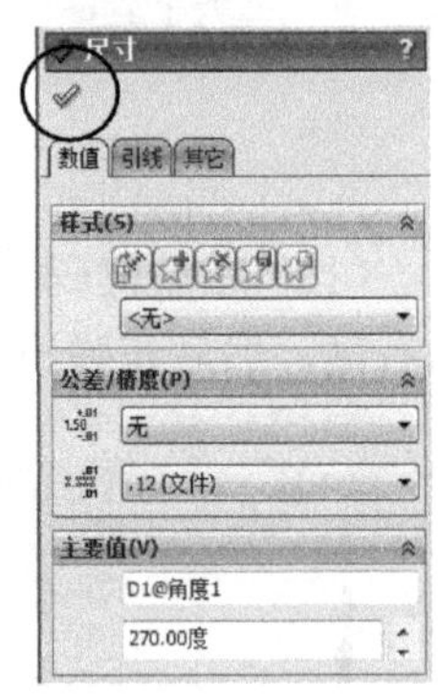

图 17-38 修改角度

（16）粘贴键码。移动光标到 8 秒的位置并单击鼠标左键指定时间线位置，接着单击鼠标右键，然后在弹出的右键菜单中选择〖粘贴〗命令，如图 17-39 所示。

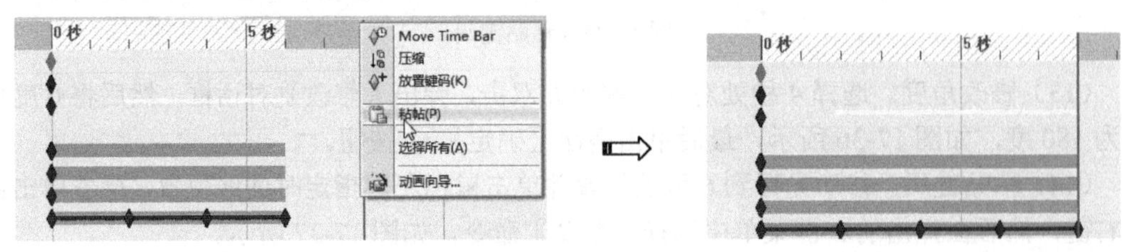

图 17-39 粘贴键码

（17）修改角度。选择 8 秒处对应的键码并双击，弹出〖修改〗对话框，然后将 0 度修改为 360 度，如图 17-40 所示，最后单击两次〖确定〗✔按钮。

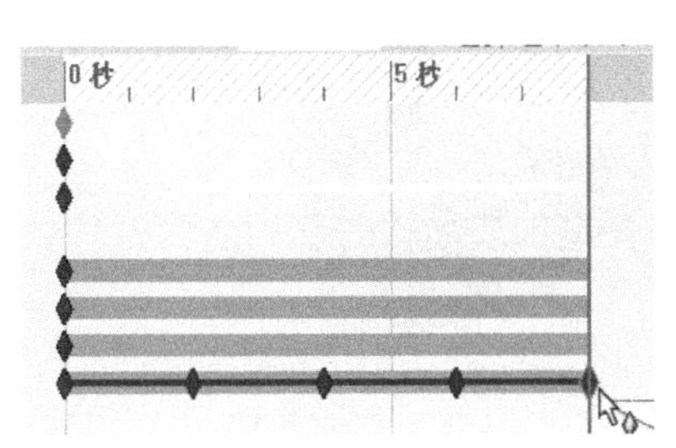

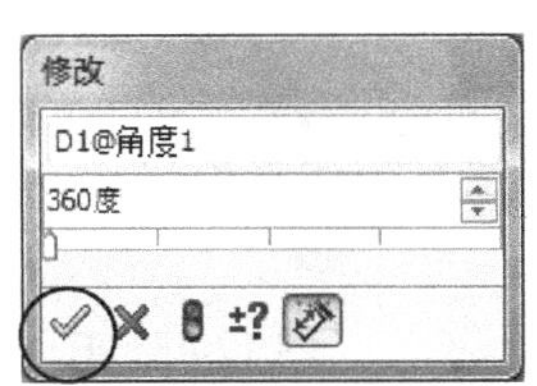

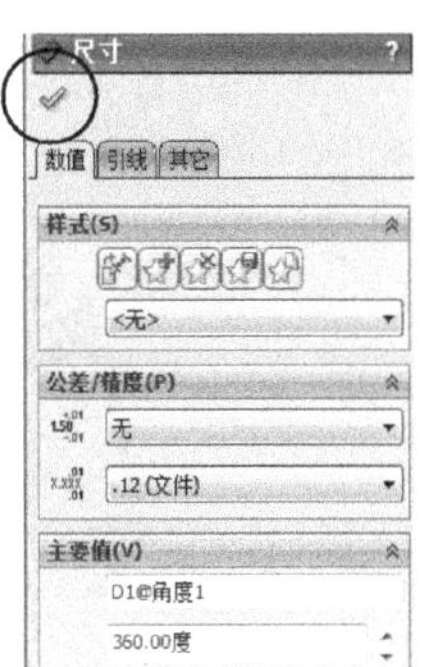

图 17-40　修改角度

（18）计算动画。首先在动画制作界面中设置播放模式为“循环”，然后单击〖计算〗按钮，系统开始计算并生成动画，如图 17-41 所示。

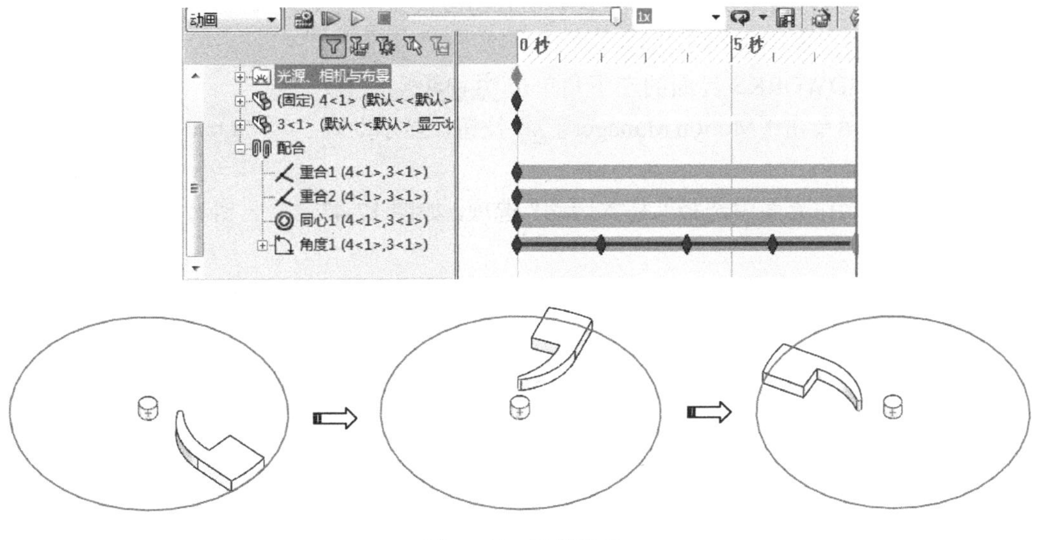

图 17-41　计算动画

17.4　物理运动（基本运动）

SOLIDWORKS 软件中的基本运动主要包括马达、弹簧和力。

17.4.1　马达的操作演示

通过设置类似马达的参数来创建产品运动的动画。下面详细介绍用马达创建动画的方法。

1. 创建线性驱动动画 1

（1）打开装配体文件，如图 17-42 所示。

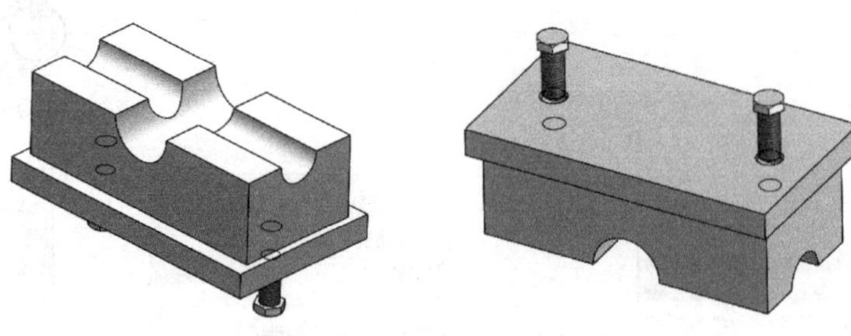

图 17-42　打开装配体文件

> **要点提示**
>
> 当零件受到完全约束时，无法使用“基本运动”的方式创建动画。如果要创建零件的轴向运动动画，那么零件的轴向位置不能受约束。

（2）在 SOLIDWORKS 界面的左下角单击 运动算例 1 按钮，然后在右下角单击〖Motion Manager〗按钮，显示动画制作界面。

（3）在动画制作界面中选择“基本运动”选项，如图 17-43 所示。

图 17-43　选择动画方式

（4）在动画制作界面中单击〖马达〗按钮，弹出〖马达〗对话框，然后根据图 17-44 所示的步骤进行操作。

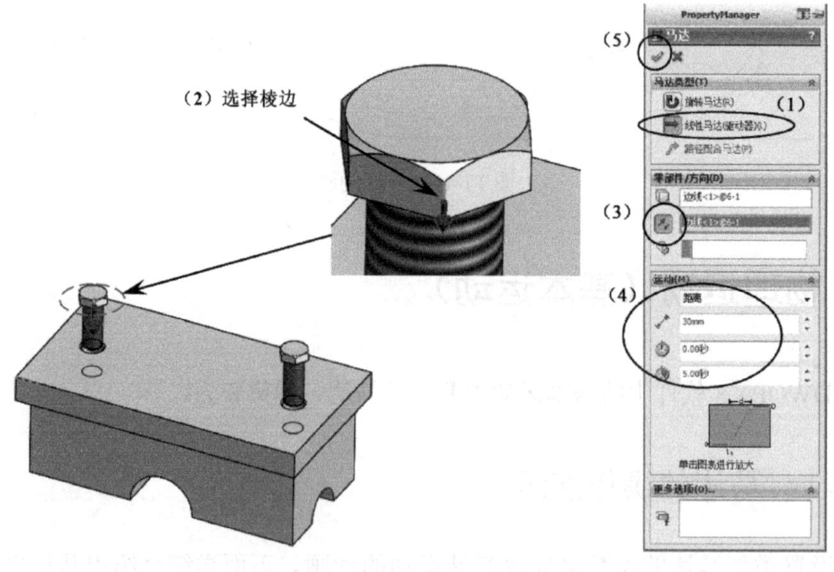

图 17-44　设置线性马达动画参数

（5）在动画制作界面中单击〖过滤驱动〗按钮，只显示所创建的动画项目，如图17-45所示。

图17-45　过滤驱动

如需修改动画参数，可选择对应的动画名称并单击鼠标右键，接着在弹出的右键菜单中选择〖编辑特征〗命令，则可修改动画参数。

2. 创建旋转驱动动画1

在动画制作界面中单击〖马达〗按钮，弹出〖马达〗对话框，然后根据图17-46所示的步骤进行操作。

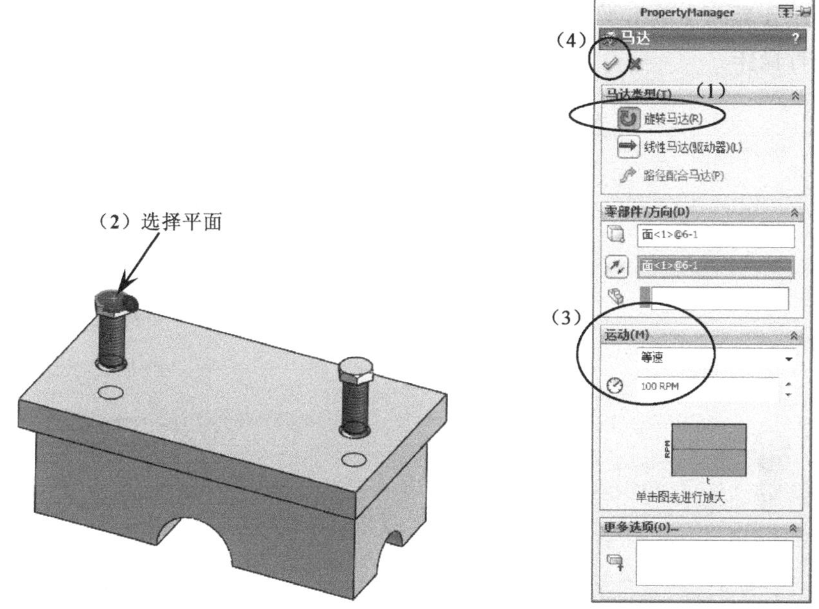

图17-46　设置旋转马达动画参数

3. 创建线性驱动动画2

在动画制作界面中单击〖马达〗按钮，弹出〖马达〗对话框，然后根据图17-47所示的步骤进行操作。

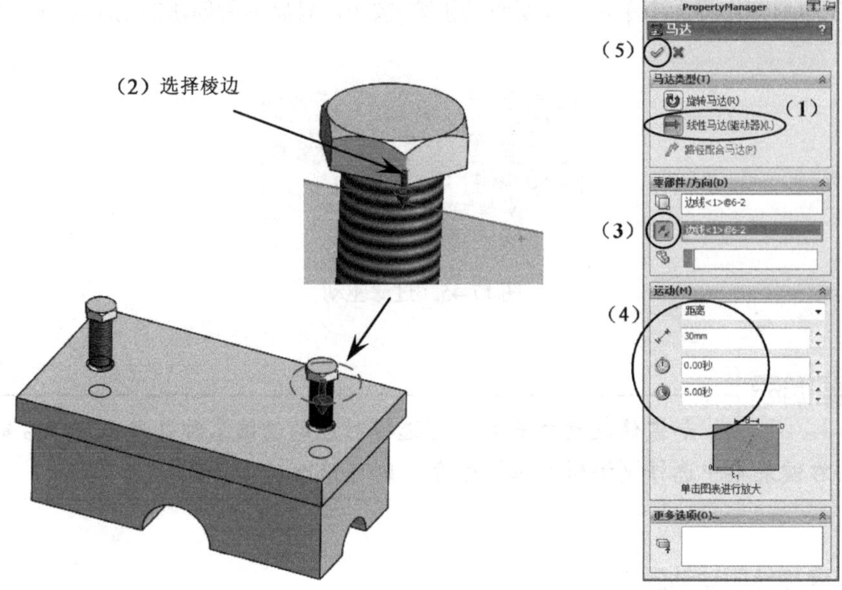

图 17-47　设置线性马达动画参数

4．创建旋转驱动动画 2

在动画制作界面中单击〖马达〗按钮，弹出〖马达〗对话框，然后根据图 17-48 所示的步骤进行操作。

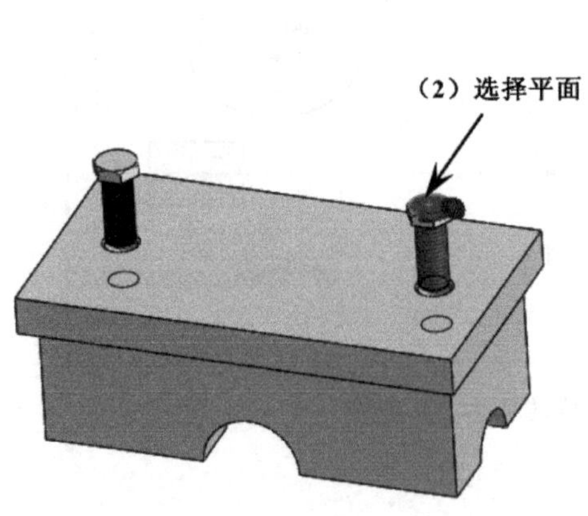

图 17-48　设置旋转马达动画参数

5．播放所有动画

在动画制作界面中单击〖播放〗按钮，两螺钉即会自动旋进两螺纹孔内，如图 17-49 所示。

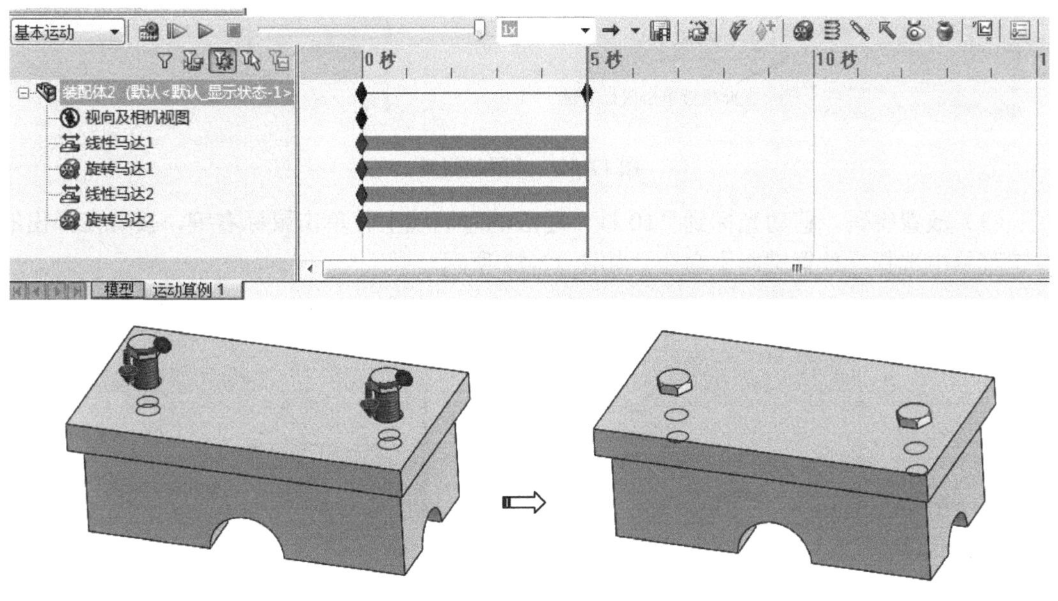

图 17-49　播放动画

要点提示

细心的读者可以发现，在以上动画中两螺钉是同时旋入螺纹孔内的。如果想先后旋入两个螺钉，那么需修改各动画的时间线。

下面详细介绍动画时间线的修改方法，从而使创建的动画更合理。

（1）关闭时间线。移动光标到“线性马达 1”对应的时间线后面并单击鼠标右键，接着在弹出的右键菜单中选择〖关闭〗命令，如图 17-50 所示。

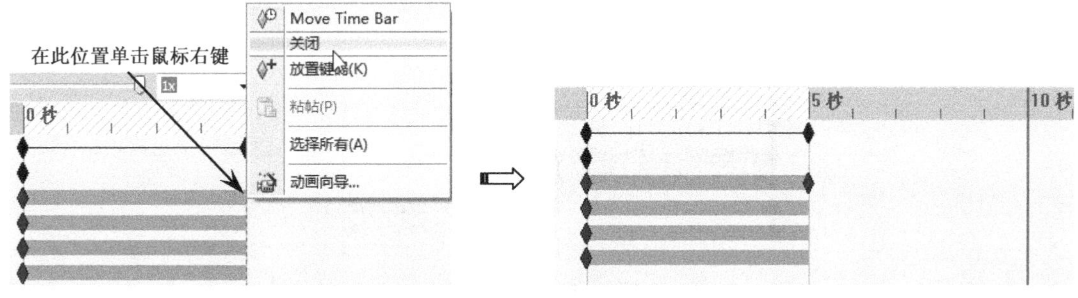

图 17-50　关闭时间线

（2）关闭时间线。移动光标到“旋转马达 1”对应的时间线后面并单击鼠标右键，接着在弹出的右键菜单中选择〖关闭〗命令，如图 17-51 所示。

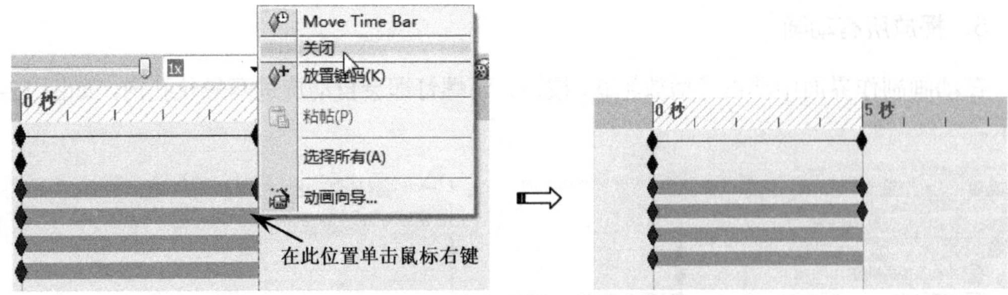

图 17-51　关闭时间线

（3）放置键码。移动光标到“10 秒”对应的时间线上并单击鼠标右键，接着在弹出的右键菜单中选择〖放置键码〗命令，如图 17-52 所示。

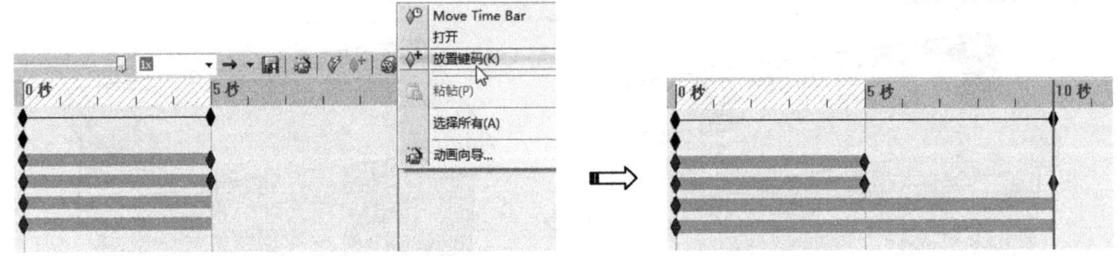

图 17-52　放置键码

（4）拖动键码。拖动“线性马达 2”中的起始键码到“5 秒”对应的时间线上，如图 17-53 所示。

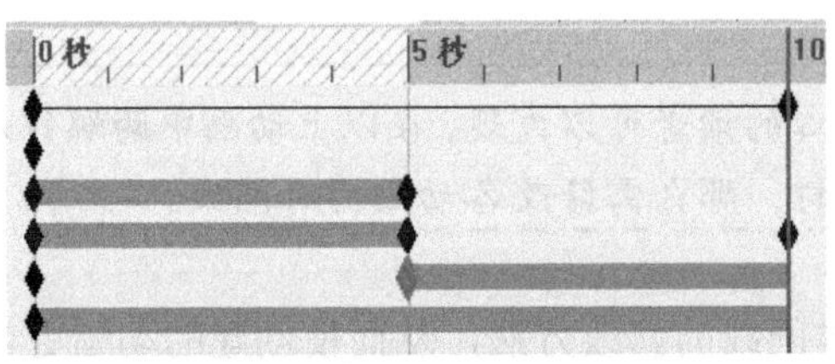

图 17-53　拖动键码

（5）拖动键码。拖动“旋转马达 2”中的起始键码到“5 秒”对应的时间线上，如图 17-54 所示。

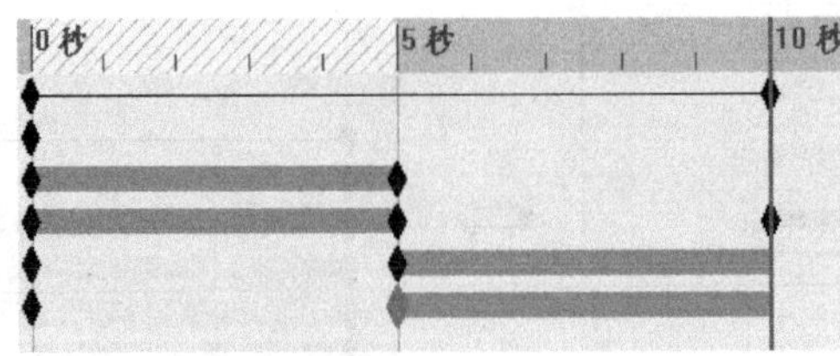

图 17-54　拖动键码

（6）修改动画时间参数。选择“线性马达 2”并单击鼠标右键，接着在弹出的右键菜单中选择〖编辑特征〗命令，然后修改如图 17-55 所示的 S 参数。

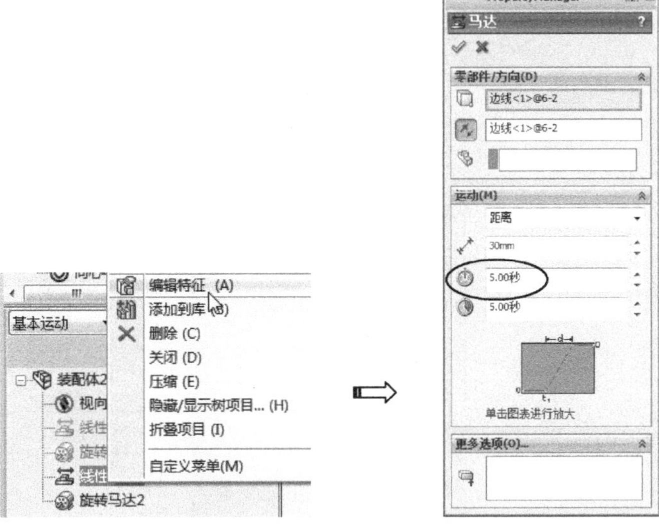

图 17-55　修改动画时间参数

（7）计算动画。在动画制作界面中单击〖计算〗按钮，系统重新计算并生成动画，如图 17-56 所示。

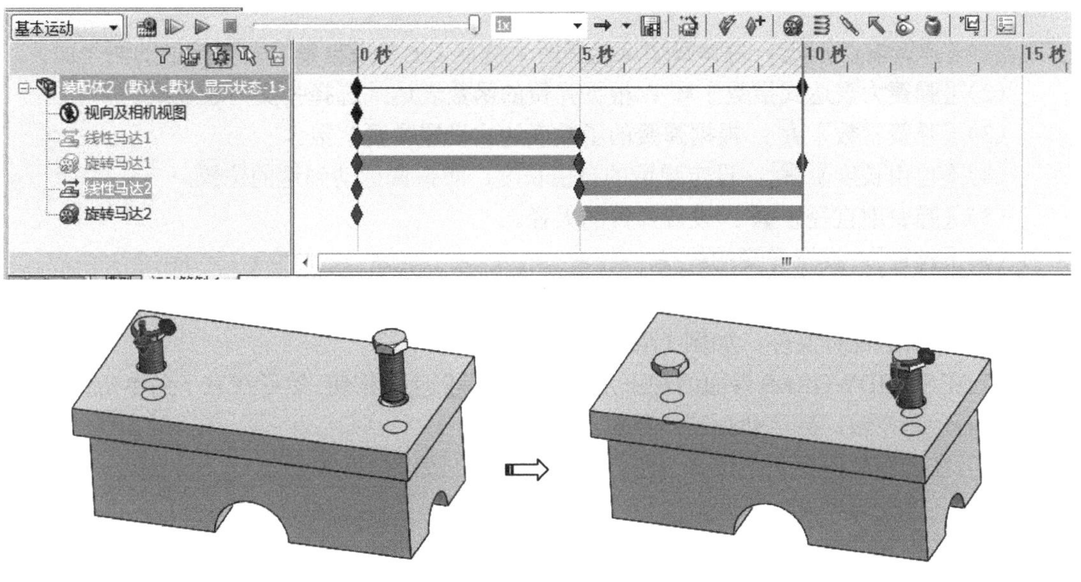

图 17-56　重新计算动画

17.4.2　线性弹簧的操作演示

线性弹簧是使用物理动力围绕装配体移动零部件的动画模拟，可用于冲裁动作等动画设计。在动画制作界面中单击〖弹簧〗按钮，弹出〖弹簧〗对话框，然后选择“线性弹簧”选项，如图 17-57 所示。

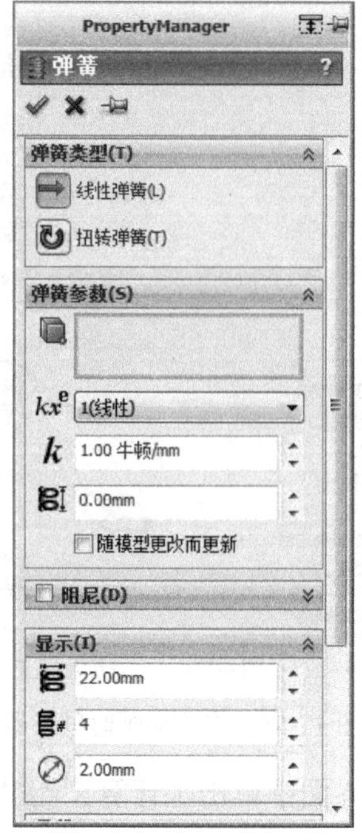

图 17-57　线性弹簧

（1）〖弹簧端点〗：为弹簧端点选择两个特征（主要指与弹簧两端接触的两个面）。

（2）〖弹簧力表达式指数〗kx^e：根据弹簧的函数表达式选择弹簧力表达式。

（3）〖弹簧常数〗k：根据弹簧的函数表达式设置弹簧常数。

（4）〖自由长度〗：设定弹簧的自由长度，即弹簧运动到达的位置。

（5）〖弹簧圈直径〗：设置弹簧的大径。

（6）〖丝径〗：设置弹簧的线径。

下面详细介绍弹簧创建动画的方法。

（1）打开装配体文件，如图 17-58 所示。

（2）在 SOLIDWORKS 界面的左下角单击 运动算例 1 按钮，然后在右下角单击〖Motion Manager〗按钮，显示动画制作界面。

（3）在动画制作界面中选择“基本运动”选项，如图 17-59 所示。

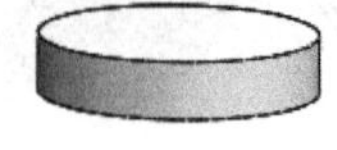

图 17-58　打开装配体文件

图 17-59　选择动画方式

（4）在动画制作界面中单击〖弹簧〗按钮，弹出〖弹簧〗对话框，然后根据图 17-60 所示的步骤进行操作。

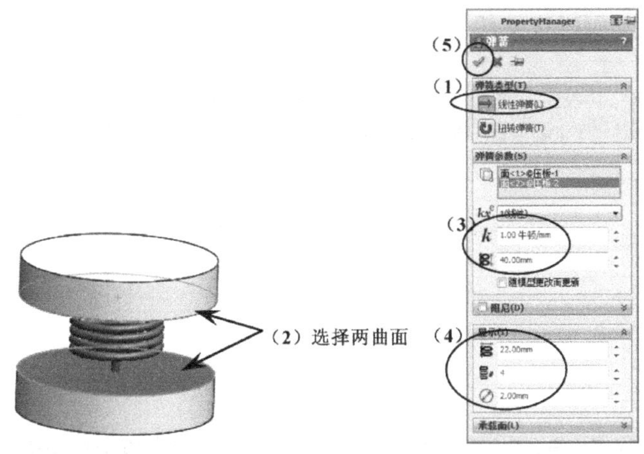

图 17-60　设置线性弹簧动画参数

（5）播放动画。首先设置播放模式为“往复”，然后单击〖播放〗按钮，系统开始生成动画，如图 17-61 所示。

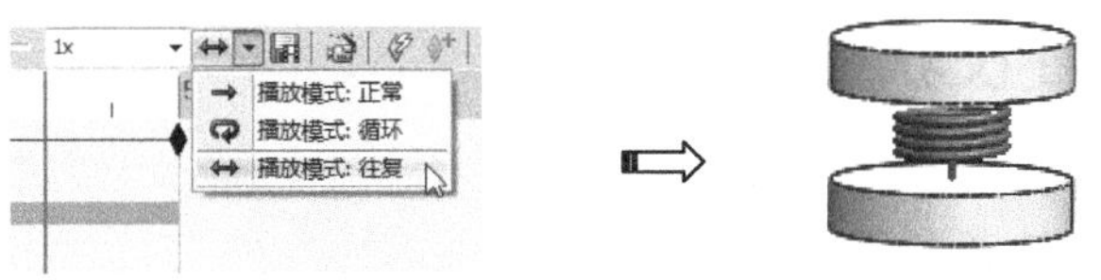

图 17-61　重新计算动画

17.5　保存动画为 AVI 格式

当创建好动画后，可将其保存为 AVI 的影音播放格式。在动画录音界面中单击〖保存动画〗按钮，弹出〖保存动画到文件〗对话框，然后设置影音文件的保存路径和文件名称，其他参数按默认设置，单击 保存(S) 按钮和 确定 按钮，如图 17-62 所示。

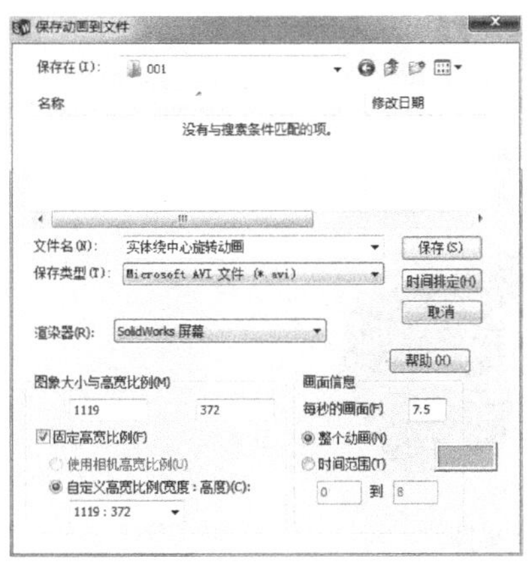

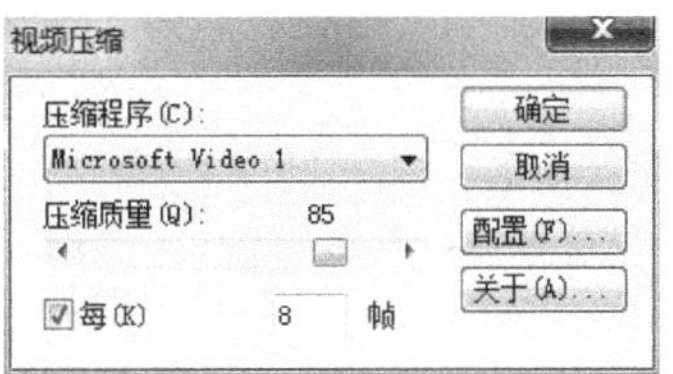

图 17-62　保存动画

打开已保存的动画影音文件，如图 17-63 所示。

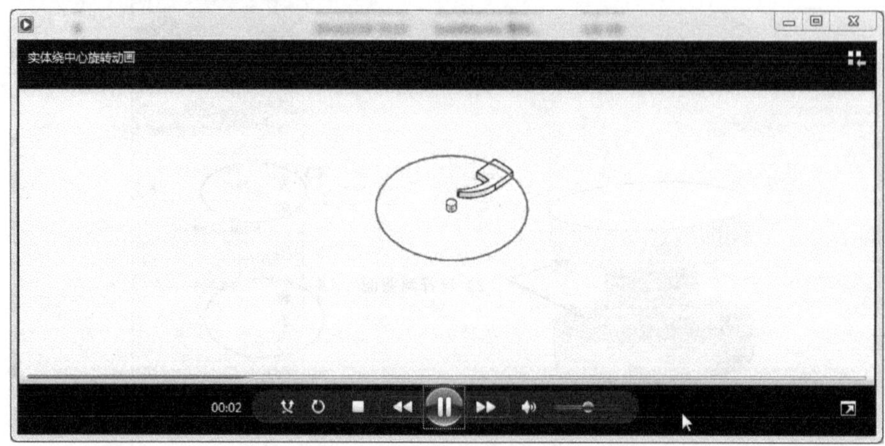

图 17-63　打开动画影音文件

17.6　本章学习收获

通过本章的学习，读者必须掌握以下内容。

（1）认识 SOLIDWORKS 动画制作的意义。

（2）掌握 SOLIDWORKS 创建动画的方法和注意事项。

（3）重点掌握爆炸动画、利用距离和角度创建动画的方法。

（4）掌握将动画文件保存为 AVI 格式的方法。

17.7　练习题

（1）打开光盘中的〖Lianxi/Ch17/动画 1〗文件，如图 17-64 所示，然后根据本章所学知识进行爆炸动画的制作。

图 17-64　打开文件

（2）打开光盘中的〖Lianxi/Ch17/动画 2〗文件，如图 17-65 所示，然后根据本章所学知识进行马达动画制作。

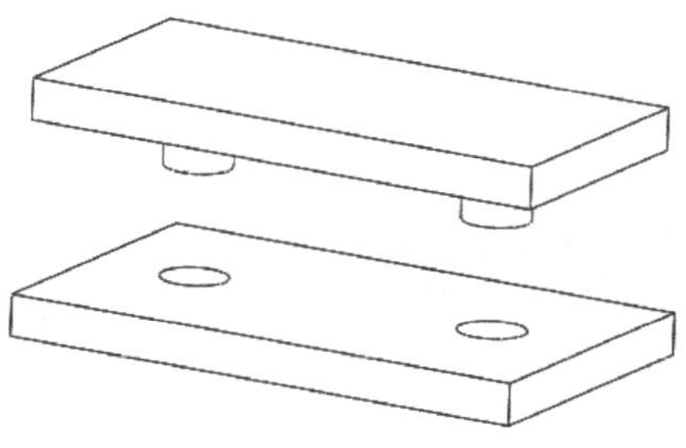

图 17-65　打开文件

第18章 产品渲染输出

本章主要介绍产品的渲染输出，包括编辑外观、编辑布景、编辑贴图和 PhotoView 渲染。通过本章的学习，读者完全有能力胜任企业中的产品渲染输出工作。

18.1 学习目标与课时安排

学习目标及学习内容

（1）认识渲染对产品的意义。

（2）掌握产品渲染的方法和技巧。

（3）重点掌握将公司的 Logo 文件保存为贴图格式的方法。

（4）重点掌握 PhotoView 的渲染方法。

学习课时安排（共 2 课时）

（1）编辑外观、编辑布景、贴图（1 课时）。

（2）PhotoView 渲染（1 课时）。

18.2 编辑外观

SOLIDWORKS 系统提供了丰富的产品外观编辑功能，主要包括常见的材料颜色，如金属、塑料、石材、油漆、橡胶、灯光和织物等，如图 18-1 所示。

当绘图区内存在图形时，双击界面右方对应的材料颜色，即会改变产品的外观颜色，如图 18-2 所示。

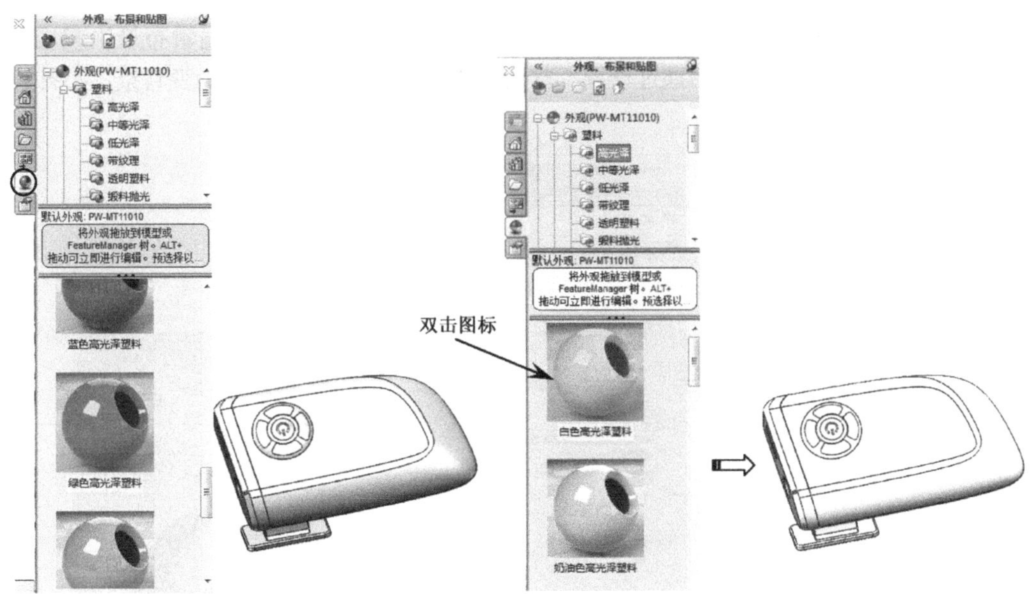

图 18-1　编辑外观　　　　图 18-2　改变整组产品颜色

如果只需要对产品中某个或指定几个曲面的颜色进行修改，可先选择这些曲面，然后双击对应的材料颜色即可，如图 18-3 所示。

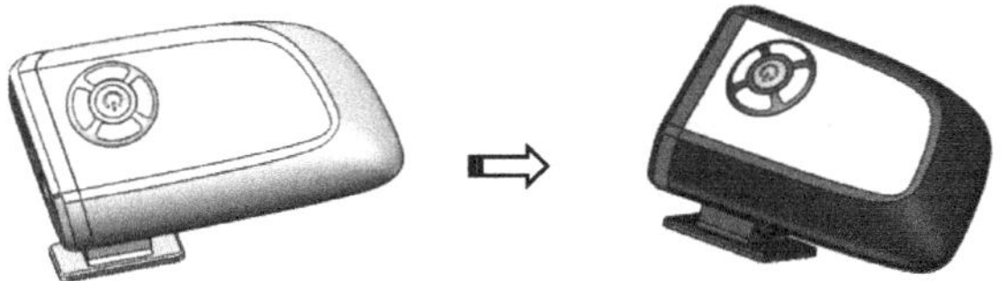

图 18-3　改变某曲面颜色

18.3　编辑布景

改变产品的背景布局，使产品显得更独特或更美观。在界面正上方单击〖应用布景〗按钮，显示相应的布景方式。如需要显示更多的背景，则选择“管理收藏夹”选项，接着在弹出的对话框中根据实际需要勾选相关的选项，如图 18-4 所示。

图 18-4　编辑布景 1

如果想自己设计背景的色调，可在〖渲染工具〗工具栏中单击〖编辑布景〗按钮，弹出〖编辑布景〗对话框，然后通过设置“背景”的方式和渐变颜色等来改变背景，如图 18-5 所示。

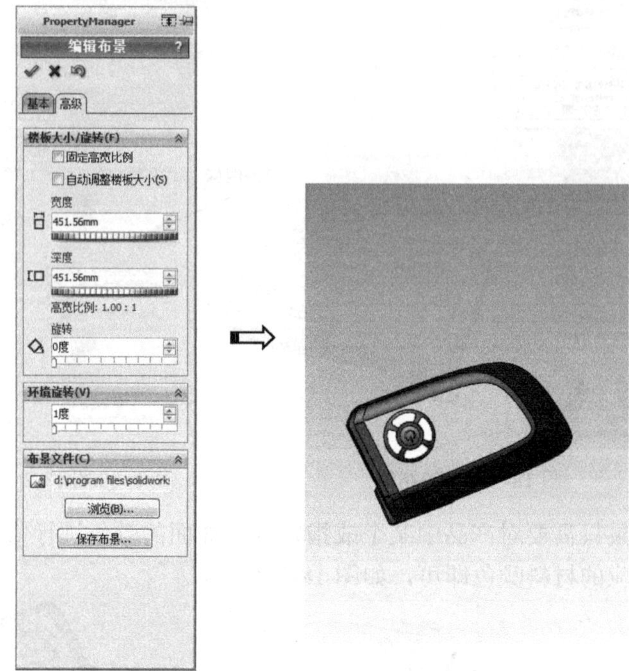

图 18-5　编辑布景 2

18.4　贴图

在产品的外观面上，贴图也是产品设计中很重要的手段。在界面右方展开系统提供的贴图，接着双击想要的贴图，然后在产品上选择需要贴图的曲面，如图 18-6 所示。

也可以直接拖动贴图到产品的曲面上，然后通过拖动框的角点来缩放、移动或旋转贴图。

在实际产品设计中，经常需要将本公司的 Logo 贴到产品上。这时就需要将公司的 Logo 保存为 SOLIDWORKS 贴图格式，即“.p2d”格式。下面详细介绍将常用的图片格式转化为 SOLIDWORKS 贴图格式的方法。

（1）打开图片。在〖渲染工具〗工具栏中单击〖编辑贴图〗按钮，弹出〖贴图〗对话框。在〖贴图〗对话框中单击 浏览(B)... 按钮，弹出〖打开〗对话框，然后选择图片的存放路径并打开图片文件，如图 18-7 所示。

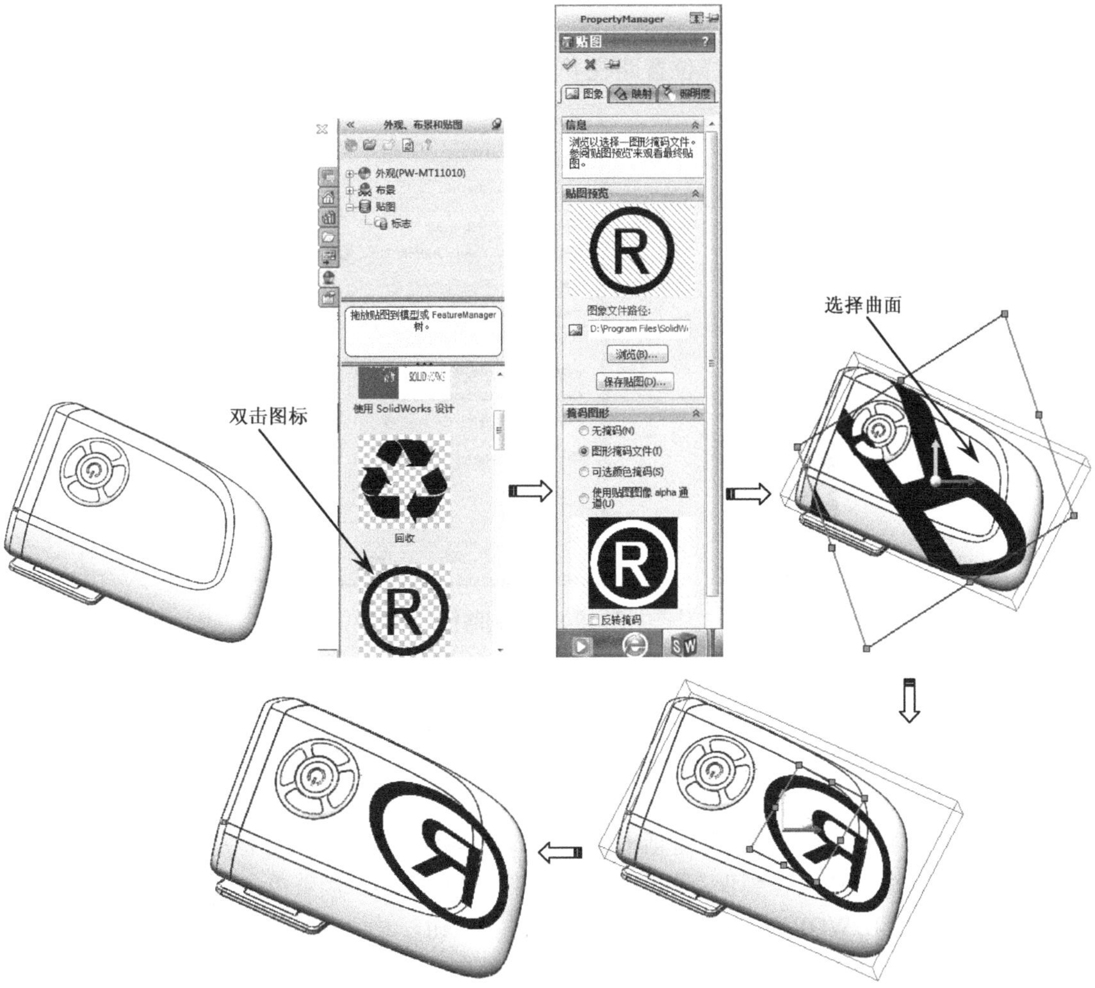

图 18-6　贴图

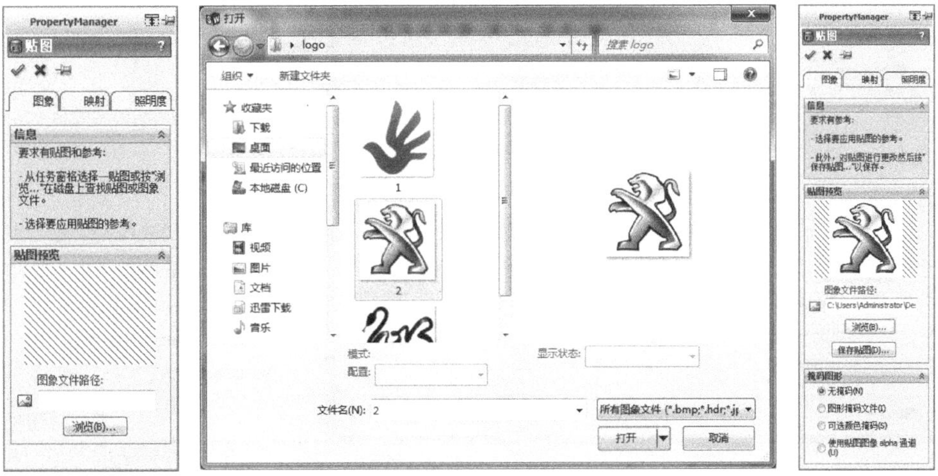

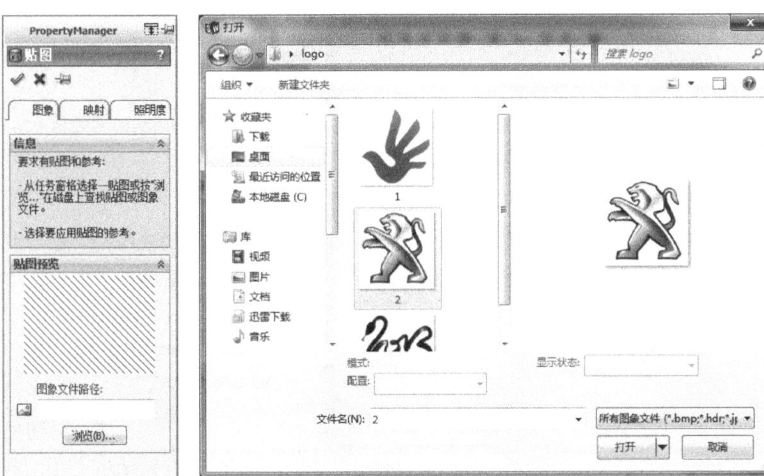

图 18-7　打开图片

（2）复制路径。在界面右方选择任意一贴图并单击鼠标右键，接着在弹出的右键菜单中选择〖属性〗命令，然后选择位置路径并进行复制，如图 18-8 所示，单击确定按钮。

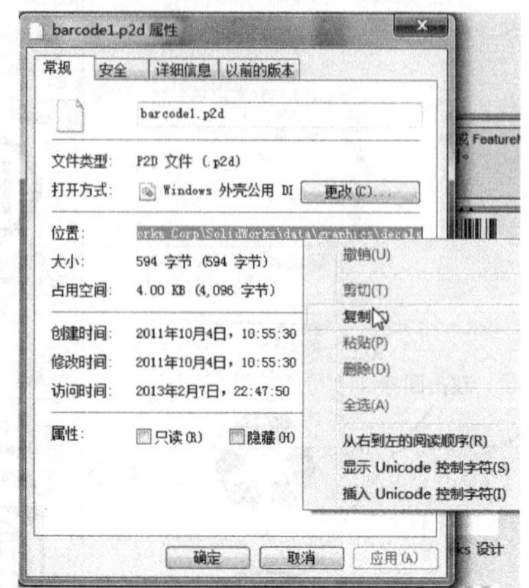

图 18-8　复制路径

复制文件位置路径时，不能关闭〖贴图〗对话框。

（3）保存贴图。在〖贴图〗对话框中单击保存贴图(D)...按钮，弹出〖另存为〗对话框，然后粘贴上一步复制的路径到保存的路径上，如图 18-9 所示，接着单击保存(S)按钮，然后在弹出的〖SOLIDWORKS〗对话框中单击是(Y)按钮，最后在〖贴图〗对话框中单击〖确定〗✔按钮。

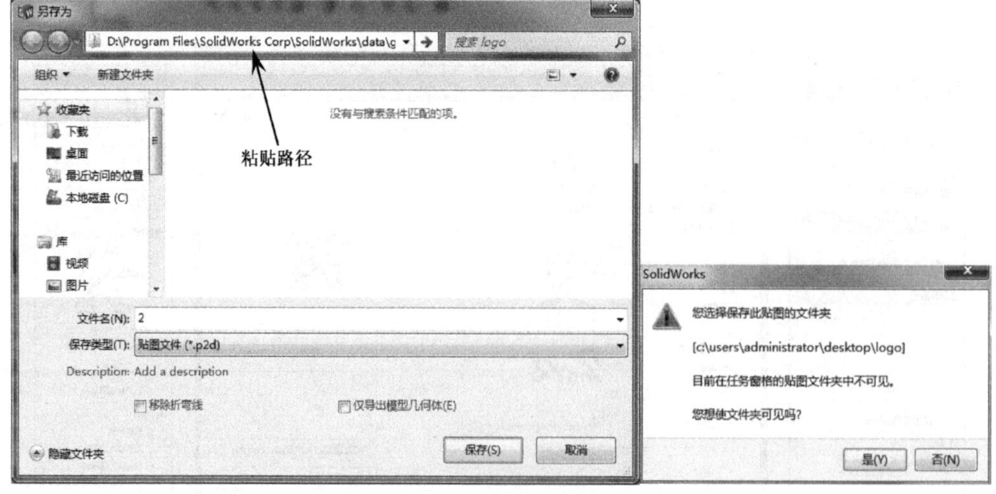

图 18-9　保存贴图

要点提示

弹出〖SOLIDWORKS〗对话框提示当前创建的贴图文件不可见，因此需要关闭 SOLIDWORKS 软件并重新打开，这样新建的贴图就会显示。

（4）关闭 SOLIDWORKS 2020 软件并重新打开。

（5）打开需要贴图的产品，如图 18-10 所示。

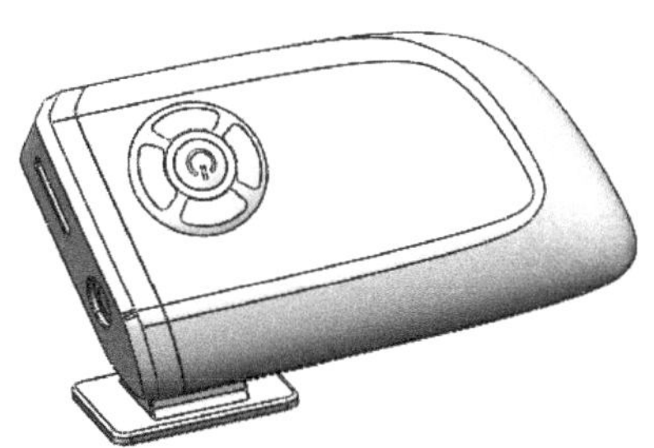

图 18-10　打开贴图产品

（6）拖动贴图到产品表面，然后设置贴图的大小和位置等，如图 18-11 所示。

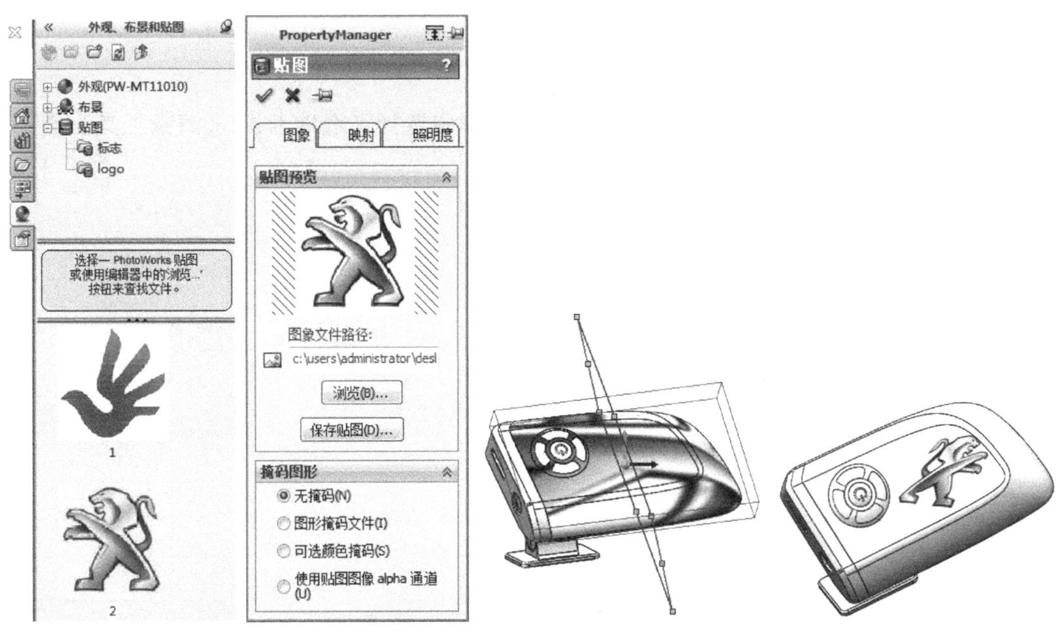

图 18-11　拖动贴图到产品表面

要点提示

如果需要删除已经创建好的贴图，那么应在图形中选中该贴图，接着在弹出的菜单中单击〖外观〗下拉按钮，然后单击按钮即可将其删除，如图 18-12 所示。

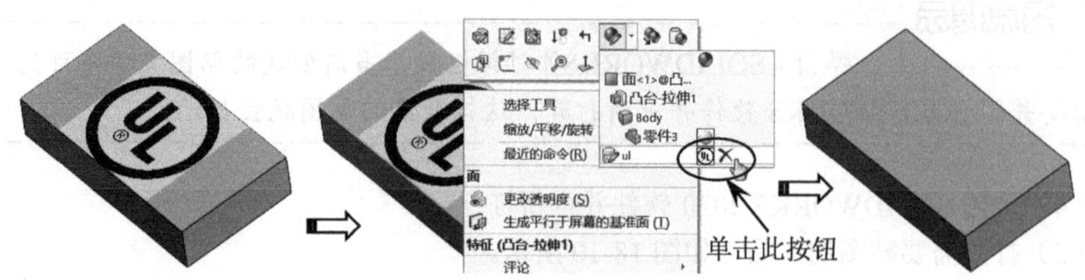

图 18-12　删除贴图

18.5　PhotoView 渲染

设计的产品通过渲染，会使产品更加形象和美观。产品渲染设计，是大多数产品设计师和工业设计师必须掌握的技能。SOLIDWORK 2020 软件提供了强大的渲染插件，可以快速对产品进行渲染。

18.5.1　激活 PhotoView 360 插件

在工具栏空白处单击鼠标右键，在弹出的菜单中选择〖选项卡〗/〖渲染工具〗选项，如图 18-13 所示。

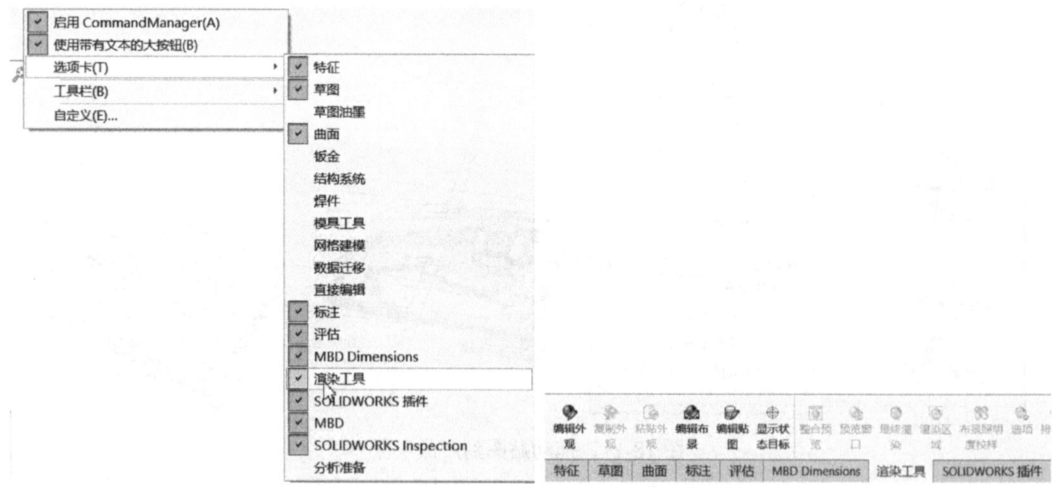

图 18-13　调出〖渲染工具〗工具栏

在菜单栏中单击〖选项〗下拉按钮，选择〖插件〗命令，弹出〖插件〗对话框，然后勾选〖PhotoView 360〗选项，如图 18-14（b）所示，最后单击 确定 按钮。此时，〖渲染工具〗工具栏中的渲染命令呈正常可用状态，如图 18-14（c）所示。

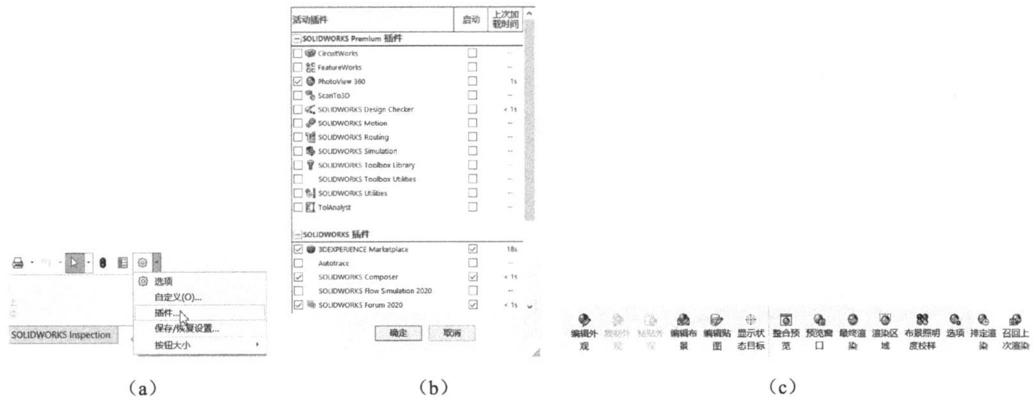

（a）　（b）　（c）

图 18-14　激活 PhotoView 360 插件

18.5.2　整合预览

预览当前产品渲染后的效果。在〖渲染工具〗工具栏中单击〖整合预览〗按钮，系统自动对当前的产品进行渲染，如图 18-15 所示。如不需要渲染，则重新单击〖整合预览〗按钮。

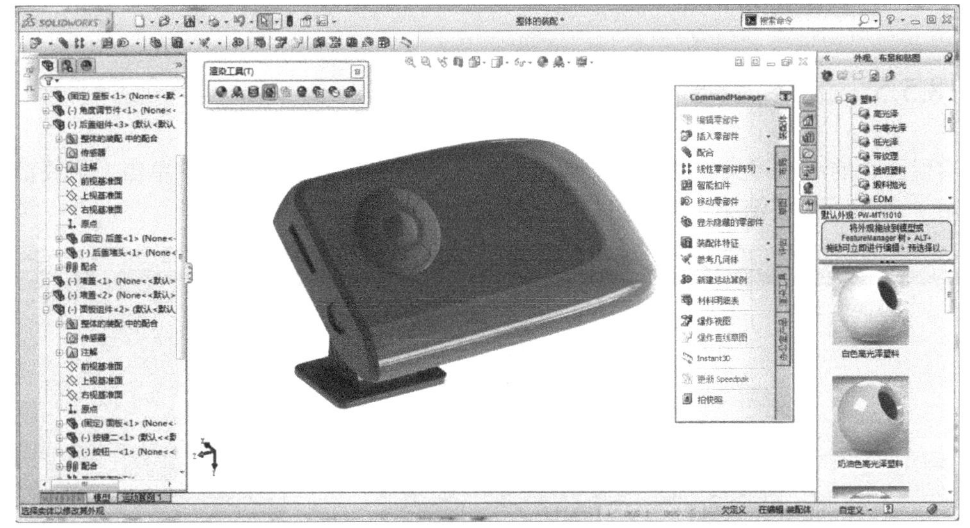

图 18-15　整合预览

18.5.3　预览窗口

预览窗口独立于 SOLIDWORKS 的主窗口，用于预览渲染后的效果。

在〖渲染工具〗工具栏中单击〖预览窗口〗按钮，弹出〖PhotoView 360〗对话框，系统自动对当前的产品进行渲染，如图 18-16 所示。

18.5.4 渲染选项

设置产品渲染的参数。在〖渲染工具〗工具栏中单击〖选项〗按钮，弹出〖PhotoView 360 选项〗对话框，如图 18-17 所示。通过该对话框可以设置渲染输出的图片大小、图像格式和渲染的品质等。

图 18-16 预览窗口

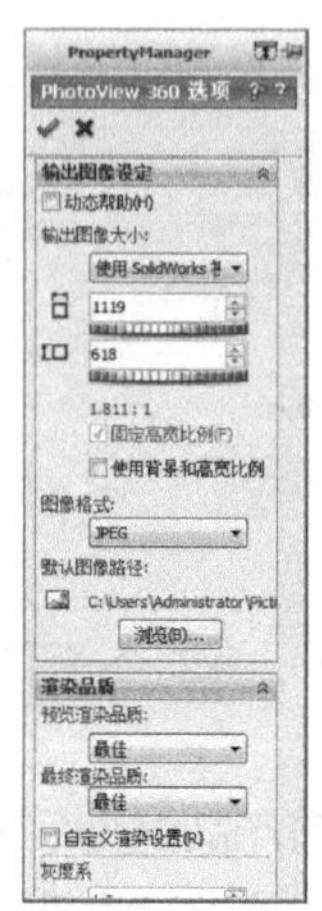

图 18-17 〖PhotoView 360 选项〗对话框

18.5.5 最终渲染

实现真正的产品渲染，并生成图像文件。在〖渲染工具〗工具栏中单击〖最终渲染〗按钮，弹出〖最终渲染〗独立窗口，如图 18-18 所示。

图 18-18 最终渲染

在〖最终渲染〗独立窗口中单击 保存图像 按钮，弹出〖保存图像〗对话框，接着输入图片的名称并单击 保存(S) 按钮即可输出渲染文件。打开渲染图片，如图 18-19 所示。

图 18-19　打开渲染图片

18.6　本章学习收获

通过本章的学习，读者必须掌握以下内容。

（1）掌握产品外观颜色的设置。

（2）掌握在产品中贴图的方法，并重点掌握将公司的 Logo 保存为贴图格式的方法。

（3）重点掌握 PhotoView 360 插件的渲染方法。

18.7　练习题

打开光盘中的〖Lianxi/Ch18/渲染〗文件，如图 18-20 所示，然后根据本章所学的知识进行贴图和渲染。

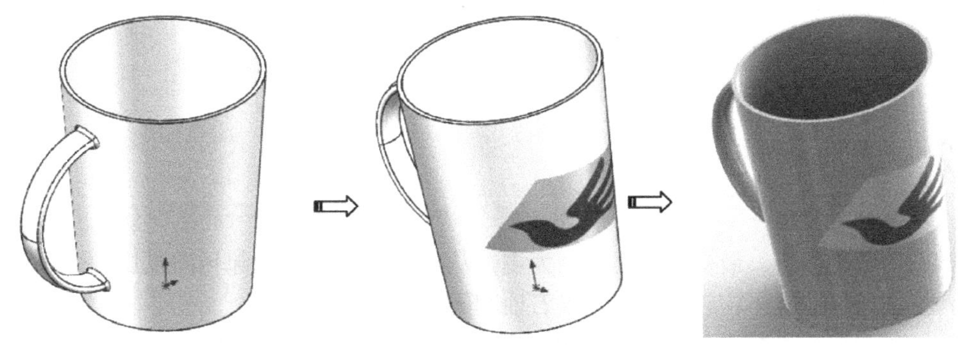

图 18-20　渲染练习

产品工艺介绍

本章主要介绍塑料材料、金属材料、产品测量技术、产品结构工艺和产品外观造型工艺等知识，希望读者在学习过程中认真思考，并将所学到的工艺知识联系到日常生活中常见的产品，从而达到学以致用的目的。

19.1 学习目标与课时安排

学习目标及学习内容

（1）熟悉塑料材料、模具材料。
（2）介绍常用塑料的鉴别方法。
（3）介绍模具材料的性能要求。
（4）介绍产品的结构工艺，如壁厚、拔模角、孔、加强筋和扣位等的设计规范。

学习课时安排（共 4 课时）

（1）塑料材料介绍（1 课时）。
（2）模具材料介绍（1 课时）。
（3）产品结构工艺等介绍（2 课时）。

19.2 塑料材料

塑料的基础原料，最初以农副产品为主，从 20 世纪 20 年代起转向以煤和煤焦油产品为主，从 20 世纪 50 年代起逐渐转向以石油和天然气为主。

塑料以树脂为主要成分，有天然树脂和合成树脂之分。天然树脂是指自然界中存在着一些来自植物或动物分泌的有机物，如松香、虫胶等。它们在受热后无明显的熔点，能够逐渐变软，并具有可塑性。这些高分子有机物产量低，性能也不理想。为了寻求天然树脂的代用品，人们模仿它们的成分，用化学方法人工地制造各种树脂。

19.2.1 塑料的分类及用途

塑料的种类很多，按其受热后所表现的性能不同，可分为热固性塑料和热塑性塑料两大类。

（1）热固性塑料，是指在初受热时变软，可以塑制成一定形状，但加热到一定时间后或加入固化剂后，就硬化定型，再加热则不熔解，形成体形（网状）结构的塑料，如酚醛塑料、环氧塑料和氨基塑料等。

（2）热塑性塑料，是指在特定温度范围内能反复加热和冷却硬化的塑料。这类树脂在成型过程中只发生物理变化而没有化学变化，所以受热后可多次成型，其废料可回收和重新利用。常用的热塑性塑料有 ABS、PA、PE、PS、PVC、有机玻璃和尼龙等。

1. ABS——丙烯腈—丁二烯—苯乙烯共聚物

（1）化学和物理特性

ABS 由丙烯腈、丁二烯和苯乙烯三种化学单体合成。每种单体都具有不同的特性：丙烯腈具有高强度、热稳定性及化学稳定性；丁二烯具有坚韧性、抗冲击特性；苯乙烯具有易加工、低表面粗糙度及高强度性。从形态上看，ABS 是非结晶性材料。

三种单体的聚合产生了具有两相的三元共聚物，一个是苯乙烯—丙烯腈的连续相；另一个是聚丁二烯橡胶分散相。ABS 的特性主要取决于三种单体的比率及两相中的分子结构。这就可以在产品设计上具有很大的灵活性，并且由此产生了市场上不同品质的 ABS 材料。这些不同品质的材料提供了不同的特性，例如，从中等到高等的抗冲击性，从高到低的表面粗糙度和高温扭曲特性等。

ABS 材料具有超强的易加工性，外观特性，低蠕变性和优异的尺寸稳定性及很高的抗冲击强度。

（2）典型应用范围

汽车（仪表板、工具舱门、车轮盖、反光镜盒等），电冰箱，大强度工具（头发烘干机、搅拌器、食品加工机、割草机等），电话机壳体，打字机键盘，娱乐用车辆（如高尔夫球手推车及喷气式雪撬车等）。

2. PA——聚酰胺

（1）化学和物理特性

PA 的种类很多，有 PA6、PA66、PA10 和 PA12 等。PA66 是最常见的，在尼龙强度中也是最高的，而 PA6 是加工性能最好的。它们的结构略有差异，性能也不尽相同，但都具有机械强度高、韧性好、耐疲劳、表面硬且光滑、摩擦系数小、耐磨、自润滑性、耐腐蚀、制件质量轻、易染色和易成型等特点。

（2）典型应用范围

用于齿轮、齿条、联轴节、辊子、轴承等零件连接器，也用于仪器壳体、水表和其他商业设备等。

3. PE——聚乙烯

（1）化学和物理特性

PE 按聚合时所采用压力的不同，可以分为高压聚乙烯（HDPE）和低压聚乙烯（LDPE）两类，是世界上产量最大的塑料。其特点是软性、无毒、价廉、加工方便和流动性好，产品易产生收缩变形。

（2）典型应用范围

HDPE：用于电冰箱容器、存储容器、家用厨具、密封盖等，也用于制造塑料管、塑料板、塑料绳及承载力不高的零件，如齿轮、轴承等。

LDPE：日用品中用于制作塑料薄膜、软管、塑料瓶、碗、箱柜和管道连接器等。

4. PP——聚丙烯

（1）化学和物理特性

PP 是一种半结晶性材料，比 PE 更坚硬并且有更高的熔点。由于均聚物型的 PP 在温度低于 0℃时非常脆，因此，许多商业的 PP 材料是加入 1%～4%乙烯的无规则共聚物或更高比率乙烯含量的嵌段共聚物。共聚物型的 PP 材料有较低的热扭曲温度（100℃）、低透明度、低光泽度、低刚性，但是有更强的抗冲击强度。PP 的强度随着乙烯含量的增加而增大。

PP 的软化温度为 150℃。由于结晶度较高，这种材料的表面刚度和抗划痕特性很好。

PP 不存在环境应力开裂问题。通常，采用加入玻璃纤维、金属添加剂或热塑橡胶的方法对 PP 进行改性。PP 的流动率（MFR）范围为 1～40。低 MFR 的 PP 材料抗冲击特性较好，但延展强度较低。对于相同 MFR 的材料，共聚物型的强度比均聚物型的强度高。

由于结晶，PP 的收缩率非常高，一般为 1.8%～2.5%，并且收缩率的方向均匀性比 PEHD 等材料好很多。加入 30%的玻璃添加剂可以使收缩率降到 0.7%。

均聚物型和共聚物型的 PP 材料都具有优良的抗吸湿性、抗酸碱腐蚀性、抗溶解性，然而，它对芳香烃（如苯）溶剂、氯化烃（四氯化碳）溶剂等没有抵抗力，PP 也不像 PE 那样在高温下仍具有抗氧化性。

（2）典型应用范围

汽车工业（主要使用含金属添加剂的 PP 有挡泥板、通风管、风扇等），器械（洗碗机门衬垫、干燥机通风管、洗衣机框架及机盖、电冰箱门衬垫等），日用消费品（草坪和园艺设备，如剪草机和喷水器等）。

5. PVC——聚氯乙烯

（1）化学和物理特性

刚性 PVC 是使用最广泛的塑料材料之一，PVC 材料是一种非结晶性材料，PVC 材料在实际使用中经常加入稳定剂、润滑剂、辅助加工剂、色料、抗冲击剂及其他添加剂。

PVC 材料具有不易燃性、高强度、耐气候变化性，以及优良的几何稳定性，对氧化剂、还原剂和强酸都有很强的抵抗力，然而它能够被浓氧化酸（如浓硫酸、浓硝酸）腐蚀并且也不适用于芳香烃、氯化烃接触的场合。

（2）典型应用范围

用于供水管道、家用管道、房屋墙板、商用机器壳体、电子产品包装、医疗器械和食品包装等。

6．PS——聚苯乙烯

（1）化学和物理特性

大多数商业用的 PS 都是透明的、非晶体材料。PS 具有非常好的几何稳定性、热稳定性、光学透过特性、电绝缘特性及很微小的吸湿倾向。它能够抵抗水、稀释的无机酸，但能够被强氧化酸（如浓硫酸）腐蚀，并且能够在一些有机溶剂中膨胀变形。

（2）典型应用范围

用于产品包装，仪表外壳，家庭用品（餐具、托盘等），电气（透明容器、光源散射器、绝缘薄膜等）。

7．PC——聚碳酸脂

（1）化学和物理特性

PC 是一种非晶体工程材料，具有特别好的抗冲击强度、热稳定性、光泽度、抑制细菌特性、阻燃特性及抗污染性。PC 的收缩率很低，一般为 0.1%～0.2%。

PC 具有很好的力学性能，但流动特性较差，因而这种材料的注塑过程较困难。在选用何种品质的 PC 材料时，要以产品的最终期望为基准。如果塑件要求有较高的抗冲击性，那么就使用低流动率的 PC 材料；反之，可以使用高流动率的 PC 材料，这样可以优化注塑过程。

（2）典型应用范围

用于电气和商业设备（计算机元件、连接器等），器具（食品加工机、电冰箱抽屉等），交通运输行业（车辆的前后灯、仪表板等）。

8．POM——聚甲醛

（1）化学和物理特性

POM 是一种坚韧有弹性的材料，即使在低温下仍有很好的抗蠕变特性、几何稳定性和抗冲击特性。POM 既有均聚物材料也有共聚物材料，均聚物材料具有很好的延展强度、抗疲劳强度，但不易加工。共聚物材料有很好的热稳定性、化学稳定性并且易于加工。无论均聚物材料还是共聚物材料，都是结晶性材料并且不易吸收水分。

POM 的高结晶程度导致它有相当高的收缩率，可高达 2%～3.5%。对于各种不同的增强型材料有不同的收缩率。

（2）典型应用范围

POM 具有很低的摩擦系数和很好的几何稳定性，特别适合制作齿轮和轴承。由于它还具有耐高温特性，因此，还用于管道器件（管道阀门、泵壳体）、草坪设备等。

9. PMMA——聚甲基丙烯酸甲酯

（1）化学和物理特性

PMMA 具有优良的光学特性及耐气候变化特性，白光的穿透性高达 92%。PMMA 制品具有很低的双折射，特别适合制作影碟等。

PMMA 具有室温蠕变特性，随着负荷加大、时间增长，可导致应力开裂现象。PMMA 具有较好的抗冲击特性。

（2）典型应用范围

用于汽车工业（信号灯设备、仪表盘等），医药行业（储血容器等），工业应用（影碟、灯光散射器），日用消费品（饮料杯、文具等）。

10. SA——苯乙烯—丙烯腈共聚物

（1）化学和物理特性

SA 是一种坚硬、透明的材料。苯乙烯成分使 SA 坚硬、透明并易于加工；丙烯腈成分使 SA 具有化学稳定性和热稳定性。

SA 具有很强的承受载荷的能力、抗化学反应能力、抗热变形特性和几何稳定性。SA 中加入玻璃纤维添加剂可以增加强度和抗热变形能力，减小热膨胀系数。

（2）典型应用范围

用于电气（插座、壳体等），日用商品（厨房器械、冰箱装置、电视机底座、卡带盒等），汽车工业（车头灯盒、反光镜、仪表盘等），家庭用品（餐具、食品刀具等），化妆品包装等。

11. PBT——聚对苯二甲酸丁二醇酯

（1）化学和物理特性

PBT 是最坚韧的工程热塑材料之一，它是半结晶材料，有非常好的化学稳定性、机械强度、电绝缘特性和热稳定性。这些材料在很广的环境条件下都有很好的稳定性，PBT 吸湿特性很弱。

（2）典型应用范围

PBT 用于家用器具（食品加工刀片、真空吸尘器元件、电风扇、头发干燥机壳体、咖啡器皿等），电器元件（开关、电机壳、熔断器盒、计算机键盘按键等），汽车工业（散热器格窗、车身嵌板、车轮盖、门窗部件等）。

12. PC+ABS——聚碳酸酯和丙烯腈—丁二烯—苯乙烯共聚物和混合物

（1）化学和物理特性

PC+ABS 具有 PC 和 ABS 两者的综合特性，如 ABS 的易加工特性和 PC 的优良力学性能和热稳定性。二者的比率将影响 PC+ABS 材料的热稳定性。PC+ABS 这种混合材料还显示了优异的流动特性。

（2）典型应用范围

用于计算机和商业机器的壳体，电器设备，草坪和园艺机器，汽车零件（仪表板、内部装修及车轮盖)。

13. PC+PBT——聚碳酸酯和聚对苯二甲酸丁二醇酯的混合物

(1) 化学和物理特性

PC+PBT 具有 PC 和 PBT 二者的综合特性，如 PC 的高韧性和几何稳定性，以及 PBT 的化学稳定性、热稳定性和润滑特性等。

(2) 典型应用范围

PC+PBT 可用于齿轮箱、汽车保险杠，以及要求具有抗化学反应和耐腐蚀性、热稳定性、抗冲击性及几何稳定性的产品。

14. PET——聚对苯二甲酸乙二醇酯

(1) 化学和物理特性

PET 的玻璃化转化温度在 165℃左右，材料结晶温度范围为 120℃～220℃，在高温下有很强的吸湿性。对于玻璃纤维增强型的 PET 材料来说，在高温下还非常容易发生弯曲形变，可以通过添加结晶增强剂来提高材料的结晶程度。用 PET 加工的透明制品具有光泽度和热扭曲温度，可以向 PET 中添加云母等特殊添加剂使弯曲变形减小到最小。如果使用较低的模具温度，那么使用非填充的 PET 材料也可获得透明制品。

(2) 典型应用范围

PET 可用于汽车工业（结构器件如反光镜盒，电气部件如车头灯反光镜等），电器元件（电动机壳体、电气连接器、继电器、开关、微波炉内部器件等），工业应用（泵壳体、手工器械等）。

15. PPE——聚丙乙烯

(1) 化学和物理特性

通常，商业上提供的 PPE 或 PPO 材料一般都混入了其他热塑型材料（如 PS、PA 等），这些混合材料一般称为 PPE 或 PPO。混合型的 PPE 或 PPO 比纯净的材料有好得多的加工特性，特性的变化依赖于混合物，如 PPO 和 PS 的比率。混入了 PA66 的混合材料在高温下具有更强的化学稳定性。这种材料的吸湿性很小，其制品具有优良的几何稳定性。

混入了 PS 的材料是非结晶性的，而混入了 PA 的材料是结晶性的。加入玻璃纤维添加剂可以使收缩率减小到 0.2%，这种材料还具有优良的电绝缘特性和很低的热膨胀系数。其黏性取决于材料中混合物的比率，PPO 的比率增大将导致黏性增加。

(2) 典型应用范围

用于家庭用品（洗碗机、洗衣机等），电气设备（如控制器壳体、光纤连接器等）。

16. PETG——乙二醇改性—聚对苯二甲酸乙二醇酯

(1) 化学和物理特性

PETG 是透明的非晶体材料，玻璃化转化温度为 88℃。PETG 的注塑工艺条件的允许范围比 PET 广一些，并且具有透明、高强度、高韧性的综合特性。

（2）典型应用范围

用于医药设备（试管、试剂瓶等）、玩具、显示器、光源外罩、防护面罩、电冰箱保鲜盘等。

17．PSU——聚砜

（1）化学和物理特性

硬度高，耐辐射、耐热和耐寒性好，可在 100℃~175℃下长期使用。注塑热稳定性差、流动性差，冷却快，吸湿大。

（2）典型应用范围

适于制作耐热件、绝缘件、减磨耐磨件、仪器仪表零件及医疗器械零件、集成电路外壳等。

19.2.2 塑料的鉴别方法

塑料分子的结构和成分很复杂，特别是共聚、共混合及改性材料和含有各种添加剂（如填料、稳定剂、增塑剂、阻燃剂、混合材料等）的塑料，常常不能用简单的方法鉴别出来，需要借助化学试验、测试仪器等手段才能鉴别出来。使用的塑料鉴别方法有很多种，其中最常用的方法有三种，分别是外观鉴别法、密度鉴别法和燃烧特性鉴别法。

1．外观鉴别法

PE、PP、PA 等有不同的可弯折性，手触有硬蜡样滑腻感，敲击时有软性角质类的声音，与此相比，PS、ABS、PC、PMMA 等塑料则无延展性，手触有刚性感，敲击时声音清脆。

PP 与 PE 特性相似，但硬度比 PE 稍低，鉴定 PP 时应该与 PE 仔细地区分开来。PS 与改性 PS 和 ABS 的区别，前者性脆，后两者性韧；弯折时前者易脆裂，后两者难断裂，多次弯折后会发出不同的气味。

PP 料呈乳白色、半透明、蜡状物。纯 PS 是一种硬而脆的无色透明塑料。高压 PE 未加色粉呈乳白色半透明状，质软而韧；低压 PE 未加色粉呈乳白色，但不透明、质硬、不延伸。SAN（AS）是 PS 改性后的一种微蓝色透明塑料，呈牙黄色的不透明塑料。ABS 是一种通用的工程材料，呈象牙色的不透明塑料。POM 是一种不透明的塑料。PC 是一种综合性能优良的工程塑料，呈微黄透明状。PA 是一种浅黄色、半透明的塑料，外观比较粗糙。PVC 是一种热稳定性较差的材料，种类较多，分为软质、半硬质和硬质三种。PVC 大多为白色粉末或片料，透明性最好，与 PC 相比其韧性和硬度都较低，易被硬物划伤。

2．密度鉴别法

PP 是最轻的一种塑料，密度为 0.89～0.91 g/cm^3，比水轻，在水中能浮于水面。PE 密度为 0.91～0.95 g/cm^3，密度比 PP 稍大，能浮于水。

纯 PA 密度为 1.01～1.03 g/cm^3，接近于水的密度，在水中近悬浮状。

其他大部分塑料密度都比水大，沉于水。密度鉴别方法可用表 19-1 所示的液体。

表 19-1　测试用液体及相对密度

测试用液体名称	相对密度	测试相对密度用具
工业用酒精	0.8	容量瓶 试管架 试管 镊子 试管用搅拌棒
水	1	
氯化钠（饱和盐水）	1.22	
氯化镁	1.33	
氯化锌	1.63	

3. 燃烧特性鉴别法

热塑性塑料和热固性塑料的判别：所有的热固性塑料，受热或燃烧时都无发软熔融过程，只会变脆和焦化；所有的热塑性塑料，受热或燃烧都会先经历发软熔融的过程，但不同塑料燃烧现象不同。

PP 燃烧时速度慢，火焰上端呈黄色，中间带蓝，有燃滴滴落的现象，熄灭火焰后，有一股石蜡气味。

SAN 燃烧速度慢，火焰闪光、黄亮、冒黑烟，熄灭时有一股似 PS 刺激性气味。

POM 可燃性中等，离火后继续燃烧，火焰呈纯蓝色，无炭末飞逸，塑料熔化变黑，有非常刺鼻的甲醛味。

PMMA 易燃，离火后不会自灭。火焰顶端呈黄色，底端呈蓝色，有轻微炭末飞逸，燃烧时塑料熔化起泡。

PA 燃烧较缓慢，离火后自行熄灭，火焰呈蓝色，燃烧时有熔胶滴落及起泡，火熄后有燃焦羊毛的气味。

PS、HIPS 和 ABS 都易燃，离火后继续燃烧，火焰呈黄色，有浓烟。PS 和 HIPS 燃烧时表面会起泡，但 ABS 不会呈焦化状。PS、HIPS 有幽幽的花香味，ABS 有一种特别的臭味。

PC 燃烧缓慢，离火后慢慢熄灭，火焰呈黄色带烟，燃烧时塑料软化、起泡、带黑炭，发出轻微的花果臭味。

原色 PMMA 与 PS 都透光，染色后透光效果也相同，但燃烧时 PMMA 没有炭末飞逸，PMMA 燃烧时火焰呈浅蓝色，顶端呈白色，燃烧时易出现起泡现象，离火后能继续燃烧。

PVC 燃烧慢，火焰上黄下绿，冒黑烟，离火后能自灭，有一股刺激性含糊气味。检查塑料中是否含有氯元素，常用铜丝在酒精灯上加热至无色红热状态，再取少量待测塑料置于铜丝上加热，火焰呈蓝绿色，则认为塑料含有氯元素。

PE 易燃，离火后继续燃烧，火焰上端微黄，下端呈蓝色，烟少，近火焰处有胶滴落，火灭后有石蜡燃烧气味。

19.3　模具材料

制造模具零部件的材料直接影响其使用寿命、加工成本及制品的质量。选择模具材料的主要依据是模具的工作条件，选择模具材料时需要从技术和经济两方面综合考虑。从经

济的观点出发，对于大批量生产的塑料制品，无论采用何种塑料、工艺条件如何、成型质量要求高低，都要选用较好的模具材料，并采取一定的热处理或表面强化的措施，使模具的寿命较长。当生产批量不大时，只要能满足制品的成型质量，就选用性能适当、价格低廉的模具材料。从技术的角度出发，要求模具材料应有良好的使用性能和良好的加工性能。

注射模具材料以钢为主，常用的钢材有碳素结构钢、碳素工具钢、合金钢、不锈钢等。此外，锌合金、铝合金、铍铜合金等有色金属和一些非金属材料，也可用于制造塑料成型模具。随着材料科学的不断进步，近年来还出现了许多制造塑料模具的新材料，如预硬钢、时效硬化钢、析出硬化钢、耐腐蚀钢等，它们各有特点，有些已在生产中得到广泛的应用。因此，模具设计人员必须充分了解各种模具材料的使用性能、加工性能及经济性能等，这样才能根据模具的工作条件合理地选用材料。下面就注射成型模具用材的基本特点、选用原则和热处理性能，以及所采用的新材料作简单的介绍。

19.3.1 使用性能对模具材料的要求

注射模具对材料使用性能的要求，与模具零部件的功能和种类有关，具体如下所述。

1. 成型零部件

通常，成型零部件都在一定的温度和压力下工作，并直接与塑料接触，它们对模具材料的使用性能要求主要包括以下几点。

（1）应有良好的力学性能

成型零部件对材料力学性能的要求包括强度、刚度、韧性、硬度和耐磨性等。如果成型零部件选用力学性能优良的材料，那么模腔的形状和尺寸精度在成型过程中就能得到保证，从而可以避免或延缓发生各种失效。其中，对模腔中比较细小的型芯或成型镶块，应特别注意其强度和韧性。另外，在成型增强塑料时，应选择耐磨性优良的材料，必要时还要进行表面的强化处理。

（2）应有良好的耐磨和耐蚀性

成型聚氯乙烯、氟塑料，以及一些阻燃型或难燃型塑料时，其容易分解出一些腐蚀性气体，危害成型零部件的表面，并加剧磨损。为保证模具的使用寿命，除了对成型零部件的表面进行镀铬等防腐处理外，还可选用不锈钢或新型的耐蚀钢。

（3）应有良好的耐热和耐热疲劳的性能

塑料制品在成型时，一般都必须经过高温流动充模和冷却固化后脱模两个阶段，成型零部件除长期受热外，工作温度还会呈现周期性的变化，因此，成型零部件应有良好的耐热性和耐热疲劳性，尤其是对成型温度要求较高的工程塑料（如聚碳酸酯、聚苯醚等）时，更应注意。

（4）具有较小的热膨胀系数

任何模具材料都具有热膨胀性能，如果模具材料的热膨胀系数比较大，则在常温下加工出来的模腔在工作过程中将会发生一定程度的尺寸和形状变化。虽然这种热膨胀的影响远不及塑料本身的热膨胀，但是对于精度要求较高的塑料制品来说，仍是一种不可忽略的问题。另外，模腔中经常还会设置一些活动型芯和活动成型镶块，为防止溢料，其运动间隙一般都很小，如果不注意材料的热膨胀性能，就有可能出现热咬合的现象，最终导致活动型芯或活动成型镶块的运动发生故障。因此，设计成型零部件时，应尽量选用热膨胀系数比较小的模具材料。

2．导向零部件

导向零部件包括导柱、导套和锥面定位机构等，它们在开闭模过程中承受摩擦磨损，以及成型时产生的侧向压力。因此，设计导向零部件时，应注意模具材料的强度、韧性及耐磨性。

3．脱模和侧向抽芯机构中的零部件

在脱模机构及侧向抽芯机构中，许多零部件都具有运动的形态，并传递脱模力或顶出力，因此，要求使用的材料必须具有良好的力学性能，如强度、刚度、硬度和耐磨性等。另外，在这两种机构中，还有一些与塑料直接接触的零部件（如侧向型芯、顶杆端面及脱模板工作部位)，它们受热后均会膨胀，也有可能发生类似于活动型芯或镶块热咬合的现象，因此，还需注意其热膨胀系数和耐热性等问题。

4．支撑零部件

支撑零部件包括模具中的各固定板、垫板、垫块和模座等，是模具中的受力件，模具的整体强度和刚度均由它们保证。因此，设计这类零件时，要求选用的材料必须具有足够的强度和刚度。

19.3.2　加工性能对模具材料的要求

选材时除了要满足上述的使用性能要求外，还应符合加工性能的要求。

1．有良好的切削加工性能

切削加工是制造各类塑料模具的主要方式，所选材料具有良好的切削加工性能是保证模具加工质量的基础。为保证模具的零部件，尤其是成型零部件具有较好的切削加工性能，通常要求模具材料在切削加工时的硬度不超过 28～32 HRC。这样既可保证所加工出的模具零件具有较低的表面粗糙度，又能使切削刀具具有较长的寿命。

2．有较好的塑性加工性能

对型腔尺寸不是太大的多腔模具，可以采用塑性加工方法成型其型腔。在这种情况下，应注意选用塑性加工性能较好的模具材料。如果采用冷挤压法，那么要求挤压前模具材料的硬度低于 135 HB，延伸率大于 35%。如果采用超塑性挤压法，那么要求超塑性挤压前其晶粒尺寸为 10 μm 左右，而显微组织最好为两相。

3．有良好的热处理性能

模具零件对热处理性能的要求包括淬透性、淬硬性良好及热处理变形小等，这些性能对模具零件（尤其是成型零部件）的力学性能和模塑制品的成型质量均有重要影响，有时还能影响到模具加工方法的选择。例如，模具材料的淬透性不好时，虽经热处理，但并不能真正起到强化的作用，而使强度和刚度得不到有效的保证，在成型压力作用下容易发生弹性变形，使成型的制品无法达到预定的质量要求。又如，碳素工具钢因其淬透性差，选用此类材料时应注意不能采用电火花线切割作为成型零部件的主要加工手段，否则加工精度达不到要求，甚至在加工中会产生开裂。再如，当模具材料的淬硬性不好时，其零件的硬度无法保证，成型过程中易发生磨损而过早失效。另外，如果成型零部件所用材料热处理变形较大，热处理后，不仅精加工工作量大，而且还难以保证尺寸和形状精度。

4．有良好的表面处理性能

对模具的成型零部件进行表面处理，如镀铬、渗碳、渗氮、碳氮共渗等，是为了提高其耐磨性，从而提高其使用寿命。但是，各种材料对表面处理工艺的适应性又存在差异，因此，如果准备对零件进行表面处理，选用的材料与表面处理所用介质应具有良好的化学亲和性，以达到表面强化处理的目的。

5．有良好的表面雕刻和抛光性能

由于制品的使用要求，或为了掩盖制品表面某些无法避免的成型缺陷，型腔表面有时需要雕刻各种花纹、图案、文字标记等，此时应选用表面雕刻性能良好的材料。表面雕刻性能通常指雕刻加工方便容易，雕刻后不发生变形和裂纹。

抛光的目的是为了降低制品的表面粗糙度或保证制品的光学性能。某些表面质量要求很高或具有光学性能的塑料制品，常要求模具进行镜面抛光（$Ra \leqslant 0.1\mu m$），此时所选材料的抛光性能应优良，最好选用镜面钢。此外，还要求所选材料的内部无气孔和夹杂其他非金属物质，还要易于焊接修补等。

综上所述，对塑料模具所选材料的性能要求是多方面的，通常要使所选的某种材料能同时满足这些要求是很难的。因此在选材时，要综合考虑塑料制品的生产批量、成型质量要求、模具材料的价格及市场的供应等情况，以及模具加工条件等因素，尽量使所选材料既满足模具的使用要求，加工难度又不会过大、制造成本也不会过高。

19.3.3 常用的塑料模具材料

本节主要介绍其他国家、中国香港及华南地区塑料模具常用的钢材牌号。

1．黄牌钢

美国标准编号为 AISI 1050～1055；日本标准编号为 S50C～S55C；德国标准编号为 1.1730。中国香港地区称为黄牌钢，相当于中国内地的 50、55 等中碳钢，此钢材的硬度为

170～220 HB，价格便宜，加工容易，在模具上用做模架、撑柱和一些不重要的结构件，市场上一般标准模架都采用这种钢材。

2. 40CrMnMo7 预硬注塑模具钢

美国、日本、新加坡、中国香港、中国内地标准编号为 AISI P20，德国和有些欧洲国家编号分别为 DIN 1.2311、DIN 1.2378、DIN 1.2312。这种钢是预硬钢，一般不适宜热处理，但是可以氮化处理，此钢种的硬度差距也很大，为 28～40 HRC。由于已做预硬处理，机械切削也不太困难，所以很适合做一些中低档次模具的镶件，有些生产大批量的模具模架也采用此钢材(有些客户指定此钢用做模架)，优点是硬度比中碳钢高，变形也比中碳钢稳定。由于这种钢在注塑模具被广泛采用，所以品牌也很多，其中在中国华南地区较为普遍的品牌有以下几种。

（1）瑞典一胜百公司（ASSAB），生产两种不同硬度的牌号：一是 719S，硬度为 290～330 HB（相当于 33～34 HRC）；二是 719H，硬度为 330～370 HB（相当于 34～38 HRC）。

（2）日本大同公司（DAIDO），生产两种不同硬度的牌号：NAK80（硬度 40±2 HRC）及 NAK55（硬度 40±2 HRC）两种，一般情况下，NAK80 做定模镶件，NAK55 做动模镶件，要注意 NAK55 型腔不能留 EDM（电火花）纹，据钢材代理解释是含硫的关系，所以 EDM 后会留有条纹。

（3）德胜钢厂（THYSSEN），德国生产，编号有 GS711（硬度 34～36 HRC）、GS738（硬度 32～35 HRC）、GS808VAR（硬度 38～42 HRC）、GS319（硬度 29～33 HRC）、GS312（硬度 29～33 HRC），GS312 含硫不能做 EDM 纹；在欧洲做模架较为普遍，GS312 的牌号为 40CrMnMoS8。

（4）百禄（BOHLER），澳洲生产，编号有 M261（38～42 HRC）、M238（36～42 HRC），M202（29～33 HRC），M202 型腔不能留 EDM 纹，因其也含硫。

3. X40CrMoV51 热作钢

美国、中国内地、中国香港、新加坡标准编号为 AISI H13，欧洲编号为 DIN 1.2344；日本编号为 SKD61，这种钢材出厂硬度为 195～230 HB，需要热处理。

用在注塑模具上的硬度一般为 48～52 HRC，也可氮化处理。由于需要热处理，加工较为困难，故模具价格比较贵，若需要热处理到 40 HRC 以上的硬度，模具一般用机械加工比较困难，所以在热处理之前一定要先对工件进行粗加工，尤其是冷却水孔、螺钉孔，以及攻螺纹等必须在热处理之前做好，否则要退火重做。

这种钢材普遍用于注塑模具上，品牌很多，常用的品牌还有一胜百（ASSAB），编号为 8407（热作工具钢）；德胜（THYSSEN）的 GS344ESR 或 GS344EFS。

4. X45NiCrMo4 冷作钢

AISI 6F7 欧洲编号为 DIN 1. 2767，这种钢材出厂硬度为 260 HB，需要热处理，一般应用硬度为 50～54 HRC，欧洲客户常用此钢，此钢韧性好，抛光效果也非常好，但此钢在中国华南地区不普遍，所以品牌不多，德胜有一款编号为 GS767。

5．X42Cr13（不锈钢）

AISI 420 STAVAX，DIN 1.2083 出厂硬度为 190～240 HB，需要热处理，应用硬度为 48～52 HRC，不适合氮化热处理（锐角的地方会龟裂）。此钢耐蚀性及抛光的效果良好，所以一般透明制品及有腐蚀性的塑料，例如，PVC 及防火料、V2、V1、V0 类的塑料很适合用这种钢材，此钢材也很普遍用在注塑模具上，故品牌也很多，如一胜百 S136，德胜的 GS083ESR、GS083、GS083VAR；在采用德胜的产品时要注意，如果是透明件，那么定、动模镶件都要用 GS083ESR（据钢厂资料 ESR 电渣重溶可提高钢材的晶体均匀性，使抛光效果更佳）。不是透明制品的动模镶件一般不需要特别低的表面粗糙度，可选用普通的 GS083，此钢材价格比较便宜，也不影响模具的质量。此钢材有时客户也会要求用来做模架，因为防锈关系，可以保证冷却管道的运水顺畅，以达到生产周期稳定。

6．X36CrMo17（预硬不锈钢）

DIN 1.2316，AISI 420 STAVAX，出厂硬度为 265～380 HB。如果是透明制品，有些公司一般不采用此钢材，因为抛光到高光时，由于硬度不够很容易有坑纹。同时注塑也容易出现痕迹，要经常再抛光，所以还是用 1.2083 ESR 经过热处理调质使硬度调至 48～52 HRC 更好。此钢硬度不高，机械切削较易，模具完成周期短一些。

很多公司大多在中等价格模具上采用这种有防锈功能的钢，例如，有腐蚀性的塑料，如上面提及的 PVC、V2、V1、V0 类，此钢用在注塑模具上也很普遍，品牌也较多。例如，一胜百的 S136H，出厂硬度为 290～330 HB；德胜钢厂的 GS316（265～310 HB）、GS316ESR（30～34 HRC）、GS083M（290～340 HB）、GS128H（38～42 HRC），日本大同的（DAIDO）PAK90（300～330 HB）等。

7．X38CrMo51 热作钢

AISI H11 欧洲编号为 DIN 1.2343，出厂硬度为 210～230 HB，必须热处理，一般应用硬度为 50～54 HRC，据钢厂的资料，此钢比 1.2344（H13）韧性略高，在欧洲较多采用，有些公司也常用此钢做定模及动模镶件。由于在亚洲及美洲地区此钢不甚普及，所以品牌不多，只有两三个品牌在中国香港地区。例如，德胜钢厂的 GS343 EFS，此钢可氮化处理。

8．S7 重负荷工具钢

出厂硬度为 200～225 HB，需要热处理，应用硬度为 54～58 HRC，此钢一般是美国客户要求采用，用在定、动模镶件及滑块上，欧洲及我国华南地区不太普遍。主要品牌有一胜百的 COMPAX-S7 及德胜钢厂的 GS307。

9．X155CrVMo121 冷作钢

AISI D2 欧洲编号为 DIN1.2379，日本为 JIS、SKDl1，出厂硬度为 240～255 HB，应用硬度为 56～60 HRC，可氮化处理，此钢多数用在模具的滑块上，日本客户比较多用）。品牌有一胜百的 XW-41，大同钢厂的（DAIDO）DC53/DC11，德胜钢厂的 GS379。

10．100MnCrW4＆90MnCrV8 油钢

AISI 01 欧洲编号为 DIN1.2510，AISI 02 欧洲编号为 DIN1.2842，出厂硬度为 220～230 HB，要热处理，应用硬度为 58～60 HRC。此钢用在注塑模具（一般是耐磨块、压块及挡销）上，品牌有一胜百的 DF2、德胜的 GS510 及 GS842、龙记的（LKM）2510。

11．Be-Cu 铁铜

此材料热传导性能好，一般用在注塑模具难以做冷却的位置上，可铸造优美的曲面、立体文字（最大铸造 300 mm×300 mm）。适用于需要快速冷却或精密铸造的模芯和镶件。硬度高，切削性能好，品牌有 MOLDMAX 30 和 MOLDMAX 40，硬度分别为 MM30，26～32 HRC；MM40，36～42 HRC。德胜（B2）出厂硬度为 35HRC。

主要化学成分（质量分数）：Be 1.9%，Co＋Ni 0.25%，Cu 97.85%。

12．AMPC0940 铜合金

此材料出厂硬度为 210HB，用在模具难以做冷却的地方上，散热效果也很理想，只是较被铜软一些，强度没有敏铜那么好，所以用于产量不大的模具。

13．铝合金

凭着航空、太空实验室及通用车辆所衍生的技术，铝材工业已开发出一种锻铝，特别适用于塑料及橡胶模具。这种铝合金材料（如 AlZnMgCu）已成功地应用于欧洲大陆，特别是在德国及意大利。

模具通常的使用温度可达 150℃～200℃，在此温度下使用的铝合金材料抗拉强度会下降 20%。由于使用条件的差异，无法测定出特别高热抗拉强度。一般而言，在高温下材料的性能较难预测。

在一般用途下，抗压强度相等于抗拉强度。所有的 Al-Zn 合金，其疲劳性都很好。

铝材与钢材直接进行硬度比较有困难，因为多数钢材都经表面硬化或类似的处理，都以洛氏硬度测量，而铝材都以布氏硬度测量。

19.3.4 模具钢材的热处理

一般情况下，注塑模用预硬钢（经硬化及回火）即可，钢材在出厂前已经过热处理，模具制造中不必再热处理，能保证加工后获得较高的形状和尺寸精度，也易于抛光。但如果模具寿命和精度要求都很高时，可对型腔进行渗氮等表面处理或对内模镶件进行热处理。

1．模具材料的表面处理

表面处理是指以加热或化学处理方法，使模具表面在一定厚度范围内硬度增加的方法。表面处理方法有渗碳淬火、高频淬火、火焰淬火、氮化处理及镀金等。

（1）渗碳淬火

低碳钢或表淬火钢，如低镍钢或镍铬钢等低含碳量的钢，在适当的渗碳剂中加热，增加含碳量。渗碳剂中以 850℃～900℃加热 8～10 小时，则钢表面起渗碳层约 2 mm 深。渗碳层深度是指钢表面至硬度 50 HRC 处的距离，此距离称为有效硬化层深度。渗碳作业后常以淬火处理使渗碳部硬化，不需渗碳部可以镀铜来防止。

（2）高频淬火

高频淬火是借高频感应电流将钢材表面加热，达到淬火温度的瞬间，停止加热，再用适当的淬火液急冷。通常用于含碳量为 0.4%～0.5%的碳钢，碳钢、合金钢都有效。使用高频淬火的模具零件有导柱、复位杆、斜导柱等。

（3）火焰淬火

火焰淬火是利用氧气、乙炔火焰将需要硬化的表面急速加热至淬火温度，再以水急冷淬硬。火焰淬火的特点是，只将零件外表面淬火硬化，淬火应力小，可用于任何形状、大小的钢制品，也可利用火焰进行退火、回火。火焰淬火有全面同时淬火与移动淬火。全面同时淬火适用于较小的处理面，将全面同时加热，再将该面冷淬硬。移动淬火用于不能同时硬化处理的大面，依次移动加热和冷却而达到淬硬目的。火焰淬火适用于不易全面淬火的模具之局部淬火，或仅滑动摩擦面之淬火，可增高耐磨性，延长模具寿命。

（4）渗氮

对型腔表面进行渗氮，可得到较高的表面硬度和耐磨性，耐蚀性也较良好。渗氮后无须再进行热处理，故可以在型腔全部加工完成后进行。

渗氮有下列几种。

① 气体氮化（渗氮）。钢材应含 Cr、Ti、Al、V、Mo 等合金元素。处理温度：495℃～570℃；回火温度：520℃～590℃；表面硬度：900～1000 HV；有效硬化层深度：0.3 mm；时间：48 小时；变形量：无。

② 液体氮化。处理温度：560℃～580℃；时间：2～3 小时；有效硬化层深度：0.01～0.02 mm，表面硬度：900～1000 HV。

③ 软氮化。任何钢铁材料皆可做软氮化处理，可分为液体、气体、软渗氮。液体软渗氮（又称氮化），是无毒处理法。处理温度：570℃～580℃；处理时间：1～3 小时；淬火液：盐浴；化合层：$Fe_{2.3}$（C，N，O）；内部扩散层：Fe_4N；表面化合层硬度：900～1000 HV；深度：0.01～0.03 mm。

（5）电镀

电镀是不将钢加热硬化处理，而是以其他金属镀覆在钢的表面，增加表面硬度、降低表面粗糙度，增强耐蚀性和耐磨性等的表面处理方法。

① 镀硬铬（钢材表面形成保护膜）。将模具欲镀部分浸入以无水铬酸为主体的电镀溶液中，通电流，在模具材料表面析出铬。镀铬层比普通镀铬层厚，约为 0.01～0.02 mm，硬度为 900～1000 HV。镀硬铬的特性如下。

- 镀铬后的表面制品脱模性能极好。
- 耐磨性高，不易刮伤。

● 对盐酸、稀硫酸以外的药品具有耐蚀性。

● 镀铬过的模具表面所得的成型品有良好的光泽，具有商业价值。

② 镀镍。此法不经电解作用，用化学方法实行镀镍（如无电解镀镍法）。镍被还原，形成表面镀覆层。这种镀镍的特点如下。

● 镀层均匀，不会产生像电镀那样镀层差的现象。

● 表面不产生针孔，光滑而硬。镀层硬度有时可达 500 HV 左右，施行热处理者可上升至 800～900 HV。

● 附着性良好，不易脱落。

● 耐蚀性良好。镀层的化学稳定性几乎与纯镍一样。

2. 模具钢材的热处理

（1）淬火

淬火是将钢加热到 A_{C3} 或 A_{C1} 以上某一温度，保温后快速冷却，获得马氏体或下贝氏体组织的热处理工艺。淬火的目的是为了获得马氏体和下贝氏体，然后通过适当的回火，获得所需的力学性能。

淬火注意事项如下。

① 在淬火前，模具必须先进行粗加工，钻好工艺孔、内模镶件螺孔、冷却水孔、推杆孔、镶件孔等。

② 工件上尽量避免内部尖角，一般保证 R 至少为 0.5 mm，以免淬火后裂开。

③ 淬火后，必须检查变形量，变形量必须在许可范围内。

④ 淬火后必须检测模具硬度。

⑤ 淬火后必须回火。

（2）回火

回火是将淬火后的钢加热到 A_{C1} 以下某一温度，保温到组织转变后，冷却到室温的热处理工艺。

回火的目的主要有以下几点。

① 减少或消除内应力，防止变形和开裂。

② 稳定组织，保证工件在使用时不发生形状和尺寸变化。

③ 调整力学性能，适应不同零件的需要。

淬火后进行回火的原因：淬火后得到的组织为马氏体和下贝氏体，其都是亚稳态组织，在一定条件下会自发转变为稳定组织，若淬火工件不回火，则过一段时间后，马氏体和下贝氏体发生转变，导致工件形状、尺寸发生变化；淬火时、冷却速度快，工件存在较大的内应力，必须及时回火消除，以免变形、开裂。淬火后再进行高温回火又称调质。

（3）退火

退火就是将钢加热到适当的温度，保温一定时间，然后缓慢冷却至室温的热处理工艺。

退火目的：消除内应力（铸件、锻件）；为后续工序改善工艺性能，降低钢的硬度、提高其塑性，从而有利于切削加工和冷变形加工。

（4）正火

正火就是将钢加热到 A_{C3} 或 A_{CGM} 以上 30℃～50℃，保温一定时间，然后在静止空气

中冷却的热处理工艺。

正火的目的主要有以下几点。

① 细化晶粒，提高力学性能。作为普通结构件的最终热处理。

② 消除过共析钢的网状渗碳体，为其他热处理（如淬火）做组织准备。

③ 调整中、低碳钢硬度，利于切削加工。

④ 为钢件淬火返修做组织准备。

19.4 产品结构工艺

要想成为合格的产品设计工程师，必须要了解产品的结构工艺，例如，如何确定产品的使用材料、壁厚、外观、拔模角和柱位位置等。

19.4.1 塑料产品设计规范

1．塑料产品的设计特点

塑料产品的设计与有些材料类似，如钢、铜、铝、木材等，但由于塑料材料组成的多样性、结构形状的多变性，使其比其他材料有更理想的设计特性，特别是它的形状设计、材料及制造方法的选择，更是其他材料无法比拟的。其他的大部分材料在外形或制造上都受到很大的限制，有些材料只能利用弯曲、熔接等方式来成型。但是，塑料材料并不是由单一的材料构成，而是由一群材料族组合而成的，其中每一种材料又有其特性，这使得材料的选择和应用更为困难。

2．塑料产品设计的原则

（1）根据成品所要求的机能决定其形状、尺寸、外观和材料。

（2）设计的成品必须符合模塑要求，使模具制造容易，成型后加工容易，并保持有成品的功能。

3．塑料产品设计的流程

为了保证所设计的产品能够合理而经济，在产品设计初期，外观设计工程师、结构工程师、绘图员和模具制造者，以及材料供应厂之间的合作是非常紧密的，因为没有一个设计者能够同时拥有如此广泛的知识和经验。从不同的视野观点所获得的建议，是使产品合理的基本前提。以下为塑料产品设计的一般流程。

（1）确定产品的功能需要及外观

在产品设计的初始阶段，设计者必须列出对该产品的使用条件和功能要求，然后根据实际的考察决定设计因数的范围，以避免在后面的产品发展阶段造成时间和费用的浪费。表 19-2 为产品设计的核对表，它将有助于确认各种设计因素。

表 19-2 产品设计核对表

序号	塑料产品的一般资料
1	产品有何功能
2	产品的组合操作方式
3	产品的组合是否可以靠塑料的应用来简化
4	在制造和通例上是否还可以更加经济有效
5	产品的尺寸公差要求
6	产品要求的使用寿命
7	如何确定产品质量
8	是否有相似的产品存在
序号	产品结构的考虑
1	使用负载的情况
2	使用负载的大小
3	使用负载的期限
4	变形的容许量
序号	使 用 环 境
1	在什么温度环境下使用
2	是否与化学物品接触
3	在各种环境下的使用期限
序号	产品外观的考虑
1	外形
2	颜色
3	表面加工是否有咬花、喷漆和印刷等
序号	经济因素的考虑
1	产品的预估价格
2	目前所设计产品的价格
3	降低成本的可能性

（2）绘制预备性的设计图

当产品的功能需要、外观被确定后，设计者可以根据选定的塑料材料性质开始绘制预备性的产品图，以作为先期估价。

（3）制作原模型

原模型让设计者有机会见到产品的实体，并且能实际地核对其工程设计。原模型的制作一般只有两种方式，第一种方式是利用板状或棒状材料依图加工，再结合成一个完整的模型，这种方式制作的模型特点是经济快速，但量少，而且较难对结构进行测试。另一种方式是利用已有的模具生产少量的模型，需要花费较高的模具费用，而且制作时间较长。其优点是制作的模型类似于真正投入生产的产品，并可做一般的工程测试，将通过修改模具的形式使产品达到真正的要求。

（4）产品测试

每一个设计都必须在原型阶段接受一些测试，以核对设计时的计算和假想实体间的差异。做产品测试时，多数都是借原模型做有效的测试，核对产品的所有功能要求，并完成一个完整的设计评估。

（5）产品的核对与修改

对产品的检讨将有助于回答一些根本的问题，如所设计的产品能否达到预期的效果？价格是否合理？有时，许多产品为了节省经济成本或为了外观和重要功能而修改已有的产品结构。当然，如果产品结构进行了修改，那么可能需要重新做出评估，并建议产品的细节和规格。

（6）制定重要规格

规格的目的在于消除生产时的任何偏差，使产品符合结构功能、外观和经济上的要求，所以在规格上必须做出明确的要求，包括制造方法、尺寸公差、表面粗糙度、分模面位置、披锋（毛刺）、变形、颜色及测试规格等。

（7）开模生产

当规格制定之后，就要开始进行模具的设计和制作，模具的设计必须谨慎并咨询模具师傅的意见，否则会因不适当的模具设计和制造而使生产费用大幅提高，并且生产效率降低，可能造成产品质量出现问题。

（8）品质的控制

对照一个已知的标准，制定对生产产品的规律检查是良好的检测方法，而检测表应该列出所有应该被检查的项目。另外，品质部门和设计工程部门也应该与工厂制定一个品质管制程序，以利于生产的产品符合规格的要求。

19.4.2 壁厚设计规范

壁厚的大小取决于产品需要承受的外力、是否作为其他零件的支撑、承接柱位的数量、伸出部分的多少，以及选用的塑胶材料而定。一般的热塑性塑料壁厚设计应以 4 mm 为限。从经济角度来看，过厚的产品不但增加物料成本，延长生产周期，并且增加生产成本。从产品设计角度来看，过厚的产品会产生气孔，这样会大大削弱产品的刚性及强度。

最理想的壁厚分布无疑是切面在任何一个地方都是均一的厚度，但为满足功能上的需求以致壁厚有所改变总是不可避免的。在此情形下，由厚胶料的地方过渡到薄胶料的地方应尽可能顺滑。太突然的壁厚过渡转变会导致因冷却速度不同和产生乱流，从而造成尺寸不稳定和表面问题，如图 19-1 所示。

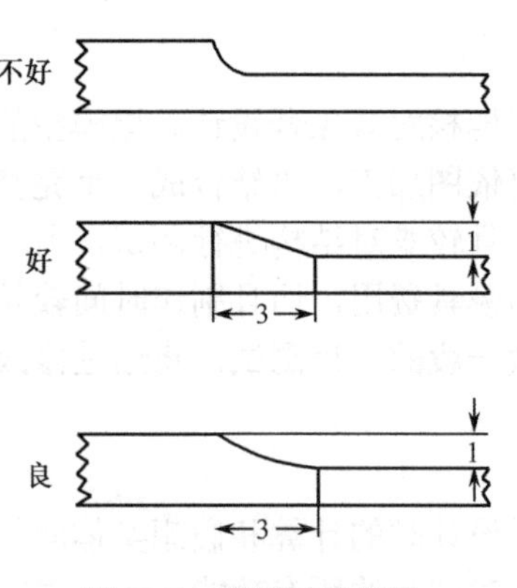

图 19-1 壁厚过渡设计

此外，采用固化成型的生产方法时，流道、浇口和部件的设计应使塑料由厚胶料的地方流向薄胶料的地方。这样使模腔内有适当的压力以减少在厚胶料的地方出现缩水及避免模腔不能完全充填的现象。若塑料的流动方向是从薄胶料的地方流向厚胶料的地方，则应采用结构性发泡的生产方法来降低模腔压力。

零件转角的地方也同样需要设计成壁厚均匀变化，以免冷却时间不一致。冷却时间长的地方就会有收缩现象，因而发生部件变形和挠曲。此外，尖锐的圆角位通常会导致部件有缺陷及应力集中，尖角的位置也常在电镀过程后引起不希望的物料聚积。集中应力的地方会在受负载或撞击时破裂。较大的圆角提供了这种缺点的解决方法，不但减低应力集中的因素，且令流动的塑料流得更顺畅和成品脱模时更容易。

转角位的设计准则亦适用于悬梁式扣位。因这种扣紧方式需要将悬梁臂弯曲嵌入，转角位置的设计图说明，如果转角弧位 *R* 太小时会引致其应力集中系数（Stress Concentration Factor）过大，因此，产品弯曲时容易折断，转角弧位 *R* 太大则容易出现收缩纹和空洞。因此，转角弧位和壁厚是有一定比例的。

不同的塑胶物料有不同的流动性。胶位过厚的地方会有收缩现象，胶位过薄的地方塑料不易流过。以下是一些建议的胶料厚度，如表 19-3、表 19-4 所示。

表 19-3 热塑性塑料的胶厚设计参考表

热塑性塑性	最薄/ mm(in)	平均/ mm(in)	最厚/ mm(in)
Acetal POM	0.4(0.015)	1.6(0.062)	3.2(0.125)
ABS	0.8(0.030)	2.3(0.090)	3.2(0.125)
Acrylic-PMMA	0.6(0.025)	2.4(0.093)	6.4(0.250)
Cellulosics-CE	0.6(0.025)	1.9(0.075)	4.8(0.197)
FEP	0.25(0.010)	0.9(0.035)	12.7(0.500)
Nylon-PA	0.4(0.015)	1.6(0.062)	3.2(0.125)
Polycarbonate-PC	0.1(0.040)	2.4(0.093)	9.5(0.375)
Polyethylene(LD)-LDPE	0.5(0.020)	1.6(0.062)	6.4(0.250)
Polyethylene(HD)-HDPE	0.9(0.035)	1.6(0.062)	6.4(0.250)
Ethylene vinyl acetace-EVA	0.5(0.020)	1.6(0.062)	3.2(0.125)
Polypcopylene-PP	0.6(0.025)	2.0(0.080)	7.6(0.300)
Polysulfone-PSU	1.0(0.040)	2.5(0.100)	9.5(0.375)
Modfied-PPO	0.8(0.030)	2.0(0.080)	9.5(0.375)
Polystyrene-PS	0.8(0.030)	1.6(0.062)	6.4(0.250)
SAN	0.8(0.030)	1.6(0.062)	6.4(0.250)
硬 PVC	1.0(0.040)	2.4(0.093)	9.5(0.375)
Polyurethane-PU	0.6(0.025)	12.7(0.500)	3.8(0.150)

表 19-4 热固性塑料的胶厚设计参考表

热固性塑性	最薄/ mm(in)	平均/ mm(in)	最厚/ mm(in)
Alkyd-glass filled	1.0(0.040)	3.2(0.125)	12.7(0.500)
Alkyd-mineral filled	1.0(0.040)	4.8(0.197)	9.5(0.375)
Diallyl phthalate	1.0(0.040)	4.8(0.197)	9.5(0.375)
Epoxy/glass	0.8(0.030)	3.2(0.125)	25.4(1.000)
Melamine-cellulose filled	0.9(0.035)	2.5(0.100)	4.8(0.197)
Urea-cellulose filled	0.9(0.035)	2.5(0.100)	4.8(0.197)
Phenolic-general Purpose	1.3(0.050)	3.2(0.125)	25.4(1.000)
Phenolic-flock filled	1.3(0.050)	3.2(0.125)	25.4(1.000)

续表

热固性塑性	最薄/ mm(in)	平均/ mm(in)	最厚/ mm(in)
Phenolic-glsaa filled	0.8(0.030)	2.4(0.093)	19(0.750)
Phenolic-fabric filled	1.6(0.062)	4.8(0.197)	9.5(0.375)
Phenolic-mineral filled	3.2(0.125)	4.8(0.197)	25.4(1.000)
Silicone glass	1.3(0.050)	3.2(0.125)	6.4(0.250)
Polyester Premix	1.0(0.040)	1.8(0.070)	25.4(1.000)

其实大部分厚胶的设计可以使用加强筋及改变横切面形状取代。除了可节省物料以致节省生产成本外，取代后的设计更可保留与原来设计相同的刚性、强度及功用。如图 19-2（a）所示的金属齿轮如改成使用塑胶物料，更改后的设计如图 19-2（b）所示。此塑胶齿轮设计相对原来金属的设计不但节省了材料，而且消除了因厚薄不均导致的内应力增加及齿冠部分收缩导致整体齿轮变形情况的发生。

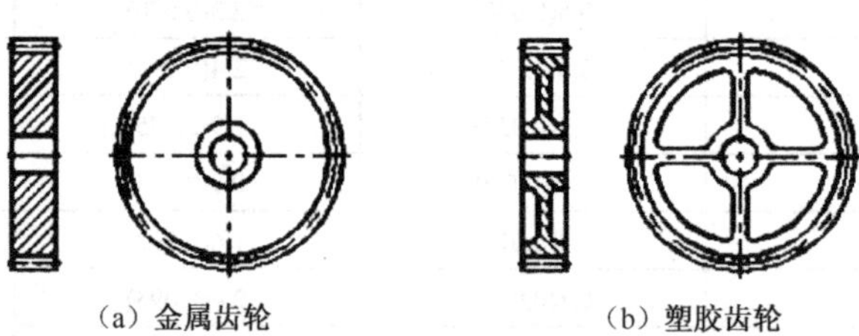

（a）金属齿轮　　（b）塑胶齿轮

图 19-2　金属件与塑胶件的设计

不同材料的设计要点如下所述。

1．ABS

（1）壁厚

壁厚是产品设计最先考虑的因素，一般用于注塑成型的壁厚为 1.5～4.5 mm（0.06～0.19 in），比此范围小的壁厚用于塑料流程短和细小部件。典型的壁厚约为 2.5 mm（0.1 in）。一般来说，部件越大壁厚越厚，这可增强部件强度和塑料充填。壁厚为 3.8～6.4 mm（0.15～0.25 in）可使用结构性发泡。

（2）圆角

建议最小圆角半径是胶料厚度的 25%，最适当的半径胶料厚比例为 60%。轻微的增加半径就能明显减低应力。

2．PC 材料

壁厚大部分是由负载要求、内应力、几何形状、外形、塑料流量、可注塑性和经济性来决定的。PC 的最大壁厚为 9.5 mm（0.375 in）。若想要效果好，则壁厚应不超过 3.1 mm（0.125 in）。在需要将一些壁厚增加以使强度加强时，肋骨和一些补强结构可提供相同结果。PC 大部分应用的最小壁厚为 0.75 mm（0.03 in）左右，再薄一些的地方取决于部件的几何形状和大小。短的塑料流程可以达到 0.3 mm（0.012 in）壁厚。

壁厚由厚的过渡到薄的地方要使其尽量顺畅。在所有情况中，塑料是从最厚的地方进入模腔内，以避免缩水和内应力。

3. LCP 材料

由于液晶共聚物在高剪切情况下有高流动性，所以壁厚比其他的塑料薄。最薄可达0.4mm，一般厚度为 1.5 mm 左右。

4. PS 材料

（1）壁厚

一般设计胶料的厚度应不超过 4 mm，太厚会导致延长生产周期。因为需要更长的冷却时间，且塑料收缩时有中空的现象，所以降低部件的物理性质。均一的壁厚在设计上是最理想的，但需要将厚度转变时，就要将过渡区内的应力集中除去。如收缩率在 0.01 以下，则壁厚的转变可有较大的变化。若收缩率在 0.01 以上，则应只有较小的改变。

（2）圆角

在设计上要避免直角。直角的地方犹如一个节点，会导致应力集中，使抗撞击强度降低。圆角的半径应为壁厚的 25%～75%，一般建议为 50%左右。

5. PA 材料

（1）壁厚

尼龙的塑胶零件设计应采用结构所需要的最小厚度，这种厚度可使材料得到最经济的使用。壁厚应尽量一致以消除成型后的变型，若壁厚由厚过渡至薄胶料，则需要采用渐次变薄的方式。

（2）圆角

建议圆角 R 值最小为 0.5 mm（0.02 in），此圆角一般可接受，在可能的范围，尽量使用较大的 R 值。因应力集中因素数值 R/T 之比由 0.1 增至 0.6 而减少了 50%，即由 3 减至 1.5。最佳的圆角是 R/T 为 0.6。

6. PBT

（1）壁厚

壁厚是产品成本的一个因素，薄的壁厚要视每种塑料特性而定。设计之前宜先了解所使用塑料的流动长度限制，从而决定壁厚。负载要求时常是由决定壁厚的，而其他的因素为内应力、部件几何形状、不均一化和外形等。典型的壁厚为 0.76～3.2 mm（0.03～0.125 in）。壁厚要求均一，若有厚薄胶料的地方，以 3∶1 的比例渐次由厚的地方过渡至薄的地方。

（2）圆角

转角出现尖角所导致部件的破坏是最常见的现象，增加圆角是加强塑胶部件结构的方法之一。若将应力减少 5%（由 3 减至 1.5），则圆角与壁厚的比例由 0.1 增至 0.6。

19.4.3 拔模角设计规范

在设计上塑胶产品通常会为了轻易地使产品由模具脱离出来，而在边缘的内侧和外侧各设一个倾斜角即拔模角。若产品附有垂直外壁，并且与开模方向相同，则模具在塑料成型后需要很大的开模力才能打开，而且，在模具开启后，产品脱离模具的过程也十分困难。如果该产品在产品设计过程中已预留拔模角，以及所有接触产品的模具零件在加工过程中经过高度抛光，脱模就变得轻而易举。因此，在产品设计过程中，拔模角的考虑是不可或缺的。

因注塑件冷却收缩后多附在凸模上，为了使产品壁厚平均及防止产品在开模后附在较热的凹模上，拔模角对应于凹模及凸模应该相等。不过在特殊情况下，若要求产品于开模后附在凹模上，可将相接凹模部分的拔模角尽量减少，或刻意在凹模加上适量的倒扣位。

拔模角的大小没有一定的准则，多数是凭经验和依照产品的深度来决定的。此外，成型的方式、壁厚和塑料的选择也在考虑之列。一般来说，高度抛光的外壁可使用 0.125° 或 0.25° 的拔模角。深入或附有织纹的产品要求拔模角作相应的增加，通常每 0.025 mm 深的织纹，就需要额外 1° 的拔模角。拔模角与单边间隙和边位深度的关系表，列出了拔模角度与单边间隙的关系，可作为参考。此外，当产品需要长而深的肋骨及较小的拔模角时，顶针的设计必须有特别的处理，如图 19-3 所示。

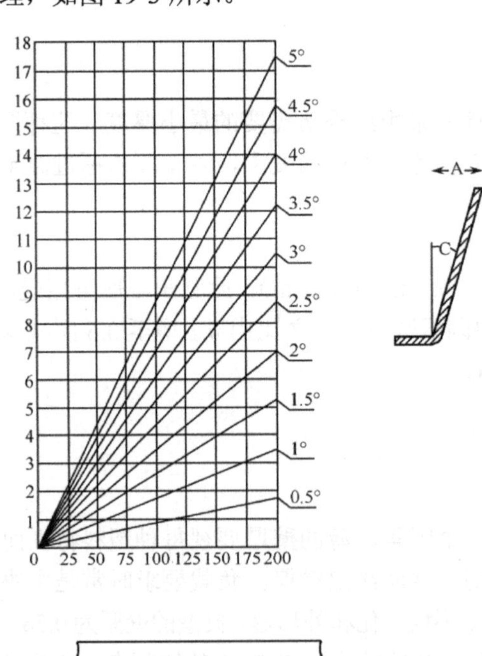

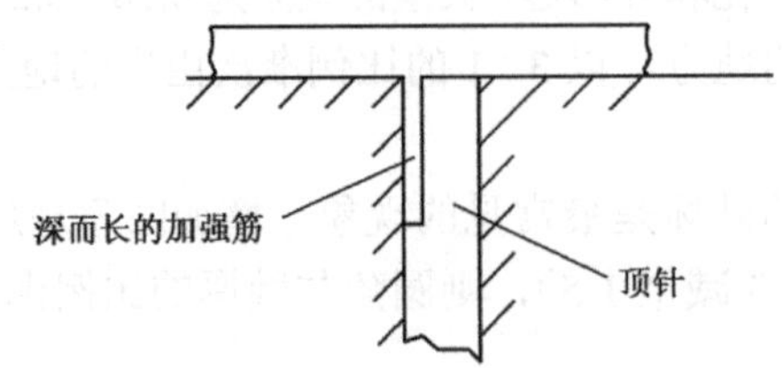

图 19-3　深而长的加强筋设计

不同材料的设计要点有以下几个方面。

1. ABS

一般应用边 0.5°～1° 就足够。有时因为抛光纹路与出模方向相同，拔模角可接近于零。有纹路的侧面需每深 0.025 mm（0.001 in）增加 1° 拔模角。正确的拔模角可向蚀纹供应商取得。

2. LCP

因为液晶共聚物有高的模数和低的延展性，倒扣的设计应避免。在所有的肋骨、壁边、支柱等凸出胶位以上的地方均要有最小为 0.2°～0.5° 的拔模角。若壁边比较深或没有磨光表面和有蚀纹等，则需要加额外 0.5°～1.5° 以上。

3. PBT

若部件的表面粗糙度较低，最小需要 0.5° 的拔模角。经蚀纹处理过的表面，每增加 0.03 mm（0.001 in）深度就需要加大 1° 拔模角。

4. PC

拔模角在部件的任何一边或凸起的地方都要有，包括上模和下模的地方。一般光滑的表面 1.5°～2° 已足够，然而有蚀纹的表面要求有额外的拔模角，每深 0.25 mm（0.001 in）就增加 1° 拔模角。

5. PET

塑胶成品的肋骨，支柱边壁、流道壁等，如果其拔模角能够达到 0.5° 就已经足够了。

6. PS

0.5° 的拔模角是极细的，1° 的拔模角是标准方法，太小的拔模角会使部件难以脱离模腔。无论如何，任何拔模角都以无角度为佳。若部件有蚀纹，如皮革纹的深度，每深 0.025 mm 就多加 1° 拔模角。

19.4.4 洞孔设计规范

在塑胶件上开孔使其和其他部件相结合或增加产品功能上的组合是常用的手法，洞孔的大小及位置应尽量不要对产品的强度产生影响或增加生产的复杂性，以下是在设计洞孔时需要考虑的几个因素。

相连洞孔的距离或洞孔与相邻产品直边之间的距离不可小于洞孔的直径，如图 19-4 所示。与此同时，洞孔的壁厚应尽量大，否则穿孔位置容易产生断裂。要是洞孔内附有螺纹，设计要求就变得复杂，因为螺纹的位置容易形成应力集中的地方。从经验上看，要使螺孔边缘的应力集中系数降低至安全水平，螺孔边缘与产品边缘的距离必须大于螺孔直径的 3 倍，如图 19-4 所示。

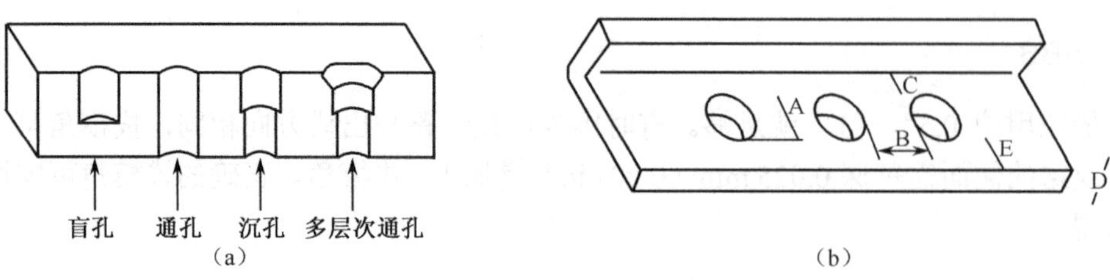

图 19-4　孔离边位或内壁边之要点

1. 穿孔

从装配的角度来看，穿孔的应用比盲孔多，而且比盲孔容易生产。从模具设计的角度来看，穿孔的设计在结构上也较为优越，因为用来穿孔成型的边钉两端均可受到支撑。穿孔的做法可以靠单边钉两端同时固定在模具上或两条边钉相接而各有一端固定在模具上。一般来说，第一种方法被认为是较好的；应用第二种方法时，两条边钉的直径应稍有不同，以避免因两条边钉轴心稍有偏差而导致产品出现倒扣的情况，而且相接的两个端面必须磨平。

2. 盲孔

盲孔靠模具上的顶针形成，而顶针的设计只能单边支撑在模具上，因此，很容易被熔融的塑料使其弯曲变形，形成盲孔出现椭圆的形状，所以顶针不能过长。一般来说，盲孔的深度只限于直径的两倍。如果盲孔的直径小于或等于 1.5 mm，盲孔的深度更不应大于直径的尺寸。

盲孔的设计要点如下。

（1）钻孔

大部分情况下，应尽量避免额外的钻孔工序。应尽量考虑设计孔穴可单从模具一次成型，降低生产成本。但当需要成型的孔穴“长而窄”时，即孔穴的长度比深度大。因更换折断或弯曲的顶针造成的额外成本可能比辅助的后钻孔工序高，此时，应考虑加上后钻孔工序。钻孔工序应配合使用钻孔夹具加快生产及提高品质，也可减少因断钻嘴或经常磨钻嘴而产生的额外成本及时间；另一做法是在塑胶成品上加上细而浅的定位孔以代替使用钻孔夹具。

（2）侧孔

侧孔往往增加了模具设计上的困难，特别是当侧孔的方向与开模的方向呈直角时，因为侧孔容易形成塑胶产品上的倒扣部分。一般的方法是使用角针（Angle Pin）及活动侧模（Split Mould）或使用油压抽芯，留意顶针在胶料填充时是否受压变形或折断，此情况常见于直径长而小的顶针。模具的结构较为复杂，所以模具的制造成本较高。此外，因模具必须抽走顶针才可脱模，而相应增加生产时间。

（3）其他设计事项

有关孔穴在产品设计上应注意以下事项。

① 多级多个不同直径但相连的孔可容许的深度比单一直径的孔长。此外，可将模具件部分孔位偷空，也可将孔的深度缩短，如图 19-5 所示。

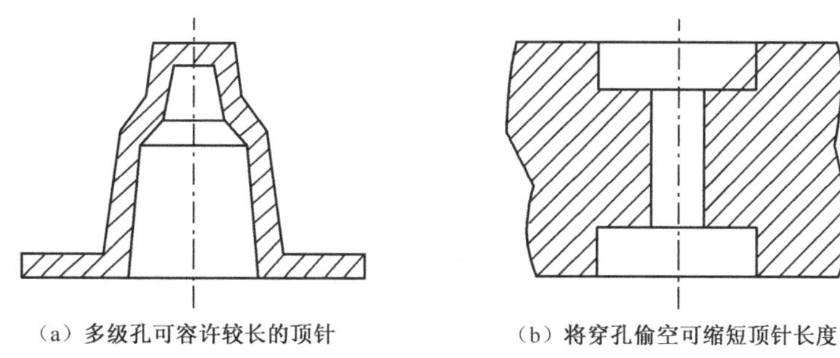

图 19-5　多级孔或将穿孔偷空

② 侧孔若使用角针、活动侧模或油压抽芯必会使模具的结构复杂及增加成本，此问题可从增加侧孔壁位的角度，或以两级的孔取代原来的侧孔得以消除侧孔导致的倒扣。消除侧孔倒扣的方法如图 19-6 所示。

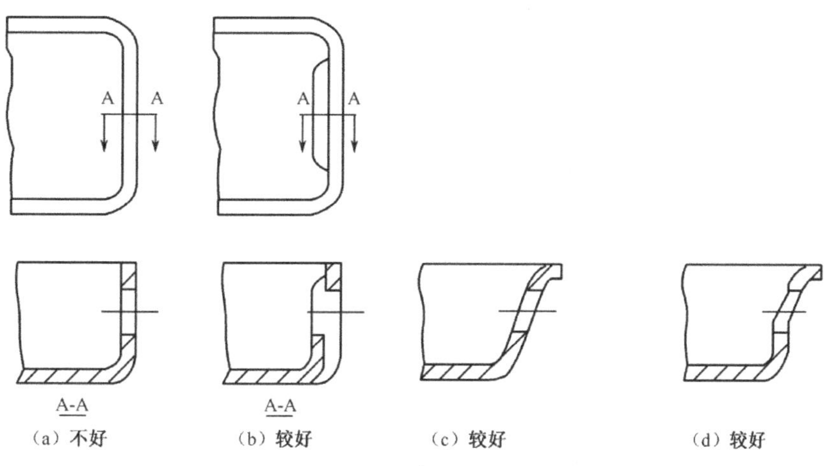

图 19-6　消除侧孔倒扣的方法

③ 洞孔的边缘应预留最少 0.4 mm 的直身位，在孔边设计一个完整的倒角或圆角，这在经济上或实践上都是不切实际的，如图 19-7 所示。

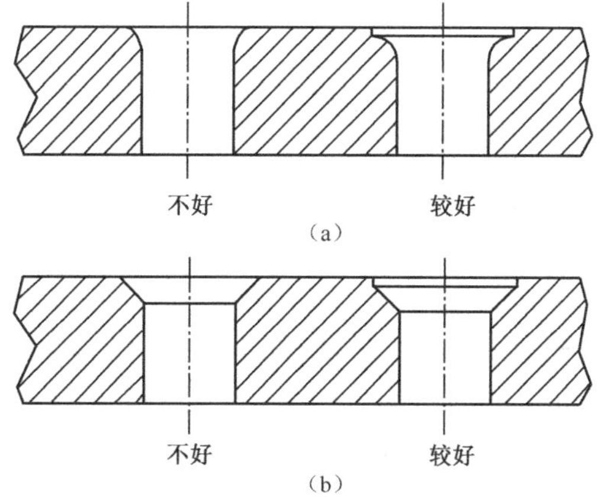

图 19-7　洞孔边缘的设计

19.4.5 加强筋设计规范

加强筋在塑胶部件上是不可或缺的功能部分。加强筋如“工”字铁将有效地增加产品的刚性和强度，而无须大幅增加产品切面面积，但没有“工”字铁将出现倒扣而难以成型的形状问题。对一些经常受到压力、扭力、弯曲的塑胶产品尤其适用，如图 19-8 所示。此外，加强筋更可充当内部流道，有助于模腔充填，对帮助塑料流入部件的支节部分有很大的作用。

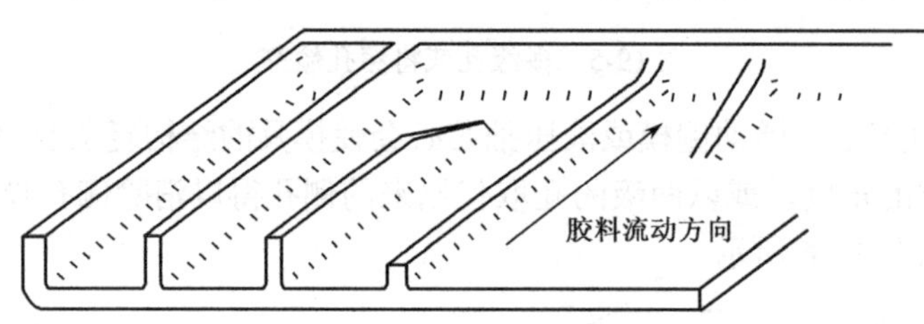

图 19-8　加强筋的设计

加强筋一般放在塑胶产品的非接触面，其伸展方向应跟随产品最大应力和最大偏移量的方向。选择加强筋的位置也应考虑一些生产上的要求，如模腔充填、缩水及脱模等。加强筋的长度可与产品的长度一致，两端相接产品的外壁，或只占据产品部分的长度，用于局部增加产品某部分的刚性。如果加强筋没有接上产品外壁，末端部分也不应突然终止，应该渐次地将高度降低，直至完结，从而减少出现困气、填充不满及烧焦痕等问题，这些问题经常发生在排气不足或封闭的位置上。

加强筋最简单的形状是一条附在产品表面上的长方形柱体，不过为了满足一些生产或结构上的考虑，加强筋的形状及尺寸如图 19-9 所示。

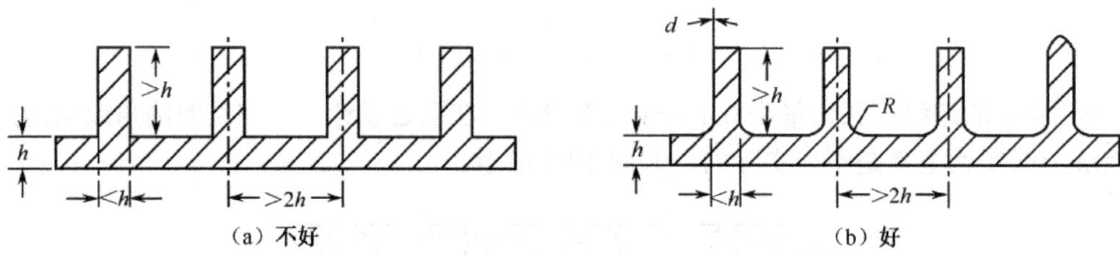

图 19-9　加强筋的形状及尺寸

加强筋的两边必须加上拔模角以降低脱模顶出时的摩擦力，底部相接产品的位置必须加上圆角以消除应力过分集中的现象，圆角的设计也形成流道渐变的形状，使模腔填充更为流畅。此外，底部的宽度必须比相连外壁的厚度小，产品厚度与加强筋尺寸的关系如图 19-10（a）所示。图中加强筋尺寸的设计虽然已按合理的比例，但当从加强筋底部与外壁相连的位置作一圆圈 R_1 时，图中可见此部分相对于外壁的厚度增加大约 50%，因此，此部分出现缩水纹的机会非常大。如果将加强筋底部的宽度相对产品厚度减少 1/2（见图 19-10（b）），相对位置厚度的增幅减至大约 20%，缩水纹出现的机会也大为减少。由此引伸出使用两条或多条矮的加强筋比使用单一条高的加强筋较为优越，但当使用多条加强筋时，加强筋之间的距离必须较相接外壁的厚度大。加强筋的形状一般是细而长，一般的加强筋设计图说明设计加强筋的基本原则。过厚的加强筋设计容易产生缩水纹、空穴、变形挠曲及夹水纹等问题，也会加长生产周期，增加生产成本。

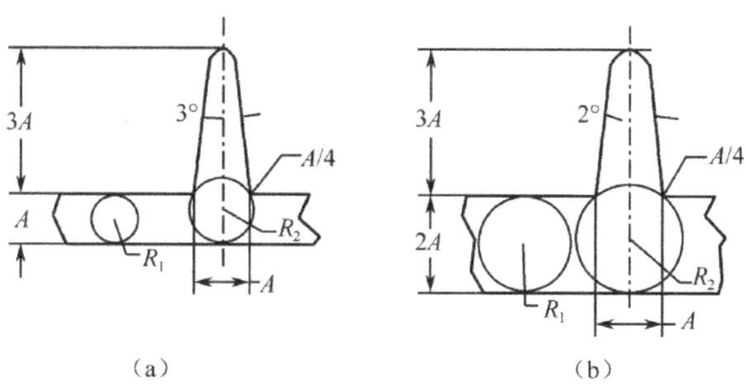

图 19-10　产品厚度与加强筋尺寸的关系

除了以上要求，加强筋的设计也与使用的塑胶材料有关。从生产的角度看，材料的物理特性，如熔胶的黏度和缩水率对加强筋设计的影响非常大。此外，塑料的蠕动（Creep）特性从结构方面来看也是一个重要的考虑因数。例如，从生产的角度看，加强筋的高度影响熔胶的流动及脱模顶出的特性（缩水率、摩擦系数及稳定性），较深的加强筋要求胶料有较低的熔胶黏度、较低的摩擦系数和较高的缩水率。另外，增加长的加强筋的拔模角一般有助于产品顶出，不过，当拔模角不断增加而底部的阔度维持不变时，产品的刚性、强度，以及可顶出的面积随之减少。顶出面积减少的问题可从产品加强筋部分加上数个顶出凸块或使用较贵的扁顶针来解决，同时在顶出的方向打磨光洁也有助于产品顶出。从结构方面考虑，较深的加强筋可增加产品的刚性及强度而无须大幅增加重量，但与此同时，产品的最高点和最低点的屈曲应力随之增加，产品设计员须计算并肯定此部分的屈曲应力不会超出可接受的范围。

从生产的角度考虑，使用大量短而窄的加强筋比使用数个深而阔的加强筋优越，如图 19-11 所示。模具生产时（尤其是首办模具），加强筋的阔度（也有可能深度）和数量应尽量留有余额，当试模时发现产品的刚性及强度有所不足时可适当地增加，因为在模具上去除钢料比使用烧焊或加上插入件等增加钢料的方法更简单及便宜。

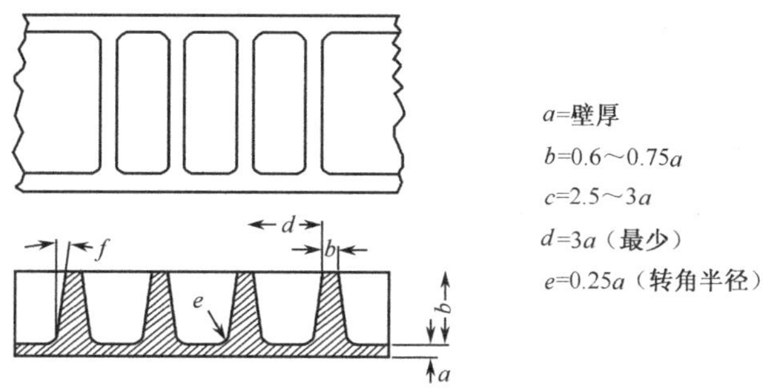

图 19-11　加强筋增强塑胶件强度的方法

加强筋被置于塑胶部件边缘的地方可以帮助塑料流入边缘的空间，如图 19-12 所示。

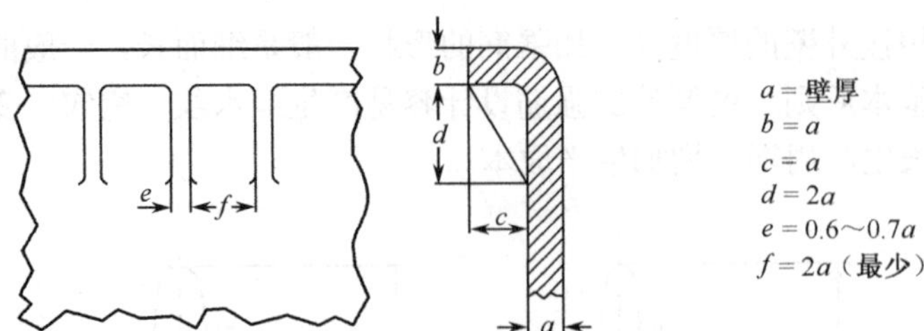

图 19-12　置于塑胶部件边缘地方的加强筋

不同材料的设计要点如下所述。

1. ABS

尽量避免在主要的部件表面上出现缩水情形，肋骨的厚度应不可能是相交的胶料厚度的 50%以上，在一些非决定性的表面肋骨厚度可最多达到 70%。在薄胶料结构性发泡塑胶部件中，肋骨可达相交面料厚度的 80%，厚胶料肋骨可达 100%。肋骨的高度不应高于胶料厚度的 3 倍。当超过两条肋骨的时候，肋骨之间的距离应不小于胶料厚度的两倍，如图 19-13 所示。肋骨的拔模角应介于单边以便于脱模。

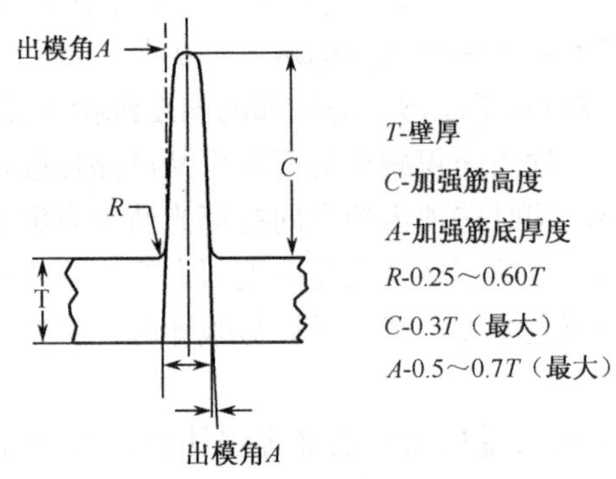

图 19-13　ABS 加强筋的设计要点

2. PA

单独的肋骨高度不应是肋骨底部厚度的 3 倍或 3 倍以上。在任何一条肋骨的后面，都应该设置一些小肋骨或凹槽，因肋骨在冷却时会在背面造成凹痕，用那些肋骨和凹槽作装饰而消除缩水的缺陷，如图 19-14 所示。

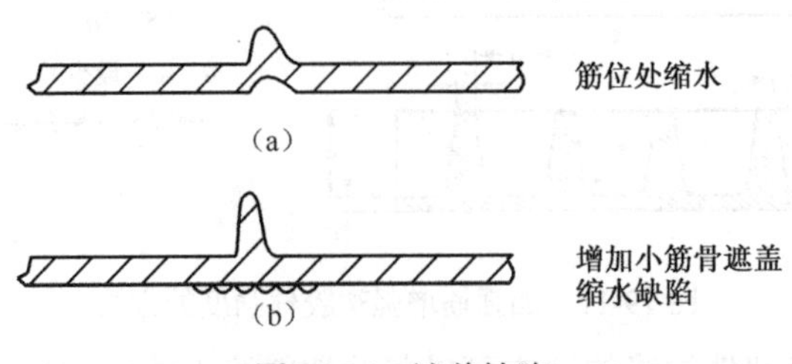

图 19-14　遮盖缺陷

3. PBT

厚的肋骨尽量避免产生气泡、缩水纹和应力集中，方式的考虑会限制肋骨尺寸。在壁厚 3.2 mm（1/8 in）以下肋骨厚度不应超过壁厚的 60%，在壁厚超过 3.2 mm 的肋骨不应超过 40%，肋骨高度不应超过骨厚的 3 倍。肋骨与胶壁两边的地方以一个 0.5 mm（0.02 in）的 *R* 来连接，使塑料流动顺畅和降低内应力，如图 19-15 所示。

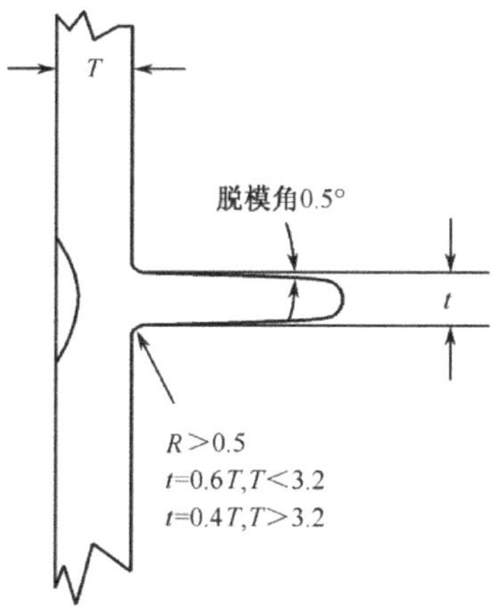

图 19-15 设置圆角连接减少内应力

4. PC

一般的肋骨厚度取决于塑料流程和壁厚。若很多肋骨应用于补强作用，薄的肋骨比厚的要好。PC 肋骨的设计可参考图 19-16 所示的 PS 的肋骨设计要点。

5. PS

肋骨的厚度不应超过其相接壁厚的 50%。违反以上指引在表面上会出现光泽不一的现象。如图 19-16 所示为 PS 材料筋位的设计要点。

19.4.6 扣位设计规范

扣位提供了一种不但方便快捷而且经济的产品装配方法，因为扣位的组合部分在生产成品的同时成型，装配时无须配合其他如螺丝、介子等紧锁配件，只要组合的两边扣位互相配合扣上即可。

扣位的设计虽有多种几何形状，但其操作原理大致相同。当两件零件扣上时，其中一件零件的勾形伸出部分被相接零件的凸缘部分推开，直至凸缘部分完结为止；之后，借着塑胶的弹性，勾形伸出部分即时复位，其后面的凹槽也即时被相接零件的凸缘部分嵌入，此倒扣位置立时形成互相扣着的状态，如图 19-17 所示。

若从功能来区分，扣位的设计可分为永久型和可拆卸型两种。永久型扣位的设计方便装上但不容易拆下，可拆卸型扣位的设计则装上、拆下均十分方便。其原理是可拆卸

型扣位的勾形伸出部分附有适当的导入角及导出角，方便扣上及分离的动作，导入角及导出角的大小直接影响扣上及分离时所需的力度，永久型的扣位只有导入角而没有导出角的设计，所以一经扣上，相接部分即形成自锁紧的状态，不容易拆下，如图 19-18 所示。

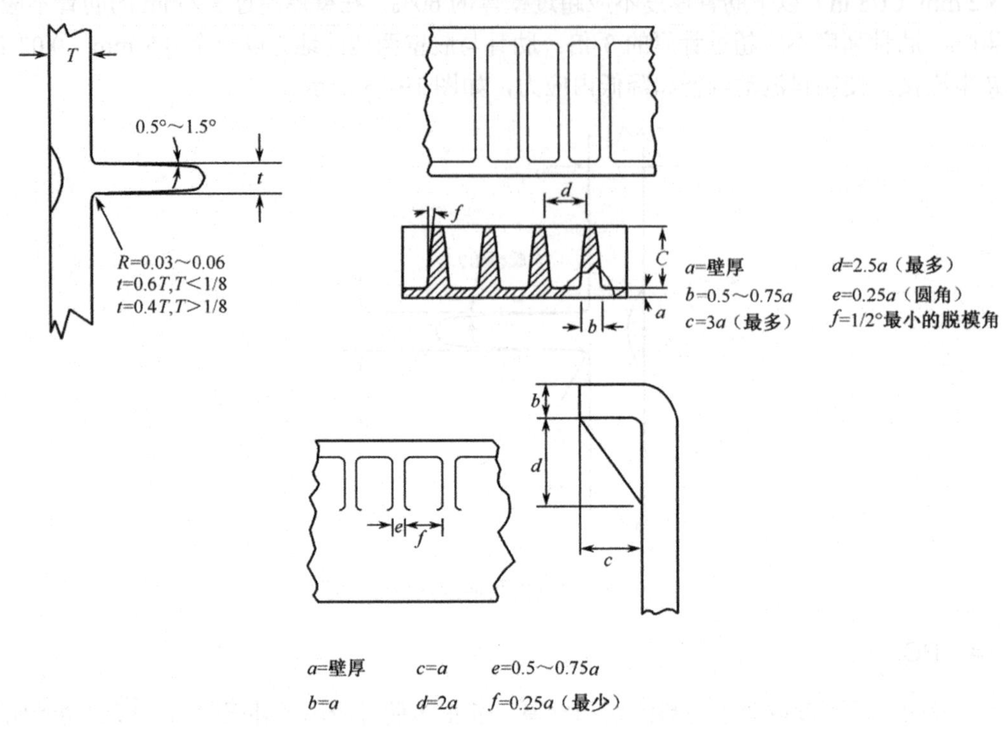

图 19-16　PS/PC 材料筋位的设计要点

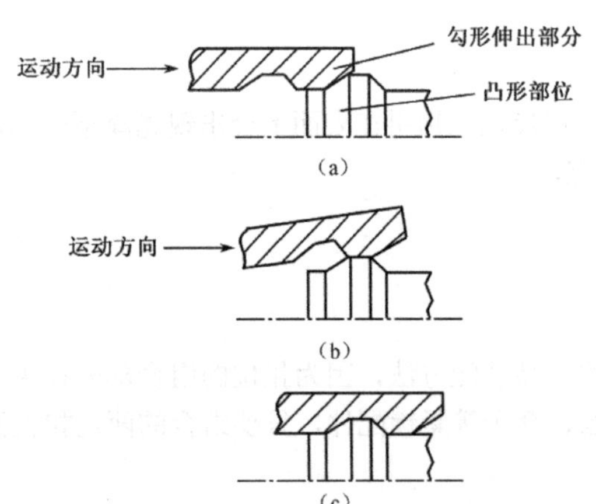

图 19-17　扣位的操作原理

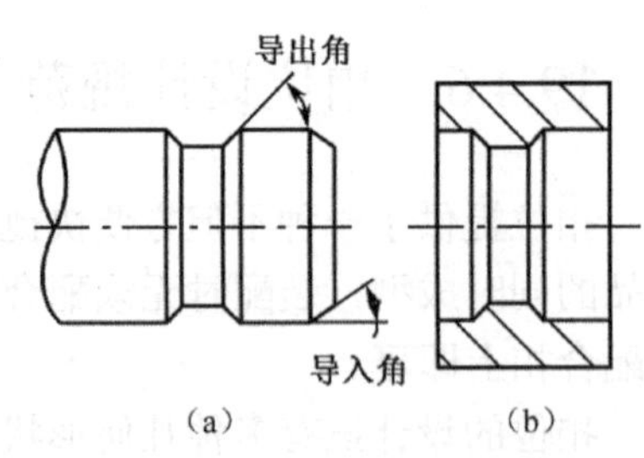

图 19-18　永久式及可拆卸式扣位的原理

若用扣位的形状来区分，大致可分为环形扣、单边扣、球形扣等，如图 19-19 所示。

扣位的设计一般离不开悬梁式的方法，悬梁式的延伸就是环形扣或球形扣。悬梁式是利用塑胶本身的挠曲变形的特性，经过弹性回复返回原来的形状。扣位的设计是需要计算出来的，如装配时的受力和装配后应力集中的渐变行为，要从塑料特性来考虑。常用的悬

梁扣位是恒等切面的，若要悬梁变形大些可采用渐变切面，单边厚度可渐减至原来的 1/2。其变形量可比恒等切面的多 60%以上。

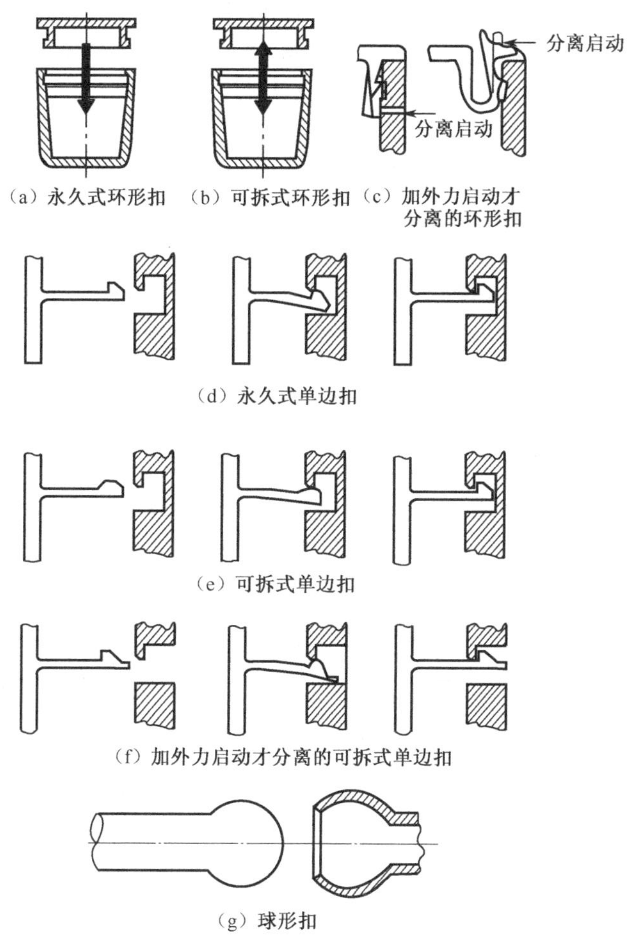

图 19-19　扣位的形状分类

扣位装置的弱点是扣位的两个组合部分：勾形伸出部分及凸缘部分经多次重复使用后容易产生变形，甚至出现断裂的现象，断裂后的扣位很难修补，这种情况较常出现于脆性或掺入纤维的塑胶材料上。因为扣位与产品同时成型，所以扣位的损坏也就是产品的损坏。补救办法是将扣位装置设计成多个扣位同时共用，使整体装置不会因为个别扣位的损坏而不能运作，从而增加其使用寿命。扣位装置的另一弱点是扣位相关尺寸的公差要求十分严谨，倒扣位置过多容易形成扣位损坏；相反，倒扣位置过少则使装配位置难以控制或组合部分出现过松的现象。

19.4.7　支柱设计规范

支柱凸出胶料壁厚用于装配产品、隔开物件及支撑其他零件之用。空心的支柱可以用来嵌入件、收紧螺丝等。这些应用均要有足够强度以支持压力而不致于破裂。

支柱尽量不要单独使用，应连接至外壁或与加强筋一同使用，目的是加强支柱的强度及使胶料流动更顺畅。此外，过高的支柱会导致塑胶部件成型时困难，所以，支柱高度一般不超过支柱直径的 2.5 倍。加强支柱强度的方法，尤其是远离外壁的支柱，除了使用加强筋外，三角加强块（Gusset plate）的使用也十分常见。

一个品质好的螺丝/支柱设计组合取决于螺丝的机械特性及支柱孔的设计，一般塑胶产品的料厚尺寸不足以承受大部分紧固件产生的应力。因此，从装配的角度考虑，局部增加胶料厚度是有必要的。但是，这会引致不良的影响，如形成缩水痕、空穴或增加内应力。因此，支柱的导入孔及穿孔（避空孔）的位置应与产品外壁保持一段距离。支柱可远离外壁独立存在或使用加强筋连接外壁，后者不但增加支柱的强度以支撑更大的扭力及弯曲的外力，更有助于胶料填充及减少因困气而出现烧焦情况的次数。同样，远离外壁的支柱也应辅以三角加强块，三角加强块对改善薄壁支柱的胶料流动特别适用。

收缩痕的大小取决于胶料的收缩率、成型工序的参数控制、模具设计及产品设计。使用过短的顶针、增加底部弧度尺寸、加厚的支柱壁或外壁尺寸均不利于收缩痕的减少；然而，支柱的强度及抵抗外力的能力却随着增加底部弧度尺寸或壁厚尺寸而增加。因此，支柱的设计需要从这两方面取得平衡。图 19-20 所示为支柱位置设计的要点。

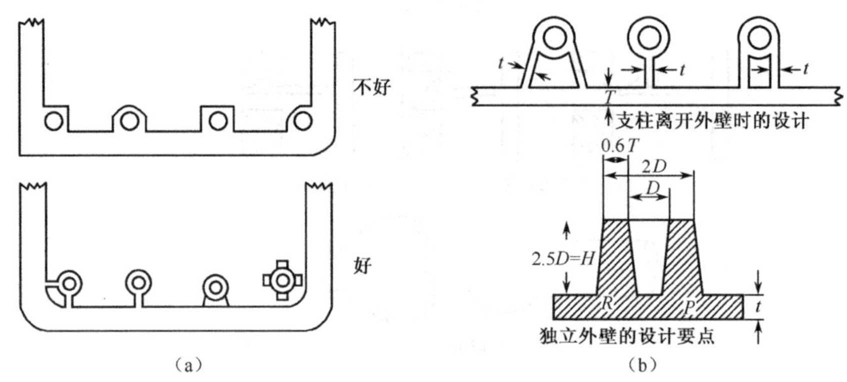

图 19-20　支柱位置设计

不同材料的设计要点如下所述。

1. ABS

一般来说，支柱的外径是内径的两倍已足够。有时这种方式导致支柱壁厚等于或超过胶料厚度而增加物料重量和在表面产生缩水纹及高成型应力。严格来说，支柱的厚度应为胶料厚度的 50%～70%。虽然此种设计方式中支柱不能提供足够的强度，但已改善了表面缩水的情况。斜骨可以加强支柱的强度，可由最小的尺寸延伸至支柱高的 90%。如果支柱位置接近边壁，则可用一条肋骨将边壁和支柱相互连接来支持支柱，如图 19-21 所示。

2. PBT

支柱通常用于机构装配，如收螺丝、紧压配合、导入装配等多数情形，支柱外径是内

孔径的两倍就已足够。支柱设计犹如肋骨设计的观念，太厚的切面会产生部件外缩水和内部真空的情况。支柱的位置在边壁旁时可利用肋骨相连，则内孔径的尺寸可增至最大，如图 19-22 所示。

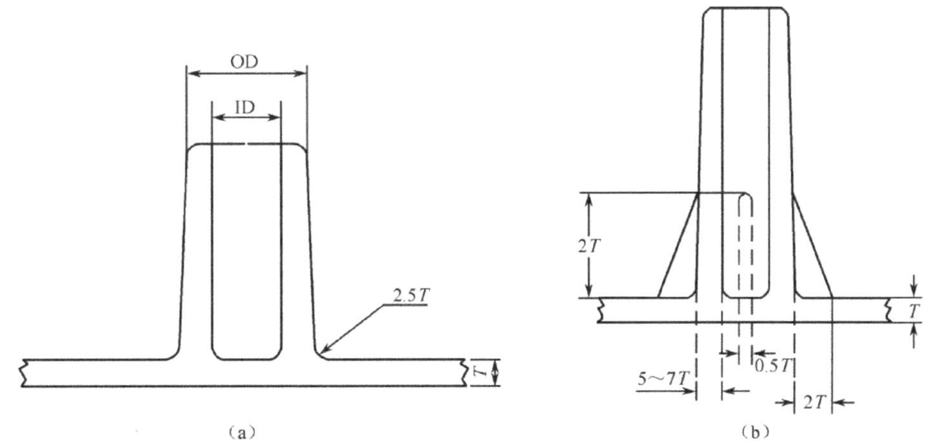

图 19-21 ABS 材料的支柱设计

3. PC

支柱大部分用于装配产品，有时用于支撑其他物件或隔开物体。甚至一些很细小的支柱最终会热熔后用于固定内部零件。一些放于边位的支柱需要一些肋骨作为互相依附，以增加支柱强度，如图 19-23 所示。

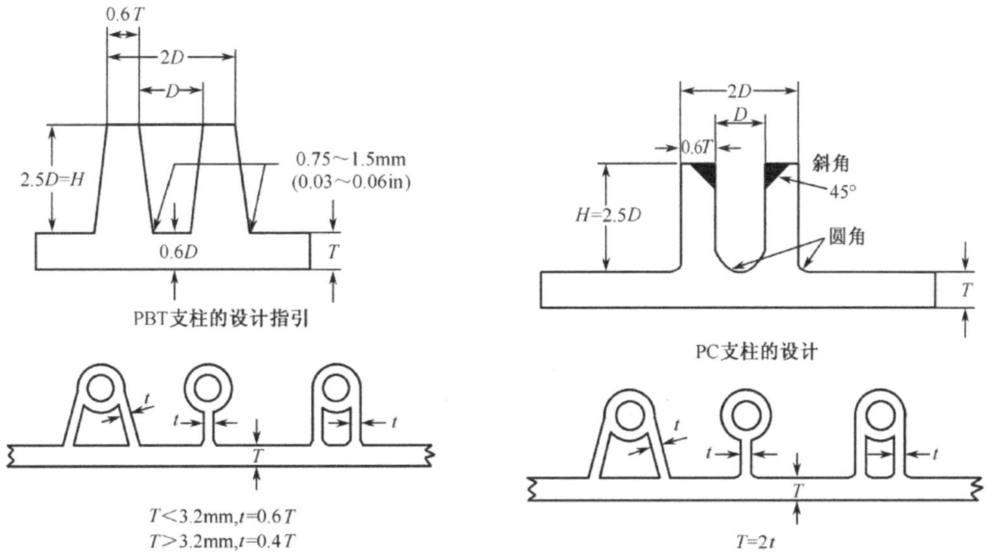

图 19-22 靠在旁边式的支柱设计　　图 19-23 支柱在边位时与筋骨的配合设计

4. PS

支柱通常用于打入件，如收螺丝、导向针、攻牙或做紧迫配合。尽可能避免独立一支支柱而无任何支撑，应加一些肋骨以加强其强度。若支柱离边壁不远，应用肋骨将柱和边连在一起，如图 19-24 所示。

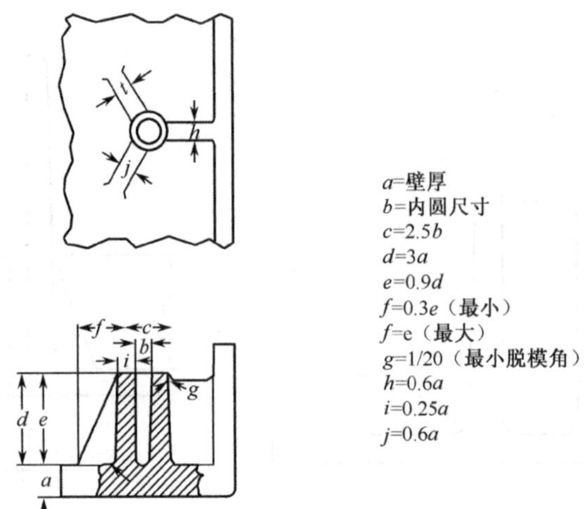

图 19-24　支柱靠近边壁的设计

19.5　产品外观造型工艺

“好的设计是将我们与竞争对手区分开的最重要方法”，三星电子首席执行官尹钟龙这样表达对工业设计的理解。其实不仅如此，尹钟龙的意思是设计也是生产力。索尼、东芝及韩国三星和 LG，都把工业设计作为自己的“第二核心技术”，是许多厂商视为摆脱同质化竞争，实施差异化品牌竞争策略的重要手段。对产品的外观和性能，材料、制造技术的发挥，以及品牌建设产生最直接的影响。

在工业造型设计中，它要求把设计对象作为物理认识和精神感受的统一体来对待，保证设计系统的各部分（部件），甚至包括操作性、舒适性、安全性、价值、维修和环境等要素构成一个有机、有秩序的整体。实现统一法则的方法主要是应用完形理论和类聚原理，发掘设计中多系统的相互统一，使形、色、装饰、材质、光等要素在统一的构想计划下，用“调和”下的对比，“过渡”“呼应”和“主从”下的重点，规范与秩序等手法进行协调配置，使设计产生整体效应。

“调和”即协调或适合之意。绝对的安定是没有的，而倾向整齐、安定的调和，总是与对比现象共存的，故设计中常采用统一的表现手法、共调的形线、和谐的色彩来实现整齐划一。或尽量增加形、色、质等共同因素，同时保持一定的变化，从而实现多样统一的目的。

设计中的“过渡”是以连续渐变的线、面、体来实现形态的转承，从而产生整体感。常用的过渡手法有曲面的渐变、圆弧过渡、斜线的联合过渡。“呼应”则指设计要素间视觉印象的联系和位置间的照应。设计中常以相同或相似的形、色、装饰和质感的视觉印象使位置间达到相互照应。

现代化的生产方式产生了规范化的设计和程序，规定了设计物的型谱和系列。其目的旨在设计中力求采用标准化和系列化的设计手段，以实现统一中的规范美和秩序感。

造型是时空的艺术，这一点已被越来越多的人认识。时空法则要求将造型要素根据人的心理感觉，针对产品的功能进行适当的配置，使造型产生扩张、流畅、向上、抵抗外力等运动的、具有生命力的艺术形式。时空法则还要求设计者与生产者提高设计物的质量，使之在以使用者——人为核心的环境中形成一个成长、消亡、再生的良性循环。从另一角度来说，产品随着时间的推移和地域的变化不断改变着自己的存在形式。科学技术在不断地进步与发展，人们的审美情趣和对美的追求也在不断变化，这些都要求产品造型设计应具有鲜明的时代特征。

产品造型设计必须洞察科学技术的发展动向，密切注意新理论、新技术、新工艺、新材料的出现，应尽可能地加以运用，充分地将先进科技研究成果转化为具有实用功能的商品的媒介，设计出符合时代美学特征和文化倾向的产品。设计的产品随时代条件与社会环境和社会心理反映作相应的变化是必然的，研究与预测这种变化的潮流，对设计者来说，把握设计倾向和特点是极其重要的。

由于世界上各个国家、地区、民族所处的地理位置和环境不同，政治经济条件、文化传统和宗教信仰不同，形成了自己特有的性格、爱好、情趣、习惯和追求，这就要求跨地区的产品造型设计应具有不同的艺术表现形式和格调，形成相应的民族风格。

设计的根本目的是设法满足人们的需求。心理、行为学家往往将人的需求分为五个层次，即生理需求、安全需求、社交需求、自尊需求和自我实现需求。人的需求是由低层次向高层次发展的，其形式如同金字塔。而人的需求通常是经由自然环境、人为环境，尤其是经由设计的产品而求得的满足。人的需求随着时代科学技术的进步不断变化，新的需求会刺激新的欲望，新的欲望又导致新的设计。

工业造型设计要主动了解使用者现在和将来的需求，并注意不同需求层次的差异，不断设计出满足不同使用者的各种需求的产品。

工业设计领域的色彩，主要用来美化产品。色彩作为设计的一个重要的构成要素，也被用来传达产品功能的某些信息。产品的色彩设计只有把形、色、质的综合美感形式与人、机、环境的本质内容有机地结合起来，才能取得完美的造型效果。第一，应考虑产品的功能特点、结构特点及相关组件的特点，通过对产品本质内容的研究，对其经济价值和社会价值的分析，选择合适的色彩配置方案进行表达；第二，对产品的使用者——人的研究，利用色彩对人的心理和生理的影响作用，创造宜人的色彩环境，给产品的使用者带来亲切、愉快的心理感受；第三，深入了解产品的使用环境，使产品的色彩与环境构成一个和谐统一的整体。

19.6 产品表面处理工艺介绍

产品表面处理在制造行业中是特别重要的，几乎每一个产品都有着色和装饰。如果制造的产品没有好的外观，或外观容易磨损变色等，则无法满足市场需求。

着色、装饰在英文中（特别是玩具行业中）统称 Dcoration，缩写 DECO。一般来说，

着色和装饰主要有以下几种方法。

① 贴纸（Label）：这是最简单的方式，就是把纸粘到产品上，要求也简单。

② 水纸热烫，统称 Transfer 或 Decal：就是把一个水纸上的图案用溶解法或加热法转移到需要的产品或部件上。

③ 喷油（Spray）：简单说就是把油喷到产品需要的部位或部件上，方法很多，如夹具喷油（有喷油模的喷油）、散喷（散枪）、抹油、扫油等。

④ 移印（Tempo）：用软性头把钢模里的图案印到所需的产品或部件上。

⑤ 丝印（Screen Printing）：一种非常古老的印刷方法，即把油墨放在半透明的模上，然后用滚子一滚，就把下面的纸印上了图案，只不过在工艺上有一点不同。

⑥ 烫金（Pad Printing）：把金箔上的颜色烫到产品所需要的部位或部件上。

⑦ 静电喷涂：这种方法广泛应用于汽车工业，但玩具业中也用，特别是合金汽车模型，就是把制件变成带正电荷的电极，把油墨带上负电，从而根据负电"飞"到正电极上而均匀地得到所要的颜色。

⑧ 电镀：分为真空电镀、水镀、滚镀等。电镀是利用正负极的关系使带电电子或离子附着在制件表面的一种着色方法，一般可以镀银、镀铬、镀金等。一般情况下，极性化合物都可以电镀，用得最多的是 ABS 的电镀，所镀的表面有金属光泽，非常漂亮。

19.6.1 贴纸

贴纸实际上就是一面带有胶水，一面带有图案的纸（可能是薄膜）。既然是纸，就可以在纸面印上各种图案，可以是彩色的。粘在产品上的效果与纸面上印刷的效果一样，有时为了保护印刷的图案，会在纸上加涂层。涂层主要有两种，一种称为 UV 涂料，另一种称为水性涂料，其作用除了保护图案外，还可以使其表面光亮。

纸是平的、不透明的，这就使贴纸的使用有很大的局限性，因为绝大部分的玩具面是不平的，这就是为什么有的贴纸是薄膜，薄膜可以粘在不平的表面再用热吹风吹一下，就会变软、变形，还可以很紧密地粘在所要的面上，但这种变形也会影响图案，所以除非不得已，否则不使用此方法。薄膜贴纸有另外一个很大的好处，它是透明的，可以很好地表现图案与原部分颜色之间的搭配。

贴纸粘在所需玩具的部件上，这个过程关系到此部件的材料，也就是关于粘力的问题，一般来说，极性化合物比较好粘一点，如 PS、ABS 等，非极性化合物也可以使用。如果粘力不足，可以使用一个热的软物体对粘在塑胶上的贴纸热烫一下，这样就会有好一点的效果。

贴纸粘力的测试比较简单，用专门的胶纸来测试即可，例如，贴纸被撕开后，留一层纸就行了，这是因为贴纸的胶水可能是有毒的。对于 3 岁以下儿童使用的玩具，一般来讲只允许使用纸质的贴纸。

19.6.2 水纸与热烫

这两种方法的发明是由贴纸的不透明所带来的不方便而产生的，这两种方法的共同点

是载体上印有的反图案通过某种方法转移到所需要装饰部件的位置上，只不过转移的方法有一点不同罢了。水纸是通过使水与载体纸分离，而热烫是通过热能使图案与载体（通常为薄膜）分离，而最终将把图案印在所需的零部件上。

这两种方法的优点与贴纸类似，可以印上想印的各种图案，特别是彩色的，而且一次就可以把图案全部印到所需的部件上。而对于复杂的图案来说，其方法简单，效果好，一次完成，而且价格也不高。

这两种方法都是贴纸的改进方法，还因为它们对所需要印的平面要求比贴纸好一点，可以有一点弧面，但仍然受到面的制约，最理想的面仍然是平面。

这两种方法用得最多的材料是合金件，因为一方面这种方法可以印上精美的图案；另一方面又可以体现合金件的金属特殊性，效果特好。

水纸和热烫同样面对的问题都是被印材料的性质，而一般情况下，水纸和热烫中使用的图案的油是没有黏性的，但可以在图案的表面加一层胶水，还可以调节胶水，使油与材料表面相结合得更加牢固。

水纸和热烫后的图案要经过各种表面涂料测试，如擦油等。

19.6.3 喷油

这是塑料产品尤其是玩具业中使用最多的一种方式，所涉及的知识非常广泛。此处并非讲这些内容，而只是介绍一些常识，以便让设计师在选择方式时有一个基本概念。

喷油就是把油喷到制件上。一般在生产中，把油混进高压的气体中，再高速喷到制件上，有点类似在冬天的时候对着镜子吹气，镜面上均匀地布满水蒸气。

但有时并不需要整个面全部都喷上，这时就要用到夹具，称为喷油模。这类似于用手把镜子遮住，在冬天的时候对着镜子吹气，只有手指缝处才会有水蒸气一样。一般喷油模分两种，一种称为夹模，另一种称为片模。

举例说明：对于一个圆柱体，要在圆柱体的圆柱面上喷个圆环，把圆环以外的所有的地方遮住，然后对着没有被遮住的地方喷油就可以了，而如果要在圆柱体上喷一个小点，也是把这个点以外的地方全部遮住，然后对着这个点喷油就可以了。现在来分析如何遮住不要的地方，当喷圆环时，至少需要两个部件才能把其他地方全部遮住，而在喷点的时候，只有一个部件就可以了，我们把类似喷圆环用的遮盖物称为夹模，而类似喷点的称为片模。实际上对于喷油面来说，如果喷油面小于 190° 时，则可以使用一个片模。实际上对于喷油的成本来讲，油钱是有限的，主要是工人的成本（包括工资及环境保护），这就是说一次夹模操作的成本等于或略小于二次片模的操作。

喷油最大的缺点是一次只能喷一种颜色，可以理解为只能每次把一种油混到高压的气体中，但这种方法过程简单，而且可以通过不同的喷油模，以及多次操作来展现复杂一点的颜色。但如果花纹特别复杂，会因为太多的喷油工序而使图案不平、不真实，同时另一方面也会使成本增加。

喷油效果的好坏，很大一部分取决于喷油模的制作，可以想象一下，在高速气体喷向一个表面时，气体在喷到表面时会向四周发散，此时喷油模必须能够保证发散的带有油料气体不会粘到不想要的地方，这就使喷油模必须与被喷物体紧紧地贴在一起，几乎不能有空隙，任何很小的空隙都会导致飞油。所以，做喷油模最好最快的方法就是电镀，基本上都是把整块镀上，然后再挖一个孔就成了喷油模。因此，不管是夹模还是边模都是这样做的，只是夹模做的时候分两次。

并不是所有图案的边缘都要非常整齐，有时甚至需要一定的过渡边缘，这时就可以使用喷油模与产品的间隙而使带油的气体能飞进去一点。这个间隙是根据所需要的过渡色带的大小来决定的。

喷油过程中用得较多的是散枪，这是不需要喷油模的一种散喷方法，但要求操作的工人经验比较好，同时成本也会有所提高。

一般来说，在品质控制方面会要求两件事，一是油料涂漆不可以脱落；二是油料涂层必须无毒或散发臭味。所以，对于整个喷油的过程中最理想的办法就是无毒的溶剂或油料。

19.6.4 移印

移印是把一个图案直接印到制品上，这点非常类似于印章。一般移印会有一个钢印，而花纹或字体是雕刻在钢板上的。钢板是平的，花纹在平面下腐蚀的一个凹处。移印的过程是先将油料覆盖在钢模上，再用一把刷子把油刷掉，此时，凹的花纹就会留有一点油层，然后用软的胶头（一般为软的橡胶）把整个花纹里的油层粘起，最后用此球头像印章一样印在产品上。

19.6.5 丝印

丝网印刷通过丝网印做网孔把油墨漏印在承印物上。它与凸、平、凹三大印刷相比，印刷更为广泛，优点更多。所使用的油墨种类及承印材料也越来越多。

丝网印刷不受承印物大小和形状的限制，可在不同形状的成型物及凹凸面上印刷。版面柔软富有弹性，是印刷压力最小的一种印刷。

丝网印刷方式着墨厚、附着力强。印刷厚度可达 30～100 μm，油墨的遮盖力特别强，印刷的图文立体感强，是其他印刷方式不可比拟的（墨层厚度也是可以控制的）。适用于各种类型的油墨，它的适应性强，能适应任何一种涂料进行印刷，如油性、水性、合成树脂型、粉体等各种油墨。只要能够透过丝网的网孔细度的油墨和涂料都可使用。它可以印单色，也可以套色和加网进行彩色印刷。它的耐光性能强，可以通过简便的方法把耐光性颜料、荧光颜料放入油墨中，使印刷品的图文不受气温和日光的影响，永久保持光泽，甚至可在夜间发光。

19.6.6 烫金

烫金就是把带有颜色的帕纸上的颜色热烫到凸出的平面制品上。一般来说，帕纸的颜色比较鲜艳和光泽，特别适合做品牌名称或标志。

烫金关键的一步是烫，熨斗一般是平的，这就要求着色位置最好是平的，而且要平得均匀，特别是着色的位置。有时为了取得更好的烫印效果，会把要烫金的部位全部做成凸的，这样效果会更明显。

19.6.7 电镀

电镀是一种非常重要的表面处理工艺，尤其是金属表面常会进行电镀处理。电镀主要包括镀铜、镀镍、镀铬、镀锌、镀镉、镀锡、镀银、镀金和合金电镀等。电镀后，产品表面会获得良好的性能及外观效果。表 19-5 列出了各种电镀的优点和缺点。

表 19-5 电镀的优点和缺点

	方法	优点	缺点
电镀	镀镍	化学稳定性好，不易变色	多孔性
	镀铬	装饰铬主要起美观和防腐作用；硬铬提高工件的硬度和耐腐蚀	不耐磨
	镀锌	防腐，成本低，加工方便，效果好	不宜作摩擦件，会影响焊接性能
	镀镉	用于技术性防腐蚀，良好的钎焊性和适宜的接触电阻	成本高，对环境污染严重
	镀锡	有较高的化学稳定性，焊接性好	
电镀	方法	优点	缺点
	镀银	起装饰作用和防腐作用	价格贵
	镀金	起装饰作用和防腐作用	价格贵
	合金电镀	（与单金属镀层相比）结晶更细致，镀层更平整，光亮；更耐磨、耐蚀，更耐高温，并有更高硬度和强度；能获得单一金属得不到的外观	延展性和韧性有所降低

19.6.8 抛丸、喷砂

抛丸、喷砂是一种金属表面处理工艺，其原理是利用高速运动的钢珠或砂粒对金属表面进行碰撞而去除金属表面的黑皮等，并使金属表面获得良好的性能。例如，金属锻造件在机加工或电镀前，一定需要进行抛丸或喷砂处理。

19.7 本章学习收获

通过本章的学习，读者必须掌握以下内容。

（1）面试产品设计工程师或模具设计工程师时，面试负责人多数会考面试者对材料的熟悉程度，如 ABS、PC、PE 常用材料的特点和区别。

（2）一个合格的工程师必须掌握一定的机械知识、模具知识、材料知识、行业安全规定知识等，否则只是一个绘图员。

（3）设计人员除了要掌握三维软件的应用外，还要掌握产品的结构工艺，使设计出来的产品成本最低，实用性最好。

（4）制作移印钢板或丝印网板前，需要用 CroeDRAW 软件将图案绘制出来，然后通过 CroeDRAW 软件将图形转换成激光打字文件，并用激光打字机雕刻到钢板或网板上。

（5）移印时，应选择具有良好吸墨性和脱墨性的胶头，胶头挤压的高度不能大于胶头总高度的 1/3，否则胶头易损坏，移印效果会模糊。

（6）金属产品为了追求较好的外观效果，电镀前常需要进行磨抛处理。

19.8 练习题

（1）塑料产品常用的材料有哪些？各有哪些优点和缺点？

（2）进行产品结构设计时需要注意哪些问题？塑料产品厚度有哪些要求？

（3）塑料产品表面处理主要有哪些工艺？

（4）金属产品表面处理主要有哪些工艺？

（5）移印和丝印有哪些优点和缺点？它们之间有何区别？

举报电话：（010）88254396；（010）88258888

传　　真：（010）88254397

E-mail：　dbqq@phei.com.cn

通信地址：北京市万寿路 173 信箱

　　　　　电子工业出版社总编办公室

邮　　编：100036